基于底层硬件的软件设计

怯肇乾　　编著
（Kai Zhaoqian）

北京航空航天大学出版社

内 容 简 介

介绍基于底层硬件的软件设计，涉及了设备驱动程序的设计、嵌入式实时操作系统的定制/移植、基于底层硬件的软件体系架构等实用技术。主要包括两个方面的内容：一是通用计算机在 Windows、Linux 和 VxWorks 等常见操作系统下的串/并/网络通信实现和 USB、ISA、PCI 设备/板卡的驱动程序设计；二是嵌入式应用体系的直接基本软件架构与基于 μC/OS、DSP/BIOS、WinCE/EXP、μCLinux 及 VxWorks 等常见嵌入式实时操作系统下的基本软件架构及各类常见嵌入式软件体系下的 UART、SPI、CAN、EMAC、ADC、DAC、存储器件等外设/接口的驱动软件设计。书中还介绍了如何使用 CPLD/FPGA/PAC 等器件进行可编程数字/模拟逻辑软件的设计，进而实现所需的特定外设/接口及其连接与 FPGA－SoPC 软硬件协同的设计。

本书特别适合于从事嵌入式应用系统设计的广大工程技术人员，也是高等学校/职业学校嵌入式系统软硬件设计与机电一体化教育培训的理想教材和参考书。

图书在版编目(CIP)数据

基于底层硬件的软件设计/怯肇乾编著. —北京：北京航空航天大学出版社，2008.7

ISBN 978－7－81124－350－5

Ⅰ.基…　Ⅱ.层…　Ⅲ.软件设计　Ⅳ.TP311.5

中国版本图书馆 CIP 数据核字(2008)第 098503 号

基于底层硬件的软件设计

怯肇乾　　编著

(Kai Zhaoqian)

责任编辑　李青　李冠咏　李徐心

*

北京航空航天大学出版社出版发行

北京市海淀区学院路 37 号(100191)　发行部电话：010－82317024　传真：010－82328026

http://www.buaapress.com.cn　E-mail:bhpress@263.net

涿州市新华印刷有限公司印装　各地书店经销

*

开本：787×1 092　1/16　印张：41　字数：1050 千字

2008 年 8 月第 1 版　2008 年 8 月第 1 次印刷　印数：5 000 册

ISBN 978－7－81124－350－5　　定价：68.00 元

前 言

怎样在一个硬件平台上建立并运行一个最小的基本软件体系？怎样通过软件与系统的各种外围设备打交道？怎样通过系统的各种接口在软件上实现与外部通信？怎样使构建的整个基本软件体系在操作系统的各种硬件外设或接口既稳定可靠又实时高效？……本书系统地介绍了这些令人关注的具体设计应用中的敏感焦点技术。

基于底层硬件的软件设计主要是嵌入式软件体系的架构和能够对嵌入式应用系统进行监控的通用计算机设备驱动程序设计。本书介绍了两大类型的技术：一是通用计算机在Windows、Linux、VxWorks等常见操作系统下的串/并/网络通信实现和USB、ISA、PCI设备/板卡的驱动程序设计；二是嵌入式应用体系的直接基本软件架构与基于μC/OS、DSP/BIOS、WinCE/EXP、μCLinux、VxWorks等常见嵌入式实时操作系统下的基本软件架构及各类常见嵌入式软件体系下的UART、SPI、CAN、EMAC、ADC、DAC、存储器件等外设/接口的驱动软件设计，这两方面通过数据传输通信紧密地联系在一起。本书还介绍了如何使用CPLD/FPGA/PAC等器件进行可编程数字/模拟逻辑软件设计，进而实现所需的特定外设/接口及其连接与FPGA－SoPC软硬件协同设计。书中既有对设备驱动程序模型、嵌入式实时操作系统的定制/移植、嵌入式体系外设/接口的驱动软件架构、可编程器件软件设计等的理论介绍和实践经验汇总，又列举了大量的项目开发和实际问题解决处理的软件设计实例，是作者多年来从事软硬件项目产品开发和高校应用技术课程讲解的经验总结与资料积累。

本书共有12章。第1章概括描述了基于底层硬件的软件设计所涉及的技术范畴；第2～4章介绍通用计算机在常用操作系统下的设备驱动软件模型和串/并/网络的通信实现及其USB、ISA、PCI设备/板卡的驱动程序设计；第5章介绍常见微控制/处理器的基本软件体系及其外设/接口驱动软件的直接软件架构；第6～10章介绍常用嵌入式实时操作系统的定制/移植及其基本软件体系与外设/接口驱动的软件架构；第11章介绍嵌入式应用体系外设/接口的可编程逻辑设计和FPGA－SoPC软硬件协同设计；第12章归纳总结了基于底层硬件的软件的基本特点和设计规则并通过若干个典型的项目设计实例说明了这些设计规律的综合实践应用。

需要特别说明的是，相关VxWorks操作系统的底层硬件的软件设计，根据实际应用，在书中把它分为两章进行介绍：一章为通用X86及其Pentium系列计算机下的数据传输通信实现与设备驱动程序设计，另一章为像ARM等的嵌入式应用软件体系架构。在工业数据采集和控制应用中，VxWorks在X86及其Pentium系列计算机中应用普遍，几乎直接安装Tornado for X86/Pentium就可运行，所做的只是特殊的数据传输通信实现和设备驱动程序设计；而在ARM等嵌入式应用体系中，则需要做特别的操作系统移植和BSP设计及其外设/接口驱动软件设计。

本书具有以下4个特点：

1. 理论浅显易懂，偏重实用，项目设计实例丰富；

2. 知识涉及面广，现代新技术应用处处可见；

3. 软硬件嵌接紧密，重点讲述了软件如何稳定可靠、高效快速地操作硬件；

4. 结构组成上力求条理清晰、重点突出、目的明确，循序渐进、由浅入深、由抽象到具体、由理论到实践的思想贯穿于每一章节。

该书是本人"嵌入式软硬件及其系统设计"系列应用技术丛书中的第二本。本人计划写作4本书：《嵌入式系统硬件体系设计》、《基于底层硬件的软件设计》、《嵌入式应用程序及其监控软件设计》和《嵌入式系统工程规划设计》。第一本书《嵌入式系统硬件体系设计》已经出版，它是本书的基础，相关硬件的设计和操作可以参考该书。《嵌入式应用程序及其监控软件设计》是本书的后续技术书籍，本书是它的基础。

本书的读者群可以是从事工业检测控制、语音/图像处理与解压缩、航空航天、军事、移动通信及便携式PDA产品设计等行业的各级软硬件设计人员，也可以作为高等学校/职业学校嵌入式系统软、硬件设计与机电一体化教育培训的教材。本书的很多内容曾经被编成系列讲义，在高等学校本科生和专职/在职研究生生中讲解，收到很好的效果。愿本书的出版能够给从事或欲从事软、硬件设计的广大工程技术人员开发设计出稳定可靠、简捷便利、经济实用的嵌入式系统产品带来更多的帮助。

基于底层硬件软件设计的目标和方向有两个：一是嵌入式基本体系及其外设与接口的软件架构；二是通用计算机常规操作系统下的设备驱动程序设计。两者都屏蔽了所有相关硬件的操作，只留有相关硬件操作的API函数、功能性软件设计。或者说，留给应用软件工程师的任务就是在基于硬件的程序架构下编写功能代码。

基于底层硬件的软件设计是一门综合性软硬件协同设计技术，涉及很多应用领域及方法和技巧。由于个人知识水平和认识能力的局限，书中存在的不当或错误之处，敬请广大读者批评指正。

怯肇乾(Kai Zhaoqian)

2007年5月28日于上海

目 录

第1章 基于底层硬件的软件设计概述

1.1 底层硬件操作软件及设计的总体阐述 …… 1
1.1.1 底层硬件操作软件的综合阐述 …… 1
1.1.2 底层硬件操作软件的层次组织 …… 2
1.1.3 基于底层硬件的操作软件设计 …… 3
1.1.4 硬件操作软件设计的目的和要求 …… 4
1.2 通用计算机底层硬件操作软件及设计 …… 4
1.2.1 通用计算机的底层硬件软件概述 …… 4
1.2.2 常用操作系统及其设备驱动介绍 …… 5
1.3 嵌入式体系底层硬件操作软件及设计 …… 8
1.3.1 嵌入式体系的底层硬件软件概述 …… 8
1.3.2 常用E-RTOS及其软件体系设计 …… 10
1.3.3 嵌入式体系中的可编程逻辑设计 …… 14
1.3.4 嵌入式软件体系架构的考虑要素 …… 14
本章小结 …… 15

第2章 Windows底层硬件的软件设计

2.1 Windows底层硬件驱动及其软件开发设计概述 …… 18
2.1.1 Windows系统构造及其底层硬件驱动概述 …… 18
2.1.2 Windows底层硬件设备驱动软件开发综述 …… 22
2.2 用WinDDK开发设计Windows设备驱动软件 …… 27
2.2.1 WinDDK设备驱动程序的软件编写 …… 27
2.2.2 WinDDK设备驱动程序的编译构建 …… 30
2.2.3 WinDDK设备驱动程序的检查验证 …… 32
2.2.4 WinDDK设备驱动程序的安装/调试 …… 33
2.2.5 WinDDK设备驱动程序的测试/使用 …… 34
2.3 用DriverStudio开发设计Windows设备驱动软件 …… 35
2.3.1 DriverStudio设备驱动软件开发设计概述 …… 35
2.3.2 DriverStudio设备驱动程序的编译与装载 …… 35
2.3.3 使用DriverStidio快速开发设备驱动软件 …… 36
2.4 用WinDriver开发设计Windows设备驱动软件 …… 37
2.4.1 WinDriver设备驱动程序开发工具概述 …… 37

2.4.2 主要 WinDriver 数据结构和 API 函数介绍 …… 38
2.4.3 用 WinDriver 编程向导快速开发驱动程序 …… 40
2.4.4 直接利用 WinDriver 的 API 函数开发驱动程序 …… 41
2.4.5 WinDriver 开发的驱动程序的分发与应用 …… 41
2.5 通过常见 Windows 通信接口进行数据传输设计 …… 42
2.5.1 在 Windows 下通过异步串行口传输数据 …… 42
2.5.2 在 Windows 下通过并行接口传输数据 …… 54
2.5.3 通过 Winsock 编程接口实现以太网络通信 …… 60
2.6 USB 接口硬件设备的 Windows 驱动软件设计 …… 68
2.6.1 USB 体系及其 WDM 型驱动程序结构 …… 68
2.6.2 USB 硬件设备驱动程序应用设计举例 …… 70
2.7 ISA/PC104 接口板卡的 Windows 驱动软件设计 …… 72
2.7.1 ISA/PC104 接口板卡及其驱动程序设计概述 …… 72
2.7.2 ISA/PC104 板卡硬件驱动程序设计举例 …… 72
2.8 PCI/CPCI 接口板卡的 Windows 驱动软件设计 …… 75
2.8.1 PCI/CPCI 板卡硬件设备驱动程序的特点 …… 75
2.8.2 常见 PCI/CPCI 板卡驱动程序的开发设计 …… 76
2.8.3 DMA 传输的 PCI/CPCI 板卡驱动程序设计 …… 82
2.8.4 PCI/CPCI 板卡驱动程序的调用与调试 …… 86
本章小结 …… 87

第 3 章 基于 Linux 操作系统底层硬件的软件设计

3.1 Linux 硬件驱动及其软件开发设计概述 …… 89
3.1.1 Linux 下的硬件设备驱动概述 …… 89
3.1.2 Linux 硬件驱动软件开发设计基础 …… 93
3.2 字符型硬件设备的驱动程序软件设计 …… 101
3.2.1 字符型硬件设备驱动综述 …… 101
3.2.2 向系统中添加字符型设备 …… 101
3.2.3 字符型设备驱动软件设计举例 …… 102
3.3 块型硬件设备的驱动程序软件设计 …… 106
3.3.1 块型硬件设备驱动综述 …… 106
3.3.2 向系统中添加块型设备 …… 107
3.3.3 块型设备驱动程序的设计 …… 109
3.4 网络型硬件设备的驱动程序软件设计 …… 114
3.4.1 网络设备驱动程序的运行机理概述 …… 114
3.4.2 网络型设备驱动程序的具体实现 …… 115
3.4.3 网络设备驱动程序的应用设计举例 …… 116
3.5 常见硬件的 Linux 硬件驱动软件设计 …… 118
3.5.1 在 Linux 下进行异步串行数据传输 …… 118

3.5.2　在 Linux 下通过并行接口传输数据 …… 121
3.5.3　Socket 接口的以太网络数据传输 …… 125
3.5.4　USB 外设的 Linux 驱动软件设计 …… 131
3.5.5　ISA/PC104 板卡的 Linux 驱动设计 …… 140
3.5.6　PCI/CPCI 板卡的 Linux 驱动设计 …… 146
3.6　用 WinDriver 开发 Linux 设备驱动程序 …… 153
3.6.1　WinDriver for Linux 开发工具简介 …… 153
3.6.2　应用 WinDriver 快速开发驱动程序 …… 154
3.6.3　WinDriver 驱动程序的分发与应用 …… 155
本章小结 …… 156

第 4 章　VxWorks 底层硬件的软件设计

4.1　VxWorks 底层硬件驱动及其开发设计概述 …… 158
4.1.1　VxWorks 操作系统及其体系结构 …… 158
4.1.2　VxWorks 的 BSP 及其开发设计 …… 160
4.1.3　VxWorks 设备驱动程序及其开发设计 …… 163
4.1.4　Tornado IDE 及其 VxWorks 程序设计 …… 166
4.2　字符型硬件设备的驱动程序软件设计 …… 168
4.2.1　字符型硬件设备及其驱动综述 …… 168
4.2.2　字符型设备驱动程序的访问过程 …… 171
4.3　块型设备驱动程序设计及其文件系统操作 …… 171
4.3.1　块型硬件设备及其驱动程序综述 …… 171
4.3.2　块型硬件设备支持的文件系统概述 …… 174
4.3.3　块型设备驱动编写举例——电子盘操作 …… 174
4.4　常见通信接口的 VxWorks 数据传输实现 …… 177
4.4.1　在 VxWorks 下通过异步串口传输数据 …… 177
4.4.2　在 VxWorks 下通过并行接口传输数据 …… 180
4.4.3　以 Socket 编程接口实现网络传输数据 …… 182
4.5　USB 接口设备的 VxWorks 驱动软件设计 …… 186
4.5.1　USB 协议栈及其驱动层次结构概述 …… 186
4.5.2　VxWorks 下的核心驱动 USBD 详解 …… 187
4.5.3　VxWorks 下的 USB 设备驱动及应用 …… 191
4.6　ISA/PC104 板卡的 VxWorks 驱动软件设计 …… 192
4.6.1　ISA 接口设备 VxWorks 驱动设计概述 …… 192
4.6.2　ISA/PC104 板卡设备的驱动设计举例 …… 192
4.7　PCI/CPCI 板卡的 VxWorks 驱动软件设计 …… 194
4.7.1　PCI/CPCI 板卡的驱动程序设计综述 …… 194
4.7.2　PCI/CPCI 板卡的驱动程序设计举例 …… 196
4.8　用 WinDriver 开发 VxWorks 设备驱动程序 …… 197

4.8.1 WinDriver for VxWorks 开发工具介绍 …… 198
4.8.2 用 WinDriver 开发 VxWorks 驱动程序 …… 199
本章小结 …… 199

第 5 章 嵌入式基本体系及外设接口的直接软件架构

5.1 嵌入式应用系统的直接软件架构概述 …… 201
5.1.1 嵌入式应用系统的直接软件架构 …… 201
5.1.2 嵌入式系统直接软件架构的特点 …… 202
5.2 嵌入式单片机基本体系的软件架构设计 …… 203
5.2.1 嵌入式单片机体系的软件架构综述 …… 203
5.2.2 嵌入式单片机体系的直接软件架构 …… 203
5.3 嵌入式 DSPs 基本体系的软件架构设计 …… 218
5.3.1 嵌入式 DSPs 体系的软件架构综述 …… 218
5.3.2 嵌入式 DSPs 体系的直接软件架构 …… 218
5.4 嵌入式体系中的接口直接驱动软件设计 …… 224
5.4.1 嵌入式体系硬件接口及其驱动概述 …… 224
5.4.2 常见嵌入式接口的直接驱动软件设计 …… 225
5.5 嵌入式体系中的外设直接驱动软件设计 …… 245
5.5.1 嵌入式体系硬件外设及其驱动概述 …… 245
5.5.2 常见嵌入式外设的直接驱动软件设计 …… 245
5.6 嵌入式体系外设与接口的驱动程序测试 …… 266
5.6.1 外设与接口驱动程序测试概述 …… 266
5.6.2 外设与接口驱动测试软件编制 …… 267
5.7 使用软件架构工具快速构建应用软件平台 …… 270
5.7.1 常用嵌入式体系软件架构工具介绍 …… 270
5.7.2 嵌入式体系软件架构工具应用举例 …… 270
本章小结 …… 279

第 6 章 嵌入式 μC/OS 基本体系及外设接口的软件架构

6.1 μC/OS 嵌入式实时操作系统概述 …… 280
6.1.1 μC/OS 操作系统简要介绍 …… 280
6.1.2 μC/OS 下的多任务信息流 …… 281
6.1.3 μC/OS 的任务调度与切换 …… 284
6.1.4 μC/OS 的中断处理与优化 …… 285
6.1.5 μC/OS 软件体系的利弊分析 …… 286
6.2 嵌入式 μC/OS 基本软件体系架构 …… 288
6.2.1 μC/OS 基本软件体系综述 …… 288
6.2.2 μC/OS 下的 C 语言编程 …… 289
6.2.3 μC/OS 移植的方法技巧 …… 291

6.2.3 μC/OS 移植的关键技术阐述 …… 295
6.3 常见嵌入式体系的 μC/OS 移植 …… 300
6.3.1 SCM 体系的 μC/OS 移植 …… 300
6.3.2 DSPs 体系的 μC/OS 移植 …… 314
6.4 μC/OS 下的外设/接口驱动设计 …… 315
6.4.1 外设接口驱动设计综述 …… 315
6.4.2 典型外设接口驱动设计 …… 315
6.5 μC/OS 下的文件系统及存取访问 …… 322
6.5.1 μC/FS 文件系统及其应用 …… 322
6.5.2 EMFS 文件系统及其应用 …… 323
6.6 μC/OS 嵌入式软件体系架构应用 …… 325
6.6.1 数据采集/传输系统软件架构 …… 325
6.6.2 总线式数据采集软件体系架构 …… 327
本章小结 …… 329

第 7 章 嵌入式 DRTOS 基本体系及外设接口的软件架构

7.1 DRTOS 嵌入式实时操作系统综述 …… 330
7.1.1 DRTOS 嵌入式操作系统概述 …… 330
7.1.2 嵌入式 DSP/BIOS 体系综述 …… 332
7.2 嵌入式 DSP/BIOS 基本软件体系架构 …… 338
7.2.1 嵌入式 DSP/BIOS 软件体系开发 …… 338
7.2.2 DSP/BIOS 的配置工具及其使用 …… 338
7.2.3 DSP/BIOS 文件及其编译与链接 …… 340
7.2.4 DSP/BIOS 启动序列及自举引导 …… 341
7.2.5 DSP/BIOS 软件的调试与监测 …… 343
7.3 DSP/BIOS 下的外设/接口驱动软件设计 …… 344
7.3.1 DSP/BIOS 外设接口驱动设计概述 …… 344
7.3.2 DSP/BIOS 典型 I/O 数据传输设计 …… 345
7.3.3 DSP/BIOS 典型网络通信操作设计 …… 348
7.3.4 DSP/BIOS 类/微型驱动程序设计 …… 351
7.4 DSP/BIOS 嵌入式软件体系架构应用 …… 358
7.4.1 DSP/BIOS 数据采集体系软件架构 …… 358
7.4.2 DSP/BIOS 图像处理体系软件架构 …… 359
7.4.3 DSP/BIOS 机顶盒多任务调度架构 …… 361
本章小结 …… 364

第 8 章 嵌入式 WinCE/XPE 基本体系及外设接口的软件架构

8.1 WinCE/XPE 嵌入式操作系统综述 …… 366
8.1.1 WinXPE 及软件体系开发概述 …… 367

8.1.2 WinCE及软件体系开发简介 …… 367
8.1.3 WinCE体系结构与功能综述 …… 369
8.1.4 WinCE下应用软件开发总览 …… 371
8.2 定制WinCE嵌入式基本软件体系 …… 372
8.2.1 WinCE定制的一般设计流程 …… 372
8.2.2 PB/组件/WinCE及构建详述 …… 373
8.2.3 简单示例:定制并运行CEPC …… 374
8.3 移植WinCE嵌入式实时操作系统 …… 375
8.3.1 WinCE运行的硬件需求 …… 375
8.3.2 WinCE BSP及开发设计 …… 375
8.3.3 WinCE引导程序的编写 …… 376
8.3.4 WinCE OAL程序的编制 …… 378
8.4 WinCE的设备驱动程序及其设计 …… 380
8.4.1 WinCE设备驱动程序综述 …… 380
8.4.2 WinCE设备驱动程序设计 …… 384
8.4.3 WinCE设备驱动设计举例 …… 385
8.4.4 开发与测试设备驱动程序 …… 393
8.5 WinCE USB设备驱动程序及设计 …… 394
8.5.1 WinCE USB软件体系综述 …… 394
8.5.2 编写WinCE USB驱动程序 …… 395
8.5.3 简单示例:USB鼠标驱动 …… 396
8.6 WinCE NDIS网络设备驱动及设计 …… 401
8.6.1 WinCE NDIS网络驱动概述 …… 401
8.6.2 WinCE微端口驱动及其实现 …… 402
8.7 WinCE块型设备驱动及文件系统操作 …… 407
8.7.1 WinCE的块型设备驱动综述 …… 407
8.7.2 块型设备系统体系及文件系统 …… 408
8.7.3 实现WinCE块型设备驱动程序 …… 409
8.8 常用的WinCE数据通信及其实现 …… 411
8.8.1 WinCE下的通信模型综述 …… 411
8.8.2 WinCE串行数据通信实现 …… 412
8.8.3 WinCE网络数据通信实现 …… 415
本章小结 …… 421

第9章 嵌入式Linux基本体系及外设接口的软件架构

9.1 Linux嵌入式实时操作系统综述 …… 422
9.1.1 Linux嵌入式操作系统概述 …… 422
9.1.2 嵌入式μCLinux体系综述 …… 423
9.2 μCLinux开发环境的建立及其移植 …… 425

9.2.1 μCLinux 开发环境简介 …… 425
9.2.2 建立 μCLinux 开发环境 …… 427
9.2.3 μCLinux 的芯片级移植 …… 428
9.3 μCLinux 设备驱动程序及设计综述 …… 435
9.3.1 μCLinux 设备驱动程序概述 …… 435
9.3.2 μCLinux 内核模块基本框架 …… 436
9.3.3 Makefile 文件及其基本框架 …… 436
9.4 μCLinux 字符型设备驱动程序设计 …… 437
9.4.1 字符型设备驱动的整体架构设计 …… 437
9.4.2 相关接口操作的函数代码编写 …… 438
9.4.3 底层中断及其处理程序的设计 …… 441
9.4.4 编译指导文件 Makefile 的编制 …… 442
9.4.5 字符型设备驱动的应用程序调用 …… 443
9.5 μCLinux 块型设备驱动与闪存文件操作 …… 444
9.5.1 嵌入式块驱动及文件操作概述 …… 444
9.5.2 μCLinux 的块型设备驱动程序设计 …… 444
9.5.3 闪存 Flash 驱动及文件系统操作 …… 448
9.6 μCLinux 的网络设备驱动及网络通信 …… 450
9.6.1 μCLinux 网络设备驱动程序设计 …… 450
9.6.2 基于 μCLinux 的 Socket 网络通信 …… 459
本章小结 …… 460

第 10 章 嵌入式 VxWorks 基本体系及外设接口的软件架构

10.1 嵌入式 VxWorks 软件体系架构基础 …… 461
10.1.1 VxWorks 体系结构及设备驱动 …… 461
10.1.2 VxWorks 的 BSP 及其开发设计 …… 463
10.1.3 Tornado 开发工具及其 IDE 简介 …… 463
10.2 VxWorks 内核移植及 BSP 软件编写 …… 464
10.2.1 VxWorks 操作系统的移植过程 …… 464
10.2.2 S3C4510B VxWorks BSP 开发 …… 464
10.2.3 LPC2104 VxWorks BSP 设计 …… 467
10.3 VxWorks 下字符型设备驱动软件设计 …… 472
10.3.1 字符型设备驱动及其设计简述 …… 472
10.3.2 字符型设备驱动程序软件框架 …… 473
10.3.3 字符型设备驱动设计应用举例 …… 477
10.4 VxWorks 下块型设备驱动及文件系统架构 …… 479
10.4.1 块型设备驱动与文件系统操作概述 …… 479
10.4.2 闪存介质 CF 卡及 TFFS 操作 …… 480
10.4.3 TFFS 构建与大容量闪存操作 …… 482

10.5 VxWorks 下的异步串口驱动程序设计 …… 486
10.5.1 VxWorks 异步串口驱动概述 …… 486
10.5.2 串口驱动程序设计流程分析 …… 487
10.5.3 示例:编写 S3C2410 串口驱动 …… 490
10.6 VxWorks 下的网络设备驱动及其实现 …… 496
10.6.1 VxWorks 网络设备驱动综述 …… 496
10.6.2 END 设备驱动程序及其编写 …… 499
10.6.3 示例:RT8139C 网络接口驱动 …… 502
本章小结 …… 504

第 11 章 硬件外设/接口及其片上系统的可编程软件实现

11.1 外设/接口及其片上系统软件实现综述 …… 505
11.1.1 软件实现外设/接口及其片上系统 …… 505
11.1.2 硬件设施软件实现应用技术简介 …… 506
11.2 可编程实现常见外设/接口及简易系统 …… 515
11.2.1 嵌入式应用体系的外存模块设计 …… 515
11.2.2 总线接口的时序逻辑变换实现 …… 518
11.2.3 常见外设/接口的 PLD 简易实现 …… 521
11.2.4 专用外设/接口的 PLD 简易实现 …… 523
11.2.5 简单测量/控制体系的可编程实现 …… 529
11.3 外设/接口的片上可编程软件配置实现 …… 538
11.3.1 PSD 外设/接口的灵活软件实现 …… 538
11.3.2 μPSD 及其片内外设/接口的应用 …… 543
11.3.3 PSoC 及其片内外设/接口的应用 …… 544
11.4 模拟硬件外设/接口的可编程软件设计 …… 547
11.4.1 ispPAC 系列器件及应用设计简介 …… 547
11.4.2 用 ispPAC 器件设计模拟外设/接口 …… 548
11.5 特定 DSP 算法的 FPGA 可编程设计 …… 553
11.5.1 DSP Builder 及其 DSP 设计简介 …… 554
11.5.2 System Generater 及 DSP 实现综述 …… 554
11.5.3 典型 DSP 算法的 FPGA 实现举例 …… 556
11.6 嵌入式体系的 FPGA－SoPC 实现技术 …… 560
11.6.1 常用 FPGA－SoPC 实现技术综述 …… 561
11.6.2 FPGA－SoPC 技术应用设计实践 …… 565
本章小结 …… 575

第 12 章 基于底层硬件的软件设计实践

12.1 在项目设计中规划基于底层硬件的软件架构 …… 577
12.1.1 基于底层硬件体系软件架构的总体考虑 …… 577

12.1.2　嵌入式应用体系软件架构的规划设计 …… 578
12.1.3　通用计算机通信相关的设备驱动设计 …… 579
12.1.4　特定应用系统的数据通信规约及其制订 …… 580
12.2　铁路道岔运行状况监控系统的软件体系架构 …… 581
12.2.1　项目构成及软件架构的主要环节综述 …… 581
12.2.2　关键性子系统的软件体系架构及实现 …… 583
12.3　交流电机伺服驱动监控系统的软件体系架构 …… 599
12.3.1　项目系统组成及其需要架构的软件体系 …… 599
12.3.2　上/下位软件体系之间的通信及其规约 …… 599
12.3.3　交流电机伺服控制器系统的软件架构 …… 600
12.3.4　上位机数据传输通信软件体系的构造 …… 615
12.4　μLinux下的ARM与DSPs的数据通信实现 …… 620
12.4.1　项目体系的构造及关键硬件电路组成 …… 620
12.4.2　ARM-Linux下的HPI接口驱动设计 …… 621
12.5　嵌入式RTOS下跨平台通信体系的软件架构 …… 624
12.5.1　E-RTOS体系跨平台通信的整体设计 …… 624
12.5.2　E-RTOS跨平台通信的部分代码示例 …… 626
12.6　基于FPGA-SoPC的MP3播放器及软件架构 …… 628
12.6.1　系统的总体框架设计及其功能描述 …… 628
12.6.2　FPGA-SoPC的软硬件协同设计实现 …… 629
12.7　基于底层硬件的软件设计参考书籍推荐 …… 632
本章小结 …… 633

参考文献 …… 634

第1章 基于底层硬件的软件设计概述

怎样在硬件基础上搭建基本的软件平台？怎样通过软件设计去操作、访问并控制硬件？怎样为实现测量、控制、监控、通信、数字助理等应用程序设计构造一个稳定、高速、实用的最小基本软件环境？阅读本章，将会有一个全面的了解和初步的体验。

本章的主要内容如下：

➤ 底层硬件操作软件及设计的总体阐述；

➤ 通用计算机底层硬件操作软件及设计；

➤ 嵌入式体系底层硬件操作软件及设计。

1.1 底层硬件操作软件及设计的总体阐述

1.1.1 底层硬件操作软件的综合阐述

基于底层硬件的操作软件，泛指能够控制相关硬件的功能行为、对其进行读/写访问或数据接收/发送传输操作的程序代码集，通常也称为硬件操作软件或者基于硬件的软件。

一般来说，硬件操作软件所基于的硬件通常是软硬件系统的核心中央处理器 CPU(Central Processing Unit)及其外围设备或各类接口器件。CPU 外围设备，如数据存储器 RAM、程序存储器 ROM、模/数转换器 ADC、数/模转换器 DAC、定时/计数器及各类总线控制器等，在通用计算机或嵌入式系统中，简称为外设；一些常用外设如定时/计数器、看门狗定时器、快速 RAM 等与 CPU 集成在一块芯片中，称为片内外设，其余没有与 CPU 集成在一起的需要在设计时进行外围扩展的外设称为片外设备。接口器件，如串口控制转换器、PCI 桥件及 USB 控制器等，通常用于实现系统的人机界面、与外界的各种通信等。从软件角度对这些外设或接口的控制与操作就是对其进行驱动，基于 CPU 外设或接口的软件设计主要是 CPU 外设或接口的设备驱动程序设计。另外，在嵌入式应用系统中还常常涉及用于实现各种接口逻辑变换的可编程器件逻辑设计，这种可编程数字或模拟逻辑器件 PLD(Programable Logic Device)或 PAC(Programable Analog Device)设计也是基于底层硬件的软件设计中不可缺少的部分，进行必要的 PLD 或 PAC 设计可以有效地减少系统软硬件设计的难度，做到系统资源更加合理的支配。

基于底层硬件的软件设计主要是设备驱动程序设计，但是基于底层硬件的软件并不完全是设备驱动程序，还包括基于 CPU 结构的基本软件体系架构。基于 CPU 结构的基本软件体系架构，就是建立能够进行系统应用软件设计所需的最小的可靠软件运行环境，一般包括时钟管理、工作模式设置、外设配置、接口初始化、多任务分配及中断设置等。应用软件是能够实现一定功能的程序代码集。为了系统的安全可靠和软件维护的方便，通常应用软件不直接控制或操作硬件，而是通过设备驱动程序来控制或操作硬件。实际应用中的 CPU 体系主要有用

户监控的通用计算机系统和嵌入式应用系统两种，常见的通用计算机主要是个人计算机 PC（Personal Computer）、工控机（industrial control computer）等。在工业数据采集和控制应用领域以工控机最为常见；常见的嵌入式应用系统主要是以单片机 SCM（Single Chip Microcomputer）或/和信号处理器 DSPs（Digital Signal Processor）为核心微控制/处理器的系统，也可以是它们的"缩形"——基于现场可编程门阵列（FPGA Field Programmable Gate Array）的可编程片上系统 SoPC。通用计算机的基本软件体系可以采用常见的 Windows、Linux、VxWorks 等操作系统以最小系统配置构成，嵌入式应用系统的基本软件架构可以采用基于相应 CPU 指令体系的直接软件架构或采用基于 μC/OS、DSP/BIOS、WinCE/XP、μCLinux、VxWorks 等嵌入式实时操作系统以最小系统配置构成。

综上所述，基于底层硬件的软件结构组成可以用表 1.1 所列结构进行简单的概括。

表 1.1　基于底层硬件的软件组成

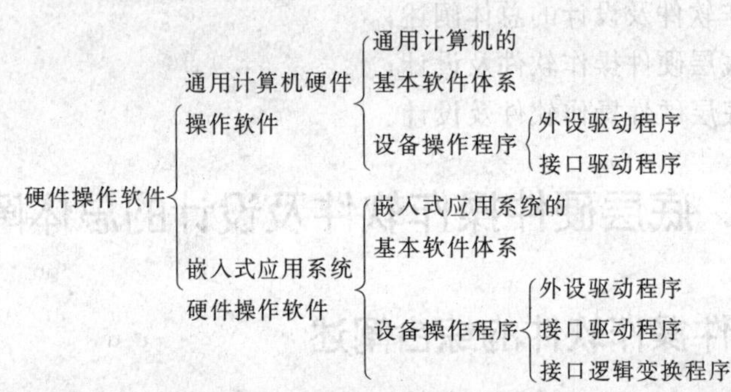

在各类软硬件应用体系产品中，硬件体系是整个系统赖以存在的基础，应用软件或程序使整个系统具有特定的功能和特征，基于硬件的软件是联系底层硬件体系和顶层应用软件的纽带和桥梁。有了底层硬件操作软件，整个软硬件体系才是一个有机整体。

1.1.2　底层硬件操作软件的层次组织

实际应用及软硬件设计实践中，各类基于底层硬件的软件的层次组织构成可以简单地用图 1.1 表示。图中的软硬件应用系统，可以是工控机、个人计算机、便携式计算机等，也可以是工业板卡、智能终端、个人数字助理 PDA（Personal Digital Assistant）、便携式仪表仪器等嵌入式应用系统；图中的数据传输通道，可以是异步串口、并行口、局域网接口、USB 总线接口、ISA/PC104 总线接口、PCI/CPCI 接口及各类现场总线接口等。

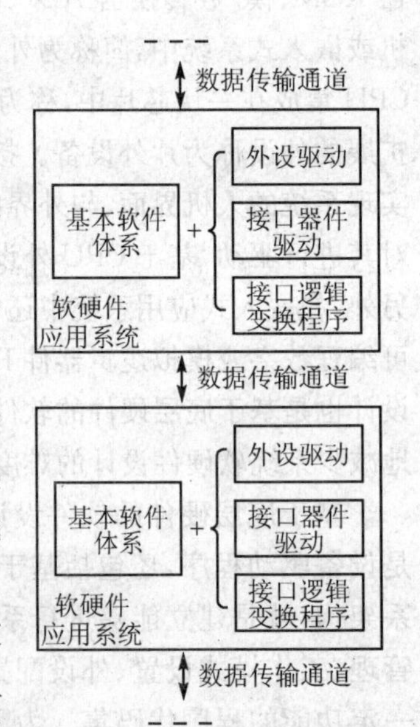

图 1.1　基于底层硬件的软件层次组织图

这种基于底层硬件的软件层次组织的活动过程可以简单描述为：基于系统核心 CPU 的基本软件体系的应用程序通过各类外设或接口的逻辑变换并驱动进行数据存取操作，然后再通过选定的接口逻辑变换并驱动与其他的软硬件系统，进行数据交换。

有很多这样的层次组织，如：数码相机捕捉感觉影像，再通过 USB（Universal Serial Bus）接口把图像传送到个人计算机，个人计算机做图像处理，最后存储到非易失设备或送打印机输出照片；其中，数码相机、打印机是嵌入式应用体系，个人计算机是计算机系统，个人计算机与数码相机之间的数据通道是 USB 接口，个人计算机与打印机之间的数据通道是并行口。又如：CPCI 数据采集/控制卡的采集数据，通过 PCI 总线，传送给工控机进行处理和显示，工控机再通过 PCI 总线，负责对 CPCI 卡进行初始配置和控制；其中，CPCI 卡是一个独立的嵌入式应用系统，工控机是计算机监控系统，PCI 总线是两者之间的快速数据传输通道。

1.1.3 基于底层硬件的操作软件设计

基于底层硬件的软件设计，主要有 3 种类型：基本软件体系构建、底层外设或接口驱动程序设计和硬件接口逻辑变换程序设计。此外，还可以是这三者的有机整合——可编程片上系统设计 SoPC。

1. 基本软件体系的构建

基本软件体系的构建，主要是针对特定的 CPU 而构建的系统，能够初步运行和完成要求功能的基本软件平台，包括系统启动、时钟配置、所用操作系统的构建、所需外设或接口的初始化及中断与任务的分配和启动等。对于通用计算机系统，如常用的 Intel 公司的 X86 与 Pentium系列计算机，由于有足够容量的内存和硬盘，直接自定义安装最小化的操作系统即可，操作系统如 Windows、Linux 等。对于嵌入式应用系统，当前主流应用是单片机体系和 DSPs 体系，主要是启动文件、主程序文件、外设与接口初始化配置文件、中断处理文件及实时监控文件等的基本架构；采用嵌入式操作系统的，如 μCLinux、VxWorks 等，还包括操作系统内核的最小选配或嵌入移植。

基本软件体系的构建，主要是嵌入式应用系统的基本软件体系构建。

2. 底层外设或接口驱动程序设计

底层外设或接口的驱动程序设计，主要是相关外设或接口器件的初始化配置、行为控制、基本的“读/写”访问或“收/发”操作等，及面向应用程序提供界面友好的 API(Application Programming Interface)调用接口。

初始化配置和行为控制主要用于设置硬件的工作模式、数据传输格式、通信速率及返回状态信息规定等。初始化配置只在系统启动时由系统基本软件体系调用，行为控制通常在执行过程中用以改变硬件的行为规则。

“读/写”访问或“收/发”操作的方式一般有两种：查询方式和中断方式。查询方式需要软件不断地进行状态字或状态位的查询，直到有效事件发生为止；中断方式无需软件干预，只要有效事件发生，就通过硬件通知软件。“写”访问或发送操作通常是主动的，只要硬件空闲，就可以使其执行，通常采用查询方式；“读”访问或接收操作是被动的，硬件何时得到或产生有效数据是不确定的，通常采用中断方式。

3. 硬件接口逻辑变换程序设计

硬件接口的逻辑变换程序设计，就是对完成硬件接口逻辑转换的 PLD 或 PAC 器件进行可编程逻辑程序的设计。

PLD 器件主要用于以软件编程形式灵活地实现数字信号的接口逻辑变换，如操作时序变换、状态等待插入、总线形式转换、工况查询、统计分析、PCI 接口逻辑变换、脉冲计数转速分析、屏幕扫描显示及简易键盘扫描编码等。PLD 编程语言多采用 VHDL 或接近 C 语言的 Verilog。近年来的 PLD 设计，还常常借助于 Matlab 数学运算工具和特定的 DSP 逻辑设计工具，来实现复杂的数学分析运算，把 CPU 从繁琐的数学运算中解放出来，这就是常说的 DSP Builder。现代形成的基于 FPGA PLD 的 SoPC 技术则把嵌入式应用系统设计推向了一个更高的层次，SoPC 技术是软/硬件协同设计灵活运用的结果，通过 IP 核复用，将尽可能大而完整的电子系统在一块 FPGA 中实现，是嵌入式应用系统发展的主要方向。

PAC 器件主要用于以图形或软件编程形式实现模拟信号的电压范围变换、有源滤波、信号的缩放及调制与解调等。如通过可编程模拟逻辑设计完成对输入模/数转换器 ADC 的模拟信号进行二阶有源滤波。

硬件接口的逻辑变换程序设计，主要是数字可编程逻辑程序的设计，即 PLD 设计。

1.1.4 硬件操作软件设计的目的和要求

底层硬件操作软件设计是在以 CPU 为核心的硬件体系上为实现特定功能和应用领域的应用软件设计，奠定一个良好的软件设计起点和运行环境，搭建应用程序设计最基本的软件平台；因此，底层硬件操作软件设计必须做到稳定可靠、实时高效、短小精简，这是底层硬件操作软件设计的目的和要求。

所谓稳定可靠，就是要求设计的底层硬件操作软件不论是在初始化调用或功能操作调用时，都不会引发系统出现长时间的停滞、偶尔的“答”非所“问”、诱发其他硬件的误动作等不良现象，更不能引起系统崩溃。底层硬件操作软件必须有应对常见异常的处理能力。稳定可靠是底层硬件操作软件设计的基本目的和要求。

所谓实时高效，指通过应用程序调用引发的底层硬件操作软件动作要及时，响应速度要快，即使硬件出现异常或动作一时不能及时到位，也应该设法把现有状况及时通知调用程序，从而不会使调用程序长期处于阻塞等待状态。因此，通常在设计上，不在驱动程序中安排过多的处理或复杂的算法实现。

所谓短小精简，就是要求设计的底层硬件操作软件，代码尽量短小，代码中的判断、跳转等处理尽量少，代码实现的逻辑尽量优化，程序占用的内存、端口等资源尽量少，占用内存、端口等资源的时间尽量短。短小精简，对存储器、I/O 端口、中断等资源有限的嵌入式应用系统设计尤为重要，而且更有助于提高底层硬件操作软件的实时性。

1.2 通用计算机底层硬件操作软件及设计

1.2.1 通用计算机的底层硬件软件概述

常见的通用计算机主要是个人计算机 PC、便携式计算机和工控机，在工业数据采集和控制应用领域大多采用工控机和便携式计算机。常见通用计算机系统的底层硬件软件的层次组织如图 1.2 所示。

常见通用计算机体系，以 Intel 公司的 X86 与 Pentium 系列最为常见，往往有足够大的内存和硬盘，采用常规的 Windows、Linux 等操作系统，直接自定义安装最小化的操作系统体系即可得到所需的基本软件体系，而无须做特别的基本软件体系编程构建工作。

计算机体系，经常与外界进行数据传输的通信通道是异步串口、并行打印口和网卡接口，特殊需求情况下，还经常会用到 USB 总线接口、ISA 插槽、PCI/CPCI 插槽等连接 USB 设备、

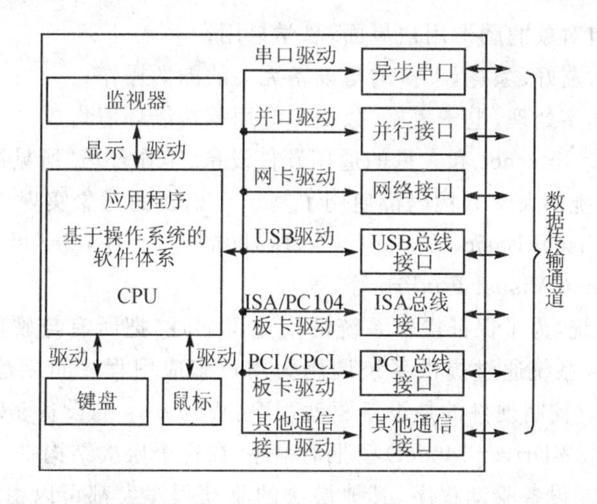

图 1.2　通用计算机系统的底层硬件操作软件层次组织图

ISA/PC104 板卡及 PCI/CPCI 板卡等。异步串口、并行口、网卡接口、USB 接口、ISA 插槽及 PCI/CPCI 插槽等通常集成在电脑主板上。异步串口、并行口和网卡接口是常用的数据传输通信接口，操作系统如 Windows、Linux 等，常常对其提供专门的驱动程序，并对应用软件设计提供 API 函数，在这些操作系统下设计上述接口硬件通信的相关应用程序时，通常直接调用系统提供的 API 函数即可。异步串行通信通常使用操作系统提供的 API 函数，并行通信通常借助于系统提供的 I/O 端口操作函数完成，网络通信通常使用系统提供的 BSD(Berkly Software Distribution)套接字实现。USB 设备、ISA/PC104 板卡和 PCI/CPCI 板卡，因其功能和应用领域千差万别，操作系统不可能都对其提供专门的驱动程序，通常需要设计具有专门 API 接口的特定硬件驱动程序，应用程序通过这些设备驱动程序进而实现对相应硬件设备的操作。

设备驱动程序集成在操作系统内部，是处理或操作硬件控制器的软件，是一系列控制硬件设备的函数。从本质上讲，设备驱动程序是可以驻留内存的低级硬件处理程序的共享库，是对硬件设备的抽象处理；也就是说，设备驱动程序是操作系统中具有高级特权的、可以驻留内存的、可共享的下层硬件处理例程。设备驱动程序是操作系统中控制和连接硬件的关键模块，它提供连接到计算机的硬件设备的软件接口。

1.2.2　常用操作系统及其设备驱动介绍

通用计算机体系中经常采用的操作系统有 Windows、Linux 和 VxWorks 等。操作系统的基本功能有任务调度、同步机制、中断处理和文件管理等。

下面分别对常见的 Windows、Linux、VxWorks 操作系统及其设备驱动做简要介绍。

1. Windows 操作系统及其硬件设备驱动

Windows 操作系统是 Microsoft 公司推出的使用非常普遍的一种操作系统，它包括的版本有 Windows 95、Windows 98、Windows Me、Windows NT、Windows 2000、Windows XP 及 Windows 2003 等，还有应用于嵌入式应用系统的 WinCE、Windows Embedded XP 等版本。在工业数据采集和控制领域，基于 Intel 公司的 X86 及 Pentium 计算机中，常用的是功能较强和内核较小的 Windows 2000 操作系统。

Windows 操作系统主要有以下特点：

- 直观高效、面向对象的图形用户界面，易学易用；
- 用户界面统一、友好、漂亮，丰富的与设备无关的图形操作；
- 多任务调度，文字处理、电子表格、数据库应用等功能环境集成；
- 含有 Web、支持 Internet 和大量的通用硬件设备、工作环境"所见即所得"。

Windows 操作系统的大部分代码都使用了基于 C 语言的对象实现。基于 Windows 的软件开发工具众多，如 Visual Basic、Visual C++、Borland C++ Builder 可视化工具和用于数据库开发的 Power Builder、Visual FoxPro 等。

Windows 操作系统，为了保证操作系统的安全可靠性，把所有与硬件打交道的部分集中在其核心态，Windows 系统通过提供系统调用为用户态应用程序间接地操作硬件。在 Windows 核心态直接操作/控制硬件的是设备驱动程序，Windows 的设备驱动程序主要是具有层次构造的 WDM(WIN32 Driver Model)型驱动程序，在这个层次结构中，需要为新的硬件设备设计的软件主要是功能设备驱动程序，其他层次的驱动程序大都可以由系统提供。Windows 为异步串行通信提供专用的 API 函数，为网络通信提供 Winsock 套接字；Windows 为其并行口提供丰富的驱动程序，但主要用于驱动各类打印机；使用 Windows 提供的 API 函数及其众多 Windows 下的软件开发手段很容易实现通过串行口、并行口和网络口的数据传输通信。Windows 下有很多设备驱动程序开发工具，如 WinDDK、Driver Studio 和 WinDriver 等，使用这些应用工具可以编写设计难度较大的 USB 设备、ISA/PC104 板卡和 PCI/CPCI 板卡等设备驱动程序。

Windows 支持设备文件操作，应用程序通过设备驱动程序操作硬件，可以像操作文件一样。

Windows 操作系统，窗口界面丰富，图形化操作方便，尽管它对硬件设备的实时操作性不够强大，并且其内核还存在着一定的缺陷，但是仍然广泛应用于当今工业数据采集和控制领域。

2. Linux 操作系统及其硬件设备驱动

Linux 操作系统，是由 Linus Torvalds 创立、经过众多世界顶尖的软件工程师的不断修改和完善、流行很广的、源代码完全开放的、功能强大、设计完善的 32 位免费操作系统，它在服务器及个人桌面领域版、嵌入式开发方面的应用越来越多。与 Windows 等操作系统相比，Linux 操作系统还具有以下特点：

- 采用阶层式目录结构，文件归类清楚、容易管理；
- 支持多种文件系统，如 Ext2FS、ISOFS 以及 Windows 的 FAT16、FAT32 和 NTFS 等；
- 具有可移植性，系统核心只有小于 10%的源代码采用汇编语言编写，其余均采用 C 语言编写，因此具有高度的移植性；
- 可与 Windows 98/2000/XP 等操作系统并存于同一台计算机上。

Linux 主要是操作系统核心，它负责控制硬件、管理文件系统、程序进程等，并不负责提供强大的用户应用程序。以 Linux 为核心再集成搭配编译器、系统管理工具、网络工具、Office 套件、多媒体、绘图软件等各式各样的系统程序或应用工具程序才能组成一套完整的操作系统，经过如此组合的 Linux 套件即称为 Linux 操作系统发行版。现代主流的 Linux 操作系统发行版，国外有 Red Hat Linux、Caldera OpenLinux、SuSE Linux 和 TurboLinux 等，国内有中科院软件研究所推出的红旗 Linux、中软 Linux 等。使用较为普遍的 Linux 操作系统发行版是Red Hat Linux及Red Hat与开源社区合作推出的对计算机硬件支持较好的Fedora Linux操作系统发行版。

Linux作为一个基于C语言的、源码开放的、具有文件管理体系和多任务调度机制的、可扩展性的实时操作系统，应用十分广泛，尤其是在当今工业数据采集和控制应用领域。

Linux操作系统，在其内核空间通过底层设备驱动程序操作和管理硬件设备，并把硬件设备视为特殊的文件即设备文件。Linux下的设备文件有3种类型：块型(block)设备文件、字符型(character)设备文件和网络插件型(socket)设备文件。字符型设备文件，可以直接读/写、没有数据缓冲区；块型设备文件，特指那些需要以块为单位写入的设备；网络插件型设备文件，指单位可以网络设备访问的BSD socket接口。Linux操作系统使用设备文件系统DEVFS(Device File System)，统一管理设备文件。Linux设备驱动程序封装了如何控制各类硬件设备的技术细节，并通过特定的接口即设备文件接口导出一个规范的操作集合，内核使用这种规范接口把设备操作导出到用户空间供应用程序使用。Linux的这种机制，可以有效地保证操作系统的安全可靠性。

在Linux操作系统下，和软件直接打交道的常见硬件接口或设备有异步串行口、并行打印口、以太网接口、便携式USB接口设备、ISA/PC104工业板卡及PCI/CPCI工业板卡等。Linux对串行通信、并行通信和以太网通信提供了很好的支持，涉及这3种通信，可以直接使用Linux提供的API函数；Linux对USB、ISA和PCI总线操作也提供有相应的数据结构定义，在Linux下操作这些类型的接口设备需要设计专门的驱动程序。在Linux下，和硬件设备打交道，最根本的是设计好基于Linux的底层硬件的软件，即设备驱动程序。Linux下的很多特殊硬件设备都可以视为字符型设备或块型设备，字符型设备或块型设备驱动程序设计有一定的规律可循，只要按照这些规律就可以设计出符合特定需要的设备驱动程序。此外，Linux下的硬件设备的驱动程序设计也可以借助于方便易用的驱动程序设计工具WinDriver来实现。

3. VxWorks操作系统及其硬件设备驱动

VxWorks操作系统是WindRiver推出的一种可以运用到各种常见CPU中的实时操作系统，它以其良好的可靠性和卓越的实时性，在通信、军事、航空和航天等高精尖技术及实时性要求极高的领域中，得到了广泛的应用。VxWorks操作系统具有以下特点：高度的可靠性、优秀的实时性和灵活的可裁减性。VxWorks的主要组成部分有：高性能的实时操作系统核心wind、板级支持包BSP(Board Support Package)、网络设施、I/O系统和文件系统等。VxWorks能够满足许多特定实时环境所需的多任务、基于优先级的抢占调度、任务间的通信与同步及任务与中断之间的通信等基本要求。

VxWorks操作系统，主要通过板级支持包BSP与硬件设备打交道。BSP的功能相当于个人计算机的BIOS，但是BSP不等同于硬件驱动。BSP可以划分为两部分：目标系统的系统引导部分和设备驱动程序部分。系统引导部分主要是目标系统启动时的硬件初始化，为操作系统运行提供硬件环境；设备驱动程序部分主要是驱动特定目标环境中的各种设备，对其进行控制和初始化。WindRiver为BSP的开发提供了板级支持包开发工具BSP Developer's Kit，实际应用中对于不同的目标系统及其环境中的设备，用户可以通过修改和重写BSP完成设备驱动程序，实现对硬件的配置和访问。

VxWorks中的硬件设备驱动程序可以分为两类：通用常规驱动程序和BSP类型的专用

驱动程序。通用常规驱动程序可以在不同的目标环境之间移植;而 BSP 类型的专用驱动程序与具体的硬件体系相关联。VxWorks 的通用常规设备驱动程序基本上都通过 I/O 系统来存取,这样可以屏蔽底层硬件,对上层应用程序提供统一的接口,从这个角度出发,可以把 VxWorks 的硬件设备分为两类:基于 I/O 系统的字符型设备驱动和块型设备驱动与终端设备、网络设备及 PCI 总线设备等特殊设备驱动。在 VxWorks 下,进行有效数据传输的串行通信、并行通信和网络通信可以通过使用系统提供的 API 函数、I/O 端口操作函数和 BSD 套接字等来具体实现,而使用特殊的 USB 设备、ISA/PC104 板卡和 PCI/CPCI 板卡等硬件设备则需要设计专门的设备驱动程序。VxWorks 下的常见字符型设备和块型设备驱动程序设计有一定的规律可循,根据 USB 设备、ISA/PC104 板卡和 PCI/CPCI 板卡等硬件特点,按照 VxWorks 硬件设备驱动设计规则可以设计符合所需要求的具体的设备驱动程序。为快速开发 VxWorks下的特殊硬件设备驱动,还可以借助于 WinDriver 软件工具。

WindRiver 为 VxWorks 实时应用系统开发提供的的理想完整软件平台是 Tornado Ⅱ集成交叉开发环境,它包括了从项目工程的创建、管理到 BSP 的移植,以及从应用系统的设计到系统的调试、性能分析等,给开发人员提供了一个不受目标机资源限制的超级开发和调试环境。Tornado Ⅱ集成开发系统包含 3 个高度集成的部分:运行在宿主机和目标机上的强有力的交叉开发工具和实用程序,运行在目标机上的高性能可裁剪的实时操作系统 VxWorks 和连接宿主机和目标机的以太网、串口线及 ICE 或 ROM 仿真器等多种通信方式。Tornado Ⅱ包括的独立的核心软件工具有:图形化的交叉调试器、工程配置工具、集成仿真器 VxSim、动态诊断分析工具 WindView、C/C++编译环境、主机目标机连接配置器、目标机系统状态浏览器、命令行执行工具 WindSh、多语言浏览器、图形化核心配置工具和量加载器等。Tornado Ⅱ对不同类型的 CPU 提供了不同的集成开发环境 IDE,如 Tornado Ⅱ for X86、Tornado Ⅱ for Pentium 和 Tornado Ⅱ for ARM 等。

VxWorks 作为一个基于 C 语言的具有高度可靠性、优秀实时性和灵活可裁剪性的能够实现文件管理体系和多任务抢占/轮询调度机制的实时操作系统,在当今工业数据采集和控制领域中占据很重要的地位。

1.3 嵌入式体系底层硬件操作软件及设计

1.3.1 嵌入式体系的底层硬件软件概述

常见嵌入式体系主要是以各类单片机 SCM、数字信号处理器件 DSPs 为微控制/处理器,以可编程逻辑器件为接口逻辑变换的应用系统,这种体系的底层硬件软件的层次组织如图 1.3 所示。

嵌入式体系的底层硬件软件涵盖了基本软件体系、微控制/处理器各类外设和接口的设备驱动程序和接口逻辑变换程序 3 个方面。

嵌入式基本软件体系可以是基于相应微控制/处理器指令体系的直接软件架构,也可以是基于 μC/OS、DSP/BIOS、WinCE/XP、μCLinux 和 VxWorks 等嵌入式最小化的实时操作系统软件架构。对于主流的嵌入式单片机体系和 DSPs 体系,基本软件体系主要包括启动程序、主程序、外设与接口初始化配置程序、中断处理程序和实时监控程序等;采用 μCLinux、

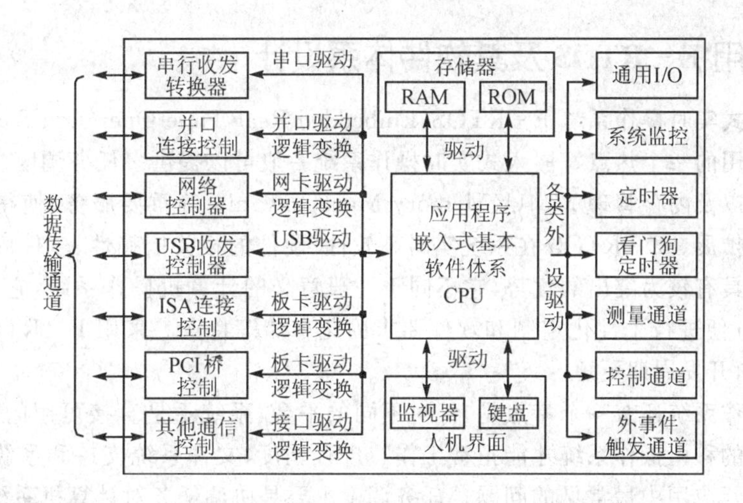

图 1.3 嵌入式应用系统的底层硬件操作软件层次组织图

VxWorks等嵌入式操作系统的，还包括最小选配和嵌入移植的操作系统内核。嵌入式基本软件体系通常采用混合编程的软件形式，以汇编语言编写最基本的启动程序文件，完成包括时钟管理、工作模式设置和中断分配等工作，为系统应用软件设计创建所需的最小的可靠软件运行环境；以 C/C++语言的形式完成启动程序文件以外的大多数程序文件的编制，包括外设与接口的配置、多任务环境的创建、硬件体系的自我测试及各级中断与总中断的开放等，目的是减小编程难度，增强程序的可读性和移植性，方便程序的调试分析。

嵌入式系统中采用的操作系统都是经过特别设计或严格裁剪的微型实时操作系统，在嵌入式应用系统中采用微型的实时操作系统，可以有效地增强整个系统的稳定可靠性和实时操作性，而付出的代价是增加了 ROM/RAM 存储器容量和额外的定时器资源的开销。

微控制/处理器的外设，包括定时/计数器、看门狗定时器、各类 ROM/RAM 存储器、测量/控制通道、系统监控模块和外部事件触发通道等。测量/控制通道如模/数转换器 ADC、数/模转换器 DAC 和数字量输入/输出通道等，系统监控模块如便携式设备的用电量监视和电压/电流变化监控等。这些外设多与微控制/处理器集成在一起构成片内外设。嵌入式体系的接口主要是与通用计算机系统或其他嵌入式系统的通信连接，如 RS232-C、USB 和 1394 等串行接口，CAN、LonWorks 和 Ethernet 等现场总线接口，ISA/PC104 和 PCI/CPCI 等工业板卡总线接口等。嵌入式系统中的接口还有键盘、监视器等人机接口，红外传输、无线通信和卫星通信等无线接口等。对这些外设和接口的设备驱动，主要包括硬件初始化配置、行为/状态控制和“读/写”访问或数据“发送/接收”操作，设备驱动程序还需要面向应用程序提供界面友好的 API 调用接口。

嵌入式体系的接口逻辑变换程序，执行硬件接口 PLD 或 PAC 器件的逻辑转换，如总线操作的时序变换、存储器访问的软件状态等待插入、模拟信号的电压范围变换与有源滤波等。嵌入式体系的硬件接口逻辑变换程序，主要用于完成并行口、ISA 总线、PCI 总线、不同操作逻辑的存储器接口和测量/控制通道等连接处的接口逻辑变换，还包括为了减少系统主微控制器或主处理器的负担而采用大规模 PLD 实现的测量前置处理/控制后置分配等特别逻辑程序。使用 PLD 或 PAC 器件实现接口逻辑变换，可以有效地减少嵌入式系统硬件和设备驱动程序的设计复杂程度，增强系统的稳定可靠性。

1.3.2 常用 E-RTOS 及其软件体系设计

使用嵌入式实时操作系统 E-RTOS(Embedded Real Time Operation System)已经成为当前嵌入式应用的一个热点。嵌入式实时操作系统一般可以提供多任务调度、时间管理、任务间通信和同步以及内存管理 MMU(Memory Manager Unit)等重要服务，使得嵌入式应用程序易于设计和扩展。E-RTOS 在系统实时高效性、硬件的相关依赖性、软件固化以及应用的专业性等方面具有较为突出的优势，它不同于一般意义的计算机操作系统，它有占用空间小、执行效率高、方便进行个性化定制和软件要求固化存储等特点。采用 E-RTOS 可以使嵌入式产品更可靠，开发周期更短。

嵌入式操作系统还有一个特点是，针对不同的平台，系统不是直接可用的，一般需要经过针对专门平台的移植操作系统才能正常工作。进程调度、文件系统支持和系统移植是在嵌入式操作系统实际应用中最常见的问题。任务调度主要是协调任务对计算机系统资源(如内存、I/O 设备和 CPU)的争夺使用。进程调度又称为 CPU 调度，其根本任务是按照某种原理为处于就绪状态的进程占用 CPU。由于嵌入式系统中内存和 I/O 设备一般都和 CPU 同时归属于某进程，所以任务调度和进程调度概念相近，很多场合不加区分。进程调度可分为"剥夺型调度"和"非剥夺型调度"两种基本方式。所谓"非剥夺型调度"是指：一旦某个进程被调度执行，则该进程一直执行下去直至该进程结束，或由于某种原理自行放弃 CPU 进入等待状态，才将 CPU 重新分配给其他进程。所谓"剥夺型调度"是指：一旦就绪状态中出现优先权更高的进程，或者运行的进程已用满了规定的时间片时，便立即剥夺当前进程的运行(将其放回就绪状态)，把 CPU 分配给其他进程。文件系统是反映负责存取和管理文件信息的机构，也可以说是负责文件的建立、撤销、组织、读写、修改、复制及对文件管理所需要的资源(如目录表、存储介质等)实施管理的软件部分。嵌入式操作系统移植的目的使操作系统能在某个微处理器或微控制器上运行。

常用的 E-RTOS 有 μC/OS、DSP/BIOS、μCLinux、WinCE/XP 和 VxWorks 等。衡量一个嵌入式实时操作系统的基本指标是它是否支持多任务调度，是否支持文件管理操作，还有它所需占用系统资源的多少。VxWorks 嵌入式实时操作系统在 1.1.2 小节已经简要介绍，下面分别对上述其他常用嵌入式实时操作系统及特点进行介绍。

1. μC/OS 及其软件体系设计

μC/OS 是 Jean J. Labrosse 专为微控制器系统软件开发设计而编写的源代码公开的、基于优先级的、可剥夺型抢占式实时多任务操作系统。现在普遍使用的版本是 μC/OS-Ⅱ。μC/OS-Ⅱ可移植、可固化、可剪裁，它的大部分代码是用 ANSI C 编写的。μC/OS-Ⅱ内核提供的主要功能有任务调度与管理、时间管理、任务间同步与通信、内存管理和中断服务等。μC/OS-Ⅱ系统还提供了丰富的 API 函数，用于实现进程之间的通信以及进程状态的转化。μC/OS-Ⅱ以信号量(semaphore)、邮箱(mailbox)、消息队列(queue)、互斥信号量(mutex)等方式处理任务之间的通信和同步。μC/OS-Ⅱ可供不同架构的微控制器使用，可用于各类 8 位、16 位、32 位单片机或各种 DSPs 微控制器体系中。μC/OS 结构小巧，特别适合中小型嵌入式应用系统，如果包含全部功能(信号量、消息邮箱、消息队列及相关函数)，编译后的内核仅有 6～10 KB。遗憾的是，μC/OS 本身并没有对文件系统的支持，但是 μC/OS 具有良好的扩展性能，如果需要可以自行加入。总之，μC/OS-Ⅱ嵌入式实时软件体系具有源代码公开、结构小巧、占用空间少、执行效率高、实时性能优良和稳定可靠性高等优点,但也有移植困难、缺乏必要的技术支持等缺点。

μC/OS 基本软件体系的架构主要是操作系统的移植,关键性的技术集中在相关核心微控制器硬件与具体应用的代码编制、系统时钟的设置等方面,此外还有任务堆栈的合理规划。

进行 μC/OS 嵌入式应用体系的外设或接口硬件设备驱动程序设计时,应注意保证在实时多任务操作系统中对硬件访问的唯一性,使驱动程序受控于操作系统的多任务之间的同步机制。把 μC/OS-Ⅱ的信号量、邮箱、消息队列和信号等通信同步机制引入驱动程序设计,能够使设备驱动程序更加灵活、执行效率更高,使有限的内存 RAM、中断等资源的利用更加合理。

2. DSP/BIOS 及其软件体系设计

DSP/BIOS 是 DSPs 应用体系中使用比较普遍的嵌入实时操作系统,它的优越性主要体现在它的多任务规划和实时分析上。选用 DSP/BIOS 作为 DSPs 应用体系的实时操作系统,不仅能够达到提高系统的稳定可靠性和实时响应能力的目的,而且配置简易、移植方便,可视化的交叉软件调试/监控手段丰富多样。

DSP/BIOS 由以下 3 个部分组成:DSP/BIOS 实时内核,API、DSP/BIOS 配置工具和 DSP/BIOS 实时分析工具。在 DSP/BIOS中将线程定义为任何独立的指令流,它使应用程序按线程结构化设计,每个线程完成一个模块化的功能。多线程程序中允许高优先级线程抢占低优先级线程以及线程间的同步和通信。DSP/BIOS 支持 4 种线程类型:硬件中断 HWI、软件中断 SWI、任务 TSK 和后台线程 IDL,每种线程都有不同的执行和抢占特性。硬件中断有最高的优先级,然后是软件中断,软件中断可以被高优先权软件中断或硬件中断抢先。软件中断不能被阻塞。任务的优先级低于软件中断,任务在等待某个资源有效时可以被阻塞。后台线程是优先级最低的线程。硬件中断处理要尽量快,一般不允许硬件中断嵌套。DSP/BIOS 体系中多个任务之间的协调同步方法有信号量、原子量、队列和邮箱等,分别通过模块 SEM、ATM、QUE 和 MBX 来实现。DSP/BIOS 支持交互式的程序开发模式,可以先为应用程序生成一个框架,在使用实际算法之前给程序加上一个仿真的运算负荷来测试程序。在 DSP/BIOS环境下可以方便地修改线程的优先级和类型。

DSP/BIOS 软件的调试与监测,可以使用集成在集成开发环境 CCS(Code Composer Studio)中的 DSP/BIOS 实时分析工具加以实现。实时分析(TRA)模块在应用程序执行期间与 DSP 项目实时交互和诊断。LOG、STS 和 TRC 模块对这些功能进行管理。主机与目标板之间的数据传输能力对实时分析是非常关键的。DSP/BIOS 提供 HST 和 RTDX 模块来管理这些功能。CCS 中提供的实时分析工具有 CPU 负载图、执行图示、主机通道控制、信息记录、统计观察和实时控制面板等。

把 DSP/BIOS 提供的信号量、邮箱、消息队列、管道流及 SIO 流等通信同步机制和各种模块框架对象引入驱动程序设计,非常有利于设备驱动程序的灵活设计和高效执行,有利于有限的内存 RAM、中断等资源的合理使用。

DSP/BIOS 的多任务协调调度和用于软件开发的底层诊断工具,为嵌入式 DSPs 软件体系开发与设计提供了便捷的途径。

3. μCLinux 及其软件体系设计

嵌入式 Linux 实时操作系统有很多版本,它们都是在 Linux 操作系统的基础上经过各种各样的改造和精减得到的。在嵌入式应用系统设计中,采用最多的嵌入式 Linux 实时操作系

统是 μCLinux 和 RT－Linux，其中以 μCLinux 应用最广。

μCLinux（Micro Conrol Linux）是一个高度优化、代码紧凑的嵌入式 Linux 实时操作系统，它编译后的目标文件可控制在几百 KB 的数量级。μCLinux 体积很小，却秉承了标准 Linux 的大多数优良特性，如稳定、良好的移植性，优秀的网络功能，对各种文件系统完备的支持和标准丰富的 API 等。μCLinux 主要是针对目标微控制/处理器没有存储管理单元 MMU（Memory Management Unit）的嵌入式系统而设计的，没有 MMU 的目标处理器，其多任务的实现需要一定技巧。

μCLinux 主要有 3 个基本部分组成：引导程序、μCLinux 内核和文件系统。μCLinux 内核的主要构成部分有内存管理、进程管理和中断处理等。μCLinux 通过定制可以使内核小型化，还可以加上图形用户界面 GUI 和定制应用程序，并将其放在 ROM、RAM、Flash 或 Disk On Chip 中启动。μCLinux 内核定制高度灵活，源代码公开，设备驱动编制规范，目前 μCLinux 已经被成功地移植到了很多嵌入式硬件体系上。

进行 μCLinux 软件体系设计，首要的工作是针对具体硬件平台的 μCLinux 芯片级移植。移植 μCLinux 前必须建立 μCLinux 开发环境，普遍使用的 μCLinux 开发环境是交叉编译/调试环境。可以从 μCLinux 的网站（http://www.μCLinux.org）上得到针对各种处理控制器的基于 GNU Tools 的交叉编译/调试器。μCLinux 内核的芯片级移植主要是添加与所选处理控制器相关的代码，这些代码可以分为 4 部分：体系架构与机型相关的代码、中断相关的代码、增加其他代码及修改 makefile 文件与配置菜单。对于最基本的系统，时钟和串口是必不可少的，移植 μCLinux 的同时也要完成对时钟和串口驱动程序的移植。

μCLinux 是从 Linux 裁减并继承而来的，其设备驱动程序的特点、类型、加/卸载、应用及设计，基本上和 Linux 是一样的，μCLinux 也把硬件设备视为特殊的文件即设备文件进行访问，可以在驱动程序设计中灵活地运用 Linux 操作系统提供的信号量、消息队列、共享存储器和信号等进程/线程同步通信机制，使设备驱动程序执行效率更高并充分合理地利用嵌入式应用体系中有限的内存 RAM、中断等资源。特别需要指出的是 μCLinux 下常常把硬件驱动程序编译为动态可加载的内核模块使用，因此应该按照内核模块的编写设计规律设计硬件设备驱动程序。

4. WinCE/XP 及其软件体系设计

WinCE/XPE 嵌入式实时操作系统，继承了 Windows 操作系统强大的图形窗口界面，虽然其实时性不够理想，但是在移动通信、消费类电子和便携式仪器等领域中却得到了广泛的应用，其中以 WinCE 应用最广。

WinCE 操作系统的主要特点有：精简的模块化操作系统（最小的可运行 WinCE 内核只有 200 KB 左右），多硬件平台支持（包括 X86、ARM、MIPS 和 SuperH 等嵌入式领域主流的 CPU 架构），支持有线和无线的网络连接，稳健的实时性支持，丰富的多媒体和多语言支持，强大的开发工具等。WinCE 的软件开发工具主要有 4 种：PB（Platform Builder）、Visual Studio2005、Visual Studio .NET 2003 和 EVC。WinCE 属于典型的微内核操作系统，它在内核中仅仅实现进程、线程、调度及内存管理等基本的模块，而把图形系统、文件系统及设备驱动程序等都作为单独的用户进程来实现，这样做显著地增加了系统的稳定性和灵活性。WinCE 具有层次化结构，从上到下依次为应用程序层、操作系统层、OEM（Original Equipment Manufacturer）层与硬件体系。WinCE 是一个基于优先级的抢占式多任务（priority based preemptive multitasks)操作系统。WinCE 中每一个进行着的应用程序都是一个进程,一个进程中可以包含一个或多个线程。WinCE 调度系统负责对系统中的多个线程进行调度。WinCE 的调度是基于优先级的。WinCE 提供了多种线程间的同步和进程间的相互通信方法,常用的多线程间的同步有互斥 Mutex(Mutual Exclusion)、事件(event)和信号量(semaphore),常用的进程间的通信方式有剪贴板(clipboard)、COM/DCOM、网络套接字(socket)、文件映射(file mapping)和点对点消息队列(point-to-point message queues)等。WinCE 采用层次化的结构进行内存管理,从上到下依次为物理内存、虚拟内存、逻辑内存和 C/C++语言运行库,内存管理单元 MMU(Memory Management Unit)负责把虚拟地址映射到物理地址,并提供一定的保护。

WinCE 的中断处理过程比较独特,其工作流程大致为:外设等硬件向 CPU 产生物理中断 IRQ(Interrupt ReQuest),CPU 通过运行在核心态的中断服务例程 ISR 把 IRQ 映射为逻辑中断 SYSINTR,然后 OS 根据所产生的逻辑中断号激发所关联的事件内核对象,这将使等候在该事件内核对象上的应用程序和设备驱动程序的中断服务线程 IST 开始执行并处理中断。通过这些步骤,把产生的物理中断映射为 IST 的执行,从而达到中断处理的目的。

架构基于 WinCE 的软件体系,首先要进行的是 WinCE 操作系统的定制或移植。定制 WinCE,就是在设计好的能够运行 WinCE 的硬件体系和相应的 BSP 基础上,根据实际应用,选择必需的 WinCE 及其 BSP 模块组件,构建并制作 WinCE 运行时映像。移植 WinCE 操作系统就是在所设计的能够运行 WinCE 的硬件平台上架构起实际项目需要的基本的 WinCE 软件体系。移植 WinCE 操作系统的主要工作有 BSP 软件开发、设备驱动程序设计、Boot Loader 编写和 OAL 编写等。定制或移植 WinCE 主要通过使用 PB 集成开发工具来完成。

WinCE 下,所有的驱动程序都以用户态下的 DLL 文件形式存在,系统启动时大多数驱动程序是由设备管理器 Device. exe 加载的,所有这些驱动程序将共享同一个进程地址空间。WinCE 下的设备驱动程序在与应用程序相同的保护级上工作。从层次角度出发,WinCE 驱动程序分为单体驱动程序和分层驱动程序。分层驱动程序分为两个层次:模型设备驱动程序 MDD(Model Device Driver)和依赖平台的设备驱动程序 PDD(Platform Development Driver)。MDD 驱动程序通常由 Microsoft 公司提供。MDD 与 PDD 之间通过接口函数 DDSI(Device Driver Service provider Interface)相关联。MDD 驱动程序和单体驱动程序对外提供接口函数 DDI(Device Driver Interface)。从驱动程序的 DDI 接口特征出发,驱动程序分为本地驱动程序和流式接口驱动程序。本地驱动程序(native device driver),也称为 Built-in 驱动,是硬件所必须的,由 OEM 设计硬件时完成,用于低级、内置设备,如电池驱动、显示器驱动、键盘驱动、指示 LED 驱动、触摸屏驱动及 USB 主机控制器驱动等,可以通过移植、定制 Microsoft 公司提供的驱动样例来实现大部分本地驱动。流式接口驱动程序(stream interface device driver),把硬件设备抽象成一个文件,应用程序使用操作系统提供的文件 API 对外设进行访问;流式驱动程序采用统一固定的 DDI 接口函数。WinCE 提供了大量的设备驱动程序,这些驱动程序大多是某类与设备无关的 MDD 层驱动程序或常见硬件体系外设或接口的流式接口驱动程序。实际应用中为了便于应用程序操作,通常设计驱动程序为流式接口驱动程序,Microsoft公司提供大多数常规的 MDD,真正需要设计的是特定硬件设备的 PDD;针对某一特殊硬件外设或接口,为了便于开发设计,通常设计驱动程序为单体驱动程序。

1.3.3 嵌入式体系中的可编程逻辑设计

选用可编程器件，通过软件设计或配置，可以实现不同接口类型的外设或接口的连接，也可以实现常规的外设或接口，甚至实现整个微控制器及其所需外设/接口。硬件外设/接口及其片上系统，通过文本描述或图形交互的可编程软件设计，不仅可以做到灵活的数字逻辑实现，也可以做到灵活的模拟逻辑实现。可编程逻辑设计，调试/测试手段多样，工具周全易用，开发周期短，而且所构成的体系能够更加稳定可靠。尤其是，还可以通过可编程逻辑设计，实现专门而复杂的 DSP 算法，把系统核心微控制器彻底从繁琐的数学运算中解放出来。

可编程逻辑软件设计主要包括 3 个方面：可编程数字逻辑设计、可编程配置逻辑设计和可编程模拟逻辑设计。硬件外设/接口及其片上系统的可编程软件设计，涉及的主要常见通用可编程/配置器件及其逻辑编程软件设计技术有：可编程配置器件及逻辑设计技术，可编程数字器件及其逻辑设计技术，可编程模拟辑器件及其逻辑设计技术，片上系统及其嵌入式体系逻辑设计技术等。

使用可编程逻辑软件设计实现嵌入式应用体系中的外设/接口及其整个片上系统，能够使嵌入式应用体系设计集成度更高，遭受外界的不良影响更小，系统的稳定可靠性更强，也正是这种开发应用推动着嵌入式系统设计的持续发展。

1.3.4 嵌入式软件体系架构的考虑要素

归纳起来，架构嵌入式软件体系时需要考虑的主要问题如下：

(1) 是否采用和采用怎样的嵌入式实时操作系统？

是否采用 E-RTOS，取决于系统的功能实现和对所选用微控制/处理器的熟悉程度。如果设计系统实现的功能复杂程度不大，又对所选用的微控制/处理比较熟悉，则完全可以考虑不采用 E-RTOS，直接采用所选微控制器具有的简单操作系统而建立起包括启动代码、所需外设或接口驱动等最基本的软件平台。嵌入式系统的软件体系直接架构，系统资源使用开销小，代码运行效率高，是进行嵌入式应用软件体系开发设计的最基本、最常用的软件架构方法，在中小型嵌入式应用体系的开发设计中，特别是便携式嵌入式产品的开发设计中，得到广泛的应用。

如果决定采用嵌入式实时操作系统，则需要根据存储器容量、中断资源、硬件资源、CPU 运算能力、开发周期和投入成本等因素，综合选择适合自己的硬件平台的操作系统。嵌入式应用体系中常用的 μC/OS-Ⅱ、DSP/BIOS、WinCE/EXP、μCLinux 和 VxWorks 等实时操作系统，它们的内核大小、存储器特别是内存的使用量、实时响应能力、适应 CPU 范围场合和对硬件体系的要求等是各有千秋的：μC/OS-Ⅱ内核最小，占用系统资源最少，可以适用于各类常见微控制器或微处理器体系，但是其功能特别是实时性不够理想；DSP/BIOS 的内核大小、存储器使用量仅比 μC/OS-Ⅱ稍大，其实时响应能力较强，主要应用在高精端的 DSPs 体系中；WinCE/EXP 最大的优势是其传承的优异图形界面功能，它需要系统 CPU 具有 MMU 能力，需要占用一定量的闪存和内存，在便携式移动设备中应着重考虑；μCLinux 也需要占用一定量的存储器资源，其操作系统的移植与外设接口设计的规律性强，虽然实时性不是很强但可以加以改进，它主要适用于没有 MMU 要求的微控制器或微处理器体系中；VxWorks 是公认的实时性最强的操作系统，它需要占用一定的系统资源，如闪存、内存等，对系统微控制器或微处理器有没有 MMU 能力都可以很好地适应。

(2)如何进行嵌入式实时操作系统的定制或移植?

定制或移植 E-RTOS 是进行嵌入式实时操作系统软件体系架构的最基本的工作。定制 E-RTOS,就是把具有全面适应能力的某 E-RTOS 体系进行缩减,并略做修改,使其适应具体的硬件体系。移植 E-RTOS 就是要在所设计的硬件平台上架构起实际项目需要的基本的 E-RTOS 软件体系。实际应用中大部分情况下需要做的是 E-RTOS 移植工作。

不同的 E-RTOS,有不同的移植特点和过程,在后继章节中将对常用的 μC/OS-Ⅱ、DSP/BIOS、WinCE/EXP、μCLinux 和 VxWorks 等实时操作系统的移植进行详细介绍。无论使用哪一种 E-RTOS,实现多任务调度,一般都离不开系统时钟,因此移植 E-RTOS 前必需考虑分配硬件定时器来实现系统时钟。此外,为了便调试和系统维护,还要考虑在移植中实现最简单的数据通信,如 UART 串口驱动,以便于通过系统输出而观察系统 CPU 的运行状态。

(3) 怎样使所设计的外设/接口驱动更稳定高效和使用资源最少?

设计某种 E-RTOS 下的外设或接口驱动程序,即要考虑充分利用该 E-RTOS 所提供的程序间的同步和通信机制使所设计的驱动程序工作起来更稳定、实时响应能力更强及消耗系统资源更少,又要考虑遵循该 E-RTOS 下硬件外设/接口驱动程序的设计规律,使开发更快、更容易和更规范。在后继章节中将对常用的 μC/OS-Ⅱ、DSP/BIOS、WinCE/EXP、μCLinux 和 VxWorks 等实时操作系统的外设或接口硬件设备的驱动程序设计进行详细介绍。

(4) 如何进行可编程逻辑设计减轻硬件设计的复杂度或 CPU 的负荷量?

可以在嵌入式应用系统中使用各类可编程器件,通过可编程软件逻辑设计;降低系统硬件体系设计的复杂程度。可以通过 FPGA 的 DSP Builder 设计,完成复杂的数学运算,从而把系统 CPU 解放出来,转而集中精力执行更为实时的测量/控制动作。甚至可以考虑进行FPGA-SoPC 软/硬件协同设计,把嵌入式应用系统设计完全软件化。

可编程逻辑软件设计,能够提高系统的集成度,使所设计的系统更稳定可靠和高效。

(5) 如何建立正确而高效的与外界系统进行数据传输的特殊通信协议?

一般所设计的嵌入式应用体系都需要与外界其他系统进行数据传输通信。通过串口、并口、USB 口和以太网接口等实现通信,除了要遵循接口特定的通信规律外,还要制订针对特殊功能需要的数据通信规约,确定通信双方数据传输的形式、内容、错误校验、握手和异常处理等事项。数据形式包括一个数据包即"帧"的开始、结束、指令及容错的内容和位置。数据通信中经常采用的错误校验机制有奇偶校验、和校验和循环冗余校验 CRC 等。握手机制的建立有利于确定数据的完整接收。异常处理有利于解决"长时间无响应"、通信无故中断而造成的无限等待等不良现象。严密的通信协议是保证安全、完整、高效、正确地实现数据传输的前提和关键。

通信规约的制订需要根据实际数据传输的要求、通信总线途径等因素综合确定。

本章小结

本章简要介绍了基于底层硬件的软件设计所涉及的内容和范围,说明了怎样开展嵌入式基本软件体系的架构和如何进行系统外设与接口的设备驱动程序设计,介绍了一些常用嵌入式实时操作系统及其软件体系设计与设备驱动程序设计的基本知识。

进行通用计算机常规操作系统下的设备驱动程序设计的根本目的，是为上位的各类相关应用程序设计提供相关硬件设备操作的 API 函数，实现与嵌入式应用产品进行可靠、及时的数据传输通信，以便于对各类嵌入式应用产品的行为监控、数据存储管理等进行服务。

进行嵌入式基本体系及其外设与接口软件架构的根本目的，是为功能性软件设计或嵌入式应用工程师搭建完善的应用程序开发设计平台，屏蔽所有相关硬件的操作，提供相关硬件操作的 API 函数，进行功能性软件设计或者说留给嵌入式应用软件工程师的任务就是在这个基于硬件的程序架构下编写功能代码。

本书后继各章将对“通用计算机常用各类操作系统下的各类设备驱动程序设计”和各种类型的“嵌入式应用系统的基本体系及其外设与接口软件架构”进行详细介绍。

第2章 Windows底层硬件的软件设计

Windows操作系统，以其直观高效、统一友好、易学易用、面向对象的图形用户界面与丰富的与设备无关的图形用户接口GUI(Graphic User Interface)/窗口系统(windows system)的图形操作，倍受青睐；同时，它又具有多任务调度、文件系统管理、软件开发工具丰富及程序设计思想面向对象等特点。Windows操作系统的大部分代码都使用了基于C语言的对象实现。比较成熟的Windows软件开发工具有Visual Basic、Visual C++、Borland C++ Builder可视化工具和用于数据库开发的Power Builder、Visual FoxPro等。尽管Windows实时性不够强大，并且其内核还存在着一定的缺陷，但是仍然广泛应用于当今工业数据采集和控制领域。

Windows操作系统，工作在计算机处理器的保护模式下，有两种机器状态：用户态和核心态。为了保证操作系统的安全可靠性，Windows操作系统把所有与硬件打交道的部分集中在核心态，通过提供系统调用为用户态应用程序间接地操作硬件。在Windows核心态直接操作/控制硬件的就是设备驱动程序。它实际上是一系列控制硬件设备的函数，是操作系统中控制和连接硬件的关键模块，提供了连接到计算机的硬件设备的软件接口。Windows设备驱动程序主要是具有层次构造的WIN32驱动模型类驱动程序WDM(WIN32 Driver Model)。在这个层次结构中，需要为新的硬件设备设计的软件主要是功能设备驱动程序，其他层次的驱动程序大多可以由系统提供。基于Windows底层硬件的软件设计主要是开发设计设备的功能性驱动程序。

Windows下的硬件设备驱动程序设计，有一定的规律可循，有软件开发工具可以使用，不同类型设备驱动程序的设计有不同的方法技巧。本章首先概述Windows下底层硬件驱动及其程序设计的特点，说明硬件驱动软件开发设计的一些重要基础知识；然后介绍Windows下常用的三种设备驱动程序开发的软件工具及其应用特点；最后详细介绍常见的串行口、并行口、以太网Socket接口的数据传输通信的具体实现以及USB接口设备、ISA/PC104板卡、PCI/CPCI板卡设备驱动程序的设计及其应用。本章列举了大量例程代码，并作了详细的注释和说明。

本章的主要内容如下：

- Windows底层硬件驱动及其软件开发设计概述；
- 用WinDDK开发设计Windows设备驱动软件；
- 用DriverStudio开发设计Windows设备驱动软件；
- 用WinDriver开发设计Windows设备驱动软件；
- 通过常见Windows通信接口进行数据传输设计；
- USB接口硬件设备的Windows驱动软件设计；
- ISA/PC104接口板卡的Windows驱动软件设计；
- PCI/CPCI接口板卡的Windows驱动软件设计。

2.1 Windows 底层硬件驱动及其软件开发设计概述

2.1.1 Windows 系统构造及其底层硬件驱动概述

2.1.1.1 Windows 操作系统的基本描述

Windows 操作系统工作在计算机处理器的保护模式下。

经常使用的是 Intel 公司的 X86 系列计算机处理器，它主要有两种工作模式：实模式和保护模式。实模式(real mode)下，应用程序可以直接对硬件设备进行操作，通常是通过软件中断等 MS-DOS 和 BIOS 提供的硬件设备驱动服务；它可以使用的内存只有 1 MB，由于保护措施极其有限，很容易造成系统故障，甚至崩溃。保护模式(protected mode)扩展了应用内存，增加了内存保护、硬件设备驱动保护及多任务管理等措施，能够使操作系统更加安全可靠。保护模式下的 X86 处理器有 4 种不同的优先级：Ring0、Ring1、Ring2 和 Ring3。Ring0 优先级别最高，Ring3 最低；Ring0 用于操作系统内核，Ring1 和 Ring2 用于操作系统服务，Ring3 用于应用程序。硬件设备驱动程序工作在 Ring0 层，用户应用程序工作在 Ring3 层。有了权限级别，就有机会在中断和 I/O 操作上产生"虚拟"效果，就可以捕获非 Ring0 级的应用程序的中断和 I/O 请求，然后建立缓冲队列，一一进行串行处理。应用程序为了使用硬件设备，就需要编写特定的设备驱动程序，并使其工作在 Ring0 层，用户应用程序利用它捕获特定的硬件操作，完成需要的任务。

Windows 操作系统主要有两种工作模式：标准模式和增强模式。标准模式(standard mode)依靠保护模式和实模式的转换，使用 MS-DOS 和 BIOS 提供的服务来完成所有的系统需求；但这种切换会造成系统开销，因而常使用 Intel 公司提供的快速有效指令实现从实模式切换到保护模式；为避免反向切换而使用一个保护模式驱动程序在保护模式中处理 I/O 中断，这些驱动程序现在还可以看到，SYSTEM 子目录中扩展名为.DRV 的文件就是，如 MOUSE.DRV、COMM.DRV 等，它们是 Ring3 层的动态链接库.DLL(Dynamic Link Library)驱动程序，其任务是在不离开 CPU 保护模式的前提下，与 Windows 的内核、用户、图形设备接口 GDI(Graphic Device Interface)模块之间形成接口。增强模式(enhanced mode)，在标准模式的基础上，进一步加强了硬件设备、存储器等资源的管理，使系统运行更加快速高效；它采用了分页(paging)和虚拟 86(V86)特性，扩充了资源，使系统能够支持多通道、多用户作业，协调处理处理器、存储器、硬件设备和软件资源的争夺；它创造了虚拟机器 VMs(Virtual Machines)机制，使用户通过操作系统来控制和使用计算机，经过逐个层次的功能扩展把计算机扩充为功能更强、使用更加方便的计算机体系。当然，增强模式还是继续在磁盘和文件 I/O 方面使用 MS-DOS 和 BIOS，在需要交换一个文件时，还是要把 CPU 切换到 V86 模式，让 MS-DOS 和 BIOS 来处理 I/O 操作，在保护模式、实模式及 V86 模式之间的所有切换动作都能使 Windows 慢下来，Windows 必须强迫所有应用程序在同一个队列等待实模式服务。

Windows 系统有两种机器状态：用户态和核心态。用户态又叫目态，主要为用户服务；核心态，又叫系统态或管理态。当通过系统调用或访问管理指令进入操作系统内核运行时，处于核心态，此时可能为用户服务，也可能做系统维护工作。用户应用程序代码在用户态下运行，系统服务、设备驱动程序等操作系统代码在核心态下运行。核心态组件使用外部接口传送参数并访问或修改这些数据。系统影响较大的操作系统组件、内存管理器、高速缓存管理器、对象和安全管理器、网络协议、文件系统和所有进程/线程管理器及很多的系统服务都运行在核心态。常见的用户态组件有系统支持进程、服务进程、环境子系统、应用程序及子系统动态链接库等；常见的核心态组件有硬件抽象层 HAL(Hardware Abstraction Layer)、设备驱动程序(device driver)、窗口/图形系统、核心(kernal)和执行体(executive)。硬件抽象层将内核、设备驱动程序及执行体同硬件分隔开来，实现硬件映射；设备驱动程序包括文件系统和硬件设备驱动程序等，其中硬件设备驱动程序将用户的 I/O 函数调用转换为对特定硬件设备的 I/O 请求；窗口/图形系统包括实现图形用户界面 GUI 的基本函数；核心包含了最低级的操作系统功能，如线程调度、中断/异常处理和多处理器同步等，同时它也提供了执行体用来实现高级结构的一组例程和基本对象；执行体包含基本的操作系统服务，如内存管理、进程/线程管理、安全控制、I/O 以及进程间接通信。

系统调用是操作系统提供给软件开发人员的唯一接口，可以利用它使用系统功能。系统调用包括过程实现和中断处理程序，即系统调用子程序和系统调用子例程。系统调用把用户程序和内核程序相分离，内核程序为用户提供相关功能，使用者不必了解系统程序内部结构和相关硬件细节，只需提供系统调用名、参数。Windows 实现的系统调用功能有设备管理、文件管理、进程控制、进程通信、存储管理和线程管理。设备管理用于设备的读/写和控制，文件管理用于文件的读/写和控制，进程控制包括创建、中止和暂停等操作，进程通信包括消息队列、共享存储区和 Socket 等通信渠道的建立、使用和删除，存储管理包括内存的申请和释放，线程管理包括线程的创建、调度、执行和撤销等操作。

2.1.1.2 Windows 下的驱动程序及其操作

Windows 下的驱动程序既有运行在用户态的，也有运行在核心态的。其结构及数据流向如图 2.1 所示。

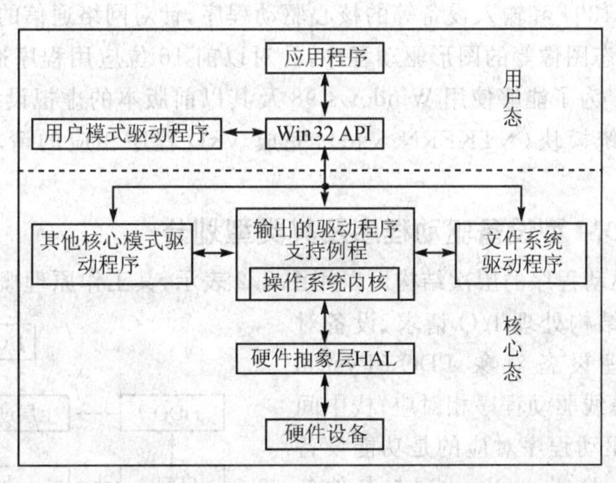

图 2.1 Windows 驱动程序结构及其数据流向示意图

用户态的驱动程序运行在非特权处理器模式下，只有通过调用 Win32 API 或者系统服务才能获得系统数据的存取权。核心态驱动程序作为操作系统的一个组成部分被执行，可以完成受操作系统保护的操作，可以访问用户态驱动程序不能访问的系统结构体。一个设备需要哪种驱动程序取决于该设备的类型和操作系统对它提供的支持。大多数设备驱动程序运行在核心态。用户态驱动程序没有堆栈空间的限制，可以访问 Win32 API，并且容易调试；核心态驱动程序，调试困难，操作系统对代码所请求的数据的完整性和有效性的检查大大减少，系统随时面临毁坏的危险。常见的用户态驱动程序有 Win32 多媒体驱动，支持 MS-DOS 应用程序的虚拟设备驱动程序及其他保护子系统的驱动程序等；常见的核心态驱动程序有 PnP 驱动程序、WDM 驱动程序、小端口驱动程序、文件系统驱动程序及遗留设备驱动程序等。

为了方便，应该用高级语言来编写驱动程序。通常，C 语言适合编写核心态驱动程序，C 或 C++语言则适合编写用户态驱动程序。

处在 Windows 核心状态的硬件设备驱动程序，是基于底层硬件的软件设计的关键。这类驱动程序主要有虚拟设备驱动程序、核心模式驱动程序和 Win32 驱动模型类驱动程序。

虚拟设备驱动程序 VxD(Virtual x Driver)，是系统用于对各种硬件资源识别、管理、维护运作的扩展，与虚拟机管理器 VMM(Virtual Mange Machine)一起合作，维持着系统的运作。VxD 模式从 Win3X 到 Win98，一直在 Windows 系列操作系统中起主导作用。

核心模式驱动程序 KMD(Kernel Mode Driver)，运行于 Windows NT 的 Kernel 模式下，是 Windows NT 下提出的管理、维护硬件运作的驱动程序模式。

Win32 驱动模型类驱动程序 WDM(WIN32 Driver Model)，是 Microsoft 公司力推的"全新"的驱动程序模式，也是现代 Windows 主流的驱动程序模式。WDM 是在 KMD 的基础上增加了即插即用 PnP(Plug and Play)、电源管理 PM(Power Management)、Windows 管理接口 WMI(Windows Manage Interface)等新硬件标准支持而发展来的。WDM 模型是一个分层化的驱动程序模型。WDM 允许用户通过开发 WDM 过滤器程序方便地修改已有驱动程序的行为，从而以很低的代价实现诸如数据加密、防火墙等重要功能，是一种重要而特殊的驱动程序。

现代 Windows 操作系统，如 Windows 2000、Windows XP 等，使用的驱动程序差不多都是 WDM 型。Windows 支持的设备驱动程序类型有针对声音、视频等的内核流驱动程序，针对存储、USB、IEEE 1394 和输入设备等的核心驱动程序，针对网络通信的网络驱动程序，针对显示器、打印机和静态图像等的图形驱动程序，针对以前 16 位应用程序遗留的硬件支持的虚拟设备驱动程序等。为了能够使用 Windows 98 及其以前版本的虚拟设备驱动程序 VxD，这些操作系统使用系统模块(NTKERN. vxd)，完成 VxD 程序相应的请求包创建，再发送给 WDM 驱动程序。

2.1.1.3 WDM 型设备驱动程序及其类型划分

WDM 型设备驱动程序的层次结构可以用图 2.2 表示，其工作原理概括如下：驱动对象和设备对象以堆栈的结构处理 I/O 请求，设备对象最低层的是物理设备对象 PDO(Pysical Device Object)，与总线驱动程序相对应；栈中间与完成设备功能的驱动程序对应的是功能设备对象 FDO(Function Device Object)；与其他各层驱动程序对应的设备对象是过滤器设备对象 FiDO(Filter Device Object)。功能驱动程序处理设备的 I/O 请求 IRP(I/O Request Packet)，如读/写请求、配置请求等；总线驱动程序管理设备与系统的交互，负责具体的信号传输；而过

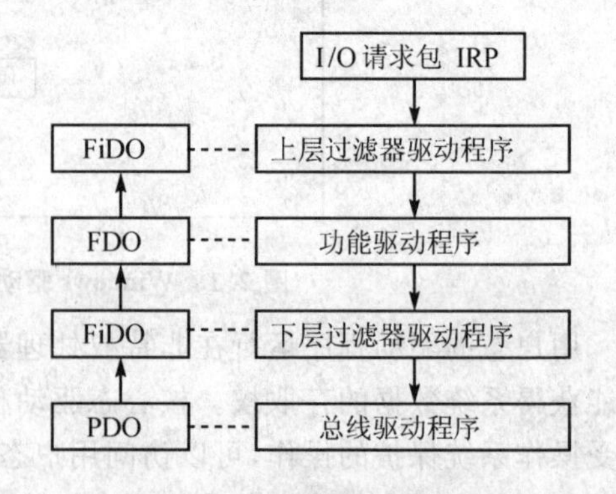

图 2.2 WDM 型设备驱动程序的层次结构示意图

滤器则监督或修改 IRP,做一些额外的处理工作。当用户态应用程序发过来一个 I/O 请求时,I/O 管理器将其形成一个 IRP;在核心态,IRP 首先被送到最上层的驱动程序,然后逐渐过滤到下面,各层驱动程序对 IRP 的处理取决于设备及其 IRP 所携带的内容。

操作系统用设备对象(device object)表示设备,每一个设备都有一个或多个设备对象与之相关联,设备对象提供了在设备上的所有操作。每一个设备对象在驱动程序栈(driver stack)中对应一个驱动程序来管理设备的 I/O 请求,一个设备的所有设备对象被组织成一个设备栈(device stack)。无论何时,一个操作都在一个设备上被完成,系统把 IRP 数据结构体传递给设备栈中顶部设备的驱动程序。每一个驱动程序或者处理 IRP,或者把它传递给设备栈中下一个设备对象的驱动程序。设备对象被对象管理器(object manager)管理。系统为每一个设备对象提供专门的存储空间,被称为设备扩展(device extension),它可以用做特定设备的存储空间。设备扩展同设备对象一起被创建和释放。

从 WDM 的结构组成角度看,设备驱动程序可分为 3 种:总线驱动程序、功能驱动程序和过滤器驱动程序。总线驱动程序,用于各种总线控制器、适配器、桥或可以连接子设备的设备,是必须的驱动程序;功能驱动程序,用于驱动那些主要的设备,提供设备的操作接口,一般来说,这也是必须的;过滤器驱动程序,用于为一个设备或一个已经存在的驱动程序增加功能,或者改变来自其他驱动程序的 I/O 请求和响应行为,它是可选的,且可以有任意的数目。

从 WDM 的层次级别角度看,设备驱动程序可分为 3 种:高层驱动程序、中级驱动程序和低层驱动程序。高层驱动程序,如 FAT、NTFS 和 CDFS 等文件驱动程序,它们需要下层驱动程序的支持;中级驱动程序,如磁盘镜像、类驱动程序、微型驱动程序和过滤驱动程序等,它们穿插在高层和低层驱动程序之间,用户需要编写的一般是中级驱动程序;低层驱动程序,如硬件总线控制器等,它通过调用 HAL 与硬件打交道。

从使用者的角度看,设备驱动程序可分为 3 种:硬件设备驱动程序、文件系统驱动程序和过滤驱动程序。硬件设备驱动程序,操作硬件,将输出写入物理设备或网络,并从物理设备或网络获得输入;文件系统驱动程序,接受面向文件的 I/O 请求,并把它们转化为对特殊设备的 I/O 请求;过滤驱动程序,截取 I/O 并在传递 I/O 到下一层之前执行某些特定处理。

用户应用程序对硬件设备的访问过程如下:用户应用程序对 Windows 子系统进行 Win32 API 调用,该调用由系统服务接口作用到 I/O 管理器;I/O 管理器进行必要的参数匹配和操作安全性检查,然后由该请求构造出合适的 IRP,并把该 IRP 传给驱动程序;驱动程序直接执行该 IRP,并与硬件打交道,完成 I/O 请求工作,最后由 I/O 管理器将执行结果返回给用户应用程序。整个过程如图 2.3 所示。

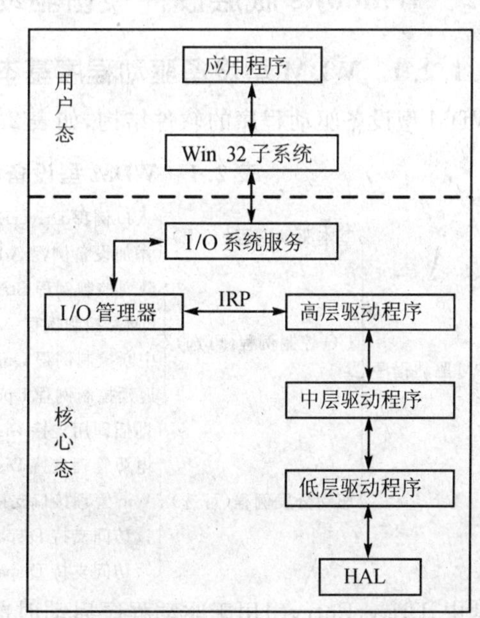

图 2.3 用户应用程序对硬件设备的访问过程示意图

2.1.1.4　设备驱动程序的安装及其相关文件

WDM 驱动程序的安装由一个扩展名为.inf 的文件控制。.inf 文件是一个被划分为“节(section)”的文本文件，每节由方括号[ ]内的标识符表示下面的各项分别控制哪些安装操作或链接或列举其他节。通过.inf 文件，可以获得哪一个文件需要复制到用户的硬盘上，应该添加和修改哪一个注册表项等信息，可以通过自动完成驱动程序的安装或在窗口对话框支持下通过手工完成对驱动程序的安装。

一般情况下，在设备驱动程序包中应该提供以下软件来支持设备（以 Windows 2000 为例）：

① 一个设备安装信息文件(.inf 文件)　.inf 文件包含安装驱动程序使用的信息。当安装驱动程序时，它复制这些文件到%windir%\inf 目录中。这个文件是必须的。

② 设备的一个或多个驱动程序(.sys 文件)　.sys 文件是驱动程序的映像文件。当安装驱动程序时，它们被复制到%windir%\system32\drivers 目录中。对大多数设备，驱动程序是必须的。

③ 驱动程序包的数字签名(驱动程序目录文件)　驱动程序目录文件包含数字签名。所有的驱动程序包都应被签名。厂商通过提交它的驱动程序包给 Windows 硬件质量实验室 WHQL 测试、签名，从而获得数字签名。WHQL 将包返回，并附带一个目录文件(.cat 文件)。厂商必须为设备在 INF 文件中列出这个目录文件。

④ 一个或多个协同安装程序　协同安装程序是一个 Win32 DLL，用来辅助设备在 Windows 系统中的安装。它是可选的。

⑤ 其他文件　比如定制的设置应用程序、一个设备图标和一个诸如视频驱动的驱动程序库文件等。

2.1.2　Windows 底层硬件设备驱动软件开发综述

2.1.2.1　WDM 型设备驱动程序基本结构介绍

WDM 型设备驱动程序的软件结构，如表 2.1 所列。

表 2.1　WDM 型设备驱动程序的软件结构

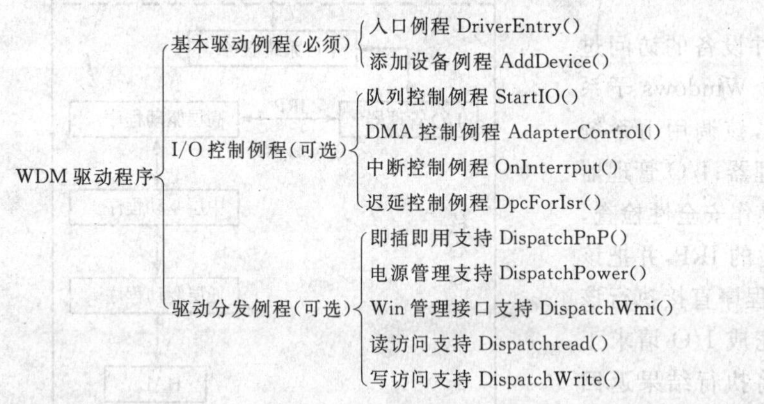

其中，DriverEntry()用于驱动程序启动时的初始化操作，主要是把各种函数指针填入驱动程序对象，指明驱动程序容器中各种子例程的位置，其基本框架代码如下：

```
NTSTATUS DriverEntry(IN PDRIVER_OBJECT DriverObject, IN PUNICODE_STRING RegistryPath);
{   DriverObject -> DriverUnload = DriverUnload;
    DriverObject -> DriverExtension -> AddDevice = AddDevice;
    DriverObject -> DriverStartIo = StartIo;
    DriverObject -> MajorFunction[IRP_MJ_PNP] = DispatchPnP;
    DriverObject -> MajorFunction[IRP_MJ_POWER] = DispatchPower;
    DriverObject -> MajorFunction[IRP_MJ_WMI] = DispatchWmi;
    DriverObject -> MajorFunction[IRP_MJ_CREATE] = DispatchCreate;
    DriverObject -> MajorFunction[IRP_MJ_CLOSE] = DispatchClose;
    DriverObject -> MajorFunction[IRP_MJ_READ] = DispatchRead;
    DriverObject -> MajorFunction[IRP_MJ_Write] = DispatchWrite;
    DriverObject -> MajorFunction[IRP_MJ_DEVICE_CONTROL] = DispatchDeviceControl;
    ……
    return STATUS SUCCESS;
    }
```

IRP 处理例程的作用是，当应用程序调用 Win32 API 的 CreateFile()、CloseHandle()、DeviceIoControl()等函数时，操作系统获得 IRP 的主功能码（IRP_MJ_CREATE、IRP_MJ_CLOSE、IRP_MJ_DEVICE_CONTROL 等），并最终转化为对驱动程序主功能对应的子例程 MyParDeviceDispatch()的调用。

AddDevice()函数的作用是，调用 IoCreateDevice()或 IoCreateDeviceSecure()创建一个设备对象，再使用 IoRegisterDeviceInterface()函数将设备组成为一个特定的设备接口，然后使用 IoAttachDeviceToDeviceStack()函数把它连接到以 PDO 为栈底的设备驱动程序。

Windows 应用程序与设备打交道主要是通过 CreateFile()、CloseHandle()和 DeviceIoControl()等 Win32 API 函数进行的，这些 API 函数对应着驱动程序的一些分发例程。IRP 分发例程有相同的函数原型，均需传递一个指向设备对象的指针：

```
NTSTATUS DispatchCreate(IN PDEVICE_OBJECT fdo, IN PIRP Irp);
NTSTATUS DispatchClose(IN PDEVICE_OBJECT fdo, IN PIRP Irp);
NTSTATUS DispatchDeviceControl(IN PDEVICE_OBJECT fdo, IN PIRP Irp);
NTSTATUS DispatchRead(IN PDEVICE_OBJECT fdo, IN PIRP Irp);
NTSTATUS DispatchWrite(IN PDEVICE_OBJECT fdo, IN PIRP Irp);
```

驱动程序中除了 DriverEntry 命名以外，其他例程可以自命名，只要通过 DriverEntry 例程向系统注册即可。

2.1.2.2 Windows 设备驱动程序开发工具介绍

开发硬件设备驱动程序需要使用代码编辑器、编译器和调试器。经常使用的设备驱动程序开发工具有 MicroSoft 公司的 Windows DDK、CompuWare 公司的 DriverStudio 和 Jungo 公司的 WinDriver。这三款工具都支持 C/C++语言，含有各具特色的程序调试器，其中 DriverStudio 和 WinDriver 是快速源码辅助生成工具，操作极其方便，使用它们可以得到能够直接在应用程序中应用的接口函数，DriverStudio 生成的代码需要借助于 Windows DDK 进行编译，WinDriver 生成的代码无需编译就可以直接使用。代码编辑，可以在记事本、写字板和

Word 等常规的文本编辑器下进行，也可以在 Bland C++、Visual Basic、Visual C++和C++ Builder 等常见的集成开发环境 IDE(Integrated Development Environment)编辑器中进行，其中比较好的两款编辑器是 SourceDynamics 的 SourceSight 和 IDM 的 UltraEdit。代码编辑不是底层硬件软件设计的重点，在此不再赘述。下面分别对 Windows DDK、DriverStudio 和 WinDriver 进行简要介绍，怎样使用它们开发设计具体的 Windows 底层设备驱动程序将在后续三节中详细阐述。

1. Windows DDK 设备驱动程序开发

设备驱动程序开发工具包 DDK(Device Driver Kit)是 Microsoft 公司为其广大用户开发 Windows 下设备驱动程序而特别提供的。DDK 中含有关于设备开发的文档、编译及其所需的头文件和库文件、调试工具和程序范例，定义了编写设备驱动程序所必需的系统底层服务调用，如 DMA 服务、中断服务、内存管理服务和可安装文件系统服务等。现代常用的版本是 Windows 2000/XP DDK，主要支持以 C 语言为基础的 WDM 型设备驱动程序的开发设计。DDK 提供的编译器是基于命令行操作的 Build 构建器。DDK 提供的调试器是 WinDBG (Windows Debug)，程序代码调试通常需要使用两台计算机。

Windows DDK 是开发人员最初普通采用的设备驱动程序开发手段，涉及很多 Windows 操作系统的底层知识，而且使用起来比较困难。但是用 Windows DDK 开发出来的设备驱动程序，直接面向 Windows 内核，只要调试周到细致，工作起来稳定可靠；相对其他后来出现的快速开发工具，它没有过多的封装与使用限制，运行效率比较高。这是现代许多计算机外围设备驱动软件开发商一直选用 Windows DDK 的原因。

2. DriverStudio 设备驱动程序开发

DriverStudio 是 CompuWare 公司推出的 Windows 下的全套驱动开发工具集，它包括的软件工具有 DriverWorks、vToolsD、DriverNetworks&＃8482、DriverAgent、SoftICE、DriverWorkBench 和 BoundsChecker Driver Edition 等。DriverWorks 用于辅助 Windows 驱动程序的开发，其中独具特色的向导工具 DriverWizard 和 QuickVxD 可以快速自动生成设备驱动源代码；vToolsD 用于虚拟设备驱动程序的开发；DriverNetworks&＃8482 用于网络驱动程序开发；DriverAgent 用于对设备硬件性能的测试和诊断；SoftICE 用于驱动程序的调试；DriverWorkBench 用于驱动程序性能分析，包括崩溃分析、FieldAgent 配置、BoundsChecke 事件查看和基于 TrueTime 驱动开发版的性能分析等；BoundsChecker Driver Edition 用于查看系统内核的所有调用，它保留一个选定的驱动程序所做操作的记录，可以探测发生的错误。

DriverStudio 使用 Windows DDK 的 Build 编译工具编译得到驱动程序，它的驱动程序调试工具 SoftICE 可以在一台计算机上完成对驱动程序的全部调试工作，相对于 WinDBG 使用更加方便。应用 DriverStudio 软件工具，能够加快 Windows 下设备驱动程序的开发、调试和硬件设备的测试、调整与配置。DriverStudio 把高质量的工具和现代的软件工程实践带到了以前被忽略的驱动程序开发领域。

3. WinDriver 设备驱动程序开发

WinDriver 是 Jungo 公司推出的用于底层设备驱动程序快速开发的工具包，它包括快速驱动代码发生器 DriverWizard、硬件设备探测器和驱动程序调试器 WDDbug 等软件工具。使用 WinDriver，可以在很短的时间内完成访问 I/O 端口、存储区域、处理中断、执行 DMA 操作及访问 PCI 和自定义寄存器等工作。DriverWizard 通过一个功能强大的 API 硬件分析能够自动产生驱动程序代码；使用硬件探测器，通过一个图形界面能够对硬件进行全面的测试，校验硬件是否按照期望的那样工作；使用 WDDebug，可以快速高效地调试驱动程序。WinDriver 驱动程序具有跨平台特性，在 Windows 下开发的驱动程序不需要作任何修改就可以用于 Linux、VxWork、Solaris 等系统。使用 WinDriver 开发的设备驱动程序，统一使用可嵌入 Windows 内核的特定通用核，不需要编译。

选用 WinDriver 开发硬件设备驱动程序，不需要了解太多的 Windows 操作系统内部原理和内核 API 知识，就可以操作，它使很难的开发任务变得非常轻松容易。

2.1.2.3 Windows 设备驱动程序调试工具介绍

在 Windows 下，经常使用的设备驱动程序调试工具是 MicroSoft 公司的 WinDBG 和 CompuWare 公司的 SoftICE，这两款工具还用于其他形式的 Windows 程序调试，如软件破解等，应用十分广泛，下面分别加以简要介绍。

1. 使用 WinDBG 进行程序调试

WinDBG 是 MicroSoft 公司开发的免费的源码级的调试工具，它不仅可以用于核心模式程序调试、用户模式程序调试，还可以用于 Dump 文件调试、本地进程调试。所谓 Dump 文件调试，即通过使用 dump 命令创建一个 Dump 文件，然后将 WinDBG 附加到容易出现问题的进程上，让 Dump 文件记录产生问题的过程，之后再依此文件进行详细分析；所谓本地进程调试，就是将 WinDBG 附加到一个正在运行的进程上，观察一个进程的执行状况。

使用 WinDBG 可以调试多个进程和线程。所谓进程就是应用程序的运行实例；线程是进程内执行的指令序列，是操作系统分配 CPU 时间的基本实体，每个线程占用一个 CPU 时间片；多任务系统可以同时运行多个进程，每个进程也可以执行多个线程；进程中的线程共享其虚拟地址空间。应用 WinDBG，可以控制一个进程及其子进程的执行，控制子进程的调试，可以在同时调试几个进程时通过"|"命令来显示并切换到不同的进程，还可以通过"～"命令在同一个进程中的多个线程之间显示和切换。

应用 WinDBG 调试程序，通常需要两台计算机，一台机器启动 WinDBG 调试窗口，直接在 WinDBG 下运行待调试的程序或者将 WinDBG 附加到待调试程序的一个进程上；另一台机器运行 WinDBG 对前一台机器上运行的待调试程序进行监控。这就是所谓的"远程调试"。开始程序调试前要设置好便于堆栈观察的符号路径，设置好源代码路径。

WinDBG 主要是通过执行各种命令来进行程序调试的，常用的静态命令有显示调用堆栈、显示局部变量、显示类和链表、显示当前线程的错误值、搜索或修改内存、计算表达式、显示当前线程和进程信息、显示当前模块信息、显示寄存器的值、显示最相近的符号、查找符号、查看各线程的锁资源使用情况、查看句柄信息及显示汇编代码等；常用的程序执行控制命令有设置代码断点、设置条件断点、设置内存断点、控制程序执行、控制异常和事件处理等。

WinDBG 是调试 Windows 程序特别是设备驱动程序的便捷途径，但是应用 WinDBG 需要两台计算机，条件苛刻。可以借助于虚拟工作机软件工具简化 WinDBG 的调试环境和过程，实现单机 Windows 程序调试。常用的虚拟机软件工具有 Microsoft 公司的 VirtualPC 和 VMware公司的 VMware WorkStation。具体的做法是，以实际系统作为调试服务器，通过虚拟工作机模拟出一个客户操作系统，通过设置使它们以串行口方式的命令管道形式相联系，然后在虚拟客户操作系统和实际系统上先后运行 WinDBG，在虚拟客户操作系统上运行待测程序，实际系统通过 WinDBG 对运行在虚拟客户操作系统上的待测程序进行各种“远程调试”。使用虚拟工作机软件，在 WinDBG 调试过程中，两个系统的窗口在同一个屏幕上可以很方便地来回切换。

2. 使用 SoftICE 进行程序调试

SoftICE 是 CompuWare 公司推出的一款功能强大的软件调试/除错工具。它具有硬件侦错器(hardware - level)的能力。它从 X86 保护模式的角度，使用虚拟 86 模式(virtual 86 mode)以“paging”、“I/O privilege level”和“break point register”，加“硬件侦错器”中断，将操作系统底层所有代码段放在一个虚拟机器(virtual machine)上，指示存在的底层“除错”代码段，从而完全控制操作系统的底层环境。SoftICE 的所有动作都发生在一个可以随时叫出的视窗中，其所有指令都可以显示在一视窗中。

SoftICE 的特点如下：

- 可设定某存储器在读/写时、I/O 端口在读/写时、到达某块存储器范围或是某断言发生时，立即中断回到 SoftICE；
- 反向追踪程序代码，原始代码的侦错，可以和其他侦错器同时侦错程序；
- 完全支持 EMM 4.0 (Expand Memory Manager)，亲合力极强的动态线上帮助；
- 程序代码可在任何时刻调出来，即使键盘插断被改也可以呼叫出来；
- 待测程序实际是放在另一虚拟机器上，这样做是为了避免其他进程刻意地更改或摧毁 SoftICE 的程序代码，即使底层有问题 SoftICE 能仍正常的工作；
- 相当于有一个独立于计算机外的硬件侦错器，可以侦错任何一个设备驱动程序(.sys)，这是传统的除错软件所不及的；
- 安装相当简单，根本不用调任何一个 DIP 开关，程序不会占用任何一个 I/O 端口，更不会跟任何一块存储块相冲突。

SoftICE 是个由指令操控块制的调试/除错工具，要使 SoftICE 有动作必须下指令给它。SoftICE 所有的指令都是 1～6 个字的字串而且不分大小写，所有的参数都是字串或运算式，指令可以因不同参数而有改变。在 SoftICE 中经常使用的操作指令有断点设置与处理指令、显示与编辑指令、I/O 端口操作指令、转换控制指令、监测除错指令及视窗控制指令等；此外，还有一些通用操作指令，如程序代码组译下载指令、资料搜索/填充/搬移指令及存储器数据比较指令等。

SoftICE 实现了在一台计算机上调试待测程序，特别是底层设备驱动程序。SoftICE 操作简便，调试功能强大，比 WinDBG 更加易用，因而得到了广泛的应用。下面给出了一段使用 SoftICE 分析 WinZip 软件注册安装过程的窗口显示，这里由随便输入的注册码分析得出了正确的注册码，由此可以对 SoftICE 的程序调试能力可见一斑。

```
0167:00407ABF    LEA     EAX,[EBP-0140]
0167:00407AC5    PUSH    EAX
0167:00407AC6    PUSH    EDI                 ←EDI 指向输入的名字“KraneXH”
0167:00407AC7    CALL    00407BE4            ←计算注册码
0167:00407ACC    LEA     EAX,[EBP-0140]
0167:00407AD2    PUSH    ESI                 ←ESI 指向输入的注册码“12345678”
0167:00407AD3    PUSH    EAX                 ←EAX 指向正确的注册码“23804216”
```

```
0167:00407AD4   CALL        004692D0
0167:00407AD9   ADD         ESP, 10
```

2.2 用 WinDDK 开发设计 Windows 设备驱动软件

根据 Windows 操作系统底层硬件设备驱动的特征，设备驱动程序软件通常要设计的是能够支持 PnP、PM、WMI 功能的核心模式的 WDM 型驱动程序。WDM 驱动程序的一般运作流程是：WDM 本身的 PnP 管理器处于 Root 地位，其 PnP 管理器负责所有的总线驱动程序的加载；总线驱动程序负责遍历所有位于总线上的设备，并且为每个设备创建相应的设备对象，每发现一个设备对象，就查找该对象对应的驱动程序，并调用其 AddDevice 例程；如果 Driver 不在内存中，就先加载，然后再调用其 AddDevice 例程。WDM 支持 PnP、PM 和 WMI 协议，实现时仅需在 MajorFunction 里加入 PnP、PM 和 WMI 事件响应的例程即可。

新型 WDM 硬件设备驱动程序的设计开发一般步骤概括如下：

- 编写驱动程序代码，应包括条件编译标记的调试检查；
- 测试和调试通过检查构建的驱动程序；
- 测试和调试通过自由构建的驱动程序；
- 调整并自由构建驱动程序；
- 附加测试和调试通过检查构建与自由构建的驱动程序和操作系统；
- 测试和检查，最终得到自由构建的驱动程序。

WDM 型设备驱动程序开发设计的关键过程是程序编写、编译构建、检查验证、调试/测试和安装使用，下面分别对这 5 个重点过程详细阐述。

2.2.1 WinDDK 设备驱动程序的软件编写

2.2.1.1 开始设备驱动程序设计前的整体考虑

设备驱动程序设计前，应着重考虑好需要哪些 IRP_MJ_XXX 例程入口、需要创建多少个设备及对具体层次的驱动程序需要创建什么样的设备对象。

一个设备驱动程序，应该支持相同类型设备的驱动程序的相同 IRP_MJ_XXX 和 IOCTL 请求代码。如果设计一个中间层驱动程序，应该首先确认下层驱动程序所管理的设备，因为一个高层的驱动程序必须具有低层驱动程序绝大多数 IRP_MJ_XXX 例程入口。高层驱动程序在接到 I/O 请求时，在确定自身 IRP 当前堆栈单元参数有效的前提下，要设置好 IRP 中下一个低层驱动程序的堆栈单元，然后再调用 IoCallDriver 将请求传递给下层驱动程序处理。一旦决定好了驱动程序应该处理哪些 IRP_MJ_XXX，就可以开始确定驱动程序应该有多少个 Dispatch 例程。当然也可以考虑把某些 IRP_MJ_XXX 处理的例程合并为同一例程处理。

一个驱动程序必须为它所管理的每个可能成为 I/O 请求的目标物理和逻辑设备创建一个设备对象。一些低层的驱动程序还可能要创建一些不确定数目的设备对象，例如一个硬盘驱动程序必须为每一个物理硬盘创建一个设备对象，同时还必须为每个物理磁盘上的每个逻辑分区创建一个设备对象。一个高层驱动程序必须为它所代表的虚拟设备创建一个设备对象，这样更高层的驱动程序才能连接它们的设备对象到这个驱动程序的设备对象。另外，一个高层驱动程序通常需要为它低层驱动程序所创建的设备对象创建一系列的虚拟或逻辑设备对象。

尽管可以分阶段来设计驱动程序，从而使一个处在开发阶段的驱动程序不必一开始就创建出它将要处理的所有设备对象，但从一开始就确定好最终要创建的所有设备对象将有助于设计者解决任何同步问题。另外，确定所要创建的设备对象还有助于定义设备对象的设备扩展内容和数据结构。

驱动程序的开发是一个从粗到细逐步求精的过程。DDK 的 src\目录下有一个庞大的模板代码，几乎覆盖了所有类型的设备驱动程序、高层驱动程序和过滤器驱动程序。开始开发驱动程序之前，应该先在这个样板库下面寻找是否有类似类型的例程。例如 SCSI Tape、SCSI Disk 和 SCSI CDROM 等驱动程序开发时，可以参考类似驱动程序，从而降低开发驱动程序的难度。

2.2.1.2 驱动程序中常见的标准例程及其说明

表 2.2 列出了 Windows 2000/XP 设备驱动程序中经常使用的标准例程，并概述了其使用目的和每个例程应该存在于哪些驱动程序中。

表 2.2 设备驱动程序中经常使用的标准例程及其特征

名　称	所在的驱动程序	任　务
DriveEntry	所有驱动程序	初始化驱动程序并设置其他标准例程的入口点
AddDevice	所有驱动程序	创建设备对象
Dispatch	所有驱动程序必须至少有一个	用一个或多个主要功能编码处理 IRP
StartIo or Queue Management	对于在 Dispatch 例程中不能完成所有 I/O 请求的最低层设备驱动程序是必需的，对于更高层驱动程序是可选的	为驱动程序管理 IRP 队列
Reinitialize	对所有驱动程序是可选的	在其他驱动程序装入之后完成附加的初始化任务
InterruptServiceRoutine(ISR)	对于任何产生中断的最低层设备驱动程序是必需的	响应来自一个物理设备的中断
DpcForIsr or CustomDpc	对于任何包含 ISR 的驱动程序是必需的	在 ISR 返回后处理中断
SynchCritSection	对于任何与它的 ISR 或其他例程共享数据的驱动程序是必需的	同步访问共享数据
AdapterControl	对于完成 DMA 的驱动程序是可选的	完成 DMA 转换
ControllerControl	对于使用物理控制器的驱动程序是可选的	管理物理控制器
Cancel	对于任何在一段不确定时间段中对 IRP 排队的驱动程序是必需的，通常每个栈中最高层驱动程序至少有一个撤销例程	在一个 IRP 被撤销后清除它
IoCompletion	对任何分配与发送 IRP 的驱动程序是必需的	释放驱动程序分配的 IRP，并且执行任何其他任务

续表 2.2

名　称	所在的驱动程序	任　务
IoTimer	对任何驱动程序是可选的	以一个定长的或一秒间隔周期执行某个任务
CustomTimerDpc	对任何驱动程序是可选的	以一个短于一秒或可变的时间间隔周期执行某个任务
Unload	任何在系统继续运行时能够被卸载的驱动程序	清除以使驱动程序能够被卸载

当前 IRP 及目标驱动程序对象是许多标准例程的输入参数，所有驱动程序通过其标准例程组通过分段处理每个 IRP。

2.2.1.3　WDM 型设备驱动程序的编写设计

表 2-1 给出了 WDM 型设备驱动程序的基本软件结构，据此，编写设备驱动程序时，可以采取分层次逐步叠加的形式：首先编写一个基本功能驱动程序并调试；通过后，再考虑对更多目标设备对象支持的附加请求，添加相应例程并调试；通过后，再考虑对设备 I/O 请求支持的附加请求，添加相应例程并调试通过。以下是详细的阐述。

1. 基本功能驱动程序的编写

首先编写为 AddDevice、DispatchPnP、DispatchPower 和 DispatchCreate 例程设置入口点的 DriverEntry 例程。

接着编写 AddDevice 例程，在 AddDevice 例程中完成：调用 IoCreateDevice 创建一个独立设备对象，调用 IoAttachDeviceToDeviceStack 把设备对象自己加入设备栈，调用 IoRegisterDeviceInterface 为其设备暴露一个接口。暴露的接口为访问该设备的用户模式应用程序提供了途径。

然后为 IRP_MJ_PNP 请求编写一个基本 DispatchPnP 例程，为 IRP_MJ_POWER 编写一个基本 DispatchPower 例程。该 DispatchPnP 例程必须准备处理具体的 PnP IRP，例如 IRP_MN_START_DEVICE 请求。当驱动程序处理启动的 IRP，它必须调用 IoSetDeviceInterfaceState 以激活它先前注册的接口。

最后为 IRP_MJ_CREATE 请求编写一个基本 DispatchCreate 例程。对于任何请求，一个较高层驱动程序的 AddDevice 例程必须建立一个到相邻较低层驱动程序的链接，并且每个 Dispatch 例程必须在 IRP 中设置相邻较低层驱动程序的 I/O 栈位置。

2. 支持更多目标设备对象的附加请求的代码添加

为支持更多目标设备对象的附加请求，应该修改 DriverEntry 例程，为 IRP_MJ_CLOSE 请求设置一个 Dispatch 入口点。需要说明的是，为 IRP_MJ_CREATE 请求工作的基本 Dispatch 例程通常可以处理对一个最低层或中间层驱动程序的 IRP_MJ_CLOSE 请求，因此是否需要编写一个单独的 DispatchClose 例程完全取决于开发者。

3. 支持设备 I/O 请求的代码添加

为支持设备 I/O 请求，要求比创建/关闭请求进行更多处理的 IRP_MJ_XXX 添加另一个 Dispatch 例程。例如，编写一个从设备到内存读数据或截取一组较低层驱动程序读请求的 DispatchRead 例程，也就是说，处理 IRP_MJ_READ 请求。然后修改 DriverEntry 例程以便在驱动程序对象中设置 DispatchRead 入口点，进而修改 DispatchPnP 例程中的 IRP_MN_START_DEVICE 处理，以建立任何将要处理读请求的对象，并编写必需处理读请求的任何附加驱动程序。

一个最低层驱动程序至少需要 StartIo、ISR、和 DpcForIsr 例程，还可能需要 SynchCritSection 例程，如果设备使用 DMA，还需要基本 AdapterControl 例程。

DriverEntry 例程必须在驱动程序对象中设置 StartIo 入口点，并设置驱动程序的其他新例程。当 DispatchPnP 例程处理 IRP_MN_START_DEVICE 请求时，应该注册中断对象 ISR，为 DMA 设置一个适配器对象，并初始化物理设备。由于 ISR 可以从 IoConnectInterrupt 成功返回后立即被调用，所以连接中断应当是启动设备编码的最后步骤；否则，驱动程序需要在注册 ISR 之前使设备的中断失效，之后再启用设备的中断。

一个较高层驱动程序应该是拥有一个基本 IoCompletion 例程，这个例程至少要检测 I/O 状态块是否为 STATUS_SUCCESS，并用 IRP 调用 IoCompleteRequest；DriverEntry 例程必须在驱动程序对象中设置 DispatchRead 入口点；DispatchRead 例程必须调用 IoSetCompletionRoutine 以在 IRP 中设置驱动程序的新 IoCompletion 例程。

必要的话，修改设备扩展的内部结构：对于一个最低层驱动程序，设备扩展应当存储中断对象指针，让 ISR 和 StartIo 或 DpcForIsr 例程共享环境区域，如果设备使用 DMA，还要存储适配器对象信息；对于一个较高层驱动程序，设备扩展必须存储相邻较低层驱动程序的设备对象指针，否则其内容和结构应该由驱动程序定义。

4. 编写新的 Dispatch 例程为驱动程序添加功能

通过编写新的 Dispatch 例程为驱动程序添加功能，并且在较高层驱动程序中，编写新的 IoCompletion 例程来处理这组要求的 IRP_MJ_XXX，按照要求修改 DriverEntry 例程及设备扩展或其他驱动程序分配的存储。

设备驱动程序的编写，涉及许多例程及其系统例程的调用，限于篇幅，此处不再赘述，可以参考“Windows 2000/XP 驱动程序开发参考”。

2.2.2 WinDDK 设备驱动程序的编译构建

2.2.2.1 设备驱动程序的相关文件及其准备

编译构建设备驱动程序，通常需要 4 个文件：C 语言驱动程序源程序文件(xxx. c)、RC 文件(xxx. rc)、sources 文件和 makefile 文件。

C 语言驱动程序源程序文件就是前面叙述的要设计的设备驱动程序文件。

RC 文件用于一些类型、程序控制别名等的定义。

sources 文件含有要编译和连接的所使用文件的宏。如果驱动程序由很多创建项组成或源文件在几个子目录中，那么在每个子目录节点要有一个“dirs”文件。该文件含有指明相关源文件所在目录的宏。

makefile 文件给工具 NMAKE 指明 DDK 中的主宏定义文件“makefile. def”，供 NMAKE 使用。它产生从属关系和命令行列表，编译构建工具 BUILD 会为 sources 文件中列出的每个源文件使用 NMAKE 工具。makefile. def 文件指明了传给编译器和连接器的标志，使用这些标志可以简化驱动程序所在平台的创建。

含有驱动程序源文件的每个子目录都必须含有 makefile 和 scources 文件，必须在每个源代码目录下创建 makefile 和 scources 文件。

Scources 文件中，必需的宏定义有 TARGENAME(指明要创建的库名)、TARGEPATH(指明所有.exe、.dll、.lib 等创建项要存放的目录)、TARGETYPE(指明要创建项的类型)、TARGETLIBS(指明产生项要连接的输入库)、SOURCES(含有带扩展名的源文件列表)等；可以选择的常用宏定义有 TARGEPATHLIB(为创建选项创建输入库指明文件路径与名称)、TARGETEXT(为 DLLs 文件指明扩展名)、INCLUDES(含有一系列编译期间要查找的头文件路径)、UMTYPE(指明要创建的项类型)、UMAPLLEXT(为可执行文件指明扩展名)、386_WARNING_LEVEL(指明编译警告等级)等。宏定义格式为：MACRONAME = MacroValue。式中，MacroValue 是 BUILD 用于替换 MACRONAME 的文本串。创建项的目的路径构成为：%TARGEPATH%\<cpu_type>\，这里，TARGEPATH 在 scources 文件中定义，cpu_type 指明创建项要工作的平台环境。

RC 文件(xxx.rc)、sources 文件和 makefile 文件，这 3 个辅助文件都很简单，在 DDK samples 的每个例程里都有，理解其结构和意义即可编写出具体设备所需的类似文件。下面给出了虚拟盘驱动程序 vdisk.rc 的 3 个辅助文件的写法。

```
/ * vdisk.rc * /
#include
#include
#define VER_FILETYPE   VFT_DRV
#define VER_FILESUBTYPE VFT2_DRV_SYSTEM
#define VER_FILEDESCRIPTION_STR "SCSI VDisk Driver"
#define VER_INTERNALNAME_STR "vdisk.sys"
#define VER_ORIGINALFILENAME_STR "vdisk.sys"
#include "common.ver"
/ * end of vdisk.rc * /
/ * SOURCES * /
TARGETNAME = vdisk
TARGETTYPE = DRIVER
TARGETPATH = $(BASEDIR)\lib
TARGETLIBS = $(BASEDIR)\lib\  \$(DDKBUILDENV)\scsiport.lib
INCLUDES = ..\..\inc
SOURCES = vdisk.c vdisk.rc
/ * end of SOURCES * /
# makefile
# 不要编辑这个文件，若要对该组加入新的源文件，则编辑.\sources.
# 该文件仅仅指向由 Windows NT DDK 驱动组件共享的实际 make 文件
! INCLUDE $(NTMAKEENV)\makefile.def
# makefile 结束
```

对所有驱动程序而言，makefile 都是一样的，Microsoft 公司也警告不要编辑这个文件，如果需要，可以通过编辑修改 sources 文件达到同样的效果。

2.2.2.2 使用 Build 工具编译设备驱动程序

Windows DDK 的编译构建工具是 Build，它有两种：自由构建（free build）和检查构建（checked build）。自由构建，以最优化方式编译构建驱动程序，禁止使用调试断言，从二进制码中去除调试信息，得到的驱动程序更小更快，对内存的需求更小；检查构建，用于操作系统和内核模式驱动程序的测试和调试，它含有意外错误检查、参数检查和在自由构建中不可用的调试信息，能够提供额外的保护，有助于区分和记录驱动程序的某些问题，但是检查构建比自由构建需要更多的内存和硬盘空间，系统和驱动程序运行更慢。

驱动程序开发的早期，需要使用检查构建来调试驱动程序，检查构建得到的附加调试代码可以有效地防止不良的驱动程序可能导致的许多错误。执行调整、最终测试和检查，应该使用基于自由构建得到的驱动程序，自由构建得到的驱动程序运行速度越快越有可能发现竞争条件和其他同步性的问题。所以，首先要使用检查构建环境进行驱动程序的编译构建并运行调试和测试，该环境编译得到的代码没有优化，可以执行意外的内部错误检查；用检查构建环境测试代码工作正常后，再使用自由构建环境重新编译并进行调试和测试。

可以在驱动程序代码中包含预处理器符号 DBG，由它来决定编译构建时是采用自由构建还是检查构建：若 DBG 为 1，则进行检查构建；若 DBG 为 0 或不定义，则进行自由构建。

对于设备驱动程序，所使用的 C 编译器基本上选用 Microsoft 公司的 Visual C++5.0 及其以上版本。结合 Visual C++，使用 Build 工具，可以创建 Windows DDK 支持的所有驱动程序和相关软组件。Build 有助于维护一个单独文件中的目标相关资料，如源文件名、头文件路径、输出目录等。运行 Build 工具，必须依次安装 Microstft 公司的 Visual C++和 Windows DDK，然后运行 Visual C++安装目录下的\bin\vcvars32.bat 初始化 Visual C++编译环境，接下来在 Win2000 DDK 的程序组中，单击图标“Free Build Environment”或“Checked Build Enviornment”，就可以以命令行方式开始编译构建工作了。

在命令行使用“Build －?”可以显示 BUILD 的语法和携带的参数选项。典型的命令行调用是：build － cZ，其功能是删除所有存在的.obj 文件，制止相关的源文件、头文件的检查。

2.2.3 WinDDK 设备驱动程序的检查验证

Windows DDK 使用 DriverVerifier 工具来检查验证刚设计出来的设备驱动程序。DriverVerifier 是一个可以监视一个或多个内核模式驱动程序以证实它们没有非法函数调用或引起系统讹误的工具。DriverVerifier 能够在目标驱动程序上执行广泛的测试和检查任务。如，在驱动程序以非正当的 IRQL(Interrpu Requst Level)使用了内存，不正当地调用或释放自旋锁和内存分配，或者释放内存池时没有首先删除任何定时器时，DriverVerifier 将发布合适的错误检查。

Driver Verifier 工具主要有以下能力：

① 自动检查，如 IRQL 和内存例程的检查、释放内存池的定时检查、驱动程序的正确卸载检查，该功能一直起作用。

② 特别内存池的使用。使用特别内存池来测试内存的上溢和下溢，以及在内存释放之后的访问。

③ 强迫 IRQL 检查。通过给驱动程序施加极端的内存压力来揭示内存分页的故障。

④ 低资源模拟。通过注入随机分配错误和其他被拒绝的请求来测试驱动程序在低内存

状况下的响应。

⑤ 内存池跟踪。检查当驱动程序被卸载时所有内存分配释放的情况。

⑥ I/O 检查。监视驱动程序的 I/O 对非法或不一致行为的处理。

DriverVerifier 由 DriverVerifier 的图形接口或 verifier. exe 的命令行激活，特别内存池选项也可通过 Global Flags Utility 为所标记的内存池所激活。DriverVerifier 状态的大多数改变(激活、去活、改变选项或者改变正被检查的驱动程序列表)在重新启动时仍起作用，无需改变或重新编译驱动程序。DriverVerifier 在自由构建和检查构建上都能执行。

DriverVerifier 管理器是一个图形接口，允许激活 DriverVerifier 并监视它的动作状态，它有 5 个不同的标记页。Driver Status、Global Counters 和 PoolTracking 标记用于显示信息和监视正被检查的驱动程序；Settings 标记用来激活和配置 DriverVerifier 的行为，对该窗口的改变将在下次引导后起作用；Volatile Settings 标记用于立即改变 DriverVerifier 的行为。

全局标记工具 gflags. exe，通过调整运行系统的内核设置和改变图像文件的设置，提供了一种在系统注册表里设置特定键的简单方法。可以通过使用一个 GUI 或命令行接口设置这些键。

2.2.4 WinDDK 设备驱动程序的安装/调试

2.2.4.1 驱动程序的安装及其相关文件制作

1. 安装信息文件(xxx. inf)及其准备

为了支持所设计的设备驱动程序的安装，必须有一个安装信息文件。安装信息文件是一个文本文件，它包含了关于设备和要安装的文件的必要信息，如驱动程序映像、注册表信息和版本信息等。安装信息文件是 Windows 系统新设备向导、增加/删除硬件向导等安装应用程序的一个重要资源。

安装信息文件有一些公共部分并遵守一套单一的语法规则，但是由于 Windows 支持不同种类的设备，其 xxx. inf 文件也是有区别的。编写安装信息文件时应阅读所设计设备的类型文档、. inf 示例文件和类似设备的. inf 文件。Windows DDK 提供了一些协助编写安装信息文件的软件工具，常用的是 GenINF 和 ChkINF 工具，可以借助它们得到基本的安装信息文件，然后根据需要再做适当的修改。

通过安装信息文件，可以为设备文件说明源和目标位置、控制驱动程序的装入次序及使用系统定义的扩展建立一个单一的跨平台的安装和/或者双操作系统安装的. inf 文件、使用%strkey%令牌并包含一套本地专用的 Strings. LanguageID 节建立国际化的. inf 及通过在[Xxx_AddReg]节增加特定的表项来加强设备安装的安全性等。

注册表中的驱动程序信息，通常放在 HKLM\SYSTEM\CurrentControlSet 目录下的\Services、\Control、\Enum 和\HardwareProfiles 等子目录中。所有的设备驱动程序应该在\Services\下有相应的键值，常见的子项(以驱动程序名为名称)键值有 Type(驱动程序的种类)、Start(驱动程序的起始启动时间)、ErrorControl(驱动装入失败的错误处理)、Group(驱动程序的组名)、DependOnGroup(所依赖的其他驱动程序)、Tag(同组内驱动程序装入顺序)和 Parameters(驱动程序特定的参数键)等。可以通过注册表编辑器 Register Editor、Win32 API 函数调用或编写使用. ini 文件来添加或修改这些键值。

2. 设备驱动程序文件及其安装

在 Windows 下安装设备必须有关于该硬件设备的一个或多个驱动程序(.sys 文件)和安装信息文件(.inf 文件)。有了这两类文件，把硬件设备接入系统，就可以在新设备向导、增加/删除硬件向导或系统重启时安装该设备驱动程序了。通常安装还需要驱动程序包的数字签名。有些设备还需要一个或多个协同安装程序、定制的设置应用程序及一个设备图标或一个诸如视频驱动的驱动程序库文件来为设备提供属性页等。

2.2.4.2 使用调试软件工具调试驱动程序

1. 在驱动程序中加入调试信息

在驱动程序中加入调试信息，可以有力地配合调试工具的监控调试工作。通常，可以通过调用大量的与调试器互相作用的例程来做到这一点。常用的核心模式例程有支持在调试窗口中显示信息输出的 Print(形式为 DbgPrint、KdPrint)、支持断点操作及其信息显示的 Breakpoint(形式为 DbgBreakPoint、DbgBreakPointWithStatus 等)、支持断言及其信息回传的 Assert(形式为 Assert、AssertMSG)等。

2. 符号文件(symbol file)及其设置

符号文件是程序代码在连接时创建的，当二进制文件进行编译后，符号文件保持了对调试过程非常有用的各种各样的数据。符号文件的典型项目有全局变量、局部变量、函数名称及其入口地址、FDO 数据、源程序行号等。调试时必须保证调试器能够访问到与调试的目标体系相关联的符号文件。要调试的代码必须包含适当的符号，并要把它们装载到调试器中。WinDBG 等调试器都使用一个指向包含符号文件的绝对目录路径来为其指明符号文件的位置，多个目标路径之间以逗号相隔，必须确认调试器设置中包含了这种目标路径指定。可以以命令行方式，通过相应调试工具的相关命令进行符号文件路径指定。

3. 用调试工具调试驱动程序

设备驱动程序的调试通常使用 WinDBG 和 SoftICE，这两款软件工具及其使用在 2.1 节中已经介绍；更详细的使用细节，可以参看调试器的使用参考文本。以 WinDBG 为例，其使用参考文本中含有：怎样调试各种驱动程序与应用程序、怎样创建与分析 Crash Dump 文件、怎样在 Windows 陷入核心错误显示“蓝屏”时中止各种“bug check”消息等。

2.2.5 WinDDK 设备驱动程序的测试/使用

设备驱动程序通过调试并顺利安装后，可以在用户态编写应用程序逐步对其进行测试。

首先在应用程序中调用 Win32 函数 CreateFile()观察设备能否顺利打开，然后调用 CloseFile()函数观察设备能否顺利关闭并从系统中卸除。

接下来，调用 ReadFile()和 WriteFile()函数，观察能否对设备进行正常的读/写访问。

如果设备驱动程序支持中断、DMA 传输等功能，还要调用 DeviceIoControl()函数启动相应功能，并逐项进行测试。

只有反复进行测试，没有问题的驱动程序，才能投入使用。

设备驱动程序的使用，一般通过调用 API 接口函数实现，首先是使用 CreateFile()函数打开设备；打开成功后，再通过函数调用初始化设备，之后就可以正常操作访问它了；使用完毕，要通过 CloseFile()函数调用及时关闭设备，以释放所使用的端口、内存等资源。

2.3 用 DriverStudio 开发设计 Windows 设备驱动软件

2.3.1 DriverStudio 设备驱动软件开发设计概述

CompuWare 公司的 DriverStudio 全套驱动程序开发工具集是快速开发设计 Windows 下设备驱动程序的有力工具。DriverStudio 包括的软件工具有 DriverWorks、vToolsD、DriverNetworks™、DriverAgent、SoftICE、DriverWorkBench 和 BoundsChecker Driver Edition 等，在设备驱动程序开发设计过程中经常使用的工具是 DriverWorks、DriverAgent 和 SoftICE。DriverWorks 用于辅助 Windows 驱动程序的开发，其中独具特色的向导工具 DriverWizard 和 QuickVxD 可以用于快速自动生成设备驱动源代码。DriverAgent 用于对设备硬件性能的测试和诊断。SoftICE 用于驱动程序的调试。此外，有时也使用 DriverWorkBench 对驱动程序性能进行分析，如崩溃分析、FieldAgent 配置、BoundsChecke 事件查看及基于 TrueTime 驱动开发版的性能分析等。

DriverWorks 充分利用了 Windows 操作系统和 WDM 驱动程序接口面向对象的优良特性，与 Windows DDK 相比，它为设计基于 WDM 的驱动程序提供了更加友好的方式。DriverWorks 通过提供强大而先进的代码生成向导 DriverWizard，还有库和例子中成千上万行经过严格测试的代码，来简化设备驱动程序的开发。DriverWorks 的代码向导 DriverWizard，与 Visual C++紧密的集成，超过 1500 行的驱动程序源代码框架只需单击几次鼠标即可完成。这些代码还包含了详细的注释。DriverWizard 能够生成专为特殊设备定制的代码，比如：USB 设备、PCI 设备、即插即用设备、ISA 设备等。DriverStudio 把每个驱动程序都需要的代码封装成类库。库代码能够自动地处理例行的操作，这大大地简化了任务的复杂度。在大多数情况下，使用 DriverWorks 函数库，可以大大减少驱动程序的代码长度。利用这些精心设计的函数，几乎可以完成所有的工作。DriverWorks 还提供了完整的和 Microsoft Developer Studio 相似的开发环境，包括 checked 和 free 编译环境、相似的代码编辑器、错误代码定位以及类浏览器等。因此，使用 DriverWorks 能够以更快的速度开发 WDM 型设备驱动程序。

2.3.2 DriverStudio 设备驱动程序的编译与装载

DriverStudio，使用 Windows DDK 的 Build 编译工具，结合 Visual C++，来编译它所得到的设备驱动程序。Visual C++编译器拥有 ANSI C 所不具备的优点：包括改进的类型安全检查、内联函数优化以及更好的代码组织。编译方式既可以采用 Visual C++的可视化环境，也可以采用命令行形式。

使用 DriverWorks 开始工作之前，必须编译需要的类型库文件。在 Visual C++环境中编译所需类型库的步骤如下：

- 启动 Visual C++；
- 选择菜单 File | Open Workspace，打开位于 DriverStudio \ DriverWorks \ Source \ vdwlibs. dsw 的工作空间文件；
- 选择菜单 Build|Batch Build，在弹出的对话框中选择想编译的库；
- 单击 Build 编译选择的库。

使用命令行形式编译所设计的设备驱动程序前，必须先运行两个批处理文件(后缀为.bat的文件)，这两个文件存在DDK和Visual C++中。第一个批处理文件是SetEnv.bat，它要求两个参数：一个是DDK的根目录，另一个是free或checked。第二个参数告诉编译系统是否在驱动程序中加入调试信息。第二个批处理文件是VCVars32.bat，它为编译器建立路径。也可以直接通过运行Windows DDK开始菜单程序中的Checked Build Environment或Free Build Enviroment来完成这种操作。

在Windows操作系统中装载编译完成的设备驱动程序，可以使用DriverStudio的DriverMonitor工具，也可以用控制面板里的添加新硬件向导来实现。装载驱动程序前，首先要把相应的xxx.inf文件复制到系统文件夹。通过DriverMonitor或在添加新硬件向导的安装过程中，把安装选择定位到xxx.inf文件所在的目录。使用DriverMonitor工具可以首先验证驱动程序能否正常工作，中间会看到许多弹出过程信息，从DriverMonitor退出前要注意及时卸载驱动程序。对于非WDM型驱动程序，一定首先要用DriverMonitor验证其工作性能，只有工作正常后，才可装入系统，否则可能会造成很大麻烦。安装完成后，打开控制面板中的系统图标，安装的设备会出现在设备管理器中。

下面给出最简单的驱动程序编译与装载例子。

对Windows NT 4.0来说，最简单的例子在DriverStudio\DriverWorks\Examples\NT\HELLO文件夹里。可以编译这个例子，然后用DriverMonitor装载它。对适用于Windows 98/Me/2000/XP的WDM型设备驱动程序，在DriverStudio\DriverWorks\Examples\WDM\HELLOWDM文件夹里有最简单的例子。编译它，然后用控制面板里的添加新硬件向导来加载。如果有Visual C++ 5.0或更新的版本，可以打开工作空间文件%DRIVERWORKS%\examples\nt\hello\hello.dsw，然后在Visual C++环境中编译，编译WDM驱动程序，要用HELLOWDM例子。如果想从命令行编译，请按下面的方法设置工作目录，然后运行Build程序编译：

```
cd\ProgramFiles\Numega\DriverStudio\DriverWorks\ examples\nt\hello
build
```

可以查看编译后输出的文件build.log (或buildchk.log或bldfre.log)，以发现是否有错误。

2.3.3 使用DriverStidio快速开发设备驱动软件

使用DriverStudio开发Windows下设备驱动程序的一般步骤如下：

① 把待设计驱动程序的硬件设备接连到计算机，启动系统，运行DriverStudio的DriverAgent工具对硬件设备的I/O端口、内存、中断和寄存器组等硬件性能进行综合测试和诊断。只有经过测试没有问题的硬件设备才能投入使用并进行后续驱动程序设计工作。

② 通过快捷方式Setup DDK and Start MSVC来启动VC IDE，从其菜单DriverStudio中选择DriverWizard，从而快速启动DriverWorks的驱动程序代码生成向导；在该向导窗口界面中，选择设备类型及其相应资源配置，一步步确定驱动程序所要实现的功能；最后完成各项选择，得到所需的驱动程序框架代码程序。所有过程都可以通过鼠标完成。

通过快捷方式Setup DDK and Start MSVC来启动VC IDE，可以使Visual C++自动完成一些必要设置，以便后来的程序可以使用DDK和DW的头文件和库。

③ 使用 SourceSight 或 UltraEdit 打开得到的驱动程序，根据实际需要，通过调用系统驱动程序类型函数，在相应的功能实现例程中加入需要的控制操作。对于每一种驱动程序类型，DriverStudio 都提供了相应的操作函数和使用例子，可以参考选用，如 USB 设备、PCI/CPCI 板卡等。这种添加或修改，代码量很少，通常得到的驱动程序往往是不做或很少做这种改变的。

④ 使用 Build 工具通过命令行或 VC IED 环境编译所设计的驱动程序。

⑤ 使用 SoftICE 工具，按驱动程序实现的功能，逐步进行调试，修改存在的问题；然后使用 DriverWorkBench 工具对产生的驱动程序性能进行综合分析，进一步完善。

⑥ 使用 DriverMonitor 工具装载所设计的驱动程序，利用 DriverWorks 代码产生向导同时得到的应用态测试程序，通过对所设计驱动程序的访问，对它进行运行级的测试。

⑦ 把所设计的设备驱动程序装载到 Windows 系统下，供用户应用程序调用。

以上详细说明了利用 DriverStudio 快速开发设计设备驱动底层软件的过程，其中重要的是前 4 步和第 6 步。应用 DriverStudio 工具开发设计具体的 USB 设备、PCI/CPCI 板卡或 ISA/PC104 板卡的设备驱动程序，将在后续章节中详细介绍。

2.4 用 WinDriver 开发设计 Windows 设备驱动软件

2.4.1 WinDriver 设备驱动程序开发工具概述

WinDriver 是 Jungo 公司推出的一套设备驱动程序开发组件，它可以用来开发基于 Windows 95/98/Me/NT/2000/XP/CE、Linux、Solaris、VxWorks 等操作系统下的设备驱动程序，如 PCI/PCMCIA /ISA/ISA PnP/EISA/CPCI/USB/并口等。用 WinDriver 开发设备驱动程序，不必熟悉操作系统的内核，整个驱动程序中的所有函数都是工作在用户态下的，通过与 WinDriver 的.vxd 或.sys 文件交互来达到驱动硬件的目的。WinDriver 是一个像开发用户态程序那样简单，像开发核心态程序那样高效的开发工具。WinDriver 体系结构如图 2.4 所示。

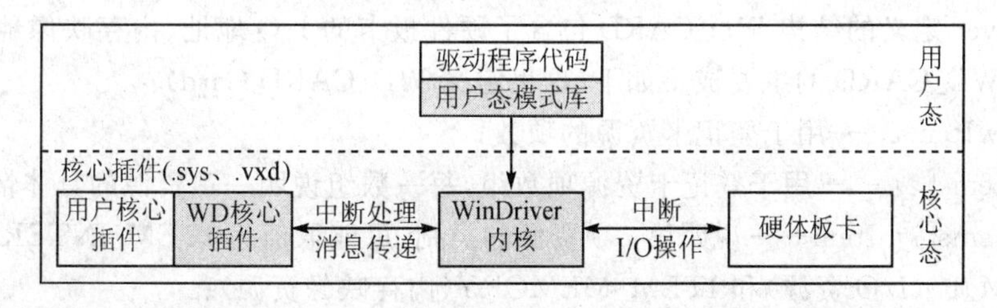

注：白色图框为用户书写组件，灰色图框为 WinDriver 组件。

图 2.4 WinDriver 驱动程序开发构造示意图

WinDriver 包含的主要软件工具是快速驱动代码发生向导 DriverWizard、硬件设备探测器和驱动程序调试器 WDDbug。DriverWizard 通过一个非常强健的 API 硬件分析能够自动产生驱动程序代码；硬件探测器，通过一个图形界面能够对硬件进行全面的测试，校验硬件是否按照期望的那样工作；使用 WDDebug，可以快速高效地调试所设计的设备驱动程序。

WinDriver 设备驱动程序开发设计工具具有以下特点：

- 从用户层访问硬件；
- 支持 I/O 读/写、中断处理和物理内存读/写；
- 支持各厂家的 PCI/CPCI、ISA、EISA、PCMCIA 和 USB 总线接口；
- 支持主流 PCI 接口芯片 PLX9050 /9054 /9060 /9080、AMCC、Galileo 和 V3 等 PCI 桥；
- 支持通用 Win32 软件开发平台，如 Visual C++、C++ Builder、Visual B、Dephi 和 Java等；
- 应用程序对 Win9X 与 NT/2000 二进制代码级兼容，对 Win9X、NT2000/CE/XP 和 Linux 源代码级兼容；
- 提供核心插件功能，可用于开发高性能驱动程序（对调试无误的、要求苛刻的部分，软件通过 WinDriver 提供的 API 可以插入到核心态运行）；
- 编程向导界面友好，可进行编程前的硬件诊断，可自动生成大部分驱动程序代码。

使用 WinDriver 开发设计设备驱动程序有两种方式：直接利用 WinDriver API 函数编写和通过 DriverWizard 编程向导自动产生。后一种方法是针对具体设备类型对 WinDriver API 函数产生再次的自动包装得到驱动程序的，其本质仍然是利用 WinDriver API 函数。下面首先介绍 WinDriver 的主要数据结构和 API 函数，然后再具体阐述使用 WinDriver 开发设计设备驱动程序的方法步骤。

2.4.2 主要 WinDriver 数据结构和 API 函数介绍

2.4.2.1 WD_CARD_REGISTER 结构简介

WD_CARD_REGISTER 结构的主要成员有结构 WD_CARD、变量 fCheckLockOnly 和 hCard。

fCheckLockOnly——用于指定，若只想检查所设计板卡的资源是否被成功登记，则设为 TRUE；若真要登记该卡，则设为 FALSE。

hCard——用于指定返回该卡登记后的句柄，供其他函数使用。

WinDriver 定义的结构 WD_CARD 包含了硬件板卡的 I/O 地址、内存映像地址和中断信息等资源。WD_CARD 的主要成员如下（这里定义 WD_CARD Card）：

Card. dwItems——用于登记卡资源的项数；

Card. Items[ ] ——用于登记卡资源项数组，每一数组说明一项资源的具体情况；

Card. Items[i]. Item——说明第 *i* 项资源的类别，可能取值为 ITEM_INTERRUPT（中断资源）、ITEM_IO（I/O 资源）和 ITEM_MEMORY（内存映像资源）；

Card. Items[i]. fNotSharble——用于指定第 *i* 项资源是否可与其他应用程序共享，一般设为 TRUE（不共享）。

两个 I/O 资源项：

Card. Items[i]. I. IO. dwAddr——用于指定 I/O 资源的每一个地址；

Card. Items[i]. I. IO. dwBytes——用于指定 I/O 资源中 I/O 地址的个数。

四个内存映像资源项：

Card. Items[i]. I. Mem. dwPhysicalAddr——用于指定内存映像物理地址的首地址；

Card. Items[i]. I. Mem. dwBytes——用于指定内存映像区间的长度。

Card. Items[i]. I. Mem. dwTransAddr——用于指定使用 WD_Transfer()函数进行该段内存存取时所使用的基地址；

Card. Items[i]. I. Mem. dwUserDirectAddr——用于指定用户在应用程序中直接内存读/写该段区间时所使用的基地址。

三个中断资源项：

Card. Items[i]. I. Int. dwInterrupt——用于指定中断号 IRQ；

Card. Items[i]. I. Int. dwOptions——用于指定中断类型可选项；

Card. Items[i]. I. Int. hInterrupt——用于指定返回的中断句柄，可供 WD_IntEnable()等函数使用。

2.4.2.2 WD_CardRegister()函数介绍

WD_CardRegister()函数的原型如下：

```
void WD_CardRegister(HANDLE hWD, WD_CARD_REGISTER * pCardReg);
```

其中 hWD 为打开 windrvr. vxd 所获得的句柄。

2.4.2.3 访问硬件 I/O 端口和内存映像

访问硬件 I/O 端口和内存映像使用函数 WD_Trandfer()，其函数原型如下：

```
void WD_Transfer(HANDLE hWD, WD_TRANSFER * pTrans);
```

其中 WD_TRANSFER 为一结构，用于存放进行读/写操作的命令，其主要成员说明如下(假设作了 WD_TRANSFER trans 变量声明)：

trans. cmdTrans——是操作命令，格式为：〈dir〉〈p〉_〈string〉〈size〉。其中，〈dir〉可为 R(读)或 W(写)，〈p〉可为 P(I/O)或 M(内存映像)，〈string〉可为 S(字符串存取)或无值(表示单次存取)，〈size〉指明每次操作的数据长度，可为 BYTE、WORD 或 DWORD。

trans. dwPort——指 I/O 地址或 WD_CardRegister()返回的用于该命令的内存映像地址。

trans. Data. Byte，trans. Data. Word 和 trans. Data. Dword——为单次存取操作的字节型、字型或双字型数据。

trans. dwBytes——为字符串存取操作(一命令多次存取操作)要传送的数据个数。

trans. fAutoInc——指定是否进行地址自动加一。

trans. Options——应设为 0。

trans. Data. Buffer——是要处理的数据缓冲区地址。

简单示例如下：

```
WD_TRANSFER trans;
BZERO(trans);                          // 结构清零
trans.cmd.Trans = WP_BYTE;             // 指示进行 I/O 地址写
trans.dwPort = 0x61;                   // 指示要读/写的端口地址
trans.Data.Byte = data;                // 要存取的数据
WD_Transfer(Hwd, &trans);              // 函数调用，完成硬件访问
```

2.4.2.4 中断设置及其处理函数的操作

1. 在主程序中,进行初始化中断设置,简单的示例代码如下:

```
WD_INTERRUPT intrp;                                        // 存放中断信息的结构
BZERO(intrp);                                              // 结构清零
intrp.hInterrupt = CardReg.Card.Items[0].I.Int.hInterrupt; // 取得中断资源登记时的中断句柄
intrp.cmd = null;
intrp.dwOptions = 0;                                       // 无特殊中断可选项
WD_IntEnable(Hwd, & intrp);                                // 开启中断
if(! intrp.fEnableOK)
{    //ShowMessage("无法开启中断!");
   return;
}
//ShowMessage("中断处理线程已开启:……");
thread_handle = CreateThread(0, 0x800, InterruptHandle, NULL,0,&thread_id);
                                                           //用 Win32API 函数建立工作线程,在
                                                           //此线程中调用 WD_IntWait()函数,
                                                           //等待中断的到来
//此处可放置其他程序代码
WD_IntDisable(hWD, &intrp);                                // 若停止接收中断,调用它
WaitForSingleObject(thread_handle, INFINITE);              // 无限等待中断处理线程的结束
```

2. 在中断处理线程中进行具体的中断处理,示例如下:

```
BOOL InterruptHandle(pVoid pData)
{    //printf("interrupt process thread: wait for interrupt……");
     for(;;)
   {    WD_IntWait(hWD, &intrp);                           // 无中断时函数休眠,有中断时被
                                                           唤醒
        if(intrp. fstopped) break;                         // 若被父进程的 WD_IntDisable()唤
                                                           醒,则停止循环等待中断的到来
        //printf("recived interrupt timers: % d", intrp.dwCounter);
        //在此处可加入其他中断处理函数,包括 WinAPI 函数
   }
     return 0;                                             // 返回,同时停止工作线程
}
```

2.4.3 用 WinDriver 编程向导快速开发驱动程序

使用 WinDriver 编程向导快速开发硬件设备驱动程序的一般步骤如下:

① 安装。把待开发的硬件设备装置插入计算机。

② 选择硬件。运行 WinDriver Wizard,DriverWizard 将自动显示计算机上所有的即插即用设备。接下来,从中选择待开发硬件设备。对于即插即用设备,可以直接从列表中选择;对于非即插即用设备,从列表中选择"ISA",鼠标、键盘和内存等都是 ISA 设备。如果没有在计

算机中插入待开发硬件设备但仍想使用 WinDriver 开发设计其设备驱动程序，则可以选择"Virtual Device"。

③ 检测/定义硬件。Driver Wizard 能够自动测试分析即插即用的待开发硬件设备资源(I/O 端口范围，内存范围以及中断)。既可以手动定义寄存器也可以编辑修改硬件设备资源。对于非即插即用设备，需要手动定义硬件资源。

④ 测试硬件。在写驱动程序之前确认待开发硬件设备工作正常是很重要的。使用 Wizard程序诊断待开发硬件设备，如果硬件正在工作它可以查出以下内容：读/写硬件的内存及寄存器，监听硬件中断。

⑤ 产生驱动程序代码。使 Driver Wizard 针对特定的应用程序开发软件产生指定编程语言的驱动程序代码，应用程序开发软件如 Visual C++、C++Builder、Visual B、Dephi 和 Java 等，编程语言如 C、Pascal、Visual Baisc 和 #. net 等。可以选择将性能苛刻部分插入到核心态。Driver Wizard 可以生成如下代码：操作硬件的应用程序级 API 函数；用上述 API 函数操作硬件的样本应用程序。

下面给出了一个读取板卡寄存器的 API 函数的例子。

```
BYTE MyCard_ReadStatusRegister (MyCard_HANDLE hMyCard)
{    BYTE data;
     MyCard_ReadWriteBlock(hMyCard, MyCard_StatusRegister_SPACE,
         MyCard_StatusRegister_OFFSET, &data, sizeof(BYTE), MyCard_MODE_BYTE);
     return data;
}
```

⑥ 测试及应用。编译样本诊断程序并运行它。这个样本程序是最终驱动程序的一个雏形，然后修改样本程序以适合实际需要或者使用 WinDriver 提供的其他子程序。

2.4.4 直接利用 WinDriver 的 API 函数开发驱动程序

直接利用 WinDriver 提供的 API 函数编写硬件设备驱动程序的一般步骤如下：

① 将 windriver. h 复制到应用程序的源代码目录中，以使应用程序可以找到它；

② 在应用程序的源文件中包含 windows. h、winioctl. h 和 windriver. h 3 个头文件；

③ 调用 WD_Open()函数，打开 WinDriver 设备驱动程序，获得设备文件句柄；

④ 调用 WD_CardRegister()函数，向 WinDriver kernal 登记板卡信息；

⑤ 调用 WD_Transfer()函数，进行 I/O 和内存数据的存取；当然也可直接用 WD_CardRegister()函数返回的内存映像的线性地址存取硬件上的地址空间；

若使用中断的话，可调用 WD_IntEnable()函数使能中断，此后可调用 WD_IntWait()函数等待中断的到来；停止中断响应可调用 WD_IntDisable()函数予以实现；

⑥ 不需要硬件操作时，可调用 WD_CardUnregister()函数取消登记，而后调用 WD_Close()函数关闭 WinDriver 设备驱动程序。

2.4.5 WinDriver 开发的驱动程序的分发与应用

在所设计的硬件设备程序分发使用前，如果设计的是 WDM 型设备驱动程序，对于 Windows 98/ME/NT/2000 必须把 WINDRVR. SYS 文件复制到 C:\WINNT\SYSTEM32\

DRIVER 下，对于 Windows XP 必须把 WINDRVR. SYS 文件复制到 C:\WINDOWS\SYSTEM32\DRIVER 下，如果是 USB 等即插即用设备还需要复制文件 WDPNP. SYS；如果设计的是 VxD 型虚拟设备驱动程序，对于 Windows 98/ME 必须把 WINDRVR. VXD 文件复制到用户 C:\WINNT\SYSTEM32\DRIVER 下，对于 Windows 95 必须复制 WINDRVR. VXD 文件到 C:\WIN95\SYSTEM\VMM32 目录，然后使用 WinDriver 的 wdreg. exe 软件工具安装运行该程序，格式为：wdreg - vxd install。

WINDRVR. SYS 等文件一般在\Windriver\redist\目录下可以找到。

在应用程序中使用驱动程序前，必须建立起与 WinDriver 底层驱动程序的联接，为此需要进行相关文件包含和变量定义，下面以 C++ Builder 中使用 WinDriver 编程向导得到的并行口驱动程序为例进行说明：

① 在工程项目. cpp 文件开始嵌入。

```
#include <condefs.h>
USEUNIT("..\lpt_lib.c");                    // lpt_lib.c 为驱动程序接口函数库文件
```

② 在单元 unit. cpp 文件开始嵌入。

```
#include <lpt_lib.h>                        // lpt_lib.h 为驱动程序接口函数库程序的头文件
```

③ 在 unit. cpp 文件开始定义变量。

```
LPT_HANDLE hLPT;                            //定义指向设备的句柄
```

2.5 通过常见 Windows 通信接口进行数据传输设计

在 Windows 操作系统下，用户应用程序和外界进行数据传输通信，最常见的形式是使用计算机的异步串行口、并行打印口和以太网接口。Windows 对串行通信、并行打印输出和以太网通信提供了相应的应用程序接口 API 函数，还有很多界面友好且易用的通信控件可以用在 Windows 下可视化应用软件开发工具如 Visual Basic、Visual C++、Dephi 和 C++ Builder 等集成开发环境 IDE 中供用户直接编程调用。下面就这 3 种常见的硬件接口数据传输通信的底层程序软件设计及其应用，作详细阐述。

2.5.1 在 Windows 下通过异步串行口传输数据

2.5.1.1 Windows 异步串行数据传输通信概述

在 Windows 下通过异步串行口进行数据传输主要有 3 种方法：通过 I/O 端口操作实现串行通信，使用系统提供的 API 函数实现串行通信和借助特别设计的控件实现串行通信。在应用程序设计中通常采用后两种方法。

所谓控件，也称为组件(component)，是指应用程序设计中能够实现特定功能并且可以控制的软件模块，一般分为可视化组件 VC(Visual Componet)和非可视化组件两种，每个控件都有自己的事件、方法和属性。控件的使用使编程更容易，它在程序的设计阶段可以设置一些属性，如大小、位置、标题(caption)等；在程序运行阶段，可以更改这些属性，还可以针对不同的事件，调用不同的方法来实现对该控件的控制。控件就好象一块块的积木，程序要做的事只是将这些积木搭起来。控件可以重复使用,甚至可以在不同的编程语言之间使用。

异步串行通信是全双工形式的,包括数据的接收和数据的发送两个方面。数据的发送是主动的,比较容易实现;数据的接收是被动的,需要在数据到达后才能实施,具体实现起来有一定的方法和技巧,不同的方法达到的效果和效率不同。数据的接收通常有两种方式:事件驱动(event driven)法和查询法(polling)。事件驱动方式,每当有新字符到达、端口状态改变或发生错误时触发已定义的事件,就通知应用程序进行数据接收或错误操作;这种方法,程序响应及时,可靠性高。查询方式,实质上还是事件驱动,是应用程序不断地查询是否有数据到达等事件,在得到相应事件信号时作数据接收等操作处理,结束查询;这种方法比较繁琐,但在代码量较小,具有自保持能力的应用程序设计中,还是更可取的。

异步串行通信是 Windows 下与硬件设备打交道最常采用的方式,这里予以特别说明。

2.5.1.2 常见主要异步串行通信控件及其应用

Windows 下 Visual Basic、Visual C++、Dephi 和 C++ Builder 等集成开发工具中经常使用的异步串行通信控件有 Visual Basic 下的 MSComm32、Dephi 下的 SPComm、Moxa 提供的应用于 C++ Builder 的 PcommPro、应用于. net 及其精简平台等便携式产品的 Charon 和应用于 C++ Builder 的 Victor 等,其中 MSComm32 控件在各种应用开发工具中应用最广。这些控件,通过组件一定的操作变换,可以从一种开发环境输出到另一种,如从 Visual Basic 输出 MSComm32 控件再安装到 C++ Builder 下应用。下面以 C++ Builder 下应用 MSComm32 或 Victor 控件进行异步串行通信为例,加以阐述。Victor 控件相对于 MSComm32,性能更强,也更加易用。

MSComm32 或 Victor 控件,在 C++ Builder 简称 BCB(Borland C++ Builder)下的安装方法是不同的,MSComm32 控件需要作为 Active 控件安装,Victor 控件则作为独立控件进行安装。

MSCOmm32 控件的安装方法如下:① 在 BCB 的一个目录下创建一个新目录如 MSComm,把文件 Mscomm. reg、Mscomm32. ocx 和 Mscomm32. dep 复制到该目录下;②单击 Mscomm. reg 完成 Windows 下 OCX 控件的注册;③启动 BCB 后,选择菜单 Component→Import Active Control,弹出 Import Active 窗口,选择 Microsoft Comm Control6. 0,然后单击 add 按钮在打开的窗口中选择上面所建目录中的 Mscomm32. ocx,单击 Install 按钮执行安装命令,并为其指定包名(已存在的包或新包),系统将自动进行编译并完成控件的安装。系统默认安装在控件板的 Active 页。

Victor 控件的安装方法如下:①在 BCB 的一个目录下创建一个新目录,把 Victor 控件包中的文件释放在该目录下;②选择 BCB 菜单 Project→Options→Packages→Add,如果是 BCB6 选择安装的文件夹是 yb_base_c6. bpl 和 yb_comm_c6. bpl,如果是 BCB5 选择安装的文件夹是 yb_base_c5. bpl 和 yb_comm_c5. bpl,然后单击"打开"按钮;③选择 BCB 菜单 Project→Options→Directories/Conditionals,单击 Include Path 右面的"…"按钮,添加包含 *. h 文件的文件夹,单击 Library Path 右面的"…"按钮,添加包含 *. lib 文件的文件夹;④对于 Windows 9x 版本需要在 C:\AUTOEXEC. BAT 文件里面的 PATH=后面添加包含 *. bpl 文件的文件夹;⑤对于其他 Windows 版本需要在"我的电脑→属性→高级→环境变量→系统变量"列表里的"变量"为 Path 的"值"上单击"编辑"按钮,添加包含 *. bpl 文件的文件夹。

MSComm32 或 Victor 控件，定义了一些属性，主要用以设置串行通信的数据格式、传输波特率、数据缓冲等，可以通过 BCB 的 Object Inspector 逐项设置。为了使用方便，Victor 控件还提供了一个简易的可视化窗口，这些设置比较简单，在此不再赘述，重点说明一下如何在 BCB 下使用它们进行数据收发传输。

MSComm 控件，利用其 Input 和 Output 属性进行数据的读/写访问，通过其 OnComm 事件接收数据；这种数据接收方式属于事件触发法，此时需要其 RThreshold 属性设置为大于 0，只有这样在接收到字符时才会产生一个 OnComm 事件。需要着重说明的是在 BCB 下 Input 和 Output 这两个属性已不再是 VB、VC 中的原类型，而是 OleVariant 类型，也就是 Ole 万能变量，这要求在数据收发时要把数据转换成 Ole 类型。使用 MSComm 控件进行串行数据收发的典型例程如下：

```
void __fastcall TForm1::ButtonClick(TObject * Sender)        //按钮控制发送字符串的数据
{  MSComm1 ->Output = StringToOleStr("你好，能得到我的问候吗？");  }
void __fastcall TForm1::MSComm1Comm(TObject * Sender)
{  AnsiString str;                                            // 声明一个 AnsiString 类型的变量
   OleVariant s;                                              // 声明一个用于接收数据的 OleVariant
                                                              // 变量
   if(MSComm1 -> CommEvent == comEvReceive)                   // 缓冲区中是否收到 Rthreshold 个
                                                              // 字符
   {    if(MSComm1 -> InBufferCount)                          // 是否有字符驻留在缓冲区等待被
                                                              // 取出
        {      s = MSComm1 -> Input;                          // 接收数据
               str = s.AsType(varString);                     // 转换 OleVariant 变量成 AnsiString
                                                              // 类型
                  Memo1 -> Text = Memo1 -> Text + str;        // 把接收到的数据显示在 Memo1 窗口中
        }
   }
}
```

Victor 控件，使用 read() 和 write() 方法进行数据读/写访问，通过其 OnCommNotify 事件接收数据，这也是事件触发法的数据接收。使用 Victor 控件进行串行数据收发的典型例程如下：

```
void __fastcall TForm1::ButtonClick(TObject * Sender)        //按钮控制发送字符串的数据
{   char Buffer[9] = {'H','e','l','l','o','!', 0x36, 0x36, 0x36};
    YbCommDevice1 ->Write(Buffer,9);
}
void __fastcall TForm1::VictorCommNotify(TObject * Sender, int NotifyType)
{   int n;
    char Buf[200];
    if(NotifyType&EV_ERR) return;                             //发生错误，返回
    int n = Victor ->Read(Buf,200);                           //收到 n 个字节
}
```

2.5.1.3 异步串行通信时 WinAPI 函数及其应用

利用 WinAPI 函数进行异步串行通信，程序编制灵活，实际应用更为广泛。

1. 异步串行通信 WinAPI 函数简介

用于异步串行通信的 WinAPI 函数有 20 个左右，下面就常用的函数加以简要说明。

(1) CreateFile()和 CloseHandle()函数

这两个函数用于打开和关闭串口。其原型及其参数、返回值说明如下：

```
HANDLE CreateFile(LPCTSTR lpFileName, DWORD dwDesiredAccess, DWORD dwShareMode,
    LPSECURITY_ATTRIBUTES lpSecurityAttributes, DWORD dwCreationDistribution,
    DWORD dwFlagsAndAttributes, HANDLE hTemplateFile);
BOOL CloseHandle(HANDLE hObjedt);
```

lpFileName　要打开的设备文件名称，对串口通信来说就是 COM1 或 COM2。

dwDesiredAccess　读/写模式设置，一般为 GENERIC_READ 或 GENERIC_WRITE。

dwShareMode　串口共享模式，一般不允许与其他应用程序共享，设为 0。

lpSecurityAttributes　串口的安全属性，应为 0，表示该串口不可被子程序继承。

dwCreationDistribution　创建文件的性质，一般标识为 OPEN_EXISTING。

dwFlagsAndAttributes　属性及相关标志，若用异步方式应设为 FILE_FLAG_OVERLAPPED。

hTemplateFile　模板文件指定，一般为 0，选定为默认值。

串口打开成功方可使用，CreateFile 函数返回操作串口的句柄，可供以后对串口操作使用柄。

成功关闭串口时返回 true，否则返回 false。

(2) GetCommState()和 SetCommState()函数

这两个函数用于取得和设置串口的工作状态，其原型及其参数说明如下：

```
BOOL GetCommState(HANDLE hFile, LPDCB lpDCB);
BOOL SetCommState(HANDLE hFile, LPDCB lpDCB);
```

参数 hFile 表示串口操作句柄，lpDCB 表示特定的设备控制块 DCB(Device Control Block)结构。DCB 结构中含有和设备相关的参数，如数据位数、起止/校验和波特率等。该结构决定了串口的初始状态，涉及很多相关的参数，初始化串口时，一般是先调用 GetCommState() 函数取得串口的参数结构，修改部分参数后再调用 SetCommState() 将参数结构写入 DCB。DCB 结构中，进行串口初始化设置相关的几个常用参数是：

DWORD BaudRate　串口波特率；

DWORD fParity　为 1 时激活奇偶校验检查；

DWORD Parity　校验方式，0～4 分别对应无校验、奇校验、偶校验、校验置位和校验清零；

DWORD ByteSize　一个字节的数据位个数，范围是 5～8；

DWORD StopBits　停止位个数，0～2 分别对应 1 位、1.5 位和 2 位停止位。

(3) GetCommTimeouts()和 SetCommTimeouts()函数

这两个函数用于取得和设置串口数据收发的超时时间,主要是通过改变 COMMTIMEOUTS 结构体的成员变量值来实现的,其原型及其参数说明如下:

```
BOOL GetCommTimeouts(HANDLE hFile, LPCOMMTIMEOUTS lpCommTimeouts);
BOOL SetCommTimeouts(HANDLE hFile, LPCOMMTIMEOUTS lpCommTimeouts);
```

参数 hFile 表示串口操作句柄,COMMTIMEOUTS 结构用于表示读/写操作相关的时间限制,其原型为:

```
typedef struct _COMMTIMEOUTS
{    DWORD ReadIntervalTimeout;          // 两个字符到达的最大时间间隔,单位:ms
     DWORD ReadTotalTimeoutMultiplier;   // 读操作一个字符的时间值
     DWORD ReadTotalTimeoutConstant;     // 读操作的时间限定值
     DWORD WriteTotalTimeoutMultiplier;  // 写操作一个字符的时间值
     DWORD WriteTotalTimeoutConstant;    // 写操作的时间限定值
} COMMTIMEOUTS, * LPCOMMTIMEOUTS;
```

其中,各时间所满足的关系如下:

```
ReadTotalTimeout = ReadTotalTimeOutMultiplier * BytesToRead + ReadTotalTimeoutConstant
WriteTotalTimeout = WriteTotalTimeOutMultiplier * BytesToWrite + WriteTotalTimeoutConstant
```

读取完一个字符后,超过了 ReadIntervalTimeout,仍未读取到下一个字符,发生超时事件;读或写操作时间超过上述式子中的设定值时,发生超时事件。

(4) SetupComm()和 PurgeComm()函数

这两个函数用于设置数据缓冲区的大小和清零数据缓冲区,其原型及其参数说明如下:

```
BOOL SetupComm(HANDLE hFile, DWORD dwInQueue, DWORD dwOutQueue);
BOOL PurgeComm(HANDLE hFile, DWORD dwFlags);
```

参数 hFile 表示串口操作句柄,dwInQueue 表示接收缓冲区的字节长度,dwOutQueue 表示发送缓冲区的字节长度,dwFlags 用于指定对串口执行的动作,常用 dwFlags 标识定义如下:

PURGE_TXABORT——停止目前所有的传输工作立即返回,不管是否完成传输动作;
PURGE_RXABORT——停止目前所有的读取工作立即返回,不管是否完成读取动作;
PURGE_TXCLEAR——清除发送缓冲区的所有数据;
PURGE_RXCLEAR——清除接收缓冲区的所有数据。

(5) ReadFile()和 WriteFile()函数

这两个函数用于读/写访问串口的操作,其原型及其参数说明如下:

```
BOOL ReadFile(HANDLE hFile, LPVOID lpBuffer, DWORD nNumberOfBytesToRead,
             LPDWORD lpNumberOfBytesRead, LPOVERLAPPED lpOverlapped);
BOOL WriteFile(HANDLE hFile, LPCVOID lpBuffer, DWORD nNumberOfBytesToWrite,
             LPDWORD lpNumberOfBytesWritten, LPOVERLAPPED lpOverlapped);
```

参数 hFile 表示串口操作句柄,lpBuffer 表示等待读或写数据的首地址,nNumberOfBytesToRead 和 nNumberOfBytesToWrite 表示等待读或写数据的字节数长度,lpNumberOf-

BytesRead 表示从串口实际读出的字节个数，lpNumberOfBytesWritten 表示实际写入串口的数据个数，lpOverlapped 是指向一个可重叠型的 I/O 结构的指针。

利用参数 lpNumberOfBytesRead 和 lpNumberOfBytesWritten，可以判断实际读出或写入的字节数和准备读出或写入的字节数是否相同，进而判断串行口的读或写操作是否完全。

(6) ClearCommError()函数

该函数用于清除串口错误或者读取串口当前的状态，其原型及其参数说明如下：

```
BOOL ClearCommError(HANDLE hFile, LPDWORD lpErrors, LPCOMATAT lpStat);
```

参数 hFile 表示串口操作句柄，lpErrors 表示返回的错误数值，常见的错误常数定义如下：

CE_BREAK 表示检测到某个字节数据缺少合法的停止位；

CE_FRAME 表示硬件检测到帧错误；

CE_IOE 表示通信设备发生输入/输出错误；

CE_MODE 表示设置模式错误，或是 hFile 值错误；

CE_OVERRUN 表示溢出错误、缓冲区容量不足，数据将丢失；

CE_RXOVER 表示溢出错误；

CE_RXPARITY 表示硬件检查到校验位错误；

CE_TXFULL 表示发送缓冲区已满。

lpStat 指向通信端口状态的结构变量 COMSTAT，其原型如下：

```
typedef struct _COMSTAT
{    ...
    DWORD cbInQue;            // 输入缓冲区中的字节数
    DWORD cbOutQue;           // 输出缓冲区中的字节数
} COMSTAT, * LPCOMSTAT;
```

cbInQue 和 cbOutQue 是该结构中很重要的两个参数。

(7) GetCommMask()、SetCommMask()和 WaitCommEvent()函数

这 3 个函数用于获得、设置或等待串行端口上指定监视事件，其原型及其参数说明如下：

```
BOOL SetCommMask(HANDLE hFile, DWORD dwEvtMask);
BOOL GetCommMask(HANDLE hFile, LPDWORD lpEvtMask);
BOOL WaitCommEvent(HANDLE hFile, LPDWORD lpEvtMask, LPOVERLAPPED lpOverlapped);
```

参数 hFile 表示串口操作句柄，lpEvtMask 表示准备监视的串口事件掩码，它可以是下面一个或几个定义事件的组合：

EV_BREAK 表示收到 Break 信号；

EV_CTS 表示 CTS(Clear To Send)线路状态发生变化；

EV_DSR 表示 DST(Data Set Ready)线路状态发生变化；

EV_ERR 表示线路状态错误，包括 CE_FRAME、CE_OVERRUN、CE_RXPARITY 3 种错误；

EV_RING 表示检测到振铃信号；

EV_RLSD 表示 CD(Carrier Detect)线路信号发生变化；

EV_RXCHAR 表示输入缓冲区中已收到数据；

EV_RXFLAG 表示使用 SetCommState()函数设置 DCB 结构中的等待字符已被传入输入缓冲区中；

EV_TXEMPTY 表示输出缓冲区中的数据已被完全送出。

lpOverlapped 用于在异步通信时保存异步操作结果。

2. 应用 WinAPI 通信函数实现串行数据接收

应用 WinAPI 函数进行串行通信，只熟悉上述这些 API 函数还是不够的，还要牵涉到多线程和消息机制。一般情况下，由主线程来完成读/写串口的操作，串口发送数据相对较简单，接收数据就要麻烦一点，需要在打开串口后由主线程首先设置要监视的串口通信事件，然后将监视线程打开，用来监视主线程设置的这些串口通信事件是否已发生；当其中的某个事件发生后，监视线程马上将该消息发送给主线程，主线程在收到消息后根据不同的事件类型进行处理，包括读取接收到的数据。主线程和监视线程的大致工作流程一般为：

主线程流程：主线程打开(就是打开主窗体)→打开串口→初始化串口(设置波特率、校验方式、数据位数、停止位数、收发缓冲区大小及超时限定)→设置监视线程需要监视的串口通信事件→打开监视线程→等待各种事件的发生(如发送数据事件、更改通信参数事件、接收到数据事件、串口信号变化及接收溢出等)。

监视线程流程：打开监视线程→串口事件是否发生(WaitCommEvent())/异步操作是否正在后台进行(if(GetLastError()==ERROR_IO_PENDING))？→等待异步操作结果(GetOverlappedResult(hComm, &os, &dwTrans, true))→处理通信事件，根据事件类型的不同给主窗体发送不同的消息或读取接收数据。

下面给出了一段等待数据到来并读取的例子。在该例中，只要在限定接收数据字节数内收到指定的结束字符就从缓冲区中取得数据。

```
HANDLE hComm;
DCB ComDCB;
LPCOMMTIMEOUTS ComTimeouts
OVERLAPPED os;
DWORDn BytesRead, dwEvent;
COMSTAT cs;
char InBuff[100];
DWORD dwMask, dwTrans, dwError = 0, err;
hComm = CreateFile("COM1", GENERIC_READ|GENERIC_WRITE,
                0, NULL, OPEN_EXISTING, FILE_FLAG_OVERLAPPED, 0 );
SetupComm(hComm,100,100);                          //设置收发缓冲区大小
ComTimeouts.ReadTotalTimeoutConstant = 1000;       //设置接收超时限定
fSuccess = SetCommTimeouts(hCom,& ComTimeouts);
GetCommState(hComm, &ComDCB);                      //设置波特率、数据格式等:96,N,8,1
ComDCB.BaudRate = 9600;
ComDCB.ByteSize = 8;
ComDCB.Parity = NOPARITY;
ComDCB.StopBits = ONESTOPBIT;
ComDCB. EvtChar = 0x0d;                            // 设置接收数据结束字节标识
```

```
SetCommState(hComm, &ComDCB);
SetCommMask(hComm, EV_RXFLAG);                              // 设置接收数据标识事件
memset(&os, 0, sizeof(OVERLAPPED));
os.hEvent = CreateEvent(NULL, TRUE, FALSE, NULL);           // 创建有效的异步事件
if(! WaitCommEvent(hComm, &dwMask, &os))                    // 注释见程序注释①
{   if(GetLastError() == ERROR_IO_PENDING)                   // 注释见程序注释②
    {   GetOverlappedResult(hComm, &os, &dwTrans, true);
        ClearCommError(hComm.&dwError.&es);                  // 取得串行端口的状态
        if(es.cbInQue>sizeof(InBuff))                        // 数据是否大于所准备的缓冲区
        {   PurgeComm(hComm, PURGE_RXCLEAR);                 // 接收无效,清除接收数据
            return;
        }
        ReadFile (hComm, InBuff, cs.cbInQue, &nBytesRead, os);// 读取接收数据
    }
}
CloseHandle(hComm);
```

注释①:如果异步操作不能立即完成,函数返回 FALSE 且调用 GetLastError()函数分析错误原因后返回 ERROR_IO_PENDING,指示异步操作正在后台进行。这种情况下,在函数返回之前系统设置 OVERLAPPED 结构中的事件为无信号状态,该函数等待用 SetCommMask()函数设置的串口事件发生,当事件发生时,函数将 OVERLAPPED 结构中的事件置为有信号状态,并将事件掩码填充到 dwMask 参数中。

注释②:在此等待异步操作结果,直到异步操作结束时才返回。实际上此时 WaitCommEvent()函数一直在等待串口监控事件发生,当事件发生时该函数将 OVERLAPPED 结构中的事件句柄置为有信号状态,此时调用 GetOverlappedResult()函数发现此事件有信号后立刻返回,然后在下面的程序中分析接收数据是否有效,并在有效的情况下接收数据。

2.5.1.4 用特定协议和定时机制接收串行数据

在 Windows 下,采用通信控件实现串行数据传输,不用了解通信细节,编程简单,但缺乏灵活性,实现可打印字符传输容易,实现二进制数据传输时数据识别困难而且出错率极高,很不适应现代工业数据采集和控制的需要;采用 WinAPI 函数实现串行数据传输,虽然稍显复杂但编程灵活性大,多为实际应用采纳,可是它在现代可视化应用编程中,由于 Windows 可视化程序的事件驱动的特点和异步串行通信数据等待接收事件的性质,如果接收数据迟迟不来,程序就很容易走不出 WaitCommEvent()事件,造成可视化应用程序窗口中的其他操作如单击按钮、数据输入等迟迟得不到响应。为改变 WinAPI 函数串行通信的这些不足,必须采用一定的方法技巧。

实际应用中常用的改善 WinAPI 函数串行通信的方法主要有两种:一是采用特定通信协议和定时机制优化串行数据接收;二是采用多线程机制进行优化串行数据的接收。下面分别加以介绍并说明其优缺点,首先介绍第一种方法。

所谓特定通信协议是指通信双方,约定主次,“主”问“从”必答,主方要求从方传输数据,从方准备了数据就传输,没有准备好就告诉主方没有数据可传;定时机制是指采用定时器,限定从方的应答必须在限定的时间内,因为协议约定从方必然作答,限定时间一到,主方必然得到

从方的数据或应答。

下面给出一个通过异步串行通信监控伺服电机运行的速度稳定性和位置控制精度的例子，应用程序的窗口界面如图 2.5 所示。此例特定的通信协议是：应用程序向连接在计算机串口上的测试终端发出指令，要么通过单击"测试"按钮进行通信通道测试，要么选择"转速测量"进行电机运行速度稳定性的动态测量，要么单击"位置读取"按钮进行电机运转位置控制精度的动态测量；测试终端收到指令后，迅速准备数据上传回复。应用程序使用一个设定为 2 ms 的定时器控件，在每次下发指令时启动定时器，定时时间到时触发定时器的 OnTime 事件，在该事件处理程序中实现上传数据或回复的读取和显示处理。速度和位置的测量结果可以通过曲线形式显示出来，图 2.5 中显示了使电机运转 25 000 个脉冲时的位置伺服控制变化曲线，伺服控制下的"准停"性能通过该图可以很好地反映出来；下面给出了位置数据采集过程的主要程序代码，串口的初始化操作与上面举例相同，这里采用了 115 200 bps 的波特率。为保证通信数据无误，在该例中还使用了和校验手段。

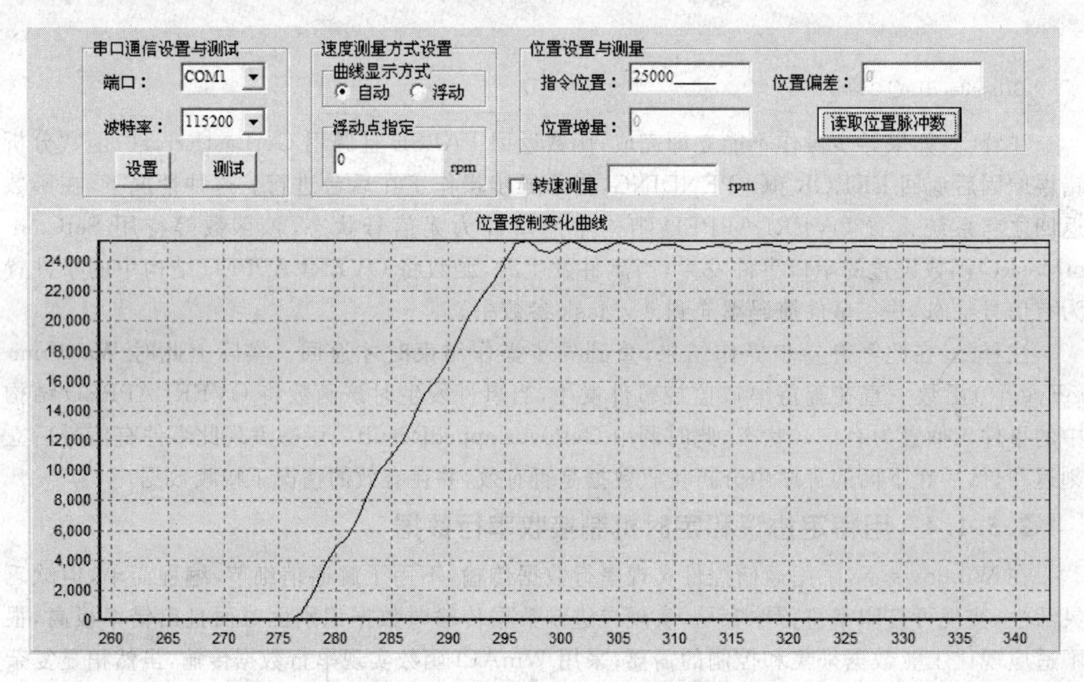

图 2.5　使用 WinAPI 串行通信和定时机制测试电机伺服控制性能的应用软件设计界面图

```
unsigned short RPM = 0;                                        // 全局变量定义
unsigned char First = 1, AxisX_Length = 10;
__int64 Position_Old = 0, Place_CMD, Place = 0;
void __fastcall TForm1::Position_GetClick(TObject * Sender)    // 位置测量启动程序
{   unsigned char temp[10], i;
    unsigned short t = 0;
    AnsiString tt;
    Speed_Monitor -> Checked = false;                          // 停止速度性能监视和定时控件
    Test_Timer -> Enabled = false;
    tt = Position_CMD -> Text;                                 // 取得电机运转目标值(这
```

```
                                                               // 里以脉冲数表示）
    tt = tt.Trim();
    Place_CMD   = StrToInt(tt);
    Chart_Speed -> Title -> Text -> SetText("位置控制变化曲线");  // 曲线图显示初始设置
    temp[0] = 0x01;                                            // 准备下发指令：帧头标
                                                               // 识 SOH
    temp[1] = 0x02;                                            // 请求上传位置指令
    temp[2] = 0x02;                                            // 帧开始标识 STX
    temp[3] = 0x01;                                            // 标定传送的字节数
    temp[4] = 0x00;
    temp[5] = 0x03;                                            // 帧结束标识 EXT
    for(i = 0;i<6;i + + ) t += temp[i];                        //“和校验”的计算与准备
    temp[6] = t & 0xff;
    WriteFile(hCom, temp, 7, &nBytesWritten, NULL);            // 下发：请求上传位置数据
    Test_Timer -> Enabled = true;                              // 启动定时接收
}
void __fastcall TForm1::Test_TimerTimer(TObject * Sender)      // 定时数据接收及处理
                                                               // 程序
{   unsigned char gg[14];
    unsigned char m, i;
    unsigned short e = 0;
    float t, a;
    __int64 q, d;
    AnsiString tt;
    Test_Timer -> Enabled = false;                             // 停止定时器
    // 接收数据并校验
    bResult = ReadFile(hCom, gg, 14, &nBytesRead, NULL);       // 接收数据读取
    if(! bResult) return ;
    if((gg[0]! = 0x01)||(gg[2]! = 0x02)) return;               // 帧标识检查、和校验和准
                                                               // 备指令识别
    m = gg[3];
    for(i = 0;i<(m + 5);i ++ ) e += gg[i];
    m = e&0xff;
    if(m! = gg[i]) return;
    switch(gg[1])                                              //数据处理
    {   case 0:                                                // 串口通信测试
            if((gg[4] == 0x4f)&&(gg[5] == 0x4b))               // 问候“OK”
                ShowMessage("UART 通信测试正常!");
            else ShowMessage("UART 通信通道故障!");
            break;
        case 1: ……                                             // 转速稳定性监查：合成速
                                                               // 度值和数字/曲线图显示
            break;
```

```
case 2:                                              // 位置控制精度监查
    q   = gg[7];                                     // 合成速度值
    q |= gg[6] << 8;
    q |= gg[5] << 16;
    q |= gg[4] << 24;
    if(First)
    {   Position_Old = q;
        First = 0;
        Position_GetClick(Sender);
    }
    else
    {   d   = q;                                     // 计算增量
        q -= Position_Old;
        Position_Old = d;
        q = -q;
        Position_ICRMT-> Text = IntToStr(q);
        Place += q;                                  // 当前位置
        d = Place_CMD - Place;                       // 位置偏差
        Position_Offset-> Text = IntToStr(d);
        if(d == 0)                                   // 停止位置监控,此时电机
                                                     // 已经完全停止
        {   delay += 1;
            if(delay > 3)
            {   delay = 0;
                Place = 0;
                Position_Old = 0;
                First = 1;
            }
            else Position_GetClick(Sender);
        }                                            // 曲线显示
        else if((d! = 0)&&(delay<10))//&&(Place! = 0))
        {   delay = 0;
            if(RPM<4 * AxisX_Length)                 // 绘制曲线图
            {   Series1-> AddY(Place, "", clBlue);
                RPM += 1;
            }
            else
            {   t = Series1-> XValues-> Value[1]
                      - Series1-> XValues-> Value[0];
                Series1-> Delete(0);
                Series1-> AddXY(Series1-> XValues-> Last() + t,
                      Place, "", clBlue);
```

```
                }
            Position_GetClick(Sender);                      // 重发位置监查指令
        }
    }
    break;
  default: break;
  }
}
```

2.5.1.5 用 WinAPI 和多线程优化串行数据接收

通过特定串行通信协议和定时机制优化了采用 WinAPI 函数的串行数据传输通信，但是需要制定严密的通信协议和确定适当的定时时间，尺度掌握不好，容易出现通信的数据遗漏和严重影响数据传输实时性的问题，进一步改善应用 WinAPI 函数串行通信的一种方法是用 WinAPI 函数和多线程机制优化串行数据接收。

下面给出一个在 BCB 下采用 WinAPI 函数和多线程(Multi - Thread)方式，通过串行通信来检测数据的输入，并完成数据存储的例子。

在 BCB 中创建一个线程首先要创建一个线程对象，其操作是由主菜单选择 File→New，创建一个空白的线程，然后再加上其事件程序。在这里建立一个名为 TreadThread 的线程，它继承于 Tthread 类，用来取得输入到串行端口的数据。线程启动的执行程序写在 Execute 方法中。

```
void __fastcall TeadThread::Execute()
{    while(! Terminated) Synchronize(ReadData);    }
```

该线程一旦启动就会执行 Execute 方法中的程序代码，在该方法中用一个自定义的 ReadData 函数来完成串行数据的读取操作。在此处有两点要注意：一、在 Execute 中必须加上 Terminated 的检查，只有当其属性不为 True 时才执行程序代码；二、将 ReadData 当作参数，放在 Synchronize 中，这样的同步化机制可以避免存取对象时所造成的错误。

ReadData 函数的代码如下：

```
void __fastcall TReadThread::ReadData()
{    DWORDn BytesRead, dwEvent, dwError;
  COMSTAT cs;
  char inbuff[100];
  if(hComm == INVALD_HANDLE_VALUE) return;
  ClearCommError(hComm.&dwError.&cs);                       // 取得串行端口的状态
  if(cs.cbInQue > sizeof(inbuff))                           // 数据是否大于所准备的缓冲区
  {    PurgeComm(hComm, PURGE_RXCLEAR);                     // 清除接收到的杂乱数据
       return;
  }
  ReadFile (hComm, inbuff, cs.cbInQue, &nBytesRead, NULL);  // 读取接收数据
  inbuff[cs.cbInQue] = '\0';
  Form1 -> Edit1 -> Text = inbuff;                          // 将数据显示出来
```

```
}
```

在主窗体程序中调用线程的时候，首先要把线程声明的头文件包含进去，然后在 Private 中声明一个 TreadThread 类型的对象，接着可以在程序中启动线程，启动线程的程序如下：

```
Read232 = new TReadThread(true);
Read232 -> FreeOnTerminate = true;                    // Terminated 时自行撞毁
Read232 -> Resume();                                  // 启动线程
```

由于 New 方法中给定的参数是 True，一旦创建线程后并不会马上执行其中的程序代码。设置 FreeOnTerminated 属性为 True，则程序一旦设置 Terminated 时，原来所占的内存空间将被释放。因此，主程序中可用 Read232—> Terminate()来摧毁线程。

2.5.2 在 Windows 下通过并行接口传输数据

在 Windows 下通过并行接口进行数据传输，可以使用以下几种方法：通过使用系统提供的 WinAPI 函数实现；通过读/写硬件端口的操作方法实现；使用微软基础类 MFC（Microsoft Foundation Class）CParallelPort 实现；使用 WinDriver 工具编写底层驱动程序实现。下面分别加以介绍。

2.5.2.1 通过系统的 WinAPI 函数实现并口通信

在 Windows 下进行并口通信，自然会想到像串口操作一样使用 WinAPI 函数，下面给出了 WinAPI 函数通过并口向外发送数据的一段程序代码。

```
HANDLE hPort;                                    // 定义端口句柄
BYTE pOut[4] = {‘H’, ‘e’, ‘l’, ‘l’, ‘o’, ‘!’};
hPort = CreateFile("\\\\.\\LPT1",                // 获取端口句柄
        GENERIC_WRITE|GENERIC_READ, 0, NULL, OPEN_EXISTING, NULL, NULL);
if(hPort == INVALID_HANDLE_VALUE)                // 打开端口失败
    AfxMessageBox("Port open failed!");
else
{    WriteFile(hPort, pOut, 6, NULL, NULL)); // 打开端口成功，发送数据
    CloseHandle(g_hPort);                        // 关闭并口
}
```

使用上述代码，只要注意在硬件上将并口 DB25 的 11 和 12 脚（对应打印机的“忙”Busy 和“纸尽”PE 信号）接地，就可以顺利通过并口外传数据。但是使用 ReadFile 读取并口数据时却总难成功，在精心设置了读操作超时时限后，勉强能够进行读操作了，可仍然难以消除严重的数据遗漏现象。原来，Windows 系统为了提高整体的安全可靠性并简化并口打印机应用的需要，其 WinAPI 对并口的控制和状态信号进行了内部封装，使得对并口的控制线和状态线丧失了直接控制的能力。此外，WinAPI 并行口操作也不易在中断方式下工作，它没有像串口一样有 WaitCommEvent()函数来捕获事件的能力。Windows 的并行口主要用于接连各类打印机，系统把并行口作为驱动打印机的图形用户接口 GUI（Graphical User Interface），在底层提供了很多打印机驱动程序，几乎可以支持所有的通用打印机，这样一来，就造成了直接编程操作并口的困难。虽然可以像驱动打印机一样使用系统驱动程序实现并口通信，却要走很多弯

路，并行口操作的实时性也会大打折扣。因此，并口通信编程，一般不借助于类似于串口的 WinAPI 函数，而是普遍使用后面介绍的方法。

2.5.2.2 通过硬件端口的读/写访问实现并口通信

1. 硬件端口的读/写访问实现综述

硬件端口的访问，在 Win9x 下可以采用诸如 inportb()、inportw()、outportb()、outportw()等 16 位应用程序的端口读/写方法实现，而 Win2K 及其以后版本多采用 32 位应用程序，这类方法已不再适用编程需要。现代 32 位应用程序对硬件端口读/写，通常使用的方法有：通过内嵌汇编语言实现，使用编程工具软件特有的操作函数实现和通过专用控件实现等，下面以 BCB 作为编程环境平台分别介绍这几种方法。

(1) 通过内嵌汇编语言实现端口的读/写

在 C/C++中使用的汇编语句必须被包含在以关键字 asm 为起始的一对大括号中：

```
asm {    汇编语句 1
         ……
    }
```

利用内嵌汇编语言编制端口输出函数如下：

```
void OutPort(unsigned short port, unsigned char value)   // 从端口地址 port 输出字节 value
{     asm    {    mov     dx , port                     // 把端口地址送到处理器 DX 寄
                                                        // 存器中
                  mov     al , value                    // 把 value 送到处理器 AL 寄存器中
                  out          dx , al                  // 把 AL 寄存器中的值送到端口
             };
}
```

利用内嵌汇编语言编制端口输入函数如下：

```
unsigned char InPort(unsigned short port)               // 从端口地址 port 输入字节
{     unsigned char value ;
   asm {      mov     dx , port                         // 把端口地址送到处理器 DX 寄存器中
              in          al, dx                        // 从 DX 指定端口中将一数据送到 AL 寄
                                                        // 存器中
              mov         ind , value                   // 把 AL 寄存器中的值赋给 value
        };
   return value;                                        // 返回端口数据
}
```

函数 InPort 从地址为 port 的端口读入一个无符号 8 位的字符型数据，其参数只有一个，即端口号。返回的数据为 unsigned char 类型，是从端口读取的值。

(2) 使用特定编程工具特有的操作函数实现端口的读/写

使用应用编程工具含有特定的端口操作手段，如 Dephi 使用 Port 数组，BCB 使用__emit__() 函数。BCB 下__emit__()函数原型如下：void __emit__(argument,…)。该函数是 BCB 的一个内部函数，调用的参数为机器语言指令，在编译时，将机器语言指令直接嵌入目标码中，不必

借助于汇编语言和汇编编译程序。

利用__emit__()函数编制的端口输出/输入函数如下，注释中说明相对应的汇编指令。

```
void OutPort(unsigned short int port, unsigned char value)    // 向端口 port 写入 1 字节 value
{     __emit__(0x8b, 0x95, &port);                              // mov     edx, *(&port);
      __emit__(0x8a, 0x85, &value);                             // mov     al, *(&value);
      __emit__(0x66, 0xee);                                     // out     dx, al;
}
void OutPortW(unsigned short int port, unsigned short int value)  // 向端口 port 写入 1 个字 value
{     __emit__(0x8b, 0x95, &port);                              // mov     edx, *(&port);
      __emit__(0x66, 0x8b, 0x85, &value);                       // mov     ax, *(&value);
      __emit__(0xef);                                           // out     dx, ax;
}
unsigned char InPort(unsigned short int port)                   // 从端口 port 读出 1 字节
{     unsigned char value;
      __emit__(0x8b, 0x95, &port);                              // mov     edx, *(&port);
      __emit__(0x66, 0xec);                                     // in          al, dx;
      __emit__(0x88, 0x85, &value);                             // mov      *(&value), al;
      return value;
}

unsigned short int InPort W(unsigned short int port)            // 从端口 port 读出 1 个字
{     unsigned short int value;
      __emit__(0x8b, 0x95, &port);                              // mov     edx, *(&port);
      __emit__(0xed);                                           // in          ax, dx
      __emit__(0x66, 0x89, 0x85, &value);                       // mov      *(&value), ax
      return value;
}
```

上述两种方法，实质上都是嵌入汇编语言编程，在 C 语言中使用嵌入汇编语言，容易破坏 C/C++语言的结构，稍不注意，很容易出现系统异常导致死机。

(3) 通过专用控件实现硬件端口的读/写

可以采用经过反复测试的专用设计控件实现硬件端口的读/写访问，TvichW32 控件就是一个不错的 Windows 下读/写硬件端口 Dephi/BCB 控件，它可让用户立即接触到硬件而无须编写大量的代码，其中封装的硬件端口函数如下：

```
ReadPort(unsigned short int port);                                   // 从端口 port 读出 1 字节
ReadPortW(unsigned short int port);                                  // 从端口 port 读出 1 个字
ReadPortL(unsigned short int port);                                  // 从端口 port 读出 4 个字节
WritePort(unsigned short int port, unsigned char int value);         // 向端口 port 写入 1 个字节 value
WritePortW(unsigned short int port, unsigned short int value);       // 向端口 port 写入 1 个字 value
WritePortL(unsigned short int port, unsigned long int value);        // 向端口 port 写入 4 个字
                                                                     // 节 value
```

TvichW32 控件的安装步骤如下：

① 将 vichw00.sys 复制至 c:\windows\system32 \driver 下；

② 将配套光盘上的目录或相应目录下的所有文件复制到硬盘的某一个目录下(如 C:\TvichW32)；

③ 在 Windows 下启动 C++ Builder,关闭所有已打开的文件和工程,选择 Component→Import ActiveX Control 打开 Import Activex 窗口；

④ 在打开的窗口中单击“Add”,选择 C:\Tvich - W32 目录中的 TvichW32.ocx 文件,单击“打开”;之后单击“Install…”即完成安装。安装后,C++ Builder 组件工具栏 ActiveX 页上就出现了一个新控件 TvichW32。

TvichW32 控件的使用方法为:选择 C++ Builder 的组件栏 ActiveX 项中的“TvichW32”控件,放在某应用程序设计窗体上,在需要的事件驱动项内编写代码,如：

```
VichW321 -> WritePort(0x2c3,0x01);
Edit2 -> Text = AnsiString(VichW321 -> ReadPort(0x2c0));
VichW321 -> WritePortW(0x2c4,0x0012);
Edit2 -> Text = AnsiString(VichW321 -> ReadPortW(0x2c1));
VichW321 -> WritePortL(0x2c5,0x01112224);
Edit2 -> Text = AnsiString(VichW321 -> ReadPortL(0x2c2));
```

2. 通过硬件端口的读/写访问实现并口通信

使用上述硬件端口读/写访问方法,很容易实现并行口的读/写访问。并行口有 3 种类型：标准并行口 SPP(Standard Parallel Port)、增强性并行口 EPP(Enhanced Parallel Port)和扩展性能并口 ECP(Extened Capability Port)。常用的并行口 1 的数据、状态和命令寄存器地址分别为 0x378、0x379 和 0x37A。数据传输,双向进行,通常选择并行口工作在后两种形式下。下面给出了使用上述前两种方法在 EPP 形式下实现并行口数据传输的基本函数代码：

```
void LPT_Write(unsigned value)                  // 向外发送一字节数据
{    unsigned char temp;
     while((InPort(0x379) > > 7)&1) ;           // 并口所连外设的“忙”等待
     temp = InPort(0x37A);                      // 发出写操作指令
     temp &= 0xDF;
     OutPort(0x37A, temp);
     OutPort(0x378, value);                     // 发送数据字节
}
unsigned char LPT_Read(void)                    // 从外部读入一字节数据
{    unsigned char temp;
     while((InPort(0x379) > > 7)&1) ;           // 并口所连外设的“忙”等待
     temp = InPort(0x37A);                      // 发出读操作指令
     temp |= 0x20;
     OutPort(0x37A, temp);
     temp = IntPort(0x378);                     // 读入数据字节
     return (temp);
```

```
}
```

并行口中断的使用及其编程，可以通过 Windows 保护模式下中断机制的 DOS 保护模式接口 DPMI(DOS Protected Mode Interrupt)来实现。DPMI 是 Windows 下的一组特殊的 DOS 服务，它使应用程序能够访问 PC 系列计算机的扩充内存，同时维护系统的保护功能；它通过软件中断 31H 来定义了一个新的接口，使得保护模式的应用程序能够用它作分配内存，修改描述符以及调用实模式软件等工作。INT31H 中断能够提供很多功能，其中，它的中断管理服务允许保护模式用于拦截实模式中断，并且挂住处理器异常，以中断方式处理外部实时事件；退出时需解挂向量，否则 Windows 可能崩溃，解挂向量可先用 INT35H 的 0204H 功能将旧中断向量保存，退出时用 INT35H 的 0205H 功能恢复。下面详细介绍应用这种机制实现并行口中断功能及其 C 语言编程过程：

并行口中断通过其 ack/INTR 引脚引入，由控制寄存器的位 4 决定其使能与禁止。在 Intel 计算机上，并行口中断号为 IRQ7。

编程时首先修改中断向量表，以使 INT15H 中断发生时，执行用户的 irq7_int_service 中断服务程序。修改前应先保存原来的向量，以便退出中断服务时恢复原值，例程代码如下：

```
int intlevel = 0x0f;
oldfunction = getvect(intlevel);                    // 保存原向量
setvect(intlevel, irq7_int_service);                // 设新 ISR 地址
```

程序完成后恢复原值的代码为：

```
setvect(intlevel,oldfunction);
```

然后设置系统 8279 中断屏蔽寄存器相应的屏蔽位，实现开(1)/关(0)相应中断。并行口所在的屏蔽寄存器端口为 0x21，要注意，开放某一中断时不要影响其他位。开放 IRQ7 的方法如下：

```
mask = InPort(0x21) & ～0x80;                       // IRQ7 屏蔽位 7
OutPort(0x21, mask);
```

在中断服务程序中，必须用以下命令结束中断，即通知 8259 中断已被处理了：

```
outportb(0x20,0x20);
```

退出系统前，应恢复系统的原状态：

```
mask = InPort (0x21) | 0x80;
OutPort(0x21, mask);
setvect(intlevel, oldfunction);
```

接下来，设置并行口控制寄存器的位 4 为 1，开放中断：

```
OutPort(Control, InPort(Control) | 0x10);
```

理论上在 ISR 中可以做任何事情，但事实上却有一定限制。可在 ISR 中设置一变量，表明中断已发生，然后用 OutPort(0x20,0x20)结束中断。

开放中断时，为了避免因使用 C 语言函数造成死机，对于更复杂的情况，可先用 disable() 关闭所有中断，用 OutPort(0x20, 0x20)屏蔽 IRQ7 中断，再允许 IRQ7 中断，进而用 enable()

允许所有中断。

2.5.2.3 使用 MFC-CParallelPort 实现并口通信

通过硬件在端口直接操作实现并行口通信，涉及很多细节，可以使用 MFC 的 CParallelPort 类库简化通过并行口的数据传输。CParallelPort 类库封装了并行口的低级 I/O 端口读/写操作，它的 C++接口简洁易用：支持 UNICODE，并且在编译生成程序时可以对 UNICODE 兼容特性进行配置；支持广泛的 Windows 平台，包括 Windows 9x/ME/NT/2000/XP，既可用于控制台程序，也可以用于 GUI 程序；还支持简单的文件传输。

CParallelPort 类库含有 3 个类：CParallelException、CParallelPortSettings 和 CParallelPort，它们的公共方法和变量定义在 ParallelPort.h 文件中。

在项目设计中使用 CParallelPort 类库，需要向项目中添加 parallelport.cpp 文件，并在任何要调用这个类库的模块中声明"#include parallelport.h"。CParallelPort 类库要求所编代码必须支持 MFC 框架，可以静态链接，也可以是动态链接。应用中最好将 afxtempl.h 添加到预编译文件头中，以便提高编译速度。

在 Windows 下编程使用 CParallelPort 代码，必须下载并安装 DriverLINXPortIO 驱动程序。这是 SSTNET 开发的免费驱动程序。要注意使用这个类代码时，确保不要与其他使用常规 Win32 调用操作并行端口的程序发生冲突。

CParallelPort 类库包中含有具体的并行口通信应用程序源代码，编程时可以参考。

2.5.2.4 使用 WinDriver 软件工具实现并口通信

使用 MFC-CParallelPort 类库实现并行口通信，虽然可以简化编程，可是需要详细了解其类变量与方法，在 Windows 下实现并行口通信更为便捷的方法是使用 WinDriver 软件工具。使用 WinDriver 的编程向导很快就能得到经过封装的函数接口，使用这一工具得到的应用程序接口函数原型如下：

```
// 并口开/关函数
BOOL LPT_Open (LPT_HANDLE * phLPT);
void LPT_Close(LPT_HANDLE hLPT);
// 并口读/写函数
BYTE LPT_Readstrobe_addr (LPT_HANDLE hLPT);                    // 用于读并口地址
void LPT_Writestrobe_addr (LPT_HANDLE hLPT, BYTE data);        // 用于写并口地址
BYTE LPT_Readstrobe_data_0 (LPT_HANDLE hLPT);                  // 用于读并口数据
void LPT_Writestrobe_data_0 (LPT_HANDLE hLPT, BYTE data)       // 用于写并口数据
BYTE LPT_Readcontrol (LPT_HANDLE hLPT);                        // 读并口控制寄存器
void LPT_Writecontrol (LPT_HANDLE hLPT, BYTE data);            // 写并口控制寄存器
// 并口中断函数
void LPT_IntADisable (LPT_HANDLE hLPT);                        // 用于禁止并口中断
BOOL LPT_IntAEnable (LPT_HANDLE hLPT, LPT_IntA_HANDLER LPT_funcIntHandler);
```

LPT_IntAEnable 用于使能并口中断，LPT_funcIntHandler 是中断处理函数，其函数原型如下：

```
void ( * LPT_IntA_HANDLER)(LPT_HANDLE hLPT, LPT_IntA_RESULT * intResult);
```

具体的中断处理程序框架如下：

```
void LPT_funcIntHandler (LPT_HANDLE hLPT, LPT_IntA_RESULT * intResult)
{  ......  }
```

2.5.3 通过 Winsock 编程接口实现以太网络通信

2.5.3.1 Windows Socket 网络通信编程概述

Windows Socket 套接字是一套开放的、支持多种协议的 Windows 下的网络编程接口，简称为 Winsock。传输控制协议 TCP(Transfer Control Protocol)/网际协议 IP(Internet Protocol)是 Winsock 支持的重要网络协议。

TCP/IP 协议组中，主要有两种协议形式：传输控制协议 TCP 和用户数据报协议 UDP (User Datagram Protocol)。TCP 是一种面向连接的协议，为用户提供可靠的、全双工的字节流服务，具有确认、流控制、多路复用和同步等功能，适于数据传输。UDP 协议则是无连接的，每个分组都携带完整的目的地址，各分组在系统中独立传送；它不能保证分组的先后顺序，不进行分组出错的恢复与重传，因此不保证传输的可靠性，但是能够提供高传输效率的数据报服务。

Winsock 接口为进程间通信提供了一种新的手段，它不但支持同一机器中的进程之间通信，而且支持网络通信功能。从 Windows 95 开始，Winsock 集成到了 Windows 系统中，它包括 16 位和 32 位的编程接口，通称为 Winsock API，它主要由一个名为 winsock.h 的头文件和动态链接库 winsock.dll 或 wsodk32.dll 组成，这两种动态链接库分别用于 Win16 和 Win32 的应用程序。在常见的 Windows 应用开发工具，如 Borland C++、Visual Basic、Visual C++、Dephi 和 BCB 等，都集成有 Winsock 功能。

基于 Winsock 的网络通信，建立在“服务器 S(Server)/客户 C(Client)”架构上。在这种架构下，客户应用程序向服务器程序请求服务；服务程序通常在一个众所周知的地址，监听对服务的请求，也就是说，服务进程一直处于休眠状态，直到一个客户对这个服务的地址提出了连接请求；服务程序得到客户端请求时被唤醒，对客户的请求作出适当的反应，为客户提供服务。使用 TCP 形式进行网络通信，客户应用程序首先要根据服务器的名字或 IP 地址以及要监听的端口号去连接服务器；服务器应用程序时通过端口号监听客户的连接请求；一旦服务器和客户端建立了连接，安装了服务器或客户应用程序的计算机之间就可以发送和接收数据了。使用 UDP 形式进行网络通信，计算机并不建立一个连接，UDP 应用程序可以是客户也可以是服务器，可以实现点对点直接传送；要传输数据首先要设置客户计算机的端口号，服务器计算机只须知道客户计算机的 IP 地址和端口号，就可以相互通信了。

使用 Winsock API 编程接口进行面向连接或无连接网络通信时的一般过程如下：

- 建立一个 Socket。
- 按要求配置该 Socket。也就是说，程序要么将此 Socket 连接到远方的主机上，要么给此 Socket 指定一个本地协议端口。
- 按要求通过此 Socket 发送和接收数据。
- 关闭此 Socket。

2.5.3.2 主要的 Winsock API 函数简要介绍

应用 Winsock 进行网络通信，经常用到的 API 函数有：

1. WSAStartup()和 WSACleanup()函数

这两个函数用于实现应用程序与 Winsock 的连接与断开，只有用 WSAStartup()呼叫 Winsock 成功后，才可以再调用其他 Winsock 函数。当应用程序不再使用 Winsock 时必须调用 WSACleanup()函数进行注销以便释放其占用的资源。

2. socket()和 closesocket()函数

这两个函数用于建立和关闭 Socket 功能，其函数原型为：

```
SOCKET socket(int family, int type, int protocol);
int closesocket(SOCKET s);
```

参数 family 在 Windows 下应用通常设为 AF_INET，type 为 SOCK_STR(TCP 形式)或 SOCK_DGRAM(UDP 形式)，protocol 为 IPPROTO_TCP 或 IPPROTO_UDP，s 指已经打开的 Socket。

Socket 建立后要为它分配所需的资源，一般通过 getsockopt()函数可获得套接字选项设置状态，修改 SO_REUSEADDR 套接字选项后，再通过 setsockopt()函数设置回去。设置时应注意，套接字缓冲区规定为 512 B～8 KB，通信结束时，应关闭指定的套接字，以释放与之相关的资源。在关闭套接字时，应先对锁定的各种缓冲区加以释放。

要关闭通信连接时，任何一方都可以调用 int shutdown(SOCKET s, int how)来关闭套接字的指定功能，再调用 int closesocket(SOCKET s)来关闭套接字句柄。

3. bind()函数

该函数用在服务端，实现将一个本地地址与建立的 Socket 连接在一起。其函数原型及其主要结构如下：

```
int bind(SOCKET s , const struct sockaddr FAR * name , int namelen);
struct sockaddr_in{short sin_family; u_short sin_prot; struct in_addr sin_addr; char sin_sero
[8];}
```

sockaddr_in 结构包含了需要建立连接的本地地址，如地址族、IP 地址、端口信息等。参数 sin_family 应设置为 AF_INET(告诉 Winsock 使用的是 IP 地址族)，sin_prot 就是要用来通信的端口号，sin_addr 是要用来通信的 IP 地址信息。

在填写 IP 地址时，要把用户名对应的"点分"数字转换成 32 位长整数格式，可以使用inet_addr()函数。端口号是用于表示同一台计算机不同的进程(应用程序)，其分配方法有两种：可以在调用 bind 前将端口号指定为 0，让系统为套接字自动分配一端口号(1 024～5 000)；可以在 1 024～65 536 之间指定任意一个数字。

在此还须注意"大端"(big-endian，高字节在前)和"小端"(little-endian，低字节在前)问题。Intel X86 处理器采用"小端"形式来表示多字节的编号而互联网标准却正好相反，所以必须把主机字节转换成网络字节的顺序，可以使用 Winsock API 提供的函数完成这种转换：

```
u_long htonl(u_long hostlong);          // 把主机字节转化成网络字节的函数
u_short htons(u_short hostshort);
```

```
u_long ntohl(u_long netlong);          //把网络字节转化成主机字节的函数
u_short ntohs(u_short netshort);
```

4. listen()和 accept()函数

这两个函数用于面向连接在服务器端以实现监听 Socket 状态，当有连接请求时，只要用 accept()函数接收客户请求，就可以得到一个新的 Socket，新 Socket 可用来在服务端和客户端之间进行信息传递接收，而原来的 Socket 仍然可以接收其他客户端的连接要求。函数原型如下：

```
int listen(SOCKET s, int backlog);
int accept(SOCKET s, struct sockaddr FAR * addr, int FAR * addrlen);
```

5. connect()函数

该函数用于客户端向服务端要求建立连接。当连接建立完成后，客户端即可利用此 Socket 来与服务端进行信息传递。函数原型为：

```
int connect(SOCKET s, const struct sockaddr FAR * name, int namelen);
```

6. recv()和 send()函数

这两个函数用于从面向连接的 Socket 接收和发送信息。函数原型为：

```
int send(SOCKET s, const char FAR * buf, int len, int flags);
int recv(SOCKET s, char FAR * buf, int len, int flags);
```

7. sendto()和 recvfrom()函数

这两个函数用于从无连接的 Socket 接收和发送信息。函数原型为：

```
int sendto(SOCKET s.char * buf, int len, int flags, struct sockaddr_in to, int tolen);
int recvfrom(SOCKET s.char * buf, int len, int flags, struct sockaddr_in fron, int * fromlen);
```

以上简要简介了主要的 Winsock API 函数，相关参数以及函数返回值的具体含义可参考“Winsock API 编程参考”。

2.5.3.3 Winsock 的编程模式及其实践应用

Winsock 有两种编程模式：锁定模式和非锁定模式。使用锁定套接字时，很多 API 函数，如 accpet、send 和 recv 等，如果没有数据需要处理，这些函数都不会返回，也就是说，应用程序会阻塞在那些函数的调用处；而如果使用非阻塞模式，调用这些函数，不管有没有数据到达，它都会返回，所以有可能在非阻塞模式里调用这些函数，大部分的情况下会返回失败，这就需要处理很多的意外出错，可以采用 Winsock 的通信模型来避免这些情况的发生。

Winsock 提供了 5 种套接字 I/O 模型来解决这些问题：select(选择)、WSAAsyncSelect(异步选择)、WSAEventSelect (事件选择)、overlapped(重叠)和 completion port(完成端口)。在这里介绍常用的 select 和 WSAASyncSelect 两种模型。

1. select 模型

select 选择模型是最常见的 I/O 模型，可用来检查要调用的 socket 套接字是否已经有了需要处理的数据，函数原型为：

```
int select( int nfds , fd_set FAR * readfds, fd_set FAR * writefds,
            fd_set FAR * exceptfds,const struct timeval FAR * timeout);
```

select 包含 3 个 socket 队列，分别为：readfds 检查可读性，writefds 检查可写性，exceptfds 例外数据。timeout 是 select 函数的返回时间。例如，想要检查一个套接字是否有数据需要接收，可以把套接字句柄加入可读性检查队列中，然后调用 select，如果该套接字没有数据需要接收，select 函数会把该套接字从可读性检查队列中删除掉，所以只要检查该套接字句柄是否还存在于可读性队列中，就可以知道到底有没有数据需要接收了。Winsock 提供了一些宏用来操作套接字队列 fd_set。

FD_CLR(s, * set)——从队列 set 删除句柄 s；

FD_ISSET(s, * set)——检查句柄 s 是否存在于队列 set 中；

FD_SET(s, * set)——把句柄 s 添加到队列 set 中；

FD_ZERO(* set)——把 set 队列初始化成空队列。

2. WSAAsyncSelect 模型

WSAAsyncSelect 异步选择模型，就是把一个窗口和套接字句柄建立起连接，套接字的网络事件发生时就会把某个消息发送到窗口，然后可以在窗口的消息响应函数中处理数据的接收和发送。函数原型为：

```
int WSAAsyncSelect(SOCKET s, HWND hWnd , unsigned int wMsg , long lEvent ) ;
```

参数 wMsg 是必须自定义的一个消息，lEvent 就是制定的网络事件，包括 FD_READ（欲接收读准备好的通知）、FD_WRITE（欲接收写准备好的通知）、FD_ACCEPT（欲接收将要连接的通知）、FD_CONNECT（欲接收已连接好的通知）和 FD_CLOSE（欲接收套接口关闭的通知）几个事件，例如需要接收 FD_READ、FD_WRITE 和 FD_CLOSE 的网络事件，可以调用

```
WSAAsyncSelect(s, hWnd, WM_SOCKET, FD_READ | FD_WRITE | FD_CLOSE);
```

这样，当有 FD_READ、FD_WRITE 或者 FD_CLOSE 网络事件时，窗口 hWnd 将会收到 WM_SOCKET 消息，消息参数的 lParam 标志发生了什么事件。

2.5.3.4 Winsock API 网络通信编程应用举例

上面两小节介绍了 Winsock 网络通信所需要的主要 API 函数及其编程模型，下面以面向连接的 TCP 异步选择型网络编程为例说明其具体应用，相应的的基本代码如下。限于篇幅，文中省略了一些函数调用的异常处理。

(1) 服务器端的基本创建

```
WSADATA wsd;
SOCKET sListen;
SOCKET sclient;
UINT port = 800;
int iAddrSize;
struct sockaddr_in local, client;
WSAStartup(WINSOCK_VERSION, &wsa)                          // 调用 Windows Sockets DLL
sListen = socket (PF_INET, SOCK_STREAM, DEFAULT_PROTOCOL);  // 创建连接
```

```
local.sin_family = PF_INET;
local.sin_addr = htonl(INADDR_ANY);
local.sin_port = htons(port);
bind(sListen, (struct sockaddr * )&local, sizeof( local));          // 连接绑定
WSAAsyncSelect(sListen, hWnd, WM_SOCKET, FD_READ | FD_ACCEPT);      // 异步选择
listen(sListen, 5);                                                 // 监听
```

(2) 客户端的基本创建

```
WSADATA wsd;
SOCKET sClient ;
UINT port = 800 ;
char szIp[] = "127.0.0.1" ;
int iAddrSize ;
struct sockaddr_in server;
WSAStartup(WINSOCK_VERSION, &wsd);
sClient = socket (PF_INET , SOCK_STREAM , DEFAULT_PROTOCOL);
server.sin_family = PF_INET;
server.sin_addr = inet_addr(szIp) ;
server.sin_port = htons(port);
connect(sClient, (struct sockaddr * )&server, sizeof( server));
WSAAsyncSelect(sClient, m_hWnd, WM_SOCKET, FD_READ);
```

(3) 异步选择过程处理

这里使用窗口消息循环机制，以服务器端程序为例，说明异步选择处理的典型代码，编程工具为 BCB。首先，在窗口创立时指定消息处理函数。

```
void __fastcall T hWnd::FormCreate(TObject * Sender)
{     Application -> OnMessage = AppMessage;    }
```

然后在指定消息处理函数中进行连接并接收数据。

```
void __fastcall T hWnd::AppMessage(tagMSG &Msg, bool &Handled)
{     char buf[1024];
      if (Msg.message == FD_ACCEPT)
            sClient = accept(sListen, (struct sockaddr * )&client, &iAddrSize);
      if (Msg.message == FD_READ)
          recv(sClient, (LPSTR)buf, 1024, NO_FLAGS);
}
```

2.5.3.5 Windows Socket 控件及其编程应用

使用 Winsock API 函数进行网络通信，实现手段灵活，但是需要了解很多通信细节。可以选择使用 Windows 下的网络通信控件进一步简化编程，如 Visual Basic 的 Winsock、BCB 的 TServerSocket/TClientSocket。下面以 BCB 的 TServerSocket/TClientSocket 控件为例，说明如何使用 Windows Socket 控件编程实现网络通信。

在 BCB 中，TServerSocket 和 TClientSocket 涵盖了基本的 WinSocket 编程，其中 TServerSocket 作为服务器使用，TClientSocket 作为客户端使用。

TserverSocket 控件提供的主要属性和方法有：

➤ Port 属性　int 型，设置端口号，如 6767；
➤ Activate 属性　bool 型，设置监听为 true；关闭监听为 false；
➤ OnListen 事件　侦听连接形成之前，发生此事件；
➤ OnAccept 事件　接受了某客户端连接请求后发生此事件；
➤ OnClientRead 事件　通过此事件，从套接字读出数据（从客户端发来的）；
➤ OnClientWrite 事件　通过此事件，可以对套接字写入数据。

TclientSocket 控件提供的主要属性和方法有：

➤ Address 属性　服务器 IP 地址；
➤ Host 属性　服务器主机名称，当 Host 和 Address 都指定时，TclientSocket 将使用 Host 属性工作；
➤ Port 属性　int 型，设置套接字端口号，如 6767；
➤ Activate 属性　bool 型，true 为与服务器建立连接；false 为与服务器断开连接；
➤ OnLookup 事件　在定位服务器套接字之前，发生此事件；
➤ OnConnecting 事件　在服务器套接字被定位后，发生此事件；
➤ OnConnect 事件　与服务器建立连接后，发生此事件；
➤ OnRead 事件　通过此事件，可从连接套接字读出数据；
➤ OnWrite 事件　通过此事件，可对套接字写入数据；
➤ OnDisConnect 事件　在与服务器断开连接时，发生此事件。

下面给出了一个 Windows 下用 BCB 的这两个控件实现工业以太局域网的数据传输的测控小软件，应用程序界面如图 2.6 所示。这个程序在“监听”选择时可以作为服务器使用，在连接选择时可以作为客户机使用。

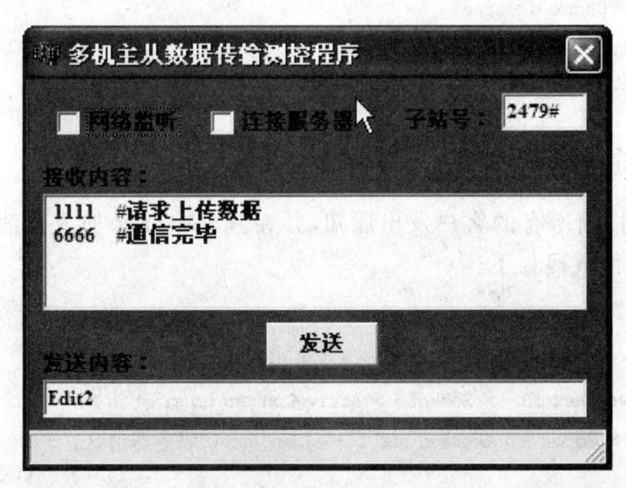

图 2.6　使用 BCB 控件实现网络数据传输监控的软件示意图

设计窗体上放置的主要可视化控件及其设置如表 2-3 所列。

表 2-3 BCB 下网络通信例程的主要可视化控件及其设置表

类 型	Name/属性/Caption/Text	说 明
TCheckBox	ckListen	监听，当选取时本程序作为服务器
TCheckBox	ckConnect	连接，当选取时本程序作为客户机
TEdit	edName	无名氏闲聊时所用的名字
TEdit	edTalk	在此输入谈话内容
TMemo	mmTalk	在此显示谈话内容
TServerSocket	ServerSocket1	作为服务器时使用(设置 Port=2 222)
TClientSocket	ClientSocket1	作为客户时使用(设置 Port=2 222)
TStatusBar	StatusBar1	用于显示一些提示信息，只要在属性“Pannels”中加一栏即可

1. 程序作为服务器时的编程设置

在窗口上单击“监听”时，如果没有监听则开始监听，在提示栏中显示“监听”，并使“连接”复选框无效；如果已经监听，则取消监听，使“连接”复选框有效。ckListen 的 OnClick 事件中的代码如下：

```
if(ServerSocket1 -> Active)
{     ServerSocket1 -> Active = false;
      ckListen -> Checked = false;
      StatusBar1 -> Panels -> Items[0] -> Text = "";
}
else
{     ServerSocket1 -> Active = true;
      ckListen -> Checked = true;
      ClientSocket1 -> Active = false;
      StatusBar1 -> Panels -> Items[0] -> Text = "监听..." ;
}
ckConnect -> Enabled = ! (ckListen -> Checked);
```

当有客户加入时，向所有的客户发出通知，并在其 mmTalk 加入此消息。ServerSocket1 的 OnAccept 事件中的代码如下：

```
int i;
AnsiString str1 = "服务器消息:" + Socket -> RemoteHost + "加入";
for(i = 0;i<ServerSocket1 -> Socket -> ActiveConnections;i + + )
  ServerSocket1 -> Socket -> Connections[i] -> SendText("服务器消息:" + Socket -> RemoteHost + "加
入");
StatusBar1 -> Panels -> Items[0] -> Text = str1;
mmTalk -> Lines -> Add(str1);
```

当客户机通知服务器读信息时，首先读出字符串，然后把读到的字符串发送到每一台连接的客户，并在其 mmTalk 中加入客户发送来的字符串。TServerSocket 的 OnClientRead 事件中的代码如下：

```
AnsiString str1 = Socket -> ReceiveText();
mmTalk -> Lines -> Add(str1);
int i;
for(i = 0;i<ServerSocket1 -> Socket -> ActiveConnections;i + + )
    ServerSocket1 -> Socket -> Connections[i] -> SendText(str1);
```

2. 程序作为客户机时的编程设置

当单击“连接”时，如果还未连接，则询问要连接的主机，然后连接，屏蔽“监听”；如果已经连接，则断开连接，使能“监听”。ckConnect 的 OnClick 事件中的代码如下：

```
if(ClientSocket1 -> Active)
{    ClientSocket1 -> Active = false;
     ckConnect -> Checked  = false;
}
else
{    AnsiString Server = "localhost";
     if(InputQuery("连接","请输入要连接的主机地址：",Server))
     {    ClientSocket1 -> Host = Server;
          ClientSocket1 -> Active = true;
          ckConnect -> Checked  = true;
     }
}
ckListen -> Enabled =  ! (ckConnect -> Checked);
```

连接服务器成功时，在状态栏中显示此信息，ClientSocket1 的 ClientSocket1Connect 事件代码如下：

```
StatusBar1 -> Panels -> Items[0] -> Text  = "连接到主机：" + Socket -> RemoteHost;
```

当服务器发送字符串时，把它加入 mmTalk 中，但如果本字符串就是自发送的(服务器会把收到的消息发给每一客户)则为重复信息，所以要比较 mmTalk 中最后两条信息是否相同，如果相同，则删除重复信息。相应的代码如下：

```
mmTalk -> Lines -> Add(Socket -> ReceiveText());
int i = mmTalk -> Lines -> Count - 1;
if(mmTalk -> Lines -> Strings[i] = = mmTalk -> Lines -> Strings[i - 1])
    mmTalk -> Lines -> Delete(i);
```

3. 公用部分的程序代码编制

当在 edTalk 输入交谈内容，按回车键表示输入完成，此时把交谈内容发送出去，并清除 edTalk 的内容。在发送信息时，要看本程序是作为服务器还是客户机，如果是服务器则把信息发送到每一个客户；如果是作为客户机则把信息发送到服务器。代码如下：

```
if(Key = = 13)
```

```
{    mmTalk -> Lines -> Add(edName -> Text + ":" + edTalk -> Text);
     if(ckListen -> Enabled&&ckConnect -> Enabled == false)      //“监听”有效,“连接”无效。表
                                                                 //示服务器
     {     int i;
           for(i = 0;i<ServerSocket1 -> Socket -> ActiveConnections;i + + )
                ServerSocket1 -> Socket -> Connections[i] -> SendText(edName -> Text + ":" +
                edTalk -> Text);
     }
     else
          ClientSocket1 -> Socket -> SendText(edName -> Text + ":" + edTalk -> Text);
     edTalk -> Text = "";
}
```

mmTalk 的内容不可能永远增加,设计当它有 100 行时就清空它,在 mmTalk 的 OnChange 事件中检查,代码如下:

```
if(mmTalk -> Lines -> Count > = 100)
   mmTalk -> Lines -> Clear();
```

2.6 USB 接口硬件设备的 Windows 驱动软件设计

2.6.1 USB 体系及其 WDM 型驱动程序结构

2.6.1.1 USB 总线系统的结构组成综述

一个完整的 USB 系统包括主机系统和 USB 设备,所有的传输事务都是由主机发起的,一个主机系统又可以分为以下几个层次结构,如图 2.7 所示。

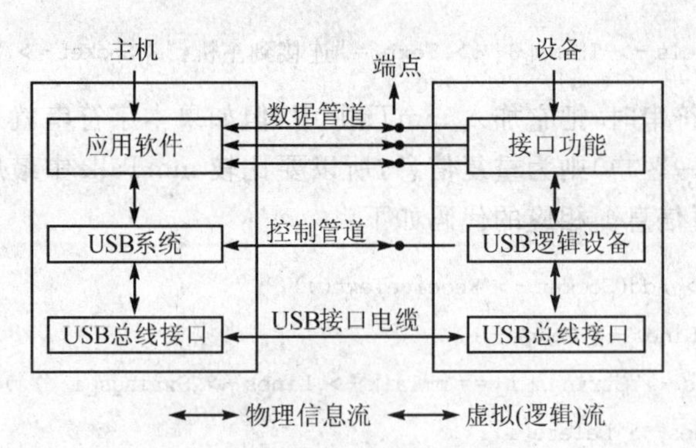

图 2.7 USB 总线互联通信示意图

USB 总线接口包括 USB 主控制器和根集线器。其中,USB 主控制器负责处理主机与设备之间电气和协议层的互连,根集线器提供 USB 设备连接点。USB 系统使用 USB 主控制器来管理主机和 USB 设备之间的数据传输;另外,它也负责管理 USB 资源如带宽等。应用软件不能直接访问 USB 设备硬件,而是通过 USB 系统和 USB 总线接口与 USB 设备进行交互。

USB 设备包含一些向主机软件提供一系列 USB 设备的特征和能力信息的设备描述符，用来配置设备和定位 USB 设备驱动程序。这些信息确保了主机以正确的方式访问设备。通常，一个设备有一个或多个配置(configuration)来控制其行为；配置是接口(interface)的集合，接口指出软件应该如何访问硬件；接口又是端点(endpoint)的集合，每一个与 USB 交换数据的硬件就为端点，它是作为通信管道的一个终点。USB 总线传输有 4 种类型：控制传输、大批量传输、中断传输和同步传输，控制传输是必需的，其他几种类型可以选择使用。

2.6.1.2 WDM 型的 USB 驱动程序结构

WDM 型 USB 驱动程序的层次结构如图 2.8 所示。USB 总线、主机及控制器等底层驱动程序由操作系统提供，负责与实际的硬件打交道，实现繁琐的底层通信。USB 功能驱动程序由设备开发者编写，不对实际的硬件进行操作，而是通过向 USB 底层驱动程序发送包含 USB 请求块 URB(USB Request Block)的 IRP，来实现对 USB 设备信息的发送和接收。采用这种分层驱动程序的设计方法可以使多个 USB 设备通过 USB 底层驱动程序来协调它们的工作，并且编写分层驱动程序较之编写单一驱动程序相对简单，还可以节省内存和资源，不易出错。图 2.8 中，USBDI 是 USB 类驱动程序接口，HCDI 是主机控制器驱动程序接口。

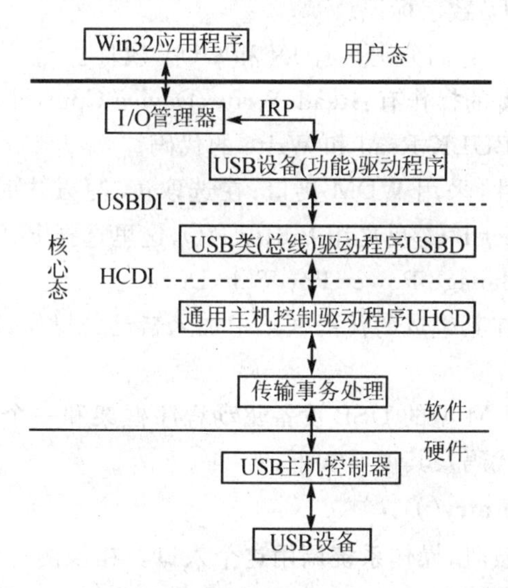

图 2.8 WDM 型 USB 驱动程序的层次结构示意图

USB 驱动程序工作简述如下：应用程序调用 WinAPI 函数对 USB 设备进行 I/O 操作，I/O 管理器将此请求构造成一个合适的 I/O 请求包(IRP)并把它传递给 USB 功能驱动程序；USB 功能驱动程序接收到这个 IRP 后，根据 IPR 中包含的具体操作代码构造相应的 USB 请求块(URB)，并把此 URB 放到一个新的 IRP 中，然后把它传递给 USB 底层驱动程序；USB 底层驱动程序根据 IRP 中所含的 URB 执行相应的操作，并把操作的结果返回给 USB 功能驱动程序；USB 功能驱动程序接收到返回的 IRP 后，将操作结果通过 IRP 返还给 I/O 管理器，最后 I/O 管理器将此 IRP 操作结果返回给应用程序，至此应用程序对设备的一次 I/O 操作完成。

需要设计的 USB 设备驱动程序，主要是 USB 功能驱动程序，它通过系统提供的 USBDI 与底层驱动程序通信。在 USB 设备可用之前，必须对其进行配置和接口选择，已选择接口的各个管道才是可用的。在USBDI的基础上进行编程，不用考虑IRP的类型，而只需在相应的分发例程中通过构造USB块，并将其通过USBDI发送下去就可以实现对USB设备的控制，编程过程大大简化。

2.6.2 USB硬件设备驱动程序应用设计举例

尽管USB设备驱动程序开发设计已经简化为USB功能驱动程序的开发设计，但具体实施起来还是相当繁琐的，USB设备驱动程序开发设计通常借助于DriverStudio或WinDriver来实现。下面以USB接口LED指示设备为例，说明USB设备驱动程序的开发设计，使用的工具是DriverStudio。该驱动程序的主要功能是控制LED的通/断并且对设备进行读/写，对设备的读/写通过两个双向USB端点进行批量数据传输得到。

首先使用DriverStudio的DriverWorks工具的编程向导Driver Wizard得到USB设备驱动程序的大体框架，主要过程如下：

①选择WDM的驱动程序类型和Windows运行平台。

②选择USB总线类型，对系统选择USB接口芯片如Philip公司的ISP1581，填写其VID(供应商ID)和PID(设备ID)数字标识。

③增加端点1和端点2，它们分别具有IN和OUT属性。

④根据需要选择对设备的操作有：Read、Write、Device Control和CleanUp。

⑤选择给端点2产生BULK Read和Write的代码。

⑥设置驱动程序的属性，采用WDM接口；在选取读/写方式时应遵循一条原则，需要快速传送大量数据时，用Direct I/O，反之用Buffer I/O，这里选择BufferI/O；由于无特殊的电源需求，故选用系统默认的Manage Power For This Device。

⑦增加IOCTL接口，在其生成的代码框架中加入自己的操作，以实现一个完整的USB设备驱动程序。

这样就生成了一个WDM型的USB设备驱动程序框架和一个测试该驱动程序的测试程序的大体框架。主要程序代码及其说明如下：

1. 初始化例程 DriverEntry()

当设备驱动程序被加载时，操作系统调用这个入口。在该例程中，驱动程序要向操作系统登记并注册一些消息处理器，通过RegistryPath来找到位于注册表中的驱动程序参数，当驱动程序正确安装后，在注册表KEY_LOCAL_MACHINE \ SYSTEM \ CurrentControlSet \ Service下可以找到MyUSB项。

2. 创建设备例程 AddDevice()

大多数的PDO是在PnP管理器调用该程序入口点时被创建的。插入新设备后，总线枚举器会发现总线上的所有设备，自动寻找并安装设备的驱动程序，并由驱动程序中的处理PnP功能模块自动处理AddDevice()例程及其他PnP消息。该例程代码如下：

```
NTSTATUS MyUSBDevice::AddDevice( PDEVICE_OBJECT Pdo)
{   // 产生一个 DDK 中 KDevice 类新的设备对象
    MyUSBDevice * pDevice = new (static cast<PCWSTR > (KUnitizedName(L"MyUSBDevice",
        m_Unit)),/ * 设备名 * /  FILE_DEVICE_UNKNOWN, / * 设备类型 * / NULL, / * 指针链接名 * /
        0, / * 设备特征标志位 * / DO_BUFFERED_IO| DO_POWER_PAGABLE/ * I/O 传输方式 * /);
```

```
    MyUSBDevice(Pdo, m_Unit);
    if (pDevice == NULL) return STATUS_INSUFFICIENT_RESOURCES;
    NTSTATUS status = devices -> ConstructorStatus();
    if ( ! NT_SUCCESS(status) ) delete pDevice;      // 若不成功,则返回错误状态并删除指针
    else                                              // 若成功,则向系统报告设备的电源状态变化
                                                      // 为 PowerDeviceD0
    {   m_Unit++;
        pDevice -> ReportNewDevicePowerState(PowerDeviceD0);
    }
    return status;
}
```

3. 访问硬件例程 DeviceControl()

上层应用软件程序通过此例程将 IRP 传到底层,该例程代码如下:

```
NTSTATUS MyUSBDevice::DeviceControl(KIrp I)
{   NTSTATUS status;
    switch (I.IoctlCode())
    {   case MyUSB_IOCTL_LED:
        status = MyUSB_IOCTL_LED_Handler(I);
            break;
        default:                 // 未被声明的 I/O 控制请求
            status = STATUS_INVALID_PARAMETER;
            break;
    }
}
```

以上代码是 DriverStudio 工具自动生成的,下面是要在其中添加需要的功能代码。

LED 控制处理例程 MyUSB_IOCTL_LED_Handler()

该例程是实现驱动程序功能的关键例程,它是用来控制设备上 LED 的通/断,主要利用 USB Vendor Request 来向设备传送。其中,request=1 时,表示让 LED 亮;request=0 时,表示让 LED 灭。它是通过 DeviceControl 由上层应用程序传下来的,该例程代码如下:

```
NTSTATUS MyUSBDevice::MyUSB_IOCTL_LED_Handler(KIrp I)
{   NTSTATUS status = STATUS_INVALID_PARAMETER;
    //检查输入参数是否正确,若不正确,则返回 STATUS_INVALID_PARAMETER
    if(I.IoctlOutputBufferSize() || ! I.IoctlBuffer() ||(I.IoctlInputBufferSize() ! = si-
    zeof(UCHAR)))
        return status;
    //处理 MyUSB_IOCTL_LED_ON 请求
    PURB pUrb = m_Lower.BuildVendorRequest(NULL, /*传输缓冲区*/ 0, /*传输缓冲区大小*/
        0, /*请求保留位*/ (UCHAR)(*(PUCHAR)I.IoctlBuffer()),/*请求 1(亮), 0(灭) */ 0
        /*值*/);
    status = m_Lower.SubmitUrb(pUrb, NULL, NULL, 5000L);          //向下传送 URB
```

```
    //若请求在此处理,设置 I.Information 指示多少数据复制回用户
    I.Information() = 0;
    I.Status() = status;
    return status;
}
```

2.7 ISA/PC104 接口板卡的 Windows 驱动软件设计

2.7.1 ISA/PC104 接口板卡及其驱动程序设计概述

工业标准体系结构 ISA(Industry Standard Architecture)总线的板卡,在现代商用计算机中,基本上已经被淘汰了,但是 ISA 总线的 ISA/PC104 工业板卡,在数据采集与控制中还有广泛的应用。ISA 总线不能即插即拔 PnP,Windows 下普遍使用的 WDM 型驱动程序对它没有很好的支持,因此为这类 ISA/PC104 接口板卡编写 WDM 驱动程序使其局部支持 PnP 特性,需要做一些特殊处理,如检测硬件、创建设备对象和配置并初始化硬件等,才能使其正常工作。

为了使 ISA 设备具有 PnP 的特性,可以通过 PnP 管理器和.inf 文件完成 ISA 设备的自动资源分配,如中断、端口范围和内存范围等。PnP 管理器依赖.inf 文件完成 PnP 管理。可以使用一些命令为 ISA 设备分配资源,如 LogConfig 为设备制定一个可选的资源设定,还有相应的 IRQConfig、IOConfig、DMAConfig 和 MEMConfig 子命令,它们能为设备指定具体的可选资源。语法格式如下:

```
[< log-config-section-name >]
ConfigPririty=< priority-value >
[DMAConfig=< dma-list >]
[IOConfig=< io-range-list]
[IRQConfig=< irq-list >]
[MemConfig=< mem-range-list >]
```

其中,ConfigPririty 命令指定这个 LOGConfig 项的优先级,其余子命令表示设备选用的硬件资源。下面是一个.inf 的片段内容:

```
[CX2590.Install]
……                                  ;其他命令
LogConfig = CX2590_DMA              ;指定配置项的名称
[CX2590_DMA]                        ;配置项的名称
ConfigPriority = NORMAL             ;配置的优先级
IOConfig = 4@300-3ff%3ff(3ff::)     ;指定 I/O 范围
IRQConfig = 4,5,9,10,11             ;指定可选的中断
DMAConfig = 0,1,2,3                 ;指定可选的 DMA
```

2.7.2 ISA/PC104 板卡硬件驱动程序设计举例

为简化 ISA/PC104 板卡硬件驱动程序设计,可以借助 DriverStudio 和 WinDriver 软件

工具。

2.7.2.1 用 DriverStudio 实现的驱动程序开发

下面给出一个用 DriverStudio 工具开发设计 ISA 总线高速数据采集卡驱动程序的例子，该板卡具有先进先出 FIFO(First - In First - Out)队列形式实现的缓存，8 路数据通道，由硬件自动完成采样操作：当 FIFO 半满的时候，系统产生中断通知用户取走数据；同时，硬件继续自动采样 FIFO 的另一边。驱动程序的主要工作包括设备 I/O 读操作和中断服务操作。

使用 DriverStudio 的 DriverWorks 工具的编程向导 Driver Wizard 得到的驱动对象和设备对象的主要定义部分如下：

```
class AC_1810 : public Kdriver                                   // 驱动对象
{     SAFE_DESTRUCTORS
      public:
            virtual NTSTATUS
            DriverEntry(PUNICOE - STRING RegistryPath);          // 驱动程序的入口函数
            virtual NTSTATUS AddDevice(PDEVICE_OBJECT Pdo);      // 完成设备与驱动对象连接
            ……
};
class AC_1810Device : public KpnpDevice                          // 设备对象
{     public:
            AC_1810Device(PDEVICE_OBJECT Pdo, ULONG Unit);       // 构造函数，完成资源配置
            ……
            BOOLEAN Isr_Irq(void);                               // IRQ 中断服务例程
            virtual NTSTATUS Create(KIrp I);                     // 标准 IRP 处理函数
            virtual NTSTATUS Close(KIrp I);                      // COMMENT_ONLY
            virtual NTSTATUS Read(KIrp I);                       // COMMENT_ONLY
            virtual VOID StarIo(KIrp I);                         // 开始 I/O 传输
            VOID CancelQueuedIrp(KIrp I);                        // 判断传输 IPR 是否被取消
            VOID Invalidate(void);                               // 释放资源例程
            virtual NTSTATUS DefaultPnp(KIrp I);                 // 处理默认的 PNP 操作
            virtual NTSTATUS DefaultPower(KIrp I);               // 管理电源
            void SerialRead(KIrp I);                             // 完成实际的 I/O 操作
            NTSTATUS IOCTL_SETUP_Handler(KIrp I);                // 采样参数设定
            NTSTATUS IOCTL_REW_Handler(KIrp I);                  // 开始/停止采样
            ……
      protected:
            KioRange m_IoPotrRange0;                             // 管理 I/O 资源
            Kinterrupt m_Irq;                                    // 管理中断资源
            ……
};
```

实际操作过程中采用中断读数的方法。在驱动程序中设置了两个缓冲区，一个前台缓冲区，一个后台缓冲区(用作后备缓冲区)，系统总是先使用前台缓冲区。当前台缓冲区已满而仍然未被读出，系统触发中断时，此时使用后台缓冲区。读数的方法很简单，系统先读前台缓冲

区的数据，只有当前台缓冲区未满而后台缓冲区满的时候才读后台缓冲区。这样可以保证采样数据序列的时间顺序。具体实现如下：

```
BOOLEAN AC_1810Device::Isr_Irq(void)            // ISR 例程，完成数据从 FIFO 中读出
{   //是否触发中断？未触发则返回，判断两个缓冲区情况，都满则返回
    ……
    if(m_pBuffer -> numused < MAX_READ_BUF)     // 前台缓冲区未满，使用前台缓冲区
    {   for(int i = 0; i<BLOCK_SIZE; i + + )
            m_pBuffer_ > buff[m_pBuffer -> numused + i] = READ_FIFO;
        m_pBuffer -> numused += BLOCK_SIZE;
    }
    else    ……                                  // 完成其他情况的判断
    return TRUE;                                // 中断成功返回
}
```

当应用程序使用标准 Win32 API 对设备进行读操作的时候，I/O 管理器通知驱动程序并触发对 Read 函数的调用。对于通常的串行设备，在 Read 函数的最后排队 IRP 请求，此时系统就可以触发 StartIO 例程，并且保证这个过程是串行处理的。具体实现如下：

```
NTSTATUS AC_1810 Device::Read(KIrp I)           // 读例程，处理 IRP_MJ_READ
{   if (I.ReadSize ()<BLOCK_SIZE)               // 检查输入的合法性，若不合法，则返回错误代码
    {   I.Information() = 0;
        return I.PnpComplete(this,STATUS_INVALID_PARAMETER);
    }
    if (I.ReadSize() = = 0)                     // 若没有字节可读，则返回成功
    {   I.Information () = 0;
        return I.PnpComplete(this,STATUS_SUCCESS);
    }
    return QueueIrp(I, LinkTo(CancelQueuedIrp)); // 排队该 IRP，触发 StarIO，完成数据传输
}
VOID AC_1810 Device::StartIo(KIrp I)            // StartIo 例程，完成 I/O 操作
{                                               // 检测这个 IRP 是否被取消，若取消则返回
    if(! I.TestAndSetCancelRoutine(LinkTo(CancelQueuedIrp), NULL, CurrentIrp()) ) return;
    switch (I.MajorFunction())
    {   case IRP_MJ_READ:                       // 这个函数按逻辑完成读操作
            SerialRead(I);break
        ……                                      // 开始处理下一个 IRP
            PnpNextIrp(I);
            break;
    }
}
```

这就是该 ISA 板卡的 WDM 型驱动程序的主体部分，它具有 PnP 功能，可以方便地安装卸载；可以在中断到来的时候，使用两个缓冲区完成数据的传输，避免数据丢失。

2.7.2.2 用 WinDriver 实现的驱动程序开发

下面给出了利用 WinDriver 开发向导开发 ISA－VXI 嵌入设备驱动程序的例子。

1. 内存访问

选用在 Windows 通常没有占用的上位内存中开一个 64 KB(0x00000～0xf0000)的地址空间，映射 VXI 地址空间。设计步骤如下：

- 从 WinDriver 检测到的器件列表中选择“ISA Card”，WinDriver 运行后自动检测微机硬件并显示给用户；
- 从可选资源 I/O、Memory、Register、Interrupt 中选择 Memory，定义内存 0x00000～0xf0000；
- 用 WinDriver 为用户提供的图形界面诊断工具，配合 VXI 总线操作，读/写内存，检查结果，确定硬件设备工作是否正常；
- 用 WinDriver 菜单中的 Generate Code 生成驱动程序代码框架；
- 用通用 Win32 软件开发平台进行修改和调用。

WinDriver 自动生成的几个主要函数如下：

```
BOOL MEM_Open(MEM_HANDLE * phMEM);
void MEM_Close(MEM_HANDLE hMEM);
WORD MEM_ReadWord(MEM_HANDLE hMEM, MEM_ADDR addrSpace, DWORD dwOffset);
void MEM_WriteWord(MEM_HANDLE hMEM, MEM_ADDR addrSpace,
            DWORD dwOffset, WO- RD data);
```

2. 中断处理

方法与上述相同，只是在第二步中选择 Interrupt，定义 PC 中未使用的中断资源 IRQ5。WinDriver 自动生成的几个主要函数如下：

```
BOOL VXIINT_Open(VXIINT_HANDLE * phVXIINT);
void VXIINT_Close(VXIINT_HANDLE hVXIINT);
void VxiInt_Disable(VXIINT_HANDLE hVXIINT);
BOOL VxiInt_Enable(VXIINT_HANDLE hVXIINT, VxiInt_HANDLER funcIntHandler);
```

VxiInt_ Enable()函数的第二个参数是中断处理函数名，WinDriver 仅生成该函数原型，中断源的识别、硬件中断信号的释放和中断服务代码等需要由用户填写。

2.8 PCI/CPCI 接口板卡的 Windows 驱动软件设计

2.8.1 PCI/CPCI 板卡硬件设备驱动程序的特点

PCI(Peripheral Component Interconnection)/CPCI(Compact PCI)板卡，在当今工业数据采集和控制中应用广泛，其设备驱动程序软件的设计是 Windows 下操作访问 PCI/CPCI 板卡的关键环节。PCI 总线是一种高性能、与 CPU 无关的 32/64 位地址数据复用的总线，它支持突发传输、即插即用和电源管理等功能，支持内存读/写、I/O 端口读/写、中断机制和直接存贮器访问 DMA(Direct Memory Access)功能。由于这些硬件特点，使 PCI 设备 WDM 驱动程序的设计变得较为复杂。

PCI/CPCI 板卡驱动程序的层次体系结构如图 2.9 所示。在该结构层次中,PCI 总线驱动程序由操作系统实现,过滤驱动程序一般只在特殊的情况下才需要编写,设计 PCI/CPCI 板卡驱动程序主要是设计其功能驱动程序。在 PCI 设备功能驱动程序中,需要做的是读/写访问 PCI 设备的内存/端口、中断处理或 DMA 数据传输。PCI 设备功能驱动程序包括的主要模块有配置空间的访问模块、I/O 端口模块、内存读/写模块和终端模块等。各模块之间是对等的。

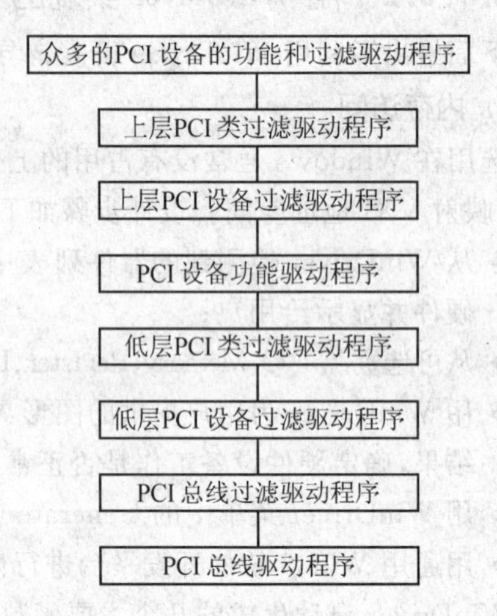

图 2.9　通用 PCI 总线的 WDM 驱动程序栈示意图

在开发 WDM 驱动程序之前,必须掌握 PCI/CPCI 设备需要分配的资源等配置信息,以及 PCI 设备的功能和操作方法。需要了解的主要的硬件特性包括:

① 设备的总线结构。设备采用什么总线结构非常关键,因为不同的总线类型(如 ISA 和 PCI)在许多硬件工作机制上是不同的,所以驱动程序设计也不同。

② 寄存器。要了解设置的控制寄存器、数据寄存器和状态寄存器,以及这些寄存器工作的特性。

③ 设备错误和状态。要了解如何判断设备的状态和错误信号,这些信号要通过驱动程序返回给用户。

④ 中断行为。要了解设备产生中断的条件和使用中断的数量。

⑤ 数据传输机制。最常见的数据传输机制是通过 I/O 端口(port);另一种重要的传输机制是 DMA。

⑥ 设备内存。许多设备自身带有内存,PCI 设备大多是采用映射的方式映射到 PC 系统的物理内存,有的设备还要通过驱动程序设置设备的接口寄存器。

PCI 设备除了具备标准的存储器空间和 I/O 空间外,还定义有一个独立的配置空间(configuration space)。配置空间的基址寄存器定义了 PCI 设备所需的存储器空间和 I/O 空间;中断引脚寄存器说明该设备使用了哪个中断引脚;中断线寄存器用来识别设备的 PCI 中断请求引脚路由到中断控制器的哪个输入上。PCI 设备的地址空间是浮动的,系统引导时操作系统必须建立一个统一的地址映射,然后把映射后的地址信息写入这 3 个寄存器,这就是 PCI 设备的实际物理基地址。经过这样一个映射过程,系统保证各个设备占用的地址空间不会产生冲突,这就实现了 PCI 设备的即插即用能力。

2.8.2　常见 PCI/CPCI 板卡驱动程序的开发设计

2.8.2.1　用 WinDDK 设计 PCI/CPCI 驱动程序

用 WinDDK 开发设计 PCI/CPCI 板卡驱动程序时,常见的 PCI 设备操作方式说明如下:

1. 设备初始化

在 PCI 设备驱动程序的初始化过程中,利用指定器件识别号(device_id)、商识别号(vendor_id)、检索号(index)搜索 PCI 器件,再通过调用 PCI BIOS 确认其存在,并确定其物理位置的总线号、器件号和功能号;然后利用总线号、器件号和功能号寻址该器件/功能的 PCI 配置空间;接下来设备驱动就从配置空间获得硬件的参数。PCI 设备的许多参数,包括所用中断号、端口/内存地址的范围、端口映射方式等,都可以从 PCI 配置空间的各基址所对应的寻址空间得到。系统提供的查找 PCI 设备的函数是 HalGteBusData 或 HaiGetBusDataOffset。

2. 端口操作

在 WDM 驱动程序中,对 I/O 端口处理与内存是一样的,把它看作寄存器,映射为设备内存。I/O 端口操作的做法有两种:一是在驱动程序中使用 IoReportResourceUsage 报告资源占用,然后使用 READ_PORT_XXX、WRITE_PORT_XXX 函数读/写,最后使用 IoReportResourceUsage 取消资源占用;另一种是驱动程序修改 I/OPermissions Map(IOPM),以使系统允许用户程序对指定的 I/O 端口进行操作,这时用户程序采用通常的 I/O 指令进行操作。后者的优点是速度快、用户程序设计简单,但移植性差,程序不能用在非 Intel 的系统中,而且多个程序同时读/写同一端口容易导致冲突。

3. 内存的读/写

Windows 采用了分段、分页机制,这使得一个程序可以很容易地在物理内存容量不一样的、配置范围差别很大的计算机上运行,编程人员使用虚拟存储器可以写出比任何实际配置的物理存储器都大得多的程序。硬件设备读/写的是物理内存,但应用程序读/写的是虚拟地址,所以存在着将物理内存地址映射到用户程序线性地址的问题。可以先调用 IoReportResourceUsage 请求使用设备的内存,然后调用 HalTranslateBusAddress 转换与总线相关的内存为系统的物理内存地址,再使用 MmMapIoSpace 把设备的内存映射到虚拟空间。设备驱动卸出时调用 MmUnmapIoSpace 断开设备内存和虚拟空间的连接。

函数 MmMapIoSpace 的原型为:

```
PVOID MmMapIoSpace(IN PHYSICALADDRESS PhysicalAddress,
                   IN ULONG NumberOfBytes, IN MEMORY - CACHED - TYPE CacheEnable);
```

其中,参数 PhysicalAddress 为物理地址;NumberOfBytes 为地址的数量;CacheEnable 为内存是否可以隐藏,取值可为 MmNonCached、MmCached 或 MmWriteCombined。

内存资源的映射方法和访问函数的用法与 I/O 端口一样,这里给出一个了读/写单个内存的地址的操作,如:WRITE_REGISTER_UCHAR((PUCHAR)pdx－>MmBase, 0x03C)。

4. 中断的设置、响应与调用

在 PCI 总线中,很多设备共享一个中断,这就需要在中断处理函数中格外小心,处理不当会导致系统崩溃。驱动程序首先要在 IRP_MN_START_DEVICE 的 IRP 中获得中断资源,然后需要连接到中断处理函数中,使其当有中断请求时,进入中断服务例程。连接中断的函数为 IoConnectInterrupt。

需要注意的是在连接中断之前,一定要确定 PCI 设备不会产生中断请求,最好在 PCI 设备上电后,中断为屏蔽状态。在连接中断后,调用开启中断请求的函数需要同步处理,以防在函数的执行中,出现运行时间上的错误,而且一定要在所有的硬件资源分配以后开启中断,否则如果有中断产生,系统就会立即调用中断处理例程,如果例程中使用了还没有分配的资源,就会出现意想不到的结果。

在中断服务例程中，相应的处理最好简捷快速，因为中断例程运行的级别很高，当有中断请求时，不但会打断应用程序的执行，而且会打断在硬件中断级以下的所有运行程序。在WDM中，提供了DPC(Deferred Procedure Call)例程，可将在中断例程中耗时的但不需要立即处理的任务延时处理。比如，驱动程序接受应用程序的写PCI设备的数据，当写完后，硬件产生中断标志执行完毕，这时需要结束该IRP，就可以将结束IRP这个耗时的任务交给DPC完成。

用WinDDK开发设计PCI/CPCI板卡驱动程序，涉及的操作细节比较多，相应难度较大。这里给出了一个WinDDK设计的，以Cypress公司的PCI204芯片作为PCI桥的CPCI板卡驱动程序的主要例程说明，该板卡驱动程序设计的主要工作集中在：

① DriverEntry()，这是驱动程序的入口点，主要工作是建立驱动程序所需的函数。

② dspPciAddDevice()，在这个例程里驱动程序主要是创建设备。

③ dspPciPnp()，在这个例程中驱动程序主要是启动设备和停止设备等，并且从PnP管理器读出为板卡所分配的硬件资源，对PCI配置空间进行初始化、初始化中断等。需要注意的是，在初始化中断之前必须禁止板卡向主机发出中断，因此应有屏蔽中断的操作。

④ dspPciDeviceControl()，在这个例程中可以定制自己的函数来达到用户态和核心态相互通信的目的。通过IOCTL_CODE可以区分不同的请求。

⑤ Isr_Irq()，这个例程是用来处理中断的。Windows的中断处理机制是假定多个设备可以共享一个硬件中断。因此，中断服务程序的首要工作就是找出哪一个设备发生了中断。如果没有，则应该立刻返回FALSE，以便HAL能把中断送往其他设备驱动程序。中断服务例程需要尽可能快地运行。通常情况下，若判断中断是由自己的设备产生的，则需调用一个在DISPATCH_LEVEL级别上运行的延迟过程调用(DpcFor_Irq)。需要注意的是，当确定是所需板卡的中断时，要马上屏蔽中断位以防止中断再进来，等到DpcFor_Irq的结尾处再开中断。

2.8.2.2 用DriverStudio设计PCI/CPCI驱动程序

1. 用DriverWizard编程向导得到驱动程序框架代码

使用DriverStudio的DriverWorks的编程向导工具DriverWizard，可以直接得到PCI/CPCI板卡的驱动程序框架代码，其中的关键步骤如下：

① PCI设备的基本硬件信息VenderID、DeviceID、SubsystemID和RevisionID必须填写，以实现PCI设备的定位。这些项可以用软件PCITree或PCIView浏览PCI设备得到，同时，用这两个软件也可以得到BAR0～BAR5的资源分配情况和中断号。

② IRP队列排队方法，它决定了驱动程序检查设备的方式，一般选取SystemManaged，使所有的IRP排队都由系统(即I/O器)完成。

③ 在Resources中添加资源，需要在name中输入变量名，在PCI Base Address中输入0～5的序列号。0～5和BAR0～BAR5一一对应。选择使用Buffer可以实现缓冲读/写；如果设计需要快速传送大量数据，可以采用Direct I/O方式。

④ 中断设置时，要选中创建中断服务例程ISR，并根据需要延迟过程调用例程DPC，还要选择MakeISR/DPC class functions选项，使ISR/DPC成为设备类的成员函数。另外，要把打开设备的方式选择为“Symbolic Link”。

⑤ 通常需要加入与应用程序或者其他驱动程序通信的I/O控制代码参量。添加应用程

序与驱动程序交互的控制代码，可以选择缓冲 I/O 策略和直接 I/O 策略。通常 I/O 传输的数据量较小，只需使用缓冲 I/O 策略即可。

2. 在所得到的驱动程序框架中添加必需的功能代码

(1) 驱动程序的初始化

开发工具 DriverWorks 提供了大部分操作硬件设备所需的类和函数，KPciConfiguration 类封装了访问 PCI 设备配置空间的所有操作；KMemoryRange 类封装了对存储器空间访问所需的操作；KIoRange 类封装了对 I/O 端口访问的操作。编程向导程序已经生成了这些类对象的实例，接下来需要在物理设备初始化例程中初始化这些实例，具体实现如下：

```
NTSTATUS PciDevice::OnStartDevice(KIrp I)                        // 驱动程序的 StartDevice
                                                                  // 例程
{    m_PciConfig.Initialize(m_Lower.DeviceObject());             // 初始化
     // 从传递的 IRP 中获取原始资源列表指针
     PCM_RESOURCE_LIST pResListRaw = I.AllocatedResources();
     // 通过传递的 IRP 获取转换后的资源列表指针
     PCM_RESOURCE_LIST pResListTranslated = I.TranslatedResources();
     // 初始化访问 I/O 端口的类实例
     NTSTATUS status = m_IoPortRange.Initialize(pResListTranslated, pResListRaw,
     m_PciConfig.BaseAddressIndexToOrdinal(0) );
     if(! NT_SUCCESS(status))                                     // 初始化失败
   {     Invalidate(); return status; }                           // 错误代码在 status 中，返
                                                                  // 回该代码
     // 初始化访问存储器空间的类实例
     NTSTATUS status = m_MemRange.Initialize( pResListTranslated, pResListRaw,
                     m_PciConfig.BaseAddressIndexToOrdinal(1) );//基地址寄存器 1
     if(! NT_SUCCESS(status))
     {    Invalidate(); return status; }
}
```

(2) 驱动程序向应用程序提供的接口

```
NTSTATUS PciDevice::Read(KIrp I)                                 // 驱动程序的 Read 例程
{    // 取得直接映射到非分页的系统地址空间的用户缓冲区
     KMemory Mem(I.Mdl());
     PUCHAR pBuffer = (PUCHAR) Mem.VirtualAddress();
     ULONG dwReadOffset = I. ReadOffset(CURRENT);                // 取得地址偏移量
     ULONG dwReadSize = I.ReadSize(CURRENT);                     // 取得读取的数据量
     m_MemRange.ind(dwReadOffset, pBuffer, dwReadSize/4);        // 读取数据
     I.Information() = dwReadSize;
     return I.PnpComplete(this, status);                         // 完成当前 IRP 操作
}
NTSTATUS PciDevice::Write(KIrp I)                                // 驱动程序的 Write 例程
{    ……
```

```
        m_MemRange.outd(dwWriteOffset, pBuffer, dwWriteSize/4);     // 写数据
        ……
    }
NTSTATUS PciDevice::DeviceControl(KIrp I)                          // 驱动程序的 I/O 控制例程
{       switch (I.IoctlCode())
        {       case IOCTL_READ_IOPORT:                            // 读 I/O 端口
                    ULONG data = m_IoRange.ind(4);
                    *(ULONG *)I.IoctlBuffer() = data;
                    ……
                case IOCTL_WRITE_IOPORT:                           // 写 I/O 端口
                    ULONG data; = *(ULONG *)I.IoctlBuffer();
                    m_IoRange.outd(4, data);
                    ……
                default: ……
        }
        return I.PnpComplete(this, status);
}
```

(3) 中断处理的驱动编程

中断处理需要中断服务例程和延迟过程调用例程。Isr_Irq 是中断服务例程的主程序，由于 ISR 的中断请求级别很高，它屏蔽了其他较低级 IRQL 服务程序的执行，使得很多函数不能被调用执行，因此，中断服务例程的处理时间应尽可能短，并且要把大部分中断处理操作尤其是费时的大批量数据传输放在 DPC 中完成，而中断服务例程中仅仅完成一些必须实时完成的基本操作，如判断是否为自己的设备产生的中断、清除中断和关中断等。

```
BOOLEAN PCIDevice::Isr_Irq(void)                                   // 中断服务例程
{       char IntReg = m_IoPortrange.inb(REG_INTERRUPT);            // 读取中断锁存寄存器
        if(! IntReg)                                               // 判断是否为本设备产生的中断
            return FALSE;                                          // 不是本设备产生的，返回 FALSE，交由其
                                                                   // 他设备驱动程序去处理
        m_IoPortrange.outb(REG_INTERRUPT, 0);                      // 是本设备产生，则清除中断锁存寄存器
        m_IoPortrange.outb(EN_INTERRUPT, 0);                       // 禁止本设备再次产生中断
        // 把该中断请求加入到中断延迟调用队列，等待 DPC 调度程序调用，完成后续工作
        if (! m_DpcFor_Irq.Request(NULL, NULL))
        {……}                                                       // 队列中已经存在该请求，这种情况下可
                                                                   // 能需要做某些工作，比如设置标志
        return TRUE;                                               // 返回 TRUE 表示是本设备产生了该中断
}
VOID PCIDevice::DpcFor_Irq(PVOID Arg1, PVOID Arg2)                 // 延迟过程调用例程
{       KIrp I(m_DriverManagedQueue.CurrentIrp());                 // 从队列中取出当前处理的 IRP
        ……                                                         // 在此进行数据传输及其他中断处理
        I.Status() = STATUS_SUCCESS; I.Information() = 0;
        m_DriverManagedQueue.PnpNextIrp(I);                        // 开始处理 DPC 队列里的下一个 IRP
```

```
        m_IoPortrange.outb(EN_INTERRUPT, 1);                    // 使能本设备的中断
    }
```

为将硬件中断与设计的中断服务程序连接在一起,可采用 InItIalIzeAndConnect 方法,部分代码:

```
NTSTATUS TrancardDevice_OnStartDevice(KIRP I)
{
        ……
        status = m_MyIRQ.InitializeAndConnect(PResLIstTRanlateD, LinkTo(IsR_MyIRq), This;)
        ……
}
```

3. 由 DriverStudio 得到的驱动程序文件

经过编译后得到的主要文件有:PCI_Device.lib、PCI_Device.dll、PCI_Device.sys 和 PCI_Device.inf。PCI_Device.lib 和 PCI_Device.dll 文件处于用户层,它封装了和底层驱动打交道的函数,对外只显现出如 Open_Device()、Close_Device(HANDLE hDevice)、Record(HANDLE hDevice, LPSTR FileName)、Play(HANDLE hDevice, LPSTR FileName)等 API 函数,以让多种编程语言以 DLL 的形式来调用。PCI_Device.sys 是驱动程序文件,它处于核心层,为用户层和 PCI 卡进行数据交换搭建桥梁;PCI_Device.inf 是用于引导系统安装 PCI/CPCI 板卡的安装信息文件,这里假定 PCI 驱动程序被命名为 PCI_Device。

2.8.2.3 用 WinDriver 设计 PCI/CPCI 驱动程序

用 WinDriver 开发设计 PCI/CPCI 板卡驱动程序,要简单轻松些。下面给出了操作 PCI 显示卡的驱动程序例子,这里使用 WinDriver 的编程向导实现,在其"Memory"标签页,定义一个"TopLeft"寄存器,它代表屏幕左上角(例如位移 0);定义另一个寄存器"Somewhere",它的位移是 FF(屏幕上另一处点阵)。用 WinDriver 的编程向导得到的部分 API 函数如下:

```
< screencard_lib.h >
BOOL SCREENCARD_Open(SCREENCARD_HANDLE * phSCREENCARD,
        DWORD dwVendorID, DWORD dwDeviceID, DWORD nCardNum, DWORD options);
void SCREENCARD_Close(SCREENCARD_HANDLE hSCREENCARD);
// 通用 read/write 函数
void SCREENCARD_WriteWord (SCREENCARD_HANDLE hSCREENCARD,
        SCREENCARD_ADDR addrSpace, DWORD dwOffset, WORD data);
void SCREENCARD_WriteDword (SCREENCARD_HANDLE hSCREENCARD,
        SCREENCARD_ADDR addrSpace, DWORD dwOffset, DWORD data);
// 表示屏幕上某处一个像素点的寄存器
DWORD SCREENCARD_ReadSomeWhere (SCREENCARD_HANDLE hSCREENCARD);
void SCREENCARD_WriteSomeWhere (SCREENCARD_HANDLE hSCREENCARD, DWORD data);
// 寄存器转指屏幕左上角
DWORD SCREENCARD_ReadTopLeft (SCREENCARD_HANDLE hSCREENCARD);
void SCREENCARD_WriteTopLeft (SCREENCARD_HANDLE hSCREENCARD, DWORD data);
// 中断处理
BOOL SCREENCARD_IntEnable (SCREENCARD_HANDLE hSCREENCARD,
```

```
        SCREENCARD_INT_HANDLER funcIntHandler);
void SCREENCARD_IntDisable (SCREENCARD_HANDLE hSCREENCARD);
```

2.8.3 DMA 传输的 PCI/CPCI 板卡驱动程序设计

DMA 传输是 PCI/CPCI 板卡进行高速大量数据传输的重要手段。这里使用 DriverStudio 的 DriverWorks 软件工具和 WinDriver 软件工具开发设计 Windows 下 PCI 卡 DMA 传输的驱动程序。

2.8.3.1 DriverWorks 涉及的 DMA 传输内容

DriverWorks 提供了 3 个类：KDmaAdapter、KDmaTransfer 和 KCommonDmaBuffer 类，用于实现 DMA 操作。KDmaAdapter 类用于建立一个 DMA 适配器，它说明 DMA 通道的特性；KDmaTransfer 类用于 DMA 传输控制；KCommonDmaBuffer 类用于申请系统提供的公用缓冲区。下面简单介绍这 3 个类的主要成员函数：

1. KDmaAdapter 类

Initialize(pDesc,pPdo)或 Initialize(pDesc, pPdo, nMaxScatterGatherPairs)函数，其参数 pDesc 为设备描述结构指针，pPdo 为物理设备对象指针，nMaxScatterGatherPairs 为支持分散/聚集的总线主控设备的物理不连续缓冲区个数。

2. KDmaTransfer 类

① KDmaTransfer(pDevice, pAdapter, pBuffer)或 KDmaTransfer(void)是该类构造函数，其参数 pDevice 为相关的设备对象指针；pAdapter 为相关的适配器对象指针；pBuffer 为相关的公用缓冲区对象指针。

② Initiate(Memory, Dir, Callback, pContext, BusMasterKeepAdapter)或 Initiate(pDevice, pAdapter, Memory, Dir, Callback, pBuffer, pContext, BusMasterKeepAdapter)函数，用于初始化 DMA 传输。参数 Memory 为内存对象指针；Dir 为传输方向，取值为 FromDeviceToMemory 或 FromMemoryToDevice；Callback 为 DMA 准备就绪回调例程；pContext 为传递给回调例程的环境参数地址指针；BusMasterKeepAdapter 为是否保持适配器对象，正常情况下，总线主控设备释放适配器对象，但保持映射寄存器。

③ BytesRemaining(void)函数，返回当前传输的剩余字节数。

④ Terminate(void)函数，终止传输并释放适配器。

⑤ SequenceTransferDescriptors(ppTD)函数，获取当前传输段的单个描述符，它只能在 DMA 准备就绪回调例程中调用。它返回 TRUE，表示取得下一个传输描述符。

⑥ Continue(XferCountType, Count)，该函数执行继续传输，在一段传输完成后调用。参数 XferCountType 为传输长度类型；Count 为指定的传输字节数。

另外，KDevice 类还有一个成员函数 DEVMEMBER_DMAREADY(class_name, function_name)与 DMA 准备就绪回调例程有关。它用于声明 DMA 准备就绪回调例程为 KDevice 派生类的一个成员函数。参数 class_name 是定义 DMA 准备就绪回调例程为其成员函数的类名；function_name 是 DMA 准备就绪回调例程名。

3. KCommonDmaBuffer 类

① Initialize(pAdapter, size, CacheEnabled)函数，用于初始化一个用默认构造函数定义

的类对象。参数 pAdapter 为相关的适配器对象指针；size 为要求的缓冲区字节长度；CacheEnabled 为是否允许 CPU 内部的高速缓冲区作为公用缓冲区。

② VirtualAddress(void)函数，返回缓冲区的内核模式地址。

③ LogicalAddress(void)函数，返回缓冲区的物理地址。

④ Size(void)函数，返回缓冲区的字节长度。

⑤ KMemory Mdl(void)函数，返回和缓冲区相关的内存对象。

要开发 DMA 驱动程序，通常还要涉及到硬件访问和中断处理的问题。因此，在 DMA 驱动程序中应包含有硬件访问编程部分和中断处理编程部分。通常可以使用 KIoRange 类实现对 I/O 映射芯片的访问；使用 KMemoryRange 类实现对内存映射芯片的访问；使用 KInterrupt 类实现硬件中断的处理。

2.8.3.2 DriverStudio 的 PCI - DMA 驱动实现

这里结合采用 PLX 公司的 PCI9054 芯片为 PCI 桥，实现 DMA 数据传输的 PCI 板卡，说明使用 DriverStudio 工具设计 PCI/CPCI 板卡 DMA 传输驱动程序的主要过程。该卡设备的访问资源请求有 3 个：前两个用于 PCI9054 芯片的操作寄存器，第三个为 I/O 映射空间，用于设备访问。卡内使用一个 FPGA 实现部分接口逻辑变换，并在其内部设计了一个 FIFO，可以通过 I/O 指令将数据写入 FIFO 及清空 FIFO；DMA 传输采用块模式，从 FIFO 中读取数据。

1. 用 DriverWizard 编程向导生成驱动程序框架

使用 DriverWorks 中的 DriverWizard 创建 PCI 驱动程序框架，定义驱动程序工程名为 PCI9054。注意需要声明所需的资源，如存储器空间 I/O 空间、中断和 DMA 等。

2. 修改和增加程序框架中的内容

在 VC 中打开 PCI9054 工程，在程序框架基础上进行编程。源代码内容太多，这里只给出修改和增加程序内容。

(1) 在 PCI9054Device.h 中改动如下：

① 在类 class PCI9054Device ：public KpnpDevice 中增加下面的宏的成员函数。

```
DEVMEMBER_DMAREADY(PCI9054Device, OnDmaReady)
DEVMEMBER_CANCELIRP(PCI9054Device, CancelQueuedIrp)
VOID StartDMA(ULONG PAddress, ULONG NBytes);
VOID OnDmaReady(KDmaTransfer * pXfer, KIrp I);          // COMMENT_ONLY
```

② 在类 class PCI9054Device ：public KpnpDevice 中增加所使用类的声名

```
KDmaTransfer * m_CurrentTransfer;
KCommonDmaBuffer m_Buffer;
```

(2) 在 PCI9054Device.cpp 文件中改动如下：

① 下面是 PCI9054 中有关中断和 DMA 操作寄存器的偏移地址。

```
#define INTCSR 0x68
#define DMAMODE0 0x80
#define DMAPADR0 0x84
#define DMALADR0 0x88
```

```
#define DMASIZ0 0x8C
#define DMADPR0 0x90
#define DMACSR0 0xA8
```

② 在函数 VOID PCI9054Device::Invalidate()中增加函数调用。

```
m_Buffer.Invalidate();
```

③ 在函数 NTSTATUS PCI9054Device::OnStartDevice(KIrp I)中的 m_Dma.Initialize(&dd, m_Lower.TopOfStack())函数之后增加函数调用语句。

```
m_Buffer.Initialize(&m_Dma,2048);
```

另外，在该函数最后增加下面函数调用语句。

```
m_IoPortRange0.outd(INTCSR,0x40100);              //允许 PCI 中断和 DMA 通道 0 中断
```

④ 在函数 NTSTATUS PCI9054Device::OnStopDevice(KIrp I)中增加下面函数调用。

```
m_IoPortRange0.outd(INTCSR,0);                    //禁止 PCI 中断和 DMA 通道 0 中断
m_Irq.Disconnect();
```

⑤ NTSTATUS PCI9054Device::OnRemoveDevice(KIrp I)中增加下面函数调用。

```
m_IoPortRange0.outd(INTCSR,0);
m_Irq.Disconnect();
```

⑥ 在 SerialRead()函数中增加有关创建 KdmaTransfer 类实例内容。

```
void PCI9054Device::SerialRead(KIrp I)
{    NTSTATUS status = STATUS_SUCCESS;
     m_CurrentTransfer = new(NonPagedPool) KDmaTransfer(this, &m_Dma);
     if ( m_CurrentTransfer == NULL )
     {    status = STATUS_INSUFFICIENT_RESOURCES;
          I.Information() = 0;
          I.Status() = status;
          PnpNextIrp(I);
     }
      status = m_CurrentTransfer -> Initiate(this, &m_Dma, I.Mdl(),
          (I.MajorFunction() == IRP_MJ_READ) ? FromDeviceToMemory : FromMemoryToDevice,
          LinkTo(OnDmaReady), &m_Buffer);
     if ( ! NT_SUCCESS(status) )
     {    delete m_CurrentTransfer;
          m_CurrentTransfer = NULL;
          I.Information() = 0;
          I.Status() = status;
          PnpNextIrp(I);
     }
}
```

⑦ 在 SerialWrite()函数中增加对硬件操作的内容。

```
void PCI9054Device::SerialWrite(KIrp I)
{   NTSTATUS status = STATUS_SUCCESS;
    ULONG i;
    KMemory Mem(I.Mdl());
    PUCHAR pBuffer = (PUCHAR) Mem.MapToSystemSpace();
    ULONG dwTotalSize = I.WriteSize(CURRENT);
    ULONG dwBytesSent = 0;
    m_IoPortRange1.outb(0,0);                        //清空 FIFO
    for (i=0;i < dwTotalSize;i++)
        m_IoPortRange1.outb(0x4, *pBuffer++);        //写数据
    I.Information() = dwBytesSent;
    I.Status() = status;
    PnpNextIrp(I);
}
```

⑧ 修改下面几个函数为。

```
VOID PCI9054Device::DpcFor_Irq(PVOID Arg1, PVOID Arg2)
{   m_CurrentTransfer->Continue(UseTransferSize);    }
BOOLEAN PCI9054Device::Isr_Irq(void)
{   ULONG status;
    status= m_IoPortRange0.ind(INTCSR);
    if ((status & 0x200000)==0)
        return FALSE;                              // 判断是否为 DMA 通道 0 的传输结束中断
    m_IoPortRange0.outd(DMAMODE0,0x20800);         // 先禁止中断
    m_IoPortRange0.outb(DMACSR0,0x10);             // 再清除中断
    return TRUE;
}
```

⑨ 增加下面新的成员函数。

```
VOID PCI9054Device::StartDMA(ULONG PAddress,ULONG NBytes)
{   m_IoPortRange0.outd(DMAMODE0,0x20C00);
    m_IoPortRange0.outd(DMAPADR0,PAddress);        // DMA 通道 0 的 PCI 地址
    m_IoPortRange0.outd(DMALADR0,0x4);             // 自己设计的 FIFO 地址
    m_IoPortRange0.outd(DMASIZ0,NBytes);           // DMA 通道 0 的传输数据长度
    m_IoPortRange0.outd(DMADPR0,0x8);              // 从设备到主机
    m_IoPortRange0.outb(DMACSR0,0x3);              // 使通道 0 可用,并启动
}
VOID PCI9054Device::OnDmaReady(KDmaTransfer * pXfer, KIrp I)
{   if (pXfer->BytesRemaining() == 0)
    {   pXfer->Terminate();                        // DMA 结束时
        I.Information() = I.ReadSize(CURRENT);
```

```
        I.Status() = STATUS_SUCCESS;
        PnpNextIrp(I);
        m_CurrentTransfer = NULL;
        delete pXfer;
        return;
    }
    PTRANSFER_DESCRIPTOR ptd;                                  // DMA 启动时
    while (pXfer -> SequenceTransferDescriptors(&ptd)) { }
    if ((ULONG) pXfer -> BytesRemaining() == I.ReadSize())
        StartDMA(ptd -> td_PhysAddr.LowPart,ptd -> td_Length);
}
```

2.8.3.3 WinDriver 的 PCI-DMA 驱动实现

下面给出了直接使用 WinDriver-API 函数开发设计 AMCC 公司的 5933PCI 桥的 DMA 的驱动代码：

```
hWD = WD_Open();                                  // 打开 WinDriver 设备,每次用前必须调用
pciScan.searchId.dwVendorId = 0x10e8;             // AMCC 公司供货号
pciScan.searchId.dwDeviceId = 0x4750;             // AMCC5933 设备号
WD_PciScanCards(hWD, &pciScan);                   // 枚举 PCI 槽上的设备
pciSlot = pciScan.cardSlot[0];                    // 假设仅有我们的设备,得到设备槽的号码
pciCardInfo.pciSlot = pciSlot;
WD_PciCardInfo(hWD, &pciCardInfo);                // 得到该槽上设备信息
Card = pciCardInfo.Card;
CardReg.Card = Card;
WD_CardRegister(hWD, &CardReg);                   // 向核心态登记,锁定卡上资源
Item = Card.Item[2];                              // 取得卡上号为 2 的资源
If(Item.item = = ITEM_MEMORY)                     // 取得 PCI 卡上的内存映射到用户态的地址
    regAddr = Item.I.Mem.dwUserDirectAddr;
WD_DMA dma1;
Dma1.dwBytes = 4 * dwDWord;                       // 内存大小
Dma1.pUserAddr = pBuffer1;                        // 内存基地址
Dma1.dwOptions = 0;                               // 内存分配方式,常取 0。取 DMA_KERNEL_BUFFER_
                                                  // ALLOC 时,内存地址连续放在 pUserAddrJ;取
                                                  // DMA_LARGE_BUFFER 时,将分配大于 1 MB 的内存
WD_DMALock(hWD, &Dma1);                           // 分配并锁定用于 DMA 的内存资源
```

至此与 PCI 卡的内存进行 DMA 传输的准备已完成,下面只要写相应的控制字就可以启动 DMA 操作了。解锁内存时,需要使用 WD_DMA_UnLock( )函数。

2.8.4 PCI/CPCI 板卡驱动程序的调用与调试

2.8.4.1 在应用程序中调用 PCI 板卡驱动程序

PCI/CPCI 设备驱动程序设计完成并经过调试后,就可以安装在系统中,供应用程序调用

了。PCI 设备的安装通常采用动态加/卸载机制。应用程序调用驱动程序时,首先用 CreateFile()打开设备,获得一个指向设备对象的句柄。使用 CreateFile 函数时应注意:由于驱动程序是 *.sys,所以第一个参数应该是这个设备对象的标志连接(symbolic link)。该标志连接名后有一个设置数据文件搜索路径的数字号,这个数字号通常是零。例如,如果这个连接名是"TranCard",则传递给 CreateFile 的字符串就是:"\\\\. \\ TranCard0"。设备打开后,就可以对设备进行读、写和 I/O 控制等操作了。使用设备完毕,最后用 CloseHandle( )关闭设备句柄。下面给出了一段典型的 PCI/CPCI 板卡驱动程序调用代码。

```
// 首先要打开设备得到驱动程序的句柄,才能通过该句柄操纵设备
HANDLE hDevice = CreateFile("\\\\.\\PCI_Device0", GENERIC_READ | GENERIC_WRITE,
        FILE_SHARE_READ, NULL, OPEN_EXISTING, 0, NULL);
// 调用驱动程序的 Read 函数,从存储器空间读取批量数据
ReadFile(hDevice, pReadBuf, nReadLen, &nRead, NULL);
// 调用驱动程序的 Write 函数,向存储器空间写批量数据
WriteFile(hDevice, pWriteBuf, nWriteLen, &nWritten, NULL);
// 调用 I/O 端口控制函数从 I/O 端口读/写数据
DeviceIoControl( hDevice, IOCTL_READ_IOPORT | IOCTL_WRITE_IOPORT,
        bufInput, INBUF_SIZE, bufOutput, OUTBUF_SIZE, &nOutput, NULL);
//调用 I/O 端口控制函数数据的接收
DeviceIOControl(hDevice, TRANCARD_IOCTL_RECEIVE, buffer_In,
        sizeOf, bufferOut, NULL, 0, &buffersize, NULL);
// PCI 设备的关闭
CloseHandle(hDevice);
```

2.8.4.2 对 PCI/CPCI 板卡驱动程序的调试

不同驱动程序开发工具,有不同的调试工具和方法技巧,下面以 DriverStudio 为例加以说明。

DriverStudio 主要采用 SoftICE、DriverMonitor 作为调试工具,使用这些工具软件对 PCI/CPCI 板卡的基本调试过程如下:

① 使用 symbol loader 加载驱动程序,然后使用 SoftICE 跟踪调试,确认驱动程序正常加载;

② 对核心的中断响应程序代码,用 SoftICE 中的 GenInt 命令产生虚拟中断,单步跟踪中断;

③ 硬件发送大量的数据,通过查看内存的数据,确认数据传输是否正确。

在驱动程序的调试过程中,可能会经常出现系统"死机"和"蓝屏"等现象,这些情况出现的原因通常是内存访问分页错误、设备资源和系统资源冲突、I/O 使用错误和程序中"指针"使用错误等因素造成,要逐项确定并予以排除。

本章小结

本章首先介绍了 Windows 下底层硬件驱动的基本特点,说明了 WDM 型设备驱动程序的

基本构造和开发调试的方法，详细阐述了如何使用 WinDDK、DriverStudio 和 WinDriver 驱动程序开发工具设计基于 Windows 的底层硬件设备软件。

异步串行通信、并行通信、以太网通信和便携式 USB 接口设备、ISA/PC104 板卡、PCI/CPCI 板卡是 Windows 下与硬件设备经常打交道的接口或设备形式。本章重点介绍了如何更好地使用 WinAPI 函数、常用集成控件和 I/O 端口操作等形式去操作串行口、并行口和Socket 接口，实现串行通信、并行通信和以太网通信，进一步说明了 USB 设备、ISA/PC104 板卡、PCI/CPCI 板卡驱动程序的结构特征，详细阐述了如何使用 WinDDK、DriverStudio 和 WinDriver 软件工具去开发设计这三种类型的设备驱动程序，也说明了驱动程序的调用和调试过程。

本章为了说明各类常见硬件设备驱动软件设计及其相关函数的编制与调用，列举了大量的关键性例程代码，并做了详细的注释和说明。

第3章 基于Linux操作系统底层硬件的软件设计

Linux是一个基于C语言的、源码开放的、具有文件管理体系和多任务调度机制的可扩展性的实时操作系统，应用广泛，尤其是在当今工业数据采集和控制应用领域。Linux操作系统，在其内核空间通过底层设备驱动程序操作和管理硬件设备，并把硬件设备视为特殊的文件即设备文件。设备驱动程序封装了如何控制各种类型硬件设备的技术细节，并通过特定的接口即设备文件接口导出一个规范的操作集合，内核使用这种规范接口把设备操作导出到用户空间供应用程序使用。Linux的这种机制，有效地保证了操作系统的安全可靠性。

Linux和硬件设备打交道，最根本的是设计基于Linux操作系统底层硬件的软件，即设备驱动程序。Linux设备驱动程序集成在内核中，实际上是处理或操作硬件控制器的软件。从本质上讲，设备驱动程序是常驻内存的低级硬件处理程序的共享库，是对硬件设备的抽象处理，即内核中具有高级特权的、常驻内存的、可共享的下层硬件处理例程。

Linux下的硬件设备驱动程序设计，有一定的规律可循。本章首先概述Linux下硬件驱动及其程序设计的特点，说明硬件驱动软件开发设计的一些重要基础知识；然后详述Linux常见的三类设备驱动程序的特征和设计方法，分别介绍常见的串行口、并行口、以太网Socket接口的API函数及其应用设计，以及USB接口设备、ISA/PC104板卡、PCI/CPCI板设备驱动程序的设计及应用，并说明如何使用WinDriver for Linux工具快速开发设备驱动程序。为了便于说明，文中列举了大量的例程代码，并做了详细的注释和说明。

本章的主要内容如下：

- Linux硬件驱动及其软件开发设计概述；
- 字符型设备的驱动程序软件设计；
- 块型设备的驱动程序软件设计；
- 网络型设备的驱动程序软件设计；
- 常见硬件的Linux硬件驱动软件设计；
- 用WinDriver开发Linux设备驱动程序。

3.1 Linux硬件驱动及其软件开发设计概述

3.1.1 Linux下的硬件设备驱动概述

3.1.1.1 Linux内核和硬件驱动模块

Linux操作系统的内核采用可加载的模块化LKMs(Loadable Kernel Modules)设计，编译的 Linux 内核支持可插入的模块，即将最基本的核心代码编译在内核中，其他的代码可以选择在内核中，或者编译为内核的模块文件。这种设计可以使内核文件不至于太大，但是又可以支持很多的功能，必要时动态加载。这种内核设计，与微内核不太一样却又切实可行。

硬件驱动程序是 Linux 操作系统最基本的组成部分，一般情况下，常见的硬件驱动程序作为内核模块动态加载，如声卡驱动、网卡驱动等；而 Linux 最基础的驱动，如 CPU、PCI 总线、TCP/IP 协议、APM(高级电源管理)和 VFS 等驱动程序则编译在内核文件中。

3.1.1.2 设备文件及其设备文件系统

Linux 操作系统，为了方便用户程序使用，把硬件设备视为文件，这样用户程序就可以像操作文件一样去访问硬件设备，这样的硬件设备称为设备文件。设备文件除了具有所有者、所属组、创建时间和文件名等文件访问权限外，还标识了设备类型、主/次设备号(major/minor)等特征。Linux 依靠主/次设备号来联系驱动程序和设备文件，主设备号标识了不同的硬件驱动程序，次设备号标识了同一类型的多个硬件设备。通常，设备文件放在系统的/dev 目录下。常见的硬件设备文件，有串行口/dev/ttyS0、并行打印口/dev/lp、帧频缓冲设备/dev/fb 和音频设备/dev/dsp 等。

Linux 下有 3 种类型的设备文件：块型(block)设备文件、字符型(character)设备文件和网络插件型(socket)设备文件。字符型设备文件指定直接读/写、没有缓冲区的设备，如串口、并口、键盘、鼠标、虚拟控制台以及终端设备等；块型设备文件指定那些需要以块(如 512 字节)的方式写入的设备，如 IDE 硬盘、SCSI 硬盘和光驱等；网络插件型设备文件指定网络设备访问的 BSD socket 接口。

块型设备文件和字符型设备文件是 Linux 对硬件设备支持的两个标准接口，也称为块(字符)设备或具有块(字符)设备接口。字符型设备和块型设备是 Linux 系统中两种主要的外围设备。块型设备被用户程序通过系统缓冲来访问，此时系统内存分配和管理进程无须充当从外设读/写的数据传输者。字符型设备直接与用户程序进行通信，没有缓冲区。块型设备接口支持面向块的 I/O 操作，所有 I/O 操作都通过在内核地址空间中的 I/O 缓冲区进行，它可以支持几乎任意长度和任意位置上的 I/O 请求，即提供随机存取的功能。字符型设备接口支持面向字符的 I/O 操作，它不经过系统的快速缓存，所以它负责管理自己的缓冲区结构。字符型设备接口只支持顺序存取的功能，一般不能进行任意长度的 I/O 请求，并且限制 I/O 请求的长度必须是设备要求的基本块长的倍数。

硬件设备由一个主设备号和一个次设备号标识。主设备号唯一标识了设备类型，即设备驱动程序类型，它是块设备表或字符设备表中设备表项的索引；次设备号仅由设备驱动程序解释，一般用于识别在若干可能的硬件设备中，I/O 请求所涉及的那个设备。

Linux 操作系统，使用设备文件系统 devfs(device file system)，统一管理设备文件。设备文件有了设备文件系统的支持，就可以自己管理硬件设备驱动程序模块的创建、删除和目录管理等事宜，而无须手动操作或编写复杂的脚本来管理了。

3.1.1.3 常用硬件驱动模块操作命令

在硬件设备驱动程序的调试和应用中，常常借助于模块操作命令，经常使用的模块操作命令有：lsmod、modprob、insmod、rmmod 和 modinfo。其基本用法如下：

① lsmod 命令用于列出当前系统中已经加载的模块；

② modprobe 和 insmod 命令用于指定模块的插入，其中 modprobe 可以根据模块间的依存关系智能地插入指定模块，一般加载内核模块时常用 modprobe；

③ rmmod 命令用于删除没有使用的模块；

④ modinfo 用来查看模块信息。

用 lsmod 命令列出当前系统中加载的模块，示意如下：

```
Module      Size    Used by   Not tainted
lp          9028    0         (autoclean)
ide-scsi    12208   0
scsi_mod    108968  3         [sg sr_mod ide-scsi]
ide-cd      35680   0
cdrom       33696   0         [sr_mod ide-cd]
keybdev     2976    0         (unused)
mousedev    5524    1
hid         22212   0         (unused)
```

上面显示的当前系统中加载的模块，左边数第一列是模块名，第二列是该模块大小，第三列则是该模块使用的数量。注释 unused 表示该模块当前未使用，autoclean 表示该模块可以被 rmmod -a 命令自动清洗掉。

在 Red Hat Linux 系统中，模块的相关命令在 modutils 的 RPM 包中。

3.1.1.4 设备驱动的查看与状态监视

存放在/dev 目录中的设备文件，也称为"设备节点"。可以使用"ls-l"命令来查看，如使用命令"ls-l /dev/lp *"可以得到输出"crw-rw-rw 1 root root 6, 0 April 23 1994 /dev/lp0"，从而查看并行打印口的使用状况。

可以使用/proc 目录中的文件监视硬件设备驱动程序运行状态，/proc 目录是 Linux 系统动态加载的 proc 文件系统。访问设备文件时，操作系统通常会通过查找/proc 目录下的值，确定由哪些驱动模块来完成任务。如果 proc 文件系统没有加载，访问设备文件时就会出现错误。/proc 目录中的文件都是实时产生的虚拟文件，访问它们就是访问内存中真实的数据，并且这些数据都是实时变化产生的。每一次系统启动时，系统都会通过/etc/fstab 中设置的信息自动将 proc 文件系统加载到/proc 目录下，也可以通过 mount 命令手动加载。通过/proc 目录下的文件，可以访问或更改内核参数，可以通过/proc 目录查询驱动程序的信息。所有已经注册(即已经加载了驱动程序)的硬件设备的主设备号可以从/proc/devices 文件中得到。在/proc/ksyms 中可以查看到内核提供的所有函数。用"# ls /proc"命令可以列出/proc 目录中的信息，通过"# cat /proc/interrupts(子目录)"命令可以查看文件的具体值。

3.1.1.5 设备驱动程序及其基本结构

硬件设备驱动程序是一组由内核中的相关子例程和数据组成的 I/O 设备软件接口。每当内核意识到要对某个设备进行特殊的操作时，它就调用相应的驱动例程。这就使得控制从用户进程转移到了驱动例程，当驱动例程完成后，控制又返回用户进程。

1. Linux 硬件设备驱动程序的特性

① 具有一整套和硬件设备通信的例程，并且提供给操作系统一套标准的软件接口；

② 具有一个可以被操作系统动态地调用和移除的自包含组件；

③ 可以控制和管理用户程序和物理设备之间的数据流。

2. Linux 硬件设备驱动程序的主要组成

① 自动配置和初始化子程序。它负责检测所要驱动的硬件设备是否存在和能否正常工作。如果该硬件设备正常，则对这个设备及其相关的设备驱动程序需要的软件状态进行初始化。这部分程序仅在初始化的时候被调用一次。

② 服务于 I/O 请求的子程序，又称为驱动程序的上半部分。这部分程序在执行的时候，系统仍认为是与调用的进程属于同一个进程，只是由用户态进入了核心态，具有进行此系统调用的用户程序的运行环境，因此可以在其中调用 sleep()等与进程运行环境有关的函数。

③ 中断服务子程序，又称为驱动程序的下半部分。在 Linux 操作系统中，并不是直接从中断向量表中调用设备驱动程序的中断服务子程序，而是由 Linux 系统来接收硬件中断，再由系统调用中断服务子程序。中断可以产生在任何一个进程运行的时候，因此在中断服务程序被调用的时候，不能依赖于任何进程的状态，也就不能调用任何与进程运行环境有关的函数。因为设备驱动程序一般支持同一类型的若干设备，所以一般在系统调用中断服务子程序的时候，都带有一个或多个参数，以唯一标识所请求服务的设备。

在系统内部，I/O 设备的存取通过一组固定的入口点来进行，这组入口点是由每个设备的驱动程序提供的。一般来说，字符型设备驱动程序的入口点由数据结构 file_oprations 提供，块型设备驱动程序的入口点由数据结构 block_device_oprarions 提供。

字符型和块型设备的结构即其开关表。当这两种设备注册到内核后，设备的名字和相关操作被添加到 device_struct 结构类型的 chardevs 或 blkdevs 全局数组中，该数组被称为字符型或块型设备的开关表。device_struct 结构将在后续章节中以块型设备驱动为例详细说明。

3.1.1.6 硬件设备驱动程序的具体实现

在 Linux 操作系统里，将硬件设备的驱动程序模块加入系统内核，有两种方式：系统启动时加载和系统运行时动态加载。通常采用动态的方式对硬件设备的驱动程序模块进行加载和卸载，这种情况下，需要把硬件设备驱动程序设计成可加/卸载的动态模块。

用 gcc 把 C 语言编写的硬件设备驱动程序模块编译成目标文件（*.o）时的一般格式与所需命令行参数为：$ gcc - O2 - DMODULE - D__KERNEL - c module_name. c。

若硬件设备驱动程序有多个文件，可以在把每个文件编译后，用如下命令连接：

```
ld - r file1.o file2.o - o module_name
```

编译好的模块 *.o 放在/lib/modules/xxxx/misc 下（xxxx 表示核心版本），然后用 depmod - a 使该模块成为可加载模块。模块可以用 insmod 命令加载，用 rmmod 命令来卸载，并可以用 lsmod 命令来查看所有已加载模块的状态。

编写模块程序的时候，必须提供两个函数：一个是 int init_module(void)，供 insmod 在加载此模块的时候自动调用，负责进行设备驱动程序的初始化工作。init_module 返回 0 表示初始化成功，返回负数表示失败。另一个函数是 voidcleanup_module (void)，在模块被卸载时调用，负责进行设备驱动程序的清除工作。

在成功地向系统注册了设备驱动程序后，就可以用 mknod 命令来把设备映射为一个特别的设备文件，供用户应用程序像文件一样进行操作了。

3.1.2 Linux 硬件驱动软件开发设计基础

3.1.2.1 设备驱动程序接口的数据结构

Linux 中的 I/O 子系统向内核中的其他部分提供的统一标准设备接口是通过 #include <Linux/fs.h>中的数据结构 file_operations 来完成的。其结构组成如下：

```
struct file_operations
{     struct module * owner;
      loff_t ( * llseek) (struct file * , loff_t, int);
      ssize_t ( * read) (struct file * , char * , size_t, loff_t * );
      ssize_t ( * write) (struct file * , const char * , size_t, loff_t * );
      int ( * readdir) (struct file * , void * , filldir_t);
      unsigned int ( * poll) (struct file * , struct poll_table_struct * );
      int ( * ioctl) (struct inode * , struct file * , unsigned int, unsigned long);
      int ( * mmap) (struct file * , struct vm_area_struct * );
      int ( * open) (struct inode * , struct file * );
      int ( * flush) (struct file * );
      int ( * release) (struct inode * , struct file * );
      int ( * fsync) (struct file * , struct dentry * , int datasync);
      int ( * fasync) (int, struct file * , int);
      int ( * lock) (struct file * , int, struct file_lock * );
      ssize_t ( * readv) (struct file * , const struct iovec * , unsigned long, loff_t * );
      ssize_t ( * writev) (struct file * , const struct iovec * , unsigned long, loff_t * );
      ssize_t ( * sendpage) (struct file * , struct page * , int, size_t, loff_t * , int);
      unsigned long ( * get_unmapped_area)(struct file * , unsigned long, unsigned long, unsigned
      long, unsigned long);
};
```

结构 file_operations 指出了设备驱动程序所提供的入口点位置，分别如下：

- lseek 移动文件指针的位置，显然只能用于可以随机存取的设备。
- read 进行读操作，参数 buf 为存放读取结果的缓冲区，count 为所要读取的数据长度。返回值为负表示读取操作发生错误，否则返回实际读取的字节数。对于字符型，要求读取的字节数和返回的实际读取字节数都必须是 inode－>i_blksize 的倍数。
- write 进行写操作，与 read 类似。
- readdir 取得下一个目录入口点，只有与文件系统相关的设备驱动程序才使用。
- select 进行选择操作，如果驱动程序没有提供 select 入口，select 操作将会认为设备已经准备好进行任何的 I/O 操作。
- ioctl 进行读、写以外的其他操作，参数 cmd 为自定义的的命令。
- mmap 用于把设备的内容映射到地址空间，一般只有块型设备驱动程序使用。
- open 打开设备准备进行 I/O 操作。返回 0 表示打开成功，返回负数表示失败。如果驱动程序没有提供 open 入口，则只要/dev/driver 文件存在就认为打开成功。
- release 即 close 操作。

设备驱动程序所提供的入口点，在设备驱动程序初始化的时候向系统进行登记，以便系统在适当的时候调用。

struct inode 提供了关于特定设备文件/dev/driver(假设设备名为 driver)的信息，如主次设备号。

struct file 主要用于与文件系统对应的设备驱动程序使用。当然，其他设备驱动程序也可以使用它。它提供被打开文件的信息。

3.1.2.2　硬件设备驱动程序的大致构成

Linux 的设备驱动程序大致可以分为以下几个部分：驱动程序的注册与注销、设备的打开与释放、设备的读/写操作、设备的控制操作、设备的中断和轮询处理。从结构上讲，Linux 系统设备驱动程序主要有 3 大块：初始化过程_init、文件操作接口 struct file_operations 的定义、中断处理过程或者是轮询(polling)过程，视具体情况而定。

1. 驱动程序的注册与注销

向系统增加一个驱动程序意味着要赋予它一个主设备号，这可以通过在驱动程序的初始化过程中调用 register_chrdev( )或者 register_blkdev( )来完成向系统注册字符设备或者块型设备。如果注册操作成功，设备名就会出现在/proc/devices 文件里。而在关闭字符设备或者块设备时，则需要通过调用 unregister_chrdev( )或 unregister_blkdev( )从内核中注销设备，同时释放占用的主设备号。

Linux 提供的硬件设备驱动程序注册/注销函数原型如下：

```
#include <Linux/fs.h>
#include <Linux/errno.h>
int register_chrdev(unsigned int major, const char *name, struct file_operations *fops);
int register_blkdev(unsigned int major, const char *name, struct file_operations *fops);
int unregister_chrdev(unsigned int major, const char *name);
int unregister_blkdev(unsigned int major, const char *name);
```

2. 硬件设备的打开与释放

打开设备是通过调用 file_operations 结构中的函数 open( )来完成的，它是驱动程序用来为今后的操作完成初始化准备工作的。在大部分驱动程序中，open( )通常需要完成下列工作：

- 检查设备相关错误，如设备尚未准备好等；
- 如果是第一次打开，则初始化硬件设备；
- 识别次设备号，如果有必要则更新读/写操作的当前位置指针 f_ops；
- 分配和填写要放在 file－>private_data 里的数据结构；
- 使用计数增 1。

释放设备是通过调用 file_operations 结构中的函数 release( )来完成的，这个设备方法有时也被称为 close( )，它的作用正好与 open( )相反，通常要完成下列工作：

- 使用计数减 1；
- 释放在 file－>private_data 中分配的内存；
- 如果使用计算为 0，则关闭设备。

3. 设备的读/写操作访问

字符型设备的读/写操作相对比较简单，直接使用函数 read( )和 write( )就可以了。但如果是块型设备的话，则需要调用函数 block_read( )和 block_write( )来进行数据读/写，这两个函数将向设备请求表中增加读/写请求，以便 Linux 内核可以对请求顺序进行优化。由于是对内存缓冲区而不是直接对设备进行操作的，因此能很大程度上加快读/写速度。如果内存缓冲区中没有所要读入的数据，或者需要执行写操作将数据写入设备，那么就要执行真正的数据传输，这是通过调用数据结构 blk_dev_struct 中的函数 request_fn( )来完成的。

4. 硬件设备的控制操作

除了读/写操作外，应用程序有时还需要对设备进行控制，这可以通过设备驱动程序中的函数 ioctl( )来完成。ioctl( )的用法与具体设备密切关联，因此需要根据设备的实际情况进行具体分析。

5. 设备的中断和轮询处理

对于不支持中断的硬件设备，读/写时需要轮流查询(poll)设备状态，以便决定是否继续进行数据传输。如果设备支持中断，则可以按中断方式进行操作。

3.1.2.3 相关系统资源操作的函数介绍

初始化部分一般还负责给设备驱动程序申请系统资源，包括内存、中断、时钟和 I/O 端口等，这些资源也可以在 open 子程序或别的地方申请。在这些资源不用的时候，应该释放它们，以利于资源的共享。

1. 中断的申请与释放

中断申请用于把中断处理程序函数注册到系统内核中，操作系统在硬件中断发生后就会自动调用驱动程序的中断处理函数。设备驱动程序通过调用 request_irq()函数来申请中断，告诉系统所使用的中断处理函数，通过 free_irq()来释放中断。

函数 request_irq()和 free_irq()的定义如下：

```
#include <Linux/sched.h>
int request_irq(unsigned int irq, void (*handler)(int irq,void dev_id,struct pt_regs *regs),
                unsigned long flags, const char *device, void *dev_id);
void free_irq(unsigned int irq, void *dev_id);
```

参数 irq 表示所要申请的硬件中断号；handler 为向系统登记的中断处理子程序；调用时所带参数 irq 为中断号；dev_id 为申请时告诉系统的设备标识；regs 为中断发生时寄存器的内容；device 为设备名，将会出现在/proc/interrupts 文件里；flag 是申请时的选项，它决定中断处理程序的一些特性，其中最重要的是标识中断处理程序是快速处理程序(flag 里设置了 SA_INTERRUPT)还是慢速处理程序(不设置 SA_INTERRUPT)，快速处理程序运行时，所有中断都被屏蔽，而慢速处理程序运行时，除了正在处理的中断外，其他中断都没有被屏蔽。

在 Linux 系统中，中断可以被不同的中断处理程序共享，这要求每一个共享此中断的处理程序在申请中断时，在 flags 里设置 SA_SHIRQ，这些处理程序之间以 dev_id 来区分。如果中断由某个处理程序独占，则 dev_id 可以为 NULL。request_irq 返回 0 表示成功，返回－INVAL 表示 irq＞15 或 handler＝＝NULL，返回－EBUSY 表示中断已经被占用且不能共享。

2. 内存的申请与释放

作为系统核心的一部分，设备驱动程序在申请和释放内存时调用 kmalloc 和 kfree，定义如下：

```
#include < Linux/kernel.h >
void * kmalloc(unsigned int len, int priority);
void kfree(void * obj);
```

参数 len 为希望申请的字节数；obj 为要释放的内存指针；priority 为分配内存操作的优先级，即在没有足够空闲内存操作时，一般用 GFP_KERNEL。

3. I/O 端口资源的管理

几乎每一种外设都是通过读/写设备上的寄存器来进行的。外设寄存器也称为“I/O 端口”，通常包括：控制寄存器、状态寄存器和数据寄存器 3 大类，而且一个外设的寄存器通常被连续地编址。CPU 对外设 I/O 端口物理地址的编址方式有两种：一种是 I/O 映射方式（I/O - mapped）；另一种是内存映射方式（memory - mapped）。而具体采用哪一种则取决于 CPU 的体系结构。

有些体系结构的 CPU（如 PowerPC、m68k 等）通常只实现一个物理地址空间（RAM），外设 I/O 端口的物理地址就被映射到 CPU 的单一物理地址空间中，而成为内存的一部分。此时，CPU 可以像访问一个内存单元一样访问外设 I/O 端口，而不需要设立专门的外设 I/O 指令。这就是所谓的“内存映射方式”（memory - mapped）。

而另外一些体系结构的 CPU（典型的如 X86）则为外设专门实现了一个单独的地址空间，称为“I/O 地址空间”或者“I/O 端口空间”。所有外设的 I/O 端口均在这一空间中进行编址。CPU 通过设立专门的 I/O 指令来访问这一空间中的地址单元（也即 I/O 端口）。这就是所谓的“I/O 映射方式”（I/O - mapped）。与 RAM 物理地址空间相比，I/O 地址空间通常都比较小，如 X86 CPU 的 I/O 空间就只有 64 KB（0～0xffff）。这是“I/O 映射方式”的一个主要缺点。

Linux 将基于 I/O 映射方式或内存映射方式的 I/O 端口通称为“I/O 区域”（I/O region）。I/O region 是一种 I/O 资源，可以用 resource 结构类型来描述。

(1) I/O 资源的申请与释放

在使用 I/O 端口前，应该检查此 I/O 端口是否已有别的程序在使用，若没有，再把此端口标记为正在使用，在使用完以后释放它。这样需要用到以下几个函数：

```
int check_region(unsigned int from, unsigned int extent);
void request_region(unsigned int from, unsigned int extent, const char * name);
void release_region(unsigned int from, unsigned int extent);
```

调用这些函数时的参数为：from 表示所申请的 I/O 端口的起始地址；extent 为所要申请的从 from 开始的端口数；name 为设备名，将会出现在/proc/ioports 文件里；check_region 返回 0 表示 I/O 端口空闲，否则为正在被使用。

(2) I/O 端口的访问

申请了 I/O 端口之后，可以使用以下几个函数来访问 I/O 端口：

```
inline unsigned int inb(unsigned short port);
inline unsigned int inb_p(unsigned short port);
inline void outb(char value, unsigned short port);
inline void outb_p(char value, unsigned short port);
```

其中 inb_p 和 outb_p 插入了一定的延时以适应某些慢的 I/O 端口。

使用“字符串 I/O 指令”(string instruction),可以对某个 I/O 端口进行连续的读/写操作,也即对单个 I/O 端口读或写一系列 8 位字、16 位字或 32 位双字,相应的操作函数如下:

```
void insb(unsigned port,void * addr,unsigned long count)        // 8 位宽的字符串 I/O 操作
void outsb(unsigned port ,void * addr,unsigned long count);
void insw(unsigned port,void * addr,unsigned long count);       // 16 位宽的字符串 I/O 操作
void outsw(unsigned port ,void * addr,unsigned long count);
void insl(unsigned port,void * addr,unsigned long count);       // 32 位宽的字符串 I/O 操作
void outsl(unsigned port ,void * addr,unsigned long count);
```

(3) I/O 内存资源的访问

I/O 端口空间曾一度广泛使用于 X86 平台上,但是由于它非常小,因此大多数现代总线的设备都以内存映射方式(memory - mapped)来映射它的 I/O 端口(指 I/O 寄存器)和外设内存。基于内存映射方式的 I/O 端口(指 I/O 寄存器)和外设内存通称为“I/O 内存”资源(I/O Memory)。I/O 内存资源是在 CPU 的单一内存物理地址空间内进行编址的,即它和系统 RAM 同处在一个物理地址空间内,因此通过 CPU 的访内指令就可以访问 I/O 内存资源。

一般来说,在系统运行时,外设的 I/O 内存资源的物理地址是已知的,这可以通过系统固件(如 BIOS)在启动时分配得到,或者通过设备的硬连线(hardwired)得到。比如,PCI 卡的 I/O 内存资源的物理地址就是在系统启动时,由 PCI BIOS 分配并写到 PCI 卡的配置空间中的;而 ISA 卡的 I/O 内存资源的物理地址则是通过设备硬连线映射到 640 KB~1 MB 范围之内的。但是 CPU 通常并没有为这些已知的外设 I/O 内存资源的物理地址预定义虚拟地址范围,因为它们是在系统启动后才已知的(某种意义上讲是动态的),所以驱动程序并不能直接通过物理地址访问 I/O 内存资源,而必须通过页表将它们映射到核心虚地址空间内,然后才能根据映射所得到的核心虚地址范围,通过访问指令访问这些 I/O 内存资源。

I/O 内存资源的映射:使用函数 ioremap()可将 I/O 内存资源的物理地址映射到核心虚地址空间(3~4 GB)中,函数 iounmap()用于取消 ioremap()所做的映射,参数 addr 是指向核心虚地址的指针。这两个函数的原型如下:

```
void * ioremap(unsigned long phys_addr, unsigned long size, unsigned long flags);
void iounmap(void * addr);
```

将 I/O 内存资源的物理地址映射成核心虚地址后,就可以像读/写 RAM 那样直接读/写 I/O 内存资源了,X86 平台上所使用的宏定义如下:

```
#define readb(addr) ( * (volatile unsigned char * ) __io_virt(addr))
#define readw(addr) ( * (volatile unsigned short * ) __io_virt(addr))
#define readl(addr) ( * (volatile unsigned int * ) __io_virt(addr))
#define writeb(b,addr) ( * (volatile unsigned char * )__io_virt(addr) = (b))
```

```
#define writew(b,addr) (*(volatile unsigned short *) __io_virt(addr) = (b))
#define writel(b,addr) (*(volatile unsigned int *) __io_virt(addr) = (b))
#define memset_io(a,b,c) memset(__io_virt(a),(b),(c))
#define memcpy_fromio(a,b,c) memcpy((a),__io_virt(b),(c))
#define memcpy_toio(a,b,c) memcpy(__io_virt(a),(b),(c))
```

上述定义中的宏__io_virt()仅仅检查虚地址 addr 是否是核心空间中的虚地址。

显然,在访问 I/O 内存资源与访问系统主存 RAM 是无差别的;但为保证驱动程序跨平台的可移植性,应使用上面的函数访问 I/O 内存资源而不应通过指向核心虚地址的指针来访问。

4. DMA 数据传输

(1) DMA 数据传输概述

直接存储器存取 DMA(Direct Memory Access)是外设与主存之间的一种快速数据传输机制,此时系统 CPU 不干预 DMA 数据传输,可以并行地执行其他任务,只是让出相应的数据及控制总线。整个 DMA 数据传输过程通常由 DMA 控制器 DMAC(DMA Controller)负责。通常,一个计算机系统都有若干个 DMA 通道。常见的 DMA 数据传输有 3 种方式:标准 DMA(Standard DMA)、总线主控 DMA(Bus Mastering DMA)和超速 UDMA(Ultra DMA)。标准 DMA,多见于工业标准结构 ISA(Industry Standard Architecture)总线及其板卡,传输速度较慢,数据总线宽度窄,DMAC 通常位于主机一侧;总线主控 DMA,多见于 PCI 总线及其板卡,传输速度快,数据总线宽度大,DMAC 通常位于 PCI 板卡上。总线主控 DMA 相对于标准 DMA,功能满足现代高性能外设的要求,应用更广泛。

(2) DMA 数据传输应用

应用 DMA 进行快速数据传输,首先是 DMA 通道资源的申请或 DMA 通道的配置。

DMA 通道资源的申请主要针对 ISA 总线及其板卡,可以使用系统提供的 request_dma()函数;不用 DMA 通道资源时相应要进行资源释放,此时可以使用系统提供 free_dma()的函数。这两个函数的原型如下:

```
int request_dma(unsigned int dmanr, const char * device_id);
void free_dma(unsigned int dmanr);
```

需要注意资源的申请顺序。为了避免死锁(deadlock),驱动程序一定要在申请了中断号资源后才申请 DMA 通道资源;释放时则要先释放 DMA 通道,然后再释放中断号资源。

配置 DMA 通道主要用于 PCI 总线及其板卡,一般做法是在初始化时读取 PCI 板卡的配置信息,依此配置所需的 DMA 通道。

应用 DMA 进行快速数据传输,接着要做的是申请 DMA 缓冲区,可以使用系统提供的 kmalloc()函数或 get_pages()函数,以便在系统内存的 DMA 区中分配物理内存。基于 DMA 的硬件使用总线地址,程序使用虚拟地址,对申请到的 DMA 缓冲区要使用系统提供的 vir_to_bus(volatile void* address)函数转换后才能使用。不用 DMA 缓冲区后,可以使用系统提供的 kfree()函数或 free_pages()函数,进行资源释放。

(3) DMA 数据传输的启动

设备驱动程序可以在其 read()方法、write()方法或 ISR 中对 DMAC 进行编程,以便准备启动一个 DMA 传输事务。一个 DMA 传输事务有两种典型的过程：

① 用户通过 I/O 请求触发设备进行 DMA 传输的步骤如下：

- 用户进程通过系统调用 read()/write()来调用设备驱动程序的 read()方法/write()方法，然后由设备驱动程序 read/write 方法负责申请 DMA 缓冲区，对 DMAC 进行编程，以准备启动一个 DMA 传输事务，最后正确地设置设备，并将用户进程投入睡眠；
- DMAC 负责在 DMA 缓冲区和 I/O 外设之间进行数据传输，并在结束后触发一个中断；
- 设备的 ISR 检查 DMA 传输事务是否成功地结束，并将数据从 DMA 缓冲区中复制到驱动程序的其他内核缓冲区中，然后唤醒睡眠的用户进程。

② 硬件异步地将外部数据写到系统中的步骤如下：

- 外设触发一个中断通知系统有新数据到达；
- ISR 申请一个 DMA 缓冲区，并对 DMAC 进行编程，以准备启动一个 DMA 传输事务，最后正确地设置好外设；
- 硬件将外部数据写到 DMA 缓冲区中，DMA 传输事务结束后，触发一个中断；
- ISR 检查 DMA 传输事务是否成功地结束，然后将 DMA 缓冲区中的数据复制到驱动程序的其他内核缓冲区中，最后唤醒相关的等待进程。

5. 时钟的使用

在设备驱动程序里，一般都需要用到计时机制。在 Linux 系统中，时钟由系统接管，设备驱动程序可以向系统申请时钟。与时钟有关的系统调用有：

```
#include < asm/param.h >
#include < Linux/timer.h >
void add_timer(struct timer_list * timer);
int del_timer(struct timer_list * timer);
inline void init_timer(struct timer_list * timer);
```

struct timer_list 的定义为：

```
struct timer_list
{       struct timer_list * next;
        struct timer_list * prev;
        unsigned long expires;
        unsigned long data;
        void ( * function)(unsigned long d);
};
```

其中，expires 是要执行 function 的时间。系统核心有一个全局变量 JIFFIES 表示当前时间，一般在调用 add_timer 时 jiffies＝JIFFIES＋num，表示在 num 个系统最小时间间隔后执行 function。系统最小时间间隔与所用的硬件平台有关，在核心里定义了常数 HZ 表示一秒内最小时间间隔的数目，用 num * HZ 表示 num 秒。系统计时到预定时间就调用 function，并把此子程序从定时队列里删除，因此如果想要每隔一定时间间隔执行一次，就必须在 function 里再一次调用 add_timer。function 的参数 d 即为 timer 里面的 data 项。

6. 中断的开关与数据传输

在设备驱动程序里，还可能会用到以下的一些系统函数：

```
#include < asm/system.h >
#define cli() __asm__ __volatile__ ("cli"::)
#define sti() __asm__ __volatile__ ("sti"::)
```

这两个函数负责打开和关闭中断允许。

```
#include < asm/segment.h >
void memcpy_fromfs(void * to, const void * from, unsigned long n);
void memcpy_tofs(void * to,const void * from,unsigned long n);
```

在用户程序调用 read/write 时，因为进程的运行状态由用户态变为核心态，地址空间也变为核心地址空间。而 read/write 中参数 buf 是指向用户程序的私有地址空间的，所以不能直接访问，必须通过上述两个系统函数来访问用户程序的私有地址空间。memcpy_fromfs 由用户程序地址空间向核心地址空间复制；memcpy_tofs 则由核心地址空间向用户程序地址空间复制。参数 to 为复制的目的指针；from 为源指针；n 为要复制的字节数。

在设备驱动程序里，可以调用 printk 来打印一些调试信息，用法与 printf 类似。printk 打印的信息不仅出现在屏幕上，同时还记录在文件 syslog 里。

7. 内核空间与用户空间的数据交换

Linux 系统分为内核空间与用户空间，设备驱动程序工作在内核存储空间，不能简单地用“=”、“memory”等方式与用户程序交换数据。可以使用 uaccess.h 定义的 put_user(x, ptr) 和 get_user(x, ptr)函数进行内核空间与用户空间的数据交换。其中，参数 x 的类型需要根据指针 ptr 的类型确定。

3.1.2.4 支持设备文件系统的驱动程序

要使所设计的硬件设备驱动程序支持设备文件系统，需要在所设计程序的设备初始化函数和模块卸载函数中加入相应的操作代码。

应用 Linux 2.4.18 内核的做法是使用 devfs_mk_dir()函数来为设备文件创建相应的目录，在设备初始化时应加入的代码举例如下：

```
static devfs_handle_t devfs_dir, devfs_raw;
devfs_dir = devfs_mk_dir(NULL, "Device_Name", NULL);
devfs_raw = devfs_register(devfs_dir, "0", DEVFS_FL_DEFAULT,主设备号,次设备号,
                           S_IFCHR | S_IRUSR | S_IWUAR, &设备文件接口, NULL);
```

在模块卸载函数中应加入的代码举例如下：

```
devfs_unregister(devfs_raw);
devfs_unregister(devfs_dir);
```

应用 Linux 2.6 内核的做法相应更简单，它在设备初始化时应加入的代码举例如下：

```
#define Devfs_path "/tt/0"
devfs_mk_cdev(MKDEV(主设备号,次设备号), S_IFCHR | S_IRUSR |
                    S_IWUAR | S_RGRP, Devfs_path);
```

3.2 字符型硬件设备的驱动程序软件设计

3.2.1 字符型硬件设备驱动综述

字符型设备用于数据的输入和输出，其操作的基本单位是一个一个的字符，并且操作顺序固定，不能进行随机操作。字符型设备驱动程序可以自己带有小型缓冲区，如行式打印机。字符型设备是直接与设备驱动程序连在一起的，这样大大简化了管理过程。

Linux 操作系统中的常见硬件设备，大部分都是作为字符型设备存在的。如 RS232 - C 异步串行通信接口、并行打印通信接口、USB 接口移动设备、ISA 总线接口板卡及 PCI 总线接口板卡等。

应用中新设计的硬件设备大部分也都是作为字符型设备加入 Linux 系统中的。

3.2.2 向系统中添加字符型设备

新硬件字符型设备添加到 Linux 操作系统中的基本步骤如下：

① 确定设备的设备名称和主设备号：

在系统中找一个还没有被使用的主设备号，分配给要加入的新字符型设备。当然，也可指定为 0，即让系统为其动态分配主设备号。这里假设主设备号为 30。

② 确定需要编写的 file_operations 中的操作函数，主要有：

```
static int NewDevice_open(struct inode * inode, struct file * file);
```

通过宏指令 MINOR()提取 inode 参数的 I_rdev 字段，确定辅助设备号，然后检查相应的读/写忙标志，看新设备是否已经打开。如果是，返回错误信息；否则置“读/写忙”标志为 true，阻止再次打开新设备。

```
static void NewDevice_release(struct inode * inode, struct file * file);
```

同 NewDevice_open 类似，只是置“读/写忙”标志为 false，允许再次打开新设备。

```
static int NewDevice _write(struct inode * inode, struct file * file, const char * bu ffer, int
count);
```

用于对该设备的写访问操作。

```
static int NewDevice _read(struct inode * inode , struct file * file,char * buffer, int count);
```

用于对该设备的读访问操作。

```
static int NewDevice_ioctl(struct inode * inode, struct file * file, unsigned int cmd, unsigned
long arg);
```

用于传送特殊的控制信息给设备驱动程序，或者为设备驱动程序取得状态信息。

③ 确定编写需要的初始化函数：

```
void NewDevice_init(void);
```

首先需要将上述的 file_operations 中的操作函数的地址赋给某个 file_operations 的结构

变量 NewDevice_fops 中的相应域；

然后调用标准内核函数登记该设备：register_chrdev(30，"NewDevice"，&NewDevice_fops)；

接着对必要的变量(如"读/写忙"标志、跟踪标志等)赋初值，需要时加入对设备文件系统的支持。如果选择中断操作还要使用 request_irq()函数申请中断，为系统指出所使用的中断函数程序；如果使用 I/O 端口、内存和 DMA 等，还要进行相关资源的申请或初始化操作。

④ 在模块初始化函数 chr_dev_init()中添加相应语句。

在 chr_dev_init 函数之前添加原型说明：

```
void NewDevice_init (void);
```

在 chr_dev_init()函数的 return 语句之前添加以下语句：

```
NewDevice_init ();                    //用于在字符型设备初始化时初始化新设备
```

⑤ 修改 drivers/char/Makefile：假设所编写的设备驱动程序文件在 NewDevice.c 中，则找到"L_OBJS := tty_io.o n_tty.o con sole.o \"行，将"NewDevice.o"加到其中。

⑥ 将该设备私有的 *.c，*.h 复制到目录 drivers/char 下。

⑦ 用命令：make clean；make dep；make zImage 重新编译内核。

⑧ 用 mknod 命令在目录/dev 下建立相应主设备号的用于读/写的特殊文件。若所设计驱动程序的初始化函数中已经有了对设备文件系统 devfs 的支持，可不进行该步骤。

完成了上述步骤，在 Linux 环境下编程时就可以使用该新设备了。

3.2.3 字符型设备驱动软件设计举例

下面以鼠标和行式打印机设备为例，说明字符型硬件设备驱动软件的设计。这两种典型的字符型硬件设备在 Linux 系统下都有完整的驱动程序 C 代码。

3.2.3.1 鼠标硬件的驱动软件设计

鼠标是一种常见的典型字符型设备，在 Linux 系统中的主设备号为 10。设备文件/dev/mouse 所对应的是 1 个罗技鼠标，系统会自动地找到真正的鼠标并对其进行操作。系统每一种鼠标的驱动程序只支持 1 个鼠标，而整个系统在一段时间仅支持 1 个鼠标。Linux 支持的鼠标种类如下：

```
#define BUSMOUSE_MINOR 0                  // Logitech 总线鼠标
#define PSMOUSE_MINOR 1                   // PS/2 鼠标
#define MS_BUSMOUSE_MINOR 2               // Microsoft 总线鼠标
#define ATIXL_BUSMOUSE_MINOR 3            // Atixl 总线鼠标
```

1. 罗技鼠标

在 mouse 的设备驱动程序/drivers/char/mouse.c 中只出现了两个函数：一个是 mouse_open，作为这个罗技鼠标唯一的文件操作接口；另一个是 mouse_init，作为鼠标的初始过程出现在函数 chr_dev_init 中。mouse_open 根据参数次设备号判断要打开哪一类鼠标，然后简单地把指定的鼠标文件操作接口填入该逻辑设备的文件结构 file－>op；最后重新调用实际鼠标的文件操作。若确切地知道实际的鼠标文件是哪个，例如是 msbusmouse，那么对 mouse

进行操作和对 msbusmouse 进行操作的效果是一样的。函数 mouse_init 分别初始化系统配置好的各种鼠标设备，这是在编译确定的。

2. MS_Bus_Mouse 的驱动

(1) 数据结构

首先定义一些涉及硬件底层的数据：

```
#define MOUSE_IRQ                   5          // 中断向量
#define MS_MSE_DATA_PORT            0x23d      // I/O 数据端口
#define MS_MSE_SIGNATURE_PORT       0x23e      // 信号端口
#define MS_MSE_CONTROL_PORT         0x23c      // 控制端口
#define MS_MSE_CONFIG_PORT          0x23f      // 配置端口
```

对这些 I/O 端口进行操作的过程是 inb 和 outb。所有鼠标中断号都是 5，这就使系统一般只能支持 1 台鼠标设备。鼠标驱动程序中有一块静态数据区用来保存当前鼠标事件信息，其结构定义于文件/include/linux/busmouse. h，如下：

```
struct mouse_status                                // 当前鼠标状态
{       unsigned char buttons;                     // 鼠标按钮状态
        unsigned char latch_buttons;
        int dx;                                    // 当前坐标
        int dy;
        int present;                               // 鼠标存在状态
        int ready;                                 // 数据是否有效
        int active;                                // "忙"指示
        struct wait_queue wait                     // 关于鼠标的等待队列
};
static struct mouse_status mouse;
```

(2) 鼠标设备工作原理

首先介绍鼠标是如何初始化的。过程 mouse_init 调用了这种 Microsoft bus 鼠标的初始化过程：unsigned long ms_bus_mouse_init(unsigned long kmem_start)。它开始初始化鼠标状态 mouse 中的域，清 0；然后检测当前的鼠标安装状态，通过若干次从信号端口 MS_MSE_SIGNATURE_PORT 读数据，观察状态是否稳定，从而判断鼠标是否安装；最后程序禁止鼠标的中断。从这里可以看到，鼠标设备的检测由驱动程序完成，如果在系统启动的时候鼠标没有安装，那么即使在运行过程中再安装，系统也不会承认，若要满足要求可对驱动程序稍做改动。

鼠标主要读入数据流，其文件操作接口如下：

```
struct file_operations ms_bus_mouse_fops =
{       NULL,                                      // mouse_seek 函数
        read_mouse,                                // 读取鼠标、x 和 y 坐标
        write_mouse,                               // 事实上，调用本函数将返回错误信息
        NULL,                                      // mouse_readdir 函数
        mouse_select,                              // mouse_select 函数
```

```
    NULL,                                    // mouse_ioctl 函数
    NULL,                                    // mouse_mmap 函数
    open_mouse,
    release_mouse
};
```

① static int open_mouse(struct inode * inode,struct file * file);

函数首先判断鼠标是否存在或者是否有其他应用正在使用,如果没有,就标识占用鼠标,同时清数据区;然后程序向系统申请 10 号中断向量 reuqest_irq,登记自己的中断处理程序 ms_mouse_interruput,如果已经有其他鼠标申请了这个中断,就失败;最后是向控制端口发命令,启动鼠标设备并开中断。

② static void release_mouse(struct inode * inode,struct file * file);

关鼠标中断,设置设备空闲标志并释放中断向量。

③ static int read_mouse(struct inode * inode,struct file * file,char buffer,int count);

这是鼠标主要的功能函数。如果当前存在 1 个合法的鼠标事件,它就将状态数据区 mouse 中的按钮和坐标状态数据共 3 字节写入到用户数据区 buffer 中,并更新状态 mouse。

④ static int mouse_select(struct inode * inode,struct file * file,int sel_type,select_table * wait);

如果当前没有鼠标事件,就把 wait 插入到 mouse 的等待队列中,等出现事件时由中断处理程序唤醒。这个功能一般与 read_mouse 结合使用。

Linux 系统中鼠标工作在中断方式下,鼠标的中断处理程序是:

```
static void ms_mouse_interrupt(int irq,struct pt_regs * regs);
```

系统在接收到硬中断后自动调用它。它的主要功能是从数据端口读入当前按钮和坐标数据,并把数据填入状态数据区 mouse,最后中断处理程序还要唤醒等待队列中的进程。

值得注意的是,鼠标读操作没有阻塞过程,阻塞等待的是 select 操作。不同的鼠标有自己不同的设备驱动程序,但基本工作原理和流程相似,差异只存在于硬件操作。

3.2.3.2 行式打印机的驱动软件设计

行式打印机的驱动要比鼠标复杂,有自己的缓冲区,同时,系统一般能够支持多台打印机。在 Linux 系统中,共能支持 3 台打印机。行式打印机可以分别工作在中断和轮询(polling)两种方式下,这两种方式可以相互切换。

1. 相关的数据结构

行式打印机在 Linux 系统中的主设备号为 LP_MAJOR=6,它的中断向量根据不同的打印机分别配置。

```
#define LP_BUFFER_SIZE 256                  // LP 的内核缓冲区
struct lp_status                            // 当前状态的行指针
{    unsigned long chars;                   // 字符计数器
     unsigned long sleeps;
     unsigned int maxrun;
     unsigned int maxwait;                  // 最长等待时间
```

```
    unsigned int meanwait;              // 中间等待时间
    unsigned int mdev;
};
struct lp_struct                        // 行式打印机的主要结构,支持 3 台设备
{   int base;                           // 行打设备的 I/O 基地址
    unsigned int irq;                   // 中断向量,当它为 0 时,打印机工作在轮询方式
    int flags;                          // 表示打印机当前状态
    unsigned int chars;                 // 每个字符的时限,以总线周期计算
    unsigned int time;                  // 记录了当打印机缓冲区填满时,驱动程序的等待时间
    unsigned int wait;                  // 打印机的等待作业队列
    struct wait_queue * lp_wait_q;
    char * lp_buffer;
    unsigned int lastcall;
    unsigned int runchars;
    unsigned int waittime;
    struct lp_status stats;
};
```

2. 打印机驱动程序

打印机驱动程序的基本框架与鼠标差不多,相似部分就不介绍了。行式打印机的初始化过程:

```
long lp_init(long kmcm_start);
```

lp_init 要在系统字符设备表中登记行式打印机:register_chrdev(LP_MAJOR,"lp",&lp_fops),lp_fops 是行式打印机的文件操作接口,lp 是设备名。然后程序分别检测 3 个打印机端口,如果存在打印机,就在相应的打印机结构中进行初始化,标志打印机状态并通过调用 lp_reset 向打印机发送初始化命令。从程序看,一般开始时打印机工作在轮询方式下,并且决定了打印机的存在状态。打印机必须向系统申请相应的 I/O 地址空间,如果要申请的 I/O 空间已经被占用,则此打印机的初始化过程就失败了。关于资源的程序,定义在文件/kernel/resource.c 中。

行式打印机的主要文件接口数据定义如下:

```
static struct file_operations lp_fops =
{   lp_lseek;
    NULL;                                // lp_read 函数
    lp_write;
    NULL;                                // lp_readdir 函数
    NULL;                                // lp_select 函数
    lp_ioctrl;
    NULL;                                // lp_mmep 函数
    lp_open;
    lp_release
}
```

① static int lp_open(struct inode * inode, struct file * file);

驱动程序根据 inode 节点确定具体的打印机，即通过 MINOR(inode－＞i_rdev)确定，一般的驱动程序都使用这种方法分辨不同的设备。接着程序进行一些合法性判断，如是否存在空闲、是否缺纸等。前面曾经提到行式打印机能够分别支持中断和轮询工作方式，在中断方式下，还需申请打印机缓冲区和相应的中断号，并设置中断处理程序 lp_interrupt，最后设置忙标志。

② static void lp_release(struct inode * inode,struct file * file);

这个过程释放缓冲区和中断号，设置空闲标志。如果是轮询方式则仅需设置空闲标志。

③ static int lp_write(struct inode * inode, struct file * file, const char * buf, int count);

根据工作方式分别进行不同的写操作：int lp_write_interrupt(unsigned int minor, const char buf, int ount)和 int lp_write_polled(unsigned int minor, const char buf, int count)。它们的基本功能相同，即把 buf 中的字符写入设备文件。其中，在中断方式下首先把 buf 中的内容放入打印机缓冲区中，然后再逐个字符一一打印。两种方式主要的不同是对异常情况的处理，轮询方式调用 schedule()函数进入睡眠等待，由系统调度进程唤醒；而中断方式则调用 interruptable_sleep_on 函数在该打印机的等待队列中插入，等到打印机 ready 时由该打印机中断唤醒。总的来说，中断方式的效率更高，更灵活一些。

④ static int lp_ioctl(struct inode * inode,struct file * file, unsigned int cmd,unsigned long arg);

该函数入口地址是 sys_ioctl，定义于文件 fs/ioctl. c 中。它主要用来对底层参数进行操作；如果对象是普通文件，主要对文件结构中的 f_flags 参数进行操作，如 FI/OCLEX,FI/ONCLEX 和 FI/ONBI/O 等，分别读取或设置阻塞属性，进行 bmap 操作；如果对象是设备文件就调用设备驱动程序的 ioctl 接口，当然并不是所有的设备文件都需要这个接口。在打印机中，该功能函数可以读取和设置 lp_struct 结构中的参数。如果是超级用户还能重新设置该打印机的中断向量号，中断向量号为 0 即意味着工作在轮询方式下。

工作在中断方式下时，中断处理程序 lp_interrupt 根据 irq 找到相应的打印机，并唤醒该打印机上睡眠的进程。每台打印机的中断处理程序都相同，而轮询方式则不需要这个过程。其实从程序看，两种工作方式比较类似，轮询方式也用 schedule 进行进程切换，只不过中断方式更有目标，挑选该事件队列中的等待进程进行调度。打印机的缓冲区分配在核心空间中，中断方式下用来暂存用户打印数据；而轮询方式下打印机并没有使用这个缓冲区，它直接从用户数据区读取。

3.3 块型硬件设备的驱动程序软件设计

3.3.1 块型硬件设备驱动综述

块型设备用于存储信息，基本单位为数据块。它利用一块系统内存作缓冲区，当用户进程对设备请求能满足用户的要求，就返回请求的数据；如果不能，就调用请求函数来进行实际的I/O 操作。块型设备在每次硬件操作时，把多个字节传送到主存缓存中或从主存缓存中把多个字节信息传送到设备中。块型设备主要针对磁盘、Flash 型存储介质等设备。

块型设备接口分为块型设备文件接口和块型设备驱动接口两个层次，块型设备文件接口面向用户建立在块缓冲之上，块型设备驱动接口面向物理设备建立在块缓冲之下。在块型设备驱动程序之下还有一个缓冲层次，块型设备驱动程序可以将对物理设备的命令序列缓冲在该任务队列之中，由 wait_on_buffer()来一次性地运行它们。块型设备驱动接口由块型设备函数表和读/写请求函数组成，分别用不同的数组索引。每一个块型设备驱动程序驱动一个块型设备，每个块型设备用一个 block_device 结构来描述，块型设备文件的 inode 指向对应的 block_device 结构。

3.3.2 向系统中添加块型设备

新硬件块型设备添加到 Linux 操作系统中的基本步骤如下：

① 确定设备的设备名称和主设备号。

在系统中找一个还没有被使用的主设备号，分配给要加入的新块型设备。当然，也可指定为 0，即让系统为其动态分配主设备号。这里假设主设备号为 30。在 include/linux/major.h 中加入语句“#define NewDevice_Major 30;”，这样就可通过该设备号来确定设备为新设备，保证通用性。

② 确定需要编写的 file_operations 中的操作函数。

```
static int NewDevice_open(struct inode * inode,struct file * file)
static void NewDevice_release(struct inode * inode,struct file * file)
static int NewDevice_ioctl(struct inode * inode, struct file * file, unsigned int cmd, unsigned
long arg)
```

由于块型设备使用了高速缓存，其驱动程序不需要包含 read()、write()和 fsync()函数，但必须使用 open()、release()和 ioctl()函数，这些函数的作用和字符型设备的相应函数类似。

③ 确定需要编写的输入/输出函数。

```
static int NewDevice_read(void)          //正确处理时返回值为 1,错误时返回值为 0
static int NewDevice_write(void)         //正确处理时返回值为 1,错误时返回值为 0
```

这两个函数和字符型设备中相应的函数不同：函数不带参数，通过当前请求中的信息访问高速缓存中相应的块；函数是在需要进行实际 I/O 操作时在 request 中调用。

这两个函数主要是利用 memcpy()函数在硬件设备与缓冲区间进行数据传输。

④ 确定需要编写的请求处理函数。

```
static void NewDevice_request(void)
```

在块型设备驱动程序中，不带中断服务子程序的请求处理函数是简单的，其典型的格式如下：

```
static void NewDevice_request(void)
{     loop: INIT_REQUEST;
      if (MINOR(CURRENT -> dev)>NEWDEVICE_MINOR_MAX) end_request(0);
      else if (CURRENT -> cmd == READ) end_request(NewDevice_read());
```

```
    else if (CURRENT -> cmd == WRITE) end_request(NewDevice_write());
    else end_request(0);
    goto loop;
  }
```

函数中，CUREENT 是指向请求队列头的 request 结构指针，NewDevice_read()和 NewDevice_write()就是上面定义的函数。

⑤ 如果需要，编写中断服务子程序。

实际上，一个真正的块型设备一般不可能没有中断服务子程序。因为设备驱动程序是在系统调用中被调用的，此时由内核程序控制 CPU，所以不能抢占，只能自愿放弃；由此，驱动程序必须调用 sleep_on()函数，释放对 CPU 的占用；在中断服务子程序将所需的数据复制到内核内存后，再由它来发出 wake_up()调用。

另外，中断服务子程序访问和修改特定的内核数据结构时，必须要仔细协调，以防止出现灾难性的后果。首先，在必要时可以禁止中断，这可以通过 sti()和 cli()来允许和禁止中断请求；其次，修改特定的内核数据结构的程序段要尽可能短，使中断不至于延时过长。

⑥ 确定需要编写的初始化函数。

```
void NewDevice_init(void)
```

需要将 file_operations 中的操作函数的地址赋给某个 file_operations 的结构变量 NewDevice_fops 中的相应域。一个典型的形式是：struct file_operations NewDevice_fops＝｛0，block_read，block_write，0，0，NewDevice_ioctl，0，NewDevice_open，NewDevice_release，block_fsync，0，0，0，｝。

NewDevice_init 中需要做的工作有：

首先，调用标准内核函数登记该设备：

register_blkdev(NEWDEVICE_MOJOR，"NewDevice"，&NewDevice_fops)；

接着，将 request()函数的地址告诉内核：

blk_dev[NEWDEVICE_MAJOR].request_fn ＝ DEVICE_REQUEST，DEVICE_REQUEST 是请求处理函数的地址。

然后，告诉新设备高速缓存的数据块的块大小：

```
NewDevice_block_size = 512;                    //也可以是 1 024 等
blksize_size[NewDevice_Major] = & NewDevice_block_size;
```

为了系统在初始化时能够对新设备进行初始化，需要在 blk_dev_init()中添加一行代码，可以插在 blk_dev_init()中 return 0 的前面，格式为：

```
NewDevice_init();
```

⑦ 在 include/linux/blk.h 中添加相应语句。

到目前为止，除了 DEVICE_REQUEST 符合外，还没有告诉内核到哪里去找需要的 request()函数，为此需要将一些宏定义加到 blk.h 中。在 blk.h 中找到类似的一行：

```
#endif                                          //MAJOR_NR == whatever
```

在这行前面加入以下宏定义：

```
#elif (MAJOR_NR == whatever) static void NewDevice_request(void);
#define DEVICE_NAME "NewDevice"                  // 驱动程序名称
#define DEVICE_REQUEST NewDevice_request         //request()函数指针
#define DEVIEC_NR(device) (MINOR(device))        //计算实际设备号
#define DEVIEC_ON(device)                        //用于需要打开的设备
#define DEVIEC_OFF(device)                       //用于需要关闭的设备
```

⑧ 修改 drivers/block/Makefile。

假设我们把所有必要的函数写入 NewDevicebd.c 中，则找到"L_OBJS := tty_io.o n_tty.o cons ole.o \"行，将"NewDevicebd.o"加到其中。

⑨ 将该设备私有的 *.c，*.h 复制到目录 drivers/block 下。

⑩ 用命令：make clean；make dep；make zImage 重新编译内核。

⑪ 用 mknod 命令在目录/dev 下建立相应主设备号的用于读/写的特殊文件。

完成了上述步骤，在 Linux 环境下编程时就可以使用该新设备了。

3.3.3 块型设备驱动程序的设计

3.3.3.1 相关数据结构及其说明

1. 块型设备结构及其开关表

块型设备的结构即块型设备的开关表。当块型设备注册到内核后，块型设备的名字和相关操作被添加到 device_struct 结构类型的 blkdevs 全局数组中，blkdevs 被称为块型设备的开关表。Linux 内核通过把大部分相同的代码放在一个头文件中来简化驱动程序的代码，因而每个块型设备驱动程序都必须包含这个头文件。块型设备的数据结构定义如下：

```
struct device_struct
{    const char * name;                          // 设备名称
     struct file_operations * chops;             // 驱动接口
};
static struct device_struct blkdevs[MAX_BLKDEV];
typedef struct Scull_Dev                         // 设备信息
{    void * * data;
     int quantum;                                // 当前量大小
     int qset;                                   // 当前数组大小
     unsigned long size;
     unsigned int access_key;                    // 由 sbulluid 和 sbullpriv 使用
     unsigned int usage;                         // 应用时锁定设备
     unsigned int new_msg;
     struct sbull_dev * next;                    // 下一个列表项
} sbull;
```

2. 设备驱动接口的数据结构

块型设备驱动程序接口的数据结构特别定义如下：

```
struct file_operation sbull_fops =
```

```
{    NULL,                              // seek 函数
     block_read,                        // 内核函数
     block_write,                       // 内核函数
     NULL, NULL,                        // readdir、poll 函数
     sbull_ioctl,                       // ioctl 函数
     NULL,                              // mmap 函数
     sbull_open,                        // open 函数
     NULL,                              // flush 函数
     sbull_release,                     // release 函数
     block_fsync,                       // 内核函数
     NULL,                              // fasync 函数
     sbull_check_media_change,          // check_media_change 函数
     NULL, NULL                         // revalidate、lock 函数
};
```

设计块型设备驱动程序接口，主要是编写 ioctl()、open()和 release()函数，其读、写和同步操作的 block_read()、block_write()和 block_fsync()函数由内核提供。ioctl()、open()和 release()函数的使用与字符型设备的相应函数类似。

3.3.3.2 请求操作及其处理说明

用户程序使用 Linux 提供的通用 block_read()和 block_write()函数，读/写操作块型设备时，这两个函数就向块型设备请求表中增加读/写请求，内核通过 ll_rw_block()函数对请求顺序进行优先级安排。由于是对内存缓冲区而不是对设备进行操作，因而能加快读/写请求。如果内存中没有要读入的数据或者没有要写入设备对应的缓冲区，则需要真正地执行数据传输操作。这是通过数据结构 blk_dev_struct 中的 request_fn()函数来完成的。

1. 块型设备的 blk_dev_struct 结构定义

```
struct blk_dev_struct
{    void ( * request_fn)(void);
     struct request * current_request;
     struct request plug;
     struct tq_struct plug_tq;
};
```

2. 块型设备 request 结构的主要组成

```
struct request
{    ……
     kdev_t rq_dev;
     int cmd;                           // 读或写指令
     int errors;
     unsigned long sector, current_nr_sectors;
     char * buffer;
     struct request * next;
     ……
```

```
};
```

块型设备的读/写操作都是由 request_fn()函数完成。对于具体的块型设备，函数 request_fn()是不同的。所有的读/写请求都存储在 request 结构的链表。Request_fn()函数利用 CURRENT 宏检查当前的请求：#define CURRENT (blk_dev[MAJOR_NR]. current_request)

某一具体块型设备的 request_fn()函数(这里取名为 sbull_request())定义如下：

```
void sbull_request(void)
{     unsigned long offset, total;
      Begin:  INIT_REQUEST;
          offset = CURRENT -> sector * sbull_hard;
          total = CURRENT -> current_nr_sectors * sbull_hard;
          if(total + offset > sbull_size * 1024)       // 访问远端设备,请求中错误
          {    end_request(0);
               goto Begin;
          }
          if(CURRENT -> cmd == READ)
              memcpy(CURRENT -> buffer, sbull_storage + offset, total);
          else if(CURRENT -> cmd == WRITE)
              memcpy(sbull_storage + offset, CURRENT -> buffer, total);
          else end_request(0);
        end_request(1);                                 // 成功
    goto Begin;                                         // 完成时返回 INIT_REQUEST
}
```

request_fn()函数从 INIT_REQUEST 宏命令开始(在 blk.h 中定义)，它对请求队列进行检查，保证请求队列中至少有一个请求在等待处理。如果没有请求(即 CURRENT = 0)，INIT_REQUEST 宏命令将使 request()函数返回，结束任务。

假定队列中有不止一个请求，request_fn()函数现在应处理队列中的第一个请求，处理完请求后，request_fn()函数将调用 end_request()函数。如果成功地完成了读/写操作，用参数值 1 调用 end_request()函数；如果读/写操作不成功，以参数值 0 调用 end_request()函数；如果队列中还有其他设备操作请求，处理完第一个后，将 CURRENT 指针设为指向下一个请求。执行 end_request()函数后，request_fn()函数回到循环的起点，对下一个请求重复上面的处理过程。

3.3.3.3 块型设备的初始化及其编程

块型设备的初始化过程，既要在引导内核时完成一定的工作，还要在内核编译时增加一些内容。这里以 sbull_init()函数完成块型设备驱动程序的初始化，其初始化的工作主要包括：

① 检查硬件是否存在；

② 登记主设备号；

③ 将 blk_fops 结构的指针传递给内核；

④ 利用 register_blkdev()函数对设备进行注册：

```
if(register_blkdev(sbull_MAJOR, "sbull", &sbull_fops)) return - EIO;
```

⑤ 将 sbull_request()函数的地址传递给内核：

```
blk_dev[sbull_MAJOR].request_fn = DEVICE_REQUEST;
```

⑥ 将块型设备驱动程序的数据容量传递给缓冲区：

```
#define sbull_HARDS_SIZE 512
#define sbull_BLOCK_SIZE 1024
static int sbull_hard = sbull_HARDS_SIZE;
static int sbull_soft = sbull_BLOCK_SIZE;
hardsect_size[sbull_MAJOR] = &sbull_hard;
blksize_size[sbull_MAJOR] = &sbull_soft;
```

在块型设备驱动程序内核编译时，应把下列宏加到 blk.h 文件中：

```
#define MAJOR_NR sbull_MAJOR
#define DEVICE_NAME "sbull"
#define DEVICE_REQUEST sbull_request
#define DEVICE_NR(device) (MINOR(device))
#define DEVICE_ON(device)
#define DEVICE_OFF(device)
```

3.3.3.4 主要函数的说明或编制

1. 睡眠/唤醒及其函数原型

当设备驱动程序向设备发出读/写请求后，就进入睡眠状态，所使用的内核函数原型为：

```
void sleep_on(struct wait_queue * * ptr)
void interruptible_sleep_on(struct wait_queue * * ptr)
```

在设备完成请求后需要通知 CPU 时，会向 CPU 发出一个中断请求，然后 CPU 根据中断请求决定调用相应的设备驱动程序。此时所使用的内核函数原型为：

```
void wake_up(struct wait_queue * * ptr)
void wake_up_interruptible(struct wait_queue * * ptr)
```

2. 缓冲区的操作使用

块型设备驱动程序直接与缓冲区打交道，因而需要用到与缓冲区相关的一些操作。内核函数 getblk()用于分配缓冲区，breles()用于释放缓冲区，这两个函数的原型为：

```
struct buffer_head * getblk(kdev_t, int block, int size)
void breles(struct buffer_head * buf)
```

3. 块型设备的用户接口函数

主要是系统提供给用户使用的能够触发读/写请求的通用 block_read()和 block_write()函数，其函数原型为：

```
ssize_t block_read(struct file * filp, char * buf, size_t count, loff_t * ppos)
```

```
ssize_t block_write(struct file * filp, const char * buf, size_t count, loff_t * ppos)
```

4. 驱动程序接口操作函数编写举例

编写的 3 个主要驱动程序接口操作函数的典型代码如下：

```
int sbull_open(struct inode * inode,struct file * filp)
{    int num = MINOR(inode -> i_rdev);
     if(num >= sbull -> size) return - ENODEV;
     sbull -> size = sbull -> size + num;
     if(! sbull -> usage)
     {    check_disk_change(inode -> i_rdev);
          if(! *(sbull -> data)) return - ENOMEM;
     }
     sbull -> usage++;
     MOD_INC_USE_COUNT;
     return 0;
}
int sbull_ioctl(struct inode * inode, struct file * filp, unsigned int cmd, unsigned long arg)
{    int err;
     struct hd_geometry * geo = (struct hd_geometry *)arg;
     PDEBUG("ioctl 0x%x 0x%lx\n", cmd, arg);
     switch(cmd)
     {    case BLKGETSIZE:                  // 返回扇区中描述的设备大小
             if(! arg) return - EINVAL;     // 空指针,无效
             err = verify_area(VERIFY_WRITE, (long *)arg, sizeof(long));
             if(err) return err;
             put_user(1024 * sbull_sizes[MINOR(inode -> i_rdev)
                          /sbull_hardsects[MINOR(inode -> i_rdev)], (long *)arg);
             return 0;
          case BLKFLSBUF:                   // 溢出
             if(! suser()) return - EACCES;// 仅有 root 用户才能操作
             fsync_dev(inode -> i_rdev);
             return 0;
          case BLKRRPART:                   // 重读分区分,不能操作
             return - EINVAL;
        RO_IOCTLS(inode -> i_rdev,arg);     // 默认 RO 操作
                                            // 宏 RO_IOCTLS 在 blk.h 中定义
     }
     return - EINVAL;                       // 未知命令
}
void sbull_release(struct inode * inode,struct file * filp)
{    sbull -> size = sbull -> size + MINOR(inode -> i_rdev);
     sbull -> usage--;
```

```
    MOD_DEC_USE_COUNT;
    printk("This blkdev is in release! \n");
    #ifdef DEBUG
        printk("sbull_release( %p, %p)\n", inode, filp);
    #endif
    return 0;
}
```

3.4 网络型硬件设备的驱动程序软件设计

3.4.1 网络设备驱动程序的运行机理概述

3.4.1.1 网络设备驱动程序的体系构成

Linux 网络驱动程序的体系结构如图 3.1 所示。在设计网络驱动程序时，最主要的工作就是完成设备驱动功能层，使其满足所需的功能。Linux 把所有网络设备都抽象为一个接口，该接口提供了对所有网络设备的操作集合，由数据结构 net_device 来表示网络设备在内核中的运行情况，即网络设备接口，它既包括纯软件网络设备接口，如环路(loopback)，又可以包括硬件网络设备接口，如以太网卡。由以 dev_base 为头指针的设备链表来集体管理所有网络设备，该设备链表中的每个元素代表一个网络设备接口。数据结构 device 中有很多供系统访问和协议层调用的设备方法，包括供设备初始化和向系统注册用的 init 函数；打开和关闭网络设备的 open 和 stop 函数；处理数据包发送的函数 hard_start_xmit；以及接收中断处理函数等。

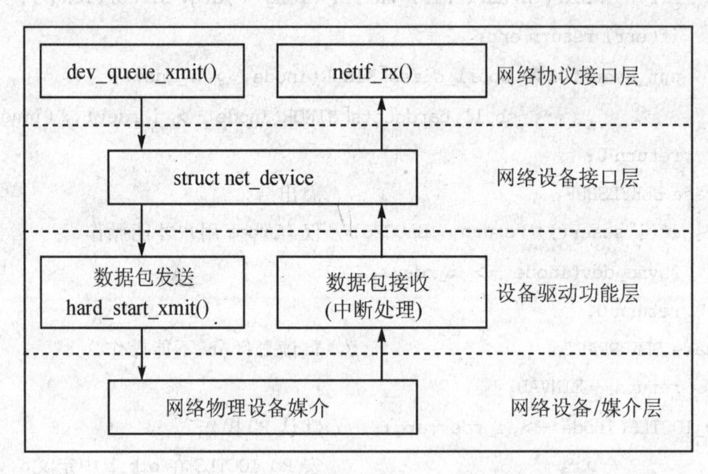

图 3.1 Linux 网络驱动程序体系构成示意图

3.4.1.2 网络设备驱动程序的初始化

网络设备的初始化，主要是由 net_device 数据结构中的 init 函数指针所指的初始化函数来完成的，当内核启动或加载网络驱动模块的时候，就会调用初始化过程。在此将首先检测网络物理设备是否存在，这是通过检测物理设备的硬件特征来完成；然后再对设备进行资源配置,这些完成之后就要构造设备的 net_device 数据结构,根据检测到的数值对 device 中的变量初始化;最后向 Linux 内核注册该设备并申请内存空间。

3.4.1.3 对数据包发送与接收的说明

数据包的发送和接收是实现 Linux 网络驱动程序中两个极为关键的过程,这两个过程处理的好坏将直接影响到驱动程序的整体运行质量。在网络设备驱动加载时,通过 net_device 域中的 init 函数指针调用网络设备的初始化函数对设备进行初始化。如果操作成功就可以通过 net_device 域中的 open 函数指针调用网络设备的打开函数打开设备;再通过 net_device 域中的建立硬件包头函数指针 hard_header 来建立硬件包头信息;最后通过协议接口层函数 dev_queue_xmit 来调用 net_device 域中的 hard_start_xmit 函数指针来完成数据包的发送。该函数将把存放在套接字缓冲区中的数据发送到物理设备,该缓冲区由数据结构 sk_buff 来表示。

通过 hard_header 可以传递的参数有:数据 sk_buff、device 指针、protocol 协议、daddr 目的地址、saddr 源地址和 len 数据长度。网络数据的收发流量由 net_device 的 tx_queue_len 参数控制,以太网设备(10 Mbps/100 Mbps)一般设置为 100 Mbps,串行线路的为 10 Mbps。

数据包的接收是通过中断机制来完成的,当有数据到达时,就产生中断信号,网络设备驱动功能层就调用中断处理程序,即数据包接收程序来处理数据包的接收,然后网络协议接口层调用 netif_rx 函数把接收到的数据包传输到网络协议的上层进行处理。

sk_buff 提供了一套管理缓冲区的方法,每个 sk_buff 包括一块数据缓冲区和控制缓冲区及其缓冲区链的方法。

硬件发送忙时有两种处理方式:第一种是设置标志 tbusy 为 1,处理发送数据后,在发送结束中断时清除 tbusy,同时用 mark_bh 函数通知系统继续发送;第二种不设置 tbusy 标志,让系统始终认为硬件空闲,但是报告发送不成功,使系统一直尝试发送。通常采用第一种方式,但这种方法系统要等一段时间才能接着发送,效率很低。

3.4.2 网络型设备驱动程序的具体实现

可以通过内核加载或模块加载的方式实现 Linux 网络设备的驱动功能,常用的是模块加载方式。模块加载方式,使 Linux 内核功能更容易扩展,并且对驱动程序的调试非常方便。

基于模块加载的网络驱动程序的设计步骤如图 3.2 所示。首先,通过模块加载命令 insmod 把网络设备驱动程序插入到内核中;然后,insmod 将调用 init_module()函数先对网络设备的 init 函数指针初始化,再通过调用 register_netdev()函数在 Linux 系统中注册该网络设备,如果成功,再调用 init 函数指针所指的网络设备初始化函数来对设备初始化,将设备的 net_device数据结构插入到 dev_base 链表的末尾;最后,可以通过执行模块卸载命令 rmmod 来调用网络驱动程序中的 cleanup_module()函数来对网络驱动程序模块卸载。

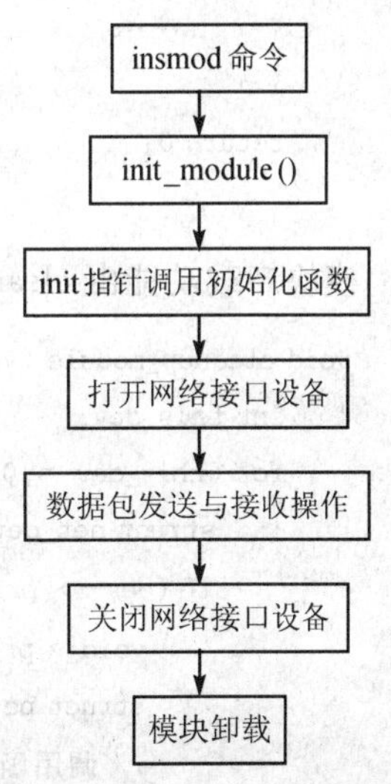

图 3.2 Linux 网络设备驱动程序的实现示意图

网络接口模块初始化是在编译内核时标记为编译成模块,系统在启动时并不知道该接口的存在，需要用户在/etc/rc.d/目录中定义的初始启动脚本中写入命令或手动将模块插入内核空间来激活网络接口。这也给在何时加载网络设备驱动程序提供了灵活性。

3.4.3 网络设备驱动程序的应用设计举例

下面以 ne2000 兼容网卡为例，具体介绍基于模块的网络设备驱动程序的设计过程。

3.4.3.1 加/卸载网络设备驱动程序模块

ne2000 网卡的模块加载功能由 init_module()函数完成，具体过程如下：

```
int init_module(void)
{    int this_dev, = 0;
     // 循环检测 ne2000 类型的网络设备接口
     for (this_dev = 0; this_dev < MAX_NE_CARDS; this_dev ++ )
     {    struct net_device * dev = & dev_ne[this_dev];     // 获得网络接口对应的 net_
                                                            // device 结构指针
          dev -> irq = irq [this_dev];                      // 初始化该接口的中断请求号
          dev -> mem_end = bad[this_dev];                   // 初始化接收缓冲区的终点位置
          dev -> base_addr = io [this_dev];                 // 初始化网络接口的 I/O 基地址
          dev -> init = ne_probe;                           // 初始化 init 为 ne_probe
          / * 调用 registre_netdevice()向系统登记，在此将分配给网络接口在系统中唯一的名称，
              并且将该网络接口设备添加到系统管理的链表 dev-base 中进行管理 * /
          if (register_netdev(dev) == 0)
          {    found ++ ;
               continue;
          }
          ……                                                //省略
     }
    return 0;
}
```

模块卸载功能由 cleanup_module()函数来实现：

```
void cleanup_module (void)
{   int this_dev;
    for (this_dev = 0; this_dev < ; this_dev ++ )           //遍历整个 dev-ne 数组
    {    struct net_device * dev = &dev_[this_dev];         //获得 net_device 结构指针
         if (dev -> priv ! = NULL)
         {    void * priv = dev -> priv;
              struct pci_dev * idev = (struct pci_dev * )ei_status.priv;
              // 调用函数指针 idev -> deactive 将已经激活的网卡关闭使用
              if (idev)   -> deactivate(idev);
              free_irq(dev -> irq,dev);
              // 调用函数 release_region()释放该网卡占用的 I/O 地址空间
              release_region(dev -> base_addr, NE_IO_EXTENT);
```

```
            unregister_netdev(dev);                          // 调用 unregister_netdev()
                                                             // 注销这个 net_device()
                                                             // 结构
            kfree(priv);                                     // 释放 priv 空间
        }
    }
}
```

3.4.3.2 具体实现网络设备接口初始化

函数 ne_probe()在 init_module()函数中,用于初始化 init 函数指针。它主要对网卡进行检测,并且初始化系统中网络设备信息,用于后面的网络数据的发送和接收。具体过程如下:

```
int_init ne_probe(struct net_device * dev)
{   unsigned int base_addr = dev -> base_addr;               // 初始化 dev-owner,将其指
                                                             // 向对象 modules
    SET_MODULE_OWNER(dev);                                   // 检测 dev -> base_addr 是
                                                             // 否合法
    if (base_addr > 0x1ff) return ne_probe1(dev, base_addr);  // 若检查合格,则执行 ne_probe1()
    else if (base_addr ! = 0) return - ENXIO;
    // 若有 ISAPnP 设备,则调用 ne_probe_isapnp()检测这种类型的网卡
    if (isapnp_present() && (ne_probe_isapnp(dev) == 0)) return 0;
    ……                                                       // 省略
    return - ENODEV;
}
```

函数 ne_probe_isapnp()和 ne_probe1()的区别在于检测中断号上。PCI 方式只需指定 I/O 基地址就可以自动获得 irq,是由 BIOS 自动分配的;而 ISA 方式需要获得空闲的中断资源才能分配。

3.4.3.3 网络接口设备的打开和关闭

网络接口设备打开就是激活网络接口,使它能接收来自网络的数据并且传递到网络协议接口层,也可以将数据发送到网络上;网络接口设备关闭就是停止网络操作。

在 ne2000 网络驱动程序中,网络设备打开由 dev_open()和 ne_open()完成;设备关闭由 dev_close()和 ne_close()完成。它们相应调用底层函数 ei_open()和 ei_close()来完成,其实现过程相对简单,不再赘述。

3.4.3.4 数据包的接收和发送过程处理

发送和接收数据是通过低层对硬件的读/写来完成的。当网络上的数据到来时,将触发硬件中断,根据注册的中断向量表确定处理函数,进入中断向量处理程序,将数据送到上层协议进行处理。

对 ne 网卡的数据接收过程是由 ne_probe()函数中的中断处理函数 ei_interrupt 来完成的,在进入 ei_interrupt()之后再通过 ei_receive()从 8309 芯片的接收缓冲区获得数据,并组合成 sk_buff 结构,再通过 netif_rx()函数将接收到的数据存放在系统的接收队列之中。

Ei-interrupt()的函数原型如下：

```
void ei_interrupt(int irq,void *dev_id, struct pt_regs *regs)
```

其中,irq为中断号,dev_id是产生中断的网络接口设备对应的结构指针,regs表示当前的寄存器内容。

dev_dev_start_xmit函数指针对应的函数为ei_start_xmit函数,由它来完成数据包的发送。在函数ethdev_init()中把net_device结构的hard_start_xmit指针初始化为ei_start_xmit。

3.5 常见硬件的Linux硬件驱动软件设计

在Linux操作系统下,和软件直接打交道的常见硬件接口或设备有异步串行口、并行打印口、以太网接口、便携式USB接口设备、ISA/PC104工业板卡和PCI/CPCI工业板卡等。Linux对串行通信、并行通信和以太网通信提供了很好的支持,涉及这3种通信,可以直接使用Linux提供的应用程序接口API(Application Programming Interface)函数。Linux对USB、ISA和PCI总线操作也提供了相应的数据结构定义,在Linux下操作这些类型的接口设备需要设计专门的驱动程序。下面就这些常见硬件接口或设备的API函数、驱动程序软件设计及其应用,作详细阐述。

3.5.1 在Linux下进行异步串行数据传输

在Linux下进行异步串行通信常常使用其提供的API函数,但Linux串行口初始化配置相对要复杂和麻烦些。下面首先介绍Linux串行口API函数,并编写串行口初始化函数,然后举例简要说明如何应用Linux API函数进行串行通信。

3.5.1.1 串口配置及其API通信函数

1. 串口操作需要的头文件

应用Linux进行异步串行通信,涉及的头文件有:stdio.h、stdlib.h、unistd.h、sys/types.h、sys/stat.h、fcntl.h、termios.h和errno.h。在用C语言编写应用程序时,需要把它们包括在内。

2. 串口的打开与关闭

在Linux下串口文件是位于/dev下的。串口1为/dev/ttyS0,串口2为/dev/ttyS1。串口打开与关闭操作的常用例程代码如下:

```
int fd = open("/dev/ttyS0", O_RDWR);              /*以读/写方式打开串口*/
if (-1 == fd) perror("不能打开串口1!");
close(fd);
```

3. 串行通信的初始化设置

① 串口设置主要是配置termios结构体,其定义如下:

```
struct termio
{   unsigned short  c_iflag;                   /* 输入模式标志 */
    unsigned short  c_oflag;                   /* 输出模式标志 */
```

```
    unsigned short  c_cflag;                          /* 控制模式标志 */
    unsigned short  c_lflag;                          /* 本地模式标志 */
    unsigned char   c_line;                           /* 行标 */
    unsigned char   c_cc[NCC];                        /* 控制字符 */
};
```

termios 结构体内涵很广，这里不做详细说明，只介绍一些常见的基本设置，包括波特率、效验位和停止位设置。

② 波特率设置，编写为可调用的函数如下：

```
struct termios Opt;
tcgetattr(fd, &Opt);
cfsetispeed(&Opt, B19200);                        /* 设置为19200bps */
cfsetospeed(&Opt, B19200);
tcsetattr(fd, TCANOW, &Opt);
void set_RS232_speed(int fd, int speed)
{   struct termios Opt;
    tcgetattr(fd, &Opt);
    tcflush(fd, TCIOFLUSH);
    cfsetispeed(&Opt, speed);
    cfsetospeed(&Opt, speed);
    tcflush(fd,TCIOFLUSH);
}
```

其中，参数 speed 的可取值为：B38400，B19200，B9600，B4800，B2400，B1200，B300，默认的单位是 bps(bit/s)。需要注意的是每个数值前要带前缀“B”。

③ 设置串行通信的数据格式，包括数据位数、停止位数和校验等，编写为可调用的函数如下：

```
int set_RS232_format(int fd, int databits, int stopbits, int parity, int timeout)
{   struct termios options;
    if ( tcgetattr(fd, &options) ! = 0) return -1;
    options.c_cflag &= ~CSIZE;
    switch (databits)                              // 设置数据位数，取值为7或者8
    {   case 7: options.c_cflag |= CS7;
            break;
        case 8: options.c_cflag |= CS8;
            break;
        default: return -1;
    }
    switch (parity)                                // 设置效验类型，取值为N、E、O或S
    {   case 'n':
        case 'N': options.c_cflag &= ~PARENB;      /* 清除“奇偶”使能 */
            options.c_iflag &= ~INPCK;             /* 使能“奇偶”检查 */
            break;
```

```
        case 'o':
        case 'O': options.c_cflag |= (PARODD | PARENB);    /* 设置为奇效验 */
              options.c_iflag |= INPCK;                    /* 禁止"奇偶"检查 */
              break;
        case 'e':
        case 'E': options.c_cflag |= PARENB;               /* 使能"奇偶"检查 */
              options.c_cflag &= ~PARODD;                  /* 转换为偶效验 */
              options.c_iflag |= INPCK;                    /* 禁止"奇偶"检查 */
              break;
        case 'S':
        case 's': options.c_cflag &= ~PARENB;              /* 无"奇偶"检查 */
              options.c_cflag &= ~CSTOPB;break;
        default: return -1;
    }
    switch (stopbits)                                      /* 设置停止位,取值为 1 或 2 */
    {   case 1: options.c_cflag &= ~CSTOPB;
              break;
        case 2: options.c_cflag |= CSTOPB;
              break;
        default: return -1;
    }
    /* Set input parity option */
    if (parity != 'n') options.c_iflag |= INPCK;
    tcflush(fd,TCIFLUSH);
    options.c_cc[VTIME] = timeout;                         /* 设置超时,单位为秒 */
    options.c_cc[VMIN] = 0;                                /* 选项刷新并立即执行 */
    if (tcsetattr(fd, TCSANOW, &options) != 0) return -1;
    return 0;
}
```

需要注意的是：如果不是开发终端，只是用串口传输数据，而不需要串口来处理，那么使用原始模式(raw mode)方式来通信，应在设置中加入如下代码：

```
options.c_lflag    &= ~(ICANON | ECHO | ECHOE | ISIG);   /* 输入 */
options.c_oflag    &= ~OPOST;                             /* 输出 */
```

4. 异步串行口的读/写操作访问

设置好串口之后，读/写串口很容易，把串口当作文件读/写即可。

发送数据的常用例程代码如下：

```
char buffer[1024];
int Length;
int nByte;nByte = write(fd, buffer, Length);
```

读取串口数据的常用例程代码如下：

```
char buff[1024];
int Len;
int readByte = read(fd, buff, Len);
```

3.5.1.2 API 函数串行通信应用举例

下面给出一段应用上述 Linux-API 及其组装函数循环进行数据收发的简单例程。

```
int main(int argc, char * * argv)
{     int fd;
      int nread;
      char buff[512];
      if(open("/dev/ttyS0", O_RDWR) == - 1) return - 1;
      set_RS232_speed(fd , B19200);
      set_RS232_format(fd, 8, 1, N, 100);
      while (1)                                              //循环读取数据
      {     while((nread = read(fd, buff, 512))>0)
            {     printf( "\n%s", buff);
                  write(fd, buff , nread);
            }
      }
      close(fd);
      return 0;
}
```

3.5.2 在 Linux 下通过并行接口传输数据

在 Linux 下通过并行口进行数据传输，可以使用并行口底层的寄存器 I/O 操作自编驱动程序，也可以使用 Linux 内核提供的并行口 API 函数，其中应用 Linux 并口 API 函数最为便捷。下面首先介绍 Linux 并行口操作的 API 函数，并由此编写相关的并行通信集成函数，然后举例简要说明如何应用这些 Linux API 函数进行并行通信。

3.5.2.1 并行口通信的 API 软件操作

1. 并行口的打开与关闭

在 Linux 下，并行口既可以作为打印机输出驱动接口，也可以作为并行通信驱动接口，对应的内核驱动程序分别为“the printer driver”和“the ppdev driver”，常用的并行口 1 对应的接口标识分别为“/dev/lp0”和“/dev/parport0”。两种类型的驱动接口相比，并行通信驱动，控制灵活，可以实现快速高效的双向数据传输，是并行通信的首选。

并行口打开与关闭操作的常用例程代码及其注释如下：

```
int fd = open("/dev/parport0", O_RDWR);              // 以读/写方式打开并口
if (-1 == fd) perror("不能打开并口 1!");
if(ioctl(fd, PPCLAIM)) perror(“PPLAIM);              // 声明需要访问并行口
```

```
ioctl(fd, PPRELEASE);                                  // 释放并行口
close(fd);                                             // 关闭并行口
```

如果没有/dev/parport0,可以使用 mknod 建立,并行口在系统中的主设备号是 99。

如果并行口被其他驱动程序占用,可以使用如下方法释放并行口:首先用"cat /proc/ioports"看端口地址是分配给谁了;然后看该名字的"ls-l /dev/port_name",找到主设备号和次设备号;接着用"cat/proc/devices"看主设备号对应的驱动程序;最后用"rmmod"删除该驱动程序,如果是编译到了内核的驱动则只需在/lib/module/下 uname-r /kernel/drivers/删除该名字的驱动。

2. 并行口 ioctl 的主要控制项

(1) 并行口访问的声明、释放与独占

并行口可以被多个驱动程序所共享,当通过一个驱动程序访问并行口时,要用 PPCLAIM 参数进行声明,以告知其他驱动程序并行口正在被使用;并行口访问结束时,则要用 PPRELEASE 参数以告知并行口可以占用。共享情况下的并行口占用状态可以使用 PPGETMODELS 参数获得。如果需要所使用的驱动程序独占并行口,可以使用 PPEXCL 参数来声明,以禁止并行口共享。PPYIELD 参数,相当于用 PPRELEASE 作用并行口,再用 PPCLAIM 作用于并行口,这给了其他驱动程序瞬间访问并行口的机会。

(2) 并行口工作模式的识读与改变

并行口遵循 IEEE1284 协议,有 5 种工作模式,分别以 IEEE1284_MODE_为前缀定义为:COMPAT、NIBBLE、BYTE、EPP 和 ECP,系统启动时默认的方式是 IEEE1284_MODE_COMPAT,可以使用 PPGETMODE 参数识别出当前并行口的工作模式,使用 PPNEGOT 或 PPSETMODE 参数设置或改变并行口的工作模式。

(3) 操作超时的识读与设置

并行口读/写访问的时间限制(timeout),可以使用 PPGETTIME 参数获取,也可以使用 PPSETTIME 参数进行设置。时间限制(timeout)用结构 timeval 详细表示。

(4) 并行口 I/O 操作行为的设置

并行口 I/O 操作的行为,可以使用 PPSETFLAGS 参数进行设置,有效的标记值有:PP_FASTWRITE、PP_FASTREAD、PP_W9128PIC。应用时,可以使用其中一项,也可以通过"OR"同时使用其中若干项。

(5) 并行口控制字的识读与设置

并行口控制线是通过相应的控制寄存器进行操作的,可以使用 PPRCONTROL 参数进行回读进而加以识别,使用 PPWCONTROL 或 PPFCONTROL 参数进行设置。常用的以 PARPORT_CONTROL_为前缀的控制位标记有:STOBE、AUTOFD、SELECT 和 INIT。

通常以结构 ppdev_frob_struct 表示控制信息,其中两个结构变量分别是屏蔽和设置值,结构 ppdev_frob_struct 定义如下:

```
struct ppdev_frob_struct
{       unsigned char mask;
        unsigned char val;
};
```

(6) 并行口状态字的识读

并行口状态线代表的状态，可以使用 PPSTATUS 参数进行回读进而加以识别。常见的状态标记有 PARPORT_STATUS_ BUSY、PARPORT_STATUS_ERROR 等。

(7) 并行口数据的输入/输出

并行口数据线的驱动，可以使用 PPDATADIR 参数加以控制。PPDATADIR 参数，与 0 参数一起，可以启动计算机对并行口数据线的驱动，以利于数据的输出；与 1 参数一起，则禁止计算机对并行口的驱动，把并行口数据的驱动让给外设控制，以利于数据的输入。并行口数据的输入，可以使用 PPRDATA 参数获取；数据的输出，可以使用 PPWDATA 参数输出。

(8) 并行通信中断及其响应

使用并行中断通信，可以使用 PPCLRIRQ 参数读取中断计数器的值，并对中断计数器进行清零；中断响应的回复，可以使用 PPWCTLONIRQ 可以操作。

3. 并行口的读/写操作

读/写并行口，可以使用系统提供的 write()和 read()函数，把相关操作提供给内核执行；也可以使用 PPWDATA 或 PPRDATA 参数，通过 ioctl()函数进行操作。

使用 write()函数编写的 write_PP()函数如下：

```
ssize_t write_printer (int fd, const void * ptr, size_t count)
{     return write (fd, ptr, count);     }
```

使用 PPWDATA 参数通过 ioctl()函数编写的 write_PP()函数如下：

```
ssize_t write_printer (int fd, const void * ptr, size_t count)
{     ssize_t wrote = 0;
      while (wrote < count)
      {     unsigned char status, control, data;
            unsigned char mask = (PARPORT_STATUS_ERROR | PARPORT_STATUS_BUSY);
            unsigned char val = (PARPORT_STATUS_ERROR | PARPORT_STATUS_BUSY);
            struct ppdev_frob_struct frob;
            struct timespec ts;
            for (;;)                                          /* 等待指针准备好 */
            {     ioctl (fd, PPRSTATUS, &status);
                  if ((status & mask) == val) break;
                  ioctl (fd, PPRELEASE);
                  sleep (1);
                  ioctl (fd, PPCLAIM);
            }
            data = * ((char * ) ptr) ++ ;                     /* 设置数据线 */
            ioctl (fd, PPWDATA, &data);
            ts.tv_sec = 0;                                    /* 延迟 1 位 */
            ts.tv_nsec = 1000;
            nanosleep (&ts, NULL);
            frob.mask = PARPORT_CONTROL_STROBE;               /* 脉冲选通 */
            frob.val = PARPORT_CONTROL_STROBE;
```

```
            ioctl (fd, PPFCONTROL, &frob);
            nanosleep (&ts, NULL);
            frob.val = 0;                                   /* 脉冲结束 */
            ioctl (fd, PPFCONTROL, &frob);
            nanosleep (&ts, NULL);
            wrote++;
        }
    return wrote;
    }
```

4. 等待事件的处理操作

Linux 提供了 poll()和 select()函数,能够等待中断并作相应处理。等待中断到来时,使用 poll() 使进程休眠;中断到来时;则用"read"事件唤醒进程。

下面给出了一段中断等待并接收数据、响应中断的典型代码,其中作了详细注释。

```
for (;;)
{   int irqc;
    int busy = nAck | nFault;
    int acking = nFault;
    int ready = Busy | nAck | nFault;
    char ch;
    ioctl (fd, PPWCTLONIRQ, &busy);                 /* 产生中断时发出"控制线"信号 */
    ioctl (fd, PPWCONTROL, &ready);                 /* 准备好 */
    while(1)                                        /* 等待中断 */
    {   fd_set rfds;
        FD_ZERO (&rfds);
        FD_SET (fd, &rfds);
        if (! select (fd + 1, &rfds, NULL, NULL, NULL)) continue; Caught a signal
        break;
    }
    /* 抓到一个信号 */
    ioctl (fd, PPRDATA, &ch);                       /* 提取数据 */
    ioctl (fd, PPCLRIRQ, &irqc);                    /* 清除中断 */
    ioctl (fd, PPWCONTROL, &acking);                /* 响应 */
    usleep (2);
    ioctl (fd, PPWCONTROL, &busy);
    putchar (ch);
}
```

3.5.2.2 API 函数并行通信应用举例

下面给出一段应用上述 Linux-API 及其组装函数,从输入设备中读取数据并通过并行口输出的简单例程,以说明如何应用 Linux-API 函数进行并行通信。

```
int fd, mode;
fd = open ("/dev/parport0", O_RDWR);
ioctl (fd, PPCLAIM);
mode = IEEE1284_MODE_ECP;
ioctl (fd, PPNEGOT, &mode);                // 或 ioctl (fd, PPSETMODE, &mode);
for (;;)
{    char buffer[1000];
     char * ptr = buffer;
     size_t got;
     got = read (0 /* stdin */, buffer, 1000);
     if (got < 0)
     {    perror ("read");
          break;
     }
     if (got == 0) break;                  /* 中断结束 */
     while (got > 0)
     {    int written = write_printer (fd, ptr, got);
          if (written < 0)
          {    perror ("write");
               break;
          }
          ptr + = written;
          got - = written;
     }
}
ioctl (fd, PPRELEASE);
close (fd);
```

3.5.3 Socket 接口的以太网络数据传输

套接字 Socket 接口是一种建立在网络型设备驱动程序之上的，以 TCP(Transmission Control Protocol)/IP(Internet Protocol)网络协议为核心的以太网通信的 API，它定义了许多函数或例程，应用这些系统提供的函数和例程可以很容易地开发出基于 TCP/IP 网络的应用程序。

以太网络的 TCP/IP - Socket 数据传输是一种特殊的 I/O。Socket 是一种文件描述符，它具有一个类似于打开文件的函数调用 Socket()，随后的连接建立、数据传输等操作都是通过该 Socket 实现的。下面具体介绍常用的 Socket - API 函数及其应用，并通过一个典型例程说明其网络通信应用。

3.5.3.1 Socket 接口的 API 函数说明

在 Linux 下，通过 Socket 套接字进行以太网络通信的一般步骤是：建立、配置、连接、监听、接通、互相数据传输和关闭连接。整个过程如同打电话：先是拥有一部电话机，接着设置电话机、把电话机接入电话网，然后启动一次拨号、电话机振铃、拿起电话、双方进行相互通话，通话完毕，放下电话机。

1. 建立 Socket 通信接口

建立 Socket 通信接口，通过系统提供的调用 Socket()函数实现，其原型为：

```
int socket(int domain, int type, int protocol);
```

函数参数 domain 指明所使用的协议族，通常为 AF_INET，表示 Linux TCP/IP 互联网协议；type 指定 socket 的类型，包括 SOCK_STREAM（字符流数据形式，面向连接）、SOCK_DGRAM（数据报数据形式，无连接）或 SOCK_RAW（原始数据形式）；protocol 通常赋值"0"。

Socket()调用返回一个整型 Socket 描述符，类似于文件描述符句柄，可以在后面的调用中使用。Socket 描述符是一个指向内部数据结构的指针，它指向描述符表入口。调用 Socket 函数时，Socket 执行体将建立一个 Socket，"建立一个 Socket"意味着为一个 Socket 数据结构分配存储空间。Socket 执行体管理描述符表。

两个网络程序之间的一个网络连接包括 5 种信息：通信协议、本地协议地址、本地主机端口、远端主机地址和远端协议端口。Socket 数据结构中包含这 5 种信息。

2. 绑定配置 Socket 接口

无连接 Socket 的客户端和服务端以及面向连接 Socket 的服务端，通过调用 bind()函数来配置本地信息。bind()函数将 Socket 与本机上的一个端口相关联，随后才可以在该端口监听服务请求。bind()函数原型为：

```
int bind(int sockfd, struct sockaddr * my_addr, int addrlen);
```

参数 sockfd 是调用 Socket 函数返回的 Socket 描述符，my_addr 是一个指向包含有本机 IP 地址及端口号等信息的 sockaddr 类型的指针；addrlen 常被设置为 sizeof(struct sockaddr)。

结构 sockadd 用来保存 Socket 信息，其形式及其说明如下：

```
struct sockaddr
{    unsigned short sa_family;          // 地址族，通常为 AF_INET
     char sa_data[14];                  // 14 字节的协议地址，包含该 Socket 的 IP 地址和端口号
};
```

另外还有一种使用更为方便的结构 sockaddr_in，其形式及其说明如下：

```
struct sockaddr_in
{    short int sin_family;              /* 地址族 */
     unsigned short int sin_port;       /* 端口号 */
     struct in_addr sin_addr;           /* IP 地址 */
     unsigned char sin_zero[8];         /* 填充 0 以保持与 struct sockaddr 同样大小 */
};
```

可以使用 bzero()或 memset()函数将 sin_zero 设置为零。

指向 sockaddr_in 的指针和指向 sockaddr 的指针可以相互转换。

使用 bind()函数时，可以使用下面的赋值实现自动获得本机 IP 地址和随机获取一个没有被占用的端口号：

```
my_addr.sin_port = 0;                     /* 系统随机选择一个未被使用的端口号 */
my_addr.sin_addr.s_addr = INADDR_ANY;     /* 填入本机 IP 地址 */
```

在使用 bind()函数时，须将 sin_port 转换成网络字节优先顺序。

计算机数据存储有两种字节优先顺序：高位字节优先和低位字节优先。Internet 上数据以高位字节优先顺序在网络上传输，所以对于在内部是以低位字节优先方式存储数据的机器，在 Internet 上传输数据时需要进行转换，否则就会出现数据不一致。htonl()/htons()是把 32 位/16 位值从主机字节序转换成网络字节序的函数，ntohl()/ntohs()是把 32 位/16 位值从网络字节序转换成主机字节序的函数。

bind()函数在成功被调用时返回 0；出现错误时返回－1，并将 errno 置为相应的错误号。需要注意的是，在调用 bind 函数时一般选用 1 024～65 535 中任何一个没有被占用的端口号。

3. 建立网络通信连接

面向连接的客户程序，使用 connect()函数来配置 Socket，并与远端服务器建立一个 TCP 连接，在 Socket 数据结构中保存本地和远端信息。其函数原型为：

```
int connect(int sockfd, struct sockaddr * serv_addr, int addrlen);
```

参数 sockfd 是 socket()函数返回的 Socket 描述符；serv_addr 是包含远端主机 IP 地址和端口号的指针；addrlen 常被设置为 sizeof(struct sockaddr)。

Connect()函数在出现错误时返回－1，并且设置 errno 为相应的错误码。进行客户端程序设计无须调用 bind()，因为这种情况下只需知道目的机器的 IP 地址，而客户通过哪个端口与服务器建立连接并不需要考虑，Socket 执行体会为程序自动选择一个未被占用的端口，并通知程序数据什么时候到来。connect()函数启动和远端主机的直接连接。只有面向连接的客户程序使用 Socket 时，才需要将此 Socket 与远端主机相连。无连接协议从不建立直接连接。面向连接的服务器也从不启动一个连接，它只是被动的在协议端口监听客户的请求。

4. 网络活动监听

listen()函数能够使 Socket 处于被动的监听模式，并为该 Socket 建立一个输入数据队列，将到达的服务请求保存在此队列中，直到程序处理它们，其原型为：

```
int listen(int sockfd , int backlog);
```

参数 sockfd 是 Socket 系统调用返回的 Socket 描述符；backlog 指定在请求队列中允许的最大请求数，进入的连接请求将在队列中等待 accept()函数接受它们。大多数系统 backlog 默认值为 20。如果一个服务请求到来时输入队列已满，连接请求将被拒绝，客户端将收到一个出错信息，此时 listen()函数返回－1，并置相应的 errno 错误码。

accept()函数让服务器接收客户的连接请求。在建立好输入队列后，服务器就调用 accept()函数，然后睡眠并等待客户的连接请求。函数原型为：

```
int accept(int sockfd, void * addr, int * addrlen);
```

参数 sockfd 是被监听的 Socket 描述符；addr 通常是一个指向 sockaddr_in 变量的指针，该变量用来存放提出连接请求服务的主机的信息；addrlen 常被设置为 sizeof(struct sockaddr)。出现错误时 accept()函数返回－1，并置相应的 errno 值。

当 accept 函数监视的 socket()收到连接请求时，Socket 执行体将建立一个新的 Socket，执行体将这个新 Socket 和请求连接进程的地址联系起来，收到服务请求的初始 Socket 仍可以继续在以前的 Socket 上监听，同时可以在新的 Socket 描述符上进行数据传输操作。

5. 网络数据传输通信

send()和 recv()函数用于面向连接的 Socket 上进行数据传输。

send()函数原型为：

```
int send(int sockfd, const void * msg, int len, int flags);
```

参数 sockfd 是你想用来传输数据的 Socket 描述符；msg 是一个指向要发送数据的指针；len 是以字节为单位的数据的长度；flags 一般情况下置为 0。send()函数返回实际上发送出的字节数，可能会少于你希望发送的数据。在程序中应该将 send()的返回值与欲发送的字节数进行比较。当 send()返回值与 len 不匹配时，应该对这种情况进行处理。

recv()函数原型为：

```
int recv(int sockfd, void * buf, int len, unsigned int flags);
```

参数 sockfd 是接受数据的 Socket 描述符；buf 是存放接收数据的缓冲区；len 是缓冲区的长度；flags 也被置为 0。recv()返回实际上接收的字节数，出现错误时返回－1，并置相应的 errno 值。

sendto()和 recvfrom()函数用于在无连接的数据报 socket 方式下进行数据传输。由于本地 Socket 并没有与远端机器建立连接，所以在发送数据时应指明目的地址。

sendto()函数原型为：

```
int sendto(int sockfd, const void * msg,int len,unsigned int flags,const struct sockaddr * to,
int tolen);
```

该函数比 send()函数多了两个参数，to 表示目地机的 IP 地址和端口号信息，而 tolen 常被赋值为 sizeof (struct sockaddr)。sendto 函数也返回实际发送的数据字节长度或在出现发送错误时返回－1。

recvfrom()函数原型为：

```
int recvfrom(int sockfd, void * buf, int len, unsigned int flags, struct sockaddr * from, int *
fromlen);
```

参数 from 是一个 struct sockaddr 类型的变量，该变量保存源机的 IP 地址及端口号；fromlen 常置为 sizeof (struct sockaddr)。当 recvfrom()返回时，fromlen 包含实际存入 from 中的数据字节数。recvfrom()函数返回接收到的字节数或当出现错误时返回－1，并置相应的 errno。

6. 结束网络传输通信

当所有的数据操作结束以后，可以调用 close()函数来释放该 Socket，从而停止在该 Socket 上的任何数据操作，其应用格式为：

```
close(sockfd);
```

也可以调用 shutdown()函数来关闭该 Socket。该函数允许只停止在某个方向上的数据传输，而另一个方向上的数据传输继续进行。如可以关闭某 Socket 的写操作而允许继续在该 Socket 上接受数据，直至读入所有数据。其函数原型为：

```
int shutdown(int sockfd,int how);
```

sockfd 是需要关闭的 Socket 的描述符。参数 how 允许为 shutdown 操作选择以下几种方式:0——不允许继续接收数据;1——不允许继续发送数据;2——不允许继续发送和接收数据;均为允许则调用 close ()。shutdown 在操作成功时返回 0,在出现错误时返回-1,并置相应 errno。

3.5.3.2 Socket - API 网络通信应用举例

这里给出一段应用上述 Linux - API 编写的 Socket 程序,分为客户端和服务器端。服务端开一个端口(2000),做为一个后台服务程序,等待客户的连接请求。一旦有客户连接,服务器端打印出客户端的 IP 地址和端口,并且向服务器端发送欢迎信息和时间。

下面是服务端的代码(tcpserver.c)。由于这只是个简单的程序,所以只用了单线程实现。

```
#include <stdio.h>
#include <sys/socket.h>
#include <unistd.h>
#include <sys/types.h>
#include <netinet/in.h>
#include <stdlib.h>
#include <time.h>
#define SERVER_PORT 20000                                  // 服务器监听端口号
#define LENGTH_OF_LISTEN_QUEUE 10                          // 最大同时连接请求数
#define BUFFER_SIZE 255
#define WELCOME_MESSAGE "welcome to connect the server."
int main(int argc, char * * argv)
{     int servfd, clifd;
      struct sockaddr_in servaddr, cliaddr;                // 监听 Socket 和数据传输 Socket
      if ((servfd = socket(AF_INET, SOCK_STREAM,0)) < 0)
      {     printf("create socket error! \n");
            exit(1);
      }
      bzero(&servaddr, sizeof(servaddr));
      servaddr.sin_family = AF_INET;
      servaddr.sin_port = htons(SERVER_PORT);
      servaddr.sin_addr.s_addr = htons(INADDR_ANY);
      if (bind(servfd,(struct sockaddr * )&servaddr,sizeof(servaddr))<0)
      {     printf("bind to port %d failure! \n",SERVER_PORT);
            exit(1);
      }
      if (listen(servfd,LENGTH_OF_LISTEN_QUEUE) < 0)
      {     printf("call listen failure! \n");
            exit(1);
      }
      while (1)                                           // 除非停止进程,服务器循环不会停止
```

```
{       char buf[BUFFER_SIZE];
        long timestamp;
        socklen_t length = sizeof(cliaddr);
        clifd = accept(servfd, (struct sockaddr * )&cliaddr, &length);
        if (clifd < 0)
        {       printf('error comes when call accept! \n');
         break;
         }
         strcpy(buf, WELCOME_MESSAGE);
         //inet_ntop(INET_ADDRSTRLEN, cliaddr.sin_addr, buf, BUFFER_SIZE);
         printf('from client,IP: % s,Port: % d\n', inet_ntoa(cliaddr.sin_addr), ntohs(cliaddr.
         sin_port));
         timestamp = time(NULL);
         strcat(buf, 'timestamp in server:');
         strcat(buf, ctime(&timestamp));
         send(clifd, buf, BUFFER_SIZE, 0);
         close(clifd);
    }                                                           //退出
    close(servfd);
    return 0;
}
```

客户端每次用一个随机的端口连接服务器,并接收来自服务器的欢迎信息,然后打印出来(tcpclient)。运行的时候接受一个参数,也就是服务器的 ip 地址。客户端服务程序如下:

```
#include <stdio.h>
#include <sys/socket.h>
#include <unistd.h>
#include <sys/types.h>
#include <netinet/in.h>
#include <stdlib.h>
#define SERVER_PORT 20000                                  // 定义默认连接端口 ID 号
#define CLIENT_PORT ((20001 + rand()) % 65536)             // 定义默认客户端口为随机值
#define BUFFER_SIZE 255
#define REUQEST_MESSAGE 'welcome to connect the server.\n'
void usage(char * name)
{       printf('usage: % s IpAddr\n',name);     }
int main(int argc, char * * argv)
{       int servfd,clifd,length = 0;
        struct sockaddr_in servaddr,cliaddr;
        socklen_t socklen = sizeof(servaddr);
        char buf[BUFFER_SIZE];
        if (argc < 2)
        {  usage(argv[0]);
```

```
        exit(1);
    }
    if ((clifd = socket(AF_INET,SOCK_STREAM,0)) < 0)
    {   printf("create socket error! \n");
        exit(1);
    }
    srand(time(NULL));                              // 初始化随机数发生器
    bzero(&cliaddr,sizeof(cliaddr));
    cliaddr.sin_family = AF_INET;
    cliaddr.sin_port = htons(CLIENT_PORT);
    cliaddr.sin_addr.s_addr = htons(INADDR_ANY);
    bzero(&servaddr,sizeof(servaddr));
    servaddr.sin_family = AF_INET;
    inet_aton(argv[1],&servaddr.sin_addr);
    servaddr.sin_port = htons(SERVER_PORT);
    //servaddr.sin_addr.s_addr = htons(INADDR_ANY);
    if (bind(clifd,(struct sockaddr * )&cliaddr,sizeof(cliaddr))<0)
    {   printf("bind to port %d failure! \n",CLIENT_PORT);
        exit(1);
    }
    if (connect(clifd,(struct sockaddr * )&servaddr, socklen) < 0)
    {   printf("can't connect to %s! \n",argv[1]);
        exit(1);
    }
    length = recv(clifd,buf,BUFFER_SIZE,0);
    if (length < 0)
    {   printf("error comes when recieve data from server %s! ",argv[1]);
        exit(1);
    }
    printf("from server %s :\n\t%s ",argv[1],buf);
    close(clifd);
    return 0;
}
```

3.5.4 USB 外设的 Linux 驱动软件设计

SCSI(Small Computer Systems Interface)总线是一个高速传送通道,Linux 操作系统对其提供了很多设备支持。常见的通用串行总线 USB(Universal Serial Bus)接口设备,主要是 USB 存储设备,通常的 USB 存储设备,是模拟为 SCSI 存储设备进行访问的。由于 USB 设备主要都是通过快速串行通信来读/写数据,因此一般都作为字符型设备来进行处理;同时由于 USB 设备的可热插拔性,一般的 USB 设备使用模块化(module)的设备驱动程序。

Linux 操作系统中,有一个叫做"USB core"的子系统,它的作用是提供支持 USB 设备驱动程序的 API(应用编程接口)和 USB 的主机(host)驱动程序。它提供了许多数据结构、宏定义和功能函数来对硬件或设备进行支持。在 Linux 下编写 USB 设备的驱动程序从严格意义上讲，就是使用这些 USB 核心的子系统定义的数据结构、宏和函数来编写数据的处理功能。

3.5.4.1 USB 接口设备规范简要说明

目前的 USB 总线传输主要有两种规范：USB1.1 和 USB2.0。下面就 USB 总线结构、传输方式等方面介绍这种规范。

1. USB 的拓扑结构

USB 的拓扑结构包括 4 个主要部分：主机(host)和 USB 设备，这是 USB 系统的基本组成部分；物理拓扑，它决定了 USB 元件如何连接；逻辑拓扑，它规定各个 USB 元件的作用；客户软件与功能(function)的关系，它涉及到驱动程序的编写。

(1) USB 主机和 USB 设备

USB 主机的逻辑组成包括以下部分：USB 主机控制器、USB 系统软件(USB 驱动)、主机控制器驱动程序、主机应用软件和客户。其中，主机控制器负责监视 USB 的拓扑结构，控制 USB 设备对 USB 总线的使用，外设只有在主机授权后才能够使用 USB 总线。这一部分的驱动程序一般都由操作系统的核心提供。

USB 物理设备的逻辑组成包括以下部分：USB 总线接口、USB 逻辑设备、功能。USB 物理设备为主机提供了额外的特殊功能，但是所有的 USB 逻辑设备提供的对主机的基本接口都相同，这使主机可以以同一种方式管理不同的 USB 设备。为了使主机能够识别和配置 USB 设备，USB 设备必须携带并向主机报告自已特有的配置信息，这些配置信息一般都做在 USB 设备的硬件 Flash 中，而 USB 设备的驱动程序就需要特地编写。

(2) 物理总线拓扑结构

外设经由分层的星形拓扑结构连接到主机上。HUB 提供了 USB 连接点，称为端口。主机中内嵌了一个根集线器(root hub)，主机通过它提供一个或多个连接点，一条链路中最多可有 5 个集线器和 127 个外设。

(3) 逻辑总线拓扑结构

主机与每个 USB 逻辑设备通信都采用点到点形式。

2. USB 的通信流

(1) 设备端点(endpoints)

一个端点是 USB 设备中一个可唯一标识的端口。它是主机与设备通信流的端点。每个 USB 设备包含一组相互独立的端点和一个连接时系统分配的独一无二的地址。在设计时指定了设备中每个端口点的端点号和数据流方向。地址、端点号和数据流方向唯一确定了设备的一个端点。一个端点只支持一个方向的数据流，输入(由外设到主机) 或输出(由主机到外设) 。0 号端点是所有 USB 设备的默认端点，用以支持控制传输。在外设连接到 USB 被供电并接收到总线复位信号后，USB 系统软件就可通过 0 号端点初始化并操纵 USB 设备。非 0 号端点用来实现设备的其他功能。除 0 号端点外，低速设备只能有两个端点；高速设备可有 15 个输出端点和 15 个输入端点。设备经过配置后，默认端点外的其他端点才可用。

(2) 管道(pipe)

一个设备端点和主机之间的连接称为管道。管道体现了主机软件和设备端点间传递数据的能力。有两种管道通信模式：

① 流　管道传递的数据没有一定的格式。流管道是非双向的，数据从管道的一端输入，再以同样顺序由另一端输出。流管道支持大批量传输、同步传输和中断传输。

② 消息　管道传递的数据具有 USB 定义的格式。首先，主机向外设发送请求；然后，在一定的方向传输数据；最后，发送状态。消息管道允许双向的通信流，要求两个方向的端点有相同的端点号。消息管道支持控制传输。包含两个 0 号端点（IN 和 OUT）的管道称为默认控制管道。USB 系统软件通过默认管道确定设备的标识和配置要求，并配置设备。设备被供电并接收到复位信号后，默认控制管道将一直存在，其他管道在设备配置后存在。

3. USB 的传输类型

USB 定义了 4 种传输类型：

① 同步传输　是主机和外设间周期的、连续的通信。典型用于与时间相关的信息，只能在高速设备中使用。

② 中断传输　是少量数据、低频、等待时间有限的通信，可用于高速和低速设备。

③ 控制传输　是突发的、非周期的、主机软件发起的请求/响应通信。典型用于命令/状态操作。当发生错误时，控制传输可在当前或之后的一帧中进行重发。USB 系统软件可改变某一特定端点的控制传输速度。

④ 大批量传输　是非周期的、大量数据的突发通信。典型用于可利用一切可得到的带宽进行传输，也可延迟传输直至带宽可得到的数据，只用于高速设备。

4. USB 的传输管理

完成主机和设备间的数据传输需要使用一定的 USB 带宽，支持多种同步和异步设备就需要满足每个设备的传输要求，为设备分配带宽的过程称为传输管理。主机中的客户软件、USB 驱动器和主机控制驱动器共同协调 USB 上的信息流，完成传输管理。

3.5.4.2　USB 接口的 Linux 常规设置

1. USB 支持及其相关设置

要启用 Linux USB 支持，首先进入“USB support”屏并选择“Support for USB”选项（对应模块为 usbcore.o）；然后选择用于系统的正确 USB 主控制器驱动程序：选择 EHCI（对应模块为 ehci－hcd.o）、UHCI（对应模块为 usb-uhci.o）或 OHCI（对应模块为 usb-ohci.o），EHCI 用于支持 USB2.0 协议芯片，OHCI 用于支持为非 PC 系统及其带有 SiS 和 ALi 芯片组的 PC 主板上的 USB 芯片，UHCI 用于支持大多数其他 PC 主板（包括 Intel 和 Via）上的 USB 芯片，通常根据主板类型加载 UHCI 或 OHCI 后，再加载 EHCI；接着启用“Preliminary USB device filesystem”，确保启用所有特定的将与 Linux 一起使用的实际 USB 外围设备的驱动程序。

2. USB 模块的加载及其相关设置

若指定的 USB 设备驱动并不包含在内核中，只要根据它所需要使用的模块，逐一加载，就可以得到启用。首先要确保在内核编译时以模块方式选择了相应支持（在/lib/modules/2.x.xx 目录看到相应.o 文件），只需要运行 modprobe xxx.o 就可以加载该模块了。

驱动 USB 设备关键的模块有：usbcore.o、usb-uhci.o、usb-ohci.o、ehci-hcd.o、hid.o（像鼠标、键盘之类的 USB 人机界面设备）和 usb-storage.o（U 盘等 USB 存储设备）等。还有一些相关联的模块：ide-disk.o（IDE 硬盘）、ide-scsi.o（把 IDE 设备模拟 SCSI 接口）和scsi_mod.o（SCSI 支持）mbd 等。

要注意，最好选择 kernel config 中“Probe all LUNs on each SCSI device”选项，否则某些同时支持多个口的读卡器只能显示一个。

3. USB 设备文件系统及其应用

Linux 操作系统中的有一个专管 USB 设备的文件系统叫做“usbdevfs”，可以通过命令“mountt usbdevfs none/proc/bus/usb”将该文件系统挂在/proc/bus/usb 目录下。成功挂装该文件系统后，可以看到操作系统多了两个文件“devices”和“drivers”，它们分别记录当前系统使用的 USB 设备及其驱动程序。也可以从网上下载并安装一个叫做“us2bview”的 Linux 下的应用软件，这样就可以在 X 窗口图形界面下看到当前使用的 USB 设备和驱动程序。

为了在系统引导时自动挂装 USB 设备文件系统，可以将“none/proc/bus/usb usbdevfs defaults 0 0”添加到/etc/fstab 中的/proc 挂装行之后。

3.5.4.3 USB 设备的 Linux 驱动设计

这里以一个简单的采用控制传输来进行数据交换的 USB 设备，来说明 USB 设备驱动程序的写法和应用。程序名为“usbkey”，采用控制传输的数据存储器，只存储 1 字节数据。

1. 驱动程序的注册与注销

向“USB core”子系统注册和注销 USB 设备驱动程序，使用 USB_register()和 USB_deregister()函数。其中，注册驱动程序必须在初始化时进行。这两个函数的原型如下：

```
int USB_register (struct USB_driver * drv);
void USB_deregister (struct USB_driver * drv);
```

其中用到了描述特定 USB 设备驱动程序的结构 USB_driver。

在驱动程序里，加入对设备文件系统 devfs 的支持，相应的注册与注销过程如下：

```
usbkey -> devfs = devfs_register(usb_devfs_handle, name, DEVFS_FL_DEFAULT, USB_MAJOR,
                        USB_SKEL_MINOR_BASE + skel -> minor, S_IFCHR | S_IRUSR | S_IWUSR |
                        S_IRGRP | S_IWGRP | S_IROTH, &skel_fops, NULL);
```

如果 devfs_register()函数失败，devfs 系统会将此情况报告给用户。

最后，如果设备从 USB 总线拔掉，设备指针会调用 disconnect 函数。驱动程序就需要清除那些被分配了的所有私有数据、关闭 URB (USB_Request_Block)，并且从 devfs 上注销自己。函数原型如下：

```
devfs_unregister(usbkey -> devfs);                    /* 删除 devfs 节点 */
```

2. 驱动程序的描述结构 USB_driver

驱动程序描述结构 USB_driver，是设计 USB 设备驱动程序时的一个关键性结构，其定义如下：

```
struct USB_driver
{   const char * name;                                          // 驱动程序模块的名字
    void * ( * probe) (struct USB_device * , unsigned int);     // USB 设备查找函数,用以支
                                                                // 持热插拔
    void ( * disconnect) (struct USB_device * , void * );       // USB 设备断开函数,用以资
                                                                // 源释放等
```

```
    struct list_head driver_list;                    // 内部调用时使用,初始化时
                                                     // 填入{NULL, NULL}
    struct file_operations * fops ;                  // 驱动程序提供的文件操作
                                                     // 接口
    int minor;                                       // 次设备号,数值必须是 16
                                                     // 的倍数
};
```

本例中的 USB_driver 结构定义如下:

```
static struct USB_driver USB_key_driver =
    {"usbkey", usbkey_probe, usbkey_disconnect, {NULL, NULL}, &USB_key_fops,224};
```

3. 设备探测函数 probe()及其编写

probe()函数的原型为:

```
void * probe(struct USB_device * dev , unsigned int interface);
```

驱动程序注册后,每插入一个新 USB 设备后就自动进入 probe()函数,驱动程序会为此新设备在内部的数据结构建立一个新的实例。在这个函数中,参数 dev 指定了包含设备说明的内容;interface 指明了该设备所含接口的数目。通常情况下,probe 函数执行一些功能来检测新加入设备硬件中的生产厂商和产品标识,以及设备所属的类或子类定义是否与驱动程序相符,若相符再比较接口的数目与本驱动程序支持设备的接口数目是否相符。一般在 probe 函数中也会解析 USB 设备的说明,从而确认新加入的 USB 设备会使用这个驱动程序。简单的 probe 函数的写法如下:

```
static void * usbkey_probe ( struct USB_device * dev , unsigned int ifnum)
{   struct USB_interface_descriptor * interface;            // 接口描述结构
    struct USB_endpoint_descriptor * endpoint;              // 端点描述结构
    struct USB_device_descriptor * dev_des;                 // 设备定义结构
    struct USB_key * USB_key_drv;
    unsigned int number = 0;
    dev_des = &dev -> descriptor;
    interface = dev -> config[0].interface[ifnum].altsetting + 0;
    endpoint = interface -> endpoint + 0 ;
    // 检查硬件设备的定义是否与此设备驱动程序相符
    if ((dev_des -> idVendor ! = 0x56AA)||(dev_des -> idProd2uct ! = 0x0005))
    {   printk(KERN_DEBUG"usbkey: this driver dont support devicevendor id 0x %04x, product \
            id 0x %04x contains \ n", dev_> descriptor.idVendor, dev_> descriptor.idProduct) ;
        return NULL;
    }
    return global_USB_key = USB_key_drv;         // global_USB_key 为定义的 USB_key 全局变量
}
```

接口、端点和设备定义,这 3 个结构在 USB core 子系统的源文件 usb.h 中定义。USB 设备插入系统后,USB core 子系统会自动检测 USB 设备硬件上对这 3 个结构的定义,并自动将

其传送给函数 probe()。

4. 设备摘除 disconnect()函数及其编写

disconnect()函数的原型为：

```
void disconnect (struct USB_device * dev, void * drv_context);
```

参数 dev 指定了设备的内容，drv_context 返回由 probe 函数注册的结构 driver_context 的指针。执行 disconnect()函数后，所有为 USB 设备分配的数据结构、内存空间都会被释放。简单的 disconnect 函数的写法如下：

```
static void usbkey_disconnect (struct USB_device * dev , void * ptr)
{    struct USB_key * drv = ptr;
     if (! drv || ! drv -> USB_dev)
     {     printk("disconnect on nonexisting device ! \n") ;
         return;
     }
     drv -> USB_dev = NULL;
     global_USB_key = NULL;
     MOD_DEC_USE_COUNT;
     kfree(drv);
}
```

5. 设备文件操作接口 file_operations

要让应用程序使用 USB 设备驱动程序，可以使用命令“mknod /dev/usbkey c 180 224”(必须是超级用户)，建立与该设备对应的特殊字符型的 USB 设备文件 usbkey，其主设备号为 180，次设备号为 224。对该设备文件进行操作(如 open，close，read 和 write 等)就相当于直接对硬件设备进行操作。设备文件的操作接口 file_operations 定义如下：

```
static struct file_operations USB_key_fops =
{    read :       USB_key_read,
     write :      USB_key_write,
     open :       USB_key_open,
     release :    USB_key_release,
};
```

6. 驱动程序的打开/关闭操作

```
static int USB_key_open (struct inode * inode , struct file * file)
{    struct USB_key * USB_key_dr;
     USB_key_dr = global_USB_key;                          // 检测 global_USB_key 全局变量
     if ( ! USB_key_dr || ! USB_key_dr -> USB_dev) return_ENODEV;
     MOD_INC_USE_COUNT;                                    // 增加使用该驱动程序的计数
     file -> private_data = USB_key_dr;                    // 初始化文件
     USB_key_dr -> readcount = 0;                          // 初始化 USB_key 结构
     return 0;
```

```
}
static int USB_key_release (struct inode * inode , struct file * file)
{    struct USB_key * USB_key_dr = file-> private_data; // 取得 USB_key 结构指针
     MOD_DEC_USE_COUNT;                                 // 减少一个使用该驱动程序的计数
     kfree(USB_key_dr);                                 // 释放 USB_key 结构所用的内存空间
     return 0;
}
```

7. 从 USB 设备读取数据 USB_key_read()

```
static ssize_t USB_key_read (struct file * file , char * buffer , size_t len , loff_t * ppos)
{    struct USB_key * USB_key = file-> private_data;
     int i, j;
     char * ibuf;
     int result;
     if (! USB_key-> USB_dev) return - ENODEV;
     if (! (ibuf = kmalloc (len, GFP_KERNEL)))          // 分配内存
     {  printk("usbkey read :cannot malloc memory \n");
        return - EFAULT;
     }
     memset (ibuf, 0, len);                             // 内存初始化
     if (signal_pending (current) ) return - EINTR;
     result = USB_control_msg(USB_key-> USB_dev, USB_rcvctrlpipe(USB_key-> USB_dev, 0),
              0x02, 0xc0, 0x0, 0x0, ibuf, len, HZ);     // 接收上行控制数据传输管道的数据
     if ((! result) || result == len)                   // 收到数据,复制到用户数据区
         if (copy_to_user (buffer, ibuf, len))
         {   printk("usbkey read :copy_to_user error \n");
             return - EFAULT;
         }
     else    if (result = = USB_ST- TIMEOUT)            // 没有数据到来
         interruptible_sleep_on_timeout (&USB_key_>wait , (HZ)) ;
     return len ;
}
```

其中,USB_control_msg 函数是用于控制传输数据的高层函数,其原型定义如下:

```
int USB_control _msg(struct USB_device * dev, unsigned int pipe, _u8 request,
              _u8 requesttype, _u16 value,_u16 index , void * data, _u16 size, int timeout);
```

另一个参数是系统建立的数据传输管道(pipe),例程中使用函数 USB_rcvctrlpipe()来建立一个接受数据的管道,其功能是为指定的设备端点(endpoint)建立一个上行(upstream)的控制数据传输管道。

8. 往 USB 设备写数据 USB_key_write()

```
static ssize_t USB_key_write (struct file * file, const char * buffer, size_t len, loff_t *
ppos)
```

```
{   struct USB_key * USB_key = file_> private_data;
    ……
    if (copy_from- user (obuf, buffer, len))
    {   printk("usbkey write :copy_from- user \n");
        return - EFAULT;
    }
    ……
    result = USB_control_msg(USB_key -> USB_dev, USB_sndctrlpipe(USB_key -> USB_dev, 0),
              1, 0x40, value1, index1, NULL, 4, HZ);  // 传送下行控制数据传输管道的低四位
    result = USB_control_msg(USB_key -> USB_dev, USB_sndctrlpipe(USB_key -> USB_dev, 0),
              2, 0x40, value2, index2, NULL, 4,HZ);  // 传送下行控制数据传输管道的高四位
    printk("return write result is :0d %d 0x %x \ n",result ,result) ;
}
```

9. 其他用于 USB 设备数据交换的函数

包括 USB_sndbulkpipe/usb_rcvbulkpipe(用于建立大批量传输管道)、usb_sndintpipe/usb_rcvintpipe(用于建立中断传输管道)和 usb_sndisopipe(dev, endpoint)/usb_rcvisopipe(用于建立同步传输管道)。Linux USB core 子系统也可以通过结构 URB (USB_Request_Block)来进行数据传输。这个结构包含了 USB 传输类型的所有参数。对于该结构的处理可以由 4 个函数来进行:

① purb_t USB_alloc_urb(int iso_packets);

当需要使用 URB 结构时必须先调用该函数。参数 iso_packets 用于在 URB 结构的最后,当使用同步传输时指定 iso_frame_desc(用于描述同步传输的帧结构)结构的个数。

② void usb_free_urb(purb_t purb);

清空 USB_alloc_urb 占用的内存,参数 purb 用于指向 URB 设备的指针。

③ int usb_submit_urb(purb_t purb);

用于向 USB 核心子系统传送一个异步请求。

④ int usb_unlink- urb(purb_t purb);

用于向 USB 核心子系统取消一个请求。

3.5.4.4 USB 设备驱动程序应用举例

USB 驱动程序的使用,是通过在应用程序中对已注册在系统/dev 目录下的特殊设备文件(由命令 mknod 建立) 进行 I/O 操作的。下面给出了一个典型的应用例程代码:

```
……
int fRead = 0 ;
int fWrite = 0 ;
void parse (int argc , char * * argv);
int main(int argc , char * * argv)
{   int file;
```

```
    int res = 0, err = 0;
    int i, count;
    unsigned char * buf;
    parse (argc , argv);                              // 对输入参数进行处理
    buf = malloc(8);                                  // 分配一个字节的空间
    memset (buf, 0, 8);                               // 初始化内存空间
    if (fRead || fWrite)
    {   if ((file = open("/dev/usbkey", O_RDWR))< 0)  // 打开 USB 设备
        {   fprintf (stderr ,"Error : Could not open file/dev/usbkey: % s \n", strerror(errno)) ;
            exit (1) ;
        }
        if (fRead)
        {   lseek(file , 0 , SEEK_SET ) ;             // SEEK_SET = 0
            count = read(file, buf,8);                // 从设备读取一个字节的数据
            printf ("read back % d charactors : % s \n",count, buf);
        }
        if (fWrite)
        {   int len;
            printf("Input a string no longer than 8 chars : \n");
            scanf(" % s", buf);
            len = strlen(buf);
            if(len > 8) len = 8;
            lseek(file, 0, SEEK_SET);                 // SEEK_SET = 0
            write (file, buf, len);                   // 往设备写一个字节的数据
        }
    }
    close(file);                                      // 关闭 USB 设备
    return 0;
}
void parse (int argc , char * * argv)                 // 参数解释函数
{   int i;
    if (argc<2)
    {   printf("Usage for Read/ Write test : \n");
        printf("- r read 16 bytes from USBKEY\n");
        printf("- w write 16 bytes from USBKEY\n");
    }
    for (i = 0; i<argc; i ++)
    {    if (argv[ i] [0] == '- '|| argv[ i] [0] == '/')
        {    switch(argv[ i] [1])
            {   case 'r':
                case 'R': fRead = 1; i ++ ; break;
                case 'w':
                case 'W': fWrite = 1; i ++ ; break ;
```

```
            case 'x':
            case 'X': break;
            default :    printf ("Usage for Read/ Write test : \n");
                printf ("- r read 16 bytes from USBKEY\n");
                printf ("- w write 16 bytes from USBKEY\n");
                break;
            }
        }
    }
}
```

3.5.5 ISA/PC104 板卡的 Linux 驱动设计

ISA/PC104 板卡是基于工业标准体系结构 ISA(Industry Standard Architecture)总线的工业板卡,这种形式的 I/O 单元、数据采集单元及执行单元等在工业数据采集与控制中应用非常广泛。

对 ISA/PC104 板卡的驱动,就是搭建起读/写访问挂在 ISA 总线上的存储器或 I/O 端口设备的桥梁。ISA/PC104 板卡驱动程序的设计,通常是利用 I/O 资源的管理知识,申请 I/O 资源,使用系统提供的 I/O 端口或 I/O 内存的访问函数,按照字符型设备驱动程序的设计规律进行的。

下面以通过 DMA 方式进行数据传输的 ISA 总线板卡的驱动程序设计为例,详细说明 ISA/PC104 板卡的 Linux 驱动设计。DMA 数据传输,是工业采集与控制板卡设计中进行大批量数据传输经常采用的方式。DMA 数据传输及其 Linux 操作在 3.1.2.3 中已有综合阐述。

3.5.5.1 ISA 总线的 DMA 管理与操作

1. ISA 的 DMA 构造及其应用

ISA 总线通常采用标准 DMA 机制,以两片 8237 级联作为 DMAC,形成 8 个 DMA 通道 0～7。其中通道 4 用于 DMAC 级联,通道 0 用于存储器刷新,通道 2 用于软盘控制,留下来能够自由使用的只有 5 个通道。8 个通道中,前 4 个是 8 位总线宽度的,后 4 个是 16 位总线宽度的。

DMAC 的寄存器有两种类型:通道寄存器和监控寄存器。

DMAC 的通道寄存器,每个 DMA 通道提供给用户 3 个寄存器:页寄存器、地址寄存器和计数寄存器。页寄存器和地址寄存器用于存放 DMA 传输的指定地址,计数寄存器用于存放传输数据的长度。ISA 总线可寻址的范围是 16 MB,0～3＃DMA 通道按字节操作,高 8 位为页地址,低 16 位为页内地址,共 256 页,每页 64 KB,DMA 通道初始化操作时,页地址要写入寄存器,写入页内地址要写入地址寄存器;4～7＃DMA 通道,高 7 位为页地址,低 17 位为页内地址,共 128 页,每页 64 K 字,DMA 通道初始化时,页地址要写入页寄存器的高位,16～1 位地址要写入地址寄存器,页寄存器的最低位总为零。初始化时写入计数寄存器的值应用所需的数据长度减 1,指定的数据长度不能超过相应数据页的大小。地址寄存器和计数寄存器是 16 位宽度的,对其读/写访问时需要两次连续的 I/O 端口操作,首先是低 8 位,然后是高

8位。

DMAC 提供的监控寄存器主要有:命令寄存器、模式寄存器、请求寄存器、单通道屏蔽寄存器、状态寄存器和全通道屏蔽寄存器。使用单通道屏蔽寄存器每次只能屏蔽一个 DMA 通道,使用全通道屏蔽寄存器每次可屏蔽所有的 4 个 DMA 通道。

DMAC 的各寄存器在 I/O 端口空间中编址。

2. 启动一个 DMA 传输事务的步骤

要启动一个 DMA 传输事务必须对 DMAC 进行编程,其典型步骤如下:

➤ 通过 CLI 指令关闭中断;
➤ 禁止将被用于此次 DMA 传输事务的 DMA 通道;
➤ 向 Flip－Flop 寄存器中写入 0 值,以重置它;
➤ 设置模式寄存器;
➤ 设置页寄存器;
➤ 设置地址寄存器;
➤ 设置计数寄存器;
➤ 启动将被用于此次 DMA 传输事务的 DMA 通道;
➤ 用 STI 指令开中断。

3.5.5.2 Linux 读/写访问 DMAC 的实现

读/写访问 DMAC 是与平台相关的。以下操作针对于 X86 类型平台中的两个 8237 DMAC。

1. 端口地址和寄存器值的宏定义

首先定义系统当前的 DMA 通道个数,DMAC 在 I/O 端口空间的端口基地址:

```
#define MAX_DMA_CHANNELS 8
#define IO_DMA1_BASE      0x00       /* 8 位从 DMA,通道号为 0～3 */
#define IO_DMA2_BASE      0xC0       /* 16 位主 DMA,通道号为 4～7 */
```

接下来定义两个 DMAC 各个监控寄存器的端口地址,然后定义 8 个 DMA 通道的通道寄存器的端口地址。

限于篇幅,这里不再详细列举各个定义,重点说明一下模式寄存器的几个常用值的定义:

```
#define DMA_MODE_READ     0x44       /* I/O 到存储器,非自动化,递减,单模式 */
#define DMA_MODE_WRITE    0x48       /* memory to I/O,非自动化,递减,单模式 */
#define DMA_MODE_CASCADE 0xC0        /* DREQ -> HRQ, DACK <- HLDA */
#define DMA_AUTOINIT      0x10
```

2. DMAC 访问的高层接口函数编写

(1) 使能/禁止一个特定的 DMA 通道

主要是设置单通道屏蔽寄存器,其 bit[2]为 0 表示使能一个 DMA 通道,为 1 表示禁止;其 bit[1:0]则用于表示使能或禁止哪一个 DMA 通道。编写的 DMA 通道使能/禁止函数如下:

```
static __inline__ void enable_dma(unsigned int dmanr)          // 特定 DMA 通道的使能
{   if (dmanr <= 3) dma_outb(dmanr,DMA1_MASK_REG);             // 通道号取值范围是 0~7
    else dma_outb(dmanr & 3,DMA2_MASK_REG);
}
static __inline__ void disable_dma(unsigned int dmanr)         // 特定 DMA 通道的禁止
{   if (dmanr <= 3) dma_outb(dmanr | 4,DMA1_MASK_REG);
    else dma_outb((dmanr & 3) | 4,DMA2_MASK_REG);
}   // 宏 dma_outb 和 dma_inb 实际上就是 outb(或 outb_p)和 inb 函数
```

(2) 清除 Flip - Flop 寄存器

```
static __inline__ void clear_dma_ff(unsigned int dmanr)
{   if (dmanr <= 3) dma_outb(0,DMA1_CLEAR_FF_REG);
    else dma_outb(0, DMA2_CLEAR_FF_REG);
}
```

(3) 设置某个特定 DMA 通道的工作模式

```
static __inline__ void set_dma_mode(unsigned int dmanr, char mode)
{   if (dmanr <= 3) dma_outb(mode | dmanr,DMA1_MODE_REG);
    else dma_outb(mode | (dmanr&3),DMA2_MODE_REG);
}   // DMAC 的模式寄存器中的 bit[1:0]指定对哪一个 DMA 通道进行模式设置
```

(4) 为 DMA 通道设置 DMA 缓冲区的起始地址和大小

下面我们来看看 Linux 是如何实现为各 DMA 通道设置其页寄存器的。注意，DMA 通道 5~7 的页寄存器中的 bit[0]总是为 0。如下所示：

```
static __inline__ void set_dma_page(unsigned int dmanr, char pagenr)     // 页寄存器设置
{   switch(dmanr)
    {       case 0: dma_outb(pagenr, DMA_PAGE_0); break;
            case 1: dma_outb(pagenr, DMA_PAGE_1); break;
            case 2: dma_outb(pagenr, DMA_PAGE_2); break;
            case 3: dma_outb(pagenr, DMA_PAGE_3); break;
            case 5: dma_outb(pagenr & 0xfe, DMA_PAGE_5); break;
            case 6: dma_outb(pagenr & 0xfe, DMA_PAGE_6); break;
            case 7: dma_outb(pagenr & 0xfe, DMA_PAGE_7); break;
    }
}
static __inline__ void set_dma_addr(unsigned int dmanr, unsigned int a) // DMA 缓冲区的基
                                                                        // 地址设置
{   set_dma_page(dmanr, a >> 16);
    if (dmanr <= 3)
    {   dma_outb( a & 0xff, ((dmanr&3) << 1) + IO_DMA1_BASE );
        dma_outb( (a >> 8) & 0xff, ((dmanr&3) << 1) + IO_DMA1_BASE );
    }
```

```
    else
    {    dma_outb( (a >> 1) & 0xff, ((dmanr&3) << 2) + IO_DMA2_BASE );
         dma_outb( (a >> 9) & 0xff, ((dmanr&3) << 2) + IO_DMA2_BASE );
    }
}
static __inline__ void set_dma_count(unsigned int dmanr, unsigned int count) // DMA 缓冲区大小
                                                                             // 设置
{   count - - ;
    if (dmanr <= 3)
    {    dma_outb( count & 0xff, ((dmanr&3) << 1) + 1 + IO_DMA1_BASE );
         dma_outb( (count >> 8) & 0xff, ((dmanr&3) << 1) + 1 + IO_DMA1_BASE );
    }
    else
    {    dma_outb( (count >> 1) & 0xff, ((dmanr&3) << 2) + 2 + IO_DMA2_BASE );
         dma_outb( (count >> 9) & 0xff, ((dmanr&3) << 2) + 2 + IO_DMA2_BASE );
    }
}
static __inline__ int get_dma_residue(unsigned int dmanr)           // 获取当前未传输
                                                                    // 剩余数据块的大
                                                                    // 小(字)
{   unsigned int io_port;
    io_port = (dmanr <= 3)? ((dmanr&3) << 1) + 1 + IO_DMA1_BASE : ((dmanr&3) << 2) + 2
          + IO_DMA2_BASE;     /* 用短整型取得 16 位"数据包" */
    unsigned short count;
    count = 1 + dma_inb(io_port);
    count + = dma_inb(io_port) << 8;
    return (dmanr <= 3)? count : (count << 1);
}
```

3. DMAC 保护操作的函数编写

DMAC 是一种全局共享资源，为了保证设备驱动程序对它的独占访问，可以使用 Linux 在 kernel/dma.c 文件中定义的自旋锁 dma_spin_lock。任何想要访问 DMAC 的设备驱动程序都首先必须先持有自旋锁 dma_spin_lock。增加与去除 DMAC 保护操作的函数编写如下：

```
static __inline__ unsigned long claim_dma_lock(void)
{   unsigned long flags;
    spin_lock_irqsave(&dma_spin_lock, flags);           /* 关中断,加锁 */
    return flags;
}
static __inline__ void release_dma_lock(unsigned long flags)
{   spin_unlock_irqrestore(&dma_spin_lock, flags);     /* 开中断,开锁 */
}
```

3.5.5.3 Linux 对 DMA 通道资源的管理

DMA 通道是一种共享独占型的系统全局资源。任何 ISA 外设想要进行 DMA 传输，首先都必须取得某个 DMA 通道资源的使用权，并在传输结束后释放所使用 DMA 通道资源。

Linux 在 kernel/Dma.c 文件中实现了对 DMA 通道资源的管理。

1. DMA 通道资源的描述

结构 dma_chan 用来描述 DMA 通道资源。其定义如下：

```
struct dma_chan
{   int lock;                               // 为 0 则表示 DMA 通道被占用;否则就处于空闲状态
    const char * device_id;                 // 指向使用该 DMA 通道的设备名字字符串
};
```

基于该结构类型 dma_chan，Linux 定义了全局数组 dma_chan_busy[]，以分别描述 8 个 DMA 通道资源各自的使用状态。初始赋值举例如下：

```
static struct dma_chan dma_chan_busy[MAX_DMA_CHANNELS] =      // 除通道 4 外其余皆空闲
    {{0, 0}, {0, 0}, {0, 0}, {0, 0}, {1, "cascade"}, {0, 0}, {0, 0}, {0, 0}};
```

2. DMA 通道资源的申请与释放

任何 ISA 卡在使用某个 DMA 通道进行 DMA 传输之前，其设备驱动程序都必须向内核提出 DMA 通道资源的申请。只有申请获得成功后才能使用相应的 DMA 通道；DMA 传输事务完成后，设备驱动程序一定要释放所占用的 DMA 通道资源，否则别的外设将一直无法使用该 DMA 通道。

编写 DMA 通道资源申请与释放的函数如下：

```
int request_dma(unsigned int dmanr, const char * device_id)  // DMA 通道资源申请
{   if (dmanr >= MAX_DMA_CHANNELS) return - EINVAL;
    if (xchg(&dma_chan_busy[dmanr].lock, 1) != 0) return - EBUSY;
    dma_chan_busy[dmanr].device_id = device_id;             /* 旧标识为 0,现为 1 表示忙 */
    return 0;
}  // 原子操作 xchg()用于完成变量数值的交换
void free_dma(unsigned int dmanr)                           // DMA 通道资源释放
{   if (dmanr >= MAX_DMA_CHANNELS)
    {   printk("Trying to free DMA %d", dmanr);
        return;
    }
    if (xchg(&dma_chan_busy[dmanr].lock, 0) == 0)
    {   printk("Trying to free free DMA %d", dmanr);
        return;
    }
}
```

3. /proc/dma 文件实现的函数编写

文件/proc/dma 能够列出当前 8 个 DMA 通道的使用状况。为了实现这一功能，需要编

写函数,实现遍历数组 dma_chan_busy[],并将那些 lock 成员为非零值的数组元素输出到列表中:

```
int get_dma_list(char * buf)
{   int i, len = 0;
    for (i = 0 ; i < MAX_DMA_CHANNELS ; i++)
        if (dma_chan_busy[i].lock)
            len += sprintf(buf + len, "%2d: %s", i, dma_chan_busy[i].device_id);
    return len;
}
```

3.5.5.4 使用 DMA 的 ISA 设备驱动设计

1. DMA 通道资源的申请与释放

设备驱动程序必须在一开始就调用 request_dma()函数来向内核申请 DMA 通道资源的使用权。而且,最好在设备驱动程序的 open()方法中完成这个操作,而不是在模块的初始化例程中调用这个函数。因为这在一定程度上可以让多个设备共享 DMA 通道资源(只要多个设备不同时使用一个 DMA 通道),这种共享在某种程度上类似于进程对 CPU 的分时共享。

设备使用完 DMA 通道后,其驱动程序应该调用 free_dma()函数来释放所占用的 DMA 通道资源,通常最好在驱动程序的 release()方法中调用该函数,而不是在模块的卸载例程中进行调用。

还需要注意的是:资源的申请顺序。为了避免死锁(deadlock),驱动程序一定要在申请了中断号资源后才申请 DMA 通道资源;释放时则要先释放 DMA 通道,然后再释放中断号资源。

使用 DMA 的 ISA 设备驱动程序的 open()与 release()方法的编写如下:

```
int xxx_open(struct inode * inode, struct file * filp)
{   ......
    if((err = request_irq(irq, xxx_ISR, SA_INTERRUPT, "YourDeviceName", NULL)) return err;
    if((err = request_dma(dmanr,"YourDeviceName"))
    {   free_irq(irq, NULL);
        return err;
    }
    ......
    return 0;
void xxx_release(struct inode * inode, struct file * filp)
{   ......
    free_dma(dmanr);
    free_irq(irq,NULL);
    ......
}
```

2. DMA 缓冲区申请与释放

由于 8237 DMAC 只能寻址系统 RAM 中低 16 MB 物理内存,因此,ISA 设备驱动程序在申请 DMA 缓冲区时,一定要以 GFP_DMA 标志来调用 kmalloc()函数或 get_free_pages()函数,以便在系统内存的 DMA 区中分配物理内存。

不用 DMA 缓冲区后,可以使用系统提供的 kfree()函数或 free_pages()函数,进行释放。

3. DMAC 与 DMA 事务传输编程

设备驱动程序可以在其 read()方法、write()方法或 ISR 中对 DMAC 进行编程,以便准备启动一个 DMA 传输事务。一个 DMA 传输事务有两种典型的过程:①用户请求设备进行 DMA 传输;②硬件异步地将外部数据写到系统中。这两种过程的实现步骤在 3.1.2.3 中已作详细说明。

为准备一个 DMA 传输事务,对 DMAC 进行编程的典型代码段如下:

```
unsigned long flags;
flags = claim_dma_lock();
disable_dma(dmanr);
clear_dma_ff(dmanr);
set_dma_mode(dmanr,mode);
set_dma_addr(dmanr, virt_to_bus(buf));
set_dma_count(dmanr, count);
enable_dma(dmanr);
release_dma_lock(flags);
```

检查一个 DMA 传输事务是否成功地结束的代码段如下:

```
int residue;
unsigned long flags = claim_dma_lock();
residue = get_dma_residue(dmanr);
release_dma_lock(flags);
ASSERT(residue == 0);
```

3.5.6 PCI/CPCI 板卡的 Linux 驱动设计

PCI(Peripheral Component Interconnection)/CPCI(Compact PCI)板卡是当今工业数据采集和控制中应用非常广泛的一种计算机板卡,其驱动程序软件设计的好坏直接影响着整个板卡的性能。

一般来说,PCI/CPCI 板卡通常属于字符型设备。Linux 的内核能较好地支持 PCI/CPCI 总线。下面以 Intel 386 体系结构为主,介绍 Linux 下 PCI/CPCI 设备驱动程序软件的设计。

3.5.6.1 关键性的设备与驱动数据结构

1. 关于驱动程序的 pci_driver

这个数据结构定义在文件 include/linux/pci.h 里,是 Linux 2.4 及其以后版本为新型的 PCI 设备驱动程序所添加的,其主要成员有用于设备识别的 id_table 结构、检测设备的函数 probe()和卸载设备的函数 remove()。pci_driver 结构的定义如下:

```
struct pci_driver
{ struct list_head node;
```

```
    char * name;
    const struct pci_device_id * id_table;
    int ( * probe) (struct pci_dev * dev, const struct pci_device_id * id);
    void ( * remove) (struct pci_dev * dev);
    int ( * save_state) (struct pci_dev * dev, u32 state);
    int ( * suspend)(struct pci_dev * dev, u32 state);
    int ( * resume) (struct pci_dev * dev);
    int ( * enable_wake) (struct pci_dev * dev, u32 state, int enable);
};
```

2. 关于设备的 pci_dev

这个数据结构也定义在文件 include/linux/pci.h 里，它详细描述了一个 PCI 设备几乎所有的硬件信息，包括厂商 ID、设备 ID 和各种资源等。pci_dev 结构的主体定义如下：

```
struct pci_dev
{   ......
    unsigned short vendor;
    unsigned short device;
    ......
    struct pci_driver * driver;
    void * driver_data;
    u64 dma_mask;
    u32 current_state;
    ......
    unsigned int irq;
    struct resource resource[DEVICE_COUNT_RESOURCE];
    struct resource dma_resource[DEVICE_COUNT_DMA];
    struct resource irq_resource[DEVICE_COUNT_IRQ];
    char name[80];
    ......
    int ( * prepare)(struct pci_dev * dev);
    int ( * activate)(struct pci_dev * dev);
    int ( * deactivate)(struct pci_dev * dev);
};
```

3.5.6.2 PCI 设备的地址空间及其访问

PCI 设备有 3 种地址空间：I/O 空间、存储空间和配置空间。CPU 可以访问 PCI 设备上的所有地址空间。

PCI 配置空间由 Linux 内核中的 PCI 初始化代码使用。内核在启动时负责对所有 PCI 设备进行初始化，配置好所有的 PCI 设备，包括中断号以及 I/O 基址，并在文件/proc/pci 中列出所有找到的 PCI 设备，以及这些设备的参数和属性。每个 PCI 设备，包括 PCI－PCI 桥设备，都在其配置地址空间的某处有一个配置数据结构——PCI 配置头，其中含有厂商标识、设备标识、设备状态标识、命令和基址寄存器等信息，它允许系统来标识、控制设备。在 PCI 系统建立之前和使 PCI 配置头中的命令允许设备访问这些地址空间之前，PCI 设备是不可访问的。在 Linux 系统中，只有特定的系统函数能够读/写 PCI 配置空间。PCI 配置空间可以通过 8 位、16 位或 32 位的数据传送来访问，32 位传送的操作函数如下所示：

```
void pci_read_config_dword(struct pci_dev pdev, unsigned char where, unsigned char * ptr);
void pci_write_config_dword(struct pci_dev pdev, unsigned char where, unsigned char * ptr);
```

其中，pdev 为得到时设备参数，where 为相对于配置空间首地址的偏移地址，* ptr 为存取结果。

PCI 设备的 I/O 空间和存储空间提供给设备驱动程序使用。设备驱动程序中普通的读/写函数只能访问 PCI 的 I/O 或存储器空间。PCI 设备在地址空间重定位，一个 PCI 外设可以实现 6 个地址区段，由基址寄存器 0～5 确定，每个区段由内存或 I/O 位置组成，或者不存在。PCI 规范要求每个被实现的区段必须映射到一个可配置地址上，即内存空间或 I/O 空间。重映射的一个 PCI 区段可以通过设置寄存器的高 12 位实现。Linux 在＜linux/pci.h＞中定义了位掩码，当基址寄存器映射为内存区段时，PCI_BASE_ADDRESS_SPACE 被置位，PCI_BASE_ADDRESS_MEM_MASK 为内存区段掩去配置位，PCI_BASE_ADDRESS_IO_MASK 为 I/O 区段掩去配置位。下面以基址 0 为例，给出了获得 PCI 区段当前位置和大小的代码：

```
unsigned long curr, mask, size;
char * type;
pci_read_config_dword(pdev, address[0], &curr);
cli();
pci_write_config_dword(pdev, address[0], ~0);
pci_read_config_dword(pdev, address[0], &mask);
pci_write_config_dword(pdev, address[0], curr);
sti();
if(! mask) printk("region 0 not exit! \n");
if(mask & PCI_BASE_ADDRESS_SPACE)
{    type = 'I/O';
     mask &= PCI_BASE_ADDRESS_IO_MASK;
}
else
{    type = 'mem';
     mask &= PCI_BASE_ADDRESS_MEM_MASK;
}
size = ~mask + 1;
```

根据获得的映射地址和大小，就可以对 PCI 设备进行相应的数据访问了。I/O 空间和内存空间的访问可以使用内核提供的 I/O 资源访问操作函数，相关说明可以参考 3.1.2.3。

3.5.6.3 PCI 设备驱动程序的基本框架

下面给出一个典型的 PCI 设备驱动程序的基本框架，从中不难体会到这几个关键模块是如何组织起来的。有这样一个框架之后，接下去的工作就是如何完成框架内的各个功能模块了。

```
static struct pci_device_id demo_pci_tbl [] __initdata =   // 指明该驱动程序适用于哪一些
                                                            // PCI 设备
{   {PCI_VENDOR_ID_DEMO, PCI_DEVICE_ID_DEMO,
    PCI_ANY_ID, PCI_ANY_ID, 0, 0, DEMO}, 0
};
struct demo_card                                            /* 对特定 PCI 设备进行描述的数
                                                            据结构 */
{   unsigned int magic;
    struct demo_card * next;                                /* 使用链表保存所有同类的 PCI
                                                            设备 */
    /* ... */
}
static void demo_interrupt(int irq, void * dev_id, struct pt_regs * regs)  /* 中断处理模块 */
{   /* ... */   }
static struct file_operations demo_fops =                   /* 设备文件操作接口 */
{   owner: THIS_MODULE,                                     /* demo_fops 所属的设备模块 */
    read: demo_read,                                        /* 读设备操作 */
    write: demo_write,                                      /* 写设备操作 */
    ioctl: demo_ioctl,                                      /* 控制设备操作 */
    mmap: demo_mmap,                                        /* 内存重映射操作 */
    open: demo_open,                                        /* 打开设备操作 */
    release: demo_release                                   /* 释放设备操作 */
    /* ... */
};
static struct pci_driver demo_pci_driver =                  /* 设备模块信息 */
{   name: demo_MODULE_NAME,                                 /* 设备模块名称 */
    id_table: demo_pci_tbl,                                 /* 能够驱动的设备列表 */
    probe: demo_probe,                                      /* 查找并初始化设备 */
    remove: demo_remove                                     /* 卸载设备模块 */
    /* ... */
};
static int __init demo_init_module (void)
{    /* ... */    }
static void __exit demo_cleanup_module (void)
{    pci_unregister_driver(&demo_pci_driver);    }
module_init(demo_init_module);                              /* 加载驱动程序模块入口 */
module_exit(demo_cleanup_module);                           /* 卸载驱动程序模块入口 */
```

3.5.6.4 设备驱动的初始化函数编制

Linux 系统下,PCI 设备初始化完成的工作如下：

- 检查 PCI 总线是否被 Linux 内核支持；
- 检查设备是否插在总线插槽上,如果存在则保存它所占用的插槽的位置等信息；
- 读出配置头中的信息提供给驱动程序使用。

Linux 内核启动并完成对所有 PCI 设备进行扫描、登录和分配资源等初始化操作的同时，会建立起系统中所有 PCI 设备的拓扑结构，此后，当 PCI 驱动程序需要对设备进行初始化时，一般都会调用以下的代码：

```
static int __init demo_init_module (void)
{    if (! pci_present()) return - ENODEV;           /* 检查系统是否支持 PCI 总线 */
     if (! pci_register_driver(&demo_pci_driver))     /* 注册硬件驱动程序 */
     {    pci_unregister_driver(&demo_pci_driver);
          return - ENODEV;
     }
     /* ... */
     return 0;
}
```

调用 pci_register_driver()函数来注册 PCI 设备的驱动程序，此时需要提供一个 pci_driver 结构，在该结构中给出的 probe()探测例程负责完成对硬件的检测工作。probe()函数编写如下：

```
static int __init demo_probe(struct pci_dev * pci_dev, const struct pci_device_id * pci_id)
{    struct demo_card * card;
     if (pci_enable_device(pci_dev)) return - EIO;                       //启动 PCI 设备
     if (pci_set_dma_mask(pci_dev, DEMO_DMA_MASK))return - ENODEV;       //设备 DMA 标识
     if ((card = kmalloc(sizeof(struct demo_card), GFP_KERNEL)) == NULL) //动态申请内核内存
     {    printk(KERN_ERR "pci_demo: out of memory\n");
          return - ENOMEM;
     }
     memset(card, 0, sizeof( * card));
     card-> iobase = pci_resource_start (pci_dev, 1);          /* 读取 PCI 配置信息 */
     card-> pci_dev = pci_dev;
     card-> pci_id = pci_id-> device;
     card-> irq = pci_dev-> irq;
     card-> next = devs;
     card-> magic = DEMO_CARD_MAGIC;
     pci_set_master(pci_dev);                                  /* 设置成总线主 DMA 模式 */
     /* 申请 I/O 资源 */
     request_region(card-> iobase, 64, card_names[pci_id-> driver_data]);
     return 0;
}
```

3.5.6.5 设备驱动的打开函数编制

在设备驱动的打开函数里主要实现申请中断、检查读/写模式以及申请对设备的控制权等。申请控制权时，非阻塞方式遇忙返回，否则进程主动接受调度，进入睡眠状态，等待其他进程释放对设备的控制权。代码如下：

```
static int demo_open(struct inode * inode, struct file * file)
{   /* 申请中断,注册中断处理程序 */
    request_irq(card-> irq, &demo_interrupt, SA_SHIRQ, card_names[pci_id-> driver_data],
card))
    {   if(file-> f_mode & FMODE_READ)                    /* 检查读/写模式 */
        {   /* ... */   }
            if(file-> f_mode & FMODE_WRITE)
        {    /* ... */   }
            down(&card-> open_sem);                       /* 申请对设备的控制权 */
            while(card-> open_mode & file-> f_mode)
            {   if (file-> f_flags & O_NONBLOCK)      /* NONBLOCK 模式,返回 - EBUSY */
                {    up(&card-> open_sem);
                        return - EBUSY;
                }
                else                                      /* 等待调度,获得控制权 */
                {   card-> open_mode |= f_mode & (FMODE_READ | FMODE_WRITE);
                    up(&card-> open_sem);
                    MOD_INC_USE_COUNT;                    /* 设备打开计数增 1 */
                    /* ... */
            }
        }
    }
}
```

3.5.6.6 数据传输与控制的函数编制

PCI 设备驱动程序可以通过 demo_fops 结构中的函数 demo_ioctl( ),向应用程序提供对硬件进行控制的接口。例如,通过它可以从 I/O 寄存器里读取一个数据,并传送到用户空间里。代码如下:

```
static int demo_ioctl(struct inode * inode, struct file * file, unsigned int cmd, unsigned long arg)
{   /* ... */
    switch(cmd)
    {   case DEMO_RDATA:              /* 从 I/O 端口读取 4 字节的数据 */
        val = inl(card-> iobae + 0x10);
        return 0;                     /* 将读取的数据传输到用户空间 */
    }
    /* ... */
}
```

事实上,在 demo_fops 里还可以实现诸如 demo_read( )、demo_mmap( )等操作,Linux 系统的 driver 目录里提供了许多设备驱动程序的源代码,到那里可以找到类似的例子。在对资源的访问方式上,除了有 I/O 指令以外,还有对外设 I/O 内存的访问。对这些内存的操作一方面可以通过把 I/O 内存重新映射后作为普通内存进行操作;另一方面也可以通过总线主

DMA(bus master DMA)的方式让设备把数据通过 DMA 传送到系统内存中。

3.5.6.7 中断及其处理的函数编制

PC 机的中断资源比较有限,只有 0～15 的中断号,因此大部分外部设备都是以共享的形式申请中断号的。中断发生时,中断处理程序首先负责对中断进行识别,然后再做进一步的处理。代码如下:

```
static void demo_interrupt(int irq, void * dev_id, struct pt_regs * regs)
{   struct demo_card * card = (struct demo_card * )dev_id;
    u32 status;
    spin_lock(&card-> lock);
    status = inl(card-> iobase + GLOB_STA);              /* 识别中断 */
    if(! (status & INT_MASK))
    {   spin_unlock(&card-> lock);
        return;
    }
    outl(status & INT_MASK, card-> iobase + GLOB_STA);   /* 告诉设备已经收到中断 */
    spin_unlock(&card-> lock);
    /* 其他进一步的处理,如更新 DMA 缓冲区指针等 */
}
```

中断处理必须小心,千万不要在安装中断处理例程之前产生中断。因为 PCI 中断是电平触发的,如果产生了中断而又不能处理它,可能会导致死机。这意味着写初始化代码时必须特别小心,必须在打开设备的中断之前注册中断处理例程;同样,关闭时必须在注销中断处理例程之前屏蔽设备的中断。

3.5.6.8 DMA 数据传输及其控制设计

DMA 数据传输是 PCI/CPCI 板卡驱动设计经常涉及的话题,更是广泛应用于现代高速大批量工业数据采集和控制中。下面以含有 PCI 接口芯片 PCI9080 的 PCI 数据采集/控制板卡为例,说明 PCI 设备的 DMA 驱动实现。

1. DMA 缓冲区的申请和释放

DMA 缓冲区在内存中必须是物理连续的,但不像 ISA 总线有 16 MB 寻址能力的限制,可以使用 get_dma_pages()函数分配,全用完后,再使用 free_pages()函数来释放。需要注意的是:基于 DMA 的硬件使用的是总线地址,程序使用的是虚拟地址,可以运用内核在＜asm/io. h＞中提供的 unsigned long vir_to_bus(volatile void * address)函数实现这种转换。这一转换在驱动程序需要发送地址信息时必须使用。

2. DMA 传输原理及其程序实现

PCI9080 支持两个独立的 DMA 通道,能从本地总线向 PCI 总线或从 PCI 总线向本地总线传输数据,每个通道包含一个 DMA 控制器和一个双向 FIFO,两个通道均支持 Block 模式或 Scatter/Gather 传送。Block 模式的 DMA 传输过程如下:主机处理器及本地处理器设置本地及其 PCI 起始地址、传输字节数及传输方向,然后设置 DMA 开始位启动一次传输,PCI9080 请求 PCI 及本地总线并传输数据,一旦传输完成,PCI9080 设置相应的位标识。

DMA 传输期间,PCI9080 在 PCI 及其本地总线上均为主控设备。程序代码的实现例程如下:

```
writel(CMD_DISABLEDMA, dma_base + DMA_CSR0);           // 禁止 DMA
writel(MODE, dma_base + DMA_MODE0);                     // 设置 DMA 工作模式:Block
writel(local_addr, dma_base + DMA_LADR0);               // 设置本地总线地址
writel(pci_addr, dma_base + DMA_PADR0);                 // 设置 PCI 总线地址
writel(count, dma_base + DMA_SIZ0);                     // 设置传输块大小
writel(CMD_DIRECTION, dma_base + DMA_DPR0);             // 设置传输方向
writel(CMD_ENABLEDMA, dma_base + DMA_CSR0);             // 使能 DMA
for(;;)                                                 // 等待完成
{    if(readl(CMD_STATUS, dma_base + DMA_CSR0)! = 0)
        break;
}
writel(CMD_DISABLEDMA, dma_base + DMA_CSR);             // 禁止 DMA
```

其中,dma_base 为 DMA 寄存器基址,DMA_CSR0 为命令/状态寄存器,DMA_MODE0 为模式寄存器,DMA_LADR0 为本地总线寄存器,DMA_PADR0 为 PCI 总线寄存器_SIZ0 为传输字节计数器,DMA_DPR0 为描述指针寄存器。

3.5.6.9 设备模块卸载函数的编制

卸载设备模块与初始化设备模块相对应,其实现相对比较简单,主要是调用函数 pci_unregister_driver( )从 Linux 内核中注销设备驱动程序,代码如下:

```
static void __exit demo_cleanup_module (void)
{    pci_unregister_driver(&demo_pci_driver);    }
```

3.6 用 WinDriver 开发 Linux 设备驱动程序

应用 C 语言按照以上各节介绍的 Linux 硬件设备驱动程序软件的设计规则,编制 Linux 设备驱动程序,是一个相对缓慢的过程。开发 Linux 设备驱动程序最便捷的手段是使用相应的软件开发工具。Jungo 公司的 WinDriver for Linux 就是这样的一款优秀的 Linux 设备驱动程序开发工具。

3.6.1 WinDriver for Linux 开发工具简介

WinDriver for Linux,功能强大,人机界面友好,操作简便,倍受应用程序开发者欢迎。

使用 WinDriver for Linux 开发属于 Linux 下的硬件设备驱动程序,不需要常见的 Linux 内核,不需要十分熟悉内部操作系统和核心编程特点,所有的开发工作都可以在使用者自定义的模式下以可视化的形式完成。WinDriver 的核心模块为通用型设备驱动,并可正常的在 Linux 核心下使用。应用 WinDriver for Linux,可以在用户模式完全的开发和调试,并产生应用程序所需的 API 接口函数,而不需要再看到乏味的 Linux 编码、不需要牵涉到很低层的内容即可在短时间里编制出硬件设备驱动程序。

WinDriver for Linux 可以支持所有 2.0.31 版本以上的 Linux,可以支持并行口、ISA、

PCI 和 CPCI 等接口或设备。USB 接口设备驱动程序的开发调试使用的版本是 WinDriver USB for Linux。

WinDriver 设备驱动是通过对底层硬件驱动层层包装实现的，其最下层是针对某一类型设备的通用驱动，然后再根据实际硬件特点调用通用驱动给用户提供出 API 接口，中间处于商业目的又加入了不同的限制。这样一来，当所需的设备驱动要求复杂时，其实时性就变差了。

3.6.2 应用 WinDriver 快速开发驱动程序

在 Linux 下应用 WinDriver 开发硬件设备驱动程序，通常有两种方式：一是使用 WinDriver 开发向导；二是直接使用 WinDriver 提供的 API 函数。具体应用步骤和 Windows 下 WinDriver 的应用相似。其中应用 WinDriver 开发向导，可以针对所指定的设备快速生成驱动源代码和应用例程，并且还可以对硬件设备进行可视化测试或调试，是最为便捷的方法，下面给出简要介绍。

首先，在系统中安装好待开发设备，然后启动 Linux 系统，运行 WinDriver/wizard/wdwizard，WinDriver 将自动检测系统的所有设备，通过窗口列出包括待开发设备在内的这些设备并进行简要描述，供开发者选择指定。其中，对于 PCI 板卡设备，即使实物没有出现在系统中，也可进行驱动开发，这种情况下，需要选择“PCI 虚拟设备”。

接着，从显示列表中选择待开发的设备(ISA、PCI、USB 等)，之后进入检测与定义设备资源界面。通常可供选择并指定的设备资源有 I/O 端口、内存、中断和寄存器。对于当即插即用的 ISA 设备需要手动定义所用资源，其他类型设备的资源可以被 WinDriver 自动检测到，并在相应的窗口中显示出来。在这里，可以通过 WinDriver 界面提供的简易弹出式窗口人为测试待开发设备能否正常工作，如读/写 I/O 端口、内存、配置寄存器和监听硬件中断等。图 3.3 给出了一个 PC 板卡的资源检测/定义窗口及通过它层层打开的相关信息窗口、读/写访问窗口和中断监听窗口的界面图。

这里特别说明一下 WinDriver 对 PCI 中断的监听，由于 PCI 中断是电平触发的，监听前，必须定义中断状态寄存器，并用读/写命令清除中断，如图 3.3 下半部分所示，否则系统就会停滞不动。

再接下来，选择 C 语言，针对 Linux 系统，产生 WinDriver 设备驱动程序代码。如果需要待开发设备支持即插即用和服从电源管理，还要在产生代码前进行相关选项的设定。

在指定的驱动程序目录下，生成的文件 xxx_lib.h 和 xxx_lib.c 就是 WinDriver 通过调用其内核函数提供的以 API 接口函数为主的特定设备驱动程序代码；文件 xxx_diag.c 是 WinDriver 提供的 API 接口函数编制的设备驱动程序测试应用程序。此外，还有两个目录，一个是 kp_xxx 目录，含有 config 和 makefile.in 文件，用于把驱动程序作为内核模块的构建与装载；另一个是 Linux 目录，含有编译测试程序 xxx_diag.c 的 makefile 文件。

Linux 下的 X - Window 视窗，与 Windows 相比，十分逊色。可以使用 WinDriver 的 Windows 版本，在 Windows 下针对 Linux 生成设备驱动程序代码，再把它拿到 Linux 下使用。

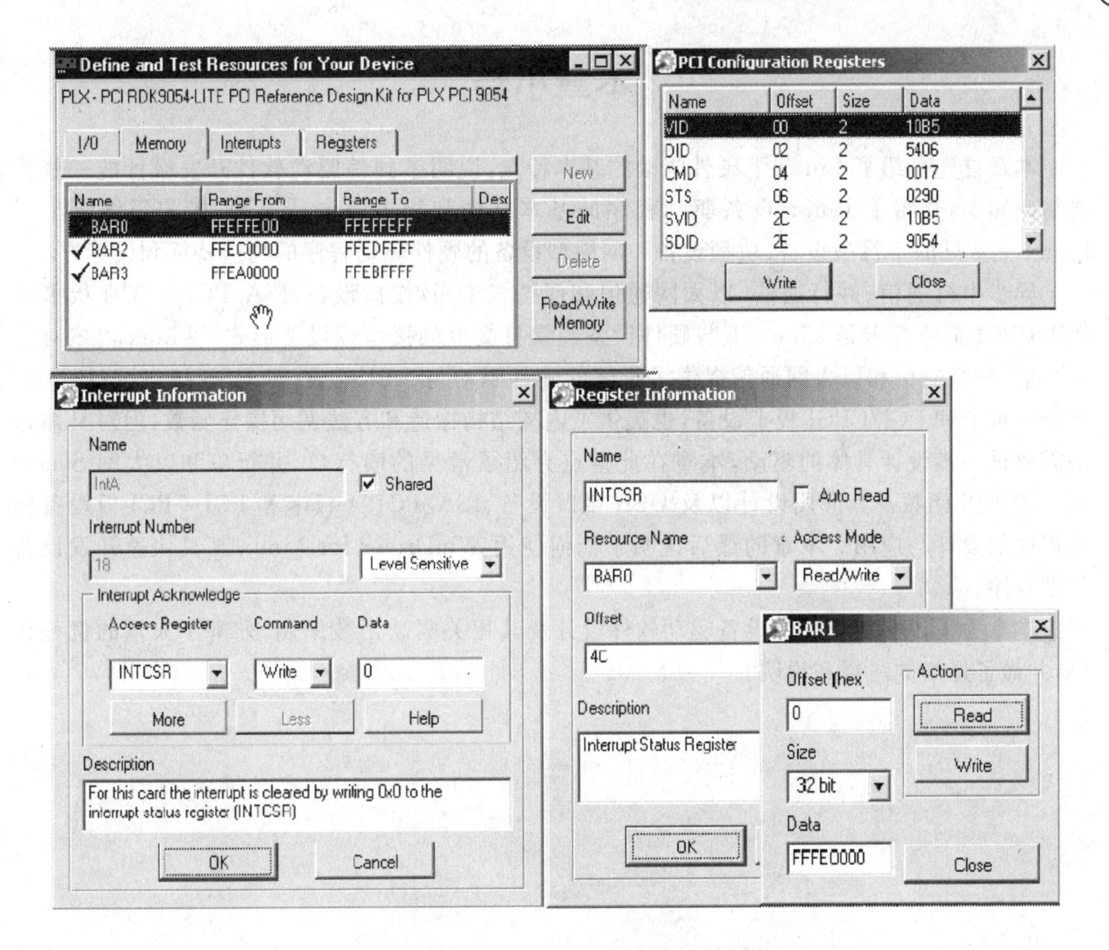

图 3.3　WinDriver for Linux 驱动开发操作界面示意

3.6.3　WinDriver 驱动程序的分发与应用

用 WinDriver 生成的设备驱动程序目录中，有两个文本文件：files. txt 和 readme. txt。files. txt 文件对 WinDriver 产生的各个文件进行了说明；readme. txt 文件详细说明了如何使用所生成的驱动代码构建、装载设备驱动模块，如何编译并使用 xxx_diag 应用程序测试设备驱动程序。用户应用程序的书写，就是对驱动代码所提供的 API 函数的调用，在其开始部分，需要加入对 WinDriver 及其驱动提供的头文件 wdc_defs. h、wdc_lib. h、utils. h 和 xxx_lib. h 的包含，具体细节可以参考 xxx_diag. c 文件。xxx_diag. c 文件是指导应用驱动程序设计用户应用程序的极好范例。

在 Linux 下分发 WinDriver 得到驱动代码时，需要附带一些 WinDriver 文件，这些文件有：windrv_gcc_v2. a、windrv_gcc_v3. a、windrv_gcc_v3_regparm. a、linux_wrappers. c/. h、linux_common. h、windrvr. h、wd_ver. h、wdusb_interface. h、wdusb_linux. c、config、makefile. in、wdreg 和 setup_inst_dir。如果是用户模式硬件控制应用或共享对象应用，还需把 winDriver/lib/下的文件 libwdapi811. so 复制到目标系统的 usr/lib 下。如果希望驱动模块作为核心插件模块使用，还需附带 windrv_gcc_v2. o 和 windrv_gcc_v3. o 和 windrv_gcc_v3_regparm. o 文件，并需要按照 kp_xxx 下的 config 构造与装载驱动模块。

本章小结

本章首先介绍了 Linux 下硬件驱动的基本特点，说明了硬件驱动软件开发设计的一些重要基础知识，介绍了 Linux 设备驱动程序的基本结构和相关的设计流程；接着详细给出了 Linux 下常见的字符型设备、块型设备和网络型设备的硬件驱动程序的构造特征和设计方法。

异步串行通信、并行通信、以太网通信和便携式 USB 接口设备、ISA/PC104 工业板卡及 PCI/CPCI 工业板卡是 Linux 下与硬件设备经常打交道的接口或设备形式。Linux 内核对串行通信、并行通信和以太网通信提供了很好的硬件驱动与 API 函数；对 USB 接口设备、ISA/PC104 板卡和 PCI/CPCI 板卡设备，也提供了内核结构构造和方法调用操作函数，但对具体设备需要进一步设计具体的驱动，本章在此重点介绍了常见的串行口、并行口和以太网 Socket 接口的 API 函数及其应用设计以及 USB 接口设备、ISA/PC104 板卡和 PCI/CPCI 板设备驱动程序的设计与应用。本章的最后说明了如何使用 WinDriver for Linux 工具快速开发设备驱动程序。

本章为了说明各类硬件设备驱动软件设计及其相关驱动函数编制，列举了大量的例程代码，并做了详细的注释和说明。

第4章 VxWorks 底层硬件的软件设计

VxWorks 是一个基于 C 语言的具有高度可靠性、优秀实时性和灵活可裁剪性的能够实现文件管理体系和多任务抢占/轮询调度机制的实时操作系统，是公认的实时性很强的实时操作系统，在当今工业数据采集和控制领域中应用广泛。VxWorks 操作系统，主要通过板级支持包 BSP 与硬件设备打交道。BSP 可以划分为目标系统的系统引导部分和设备驱动程序部分。系统引导部分主要是目标系统启动时的硬件初始化，为操作系统运行提供硬件环境；设备驱动程序部分主要是驱动特定目标环境中的各种设备，对其进行控制和初始化。VxWorks 操作系统可以嵌入各类 CPU 控制体系中，本章以常见的 Intel 的 X86 及其 Pentium 系列 CPU 为核心的工业控制计算机为背景，说明工业数据采集与控制领域中基于 VxWorks 的底层硬件软件设计。

基于 VxWorks 的底层硬件软件设计主要是设备驱动程序设计。VxWorks 下的硬件设备操作，以 I/O 及其文件系统操作为主，其设备驱动程序的常见类型有基于 I/O 系统的字符型设备驱动和块型设备驱动与特殊终端设备、网络设备、PCI 总线设备等。进行 VxWorks 实时应用系统开发的理想的完整软件平台是 Tornado Ⅱ集成交叉开发环境，它包括了从项目工程的创建、管理到 BSP 的移植，以及从应用系统的设计到系统的调试、性能分析等，给嵌入式系统开发人员提供了一个不受目标机资源限制的超级开发和调试环境。

VxWorks 下的硬件设备驱动程序设计，有一定的规律可循。本章首先概述 VxWorks 下硬件驱动及其程序设计的特点，说明硬件驱动软件开发设计及其调试/测试的一些重要基础知识；然后阐述了 VxWorks 字符型与块型设备驱动程序的特征和设计方法，详细介绍了如何在 VxWorks 下进行有效数据传输的串行通信、并行通信、网络通信的具体实现，着重说明 USB 接口设备、ISA/PC104 板卡、PCI/CPCI 板设备驱动程序的设计应用；最后说明了如何使用 WinDriver for VxWorks 工具快速开发设备驱动程序。文中列举了很多主要的例程代码，并做了详细的注释和说明。

本章的主要内容如下：

- VxWorks 底层硬件驱动及其开发设计概述；
- 字符型硬件设备的驱动程序软件设计；
- 块型设备驱动程序设计及其文件系统操作；
- 常见通信接口的 VxWorks 数据传输实现；
- USB 接口设备的 VxWorks 驱动软件设计；
- ISA/PC104 板卡的 VxWorks 驱动软件设计；
- PCI/CPCI 板卡的 VxWorks 驱动软件设计；
- 用 WinDriver 开发 VxWorks 设备驱动程序。

4.1 VxWorks 底层硬件驱动及其开发设计概述

4.1.1 VxWorks 操作系统及其体系结构

WindRiver 的 VxWorks 操作系统，以其良好的可靠性和卓越的实时性，在通信、军事、航空及航天等高精尖技术及实时性要求极高的领域中，得到了广泛的应用。

1. VxWorks 操作系统的特点

VxWorks 操作系统具有以下特点：

① 高度的可靠性。稳定、可靠一直是 VxWorks 的一个突出优点。

② 优秀的实时性。VxWorks 系统本身的开销很小，进程调度、进程间通信及中断处理等系统公用程序精练有效，造成的延迟很短；VxWorks 提供的多任务机制中对任务的控制采用了优先级抢占(preemptive priority scheduling)和轮转调度(round - robin scheduling)机制，也充分保证了可靠的实时性，使同样的硬件配置能满足更强的实时性要求，为应用的开发留下更大的余地。

③ 灵活的可裁减性。VxWorks 由一个体积很小的内核及一些可以根据需要进行定制的系统模块组成。VxWorks 内核最小为 8 KB，即便加上其他必要模块，所占用的空间也很小，且不失其实时、多任务的系统特征。用户可以很容易地对这一操作系统进行定制或适当开发，满足实际应用需要。

一个实时操作系统内核需满足许多特定的实时环境所提出的基本要求，具体包括：多任务、基于优先级的抢占调度，任务间的通信与同步和任务与中断之间的通信等。

2. VxWorks 操作系统的体系结构

VxWorks 操作系统的基本结构如图 4.1 所示。

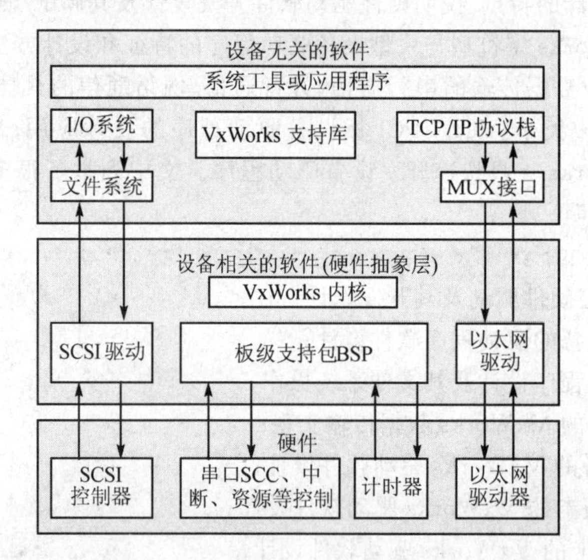

图 4.1 VxWorks 操作系统的基本构成示意图

VxWorks 的主要组成部分有：

① 高性能的实时操作系统核心 wind　包括多任务调度(采用优先级抢占方式)、任务间的同步和进程间通信机制以及中断处理、看门狗和内存管理机制。wind 核提供信号量作为任务间同步和互斥的机制,常见的信号量类型有二进制信号量、计数信号量、互斥信号量和 POSIX 信号量。对于进程间通信,wind 核提供了诸如消息队列、管道、套接字和信号等机制。

② 板级支持包 BSP(Board Support Package)　BSP 对各种板子的硬件功能提供了统一的软件接口,它包括硬件初始化、中断的产生和处理、硬件时钟和计时器管理、局域和总线内存地址映射、内存分配等。每个板级支持包括一个 ROM 启动(Boot ROM)或其他启动机制。

③ 网络设施　提供了对其他网络和 TCP/IP 网络系统的"透明"访问,包括与 BSD 套接字兼容的编程接口、远程过程调用(RPC)、SNMP(可选项)、远程文件访问(包括客户端和服务端的 NFS 机制以及使用 RSH、FTP 或 FTTP 的非 NFS 机制)以及 BOOTP 和 ARP 代理。无论是松耦合的串行线路、标准的以太网连接还是紧耦合的利用共享内存的背板总线,所有的 VxWorks 网络机制都遵循标准的 Internet 协议。

④ I/O 系统　VxWorks 提供了一个快速灵活的与 ANSI C 兼容的 I/O 系统,包括 UNIX 标准的缓冲 I/O 和 POSIX 标准的异步 I/O。VxWorks 包括以下驱动程序:网络驱动、管道驱动、RAM 盘驱动、SCSI 驱动、键盘驱动、显示驱动、磁盘驱动及并口驱动等。

⑤ 文件系统　VxWorks 提供适合于实时系统应用的快速文件系统,它支持的文件系统有 dosFs、rt11Fs、rawFs 和 tapeFs 等。VxWorks 中,普通数据文件、外部设备都统一作为文件处理。

3. VxWorks 系统的启动流程

VxWorks 系统的启动过程如图 4.2 所示。系统上电后,首先执行驻留 ROM 中的汇编代码 romInit(),完成屏蔽处理器中断、初始化内存、堆栈及寄存器等;然后调用 romStart()完成代码重定位、解压缩及为 ROM 映像初始化 RAM;最后进入驻留于 RAM_LOW_ADRS 处的 VxWorks 入口程序 sysInit(),调用第一个 C 程序 usrInit(),完成用户定义系统的初始化工作。此时,系统还处于单任务环境,其中子程序 sysHwInit()用来初始化系统硬件;子程序 sysHwInit2()实现系统硬件中断的挂接;kernelInit()激活多任务环境,产生根任务 usrRoot()。usrRoot()任务用来安装驱动程序、创建设备、初始化 VxWorks 库及调用应用程序代码。图 4.2描述了主要的系统调用函数及其对应的文件。

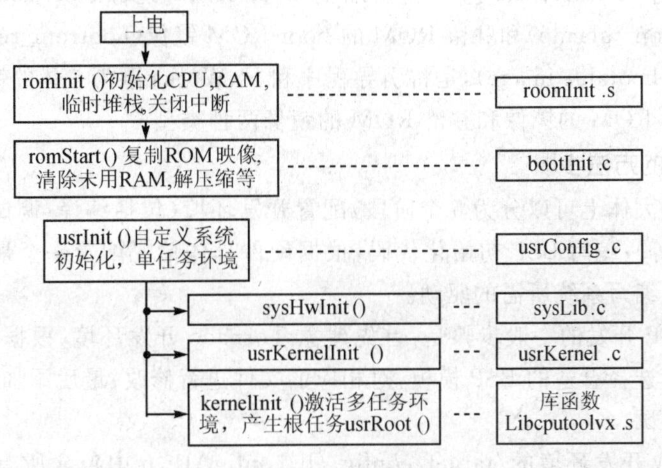

图 4.2　VxWors 的启动流程图

4. VxWorks 系统支持的目标机

VxWorks 操作系统可以运行于目前几乎所有的 CPU(Central Processing Unit)上，如 Motorola 68k 系列的 68000、68010、68020、68030、68040、68060 和 CPU32；Motorola ColdFire 系列的 MCF51xx、MCF52xx 和 MF53xx；Motorola/IBM Power PC 系列的 PPC4xx、PPC6xx、PPC7xx、MPC5xx、MPC8xx 和 MPC82x；Motorola M-CORE；Intel 的 i386、i486 和 Pentium 系列；Intel Strong ARM 系列的 SA-110、SA-1100 和 SA-1110；ARM 系列的 ARM7、ARM7T、ARM8 和 ARM9；i960 的 KA/KB/CA/JX/RP、RP/RD；NEC 的 V85x、V83x、NEC/LSI MIPS 的 R3K、R4K、Vr41xx、R4700、CW400x、CW4011、R5K；HITACHI 的 SH 系列及其 SH-DSP 系列；SUN SPARC 的 UltraSPARC、SPARC 等。

4.1.2 VxWorks 的 BSP 及其开发设计

4.1.2.1 VxWorks BSP 及其开发综述

1. 板级支持包 BSP 概述

板级支持包 BSP 包含了与硬件相关的功能函数，提供了 Vxworks 与硬件之间的接口，主要完成硬件初始化，包括系统上电时在特定位置提供入口代码、初始化存储器、关中断和把 VxWorks 加载到 RAM 区等，支持 VxWorks 与硬件驱动的通信。有些硬件驱动是需要 BSP 支持的，如硬件驱动定义的中断服务例程(ISR)，由 BSP 来将此 ISR 连接到中断向量表。BSP 能够将独立于硬件的软件和与硬件相关的软件在 VxWorks 系统中很好地结合起来。BSP 的功能相当于 PC 机的 BIOS，但是 BSP 不等同于硬件驱动。

BSP 主要由 C 源文件和汇编文件组成，包括源文件、头文件、make 文件、导出文件和二进制的驱动模块。BSP 文件在 vxworks/target/config/all 和 vxworks/target/config/bspname 文件夹里。其中，all 文件夹里的文件是所有 BSP 的通用文件，bspname 文件夹文件是用户定制的 BSP 文件。

经过编译、链接，并在 makefile 和 depend. bspname 等文件的控制下，BSP 原程序最后将生成镜像。VxWorks 的镜像可分为两类：可下载镜像和可引导镜像。

可下载镜像(loadable image)实际包括两部分：一是 VxWorks，二是 boot ROM，两部分是独立创建的。其中，boot ROM 包括被压缩的 boot ROM 镜像(bootrom)、非压缩的 boot ROM 镜像(bootrom_uncmp)和驻留 ROM 的 boot ROM 镜像(bootrom_res)3 种类型。

可引导镜像(bootable image)，是将引导程序和 VxWorks 融为一体的镜像，它常常是最终产品，包括不驻留 ROM 的镜像和驻留 ROM 的镜像两种类型。

2. BSP 开发的方法步骤

BSP 的开发，大体上可以分为 5 个阶段：配置开发环境(包括编译/调试工具的选择、内核下载机制的确定等)；编写 BSP 初始化代码；根据硬件具体情况配置一个最小内核；启动并测试所得到的内核；编写系统所需的驱动。

通常进行 BSP 开发的一般步骤是：首先建立 Tornado 开发环境，根据具体情况配置 VxWorks 组件；然后选择合适的 BSP 模板，对相应的文件进行修改；最后添加所需的设备驱动程序，进行仿真和调试。

Tornado 集成开发环境的/target/eonfig/all/eonfigAll. h 中包含所有的 VxWorks 组件

选项,可以在工程中对这些组件进行添加或者删除。

在选择的 BSP 模板基础上作的修改主要是以下几个方面:

①config. h VxWorks 的默认配置由 configAll. h 确定,用户可按照自己的需要来改写 config. h,如设置存储区的大小、增加新的程序模块和删除不需要的模块等。

②makefile 控制生成 VxWorks 映像文件的类型,还包含存储区大小的信息。所有新增加的程序模块必须在 makefile 中使用 MACH_EXTRA 命令,将其目标模块加入到最终的 VxWorks 映像文件中。

③编制专用接口驱动程序 VxWorks 的默认配置提供了通用接口的驱动程序,但是并不一定适合用户具体的硬件环境;因此,用户需要使用 ar-d 命令将这些模块从库文件中删除,然后将其源程序复制到用户的 BSP 目录中进行修改,并在 makefile 中使用 MACH_EXTRA 命令将其目标模块加入到最终的 Vxworks 映像文件中。

3. BSP Developer's Kit 介绍

板级支持包开发工具 BSP Developer's Kit,提供了建立开发新目标板的 BSP 和设备的驱动程序的一系列开发工具,用于设计、归档和测试新设备的驱动程序与 BSP 的工作性能。开发板可以是新设计板、评估板和商业板等。BSP Developer's Kit 为开发新的目标硬件的驱动程序,进而开发 BSP 提供了强有力的支持。

板级支持包开发工具基本包 BSP Developer's Kit Base Option,主要面向并不绝对需要驱动程序代码样本的嵌入式开发者,其主要组成部分包括:板级支持包测试工具 BSP validation test suite、板级支持包开发模板 Template BSP、驱动程序开发模板 Template Driver、SCSI 测试工具 SCSI Test Suite 和板级支持包开发工具文档 Documentation Set。

板级支持包测试工具 BSP validation test suite,又称为 BSP 验证测试套件,用来检查 BSP 和驱动程序的基本功能以及报告存在的问题。该工具以源代码形式提供,可以帮助开发者进行维护和扩展,可以运行在 Windows 95/98/NT、Solaris、SunOS、HP-UX 等操作系统的主机上。

驱动程序开发模板 Template Driver,提供的典型设备驱动程序模板有:串口 Serial、以太网 Ethernet、SCSI、中断控制器 Interrupt Controller、VME、定时器 Timer 及 Non-volatile RAM 等。

板级支持包开发工具高级包 BSP Developer's Kit Value Option,主要面向愿意使用 WindRiver 提供的一般驱动程序源代码作为其驱动程序和 BSP 开发起点的开发者,它包括几乎所有的现成的标准驱动程序,例如:Ethernet、SCSI 等驱动程序源代码。其主要组成部分有:板级支持包开发工具基本包 BSP Developer's Kit Base Option、Ethernet Driver Source 驱动程序源代码及 SCSI Driver Source 驱动程序源代码等。

4.1.2.2 VxWorks BSP 的具体开发过程

实际应用中,BSP 的具体开发过程如下:

1. 建立开发环境

主要是以目标板 CPU 的 BSP 文件为模板,在 ornado\target\config 目录下创建用户的 BSP 目录 bspname,把 ornado\target\config\all 下的文件和 BSP 模板文件复制到该目录下,根据具体情况选择合适的 VxWorks 镜像类型。

2. 修改模板程序

(1) Makefile 文件

该文件控制镜像的创建，其中使用了约 135 个宏，最简单的 Makefile 文件要包含以下的宏：

- CPU　目标板 CPU 的类型；
- TOOL　主机的 make 工具，通常为 GNU；
- TGT_DIR　target 路径，默认为 $(WIND_BASE)/target；
- TARGET_DIR　BSP 目录名；
- VENDER　目标板生产商名；
- BOARD　目标板名；
- ROM_TEXT_ADRS　boot ROM 的入口地址（以十六进制表示，与 config. h 文件定义相同）；
- ROM_SIZE　ROM 的大小；
- RAM_LOW_ADRS　加载 VxWorks 的目标地址；
- RAM_HIGH_ADRS　boot ROM 复制到 RAM 的目标地址；
- HEX_FLAGS　特殊结构的标记，用于产生 S_记录文件；
- MACH_EXTRA　扩展文件，用户可以加入自己的目标模块。

除此以外，Makefile 文件还需要包括以下文件：

- $(TGT_DIR)/h/make/defs. bsp　Vxworks 系统运行的标准变量定义；
- $(TGT_DIR)/h/make/make. $(CPU) $(TOOL)　提供特别的目标机结构和一套编译工具，如 make. X86_Tgnu；
- $(TGT_DIR)/h/make/defs. $(WIND_HOST_TYPE)　提供与主机系统有关的定义；
- rules. bsp　表明创建目标文件时所需要的规则；
- rules. $(WIND_HOST_TYPE)　指出创建目标文件时所需的从属文件表。

如果没有用 all 目录下的文件而是复制到 bspname 下修改并使用，还需要定义与这些文件有关的宏，如 BOOTINIT＝bootInit. c。这样在创建镜像时就不会用 all 目录下的文件而使用 bspname 目录下的相应文件了。注意：在 Makefile 文件里十六进制数前面无需加“0x”。

(2) bspname. h

根据具体目标板设置串行接口、时钟以及 I/O 设备等。在该文件中必须包含以下内容：中断向量/级别、I/O 设备地址、设备寄存器位的含义、系统和附加时钟参数（最大和最小速率）。

(3) config. h

根据目标板的具体情况配置宏定义，注意 ROM_TEXT_ADRS、ROM_SIZE、RAM_LOW_ADRS、RAM_HIGH_ADRS 要与 Makefile 文件里定义的一致，LOCAL_MEM_LOCAL_ADRS 和 LOCAL_MEM_SIZE 要正确。

(4) romInit. s

它是系统上电后运行的第一个程序，主要是根据具体目标板对寄存器和 CPU 进行设置。通常 romInit. s 中需要做的工作有：保存启动方式、屏蔽中断、初始化堆栈、初始化 RAM 及其他寄存器及跳转到 romStart()函数执行等。

(5) bootConfig. c

一般不需要用户修改,也可以根据具体情况做适当修改。

(6) sysALib. s

与 romInit. s 文件实现的功能相似,但如果在 romInit. s 文件里对 DRAM 和内存控制器等进行了初始化,在这里就不再进行这项工作了。

3. 创建 VxWorks 镜像

根据具体需要,在命令行环境下利用 Makefile 创建各种镜像,也可以在 Tornado 的集成环境下 Build 菜单中选择 Build Boot ROM 来创建各种类型的 Boot ROM。除此以外,如果系统硬件包括串口,则要根据具体情况修改 sysSerial. c 文件;如果包含网络部分,则要修改 configNet. h 文件;如果包含 NVRAM,则要修改 bootnv. h 文件。

4.1.3 VxWorks 设备驱动程序及其开发设计

4.1.3.1 VxWorks 底层硬件设备驱动综述

1. VxWorks 下的硬件设备驱动概述

VxWorks 提供在指定目标系统上运行的板级支持包 BSP,BSP 按功能可以分为目标系统的系统引导部分和设备驱动程序部分。系统引导部分主要是目标系统启动时的硬件初始化,在目标系统上电后开始执行,主要是配置处理器的工作状态、初始化系统的内存等,这部分的程序一般只在系统引导时执行,为操作系统运行提供硬件环境。设备驱动程序部分主要是驱动特定目标环境中的各种设备,对其进行控制和初始化。对于不同的目标系统及其环境中的设备,用户可以通过修改和重写 BSP 完成设备驱动程序,实现对硬件的配置和访问。在实际应用中,为了更高的稳定性和执行效率,许多设备驱动程序会直接和应用程序捆绑在一起,而不是由操作系统来管理。

VxWorks 下的驱动程序设计与 Windows 和 Linux 下的驱动程序设计不同点如下:

① VxWorks 是利用开发工具 Tornado 在宿主机上设计,下载到目标机上执行;

② VxWorks 可以进行实模式操作,即可以直接对物理地址进行操作;而 Windows 下的驱动程序开发中一般需将物理地址转化为线性地址进行操作;

③ 在 Linux 操作系统中,设备驱动程序是运行在系统模式下而且不能被抢占;而在 VxWorks 操作系统中,设备驱动程序可以被先占有,因为设备驱动程序运行在调用它们的任务上下文中。

2. 通用常规驱动和 BSP 专用驱动

VxWorks 中的硬件设备驱动程序可以分为两类:通用常规驱动程序和 BSP 类型的专用驱动程序。通用常规驱动程序可以在不同的目标环境之间移植;而 BSP 类型的专用驱动程序与具体的硬件体系相关联。在开发 BSP 时,不仅要对 BSP 专用的驱动程序提供完全的支持,还需要将通用的设备驱动程序集成在一起。因此,编写设备驱动程序时,可以根据具体情况将其放在 BSP 中合适的位置。通常,用户编写的驱动程序一般都挂载在例程 usrRoot()中,BSP 专用的设备驱动程序可不依赖 usrRoot()中启动模块的驱动程序位于 sysHwInit()中。

VxWorks 的通用常规设备驱动程序基本都是通过 I/O 系统来存取的,这样可以屏蔽底层硬件，对上层应用程序提供统一的接口。很多操作系统，如 Linux、Windows 等，大都采用这种方法来管理设备。从这个角度出发，可以把 VxWorks 的硬件设备分为两类：基于 I/O 系统的设备和其他特殊设备。

3. 基于 I/O 系统的设备及其驱动

基于 I/O 系统的设备，包括字符型设备和块型设备。VxWorks 的 I/O 系统由基本 I/O 及含 buffer 的 I/O 组成，它提供标准的 C 库函数，基本 I/O 与 Unix 兼容，而含 buffer 的 I/O 则与 ANSI C 兼容。VxWorks 作为实时操作系统为了能够更快、更灵活地进行 I/O 操作，提供了若干库来支持标准的字符型设备和块型设备。VxWorks 的 I/O 系统有其独特的特性，使得它比其他 I/O 系统更快速、更灵活。VxWorks 的 I/O 系统结构组成如图 4.3 所示。

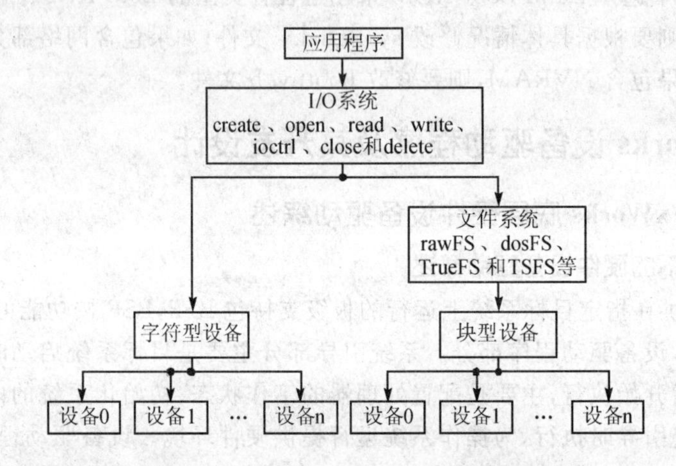

图 4.3 Vxworks 的 I/O 系统结构示意图

4. 非基于 I/O 系统的特殊设备及其驱动

特殊设备，主要指一些非基于 I/O 系统的设备，如串行设备、网络设备、PCI 设备、PCMCIA 设备、定时器、硬盘和 Flash 存储设备等。这些设备由于其自身特性，虽然不能通过标准 I/O 来进行存取，却也都有各自相关的标准。

5. VxWorks 硬件驱动的实现描述

VxWorks 以两种方式实现硬件驱动：第一种方式是把设备驱动程序作为独立的任务实现，直接在顶层任务中实现硬件操作，完成特有专用的驱动程序；第二种方式是 VxWorks 的 I/O 系统将设备程序作为内核过程实现。第二种方式便于实现 I/O 子系统的层次模型，便于和文件系统一起把设备作为特殊文件处理，提供统一的管理、界面和使用方法；并把设备、文件及网络通信组织成为一致的更高层次的抽象，为用户提供统一的系统服务和用户接口。通常采用这种驱动方式。

作为 I/O 系统和硬件设备之间的连接层，VxWorks 驱动就是屏蔽硬件操作，为 I/O 系统提供服务。实现一个完整的驱动，必须了解 VxWorks 下 I/O 的 3 个基本元素：File、Driver 和 Device。File 是为用户提供访问设备的统一接口；Driver 是实现具体的基本控制函数，也就是实现 I/O 系统所需要的接口；而 Device 则是一个抽象的硬件设备，是一系列的结构体、变量和宏定义对实际物理设备的定义。一般而言，实现一个驱动应该有 3 个基本的步骤：①用编程语言完成对实际物理设备的抽象；②完成系统所需要的各类接口及自身的特殊接口；③将驱动集成到操作系统中。此后，还有一些调试工作。

6. 常见VxWorks设备类型及其驱动

常见的VxWorks设备有：终端及伪终端设备、管道设备、伪存储器设备、NFS设备、非NFS设备、虚拟磁盘设备和SCSI接口设备等。它们对应的设备驱动程序名称分别为：ttyDrv/ptyDrv、pipeDrv、memDrv、nfsDrv、netDrv、ramDrv和scsiDrv。

VxWorks提供终端及伪终端设备驱动。Serial I/O设备就是含缓冲的连续字节流tty设备。tty设备有两种工作模式：原始模式(raw mode)和线性模式(line mode)。原始模式下的输入/输出是立即生效的，线性模式具有输入/输出缓冲。可以通过tty控制选项使用ioctl实现tty终端的不同功能。所谓"伪终端"也就是终端仿真，如远程登录应用。

管道是利用VxWorks的I/O系统进行任务间通信的虚拟设备。消息发送者先将消息写进管道里，若有接收则从管道中读出这些消息。VxWorks的管道非常独特，它允许在中断服务例程中进行管道的写操作。

伪存储器设备，指的是无需任何驱动即可进行读/写操作的内存，它允许I/O系统把内存当作一个伪I/O设备来存取。

NFS设备，NFS即网络文件系统，它允许使用NFS协议来存取远程网络文件，也允许运行一个NFS服务器来输出到其他远程机器上。VxWorks下的NFS驱动作为一个客户端来存取网络中NFS服务器上的文件。使用NFS设备创建、打开和存取文件时，如同操作本地硬盘一样。

非NFS设备，借助netDrv驱动，使用RSH(Remove SHell)和FTP(File Transfer Protocol)协议，完成远程文件的存取访问。打开远程文件时，整个文件被复制到内存中，因此对于这类设备驱动，主机内存要足够大。

虚拟磁盘设备(ram disk)，是将内存模拟为磁盘，将所有数据保存在内存中。虚拟磁盘设备创建后，必须进行文件系统相关的初始化，使用dosFsDevInit()或dosFsMkfs将该文件与一个设备名字相关联。

SCSI接口驱动，主要是SCSI块型设备驱动，如硬盘、光驱、软驱及磁带等，兼容dosFs库。

4.1.3.2 字符型设备和块型设备及其驱动结构

1. 字符型设备和块型设备的驱动程序综述

一个字符型设备的驱动程序和I/O系统直接作用，调用驱动程序安装函数iosDrvInstall()在VxWorks中安装驱动程序。它执行7个基本的I/O操作：creat、remove、open、close、read、write和ioctl。如果设备不支持某些I/O操作，则相应的程序可省略。iosDrvInstall()只是为驱动程序在驱动程序表中分配了一个位置，要运行驱动程序还需要调用设备安装函数iosDevAdd()。iosDevAdd()把设备名和驱动程序号写到数据结构DEV_HDR中，并把它加到系统的设备列表中。

一个块型设备的驱动挂在文件系统上比直接挂在I/O系统上使用起来更方便。它先和文件系统作用，再由文件系统与I/O系统作用。块型设备驱动程序不使用iosDrvInstall()安装驱动程序，而是通过初始化块型设备描述结构BLK_DEV或顺序设备描述结构SEQ_DEV来实现驱动程序提供给文件系统的功能。同样，块型设备驱动程序不使用iosDevAdd()将驱动程序装入I/O系统，而是使用文件系统设备初始化函数，如dosFsDevInit()来完成。实际上，文件系统把自己作为一个驱动程序装到 I/O 系统中，并把请求转发给实际的设备驱动程序。

2. 字符型设备和块型设备的驱动程序结构

字符/块型设备的驱动程序包含 3 个部分：初始化部分，函数功能部分和中断服务程序。

初始化部分初始化硬件，分配设备所需的资源，完成所有与系统相关的设置。如果是字符型设备，首先调用 iosDrvInstall()来安装驱动程序，把中断向量和 ISR 挂上，然后调用 iosDevAdd()将驱动程序加入 I/O 系统中；如果是块型设备，首先把中断向量和 ISR 挂上，在内存中分配一个设备结构，然后初始化该结构。用户要使用该设备时，先调用设备初始化函数 xxInit()（一般放在 sysLib. c 中），再调用设备创建函数 xxDevCreate()，返回一个 BLK_DEV 结构的指针，供文件系统初始化函数使用，如 dosFsDevInit()。

函数功能部分完成系统指定的功能，对于字符型设备，这些函数就是指定的 7 个标准函数；对于块型设备，则是在 BLK_DEV 或 SEQ_DEV 结构中指定的功能函数。应当注意的是，系统在调用块标准函数时，传递的设备结构指针是设备结构中 BLK_DEV 结构的指针，由于 BLK_DEV 定义在设备结构的开始处，该指针实际上也就是设备结构的指针。

驱动程序还包含中断服务程序 ISR(Interrupt Serve Route)。除了一些硬件中断被 VxWorks 使用外，另外一些中断可通过驱动程序来同硬件交互。VxWorks 提供 intConnect()函数来把中断与中断处理程序联系起来。实际上中断向量是不能被直接连接到中断处理程序上的，intConnect()要自动执行一些代码来实现以下功能：保存必要的寄存器值，建立一个堆栈入口以便传递中断处理程序参数，当中断处理程序返回时重装寄存器和堆栈的值并退出中断。

中断处理程序没有任务控制模块，因此在编写中断处理程序时要受到一些限制。中断处理程序不能等待信号量，而内存管理函数 malloc()和 free()都调用了等待信号量的机制，因此在中断处理程序中也不能调用 malloc()和 free()函数。另外，中断处理程序中不能调用 printf()和与浮点运算相关的函数。由于 VxWorks 有很多性质在中断级代码中无法使用，因此把中断处理程序直接连接到任务级代码上显得十分重要。下面是中断处理程序和任务级代码通信所具备的一些性质：

① Share Memory and Ring Buffer　ISR 可以和任务级代码间共享变量、缓存和 Ring Buffer。

② Semaphores　ISR 可以发出信号量(互斥信号量和 VxMP 共享信号量除外)，以便任务级代码可以等待此信号量。

③ Message Queues　ISR 可以发送消息到消息队列(使用 VxMP 的共享消息除外)，以便任务接收。如果消息队列满，则消息被删除。

④ Pipes　ISR 可以写消息到管道 pipes 中以便任务接收。任务和 ISR 可以往相同的 pipes 中写消息，但是如果 pipes 满，且由于 ISR 不能被阻塞，因此写入的消息将被删除。ISR 不能调用除了 write()以外的任何 I/O 函数到 pipes 上。

⑤ Signal　ISR 也可以用 signal 机制激活任务。

4.1.4　Tornado IDE 及其 VxWorks 程序设计

1. Tornado Ⅱ集成开发环境简介

进行 VxWorks 实时应用系统开发的理想的完整软件平台，是 WindRiver 提供的 Tornado

Ⅱ集成开发环境，它包括从项目工程的创建、管理到 BSP 的移植，以及从应用系统的设计到系统的调试、性能分析等。Tornado Ⅱ作为交叉开发环境运行在主机上，是开发和调试 VxWorks 系统不可缺少的组成部分，它给嵌入式系统开发人员提供了一个不受目标机资源限制的超级开发和调试环境。Torando Ⅱ集成开发系统的结构如图 4.4 所示。

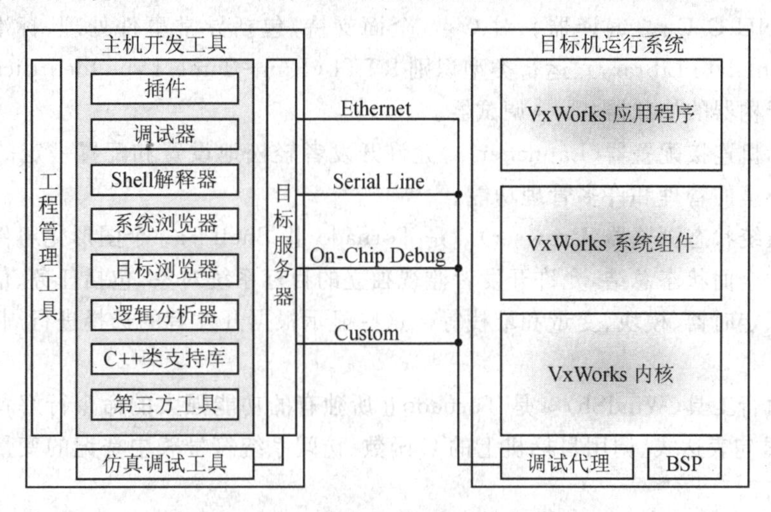

图 4.4　Tornado Ⅱ开发系统结构示意图

Tornado Ⅱ集成开发系统包含 3 个高度集成的部分：

➤ 运行在宿主机和目标机上的强有力的交叉开发工具和实用程序；

➤ 运行在目标机上的高性能、可裁剪的实时操作系统 VxWorks；

➤ 连接宿主机和目标机的多种通信方式，如以太网、串口线、ICE 或 ROM 仿真器等。

TornadoII 支持的主机有：

➤ Sun-4　Sun OS 4.1.x；Solaris 2.4/2.5；Solaris 2.5.1/2.6；Solaris 2.7；

➤ HP 9000/700　HP-UX 9.0.7；HP-UX 10.10；HP-X 10.20；

➤ PC　Win 95；Win 98；Win 2000；WinXP。

2. Tornado Ⅱ的主要核心软件工具简介

Tornado Ⅱ包括的独立核心软件工具有：

图形化的交叉调试器(cross wind debugger/WDB)　支持任务级和系统级调试，支持混合源代码和汇编代码显示，支持多目标机同时调试；具有最新的提高生产率的图形化加速器特征和很强的灵活应用特性。

工程配置工具(project facility/configuration)　提供了可对 VxWorks 操作系统及其组件进行自动依赖性分析、代码容量计算、Makefile 自动生成维护、软件工程维护和自动裁剪等配置操作。

集成仿真器(integrated simulator)　简称 VxSim，支持 CrossWind、WindView 和 Browser 等工具，提供与真实目标机一致的调试和仿真运行环境。VxSim 仿真器包含在各个软件包中，允许在没有 BSP、操作系统配置和目标机硬件的情况下，使用 TornadoⅡ迅速开始开发工作。

动态诊断分析工具 WindView　图形化的动态诊断和分析目标硬件系统的行为工具，包括系统级的执行情况、软件的时间特性等，显示了任务、中断和系统对象相互作用的复杂关系。WindView 工具可以与 VxSim 一起使用。

C/C++编译环境（C/C++ Compilation Environment） Tornado Ⅱ 提供交叉编译器、iostreams 类库和一系列的工具来支持 C 语言和 C++语言。系统可以独立使用两类编译环境即 Diab 和 GNU C/C++编译器。对 C++全面支持，包括异常事件处理、标准模板库 STL（Standard Template Library）、运行类型识别 RTTI（Run－Time Type Identification）、支持静态构造器和析构器的加载器、C++调试器。

主机目标机连接配置器（Launcher） 允许开发者轻松地设置和配置一定的开发环境，也提供对开发环境的管理和许多管理功能。

目标机系统状态浏览器（Browser） 是 Tornado Ⅱ Shell 的一个图形化组件，其主窗口提供目标系统的全面状态总结，允许开发者监视独立的目标系统对象，包括任务、信号灯、消息队列、内存分区、定时器、模块、变量和堆栈等。这些显示根据开发者的选择进行周期性或条件性更新。

命令行执行工具（WindSh） 是 Tornado Ⅱ 所独有的功能强大的命令行解释器，可以直接解释执行 C 语句表达式、调用目标机上的 C 函数、访问系统符号表中登记的变量；还可以直接执行 TCL 语言。

多语言浏览器（WindNavigator） 提供源程序代码浏览，图形化显示函数调用关系，快速地进行代码定位，这样大大地缩短了评价 C/C++源代码的时间。

图形化核心配置工具（WindConfig） 它使用图形向导方式智能化的自动配置 VxWorks 内核及其组件参数。

量加载器（Incremental Loader） 它可以动态的加载新增模块，并在目标机与内核实现动态链接运行，不必重新下载内核及未改动的模块，加快开发速度。

4.2 字符型硬件设备的驱动程序软件设计

4.2.1 字符型硬件设备及其驱动综述

字符型设备是指在 I/O 传输过程中以字符为单位进行传输的设备，如键盘、鼠标和打印机等。

字符型设备支持 creat、remove、open、close、read、write 和 ioctl 等基本的 I/O 操作。这些基本的 I/O 函数构成设备驱动程序列表，其参数形式及功能如下：

create(filename, flags)和 remove(filename)/delete(filename) 用于设备的创建和删除；

open(filename, flags, mode)和 close(fd) 用于设备的打开和关闭；

read(fd, &buf, nBytes)和 write(fd, &buf, nBytes) 用于实现设备的读/写访问操作；

ioctl(fd, command, arg) 用于设置设备的方式字。

这些基本操作在设备驱动程序的功能部分实现。为了明确表示基本 I/O 操作所服务的设备类型，可以在这些函数名称前加上特定的字母，形式如 xxxCreate()。如果设备不支持某些 I/O 操作，则相应的程序可省略。设备驱动程序列表，在调试时可利用 iosDrvShow()函数查看。

字符型设备驱动程序，需要进行两种基本操作才能与 VxWorks 融为一体：初始化和驱动加载。这些操作在驱动程序的初始化部分完成，实现初始化硬件，分配设备所需的资源，完成所有与系统相关的设置。首先，调用驱动程序安装函数 iosDrvInstall()，将 XXOpen()、XXClose()和 XXRead()等设备驱动例程加入到设备驱动列表中，并把中断向量和 ISR 挂上；然后，系统调用 iosDevAdd()，将设备加入到设备列表中。

系统中有一个设备列表，每个设备对应于设备列表中的一项，每一项包括设备名称和设备驱动号，同时包括一个设备描述的结构。该结构第一个变量是 DEV_HDR 类型的变量 DEV_HDR，DEV_HDR 的定义如下：

```
Typedef struct
{    DL_NODE node;                  /* 设备列表节点 */
     short drvNum;                  /* 驱动号码 */
     char * name;                   /* 设备名 */
} DEV_HDR;
```

系统中将驱动和设备联系起来的是文件描述符列表，每个文件描述符列表除了包括驱动号、设备 ID 外，还包括文件名、可用标志和指向 DEV_HDR 的指针。系统每次成功执行 open()，返回一个文件描述符，这样，对于设备的 read()、write()及 ioctl()就可以通过文件描述符进行。文件描述符表在调试时，可以通过调用 iosFdShow()函数查看。

字符设备驱动程序和 I/O 系统直接作用，没有缓冲，在执行读/写操作时，如果设备还没有准备好或没有有效数据就会造成程序阻塞。程序阻塞变得不可接受，则必须加以解决，一个方法就是使用系统提供的 select()函数，该函数可以使任务阻塞在一个或者多个 I/O 设备上，并能制定最长等待的时间。select()函数是一种类似于事件触发的机制，利用 select()函数可以实现类似于中断方式的数据操作。驱动程序要支持 select()调用，必须保存一个记载等待任务的表，并声明一个 SEL_WAKEUP_LIST 的结构。SEL_WAKEUP_LIST 结构的初始化在驱动程序的 xxxDevCreate()函数中通过调用 selWakeupListInit()函数完成。一个任务调用 select()后，selectLib 函数库调用驱动程序中的 ioctl()函数实现 FIOSELECT 或 FIOUNSELECT 功能。使用 select 机制的驱动程序初始化及支持 select 功能的 ioctl()函数架构如下：

```
typedef struct selWkNode
{    NODE              linkedListHooks;          // 唤醒链表的钩子函数
     BOOL              dontFree;                 // 节点是否为第一个自由节点
     int               tasked, fd;               // 任务 ID 和文件描述符
     SELECT_TYPE       type;                     // 任务进行的操作类型
} SEL_WAKEUP_NODE;
typedef struct
{    SEMAPHORE         listMutex;                // 链表使用的信号量
     SEL_WAKEUP_NODE   first;                    // 唤醒链表的首节点
     LIST              wakeupList                // 唤醒链表
} SEL_WAKEUP_LIST;
typedef struct test_dev
```

```
{   DEV_HDR              ioDev;
    SEL_WAKEUP_LIST      selList;
    BOOL                 txRdy, rxRdy;
} TEST_DEV;
LOCAL int testDrvNum = 0;
STATUS testDevCreate(char * name)
{   TEST_DEV    * pTestDev;
    ...                                                              // 必要的链表初始化
    testDrvNum = iosDrvInstall(...);                                 // 安装设备
    if(testDrvNum <= 0) return(ERROR);
    if((pTestDev = (TEST_DEV * )calloc(1, sizeof(TEST_DEV))) == NULL) return(ERROR);
    selWakeupListInit(&pTestDev -> selList);                         // select 链表初始化
    return(iosDevAdd(&pTestDev -> ioDev, name, testDrvNum));
}
LOCAL int testIoctl(TEST_DEV * pTestDev, int request, void * arg)
{   switch(request)
    {   case FIOSELECT:
            SEL_WAKEUP_NODE * pNode = (SEL_WAKEUP_NODE * )arg;
            switch(selWakeupType(pNode))
            {   case SELREAD:
                    selNodeAdd(&pTestDev -> selList, pNode);         // 向唤醒链表添加节点
                    if(pTestDev -> rxRdy) selWakeup(pNode);          // 当前任务就绪,唤醒等待
                                                                     // 任务
                    break;
                case SELWRITE:
                    selNodeAdd(&pTestDev -> selList, pNode);         // 向唤醒链表添加节点
                    if(pTestDev -> txRdy) selWakeup(pNode);          // 当前任务就绪,唤醒等待
                                                                     // 任务
                    break;
            }
            break;
        case FIOUNSELECT:
            SEL_WAKEUP_NODE * pNode = (SEL_WAKEUP_NODE * )arg;
            switch(selWakeupType(pNode))
            {   case SELREAD:
                case SELWRITE:
                    selNodeDelete(&pTestDev -> selList, pNode);// 删除节点
                    break;
            }
            break;
        case ...
        ...
```

```
    }
}
LOCAL void testISR(TEST_DEV * pTestDev)
{   ...
    if(pTestDev -> rxRdy) selWakeupAll(&pTestDev -> selList, SELREAD);
    if(pTestDev -> txRdy) selWakeupAll(&pTestDev -> selList, SELWRITE);
}
```

4.2.2 字符型设备驱动程序的访问过程

字符型设备驱动程序的基本访问过程如下：

① fd=open("/xxx/1" /* 设备名*/, O_RDWR, 0644)；

② I/O 系统在设备列表中寻找设备名为/xxx/1 的设备项,找到相应的设备驱动号；

③ I/O 系统在文件描述符中保留一个文件描述符空间；

④ I/O 系统在设备驱动列表中找到对应的 xxxOpen(xxx_DEV* PCAN_DEV, UBYTE* remainder, int flags),该驱动例程返回设备描述符的指针；

⑤ I/O 系统将设备描述符的指针存储在文件描述符列表的 Device ID 项,同时将对应的设备驱动号存储在文件描述符的 Driver num 项,最后 I/O 系统返回该描述符项的索引(即为 fd)；

⑥ 这样应用程序中的 read()和 write()等函数调用,就可以根据 fd 找到相应的设备驱动号,进而找到相应的驱动例程。

4.3 块型设备驱动程序设计及其文件系统操作

4.3.1 块型硬件设备及其驱动程序综述

块型设备是以“块”为单位进行数据传输的设备,数据可以被随机存取。典型的块型设备有硬盘、光驱、软驱及磁带等。块型设备驱动程序与 I/O 系统之间必须有文件系统。块型设备的驱动程序挂在文件系统上,先和文件系统作用,再由文件系统与 I/O 系统作用,块型设备的使用比字符型设备更方便。

块型设备驱动必须创建一个逻辑盘或连续设备。逻辑盘可以仅为一个大的物理设备的一部分。块型设备驱动程序通过初始化块型设备描述结构 BLK_DEV 或顺序设备描述结构 SEQ_DEV,来实现驱动程序提供给文件系统的功能,使用文件系统设备初始化函数,如 dosFsDevInit(),实现将驱动程序装入 I/O 系统,即文件系统把自己作为一个驱动程序装到 I/O系统中,并把请求转发给实际的设备驱动程序。结构 BLK_DEV 或 SEQ_DEV 定义块大小、块数目等相关设备的变量和实现设备读/写、控制、复位以及状态检查等操作的函数列表,其具体定义如下：

```
typedef struct
{   FUNCPTR bd_blkRd, bd_blkWrt, bd_ioctl, bd_reset, bd_statusChk;
    // 设备读/写、控制、复位以及状态检查等操作的函数指针
    ULONG bd_nBlocks, bd_bytePerBlk, bd_blkPerTrack, bd_Heads;
```

```
    // 设备块数、每块字节数、每磁道块数、设备头数
    BOOL bd_removeable, bd_readyChanged;      // 介质存在与否、准备就绪状态变化标志
    int bd_retry, bd_mode;                    // I/O 存取失败时重试次数、设备模式
} BLK_DEV;
typedef SEQ_DEV
{   FUNCPTR sd_seqRD, sd_seqWrt, sd_ioctl, sd_reset, sd_statusChk;
    // 设备读/写、控制、复位以及状态检查等操作的函数指针
    FUNCPTR sd_seqWrtFileMarks, sd_rewind, sd_reserve, sd_release;
    // 写文件标记、设备重定位、设备倒退、卸载设备操作的函数指针
    FUNCPTR sd_readBlkLim, sd_load, sd_space, sd_earse;
    // 块读取、加载设备、在介质上留空、设备擦除操作的函数指针
    int sd_blkSize, sd_maxVarBlockLimit, sd_mode, sd_density;
    // 每块大小、每块的最大容量、设备模式、设备存储密度
    BOOL sd_readyChanged;                     // 介质就绪状态改变标志
} SEQ_DEV;
```

块型设备驱动程序的操作函数大致有以下几个部分：

- 低级驱动程序初始化　包括初始化硬件、分配和初始化设备数据结构、用于多任务存取的互斥量创建、中断初始化和开设备中断。
- 设备创建　一般先要分配一个设备描述符，然后根据具体情况填写该设备的描述符。块型设备的管理与传统磁盘类似，沿用了其很多特征，如磁盘的磁头数、磁道数、每道扇区数及每块字节数等。
- 读/写操作　以块为单位进行设备数据的输入/输出传输。
- I/O 控制　大部分 I/O 操作由文件系统处理，但若出现文件系统不能识别的请求，该请求就会交给驱动程序的 I/O 控制函数处理。驱动程序必须提供能处理 I/O 控制请求的函数。
- 复位及状态检测　复位指定的块型设备，检测设备状态，识别设备的插拔等状态变化。

顺序存储设备还包括一些特有的操作，如写文件标志、向后搜索、保留操作及安装/卸载等。下面给出了一个虚拟盘 RamDisk 的设备创建、读/写及 I/O 控制等操作的函数框架例程：

```
typedef struct
{   BLK_DEV       ram_blkdev;        // 通用块设备结构
    char          * ram_addr;        // 存储器地址
    int           ram_blkOffset;     // 块偏移
} RAM_DEV;
BLK_DEV * ramDevCreate(char * ramAddr, FAST int bytesPerBlk, int blkPerTrack, int nBlocks, int
blkOffset)  // 设备创建,参数:存储器地址、每块字节数、每磁道块数、设备块数及起始偏移
{   FAST RAM_DEV      * pRamDev;
    FAST BLK_DEV      * pBlkDev;
    // 若没有指定块的大小及数目,则使用默认值
    if(bytesPerBlk == 0) bytesPerBlk = 512;               // 扇区大小
    if(nBlocks == 0) nBlocks = 50;                        // 设备块数
    if(blksPerTrack == 0) blksPerTrack = nBlocks;         // 每磁道扇区数
```

```
    // 为 RAM_DEV 分配内存空间
    pRamDev = (RAM_DEV * )malloc(sizeof(RAM_DEV));
    if(pRamDev == NULL) return(NULL);
    // 初始化 BLK_DEV 结构成员
    pBlkDev = &pRamDev -> ram_blkdev;
    ...
    // 如果参数没有指定内存地址,则在此分配实际空间
    if(ramAddr == NULL)
    {   pRamDev -> ram_addr = (char * )malloc((UINT)(bytesPerBlk * nBlocks));
        if(pRamDev -> ram_addr == NULL)
        {   free((char * )pRamDev);
            return(NULL);
        }
    }
    else pRamDev -> ram_addr = ramAddr;
    pRamDev -> ram_blkOffset = blkOffset;
    return(&pRamDev -> ram_blkdev);
}
LOCAL STATUS ramBlkRd(FAST RAM_DEV * pRamDev, int startBlk, int numBlks, char * pBuffer)
{  FAST int    bytesPerBlk;
    bytesPerBlk = pRamDev -> ram_blk.bd_bytesPerBlk;
    startBlk += pRamDev -> ram_blkOffset;                       // 计算块偏移
    bcopy((pRamDev -> ram_addr + (startBlk * bytesPerBlk)), pBuffer, bytesPerBlk * numBlks);
                                                                // 读数据
    return(OK);
}
LOCAL STATUS ramBlkWrt(FAST RAM_DEV * pRamDev, int startBlk, int numBlks, char * pBuffer)
{   FAST int    bytesPerBlk;
    bytesPerBlk = pRamDev -> ram_blk.bd_bytesPerBlk;
    startBlk += pRamDev -> ram_blkOffset;                       // 计算块偏移
    bcopy((pBuffer, pRamDev -> ram_addr + (startBlk * bytesPerBlk)), bytesPerBlk * numBlks);
                                                                // 写数据
    return(OK);
}
LOCAL STATUS ramIoctl(RAM_DEV * pRamDev, int function, int arg)  // I/O 控制函数
{   FAST int status;
    switch(function)
    {   case FIODISKFOEMAT: status = OK; break;
        default: errnoSet(S_ioLib_UNKNOWN_REQUEST); break;
    }
    return(status);
}
```

4.3.2 块型硬件设备支持的文件系统概述

块型设备支持的文件系统有 dosFS、TrueFFS、TSFS、typeFS 和 rawFS 等，其中 dosFS 和 TrueFFS 文件系统的实际应用最为广泛。

dosFS 是一种能够满足实时应用多种要求的兼容 MS-DOS 的文件系统。为了使用 dosFS 文件系统，首先必须在启动内核映像中配置相关的组件，再建立该文件系统。具体步骤是：选取系统组件配置系统内核，初始化 dosFS 文件系统，创建块存取设备[所用功能函数名的格式为 xxxDevCreate()]，创建磁盘高速缓存[调用 dcacheDevCreate()]，创建可用的磁盘分区[调用 usrFdiskPartCreate()和 dpartDevCreate()]，创建 dosFS 文件系统设备[调用 dosFsDevCreate()]，格式化磁盘[直接调用 dosFsVolFormat()或调用 ioctl()实现 FIODISKINIT 功能]，检查磁盘完整性[调用 dosFsChkDsk()]，安装磁盘[用户首次调用 open()或 create()时自动安装磁盘中的卷]。VxWorks 支持的文件分配表有 3 种：FAT12、FAT16 和 FAT32；支持的目录格式也有 3 种：VFAT（微软的长文件名格式）、8.3 格式的短文件名格式和自身的长文件名格式 VxLong。

TrueFFS 快速闪存文件系统，通过模拟 VxWorks 文件系统下的硬盘驱动器来屏蔽 Flash 操作的具体细节，从而使得在闪存设备上执行读/写操作就像在 DOS 文件系统设备上操作文件一样简单。TrueFFS 由一个核心层(core layer)和 3 个功能层组成，3 个功能层分别是：转换层(translation layer)、Socket 层(Socket layer)和 MTD 层(Memory Technology Drivers Layer)。核心层主要起相互连接其他几层的功能。同时它也可以进行碎片回收、定时器和其他系统资源的维护，通常 WindRiver 将这部分内容以二进制文件提供。转换层主要实现 TrueFFS 和 dosFS 之间的高级交互功能，它也包含了控制 Flash 映射到块、wear-leveling、碎片回收和数据完整性所需的智能化处理功能，目前有 3 种不同的转换层模块可供选择，具体选择哪一种层取决于所用的 Flash 介质采用的是 NOR-based、NAND-based，还是 SSFDC-based 技术。Socket 层提供 TrueFFS 和板卡硬件(如 Flash 卡)的接口服务，其名字来源于用户可以插入 Flash 卡的物理插槽，用来向系统注册 socket 设备，检测设备插拔，硬件写保护等。MTD 层主要实现对具体的 Flash 进行读、写、擦和 ID 识别等驱动，并设置与 Flash 密切相关的一些参数，TrueFFS 已经包含了支持 Intel、AMD 以及 Samsung 部分 Flash 芯片的 MTD 层驱动。以上 4 个层次，通常进行的工作在后两层。在 VxWorks 下配置 TrueFFS 时，必须为每一层至少包含一个软件模块。

4.3.3 块型设备驱动编写举例——电子盘操作

1. 电子盘及其文件系统概述

工业电子盘，主要是由 NAND 型的 8 位或 16 位 Flash 存储器组成的高速存储体，其内含系统引导启动文件系统，在工业测量与控制系统中广泛地用于代替传统的磁性软盘与硬盘。工业电子盘主要包括闪存电子盘 DOC(Disk On Chip)和闪存电子模块 DOM(Disk On Module)。常用的 DOM 又有 ISA(Industry Standard Architecture)插卡式的 DOM 和 IDE (Integrated Drive Electronics)接口式的 DOM 两种。IDE 接口的 DOM 又有模块结构的 IDE DOM 和普通硬盘形态的 IDE DOM 两种。ISA DOM 因工业控制计算机 ISA 插槽的逐渐淘汰而不再使用了，现代工业控制上，用的最多的就是 DOC、IDE DOM 模块和 IDE DOM 硬件。

闪存电子盘 DOC,俗称闪存磁盘,是艾蒙(M－System)公司提出并推广的,DOC 系列的电子盘采用的都是 TrueFFS 文件系统。TrueFFS 是艾蒙公司开发的用于电子盘设备的专利技术,其基本功能就是磁盘仿真。通过对操作系统的 I/O 控制的调用,就可以访问 TrueFFS 的外部接口。

电子盘设备的 I/O 控制并不局限于某一特定操作系统,可以兼容多种操作系统。通常在操作系统下驱动电子盘有以下两步:第一步,调用系统函数 GetDriverHandle()得到驱动器的句柄,其返回值是一个能够供 I/O 控制函数调用的 TrueFFS 驱动的描述符,这一步依赖于操作系统的文件系统;第二步,调用操作系统中的文件系统的 IOControl()函数。这使 TrueFFS 具有其他文件系统的特性,如下:

① 文件系统状态。它的值可以表明操作指令是否成功的传递给了驱动器或者驱动器对于操作指令有无响应,但它并不能确认操作的结果或状态。一个操作的结果或状态是由输入输出控制包(I/O package)来传递的。它们使用的是 TrueFFS 的标准状态码,这些状态码可以在 I/O 控制的头文件以及一些驱动包文件中查到。

② 文件系统 I/O 控制。它可以调用文件系统的扩展功能。

③ 输入输出请求包。所有的 TrueFFS 扩展功能都使用下列输入输出请求包,其定义格式如下:

```
typedef struct
{   FLHandle irHandle;              // 句柄,主要用于确认一个操作究竟应该作用于哪一个分区
    unsigned irFlages;              // 标识扩展功能类型,每个扩展功能都有一个枚举类型的标识
    FLSimplePath FAR1 * irPath;
    void FAR1 * irData;             // 包含了指向 fIIOctlRecond 记录的指针
    Long irLength;                  // fIIOctlRecond 记录包含一些扩展功能的输入输出记录的
                                    // 指针
    Long irCount;
}IOP;
```

2. 电子盘驱动程序基本流程

在 VxWorks 下,设备驱动程序既可以嵌入内核随系统一起启动,也可以作为可加载模块在系统启动之后运行。

(1) 可选加载方式

这是一种比较常用的驱动电子盘方式。它是把驱动程序制作成一个可独立运行的应用程序,需要时可以选择加载到用户程序集中,具体步骤如下:

① 确定电子盘所占用的系统地址窗的范围。一般主机板都给出了几个可以选择的范围,通过跳线可以设置电子盘的地址窗的起始、结束地址。启动 VxWorks 下 TrueFFS 驱动程序,根据实际的地址将地址窗参数配置好。

② 将 TrueFFS 映射成 DOS 文件系统。调用 tffsMakeHandle()函数得到驱动器的描述符,将此描述符传递给驱动器句柄;然后定义一个块型设备的指针用于保存一个虚拟 DOS 文件系统分区的信息,调用 tfffsDevCreate()函数将刚才检测到句柄的 TrueFFS 驱动器映射成 DOS 文件系统分区,并将该函数的返回值传递给定义好的块型设备指针。完成 DosFS 设备初始化后,在 Tornado 的 Shell 环境下运行 devs 命令就可以看到存在于系统设备列表中的 tffs

设备。

③ 读/写电子盘上的文件。设置好要读/写的文件的文件名、路径。利用标准 C++的文件系统函数就可以方便地读/写文件了。

(2) 嵌入系统方式

这种方式比可选加载方式要复杂。它将驱动程序嵌入系统内核中，这样电子盘可以在系统启动时被驱动。这种方式主要应用于系统引导文件放在电子盘上的情况。嵌入系统方式又分为 X86 机的嵌入方式和其他(如 PowerPC、MIPs 等)嵌入方式。X86 机的嵌入系统方式电子盘驱动步骤如下：

① 修改系统 BSP 目录下的 config. h 文件，增加电子盘设备的定义，修改引导设备。

② 修改系统 BSP 目录下的 bootconfig. C 文件，将电子盘的驱动程序加入。

③ 修改系统 BSP 目录下的 usrconfig. h 文件，调用电子盘的驱动程序。

3. 电子盘驱动程序典型例程代码

下面给出了 DOC2000 电子盘的可选加载方式驱动程序的框架代码。

(1) 定义头文件、常量、全局变量

```
#include "fldrvvxw.h"
#include “dosFsLib.h”
long tffsAddresses[2] = {0xd8000, 0xdffff};          // 定义电子盘的地址窗范围
int iSocket = 0;                                      // TrueFFS 内部变量
int iDisk = 0;                                        // 电子盘数量(1个)
int handle;                                           // 驱动器句柄
int flags = 0;
// 将 TrueFFS 仿真成 DOS FAT16 的格式
BLK_DEV * tffs_blk_dev;                               // 块型设备指针
char FilePath[50] = "/tffs0/test.txt";                // 文件路径
File fp;                                              // 文件指针
```

(2) 驱动电子盘并将 TrueFFS 映射为 dosFS

```
DOCDriver()
{    tfsSetup(1, tfsAddresses);                        // TrueFFS 驱动程序
     handle =  tfsMakeHandle(iSocket, iDisk);          // 得到驱动器的句柄
     tfs_blk_dev = tfsDevCreate(handle, flags);        // 得到仿真 dosFS 的块型设备信息
     dosFsInit (20);                                   // 初始化 dosFS 的参数
     dosFsDevInit(“/tffs0”, tffs_blk_dev, NULL);       // 初始化 dosFS 设备
     taskDelay(sysClkRateGet()/2);                     // 系统延时
}
```

(3) 电子盘文件的读写

```
FileReadWrite()
{    fp = fopen(FilePath。“r+”);
     ...                                               // 相关文件操作
     fclose(fp);
```

}

4.4 常见通信接口的 VxWorks 数据传输实现

在 X86 及其 Pentium 系列工控机和 VxWorks 操作系统下，经常通过异步串口、并行口、以太网接口和直接与硬件设备打交道，进行数据传输。下面就这 3 种常见的硬件接口数据传输通信的底层程序软件设计及其应用，作详细介绍。

4.4.1 在 VxWorks 下通过异步串口传输数据

VxWorks 对 X86 及其 Pentium 系列 CPU 的串行通信提供了很好的支持，在 VxWorks 下进行异步串行通信通常使用其提供的 API 函数。下面首先介绍 VxWorks 串行通信机制，然后详细说明如何应用 VxWorks API 函数实现串行通信。

4.4.1.1 VxWorks 串行口设备驱动综述

VxWorks 系统中的串行设备驱动分为 3 个层次：usrConfig. c 和 ttyDrv、sysSerial. c、xxDrv. c。usrConfig. c 和 ttyDrv，包括 tyLib，提供对串行设备的通用操作；sysSerial. c 针对具体目标系统的串行设备相关的一些数据结构进行初始化操作；xxDrv. c 包括具体设备相关的操作，如读/写数据及其设置等。I/O 系统通过终端驱动 ttyDrv/tyLib 提供的函数与串行设备驱动 xxDrv 交互，包含了串行设备及其应用程序的总体模型如图 4.5 所示。从图 4.5 可以看出，基于 VxWorks 的串口设备驱动程序架构，对 VxWorks 的虚拟设备 ttyDrv 进行封装，向上将 TTY 设备安装到标准的 I/O 系统中，上层应用通过标准的 I/O 接口完成对硬件设备的操作，向下提供对实际硬件设备的底层设备驱动程序。串口设备驱动由两部分组成，一部分为对 ttyDrv 进行封装，将串行设备安装到标准的 I/O 系统中，提供对外的接口；另一部分为串行设备驱动程序 xxDrv，提供对硬件设备的基本操作。

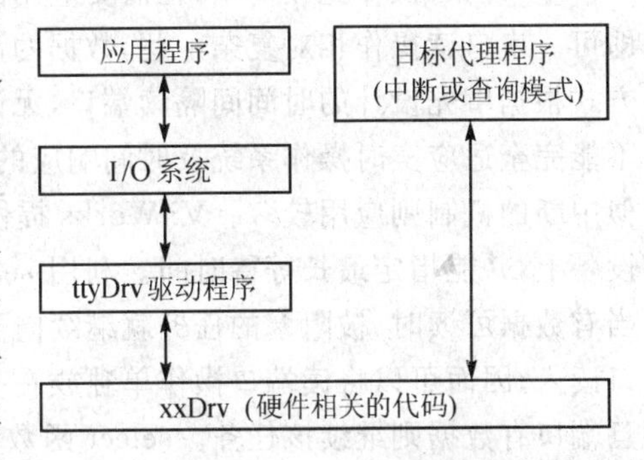

图 4.5 串行设备驱动模型框图

ttyDrv 是一个虚拟设备驱动，它通过一些通用管理函数为系统提供统一的串行设备界面，管理着 I/O 系统和真实驱动程序之间的通信，并用可以管理多个设备。在 I/O 系统方面，虚拟设备 ttyDrv 作为一个字符型设备存在，它将自身的入口点函数挂在 I/O 系统上，创建设备描述符并将其加入到设备列表中。当用户有 I/O 请求包到达 I/O 系统中时，I/O 系统会调用 ttyDrv 相应的函数响应请求。同时，ttyDrv 管理了缓冲区的互斥和任务的同步操作。此外，ttyDrv 负责与实际的设备驱动程序交换信息，通过设备驱动程序提供的回调函数及必要的数据结构，ttyDrv 将系统的 I/O 请求作相应的处理后，传递给设备驱动程序，由设备驱动程序完成实际的 I/O 操作。

4.4.1.2 VxWorks 下的基本串行操作描述

串口驱动初始化及其串口添加，在系统配置文件 usrConfig. c 中进行。

串行设备驱动的初始化 xxDevInit 过程如下：

- 首先，调用系统函数 ttyDrv()，该函数通过调用 iosDrvInstall()将 ttyOpen()、ttyIoctl()、tyRead()、tyRead 和 tyWrite 安装到系统驱动函数表中，供 I/O 系统调用。
- 接着，根据用户输入参数对串口芯片寄存器进行初始化，安装驱动函数指针。
- 最后，调用系统函数 ttyDevCreate()创建 ttyDrv 设备。该函数初始化设备描述符，调用 tyDevInit()函数初始化 tyLib、初始化 select 功能、创建信号量和输入输出缓冲区，调用 iosDevAdd()函数将设备添加到设备列表中并设置设备的中断操作模式。

串口初始化完成后，应用程序使用串口进行通信前必须向操作系统提出资源申请要求，即打开串口，并对串口进行配置。串口的打开，使用 open()函数。

在默认设置下，以"tyCo/0"表示串口 1(COM1)，以"tyCo/1"表示串口 2(COM2)。

串行设备驱动是实终端 tty 驱动的一种类型。VxWorks 提供了终端 tty 和伪终端 pty 特殊设备驱动。tty 设备有两种操作模式：raw 模式和 line 模式。在 raw 模式下，每个刚从设备输入的字符对读者都是有效的；在 line 模式下所有输入字符被存储，直到 NEWLINE 字符输入。设备选项字使用带 FIOSETOPTIONS 功能的 ioctl()函数来进行模式设置。

串口配置完成后，依据串口打开时返回的读/写标志，应用程序就可以用标准的 I/O 函数 read()和 write()收发数据了。

串口的写操作比较简单，在需要应用的地方将数据用 write()函数写到串口设备标识文件即可。串口读操作相对复杂一些，数据的读/写操作有两种方式：查询方式和中断方式。查询方式根据事先设计的时间间隔读端口，无论端口是否有数据，操作都要进行，因此查询方式并不能完全适应实时操作系统及时间响应的要求，在实时操作系统中应用不多。中断方式或类似中断的机制则应用较多。VxWorks 提供的 select 函数，可以使任务阻塞在一个或多个 I/O 设备上，并能指定最长等待时间。利用 select 函数，可以将读串口设备的操作阻塞在设备上，当有数据可读时，被阻塞的任务就继续向下执行，此时就可以对串口进行读操作，将数据从串口读入；因而可以将读端口操作单独放在一个任务中，利用 select 函数将任务阻塞在端口，一旦端口有数据则继续该任务。select 函数是一种类似于事件触发的机制，利用它就可以实现类似于中断方式的数据读取操作。

通信完成后必须释放资源，即关闭串口。

4.4.1.3 VxWorks 异步串行通信编程举例

1. 环境配置

这里以 486 工控机作为目标机，应用串口通信时目标机 VxWorks 系统启动盘的制作步骤为：

① 修改通用配置文件\\Tornado\target\config\pc486\config.h，在该文件中加入以下宏定义：

```
#define INCLUDE_WDB
#define INCLUDE_WDB_TTY_TEST
#undef WDB_COMM_TYPE
#define WDB_COMM_TYPE WDB_COMM_SERIAL       // 定义通信方式为串口联结
#define WDB_TTY_CHANNEL 1                   // 通道号
#define WDB_TTY_BAUD 9600                   // 串口速率，可设置至 38 400 bps
```

```
#define WDB_TTY_DEV_NAME "tyCo/1"
#define CONSOLE_TTY 0
#define DEFAULT_BOOT_LINE
     "fd = 0, 0(0,0)hostname:/fd0/vxWorks h = 主机 ip e = 目标机 ip u = 主机上的登录用户名"
```

② 在 Tornado 集成环境中执行 Project→Make PC486→Common Targets→clean 命令删除以前生成的文件，执行 Project→Make PC486→Boot Rom Targets→bootrom_uncmp 命令编译链接生成 bootrom_uncmp，再选择 VxWorks Target，编译生成 Vxworks；

③ 复制\\Tornado\target\config\pc486\bootrom_uncmp 至\\Tornado\host\bin 下；

④ 重命名文件 bootrom_uncmp 为 bootrom；

⑤ 准备一张已格式化的空盘插入软驱；

⑥ 在目录\\Tornado\host\bin 下执行 mkboot a：bootrom 命令；

⑦ 复制\\Tornado\target\config\pc486\VxWorks 至软盘；

⑧ 将系统制作盘插入目标机软驱，上电启动目标机即载入 VxWorks 系统。

2. 编程举例

(1) 在程序中加入下列头文件

```
#include < vxWorks.h >
#include "strLib.h"
#include < string.h >
#include < sioLib.h >
#include < ioLib.h >
#include < stdio.h >
#include < ioctl.h >
#include < selectLib.h >
#include "types/vxTypesOld.h"
```

(2) 打开串口

```
int open_com1(void)                                    // 打开串口 1 函数
{   int sfd;                                           // 串口设备文件描述符
    sfd = open("tyCo/0", O_RDWR, 0);                   // 打开串口并返回串口设备文件描述符
    if(sfd == ERROR) printf("You can't open port com1 !");  //不能打开串口 1，则打印出错信息
}
```

(3) 配置串口

```
int config_com1(void)                                  // 串口 1 配置函数
{   ioctl(sfd,FIOSETOPTIONS,OPT_LINE);                 // 设置串口工作模式为行模式:LINE_MODE
    ioctl(sfd,FIOBAUDRATE,9600);                       // 设置串口波特率为 9 600 bps
    ioctl(sfd,FIOFLUSH,0);                             // 清空输入输出缓冲
    ioctl(sfd,SIO_HW_OPTS_SET,CS8|STOPB|PARENB|PARODD);
        //设置 8 位数据位，2 位停止位，带校验位，奇校验
}
```

(4) 串口接收数据

```
int accept _com1(void)                                    // 从串口 1 接收数据函数
{   while(1)
    {   char * accept_buf;
        FD_ZERO(&fds_data);                               // 位码置零
        FD_SET(sfd,&fds_data);                            //初始化位码
        width = sfd + 1;
        // 任务阻塞等待读串口准备完毕
        if(select(width, &fds_data, NULL, NULL, NULL) == ERROR) return(ERROR);
        read(sfd, accept_buf,sizeof(accept_buf));         // 从串口读字符
        printf("accept message is : % s\n\n", accept_buf); // 输出接收到的信息
    }
}
```

(5) 串口发送数据

```
int send_com1(void)                                       // 向串口 1 发送数据函数
{   char * send_buf = "Data had accept!";                 // 待发送数据
    write(sfd,send_buf,sizeof(send_buf)) ;
}
```

(6) 关闭串口

```
close(sfd);
```

4.4.2 在 VxWorks 下通过并行接口传输数据

4.4.2.1 VxWorks 下的并行口通信概述

在 VxWorks 下经常采用串行口或网络接口实现数据通信传输,串行口使用简单,但是只能用于速度比较低的通信场合;网络通信虽然速度比较高,但是接口和编程复杂。基于 X86 或 Pentium 的系统上都配有并行打印机端口,可以考虑利用它方便地实现速度较高的双向数据通信。虽然,VxWorks 中没有为并行口提供专门驱动程序或者相应的编程接口,但是提供了端口操作的函数,利用 VxWorks 系统提供的端口操作函数很容易实现并行口通信。因此,并行口通信,相对于串行口和网络通信来说,通信速度较高、实时性较好、编程简易,在 VxWorks 下通过并行口进行数据传输,是一条行之有效的途径。利用并行口方便、快速地实现数据双向通信,使 VxWorks 通信手段得到极大扩展。

并行口通信需要使用的 VxWorks 端口操作原型函数如下:

```
void sysOutByte(unsigned short Port, unsigned char Value);     // 通过端口 Port 输出数据 value
unsigned char sysInByte(unsigned short Port);                  // 从端口 Port 读入数据(返回值)
```

并行口有 3 种类型:标准并行口 SPP(Standard Parallel Port)、增强性并行口 EPP(Enhanced Parallel Port)和扩展性能并口 ECP(Extened Capability Port),常用的并行口 1 的数据、状态和命令寄存器地址分别为 0x378、0x379 和 0x37A。数据传输双向进行,通常选择使

并行口工作在后两种形式下。

4.4.2.2 API 函数并行通信应用举例

1. 常用并口读/写操作例程

下面给出了工作在 EPP 形式下，并行口数据读/写传输的典型例程代码：

```
void LPT_Write(unsigned value)                    // 向外发送一字节数据
{   unsigned char temp;
    while((sysInByte(0x379) >> 7)&1) ;            // 并口所连外设的"忙"等待
    temp = sysInByte(0x37A);                      // 发出写操作指令
    temp &= 0xDF;
    sysOutByte(0x37A, temp);
    sysOutByte(0x378, value);                     // 发送字节数据
}
unsigned char LPT_Read(void)                      // 从外部读入一字节数据
{   unsigned char temp;
    while((sysInByte(0x379) >> 7)&1) ;            // 并口所连外设的"忙"等待
    temp = sysInByte(0x37A);                      // 发出读操作指令
    temp |= 0x20;
    sysOutByte(0x37A, temp);
    temp = sysInByte(0x378);                      // 读入字节数据
    return (temp);
}
```

2. 并行口中断的使用及其编程

可以使用并行口中断，进一步提高数据接收的效率。

并行口中断通过其 ack/INTR 引脚引入，由控制寄存器的位 4 决定其使能与禁止。在 X86 或 Pentium 计算机上，并行口中断号为 IRQ7。

VxWorks 操作系统将所有 IRQ 都按先后顺序映射为从 INT_NUM_IRQ0（通常为 0x20）开始的连续中断号，然后再利用宏 INUM_TO_IVEC()将中断号转换为中断矢量。对于连接到中断控制器的某个输入上的设备，例如 DEV_IRQ，其中断矢量为 INUM_TO_IVEC(INT_NUM_IRQ0 + DEV_IRQ)。

下面给出了工作在 EPP 形式下，并行口数据中断方式接收的的典型例程代码：

```
unsigned char EPP_In_Datum;                    // 用于保存输入数据的全局变量
void EPP_Int_RCV(void)                         // 中断服务程序，在发生中断时输入数据
{   EPP_In_Datum = sysInByte(0x378);           /* 从并行数据端口读入数据 */
}
void PrintPortInit(void)                       // 初始化例程完成：连接中断服务程序，打开并口中断
                                               // 机制
{   IntConnect(INUM_TO_IVEC(INT_NUM_IRQ0 + DEV_IRQ),EPP_Int_RCV, 0);
    sysOutByte(0x37a, 0x10 | (sysInByte(0x37a));
}
```

4.4.3 以 Socket 编程接口实现网络传输数据

4.4.3.1 VxWorks 网络驱动及其通信概述

VxWorks 提供有能够与其他许多主机系统进行通信的强大网络功能，其网络协议栈层次如图 4.6 所示。图中，MUX 网络接口，是数据链路层和网络协议层之间进行数据交互的公共接口，其作用是分解协议和网络驱动程序，使它们独立，进而使添加新驱动程序和协议变得简单；BSD(Berkeley software Distribution)，即美国加州大学伯克利分校开发的 Unix，以成熟、通用和流行的 Socket 套接字网络通信而著称，现代习惯把这种 Socket 套接字网络通信通称为 BSD。VxWorks 网络协议栈是一种兼容 BSD 的高性能的实时 TCP/IP 协议栈，既适合于高性能的网络交换设备，也适合于 10 MHz/100 MHz/1 000 MHz 网卡等低价格的网络接入设备。

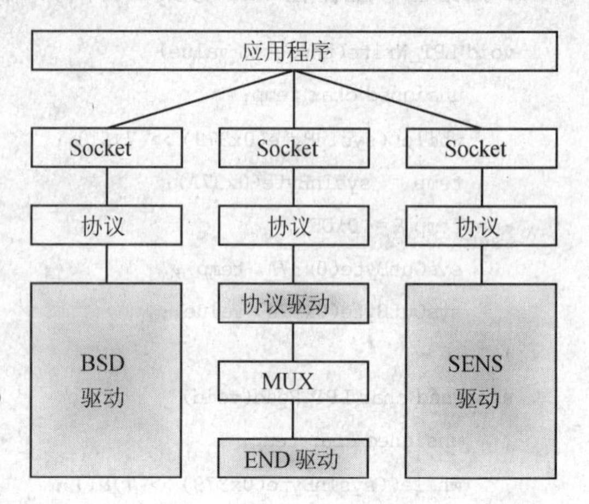

图 4.6 VxWorks 的网络协议栈层次框图

VxWorks 下的网卡等网络设备驱动程序主要有 BSD 和 END 两种。网络设备驱动程序实际上是处理硬件和上层协议之间的接口程序。BSD 驱动程序定义在一个全局例程 xxattach()中，xxattach()子程序中包含了 5 个函数指针：xxInit()、xxOutput()、xxIoctl()、xxReset()和 xxWatchdog()，它们都被映射到 ifnet 结构中，并可在 IP 协议层的任何地方被调用。END 驱动程序是基于 MUX 的，在 VxWorks 上应用广泛，END(Enhanced Network Driver)网络驱动程序被划分为协议组件和硬件组件两部分。

VxWorks 提供的完成信息传送的网络工具有：套接字(Socket)、远程过程调用 RPC、远程文件存取、文件输出和远程执行命令等。VxWorks 系统和网络协议的接口是套接字，Socket 规范是应用广泛的、开放的及支持多种协议的网络编程接口。网络通信的基石是套接字，每个正在被使用的套接字都有其类型及其相关的任务，各个任务之间用 Internet 协议进行通信。完全对等的过程间通信是套接字的最大优点。

VxWorks 对 X86 及 Pentium 系列工控机提供了很好的底层网络设备驱动支持，在 VxWorks 下通过网络进行数据传输，主要就是应用 Socket 网络编程接口函数完成实时高效的网络通信。

4.4.3.2 VxWorks 的套接字函数及其应用

网络是 VxWorks 系统之间以及与其他系统联系的主要途径。VxWorks 网络结构的最底层，通常使用以太网作为传输媒介；而在传输媒介的上一层，则使用 TCP/IP 和 UDP/IP 协议。VxWorks 网络编程中最常见的是 C/S(Client/Server)模式，在该模式下，服务器端有一个任务(或多个任务)在指定的端口等待客户来连接，服务程序等待客户的连接信息，一旦连接上之后，就可以按照设计的数据交换方法和格式进行数据的传输；而客户端则在需要的时候发出向服务端的连接请求。

网络通信的基础是套接字,一个套接字是通信的一端。VxWorks 提供两种套接字:流式套接字和数据报套接字。流式套接字定义了一种可靠的面向连接的服务,实现了无差错、无重复的顺序数据传输;数据报套接字定义了一种无连接的服务,数据通过相互独立的报文进行传输,是无序的,并且不保证可靠、无差错。无连接的服务一般都是面向事务处理的,一个请求一个应答就完成了客户端与服务端之间的信息交互。面向连接的服务比无连接的服务处理起来要复杂些。系统提供的套接字通信函数有:socket()、bind()、listen()、accept()、connect()、send()/sendto()、recv()/recvfrom()、select()、read()、write()、ioctl()、shutdown()和 close(),其具体用法与 Windows 和 Linux 下的套接字函数操作类似,这里不再赘述。面向连接的和无连接的套接字 C/S 模式程序的流程如图 4.7 所示。

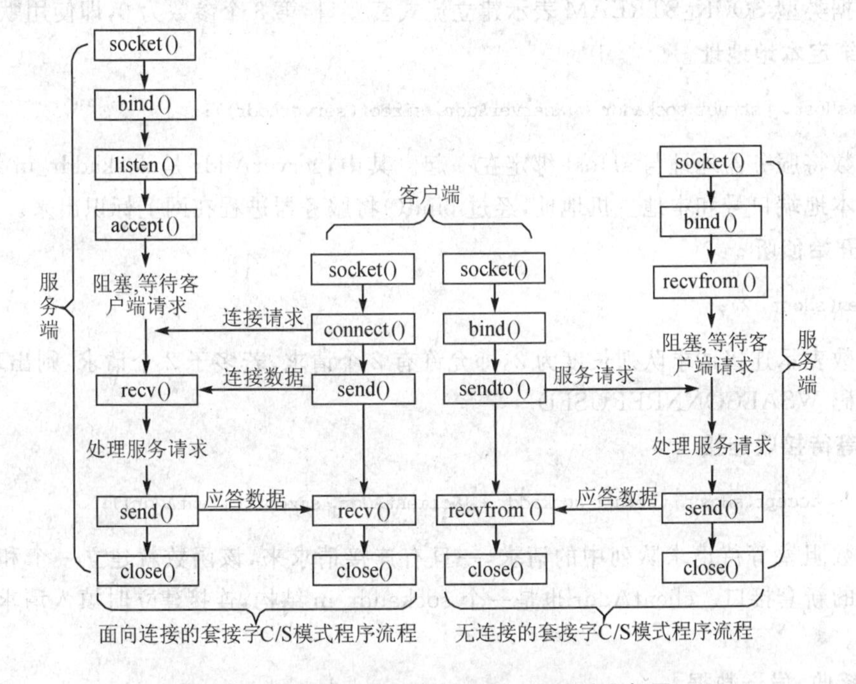

图 4.7 VxWorks 套接字 C/S 模式程序流程框图

套接字的工作过程如下:首先服务器启动,通过调用 socket()建立一个套接口;然后调用 bind()将该套接口和本地网络地址联系在一起,再调用 listen()使套接口做好侦听的准备,并规定其请求队列的长度,之后就调用 accept()来接收连接。客户在建立套接口后就可调用 connect ()和服务器建立连接。连接一旦建立,客户机和服务器之间就可以通过调用 recv()/recvfrom()和 send()/sendto()来发送和接收数据。最后,待数据传送结束后,双方调用 close()关闭套接口。

4.4.3.3 VxWorks 套接字编程应用举例

1. 面向连接的 Socket 网络测试编程

下面给出一个面向连接的点对点实时通信的工程应用的实例。该例曾应用于"网络测试分析仪"项目中,主要由两部分组成,服务器在 VxWorks 下运行,客户机在 Windows 下运行。

服务端的程序设计在结构上可以使用两种基本模式:循环模式和并发模式。循环模式指,服务端进程在总体上是一个循环,一次处理一个请求;在有很多客户端请求时,请求放入队列,依次等待处理;如果某个请求的处理时间过长,就会导致队列满而不能接受新的请求。并发模式指,服务端进程可以同时处理多个请求,结构上一般采用父进程接受请求,然后调用 fork 产生子进程,由进程处理请求。该模式的优点是可以同时处理多个请求,客户端等待时间短。

由于是面向连接的点对点通信,这里采用循环模式。VxWorks 下的服务器编程设计如下:

(1) 建立自己的套接口

```
sHost = socket(AF_INET, SOCK_STREAM, 0);
```

该函数建立指定通信域、数据类型和协议下的套接口,通信域为 AF_INET(唯一支持的格式),数据类型 SOCK_STREAM 表示建立流式套接口,第 3 个参数为 0,即使用默认协议。

(2) 绑定本地地址

```
bind(sHost, (struct sockaddr * )&serverAddr, sizeof(serverAddr));
```

该函数将服务器地址与 sHost 绑定在一起。其中,serverAddr 是 sockaddr_in 结构,其成员描述了本地端口号和本地主机地址,经过 bind()将服务器进程在网上标识出来。

(3) 开始侦听

```
listen(sHost, 2);
```

该函数表示连接请求队列长度为 2,即允许有 2 个请求,若多于 2 个请求,则出现错误,给出错误代码 WSAECONNREFUSED。

(4) 等待接收连接

```
snew = accept(sHost, (struct sockaddr * )&clientAddr, sizeof(clientAddr));
```

该函数阻塞等待请求队列中的请求,一旦有连接请求来,该函数就建立一个和 sHost 有相同属性的新套接口。clientAddr 也是一个 sockaddr_in 结构,连接建立时填入请求连接的客户端地址。

(5) 接收、发送数据

```
recv(snew, recvbuffer, buflen, 0);
send(snew, sendbuffer, buflen, 0);
```

recv()和 send()分别负责接收和发送数据,recv()从 snew(建立连接的套接口)接收数据,放入 recvbuffer 中,send()则将 sendbuffer 中数据发送给 snew;第 4 个参数表示该函数调用方式,通常用于诊断程序或路由选择程序,可选择 MSG_DONTROUTE 和 MSG_OOB, MSG_WAITALL,MSG_DONTWAIT,0 表示默认。

(6) 关闭套接口

```
close(sHost);
close(snew);
```

2. 无连接的 Socket 通信及其可靠性保证

(1) 信宿端(接收方,服务器端)程序设计

信宿端采用循环模式接收网络上的 UDP 报文,套接字 I/O 模型采用简捷、直接的阻塞模式，阻塞模式的优点是当套接字上没有数据可读或可写时，系统就把 CPU 时间交给其他任务运行。该端编程的主要步骤如下：

① 首先建立信宿端套接字 destinationFd，初始化本地地址并绑定套接字。

```
destinationFd = socket(AF_INET, SOCK_DGRAM, 0);
bind(destinationFd, (struct sockadd * )&destinationAddr, sizeof(destAddr));
```

② 设置加入组播。

```
ipMreq.imr_multiaddr.s_addr = inet_addr(mCastAddr1);
ipMreq.imr_interface.s_addr = inet_addr(destinationIPAddr);
setsockopt(destinationFd, IPPROTO_IP, IP_ADD_MEMBERSHIP, (char * )&ipMreq);
```

mCastAddr1 和 destinationIPAddr 对应信宿端的组播地址与本地 IP 地址。特别要注意的是在加入组前，套接字 destinationIPAddr 应该被绑定到通配符地址上。

③ 接收数据报文。

```
recvfrom(destinationFd, (char * )&recvData[0], sizeof(recvData), …);
```

这里采用 Forever{}循环模式，将收到的数据内容存入数组 recvData[]中，并取得信源地址。

(2) 信源端(发送方，客户端)程序设计

信源端数据模块相对简单，编程的主要步骤如下：

① 与信宿端一样，首先采用 socket()建立信源端套接字 sourceFd。

② 增加套接字的广播发送方式并设置信宿地址，并增加组播发送对象。

```
setsockopt(sourceFd, SOL_SOCKET, SO_BROADCAST, (char * )&optval,sizeof(optval));
routeAdd(mCastAddr1, sourceIPAddr);
```

增加这个 mCastAddr1 组地址作为发送对象，如果不加入路由，信宿方将无法收到相应的组播信息。

③ 发送数据报文。

```
sendto(sourceFd, …, (struct sockaddr * )&destinationAddr,…);
```

利用 destinationAddr 对应点播、组播和广播地址发出所需的报文。由于端口号值低于 5 000的一般用于系统保留和动态分配等，推荐最好将信源和信宿端口号都统一设定为 5 000。

(3) UDP 通信可靠性的保护措施

实时网络通信在传输层采用 UDP 协议，牺牲了传输的可靠性而保证其速度，可以在应用层采取保证通信可靠性的措施，通常的做法是：在自定义协议头 CDPH 中仿造 TCP 报文格式加入报文序列号、总长度、打包数及确认重发等约定，对于特别重要的数据进行点播通信时，可以在自定义协议中设定确认重发要求，通过这种报文序列号和确认重发等自定义协议机制，弥补传输层的不足。为了提高传输效率，在不影响实时性的前提下，每一帧都可在以太网最大传输单元 MTU(Maximum Transfer Unit)的范围内“打包”发送数据。采用应用层自定义协议与传输层 UDP 协议有机结合的层次化网络结构体系，可以有力地保证网络通信的实时性与可靠性。

4.5 USB 接口设备的 VxWorks 驱动软件设计

4.5.1 USB 协议栈及其驱动层次结构概述

USB 体系结构格局为主从方式,USB 中的协议栈特指主机端的软件设计。

USB 主机驱动协议栈分为 3 个层次:Client Driver、USBD 和 HCD。从 HCD 到 USBD,再到 Client Driver,每一层相对独立,并为上一层提供屏蔽该层具体特征的接口。

① Client Driver,即设备驱动层。该层位于 USB 主机驱动协议栈的顶端,负责管理连接到 USB 上的不同类型的设备,依靠 USBD 来提供与每个设备的通信路径,通过 IO 请求包 IRP 向 USBD 层发出数据接收或发送报文,并对应用程序提供 API 函数,屏蔽 USB 实现的细节。Client Driver 层主要是一些 USB 类驱动程序,如 USB 键盘、USB 鼠标、USB 打印机、USB 播放器、USB 大容量存储器(BlukDev/CbiUfiDev)、USB 通信类及 USB-以太网适配器等。

② USBD 层:USBD,即 USB 主驱动(USB host driver)。USBD 层通过 I/O 请求包 IRP 得到相关 USB 设备的属性和本次数据通信的要求,将 IRP 转换成 USB 所能辨识的一系列事务处理,交给 HCD 层。USBD 还负责新 USB 设备的配置、USB 电源管理、USB 带宽管理、USB Hub 管理、USB 设备的插拔及其资源的释放和 Client Driver 的装/卸载。Hub 功能是一个驱动能否对 USB 正确操作的评价之一,WindRiver 的 USBD 设计能够使 USBD 透明地处理 Hub 的功能。

USBD 层包括核心功能模块和接口模块两部分。USBD 核心功能模块实现 USB 的核心驱动,这是与硬件平台无关的 USB 驱动代码,实现了 USB 总线枚举、总线带宽分配和传输控制等操作,该模块向下调用 HCD 接口模块实现与 HCD 层的通信,向上层模块提供唯一的入口函数,并通过识别不同的输入参数来调用不同的功能代码,从而实现不同的 USBD 功能。USBD 核心功能模块只能被 USBD 接口模块内部调用。USBD 接口模块是 USB 主机协议栈最上层的模块,它向上为设备驱动程序提供 USB 主机驱动的功能调用,向下调用 USBD 核心功能模块,将设备驱动的功能请求转化为相应功能模块的调用。

③ HCD 层:HCD,即 Host Controller Driver。HCD 层的主要功能是对 Host 控制器的管理、带宽分配、链表管理和根集线器 Hub 管理,将数据按传输类型组成不同的链表,然后定义不同类型传输在同一帧中所占带宽的比例,交给 Host 控制器处理,控制器根据 USB 规则从链表上摘取数据块,按照大小要求,创建一个或多个事务处理,完成与设备的数据传输;当数据传输完成时,HCD 将结果交给 USBD 层,由其 Client Driver 层处理。

USB 主控制器 USB HC(USB Host Controller),目前市场上主要有两大类:一种是支持由 Intel 公司最先提出的通用主控制器接口 UHCI (Universal Host Controller Interface);另一种是支持由 Microsoft、康柏和国家半导体公司联合设计提出的开放主控制器接口 OHCI (Open Host Controller Interface)。就硬件性能而言,OHCI 的硬件功能比 UHCI 稍强,适合于嵌入式系统,而 UHCI 适合于计算机系统。对于每一类型的主控制器都有一个与硬件独立的 USB 主控制器驱动。WindRiver 提供了两个驱动库:主控制器库 UHCI(UsbHcdUhciLib)和主控制器库 OHCI(UsbHcdOhciLib),最新的 WindRiver 版本还提供有增强主机控制器接口库 EHCI。

HCD 层包括核心功能模块和接口模块两部分。HCD 核心功能模块按照 OHCI 或者 UHCI 规范编写，用以实现 USB Host Controller 的驱动，该模块向下直接与 USB 主机控制器硬件进行交互操作，包括 USB 主机控制器的寄存器初始化、主机驱动程序初始化和参数设置等，向上层模块提供唯一的入口函数，并通过识别不同的输入参数来调用不同的功能代码，从而实现不同的 HCD 功能；该模块只能被 HCD 接口模块内部调用。HCD 接口模块实现与 USBD 层的功能接口，为上层模块提供各种功能函数的调用，它利用 HCD 核心功能模块提供的入口函数，将从 USBD 层获得的各种调用请求，转化成对 HCD 核心功能模块的相应调用；该模块通过被 USBD 核心功能模块内部调用，支持对上层模块封装具体的 HCD 驱动的实现。

USBD 和 HCD 之间的接口允许一个或一个以上的底层主控制器，而且 WindRiver 的 USBD 能够同时连接多个 USB HCD。这样的设计特点可以建立复杂的 USB 系统。

VxWorks 下的 USB 主机驱动协议栈结构层次及其各模块功能关系如图 4.8 所示。

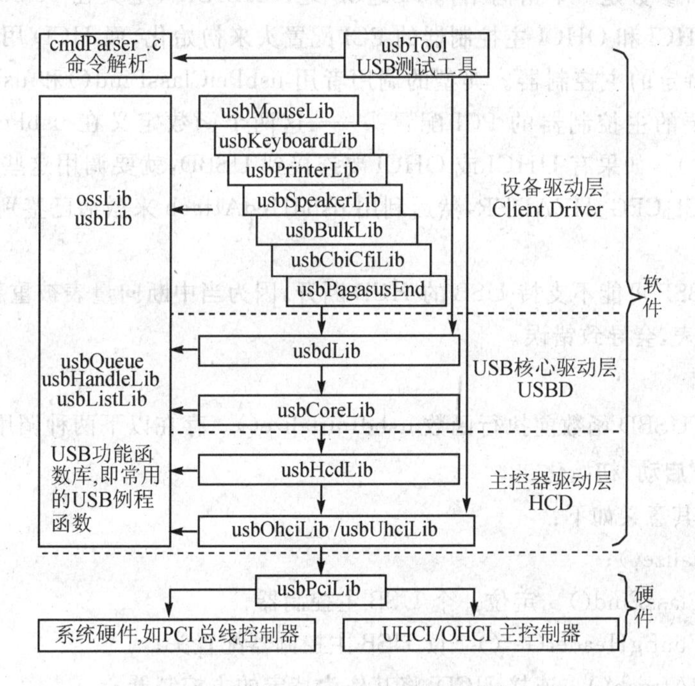

图 4.8 USB 主机驱动协议栈结构层次及其各模块功能关系图

4.5.2 VxWorks 下的核心驱动 USBD 详解

USBD 驱动是 USB 驱动的核心，它包括：初始化、client 注册、动态链接注册、管道 pipe 创建、设备配置、数据传输、回调函数及注销等，当正确地依次进行这些调用，就会根据回调函数的状态和返回值，按照正确的时序完成完整的数据传输。以下详细介绍 USBD 的典型应用，同时探讨 USBD 内部设计的关键特性。

1. USBD 的初始化

初始化 USBD 分为两步：

① 必须至少调用一次函数 usbdInitialize()。在一个给定的系统中，usbdlnifialize()初始化内部 USBD 数据结构，并依次调用其他 USB 驱动栈模块的入口。usbdinitialize()可以在启动时调用一次，也可以对每一个设备各调用一次。USBD 自己记录了调用 usbdInitialize()

(‘+’)和 usbdShutDown()(‘-’)的次数。只有大于等于1时才是真正初始化了，而等于0是关闭了。

② 用 USBD 的 lisbdHedAttaeh()函数至少把一个 HCD 连接到 USBD 上。这一过程既可以在 VxWorks 启动时，也可以在运行时进行。后一种机制可以支持“热插拔”，而不用像前一种那样需要重新启动。

2. HCD 的连接(attaching)与断开(detaching)

当 HCD 连接到 USBD 时，调用者为 usbdHedattaeh 函数传递 HCD 执行入口(HCD_EXEC_FUNC)和 HCD 连接参数(HCD attach parameter)。USBD 用 HCD FNC ATYACH 服务请求依次激活 HCD 的执行入口，传递同样的 HCD attach 参数。需要强调的是，虽然可以改变用 HCD 定义的参数，但是最好不要改变。对于 WindRiver 提供的 UHCI 和 OHCI 的 HCD，HCI attach 参数是一个指向结构 PCI_CFG_HEADER（定义在 pciConstants. h）的指针。该结构用 UHCI 和 OHCI 主控制器的 PCI 配置头来初始化，而 HCD 用这个结构中的信息来定位，管理特定的主控制器。典型的调用者用 usbPeiClassFind()和 usbPciConfigHeaderGet()得到想要的主控制器的 PCI 配置头——这两个函数定义在 usbPciLib 中(stubUsbarchPciLib. h 中)。如果有 UHCI 或 OHCI 要连接到 USBD，就要调用这些函数来获得每一个主控制器的 PCI_CFG_HEADER，然后利用 usbdHedAttaeh 来激活已鉴别出的每一个主控制器。

注意：底层 BSP 可能不支持 USB 的 HCD 断开，因为当中断向量表被重新使能时，如果还应用过期的向量表，会导致错误。

3. 启动顺序

必须在所有 USBD 函数前执行函数 usbdInitialize()。存在以下两种调用方式：

(1) 传统的“启动”初始化

执行顺序与其意义如下：

① usbdInitialize()；

② usbdPciClassFind()　定位一个 USB 主控制器；

③ usbdPeiConfigHeaderGet()　读 USB 主控制器配置头；

④ usbdHedAttaeh()　连接 HCD，将其作为特定的主控制器；

⑤ 调用 USB class driver 初始化入口点；

⑥ USB class driver 调用 usbdInitialize()。

(2) “热插拔”调用

执行顺序与其意义如下：

Boot Code 里调用。

① USB class driver 初始化入口点；

② USB class driver 调用 usbdInitialize()；

Hot - Swap code 调用。

① Hot - Swap 鉴别 USB 主控制器的连接或断开；

② usbdInitialize()；

③ usbdPciConfigHeaderGet()　读 USB 主控制器配置头；

④ usbdHedAttaeh() 连接 HCD,将其作为特定的主控制器。

因为热插拔可以在任何时刻发生,所以 USBD 和其 Client 都必须被写成可以动态识别 USB 设备被插入还是被拔出。当主控制器连接到系统时,USBD 自动地鉴别与其相连的设备,并通知相关的 client;同样,拔出设备时,也要通知相关设备。重要的是,USBD 的 client,如 USB class driver,在 client 初始化时,从不设想特定的设备已经出现;而在其他时候,这些驱动随时检查设备是否已经连接到系统上。

4. 总线任务

对每一个连接到 USBD 的主控制器,如插入或拔出设备,USBD 都会产生一个总线任务,来监控总线事件。一般情况下,这些任务是休眠的(不消耗 CPU),只有当 USB hub 报告它的一个端口有变化时,它们才被唤醒。每一个 USBD 总线任务有 VxWorks 任务名:tUsbdBus。

虽然 HCD 委托 USBD 来管理,但有可能 HCD 亲自监视主控制器事件。例如 WindRiver 提供了 UHCI 和 OHCI 的 HCD 来创造这样的任务。对于 WindRiver 的 UHCI 模块(usbHcdUhciLib),后台任务只是被周期地唤醒,目的是为了检查超时 IRP(用一个中断来通知 OHCI 根 hub 发生改变)。

用来在 USBD 和 USB 之间进行通信的 client 模块,除了调用 usbdInitialize()外,必须调用 usbClientRegister()使其在 USBD 注册。当一个 client 注册到 USBD 时,USBD 把每一个以后将要用到的 client 的数据结构定位,并跟踪那个 client 的请求。对于每一个 client,在 client 注册过程中,USBD 还创建了一个 callback 任务。在成功注册 client 后,USBD 返回一个句柄 USBD_CLIENT_HANDLE,以后对 USBD 的调用,将会用到这个句柄。当所有句柄都不需要时,可以调用 usbdClientUnregister()来释放每一个 client 的数据结构和 callback 任务。注意:此时所有 client 要求的任务都会被取消。例如:注册一个叫 USBD_TEST 的 client,再注销。

注册:usbdClientRegister("USBD_TEST', &usbdClientHandle);

注销:usbdClientUnregister(usbdClientHandle);

5. client 回调(callback)任务

USB 操作是严格遵守时序的。如为使中断传输和同步传输正确工作,需要依靠时钟中断。在一个有几个不同 client 出现的主系统中,总是有可能出现一个 client 打断其他 client 传输事件的发生。WindRiver USBD 建议用 client callback 任务来解决这个问题。许多 USB 事件可以导致一个 USB client 的 callback 任务。例如,每当 USBD 完成 USB IRP 后,client 的 IRP callback 函数被激活;同样,当 USBD 识别出一个动态连接事件后,会激活一个或更多的动态 attach callback 操作,但不是马上激活这些回调操作,而是安排相应的 USBDclient 回调任务来执行 callback。一般情况下,每一个 client 的 callback 任务处于“休眠”态(阻塞态)。

每一个 client 的 callback,继承了 usbdClientRegister()产生的 VxWorks 任务优先级。这确保了每一个 callback 按其 client 的任务优先级来执行,而且可以利用优先级来写 client,保证对时间要求严格的 USB 传输。由于每一个 client 有它自己的 callback 任务,因此在 callback 期间,它们有很大的灵活性决定可以做什么。例如,允许在不破坏 USBD 或其他 USBD client 性能的条件下,使 callback 执行代码运行至阻塞态。

Client callback task 有 VxWorks 任务名:tUsbdCln。

6. USBD 内部 Client

当第一次初始化 USBD 时，由 USBD 产生并注册一个内部 client，以跟踪 USB 请求。

USBD 可以产生什么类型的 USB 请求呢？所有 USBD 与 USB 设备的传输，均利用调用 USBD client 的形式来完成。如，当一个设备第一次连接到系统时，USBD 用一个控制管道(control pipe)自动地创建设备需要的所有的 control pipe，即 USBD client 要用 usbdPipeCreate()来创建一个与 USB endpoint0 通话的通道，然后所有 USBD 内部、外部 client 通过这个管道来发送诸如 usbdDeseriptorGet()或 usbdFeatureGet()等函数，进行操作。所以，USBD 的一个机制就是 USBD 循环利用它自己的 entry point，而内部 client 跟踪这些请求。

7. 动态连接的注册

每当一个特定类型的设备插入或拔出时，USBD client 都通知上一层。利用调用 usbdDynamicAttachRegister()操作，client 可以指定一个 callback 操作，以便可以获取这样的通知。

USB 设备类型用 class 和 subclass 和 protocol 来区别。标准的 USB 类在 usb. h 中定义为 USB_CLASS_XXXX。subclass 和 protocol 根据 class 来定义，因此这些常数根据特定的 class 在头文件中定义。有时一个 client 利用 usbdDynamicAt. tachRegister()进行注册时，只对特定的 class、subclass 和 protocol 感兴趣。如 USB 键盘类驱动 usbkeyboardLib，注册了 Human Device Interface(HID)类，subclass 是 USB_SUBCLASS_HID_ BOOT，protocol 是 USB_PROTOC_HID_BOOT_ KEYBOARD。通过 callback 机制的响应，每当一个设备完全符合这样的标准，从设备上插入或拔出时，USBD 便通知 keyboard class driver。而在其他情况下，client 关注的范围更广泛。常量 USBD_NOTIFY(定义在 usbdLib. h)可以替代任意的 class、subclass 和 protocol。如 USB 打印机 USB 驱动，usbPrinterLib，其 class 等于 USB_CLASSS_PRINTER，subclass 等于 USB_ SUBCLA S_PRINTER(usbPrinter. h)，protocol 等于 USBD_NOTIFY_ALL。典型的，当一个 client 只调用一次 usbdDynamicAttachRegister()时，对一个 client 能拥有的并发通知请求数目没有限制。

8. Node_ID

USB 设备一般用 USBD NODE_ID 来区别。从其作用看，USBD_ NODE_ ID 是 USBD 用来跟踪一个设备的句柄。它与 USB 设备真正的 USB 地址无关，这表明 client 并不真正想要了解设备是物理上与哪一个 USB 主控制器相连。应用为每个设备抽象定义的 Node ID，使 client 可以不用考虑物理设备的连接细节以及 USB 地址分配，并允许 USBD 在其内部对此进行详细管理。

当一个 client 通知有一个设备连接或断开时，USBD 经常通过 USBD_NODE_ID 来定位设备；同样，当一个 client 想通过 USBD 与一个特定的设备通信时，它必须向 USBD 传递那个设备的 USBD_NODE_ID。

9. 总线编号(bus_enumeration)操作

usbdLib 模块提供了 usbdBusCountGet()、usbdRootNodeIdGet()、usbdHubPortCountGet()和 usbdNodeIdGet()操作，这些函数被称作总线编号操作，它们使 USBD Client 对连接到每一个主控制器上的设备进行编号。

这些操作对于诊断程序和测试工具很有用，例如 usbTool(WindRiver 提供的一个测试工具)。但是，利用它们编号之后，调用者无法知道 USB 的拓扑结构是否变化，因此建议 USB class driver 的开发者不要用这些操作。

10. 数据传输

一旦 client 配置完成一个设备，就开始利用 USBD 提供的管道和传输功能与设备进行数据交换。传输种类（控制、批量、中断和同步传输）用一个 USB_IRP 数据结构来描述。USB_IRP 的具体描述可参见 HCD_ FUNC_IRP_SUBMIT。USB 数据传输被定位于每一个设备的特定 endpoint。在 USBD client 和特定的设备 endpoint 之间的通道被称作管道(pipe)。每一个管道有以下特性：USBD_NODE_ID、设备的 endpoim 数目、数据传输方向、带宽需求和延时需求。

为和设备交换数据，client 必须先创建管道。作为结果，USBD 得到了一个 USBD_PIPE_HANDLE，它被用于随后对这个管道的所有 client 操作。

当 client 企图创建一个管道时，USBD 会检查是否有足够的可用带宽。对于中断和同步传输，带宽限制是必需的。USBD 不允许把 90%以上的可用带宽分配给中断和同步管道；而对于控制和块传输，则没有带宽的限制。同时保证至少 10%的带宽用于控制传输，对块传输则不保证会提供任何可用带宽。

数据传输的具体过程为：

① 创建 pipe：usbdPipeCreate(usbdClient Handle, nodeId, endpoint, comqgvalue, interface, USB_XFRTYPE_BLUK, BULK USB_DIR_Out, maxPacketSize, 0, 0, &out PipeHalldle)；

② 定义 callback：ourlrpCallback(pvoid P)；

③ 初始化 IRP 的数据结构；

④ 发送 IRP：usbdTransfer(usbdChentHandle, outPipeHandle, &irp)。

4.5.3 VxWorks 下的 USB 设备驱动及应用

X86 及其 Pentium 系列工控机的 USB 硬件体系基本上都是基于 PCI 架构的，VxWorks 对基于 PCI 架构的 USB 主控制器有很好的支持，如 USB 规范支持，UHCI、OHCI 和 EHCI 接口支持，提供全部 4 种 USB 模式数据传输：控制传输、中断传输、批量传输和同步传输，允许连接各种外围设备，包括“Out-of-the box(即购即用)”类驱动程序，支持键盘和鼠标人机接口设备(HID)、打印机、同步音频播放器、海量存储器（仅 bulk 和 control-bulk-interrupt）以及通信(END 和 ACM)海量存储器和通信类驱动程序，这样开发人员便能够迅速地将标准 USB 连通性整合到基于 VxWorks 的嵌入式设备及其外围设备中，使得在嵌入式设备和先进外围设备（例如以太网、调制解调器、数码相机以及移动存储设备）之间建立 USB 连接变得十分方便。

VxWorks 下的 USB 驱动程序，由于大部分 USB 控制器都是通过 PCI 总线和 CPU 相连，这样加载 PCI 驱动，然后修改 usbPciStub 就能使用。USBD 程序开发，关键是 BSP 的开发，提供 USB 的 HCD 与 USB 主控器之间的接口，这个接口的关键是 usbPciStub. c 文件，它提供了系统特定的 PCI 函数，同时还有若干的宏定义。

对于 X86 及其 Pentium 系列工控机，VxWorks 下的 USB 驱动设计主要进行 USB 设备驱动层设计，即 Client Driver 驱动设计。USB 设备层驱动，主要是设备的初始化、数据的接收/发送或读/写操作。USB 设备的初始化主要是 USBD 的连接和根据 USB 设备的配置要求进行端点、传输类型设置等相关资源分配。通常，Client Driver 不直接使用收/发或读/写的中断，所有这些必要的中断操作在USBD或HCD层完成，Client Driver使用客户回调（client callback）任务达到同样的目的。

\\Tornado\Target\scr\下有各种常见类型的USB设备驱动层程序，这些驱动程序对应用程序提供了相应的API函数，基本上可以满足常见USB设备数据传输的需求，特别是工业数据采集与控制中的数据存储与移动存储的需求；对极特殊的USB设备，可以以这些设备驱动程序中较接近的程序为样板，根据实际USB设备特点，进行修改，得到新USB设备的驱动程序。

\\Tornado\Target\usb\tools\下有USB测试程序和应用例程，这给在应用程序中如何调用USB驱动API函数实现USB数据传输提供了很好的参考。可以把USB测试程序cmdParser包含在设计的程序中，以在调试中通过WindSH使用USB测试命令进行USB设备及其驱动的测试。

4.6 ISA/PC104板卡的VxWorks驱动软件设计

4.6.1 ISA接口设备VxWorks驱动设计概述

ISA总线接口的ISA板卡和PC104模块，是工业数据采集和控制应用领域中常用的硬软件载体。在实际应用中，不可避免地需要进行ISA总线的板卡或设备的VxWorks驱动程序设计。

在VxWorks驱动程序设计中，常常把ISA总线的板卡或设备作为字符型设备对待。这样，就可以按照字符型设备VxWorks驱动程序的设计规则设计ISA总线的板卡或设备的VxWorks驱动程序了，ISA总线的板卡或设备的VxWorks驱动程序设计主要集中在creat、remove、open、close、read、write和ioctl等基本的I/O操作函数的设计上。

在X86及其Pentium系列CPU中，ISA板卡或设备总是占用某一I/O端口空间的，因此也可以使用VxWorks提供的端口操作函数如sysOutByt()、sysInByte()等，并结合select()函数实现高效的ISA板卡或设备数据读/写操作访问。

4.6.2 ISA/PC104板卡设备的驱动设计举例

这里以PC104-CAN总线适配卡的VxWorks驱动程序设计为例，采用字符型设备VxWorks驱动程序的设计规则，具体说明ISA总线的板卡或设备的VxWorks驱动程序的设计过程。

1. 适配卡的硬件结构简介

PC/104-CAN适配卡主要由CAN控制器（SJA1000）、光电隔离（6N137）、收发驱动器（82C250）及译码电路组成，适配卡原理如图4.9所示。

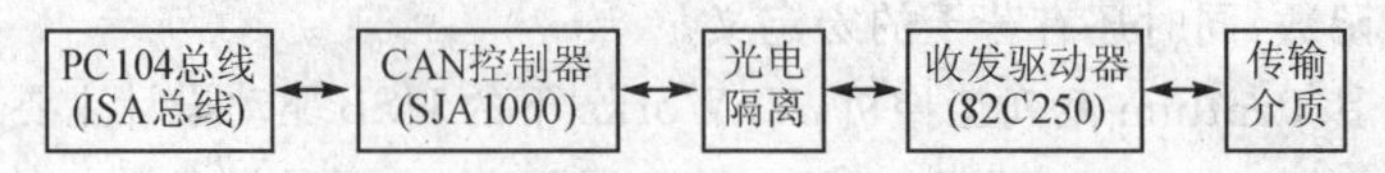

图4.9 PC/104-CAN适配卡原理图

2. 地址译码和中断选择

系统 104 主板的 CPU 为 486DX,其对接口板的访问有两种方式:内存映射和 I/O 访问。内存映射方式可以访问较大的地址空间并且指令丰富,便于实现快速交换数据;I/O 寻址采用专门的指令,每次只能传送单个字节。这里采用内存映射模式工作,对于 Intel X86 体系的 CPU,ISA 可以映射的空间为 0xC8000～0xEFFFF。使用比较器和地址选择开关组成可选端口地址译码电路,通过开关选通内存映射基地址(C8000H、C9000H、CA000H、…、EF000H),以避免与其他器件冲突。适配卡偏移地址分配如下:

00～FFH——SJA1000 的寄存器;

100H～1FFH——对该范围内的任意地址进行写操作,均可导致 CAN 硬件复位。

SJA1000 的 INT 引脚通过跳线选择 IRQ3～7、IRQ9～12 或 IRQ15 中的一个,避免与其他的适配卡冲突。

3. 适配卡驱动程序的实现

适配卡驱动程序的实现就是完成 7 个基本 I/O 函数的编写,主要程序编码如下:

```
int drv_num;                                  /* 驱动号码 */
typedef struct
{    DEV_HDR pCANHDR;                         /* 这个数据结构必须放在设备描述符的最初部分 */
     /* 其余与驱动有关的数据 */
}CAN_DEV;                                     /* 适配卡设备描述符 */
CAN_DEV can_chan_dev;
STATUS CanDrv(void)
{    /* 完成驱动的一些初始化 */
     intconnect();                            /* 连接所选的 IRQ 与中断处理函数 */
     sysIntEnablePIC();                       /* 486DX 允许中断 */
     drv_num = iosDrvInstall(CanOpen,NULL,CanOpen,CanClose,CanRead,
          CanWrite,CanIoctl);                 /* 将设备驱动例程装入设备列表中 */
}
/* iosDrvInstall()将设备的 CAN 驱动例程加入设备驱动列表中,7 个参数为 7 个驱动例程的进入点
(entry point),如果没有某个例程,则传递 NULL */
STATUS CanDevCreate()
{    // 完成一些设备初始化
          iosDevAdd (&Can_chan_dev.pCANHDR,"can0",drv_num);  /* 将设备放入设备驱动列表中 */
}
int CanOpen(CAN_DEV * pCan_Dev,UBYTE * remainder,int flags)
{    // 适配卡硬件复位
     // 适配卡关中断
     // 适配卡进入软件复位模式
     // 设置适配卡工作寄存器,如接收码寄存器和屏蔽码寄存器等
     // 适配卡开中断和进入操作模式
     Return((int)pCan_Dev);                   /* 注意必须返回设备描述结构指针 */
}
int CanRead(int CAN_DEV_ID,UBYTE * buf, int nBytes)
```

```
{   // 等待信号量(该信号量由中断处理例程释放)
    // 从接收缓冲区读取数据
    // 释放接收缓冲
    // 返回接收数据数量
}
int CanWrite(int CAN_DEV_ID,UBYTE * buf,int nbyte)
{   // 查询发送缓冲是否可用
    // 向发送缓冲区写数据
    // 命令发送
    // 查询发送完成标志
    // 返回发送数据数量
}
void interrupt_handle_routin(int arg)
{   // 处理中断事件
    // 发送(释放)信号量
}
```

4. 适配卡的驱动调试

硬件驱动的调试十分麻烦,经验很重要。这里简要介绍几个帮助调试的函数。

① 可以调用 iosDrvShow()、iosDevShow()及 iosFdShow()查看相关内容,判断并将驱动及设备列入相应列表。

② 使用 logMsg()实现相关内容,以定位错误。

初期调试,观测示波器和板上的信号指示灯是非常有用的,可以确定硬件的工作状况,帮助发现程序中的错误。

4.7　PCI/CPCI 板卡的 VxWorks 驱动软件设计

4.7.1　PCI/CPCI 板卡的驱动程序设计综述

PCI(Peripheral Component Interconnection)/CPCI(Compact PCI)板卡在当今工业数据采集和控制中应用广泛,基于 VxWorks 的底层硬件设备驱动的软件设计中经常需要进行 PCI 总线接口设备的驱动程序设计,尤其是 X86 及其 Pentium 系列工控机和 VxWorks 操作系统的应用。

4.7.1.1　PCI 接口设备驱动程序的实现过程

VxWorks 下的 PCI 接口设备驱动实现大致可以分为两个阶段:

第一个阶段是寻找 PCI 总线上的所有设备并返回一个设备表值,其具体步骤如下:

① 由函数 PciAutoListCreat()建立一个设备表 pPciList,具体地扫描 PCI 总线上的设备是通过函数 Pci-AutoDevProbe()来实现的。

② 在执行过程中,若发现 PCI 总线上存在设备,则开始判断该设备属于哪种类型的设备。PCI 总线上存在两种类型的设备,一种是 PCI 总线上的设备,另一种是 PC1 桥设备。若发现属于 PCI 总线上的设备,则在设备表 pPciList 长度上直接加 1。

③ 若发现是桥设备，则通过函数 PciAutoBusProbe()对连接桥上总线的设备进行搜索。执行这个函数时又回调了 PciAutoDevProbe()函数，只要发现新设备就在表的长度上增加 1。

④ 最后返回一个设备表。

第二个阶段是利用上述返回的设备表值，对现有的设备进行分配和初始化，其具体步骤如下：

① 调用 pciAutoFuncDisable()函数，首先使所有设备在初始化之前禁止中断。

② 调用函数 PciAutoDevConfig()分配某一个总线上的所有设备的 I/O 空间和 Memory 空间，对某一个确定的设备分配是由 PciAutoFuncConfig()函数完成。

③ 在分配过程中，利用函数 PciConfigOutLong()向基地址寄存器写全 1，然后通过读函数 PciConfigInLong()来读出基地址寄存器里的值，就可知道所需的配置空间的大小了。

④ 通过 PciAutoRegConfig()函数进行对某一设备的基地址寄存器进行两种空间分配，实现的过程是通过函数 PciAutoIoAll()和 PciAutoMemAll()完成的。

⑤ 对某一确定的设备，可以通过函数 sysPciAutoconfigIntrAsslgn()来分配它的中断向量。

⑥ 在所有的设备进行了资源分配后，在使用之前必须对其中断进行使能操作，系统才能使用。一般使用 pciAutoFuncAble()函数来完成这一功能。

4.7.1.2 PCI 接口设备驱动程序的基本框架

VxWorks 下的 PCI 接口设备驱动程序的框架结构基本上可以用以下 5 个方面进行概括：

① 定义常量和全局变量，如：

```
#define VENDOR_ID xxx
```

② 定义信息数据结构，如：

```
typedef struct xxx_Info
{   UINT pciBus, pciDevice;
    char irq;
} xxx_INFO;
```

③ 获取硬件接口参数，如：

```
void xxxInit()
{   // 利用供应商标识和设备标识确定设备的总线号、设备号和功能号，在系统中找到设备
    xxxFindDevice();
    // 确定映射到系统中设备的基地址
    xxxbase = XXX;
    // 确定设备的 IRQ
    pciConfiglnByte(busNo, deviceNo, funcNo, PCI_CFG_ DEV_ LINE,&irq);
}
```

④ 中断服务程序，如：

```
void xxxIntr0
{
```

```
    ...
}
```

⑤ 设备初始子程序,如:

```
{    ...                                          // 初始化设备
   // 连接中断服务程序
   PciIntConnect0;
}
```

4.7.2 PCI/CPCI 板卡的驱动程序设计举例

下面以 Cypress 公司的 CY7C09449PV 为 PCI 桥的 PCI 数据采集板卡为例,简要介绍 PCI/CPCI 板卡的 VxWorks 设备驱动程序设计。

1. 初始化和系统编程

系统的初始化包括 PCI 总线初始化和板卡的初始化,总线的初始化就是 PCI 设备映射的过程:调用系统函数扫描 PCI 总线,查找 PCI 总线上的所有设备,然后查询硬件设备上的资源信息,包括内存空间基地址、I/O 空间基地址和中断向量等资源,并把这些信息传递给 VxWorks 操作系统,具体步骤如下。

(1) 查找 PCI 设备

```
if((pciFindDevice(VENDOR_ID, DEVICE_ID, Index, &busNo, &deviceNo, &foncNo)) = = OK)
{   found = TRUE;
    logMsg("Found PCI Cy0449 device! \Il", 0, 0, 0, 0, 0, 0, 0);
}
```

对于多块 PCI 板卡,需要根据各自的供应商标识、设备标识进行多次搜寻。

(2) 获得设备映射信息

根据设备的总线号 busNo、设备号 deviceNo 和功能号 funcNo,通过调用 pciConfigIn-Long、pciConfiglnByte 获得设备映射的内存基地址 memBase 和 I/O 基地址 ioBase 以及中断号 Irq,部分代码如下:

```
pciConfiglnLong(busNo,deviceNo,funcNo, PCLCFG_BASE_ADDRESS_0, &memBase);
pciConfigInLong(busNo, deviceNo, funcNo, PCI_CFG_BASE_ADDRESS_1, &memBase);
```

获得的基地址要分别与存储器屏蔽位 PCI_MEMBASE_MASK 和 I/O 屏蔽位 PCI_MEMBASE_MASK 相与,才能得到真正的板卡的内存基地址和 I/O 基地址。

(3) 使能映射空间

为使板卡的内存空间和 I/O 空间可用,必须在 MMU(Memory Management Unit)表中添加内部存储器地址空间,操作方法可以通过直接修改 sysLib. C 中的 sysPhysMemDesc,也可以在程序中调用 sysMmuMapAdd 来实现。代码如下:

```
if(sysMmuMapAdd((void *)memBase,CY9449_MEM_SIZE,
        (UINT)CY9449_INIT_STATE_MASK, (UINT)CY9449_INIT_STATE) = = ERROR)
{    logMsg("Unable map PCI_CY9449_BOARD memorykn", 0, 0, 0, 0, 0, 0);
```

```
    return(ERROR);
}
```

(4) 板卡初始化

在完成 PCI 的初始化之后，需要根据具体功能操作芯片上的寄存器，包括初始化以下寄存器：

① Host Control Register　把此寄存器的位 0、位 1 均设为高进行复位，然后清零；

② Host InterruptControl/Status Register　把此寄存器的位 3 和位 19 设为高，选定中断状态为本地到主控的邮箱中断方式并实现状态使能；

③ Local Processor Interrupt Control/StatusRegister　把此寄存器的位 3 和位 19 设为高，选定中断状态为主控到本地的邮箱中断方式并实现状态使能；

④ Local Bus Configuration Register　把此寄存器的位 4、位 8、位 11、位 16 设为高，设定本地处理器数据总线宽度为 16 位，并进行一些默认设置。

在完成以上操作之后也就完成了对板卡的初始化。其他与 DMA 相关的寄存器操作在中断服务程序中介绍。

2. 中断服务程序开发

通过上面初始化 CY7C9449 桥接芯片的中断控制、状态寄存器，利用初始化 PCI 时获得的中断号和操作系统提供的函数 intconnect 将中断服务程序与中断向量连接起来(此时中断号要利用 INUM_TO_IVEC 转换为中断向量才可使用)；然后打开中断，使能中断响应；设置中断操作寄存器 Imerrupt Operate Register；如果来中断则判断 Host Interrupt Control/Status 寄存器是否为自己的中断，若是则执行所提供的相应中断服务程序代码。

中断服务程序代码要尽可能简练，使其能尽快返回，不能造成系统阻塞而影响系统性能。在中断服务程序中，不能调用可能引起调用阻塞的函数，如试图获取一个信号量、malloc()和free()，不能调用任何创建和删除函数，也不能通过 VxWorks 驱动执行 I/O 操作等。

在每一次判断是否为自己的中断之后，重新操作 Host Interrupt Control/Status 寄存器清除中断，为下一次中断的到来做好准备。

中断服务程序主要执行的操作是 DMA 操作，通过操作芯片上的 DMA 控制寄存器(DMA Control Register)，同时往 DMA Local Base Address Register、DMA Host Base Address Register 和 DMABurst SizeRegister 中写入 DMA 操作的源地址、目的地址和一次 DMA 操作的大小(一般设为 DMAbufer 的一半)，当产生一次中断就说明一次 DMA 传输完毕，可以安全地复制其中的数据。每次中断都可用类似乒乓操作的方式读走数据，最后，实现全部数据的采集并存储在内存中。

4.8 用 WinDriver 开发 VxWorks 设备驱动程序

VxWorks 下硬件设备驱动程序的编制调试，虽然有一定的规律可循，有一些驱动实例和模板可以参考，但实际做起来，还是比较缓慢艰辛的。开发 VxWorks 设备驱动程序最便捷的手段是使用 Jungo 公司的 Windriver for VxWorks 设备驱动程序开发工具。

4.8.1 WinDriver for VxWorks 开发工具介绍

WinDriver for VxWorks 简化并自动化了 VxWorks 设备驱动程序的开发。WinDriver 内核已经在上千个硬件/软件配置中实际测试过，品质卓越。WinDriver for VxWorks 开发的设备驱动程序跨操作系统可移植；应用程序在 Windows 98/Me/NT/2000/XP/XP Embedded/Server 2003/CE、Linux、Solaris 和 VxWorks 上源代码兼容；WinDriver for VxWorks 能够使开发工作快速简单，设计人员无需任何系统级编程知识及 VxWorks Core OS(WindRiver Microkernel)或 API 知识；使用 WinDriver for VxWorks 能够极大地缩短产品开发周期和市场的投入时间。

WinDriver for VxWorks 由一个运行在 Windows 下的图形式开发环境和丰富直观的硬件访问 API 组成。WinDriver 包含一系列功能强大的开发工具，如硬件诊断、自动生成驱动代码、驱动程序调试和硬件访问 API 等，为创建高性能的驱动程序和自定义的硬件访问应用程序提供了一套完整的解决方案，因此 WinDriver 能够使软件设计人员将更多的精力集中在驱动程序附加功能的开发上。

WinDriver for VxWorks 具有友好的 DriverWizard 向导工具，尽管 VxWorks 下不支持该向导，但是 DriverBuilder 是基于 Jungo 公司的 WinDriver 产品线开发的，可以使用 WinDriver 的 Windows 版本，利用其图形开发环境快速完成硬件确认和自动生成适合硬件的驱动程序主要代码；然后，将该代码转入到 Tornado 环境中并进行编译。

WinDriver for VxWorks 利用一个图形化的用户模式，应用程序可以直接访问硬件，进行硬件测试，无需编写任何代码。

WinDriver for VxWorks 调试监控器能够实时收集驱动程序的调试信息，对驱动程序的调试十分方便。

WinDriver for VxWorks 的系统需求如下：

① Windows 运行平台　Windows 98/NT/2000/XP/XP Embedded/Server 2003 NT 等；

② 支持的设备　PCI / CardBus / ISA / ISAPnP / EISA / PMC / PCI - X / PCI - 104 或 CompactPCI；

③ 支持的操作系统与 IDE 平台　VxWorks 5.4 和 Tornado 2.0 以上版本；

④ 可选的目标平台　需要运行一个处理器，含以下 BSP 之一：

- 带 Intel x86BSPs (pc486、pcPentium 和 pcPentiumPro)的 Intel X86 CPU；
- 带 MBX821/860 的 PPC 821/860；
- 带 MCP750 的 PPC750(IBM PPC 604)。

WinDriver for VxWorks 除了支持所有 PCI 桥之外，WinDriver 还提供对以下领先 PCI 厂商的高级支持，如 Altera、AMCC、PLX、Xilinx 和 QuickLogic，该高级支持包含对其芯片的专门应用，从而进一步加速了驱动程序的开发。

WinDriver for VxWorks 生成的设备驱动特点如下：

① 驱动封装大小，X86 约 110 Kb，PPC 约 115 Kb；

② 支持 I/O、DMA 和中断处理，可以访问内存映射卡；

③ 支持多 PCI 总线平台；

④ 包含动态驱动加载；

⑤ 具有查看安装说明页面，获取最新内容。

WinDriver for VxWorks 提供了全面的文档、帮助文件和详细的 C 代码例程等。

4.8.2 用 WinDriver 开发 VxWorks 驱动程序

使用 WinDriver 的驱动程序快速向导 DriverWizard 开发、调试和测试 VxWorks 下的硬件设备驱动程序，其方法步骤与 Windows、Linux 下 WinDriver 的应用相似，在此不再赘述，具体环节可以参考第 2 章、第 3 章中的内容。需要说明的是，在最后需要生成代码前要指定选择 C 语言并针对 Tornado IDE 环境，产生 VxWorks 设备驱动程序代码。

在指定的驱动程序目录下，生成的文件 xxx_lib. h 和 xxx_lib. c 就是 WinDriver 通过调用其内核函数提供的以 API 接口函数为主的特定设备驱动程序代码；文件 xxx_diag. c 是 WinDriver 提供的使用所提供的 API 接口函数编制的设备驱动程序测试应用程序。此外，还有一个目录 Tornado 和文件 xxx_files. txt：Tornado 目录含有 xxx. wpj 项目文件，该文件用于打开 Tornado IDE 环境进行驱动程序相关的调试和应用测试；xxx_files. txt 文件对 WinDriver 产生的各个文件进行功能说明。

在 VxWorks 下分发 WinDriver 得到的驱动代码时，对客户机程序需要把 windrvr6. o/. ko 和 your_drv. out 合入 VxWorks 嵌入映像中，有两个相关步骤：

① windrvr6. o/. ko 和 your_drv. out 一定要构建到 VxWorks 映像中。

在 Tornado Ⅱ 的 VxWorks 映像项目构建规范的中 MACROS 页指明 windrvr6. o/. ko 和 your_drv. out 作为 EXTRA_MODULES，在适当的目标机目录树下复制这些文件。重新构建项目，这些文件就会被包括进映像中。这里假定二进制的硬件驱动程序文件为 your_drv. out。

② 在启动初始化 windrvr6. o/. ko 期间，drvrInit()例程将被调用。所设计驱动程序启动例程也需要被调用。在位于 Tornado\Target\proj\目录中的 usrAppInit. c 文件中增加代码，以使它也能调用 WinDriver 初始化例程 drvrInit()和所设计驱动程序启动例程。当然，修改 usrAppInit. c 文件后需要重新构建 VxWorks 嵌入映像。

本章小结

本章首先介绍了 VxWorks 下 BSP 及其硬件驱动的基本特点，说明了 VxWorks 下硬件设备驱动软件开发设计及其调试/测试的一些重要基础知识，介绍了 VxWorks 设备驱动程序的基本结构和相关的设计流程；接着给出了 VxWorks 下常见字符型设备、块型设备硬件驱动程序的基本特点和设计方法。

异步串行通信、并行通信、以太网通信和便携式 USB 接口设备、ISA/PC104 板卡和 PCI/CPCI 板卡是 X86 及其 Pentium 系列工控机和 VxWorks 操作系统下与硬件设备经常打交道的接口或设备形式。在此首先说明了串行口、并行口和网络驱动的 VxWorks 结构特征，接着重点介绍了如何更好地使用系统提供的 API 函数、I/O 端口操作函数等去操作串行口、并行口和 Socket 接口来实现串行通信、并行通信和基本的网络通信。进一步说明了 USB 设备、ISA/PC104 板卡和 PCI/CPCI 板卡驱动程序的结构特征和设计方法，详细介绍了如何根据 USB 设备、ISA/PC104 板卡和 PCI/CPCI 板卡的硬件特点进行具体的设备驱动程序设计。在这些常见设备驱动软件设计中也说明了驱动程序的调用和调试过程。本章的最后阐述了如何使用 WinDriver for VxWorks 工具快速开发设备驱动程序。

本章为了说明各类硬件设备,特别是常见接口通信和 USB 设备、ISA/PC104 板卡及 PCI/CPCI 板卡等驱动软件设计及其相关驱动函数编制,列举了很多主要的例程代码,并做了详细的注释和说明。

第5章 嵌入式基本体系及外设接口的直接软件架构

嵌入式基本体系及其外设与接口的直接软件架构，是进行嵌入式应用软件体系开发设计的最基本、最常用的软件架构方法，它能够以最小的硬软件资源占用率在预定的安排设计下得到优良的系统性能，在中小型嵌入式应用体系的开发设计中，特别是便携式嵌入式产品的开发设计中广泛应用。

本章主要阐述嵌入式基本体系及其外设与接口的直接软件架构的特点和开发设计规律，重点论述如何用软件直接驱动嵌入式应用体系中常见的各类外设和接口。为了便于说明，文中对每一类型的外设和接口的驱动软件设计都列举了典型项目设计实例。本章最后介绍了常用嵌入式应用体系的软件架构工具及其使用。

本章的主要内容如下：

- 嵌入式应用系统的直接软件架构概述；
- 单片机嵌入式基本体系的软件架构设计；
- DSPs 嵌入式基本体系的软件架构设计；
- 嵌入式体系中常见外设的软件架构设计；
- 嵌入式体系中常见接口的软件架构设计；
- 嵌入式体系外设与接口驱动的测试与应用；
- 使用软件架构工具快速构建应用软件平台。

5.1 嵌入式应用系统的直接软件架构概述

5.1.1 嵌入式应用系统的直接软件架构

直接架构嵌入式系统的软件体系，指以所选微控制器具有的指令系统、适应的编辑/编译/调试环境及其软硬件操作机制框架为基础，直接建立起包括启动代码、所需外设或接口驱动等最基本的软件平台。嵌入式系统的软件体系直接架构，不使用现有的各种实时操作系统，只采用所选微控制器具有的简单操作系统，系统资源使用开销小，代码运行效率高，是中小嵌入式应用系统经常采用的软件开发设计手段。

嵌入式应用系统的直接架构软件，主要包括两部分：基本体系的架构软件和所需外设或接口的架构软件。基本体系的架构软件主要是系统启动代码的编写，对于 DSPs 体系还包括链接命令文件的编写，链接命令文件主要完成各个程序段和数据段的存储器分配，这种操作在单片机体系中一般在启动代码编制中完成。

所谓启动代码，就是处理器在启动的时候执行的一段代码，主要任务是初始化处理器模式、设置堆栈及初始化变量等。这些操作均与处理器体系结构和系统配置密切相关，所以一般用汇编语言来编写。启动代码与应用程序一起固化在嵌入式体系的程序存储器 ROM 中，首先在系统上运行，它应包含各模块中可能出现的所有段类，并合理安排它们的次序。启动程序代码的基本内容包括：配置中断向量表、初始化存储器系统、初始化堆栈、初始化有特殊要求的端口与设备、初始化用户程序执行环境、改变处理器模式及呼叫主应用程序。

启动代码类似于计算机中的 BIOS，它从系统上电开始就接管 CPU，依次负责初始化 CPU 在各种模式下的堆栈空间，设定 CPU 的内存映射，对系统的各种控制寄存器进行初始化，对 CPU 的外部存储器进行初始化，设定各外围设备的基地址，创建正确的中断向量表等，然后进入到 C 代码。在 C 代码中继续对时钟、RS232 端口等各种外设或接口进行初始化，然后打开系统中断允许位。最后进入到应用代码中执行，执行期间响应各种不同的中断信号并调用预先设置好的中断服务程序处理这些中断。

嵌入式体系外设或接口的直接架构软件，它的基本组成主要有 3 部分：初始化配置、读/写访问或收/发数据、中断处理。驱动操作代码，通常采用 C 语言编写，实时性要求比较高的驱动采用汇编语言编写，驱动代码通常编写成应用程序接口 API（Application Program Interface）函数的形式，供实现具体功能的应用程序段调用。一般来说，有几级驱动，就有几级驱动代码及其 API 接口函数，高级驱动可以直接调用低级驱动函数代码。驱动代码含有的 API 接口函数有：外设初始化函数、存取访问函数及中断处理函数及启动/停止函数等。

混合编程是大多数嵌入式应用体系采用的程序代码编制模式。启动代码和实时性要求比较高的部分采用汇编语言实现，其他大部分代码包括各种驱动和应用程序都采用 C 语言实现，这样一来，可以不必了解过多复杂的汇编指令，十分有利于程序的编制和嵌入式系统的开发设计。

5.1.2 嵌入式系统直接软件架构的特点

直接架构嵌入式应用软件体系的最大特点是系统资源占用少。与采用了 μC/OS、DSP/BIOS、μCLinux 和 WinCE/XP 和 VxWorks 等嵌入式实时操作系统的应用体系相比，它没有实时操作系统内核占用 ROM（通常是 Flash 闪存）的开销，没有因任务调度而需要的庞大堆栈内存 RAM 占用的开销，更没有为多任务调度必须的系统时钟和辅助时钟所占用的定时器资源开销。因此，直接架构嵌入式应用软件体系，代码运行效率相对较高，软件开发设计较容易。直接架构嵌入式应用软件体系，特别适合于中小型嵌入式应用体系的开发设计。

但是应该看到，直接架构嵌入式应用软件体系，还是存在着很多不足，特别是对于中大型嵌入式应用体系。与采用了 μC/OS、DSP/BIOS、μCLinux、WinCE/XP 和 VxWorks 等嵌入式实时操作系统的应用体系相比，它的软件运行未知因素较多，对各种异常的处理能力不足，可靠稳定性差；缺少基于优先级的多任务调度机制和文件管理能力，测量与控制的实时性较差；另外，它还存在着代码移植性与通用性差等不足。直接架构嵌入式应用软件体系，很难把握的是多中断优先级和中断的嵌套，还有主程序中的固定不变的多功能任务执行顺序。

尽管直接架构嵌入式应用软件体系存在着自身的不足，但是由于其系统资源占用最少，很容易构建硬软件开销最小、结构紧凑、成本低廉、简单易用及性能优良的嵌入式应用体系，因此在中小型嵌入式应用体系的开发设计中，特别是便携式嵌入式产品的开发设计中广泛应用。

5.2 嵌入式单片机基本体系的软件架构设计

5.2.1 嵌入式单片机体系的软件架构综述

一般来说，嵌入式单片机基本软件体系主要包括的文件有：启动文件、主程序文件、异常处理文件及其相应的头文件。通常，启动文件采用所选 CPU 特定的汇编语言编写，其他文件采用 C/C++语言编写。启动文件完成时钟配置、存储器分配和堆栈设置等，最后跳转到主程序。主程序中首先完成整个体系的各类外设、接口和 I/O 端口的初始化，然后进行异常中断的分配及开放，最后进入一个无限循环体执行后台事务处理。异常处理文件主要是各种中断处理服务程序。主程序文件和异常处理文件的头文件对程序中使用的包括文件、全局变量、外部变量、数据结构、自定义函数及外部函数等加以定义或声明，其中要包括关于 CPU 及其各种寄存器定义的头文件。主程序文件对各类外设、接口和 I/O 端口的初始化一般是通过调用对各类外设、接口和 I/O 端口相应硬件设备驱动程序的初始配置函数来完成的。

各个中断处理服务例程可以集中在一个文件中，也可以分散到各个设备驱动程序中。将各个中断处理服务例程集中在一个文件中，有利于软件设计的模块化和规范化，增强程序的可读性。

嵌入式单片机基本软件体系架构，就是编写出上述程序文件的基本框架，例如，若要用到一个中断，则要在主程序文件的起始部分对其进行相关配置、设置中断优先级和中断开放等操作，然后在异常处理文件中编写出对应的中断处理函数，其函数体是一个空框架，具体要实现什么功能由应用程序设计人员根据具体情况进行设计编制。

嵌入式应用体系中的单片机千差万别，各有特色，由这些单片机构成的各类嵌入式基本软件体系会有不同的侧重和差异，对不同的集成开发环境 IDE 也会有不同的架构特征和要求。下面介绍常用的各类嵌入式单片机基本软件体系的直接架构，并以其中一种典型类型，结合常用的 IDE 开发环境加以重点说明。

5.2.2 嵌入式单片机体系的直接软件架构

5.2.2.1 8 位单片机体系的软件架构

常用的 8 位单片机有 51 系列单片机、PIC 系列单片机和 AVR 单片机等，其中 51 系列单片机应用最为普遍。下面以 51 系列单片机和 Keil PK51 集成开发环境 IDE 为例，说明 8 位嵌入式单片机基本软件体系的直接架构。

1. 启动文件的编制

51 系列单片机在 Keil 集成开发环境 IDE 下的启动文件一般是 startup. a51，它主要完成各类数据存储区的划分与初始化、堆栈的分配，然后跳转到主程序。startup. a51 文件一般格式如下：

```
$ NOMOD51                                   ；Ax51 宏汇编器控制命令：禁止预定义的 8051
;自定义上电后需要初始化的储存区域
;间接寻址区 IDATA 起始地址固定为 0
```

```
IDATALEN        EQU 80H              ; 指定需要初始化的 IDATA 区长度(以字节为单位)
XDATASTART      EQU 0H               ; 需要初始化的外部直接寻址区 XDATA 的起始地址
XDATALEN        EQU 0H               ; 指定需要初始化的 XDATA 区长度(以字节为单位)
PDATASTART      EQU 0H               ; 指定需要初始化的页寻址区 PDATA 起始地址
PDATALEN        EQU 0H               ; 指定需要初始化的 PDATA 区长度(以字节为单位)
;重入堆栈初始化,下面的 EQU 语句定义并初始化重入函数的堆栈指针
; SMALL 模式下重入函数的堆栈空间
IBPSTACK        EQU 0                ; SMALL 模式下使用重入则设为 1
IBPSTACKTOP     EQU 0FFH+1           ; 设置堆栈顶为最高位置+1
; LARGE 模式下重入函数的堆栈空间
XBPSTACK        EQU 0                ; LARGE 模式下使用重入则设为 1
XBPSTACKTOP     EQU 0FFFFH+1         ; 设置堆栈顶为最高位置+1
; COMPACT 模式下重入函数的堆栈空间
PBPSTACK        EQU 0                ; COMPACT 模式下使用重入则设为 1
PBPSTACKTOP     EQU 0FFFFH+1         ; 设置堆栈顶为最高位置+1
;使用 COMPACT 模式时为 64 KB 的 XDATA RAM 定义页
PPAGEENABLE     EQU 0                ; 使用 PDATA 页则设为 1
PPAGE           EQU 0                ; 定义页号
PPAGE_SFR       DATA 0A0H            ; SFR 的最高地址字节
;标准 SFR 符号
ACC             DATA    0E0H
B               DATA    0F0H
SP              DATA    81H
DPL             DATA    82H
DPH             DATA    83H
; ************************************************************************
            NAME    ?C_STARTUP
C_C51STARTUP        SEGMENT    CODE
STACK               SEGMENT    IDATA
            RSEG    ?STACK
            DS      1
            EXTRN   CODE(?C_START)    ;外部代码(这个标号将代表用户程序的起始地址)
            PUBLIC  ?C_STARTUP        ;给外部使用的符号
            CSEG    AT      0         ;在 code 段 0 地址处放以下代码(绝对地址定位)
?C_STARTUP:
            LJMP    STARTUP1
            RSEG    ?C_C51STARTUP
STARTUP1:
IF IDATALEN <>                        ;若长度大于 1,则初始化 IDATA
            MOV     R0, #IDATALEN-1
            CLR     A
IDATALOOP:
            MOV     @R0, A
```

```
            DJNZ    R0, IDATALOOP
    ENDIF
    IF XDATALEN <> 0                          ; 若长度大于 1,则初始化 XDATA
            MOV     DPTR, # XDATASTART
            MOV     R7, # LOW (XDATALEN)
    IF (LOW (XDATALEN)) <> 0                  ; 预置初始化时的外循环次数为 R6
            MOV     R6, # (HIGH (XDATALEN)) + 1
    ELSE    MOV     R6, # HIGH (XDATALEN)
    ENDIF
            CLR     A
    XDATALOOP:
            MOVX    @DPTR, A
            INC     DPTR
            DJNZ    R7, XDATALOOP
            DJNZ    R6, XDATALOOP
    ENDIF
    IF PPAGEENABLE <> 0
            MOV     PPAGE_SFR, # PPAGE
    ENDIF
    IF PDATALEN <> 0                          ; 若长度大于 1,则初始化 PDATA
            MOV     R0, # LOW (PDATASTART)
            MOV     R7, # LOW (PDATALEN)
            CLR     A
    PDATALOOP:
            MOVX    @R0, A
            INC     R0
            DJNZ    R7, PDATALOOP
    ENDIF
    IF IBPSTACK <> 0                          ; SMALL 模式下使用重入函数时要设置的堆栈
    EXTRN DATA (? C_IBP)
            MOV     ? C_IBP, # LOW IBPSTACKTOP
    ENDIF
    IF XBPSTACK <> 0                          ; COMPACT 模式下使用重入函数时要设置的堆栈
    EXTRN DATA (? C_XBP)
            MOV     ? C_XBP, # HIGH XBPSTACKTOP
            MOV     ? C_XBP + 1, # LOW XBPSTACKTOP
    ENDIF
    IF PBPSTACK <> 0                          ; LARGE 模式下使用重入函数时要设置的堆栈
    EXTRN DATA (? C_PBP)
            MOV     ? C_PBP, # LOW PBPSTACKTOP
    ENDIF
            MOV     SP, # ? STACK - 1
```

```
; 如果使用了 Mode 4 程序分组技术(BANKING)请启用下面的程序代码
;           CALL    ? B_SWITCH0         ; 程序从第一个块(bank0)开始执行
            LJMP    ? C_START           ; 从这里跳到 C 程序入口
            END
```

程序中给出了详细注释，前面部分是有关数据存储区、堆栈、常用 CPU 寄存器和常量的定义。如果要根据实际应用情况改变不同数据存储区和堆栈的大小、系统工作模式等，可以改变该文件前面部分相应宏定义的数字。

Keil PK51 的中断向量表由其内部确定，C_START 函数也由其内部确定，最后的跳转会自动转到 main()主程序函数。

2. 主程序文件的架构

主程序文件 main.c 主要由项目初始化函数和主程序函数组成，项目初始化函数完成所选外设和接口的初始化及其中断控制的设置；主程序函数首先调用项目初始化函数，然后进入一个无限循环体，完成预设的后台事物处理。主程序框架体系格式如下：

```
#include "main.h"
void Project_Init(void)                 // 该函数初始化微控制器
{   USART_vInit();                      // 初始化异步串行接口器件
    T01_vInit();                        // 初始化定时器 T0 和 T1
    INT_vInit();                        // 初始化外部触发中断 ET0、ET1
    IP = 0x15;                          // 设置中断优先级:T2、T1、T0 为低,串口、ET1、ET1 为高
    // 用户可以加入的代码
    EA = 1;                             // 开放全局中断
}
// 用户可以加入的自定义函数
void main(void)                         // 主程序函数,由 Keil PK51 内定函数 C_START 调用
{   // 用户可以加入的自定义变量
    Project_Init();                     // 初始化项目核心微控制器
    // 用户可以加入的全局初始变量赋值
    while(1)                            // 无限循环体,完成后台事务处理
    {
        // 用户可以加入的代码
    }
}
```

主程序框架体系中，特意以注释的形式指出了用户可以加入代码的位置。项目初始化函数中调用的设备或接口初始化函数由相应设备或接口的设备驱动程序完成，它们在设备驱动程序设计时编写。

3. 中断处理文件的架构

中断处理文件 interrupt.c 的框架格式如下：

```
#include "interrupt.h"
// 外部中断 0 服务处理程序
void INT_viIsrEx0(void) interrupt EX0INT
```

```
{
    // 用户可以加入的代码
}
// 定时器 T1 服务处理程序
void T1_viIsrT1(void) interrupt T1INT
{
    // 用户可以加入的代码
}
// 串行收发中断服务处理程序
void USART_viIsr(void) interrupt USARTINT
{   USART_Interrupt();          // 在串行接口设备驱动程序中的串行收发中断处理函数
    // 用户可以加入的代码
}
```

上述框架体系中，特意以注释的形式指出了用户可以加入代码的位置。中断服务例程中，主要是调用相应外设或接口设备驱动程序中的中断处理函数，如串行收发中断处理函数。

5.2.2.2 16位单片机体系的软件架构

常用的16位单片机有MCS96/196/296系列单片机、80C166系列单片机和MSP430系列单片机等，其中80C166系列单片机在汽车电子、工业控制中应用广泛。下面以80C166系列单片机和Keil PK166集成开发环境IDE为例，说明16位嵌入式单片机基本软件体系的直接架构。

1. 启动文件的编制

C166系列单片机的启动文件有两种：startup.a66和start167.a66，startup.a66适合于C166和GOLD派生系列微控制器，start167.a66适合于C167、C167C、C165、C164、C163及其派生微控器。这两种启动文件除了一些小的差异，大部分内容都是一样的。C166系列单片机启动文件的大致内容和代码执行顺序如下：

- 初始化系统配置寄存器SYSCON（对C167，也初始化总线配置寄存器0BUSCON0）。
- 根据存储器空间分配需要，初始化相应的地址选择寄存器ADDRSELx/总线配置寄存器BUSCONx。
- 保留并初始化系统堆栈及其堆栈上溢出寄存器STKOV/下溢出寄存器STKUN。
- 设置数据页指针寄存器DPP0～DPP3及CPU上下文指针寄存器CP（用于存储器和寄存器寻址）。
- 保留并初始化用户堆栈及其堆栈指针(R0)。
- 清零数据存储器。
- 初始化C源程序中的初始化变量。
- 传递控制给main C函数。

Keil PK166的中断向量表由其内部确定，不用在启动文件中特别列出。

C166系列单片机的启动文件，通常可以在Keil PK166集成开发环境IDE提供的模板文件基础上根据实际需要加以修改得到。需要在模板文件中变动的基本上是文件开始部分关于堆栈、常量、寄存器及其位、存储器区的划分等定义，极个别的变动位置在文件的中/后部。

startup.a66 或 start167.a66 的汇编代码都比较长，涉及内容参数也比较多，这里不再列举。

2. 主程序文件的架构

主程序文件 main.c 的结构与 51 系列单片机大致相同，在此不再赘述，举例如下：

```
#include "main.h"
void Project_Init(void)                     // C166 微控制器初始化函数
{   IO_vInit();                             // 初始化 I/O 端口
    PWM_vInit();                            // 初始化脉冲宽度调制解调器 PWM[片内外设]
    CC1_vInit();                            // 初始化捕获/比较单元 1(CAPCOM 1) [片内外设]
    CC2_vInit();                            // 初始化捕获/比较单元 2(CAPCOM 2) [片内外设]
    GT1_vInit();                            // 初始化通用定时器单元 1[片内外设]
    INT_vInit();                            // 初始化外部事件触发器[片内外设]
    // 用户可以加入的代码
    IEN = 1;                                // 开放全局中断
}
// 用户可以加入的自定义函数
void main(void)                             // 主程序函数
{   // 用户可以加入的自定义变量
    Project_Init();                         // 初始化项目核心微控制器
    // 用户可以加入的全局初始变量赋值
    while(1)                                // 无限循环体，完成后台事务处理
    {
        // 用户可以加入的代码
    }
}
```

3. 中断处理文件的架构

中断处理文件 interrupt.c 的结构与 51 系列单片机大致相同，在此不再赘述，举例如下：

```
#include "interrupt.h"
// 捕获/比较 CC0 通道中断处理程序
void CC1_viIsrCC0(void) interrupt CC0INT
{
    // 用户可以加入的代码
}
// 捕获/比较 CC28 通道中断处理程序
void CC2_viIsrCC28(void) interrupt CC28INT
{
    // 用户可以加入的代码
}
……
// 外部事件触发 3 中断处理程序
void INT_viIsrEx3(void) interrupt CC11INT      // 与捕获/比较 CC11 通道共用一个中断向量
```

```
{
    // 用户可以加入的代码
}
```

5.2.2.3　32位单片机体系的软件架构

32位单片机，普遍使用的是ARM系列，各知名半导体厂商都推出了不同规格的ARM系列单片机。常用的32位ARM系列单片机有ARM7TDMI系列单片机、ARM920T/E系列单片机和StrongARM系列单片机等。下面以Philips公司推出的LPC22214 ARM单片机和Keil μLink for ARM集成开发环境IDE为例，说明32位嵌入式单片机基本软件体系的直接架构。

1. 启动文件的编制

ARM系列单片机启动文件的大致内容和代码执行顺序如下：

① 设置整个程序的入口指针　即从哪个地址开始执行，从Flash存储器，或片内RAM存储器，或外部RAM存储器，默认的入口地址是0x000000。

② 设置中断向量表　向量表通常是包含一系列跳转到各个中断服务程序的指令，对于未用中断常使其指向一个只含返回指令的哑函数以防止错误中断引起系统的混乱。

③ 初始化堆栈和寄存器　设置各种模式使用的堆栈及其大小；设置系统时钟、外部存储器操作总线接口寄存器；初始化有特殊要求的端口与设备。

④ 初始化存储器系统　可以通过寄存器编程初始化存储器系统，对于较复杂系统通常集成有MMU(存储器管理单元)来管理内存空间。

⑤ 改变处理器模式到需要的模式状态　一般是用户模式并初始化堆栈指针。

⑥ 初始化C语言所需的存储器空间　为正确运行应用程序，在初始化期间应将系统需要读/写的数据和变量从ROM复制到RAM里；一些要求快速响应的程序，如中断处理程序，也需要在RAM中运行；如果程序代码较短，可以考虑将整个程序代码从Flash复制到运行速度较快的RAM中。呼叫并跳转到主应用程序。

内存是为C代码执行开辟的内存区，代码编译后会分为3个区：只读区RO、可读可写区RW和零初始化区ZI。内存的初始化处理内容是：当只读区截止地址等于可读可写区基址时，把零初始化区各字节清零；当只读区截止地址不等于可读可写区基址时，如果可读可写区基址小于零初始化基址，就从只读区截止地址处开始把数据复制到可读可写区基址处，直到到达零初始化基址，然后把零初始化区各字节清零，否则只把零初始化区各字节清零。

存储器管理单元MMU用来管理虚拟内存系统，MMU通常是CPU的一部分，它本身有少量存储空间存放从虚拟地址到物理地址的匹配表，此表称作转换旁置缓冲区TLB。所有数据请求都送往MMU，由MMU决定数据是在RAM内还是在大容量存储器设备内。如果数据不在存储空间内，MMU将产生页面错误中断。MMU有两个主要功能：将虚地址转换成物理地址和控制存储器存取允许。MMU关掉时，虚地址直接输出到物理地址总线。在实践中，使用MMU可以解决以下问题：动态数据存储器DRAM为大容量存储器时的物理地址不连续问题；重新映射中断向量表，方便调试的进行；通过MMU匹配表的设置，将不允许被访问的某些地址段设为用户不可存取类型，方便系统存储需求。

在Keil μLink for ARM下，ARM系列单片机启动文件为statup.s，LPC22214

ARM7TDMI 单片机的 statup.s 文件内容如下：

```
;============================================================================
; STARTUP.S 代码在复位后执行，该文件以下列 SET 符号编译，在 uVision 里，这些 SET 符号
; 以选项- ASM -设置进入
; REMAP：当设置启动代码初始化 MEMMAP 寄存器以重写 CPU 配置引脚设置时，启动和中断向
; 量映射自：0x00000000——默认设置（不映射）
;            0x80000000——使用外部存储器 EXTMEM_MODE
;            0x40000000——使用片内存储器 RAM_MODE
; EXTMEM_MODE：当器件配置为执行代码取从地址 0x80000000 的外部存储器时，启动向量
;位置是 0x80000000.
; RAM_MODE：当器件配置为执行代码取从地址 0x40000000 的片内存储器时，启动向量位置
; 是 0x40000000
; 基本变量的定义
VPBDIV_SETUP          EQU     0x01          ; VPB 分频
VPBDIV_Value          EQU     0x00
PLL_SETUP             EQU     0x01          ; PLL 倍频
PLLCFG_Value          EQU     0x02
MAM_SETUP             EQU     0x01          ; 存储器加速
MAMCR_Value           EQU     0x02
MAMTIM_Value          EQU     0x02
UND_Stack_Size        EQU     0x10          ; 栈堆
ABT_Stack_Size        EQU     0x10
FIQ_Stack_Size        EQU     0x10
IRQ_Stack_Size        EQU     0x0100
SVC_Stack_Size        EQU     0x10
USR_Stack_Size        EQU     0x1800
PCON_Value            EQU     0x00          ; 功率控制
PCONP_Value           EQU     0x0000089A    ; 外设功率控制
EMC_SETUP             EQU     0x01          ; EMC 管理
PINSEL2_Value         EQU     0x0F804924
BCFG0_SETUP           EQU     0x01
BCFG0_Value           EQU     0x10000400
BCFG1_SETUP           EQU     0x01
BCFG1_Value           EQU     0x20000400
BCFG2_SETUP           EQU     0x01
BCFG2_Value           EQU     0x00000400
BCFG3_SETUP           EQU     0x00
BCFG3_Value           EQU     0x00000000
VICIntSelect_Value    EQU     0x00000000    ; 中断向量控制
VICIntEnClr_Value     EQU     0x0007FD23
VICSoftIntCl_Value    EQU     0x0007FFF3
VICVectCntl0_Value    EQU     0x26
```

```
VICVectCntl1_Value      EQU     0x00
VICVectCntl2_Value      EQU     0x27
VICVectCntl3_Value      EQU     0x00
VICVectCntl4_Value      EQU     0x29
VICVectCntl5_Value      EQU     0x00
VICVectCntl6_Value      EQU     0x24
VICVectCntl7_Value      EQU     0x00
VICVectCntl8_Value      EQU     0x00
VICVectCntl9_Value      EQU     0x00
VICVectCntl10_Value     EQU     0x00
VICVectCntl11_Value     EQU     0x00
VICVectCntl12_Value     EQU     0x00
VICVectCntl13_Value     EQU     0x00
VICVectCntl14_Value     EQU     0x00
VICVectCntl15_Value     EQU     0x00
; PSRs 中 IRQ、FIQ 中断标志与工作模式的定义
Mode_USR                EQU     0x10
Mode_FIQ                EQU     0x11
Mode_IRQ                EQU     0x12
Mode_SVC                EQU     0x13
Mode_ABT                EQU     0x17
Mode_UND                EQU     0x1B
Mode_SYS                EQU     0x1F
IRQ_Bit                 EQU     0x80
FIQ_Bit                 EQU     0x40
; PLL 锁相倍频的有关定义
PLLCON_PLLE             EQU     (1 << 0)        ; 使能 PLL
PLLCON_PLLC             EQU     (1 << 1)        ; 连接 PLL
PLLSTAT_PLOCK           EQU     (1 << 10)       ; PLL 锁定状态
; 所用寄存器基址的定义
VPBDIV                  EQU     0xE01FC100      ; VPBDIV 寄存器
PLL_BASE                EQU     0xE01FC080      ; PLL 寄存器
MAM_BASE                EQU     0xE01FC000      ; MAM 寄存器
EMC_BASE                EQU     0xFFE00000      ; EMC 寄存器
PINSEL2                 EQU     0xE002C014      ; PINSEL2 地址
MEMMAP                  EQU     0xE01FC040      ; 存储器映射
PCON                    EQU     0xE01FC0C0      ; 功率控制
VICIntEnClr             EQU     0xFFFFF014
VICIntSelect            EQU     0xFFFFF00C
VICVectCntl0            EQU     0xFFFFF200
VICVectAddr             EQU     0xFFFFF030
; 内存堆栈的规划
AREA    STACK, DATA, READWRITE, ALIGN = 2
```

```
        DS      (USR_Stack_Size + 3)&~3            ; User/System 模式栈堆
        DS      (SVC_Stack_Size + 3)&~3            ; Supervisor 模式栈堆
        DS      (IRQ_Stack_Size + 3)&~3            ; 向量中断模式栈堆
        DS      (FIQ_Stack_Size + 3)&~3            ; 快速中断模式栈堆
        DS      (ABT_Stack_Size + 3)&~3            ; Abort 模式栈堆
        DS      (UND_Stack_Size + 3)&~3            ; Undef 模式栈堆
Top_Stack:
;启动代码地址指定
$ IF        (EXTMEM_MODE)
            CODE_BASE      EQU     x80000000
$ ELSEIF    (RAM_MODE)
            CODE_BASE      EQU     0x40000000
$ ELSE      CODE_BASE      EQU     0x00000000
$ ENDIF
; 代码段
AREA    STARTUPCODE, CODE, AT CODE_BASE            ; READONLY, ALIGN = 4
        PUBLIC   __startup
EXTERN  CODE32     (? C? INIT)
__startup      PROC     CODE32
EXTERN    CODE32      (Undef_Handler? A)
EXTERN    CODE32      (SWI_Handler? A)
EXTERN    CODE32      (PAbt_Handler? A)
EXTERN    CODE32      (DAbt_Handler? A)
EXTERN    CODE32      (IRQ_Handler? A)
EXTERN    CODE32      (FIQ_Handler? A)
; 中断向量表
Vectors:        LDR        PC,Reset_Addr
                LDR        PC,Undef_Addr
                LDR        PC,SWI_Addr
                LDR        PC,PAbt_Addr
                LDR        PC,DAbt_Addr
                NOP                               ;DCD     0xB9205F80
                LDR        PC,[PC, # - 0x0FF0]
                LDR        PC,FIQ_Addr
Reset_Addr:     DD         Reset_Handler
Undef_Addr:     DD         Undef_Handler? A
SWI_Addr:       DD         SWI_Handler? A
PAbt_Addr:      DD         PAbt_Handler? A
DAbt_Addr:      DD         DAbt_Handler? A
                DD         0                      ; 保留
IRQ_Addr:       DD         IRQ_Handler? A
FIQ_Addr:       DD         FIQ_Handler? A
; Reset 程序段
```

```
Reset_Handler:
 $ IF    (EXTMEM_MODE)                          ; EMC 接口及其配置
             LDR       R0, = PINSEL2
             LDR       R1, = PINSEL2_Value
             STR       R1, [R0]
 $ ENDIF
IF     (EMC_SETUP ! = 0)
             LDR       R0, = PINSEL2
             LDR       R1, = PINSEL2_Value
             STR       R1, [R0]
             LDR       R0, = EMC_BASE
       IF     (BCFG0_SETUP ! = 0)
             LDR          R1, = BCFG0_Value
             STR          R1, [R0, #0x00]
       ENDIF
       IF     (BCFG1_SETUP ! = 0)
             LDR       R1, = BCFG1_Value
             STR       R1, [R0, #0x04]
    ENDIF
    IF     (BCFG2_SETUP ! = 0)
             LDR       R1, = BCFG2_Value
             STR       R1, [R0, #0x08]
    ENDIF
    IF     (BCFG3_SETUP ! = 0)
             LDR       R1, = BCFG3_Value
             STR       R1, [R0, #0x0c]
    ENDIF
ENDIF
IF     (VPBDIV_SETUP ! = 0)                    ; VPB 分频管理
             LDR       R0, = VPBDIV
             LDR       R1, = VPBDIV_Value
             STR       R1, [R0]
ENDIF
IF     (PLL_SETUP ! = 0)                       ; PLL 锁相倍频设置
             LDR       R0, = PLL_BASE
             MOV       R1, #0xAA
             MOV       R2, #0x55
             MOV       R3, #PLLCFG_Value       ; 配置并使能 PLL
             STR       R3, [R0, #0x04]
             MOV       R3, #PLLCON_PLLE
             STR       R3, [R0]
             STR       R1, [R0, #0x0c]
             STR       R2, [R0, #0x0c]
```

```
PLL_Loop:       LDR     R3, [R0, #0x08]                     ; 等待直到 PLL 倍频锁定
                ANDS    R3, R3, #PLLSTAT_PLOCK
                BEQ     PLL_Loop
                                                            ; 切换到 PLL 倍频后的时钟
                MOV     R3, #(PLLCON_PLLE | PLLCON_PLLC)
                STR     R3, [R0]
                STR     R1, [R0, #0x0c]
                STR     R2, [R0, #0x0c]
ENDIF
IF      (MAM_SETUP ! = 0)                                   ; 存储器加速管理
                LDR     R0, = MAM_BASE
                MOV     R1, #MAMTIM_Value
                STR     R1, [R0, #0x04]
                MOV     R1, #MAMCR_Value
                STR     R1, [R0]
ENDIF
 $IF    (REMAP)                                             ; 存储器映射管理
                LDR     R0, = MEMMAP
    $IF         (EXTMEM_MODE)
                MOV     R1, #3
    $ELSEIF     (RAM_MODE)
                MOV     R1, #2
    $ELSE
                MOV     R1, #1
    $ENDIF
                STR     R1, [R0]
 $ENDIF
                LDR     R0, = Top_Stack                     ; 栈堆设置
                MSR     CPSR_c, #Mode_UND|IRQ_Bit|FIQ_Bit   ; 未定义模式栈堆
                MOV     SP, R0
                SUB     R0, R0, #UND_Stack_Size
                MSR     CPSR_c, #Mode_ABT|IRQ_Bit|FIQ_Bit   ; 中止模式栈堆
                MOV     SP, R0
                SUB     R0, R0, #ABT_Stack_Size
                MSR     CPSR_c, #Mode_FIQ|IRQ_Bit|FIQ_Bit   ; 快速中断模式栈堆
                MOV     SP, R0
                SUB     R0, R0, #FIQ_Stack_Size
                MSR     CPSR_c, #Mode_IRQ|IRQ_Bit|FIQ_Bit   ; 向量中断模式栈堆
                MOV     SP, R0
                SUB     R0, R0, #IRQ_Stack_Size
                MSR     CPSR_c, #Mode_SVC|IRQ_Bit|FIQ_Bit   ; 超级用户模式栈堆
                MOV     SP, R0
                SUB     R0, R0, #SVC_Stack_Size
```

```
MSR     CPSR_c, #Mode_USR               ;用户/系统模式栈堆
MOV     SP, R0
LDR     R0, =PCON                       ;功率管理
MOV     R1, #PCON_Value
STR     R1, [R0];
LDR     R1, =PCONP_Value
STR     R1, [R0, #0x04]
LDR     R0, =VICIntEnClr                ;向量中断管理
LDR     R1, =VICIntEnClr_Value
STR     R1, [R0]
LDR     R1, =VICSoftIntCl_Value
STR     R1, [R0, #0x08]
LDR     R0, =VICIntSelect
LDR     R1, =VICIntSelect_Value
STR     R1, [R0]
LDR     R0, =VICVectCntl0
LDR     R1, =VICVectCntl0_Value
STR     R1, [R0]
MOV     R1, #VICVectCntl1_Value
STR     R1, [R0, #0x04]
MOV     R1, #VICVectCntl2_Value
STR     R1, [R0, #0x08]
MOV     R1, #VICVectCntl3_Value
STR     R1, [R0, #0x0c]
MOV     R1, #VICVectCntl4_Value
STR     R1, [R0, #0x10]
MOV     R1, #VICVectCntl5_Value
STR     R1, [R0, #0x14]
MOV     R1, #VICVectCntl6_Value
STR     R1, [R0, #0x18]
MOV     R1, #VICVectCntl7_Value
STR     R1, [R0, #0x1c]
MOV     R1, #VICVectCntl8_Value
STR     R1, [R0, #0x20]
MOV     R1, #VICVectCntl9_Value
STR     R1, [R0, #0x24]
MOV     R1, #VICVectCntl10_Value
STR     R1, [R0, #0x28]
MOV     R1, #VICVectCntl11_Value
STR     R1, [R0, #0x2c]
MOV     R1, #VICVectCntl12_Value
STR     R1, [R0, #0x30]
MOV     R1, #VICVectCntl13_Value
```

```
            STR        R1, [R0, #0x34]
            MOV        R1, #VICVectCntl14_Value
            STR        R1, [R0, #0x38]
            MOV        R1, #VICVectCntl15_Value
            STR        R1, [R0, #0x3c]
            LDR        R0, = VICVectAddr
            MOV        R1, #0x00000000
            STR        R1, [R0];
            LDR        R0, = ?C?INIT                    ;进入C程序
            TST        R0,#1
            LDREQ      LR, = exit?A                     ;ARM模式(R0.0 = 1)
            LDRNE      LR, = exit?T                     ;Thumb模式(R0.0 = 0)
            BX         R0
            ENDP
PUBLIC exit?A
exit?A      PROC       CODE32
            B          exit?A
            ENDP
PUBLIC exit?T
exit?T      PROC       CODE16
exit:       B          exit?T
            ENDP
            END
```

程序中进行了详细注释,前面的基本变量定义部分以常量形式定义了有关系统时钟、存储加速、堆栈、功率管理和中断向量控制等项,如果要根据实际应用情况改变不同数据存储区和堆栈的大小、系统工作模式等,可以改变这里相应宏定义的数字。这种模块化程序设计,可读性和可移植性非常强。

Keil μLink for ARM的C?INIT函数由其内部确定,最后会自动转到main()主程序函数。

2. 主程序文件的架构

主程序文件main.c的结构与51和C166系列单片机大致相同,在此不再赘述,举例如下:

```
#include "main.h"
//用户可以加入的包括文件代码
void Project_Init(void)                         //项目体系初始化函数
{   //片内外设模块初始化
    Uart0_vInit();                              //异步串口UART0的初始化
    Uart1_vInit();                              //异步串口UART1的初始化
    IIC0_vInit();                               //I2C0口的初始化
    T0_vInit();                                 //定时器T0的初始化
    GPIO0_vInit();                              //GPIO0端口的初始化
    //用户可以加入的其他初始化函数
```

```
    // IRQ 中断地址的定义
    VICVectAddr0 = (uword) IRQ0_Handler;
    VICVectAddr2 = (uword) IRQ2_Handler;
    VICVectAddr4 = (uword) IRQ4_Handler;
    VICVectAddr6 = (uword) IRQ6_Handler;
    // VICDefVectAddr = (uword) DefaultIRQ_Handlder;
    // 开放所使用的中断
    VICSoftInt |= VICSoftInt_Value;
    VICIntEnable |= VICIntEnable_Value;
}
// 用户可以加入的自定义函数
void main(void)                            // 主程序函数
{   // 用户可以加入的局部变量定义
    Project_Init();
    // 变量赋初值
    // 用户可以加入的初始操作
    while(1)
    {
    ; // 用户代码实现的主程序循环体
    }
}
```

3. 中断处理文件的架构

异常处理文件 exeception.c 的结构与 51、C166 系列单片机的 interrupt.c 大致相同，这里也不过多说明，举例如下：

```
#include "Exeception.h"
// 用户可以加入的内容，包括文件代码
void IRQ0_Handler(void) __irq              // 向量中断 IRQ0 异常事务处理函数
{   Uart0_Interrupt();                     // Uart0 中断处理
    // 用户可以加入的其他事务处理代码
    VICVectAddr = 0x00000000;              // 结束 IRQ 中断
}
void IRQ2_Handler(void) __irq              // 向量中断 IRQ2 异常事务处理函数
{   Uart1_Interrupt();                     // Uart1 中断处理
    // 用户可以加入的其他事务处理代码
    VICVectAddr = 0x00000000;              // 结束 IRQ 中断
}
void IRQ4_Handler(void) __irq              // 向量中断 IRQ4 异常事务处理函数
{   IIC0_Interrupt(string);                // IIC0 中断处理
    // 用户可以加入的其他事务处理代码
    VICVectAddr = 0x00000000;              // 结束 IRQ 中断
}
void IRQ6_Handler(void) _irq               // 向量中断 IRQ6 异常事务处理函数
```

```
{   T0_Interrupt();                              // Timer0 中断处理
    //用户可以加入的其他事务处理代码
    VICVectAddr = 0x00000000;                    // 结束 IRQ 中断
}
```

各个中断服务，主要是调用相应外设或接口设备驱动程序中的中断处理函数来完成。

5.3 嵌入式 DSPs 基本体系的软件架构设计

5.3.1 嵌入式 DSPs 体系的软件架构综述

一般来说，嵌入式 DSPs 基本软件体系包括的主要文件有：向量分配文件、主程序文件、中断处理文件、链接命令文件及其相应的头文件。通常，向量分配文件采用所选 DSPs 特定的汇编语言编写，其他文件采用 C/C++语言编写。向量分配文件主要完成所需的向量配置和中断向量表设置；主程序文件完成系统配置，时钟管理，看门狗定时器设置，各类外设、接口和 I/O端口的初始化配置，特殊运算模块的初始化，异常中断及其相关设置等，最后进入一个无限循环体执行后台事务处理；中断处理文件主要是各个中断处理服务例程的集合；链接命令文件主要完成各个存储器的结构划分和地址映射，也可以包括堆栈设置等；主程序文件和中断处理文件的头文件对程序中使用的包括文件、全局变量、外部变量、数据结构、自定义函数和外部函数等加以定义或声明，其中要特别包括的是关于 CPU 及其各种寄存器定义的头文件。

主程序文件对各类外设、接口和 I/O 端口的初始化一般是通过调用对各类外设、接口和 I/O 端口相应硬件设备驱动程序的初始配置函数或相应的寄存器设置来完成的。

中断处理文件中的各个中断处理服务例程，一般是通过调用相应外设或接口的硬件设备驱动程序中的中断处理函数完成的。

嵌入式 DSPs 基本软件体系与嵌入式单片机体系的文件结构组成基本相同。嵌入式单片机基本体系启动文件的功能分散成了更为灵活的向量分配文件和链接命令文件，并将其中的基本配置工作大部分转移到了主程序文件中。

嵌入式 DSPs 基本软件体系架构，就是编写出上述程序文件的基本框架。这些文件的编写，一般是按照相应的语法规则，以相近模板文件为基础进行修改得到的。

5.3.2 嵌入式 DSPs 体系的直接软件架构

常用的 DSPs 及其开发工具是 TI 公司的 DSPs 系列器件及其集成开发工具 CCS(Code Composer Studio)。TI 公司的 DSPs 器件有 16 位/32 位、定点/浮点之分，系列器件主要有 TMS320C2000、TMS320C5000 和 TMS320C6000，CCS 对不同的系列器件有不同的版本。不同的 DSPs 器件构成的嵌入式基本软件体系会有一些不同的侧重和差异，对不同的集成开发环境 IDE 也会有不同的架构特征和要求。下面以工业运动控制中常用的 TMS320C2000 系列中 TMS320C2407A 为例，结合 CCS2000 集成开发环境，介绍嵌入式 DSPs 基本软件体系的直接架构。

1. 向量分配文件的编制

向量分配文件的编制主要是编写中断向量表，指明需要使用的中断向量，并把没有使用的向量指向伪中断处理程序。伪(phantom)中断程序中,通常是一个反复复位看门狗定时器的死循环,它的使用有利于防止程序跑飞,保持中断系统的完整性。典型的向量分配文件vectors.asm的框架结构组成如下:

```
WDKEY      .set     7025h              ; WDT复位钥匙字
WDCR       .set     7029h              ; WDT控制字
           .ref     _c_int0
           .ref     _c_int1
           .ref     _c_int2
           .ref     _c_int3
           .ref     _c_int4
           .ref     _c_int5
           .ref     _c_int6
           .ref     _c_NMI
           .ref     _c_Trap
           .ref     _c_int8
           .ref     _c_int13
           .ref     _c_int24
           .ref     _c_int31
           .def     phantom
           .sect    "Vectors"
Vectort:   B        _c_int0            ; 00H 复位向量,程序起始点
int1:      B        _c_int1            ; 02H 可屏蔽硬件中断 1
int2:      B        _c_int2            ; 04H 可屏蔽硬件中断 2
int3:      B        _c_int3            ; 06H 可屏蔽硬件中断 3
int4:      B        _c_int4            ; 08H 可屏蔽硬件中断 4
int5:      B        _c_int5            ; 0AH 可屏蔽硬件中断 5
int6:      B        _c_int6            ; 0CH 可屏蔽硬件中断 6
int17:     B        _c_NMI             ; 22H 非屏蔽软件陷阱中断 Trap
int18:     B        _c_Trap            ; 24H 非屏蔽异常中断 NMI
int8:      B        _c_int8            ; 10H 非屏蔽软件中断 8
int9:      B        phantom            ; 12H 非屏蔽软件中断 9
int10:     B        phantom            ; 14H 非屏蔽软件中断 10
int11:     B        phantom            ; 16H 非屏蔽软件中断 11
int12:     B        phantom            ; 18H 非屏蔽软件中断 12
int13:     B        _c_int13           ; 1AH 非屏蔽软件中断 13
int14:     B        phantom            ; 1CH 非屏蔽软件中断 14
int15:     B        phantom            ; 1EH 非屏蔽软件中断 15
int16:     B        phantom            ; 20H 非屏蔽软件中断 16
int20:     B        phantom            ; 28H 非屏蔽软件中断 20
int21:     B        phantom            ; 2AH 非屏蔽软件中断 21
int22:     B        phantom            ; 2CH 非屏蔽软件中断 22
int23:     B        phantom            ; 2EH 非屏蔽软件中断 23
```

```
int24:         B       _c_int24           ; 30H 非屏蔽软件中断 24
int25:         B       phantom            ; 32H 非屏蔽软件中断 25
int26:         B       phantom            ; 34H 非屏蔽软件中断 26
int27:         B       phantom            ; 36H 非屏蔽软件中断 27
int28:         B       phantom            ; 38H 非屏蔽软件中断 28
int29:         B       phantom            ; 3AH 非屏蔽软件中断 29
int30:         B       phantom            ; 3CH 非屏蔽软件中断 30
int31:         B       _c_int31           ; 3EH 非屏蔽软件中断 31
               .text
phantom:                                  ; 假中断处理
               LDP     #WDKEY >> 7        ; 复位看门狗定时器
               SPLK    #055H, WDKEY
               SPLK    #0aaH, WDKEY
               SPLK    #6fH, WDCR
               B       phantom
```

系统上电，从向量分配文件执行后，首先跳转到 CCS 环境提供的 c_int0()函数，然后再转到主程序文件的 main()函数去执行。

2. 主程序文件的架构

主程序文件完成系统配置，各类外设、接口、I/O 端口和特殊运算模块的初始化，异常中断及其相关设置等，最后进入一个无限循环体执行后台事务处理，其典型文件 main.c 的框架结构组成如下：

```
#include "main.h"
// 用户可以加入的文件包含声明
void Project_Init(void)                   // 项目体系初始化函数
{   SCSR1 = 0x00CC;                       // 系统控制寄存器 1 配置
    SCSR2 = 0x0003;                       // 系统控制寄存器 2 配置
    WDT_vInit();                          // 看门狗定时器 WDT 初始化
    WSGR = 0x11FF;                        // XMIF 等待状态发生器设置
    XINT1CR = 0x01;                       // 外部中断控制寄存器 1 设置
    XINT2CR = 0x03;                       // 外部中断控制寄存器 2 设置
    PADATDIR = 0xF800;                    // PA - GPIO 口初始化
    PCDATDIR = 0xFF00;                    // PC - GPIO 口初始化
    PEDATDIR = 0x7B00;                    // PE - GPIO 口初始化
    // 片内外设模块初始化
    ADC_vInit();                          // 模/数转换器 ADC 初始化
    //ADC_Sanction();                     // 模/数转换器 ADC 偏差校准
    SCI_vInit();                          // 异步串行收发器 SCI 初始化
    EVB_vInit();                          // 事件管理器 EVB 初始化
    EVA_vInit();                          // 事件管理器 EVA 初始化
    // 特殊控制运算模块的初始化函数
    // 用户可以加入的其他初始化函数
```

```
    // 中断及其相关设置
    IMR = 0x0000;                               // 设置 IMR,关闭所有 MI 中断
    IFR = 0x003f;                               // 设置 IFR,清除所有 MI 中断标志
    IMR = 0x3F;                                 // CPU 中断控制字设置
    asm(" CLRC INTM");                          // 使能全局中断
}
// 用户可以加入的自定义函数
void main(void)                                 // 主程序函数
{   // 用户可以加入的局部变量定义
    Project_Init();
    // 变量赋初值
    // 用户可以加入的初始操作
    while(1)
    {
        ;//用户代码实现的主程序循环体
    }
}
```

3. 中断处理文件的架构

中断处理文件架构各个中断处理服务例程框架,其典型文件 interrupt.c 的框架结构组成如下:

```
#include "Interrupt.h"
// 用户可以加入的文件包含声明
void c_int1(void)                              // 硬件可屏蔽中断 1 处理函数
{   switch(PIVR)
    {   case 1:   XINT1_INT();                 // 外部事件输入 1 中断处理
              break;
        case 6:   SCI_RCV_Int();               // SCI 数据接收中断处理
              break;
        default: break;
    }
}
void c_int2(void)                              // 硬件可屏蔽中断 2 处理函数
{   switch(PIVR)
    {
        case 34:EVA_Compare2_INT();            // EVA 比较单元 2 中断处理
              break;
        case 39:EVA_T1_Period_INT();           // EVA_T1 周期中断处理
              break;
        case 41:EVA_T1_Underflow_INT();        // EVA_T1 下溢中断处理
              break;
        case 36:EVB_Compare4_INT();            // EVB 比较单元 4 中断处理
              break;
```

```
        case 38:EVB_Compare6_INT();          // EVB 比较单元 6 中断处理
                break;
        case 49:EVB_T3_Underflow_INT();      // EVB_T3 下溢中断处理
                break;
        default: break;
    }
}
void c_int3(void)                            // 硬件可屏蔽中断 3 处理函数
{    switch(PIVR)
    {   case 45:EVA_T2_Underflow_INT();      // EVA_T2 下溢中断处理
                break;
        case 58:EVB_T4_Compare_INT();        // EVA_T4 比较中断处理
                break;
        default: break;
    }
}
void c_int4(void)                            // 硬件可屏蔽中断 4 处理函数
{   switch(PIVR)
    {   case 51:EVA_Capture1_INT();          // EVA 的捕获单元 1 中断处理
                break;
        case 55:EVB_Capture5_INT();          // EVB 的捕获单元 5 中断处理
                break;
        default: break;
    }
}
void c_int5(void)                            // 硬件可屏蔽中断 5 处理函数
{   switch(PIVR)
    {
        default: break;
    }
}
void c_int6(void)                            // 硬件可屏蔽中断 6 处理函数
{   switch(PIVR)
    {   case 4: ADC_INT();                   // ADC 转换完成中断处理
                break;
        case 17:XINT2_INT();                 // 外部事件输入 2 中断处理
                break;
        default: break;
    }
}
interrupt void c_NMI(void)                   // NMI 不可屏蔽异常中断处理函数
{
    //用户可以加入的自编执行代码,通常是无限循环[while(1) ;]
```

```
}
interrupt void c_Trap(void)                 // 软件陷阱指令中断处理函数
{
    //用户可以加入的自编执行代码
}
interrupt void c_int8(void)                 // 软件中断 8(非屏蔽)处理函数
{
    //用户可以加入的自编执行代码
}
interrupt void c_int13(void)                // 软件中断 13(非屏蔽)处理函数
{
    //用户可以加入的自编执行代码
}
interrupt void c_int24(void)                // 软件中断 24(非屏蔽)处理函数
{
    //用户可以加入的自编执行代码
}
interrupt void c_int31(void)                // 软件中断 31(非屏蔽)处理函数
{
    //用户可以加入的自编执行代码
}
```

4. 链接命令文件的编写

链接命令文件用于存放链接器命令信息,它包含的主要内容有:链接器命令选项、Memory 与 Section 伪指令、赋值说明和输入文件名等。其中,Memory 伪指令部分用于对程序存储器与数据存储器进行范围说明,如名称、起始地址和存储器长度;Section 伪指令用于说明如何将输入段组合成输出段,怎样在执行程序中定义输出段,指定输出段在存储器中的位置和输出段的重新命名等。典型的链接命令文件 LinkCMD.cmd 的框架结构组成如下:

```
-stack      0x00ff                                /* 栈堆大小定义 */
/* 其他链接命令选项 */
MEMORY
{  PAGE 0:                                        /* 程序空间 */
        Vector:     org = 0000H len = 0040H       /* 片内程序空间 */
        Prog:       org = 0044H len = 0C00H       /* 片内程序空间 */
        ExtProg:    org = 8800H len = 0400H       /* 片外程序空间 */
   PAGE 1:                                        /* 数据空间 */
        B2:         org = 0060H len = 0020H       /* 片内数据空间 */
        B0:         org = 0200H len = 0100H       /* 片内数据空间 */
        B1:         org = 0300H len = 0100H       /* 片内数据空间 */
        SARAM:      org = 0800H len = 0400H       /* 片内数据空间 */
        ExtData:    org = 8000H len = 0400H       /* 片外数据空间 */
}
```

```
SECTIONS
{    /* 程序段空间分配 */
        Vectors:                > Vector      PAGE 0
        .text:                  > Prog        PAGE 0
        .data:                  > Prog        PAGE 0
        .cinit:                 > Prog        PAGE 0
        .switch:                > Prog        PAGE 0
    /* 常规数据段空间分配 */
        .const:                 > B2          PAGE 1
        .bss:                   > B1          PAGE 1
        .stack:                 > SARAM       PAGE 1
        .system:                > B0          PAGE 1
    /* 用户数据段空间分配 */
        measure block(0x80)     > B1          PAGE 1
        save block(0x80)        > ExtData     PAGE 1
}
```

5.4 嵌入式体系中的接口直接驱动软件设计

5.4.1 嵌入式体系硬件接口及其驱动概述

常见的嵌入式体系硬件接口有串行通信接口、并行通信接口、无线通信接口、人机接口、现场总线接口和工业板卡总线接口等。常见串行通信接口有异步串口 UART/SCI、I^2C、SPI、USB、1394 和 1－Wires 等;并行通信接口主要是与 PC 机等相连的 8 位 SPP/EPP/ECP 并行口;常见无线通信接口有移动通信接口、红外通信接口和卫星通信接口等;人机接口主要是输入键盘、输出 LCD 显示等;常见现场总线接口有 RS485、M－Bus/C－M－Bus、CAN、EMAC 和 LonWorks/ProfiBus 等;工业板卡主要是具有 ISA 或 PCI 总线接口的 ISA/PC104 板卡、PCI/CPCI 板卡。SPP/EPP/ECP 并行口、ISA 总线接口通常需要经过逻辑变换转换为易用的并行存储器接口,有时也通过逻辑变换把 PCI 总线接口转换为易用的存储器接口,大部分 PCI/CPCI 总线接口使用 PCI 桥器件实现这种变换;并行存储器接口的驱动就是实现读/写访问并行存储器,在 5.5 节介绍;接口逻辑变换一般通过可编程逻辑器件实现,可编程逻辑程序设计在第 11 章阐述。无线通信,主要通过各种收发模块实现,这些模块的接口多为 UART 接口,有的也为 USB 接口,因此多数无线通信接口就成了 UART/SCI 接口。RS485、M－Bus/C－M－Bus、EMAC 和 USB 总线接口通过接口转换器件或模块,也可成为 UART/SCI 接口。USB 总线接口还可通过具有类似并行存储器接口的 USB 控制器实现。1－Wires 制接口器件驱动在 5.5 节介绍。这样分析,常见嵌入式体系硬件接口就集中到 UART/SCI、I^2C、SPI、键盘输入/LCD 显示和 CAN 总线等几个方面了。很多常用接口,如 UART/SCI、I^2C、SPI、USB、CAN 和 EMAC 等,都与微控制器一起集成,成为一块芯片。

嵌入式体系硬件接口的软件驱动,主要是对构成这些接口的控制器件或模块的软件驱动,它一般包括接口器件或模块的初始化和对接口的读/写访问或通过接口的数据收/发传输两个方面。接口器件或模块的初始化主要完成接口功能选项的设置、通信速率的设定、通信数据格式的确定及初始工作状况的指定等操作。对接口的读/写访问或通过接口的数据收/发传输，是接口驱动的主要目的，可以通过查询方式或中断方式得以实现。一般来说，数据的写访问或发送操作是主动的，数据的读访问或接收操作是被动的，主动的访问或操作可以通过简单的查询方式来实现，被动的访问或操作可以使用中断方式来完成，当然对于访问或操作响应速度很快的被动读取或数据接收也可采用简单的查询方式来实现。

嵌入式体系硬件接口的软件驱动实现，最终是通过对微控制器的各个相关寄存器和/或接口器件/模块的各个寄存器的读/写操作来实现的，因此，编制硬件接口驱动软件前，需要详细阅读微控制器和接口器件/模块的资料，特别是相关的寄存器设置与操作部分及其注意事项。

嵌入式体系硬件接口种类很多，涉及面很广，每个类别的接口驱动软件设计在遵循共同的设计规律下又具有不同的侧重和特色。下面重点阐述常见的 UART/SCI、I^2C、SPI、键盘输入/LCD 显示和 CAN 等硬件接口驱动软件设计。通过对这些常用硬件接口驱动软件的设计，体验嵌入式体系硬件接口驱动软件的设计规则和方法技巧，以求在进行新的硬件接口驱动软件设计时，能够触类旁通。

5.4.2 常见嵌入式接口的直接驱动软件设计

5.4.2.1 异步串口的直接驱动软件设计

异步串行接口模块，是现代微控制器中经常集成的片内外设之一，它在 DSPs 中被称为串行通信接口 SCI(Serial Communication Interface)模块，在单片机及其 PC 机中被称为通用异步收发器 UART(Universal Asynchronous Receiver & Transmission)。使用 SCI 或 UART，不仅可以直接实现异步串行数据传输通信，而且可以通过接口转换器件或模块间接地实现 RS485 等现场总线通信、无线移动通信、红外数据传输和卫星定位-授时-同步信号接收等。异步串行通信可以构成主从式多机通信网络。

异步串行接口模块的驱动主要包括模块的初始化和数据的收发传输。串口模块的初始化完成通信数据帧格式和传输波特率的确立及其收发管脚的配置；串行数据收发可以采用查询方式，也可以采用中断方式。一般来说，串行发送是主动的，串行接收是被动的；因此串行发送通常采用查询方式，只要条件允许就可以完成数据发送。串行接收通常采取中断方式，只有收到数据才引发数据接收动作；对于小批量周期间断性数据传输接收，为提高数据接收效率和节省存储器资源，通常采用环形队列缓冲机制。

下面给出了 TMS320LF2407A 的 SCI 模块的驱动程序 sci.h 和 sci.c，单片机的 UART 模块驱动和 SCI 模块驱动是类似的。TMS320LF2407A 及其 SCI 模块操作寄存器的含义可以查阅相关器件资料，在此不再赘述。

sci.h 文件的大致内容如下：

```
#include "f2407_c.h"
#define Queue_Length      12
uword RCV_PT = 0;                              // 接收数据指针
uword APL_PT = 0;                              // 使用数据指针
uword RCV_Data[16];                            // 接收数据
```

```
void  SCI_vInit(void);                         // 串口初始化函数
void  SCI_SD_String(uword * , uword);          // 字块发送函数
interrupt void  SCI_RCV_Int(void);             // 串口接收中断处理函数
```

sci.c 文件的大致内容如下：

```
#include "sci.h"
void SCI_vInit(void)                           // 串口初始化函数
{   // 引脚配置:定义(PA1)与 TxD(PA0)
    MCRA |= 3;
    // 数据收发格式、控制与波特率的设置
    SCICCR    = 0x07;      // 设置通信模式,数据位数,奇偶校验,停止位数
    SCICTL1   = 0x03;      // 设置收错中断,复位,休眠,发送唤醒,数据转移
    SCICTL2   = 0x02;      // 设置收发中断(含有发送状态)
    SCIHBAUD = 0x00;       // 设置波特率 0x2a(115 200 bps)
    SCILBAUD = 0x2a;
    SCIPRI    = 0x10;      // 设置串行通信接口优先级
    SCICTL1   = 0x23;
}
void SCI_SD_String(uword * Data, uword Num)    // 字块发送函数
{   while (Num > 0)                            // 发送 Num 个数据
    {   SCITXBUF = *Data++;
        while((SCICTL2&(1 << 7))==0);          // 等待数据发送完毕
        Num--;
    }
}
interrupt void SCI_RCV_Int(void)               // 串口接收中断处理函数
{   uword temp;
    temp = RCV_PT + 1;
    if(temp >= Queue_Length) temp = 0;
    if(temp == APL_PT) temp = SCIRXBUF;
    else
    {   RCV_Data[RCV_PT++] = SCIRXBUF;
        if(RCV_PT >= Queue_Length) RCV_PT = 0;
    }
}
```

程序在中断接收处理函数中，采用了环形队列以缓冲接收数据，设置了两个指针：接收指针和应用指针，接收指针在驱动程序中随“收到数据”而增长，应用指针在应用程序中随“数据的使用”而增长，当两者差值达到队列最大长度时，到来的数据被抛弃。环形队列的长度可以根据实际需要而变动。

5.4.2.2 I²C 总线的直接驱动软件设计

I²C 接口模块是现代微控制器特别是单片机中经常集成的片内外设，微控制器通过 I²C

接口可以连接串行非易失存储器、实时时钟/日历芯片、IC卡、键盘/显示驱动器件以及其他微控制器等,实现主从式多主机网络通信。

I^2C接口模块的驱动主要由模块初始化和数据收发传输部分组成。模块的初始化完成传输波特率、工作模式、通信地址和收发引脚的配置;数据收发通常采用中断方式,严格按照I^2C总线通信规约来完成。

下面以LPC2214的I^2C接口模块0的驱动程序iic0.h和iic0.c为例,说明I^2C接口模块的驱动程序设计,用到的I^2C总线通信规约在程序中进行了详细注释。LPC2214及其I^2C模块操作寄存器的含义可以查阅相关器件资料,在此不再赘述。

iic0.h文件的大致内容如下:

```
#include < LPC22xx.h >
#define ubyte   unsigned char
#define uhword unsigned short
#define uword   unsigned long
#define I20SCLH_Value      0x26          // 传输波特率
#define I20SCLL_Value      0x25
#define I2C0_Mode          0x00          // 工作模式控制
#define I2C0_Addr          0xDE          // 从模式的本机地址
#define IIC0_Pin           0x01          // SDA、SCL脚(1—定义/0—不定义)
ubyte I2C0_Slave_Addr;                   // 指定欲通信的从地址
ubyte I2C0_Buffer[80];                   // I²C0数据收发缓冲区
ubyte I2C0_Num;                          // I²C0接收新数据标志
ubyte I2C0_End;                          // 总线操作结束标志,1—结束,0xFF—操作失败
ubyte I2C0_ACS_Mode;                     // 访问模式:0—发送/1—接收
void  IIC0_vInit(void);                  // I²C0口初始化函数
ubyte IIC0_Receive(ubyte, ubyte);        // I²C总线数据接收函数
ubyte IIC0_Send(ubyte, ubyte);           // I²C总线数据发送函数
void IIC0_Interrupt(ubyte * );           // I²C0中断处理函数
```

iic0.c文件的大致内容如下:

```
#include "iic0.h"
void IIC0_vInit(void)                    // I²C0口初始化函数
{     if (IIC0_Pin == 1)                 // 引脚配置:SCL0—P0.2, SDA0—P0.3
      {   PINSEL0 &= 0xffffff0f;
          PINSEL0 |= 0x00000050;
      }
      I20SCLH = I20SCLH_Value;           // 数据传输波特率的设置
      I20SCLL = I20SCLL_Value;

      if (I2C0_Mode == 0)                // 工作模式设置:主模式
      {   I20CONCLR = 0x2C;
          I20CONSET = 0x40;
      }
```

```
    else                                                    // 从模式
    {   I20CONCLR = 0x28;
        I20CONSET = 0x44;
        I20ADR    = I2C0_Addr;                              // 地址
    }
    I2C0_Slave_Addr = I2C0_Addr;                            // 指定从机地址
}
ubyte IIC0_Reveive(ubyte address, ubyte num)                // I²C 总线数据接收函数
{   I2C0_Slave_Addr = address << 1;
    I2C0_Num = num;
    I2C0_ACS_Mode = 0x01;
    I2C0_End = 0;
    I20CONCLR = 0x2C;
    I20CONSET = 0x20;                                       // 启动总线
    while(0 == I2C0_End);
    if(1 == I2C0_End) return(1);
    else return(0);
}
ubyte IIC0_Send(ubyte address, ubyte num)                   // I²C 总线数据发送函数
{   I2C0_Slave_Addr = address << 1;
    I2C0_Num = num;
    I2C0_ACS_Mode = 0x00;
    I2C0_End = 0;
    I20CONCLR = 0x2C;
    I20CONSET = 0x20;                                       // 启动总线
    while(0 == I2C0_End);
    if(1 == I2C0_End) return(1);
    else return(0);
}
void IIC0_Interrupt(ubyte * str)                            // I²C0 中断处理函数
{   ubyte status;
    status = I20STAT;                                       // 读出 I²C 状态字
    switch(status)
    {   // 主模式寻址,并确定访问方向
        case 0x08:                                          // 已发送启动条件
        case 0x10:                                          // 已发送重启条件
            if(I2C0_ACS_Mode == 0)
                I20DAT = I2C0_Slave_Addr & 0xfe;            // 从机地址 + 写
            else I20DAT = I2C0_Slave_Addr & 0xff;           // 从机地址 + 读
            I20CONCLR = 0x28;                               // SI = 0
            break;
        // 主模式,发送数据
        case 0x18:                                  // 已发送 SLA + W 并已接收应答
```

```
        if(I2C0_Num > 0)                          // 数据发送
        {   I20DAT = *str++;
            I20CONCLR = 0x28;
            I2C0_Num--;
        }
        else                                      // 结束总线
        {   I20CONSET = 0x10;
            I20CONCLR = 0x28;
            I2C0_End = 1;                         // 设置总线操作结束标志
        }
        break;
    case 0x28:                                    // 已发送 I²C 数据,并接收到应答
        if(I2C0_Num > 0)                          // 数据发送
        {   I20DAT = *str++;
            I20CONCLR = 0x28;
            I2C0_Num--;
        }
        else                                      // 结束总线
        {   I20CONSET = 0x10;
            I20CONCLR = 0x28;
            I2C0_End = 1;
        }
        break;
    case 0x20:                                    // 已发送 SLA+W,并已接收非应答
    case 0x30:                                    // 已发送 I²C 数据,并接收到非应答
    case 0x38:                                    // 总线出错
        I20CONCLR = 0x28;                         // 总线进入不可寻址从模式
        I2C0_End = 0xFF;                          // 总线出错,设置标志
    break;
    // 主模式,接收数据
    case 0x40:                                    // 已收到 SLA+R 并已应答
        I20CONSET = 0x04;
        I20CONCLR = 0x28;
        break;
    case 0x50:                                    // 已收到数据并返回应答:读取数据,准备应
                                                  // 答或非应答
        *str++ = I20DAT;                          // 读取数据
        I2C0_Num--;
        if(I2C0_Num == 0)                         // 接收到数据后产生非应答
            I20CONCLR = 0x2C;
        else                                      // 接收到数据后产生应答
        {   I20CONSET = 0x04;
            I20CONCLR = 0x28;
```

```
        }
        break;
    case 0x58:                              // 已收到数据并返回非应答:读取数据,结束
                                            // 总线活动
        *str++ = I20DAT;
        I20CONSET = 0x10;
        I20CONCLR = 0x28;
        I2C0_End = 1;
        break;
    case 0x48:                              // 已收到 SLA+R 并已非应答(总线错误)
        I20CONCLR = 0x28;
        I2C0_End = 0xFF;
        break;
    // 从模式,接收数据
    case 0x60:                              // 接收到自身 SLA+W,返回应答
    case 0x68:
    case 0x70:                              // 接收到通用调用地址,返回应答
    case 0x78:
        I20CONSET = 0x04;
        I20CONCLR = 0x28;                   // 清除 I 标志 STA、SI
        break;
    case 0x80:                              // 接收到数据,返回应答
    case 0x90:
        *str++ = I20DAT;                    // 读取数据
        I2C0_Num--;
        if(I2C0_Num==0)                     // 接收到数据后产生非应答
            I20CONCLR = 0x2C;
        else                                // 接收到数据后产生应答
        {   I20CONSET = 0x04;
            I20CONCLR = 0x28;
            I2C0_End = 1;
        }
        break;
    case 0x88:                              // 总线结束或总线重新启动
    case 0x98:
    case 0xA0:
        *str++ = I20DAT;
        I20CONSET = 0x04;
        I20CONCLR = 0x28;
        I2C0_End = 0xff;
        break;
    // 从模式,发送数据
    case 0xA8:                              // 已接收到 SLA+R,准备数据,发送应答
```

```
        case 0xB0:
        case 0xB8:                                  // 已发送数据,准备数据,发送应答/非应答
            I20DAT = *str++;
            I2C0_Num--;
            if(I2C0_Num==0)                         // 接收到数据后产生非应答
                I20CONCLR = 0x2C;
            else                                    // 接收到数据后产生应答
            {   I20CONSET = 0x04;
                I20CONCLR = 0x28;
                I2C0_End = 1;
            }
            break;
        case 0xC0:                                  // 总线结束或总线重新启动
        case 0xc8:
            I20CONSET = 0x04;
            I20CONCLR = 0x28;                       // 清除 I 标志 STA、SI
            I2C0_End = 0xFF;
            break;
        default:
            break;
    }
}
```

iic0.h 文件的开始部分以常量的形式定义了传输速率、工作模式和通信地址等数值，这是程序中经常需要变动的地方，可以根据实际需求加以变化，这样做可以使程序更加通用，可读性和移植性变得更强。

5.4.2.3 SPI 总线的直接驱动软件设计

SPI 接口模块是包括单片机和 DSPs 等现代微控制器中经常集成的片内外设，微控制器通过 SPI 接口可以连接串行非易失存储器、LCM 模块、ADC/DAC 数据变换以及其他微控制器等，实现主从式的各种多机网络通信。

SPI 接口模块的驱动主要包括模块初始化和数据收发传输两部分。模块的初始化完成传输特率、工作模式、总线控制和收发引脚的配置；由于 SPI 总线数据传输速度较快，其数据收发通常采用查询方式完成。

下面以 LPC2138 的 SPI 接口模块的驱动程序 spi.h 和 spi.c 为例，说明 SPI 接口模块的驱动程序设计。LPC2138 及其 SPI 模块操作寄存器的含义可以查阅相关器件资料，在此不再赘述。

spi.h 文件的大致内容如下：

```
#include < LPC213x.h >
#define ubyte  unsigned char
#define uhword unsigned short
#define uword  unsigned long
```

```
#define S0SPCCR_Value      0x24          //传输速率
#define S0SPCR_Value       0x20          //SPI总线控制
#define SPI0_Pin           0x01          //定义SPI信号脚
#define SPI0_CS0           0x38          //主模式从机片选:8位,6～5位端口,4～0位引脚号
#define SPI0_CS1           0x80          //7位—1(无)/0(有)
#define SPI0_CS2           0x80
#define SPI0_CS3           0x80
void  SPI0_vInit(void);                  //SPI0口初始化函数
void  SPI0_CS_Enable(ubyte);             //SPI总线主模式片选使能函数
void  SPI0_CS_Disable(ubyte);            //SPI总线主模式片选禁止函数
void  SPI0_SD_Byte(ubyte);               //SPI总线字节数据发送函数
ubyte SPI0_RCV_Byte(void);               //SPI总线字节数据接收函数
```

spi.c spi.h 文件的大致内容如下：

```
#include "SPI00.h"
void SPI0_vInit(void)                           //SPI0口初始化函数
{    ubyte temp;
    //引脚配置:SCK,MISO,MOSI,SSEL—P0.4～P0.7
    if (SPI0_Pin == 1)                          //特定信号脚定义
    {   PINSEL0 &= 0xffff00ff;
        PINSEL0 |= 0x00005500;
    }
    if ((S0SPCR_Value & 0x20) == 0x20)          //主模式从机片选信号脚配置
    {  if((SPI0_CS0 & 0x80) == 0x00)            //片选0
       {  temp = SPI0_CS0 & 0x1f;
          if((SPI0_CS0 & 0x60) == 0x00)
          {   IODIR0 |= 1 << temp;
              IOSET0 |= 1 << temp;
          }
          else if((SPI0_CS0 & 0x60) == 0x20)
          {   IODIR1 |= 1 << temp;
              IOSET1 |= 1 << temp;
          }
       }
       if((SPI0_CS1 & 0x80) == 0x00)            //片选1
       {  temp = SPI0_CS1 & 0x1f;
          if((SPI0_CS1 & 0x60) == 0x00)
          {   IODIR0 |= 1 << temp;
              IOSET0 |= 1 << temp;
          }
          else if((SPI0_CS1 & 0x60) == 0x20)
          {   IODIR1 |= 1 << temp;
              IOSET1 |= 1 << temp;
```

```
            }
        }
        if((SPI0_CS2 & 0x80) == 0x00)       // 片选 2
        {   temp = SPI0_CS2 & 0x1f;
            if((SPI0_CS2 & 0x60) == 0x00)
            {   IODIR0 |= 1 << temp;
                IOSET0 |= 1 << temp;
            }
            else if((SPI0_CS2 & 0x60) == 0x20)
            {   IODIR1 |= 1 << temp;
                IOSET1 |= 1 << temp;
            }
        }
        if((SPI0_CS3 & 0x80) == 0x00)       // 片选 3
        {   temp = SPI0_CS3 & 0x1f;
            if((SPI0_CS3 & 0x60) == 0x00)
            {   IODIR0 |= 1 << temp;
                IOSET0 |= 1 << temp;
            }
            else if((SPI0_CS3 & 0x60) == 0x20)
            {   IODIR1 |= 1 << temp;
                IOSET1 |= 1 << temp;
            }
        }
    }
    // 接口配置
    if((S0SPCR & 0x20) == 0x20)             // 主模式传输速率定义
        S0SPCCR = S0SPCCR_Value;
    S0SPCR = S0SPCR_Value;                  // 接口控制字
}
void SPI0_CS_Enable(ubyte port)             // SPI 总线主模式片选使能函数
// 参数 port 要求:8 位,6～5 位端口,4～0 位引脚号,7 位—1(无)/0(有)
{   ubyte temp;
    temp = port & 0x1f;
    if((port & 0x60) == 0x00) IOCLR0 |= 1 << temp;
    else if((port & 0x60) == 0x20) IOCLR1 |= 1 << temp;
}
void SPI0_CS_Disable(ubyte port)            // SPI 总线主模式片选禁止函数
// 参数 port 要求:8 位,6～5 位端口,4～0 位引脚号,7 位—1(无)/0(有)
{   ubyte temp;
    temp = port & 0x1f;
    if((port & 0x60) == 0x00) IOSET0 |= 1 << temp;
```

```
    else if((port & 0x60) == 0x20) IOSET1 |= 1 << temp;
}
void SPI0_SD_Byte(ubyte data)                    // SPI 总线字节数据发送函数
{   S0SPDR = data;
    while((S0SPSR & 0x80) == 0) ;
}
ubyte SPI0_RCV_Byte(void)                        // SPI 总线字节数据接收函数
{   S0SPDR = 0xff;
    while((S0SPSR & 0x80) == 0) ;
    return (S0SPDR);
}
```

可因需变动 spi.h 文件开始部分以常量形式定义的传输速率、总线模式和从机选择等数值。

5.4.2.4 键盘扫描编码及其软件实现

嵌入式应用体系中,有各种各样的键盘,其中利用微控制器 I/O 口构成的简易矩阵扫描编码键盘最为常见。在软硬件设计上,矩阵扫描编码键盘在行列数较少时,通常采用容易实现且编码效率高的线反转式扫描编码;在键盘行列数较多时,通常采用逐行扫描编码。下面举例介绍这两种键盘扫描编码的软件实现。通常这种键盘扫描编码程序与定时器一同使用,通过定时器实现定时(一般为 20 ms)键盘扫描编码并实现按键去抖,即在定时器中断处理例程中再调用键盘扫描编码程序。关于硬件电路组成及这两种键盘的扫描编码原理,本书的系列基础书《嵌入式系统硬件体系设计》中有详细阐述,这里不作介绍。

1. 反转式扫描编码矩阵键盘的软件实现

这里以一个 2(行)(4(列)反转式扫描编码矩阵键盘的软件实现来说明,核心微控制器是 LPC2138,文件 keyboard.h 编制如下:

```
#define ubyte   unsigned char
#define uhword unsigned int
#define uword   unsigned long
#include < LPC213x.h >
ubyte key_judge = 0;
ubyte key_pressed, key_value;
void KeyScanEncode(void);                // 键盘扫描编码函数
```

文件 keyboard.c 编制如下:

```
#include "keyboard.h"
void KeyScanEncode(void)                 // 键盘扫描编码函数
{   ubyte ee, dd;
    uword temp;
    // 键盘扫描
    IODIR0 |=  (15 << 16);               // 写列读行
    IODIR0 &= ~( 3 << 20);
```

```
    IOCLR0 = 15 << 16;
    temp = IOPIN0;
    ee = (ubyte)(temp >> 16);
    IODIR0 &= ~(15 << 16);          // 写行读列
    IODIR0 |=  (3 << 20);
    IOCLR0 =  3 << 20;
    temp = IOPIN0;
    dd = (ubyte)(temp >> 16);
    ee |= dd;                       // 得到键值编码
    ee = ~ee;
    ee &= 0x3f;
    // 去抖动处理
    if(ee! = 0)
        if(ee! =key_judge) key_judge = ee;
    else
    {    if(key_judge! = 0)
         {   key_value = key_judge;
             key_judge = 0;
         }
         else key_value = 0;
    }
    key_value = ee;
}
```

2. 逐行扫描编码矩阵键盘的软件实现

这里以一个9(行)×(5列)反转式扫描编码矩阵键盘的软件实现来说明，核心微控制器是LPC2214，文件keyboard.h如下：

```
#define ubyte   unsigned char
#define uhword unsigned short
#define uword   unsigned long
uhword keycode, keycode_pre;
uhword Key_Scan_Code(void);            // 键盘扫描编码函数
```

文件keyboard.c编制如下：

```
#include "keyboard.h"
uhword Key_Scan_Code(void)             // 键盘扫描编码函数
{   ubyte i;
    uhword e = 0;
    uword t1 = 0;
    IOCLR0 |= (0x1f << 16);            // I/O 口方向设置
    IOCLR0 |= (0x0f << 27);
    t1 = IOPIN0 & (0x1f << 21);
```

```
        t1 >> = 21;
        if(t1! = 0x1f)                          // 有键按下
        {    for(i = 0;i < 9;i++)               // 逐行扫描
             {    t1 = 0;
                  IOSET0 | = (0x1f << 16);
                  IOSET0 | = (0x0f << 27);
                  if(i < 5)    IOCLR0 | = (1 << (i + 16));
                  else IOCLR0 | = (1 << (i - 5 + 27));
                  t1 = IOPIN0 & (0x1f << 21);
                  t1 >> = 21;
                  if(t1! = 0x1f)                // 编码
                  {    e | = (1 << (i + 5));
                       t1 = ~t1;
                       t1 &= 0x1f;
                       e | = (uhword)t1;
                  }
             }
        }
        if(keycode_pre = = e)                   // 去抖动
             keycode = keycode_pre;
        keycode_pre = e;
        return(keycode);                        // 返回扫描按键编码,其中 0 也为无效键
}
```

5.4.2.5 LCM 显示的直接驱动软件设计

现代嵌入式体系多采用点阵液晶显示模块 LCM(Liquid Crystal Module)作为人机显示界面,通过 LCM 指令显示相应的图形或文字,核心微控制器对 LCM 的操作主要是向其发送显示指令或显示数据来完成 LCM 模块的初始化、显示形式的变换和图形/文字的显示。通常,向 LCM 发送指令,LCM 能够立即接收;而向 LCM 传送显示数据时需要状态查询,只有 LCM 指示可以接收时才能开始数据传输。LCM 的接口形式有多种,如 UART 串行接口、SPI 串行接口和并行存储器总线接口等,微控制器对 LCM 的操作首先是对这些接口的驱动,然后才是对 LCM 模块的驱动。

下面以 ARM7TDMI 单片机 LPC2214 对 320×240 点阵 LCM(CM320240－8,深圳彩晶科技公司生产)的驱动为例,来说明 LCM 显示器的直接驱动软件设计。为了便于说明,这里只驱动 LCM 显示 16×16 汉字或 16×8ASCII 字符。LCM 外挂在 LPC 的存储器总线接口上,LPC2214 通过其一个片选窗口(起始地址为 0x82000000)以存储器的方式操作 LCM。LCM 的用户手册资料可以从相应 LCD 生产厂家的网站上下载,这里不再赘述。

LCM320240.h 文件编制如下:

```
#include < LPC22xx.h >
#define ubyte   unsigned char
#define uhword unsigned short
```

```
#define uword   unsigned long
#define LCM_CMD       (*((volatile  ubyte *) 0x82000000))
#define LCM_Data       (*((volatile  ubyte *) 0x82000001))
void LCM_CMD_Write(ubyte, ubyte);                          // 发送指令函数
void LCM_Data_Write(ubyte);                                // 发送数据函数
void LCM_RST(void);                                        // 复位函数
void LCM_Clear(void);                                      // 清屏函数
void LCM_Initial(void);                                    // 初始化函数
void GotoXY(ubyte, ubyte);                                 // 设定显示位置
void LCM_Print_String(char *);                             // 字串发送函数
```

LCM320240.c文件编制如下：

```
#include "LCM320240.h"
void LCM_CMD_Write(ubyte cmdReg, ubyte cmdData)  // 发送指令函数
{   LCM_CMD = cmdReg;
    LCM_CMD = cmdData;
}
void LCM_Data_Write(ubyte WrData)                 // 发送数据函数
{   uword e;
    do e = (IOPIN0&(1 << 10));                    // 状态查询:等待,直到LCM可接收数据
    while(e==(1 << 10));
    LCM_Data = WrData;
}
void LCM_RST(void)                                // 复位函数
{   ubyte t1;
    uhword t2;
    IOCLR0 |= (1 << 12);                          // 控制LCM复位脚的一个I/O端口:低电平复位
    for(t1=0;t1 < 3;t1++)
        for(t2=0;t2 < 60000;t2++);
    IOSET0 |= (1 << 12);
    for(t2=0;t2 < 10000;t2++);
}
void LCM_Clear(void)                              // 清屏函数
{   uhword temp;
    LCM_CMD_Write(0xe0, 0x00);                    // 对LCM的相对寄存器发送指令
    LCM_CMD_Write(0xf0, 0x98);
    for(temp=0;temp < 10000;temp++);              // 等待LCM完成清屏动作,具体等待时间可调整
}
void LCM_Initial(void)                            // 初始化函数
{   LCM_CMD_Write(0x00,0xcc);                     // LCD基本显示功能设定
    LCM_CMD_Write(0x01,0xF3);                     // 系统工作频率设定
    LCM_CMD_Write(0x90,0x09);                     // 屏幕更新率设定
    LCM_CMD_Write(0xA0,0x00);                     // 中断功能设定
```

```
    LCM_CMD_Write(0xC0,0x00);                   // 触摸屏功能设定
    LCM_CMD_Write(0xF0,0x90);                   // 设定中文字型为"BIG5"
    LCM_CMD_Write(0xF1,0x0f);                   // 改变字型垂直与水平显示大小
}
void GotoXY(ubyte x, ubyte y)                   // 设定显示起始位置
{   LCM_CMD_Write(0x60, x);
    LCM_CMD_Write(0x70, y);
}
void LCM_Print_String(char * str)               // 字串发送函数
{   uhword temp;
    while( * str ! = '\0')
    {   LCM_Data_Write( * str++);               // 写数据
        for(temp = 0;temp < 1000;temp++) ;      // 等待写操作完成
    }
}
```

5.4.2.6 CAN现场总线的驱动软件设计

控制器局域网CAN(Controller Area Network)接口模块是现代微控制器包括单片机和DSPs等中经常集成的片内外设,它实际上是集成的CAN协议控制器,微控制器通过CAN接口模块可以实现快速的远距离现场数据串行多机网络传输通信。

CAN接口模块的驱动主要包括验收滤波设置、总线传输控制配置和数据的收发传输。验收滤波设置完成需要接收的标准标识帧组、独立标识帧组或扩展标识帧组的预设;总线传输控制配置完成传输速率、工作模式、出错告警和中断等项传输控制特性的设置;CAN总线数据的发送是主动的,通常采用查询方式,只要条件允许就可以完成数据发送;CAN总线数据的接收是被动的,通常采取中断方式,只有收到符合标识的数据或远程帧才引发数据接收动作;CAN总线可以完成多主机通信,通信协议相对复杂,一旦发生接收数据溢出、传输错误等异常,通常采取在异常中断处理中重新配置并启动CAN总线传输控制的做法。CAN总线数据传输,一般需要开放两个中断:数据接收中断和异常处理中断。

下面以LPC2292的CAN接口模块的驱动程序can.h和can.c为例,说明CAN接口模块的驱动程序设计。LPC2292中集成有两个CAN接口模块,这里使用其中之一。LPC2292及其CAN模块操作寄存器的含义可以查阅相关器件资料,这里不再赘述。

can.h文件的大致内容如下:

```
#include < LPC22xx.h >
#define ubyte   unsigned char
#define uhword unsigned short
#define uword   unsigned long
#define CAN_Pin             0x0E                // CAN总线引脚定义
#define ID_Type             0x01                // 标识符表格类型
#define C2BTR_Value         0x00AA0000          // CAN1: 时序以此可确定波特率
#define C2EWL_Value         0x00000060          // 出错警告极限
#define C2MOD_Value         0x00000000          // 工作模式
```

```
#define C2IER_Value          0x000000FD                  // 中断
#define Base_IDPDC_Value0 0x40004001                     // 独立标准标识帧
#define Filter_RAM(n)        ((volatile uword * ) 0xE0038000 + n)
ubyte Frame_Type;                                        // 帧类型:前 4 位,远程帧 1/数据帧 0
uword CAN1_Identifier;                                   // CAN1:
ubyte CAN1_Data[40];
ubyte CAN1_Data_Length;
void CAN_Base_vInit(void);                               // CAN 总线 AF 验收与接口初始化函数
void CAN1_Control_vInit(void);                           // CAN1 总线传输控制的配置函数
void CAN1_Receive_Interrupt(void);                       // 中断式 CAN1 数据接收函数
void CAN1_Exception_Wake_Interrupt(void);                // CAN1 异常处理中断函数
ubyte CAN_Data_Send(ubyte, ubyte * , uhword,             // 查询式 CAN 数据发送函数
                    ubyte, ubyte, ubyte, uhword);
```

can.c 文件的大致内容如下:

```
#include "can.h"
void CAN_Base_vInit(void)                                // CAN 总线 AF 验收与接口初始化函数
{   ubyte i = 0, flag;
    // 接收验收滤波器的设置
    AFMR = 0x00000003;
    flag = ID_Type;
    SFF_sa = 0x00000000;                                 // 独立标准标识符表格定义
    if((flag&0x01) == 0x01)
    {    * Filter_RAM(4 * i) = Base_IDPDC_Value0;
         i += 1;
    }
    SFF_GRP_sa = 4 * i;                                  // 标准标识符组表格定义
    EFF_sa = 4 * i;                                      // 独立扩展标识符表格定义
    EFF_GRP_sa = 4 * i;                                  // 扩展标识符组表格定义
    ENDofTable = 4 * i;
    AFMR = 0x00000000;
    // CAN 总线管脚的定义
    if((CAN_Pin&0x04) == 0x04)                           // CAN1 端口定义:RD2 - P0.23(第二功能)
    {    PINSEL1 &= ~(0x03 << 14);
         PINSEL1 |=  (0x01 << 14);
    }
    if((CAN_Pin&0x08) == 0x08)                           // TD2 - P0.24(第二功能)
    {    PINSEL1 &= ~(0x03 << 16);
         PINSEL1 |=  (0x01 << 16);
    }
}
void CAN1_Control_vInit(void)                            // CAN1 总线传输控制的配置函数
{   C2MOD   = 0x00000001;
```

```
    C2BTR   = C2BTR_Value;                         // 波特率
    C2EWL   = C2EWL_Value;                         // 出错警告界限
    C2MOD | = C2MOD_Value;                         // 工作模式
    C2MOD & = 0xfffffffe;
    C2IER   = C2IER_Value;                         // 中断项
}
void CAN1_Receive_Interrupt(void)                  // 中断式 CAN1 数据接收函数
{   uword temp, t;
    ubyte length, i;
    temp = C2RFS;
    if(temp&(1 << 30))                             // 收到远程帧
    {   Frame_Type | = 1;
        CAN1_Identifier = C2RID;
        CAN1_Data_Length = ((temp&(0xf << 16)) >> 16) - 1;
    }
    else                                           // 收到数据帧
    {   Frame_Type & = 0xfffe;
        t = C2RID;
        if(CAN1_Identifier! = t)                   // 新 ID 类?
        {   CAN1_Identifier = t;
            CAN1_Data_Length = 0;
            for(i = 0;i < 40;i + + ) CAN1_Data[i] = 0;
        }
        length = (temp&(0xf << 16)) >> 16;
        if(length < 5)
        {   for(i = 0;i < length;i + + )
            {   CAN1_Data[CAN1_Data_Length]
                    = (ubyte)((C2RDA >> 8 * i)&0xff);
                CAN1_Data_Length += 1;
                if(CAN1_Data_Length > 39)
                {   CAN1_Data_Length = 0;
                    for(i = 0;i < 40;i + + ) CAN1_Data[i] = 0;
                }
            }
        }
        else
        {   for(i = 0;i < 4;i + + )
            {   CAN1_Data[CAN1_Data_Length]
                    = (ubyte)((C2RDA >> 8 * i)&0xff);
                CAN1_Data_Length += 1;
                if(CAN1_Data_Length > 39)
                {   CAN1_Data_Length = 0;
```

```
                for(i = 0;i < 40;i++) CAN1_Data[i] = 0;
            }
        }
        for(i = 4;i < length;i++)
        {   CAN1_Data[CAN1_Data_Length]
                = (ubyte)((C2RDB >> 8 * (i - 4))&0xff);
            CAN1_Data_Length += 1;
            if(CAN1_Data_Length > 39)
            {   CAN1_Data_Length = 0;
                for(i = 0;i < 40;i++) CAN1_Data[i] = 0;
            }
        }
    }
  }
  C2CMR = 0x0000000c;                          // 释放接收缓冲区
  temp = C2ICR;                                // 清中断标志
}
void CAN1_Exception_Wake_Interrupt(void)       // CAN1 异常处理中断函数:接收数据溢出等
{   uword temp;
    temp = C2ICR;
    if((temp&(1 << 2) == (1 << 2))||           // 出错警告中断
       (temp&(1 << 3) == (1 << 3))||           // 接收数据溢出中断
       (temp&(1 << 4) == (1 << 4))||           // 唤醒中断
       (temp&(1 << 5) == (1 << 5))||           // 错误认可中断
       (temp&(1 << 6) == (1 << 6))||           // 仲裁丢失中断
       (temp&(1 << 7) == (1 << 7)))            // 总线错误中断
        CAN1_Control_vInit();
}
// CAN 总线帧发送函数:正确发完,返回 0;超时不能发送,返回 CAN 端口号
ubyte CAN_Frame_Send(ubyte CAN_num, ubyte * data, ubyte data_length,
        uhword identifier, ubyte priority, ubyte buffer_num, ubyte ID_type, uhword TimeOut)
{   ubyte i;
    uword temp = 0;
    uhword TD_count = 0;
    if((CAN_num&0x02) == 0x02)                 // CAN1 帧发送
    {    if((buffer_num&1) == 1)               // 利用 0 发送缓冲区
         {    while((C2SR&(1 << 2)) == 0)
              {   TD_count += 1;
                  if(TD_count == TimeOut)
                      return(0x01);
              }
              temp |= priority;                // 帧信息准备与填充
```

```
        if(data_length)
            temp |= (data_length << 16);
        else temp |= (1 << 30);
        if(ID_type) temp |= (1 << 31);
        C2TFI1 = temp;
        C2TID1 = identifier;                    // 标识符准备与填充
        if(data_length)                         // 数据准备与填充
        {   if(data_length < 5)
            {   temp = 0;
                for(i = 0;i < data_length;i ++ )
                    temp |= (data[i] << 8 * i);
                C2TDA1 = temp;
            }
            else
            {   temp = 0;
                for(i = 0;i < 4;i ++ )
                    temp |= (data[i] << 8 * i);
                C2TDA1 = temp;
                temp = 0;
                for(i = 4;i < data_length;i ++ )
                    temp |= (data[i] << 8 * (i - 4));
                C2TDB1 = temp;
            }
        }
        if((C2MOD_Value&(1 << 2)) == (1 << 2))
            C2CMR = (1|(1 << 5)|(1 << 4));
        else C2CMR = (1|(1 << 5));
    }
    if((buffer_num&2) == 2)                     // 利用 1 发送缓冲区
    {    while((C2SR&(1 << 10)) == 0)
        { TD_count += 1;
            if(TD_count == TimeOut)
                return(0x01);
        }
        temp |= priority;                       // 帧信息准备与填充
        if(data_length)
            temp |= (data_length << 16);
        else temp |= (1 << 30);
        if(ID_type) temp |= (1 << 31);
        C2TFI2 = temp;
        C2TID2 = identifier;                    // 标识符准备与填充
        if(data_length)                         // 数据准备与填充
```

```
        {   if(data_length < 5)
            {   temp = 0;
                for(i = 0;i < data_length;i++)
                    temp |= (data[i] << 8 * i);
                C2TDA2 = temp;
            }
            else
            {   temp = 0;
                for(i = 0;i < 4;i++)
                    temp |= (data[i] << 8 * i);
                C2TDA2 = temp;
                temp = 0;
                for(i = 4;i < data_length;i++)
                    temp |= (data[i] << 8 * (i - 4));
                C2TDB2 = temp;
            }
        }
        if((C2MOD_Value&(1 << 2)) == (1 << 2))
            C2CMR = (1|(1 << 6)|(1 << 4));
        else C2CMR = (1|(1 << 6));
    }
    if((buffer_num&4) == 4)                    //利用 2 发送缓冲区
    {   while((C2SR&(1 << 18)) == 0)
        {    TD_count += 1;
            if(TD_count == TimeOut)
                return(0x01);
        }
        temp |= priority;                      //帧信息准备与填充
        if(data_length)
            temp |= (data_length << 16);
        else temp |= (1 << 30);
        if(ID_type) temp |= (1 << 31);
        C2TFI3 = temp;
        C2TID3 = identifier;                   //标识符准备与填充
        if(data_length)                        //数据准备与填充
        {   if(data_length < 5)
            {   temp = 0;
                for(i = 0;i < data_length;i++)
                    temp |= (data[i] << 8 * i);
                C2TDA3 = temp;
            }
            else
```

```
                {   temp = 0;
                    for(i = 0;i < 4;i ++ )
                        temp |= (data[i] << 8 * i);
                    C2TDA3 = temp;
                    temp = 0;
                    for(i = 4;i < data_length;i ++ )
                        temp |= (data[i] << 8 * (i - 4));
                    C2TDB3 = temp;
                }
            }
            if((C2MOD_Value&(1 << 2)) == (1 << 2))
                C2CMR = (1|(1 << 7)|(1 << 4));
            else C2CMR = (1|(1 << 7));
        }
    }
    return(0);
}
// 查询式 CAN 数据发送函数:正确发完,返回 0;超时不能发送,返回 CAN 端口号
ubyte CAN_Data_Send(ubyte CAN_num, ubyte * data, uhword identifier,
                    ubyte priority, ubyte buffer_num, ubyte ID_type, uhword TimeOut)
{    ubyte temp;
    ubyte data_group[8], data_length;
    if( * data == '\0')                                    // 发送远程帧
    {   temp = CAN_Frame_Send(CAN_num, data_group,
                    0, identifier, priority, buffer_num, ID_type, TimeOut);
        return(temp);
    }
    else                                                   // 发送数据帧
    {   do
        {   data_group[data_length] = * data ++ ;
            data_length ++ ;
            if(( * data == '\0')||(data_length > 7))
            {   temp = CAN_Frame_Send(CAN_num, data_group,
                        data_length, identifier,
                        priority, buffer_num, ID_type, TimeOut);
                if(temp) return(temp);
                data_length = 0;
            }
        }while( * data! = '\0');
    }
    return(0);
}
```

可因需变动 can.h 文件开始部分以常量形式定义的传输速率、工作模式和标识帧组等数值。

5.5 嵌入式体系中的外设直接驱动软件设计

5.5.1 嵌入式体系硬件外设及其驱动概述

常见的嵌入式硬件外设有：串行或并行存储器/存储介质，各种定时器或由“定时器组”构成的定时单元，各类看门狗定时器，由 ADC 或 DAC 等构成的测量/控制通道接器件和系统监控单元等，另外还有各类局部串行总线器件、现场总线接口节点和通信接口器件等。这些外设，有些是通过 UART、I^2C 和 SPI 等接口，连接到微控制器体系中的，如 I^2C、SPI 接口的存储器和 ADC 或 DAC 等，对这些外设的直接软件驱动实际上就是对这些接口的直接软件驱动，关于 UART、I^2C 和 SPI 等接口的直接软件驱动 5.4 节已经详细说明，在此重点介绍常见的并行存储器、定时器单元、看门狗定时器、ADC 数据采集器、DAC 数据控制器、系统监控单元、移动存储介质和多功能通用 I/O 端口等的直接软件驱动。一些更为常见的并行 RAM/ROM 存储器、定时器、看门狗定时器、ADC 器件和 DAC 器件等，已经和微控制器集成到同一芯片中，成为片内外设了。

对外设的驱动操作代码，通常采用 C 语言编写，有时也采用汇编语言编写，驱动代码通常编写成应用程序接口 API 函数或汇编子程序的形式供给实现具体功能的应用程序段调用。一般来说，硬件外设驱动代码含有的 API 接口函数有：初始化函数、存/取访问函数、中断处理函数和启动/停止函数等。外围设备连接到嵌入式系统微控制器，一般有两种形式：一种是通过微控制器集成的专用硬件接口或微控制器的 I/O 口，一种是通过接口转换器件。这里把对前一种类型外设的驱动操作叫做一级外设驱动，对后一种类型的驱动操作叫做二级外设驱动。一般说，有几级驱动，就有几级驱动代码及其 API 接口函数或汇编子程序，高级驱动可以直接调用低级驱动 C 函数或汇编子程序。

嵌入式体系硬件外设的软件驱动实现，最终是通过对微控制器的各个相关寄存器和/或外设器件/模块的各个寄存器的读/写操作来实现的；因此，编制硬件接口驱动软件前，需要详细阅读微控制器和外设器件/模块的硬件资料，特别是相关的寄存器配置、操作时序及其相关注意事项。

嵌入式体系硬件外设种类很多，涉及面广，每种外设驱动软件设计在遵循共同的设计规律下又具有不同的侧重和特点。下面通过对常见的并行存储器、定时器单元、看门狗定时器、ADC 数据采集器、DAC 数据控制器、系统监控单元、移动存储介质和多功能通用 I/O 端口等硬件外设驱动软件设计的重点介绍，说明嵌入式体系硬件外设驱动软件设计的一般方法与技巧。

5.5.2 常见嵌入式外设的直接驱动软件设计

5.5.2.1 并行存储器读/写访问的快速实现

嵌入式应用体系中使用并行存储器，主要用于快速数据存/取、程序存放或非易失性数据存储。常用的快速数据存储器器有异步静态数据存储器 SRAM、双端口数据存储器 DP-

SRAM 和动态数据存储器 DRAM 等；常用的非易失性数据存储器有电擦除可编程只读存储器 E^2PROM、闪速存储器 Flash 和铁电晶体 FRAM 等。这些存储器在使用时通常连接在嵌入式核心微控制器的 8 位、16 位或 32 位的数据/地址分离型存储器总线接口上。

在 C 语言程序中，一般采用以指向指针的指针的作法定义特定的存储器地址单元，以指向指针的作法定义特定的存储器数据块，数据类型可以是 8 位的 char/unsigned char 型、16 位的 short/unsigned short 型或 32 位的 long int/unsigned long int 型，要在类型符前使用限定修饰词 volatile 以防 C 编译器的不必要优化，从而确保微控制器对硬件的可靠操作，具体定义举例如下：

```
#define ubyte        unsigned char
#define uhword       unsigned short
#define uword        unsigned long
#define counter      (*((volatile char*)0x8100))     // 存储器中一个字节型数据存放单元
#define control      (*((volatile ubyte*)0x8101))    // 存储器中一个字节型非负数据存放单元
#define measure      (*((volatile short*)0x8102))    // 存储器中一个字型数据存放单元
#define status       (*((volatile uhword*)0x8104))   // 存储器中一个字型非负数据存放单元
#define temperature  (*((volatile long*)0x8106))     // 存储器中一个双字型数据存放单元
#define command      (*((volatile uword*)0x810a))    // 存储器中一个双字型非负数据存放单元
#define ac_votage    ((volatile char*)0x4000))       // 存储器中 100 个字节的数据存放区
#define dc_votage    ((volatile ubyte*)0x4100))      // 存储器中 100 个字节的非负数据存放区
#define ac_current   ((volatile short*)0x4200))      // 存储器中 50 个字的数据存放区
#define dc_current   ((volatile uhword*)0x4300))     // 存储器中 50 个字的非负数据存放区
#define accumulate   ((volatile short*)0x4400))      // 存储器中 25 个双字的数据存放区
#define increment    ((volatile uhword*)0x4500))     // 存储器中 25 个双字的非负数据存放区
```

存储器地址单元或数据区定义之后，就可以直接在应用程序中快速操作存储器了，举例如下：

```
ubyte i;
short x, x_block[50];
long y, y_block[50];
x = measure;                                  // 数据单元读操作
y = temperature
for(i = 0; i < 50; i++)                       // 数据块读操作
{   x_block[i] = *ac_current++;
    y_block[i] = * accumulate++;
}
control = 'a';                                // 数据单元写操作
command = 0x24fd8911;
i = 0;                                        // 数据块写操作
do *dc_votage++ = (i + 2 * i);
while(i < 20);
```

实际上，在大部分微控制器头文件中就是采用这种方法定义各个寄存器的，如：

```
#define uword         unsigned short
#define SCSR           (*((volatile uword *)0x7018))      // 系统控制/状态寄存器
```

寄存器 SCSR 的应用举例如下：

```
uword judge, cmd;
judge = SCSR;
SCSR = 0xa033;
```

微控制器对各种不同存储器的访问还存在一个时序配合问题，可以通过设计硬件或软件等待发生器的方法加以解决。所谓软件等待发生器，就是通过对等待发生寄存器表示的操作周期值、上升/下降时间值、持续时间值和操作间隔值等的设置，来达到读/写操作存储器的合理时序配合。现代很多微控制器，如 C166 单片机、ARM 单片机和各类 TI - DSPs 等，都集成了便于各种存储器操作的软件等待发生器，可以根据具体的微控制器和存储器的类型和需求，进行软件设置。

对于 DP - SRAM，还可以通过中断触发操作来达到存储器的批量数据传输：DP - SRAM 一侧写完一块数据时向另一侧发出事件触发中断，该侧产生中断后，就可以在该中断服务例程中读取这个完整的数据块，其实这就是嵌入式体系中一种直接存储器存取 DMA 操作。这种中断将在 5.5.2.4“外部触发事件的直接软件驱动”小节中详细阐述。

5.5.2.2 定时器单元的直接驱动软件编写

定时器单元通过对设定的时钟脉冲或外部脉冲信号进行计数来完成特定的任务，如定时/计数中断、对外界信号变化的时间捕获及预设值比较等，这些功能是微控制器体系经常需要的，因此，很多现代微控制器都把定时器单元与微控制器集成在一起，使之成为微控制器不可缺少的片内外设。定时器单元通常是 16 位或 32 位的递增、递减或可设定增减方向的带有计数输入通道和很多捕获/比较通道的。有些微控制器甚至含有 2～4 个定时器单元，每个定时器单元有 2～4 个定时器。捕获与比较功能是现代定时器单元常备的，很多现代微控制器的片内定时器单元都带有多路捕获和比较通道，脉冲宽度调制 PWM(Pulse Width Modulation)功能也常常与定时器单元绑定在一起。实质上，PWM 功能就是特定的定时器比较功能，通过驱动软件设置定时器可以实现多路可调占空比与起始电平状态的 PWM 输出波形。比较功能也称为匹配功能。

下面以 ARM7TDMI - S 单片机 LPC2214 及其集成的一个各 4 路捕获和比较通道的 32 位片内定时器为例，说明定时器外设的直接驱动软件设计，这里使用定时器的匹配功能实现了每 20 ms 一次键盘扫描。LPC2214 的片内定时器性能及其寄存器配置说明可以参考其硬件资料，这里不再详细说明。

timer0.h 文件的大致内容如下：

```
#include < LPC22xx.h >
#define ubyte   unsigned char
#define uhword unsigned short
#define uword   unsigned long
#define T0PR_Value          0x00000000                  // 定时预分频值
#define T0TCR_Value         0x01                        // 定时控制:使能与复位
```

```
#define T0MCR_Value      0x0003                           // 匹配控制:中断,复位,停止
#define T0EMR_Value      0x0000                           // 匹配外控:输出高,低,翻转或无
#define T0CCR_Value      0x0000                           // 捕获控制:上升沿,下降沿,中断
#define T0MR0_Value      0x000249F0                       // 匹配寄存器 0 的值
#define T0MR1_Value      0x000007D0                       // 匹配寄存器 1 的值
#define T0MR2_Value      0x00000BB8                       // 匹配寄存器 2 的值
#define T0MR3_Value      0x00000FA0                       // 匹配寄存器 3 的值
#define CapMat_Pin       0x10                             // 捕获/比较管脚:7~4 位捕获,3~0 位匹配
void T0_vInit(void);                                      // Timer0 口初始化函数
void T0_Interrupt(void);                                  // Timer0 中断处理函数
void T0_MAT0_Process (void);                              // 匹配 0 事件处理函数

extern uhword keycode, keycode_pre;
extern uhword Key_Scan_Code(void);                        // 键盘扫描编码函数
```

timer0.c 文件的大致内容如下：

```
#include "Timer00.h"
void T0_vInit(void)                                       // Timer0 初始化函数
{   // 引脚配置:
    if ((CapMat_Pin & 0x01 == 0x01))                      // 匹配 MAT0.0—引脚 P0.3
    {   PINSEL0 &= 0xffffff3f;
        PINSEL0 |= 0x00000080;
    }
    // 寄存器配置
    T0TCR = 0x00;                                         // 停止并复位
    T0PR = T0PR_Value;                                    // 设置预分频值
    T0MCR = T0MCR_Value;                                  // 匹配控制:中断,复位,停止
    T0EMR = T0EMR_Value;                                  // 匹配外控:输出高,低,翻转或无
    T0CCR = T0CCR_Value;                                  // 捕获控制:上升沿,下降沿,中断
    T0MR0 = T0MR0_Value;                                  // 匹配寄存器 0 赋值
    T0MR1 = T0MR1_Value;                                  // 匹配寄存器 1 赋值
    T0MR2 = T0MR2_Value;                                  // 匹配寄存器 2 赋值
    T0MR3 = T0MR3_Value;                                  // 匹配寄存器 3 赋值
    // 定时控制:使能与复位操作
    T0TCR = T0TCR_Value;
}
void T0_Interrupt(void)                                   // Timer0 中断处理函数
{   ubyte status;
    status = T0IR;
    if ((status & 0x01) == 0x01)                          // 匹配 0 事件处理
        T0_MAT0_Process();
    T0IR = 0xff;                                          // 清中断标志
}
```

```
void T0_MAT0_Process (void)                       // 匹配 0 事件处理函数
{
    Key_Scan_Code(void);                          // 调用键盘扫描编码处理程序
}
```

可因需变动头文件开始部分以常量形式定义的预设寄存器值以适应不同的应用需求。

5.5.2.3 看门狗定时器直接驱动软件编写

看门狗定时器 WDT(Watch Dog Timer)是嵌入式应用系统常用的外设,现代很多微控制器通过硬件集成使之成了片内外设,WDT 是防止程序异常跑飞、增强系统可靠稳定性的有力手段。不同微控制器中 WDT 的构成、初始设置和喂狗形式等可能有所差异,但基本原理都是一样的,即:程序正常运行时,通过定期喂狗使 WDT 总不能计数溢出而软复位系统,一旦软件运行异常,程序跑飞,则 WDT 很快计数溢出,软复位整个系统。

下面以 TI240xA - DSPs 微控制器为例,说明其片内外设 WDT 硬件驱动的编写。TI240xA - DSPs 的片内 WDT 性能及其寄存器配置说明可以参考其硬件资料,这里不再详细说明。

wdt.h 文件的大致内容如下:

```
#include "240xA_c.h"
void WDT_vInit(void);                        // WDT 初始化配置函数
void WDT_Start(void);                        // WDT 启动函数
void WDT_Feed(void);                         // WDT 喂养函数
```

wdt.c 文件的大致内容如下:

```
#include "WDT.h"
void WDT_vInit(void)                         // WDT 初始化配置函数
{   WDKEY = 0x55;                            // WDKEY——WDT 复位关键字
    WDKEY = 0xaa;
    WDCR = 0xED;                             // WDCR——WDT 控制字
}
void WDT_Start(void)                         // WDT 启动函数
{   WDKEY = 0x55;
    WDKEY = 0xaa;
    WDCR = 0xAD;
}
void WDT_Feed(void)                          // WDT 喂养函数
{   WDKEY = 0x55;
    WDKEY = 0xaa;
}
```

5.5.2.4 外部触发事件的直接软件驱动

外部触发事件通常是指直接加在微控制器特定的输入引脚上的电信号的逻辑电平变化,如低电平出现、信号出现上升沿或下降沿,这些情况的出现包含特定的物理意义,如监测物体出现、待测物理量变化等。外部触发事件的出现,可以使微控制器产生中断,一般称为"外中断”，通过软件设置，在相应的中断服务程序中完成特定的处理动作。

外部触发事件的直接软件驱动包括初始化设置和中断服务程序架构两部分。下面以TI2407A－DSPs微控制器为例，说明其外部触发事件的直接软件驱动的编写。TI2407A－DSPs有两路外中断入口，相关寄存器配置说明可以参考其硬件资料，这里不再详细说明。

ExInt.h文件的大致内容如下：

```
#include "240xA_c.h"
void  XINT1_INT(void);                        // 外部中断1事件处理函数
void  XINT2_INT(void);                        // 外部中断2事件处理函数
```

ExInt.c文件的大致内容如下：

```
#include "ExINT.h"
void ExInt_vInit(void)                        // 初始化设置函数
{   XINT1CR = 0x01;                           // 外中断控制寄存器1设置:信号极性、中断优先级等
    XINT2CR = 0x03;                           // 外中断控制寄存器2设置
}
void XINT1_INT(void)                          // 外部中断1事件处理函数
{
    // 用户根据实际需要可以加入的事件处理代码
}
void XINT2_INT(void)                          // 外部中断2事件处理函数
{
    // 用户根据实际需要可以加入的事件处理代码
}
```

5.5.2.5 ADC数据采集的直接软件驱动

模数转换器ADC是嵌入式应用系统中常见的数据采集通道，现代微控制器常常把ADC集成在片内使其成为片内外设，ADC器件有串/并行接口之分、有各种类型的模数转换原理，有的还含有2个以上的模拟量输入通道。多通道ADC转换可以实现指定单个或多个通道数据的单次或循环采集和连续或循环连续采集，有的ADC还具有自测试、偏差核准等功能。衡量ADC的主要指标有转换时间、采集率和转换精度等。ADC数据采集的直接软件驱动主要包括初始配置、转换启动和转换结果读取。ADC转换结果的读取一般有两种方式：查询式或中断式，为了提高系统的工作效率，软件设计上通常采用中断方式。

下面以TI2407A－DSPs微控制器为例，说明ADC外设的直接软件驱动的编写。TI2407A－DSPs内含一个16通道、0～3.3 V和10位模拟量输入的ADC，相关寄存器配置说明可以参考其硬件资料，这里不再赘述。

ADC.h文件的大致内容如下：

```
#include "240xA_c.h"
uword ADC_Finish = 0;                    // ADC结果得到标识(0未得到/1得到)
int   ADC_Result[3];                     // ADC结果缓存数组
void  ADC_vInit(void);                   // ADC初始化函数
void  ADC_Start(void);                   // ADC软件启动函数
```

```
uword ADC_Sanction(uword, uword, uword);                    // ADC 偏差校准函数
uword ADC_SelfTest(uword, uword);                           // ADC 通道自测试函数
uword ADC_Get_Result(uword);                                // ADC 结果读取函数
void  ADC_INT(void);                                        // ADC 中断读取函数
```

ADC.c 文件的大致内容如下:

```
#include "ADC.h"
void ADC_vInit(void)                                                // ADC 初始化函数
{   ADCTRL1 |= 1 << 14;                                             // 复位 ADC
    MAX_CONV = 0x22;                                                // 最大转换通道数设置
    CHSELSEQ1 = 0x0260;                                             // 通道选择排序字设置
    CHSELSEQ2 = 0x0000;                                             // 通道选择排序字设置
    CHSELSEQ3 = 0x0260;                                             // 通道选择排序字设置
    CHSELSEQ4 = 0x0000;                                             // 通道选择排序字设置
    ADCTRL1 = 0x0030;                                               // ADC 控制字 1 设置
    ADCTRL2 = 0x0400;                                               // ADC 控制字 2 设置
}
void ADC_Start(void)                                                // ADC 软件启动函数
{
    ADCTRL2 |= 1 << 13;                                             // 排序器 1 启动
}
uword ADC_Sanction(uword channel, uword Full_Half, uword Refer) // ADC 偏差校准函数
{   uword t[4], g = 0xffff;
    t[0] = ADCTRL1;                                                 // 暂存原定设置
    t[1] = ADCTRL2;
    t[2] = MAX_CONV;
    t[3] = CHSELSEQ1;
    MAX_CONV  = 0x0000;                                             // 初始设置并启动
    ADCTRL2 = 0x0000;
    ADCTRL1 &= ~1;                                                  // 禁止自测模式
    CHSELSEQ1 = channel;                                            // 指定通道
    ADCTRL1 &= ~(1 << 6);                                           // 启/停模式
    if(Full_Half) ADCTRL1 |= 1 << 2;                                // 核准点指定
    else ADCTRL1 &= ~(1 << 2);
    if(Refer) ADCTRL1 |= 1 << 1;
    else ADCTRL1 &= ~(1 << 1);
    ADCTRL1 |= 1 << 3;                                              // 使能核准
    ADCTRL2 |= 1 << 14;                                             // 启动核准
    if((ADCTRL2 >> 12)&1) ;                                         // 校正操作
    g = * RESULT0 >> 6;
    switch((ADCTRL1 >> 1)&3)
    {   case 0: break;                                              // 低程
```

```
        case 1: g = 0x03ff - g;                                  // 高程
            break;
        default:                                                 // 半程
            if(g > 0x0200) g - = 0x200;
            else g = 0x0200 - g;
            break;
    }
    CALIBRATION = g << 6;
    ADCTRL1 = t[0];                                              // 恢复原定设置
    ADCTRL2 = t[1];
    MAX_CONV = t[2];
    CHSELSEQ1 = t[3];
    return(g);
}
uword ADC_SelfTest(uword channel, uword Refer)                   // ADC 通道自测试函数
{   uword t[4];
    t[0] = ADCTRL1;                                              // 暂存原定设置
    t[1] = ADCTRL2;
    t[2] = MAX_CONV;
    t[3] = CHSELSEQ1;
    MAX_CONV   = 0x0000;                                         // 初始设置并启动
    ADCTRL2 = 0x0000;
    ADCTRL1 &= ~(1 << 4);                                        // 禁止核准模式
    CHSELSEQ1 = channel;                                         // 指定通道
    ADCTRL1 &= ~(1 << 6);                                        // 启/停模式
    if(Refer) ADCTRL1 | = 1 << 1;                                // 核准点指定
    else ADCTRL1 &= ~(1 << 1);
    ADCTRL1 | = 1;                                               // 使能自测
    ADCTRL2 | = 1 << 13;                                         // 启动 ADC
    if((ADCTRL2 >> 12)&1) ;                                      // 自测操作
    ADCTRL1 = t[0];                                              // 恢复原定设置
    ADCTRL2 = t[1];
    MAX_CONV = t[2];
    CHSELSEQ1 = t[3];
    return( * RESULT0 >> 6);
}
uword ADC_Get_Result(uword TimeOut)                // ADC 结果读取函数(返回值为 1 正常读得结果,
                                                   // 为 0 超时)
{   uword i, j, m;
    i = 0;                                         // 排序器 SEQ1 的操作
    do if((((ADCTRL2 >> 9)&1) = = 0)&&((ADCTRL2 >> 12)&1)) ;
    while(i < TimeOut);
```

```
    if(i >= TimeOut) return 0;
    if((((ADCTRL2 >> 12)&1) == 0)&&((ADCTRL2 >> 9)&1))
    {   m = (MAX_CONV&15) + 1;
        for(i = 0;i < m;i++) ADC_Result[i] = RESULT0[i];
        if(((ADCTRL1 >> 6)&1) == 0) ADCTRL2 |= 1 << 14;
        ADCTRL2 &= ~(1 << 9);
    }
    return(1);
}
void ADC_INT(void)                          // ADC 中断读取函数(读取数据完毕,置 1 标识字
                                            // ADC_Finish)
{   uword i, j, m;
    if((ADCTRL2 >> 9)&1)                    // 排序器 SEQ1 的操作
    {   m = (MAX_CONV&15) + 1;
        for(i = 0;i < m;i++) ADC_Result[i] = RESULT0[i];
        if(((ADCTRL1 >> 6)&1) == 0) ADCTRL2 |= 1 << 14;
        ADCTRL2 &= ~(1 << 9);
    }
    ADC_Finish = 1;
}
```

5.5.2.6 DAC 数据控制的直接软件驱动

数模转换器 DAC 是嵌入式应用系统中常见的数据控制通道,现代微控制器常常把 DAC 集成在片内使其成为片内外设。DAC 器件有串/并行接口之分,有电压/电流输出之别,有各种类型的数模转换原理,有的还含有 2 个以上的模拟量输出通道。多通道 DAC 转换,可以实现指定单个或多个通道数据的单次或循环采集和连续或循环连续采集。DAC 数据控制的直接软件驱动主要包括初始配置和输出转换。DAC 输出转换通常采用查询式,只要 DAC 可用就可以把数据送至相应的输出通道。

下面以 ARM7TDMI-S 单片机 LPC2138 为例,说明 DAC 外设的直接软件驱动的编写。LPC2138 内含一个输出通道、0~3.3 V 和 10 位模拟量输出的 DAC,相关寄存器配置说明可以参考其硬件资料,这里不再赘述。

DAC.h 文件的大致内容如下:

```
#include < LPC213x.h >
#define ubyte   unsigned char
#define uhword unsigned short
#define uword   unsigned long
#define DACR_Value      0x00008000          // D/A 转换寄存器
void DAC_vInit(void);                       // DAC 初始化函数
void DAC_Convert(uhword);                   // D/A 输出转换函数
```

DAC.c 文件的大致内容如下:

```
#include "DAC.h"
void DAC_vInit(void)                              // DAC 初始化函数
{   // 引脚配置:Aout——P0.25
    PINSEL1 &= 0xfff3ffff;                        // PINSEL1 的 19、18 位
    PINSEL1 |= 0x00080000;
    // 寄存器配置
    DACR = DACR_Value;
}
void DAC_Convert(uhword data)                     // D/A 输出转换函数
{   uword temp;
    temp  = DACR_Value & (0xfff003f);
    temp |= (data << 6);
}
```

可因需变动 DAC.h 文件开始部分,以常量形式定义的 D/A 转换寄存器数值。

5.5.2.7 多功能通用 I/O 端口的软件驱动

现代大多数微控制器,具有多功能 I/O 口,这些 I/O 口既可以用作特殊功能接口 SFIO (Special Function I/O),如 ADC 的模拟量输入通道、CAN 总线的收发接口等,又可以作为通用的输入/输出接口 GPIO(General Purpose I/O)。无论 I/O 作为 SFIO 还是作为 GPIO 都需要事先定义好,然后才能使用。多功能通用 I/O 的软件驱动主要是初始化定义,即在系统初始化时就把它定义成 SFIO 或 GPIO,SFIO 通常在相关联的外设或接口驱动部分定义,GPIO 口则需要单独定义。具体包括电平级别定义(TTL 或 CMOS),方向定义(输入或是输出),作为输出时的初始电平指定(高电平或是低电平)等。需要明确的是,一个多功能 I/O 口,只能选择作为 SFIO 或 GPIO,只有不用做 SFIO 口时才能定义其为 GPIO。

下面以 C167 单片机为例,重点说明 GPIO 端口的初始化软件驱动。C167 含有 8 个不同位数的 I/O 口,寄存器配置说明可以参考相关硬件器件资料,这里不再赘述。一个 C167 单片机应用项目的 GPIO 初始化定义的头文件 IO.h 的代码如下:

```
#include < reg167.h >
#define ulong unsigned long
#define uword unsigned int
#define ubyte unsigned char
sfr _PICON = 0xF1C4;                  // 端口控制寄存器定义
sbit  P0L_0 = P0L^0;                  // 各个端口的定义
……
sbit  P0L_7 = P0L^7;
sbit  P0H_0 = P0H^0;
……
sbit  P0H_7 = P0H^7;
sbit  P1L_0 = P1L^0;
……
sbit  P1L_7 = P1L^7;
```

```
sbit  P1H_0 = P1H^0;
……
sbit  P1H_7 = P1H^7;
sbit  P2_0 = P2^0;
……
sbit  P2_15 = P2^15;
sbit  P3_0 = P3^0;
……
sbit  P3_15 = P3^15;
sbit  P4_0 = P4^0;
……
sbit  P4_7 = P4^7;
sbit  P5_0 = P5^0;
……
sbit  P5_15 = P5^15;
sbit  P6_0 = P6^0;
……
sbit  P6_7 = P6^7;
sbit  P7_0 = P7^0;
……
sbit  P8_0 = P8^0;
……
sbit  P8_7 = P8^7;
void IO_vInit(void);                       //I/O口的初始化定义函数声明
```

IO.c 文件框架大致如下：

```
#include "IO.h"
void IO_vInit(void)
{   // P8.0～P8.7、P7.0～P7.7、P3.0～P3.15、P2.0～P2.15 设定为 TTL 输入
    _PICON = 0x0000;
    P2     = 0x0000;                       // 设置 P2 端口数据寄存器
    ODP2 = 0x0000;                         // 设置 P2 端口漏极开放控制寄存器
    DP2    = 0x0000;                       // 设置 P2 端口方向寄存器
    P4     = 0x0000;                       // 设置 P4 端口数据寄存器
    DP4    = 0x00B0;                       // 设置 P4 端口方向寄存器
    P7     = 0x0000;                       // 设置 P7 端口数据寄存器
    ODP7 = 0x0000;                         // 设置 P7 端口漏极开放控制寄存器
    DP7    = 0x0007;                       // 设置 P7 端口方向寄存器
    P8     = 0x0080;                       // 设置 P8 端口数据寄存器
    ODP8 = 0x0000;                         // 设置 P8 端口漏极开放控制寄存器
    DP8    = 0x00FF;                       // 设置 P8 端口方向寄存器
}
```

5.5.2.8 系统监控单元的直接软件驱动

嵌入式应用系统的监控，主要是对系统电路的监控，它包括监察和控制两方面。监察就是实时地记录电路的工作状况，包括：电路是否稳定，是否受到干扰，电池供电体系的温度、电池电压、电流变化、系统电量及其累计等；控制就是在系统电路出现电源电压波动、受到外界不良影响等情况下，采取相应的控制措施。电路监控是保证系统稳定、可靠工作的重要手段。

常见的嵌入式系统监控单元有3种：电路电压监察、精密电池工况测量和看门狗定时系统监控。电路电压监察，通常是监察电路电压达到某一值时产生一个“低变”或“高变”信号，并把该信号引回到系统微控制器的外部触发事件端口，从而使微控制器产生外部事件触发中断，在相应的中断服务程序中采取相应处理措施。精密电池工况测量，是通过使用相应的测量器件，用数字数据精确地表示出相关电池的温度、电压、电流、电量、累积电量、过压、过流和短路等情况，测量器件接口通常是I^2C或1-Wires串口。看门狗定时系统监控，通过软件设置硬件定时，只要电路出现不稳定因素，设计软件不能正常喂狗，看门狗定时就能使微控制器复位，避免系统发生紊乱。这些嵌入式系统监控单元的硬件组成及其设计，可以参阅《嵌入式系统硬件体系设计》一书，这里不再赘述。

电路电压监察单元的直接软件驱动，可以归纳为外部触发事件的直接软件驱动。外部触发事件和看门狗定时器的直接软件驱动上文已经介绍，这里不再赘述。在此重点介绍一下精密电池工况测量的直接软件驱动。《嵌入式系统硬件体系设计》一书的9.2.3小节“系统用电监控电路设计”中，曾经给出了一个通过I^2C接口到1-Wires的转换控制器件DS2482-100，使用1-Wires线器件DS2438，对一个便携式手持设备所用1.2 V可充电Hi-MH电池进行精确的电压、温度、电流、用电量及其累积电量等项计量的典型系统监控电路，如图5.1所示。

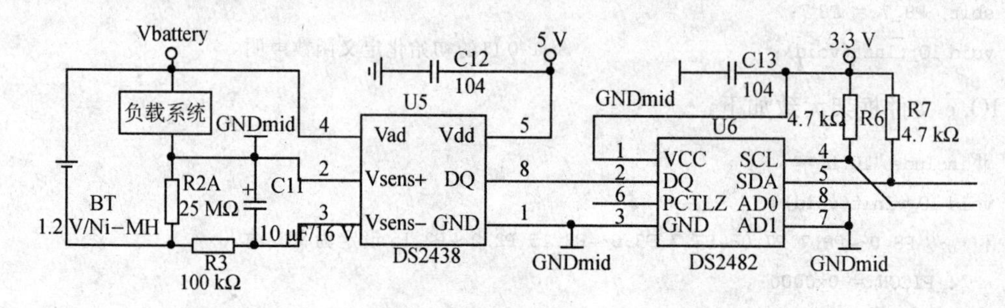

图5.1 电池供电系统用电量精确计量电路图

下面以ARM7TDMI-S微控制器LPC2138嵌入式应用体系为例，说明图5.1精密电池工况的测量。LPC2138、DS2482-100和DS2438的相关操作与寄存器含义可以查阅相关器件资料，这里不再赘述。涉及I^2C总线的直接驱动上文已经详细介绍，这里直接使用其驱动API函数。

BTR_MS.h文件的大致内容如下：

```
#define ubyte   unsigned char
#define uhword unsigned short
#define uword   unsigned long
#define ITFC_RST          0xf0;                // I²C到1-Wires接口器件的相关操作定义
```

```
#define ITFC_WTCFG        0xd2;
#define ITFC_1WRST        0xb4;
#define ITFC_1WWTBT       0xa5;
#define ITFC_1WRDBT       0x96;
#define ITFC_RSP          0xe1;
#define ITFC_Addr         0x30;
#define ITFC_RdDtRgst     0xe1;
#define BTRMS_SKPROM      0xcc;                  // 1-Wires 电池精密测量器件的相关操作定义
#define BTRMS_WTTMP       0x4e;
#define BTRMS_RDTMP       0xbe;
#define BTRMS_CPNVRM      0x48;
#define BTRMS_RCMMR       0xb8;
#define BTRMS_CVTT        0x44;
#define BTRMS_CVTV        0xb4;
ubyte BTRMS_Value[9];                            // 相关全局变量定义
uhword tmp;
extern ubyte I2C0_Buffer[9];                     // I²C 相关的外部变量声明
extern ubyte IIC0_Send(ubyte, ubyte);
extern ubyte IIC0_Reveive(ubyte, ubyte);
void Idle_End(uhword);                           // 时间迟延函数
void InterfaceInitial(ubyte);                    // 接口初始化函数
void Bettery_Measure_Config(ubyte, ubyte);       // 电池测量器件的配置函数
void BetteryTVC_Measure(void);                   // 启动电池温度、电压测量的函数
void ReadBetteryMeasure(ubyte);                  // 读取电池测量值函数
```

BTR_MS.c 文件的大致内容如下:

```
#include "BTR_MS.h"
void InterfaceInitial(ubyte config)              // 接口初始化函数
{   ubyte temp;
    temp = ITFC_Addr;
    temp >> = 1;
    I2C0_Buffer[0] = ITFC_RST;                   // 复位接口器件
    IIC0_Send(temp, 1);
    for(tmp = 0;tmp < 2800;tmp ++ );             // 总线操作时序的最小时间等待
    I2C0_Buffer[0] = ITFC_WTCFG;                 // 配置接口器件
    I2C0_Buffer[1] = config;
    IIC0_Send(temp, 2);
    for(tmp = 0;tmp < 2800;tmp ++ );
}
void Bettery_Measure_Config(ubyte page, ubyte config)    // 电池测量器件的配置函数
{   ubyte temp;
    temp = ITFC_Addr;
```

```
    temp >> = 1;
    I2C0_Buffer[0] = ITFC_1WRST;                    // 复位电池测量器件
    IIC0_Send(temp, 1);
    for(tmp = 0;tmp < 2800;tmp ++ );
    I2C0_Buffer[0] = ITFC_1WWTBT;                   // 向指定映射页写入指定配置值
    I2C0_Buffer[1] = BTRMS_SKPROM;
    IIC0_Send(temp, 2);
    for(tmp = 0;tmp < 2800;tmp ++ );
    I2C0_Buffer[1] = BTRMS_WTTMP;
    IIC0_Send(temp, 2);
    for(tmp = 0;tmp < 2800;tmp ++ );
    I2C0_Buffer[1] = page;
    IIC0_Send(temp, 2);
    for(tmp = 0;tmp < 2800;tmp ++ );
    I2C0_Buffer[1] = config;
    IIC0_Send(temp, 2);
    for(tmp = 0;tmp < 2800;tmp ++ );
    I2C0_Buffer[0] = ITFC_1WRST;                    // 复位电池测量器件
    IIC0_Send(temp, 1);
    for(tmp = 0;tmp < 2800;tmp ++ );
    I2C0_Buffer[0] = ITFC_1WWTBT;                   // 指定读取的内存页
    I2C0_Buffer[1] = BTRMS_SKPROM;
    IIC0_Send(temp, 2);
    for(tmp = 0;tmp < 2800;tmp ++ );
    I2C0_Buffer[1] = BTRMS_CPNVRM;
    IIC0_Send(temp, 2);
    for(tmp = 0;tmp < 2800;tmp ++ );
    I2C0_Buffer[1] = page;                          // 页码
    IIC0_Send(temp, 2);
    for(tmp = 0;tmp < 2800;tmp ++ );
    I2C0_Buffer[0] = ITFC_1WRST;
    IIC0_Send(temp, 1);
    for(tmp = 0;tmp < 2800;tmp ++ );
}
void BetteryTVC_Measure(void)                       // 启动电池温度、电压测量的函数
{   ubyte temp;
    temp = ITFC_Addr;
    temp >> = 1;
    I2C0_Buffer[0] = ITFC_1WRST;                    // 复位电池测量器件
    IIC0_Send(temp, 1);
    for(tmp = 0;tmp < 2800;tmp ++ );
```

```
    I2C0_Buffer[0] = ITFC_1WWTBT;                       // 启动电池温度测量
    I2C0_Buffer[1] = BTRMS_SKPROM;
    IIC0_Send(temp, 2);
    for(tmp = 0;tmp < 2800;tmp++);
    I2C0_Buffer[1] = BTRMS_CVTT;
    IIC0_Send(temp, 2);
    for(tmp = 0;tmp < 2800;tmp++);
    I2C0_Buffer[0] = ITFC_1WRST;
    IIC0_Send(temp, 1);
    for(tmp = 0;tmp < 2800;tmp++);
    I2C0_Buffer[0] = ITFC_1WWTBT;                       // 启动电池电压测量
    I2C0_Buffer[1] = BTRMS_SKPROM;
    IIC0_Send(temp, 2);
    for(tmp = 0;tmp < 2800;tmp++);
    I2C0_Buffer[1] = BTRMS_CVTV;
    IIC0_Send(temp, 2);
    for(tmp = 0;tmp < 2800;tmp++);
    I2C0_Buffer[0] = ITFC_1WRST;
    IIC0_Send(temp, 1);
    for(tmp = 0;tmp < 2800;tmp++);
}
void ReadBetteryMeasure(ubyte page)                     // 读取电池测量值函数
{   ubyte temp, i;
    temp = ITFC_Addr;
    temp >>= 1;
    I2C0_Buffer[0] = ITFC_1WRST;                        // 复位电池测量器件
    IIC0_Send(temp, 1);
    for(tmp = 0;tmp < 2800;tmp++);
    I2C0_Buffer[0] = ITFC_1WWTBT;                       // 指定读取的内存页
    I2C0_Buffer[1] = BTRMS_SKPROM;
    IIC0_Send(temp, 2);
    for(tmp = 0;tmp < 2800;tmp++);
    I2C0_Buffer[1] = BTRMS_RCMMR;
    IIC0_Send(temp, 2);
    for(tmp = 0;tmp < 2800;tmp++);
    I2C0_Buffer[1] = page;                              // 页码
    IIC0_Send(temp, 2);
    for(tmp = 0;tmp < 2800;tmp++);
    I2C0_Buffer[0] = ITFC_1WRST;
    IIC0_Send(temp, 1);
    for(tmp = 0;tmp < 2800;tmp++);
```

```
    I2C0_Buffer[0] = ITFC_1WWTBT;                           // 读取指定的内存页
    I2C0_Buffer[1] = BTRMS_SKPROM;
    IIC0_Send(temp, 2);
    for(tmp = 0;tmp < 2800;tmp ++ );
    I2C0_Buffer[1] = BTRMS_RDTMP;
    IIC0_Send(temp, 2);
    for(tmp = 0;tmp < 2800;tmp ++ );
    I2C0_Buffer[1] = page;                                  // 页码
    IIC0_Send(temp, 2);
    for(tmp = 0;tmp < 2800;tmp ++ );
    for(i = 0;i < 9;i ++ )
    {   I2C0_Buffer[0] = ITFC_1WRDBT;
        IIC0_Send(temp, 1);
        for(tmp = 0;tmp < 2800;tmp ++ );
        I2C0_Buffer[0] = ITFC_RSP;
        I2C0_Buffer[1] = ITFC_RdDtRgst;
        IIC0_Send(temp, 2);
        for(tmp = 0;tmp < 2800;tmp ++ );
        IIC0_Reveive(temp, 1);
        for(tmp = 0;tmp < 2800;tmp ++ );
        BTRMS_Value[i] = I2C0_Buffer[0];
    }
    I2C0_Buffer[0] = ITFC_1WRST;                            // 复位电池测量器件
    IIC0_Send(temp, 1);
    for(tmp = 0;tmp < 2800;tmp ++ );
}
```

5.5.2.9 常用移动存储介质的读/写驱动

常用移动存储介质大多是由 E^2PROM 或 Flash 存储器组合而成的，如 IC 卡、CF 卡、U 盘、电子盘和移动硬盘等。移动存储介质的读/写驱动涉及很多种类和细节，限于篇幅，以下选取典型实例并介绍重点设计环节。

1. IC 卡的读/写访问快速实现

IC 卡又称智能卡，它有接触式与非接触式两大类型。

(1) 接触式 IC 卡的直接软件驱动

接触式 IC 卡分为存储器卡、逻辑加密卡和微处理器卡三大类，其通信接口是含有时钟线与数据线的串行接口。IC 卡的通信协议，通常是采用国际标准的 ISO/IEC7816－4 协议再加上特殊通信约定。接触式 IC 卡的直接软件驱动需要根据具体的 IC 卡类型及其时序操作特点，来实现对它的快速读/写访问，下面以连接到 51 系列单片机端口的逻辑加密卡 SLE442 为例加以说明，SLE442 的相关硬件资料可以参阅其器件手册，这里不再赘述。

复位和复位响应子程序：

```
RESET:    MOV     R1, #32
          CLR     RST
          CLR     CLK
          LCALL   DY
          SETB    RST
          LCALL   DY
          SETB    CLK
          LCALL   DY
          CLR     CLK
          LCALL   DY
          CLR     RST
RESET1:   SETB    CLK
          LCALL   DY
          CLR     CLK
          LCALL   DY
          DJNZ    R1, RESET1
          RET
```

写命令子程序：

```
WCOMM:    LCALL   START
          MOV     A, #CBYTE1
          LCALL   WBYTE
          MOV     A, #ABYTE2
          LCALL   WBYTE
          MOV     A, #DBYTE3
          LCALL   WBYTE
          LCALL   STOP
          RET
```

启动子程序：

```
START:    SETB    I/O
          LCALL   DY
          SETB    CLK
          LCALL   DY
          CLR     I/O
          LCALL   DY
          CLR     CLK
          RET
```

停止子程序：

```
STOP:     CLR     CLK
          LCALL   DY
```

```
        CLR     I/O
        LCALL   DY
        SETB    CLK
        LCALL   DY
        SETB    I/O
        RET
```

写一字节子程序：

```
WBYTE：   MOV     R3，#08H
WBYTE1：  RRC     A
          MOV     I/O, C
          SETB    CLK
          LCALL   DY
          CLR     CLK
          LCALL   DY
          DJNZ    R3，WBYTE1
          RET
```

处理模式子程序：

```
PCLOCK：  MOV     R1，#DATA
PCLOCK1： CLR     CLK
          LCALL   DY
          SETB    CLK
          LCALL   DY
          DJNZ    R1，PCLOCK1
          CLR     CLK
          LCALL   DY
          RET
```

读多字节数据子程序：

```
RDATA：   LCALL   RBYTE
          MOV     @R0，A
          INC     R0
          DJNZ    R4，RDATA
          CLR     CLK
          LCALL   DY
          RET
```

读一字节子程序：

```
RBYTE：   MOV     R3，#08H
RBYTE1：  CLR     CLK
          LCALL   DY
          SETB    CLK
```

```
        MOV     C, I/O
        RRC     A
        LCALL   DY
        DJNZ    R3, RBYTE1
        RET
```

延时子程序：

```
DY:     MOV     R7, #DATA
DY1:    DJNZ    R7, DY1
        RET
```

(2) 非接触式 IC 卡的直接软件驱动

非接触式 IC 卡又称为射频式 IC 卡，它分为无源非接触式 IC 卡和有源非接触式 IC 卡两大类。

读/写操作非接触式 IC 卡的基本流程如图 5.2 所示。图中，复位应答是通过通信协议和波特率与读/写系统进行相互验证；防冲突闭合机制是为完整地读/写一个卡而不受其他卡的干扰；三次相互确认指在要处理的卡选定后读/写系统确定要访问的扇区号，对扇区密码进行的三次相互确认，目的是加强数据的安全性，三次相互确认后，就可通过加密流与卡通信了，如读数据块、写数据块或其他操作。

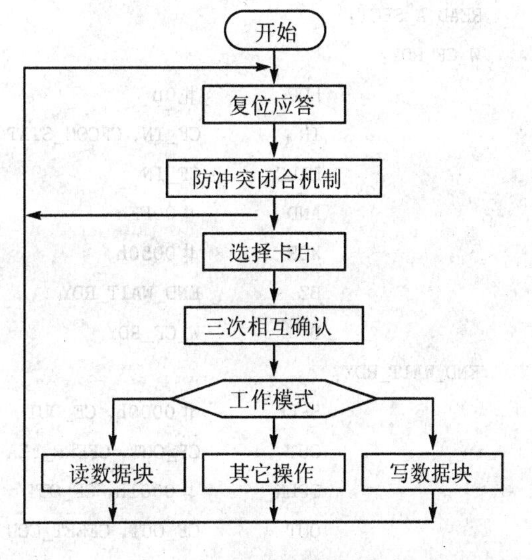

图 5.2 非接触式 IC 卡的读/写操作基本流程图

2. CF 卡的读/写访问快速实现

标准闪存 CF (Compact Flash) 卡，遵循 ATA 标准，属于块存储设备，其存储单元是通过磁头(head)、柱面(cylinder，也称磁道)和扇区(sector)组织起来的。CF 卡的扇区寻址有两种方式：物理寻址方式(CHS)和逻辑寻址方式(LBA)，CF 卡工作时一般采用 LAB 方式。CF 卡支持"热插拨"，在结构上更加接近硬盘。CF 卡可以工作在 PC 卡 ATA I/O 模式(I/O Card)、PC 卡 ATA 存储模式(memory mapped)和实 IDE 模式(True IDE)3 种模式下，其中实 IDE 模式与 IDE 接口完全兼容，应用最多。

CF 卡通常采用 FAT(File Allocation Table)文件系统。在 CF 卡上写入一个文件的过程是：在 CF 卡初始化后(完成 CF 卡上电复位和统计剩余空间等工作)，控制器中的 CPU 向 CF 卡的一些寄存器填写必要的信息，如读/写数据的起始扇区号(LBA 地址)、读/写数据所占的扇区个数等；然后向 CF 卡发送操作命令，如写操作向 CF 卡的命令寄存器写入 30H，读操作则向 CF 卡的命令寄存器写入 20H 等。删除或者再编程的过程与此相似。

下面以 TMS320LF240x 读/写访问 CF 卡为例，介绍 CF 卡的直接软件驱动，硬件电路图如 5.3 所示，CF 卡的物理、硬软件接口和操作命令可以参阅相关器件资料，这里不再赘述，限于篇幅，在此仅给出将 CF 卡中一个扇区数据(512 字节)读到 TMS320LF2407 片内 RAM 中

的一段汇编程序。

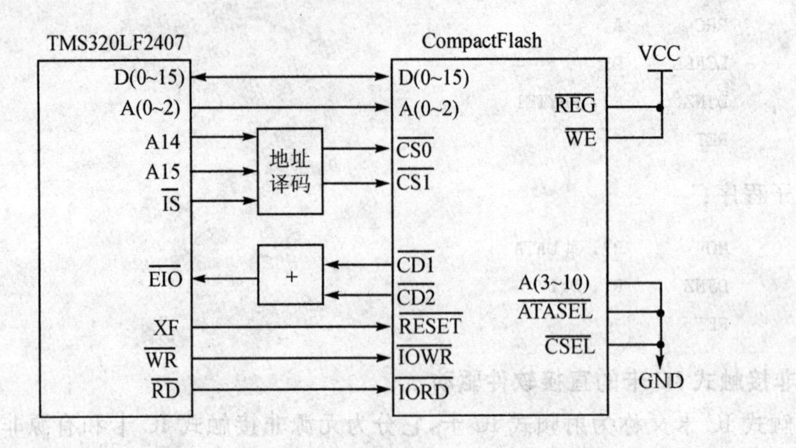

图 5.3　TMS320LF240x 读/写 CF 卡的电路图

```
READ_A_SECT:
W_CF_RDY:                                   ；检测 CF 卡是否空闲
        LDP     #0h
        IN      CF_IN, CFCOM_STAT           ；读状态寄存器
        LALC    CF_IN
        AND     #00FFh
        XOR     #0050h
        BZ      END_WAIT_RDY
        B       W_CF_RDY
END_WAIT_RDY:
        SPLK    #0000h, CF_OUT
        OUT     CF_OUT, CFERR_FEA           ；写特殊寄存器
        SPLK    #0001h, CF_OUT
        OUT     CF_OUT, CFSET_COU           ；写扇区数寄存器
        SAR     AR3, CF_OUT
        OUT     CF_OUT, CFSEC_NO            ；写扇区号寄存器
        SAR     AR4, CF_OUT
        OUT     CF_OUT, CFCYL_LOW           ；写柱面号寄存器(低字节)
        SAR     AR5, CF_OUT
        OUT     CF_OUT, CFCYL_HIG           ；写柱面号寄存器(高字节)
        SAR     AR6, CF_OUT
        OUT     CF_OUT, CF_CDH              ；写驱动器选择/磁头寄存器
        SPLK    #0020h, CF_OUT
        OUT     CF_OUT, CFCOM_STAT          ；写命令寄存器
W_CF_DRQ:                                   ；检测 CF 卡是否有数据请求
        IN      CF_IN, CFCOM_STAT
        LACL    CF_IN
        AND     #00FFh
        XOR     #0058h
```

```
            BZ          END_WAIT_DRQ
            B           W_CF_DRQ
END_WAIT_DRQ:
            LAR         AR2, #0FFh                  ;循环 256 次读取一扇区数据(512 字节)
            MAR         *, AR1
INLOOP:     IN          *+, CFDATA, AR2             ;循环读取数据寄存器
            BANZ        INLOOP, *-, AR1
            RET
```

程序说明:CFDATA 为数据寄存器端口地址;CFCOM_STAT 为状态/命令寄存器端口地址;CFERR_FEA 为特征寄存器端口地址;CFSEC_COU 为扇区数寄存器端口地址;CFSEC_NO 为扇区号寄存器端口地址;CFCYL_LOW 为柱面号寄存器(低字节)端口地址;CFCYL_HIG 为柱面号寄存器(高字节)端口地址;AR1、AR3～AR6 辅助寄存器为程序入口参数,其中 AR1 为 RAM 数据缓冲区的起始地址,AR3～AR6 为 CF 卡各寄存器待赋的值;CF_IN 和 CF_OUT 为变量。程序中没有超时处理,在循环读取数据的过程中,最好禁用时间较长的中断。这是因为 CF 卡在 15 ms 内没有接收到命令就会进入休眠(sleep),所以无论是读还是写扇区,在命令发出后 15 ms 内应将数据取出或填充上,否则会出错。

3. U 盘的读/写访问快速实现

U 盘又称为闪存盘。要使嵌入式应用系统实现对 U 盘的存取操作,一是要选择好主机方式工作的 USB 接口芯片,二是要做好主机方式下 U 盘读/写操作的驱动程序。常用的内含 USB 主/从方式工作的 SIE 芯片有 CH375、SL811HS 和 SL811HS/T 等,其数据接口通常为并行口或 UART 串行口。《嵌入式系统硬件体系设计》一书的第 6.5.4 小节"用单片机实现对 U 盘的存取访问"中,曾经介绍过 51 系列单片机通过 SL811HS 实现的 U 盘读/写访问一例,如图 5.4 所示,这里着重介绍针对 SL811HS 芯片编写的 USB 主机控制器驱动程序。

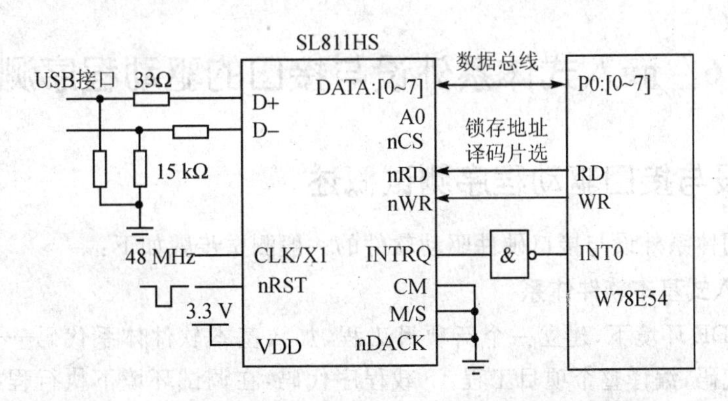

图 5.4　51 单片机通过 SL811HS 读/写访问 U 盘的电路图

主机完成 U 盘数据读/写功能所需的主要模块包括初始化模块、枚举模块、读字节模块、写字节模块、读缓冲区模块和写缓冲区模块等。初始化模块用来设置 SL811HS 的主/从机工作模式、全速或低速工作方式和内部数据缓冲区结构等;而枚举主要是指主机监测到 U 盘插入时,主机和 U 盘之间产生的一个过程。当枚举发生时,主机首先自动发出查询请求,U 盘回应这个请求,并送出设备的 VER ID 和 Product ID,然后由主机根据这两个 ID 装载相应的设备驱动程序,以完成枚举过程。通过枚举不但可为 U 盘设定设备地址,而且可以得到 U 盘端

点的描述表及U盘所支持的协议，之后就可以根据U盘所属的子类及协议对U盘进行操作。

在该例中，SL811HS占用的地址空间为0xA000～0xBFFF，下面的读/写函数中采用“自动地址增加模式”来降低SL811HS读/写设备时占用的系统资源。

```
xdata unsigned char SL811_ADDR_AT 0xA000;          //USB主机控制寄存器地址
xdata unsigned char SL811_DATA_AT_ 0xA001;         //USB主机数据基址
void WR811(unsigned char Address, unsigned char value)
{   SL811_ADDR = Address;
    SL811 DATA = value;
}
unsigned char Rd811(unsigned char Address)
{   SL811_ADDR = AddRESS;
    RETuRn SL811_DATA;
}
```

下面是读/写缓冲区的代码函数，其中参数AddR为缓冲区起始偏移地址，S为进行缓冲区读/写操作时的数据指针，C为进行缓冲区读/写操作时的数据数量。

```
void SL811Bufread(unsigned char Addr, unsigned char * S, unsigned char C)
{   SL811_ADDR = Addr;
    while(C--) *S++ = SL811_DATA;
}
void SL811BuFWRITE(unsigned char AddR, unsigned char * S, unsigned char C)
{   SL811 ADDR = AddR;
    while(C--) SL811_DATA = *S++;
}
```

5.6 嵌入式体系外设与接口的驱动程序测试

5.6.1 外设与接口驱动程序测试概述

嵌入式应用体系外设与接口硬件驱动软件的一般测试步骤如下：

1. 调试嵌入式基本软件体系

在选定的IDE环境下，建立一个新项目工程，加入基本软件体系代码——主要是汇编语言构成的启动代码，编译整个项目工程，下载程序代码，在调试环境下执行程序，逐步运行，发现问题就查找原因并做相应处理，直到程序能够运行进入主程序。如果出现的问题一时不能解决，可以注释掉大部分启动代码，只剩下能够运行的最少代码，再编译调试，待该最简系统能够正常运行后，再逐步按功能恢复注释的部分并编译调试，直到所需的整个启动代码都能够正常运行。这种方法虽然繁琐，却是解决问题的好办法。嵌入式基本软件体系的调试是最基础的，只有它正常运行了，才能进行下面的软件代码调试工作。

2. 测试嵌入式外设或接口的驱动软件

在项目工程中，加入一个所需外设或接口的驱动软件程序文件；在主程序的开始部分即项目体系初始化函数(一般为 Project_Init())中加入对外设或接口初始化函数的调用;在主程序中调用外设或接口的操作函数对其进行访问。如果使用了中断,还要打开相应的中断和总中断,在指定的异常中断中调用对外设或接口的中断处理例程。然后,编译并连接程序,下载,使用常用的断点观察、单步跟踪、存储器变化观察和探测点观察等手段调试执行。发现问题,立即分析处理,直到整个外设或接口的驱动软件代码执行正常。其中观察分析,既可以通过 IDE 环境提供的各种调试分析手段,也可以在硬件上借助于示波器、逻辑分析仪等工具,调试时往往把这些方法综合运用。

外设或接口的驱动软件,要逐一加入并进行调试,一个外设或接口调试完成了再加入下一个并进行调试。如果驱动涉及多层次,首先要加入一级驱动进行调试,然后再加入第二级。

为了便于观察分析,首先要加入人机接口,如 LCD/LCM 显示器、键盘输入等驱动程序进行测试,这样在进行后续接口或外设驱动软件测试时,运行结果可以在显示界面上输出,还可以借助于按键操作进行配合测试。没有显示界面输出的体系,可以先测试其通信接口,如 UART 串口,把测试运行结果通过这些通信接口,送到容易观察的个人计算机显示器上。

3. 进行驱动软件极限运行测试

整个基本软件体系和所需的驱动软件都调试通过了,还不能完全保证没有问题,因此还要进行外设或接口的驱动代码的极限运行情况测试,这主要针对功能实现有特殊要求的外设或接口。如获取数据时没有明确状态可查询只能软件定时的外设或接口,此时要测试的是这个软件定时是否设置合理,要逐步预设并测试,直到找到最小的合适值。又如:存储器的读/写访问测试,不要只测试了某个区段,还要设法测试整个存储空间,特别是存储器的首末两端。又如:多个外设或接口使用了中断,要测试其中断优先级分配是否合理,各个中断处理例程的代码大小是否合适,各个中断频繁发生时调度机制是否冲突等。

4. 修改完善外设或接口的驱动软件

针对调试分析中出现的问题,修改完善外设或接口的驱动软件代码,调整其逻辑结构,然后再进行调试分析并修改完善。如此循环往复,直到所设计的整个嵌入式基本软件体系和外设或接口驱动软件完全运行正常。

5.6.2 外设与接口驱动测试软件编制

外设或接口的驱动软件测试,通常采用 C 语言编写,通过对设计的 API 函数调用,在主程序中设法访问待测的外设或接口,并在异常中断处理例程中加以配合。5.5.2.8 小节“系统监控单元的直接软件驱动”中,例举设计了一个精密电池工况测量驱动软件。下面编写对该外设驱动软件进行测试的代码,以此说明如何编制外设与接口驱动软件的测试程序。

首先,需要在主程序的头文件中加入相关外部变量和函数的声明,主要代码编制如下:

```
#include < LPC213x.h >
#define ubyte   unsigned char
#define uhword unsigned int
#define uword   unsigned long
……
extern ubyte I2C0_Buffer[9];                          // 外部变量声明
extern ubyte BTRMS_Value[9];
```

```
extern void IIC0_vInit(void);                    // 外部函数声明
extern ubyte IIC0_Send(ubyte, ubyte);
extern ubyte IIC0_Receive(ubyte, ubyte);
extern void LCM_clear_screen(void);
extern void LCM_cursor_position (ubyte, ubyte);
extern void LCM_set_string(ubyte, const ubyte * );
extern void InterfaceInitial(ubyte);
extern void Bettery_Measure_Config(ubyte, ubyte);
extern void BetteryTVC_Measure(void);
extern void ReadBetteryMeasure(ubyte);
```

主程序中需要的测试程序代码编制如下，这里实现了一个循环电池工况测量并用 LCM 显示。

```
#include "main.h"
void Project_Init(void)                                  // 项目体系初始化函数
{
   InterfaceInitial(0x96);                               // 接口初始化
   Bettery_Measure_Config(0x00, 0x07);                   // 配置电池测量器件
……
}
void main(void)
{  uhword b, k;
   uhword voltage, CCA, DCA;
   ubyte tmprt_sign, tmprt_integer, tmprt_fraction, coulometry;
   ubyte measure[8];
   Project_Init();                                       // 项目体系初始化
   while(1)
   {  BetteryTVC_Measure();                              // 启动电池温度、电压测量
      ReadBetteryMeasure(0x00);                          // 读取：温度、电压和电流
      if((BTRMS_Value[1] >> 7) == 1)  tmprt_fraction = 5;  // 温度:小数部分(1 位)
      else tmprt_fraction = 0;
      for(i = 0;i < 8;i++) measure[i] = 0x20;
      measure[4] = tmprt_fraction|0x30;
      tmprt_integer = BTRMS_Value[2] & 0x7f;             // 整数部分
      measure[1] = (tmprt_integer/100)|0x30;
      measure[2] = (tmprt_integer/10)|0x30;
      measure[3] = (tmprt_integer % 10)|0x30;
      tmprt_sign = BTRMS_Value[2] >> 7;                  // 符号
      if(tmprt_sign) measure[0] = 0x2d;
      else measure[0] = 0x2b;
      LCM_cursor_position (0, 0);                        // LCM 显示位置指定
      LCM_set_string(0, measure);                        // LCM 显示温度
   for(b = 1700;b > 0;b--) ;                             // LCM 显示迟延
```

```
voltage   = BTRMS_Value[3];                                    // 电压
voltage | = BTRMS_Value[4] << 8;
for(i = 0;i < 8;i ++ ) measure[i] = 0x20;
measure[0] = (voltage/10000)|0x30;
measure[1] = (voltage/1000)|0x30;
measure[2] = (voltage/100)|0x30;
measure[3] = (voltage/10)|0x30;
measure[4] = (voltage % 10)|0x30;
LCM_cursor_position (0, 1);
LCM_set_string(0, measure);
for(b = 1700;b > 0;b -- ) ;
ReadBetteryMeasure(0x01);                                      // 读取电池测量值:电量
coulometry = BTRMS_Value[4];
for(i = 0;i < 8;i ++ ) measure[i] = 0x20;
measure[0] = (coulometry/100)|0x30;
measure[1] = (coulometry/10)|0x30;
measure[2] = (coulometry % 10)|0x30;
LCM_cursor_position (0, 2);
LCM_set_string(0, measure);
for(b = 1700;b > 0;b -- ) ;
ReadBetteryMeasure(0x07);                                      // 读取电池测量值:电量累积值
CCA   = BTRMS_Value[4];                                        // 电量增加累积量 CCA
CCA | = BTRMS_Value[5] << 8;
for(i = 0;i < 8;i ++ ) measure[i] = 0x20;
measure[0] = (CCA/10000)|0x30;
measure[1] = (CCA/1000)|0x30;
measure[2] = (CCA/100)|0x30;
measure[3] = (CCA/10)|0x30;
measure[4] = (CCA % 10)|0x30;
LCM_cursor_position (0, 3);
LCM_set_string(0, measure);
for(b = 1700;b > 0;b -- ) ;
DCA   = BTRMS_Value[6];                                        // 电量减少累积量 DCA
DCA | = BTRMS_Value[7] << 8;
for(i = 0;i < 8;i ++ ) measure[i] = 0x20;
measure[0] = (DCA/10000)|0x30;
measure[1] = (DCA/1000)|0x30;
measure[2] = (DCA/100)|0x30;
measure[3] = (DCA/10)|0x30;
measure[4] = (DCA % 10)|0x30;
LCM_cursor_position (0, 4);
LCM_set_string(0, measure);
```

```
        for(b = 1700;b > 0;b--) ;
    }
}
```

5.7 使用软件架构工具快速构建应用软件平台

5.7.1 常用嵌入式体系软件架构工具介绍

上述各节详细介绍了嵌入式基本体系及其外设与接口的直接软件架构的方法和技巧，应用这些方法和技巧，可以实现不同类型、不同厂商的微控制器系统的直接软件架构。但是，微控制器种类繁多，外设和接口也千差万别，每种微控制器都有很多 CPU 寄存器，微控制器的外设和接口对应也有许多配置与操作寄存器，而且微控制器从 8 位到 32 位，寄存器越来越多，寄存器位数也越来越宽。因此，使用一款微控制器，无论单片机，还是 DSPs，很多时间要花费在对寄存器的认识和熟悉上。尽管现代很多单片机都可以使用 C 语言编程，可最初的启动配置文件仍然要用汇编语言编程实现，熟悉这些微控制器的汇编指令也要花费时间。为了更加有效地开发嵌入式体系产品，最大限度地缩短熟悉新型微控制器的寄存器和汇编指令的时间，使用微控制器程序架构工具是明智的选择。使用微控制器程序架构工具，可以通过可视化的友好界面很容易地得到包括启动汇编文件、片内外设或接口硬件的驱动文件等在内的适合微控制器工作机制或在某种嵌入式实时操作系统之上的应用程序架构。设计嵌入式微控制器硬件体系，应用软件程序架构工具产生程序基本架构，调试所设计的硬件体系，最后交给软件工程师的不仅是完整的硬件体系，而且还有完善的程序架构体系，留给软件工程师的任务就是在这个基于硬件的程序架构下编制填写功能代码了，整个设计过程大大地简化。

常见的嵌入式体系软件架构工具有 Cypress 公司的适合于 PsOC 片上可编程单片机的 PSoC Designer、Infinoen 公司的适合于其 51、C166/XC166 等的 8 位/16 位/32 位单片机的虚拟电子工程师 DAvE 等。根据多年的嵌入式系统硬软件设计实践，笔者针对 Philips 公司的 ARM 系列单片机编制有"ARM7TDMI－S 系列单片机程序架构软件工具"，针对 TI 公司的 2000 系列 DSPs 编制有"TI－240xA 系列 DSPs 程序架构软件工具"。

应该看到，常见的软件架构工具，都是针对某一厂商的一类常用系列微控制器件的，还没有通用万能的软件架构工具；因此，使用软件架构工具具有一定的局限性，对于新出现的性能优良的微控制器，其软件体系架构，仍然需要采用 5.1～5.3 节描述的一般的嵌入式直接软件架构手段来实现。

5.7.2 嵌入式体系软件架构工具应用举例

这里详细描述如何使用软件架构工具自动得到所需的嵌入式软件体系。应用 PSoC Designer、DAvE 和 ARM7TDMI－S 系列单片机程序架构软件工具及其应用，笔者在《嵌入式系统硬件体系设计》一书第 3 章"8/16/32 位单片机及其应用设计"的 3.4.3 小节"单片机的应用开发"中已经详细说明，在此不再赘述，这里重点说明笔者最近设计的"TI－240xA 系列 DSPs 程序架构软件工具"及其项目开发应用。

"TI－240xA 系列 DSPs 程序架构软件工具"的概括说明如图 5.5 所示。

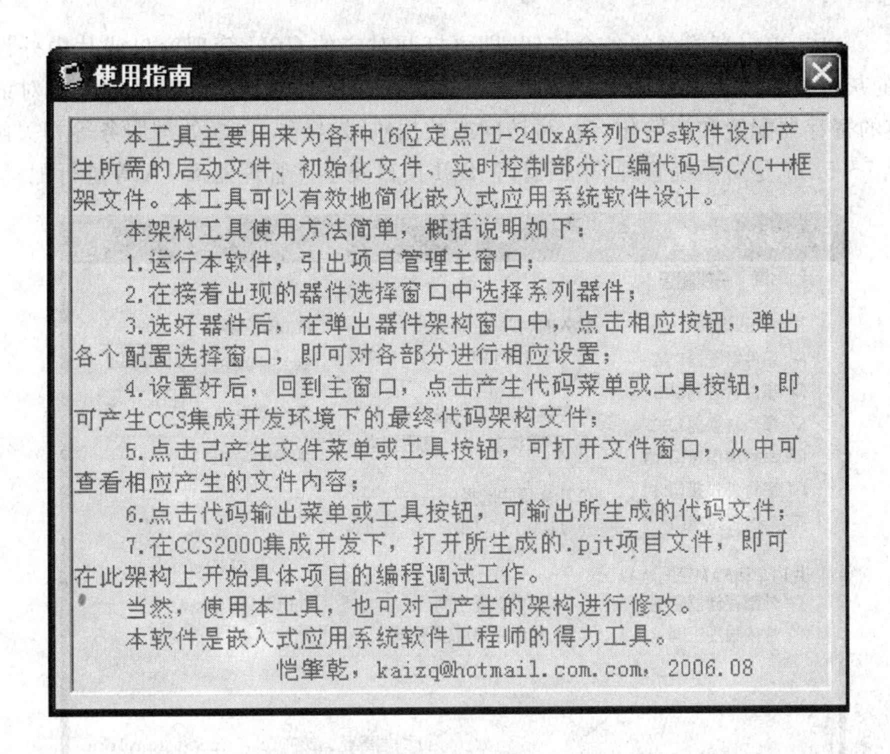

使用指南

本工具主要用来为各种16位定点TI-240xA系列DSPs软件设计产生所需的启动文件、初始化文件、实时控制部分汇编代码与C/C++框架文件。本工具可以有效地简化嵌入式应用系统软件设计。

本架构工具使用方法简单，概括说明如下：

1.运行本软件，引出项目管理主窗口；

2.在接着出现的器件选择窗口中选择系列器件；

3.选好器件后，在弹出器件架构窗口中，点击相应按钮，弹出各个配置选择窗口，即可对各部分进行相应设置；

4.设置好后，回到主窗口，点击产生代码菜单或工具按钮，即可产生CCS集成开发环境下的最终代码架构文件；

5.点击己产生文件菜单或工具按钮，可打开文件窗口，从中可查看相应产生的文件内容；

6.点击代码输出菜单或工具按钮，可输出所生成的代码文件；

7.在CCS2000集成开发下，打开所生成的.pjt项目文件，即可在此架构上开始具体项目的编程调试工作。

当然，使用本工具，也可对己产生的架构进行修改。

本软件是嵌入式应用系统软件工程师的得力工具。

恺肇乾，kaizq@hotmail.com.com，2006.08

图 5.5 “TI-240xA 系列 DSPs 程序架构软件工具”的使用指南窗口

下面以 TI 公司的 TMS320LF2407A 为例，具体阐述如何直接架构相应的嵌入式软件体系。

运行“TI-240xA 系列 DSPs 程序架构软件工具”，选择厂商与器件型号，即可打开图 5.6 所示的 TMS320LF2407A 程序代码架构框图。

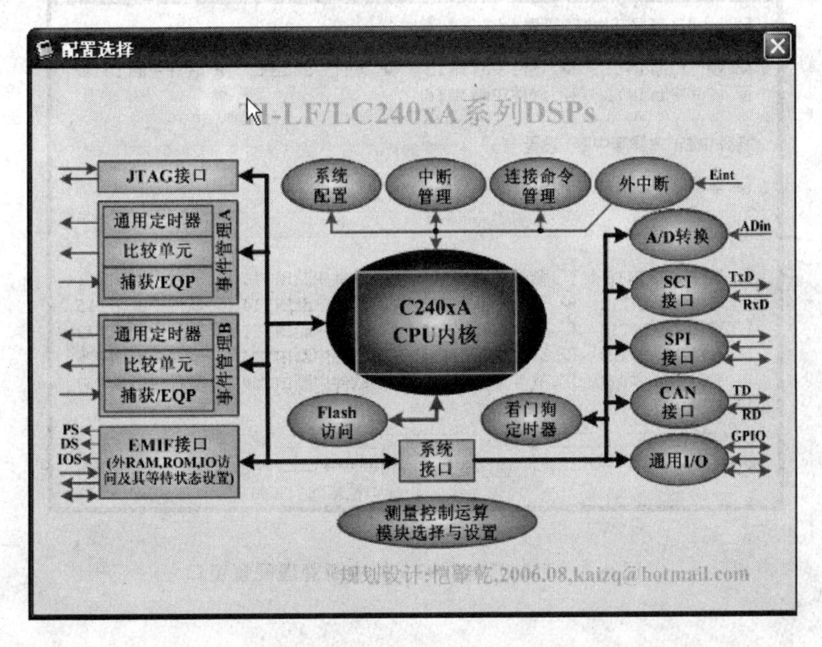

图 5.6 TMS320C2407A 的微控制器体系配置选择窗口

在图 5.6 中，单击亮橙色的各个按钮，即可打开对应的 CPU 管理窗口或片内外设配置窗口，图中的灰色按钮表示该器件中没有此项功能。在打开的窗口中可以通过人机对话的方式完成相应的寄存器配置和初始化、读/写访问或数据收/发操作、中断处理服务等相关函数的选择。图 5.7～5.11 是对系统管理、中断管理、SCI 接口及事件管理器 EVA 等进行配置的窗口。

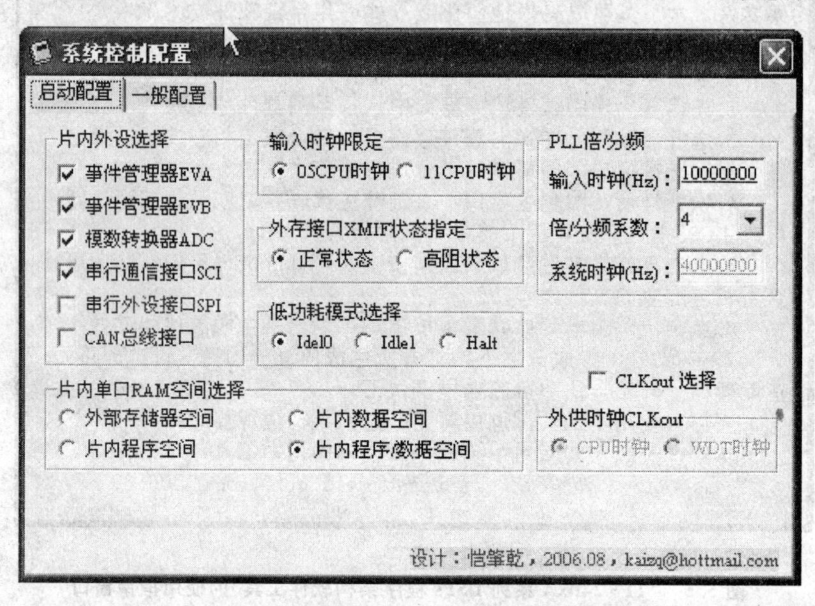

图 5.7　TMS320C2407A 的系统配置窗口

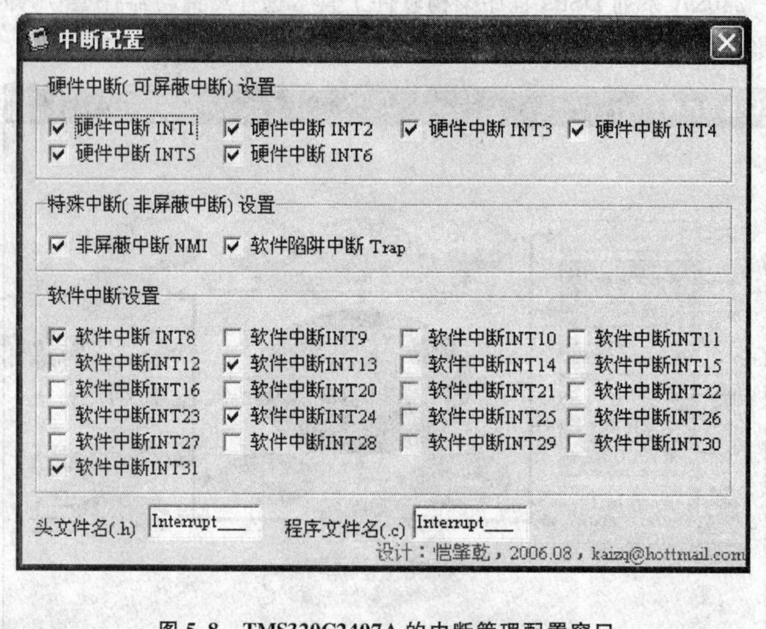

图 5.8　TMS320C2407A 的中断管理配置窗口

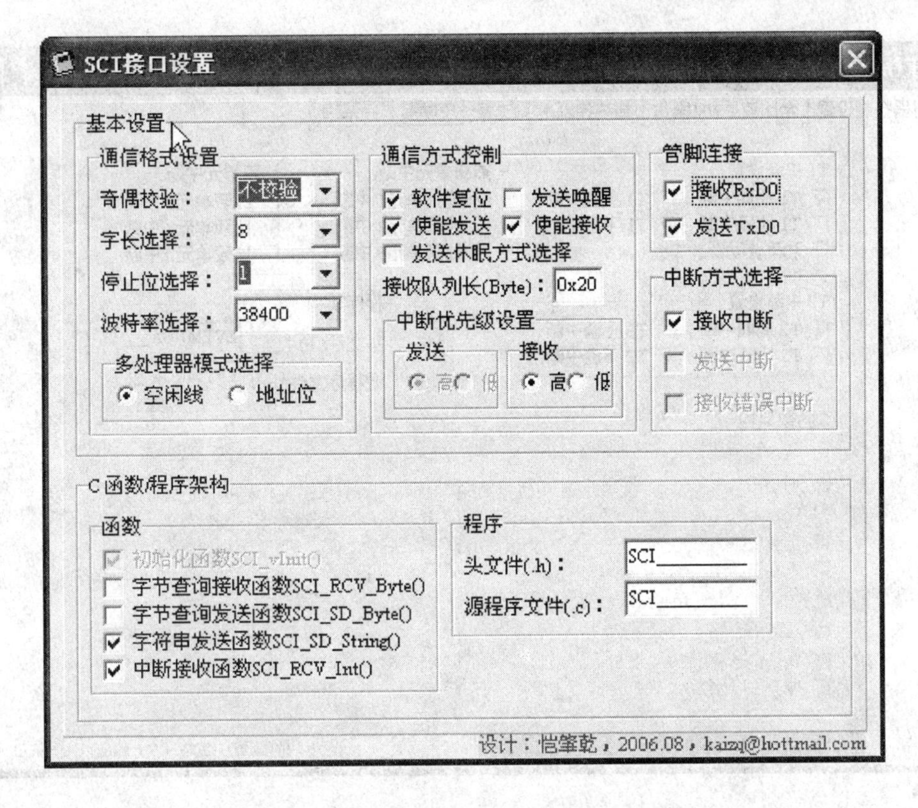

图 5.9　TMS320C2407A 的 SCI 接口设置窗口

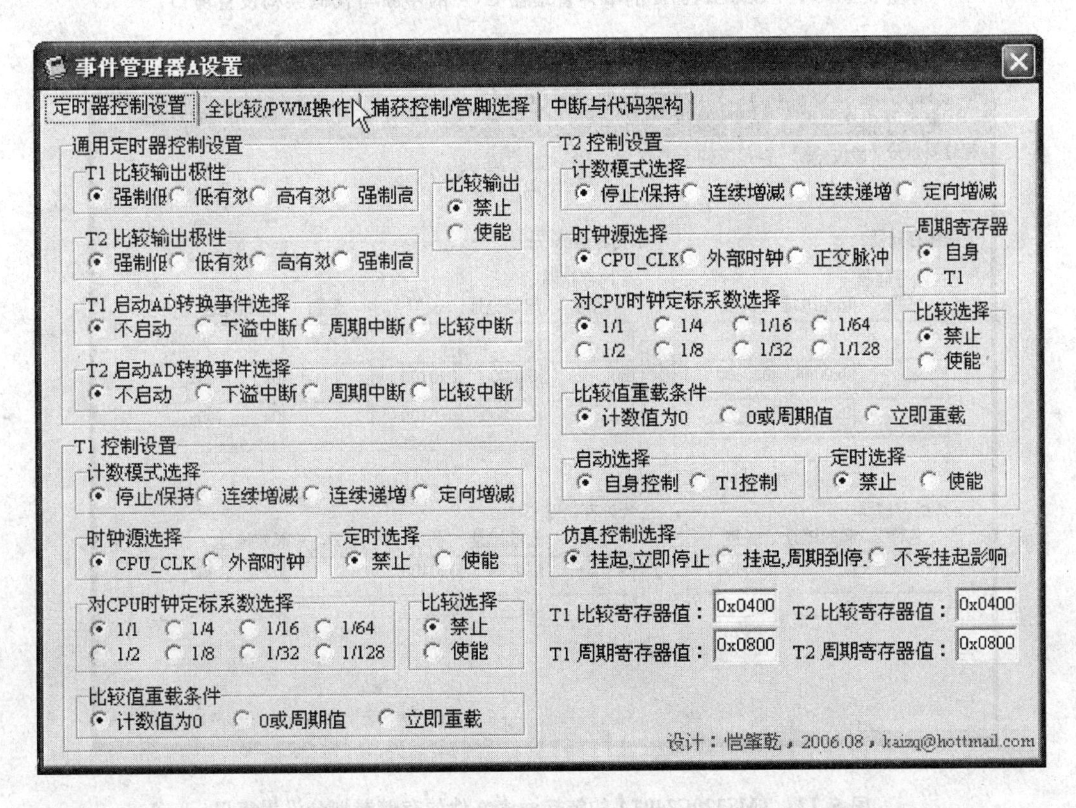

图 5.10　TMS320C2407A 的事件管理器 EVA 的定时器控制设置窗口

事件管理器A设置

定时器控制设置 | 全比较/PWM操作 | 捕获控制/管脚选择 | 中断与代码架构

T1 中断设置
T1 周期中断　T1 上溢中断
T1 比较中断　T1 下溢中断
功率驱动保护中断

捕获单元中断
捕获单元1 中断
捕获单元2 中断
捕获单元3 中断

比较单元中断
比较单元1 中断
比较单元2 中断
比较单元3 中断

T2 中断设置
T2 周期中断　T2 上溢中断
T2 比较中断　T2 下溢中断

程序架构
头文件(.h)：EVTMNGA___
源程序文件(.c)：EVTMNGA___

C 函数架构
事件管理器初始化函数EVA_vInit()
周期中断函数EVA_T1_Period_INT()　周期中断函数EVA_T2_Period_INT()
比较中断函数EVA_T1_Compare_INT()　比较中断函数EVA_T2_Compare_INT()
上溢中断函数EVA_T1_Overflow_INT()　上溢中断函数EVA_T2_Overflow_INT()
下溢中断函数EVA_T1_Underflow_INT()　下溢中断函数EVA_T2_Underflow_INT()
功驱保中断函数EVA_Protect_INT()
捕获中断函数EVA_Capture1_INT()　比较中断函数EVA_Compare1_INT()
捕获中断函数EVA_Capture2_INT()　比较中断函数EVA_Compare2_INT()
捕获中断函数EVA_Capture3_INT()　比较中断函数EVA_Compare3_INT()

设计：恺筆乾，2006.08，kaizq@hottmail.com

图 5.11　TMS320C2407A 的事件管理器 EVA 的中断与代码架构设置窗口

DSPs 器件特有的链接命令文件设置操作窗口如图 5.12 和图 5.13 所示。

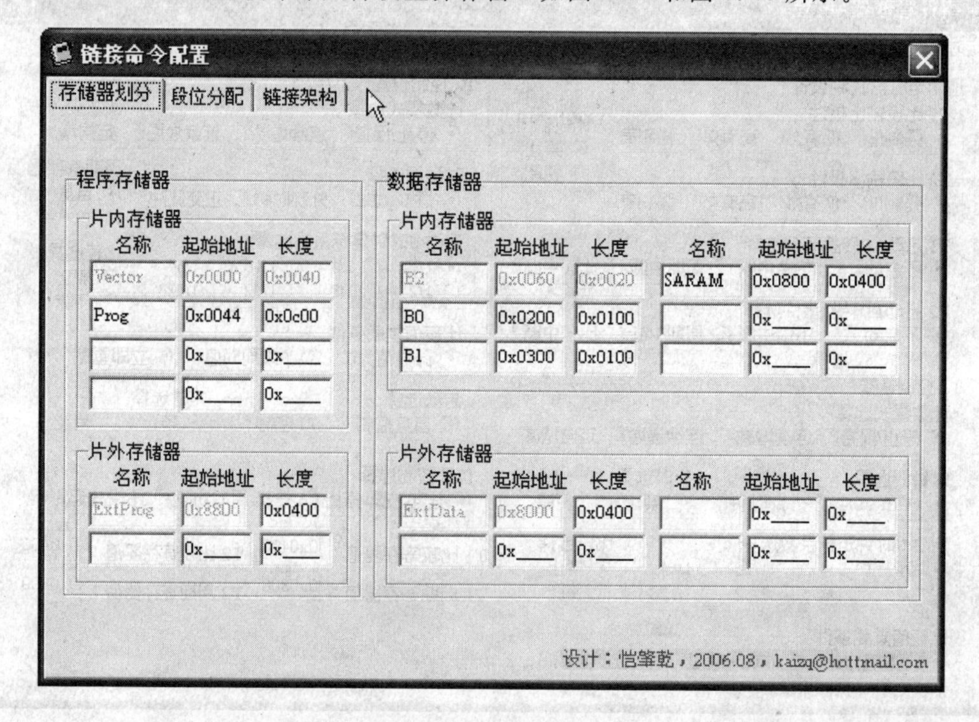

图 5.12　TMS320C2407A 的链接命令文件的存储器划分设置窗口

链接命令配置

存储器划分 | 段位分配 | 链接架构

自定义数据段

段名称	存储器块名	
measure	B1	☑ 按页分配
save	ExtData	☑ 按页分配
		☐ 按页分配
		☐ 按页分配
		☐ 按页分配
		☐ 按页分配
		☐ 按页分配
		☐ 按页分配
		☐ 按页分配
		☐ 按页分配
		☐ 按页分配
		☐ 按页分配

常规数据段

段名称	存储器块名
.const	B2
.bss	B1
.stack	SARAM
.system	B0

程序段

段名称	存储器块名
Vectors	Vector
.text	Prog
.data	Prog
.cinit	Prog
.switch	Prog

设计：恺肇乾，2006.08，kaizq@hottmail.com

图 5.13　TMS320C2407A 的链接命令文件的段位分配设置窗口

TI 公司的 TMS320C2000 系列 DSPs 是专门用于运行控制的微控制器件，可以在其上建立的特有测量/控制算法模块的选择与配置窗口如图 5.14 和图 5.15 所示。通过配置，所选算法模块生成的对应代码是运行效率较高和实时性较强的汇编代码。

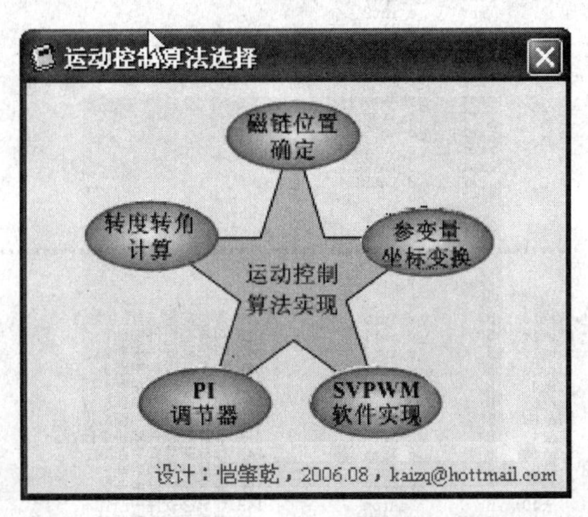

图 5.14　TMS320C2407A 的运动控制算法模块选择窗口

打开所需的各个窗口进行各项选择后关闭窗口，即可完成对所需的寄存配置和代码 API 接口函数选择。然后，回到项目管理主窗口，在主菜单或工具栏中单击【生成代码】项，软件工具在后台即可生成所希望的程序代码框架。在项目管理主窗口主菜单或工具栏中单击【代码浏览】项，可以打开程序代码架构文件，从中可以浏览所生成的程序代码，如图 5.16～5.20，该

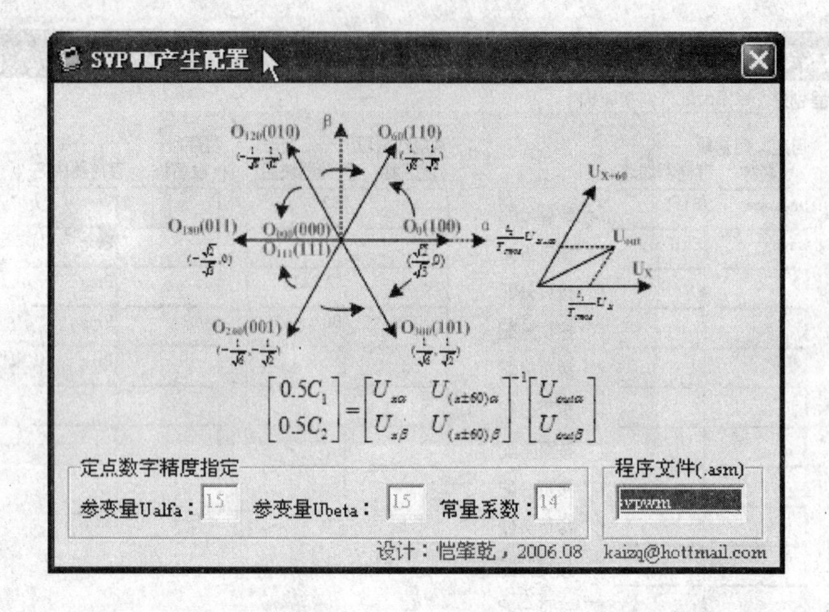

图 5.15 TMS320C2407A 的空间矢量控制算法模块设置窗口

代码是针对 TI CCS2000 集成开发环境产生的。

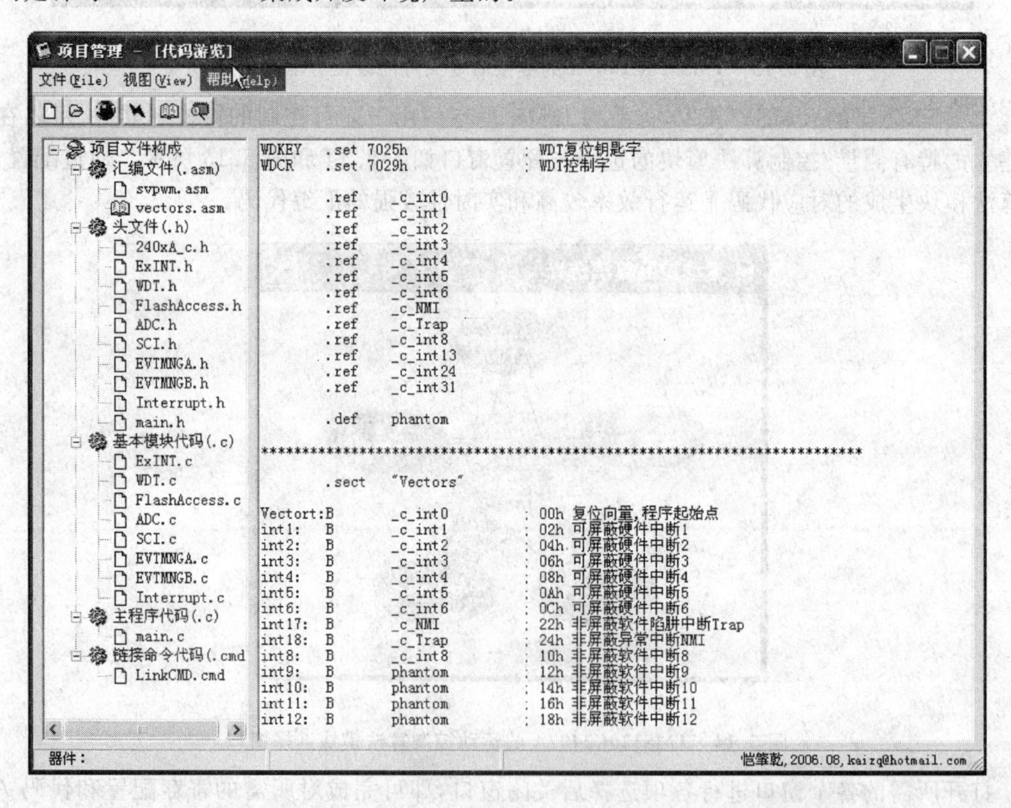

图 5.16 TMS320C2407A 的代码架构及其启动汇编代码浏览窗口

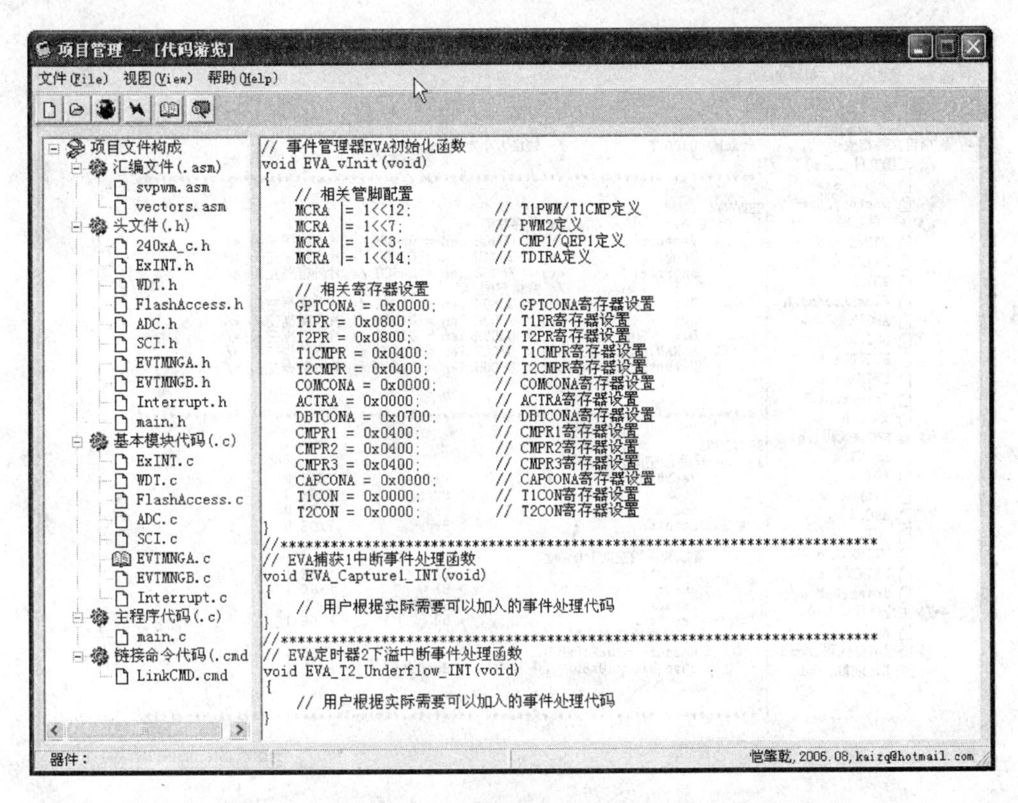

图 5.17 TMS320C2407A 的代码架构及其 EVA 片内外设 C 代码浏览窗口

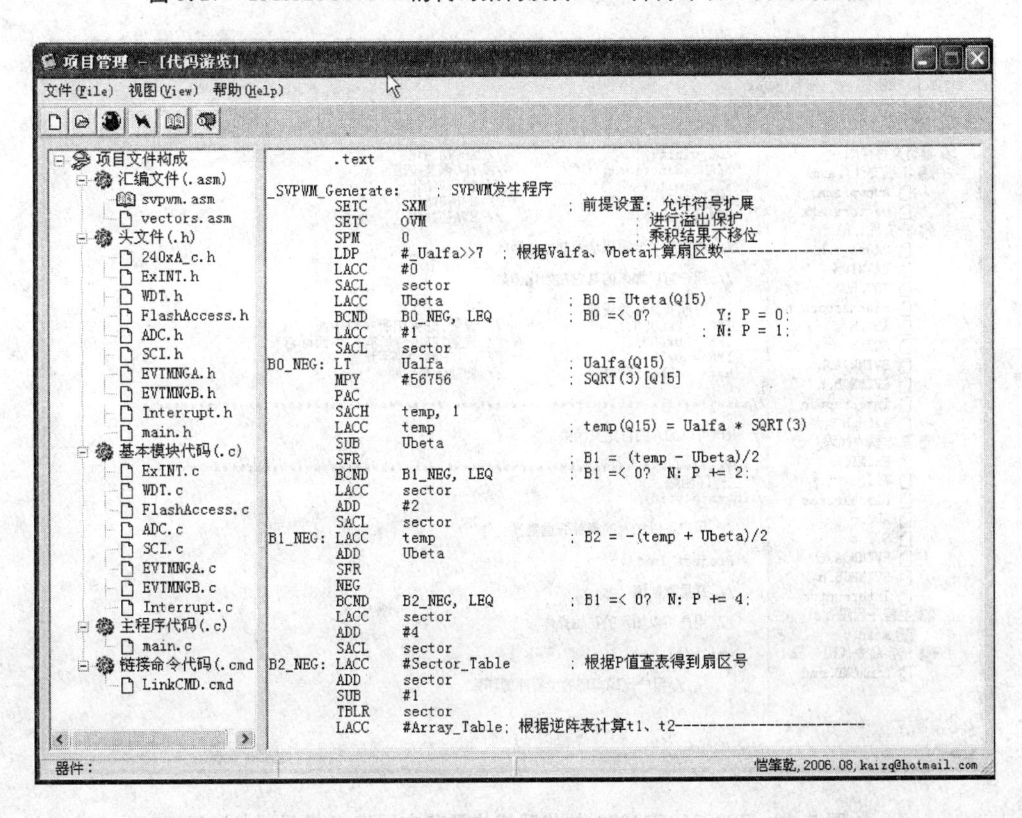

图 5.18 TMS320C2407A 的代码架构及其空间矢量控制算法汇编代码浏览窗口

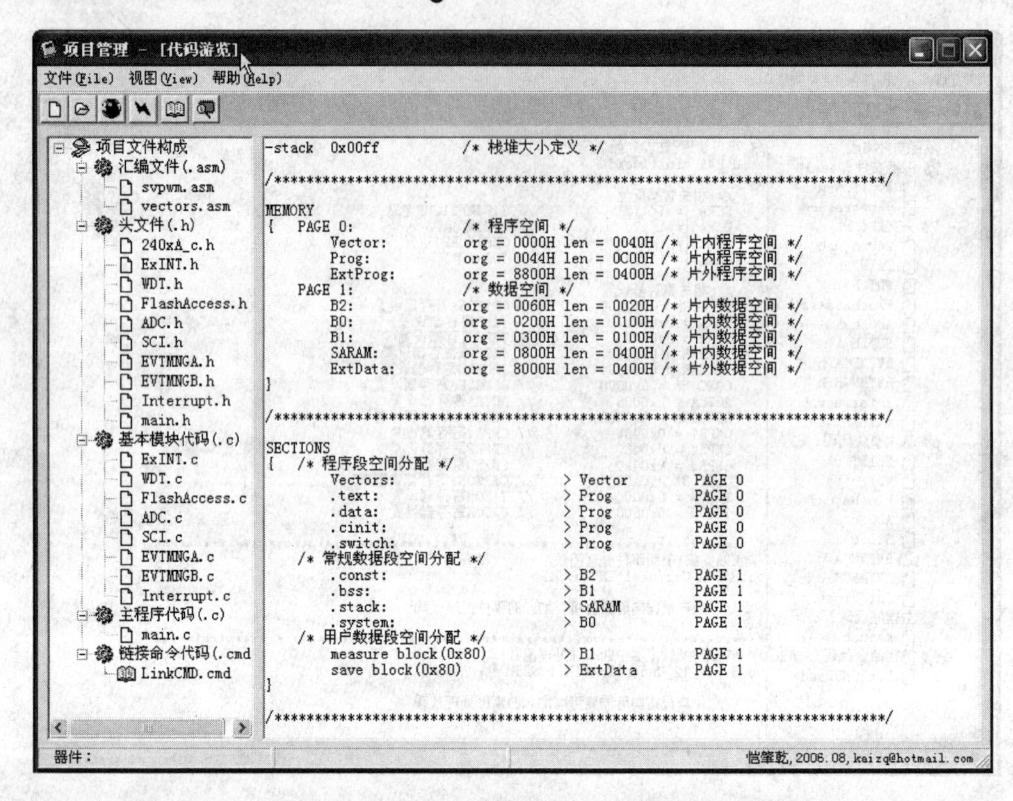

图 5.19 TMS320C2407A 的代码架构及其链接命令文件代码浏览窗口

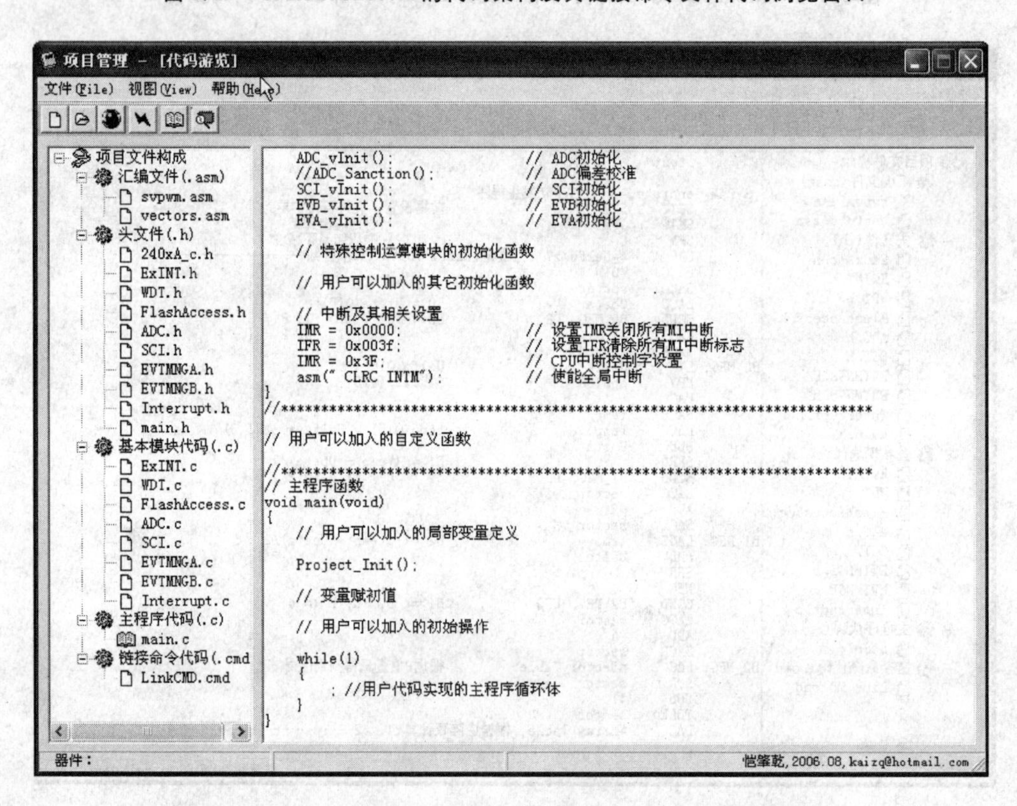

图 5.20 TMS320C2407A 的代码架构及其主程序 C 代码浏览窗口

在项目管理主窗口的菜单栏或工具栏中，单击【生成输出】项，可以将生成的程序代码输出到指定目录。如果需要修改程序架构代码，可以重新运行软件工具或在项目管理主窗口的菜单栏或工具栏中，单击【打开项目】项，选择以前建立项目的“.acf”文件，打开以前建立的项目，重新选择或修改各个所需窗口中的选择项目，生成代码即可。

TMS320C2407A 的架构代码输出窗口如图 5.21 所示。

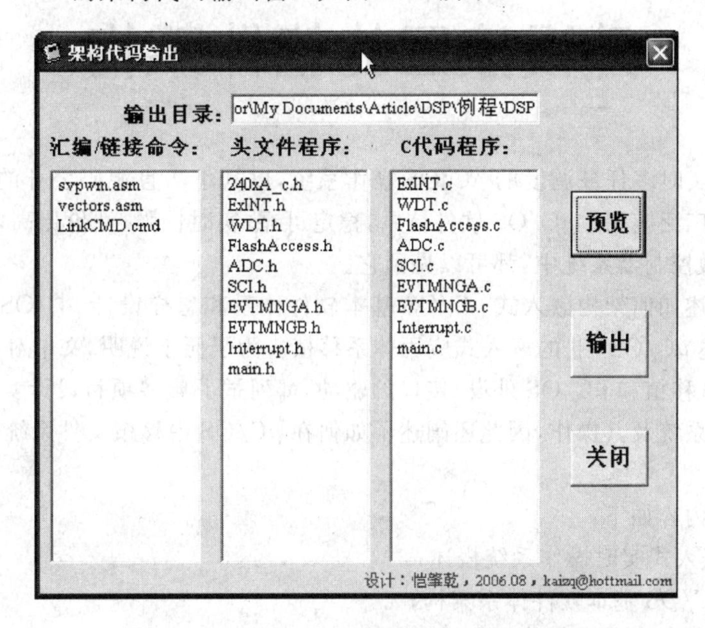

图 5.21　TMS320C2407A 的架构代码输出窗口

本章小结

本章首先介绍了嵌入式应用系统直接软件架构的基本概念和所涉及的内容，说明了嵌入式应用体系直接软件架构的特点和目的；接着介绍了如何架构常见的 8 位/16 位/32 位单片机、TI-DSPs 等嵌入式微控制器系统的基本软件体系。

嵌入式系统的外设和接口的直接软件架构是本章的重点，嵌入式系统的外设和接口的直接软件架构就是编制所需相关外设和接口的硬件设备驱动程序。本章着重介绍了嵌入式体系外设和接口直接软件驱动的一般构成和设计规律，接着详细论述了各类常见外设与接口的直接软件架构特点及设计方法和技巧，并说明了如何对这些外设与接口的软件驱动进行软件测试。本章在每类外设与接口的直接软件驱动设计描述中都列举了典型的基于底层硬件的程序设计实例，并做了详细的注释和说明，有理论，也有实践，点面结合，以求具体形象，通俗易懂。

本章最后介绍了常用嵌入式应用体系的软件架构工具及其使用，使用软件架构工具是进行嵌入式应用软件体系设计的一条行之有效、便捷高效的途径。

第6章 嵌入式μC/OS基本体系及外设接口的软件架构

基于抢占式实时多任务调度的μC/OS操作系统，以其小巧且源码公开的特点，在嵌入式应用体系中得到广泛应用。μC/OS软件体系，稳定可靠，实时性强，性价比高，在各种SCM和DSPs等嵌入式微控制器系统中，都可以见到它。

本章主要阐述如何架构嵌入式μC/OS基本软件体系和怎样设计μC/OS下外设/接口驱动程序，重点论述μC/OS-Ⅱ的嵌入式应用体系移植。为了便于说明，文中对各种常见的嵌入式体系的μC/OS移植和μC/OS外设/接口的驱动，都列举了典型项目设计实例；由于μC/OS本身不支持文件系统及其操作，因此还阐述了如何在μC/OS中移植文件系统并进行相关文件操作。

本章的主要内容如下：

- μC/OS嵌入式实时操作系统概述；
- 嵌入式μC/OS基本软件体系架构；
- 常见嵌入式体系的μC/OS移植；
- μC/OS下的外设/接口驱动设计；
- μC/OS下的文件系统及存取访问；
- μC/OS嵌入式软件体系架构应用。

6.1 μC/OS嵌入式实时操作系统概述

6.1.1 μC/OS操作系统简要介绍

嵌入式实时操作系统μC/OS是由Jean J. Labrosse专为微控制器系统软件开发设计而编写的源代码公开的抢占式实时多任务操作系统内核。现在普遍使用的版本是μC/OS-Ⅱ(Micro Controller Operating System)，即“微控制器操作系统版本2”。简单地说，μC/OS-Ⅱ就是一段微控制器启动后首先执行的背景程序，作为整个系统的框架贯穿系统运行的始终。

μC/OS-Ⅱ是Micrium公司的产品，Micrium公司的相关软件产品还有μC/GUI、μC/FS、μC/TCP-IP和μC/USB等。这些产品可以以源代码的形式提供，具有极大的适用性。需要明确的是μC/OS-Ⅱ及其系列的软件不是开放源代码的免费软件，可以通过购买Micrium公司Jean先生的μC/OS-Ⅱ的书籍，而得到μC/OS-Ⅱ源代码，但是仅可以作为个人和学校学习使用，发生与μC/OS-Ⅱ直接和间接相关的商业目的行为，必须购买使用μC/OS-Ⅱ及系列产品的商业授权。μC/OS-Ⅱ、μC/GUI、μC/FS、μC/TCP-IP和μC/USB等授权方式有单个产品、产品线(系列)和按照 CPU 划分的产品 3 种形式。μC/OS-KA,μC/OS-VIEW 等工具是按照使用人的数目收取费用的,μC/OS-Ⅱ及系列产品是采用一次性的收费方式。

μC/OS-Ⅱ可移植、可固化、可剪裁,它的大部分代码是用 ANSI C 编写的,只有与处理器相关的一部分代码用汇编语言编写。μC/OS-Ⅱ可供不同架构的微控制器使用,可用于各类 8 位、16 位、32 位单片机或各种 DSPs 微控制器体系中。如今,从 8 位到 64 位微控制器,μC/OS-Ⅱ已运行在 50 多种不同架构的微处理器上。

基于 μC/OS-Ⅱ的嵌入式应用系统的软件体系主要分为 4 个部分:应用程序软件、实时操作系统核心代码、与处理器硬件相关的移植代码和与应用相关的配置代码。整个嵌入式系统的软件体系构成如图 6.1 所示,图中最上边的应用软件即软件应用层是建立在 μC/OS-Ⅱ之上的代码。核心代码部分、设置代码部分和与处理器相关的移植代码部分是 μC/OS-Ⅱ的主要组成部分。核心代码部分主要是 9 个 C 语言源代码文件,用于实现内核管理、事件管理、消息队列管理、存储管理、消息管理、信号量处理、任务调度和定时管理。设置代码部分包括 2 个头文件,用来配置事件控制块的数目以及是否包含消息管理的相关代码。

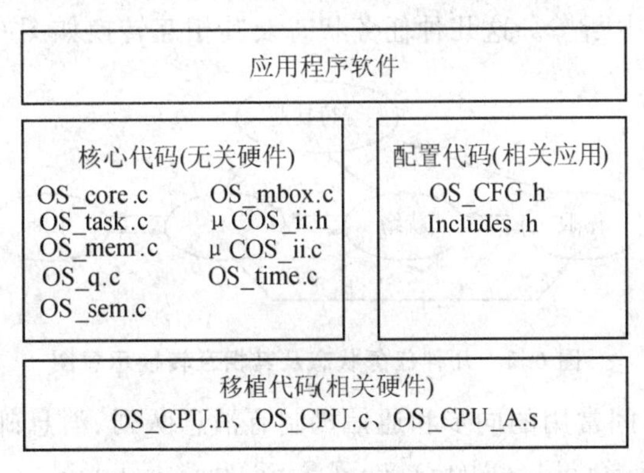

图 6.1　μC/OS 系统的软件体系构造图

μC/OS-Ⅱ是基于优先级的抢占式(preemptive)实时多任务内核,最多可支持 64 个任务,其中系统保留 8 个自己使用。作为实时操作系统,μC/OS 采用的是可剥夺型实时多任务内核,可剥夺型的实时内核在任何时候都运行已就绪的最高优先级的任务。μC/OS-Ⅱ内核提供的功能有任务调度与管理、时间管理、任务间同步与通信、内存管理和中断服务等。μC/OS-Ⅱ系统提供了丰富的 API 函数,用于实现进程之间的通信以及进程状态的转化。μC/OS 内核是针对实时系统的要求设计的,相对简单,可以满足较高的实时性要求;对于实时性和稳定性要求很高的数据采集与控制系统来说,引入 μC/OS-Ⅱ将大大改善系统的性能。

μC/OS 结构小巧,特别适合中小型嵌入式应用系统,如果包含全部功能(信号量、消息邮箱、消息队列及相关函数),编译后的内核仅有 6~10 KB。

遗憾的是 μC/OS 本身并没有对文件系统的支持,但是 μC/OS 具有良好的扩展性能,如果需要也可自行加入文件系统的内容。

6.1.2　μC/OS 下的多任务信息流

μC/OS-Ⅱ嵌入式应用软件体系的实时操作系统核心代码中,与应用密切相关、颇为重要的组成部分有任务处理部分(OS_task.c)、时钟部分(OS_time.c)、任务间的同步和通信部分等。

任务处理部分：与任务的操作密切相关，包括任务的建立、删除、挂起和恢复等。μC/OS－Ⅱ是以任务为基本单位调度的，所以这部分内容相当重要。

时钟部分：μC/OS－Ⅱ中的最小时钟单位是时钟节拍(timetick)，它完成任务延时等操作。

任务间的同步和通信部分：为事件处理部分，包括信号量、邮箱、邮箱队列和事件标志等部分；主要用于任务间的互相联系和对临界资源的访问。

μC/OS－Ⅱ在处理任务之间的通信和同步的时候，主要通过以下几种方式：信号量(semaphore)、邮箱(mailbox)、消息队列(queue)和互斥信号量(mutex)。具体过程通过事件控制块(ECB)来实现。μC/OS－Ⅱ中定义的数据结构 OS_EVENT 能够维护任务间通信和同步的所有信息。该数据结构不仅包含事件本身的定义，如信号量计数器、指向邮箱的指针、指向消息队列的指针数组、互斥量中能否获得资源的 Flag 和正在使用该互斥量的任务，还定义了等待该事件的所有任务列表。事件发生后，等待优先级最高的任务进入就绪态。

在 μC/OS 中，每个任务都是无限循环的，每个任务都处在以下 5 种状态之一：休眠态、就绪态、运行态、挂起态和中断态。这几种任务状态及其相互转换如图 6.2 所示。

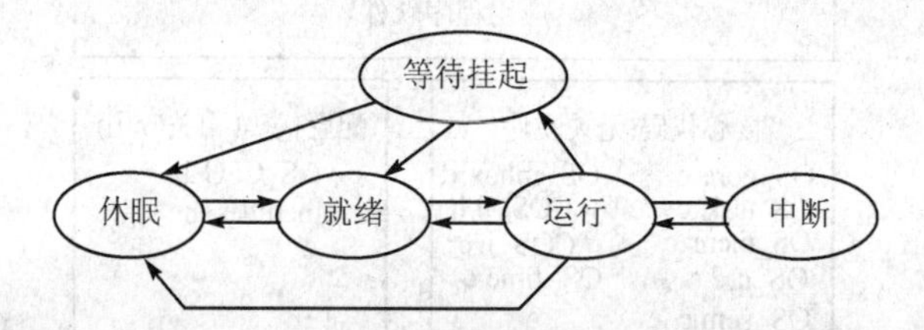

图 6.2　几种任务状态及其相互转换示意图

μC/OS 下各个任务间常用的同步和通信机制有消息队列、消息邮箱和信号量等。下面以 void SendMessageProcess(void ＊data)、void SendMessage(void ＊data)、void ReceiveMessageProcess(void ＊data)和 void ReceiveMessage(void ＊data)4 个任务为例，描述在采用消息队列、邮箱和信号量通信机制时信息流的传递过程。

1. 消息队列通信机制

消息队列在初始化的时候，建立一个指定空间大小的数组。这个数组在使用时取得了环形缓冲区的概念，且在运行期间不会被消除，从而避免了重复建立数组的时候内存空间的泄漏问题。当一个任务向消息队列发送一个信息时，相应的指针加 1(OSQIn＋1)，队列满时(OSQEntries ＝ OSQSize)，OSQIn 则与 OSQOut 指向同一单元。如果在 OSQIn 指向的单元内插入新的指向消息的指针，就构成 FIFO(First－In－First－Out)队列；相反，如果在 OSQOut 指向单元的下一个单元插入新的指针，就构成 LIFO 队列(Last－In－First－Out)。实际应用中，常定义 FIFO 队列，使消息指针总是从 OSQOut 指向的单元取出。OSQStart 和 OSQEnd 定义了消息指针数组的头和尾，以便在 OSQIn 和 OSQOut 到达队列的边缘时，进行边界检查和必要的指针调整，实现其循环功能。

消息队列数据结构如下：

```
typedef struct os_q
{    struct os_q * OSQPtr;                    // 在空闲队列控制块中链接所有的队列控制块
     void * OSQStart;                         // 指向消息队列指针数组的起始地址的指针
```

```
    void *OSQEnd;                    // 指向消息队列结束单元的下一个地址的指针
    void *OSQIn;                     // 指向消息队列中插入下一条信息位置的指针
    void *OSQOut;                    // 指向消息队列中下一个取出信息位置的指针
    INT16U OSQSize;                  // 消息队列中总的单元数
    INT16U OSQEntries;               // 消息队列中总的信息数量
} OS_Q;
```

设定任务间的消息队列信息流过程如下：

SendMessageProcess 任务完成信息的计算工作以后，将要发送的信息送进消息队列1。

SendMessage 任务负责取得消息队列1里面的信息，通过硬件端口（如 CAN 总线 I/O 口）将数据发送到总线上去；如果消息队列中没有信息，则该任务由运行状态进入等待状态，直到从消息队列中接收到信息为止。

ReceiveMessage 任务负责读取总线上的信息。

ReceiveMessage 任务将读取到的信息送入消息队列2。

ReceiveMessageProcess 任务是从消息队列2中取出信息并开始计算工作，如果消息队列为空，则该任务进入等待状态。

消息队列适用于一对一、一对多、多对多和多对一的关系。也就是说，消息队列可以作为一块共享的公共区域，为实施互斥，任务间需要同步；为了合作，进程间需要交换信息，这样也就实现了同步和通信。

2. 邮箱通信机制

邮箱的概念和管道（管线）有相似的定义，一个任务或者中断服务子程序向另一个任务发送一个指针型的变量。该指针指向一个包含了特定“消息”的数据结构。在源端的任务只能向邮箱写，在目的端的任务只能从邮箱读。邮箱传输流数据，即连续的字节串或流。因此，访问一个邮箱就像访问一个顺序文件。邮箱可以用来通知一个事件的发生（发送一条信息），也可以用来共享某些资源，这样邮箱就被当成一个二值信号量。

设定任务间的邮箱信息流过程如下：

SendMessageProcess 任务将计算好的数据发送给 SendMessage 任务，然后进入就绪态等待应答信号；SendMessage 任务在接收的同时发送应答握手信号给 SendMessageProcess 任务，确认信息接收完毕。

SendMessage 任务将 SendMessageProcess 任务发送来的信息发送到硬件端口（如 CAN 总线），发送结束后进入就绪态等待下一次传输工作。

ReceiveMessage 任务接收来自硬件端口的信息流，将接收到的信息发送到 ReceiveMessageProcess 任务，进入就绪态等待应答信号。

ReceiveMessageProcess 任务收到信息后发送应答握手信号。

3. 信号量通信机制

信号量（semaphore）是一种约定机制：两个或多个任务通过简单的信号进行合作，一个任务可以被迫在某一位置停止，直到它接收到一个特定的信号。在多任务内核中普遍将信号量用于：

- 标志某事件的发生；
- 控制共享资源的使用权（满足互斥条件）；

➤ 使两个任务的行为同步。

信号量主要实施 3 种操作：

➤ 一个信号量可以初始化为非负数；

➤ 等待(wait)操作使信号量减 1，如果值变成负数，则执行等待的任务被阻塞；

➤ 得到 CPU 使用权的任务 singal 操作使信号量加 1，如果值不是正数，则被等待操作阻塞的任务被解除阻塞。

为了满足信息传递过程中实时、高效的原则，可以在消息队列中部分引入信号量的概念。也就是 SendMessageProcess 任务，把若干个字节的信息一次性地发送到消息队列，令信号量加 1 并由运行态进入等待挂起状态。在 SendMessage 任务获得信号量后进入就绪态，等待 CPU 的使用权进入运行态。进入运行态后，该任务使信号量减 1 并从消息队列中取出信息后通过硬件端口发送出去。ReceiveMessage 任务和 CanReceive MessageProcess 任务执行与上面相反的操作。这里采用信号量用于标志某事件的发生。

6.1.3 μC/OS 的任务调度与切换

μC/OS 中最多可以支持 64 个任务，分别对应优先级 0～63，其中 0 为最高优先级。任务调度工作的内容可分为两部分：最高优先级任务的寻找和任务切换。

1. μC/OS－Ⅱ的运行机制

μC/OS－Ⅱ系统中的每个任务都具有一个任务控制块 OS_TCB，任务控制块记录任务执行的环境，包括优先级、堆栈指针和相关事件控制块指针等。内核将系统中处于就绪态的任务在就绪表(ready list)中进行标注，通过就绪表中的两个变量 OSRdyGrp 和 OSRdyTbl[]可快速查找系统中就绪的任务。在 μC/OS－Ⅱ中每个任务有唯一的优先级，因此任务的优先级也是任务的唯一编号(ID)，可以作为任务的唯一标识。内核可用控制块优先级表 OSTCBPrioTbl[]由任务的优先级查到任务控制块的地址。μC/OS－Ⅱ主要就是利用任务控制块 OS_TCB、就绪表(ready list)和控制块优先级表 OSTCBPrioTbl[]来进行任务调度的。任务调度程序 OSSched()首先在就绪表(ready list)中找到当前系统中处于就绪态的优先级最高的任务，然后根据其优先级由控制块优先级表 OSTCBPrioTbl[]取得相应任务控制块的地址，由 OS_TASK_SW()程序进行运行环境的切换。将当前运行环境切换成该任务的运行环境，则该任务由就绪态转为运行态。当这个任务运行完毕或因其他原因挂起时，任务调度程序 OSSched()再次到就绪表(ready list)中寻找当前系统中处于就绪态中优先级最高的任务，转而执行该任务，从而完成任务调度。若在任务运行时发生中断，则转向执行中断程序，执行完毕后不是简单地返回中断调用处，而是由 OSIntExit()程序进行任务调度，执行当前系统中优先级最高的就绪态任务。当系统中所有任务都执行完毕时，任务调度程序 OSSched()就不断执行优先级最低的空闲任务 OSTaskIdle()，等待用户程序的运行。

2. 任务级的任务切换

μC/OS－Ⅱ是一个多任务的操作系统，在没有用户定义的中断情况下，任务间的切换一般会调用 OSSched()函数。OSSched()函数的结构如下：

```
void OSSched(void)
{   关中断；
    如果(不是中断嵌套并且系统可以被调度)
```

```
{   确定优先级最高的任务;
    如果(最高级的任务不是当前的任务)
    {
        调用 OSCtxSw();
    }
}
开中断;
}
```

通常把这个函数称作任务调度的前导函数。它先判断要进行任务切换的条件,如果条件允许进行任务调度,则调用 OSCtxSw()。这个函数是真正实现任务调度的函数。由于期间要对堆栈进行操作,所以 OSCtxSw()一般用汇编语言编写。它将正在运行任务的 CPU 的状态寄存器 SR 推入堆栈,然后把所用的通用寄存器组压栈;接着把当前的 SP 保存在 TCB－>OSTCBStkPtr 中,再把最高优先级的 TCB－>OSTCBStkPtr 的值赋值给 SP。这时候,SP 就已经指到最高优先级任务的任务堆栈了。之后进行出栈工作,把通用寄存器组出栈,最后使用 RETI 返回,这样就把 SR 和 PC(程序计数器)出栈了。简单地说,μC/OS－Ⅱ切换到最高优先级的任务,只是恢复最高优先级任务所有的寄存器并运行中断返回指令(RETI),实际上,所做的只是人为地模仿一次中断。

3. 中断级的任务切换

μC/OS－Ⅱ的中断服务子程序和一般前后台的操作有少许不同,其操作过程如下:

- 保存全部 CPU 寄存器;
- 调用 OSIntEnter()或 OSIntNesting＋＋;
- 开放中断;
- 执行用户代码;
- 关闭中断;
- 调用 OSIntExit();
- 恢复所有 CPU 寄存器;
- RETI。

OSIntEnter()就是将全局变量 OSIntNesting 加 1。OSIntNesting 是中断嵌套层数的变量,μC/OS－Ⅱ通过它确保在中断嵌套的时候,不进行任务调度。执行完用户的代码后,μC/OS－Ⅱ调用 OSIntExit(),一个与 OSSched()很像的函数。在这个函数中,系统首先把 OSIntNesting 减 1,然后判断是否为中断嵌套。如果不是中断嵌套并且当前任务不是最高优先级的任务,那么找到优先级最高的任务,执行 OSIntCtxSw()这一出中断任务切换函数。因为,在这之前已经做好了压栈工作,在这个函数中,要进行通用寄存器组的出栈工作。但是由于在之前调用函数的时候,可能已经有一些寄存器被压入了堆栈;因此要进行堆栈指针的调整,使得寄存器能够从正确的位置出栈。

6.1.4 μC/OS 的中断处理与优化

μC/OS－Ⅱ在应用的时候会占用单片机上的一些资源,如系统时钟、RAM、Flash 或者 ROM,从而减少了用户程序对资源的利用。对于大多数微控制器体系,RAM 的占用是特别突出的问题。μC/OS-Ⅱ占用的 RAM 主要用在任务的 TCB、堆栈等方面。通过进一步分析可以发现,任务堆栈大的主要原因在于硬件设计中没有把中断堆栈和任务堆栈分开。这样,当应用 μC/OS-Ⅱ考虑每个任务的任务堆栈大小时,不仅需要计算任务中局部变量和函数嵌套层数,还需要考虑中断的最大嵌套层数。因为,对于 μC/OS-Ⅱ原始的中断处理的设计、中断处理过程中的中断嵌套中所需要压栈的寄存器大小和局部变量的内存大小,都需要算在每个任务的任务堆栈中,而对于每一个任务都需要预留这一部分内存,所以大量的 RAM 被浪费。解决这一问题的直接方法就是把中断堆栈和每个任务自己的堆栈分开。这样,在计算每个任务堆栈的时候,就不需要把中断处理中(包括中断嵌套过程中)的内存占用计算到每个任务的任务堆栈中,只需要计算每个任务本身需要的内存大小,从而提高 RAM 的利用率,缓解内存紧张的问题。

中断堆栈区通常也就是微控制器(如 MSP430 等)中的系统堆栈区。在前后台的设计形式中,中断中的压栈和出栈操作都是在系统的堆栈区完成的。对于任务堆栈的功能和系统堆栈的功能可以作以下划分:任务在运行过程中产生中断和任务切换时,PC、SR 以及寄存器组都保存在各个任务自己的任务堆栈中;而中断嵌套产生的压栈和出栈操作都放在系统堆栈中进行。

中断堆栈和任务堆栈分离设计的程序流程如图 6.3 所示。

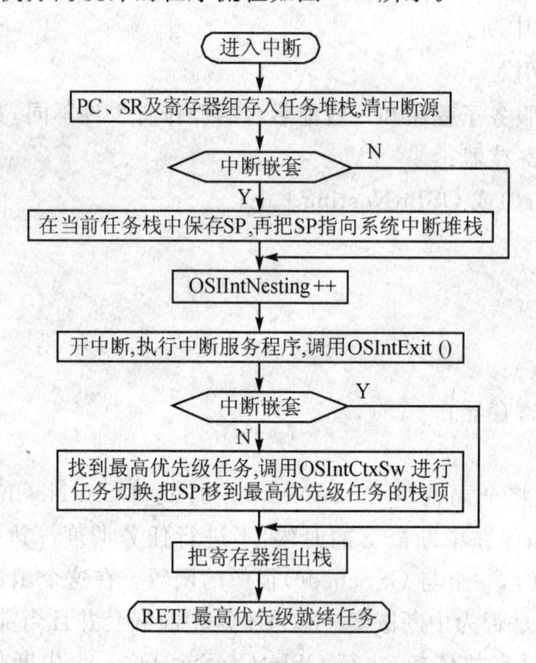

图 6.3 μC/OS 系统的中断处理及其优化流程图

6.1.5 μC/OS 软件体系的利弊分析

μC/OS-Ⅱ构成的嵌入式应用体系具有以下特点:

① μC/OS-Ⅱ源码公开,这是它一个最主要的特点。这一点对于用户来说利弊各半,优点是它是免费的,用户可以根据自己的需要对它进行修改;缺点是它缺乏必要的支持,没有功能强大的软件包,用户通常需要自己编写驱动程序,特别是对于不常用的微控制器体系,还必须

自己编写移植程序。

② μC/OS-Ⅱ的内核是一个基于优先级的抢占式可剥夺型实时多任务内核。这个特点使得它的实时性比非抢占式的内核要好。通常都是在中断服务程序中使高优先级任务进入就绪态(如发信号),这样退出中断服务程序后进行任务切换,高优先级任务将被执行。这种机制非常利于数据采集和较复杂的数据,可以在中断中采集数据,在高优先级任务中处理数据,只要中断结束后数据处理程序就会被立即执行,这样可以把中断响应时间限制在一定的范围内。对于一些对中断响应时间有严格要求的系统,这是必不可少的。但应该指出的是,如果数据处理程序简单,这样做就未必合适,因为μC/OS-Ⅱ要求在中断服务程序末尾使用OSIntExit()函数以判断是否进行任务切换,这需要花费一定的时间。

③ μC/OS-Ⅱ不支持时间片轮转法,它把任务的优先级当做任务的标识来使用,如果优先级相同,任务将无法区分;因此,μC/OS-Ⅱ只能说是多任务,不能说是多进程。显而易见,如果只考虑实时性,它当然比分时系统好,可以保证重要任务总是优先占有CPU;但是在系统中,重要任务毕竟是有限的,这就使得划分其他任务的优先权变成了一个让人费神的问题。另外,有些任务交替执行反而对用户更有利,如单片机控制的两小块显示屏,无论是编程者还是使用者肯定希望它们同时工作,而不是显示完一块显示屏的信息以后再显示另一块显示屏的信息;此时,要是μC/OS-Ⅱ既支持优先级法又支持时间片轮转法就更合适了。

④ μC/OS-Ⅱ对共享资源提供了保护机制。μC/OS-Ⅱ体系的整个程序被划分成几个任务,不同的任务执行不同的功能。这样,一个任务就相当于模块化设计中的一个子模块。在任务中添加代码时,只要不是共享资源就不必担心互相之间有影响。而对于共享资源(比如串口),μC/OS-Ⅱ也提供了很好的解决办法。一般情况下使用的是信号量的方法。简单地说,先创建一个信号量并对它进行初始化,当一个任务需要使用一个共享资源时,它必须先申请得到这个信号量,而一旦得到了此信号量,那就只有等使用完了该资源,信号量才会被释放。在这个过程中即使有优先权更高的任务进入了就绪态,因为无法得到此信号量,也不能使用该资源。这个特点的优势显而易见,但是采用这种方法是以牺牲系统的实时性为代价的。从结果上看,等于延长了中断响应时间,发生这种情况,在μC/OS-Ⅱ中称为优先级反转,就是高优先级任务必须等待低优先级任务的完成。在上述情况下,在两个任务之间发生优先级反转是无法避免的。所以在使用μC/OS-Ⅱ时,必须对所开发的系统了解清楚,才能决定对于某种共享资源是否使用信号量。

⑤ 在微控制器系统中嵌入μC/OS-Ⅱ将增强系统的可靠性,并使得调试程序变得简单。以往传统的单片机开发工作中经常遇到程序跑飞或是陷入死循环的情况。虽然可以用看门狗解决程序跑飞问题,但对于后一种情况,尤其是其中涉及复杂的数学计算,只有设置断点,耗费大量的时间来慢慢分析。如果在系统中嵌入μC/OS-Ⅱ,事情就简单多了。可以把整个程序分成许多任务,每个任务相对独立,然后在每个任务中都设置超时函数,时间用完以后,任务必须交出CPU的使用权,即使一个任务发生问题,也不会影响其他任务的运行。这样,既提高了系统的可靠性,同时也使得调试程序变得容易。

⑥ 在微控制器系统中嵌入μC/OS-Ⅱ将增加系统的开销。现在常用的微控制器,片内一般都含有一定的RAM和ROM。对于一些简单的程序,如果采用传统的编程方法,已经不需要外扩存储器了。如果在其中嵌入μC/OS-Ⅱ,在只需要使用任务调度、任务切换、信号量处理、延时或超时服务的情况下,也不需要外扩ROM了,但是可能需要外扩RAM。所需要的

RAM 大小取决于操作系统功能的多少。由于每建立一个任务，都要产生一个与之相对应的数据结构 TCB，该数据结构要占用很大一部分内存空间。嵌入 μC/OS-Ⅱ后，总的 RAM 需求可以由如下表达式得出：

RAM 总需求 ＝ 应用程序的 RAM 需求＋内核数据区的 RAM 需求＋(任务栈需求＋最大中断嵌套栈需求）×任务数

所幸的是，μC/OS-Ⅱ可以对每个任务分别定义堆栈空间的大小，开发人员可根据任务的实际需求来进行栈空间的分配。在 RAM 容量有限的情况下，应该注意对大型数组、数据结构和函数的使用，函数的形式参数也是要推入堆栈的。

⑦ μC/OS-Ⅱ的移植也是一件需要重视的工作。如果没有现成的移植实例，就必须自己来编写移植代码。虽然只需改动两个文件，但仍需要对相应的微处理器比较熟悉才行，最好参照已有的移植实例。另外，即使有移植实例，在编程前最好也要阅读一下，因为里面涉及堆栈操作。在编写中断服务程序时，把寄存器推入堆栈的顺序必须与移植代码中的顺序相对应。

⑧ μC/OS-Ⅱ在单片机系统中的启动过程比较简单，不像其他一些嵌入式操作系统，需要把内核编译成一个映像文件写入 ROM 中，上电复位后，再从 ROM 中把文件加载到 RAM 中去，然后再运行应用程序。μC/OS-Ⅱ的内核是和应用程序放在一起编译成一个文件的，使用者只需要把这个文件写入 ROM 中，上电后，会像普通的微控制器程序一样运行了。

综上所述，μC/OS-Ⅱ嵌入式实时软件体系具有源代码公开、结构小巧、占用空间少、执行效率高、实时性能优良和可靠稳定性高等优点，但也有移植困难、缺乏必要的技术支持等缺点，尤其不像商用嵌入式系统那样得到广泛使用和持续的研究更新。但因其开放性又使得开发人员可以自行裁减和添加所需的功能，在许多应用领域发挥着独特的作用。μC/OS-Ⅱ特别适合于中小型嵌入式应用系统，当然，是否在嵌入式应用体系中采用 μC/OS-Ⅱ应视所开发的项目而定，对于一些简单的、低成本的项目来说，就没必要使用嵌入式操作系统了。

6.2 嵌入式 μC/OS 基本软件体系架构

6.2.1 μC/OS 基本软件体系综述

嵌入式 μC/OS-Ⅱ基本软件体系的主要组成部分有启动代码部分、项目体系初始化部分、μC/OS-Ⅱ操作系统的构建与启动部分、多任务及其通信机制创建部分及多任务操作与中断处理部分等。其中，启动代码部分和 μC/OS-Ⅱ内核中与硬件相关的部分是用汇编语言编写的，其余各部分都是用 C/C++语言编写的，项目体系初始化部分、μC/OS-Ⅱ操作系统的构建与启动部分、多任务及其通信机制创建部分是在 C 语言主函数 main()中实现的。启动代码部分完成时钟配置、存储器分配和堆栈设置等，最后跳转到 C 语言主函数 main()；项目体系初始化部分完成整个体系的各类外设、接口和 I/O 端口的初始化，并进行异常中断的分配及其开关；这两部分与上一章“嵌入式基本体系及其外设接口的直接软件架构”中的组成完全相同，这里不再赘述，以下各节着重介绍 μC/OS-Ⅱ操作系统的构建与启动、多任务及其通信机制的创建和多任务操作与中断处理服务。

嵌入式 μC/OS-Ⅱ软件体系的运行，是在基于微控制器的最基本软件体系运行后，加载运行 μC/OS-Ⅱ多任务实时操作系统进而再运行用户应用程序软件的。这一点类似于 Windows 操作系统的运行，先是运行基本的 DOS 体系，然后是运行 Wndows 操作系统，继而是运行各个可视化用户应用程序。

嵌入式 μC/OS-Ⅱ基本软件体系构架，关键的部分是与硬件相关的移植代码的编写和用于多任务调度的操作系统时钟的设置，本节将重点阐述这两个重要环节。本节也将扼要说明多任务及其通信机制创建部分、多任务操作与中断处理部分的基本 μC/OS-Ⅱ程序框架。

6.2.2 μC/OS 下的 C 语言编程

1. 变量类型约定

由于 C 语言变量类型的长度是与编译器类型相关的，μC/OS 考虑到在各个平台的可移植性，没有使用 C 语言的数据类型，而是在 OS_CPU. H 中定义了自己的数据类型。具体变量类型定义如表 6-1 所列。

表 6-1 μC/OS 的变量类型定义列表

类型代码	类　型	宽度/位	类型代码	类　型	宽度/位
BOOLEAN	布尔型	8	INT32U	32 位无符号整数	32
INT8U	8 位无符号整数	8	INT32S	32 位有符号整数	32
INT8S	8 位有符号整数	8	FP32	单精度浮点数	32
INT16U	16 位无符号整数	16	FP64	双精度浮点数	64
INT16S	16 位有符号整数	16			

2. 主函数及其框架结构

像 DOS 程序的主函数 main 一样，μC/OS 的任务也是从某一个函数开始执行的，只不过与 DOS 程序不同的是，μC/OS 的函数名不是规定的 main，而是可以由用户确定的。如果希望 μC/OS 能够在运行时装载文件中的任务，就可能只能用 main 这个函数名了。主函数的框架结构形式大致如下：

```
void main(void)
{   初始化系统的硬件；
    OSInit();                          // μC/OS 初始化
    任务的建立，消息机制的建立；
    OSStart();                         // 启动 μC/OS
}
```

需要注意的是，在 OSStart()执行之前不要启动中断，因为硬件系统还不能工作，必须先让软件系统进入工作状态。

3. 中断及其服务函数框架结构

中断服务函数形式和直接软件构架相比，没有什么大的变化，仅仅是在原来中断服务程序 ISR 的基础上在固定的位置加了两个函数：OSIntEnter()和 OSIntExit()。ISR 的框架结构大致如下：

```
void xxx_ISR(void)
{   保存处理器寄存器的值；
```

```
    调用 OSIntEnter();
    执行用户的工作;
    调用 OSIntExit();
    恢复处理器寄存器的值;
    RTI;
}
```

4. 任务函数及其编写

μC/OS 是多任务系统，其各个任务函数从来不返回，所以任务函数只能是一个无限循环或者执行一次就被删除，任务函数只能是下面的两种结构之一。

```
void YourTask(void * pdata)
{   OSStartHardware();                              // 任务初始化代码
    for(;;)
    {   // 用户代码
        // 调用以下 μC/OS 系统服务函数之一
        OSMboxPend();
        OSQPend();
        OSSenPend();
        OSTaskDel(OS_PRIO_SELF);
        OSTaskSuspend(OS_PRIO_SELF);
        OSTimeDly();
        OSTimeDlyHMSM();
        // 用户代码
    }
}
```

或者是：

```
void YourTask(void * pdata)
{   // 用户代码
    OSTaskDel(OS_PRIO_SELF);
}
```

在任务启动函数执行完后，系统会切换到最高优先级的任务去执行，此时，可以将系统硬件部分的启动放在该任务的最前面，仅仅在启动时执行一次，主要是启动系统的节拍中断或者一些必须在多任务系统调度后才能初始化的部分，使系统真正开始工作，达到软件硬件的基本同步。

对于要执行很多次的任务宜用前一种形式，对于只执行一次的任务宜用后一种形式，它们都需要通过 μC/OS 的系统调用来保证函数不返回和让出 CPU 资源。后一种形式是顺序程序设计，很像 Windows 下的基于消息驱动的程序设计。另外还要说明的是，函数中的参数 * pdata是 μC/OS 传递给任务的参数，就象 DOS 程序设计中 main 函数中的参数 argv 和 argc，这里只能传一个参数。

5. 事件驱动程序的实现

μC/OS 有事件驱动的机制，利用这个机制可以编写类似于 Windows 下的消息驱动程序。

其实具体的实现就是利用 μC/OS 的消息队列。在编写任务代码时，先做完任务的初始化，在消息循环中就等待在一个消息上面，然后当其他任务或者中断服务程序发消息来后，根据消息的内容调用相应的函数模块，函数调用后又回到消息循环，继续等待消息。这样的任务函数的框架结构如下：

```
void YourTask(void * pdata)
{   init();                              // 任务初始化
    for( ; ; )
    {  // 消息循环
        OSQPend();
        switch(Qresult)
        {
            ……
        }
    }
}
```

6. 全局的变量和代码重用

在 μC/OS 这样的多任务内核下，需要考虑代码重用，也就是要使任务函数可重入。保证代码可重入很简单，就是不用全局变量。因为每个任务的局部变量都是放在当前的任务堆栈中，而任务堆栈是独立的，所以只要不用全局变量就可以保证代码重用了。

6.2.3 μC/OS 移植的方法技巧

在嵌入式微控制器体系中移植 μC/OS－Ⅱ，可以到 μC/OS－Ⅱ的官方主页上的的移植范例列表中查找与目标微控制器接近的移植范例，该列表中提供了大部分常见微控制器的移植范例，如果能够找到适合目标微控制器体系及其开发工具的移植范例，往往会事半功倍；如果不能找到针对项目所采用芯片或开发工具的合适版本，就需要根据实际项目需求进行移植了。

1. μC/OS－Ⅱ移植对目标微控制器的要求

要移植 μC/OS－Ⅱ，目标微控制器须满足以下要求：

- 微控制器的 C 编译器能产生可重入代码，且用 C 语言就可以打开和关闭中断；
- 微控制器能够支持中断，并能产生定时中断；
- 微控制器能够支持足够的 RAM(几千字节)，作为多任务环境下的任务堆栈；
- 微控制器有将堆栈指针和其他 CPU 寄存器读出和存储到堆栈或内存中的指令。

2. μC/OS－Ⅱ移植的基本步骤与方法技巧

在选定了系统平台和开发工具后，进行 μC/OS－Ⅱ移植，一般需要遵循以下几个步骤，其中移植的方法技巧在相关步骤中予以介绍。

(1) 深入了解所采用的系统核心

无论项目所采用的系统核心是单片机还是 DSPs，进行 μC/OS－Ⅱ移植所需要关注的细节都是相近的。首先，是芯片的中断处理机制，例如，如何开启、屏蔽中断，可否保存前一次中断状态等；其次，芯片是否有软中断或是陷阱指令，又是如何触发的；此外，还需关注系统对于存储器的使用机制，诸如内存的地址空间，堆栈的增长方向，有无批量压栈的指令等。

如TI公司的微控制器TMS320C6711,是TI公司的6000系列中的一款32位浮点DSPs,由于其时钟频率非常高,且采用了超长指令字(VLIW)结构、类RISC指令集和多级指令流水线等技术,所以运算性能相当强大,在通信设备、图像处理和医疗仪器等方面都有着广泛的应用。C6711的中断有3种类型:复位、不可屏蔽中断(NMI)和可屏蔽中断(INT4~INT15)。可屏蔽中断由控制/状态寄存器CSR控制全局使能,此外也可用中断使能寄存器IER分别置位使能。在C6711中没有软中断机制,所以μC/OS-Ⅱ的任务切换需要编写一个专门的函数实现。此外,C6711也没有专门的中断返回指令和批量压栈指令,所以相应的任务切换代码均需编程完成。由于采用了类RISC核心,C6711的内核结构中,只有A0~A15和B0~B15这两组32位的通用寄存器。

(2) 分析所用C语言开发工具的特点

无论使用的系统核心是什么,C语言开发工具对于μC/OS-Ⅱ是必不可少的。最简单的信息可以从开发工具的手册中查找,比如:C语言各种数据类型分别编译为多少字节,是否支持嵌入式汇编,格式要求怎样,是否支持“interrupt”非标准关键字声明的中断函数,是否支持汇编代码列表功能等。这样一些特性,会给嵌入式的开发带来很多便利。TI公司的“CCS for C6000”就包含上述的这些功能。在此基础上,可以进一步地了解开发工具的技术细节,以便进行移植工作。

首先,开启C编译器的“汇编代码列表”功能,这样编译器就会为每个C语言源文件生成其对应的汇编代码文件。CCS开发环境中的做法是:在菜单“/Project/Build options”的“Feedback”栏中选择“Interlisting:Opt/C and ASM(-s)”或者直接在CCS的C编译命令行中加上“-s”参数。

然后分别编写几个简单的函数进行编译,比较C源代码和编译生成的汇编代码。代码如下:

```
void FUNC_TEMP (void)
{
    Func_tmp2();                              // 调用任一个函数
}
```

在CCS中编译后生成的ASM代码为:

```
.asg B15, SP                            ; 宏定义
_FUNC_TEMP:
     STW       B3, * SP--(8)           ; 入栈
     NOP       2
     CALL      _ Func_tmp2             ; - - - - - - - - - - -
     MVKL      BACK, B3                ; 函数调用
     MVKH      BACK, B3                ; _ _ _ _ _ _ _ _ _ _ _ _
     NOP       3
BACK: LDW       * ++SP(8),B3           ; 出栈
     NOP       4
     RET       B3                      ; 函数返回
     NOP       5
```

由此可见,在CCS编译器规则中,B15寄存器被用做堆栈指针,使用通用存取指令进行栈

操作，而且堆栈指针必须以 8 字节为单位改变。此外，B3 寄存器被用来保存函数调用时的返回地址，在函数执行之前需要入栈保护，直到函数返回前再出栈。当然，CCS 的 C 编译器对于每个通用寄存器都有约定的用途，但对于 μC/OS-Ⅱ的移植来说，了解以上信息就足够了。

最后，再编写一个用“interrupt”关键字声明的函数，代码如下：

```
interrupt void ISR_TEMP (void)
{    int a;
     a = 0;
}
```

在 CCS 中编译后生成的 ASM 代码为：

```
_ISR_TEMP:
     STW     B4, *SP--(8)            ; 入栈
     NOP     2
     ZERO    B4                      ; ----------
     STW     B4, *+SP(4)             ; a = 0
     NOP     2                       ; -----------
     B       IRP                     ; 中断返回
     LDW      *++SP(8), B4           ; 出栈
     NOP     4
```

与前一段代码相比，中断函数的编译，有两点不同：函数的返回地址不再使用 B3 寄存器，相应地也无需将 B3 入栈，IRP 寄存器能自动保存中断发生时的程序地址；编译器会自动统计中断函数所用到的寄存器，从而在中断一开始将其全部入栈保护，如上述程序段中，只用到了 B4 寄存器。

(3) 编写移植代码

理解了系统核心与开发工具，编写移植代码的工作就相对比较简单了。μC/OS-Ⅱ自身的代码绝大部分都是用 ANSI C 编写的，而且代码的层次结构十分清晰，与平台相关的移植代码仅仅存在于 OS_CPU_A.s、OS_CPU_C.c 以及 OS_CPU.h 这 3 个文件中。

μC/OS 移植只需要修改与微控制器相关的代码就可以了，具体有如下内容：

- 在 OS_CPU.h 中需要设置一个常量来标识堆栈增长方向；
- 在 OS_CPU.h 中需要声明几个用于开关中断和任务切换的宏；
- 在 OS_CPU.h 中需要针对具体处理器的字长重新定义一系列数据类型；
- 在 OS_CPU_A.s 中需要改写 4 个汇编语言的函数；
- 在 OS_CPU_C.c 中需要用 C 语言编写 6 个简单函数；
- 修改主要头文件 INCLUDE.h，加入上面的 3 个文件和其他的头文件。

由于系统核心、开发工具的差别，在实际项目中，一般都会有一些处理方法上的不同，需要特别注意。下面以 C6711 的移植为例加以说明。

中断的开启和屏蔽的两个宏定义为：

```
#define OS_ENTER_CRITICAL() Disable_int()
#define OS_EXIT_CRITICAL() Enable_int()
```

Disable_int 和 Enable_int 是用汇编语言编写的两个函数。在这里使用了控制状态寄存器(CSR)的特性:CSR 中除了控制全局中断的 GIE 位之外,还有一个 PGIE 位,用于保存之前的 GIE 状态。因此在 Disable_int 中先将 GIE 的值写入 PGIE,然后再将 GIE 写 0,屏蔽中断;而在 Enable_int 中则从 PGIE 读出值,写入 GIE,从而回复到之前的中断设置。这样可以避免使用这两个宏而意外改变了系统的中断状态;此外,也没有使用堆栈或局部变量,这种方法值得推荐。

任务的切换:C6711 中没有软中断机制,任务的切换需要用汇编语言自行编写一个函数 _OSCtxSw来实现,并且定义"#define OS_TASK_SW() OSCtxSw()"。C6711 中需要入栈保护的寄存器包括 A0~A15、B0~B15、CSR、IER、IRP 和 AMR,这些再加上当前的程序地址构成一个存储帧,需要入栈保存。_OSCtxSw 函数中,需要像发生了一次中断那样,将上述存储帧入栈,然后获取被激活任务的 TCB 指针,将其存储帧的内容弹出,从而完成任务切换。

需要特别注意的是,在这里 OS_TASK_SW 是作为函数调用的,所以调用时的当前程序地址是保存在 B3 寄存器中的,这也就是任务重新激活时的返回地址。

中断的编写:如果用"interrupt"关键字声明函数,CCS 在编译时,会自动将该函数中使用到的寄存器入栈、出栈保护;但是,这会导致各种中断发生时,出入栈的内容各不相同。这对于 μC/OS-Ⅱ会产生严重的错误,因为 μC/OS-Ⅱ要求中断发生时的入栈操作使用和发生任务切换时完全一样的存储帧结构;所以,在移植时不使用"interrupt"关键字,而应该用如下结构编写中断函数:

```
void OSTickISR (void)
{      DSP_C6x_Save();                                   // 服务函数,入栈
       OSIntEnter();
       if (OSIntNesting == 1)                            // v2.51 版本新增加
       {    OSTCBCur -> OSTCBStkPtr
            = (OS_STK * ) DSP_C6x_GetCurrentSP();        // 服务函数
       }                                                 // 获取当前 SP 的值
       // 允许中断嵌套,则在此处开中断
       OSTimeTick();
       OSIntExit();
       DSP_C6x_Resume();                                 // 服务函数,出栈
}
```

DSP_C6x_Save 和 DSP_C6x_Resume 是两个服务函数,分别完成中断的出、入栈操作。它们与 OS_TASK_SW 函数的区别在于:中断发生时的当前程序地址是自动保存在 IRP 寄存器的,应将其作为任务返回地址,而不再是 B3。此外,DSP_C6x_Resume 是一个永远不会返回的函数,在将所有内容出栈后,它就直接跳转回到中断发生前的程序地址处,继续执行。

(4) 进行移植测试

编写完所有的移植代码后,可以编写几个简单的任务程序进行测试。测试通过后,可以再引入简单的中断及其服务程序,进一步加以测试。

(5) 针对项目的开发平台,封装服务函数

最后这个步骤,对于保持项目代码的简洁、维护很重要。推荐将源代码分路径进行存储,

基于 C6711 体系的 μC/OS－Ⅱ移植中的所有源代码存储路径如图 6.4 所示。其中，具体的开发项目代码，可以分别在"/TI_C6711"路径下新建的目录中，如同移植测试的"TEST"项目。这样做，就可以避免不必要的编译错误，也便于开发项目的维护。

```
μC/OS-II
    SOURCE                          --- 平台无关代码
  OS_CORE.c
  ......
    TI_C6711                        --- 系统核心
    CCS                             --- 开发工具
  OS_CPU.h
  OS_CPU_A.asm
  OS_CPU_C.c
    DSP_C6x_Service                 --- 服务函数
  DSP_C6x_ Service.h
  DSP_C6x_ Service.asm
    TEST                            --- 具体的开发项目代
OS_CFG.h
INCLUDES.h
TEST.c ......
```

图 6.4　基于 C6711 体系的 μs/OS－Ⅱ移值中的所有源代码存储路径

6.2.3　μC/OS 移植的关键技术阐述

μC/OS 操作系统移植中，关键性的技术集中在相关核心微控制器硬件与具体应用的代码编制、系统时钟的设置等方面，此外，任务堆栈的合理规划也举足轻重。下面分别就这些方面加以重点阐述。

6.2.3.1　核心硬件代码描述

相关嵌入式应用体系核心微控制器的代码是移植中最关键的部分。内核将应用系统和底层硬件有机的结合成一个实时系统，使同一个内核能适用于不同的硬件体系，就需要在内核和硬件之间有一个中间层，这就是与处理器相关的代码。处理器不同，这部分代码也不同。在移植时，这部分代码可以自己编写，也可以直接使用已经成功移植的代码。μC/OS 中这部分代码分为 3 个文件：OS_CPU.h、OS_CPU_A.s 和 OS_CPU_C.c。

1. OS_CPU.h

OS_CPU.h 包括了用＃define 定义的与处理器相关的常量、宏和类型定义，具体来讲有系统数据类型定义、栈增长方向定义、关中断/开中断定义和系统软中断的定义等。

2. OS_CPU_A.s

OS_CPU_A.s 定义需要对处理器的寄存器进行的操作，必须用汇编语言来编写，它主要包括 4 个子函数：OSStartHighRdy()、OSCtxSw()、OSIntCtxSw()和 OSTickISR()。

OSStartHighRdy()在多任务系统启动函数 OSStart()中调用，它完成的功能是：设置系统运行标志位 OSRunning = TRUE;将就绪表中最高优先级任务的栈指针装载到堆栈指针 SP 中,并强制中断返回。这样就绪的最高优先级任务就如同从中断服务中返回到运行态一样,使得整个系统得以运转。

OSCtxSw()在任务级的任务切换函数中调用。任务级切换是通过 SWI 或者 TRAP 人为制造的中断来实现的,中断服务例程 ISR 的向量地址必须指向 OSCtxSw()。这一中断完成的功能是:保存任务的环境变量(主要是寄存器的值,通过入栈来实现),将当前堆栈指针 SP 存入任务块 TCB 中,载入就绪最高优先级任务的 SP,恢复就绪最高优先级任务的环境变量,中断返回。这样就完成了任务级的切换。

OSIntCtxSw()在退出中断服务函数 OSIntExit()中调用,实现中断级的任务切换。由于是在中断里调用,所以处理器的寄存器入栈工作已经做完,不用做这部分工作。该函数具体完成的任务是:调整栈指针(因为调用函数会使任务栈结构与系统任务切换时堆栈标准结构不一致),保存当前任务 SP,载入就绪最高优先级任务的 SP,恢复就绪最高优先级任务的环境变量,中断返回。

OSTickISR()是系统时钟节拍中断服务函数,这是一个周期性中断,为内核提供时钟节拍,频率越高系统负荷越重。其周期的大小决定了内核所能给应用系统提供的最小时间间隔服务。一般只限于 ms 级(跟具体的微控制器有关),对于要求更加苛刻的任务用户需要自己建立中断来解决。该函数具体内容是:保存寄存器(如果硬件自动完成就可以省略),调用 OSIntEnter(),调用 OSTimeTick(),调用 OSIntExit(),恢复寄存器,中断返回。

3. OS_CPU_C. c

在 OS_CPU_C. c 文件中 μC/OS 共定义了 6 个函数,最重要的是 OSTaskStkInit(),其他都是对系统内核的扩展时用的。OSTaskStkInit()是在用户建立任务时系统内部自己调用的,其作用是对用户任务的堆栈进行初始化,使建立好的进入就绪态任务的堆栈与系统发生中断,并且将环境变量保存完毕时的栈结构一致,这样就可以用中断返回指令使就绪的任务运行起来。具体的入栈方式要根据不同微控制器而定,需要参考用户使用的微控制器说明书,同时还要考虑微控制器的堆栈生成方式,需要根据具体问题来分析。

6.2.3.2 应用相关代码描述

应用相关代码就是用户根据自己的应用系统来定制合适的内核服务功能,它包括两个文件:OS_CFG. h 和 Includes. h。

OS_CFG. h 文件用来配置内核,可以根据需要对内核进行定制,留下需要的部分,去掉不需要的部分,设置系统的基本情况。比如系统可提供的最大任务数量,是否定制邮箱服务,是否需要系统提供任务挂起功能,是否提供任务优先级动态改变功能等。

Includes. h 是系统头文件,是整个实时系统程序所需要的文件,包括内核和用户的头文件。

6.2.3.3 系统时钟及其管理

系统时钟及其管理是 μC/OS-Ⅱ多任务调度的基础,这里介绍 μC/OS-Ⅱ的系统时钟节拍及其系统时钟管理,说明如何构造系统时钟中断,并阐述怎样有效地提高中断响应速度和 μC/OS-Ⅱ的时钟精确度。

1. 系统中断与时钟节拍

(1) 系统中断

中断是一种硬件机制,用于通知微控制器的中央处理单元 CPU 发生了异步事件。中断一旦被识别,CPU 则保存部分(或全部)现场(context),即部分(或全部)寄存器的值,跳转到专门的子程序,称为中断服务子程序(ISR)。中断服务子程序执行事件处理,之后执行任务调度,程序回到就绪态优先级最高的任务开始运行(对于可剥夺型内核)。中断使得微控制器可以在事件发生时才予以处理,而不必连续不断地查询(polling)是否有事件发生。通过两条特殊指令关中断(disable interrupt)和开中断(enable interrupt),可以让微处理器不响应或响应中断。在实时环境中,关中断的时间应尽量的短,因为关中断影响中断响应时间,关中断时间太长可能会引起中断丢失;中断服务的处理时间也应该尽量的短,中断服务所做的工作应该尽量的少,把大部分工作留给任务去做。

(2) 系统时钟节拍

时钟节拍是特定的周期性中断(时钟中断),这个中断可以看作是系统心脏的脉动。操作系统通过时钟中断来确定时间间隔,实现时间的延时及确定任务超时。中断之间的时间间隔取决于不同的应用,一般为 10～200 ms。时钟节拍中断可以使内核将任务延时若干个整数时钟节拍,以及当任务等待事件发生时提供等待超时的依据。时钟节拍频率越快,系统的额外开销就越大。μC/OS-Ⅱ定义了 32 位无符号整数 OSTime 来记录系统启动后时钟滴答的数目。必须在多任务系统启动以后也就是在调用 OSStart()之后,再开启时钟节拍器。μC/OS-Ⅱ中的时钟节拍服务是通过在中断服务子程序中调用 OSTimeTick()实现的。时钟节拍中断服务子程序的示意代码框架如下:

```
void OSTickISR(void)
{   保存处理器寄存器的值;
    调用 OSIntEnter ()或是将 OSIntNesting 加 1;
    调用 OSTimeTick ();
    调用 OSIntExit ();
    恢复处理器寄存器的值;
    执行中断返回指令;
}
```

2. 时钟管理系统

μC/OS-Ⅱ的时钟管理系统类似于 Linux,但比 Linux 简单得多,它仅向用户提供一个周期性的信号 OSTime,时钟频率可以设置为 10～100 Hz,时钟硬件周期性地向 CPU 发出时钟中断,系统周期性响应时钟中断,每次时钟中断到来时,中断处理程序更新一次全局变量 OSTime。时钟中断服务程序的核心是调用 OSTimeTick()函数。OSTimeTick()函数用来判断延时任务是否延时结束从而将其置于就绪态。其程序代码框架如下:

```
void OSTimeTick(void)
{     OSTimeTickHook();                          // 调用用户定义的时钟节拍外连函数
      while(除空闲任务外的所有任务)
      {    OS_ENTER_CRITICAL();                  // 关中断
           对所有任务的延时时间递减;
```

```
            扫描时间到期的任务,并且唤醒该任务;
            OS_EXIT_CRITICAL();                     // 开中断
            指针指向下一个任务;
    }
    OSTime++;                                       // 累计从开机以来的时间
    }
```

在 μC/OS-Ⅱ的时钟节拍函数中,需要执行用户定义的时钟节拍外连函数 OSTimeTickHook(),以及对任务链表进行扫描并且递减任务的延时。这样就造成了时钟节拍函数 OSTimeTick()的两点不足:中断处理中的额外任务 OSTimeIickHook()增加了中断处理的负担,影响了定时服务的准确性;在关中断情况下扫描任务链表,任务越多所需要时间越长,而长时间关中断对中断响应有不利影响,是中断处理应当避免的。

改进时钟管理系统:针对上述 OSTimeTick()的不足,需加以改进来优化时钟节拍函数。为了减轻时钟中断处理程序的工作量来提高 μC/OS-Ⅱ的时钟精确度,可以将一部分在每次时钟中断需处理的工作内容放在任务级来完成。这样就可以减少每次时钟中断处理的 CPU 消耗,从而提高中断响应速度和 μC/OS-Ⅱ的时钟精确度。为此,定义任务 OSTimeTask()来处理原来在 OSTimeTick()中需要处理的操作,并且让任务 OSTimeTask()具有系统内最高优先级以使每次时钟中断处理程序结束后需要首先调度执行该任务。任务 OSTimeTask()执行用户定义的时钟节拍外连函数 OSTimeTickHook(),以及对所有任务的延时时间进行递减,并把到期的任务链入到链表 OSTCBRList 中,OSTCBRList 管理所有到期任务。OSTimeTask()函数的代码框架如下:

```
void OSTimeTask()
{     OSTimeTickHook();                           // 用户定义的时间处理函数
      while (除空闲任务外的所有任务)
      {    对所有任务的延时时间进行递减;
           把所有要到期的任务链入到 OSTCBRList 链表中;
      }
      任务状态改为睡眠,调用 OSSched ()进行任务调度;
}
```

相应的 OSTimeTick()代码框架修改如下:

```
void OSTimeTick(void)
{     OSTime++;
      OS_TCB * ptcb = OSTCBList;                  // OSTCBRList 指向所有到期任务的链表
      while(ptchb! = null)
      {    关中断;
           唤醒任务;
           开中断;
           指针指向下一个任务;
      }
}
```

6.2.3.4 任务栈处理及其改进

1. μC/OS-Ⅱ的任务调度与任务栈处理机制

μC/OS-Ⅱ主要就是利用任务控制块 OS_TCB、就绪表和控制块优先级表 OSTCBPrioTbl[]来进行任务调度的。μC/OS-Ⅱ的每个任务具有一个任务控制块 OS_TCB,它记录任务执行的环境,包括任务的优先级、堆栈指针和相关事件控制块指针等。内核将系统中处于就绪态的任务在就绪表(ready list)进行标注,通过就绪表中的两个变量 OSRdyGrp 和 OSRdyTbl[]可快速查找系统中就绪的任务。在 μC/OS-Ⅱ中每个任务有唯一的优先级,因此任务的优先级也是任务的唯一编号(ID),可以作为任务的唯一标识。内核可用控制块优先级表 OSTCBPrioTbl[]由任务的优先级查到任务控制块的地址。任务调度程序 OSSched()首先在就绪表中找到当前系统中处于就绪态的优先级最高的任务,然后根据其优先级由控制块优先级表 OSTCBPrioTbl[]取得相应任务控制块的地址,由 OS_TASK_SW()程序进行运行环境的切换。将当前运行环境切换成该任务的运行环境,则该任务由就绪态转为运行态。当这个任务运行完毕或因其他原因挂起时,任务调度程序 OSSched()再次到就绪表中寻找当前系统中处于就绪态中优先级最高的任务,转而执行该任务,从而完成任务调度。若在任务运行时发生中断,则转向执行中断程序,执行完毕后不是简单的返回中断调用处,而是由 OSIntExit()程序进行任务调度,执行当前系统中优先级最高的就绪态任务。当系统中所有任务都执行完毕时,任务调度程序 OSSched()就不断执行优先级最低的空闲任务 OSTaskIdle(),等待用户程序的运行。

2. 优先级翻转问题及其解决

当涉及到共享资源的互斥访问时,μC/OS-Ⅱ系统常常会出现优先级翻转问题,不能保证高优先级任务的响应时间,影响系统的实时性。所谓优先级翻转问题(priority inversion)即当一个高优先级任务通过信号量机制访问共享资源时,该信号量已被一低优先级任务占有,而这个低优先级任务在访问共享资源时可能又被其他一些中等优先级的任务抢先,因此造成高优先级任务被许多具有较低优先级的任务阻塞,实时性难以得到保证。

通常,解决优先级翻转问题有优先级天花板(priority ceiling)和优先级继承(priority inheritance)两种方法。优先级天花板是当任务申请某资源时,把该任务的优先级提升到可访问这个资源的所有任务中的最高优先级,这个优先级称为该资源的优先级天花板。这种方法简单易行,不必进行复杂的判断,不管任务是否阻塞了高优先级任务的运行,只要任务访问共享资源都会提升任务的优先级。在 μC/OS-Ⅱ中,可以通过 OSTaskChangePrio()改变任务的优先级,但是改变任务的优先级是很花时间的。如果不发生优先级翻转而提升了任务的优先级,释放资源后又改回原优先级,则无形中浪费了许多 CPU 时间,也影响了系统的实时性。优先级继承是当任务 A 申请共享资源 S 时,如果 S 正在被任务 C 使用,通过比较任务 C 与自身的优先级,如发现任务 C 的优先级小于自身的优先级,则将任务 C 的优先级提升到自身的优先级,任务 C 释放资源 S 后,再恢复任务 C 的原优先级。这种方法只在占有资源的低优先级任务阻塞了高优先级任务时才动态的改变任务的优先级,如果过程较复杂,则需要进行判断。μC/OS-Ⅱ不支持优先级继承,而且其以任务的优先级作为任务标识,每个优先级只能有一个任务,因此,不适宜在应用程序中使用优先级继承。

在 μC/OS-Ⅱ中,为解决优先级翻转影响任务实时性的问题,可以借鉴优先级继承的方法对优先级天花板方法进行改进。对 μC/OS-Ⅱ的使用,共享资源任务的优先级不是全部提升,而是先判断再决定是否提升。即当有任务 A 申请共享资源 S 时,首先判断是否有别的的任务正在占用资源 S,若无,则任务 A 继续执行,若有,假设为任务 B 正在使用该资源,则判断任务 B 的优先级是否低于任务 A,若高于任务 A,则任务 A 挂起,等待任务 B 释放该资源,如果任务 B 的优先级低于任务 A,则提升任务 B 的优先级到该资源的优先级天花板,当任务 B 释放资源后,再恢复到原优先级。在 μC/OS-Ⅱ中,每个共享资源都可看作一个事件,每个事件都有相应的事件控制块 ECB。在 ECB 中包含一个等待本事件的等待任务列表,该列表包括 OSEventTbl[]和 OSEventGrp 两个域,通过对等待任务列表的判断可以很容易地确定是否有多个任务在等待该资源,同时也可比较任务的优先级与当前任务优先级的高低,从而决定是否需要用 OSTaskChangePio()来改变任务的优先级。这样,仅在优先级有可能发生翻转的情况下才改变任务的优先级,而且利用事件的等待任务列表进行判断,比用 OSTaskChangePio()来改变任务的优先级速度快,并占用较少的 CPU 时间,有利于系统实时性的提高。

6.3 常见嵌入式体系的 μC/OS 移植

μC/OS 操作系统移植是嵌入式 μC/OS 基本软件体系架构的重要环节,关于 μC/OS 移植的方法技巧和关键技术的原理在上一节已经详细阐述,本节重点说明如何应用这些理论知识在常见的嵌入式应用体系中移植 μC/OS。常见的嵌入式应用体系主要是各种 8 位/16 位/32 位单片机 SCM 和通用 16 位/32 位定/浮点数字信号处理器件 DSPs 为核心微控制器的体系,下面着重介绍这些常见嵌入式软件体系的 μC/OS 典型移植过程。限于篇幅,仅详细阐述 SCM 体系的 μC/OS 移植,而 DSPS 的嵌入式体系的 μC/OS 移植,只说明重点部分和独特之处。

6.3.1 SCM 体系的 μC/OS 移植

嵌入式应用体系中作为核心微控制器的 8 位/16 位/32 位单片机很多,典型的有 51 系列、C166/XC166 系列和 ARM 内核系列等。51 系列单片机应用很广,其 μC/OS 移植相对简单,不再赘述,以下重点阐述 μC/OS 在 16 位/32 位单片机体系中的移植。

6.3.1.1 32 位 SCM 中的移植

这里以常见的 ARM 内核的单片机为例,说明 32 位 SCM 的 μC/OS-Ⅱ移植。

1. 移植规划

① 编译器的选择:当前针对 ARM 内核的 C 语言编译器很多,如 STD、ADS、IAR、Tasking 和 GCC 等,其中以 STD、ADS 和 GCC 在国内最流行。在此选用 ARM 公司的 ADS 来编译程序和调试。

② 任务模式的取舍:ARM7 内核具有用户、系统、管理、中止、未定义、中断和快速中断 7 种模式,用户模式以外的其他模式均为特权模式。管理、中止、未定义、中断和快速中断模式,与相应异常联系,任务使用这些模式不太合适。系统模式除为特权模式外,其他与用户模式一样,因而可选的给任务使用的模式只有用户模式和系统模式。为减小代码错误对整个程序的影响,默认的任务模式为用户模式,可选为系统模式,同时提供接口使任务可以在这两种

模式间切换。

③ 支持的指令集:ARM7 内核有两个指令集,32 位 ARM 指令集和 16 位 Thumb 指令集。为最大范围支持芯片特性,任务应可使用任意一个指令集并可自由切换,对不同任务应可使用不同的指令集。

2. 移植 μC/OS-Ⅱ

(1) 移植概述

需要移植的 μC/OS-Ⅱ部分如表 6-2 所列。

表 6-2 ARM7 内核单片机中需要移植的 μC/OS-Ⅱ部分内容列表

移植内容	类 型	所属文件	描 述
Boolean、INT8U、INT8S、INT16U、INT16S、INT32U、INT32S、FP32、FP64	数据类型	OS_CPU.h	无关编译器的数据类型
OS_STK	数据类型	OS_CPU.h	堆栈的数据类型
OS_Enter_Critical()、OS_Exit_Critical()	宏	OS_CPU.h	开关中断的代码
OS_STK_Growth	常量	OS_CPU.h	定义堆栈增长方向
OS_Task_SW	函数	OS_CPU.h	任务切换时执行的代码
OSTaskStkInit()	函数	OS_CPU_C.c	任务堆栈初始化函数
OSInitHookBegin()、OSInitHookEnd()、OSTaskCreateHook()、OSTaskDelHook()、OSTaskSwHook()、OSTaskStartHook()、OSTCBInitHook()、OSTimeTickHook()、OSTaskIdleHook()	函数	OS_CPU_C.c	uC/OS-Ⅱ在执行某操作时调用的用户函数,一般为空
OSStartHightRdy()	函数	OS_CPU_A.s	进入多任务环境时运行优先级最高的任务
OSIntCtxSW()	函数	OS_CPU_A.s	中断退出时的任务切换
OSTickISR()	中断服务	OS_CPU_A.s	时钟节拍中断服务程序

移植 μC/OS-Ⅱ需要文件:OS_CPU.h、OS_CPU_C.c、OS_CPU_A.asm,其中后一文件在某些情况下不需要,此时要求可直接使用 C 语言来开关中断、编写中断服务程序、操作堆栈指针和保存 CPU 的所有寄存器。同时支持上述几点的编译器几乎不存在,即使存在,移植代码往往也会使用部分汇编代码以提高移植代码的效率。

从表 6-2 可以看出,移植 μC/OS-Ⅱ需要在 OS_CPU.h 中包含几个函数的定义和几个常量的定义,在 OS_CPU_C.c 和 OS_CPU_A.asm 中包含几个函数的定义和时钟节拍中断服务程序控制的代码。实际上,还有一个 includes.h 文件需要注意,每一个应用都包含这个文件;还有一个重要文件 IRQ_.inc,它定义了一个汇编宏,是 μC/OS-Ⅱ for ARM7 通用的中断服务程序的汇编与 C 函数接口代码。时钟节拍中断服务程序也没有移植,因为其与芯片和应用相关性很强,需要用户自己编写,不过可以通过 IRQ.inc 简化用户代码的编写。

(2) 关于头文件 includes.h 和 config.h

μC/OS-Ⅱ要求所有.c 文件都要包含 includes.h 文件,这使得用户项目中每个.c 文件不用分别去考虑它实际上需要哪些头文件。这样虽然增强了代码的移植性,但可能会包含一些不相关的头文件，即意味着会增加编译时间。

cofig. h 的头文件，要求所有用户程序必须包含，它含有 includes. h 和特定的头文件与配置项。所有的配置项包括头文件的增减均在 cofig. h 中进行，而 includes. h 定下来后不必改动，即 μC/OS-Ⅱ系统需要包含的东西固定。这样，μC/OS-Ⅱ系统文件需要编译的次数大大减少，编译时间随之减少。

(3) 编写 OS_CPU. h

不依赖于编译的数据类型：为达到与处理器类型无关，μC/OS-Ⅱ不使用 C 语言中的 short、int 和 long 等数据类型定义，代之以移植性较强的整数数据类型，这些代码必须移植，其程序清单如下：

```
typedef    unsigned char     BOOLEAN;
typedef    unsigned char     INT8U;
typedef    signed char       INT8S;
typedef    unsigned short    INT16U;
typedef    signed short      INT16S;
typedef    unsigned int      INT32U;
typedef    signed int        INT32S;
typedef    float             FP32;
typedef    double            FP64;
```

(4) 使用软中断 SWI 作底层接口

ARM7 处理器有两个指令集，用户任务可以使用两种处理器模式，组合起来有四种，各种方式对系统资源有不同的访问控制权。为使底层接口函数与处理器无关，并使任务调用相应的函数时无须知道函数位置，这里移植使用软中断指令 SWI 作为底层接口函数，使用不同的功能号区分不同的函数。软件中断功能号的分配如表 6-3 所列。

表 6-3 ARM7 移植的软件中断功能号的分配列表

功能号	接口函数	简 介
0x00	void OS_TASK_SW (void)	任务级的任务切换函数
0x01	_OSStartHighRdy (void)	运行优先级最高的任务，由 OSStartHighRdy 产生
0x02	void OS_ENTER_CRITICAL (void)	关中断
0x03	void OS_EXIT_CRITICAL (void)	开中断
0x80	void ChangeToSYSMode (void)	任务切换到系统模式
0x81	void ChangeToUSRMode (void)	任务切换到用户模式
0x82	void TaskIsARM (INT8U prio)	任务代码是 ARM 代码
0x83	void TaskIsTHUMB (INT8U prio)	任务代码是 THUMB 代码

软中断作为操作系统的底层接口需要在 C 语言中使用 SWI 指令。在 ADS 中有一个关键字_swi，用它声明一个不存在的函数，调用这个函数就在调用处插入一条 SWI 指令，并且可以指定功能号。同时此函数也可以有参数和返回值，其传递规则与一般函数相同。代码段如下：

```
_swi (0x00) void OS_TASK_SW (void);            /* 任务级的任务切换函数 */
_swi (0x01) void _OSStarTHighRdy (void);       /* 运行优先级最高的任务 */
_swi (0x02) void OS_ENTER_CRITICAL (void);     /* 关中断 */
_swi (0x03) void OS_EXIT_CRITICAL (void);      /* 开中断 */
_swi (0x80) void ChangeToSYSMode (void);       /* 任务切换到系统模式 */
_swi (0x81) void ChangeToUSRMode (void);       /* 任务切换到用户模式 */
_swi (0x82) void TaskIsARM (void);             /* 任务代码是 ARM 代码 */
_swi (0x83) void TaskIsTHUMB (void);           /* 任务代码是 THUMB 代码 */
```

(5) 使用结构常量 OS_STK_GROWTH 指定堆栈的生长方向

μC/OS-Ⅱ使用结构常量 OS_STK_GROWTH 指定堆栈的生长方向，其值为 1 表示堆栈从下向上生长，为 0 表示从上向下生长。虽然 ARM 处理器核对这两种方式都支持，但 ADS 的 C 编译器仅支持从上向下生长的方式，即：

```
#define OS_STK_GROWTH 1;
```

(6) 编写 OS_CPU_C.c 文件

① OSTaskStkInit()：函数的代码清单如下，所确定的任务堆栈结构如图 6.5 所示。

```
OS_STK * OSTaskStkInit (void ( * task) (void * pd), void *
pdata, OS_STK * ptos, INT16U opt)
{   OS_STK * stk;
    opt = opt;                      // 避免编译器警告
    stk = ptos;                     // 获取堆栈指针
    // 建立任务环境，ADS1.2 使用递减堆栈
    * stk = (OS_STK) task;          // 程序计数器 PC
    * -- stk = (OS_STK) task;       // 连接寄存器 LR
    * -- stk = 0;                   // 通用寄存器 R12
    * -- stk = 0;                   // 通用寄存器 R11
    * -- stk = 0;                   // 通用寄存器 R10
    * -- stk = 0;                   // 通用寄存器 R9
    * -- stk = 0;                   // 通用寄存器 R8
    * -- stk = 0;                   // 通用寄存器 R7
    * -- stk = 0;                   // 通用寄存器 R6
    * -- stk = 0;                   // 通用寄存器 R5
    * -- stk = 0;                   // 通用寄存器 R4
    * -- stk = 0;                   // 通用寄存器 R3
    * -- stk = 0;                   // 通用寄存器 R2
    * -- stk = 0;                   // 通用寄存器 R1
    * -- stk = (unsigned int) pdata;          // 通用寄存器 R0，第一个参数用 R0 传递
    * -- stk = (USER_USING_MODE | 0x00;       // 备用程序状态寄存器 SPSR，允许 IRQ、FIQ 中断
    * -- stk = 0;                             // 关中断计数器 OsEnterSum
    return (stk);
}
```

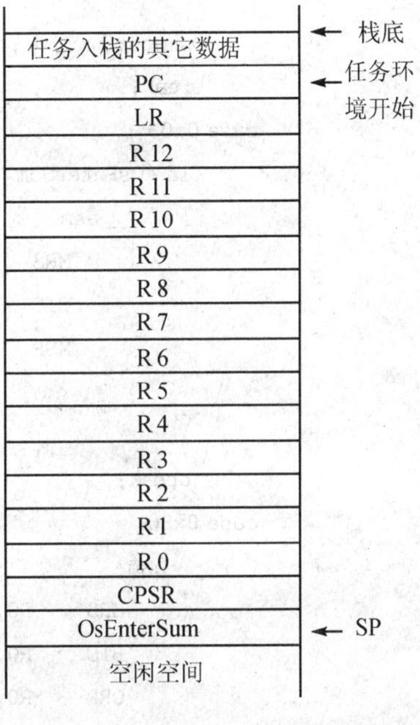

图 6.5 任务堆栈结构规则示意图

堆栈中的 OsEnterSum 不是 CPU 的寄存器，是特地定义的一个全局变量，用来保存关中断的次数，这样关中断和开中断就可以嵌套了。在调用 OS_ENTER_CRITICAL()时 OsEnterSum 值增加，同时关中断；在调用 OS_EXIT_ CRITICAL()时 OsEnterSum 值减少，且在减为 0 时开中断。每个任务都有独立的 OsEnterSum，在任务切换时保存和恢复各自的 OsEnterSum。这样，各个任务开关中断的状态可以不同，任务不必过多考虑“关中断”对其他任务的影响。

② 软件中断异常 SWI 服务程序 C 语言部分：代码程序如下，其中参数 SWI_Num 为功能号，Regs 为指向堆栈中保存寄存器值的位置。软中断的 0、1 号功能在 OS_CPU_A. s 中实现。

```
void SWI_Exception (int SWI_Num, int *Regs)
{    OS_TCB *ptcb;
     switch (SWI_Num)
     {    case 0x02:
               __asm
               {    MRS      R0, SPSR
                    ORR      R0, R0, #NoInt
                    MSR      SPSR_c, R0
               }
               OsEnterSum ++;
               break;
          case 0x03:
                if (OsEnterSum = = 0)
                {    __asm
                     {     MRS      R0, SPSR
                           BIC      R0, R0, #NoInt
                           MSR      SPSR_c, R0
                     }
                }
                break;
          case 0x80:
                __asm
                {    MRS      R0, SPSR
                     BIC      R0, R0, #0x1f
                     ORR      R0, R0, #SYS32Mode
                     MSR      SPSR_c, R0
                }
                break;
          case 0x81:
                __asm
                {    MRS      R0, SPSR
                     BIC      R0, R0, #0x1f
                     ORR      R0, R0, #USR32Mode
                     MSR      SPSR_c, R0
```

```
            }
            break;
        case 0x82:
            if (Regs[0] <= OS_LOWEST_PRIO)
            {    ptcb = OSTCBPrioTbl[Regs[0]];
                 if (ptcb != NULL) ptcb -> OSTCBStkPtr[1] &= ~(1 << 5);
            }
            break;
        case 0x83:
            if (Regs[0] <= OS_LOWEST_PRIO)
            {    ptcb = OSTCBPrioTbl[Regs[0]];
                 if (ptcb != NULL)ptcb -> OSTCBStkPtr[1] &= (1 << 5);
            }
            break;
          default: break;
    }
}
```

③ OS_ENTER_CRITICAL()和 OS_EXIT_CRITICAL()：上述代码段①与②即，μC/OS-Ⅱ的宏 OS_ENTER_CRITICAL()和 OS_EXIT_CRITICAL()，分别关中断和开中断，以保护临界代码段。这些代码相关微控制器，需要移植。ARM 内核中开关中断是通过改变程序状态寄存器 CPCR 中相应的控制位来实现的。由于使用了软件中断，CPSR 保存到程序状态保存寄存器 SPSR 中，软件中断退出时会将 SPSR 恢复到 CPSR 中，所以程序只要改变 SPSR 中相应的位就可以了。这里是通过嵌入汇编实现的。

④ OSStartHighRdy：μC/OS-Ⅱ的多任务环境启动函数是 OSStart()，用户调用 OSStart()前，必须已经建立了一个或多个任务。OSStart()最终调用 OSStartHighRdy()运行多任务启动前优先级最高的任务，OSStartHighRdy()代码如下：

```
void OSStartHighRdy (void)
{     _OSStartHighRdy ();     }
```

这实际上是调用软中断 1 号功能，在 OS_CPU_A.s 中实现。

⑤ 移植增加的特定函数：根据 ARM 核的特点和目标，增加了两个模式转换函数[ChangeToSYSMode()、ChangeToUSRMode()]和两个任务初始指令集设置函数[TaskIsARM()、TaskIsTHUMB()]。它们都是通过 SWI 软中断指令转换模式，通过软件中断服务程序实现的。

代码③、④实现处理器模式转换，即 ChangeToSYSMode()与 ChangeToUSRMode()，分别把当前任务切换到系统模式或用户模式。它们可以在任何情况下使用，改变寄存器 SPCR 的相应位段，而软件中断退出时会把 SPCR 复制到 CPSR 中，从而完成任务模式的变化。

代码⑤、⑥实现使用的指令集的切换，即 TaskIsARM()和 TaskIsTHUMB()，分别用于声明指定优先级任务的第一条指令是 ARM 指令还是 THUMB 指令。它们有唯一的参数：需要改变的任务的优先级。这两个函数必须在相应任务建立后但还没有运行时调用。若在低优先级任务中创建高优先级任务就很危险，有三种解决方法：高优先级使用默认的指令集；改变OSTaskCreateHook()使任务默认不是处于就绪状态，建立任务后调用OSTaskResume()再使任务进入就绪状态；建立任务时禁止任务切换，调用TaskIsARM()或TaskIsTHUMB()后再允许任务切换。TaskIsARM()和TaskIsTHUMB()程序，首先判断传递参数(任务的优先级)是否在允许范围内，然后获取任务的任务控制块TCB的地址，接着判断指针是否有效，有效则改变指定任务的堆栈中存储的CPSR的T位。

⑥ …Hook ()函数：这是μC/OS-Ⅱ中由用户编写的…Hook()函数，这里移植中全为空，可以按照μC/OS-Ⅱ的要求修改它们。

(6) 编写 OS_CPU_A.s

① 软件中断的汇编接口。软件中断的汇编与C接口程序代码如下：

```
Software Interrupt
        LDR       SP, StackSvc
        STMFD     SP!, {R0 - R3, R12, LR}            ;R0～R3,是堆栈中存储用户函数的位置
        MOV       R1, SP                             ;当前堆栈指针值存于R1
        MRS       R3, SPSR                           ;判断进入软中断前,处理器在何指令集状态
        TST       R3, ＃T_bit
        LDRNEH    R0,[LR, ＃ - 2]                    ;处理器处于THUMB指令状态:读取指令
        BICNE     R0, R0, ＃0xff00                   ;取得指令中的功能号
        LDREQ     R0,[LR, ＃ - 4]                    ;处理器处于ARM指令状态:读取指令
        BICEQ     R0, R0, ＃0xff000000               ;取得指令中的功能号
        CMP       R0, ＃1                            ;把程序功能号与1比较
        LDRLO     PC, = OSIntCtxSw                   ;小于1的0号功能,跳到OS_TASK_SW()
        LDREQ     PC, = _OSStartHighRdy              ;功能号等于1,跳到_OSStartHighRdy
        BL        SWI_Exception                      ;其他功能C语言处理函数
        LDMFD     SP!, {R0 - R3, R12, PC}
```

② OS_TASK_SW()和OSIntnCtxSw()：OS_TASK_SW()是在μC/OS-Ⅱ从低优先级任务切换到最高优先任务时被调用的，它总是在任务级代码中被调用；OSIntExit()被用来在ISR使得更高优先级任务处于就绪时，执行任务切换功能，它最终调用OSIntCtxSw()执行任务切换。OS_TASK_SW()使用SWI软件中断的0号功能实现，它是通过调用OSIntCtxSw来实现的。此时的堆栈结构如图6.6所示。R3保存着SPSR寄存器内容，这样中断调用OSIntCtxSw()时需要相同的堆栈结构。R3保存SPSR寄存器内容，这需要中断服务程序保证。OSIntCtxSw()的代码清单如下：

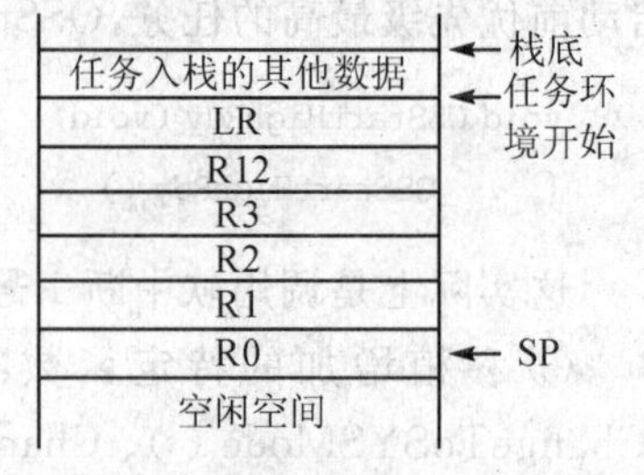

图 6.6 调用 OSIntCtxSw 时的堆栈结构示意图

```
OSIntCtxSw
        LDR       R2, [SP, ＃20]                    ;以下保存任务环境:获取PC
        LDR       R12, [SP, ＃16]                   ;获取R12
        MRS       R0, CPSR
        MSR       CPSR_c, ＃(NoInt | SYS32Mode)     ;- - - - - - - - - - - - - - - - - - - - - -
```

```
    MOV         R1, LR
    STMFD       SP!, {R1 - R2}                  ;保存 LR,PC
    STMFD       SP!, {R4 - R7}                  ;保存 R4～R12
    MSR         CPSR_c, R0                      ;- - - - - - - - - - - - - - - - - - - - - - -
    LDMFD       SP!, {R4 - R7}                  ;获取 R0～R3
    ADD         SP, SP, #8                      ;出栈 R12,PC
    MSR         CPSR_c, #(NoInt | SYS32Mode)    ;- - - - - - - - - - - - - - - - - - - - - - -
    STMFD       SP!, {R4 - R7}                  ;保存 R0～R3
    LDR         R1, = OsEnterSum                ;获取 OsEnterSum
    LDR         R2, [R1]
    STMFD       SP!, {R2, R3}                   ;保存 CPSR,OsEnterSum
    LDR         R1, = OSTCBCur                  ;保存当前任务堆栈指针到当前任务的 TCB
    LDR         R1, [R1]
    STR         SP, [R1]
    BL          OSTaskSwHook                    ;调用钩子程序 OSPrioCur <= OSPriHighRdy
    LDR         R4, = OSPrioCur
    LDR         R5, = OSPrioHighRdy
    LDRB        R6, [R5]
    STRB        R6, [R4]
    LDR         R6, = OSTCBHighRdy              ;OSTCBCur <= OSTCBHighRsy
    LDR         R6, [R6]
    LDR         R4, = OSTCBCur
    STR         R6, [R4]
OSIntCtxSw_1
    LDR         R4, [R6]                        ;获取新任务堆栈指针:CPSR,OsEnterSum,R0～R12,SP
    ADD         SP, R4, #68
    LDR         LR, [SP, # - 8]
    MSR         CPSR_c, #(NoInt | SVC32Mode)    ;进入管理模式
    MOV         SP, R4                          ;设置堆栈指针
    LDMFD       SP!, {R4, R5}                   ;CPSR,OsEnterSum
    LDR         R3, = OsEnterSum                ;恢复新任务的 OsEnterSum
    STR         R4, [R3]
    MSR         SPSR_cxsf, R5                   ;恢复 CPSR
    LDMFD       SP!, {R0 - R12, LR, PC}^        ;运行新任务
```

③ OSStartHighRdy():μC/OS-Ⅱ的启动多任务环境的函数为 OSStart(),用户在调用它之前必须已经建立了一个或多个任务。OSStart()最终调用函数 OSStartHighRd()运行多任务启动前优先级最高的任务,它最终通过调用_OSStartHighRdy 来实现。_OSStart High Rdy 的代码清单如下:

```
_OSStartHighRdy
    MSR         CPSR_c, #(NoInt | SYS32Mode)
    LDR         R4, = OSRunning
    MOV         R5, #1
```

```
    STRB     R5, [R4]
    BL       OSTaskSwHook
    LDR      R6, = OSTCBHighRdy
    LDR      R6, [R6]
    B        OCIntCtxSw_1
```

(7) 关于中断及时钟节拍

这里的移植,IRQ 是受 μC/OS-Ⅱ管理的中断,对 FIQ 不作处理。由于各种 ARM 芯片的中断系统不一样,各个用户的目标板也不一样,中断及其时钟节拍需要进一步移植的代码。这里特地写了一个汇编宏,它是 μC/OS-Ⅱ for ARM7 通用的中断服务程序的汇编与 C 函数接口代码,程序清单如下:

```
    MACRO
$IRQ_Label HANDLER $IRQ_Exception_Function
    EXPORT     $IRQ_Label                          ;输出标号
    IMPORT     $IRQ_Exception_Function             ;引用的外部标号
$IRQ_Label
    SUB        LR, LR, #4                          ;计算返回地址
    STMFD      SP!, {R0-R3, R12, LR}               ;保存任务环境
    MRS        R3, SPSR                            ;保存状态
    STMFD      SP, {R3, SP, LR}^                   ;保存用户状态的R3、SP、LR,不能回写
    LDR        R2, = OSIntNesting                  ;OSIntNesting ++
    LDRB       R1, [R2]
    ADD        R1, R1, #1
    STRB       R1, [R2]
    SUB        SP, SP, #4*3
    MSR        CPSR_c, #(NoInt | SYS32Mode)        ;切换到系统模式
    CMP        R1, #1
    LDREQ      SP, = StackUsr
    BL         $IRQ_Exception_Function             ;调用C语言的中断处理程序
    MSR        CPSR_c, #(NoInt | SYS32Mode)        ;切换到系统模式
    LDR        R2, = OSEnterSum                    ;OsEmterSum使OSIntExit退出时中断关闭
    MOV        R1, #1
    STR        R1, [R2]
    BL         OSIntExit
    LDR        R2, = OSEnterSum                    ;因中断服务程序要退出,故OsEnterSum = 0
    MOV        R1, #0
    STR        R1, [R2]
    MSR        CPSR_c, #(NoInt | IRQ32Mode)        ;切换回IRQ模式
    LDMFD      SP, {R3, SP, LR}^                   ;恢复用户状态的R2、SP、LR,不能回写
    LDR        R0, = OSTCBHighRdy
    LDR        R0, [R0]
    LDR        R1, = OSTCBCur
```

```
    LDR       R1, [R1]
    CMP       R0, R1
    ADD       SP, SP, #4 * 3
    MSR       SPSR_cxsf, R3
    LDMFD     SP!, {R0 - R3, R12, PC}^              ;不进行任务切换
    LDR       PC, = OSIntCtxSw                      ;进行任务切换
    MEND
```

这段程序是根据 μC/OS-Ⅱ对中断服务程序的要求、ARM7 体系结构特点、ADS 编译器特点和 OSIntCtxSw()要求编写的，适合于所有基于 ARM7 核的芯片。

中断服务程序的 C 语言代码如下：

```
void ISR (void)
{   OS_ENTER_CRITICAL()或直接给变量 OsEnterSum 赋 1;
    清除中断源;
    通知中断控制器,中断结束;
    开中断:OS_Exit_CRITICAL();
    用户处理程序;
}
```

4. 移植代码应用到 LPC2000

上面是 μC/OS-Ⅱ在 ARM7 上移植的通用代码，具体应用时还要做一些工作，原因如下：

- 由于 ARM 公司的策略，各种基于 ARM7 处理器核的芯片的存储系统不同，片内外设不同，具有的中断源也不同，甚至连中断系统都不一样。因此，对 ADS 1.2 集成开发环境来说，需要用户或厂家编写部分启动代码。中断源不一样，时钟节拍中断服务程序就不可能统一，中断服务程序的编写方法也不可能完全一样，相关代码就需要用户编写。
- 由于各个项目对资源的要求不一样，因此尽管使用同一系统芯片，其时钟节拍中断也可能使用不同的中断实现。

尽管如此，把移植代码应用到具体项目中还是很容易的，这里以 LPC2200 系列芯片为例，介绍如何利用这些代码。

① 编写或获取启动代码：启动代码的相关部分由 target.c 实现，它包含目标特殊的代码、异常处理程序和目标板初始化程序，可以根据需要对该文件加以修改。

为使系统基本能够工作，必须在进入 main()函数前对系统进行一些基本的初始化工作，这些工作由 target.c 中的 TargetResetInit()完成，TargetResetInit()的示例程序清单如下：

```
void TargetReset (void)
{   // 设置存储器映射方式,因具体器件而设置
    #ifdef __DEBUG                                  // 用模板建立工程时要选的宏
       MEMMAP = 0x3;                                // 寄存器重新映射
    #endif
    #ifdef __OUT_CHIP                               // 用模板建立工程时要选的宏
       MEMMAP = 0x3;
```

```
    #endif
    #ifdef __IN_CHIP                                    // 用模板建立工程时要选择的宏
        MEMMAP = 0x1;
    #endif
    // 设置系统各部分时钟
    PLLCON = 1;                                         // 允许 PLL 但不连接 PLL
    #if ((Fpclk / (Fcclk / 4)) == 1) VPBDIV = 0;  // 设置外设时钟与系统时钟分频比
    #if ((Fpclk / (Fcclk / 4)) == 2) VPBDIV = 2;
    #if ((Fpclk / (Fcclk / 4)) == 4) VPBDIV = 4;
    #if ((Fcco / Fcclk) == 2)                           // 设置 PLL 的乘/除因子
         PLLCFG = ((Fcclk / Fosc) - 1) | (0 << 5);
    #if ((Fcco / Fcclk) == 4) PLLCFG = ((Fcclk / Fosc) - 1) | (1 << 5);
    #if ((Fcco / Fcclk) == 8) PLLCFG = ((Fcclk / Fosc) - 1) | (2 << 5);
    #if ((Fcco / Fcclk) == 16) PLLCFG = ((Fcclk / Fosc) - 1) | (3 << 5);
    PLLFEED = 0xaa;                                     // 把数据写入硬件
    PLLFEED = 0x55;
    while((PLLSTAT&(1 << 10)) == 0);                    // 等待写完成
    PLLCON = 3;                                         // 使能 PLL 并联上系统
    PLLFEED = 0xaa;
    PLLFEED = 0x55;
    …
}
```

系统各部分时钟在 config. h 中定义，设置相关系统时钟代码如下：

```
// 系统设置，Focs、Fcclk、Fcco、Fpclk 必须定义
#define Fosc 11059200                  // 晶振频率，10～25 MHz
#define Fcclk (Fosc * 4)               // 系统频率，必须为 Fosc 的整数倍(1～32)，不大于 60 MHz
#define Fcco (Fcclk * 4)               // Fcco，必须为 Fcclk 的 2、4、8、16 倍，范围为 156～320 MHz
#define Fpclk (Fcclk / 4) * 1          // VPB 频率，只能为(Fcclk / 4)的 1、2、4 倍
```

值得注意的是 Fcco 并没有联上内核，仅是 PLL 频率，156～320 MHz 是 PLL 的频率范围。

② 挂断 SWI 软件中断，下面是异常向量表。将中断异常处理代码挂接到内核是通过修改启动代码实现的，程序清单如下：

```
Resset
        LDR         PC, ResetAddr
        LDR         PC, UndefineAddr
        LDR         PC, SWI_Addr
        LDR         PC, DataAbortAddr
        DCD         0xb9205f80
        LDR         PC, [PC, # - 0xff0]
        LDR         PC, FIQ_Addr
ResetAddr           DCD               ResetInit
```

```
UndefineAddr    DCD          SoftwareInterrupt
PrefetchAddr    DCD          PrefetchAbort
DataAbortAddr   DCD          DataAbort
nouse           DCD          0
IRQ_Addr        DCD          IRQ_Handler
FIQ_Addr        DCD          FIQ_Handler
```

③ 中断及时钟节拍中断:编写中断服务程序的关键在于把程序与芯片的相关中断源挂接,使芯片在产生相应的中断后会调用相应的处理程序,需要做两方面的工作:

➤ 增加汇编接口的支持:方法是在文件 IRQ. s 的适当位置添加如下代码,将 Xxx 换为所需的字符串。

```
Xxx_Handler     HANDLER Xxx_Exception
```

➤ 初始化向量中断控制器:代码框架如下,X 为分配给中断的优先级,Y 为中断的通道号。

```
中断外设初始化;
VICVectAddrX = (unit32) XxxHandler;
VICVectCntlX = (0x20 | Y);
VICIntEnable = 1 << Y;
```

时钟节拍中断服务程序的编写即在相应中断中调用 OSTimeTick()函数。

④ 应用程序框架与测试程序的编写。下面是一个简单例子,程序运行时,每按一下 KEY1 则蜂鸣器叫两声。主程序 main ()如下:

```
#include "config.h"
OS_STK    TaskStartStk[TASK_STK_SIZE];                          // 分配任务的堆栈空间
OS_STK    TaskStk[TASK_STK_SIZE];
int main (void)
{   OSInit();                                                   // μC/OS-Ⅱ初始化并建立空闲任务
    OSTaskCreate (Task1, (void *)0, &TaskStartStk[TASK_STK_SIZE - 1], 0);   //创建用户任务
    OSStart();                                                  // 将控制权交与 μC/OS-Ⅱ内核
    return 0;
}
void Task1 (void * pdata)                                       // 键盘扫描
{   pdata = pdata;                                              // 避免编译警告
    TargetInit ();                                              // 初始化目标板
    for ( ; ; )
    {   OSTimeDly (OS_TICKS_PER_SEC / 50);                      // 延时 20 ms
        if (GetKey() ! = KEY1) continue;                        // 获取键盘当前状态
        OSTimeDly (OS_TICKS_PER_SEC / 50);                      // 去抖动
        if (GetKey() ! = KEY1) continue;
        OSTaskCreate (Task2, (void *)0, &TaskStk[TASK_STK_SIZE - 1], 10);
        while (GetKey() ! = 0) OSTimeDly(OS_TICKS_PER_SEC /20); // 等待按键松开
    }
}
```

```
void Task2 (void * pdata)                                    // 蜂鸣器鸣叫
{   pdata = pdata;                                           // 避免编译警告
    BeeMoo();                                                // 鸣叫
    OSTimeDly(OS_TICKS_PER_SEC / 8);                         // 延时
    BeeNoMoo();                                              // 停止鸣叫
    OSTImeDly(OS_TICKS_PER_SEC / 4);                         // 延时
    BeeMoo();                                                // 再次鸣叫
    OSTimeDly(OS_TICKS_PER_SEC / 8);                         // 延时
    BeeNoMoo();                                              // 停止鸣叫
    OSTaskDel(OS_PRIO_SELF);                                 // 删除自己
}
```

6.3.1.2 16位SCM中的移植

这里以Infineon公司的C167CR_LM单片机为例，说明μC/OS-Ⅱ在16位SCM上的移植，采用的C语言开发工具是Keil C166。

C167CR是Infineon公司的80C166系列单片机中的一款高性能16位微控制器，其最高时钟频率可达25 MHz，片内ROM最多达128 KB，寻址能力16 MB。C167CR单片机集成度高，具有丰富的片内资源：111个I/O引脚、16级56个中断、32个捕捉/比较通道、16个A/D转换通道、4个PMW通道、2组通用定时器单元、8通道外围事件控制器、同步/异步串行接口和高速同步串行接口、CAN模块等。C167CR单片机的内部资源及其C编译器能够很好地满足μC/OS-Ⅱ的移植条件。

在μC/OS-Ⅱ移植中需要修改5个文件：INCLUDES.h、OS_CFG.h、OS_CPU.h、OS_CPU_A.asm和OS_CPU_C.c。限于篇幅，不再赘述，其中代码量较少的系统时钟节拍中断服务函数的汇编代码如下：

```
OSTickISR    PROC     INTERRUPT  UCOS_OSTickISR = 0x20
             BCLR     IEN                ；禁止中断
             %SaveContext()              ；保存当前堆栈上下文
             CALL     OSIntEnter
             CALL     OSTimeTick
             BCLR     T0IR               ；清除定时器 T0(用作系统时钟)的中断响应位
             CALL     OSIntExit
             %RestoreContext()           ；恢复新堆栈上下文
             BSET     IEN                ；使能中断
             RETI                        ；返回被中断的任务
```

接下来的移植工作是搭建C语言的多任务平台并进行移植测试，在此通过创建两个任务加以说明：发送任务SenderTask()以发送消息的形式连续地向发送邮箱中传送0～9这10个数，当收到接收邮箱的消息之后，就开始发送下一个数字；接收任务ReceiverTask()从发送邮箱中取出数字，从P2口输出，再延时5 s，而后向接收信箱回送消息。程序清单如下：

```
#include "includes.h"
#define TASK_STK_SIZE 512                                /* 任务堆栈为1KB */
```

```
#define N_TASKS 2                                        /* 任务数 */
OS_STK TaskStk[N_TASKS][TASK_STK_SIZE];                  /* 任务堆栈 */
OS_EVENT pReceiverMailBox;                               /* 接收邮箱 */
OS_EVENT pSenderMailBox;                                 /* 发送邮箱 */
void ReceiverTask(void * data);
void SenderTask(void * data);
void main (void)                                         /* 主程序 */
{   DP2 = 0xffff;                                        /* 设置 P2 口为输出 */
    OSInit();                                            /* 系统初始化 */
    pReceiverMailBox = OSMboxCreate((void*)0);           /* 创建接收邮箱 */
    pSenderMailBox = OSMboxCreate((void*)0);             /* 创建发送邮箱 */
    OSTaskCreate(ReceiverTask, (void *)0,                /* 创建接收任务 */
           (void *) & TaskStk[0][TASK_STK_SIZE - 1], 3);
    OSTaskCreate(SenderTask, (void *)0,                  /* 创建发送任务 */
           (void *) & TaskStk[1][TASK_STK_SIZE - 1], 4);
    OSStart();                                           /* 启动 μC/OS 系统 */
}
void SenderTask (void * data)                            /* 发送任务 */
{    INT8U count = 0;
     INT8U error;
     data = data;                                        /* 参数 data 没有使用,这样做的目
                                                            的是避免编译器警告 */
     while (1)
     {    for (count = 0;count<10;count++)
          {   OSMboxPost(pSenderMailBox, (void*)&count);
              OSMboxPend(pReceiverMailBox, 0, &error);
          }
     }
}
void ReceiverTask (void * data)                          /* 接收任务 */
{    INT8U * count;
     INT8U error;
     data = data;
     OSTickISRInit();
    while (1)
    {   count = (INT8U*)OSMboxPend(pSenderMailBox, 0, &error);
        P2 = *count;
        OSTimeDlyHMSM(0, 0, 5, 0);
        OSMboxPost(pReceiverMailBox, (void*)1);
    }
}
```

6.3.2 DSPs 体系的 μC/OS 移植

常用的 DSPs 是 TI 公司的 16 位/32 位定点或浮点 DSPs 系列器件，下面分类阐述嵌入式 DSPs 体系的 μC/OS-Ⅱ移植。

6.3.2.1 定点 DSPs 中的移植

定点 DSPs 器件在工业数据采集和控制尤其是精密运动伺服控制中，应用的最多的是 16 位的 C24xx 系列和 C28xx 系列。这里以 C24xx 系列的 C240 构成的 DSPs 体系为例加以阐述。选用的 C 语言工具是 TI 公司的 CCS2000。

详细的移植细节，这里不再赘述，在此重点说明在 C240 体系中移植 μC/OS-Ⅱ的独到之处：

1. 巧妙利用 CCS 函数简化相关 CPU 的软件编制

C24xx 系列 DSPs 的中断向量组成有：上电或看门狗复位中断 INT0、6 个可屏蔽硬件中断 INT1～6、Trap 异常中断、非屏蔽中断 NMI 和 21 个非屏蔽软件中断 INT8～16/INT20～31。中断嵌套在 C 语言中借助于关键字"interupt"实现，实际是在中断服务的入口处调用了 CCS2000 提供的 I$ $SAVE()函数，在中断服务的出口处调用了 CCS2000 提供的 I$ $RESET()函数，从而完成中断的上下文保护。可以借用这两个编译器系统函数完成 μC/OS-Ⅱ移植的任务切换、中断任务切换和系统时钟节拍调度，简化汇编语言程序设计，编写的相应汇编代码如下：

```
_OSCtxSw:                                   ；任务切换子程序
        call        I$ $SAVE                ；存储任务的上下文
_OSCtxSw_0:
        lar         AR2, #_OSTCBCur
        larp        AR2
        lar         AR0, *, AR0
        sar         AR1, *                  ；在当前 TCB 中存储其任务堆栈指针
        lar         AR0, #_OSTCBHighRdy
        lar         AR0, *
        lar         AR1, *, AR2
        sar         AR0, *, AR1             ；把当前任务指针指向处于就绪态的最高优先级任务
        b           I$ $REST                ；恢复任务的上下文
_OSIntCtxSw:                                ；中断的任务切换子程序
        pop                                 ；推出调用该例程的返回地址，永不使用
        sbrk        #3                      ；清除入栈的帧指针和来自 OSIntExit 调用的返回地址
        b           _OSCtxSw_0
_OSTickISR:                                 ；时钟节拍中断处理子程序
        .global     _OSTickISR
        call        I$ $SAVE                ；存储任务的上下文
        clrc        INTM                    ；使能中断嵌套
        call        _OSIntEnter
        call        _OSTimeTick
```

```
    call        _OSIntExit
    b           I$ $REST              ；恢复任务的上下文
_OSStartHighRdy:                      ；启动处于就绪态的最高优先级任务
    lar         AR1, #_OSTCBCur       ；指向最高优先级任务
    lar         AR1, *
    lar         AR1, *                ；把当前任务指针指向具有最高优先级的任务
    b           I$ $REST
```

2. 系统时钟管理与多任务切换的实现

为实现用于 μC/OS－Ⅱ系统的时钟节拍，通常在移植过程中需要选用一个具有中断功能的定时器，并使其中断处于最高优先级。C240 器件中有一个实时时钟定时器 RTC，正好可以把它用作实现定时中断的系统时钟，并把其设置到具有最高可屏蔽中断的 INT1，这样可以有效地节省 C2000 系列 DSPs 中与操作管理器密切合作的定时器资源。

C240 器件中有 20 多个软件中断，可以把任务切换安排在具有最低优先级的 INT31 中实现，这样可以充分发挥 C240 DSPs 的异常中断处理机制能力，把人为的干预降到最低。

6.3.2.2 浮点 DSPs 中的移植

6.2.3 小节"μC/OS 移植的方法技巧"中已经详细例举了浮点 DSPs C6711 体系的 μC/OS－Ⅱ移植，这里不再赘述，请参阅相关章节。

6.4 μC/OS 下的外设/接口驱动设计

6.4.1 外设接口驱动设计综述

μC/OS－Ⅱ下，嵌入式应用体系的外设或接口硬件设备驱动程序，主要是由设备初始化部分和"读/写存取访问"或"数据收/发操作"两部分组成的；硬件设备的"读/写存取访问"或"数据收/发操作"同样也是通过传统的查询、中断和直接存储器访问 DMA 等形式实现的。为了保证在实时多任务操作系统中对硬件访问的唯一性，系统的驱动程序应该受控于相应的操作系统的多任务之间的同步机制。μC/OS－Ⅱ提供有信号量、邮箱、消息队列和信号等通信同步机制，把这些机制引入驱动程序设计，可以使设备驱动程序更加灵活、执行效率更高，使有限的内存 RAM、中断等资源利用更加合理。下面就嵌入式应用体系中常见的外设/接口在 μC/OS－Ⅱ下的驱动程序设计予以重点阐述，限于篇幅，这里选取几个典型的外设接口加以说明，对于其他没有介绍的外设/接口，可以根据实际情况，借鉴所用的设计方法进行设计。

嵌入式 μC/OS－Ⅱ应用体系的外设或接口硬件设备驱动程序，有直接软件架构下设备驱动程序的共同特点，同时也具有 μC/OS－Ⅱ操作系统环境的"烙印"，通过对典型外设/接口的 μC/OS－Ⅱ下驱动程序设计，可以从中加以体验。

6.4.2 典型外设接口驱动设计

6.4.2.1 UART 串行接口驱动

应用 μC/OS－Ⅱ实时内核的任务调度功能和信号量机制，可以更加有效地实现异步串行

口 UART 的驱动，具体设计过程如下：

1. 环形缓冲和信号量同步的 UART 通信原理

采用数据缓冲进行 UART 通信，可以使微控制器的 CPU 工作效率更高：向串口发送数据时，把数据写到缓冲区中，然后由串口逐个取出往外发；从串口接收数据时，把收到的数据逐个存入缓冲区，达到一定长度后再由 CPU 处理。通常需要从内存中开辟两个缓冲区，分别为接收缓冲区和发送缓冲区。这里把缓冲区定义为环形队列的数据结构。

μC/OS-Ⅱ内核提供有信号量的通信和同步的机制，引入数据接收信号量、数据发送信号量分别对缓冲区两端的操作进行同步。串口的操作模式如下：用户任务想写，但缓冲区满时，在信号量上睡眠，让 CPU 运行其他任务，待 ISR 从缓冲区读走数据后唤醒此睡眠的任务；同样，用户任务想读，但缓冲区空时，也可以在信号量上睡眠，待外部设备有数据来时再唤醒。信号量有超时等待机制，从而可以使串口也具有超时读/写能力。

图 6.7 给出了带环形缓冲区和超时信号量的串口接收示意图。数据接收信号量初始化为 0 表示环形缓冲区中无数据。接收中断到来后，ISR 从 UART 的接收缓冲器 SBUF 中读入接收的字节(②)，放入接收缓冲区(③)，然后通过接收信号量唤醒用户任务端的读操作(④、①)。在整个过程中，可以查询记录缓冲区中当前字节数的变量值，此变量表明接收缓冲区是否已满。UART 收到数据并触发了接收中断，但如果此时缓冲区是满的，那么放弃收到的字符。缓冲区的大小应合理设置，降低数据丢失的可能性，又要避免存储空间的浪费。

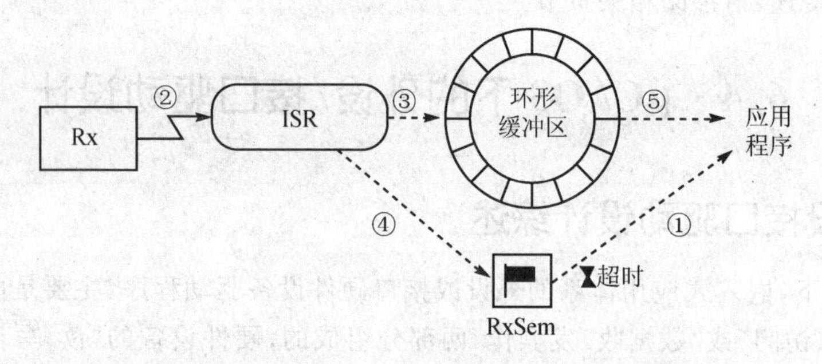

图 6.7 带环形缓冲和超时信号量的串口接收示意图

图 6.8 给出了带环形缓冲区和超时信号量的串口发送示意图。发送信号量初始值设为发送缓冲区的大小，表示缓冲区已空，并且关闭发送中断。发送数据时，用户任务在信号量上等待(①)；如果发送缓冲区未满，用户任务向发送缓冲区中写入数据(②)；如果写入的是发送缓冲区中的第一个字节，则允许发送中断(②)；然后发送 ISR，从发送缓冲区中取出最早写入的字节输出至 UART(④)，这个操作又触发了下一次的发送中断，如此循环直到发送缓冲区中最后一个字节被取走，重新关闭发送中断。在 ISR 向 UART 输出的同时，给信号量发信号(⑤)，发送任务据此信号量计数值来了解发送缓冲区中是否有空间。

2. 异步串行通信软件模块设计

异步串行端口有两个环状队列缓冲区，同时有两个信号量：一个用来指示接收字节，另一个用来指示发送字节。每个环状缓冲区有以下 4 个要素：

➤ 存储数据(INT8U 数组)；

➤ 包含环状缓冲区字节数的计数器；

➤ 环状缓冲区中指向将被放置的下一字节的指针；

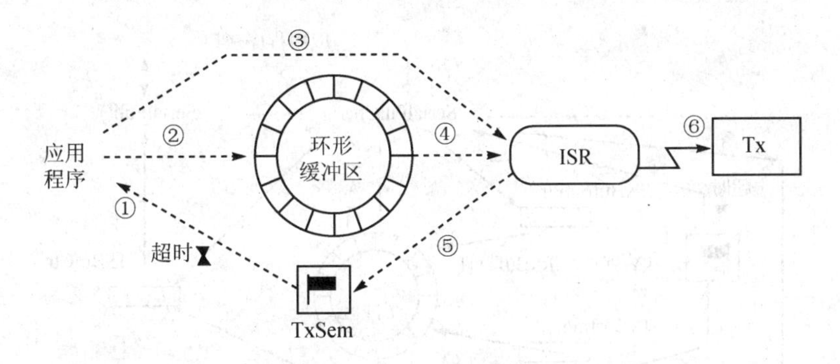

图 6.8　带环形缓冲和超时信号量的串口发送示意图

➤ 环状缓冲区中指向被取出的下一字节的指针。

图 6.9 给出了接收数据软件模块的流程图。SerialGetehar()用来获取接收到的数据，如果缓冲区已空时将任务挂起，接收到字节时，任务将被唤醒，同时从串行口接收字节。SerialPutRxChar()用来将接收的字节放到缓冲区中，如果接收缓冲区已满，则该字节被丢弃。当字节插入到缓冲区中，SerialPutRxChar()通知数据接收信号量，使之将数据已到的消息传达给所有等待的任务。为了防止挂起应用任务，可以通过调用 SceiallsEmPty()去发现环状队列中是否有字节。

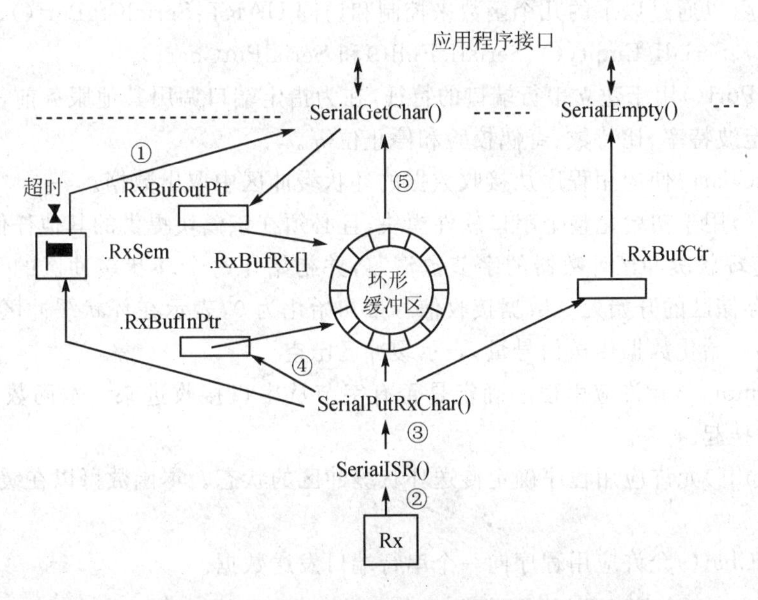

图 6.9　串口通信数据接收驱动模块示意图

图 6.10 给出了发送数据模块的流程图。当需要发送数据给串行端口时，SerialPurChar()等待信号量在初始化发送信号量时应该初始化为缓冲区的大小；因此，当缓冲区中没有更多空间时，SerialPutChar()就挂起任务，只要 UART 再次发送字节，挂起任务就将恢复。SerialGectTxChar()被中断服务程序调用，如果发送缓冲区至少还有一个字节，Seria1GetTxChar()就返回一个从缓冲区发送的字节；如果缓冲区已空，则 SerialGetTxChar()返回 Null，这将使调用停止进一步的发送中断，一直到有数据发送为止。

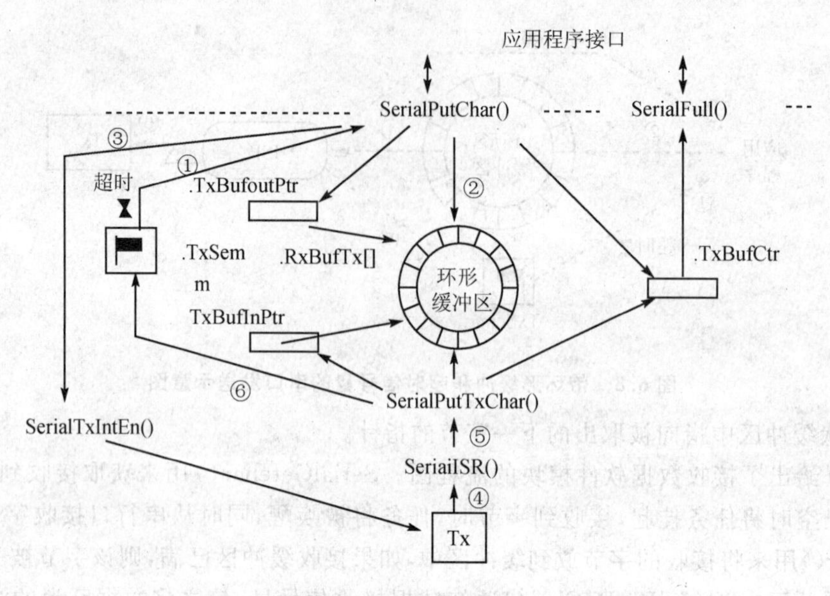

图 6.10　串口通信数据发送驱动模块示意图

3. 异步串行通信接口函数设计

应用任务可以通过以下的几个函数来控制和访问 UART：SerialCfgPort()、SerialGetChar()、SerialInit()、SerialIsEmpty()、SerialIsFull()和 SerialPutChar()。

SerialCfgPort()用于建立串行端口的特征，在为指定端口调用其他服务前，必须先调用该函数，包括确定波特率、比特数、奇偶校验和停止位等。

SerialGetChar()使应用程序从接收数据的环状缓冲区中取出数据。

SerialInit()用于初始化整个串口软件模块，且必须在该模块提供的其他任何服务前调用。SeriallInit()将环状缓冲区计数器的字节数清零，并初始化每个环状缓冲区的 IN 和 OUT 指针，指向数据存储区的开始处。数据接收信号量初始化为 0，表示在环状缓冲区无数据。用传送缓冲区大小初始化数据传送信号量，表示缓冲区已空。

SerialIsEmpty()允许应用程序确定是否有字节从串口接收进来。本函数允许在无数据时避免将任务挂起。

SerialIsFull()允许应用程序确定传送环状缓冲区的状态。本函数可以在缓冲区已满时避免将任务挂起。

SerialPutChar()允许应用程序向一个串行端口发送数据。

6.4.2.2　ADC 模/数转换驱动

1. μC/OS-Ⅱ下的 ADC 转换结果获取

影响读取模/数转换器 ADC 结果的因素有 A/D 的转换时间、模拟值的转换频率和输入通道数等，最主要的是 A/D 的转换时间。μC/OS-Ⅱ下读取 A/D 通常有 3 种方法。

第一种方法是在 ADC 转换启动后经过一定的延时再去读 A/D 转换结果。这种方法要求延时时间必须比 ADC 转换时间长，适合于 5 ms 以上转换时间较慢的 ADC。

第二种方法是采用中断和信号量机制，在转换完成后，产生一个中断信号；再在中断服务程序 ISR 中发一个信号量，通知驱动程序 ADC 完成转换；如果 ADC 在规定的时限内没有完成转换，信号量超时，则驱动程序不再等待下去。这种方法要求 ISR 执行时间与调用等待信号量的时间之和为 A/D 转换时间。

第三种方法是采用软件定时和查询机制，驱动程序在一个软件循环中等待 ADC 直到完成转换。在循环等待时，驱动程序检测 ADC 的状态(BUSY)信号。如果等待时间超过设定的软件定时，则结束等待循环(循环等待超时)；如果在循环等待中，检测到 ADC 发出转换结束的信号(BUSY)时，驱动程序读取 ADC 转换结果并将结果返回到应用程序。如果 A/D 转换速度快，这种驱动程序的实现是最好的。这种方法适合于 A/D 转换时间小于处理中断时间与等待信号所需的时间之和的情形，读操作的函数代码框架如下：

```
ADRd(ChannelNumber)
{   选择要读取的模拟输入通道；
    启动 ADC 转换；
    启动超时定时器；
    while(ADC == BUSY & Counter! = 0) ;          /* 循环检测 */
    if(Counter == 0)
    {    * err = 信号错误；
        return;
    }
    else 读取 ADC 转换结果并将其返回到应用程序；
}
```

2. C8051F015 单片机的 ADC 及其驱动实现

Cygnal 公司的 C8051C015 是采用了流水线结构的高速片上增强型 51 单片机，它的片内集成有一个 9 通道的 10 位 A/D 转换接口电路，该电路包括 1 个 9 通道可配置模拟多路开关 AMUX、1 个可编程增益放大器 PGA 和 1 个 100 ksps 采样频率 10 位分辨率的逐次逼近型 ADC。A/D 中还集成了跟踪保持电路和可编程窗口检测器。这个 ADC 有 4 种启动方式：软件命令、定时器 2 溢出、定时器 3 溢出及外部信号输入。配置启动和跟踪方式的控制寄存器是 ADC0CN。每次转换结束时，ADC0CH 的 ADBusy(忙标志)的下降沿触发中断，也可用软件查询这个状态位。

在 C8051F015 单片机中，ADC 的转换时钟周期至少为 400 ns，转换时钟应不大于 2 MHz。ADC 完成一次转换需 19 个转换时钟。上述三种 A/D 转换结果读取方法中，第一种方法转换时间在 ms 级以上，一般用于变化慢的模拟输入信号，不适用于 C8051F015。第二种方法，CPU 用于 ISR 和循环检测的开销大，μC/OS－Ⅱ调用 ISR 的时间与调用等待信号时间之和大于 A/D 的转换时间，也不适用于 C8051F015。只有使用第三种方法，其优点是：转换时信号改变时间更短，CPU 的开销小，可不需要增加一个复杂的 ISR，以获得快速的转换时间；并且循环检测程序可被中断，为中断信号服务。

3. C8051F015 单片机的 ADC 驱动程序编写

编写的驱动程序模块应具有以下主要功能：对设备初始化，把数据从内核传送到硬件并从硬件读取数据，读取应用程序传送给设备的数据和回送应用程序请求的数据，监测和处理设备出现的异常。A/D 转换电路作为一个模拟输入模块，μC/OS－Ⅱ内核应把它作为一个独立的任务(以下称为 ADTask())来调用。A/D 驱动程序模块流程如图 6.11 所示。ADInit()初始化所有的模拟输入通道、硬件 ADC 以及应用程序调用 A/D 模块的参数，并且创建任务 ADTask()；ADTb1[]是一个模拟输入通道信息、ADC 硬件状态等参数配置以及转换结果存储表；ADUpdate()负责读取所有模拟输入通道，访问 ADRd()并传递给它一个通道数；ADRd()负责通过多路复用器选择合适的模拟输入，启动并等待 ADC 转换，以及返回 ADC 转换结果到 ADUpdate()。

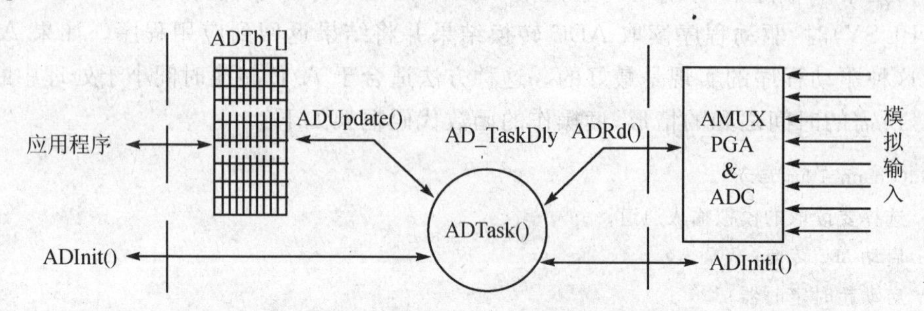

图 6.11　ADC 驱动程序模块流程图

μC/OS-Ⅱ内核下各原型函数、数据结构和常量的定义如下：

```
INT16S ADRd(INT8U ch);             /* 定义如何读取 A/D,A/D 必须通过 AIRd()来驱动 */
void ADUpdate(void);               /* 一定时间内更新输入通道 */
void ADInit(void);                 /* A/D 模块初始化代码,包括初始化所有内部变量(通过 ADInit()
                                      初始化 ADTb[]),初始化硬件 A/D(通过 ADInitI())及创建任务
                                      ADTask() */
void ADTask (void data);           /* 由 ADInit()创建,负责更新输入通道(调用 ADUpdate ()) */
void ADInitI (void);               /* 初始化硬件 A/D */
```

μC/OS-Ⅱ内核下数据结构和常量的定义解释如下：

AD_TaskPrio　设置任务 ADTask()的优先级；

AD_TaskStkSize　设置分配给任务 ADTask()的堆栈大小；

AD_MaxNummber　AMUX 的输入通道数；

AD_TaskDly　设定更新通道的间隔时间；

AD ADTbl[AD_MaxNummber]　AD 类型的数组(AD 是定义的数据结构)。

4. ADC 驱动程序编写的注意事项

编写 A/D 转换器接口电路驱动程序，应注意以下几点：

- 在决定采用具体的驱动方案之前，分析接口电路的特点，尤其是了解 A/D 的转换速度；
- 对于转换速度快的 A/D 转换器，可能出现 CPU 的处理速度与 A/D 转换速度不匹配，一般的 A/D 中不带有 FIFO 缓冲区，须在内存中开辟缓冲区；
- 在应用程序读取设备之前，一定要初始化硬件(调用初始化函数)，合理定义硬件的信息和状态变量；
- 不同的输入通道采集到不同类型的数据，环境、转换精度都会影响到转换结果，要对各个模拟输入通道进行校准和补偿(通常在应用程序中编写通道补偿函数)。

6.4.2.3　CAN 总线接口驱动

应用 μC/OS-Ⅱ的任务调度功能和信号量、邮箱通信机制，配合数据缓冲队列，可以更加

有效地实现 CAN 总线硬件接口外设模块的驱动，这里以 TI 公司的 2407A 嵌入式体系为例说明具体设计过程。2407A DSPs 内含有一个 CAN 总线协议控制器，利用它外加一个 CAN 总线收发器件就可以实现 CAN 现场总线通信。

实现 CAN 总线通信，首先要建立数据收/发缓冲区。向 CAN 口发送数据时，只要把数据写到缓冲区，然后由 CAN 控制器逐个取出往外发送；从 CAN 口接收数据时，等收到若干个字节后才需要 CPU 进行处理，这些预收的数据可以先存在缓冲区，缓冲区可以设置收到若干个字节后再中断 CPU，这样就可以避免因 CPU 的频繁中断而降低系统的实时性。在对缓冲区读/写的过程中，还会遇到以下现象：想发送数据的时候，缓冲区已满；想去读的时候，接受缓冲却是空的。对于用户程序端，如果采用传统的查询工作方式，频繁的读取使得程序效率大为降低。如果引入读、写两个信号量分别对缓冲区两端的操作进行同步，程序执行效率就会大大提高：用户任务想写但缓冲区满时，在信号量上休眠，让 CPU 运行别的任务，等待 ISR 从缓冲区读走数据后，唤醒这个休眠的任务；类似的，用户任务想读但缓冲区空时，也可以在信号量上休眠，等待外部设备有数据来了再来唤醒。

接收和发送的数据缓冲区数据结构定义如下：

```
typedef struct
{    INT16U BufRxCtr;                       // 接收缓冲中字符的数目
     OS_EVENT BufRxSem;                     // 接收信号量
     INT8U BufRxInPtr;                      // 接收缓冲中下一个字符的写入位置
     INT8U BufRxOutPtr;                     // 接收缓冲中下一个待读出字符的位置
     INT8U BufRx[CAN_BUF_SIZE];             // 接收环形缓冲区的大小
     INT16U BufTxCtr;                       // 发送缓冲中字符的数目
     OS_EVENT BufTxSem;                     // 发送信号量
     INT8U BufTxInPtr;                      // 发送缓冲中下一个字符的写入位置
     INT8U BufTxOutPtr;                     // 发送缓冲中下一个待读出字符的位置
     INT8U BufTx[CAN_BUF_SIZE];             // 发送环形缓冲区的大小
}CAN_BUF;
```

接口函数设计如下：

```
void CanInitHW ( );                         // 设置 CAN 控制器端口中断向量
void CANSendMsg ( );                        // 向 CAN 控制器端口发送数据
void CANReceiveMsg ( );                     // 从 CAN 控制器端口接收数据
```

基于缓冲队列支持的 CAN 总线传输任务的通信过程如图 6.12 所示。

在 CAN 总线通信任务中，采用查询方式发送，中断方式接收，任何时候只要没有关中断，中断任务的优先级高于其他任何任务。可以说，该任务是“基于中断响应”的。这样处理的优点是能够最大的保证通信的实时性，同时也使得系统资源的利用率大大提高。任务间的通信和同步通过邮箱和信号量机制进行。当用户应用程序或任务要求进行远程 CAN 通信时，应用程序或任务先要获得 BufTxSem 并向发送缓冲区 BufTx 装入报文，写入缓冲区结束后释放信号量 BufTxSem，通过邮箱通知 CAN 通信任务处理报文并完成报文的发送。当总线发来报文时，接收节点的 CAN 控制器会产生一个接收中断，当前运行任务被挂起，CAN 通信任务被激活并抢占运行，获取信号量 BufRxSem，然后从总线上读取报文并写入缓冲区，写入结束后

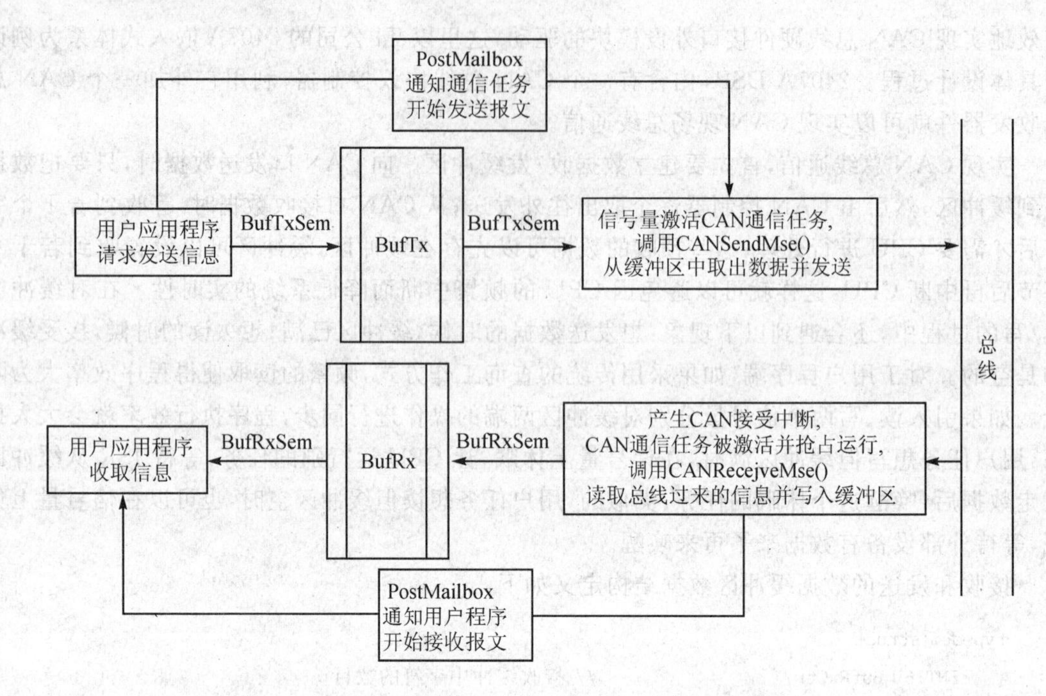

图 6.12　基于缓冲队列的 CAN 总线通信软件流程图

释放信号量 BufRxSem,并通过邮箱通知相应的用户应用程序或任务;应用程序或任务通过获得信号量 BufRxSem 从缓冲区内读取相应的报文信息。

中断任务的处理通过中断服务程序 ISR 实现,中断服务程序 ISR 可以按照前文所述形式书写,这里不再赘述,在此重点说明一下 ISR 的安装位置。许多实时操作系统都提供了安装、卸载中断服务程序的 API 接口函数,有些成熟的 RTOS 甚至对中断控制器的管理都有相应的 API 函数。但 μC/OS-Ⅱ内核没有提供类似的接口函数,需要用户在对应的 CPU 移植中自己实现。在 DSP2407 中,可以在设计中断向量表的时候把用户的中断入口写好,这样一旦 CAN 通信接收中断发生时,DSP2407 就能自动从中断向量表里读取相应的程序入口,进而跳转并执行用户的 ISR 程序。

6.5　μC/OS 下的文件系统及存取访问

在存在大容量 Flash 闪存、RAM 内存等存储器的嵌入式操作系统应用体系中,常常需要快速地进行文件存取访问操作。在操作系统下,对大容量存储器的存取访问操作,最好的办法是使用文件系统。μC/OS 本身并没有对文件系统的支持,但是 μC/OS 具有良好的扩展性能,可以移植或设计文件系统,其中可以加入的较好文件系统是设计 μC/OS 的 Micrium 公司的 μC/FS,此外还可以选择使用嵌入式内存文件系统 EMFS。下面分别阐述 μC/FS 和 EMFS 这两个文件系统及其 μC/OS 下的应用。

6.5.1　μC/FS 文件系统及其应用

μC/FS 是 Fat 型文件系统,它适用于包括 Flash 闪存、RAM 内存等在内的所有存储介质。μC/FS 在速度、多功能性和内存封装上都做了优化,支持 Fat12、Fat16 和 Fat32 文件系统,支持各种不同的设备驱动，从而允许用户在同一时间通过文件系统访问不同类型的硬件，通过设备驱动在同一时间访问不同的介质。μC/FS 还支持操作系统，包括 μC/OS-Ⅱ在内的多种操作系统都可以很方便地与 μC/FS 结合，这样用户即可在多线程环境下进行文件操作。

μC/FS 的组织逻辑结构，从上到下，依次分为如下 4 个层次：

- API 层　是 μC/FS 与用户应用程序之间的接口。它包含了一个与文件函数相关的 ANSI C 库，如 FS_FOpen 和 FS_FWrite 等。API 层把这些调用传递给文件系统层。
- 文件系统层　该层把文件操作请求传递给逻辑块操作。通过这种传递，文件系统调用逻辑块操作来为设备指定相应的设备驱动。
- 逻辑块层　主要功能是使对设备驱动的访问同步，并为文件系统层提供一个方便的接口。逻辑块层调用一个设备驱动来进行块操作。
- 设备驱动层　该层是处于系统底层的例程，用以访问存储硬件。设备驱动结构简单，易于与用户自己的存储设备进行整合。

μC/FS 是为与所有类型的硬件协同工作而设计的，为了在 μC/FS 中使用某种特定的硬件，需要提供该硬件的设备驱动。当用户需要使用特定的设备驱动时，需要通知 μC/FS 设备的名称以及采用的文件系统层的类型（如 Fat）。用户可在 FS_Conf. h 文件中通过设置 FS_DEVINFO 来实现，FS_Conf. h 文件用于初始化 μC/FS 的全局设备信息表。第一个参数是 API 调用时要用到的设备名称；第二个参数是指向文件系统层函数表的指针；第三个参数是指向设备驱动函数表的指针。

如果要将 μC/FS 移植到应用系统的 Flash 里，有几个文件须修改。一是 CONFIG 目录下的 fs_conf. h 和 fs_port. h 文件，需要根据系统的具体情况（如文件系统的设备类型，以及是否使用操作系统等）修改；二是 DEVICE 目录下的 Flash_conf. h 和 Flash_device. c 文件。Flash_conf. h 里需要设置用户的 Flash 信息，如 Flash 类型、访问模式以及 Flash 的起始地址和长度等；Flash_device. c 需要根据 Flash 资料手册做些修改，主要是在“闪存命令定义”部分，需要修改相应的操作命令宏，如擦除、编程命令字等。如果所有配置均正确，则可在目标系统上编译使用设备的应用程序。正常情况下，编译 μC/FS 的源代码不会出现任何编译警告，应用程序一经编译即可在目标系统的调试器下运行。如果 μC/FS 有问题不能运行，则可先测试一下各项 Flash 的底层驱动函数（如 FLASH_WriteAdr、Flash_WriteOff 和 Flash_EraseSector 等），看是否能直接对 Flash 进行操作。如果 FLASH 的底层驱动函数没有问题，则可能是在调用 μC/FS 的 API 时，初始化或者传递的命令不正确，此时特别要检查一下 FS_IoCtl 的命令参数。

6.5.2 EMFS 文件系统及其应用

嵌入式内存文件系统 EMFS(Embedded Memory File System)，用于处理嵌入式应用体系中大容量的临时数据或文件，它通过在内存中建立文件系统，将临时数据有效地组织于内存中，既可提高访问速度又能节省外存空间。

1. EMFS 文件系统及其组织

EMFS 不同于传统的内存文件系统 MFS，它不采用通用文件系统的磁盘设计方法，如 Linux 系统的 Ext2 节点结构和 Windows 的 FAT 结构。EMFS 对文件的主要管理方式为：

- 文件的各个属性单独存储在文件信息表(file status table)中；

➤ 文件数据块用链表来分配和管理，文件数据块大小可以动态改变，这样可以避免在系统运行过程中产生大量的碎片；

➤ 为了提高文件的读写和查找速度，设置一个全局散列表(Hash 表)作为文件的读/写及查找入口；每个文件根据其文件名、文件长度计算出一个 Hash 值；然后在 Hash 表中找到文件对应的 Hash 项，这样就可以读出文件的属性和数据。

EMFS 在内存中的组织结构由 4 块组成：全局 Hash 表、文件状态表、数据块链表和文件数据块。每一个存储于 EMFS 的文件在全局 Hash 表都有个对应的入口项。其文件属性和文件名、文件长度、创建时间等存入文件状态表，文件内容存储于从空闲块链表申请到的数据块中。文件的 Hash 表、状态表和数据块通过指针链接起来。

(1) 全局 Hash 表

文件系统的查找效率主体现在如何通过文件信息计算其对应的 Hash 值，以及如何有效地组织 Hash 表。EMFS 系统中，每个文件对应 8 字节的 Hash 值，前 2 字节是文件名长度和文件名第一个字节的 ASCII 码值，接下来的 2 字节是文件名的 16CRC(循环冗余校验编码)，最后 4 字节是文件名的 32CRC 编码。为了减小同文件对应相同 Hash 值的概率，文件名的 Hash 值中既包含了文件名的 16CRC 编码又包含了 32CRC 编码。

在获得 Hash 值后，如何将 Hash 值有效地组织在全局 Hash 表中来获得最高的查找速度是一个关键问题。如果将 Hash 表顺序组织为一个有序表，可以通过折半查找法来获得最高的查找效率；然而，随着文件的动态增加或删除，每个文件对应的 Hash 值或大或小，这样系统的 Hash 表并不能保证是一个顺序表，因此不能采用折半查找法。如果首先将无序的 Hash 表排列为有序表再采用折半法查找，那么即使在最好的情况下，排序操作所需要的时间复杂度也会增加，同时还需要其他的辅助存储，这样在排序操作上就要花费大量的时间和存储空间，使整个系统的查找效率大大降低。针对此不足，可以采用链地址法组织全局 Hash 表，将全局 Hash 表分为两部分：基本表和溢出表。其基本思想为：首先分配一个固定大小(这里假设取 102 4 项)的顺序表作为基本表，每个文件计算得出的 Hash 值通过对 1 024 取模得到一个介于 0～1 023 之间的模值。如果此模值在基本表中的对应项没有被占用，那么该项就作为此文件的 Hash 项；如果此模值已被其他文件占用，那么就在溢出表中申请一个关于文件的 Hash 项，并将此 Hash 项链接到具有相同模值的链表中。通过这种顺序表和链表相结合的结构，既不会影响查找速度又不会增加额外存储空间，从而提高 EMFS 的查找效率而且不增加系统的时间和空间复杂度。

(2) 文件状态表

文件状态表用来存放文件系统中文件的各个属性，包括文件名称、文件大小、读/写标志、创建和修改时间。为了提高内存空间的利用率，可以对文件进行选择性压缩存储，因此文件状态表也包括文件压缩标志和压缩前后的文件大小。文件状态表是和 Hash 表以及数据块链表连在一起的，那么一旦定位到文件对应的 Hash 项，就可以对文件状态表进行读/写了。

(3) 数据块链表

在 EMFS 中，文件数据内容保存在内存数据块中，内存数据块的大小可以在建立文件系统时动态设定。数据块链表的作用是对内存块进行管理。由于数据块链表中每一项对应一个内存块，所以当添加文件时，系统根据文件大小动态地从数据块链表中申请一定数量的数据块；当删除文件时，系统将数据块插入到此链表中。

2. EMFS 在 μC/OS 下的实现流程

在 μC/OS 实时内核的基础上进行少量的修改，便可将 EMFS 移植到 μC/OS 系统中。

EMFS 在 μC/OS 下的初始化流程是：申请一段内存空间→建立全局 Hash 表→建立文件状态表→建立文件数据块链表。

初始化完毕后，就在 μC/OS 系统中建立了 EMFS 的 3 个主要数据结构，随后就可以向 EMFS 中读/写文件并进行测试。EMFS 下读/写访问文件的流程如图 6.13 所示。

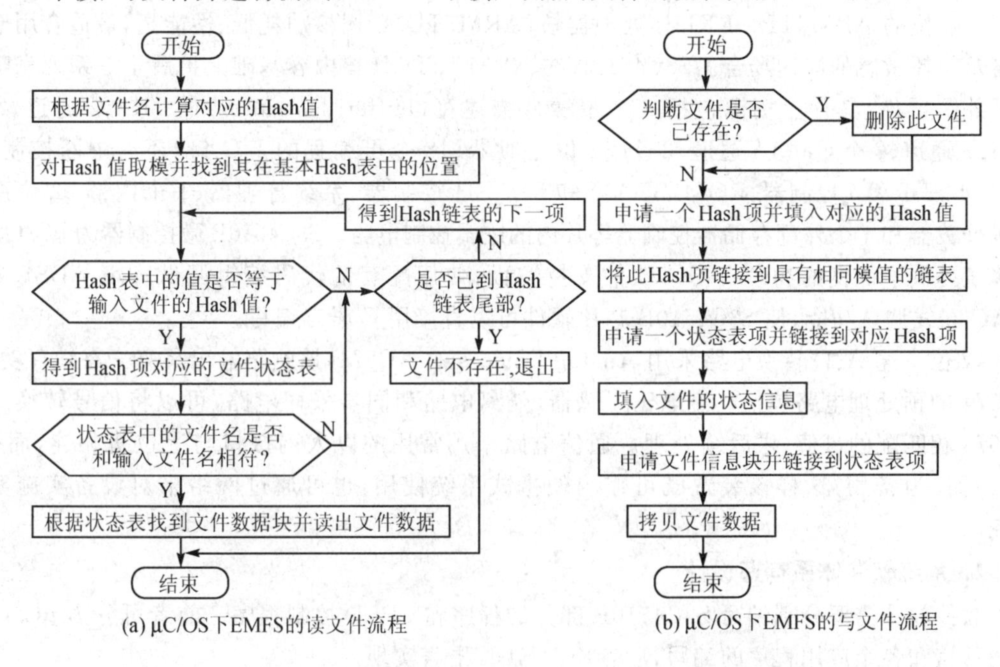

图 6.13　μC/OS 下 EMFS 文件系统的存取访问流程图

6.6　μC/OS 嵌入式软件体系架构应用

以上各节详细阐述了嵌入式 μC/OS 的基本软件架构与其下的外设/接口硬件驱动软件设计，下面应用这些知识构建具体的 μC/OS 应用体系。嵌入式 μC/OS 的具体应用体系很多，这里选取两个典型的关于工业数据采集/控制的项目设计实例加以说明。

6.6.1　数据采集/传输系统软件架构

对于稳定性和实时性要求很高的工业数据采集装置，可以采用高性能微控制器和 μC/OS－Ⅱ构成小型化嵌入式应用体系，很好地满足低成本和高性能等应用需求。这里采用 Samsung 公司的 ARM7 系列单片机 S3C4510B 和 μC/OS－Ⅱ组成了一个数据采集、处理和传输的工业现场终端。

1. 系统工作原理与硬件构成

应用时，系统置于被监控的设备处，通过传感器对设备的电压或者电流信号进行采样、保持，并送入 A/D 转换器变成数字信号，然后将该信号送到 FIFO 中。当 FIFO 中存放的数据到了一定数目时，由 ARM7 从 FIFO 中读出，做适当分析处理后，通过 ARM7 的以太网接口或者

RS232 送给上位机。考虑到要监控的设备可能会很多，设计了多路采集通道，它们经过模拟开关后再进入 A/D 转换器。CPLD 是整个系统的控制核心，它控制采集通道的切换、A/D 转换器的启/停、转换后的数据在 FIFO 中的存放地址发生器和产生中断请求以通知 ARM7 读取存放在 FIFO 中的数据等。

该系统采用 Samsung 公司的 S3C4510B 作为系统与上位机沟通的桥梁，S3C4510B 是基于以太网应用系统的高性价比 16 位/32 位 RISC（精简指令集计算机）微控制器，其内核为 16 位/32 位的 ARM7TDMI RISC 处理器核，ARM7TDMI 内核功耗低、性能高，最适合用于对价格及功耗敏感的应用场合。S3C4510B 在 ARM 7TDMI 核内容基础上扩展了一系列完整的通用外围器件，其片上资源包括 2 个带缓冲描述符（buffer descriptor）的 HDLC 通道、2 个 UART 通道、2 个 GDMA 通道、2 个 32 位定时器、18 个可编程的 I/O 口，还有中断控制器、DRAM/SDRAM 控制器、ROM/SRAM 和 FLASH 控制器、系统管理器、1 个内部 32 位系统总线仲裁器和 1 个外部存储器控制器等片内的逻辑控制电路。S3C4510B 微控制器为 μC/OS-Ⅱ 的移植提供了优良的物理资源。软件支持方面，使用配套的代码编辑调试环境 ADS1.2 和 JTAG 在线调试功能，使 S3C4510B 芯片软件可以直接用 C 语言编写。

12 位高速 A/D 转换电路采用 Analog Devices 的 AD574，该电路输出具有三态锁存功能。AD574 的预处理电路包括电流电压互感器、隔离电路和同步采样电路，可以将信号转换成与 AD574 相匹配的量值，供后续处理。通信电路采用常用的以太网接口与上位机相连，而 232 接口可作为备用，这样该装置既可作为便携式系统使用，也可通过网络来对设备实施实时监控。

2. 系统软件体系构造设计

软件部分需要分别编写 S3C4510B 部分的程序和 CPLD 控制程序。前者可分为 μC/OS-Ⅱ 的移植和各个应用程序的编写，后者用 VHDL 语言实现。

对于 S3C4510B 部分，根据整个装置实现的功能和对它的要求进行系统任务分割，并根据实际需要为各个任务分配优先级。系统大致可分为以下几个任务：初始化 CPLD 控制参数、对 FIFO 的读取、与上位机的 TCP/IP 通信及与上位机的串口通信等。对应每个任务，需要编写相应的应用程序，软件设计部分的关键技术有：

① μC/OS-Ⅱ 内核向 S3C4510B 中的移植，要根据处理器的特点合理地修改 μC/OS-Ⅱ 的 3 个与处理器相关的文件，OS_CPU.h、OS_CPU_A.s 和 OS_CPU_C.c。主要是将文件中的汇编指令，改为 ARM7 的汇编指令，并根据 CPU 的特点对文件中寄存器的初值进行改写。

② 内存配置。对于存储器容量的设计，要综合考虑 μC/OS-Ⅱ 内核代码和应用程序代码的大小。每个任务是独立运行的，必须给每个任务提供单独的栈空间（RAM），RAM 总容量的计算公式为：RAM 总量＝应用程序的 RAM 需求＋内核数据区的 RAM 需求＋各任务栈需求之总和＋最多中断嵌套所需堆栈。

③ TCP/IP 协议在 μC/OS-Ⅱ 中的实现。为了满足嵌入式设备与 Internet 网络直接交换信息的要求，在 μC/OS-Ⅱ 中又移植了 LwIP 协议栈。LwIP 是瑞士计算机科学院的 Adam Dunkels 等开发的一套用于嵌入式系统的开放源代码 TCP/IP 协议栈。LwIP 的含义是 Light Weight（轻型）IP 协议。LwIP 可以移植到操作系统上，也可以在无操作系统的情况下独立运行。LwIP TCP/IP 实现的重点是在保持 TCP 协议主要功能的基础上减少对 RAM 的占用，一般它只需要几十 KB 的 RAM 和 40 KB 左右的 ROM 就可以运行，这使 LwIP 协议栈特别适

合在低端嵌入式系统中使用。

LwIP 的特性有:支持多网络接口下的 IP 转发;支持 ICMP 协议;包括实验性扩展的 UDP(用户数据报协议);包括阻塞控制、RTT 估算、快速恢复和快速转发的 TCP(传输控制协议);提供专门的内部回调接口(raw API)用于提高应用程序性能。

LwIP 可以很容易地在 μC/OS-Ⅱ 的调度下,为系统增加网络通信和网络管理功能。LwIP 协议栈在设计时就考虑到了将来的移植问题,它把所有与硬件、OS 和编译器相关的部分独立出来,放在/src/arch 目录下。因此 LwIP 在 μC/OS-Ⅱ上的实现就是修改这个目录下的文件,其他的文件一般不应该修改。在驱动中主要是根据 S3C4510B 内的以太网控制特殊功能寄存器,编写网络接口处的发送包、接收包函数,初始化以及用于以太网控制器的外部中断服务程序。

6.6.2 总线式数据采集软件体系架构

把 μC/OC-Ⅱ应用在总线式数据采集系统中,可以使其比以往的前后台系统工作更加稳定,而且在一定程度上满足了监控测量实时性的需求。

1. 总线式数据采集系统的组成与功能

该系统采用总线巡检方式,对监测对象进行数据采集与处理,系统硬件以模块化结构,实现 32 路/64 路/128 路模拟或数字量的集中监测,适用于各种标准现场一次仪表或二次仪表的数据测量与控制。整机采用先进的微机处理技术和通信控制技术,并嵌入实时处理内核。系统的硬件组成如图 6.14 所示。

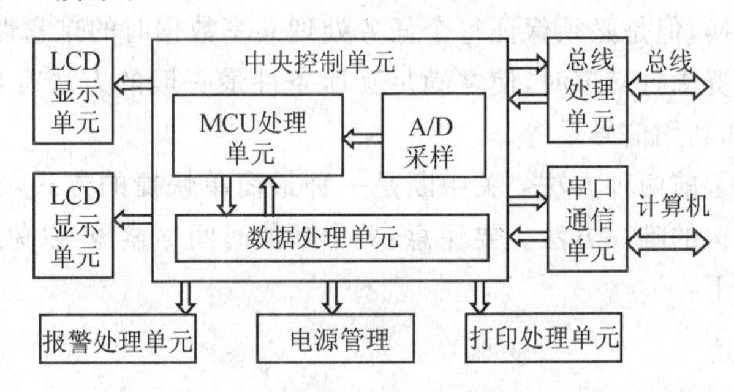

图 6.14 总线式数据采集系统硬件组成框图

现场监测通道状态为总线方式,通过总线处理单元传送到中央控制单元进行数据采集与处理,其中核心微控制器采用具有 10 位 A/D 转换器的 80C196KB。

该系统可以对各通道的工作参数、状态进行即时修改设定,并可以通过面板 LED 实时显示 32 路/64 路/128 路通道的工作状态,同时各通道的实时参数通过 LCD 进行逐屏显示。对发生报警的信道可以通过打印处理单元进行打印输出、声光报警及显示。系统以总线巡检方式,对各信道工作状态进行远程数据采集并进行集中数据处理。为进一步满足智能化管理的需要,具有和计算机通信的功能,以实现监测数据共享。同时也可通过计算机对各信道的工作状态进行设置。

2. μC/OS-Ⅱ在系统中的应用

开发 μC/OC-Ⅱ实时内核的流程如图 6.15 所示。

该系统的软件由实时操作系统加上应用程序构成。应用程序与操作系统的接口通过系统调用来实现。用80C196KB作为系统的核心微控制器,只能用内部RAM作为TCB和所有系统存储器(含各种控制表)以及各个任务的工作和数据单元。

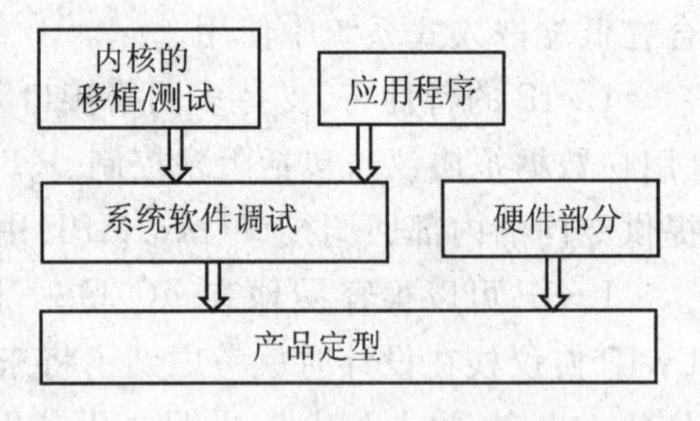

图6.15 μC/OS-Ⅱ实时内核开发流程图

该系统软件架构的主要方面及其注意事项如下:

① 各任务的数据和工作单元尽量用堆栈实现。这样可以允许各任务使用同一个子程序。使用堆栈实现参数传递并作为工作单元,而不使用绝对地址的RAM,可实现可重入子程序。该子程序既可为各个任务所调用,也可实现递归调用。

② 任务的分配。根据该系统的性能指标和技术要求,可对系统进行以下的任务划分:按键中断、LCD显示、串行通信、打印与报警、信道巡检A/D采样与数据处理、系统信息显示、系统工作参数测量、电源切换与充电管理共8个任务。

③ 任务的调度。根据各任务的实时性要求及重要程度,分别将它们的优先级置为4、9、8、7、6、11、10、5,而0、1、2、3、OS_LOWEST_PRIO-3、OS_LOWEST_PRIO-2、OS_LOWEST_PRIO-1和OS_LOWEST_PRIO这几个优先级保留以被系统使用。优先级号越低,任务的优先级越高。程序之间的通信可以通过按键中断置标志来实现,按键中断的优先级最高。该系统的软件处理没有采用优先级转换的方法,而是采用状态置位判断的方法,这样可以减少程序的复杂性。

④ 任务间的通信:任务间通信最简便的方法是使用共享数据结构。虽然共享数据区法简化了任务间的信息交换,但是必须保证每个任务处理共享数据时的排它性,以避免竞争和数据的破坏。通常与共享资源打交道时,使之满足互斥条件最一般的方法有:关中断、使用测试并置位、禁止任务切换和利用信号量等。

在本系统中采用了前两种方法。关中断是一种最简单快捷的方式,也是在中断服务子程序中处理共享数据结构的唯一方法。要注意:关中断的时间尽量短,以免影响操作系统的中断处理。其应用模式如下:

```
void Function(void)
{    OS_ENTER_CRITICAL();
     ……                                       /* 在此处理共享数据 */
     OS_EXIT_CRITICAL();
}
```

测试并置位方式需要有一个全局变量,约定好先测试该变量;如果是约定的数值,则执行该任务,否则不执行。这种方法称测试并置位TAS(Test-And-Set),其应用程序如下:

```
Disable interrupts                            /* 关中断 */
if (Access Variable is 0)
{    /* 若资源不可用,标志为 0 */
     Set variable to 1;                       /* 置资源不可用,标志为 1 */
     Reenable interrupts;                     /* 重开中断 */
     Access the resource;                     /* 处理该资源 */
     Disable interrupts;                      /* 关中断 */
```

```
        Set the Access variable back to 0;      /* 清资源不可使用,标志为0 */
        Reenable interrupts;                    /* 重新开中断 */
    }
    else
    {   Reenable interrupts;                    /* 开中断 */
        ……                                      /* 资源不可使用,以后再试 */
    }
```

⑤ 时钟节拍:是特定的周期性中断,取为1 ms。时钟的节拍式中断使得内核可以将任务延时若干个整数时钟节拍,以及当任务等待事件发生时提供等待超时的依据。另外,系统信息的定时显示也需要系统每隔一次时钟节拍显示一次。

⑥ 存储空间的分配:为了减少操作系统的体积,只应用操作系统的任务调度、任务切换、信号量处理、延时及超时服务几部分。这样可使操作系统内核大小减小为3~5 KB,再加上应用程序可达50 KB左右。因为每个任务都是独立运行的,每个任务都具有自已的栈空间,所以,可以根据任务本身的需求(局部变量、函数调用和中断嵌套等)来分配其RAM空间。

本章小结

本章首先介绍了μC/OS实时操作系统的基本特点,接着详细介绍了如何架构嵌入式μC/OS基本软件体系。μC/OS的移植是嵌入式μC/OS基本软件体系架构的基础,核心硬件代码、应用相关代码、系统时钟管理和任务栈处理是μC/OS移植的关键技术,本章对此进行了重点论述,说明并列举了常见SCM、DSPs嵌入式应用体系的μC/OS移植。

μC/OS下的外设/接口驱动,有直接软件架构下设备驱动程序的共同特点,同时也具有μC/OS-Ⅱ操作系统环境的"烙印"。在外设/接口驱动程序设计中引入μC/OS-Ⅱ特有的信号量、邮箱、消息队列和信号等通信同步机制,可以使设备驱动程序更加灵活,核心微控制器CPU的执行效率更高,使有限的内存RAM、中断等资源利用更加合理。本章阐述了如何设计μC/OS下的外设/接口驱动,说明了常见典型外设/接口的硬件设备驱动程序设计。

μC/OS本身不支持文件系统及其操作,本章还阐述了如何在μC/OS中移植μC/FS和EMFS文件系统并进行相关文件操作。

为了使μC/OS基本体系及其外设接口的软件架构贴近实际应用设计,本章末尾以工业数据采集/控制系统为例,说明了μC/OS嵌入式软件体系项目的具体架构应用。

第7章　嵌入式DRTOS基本体系及外设接口的软件架构

DRTOS实时操作系统和DSPs应用是当今嵌入式系统应用领域中的热门技术。在DSPs应用体系中嵌入高性价比的DRTOS实时操作系统，能够在发挥DSPs数学运算分析能力的基础上进一步提高系统整体的稳定可靠性和实时响应能力。许多高等学校、科研院所和高新技术企业的DSPs软/硬件开发人员都在这个方面投入了更多的关注并进行了大量的实践和尝试。

在DSPs应用体系中嵌入的实时操作系统很多，其中使用比较普遍的是DSP/BIOS。选用DSP/BIOS作为DSPs应用体系的实时操作系统，不仅能够提高系统的稳定可靠性和实时响应能力，而且配置简易、移植方便，可视化的交叉的软件调试/监控手段丰富多样。

本章主要阐述如何架构嵌入式DSP/BIOS基本软件体系和怎样设计DSP/BIOS下外设/接口驱动程序，重点论述DSP/BIOS嵌入式应用体系的合理选择配置和DSP/BIOS下外设/接口驱动程序设计的特点。为了便于行文，文中既有对DSP/BIOS基本软件体系架构及其外设/接口驱动设计的概念与理论的描述，又结合具体的项目设计实践例举了典型的应用实例。

本章的主要内容如下：

- DRTOS嵌入式实时操作系统综述；
- 嵌入式DSP/BIOS基本软件体系架构；
- DSP/BIOS下的外设/接口驱动软件设计；
- DSP/BIOS嵌入式软件体系架构应用。

7.1　DRTOS嵌入式实时操作系统综述

7.1.1　DRTOS嵌入式操作系统概述

随着数字信号处理器件DSPs(Digital Signal Processors)应用的日益广泛，为适应产品可靠性和实时性的需求，在嵌入式DSPs应用系统中越来越多地采用了DSPs实时嵌入式操作系统DRTOS (DSPs Real - Time embedded Operating System)。

DRTOS是一种实时的、多任务的、支持DSPs应用的操作系统软件，是DSPs硬/软件系统极为重要的组成部分，通常包括与硬件相关的底层驱动软件、系统内核和设备驱动接口3个组成部分。

目前，嵌入式DSPs应用系统中经常采用的DRTOS操作系统有TI公司的DSP/BIOS、WindRiver - Eonic公司的Virtuoso、ENEA Data AB公司的OSE和飓风数字公司的

CY-DRTOS等。这些 DRTOS 大多数具有实时监测能力，其中应用最广的是 DSP/BIOS，其次是 CY-DRTOS。

近年来，CY-DRTOS 在嵌入式 DSPs 应用系统中应用逐渐广泛。它具有以下特点：

➢ 编程方便。为编制程序提供了一个简单的、快捷的操作平台。
➢ 许多底层的工作都由操作系统完成。任务的切换，任务之间的消息传递，任务之间的协同工作都由操作系统完成。
➢ 提高系统的实时性。因为是一个多任务(64 个优先级不同的任务)实时操作系统，所以 CPU 的工作效率最高。在相等时间内，多任务系统可以完成更多的功能，而传统的系统是不可能的。
➢ 方便调试。因为每一个任务就相当于一个独立的计算机，每一个任务都是互相独立的，调试一个任务非常方便。
➢ 便于软件的维护。多年后拿出自己的程序，思路仍然很清晰，任务很明确。
➢ 便于软件的扩展。当需要扩展某些应用时可以非常容易。
➢ 公开全部的源代码，不必担心知识产权和有隐藏的秘密，适用于军方的各种应用产品。
➢ 确定性。全部的函数调用与服务的执行时间都是可知的，系统服务的执行时间不依赖于应用程序任务的多少。
➢ 系统服务功能强大，如邮箱、消息队列、信号量、块大小固定的内存的申请与释放及时间相关函数等。中断嵌套层数可达 255 层。
➢ 稳定性与可靠性。自 1992 年以来，已经有上千个已商业化的应用。

DSP/BIOS 是 TI 公司的 DSPs 集成开发工具软件 CCS(Code Composer Studio™)中的核心部件，适合于 TI 公司的 TMS320C6000™、TMS320C5000™ 和 TMS320C28x™ 系列 DSPs 体系，DSP/BIOS 经过优化还可以在 TI 公司的 OMAP™ 器件的 DSP 内核上运行。DSP/BIOS 的优越性主要体现在它的多任务规划和实时分析上，而且 CCS 中提供的 DSP/BIOS 设置工具能够使开发人员可以可视化的进行程序编排。使用 DSP/BIOS，有以下特点：

➢ 使用多线程技术高效地管理 DSP 的运行，可提高运行效率；
➢ 使用标准接口的 I/O 和中断；
➢ 高效地定义和配置系统资源，如系统内存和中断向量表；
➢ 通过实时分析工具实时查看用户应用程序的运行状况；
➢ 向用户的目标应用程序添加数据结构，并围绕一组相关线程来加以组织；
➢ 几乎所有的初始化都可以通过图形化配置来完成，而不必详细了解各个寄存器的每一位所代表的意义；
➢ 通过调用 DSP/BIOS 或 CSL(芯片支持库)的 API 库函数，使代码效率更高、程序可读性和可移植性更强，从而使得向新的 TMS320DSP 移植更加容易。例如：开全局中断可以用 HWI_enable()，启动 DMA 可以用 DMA_start(hDMA0)，这样比直接通过寄存器配置来完成具有更强的可读性和可移植性，而且不会出错，也不必查阅相应的寄存器信息。

TI 公司的 DSPs 器件应用广泛，其嵌入式实时操作系统 DSP/BIOS 已经相当完备，本章重点将以 DSP/BIOS 为主阐述嵌入式 DRTOS 基本体系及外设接口的软件架构。

7.1.2　嵌入式DSP/BIOS体系综述

DSP/BIOS主要是为需要实时调度和同步以及主机/目标系统通信和实时监测的应用而设计的。DSP/BIOS的优越性主要体现在它的多任务规划和实时分析上。

7.1.2.1　DSP/BIOS的基本组成

DSP/BIOS由以下3个部分组成：

1. DSP/BIOS实时内核与API

DSP/BIOS应用程序接口API可以划分为多个模块。根据应用程序模块的配置和使用情况的不同，DSP/BIOS的代码大小从150字到6 500字不等。运行DSP/BIOS需要的最小数据存储空间是575字。应用程序通过调用API来使用DSP/BIOS，所有的DSP/BIOS API都是按C语言可调用的形式提供的。只要遵从C语言的调用约定，汇编代码也可以调用DSP/BIOS API。DSP/BIOS具有可裁减性，只需把直接或间接调用模块和API连接到目标文件中。

DSP/BIOS API模块有以汇编语言编写的原子函数ATM、平台相关的特定函数C54/C55/C62/C64、时钟管理CLK、芯片支持库CSL、设备驱动接口DEV、全局设置管理GBL、主机通道管理HST、硬件中断管理HWI、空闲函数管理IDL、资源锁管理LCK、操作记录管理LOG、邮箱管理MBX、存储段管理MEM、可缓冲管道管理PIP、周期函数管理PRD、原子队列管理QUE、实时数据交换设置RTDX、信号量管理SEM、流式I/O管理SIO、统计对象管理STS、软件中断管理SWI、系统服务管理SYS、跟踪管理TRC及多任务管理TSK等。

DSP/BIOS中使用了模块(module)和对象(object)术语。所谓模块，是一个逻辑概念，表示一组数据结构和以此为基础的一组函数。对象则是特指按模块中的数据结构所创建的变量。如果定义了某个对象，可以使用模块中的相应函数，并用这些函数代码来组成嵌入式操作系统。

2. DSP/BIOS配置工具

DSP/BIOS的配置工具，类似于Windows的资源浏览器，DSP/BIOS可以执行以下功能：设置DSP/BIOS模块参数、通过可视化编辑器建立DSP/BIOS对象及配置CSL(Chip Support Library)参数等。使用配置工具，DSP/BIOS对象可以事先配置好并和应用程序绑定在一起。DSP/BIOS配置工具的应用将在7.2.2小节中详细介绍。

3. DSP/BIOS实时分析工具

DSP/BIOS实时分析工具用于实时捕获和显示数据，辅助集成开发环境CCS实现程序的实时调试，以可视化的方式展现程序的性能。实时分析工具获取、传输和显示数据的同时，能够把对程序本身工作的干扰降低至最小，几乎不影响应用程序的运行。程序的实时分析要求在目标DSPs上运行监测代码。使用DSP/BIOS API和对象，可以自动监测目标DSPs，采集实时信息并上传到主机，DSP/BIOS模块的运行被“隐式”地监测，这样就使基于DSP/BIOS的应用程序能够自动观测自己的运行。

实时分析包括：程序跟踪、性能监测和文件服务。DSP/BIOS提供的实时分析形式有显式和隐式两种。使用DSP/BIOS实时分析工具可以实现的功能有：软硬件测试和周期调试等的实时分析；事件记录LOG、统计对象管理STS、主机通道管理HST及跟踪管理TRC等的性能监测;执行图(execution graph)、CPU 负荷图及堆栈/中断/变量等的隐式 DSP/BIOS 监测;内核/对象视图观察、现场测试(field testing)监测及实时数据交换 RTDX(Real-Time Data Exchange)等。

7.1.2.2 DSP/BIOS 的任务调度

1. DSP/BIOS 中的线程及其类型

许多实时 DSP 应用都需要同时执行许多不相关的功能,这些功能一般是对外部事件的响应,称为线程。不同系统对线程有不同的定义,在 DSP/BIOS 中将线程定义为任何独立的指令流。DSP/BIOS 使应用程序按线程结构化设计,每个线程完成一个模块化的功能。多线程程序中允许高优先级线程抢占低优先级线程以及线程间的同步和通信。

DSP/BIOS 支持下面 4 种线程类型,每种线程都有不同的执行和抢占特性:

- 硬件中断 HWI　包括时钟函数 CLK,用于响应外部异步事件,响应事件的发生频率约为 200 KHz,处理时限为 2～100 μs。CLK 函数在每个定时器中断的末尾执行。
- 软件中断 SWI　包括周期函数 PRD。SWI 通过调用 SWI 函数而触发,一般用于执行期限(deadlines)在 100 μs 以上的事件。SWI 允许 HWI 将一些非关键处理在低优先级上延迟执行,这样可以缩短在中断服务程序中的驻留时间。PRD 函数在片上定时器或其他事件多次计数后执行。
- 任务 TSK　任务与软件中断不同的地方在于在运行过程中可以被挂起。DSP/BIOS 提供了一些任务间同步和通信的机制,包括队列、信号量和邮箱。
- 后台线程 IDL　在 main()函数返回后,系统为每个 DSP/BIOS 模块调用 startup 例程,然后开始空闲循环的执行。在空闲循环(idle loop)中执行每个 IDL 对象函数,在空闲循环中执行的都是那些没有执行期限的函数。

2. 优先处理等级与多任务调用

在 DSP/BIOS 中,硬件中断有最高的优先级,然后是软件中断,软件中断可以被高优先权软件中断或硬件中断抢先(preemption)。软件中断是不能被阻塞的。任务的优先权低于软件中断,任务在等待某个资源有效时可以被阻塞。后台线程是优先级最低的线程。HWI 中断处理要尽量快,一般不允许 HWI 中断嵌套。

SWI 有 15 个优先权级别,14 级最高,0 级最低,其中 0 级保留专门用于任务调度。任务有 16 个优先权级别,15 级最高,0 级最低,其中 0 级保留给后台线程用于空闲循环。任务有 4 种执行状态:运行态(running)、就绪态(ready)、阻塞态(blocked)和终止态(terminated),在程序执行过程中,任务执行状态按图 7.1 所示条件发生切换。

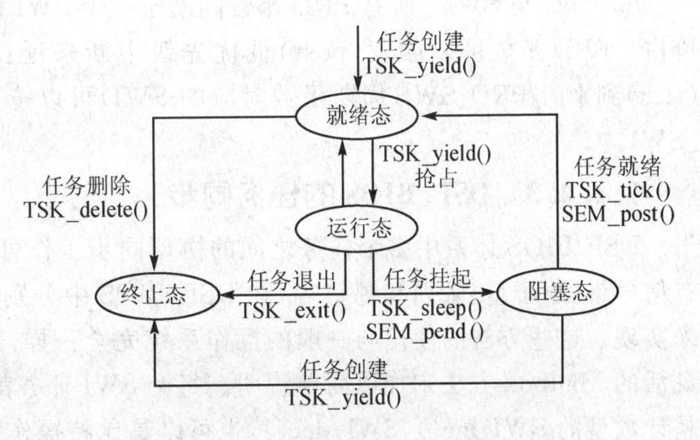

图 7.1　DSP/BIOS 的任务调度示意图

软件和硬件中断都有可能参与 DSP/BIOS 的任务调用。当一个任务处于阻塞状态时,一般是因为它在等待(pending)一个处于无效状态的信号量。信号量可以在软件中断、硬件中断或任务中置为有效状态(posting)。如果一个 HWI 或 SWI 通过有效(posting)的一个信号量给一个任务解锁,并且这个任务是目前最高优先级的任务,那么 CPU 就执行该任务。

HWI 直接与硬件打交道,它所对应的中断服务程序 ISR 应该尽量短小精悍。需要注意的是 HWI 并不引起任务调度,因此在 ISR 入口和出口要成对地调用_HWI_enter()和_HWI_exit()这两个宏。HWI 在处理完数据的输入输出后调用 SWI_post()来调度相应的 SWI,由 SWI 来完成数据处理工作。

运行 HWI 或 SWI 时,系统使用一个专用的系统中断栈叫做系统栈(system stack)。每个任务使用单独的私有栈。当系统中没有任务时,所有线程共享一个系统栈。

3. 线程的选择安排

线程的类型和优先级的选择会影响线程是否能按时并执行。下面给出了一些线程合理的选择安排规则:

① HWI、SWI 和 TSK　HWI 只处理时间要求苛刻的关键任务。HWI 可以处理发生频率在 200 KHz 左右的事件。SWI 或 TSK 可以用于处理执行时间在 100 μs 以上的事件。HWI 函数应该触发(post)SWI 或 TSK 来进行低优先级处理。使用低优先级线程可以缩短中断时间,允许其他中断的触发。

② SWI 和 TSK　SWI 一般用于相对独立的函数,若要求比较复杂,则使用 TSK。TSK 提供有很多任务间通信和同步的手段,一个任务可以挂起等待某一个资源有效。使用共享数据时,TSK 比 SWI 有更多的选择,而 SWI 执行时则必须保证所需数据已经准备好。所有的 SWI 使用同一个堆栈,在存储器使用上更加有效。

③ IDL　后台函数用于执行没有执行时间限制的非关键处理。

④ CLK　若希望每个定时器中断时触发一个函数的执行则使用 CLK 函数。这些函数是被当作 HWI 运行的,应该保证运行时间尽量短。默认的 CLK 对象 PRD_clk 可增加周期函数的一次计数(tick)。可以增加更多的 CLK 对象以相同的速率执行某个函数。

⑤ PRD　PRD 函数以整数倍于低分辨率时钟中断或其他事件(如外部中断)的频率执行。

⑥ PRD 与 SWI　所有 PRD 函数同属于一个 SWI 优先级,所有 PRD 函数之间不能相互抢占。PRD 函数可以触发(post)低优先级中断来延长处理时间,保证在下一个系统计数(tick)到来时 PRD_SWI(周期函数对应的 SWI)可以抢占这些低优先级中断,执行新的 PRD_SWI。

7.1.2.3　DSP/BIOS 的任务同步

DSP/BIOS 体系中多个任务之间的协调同步工作可以通过多种方法来实现,常用的方法有信号量、原子量、队列和邮箱等,在 DSP/BIOS 中分别通过模块 SEM、ATM、QUE 和 MBX 来实现。这些方法的使用与一般的操作系统完全一样,这里不再赘述,仅就在 SWI 中使用最灵活的 Mailbox 方法来加以简单说明。每个 SWI 任务都带有一个 Mailbox,对它的操作可以是计数型的 SWI_inc()、SWI_dec(),也可以是比特操作型的 SWI_or()、SWI_andn()。Mailbox 控制 SWI 任务被调度的条件。这些操作的功能如表 7-1 所列。

表 7-1 SWI 中 Mailbox 的操作功能表

	Mailbox 是比特操作	Mailbox 是计数操作
总是引起任务调度	SWI_or	SWI_inc
仅在 Mailbox=0 时引起任务调度	SWI_andn	SWI_dec

or 操作是将 Mailbox 中的某一位置 1,同时引起 SWI 的任务调度。当一个 SWI 可能由多个事件触发时,使用 or 操作可以方便地表示出触发的事件。

andn 操作是将 Mailbox 中的某一位清 0,如果 Mailbox 为 0,则引起 SWI 的任务调度。一个 SWI 需要多个条件都满足时才运行的情况下,使用 andn 操作可以方便地表示出这些条件的状态。

inc 和 dec 操作则更加灵活,用户可以借此实现多种应用。唯一需要注意的是,inc 操作总是引起任务调度,而 dec 操作仅在 MAilbox 减到 0 时才引起一次任务调度。

7.1.2.4 DSP/BIOS 的 I/O 操作

1. PIP/HST/SIO 通信

应用程序和 I/O 设备之间的数据通道定义为"流",流采用异步方式进行 I/O 操作。流使用指针而不是数据复制,这样可以减少应用程序开销,使其更易满足实时性要求。DSP/BIOS 提供两种数据传输模型:管道模型用于 PIP 和 HST 模块,流模型用于 SIO 和 DEV 模块。管道 PIP 用于管理块 I/O,又称基于流的或者异步的 I/O,通常,它的一边是 HWI 中断服务程序,一边是 SWI 函数。一般而言,管道支持更底层的通信,流支持高级的与设备无关的 I/O。

带缓冲的管道管理模块 PIP 和流输入输出管理模块 SIO 是 DSP/BIOS 提供的两个重要接口对象,用于支持 DSPs 与外设之间的数据交换。

PIP 对象带有一个缓冲队列,可以执行带缓冲的读任务和写任务,图 7.2 很好地说明了 PIP 的逻辑关系和操作方式。读/写 PIP 就是一个数据复制的过程。SIO 没有缓冲队列,SIO 的操作 get()和 put()在应用程序和驱动程序之间交换缓冲的指针,而不是数据的复制,因此执行效率比 PIP 高。PIP 对象可被 SWI 或 TSK 线程使用,而 SIO 对象只能被 TSK 使用。

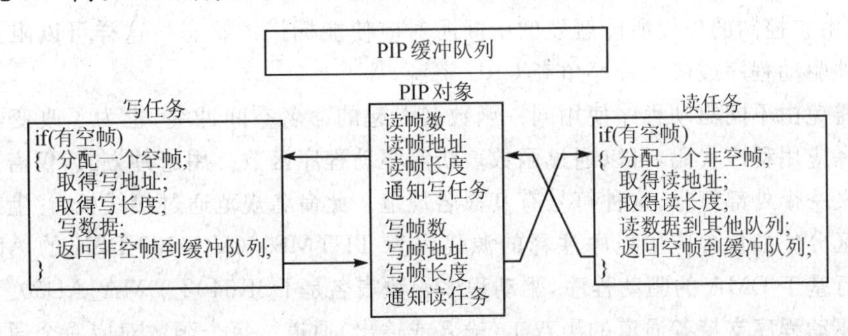

图 7.2 PIP 对象的逻辑关系和操作方式示意图

由图 7.2 可以看到,通过使用 PIP 应用程序可以保持一个简单、统一的接口而不必关心具体的硬件操作,因此当该软件移植到不同环境中时,只需要改写设备驱动程序。使用 PIP 的一个具体实例就是主机通道模块 HST,HST 在主机和 DSPs 之间建立起一条数据链路,该链路就是一个 PIP 对象。对 HST 的操作方式与 PIP 基本一致,其差别仅仅在于 HST 在初始化时指向了预定义的DSPs上的主机机接口HPI而已。

SIO通过DSP/BIOS编程接口的设备驱动器DEV跟不同类型的设备进行交互。设备驱动器是管理设备的软件模块，遵从DEV提供的公用接口。流提出请求，驱动器就按照适合于特定设备的方式执行。

2. 低级设备驱动LIO

低级设备驱动LIO(Low Level I/O)是一组基于DSP/BIOS设计的API函数。它由控制函数、I/O缓冲区管理函数和信令函数组成，如表7-2所列。应用程序可以通过LIO函数控制一个或多个外设通道。

LIO函数不考虑数据的转送方向，输入与输出之间的主要不同点是传送到缓冲区队列函数的参数意义不同，它的大多数控制代码能在单个驱动程序中被所有通道共享。

表7-2 低级设备驱动LIO API函数列表

函 数	函数类型	描 述
Open	控制	分配资源，初始化设备
Close	控制	释放资源，复位设备
Cntl	控制	设备特殊操作
Start	控制	缓冲区传送使能
Stop	控制	缓冲区传送禁止
GetBuf	缓冲区队列	从设备输出队列重新得到缓冲区
PutBuf	缓冲区队列	将缓冲区放入设备输入队列
IsEmpty	缓冲区队列	若设备输出队列为空返回真
IsFull	缓冲区队列	若设备输入队列为满返回真
SetCallback	信令	当传送完毕，设置函数为调用

(1) 驱动的设计与应用特点

所有的驱动程序函数都不能设置成全局中断。驱动程序应不影响全局中断使能标记的状态，仅影响由它控制的外设所能触发的中断所对应使能标记的状态。这样可以阻止一个驱动程序与其他驱动程序或应用程序争夺CPU资源。

为了避免由不同驱动程序使用同一函数名引起的命名空间冲突，也为了改变驱动程序而不需再编译应用程序代码，可以通过函数表访问驱动程序函数。用这种方式，仅需要为每个驱动程序定义一个外部符号，这种符号有其命名规范。此命名规范通过接线板、片上外设和LIO接口等来区分。如包含应用程序注释的源代码为TI TMS320VC5402 DSK的AD50音频编解码器执行基于DMA的驱动程序，驱动程序函数表名是DSK5402_DMA_AD50_TI_ILIO。

设备驱动程序支持各通道的半双工(输入或输出)通道。每个函数对应一个通道变量。一个能执行输入和输出的物理设备，如连接到音频编解码器的DSPs串口，可通过两个半双工通道(一个输入，一个输出)来访问。一个驱动程序支持多少个物理设备和通道依具体实现而定。一般一个驱动程序应能控制一个物理设备，此设备可能有多个通道。通道号在物理设备通道的映射执行时确定。通道号约定从0开始，对I/O设备，一般约定偶数号为输入，奇数号为输出。

(2) 驱动 API 函数说明

LIO 接口中有 3 类函数:控制函数、缓冲区和队列管理函数、信令函数。

控制函数:用来实现设备的启动、关闭和控制。其初始函数为驱动程序保存资源(物理外设和内存)。它使用结构指针作为可选变量,此结构是一种设备的特殊变量结构。

缓冲区队列管理函数:假定每个设备至少有一个用来传送数据的缓冲区。许多设备(如 McBSP 和 DMA)带有允许双缓冲的缓冲队列。图 7.3 是一个有 3 个存储单元的 LIO 驱动程序,驱动程序中有:由外设填满或清空缓冲区的"to Device"(到设备)队列,将传送的缓冲区返回到应用程序的缓冲区管理程序的"from Device"(来自设备)队列和当前传送数据的缓冲区。虚线框里的内容在驱动程序中实现。PutBuf()将缓冲区从应用程序传送到驱动程序的输入队列。GetBuf()从输出队列得到缓冲区。IsEmpty()和 IsFull()分别返回输入队列和输出队列的状态。如果输入队列满,因为无空间装新缓冲区,调用 PutBuf()会返回错误代码。若 IsFull()返回 false,则接下来可调用 PutBuf()。如果 IsFull()返回 true,且在 IsFull()返回 true 和调用 PutBuf()之间完成传送,则调用 PutBuf()可能会成功。

信令函数:如图 7.3 所示,当传送结束一般会触发 CPU 中断。此中断会使应用程序将传送的缓冲区转移到输出队列,然后调用 CallBack()函数传到驱动程序。CallBack()应向应用程序发信号告知传送完毕。

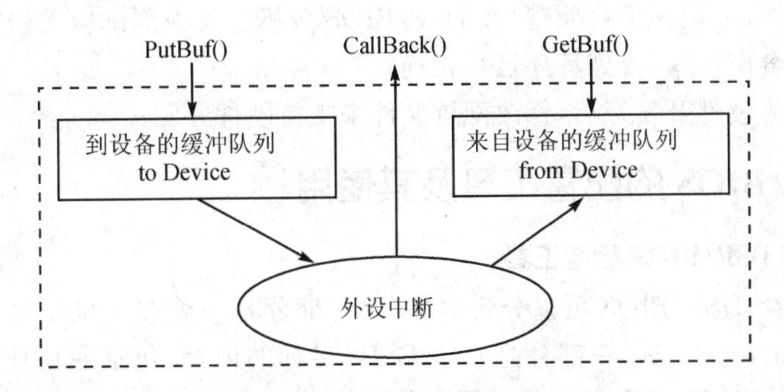

图 7.3 含缓冲的 LIO 驱动程序模型示意图

7.1.2.5 DSP/BIOS 的底层函数

DSP/BIOS 内核的底层函数嵌入在 3 个软件模块中,这 3 个模块分别为:

MEM 模块 管理存储区的分配。在 DSP 应用项目中,连接命令文件用作内存的分配,该文件通过配置工具生成,若要自己创建连接命令文件,则应包含它。实时 DSPs 硬件平台包括几种不同的存储区,有设备自身的 RAM、零等待状态外部 SRAM 和慢速 DRAM 等,以满足不同的存储需求。

SYS 模块 提供多种系统服务。SYS 提供一系列基本的类似于标准 C 运行时间库函数系统服务,比如系统停止和系统错误等。

QUE 模块 管理队列。提供一类函数用于管理队列列表。QUE 模块常用于实现 FIFO 列表,其中的元素在尾部插入,头部移出。

7.2 嵌入式 DSP/BIOS 基本软件体系架构

7.2.1 嵌入式 DSP/BIOS 软件体系开发

DSP/BIOS 支持交互式的程序开发模式，可以先为应用程序生成一个框架，在使用实际算法之前给程序加上一个仿真的运算负荷来测试程序。在 DSP/BIOS 环境下可以方便地修改线程的优先级和类型。

DSP/BIOS 的多任务协调调度和用于软件开发的底层诊断工具为嵌入式 DSPs 软件体系开发提供了捷径。围绕着 DSP/BIOS 提供的标准化结构来组织软件模块和单元，就可以回避在项目中很多底层的 DSPs 软件开发，而尽可能地把精力集中到应用要求的特定算法上。

嵌入式 DSP/BIOS 软件体系开发的一般步骤如下：

- 用配置工具建立应用程序要用到的对象；
- 保存配置文件，同时生成编译和链接应用程序时所包括的文件；
- 为应用程序编写一个框架，可以使用 C/C++语言、汇编语言或这些语言的任意组合；
- 在 CCS 环境下编译并链接程序；
- 使用仿真器（或硬件平台原型）和 DSP/BIOS 分析工具来测试应用程序；
- 重复上面各个步骤，直到程序运行正确；
- 当正式产品硬件开发好后，修改配置文件来支持硬件并测试。

7.2.2 DSP/BIOS 的配置工具及其使用

1. 可视化的 DSP/BIOS 配置工具

从应用角度看，DSP/BIOS 可以分为两部分：一部分是一套在主机端用于配置、优化和监视实时应用软件的调试工具；一部分是基于 DSPs 目标的内核，包括底层任务、I/O 服务和规模可变的模块。DSP/BIOS 配置工具的图形界面如图 7.4 所示，它包括：

① 全局设置（system） 包括内存配置、芯片支持库设置和大小端对齐模式设置等；

② 操作系统调度工具（scheduling） 包括 CLK、PRD、HWI、SWI、TSK 和 IDL 等管理配置；

③ 同步机制（synchronization） 提供信号量、邮箱、队列和资源锁等线程间通信和同步配置；

④ 芯片支持库 CSL（Chip Support Library） 针对不同的 DSPs 帮助其配置外设资源，常用的有 DMA、McBSP、EMIF 和 Timer 等的配置；

⑤ I/O 操作（Input/Output） 提供 PIP、SIO、HST 和 RTDX 配置，支持 DSPs 实时运行时与主机通过仿真口和 CCS 交互数据的机制；

⑥ 监测工具（instrumentation） 用于调试，包括针对实时操作优化而提供调试信息的记录器 LOG、统计调试过程中的各种事件的统计工具 STS 等的配置。

2. 使用配置工具建立 DSP/BIOS 对象

大多数 DSP/BIOS 对象都可以通过配置工具静态建立或在程序中调用 XXX_Create()函数动态建立。使用配置工具建立的 DSP/BIOS 对象在程序运行过程中是一直使用的，称为静

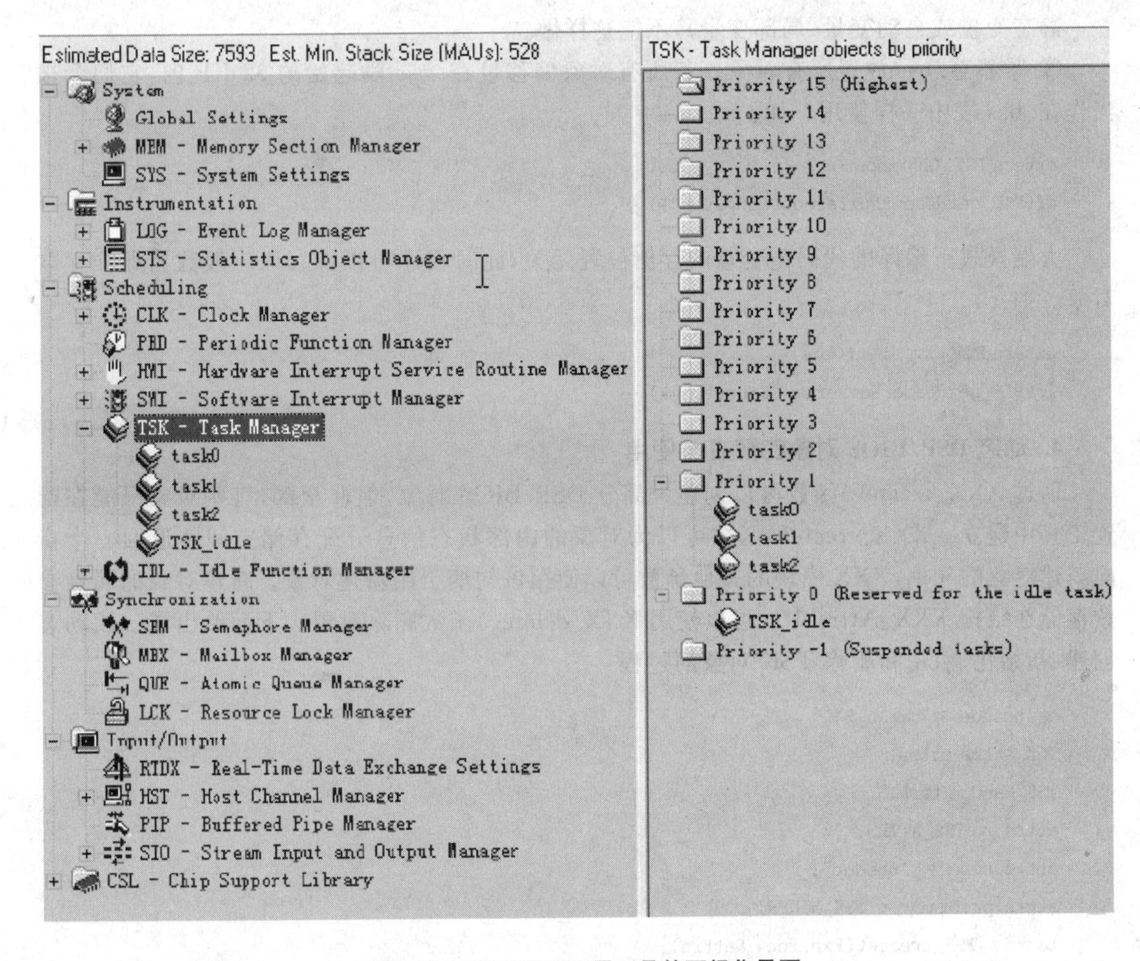

图 7.4 DSP/BIOS 配置工具的可视化界面

态 DSP/BIOS 对象。

通过配置工具静态建立 DSP/BIOS 对象的方法是：在可视化配置工具窗口中右击 DSP/BIOS 模块，可弹出快捷菜单，选择“插入×××”，就可在这个模块下增加一个对象；还可通过快捷菜单修改对象名、打开其选项卡并修改其各个属性等。

使用配置工具建立静态 DSP/BIOS 对象，能够充分利用 DSP/BIOS 分析工具的功能，缩减代码长度，提高运行效率。

3. 引用静态建立的 DSP/BIOS 对象

引用配置工具生成的对象需要在函数外对其声明。小端模式下，有 3 种方法：

① 使用关键字 far，以指明数据不是在.bss 段中。如：

```
extern far PIP_Obj inputObj;
if(PIP_getReaderNumFarmes(&inputObj)) …
```

② 建立并初始化一个全局指针，通过该指针引用对象。如：

```
extern PIP_Obj inputObj;
PIP_Obj * input = &inputObj;                    // input 必须是全局变量
if(PIP_getReaderNumFarmes(&input)) …
```

静态变量或自动变量(局部变量),不能这样做。

③ 紧邻着.bss 放置所有对象。若所有对象偏移量在.bss 段起始的 32 KB 内,它们会被当作在.bss 段中一样使用。如:

```
extern PIP_Obj inputObj;
if(PIP_getReaderNumFarmes(&inputObj)) …
```

大端模式下编译的代码与变量的存储位置无关,此时程序可以像存取一般数据那样存取对象。如:

```
extern PIP_Obj inputObj;
if(PIP_getReaderNumFarmes(&inputObj)) …
```

4. 动态 DSP/BIOS 对象的建立与使用

通过 XXX_create()函数可以创建大部分 DSP/BIOS 对象,但非全部,有些对象只能在配置工具中建立。XXX_create()函数可以为对象的内部状态信息分配存储空间并返回一个指向新建对象的句柄,XXX 模块的其他函数可以使用该句柄引用新建对象。新建对象的属性参数存储在结构 XXX_Attrs 中。可以使用 XXX_delete()函数删除对象。下面给出了一段动态创建、初始化、引用和删除 TSK 对象的过程:

```
#include < tsk.h >
TSK_Attrs attrs;
TSK_Handle task;
attrs = TSK_ATTRS;
attrs.name = “raeder”;
attrs.priority = TSK_MINPRI;
task = TSK_create((Fxn)foo, &attrs);
…
TSK_delete(task);
```

7.2.3 DSP/BIOS 文件及其编译与链接

DSP/BIOS 编程所需的文件有 program.c、*.asm、module.h、module.h*、program.obj、*.obj、program.cbd、programcfg.h*、programcfg.s*、programcfg.cmd、programcfg.obj、*.cmd、program.out、programcfg.h 和 programcfg_c.c 等,其中 program.cbd、programcfg.h*、programcfg.s*、programcfg.cmd、programcfg.hm 和 programcfg_c.c 是保存配置文件时生成的,DSP/BIOS 分析工具要用到的文件是 program.cbd 和 program.out,program.c、*.asm 等是用户加入的实现具体功能的文件。

可以使用 CCS 项目或自己的 makefile 来建立 DSP/BIOS 程序。

使用 CCS 项目来建立 DSP/BIOS 应用程序,用户必须添加 program.cbd 和 programcfg.cmd 到项目中,通常命令链接文件 programcfg.cmd 是足够使用的。若用户想使用自己的命令链接文件,则需要在自己的命令链接文件的首行加入语句“-l programcfg.cmd”。

使用 makefile 建立 DSP/BIOS 应用程序,可以在 CCS 提供的 makefile 示例基础上作必要的修改,然后使用 gmake.exe 工具即可。

7.2.4 DSP/BIOS 启动序列及自举引导

DSP/BIOS 软件体系启动包括两部分：系统上电引导和 DSP/BIOS 启动。上电完成后 DSP 运行部分由 DSP/BIOS 来控制。

1. 系统上电引导

以 TI C6000 系列 DSPs 为例，它有 3 种上电引导方式：不加载引导、ROM 加载引导和主机加载引导。其中不加载引导是 CPU 直接从地址 0 处开始执行代码。主机加载是在引导过程中，外部主机通过主机接口初始化 CPU 的存储空间，主机完成所有的初始化工作后，向接口控制寄存器的 DSPINT 位写 1，结束引导过程，CPU 退出复位状态，开始执行地址 0 处的指令。主机加载有 3 种方式，即 HPI 接口加载、扩展总线加载和 PCI 总线加载。ROM 加载引导过程为：位于外部 CE1 空间的 ROM 中的代码(从首地址开始的 64 KB 数据)首先通过 DMA (或者 EDMA)被搬入地址 0 处。加载过程在复位信号撤销之后完成，此时 CPU 内部保持复位状态，由 DMA(或者 EDMA)执行 1 个单帧的数据块传输。传输完成后，CPU 退出复位状态，开始执行地址 0 处的指令。

在实际应用中，为了保持设计系统的独立性，常常把加载系统放在外部 ROM 中，实现 ROM 加载。为了生成可以从 ROM 中自举的代码，需要注意 DSP/BIOS 中的存储器设置，其中重要的是设置好 LoadAddress 和 RunAddress。设置好的内容会体现在 DSP/BIOS 随后自动生成的命令链接文件中。

下面以 TMS320C6711 为例，介绍 DSP/BIOS 中程序空间的配置以及 boot 程序的编写方法。

TMS320C6711 内部含有 64 KB 的 RAM，既可以配置为 L2Cache，也可以配置成 SRAM。一般而言，在系统上电复位时配置为 SRAM，将 1 KB 的引导程序从 ROM 中复制到 SRAM 中，而在引导程序中将用户的程序从 ROM 中复制到 SBSRAM 中或 SDRAM 中去执行。在主程序的初始化部分将内部 RAM 配置为高速缓存，这样可以提高程序的运行速度。当然，也可以把内部 RAM 用作 SRAM，把全部的用户程序都引导到其中来执行，这样可以不用外接 SBSRAM 或 SDRAM。

首先在 DSP/BIOS 的存储器段管理器(memory section manager)中指定如下几段：

```
FLASH_BOOT: origin = 0x90000000, length = 0x400; (存储自举代码)
FLASH_REST: origin = 0x90000400, length = 0x1fc00; (存储主程序代码等)
IRAM: origin = 0x00000000, length = 0x10000; (内部 RAM)
SDRAM 或 SBSRAM:origin = 0x80000000(CE0), length 与外接存储器大小有关,若无则可省略。
```

上电复位时，FLASH_BOOT 中的数据被复制到 IRAM 中从地址 0 开始的一段，然后从地址 0 开始执行程序。因为在这段代码中要把其他相应的段从加载地址复制到运行地址，所以在 DSP/BIOS 程序中，所用到的段及其相应的加载地址和运行地址建议参照表 7－3 和 7－4。

表 7-3 与 DSP/BIOS 有关的段的存放地址

段 名	段类型	段描述	建议存放地址
. args	未初始化数据	变量缓冲区	Load = run = RAM
. stack	未初始化数据	堆栈	Load = run = RAM
. bios	代码	DSP/BIOS 代码	Load = ROM, run = RAM
. sysinit	代码	初始化数据,仅在上电初始化时使用	Load = run = ROM
. gblinit	初始化数据		Load = run = ROM
. trcdata	初始化数据	跟踪屏蔽段	Load = ROM, run = RAM
. sysdata	未初始化数据	核心状态	Load = run = RAM
. hwi_vec	代码	中断向量表	Load = ROM, run = RAM
所有其他 BIOS 段	未初始化数据	目标存储区等	Load = run = RAM

表 7-4 与 DSP/BIOS 无关的段的存放地址

段 名	段类型	段描述	建议存放地址
. text	代码	程序代码,也可能包含一些 DSP/BIOS 代码	Load = ROM, run = RAM
. switch	初始化数据	Switch 语句跳转表	Load = ROM, run = RAM
. bss, . far	未初始化数据	C 变量。运行时从. cinit 表中自动初始化	Load = run = RAM
. cinit, . pinit	初始化数据	C 变量和函数初始化表	Load = run = ROM
. const	初始化数据	常量	Load = run = ROM
. data, . cio, . sysmem	未初始化数据	混合数据段	Load = run = RAM

有外接存储器时(如 SDRAM 或 SBSRAM),一定要先初始化相关寄存器,主要是 EMIF 全局控制寄存器和 CE 空间控制寄存器;然后将加载地址位于 ROM 中而运行地址位于 RAM 中的段从 ROM 中复制到 RAM 中,具体的加载地址和运行地址可以在 map 文件中查到;最后,将程序指针跳转到主程序入口(c_int00)开始执行。BOOT 程序如下:

```
.sect ".myBootCode"
.global myBootCode
.ref _c_int00
myBootCode:
    ……                              ;配置 EMIF 接口
    ……                              ;复制扇区
    mvkl .S2 _c_int00, B0           ;启动程序
    mvkh .S2 _c_int00, B0
    B        .S2     B0             ;跳转到_c_int00
    nop      5
```

编写完 boot 程序后,在 cmd 文件中加上一句:

```
.my_boot_code: {} load = FLASH_BOOT, run = IRAM
```

将自动生成的 cmd 文件从系统中删除,添加上修改后的 cmd 文件即可生成正确的 out

文件。

2. DSP/BIOS 的启动序列

DSP/BIOS 应用程序的启动序列由文件 autoinit. c 和 boot. snn 决定，这些文件由库 bios. ann 和 bioss. ann 提供。下载到目标 DSPs 体系的 DSP/BIOS 应用程序启动运行过程如下：

① 初始化 DSP。DSP/BIOS 程序在 C 环境入口处 C_int00 开始，复位中断向量设置为跳转到 C_int00，复位后 C 环境被初始化。

② 用. cinit 段中的记录初始化. bss 模块。堆栈建立好后，初始化例程用. cinit 段中的记录初始化全局变量。

③ 调用 BIOS_init 初始化 DSP/BIOS 模块。BIOS_init 由配置工具生成，保存在一个链接的配置文件中。BIOS_init 负责基本模块的初始化，配置中断结构，包括向中断服务程序设置必须的向量，然后调用 MOD_init 宏分别初始化每个用到的模块。

④ 处理包含初始化函数指针的. pinit 表。对于 C++程序，全局 C++对象的构造函数会在 pinit 处理中执行。

⑤ 调用程序的 main()函数。在所有 DSP/BIOS 模块被初始化之后，程序的 main()函数被调用。此时，HWI 和 SWI 是禁止的，这里可以有用户添加的初始化代码。

⑥ 调用 BIOS_start 开始 DSP/BIOS。BIOS_start 由配置工具生成，包含在 programcfg. snn 文件中，它负责使能 DSP/BIOS 模块并为每个用到的模块调用 MOD_startup 宏使其开始工作。

⑦ 执行空闲循环。调用 IDL_loop 引导程序进入 DSP/BIOS 空闲循环，这时硬件中断和软件中断可以抢占空闲循环的执行。空闲循环控制着与主机的通信，此时主机和目标机之间的数据传输就可以开始了。

7.2.5 DSP/BIOS 软件的调试与监测

DSP/BIOS 软件的调试与监测可以使用集成在 CCS 中的 DSP/BIOS 实时分析工具加以实现。实时分析(TRA)模块在应用程序执行期间与 DSP 项目实时交互和诊断，LOG、STS 和 TRC 模块对这些功能进行管理。主机与目标板之间的数据传输能力对实时分析是非常关键的，DSP/BIOS 提供 HST 和 RTDX 模块来管理这些功能。CCS 中提供了以下 6 种实时分析工具：

① CPU 负载图　负载图提供的是目标 CPU 的负载曲线。CPU 负载的定义是除去执行最低优先级任务以外的时间量，最低优先级任务是只在其他线程都不运行时才执行的任务；因此，CPU 负载包括从目标向主机传送数据和执行附加后台任务所需的时间。

② 执行图示　在执行图示窗口中，可以看到各个线程的活动方式。执行图的刷新速率可以通过 RTA 控制版设定。图形中还包括了信号量的活动、周期性函数标记(tick)和时钟模块标记。执行图示能从整体上看到项目所有线程的活动状态。

③ 主机通道控制　利用信道控制窗口可以把文件绑定在定义的主机通道上，启动信道上的数据传输以及监测数据传输流量。

④ 信息记录　选定某一记录名，从此窗口可看到程序运行的信息记录。主机从目标板获取 DSP/BIOS 数据期间的记录信息将显示在此窗口中，开发者定义的记录信息也显示在窗口中。

⑤ 统计观察　统计观察窗可以计算出事件、变量出现的次数，给出其最大值、最小值和平均值，监测定时时间和变量增值的实际值和期望值差。

⑥ 实时控制面板　它对运行时间中不同类型进行追踪控制，在默认情况下，所有类型的跟踪都是允许的。为跟踪任意一种类型，必须使能全局主机(global host)。通过实时改变控制版的属性，还可以设定实时分析工具的刷新频率等。

此外，还可以打开内核/对象观察窗口，观察当前的配置、状态和运行在目标板上的DSP/BIOS对象状况。内核/对象观察窗有6个页面，用于显示对象的信息，即内核、任务、邮箱、信号量、存储器和软件中断。内核/对象观察窗工具对动态和静态配置的对象都可以进行观测。图7.5给出了一个DSP/BIOS实时分析工具显示窗口界面。

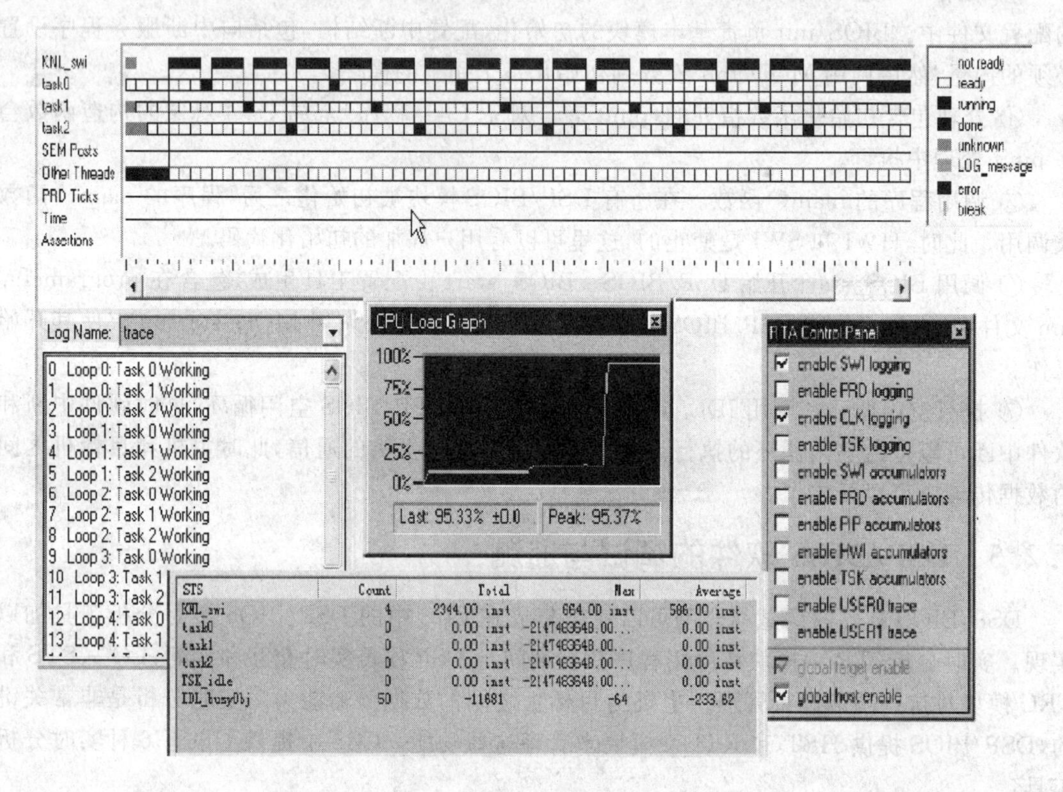

图7.5　DSP/BIOS实时分析工具显示窗口界面

7.3　DSP/BIOS下的外设/接口驱动软件设计

7.3.1　DSP/BIOS外设接口驱动设计概述

DSP/BIOS下，嵌入式应用体系的外设或接口硬件设备驱动程序，仍然主要是由设备初始化部分和“读/写存取访问”或“数据收/发操作”两部分组成的，硬件设备的“读/写存取访问”或“数据收/发操作”同样也是通过传统的查询、中断和直接存储器访问DMA等形式实现的。嵌入式DSP/BIOS应用体系的外设或接口硬件设备驱动程序，有直接软件架构下设备驱动程序的共同特点，更具有DSP/BIOS操作系统环境下的独特之处。DSP/BIOS提供有信号量、邮箱、消息队列、管道流、SIO 流等通信同步机制和各种模块框架对象，把它们引入驱动程序设计，可以使设备驱动程序更加灵活、执行效率更高，使有限的内存 RAM、中断等资源利用更加合理。常见嵌入式应用体系的外设/接口的驱动框架形式在第 5 章已经详细阐述，以下将提取典型设计实例并重点阐述如何在外设/接口驱动中使用 DSP/BIOS 特有的线程间同步与通信机制。对于 DSP/BIOS 下的外设/接口驱动设计，在此还引入了 Windows 等传统操作系统的一些设计理念，并使用了一些专用软件模块，以简化设计，提高外设/接口的驱动能力和环境适应能力。

7.3.2 DSP/BIOS 典型 I/O 数据传输设计

DSP/BIOS 下 I/O 数据传输通信，可以选用 DSP/BIOS 的通信方式 PIP、SIO 或 HST 实现，也可以采用 LIO API 来实现，下面给出两个典型实例，结合 DSPs 的多通道缓冲串口 McBSP(Multi-channel Buffered Serial Port)接口的驱动软件设计，着重给予说明。在此不再说明 McBSP 的具体驱动设计，重点阐述其驱动设计中的 DSP/BIOS 技术应用。

7.3.2.1 用 PIP 对象实现 I/O 数据传输

DSP/BIOS 提供有基于管道 PIP(pipe)的通信、基于流 SIO(Stream I/O)通道的通信或基于主机 HST(host)通道的通信模块及相应的 API 调用，通过这些模块及调用，就可以完成 DSPs 的输入/输出。在这 3 种通信方式中，由于 PIP 对象的效率很高，使得它在基于 DSPs 应用系统的输入输出中广泛应用。

下面是一个利用管道进行通信的音频处理的例子：数据从数据源输入到编码器后经量化通过串行口输入到目标机，目标机处理完毕后再经串行口发送到编码器，由编码器经扬声器输出。整个数据传输的流程图如图 7.6 所示。

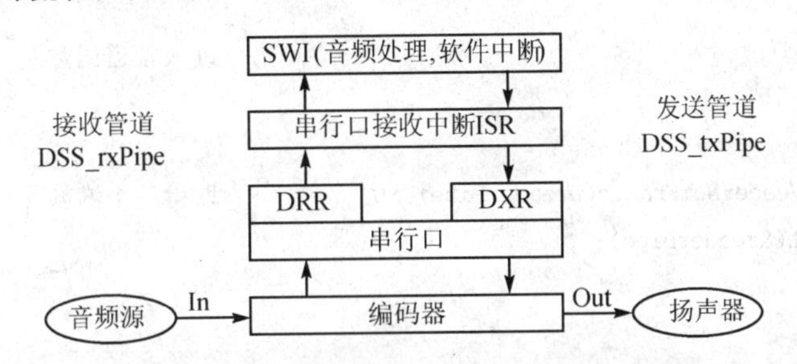

图 7.6 基于管道 PIP 的音频处理数据流程图

1. 管道设计

这里设计了 DSS_rxPipe 和 DSS_txPipe 两个管道，其中 DSS_rxPipe 用于数据的接收，DSS_txPipe 用于数据的发送。

2. 线程设计

由于每个管道分别对应 1 个读/写线程，因此，发送管道与接收管道总共需要 4 个读/写线程。本例中为了简化设计，只设计了 2 个线程。其中，音频处理函数(设计为软件中断 SWI)既作为接收管道的读线程又作为发送管道的写线程；串行口接收中断处理服务例程 ISR 既作为接收管道的写线程又作为发送管道的读线程。每次中断发生时，串行口中断服务例程(ISR)把数据接收寄存器(DRR)中的数据字(32 位)复制到数据接收管道的一个空闲帧中。当

1帧被填满时，ISR通过调用PIP_put把该满帧写到数据接收管道中，供该管道的读线程(即音频处理函数)读取。音频处理函数执行时，它读取接收管道中的一个满帧，处理完毕后再把它写到发送管道的一个空闲帧中，供该管道的读线程(即ISR)发送。每次ISR触发时，它从发送管道中读取一个满帧(若有的话)，并每次32位字地发向串行口发送寄存器(DXR)直到一帧中的所有数据发送完毕。然后，该空闲帧被回收到发送管道，供音频处理函数(即该管道的写线程使用)。需要注意的是，由于发送速率与接收速率一样，因此中断处理函数不仅负责数据的接收也负责数据的发送，并且每次中断执行时只发送1个32位字。管道读/写函数的原型代码设计如下：

```
extern far PIP_Obj writerPipe, readerPipe;          // 用配置工具创建的管道对象声明
void writer(void)                                   // 写到管道函数
{   Uns size, newsize;
    Ptr addr;
    if(PIP_getWriterNumFrames(&writerPipe)>0)       // 分配一个空帧
        PIP_alloc(&writerPipe);
    else
    return;
    addr = PIP_getWriterAddr(&writerPipe);
    size = PIP_getWriterSize(&writerPipe);
    ……                                              // 填充帧
    newsize = 20;                                   // 填充帧的字数
    PIP_setWriterSize(&writerPipe, newsize);
    PIP_put(&writerPipe);                           // 把满帧返回给管道
}
void reader(void)                                   // 读入管道函数
{   Uns size;
    Ptr addr;
    if(PIP_getReaderNumFrames(&readerPipe)>0)       // 取得一个满帧
        PIP_get(&readerPipe);
    else
        return;
    addr = PIP_getReaderAddr(&readerPipe);
    size = PIP_getReaderSize(&readerPipe);
    ……                                              // 从帧中读数据
    PIP_free(&readerPipe);                          // 把空帧返回给管道
}
```

3. 需要注意的问题

PIP_alloc和PIP_put由PIP对象的写线程调用，PIP_get和PIP_free由PIP对象的读线程调用，这种调用顺序是非常重要的。若打乱这种调用顺序，将会产生不可预测的后果。因此，每一次对PIP_alloc的调用都要跟着对PIP_put的调用才能继续调用PIP_alloc；对于PIP_get，情况也是如此。

另外，为了避免PIP调用过程中产生递归，作为通知读/写函数的一部分，应该避免调用

PIP API 函数。如果为了效率起见必须要这样做，那么对诸如此类的调用应该加以保护，以阻止同一管道对象的重入以及错误的 PIP API 调用顺序。在发送管道的通知读函数 notifyReader()以及接收管道的通知写函数 notifyWriter()的开始部分，添加以下语句，就可以避免递归调用。

```
static int nested = 0;
…
if (nested) return;                    // 防止由于调用 PIP_get 函数而产生的递归调用
…
```

7.3.2.2 用 LIO API 实现 I/O 数据传输

这里给出的是一个在 TMS320C5402 体系上开发语音处理程序的实例。该系统通过 LIO API 函数控制 McBSP 接口实现了 I/O 数据传输。音频处理如语音压缩、呼叫过程音调检测等，是 DSPs 的一般应用。该系统使用 TMS320C5402 的 DMA 将音频编解码数据从 McBSP 移到缓冲区中。当驱动程序响应应用程序调用和设备中断时，采用数据结构跟踪驱动程序的状态。有效状态是设备驱动程序缓冲区队列的状态，如 7.1.2.4 小节图 7.3 所示。图 7.7 给出了简单的传送状态集，圆圈中单词表示设备驱动程序缓冲区队列的状态。第一个单词是"to device"队列，第二个表示外设占用缓冲区指针，第三个是"from device"队列，E 表示空，F 表示满，EEE 是起始状态。每个队列可以是空(E)，满(F)，非空非满(N)。应用程序调用 PutBuf()将缓冲区放到"to device"队列中。驱动程序立即将缓冲区放进外设，转移到状态"EFE"。当传送完毕，外设向驱动程序发中断信号，然后驱动中断处理程序将缓冲区从外设寄存器转移到"from device"队列，转移到状态"EEF"，接着调用应用程序的回调函数。回调函数调用 GetBuf()从驱动程序的"from device"队列重新得到缓冲区，驱动程序返回起始状态。

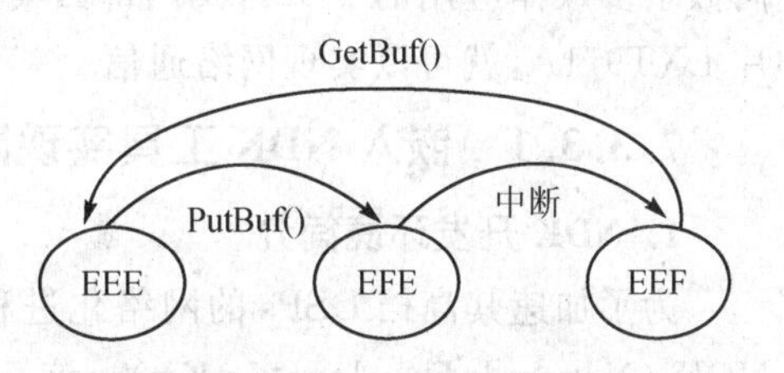

图 7.7 简单的 LIO 状态转移示意图

如果驱动程序支持硬件排队，则当一个缓冲区正由外设传送时，"to device"队列能控制另一个缓冲区。与图 7.7 中状态转移不同，应用程序现在可能向"to device"队列增加另一个缓冲区。驱动程序将此缓冲区指针存进一个队列，此时状态为"FFE"，"to device"队列为满，外设正在传送一个缓冲区，"from device"队列为空。可以使用 C 数据结构实现这种状态机的状态向量。

使用 DMA 全局重新加载寄存器来控制"to device"队列，状态结构如下所示。

```
typedef struct drv_state
{   Bool enabled;
    Ptr currentBuffer;
    Uns currentSize;
    Ptr fullBuffer;
    Uns fullSize;
    LIO_TcallBack callback;
    Arg calbackArg;
} LIO_Obj;
```

第一个字段“enabled”是一个布尔值，表示程序的开始或结束。下面两个字段“currentBuffer”和“currentSize”控制当前传送缓冲区的起始地址和尺寸。当传送完毕，它们转移到“from device”队列。“fullBuffer”和“fullSize”字段实现长度为 1 的“from device”队列。Callback()的地址和参数通过 setCallback()存储在状态结构中。

驱动程序对每个缓冲区只接收一个中断，而不是每个采样一个中断。发生中断时，驱动程序已经知道缓冲区传送完毕，重新加载 DMA 不需再重新编程。中断处理程序首先将 currentBuffer 内容移到 fullBuffer 中，如果缓冲区已在“to device”队列中，即已使用重新加载的 DMA，则新缓冲区指针和长度记录进 currentBuffer 字段中，然后调用 callback()。一旦定义了基本的状态机，相似硬件的驱动程序就很容易写出了。

7.3.3 DSP/BIOS 典型网络通信操作设计

DSP/BIOS 没有网络功能，可以通过嵌入 NDK 工具和 LwIP 协议栈等手段实现 DSP/BIOS 下的网络通信。下面以 TMS420DM642 为例加以介绍。DM642 是 TI 公司推出的一款面向数字多媒体应用的 DSPs，其内部因集成了以太网 MAC 接口，外加一个物理层网络处理芯片 LXT971A，就可以实现网络通信。

7.3.3.1 嵌入 NDK 工具实现网络通信

1. NDK 开发环境简介

为了加速其高档 DSPs 的网络化进程，TI 公司结合其 C6000 系列 DSPs 推出了 TCP/IP NDK (Network Developer's Kit)。该开发包采用紧凑的设计方法，实现了用较少的资源耗费支持 TCP/IP。从实用效果看，NDK 仅用 200～250 KB 程序空间和 95 KB 数据空间即可支持常规的 TCP/IP 服务，包括应用层的 telnet、DHCP 和 HTTP 等；所以 NDK 很适合目前嵌入式系统的硬件环境，是实现 DSP 上网的重要支撑工具。

与常规 TCP/IP 应用环境不同，为最大限度减少资源消耗，TI 公司为其 NDK 采用了许多特殊技巧，如：低层驱动程序与协议栈之间通过指针传递数据，不对包进行复制。以 NDK 为基础的开发中，需要分别设计低层驱动程序和应用程序，这两部分程序通过 NDK 提供的 TCP/IP 包发生关联。程序执行过程是：应用程序调用 TCP/IP 包，TCP/IP 包再调用低层驱动程序。

NDK 中对低层驱动程序与 TCP/IP 包之间的接口作了明确规定，换言之低层驱动程序必须符合接口约定。以 PPP 为例，其要点是：

- 由低层驱动程序调用 TCP/IP 包的函数创建 PPP 连接，以回调函数的形式将用于处理数据发送的函数名传递给 TCP/IP 包；
- TCP/IP 包有数据需要发送时，直接调用 PPP 创建时由低层驱动程序传递来的函数名；
- 低层驱动程序接收到网络数据时，调用 TCP/IP 包函数发送到 IP 层。

低层驱动程序直接面向硬件，为了适应硬件的多样性，在 NDK 中还提供了多种实现低层连接的方法，并为用户设计符合自己硬件特点的低层连接提供了接口规范。

2. 利用 NDK 增加网络功能

在嵌入式 DSPs 应用体系中应用 NDK 需要完成的主要工作有：

➢ 通过 DSP/BIOS.cdb 或 DSP/BIOS API 调用 NETCTRL 任务线程。该线程不是真正的网络任务线程，它以初始化线程的形式出现，起 TCP/IP 协议栈的事件调度线程的作用。

➢ 调用初始化函数 NC_SystemOpen()。该函数完成对协议栈其及所需内存的初始化。

➢ 创建系统配置。该系统配置用于对协议栈的控制和管理，可用 CfgNew() 和 CfgLoad() 等函数操作。

➢ 调用 NETCTRL 函数 NC_NewStart() 启动网络。NC_NewStart() 函数的参数中包含 3 个回调函数指针，分别处理"Start"、"Stop"和"IP Address Event"事件，其中"Start"和"Stop"只执行一次，"IP Address Event"则响应每次 IP 地址的变化。

NDK 提供了完整的 TCP/IP 库函数，开发的代码只须按需要进行配置即可。下面是将嵌入式设备配置为车间局域网节点的核心代码：

```
char * LocalIPAddr = "128.247.117.12";
char * LocalIPMask = "255.255.254.0";
char * GatewayIP = "128.247.116.1";
char * DomainName = "demo.net";
int NetworkConfig()
{   int rc;
    CI_IPNET NA;
    CI_ROUTE RT;
    HANDLE hCfg;
    NC_SystemOpen();
    hCfg = CfgNew();                               // 创建新配置:TCP/IP 栈初始化与配置
    if( ! hCfg ) goto main_exit;
    bzero(&NA, sizeof(NA));                        // 手动配置局部 IP 地址
    NA.IPAddr = inet_addr(LocalIPAddr);
    NA.IPMask = inet_addr(LocalIPMask);
    strcpy(NA.Domain, DomainName);
    NA.NetType = 0;
    // 把地址加到接口 1
    CfgAddEntry(hCfg, CFGTAG_IPNET, 1, 0, sizeof(CI_IPNET), (UINT8 * )&NA, 0);
    bzero( &RT, sizeof(RT) );                      // 增加默认网关
    RT.IPDestAddr = 0;
    RT.IPDestMask = 0;
    RT.IPGateAddr = inet_addr(GatewayIP);
    // 增加路由
    CfgAddEntry(hCfg, CFGTAG_ROUTE, 0, 0, sizeof(CI_ROUTE), (UINT8 * )&RT, 0);
    do rc = NC_NetStart(hCfg, NetworkStart, NetworkStop, NetworkIPAddr);
    while(rc > 0);
    CfgFree( hCfg );                               // 删除配置
    main_exit: NC_SystemClose();                   // 关闭操作系统
    return(0);
```

}

为让 NetworkConfig 与系统中其他功能绑定在一起，可以通过开发平台创建一个 TSK 任务管理器对象，并将其定义为一个独立的线程任务，这样 TCPStackStart 就加入到嵌入式系统中了。

7.3.3.2 用 LwIP 协议栈实现网络通信

1. LwIP 协议栈及其 DSPs 实现

LwIP 是瑞士计算机科学院 Adam Dunkels 等开发的一套用于嵌入式系统的开放源代码 TCP/IP 协议栈。它既可以移植到操作系统上，又可以在无操作系统的情况下独立运行。LwIP 实现的重点是在保持 TCP 协议主要功能的基础上减少对 RAM 的占用，它只需几十 KB 的 RAM 和 40 KB 左右的 ROM 便可以运行。LwIP 协议栈特别适合在低端嵌入式系统中使用。

使用 LwIP 协议栈前，需要针对系统采用的底层网络硬件和操作系统做相关移植工作，并需对协议栈进行裁剪和优化，以适应嵌入式系统的特定网络应用需求。LwIP 的移植关键是底层硬件驱动函数和封装协议栈用到的系统函数的编写，以及为 DSP/BIOS 提供 API 接口。LwIP 协议栈及其 DSPs 实现的系统结构如图 7.8 所示。

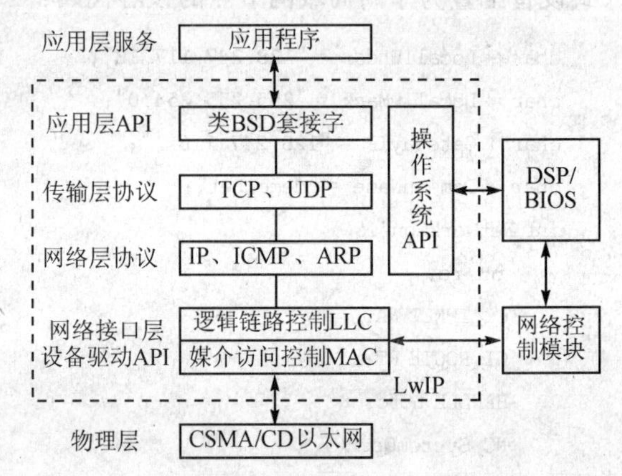

图 7.8 LwIP 协议栈及其 DSPs 系统结构图

图中，虚线框内是移植的 LwIP 协议栈，实现应用程序、操作系统及物理层设备驱动的 API。在 LwIP 原有协议的基础上，实现底层网络驱动和硬件驱动 API，将网络上层协议与通信链路的物理接口隔离；同时，封装协议栈中用到的事件管理、任务管理和时间管理等系统函数实现系统 API 功能。通过 DSP/BIOS 可以实现任务线程操作、存储器分配、包缓冲管理和定时器管理等。网络控制模块是协议栈控制的核心，控制 TCP/IP 协议栈与外界的交互，完成 TCP/IP 协议栈和底层设备驱动的初始化；并调用用户配置函数获取系统配置，为底层设备驱动提供接口，调度驱动事件进入 TCP/IP 栈；在退出时卸载系统配置并清除驱动。

2. 协议栈接口设计

LwIP 协议接口包括与实时操作系统的交互、驱动程序接口、进程间通信、存储管理、缓冲区管理、定时器和事件管理及配置与控制等。

① 操作系统接口。在协议栈中，通过设计操作系统 API，为 DSP/BIOS 提供接口函数，完成操作系统的配置，提供任务、信号灯、存储器分配和缓冲区管理等支持。协议栈内部定义了一个配置结构用于操作系统的配置，通过它能对协议栈的优先级及大小进行配置。与一般的桌面系统不同，嵌入式实时系统需要用户根据需要分配存储区。可以将协议栈代码存储在外部 Flash，包缓冲区分配在外部 SDRAM。

TCP/IP 栈和设备驱动使用包缓冲区发送及接收网络包数据。标准的以太网默认帧为 1 518 B(包括帧头和循环冗余校验)。系统采用一个由 32 个缓冲区构成的缓冲池，每个缓冲区的大小为 1 664 B。这样分配可以对齐 Cache 边界，保证冲洗(flush)Cache 时，不会与其他缓冲区发生冲突。

② 驱动程序接口。驱动程序完成 LXT971A 芯片和定时器的初始化及各种参数设置，并提供发送和接收数据的接口。其软件操作流程有查询模式和中断模式。为提高响应速度宜采用中断模式，同时尽量把大部分操作放在主流程中执行，以缩减中断处理程序的执行时间。

③ 事件管理。协议栈的事件调度管理在网络控制模块中实现，用于定时器到时、缓冲区入队列和接收数据包等管理。在协议栈完成设备初始化后调用调度程序。该模块定义了一种内核模式的操作方式，该模式处于最高优先级。当网络事件发生时，进入内核模式运行。通过调用系统函数 llEnter()和 llExit()进入或退出内核模式。事件调度的基本流程如下：

```
static void NetScheduler()
{   SetSchedulingPriority();                  // 设定调度程序的优先级
    while(! NetHaltFlag)
    {   WaitForEvents();                      // 中断模式下,等待事件中断
        ServiceDeviceDrivers();               // 设备驱动服务,获取事件
        if(StackEvents)                       // 在内核模式下处理事件
        {   llEnter();                        // 进入内核模式
            ServiceStackEvents();             // 处理事件
            llExit();                         // 退出内核模式
        }
    }
}
```

3. 网络控制初始化流程

由于 TCP/IP 栈需要操作系统完成其初始化，因此必须在硬件诊断完成且 DSP/BIOS 初始化完成之后对网络控制进行初始化。在调用 TCP/IP 协议相关函数前，先初始化操作系统环境，再创建一个新的配置，或从只读存储器中导出一个已存在的配置，然后把配置句柄及回调函数 start、stop 和 IP 地址变换操作传递给协议栈。直到网络关闭时，应用程序关闭在 start 中调用的操作并释放分配的资源，退出网络协议栈，网络控制初始化流程如图 7.9 所示。

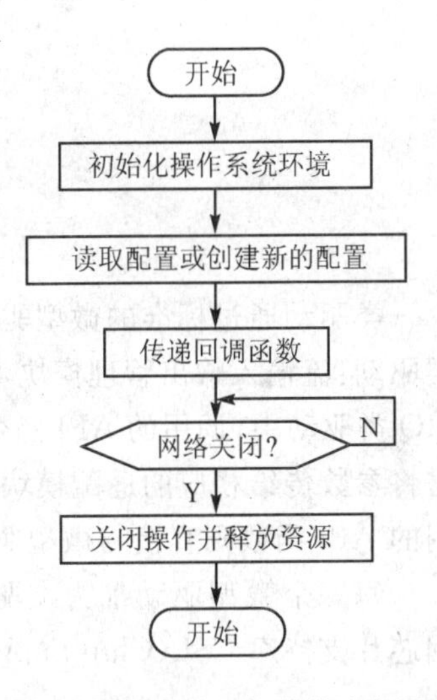

图 7.9 网络管制初始化流程图

7.3.4 DSP/BIOS 类/微型驱动程序设计

对于复杂的设备驱动，可以采用 Windows 等操作系统下常用的类/微型驱动模型的驱动程序结构。采用类/微型驱动模型进行驱动程序设计后，应用软件可以复用绝大部分相似设备的驱动程序，因而能够极大地提高驱动程序的开发效率。TI 公司为其 C64x 系列 DSPs 的应用提供了一种类/微型驱动模型(class/mini-driver model)，该模型在功能上将设备驱动程序分为依赖硬件层和不依赖硬件层两层，两层之间使用通用接口。下面简要介绍类/微型驱动模型，说明其编写实现，并依此设计 C64x 系列 DSPs 的 DSP/BIOS 中的 PCI 设备驱动。

7.3.4.1 类/微型驱动程序模型简介

在类/微型驱动模型中，类驱动通常用于完成多线程 I/O 请求的序列化功能和同步功能，

同时对设备实例进行管理。类驱动通过每个外部设备独有的微型驱动对设备进行操作。微型驱动通过控制外设的寄存器、内存和中断资源对外部设备实现控制。微型驱动程序必须将特定的外部设备有效地表示给类驱动。例如:视频显示设备存在一些不同的"帧存",应用软件会根据不同的I/O操作进行"帧存"的分配,此时微型驱动必须映射视频显存,使得类驱动可以对不连续的内存设计特定的I/O请求。

类/微型驱动模型允许发送由开发者定义数据结构的I/O请求包给微型驱动来控制外部设备,此分层结构使设备驱动的复用能力得到加强,丰富了发送给微型驱动的I/0请求包的结构。

类/微型驱动模型结构如图7.10所示,上层的应用程序不直接控制微型驱动,而是使用一个或一个以上的类驱动对其进行控制。每一个类驱动在应用程序代码中表现为一个API函数并且通过微型驱动的接口IOM与微型驱动进行通信。类驱动使用DSP/BIOS中的API函数实现诸如同步等的系统服务。

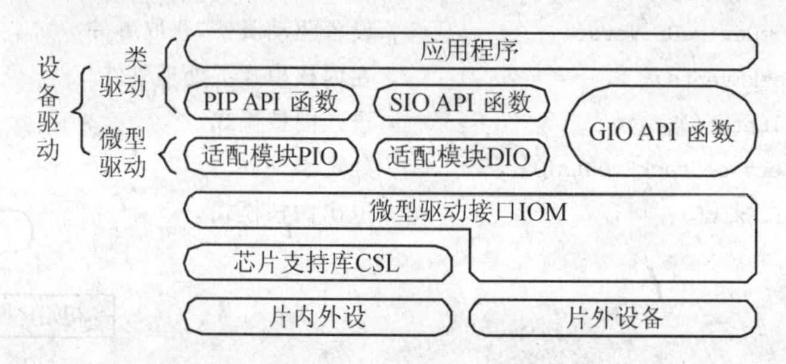

图7.10 类/微型驱动模型结构图

类驱动通过标准的微型驱动接口调用微型驱动控制硬件设备。DSP/BIOS共定义了3种类驱动:流输入输出管理模块SIO、管道管理模块PIP和通用输入输出模块GIO。在PIP和SIO类驱动中,调用的API函数已经存在于DSP/BIOS的PIP和SIO模块中。这些API函数需将参数传给相应的适配模块(adapter),才能与微型驱动交换数据。而在GIO类驱动中,调用的API函数则直接与微型驱动通信。

每一个微型驱动都为类驱动和DSP/BIOS设备驱动管理提供了标准接口。微型驱动采用芯片支持库CSL(Chip Support Library)管理外围设备的寄存器、内存和中断资源。

7.3.4.2 DSP/BIOS中类驱动的编写

SIO和PIP两个接口模块用于支持DSP和外设之间的数据交换,这两种模块都可以通过类驱动中的适配模块和微型驱动的IOM连接进行数据传输,SIO的适配模块称为DIO,PIP的适配模块称为PIO。GIO模块的传输模式是基于流输入输出模式的同步I/O模式,更适合文件系统I/O。在编写类驱动时,可以直接调用GIO的读/写API函数,这些函数的接口已经内置于微型驱动的IOM中。

1. SIO模块和DIO模块

SIO模块为每个DSP/BIOS线程提供一个独立的I/O机制,它支持动态创建。SIO模块有自己的驱动模型,称为DEV。DEV程序和微型驱动的编写方法相似,都要实现函数表中的打开、关闭和缓存管理等函数,然而结构比较复杂。相比之下,DIO模块可以简化SIO模块和IOM之间的连接,使得通信和同步变得更简单。

DIO 模块必须实现下列基本功能函数：

① 回调函数　在外设的通道实例创建结束时，如果微型驱动已经完成内存分配，那么适配模块将通过回调函数通知微型驱动调用函数的地址，同时回调函数也将通知适配模块缓存已经建立，并最终通知上层应用程序。

② 传输函数　传输函数将调用微型驱动中的 mdSubmitChan 函数。微型驱动中的 mdSubmitChan 函数将从适配模块获得一块缓存，并将缓存中的新信息通过通道实例通知中断服务程序(ISR)。DIO 模块通过传输函数实现应用程序与微型驱动之间的通信。

2. PIP 模块和 PIO 模块

PIP 模块提供管理异步 I/O 的数据管道。每个管道对象都拥有一块同样大小的缓存，这些缓存分别为同样数量的等长小块。小块的数量和长度在 DSP/BIOS 中设置。虽然小块的长度是固定的，但应用程序可以把小于这个长度的数据放入缓存小块中。一个管道有两个结束状态：写完缓存和读完缓存。通常，无论哪个结束状态都会激活 I/O 设备。数据通知函数用来执行读/写同步任务和通知 PIP 缓存填满或清空。写数据时，PIP_alloc 函数用来获得缓存，PIP_put 函数用于将数据写入缓存，写完后，读数据通知函数 notifyReader 将被调用；读数据时，PIP_get 函数用来接收缓存中的数据，PIP_free 函数在数据不再被使用时将缓存清空；清空完后，写数据通知函数 notifyWriter 将被调用。

PIO 模块通过 PIP 模块从应用程序中获得缓存，并将获得的缓存提供给微型驱动使用。当微型驱动使用完缓存时，PIO 模块还可以将缓存交还给应用程序。

PIO 模块必须实现下列基本功能函数：

① 主函数　当应用程序给设备分配缓存时，PIP 的缓存管理调用 rxPrime 和 txPrime 函数。这两个函数调用 DSP/BIOS 的 API 函数获得缓存并提供给微型驱动使用。主函数负责给适配模块和应用程序的缓存分配发送起始信号。

② 回调函数　当微型驱动已完成内存分配时，适配模块通过回调函数 rxCallback 或 txCallback 通知微型驱动待调用函数的地址，同时回调函数也通知适配模块缓存已经建立，并最终通知给上层应用程序。

③ 传输函数　传输函数将调用微型驱动中的 mdSubmitChan 函数。mdSubmitChan 函数将从适配模块中获得一块缓存，并将缓存的新信息通过通道实例通知中断服务程序(ISR)。PIO 模块通过传输函数实现应用程序与微型驱动之间的通信。

3. GIO 模块

该模块在提供必要的同步读/写 API 函数及其扩展函数的同时，将代码和使用数据缓存的大小尽量简化。如图 7.11 所示，应用程序可以调用 GIO 的 API 函数直接与微型驱动的 IOM 交换数据，这些 API 函数使得 GIO 成为了第三种类驱动。

当调用 GIO_create 创建一个外部设备的通道实例时，GIO 在通道实例中增加了状态和 I/O请求状态结构、IOM 数据包(IOM_Packets)及一个 GIO 数据对象。GIO 创建通道实例的数据结构如下：

```
typedef struct GIO_Obj
{   IOM_Fxns * fxns;                        /* 函数表指针 */
    Uns mode,timeout;                       /* 创建模式,超时时间 */
    IOM_Packet syncPacket;                  /* 同步时使用的 IOM_Packet */
```

```
    QUE_Obj freeList;                              /* 异步 I/O 队列 */
    Ptr syncObj;                                   /* 同步对象地址 */
    Ptr mdChan;                                    /* 通道实例地址 */
}GIO_Obj, *GIO_Handle;
```

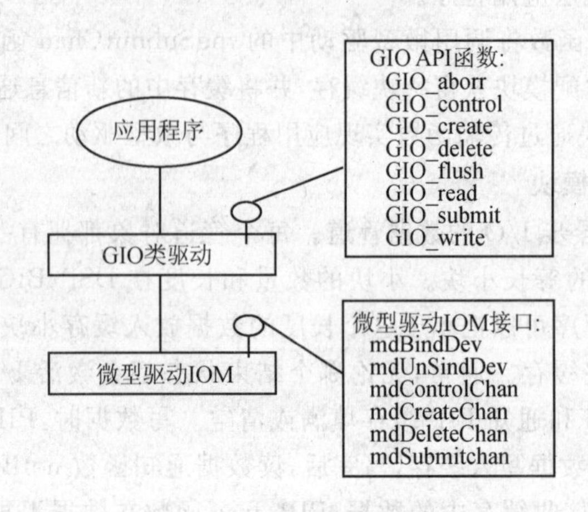

图 7.11　通用输入/输出模块 GIO 与微型驱动接口示意图

函数表指针是应用程序和微型驱动函数表(fxns)的接口;创建模式包括输入(IOM_INPUT)、输出(IOM_OUTPUT)和双向(IOM_NOUT);IOM_Packet 在类驱动和微型驱动间的异步操作时使用;同步对象地址指向特定通道的同步信号;通道实例地址指向微型驱动创建的通道实例。

7.3.4.3　DSP/BIOS 微型驱动的设计

类/微型驱动模型中的微型驱动直接控制外部设备。只要微型驱动创建了规定的函数,应用程序就可以方便地通过 DIO 适配模块、PIO 适配模块或(和)GIO 类驱动调用。这些规定的函数包括:通道绑定函数(mdBindDev)、通道创建/删除函数(mdCreateChan/mdDeleteChan)、I/O 请求发送函数(mdSubmitChan)、中断服务函数(ISR)和设备控制函数(mdControlChan)。这些规定的函数将放入微型驱动的函数接口表(IOM_Fxns)中的相应位置,供应用程序通过适配模块或 GIO 类驱动调用。函数接口表的结构如下:

```
typedef struct IOM_Fxns
{    IOM_TmdBindDev mdBindDev;
     IOM_TmdUnBindDev mdUnBindDev;
     IOM_TmdControlChan mdControlChan;
     IOM_TmdCreateChan mdCreateChan;
     IOM_TmdDeleteChan mdDeleteChan;
     IOM_TmdSubmitChan mdSubmitChan;
}IOM_Fxns;
```

1. 绑定通道函数

DSP/BIOS 设备初始化时将调用每个已注册到微型驱动中的绑定函数(mdBindDev)。绑定函数一般要实现下列功能:根据配置的设备参数和可能存在的全局设备数据初始化外围设备;挂入中断服务函数(ISR);获得缓存、McBSP、McASP 和 DMA 等资源。

如果微型驱动使用多个外部设备，则 DSP/BIOS 为每个外设调用绑定函数。设备参数 devid 用来区分设备。如果支持一个设备，则绑定函数必须检查是否已经有设备绑定。微型驱动如果使用静态数据来减少实时处理的动态数据分配，可以使用输入/输出数据指针(devp)。输入/输出数据指针将传给通道创建函数(mdCreateChan)。

2. 通道创建/删除函数

从应用的观点出发，在应用程序和外部设备之间必须有一个逻辑交流通道用来交换数据。应用程序通过微型驱动创建一个或多个逻辑通道对象作为应用程序的逻辑通道。通道创建函数根据需要创建通道对象并给通道对象设置初始值；通道删除函数(mdDeleteChan)则删除已创建好的通道对象。虽然每个微型驱动的通道对象数据结构都略有不同，但有些字段是必须的，如通道模式、等待 I/O 包序列和回调函数。以下是一个常见的通道对象数据结构：

```
typedef struct ChanObj
{    Bool inuse;                          /* 如果为 TRUE，则通道已打开 */
     Int mode;                            /* 通道模式 */
     IOM_Packet *dataPacket;              /* I/O 包 */
     QUE_Obj pendList;                    /* 等待 I/O 包序列 */
     Uns *bufptr, bufcnt;                 /* 当前缓存指针，未处理的缓存数目 */
     IOM_TiomCallback cbFxn;              /* 回调函数 */
     Ptr cbArg;                           /* 回调函数参数地址 */
}ChanObj, *ChanHandle;
```

3. I/O 请求发送函数

微型驱动中的 I/O 请求发送函数(mdSubmitChan)用来处理 IOM_Packet 包中的命令字段。根据不同命令字段，微型驱动将处理命令或返回错误信息(IOM_ENOTIMPL)。微型驱动支持的命令字段有：IOM_READ、IOM_WRITE、IOM_ABORT 和 IOM_FLUSH。微型驱动创建的输入通道由 IOM_READ 命令来执行输入任务，创建的输出通道则由 IOM_WRITE 命令来执行输出任务。要放弃或者刷新已经发送的 I/O 请求，可以使用 IOM_BORT 或IOM_FLUSH 命令。当放弃时，I/O 请求包队列中的所有输入输出请求都将被放弃；当刷新时，所有的 I/O 输出包顺序执行，而所有的输入 I/O 包都被放弃。

4. 中断服务函数

微型驱动的中断功能就是去处理外部设备的触发事件，例如周期性的中断。中断通常是表示外设采样完数据或者处理完数据，也可以用于为 DMA 提供同步信号，微型驱动必须处理这些中断。通常微型驱动中的中断服务函数 ISR 必须完成以下功能：列出 IOM_Packet 请求；设置下一次传送或服务请求；调用类驱动的回调函数以保证和应用程序同步，并返回 IOM_Packet。

5. 设备控制函数

微型驱动支持的控制操作因不同的外部设备而异。IOM 定义了一些通用的控制代码供驱动程序调用。特定设备独有的控制代码必须自己编写，其特征值必须大于 128(IOM_CNTL_USER)。目前 IOM 支持的通用控制代码有：

IOM_CHAN_RESET　将创建的通道实例重新恢复到初始状态。

IOM_CHAN_TIMEDOUT　当应用程序或类驱动超时，此控制代码将进行超时操作。

例如,一个超时的 IOM_Packet,如果没执行回调函数,可能会被返回类驱动。

IOM_DEVICE_RESE　外部设备重新恢复到初始状态,它将影响为这个外部设备创建的所有通道实例。

对于微型驱动支持的控制代码和控制操作特别要注明该代码的针对对象(是通道实例还是设备实例)。例如:改变外设波特率的控制代码,必须注明是针对某个通道或者所有通道,否则容易给应用程序带来错误。

7.3.4.4 应用举例:PCI 设备驱动

1. 微型驱动的设计与编写

(1) 设计 mdBindDev 的部分程序代码

```
static Int mdBindDev(Ptr * devp,Int devid,Ptr devParams)
{    ……
     QUE_new(&device.hiShPrioQue);                              /* 用户建立 IOM 包队列 */
     QUE_new(&device.lOwPrioQue);
     ……
     hwiAttrs.ccMask = IRQASK_NONE;
     hwiAttrs.arg = NULL;                                       /* 初始化 PCI 中断 */
     IRQ_map(1RQ_EVIDSPINT, intrld);
     HWI_dispatchPlug(intrId, (Fxn)isr, -1, &hwiAttrs);
}
```

(2) 设计 mdCreateChan 的部分程序代码

```
static Int mdCreateChan(Ptr * chanp, Ptr devp, String name, Int mode,
                        Ptr chanParams, IOM_Tiom Callback cbFxn, Ptr cbArg)
{    ……
     chan = MEM_alloc(0, sizeof(ChanObj), 0);
     chan -> queue = &device.hghPrioQue;                       /* 通道初始化 */
     ……
     if(device.openCount = = 0)
     {    PCI_intEnable(PCI_EVT_PCIMASTER);
          /* PCI 设备中断初始化 */
          ……
          IRQ_enable(IRQ_EVT_DSPINT);
     }
     * chanp = chan;                                           /* 返回创建通道 */
}
```

(3) 设计 mdSubmitChan 的部分程序代码

```
static Int mdSubmitChan(Ptr chanp,IOM_Packet * pPacket)
{    ChanHandle chan = (ChanHandle)chanp;                      /* 挂载已创建通道 */
     ……
     req = (C64XX_PCI_Request *)packet -> addr;                /* I/O 请求包地址 */
```

```
    req -> reserved = chan;
    ......
    if(packet -> cmd == IOM_READ || packet -> cmd == IOM_WRITE)   /* 处理读/写请求包 */
    {   imask = HWI_disable();
        QUE_enqueue(chan -> queue, packet);
        ......
    }
    ......                                                    /* 处理其他功能的请求包 */
    removePackets(chan, packet -> cmd);                       /* 移除已处理的请求包 */
}
```

中断服务函数(ISR)和设备控制函数(mdControlChan)的结构与以上 I/O 请求发送函数(mdSubmitChan)的结构类似。

2. 在 DSP/BIOS 中注册微型驱动

打开 DSP/BIOS 配置工具,右击 User Defined Devices 图标,选择插入选项,并重新命名为 PCICHAN。右击 PCICHAN,选择属性选项,进行注册。DSP/BIOS 配置与微型驱动注册窗口界面如图 7.12 所示。

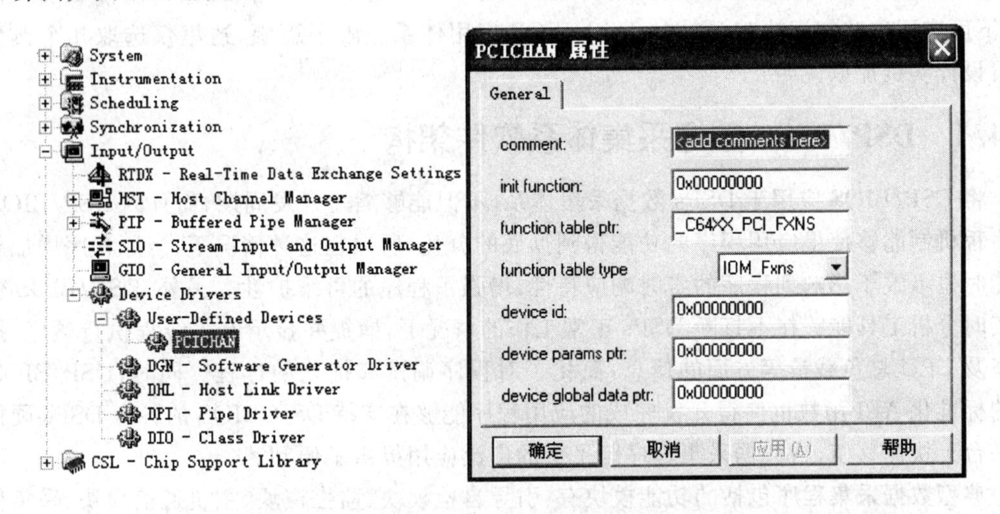

图 7.12 DSP/BIOS 配置及其微型驱动注册示意图

3. 编写类驱动

这里的类驱动使用 GIO 模块,首先右击 DSP/BIOS 配置工具界面中的 GIO Manager,选择启动 GIO。在应用程序中,GIO_create 函数使用微型驱动 PCICHAN 来创建通道实例,通过调用 GIO_submit 函数完成应用程序对 PCI 设备的读/写操作等。源代码如下:

(1) 创建通道

```
GIO_Handle pciChan;
C64Xx_PCI_Attrs pciChanParam;
C64XX_PCI_Request pciChanRequest;
C64XX_PCI_DevParams pciChanDevParam;
GIO_AppCallback pciChanCallBack;
```

```
pciChan = GIO_create("/PCICHAN", IOM_INOUT, &status, NULL, NULL);
```

(2) 发送读请求包

```
pciChanRequest.srcAddr = (Ptr)BitsBuffer;
pciChanRequest.dstAddr = (Ptr)m_DspControl.CstartAddr;
pciChanRequest.byteCnt = length + 20;
pciChanRequest.options = PCI_WRITE;
pciChanReqSize = sizeof(pciChanRequest);
status = GIO_submit(pciChan, IOM_WRITE, &pciChanRe—quest, &pciChanReqSize, NULL);
```

通过上述3个步骤,PCI设备的DSP/BIOS驱动设计就基本上完成了。应用程序可以通过使用类驱动来复用PCI设备,这样驱动的工作效率就提高了,对PCI外设的控制也大为简化了。

7.4 DSP/BIOS嵌入式软件体系架构应用

以上各节详细阐述了嵌入式DSP/BIOS的基本软件架构与其外设/接口硬件驱动软件设计,下面应用这些知识构建具体的DSP/BIOS应用体系。限于篇幅,这里仅选取几个典型的项目设计实例加以说明。

7.4.1 DSP/BIOS数据采集体系软件架构

将DSP/BIOS应用于DSPs数据采集体系,不但能够缩短开发周期,而且因DSP/BIOS的多线程机制能够使得应用程序的功能得到彻底的分化,所以在这种情况下,当原程序增加新的功能时也不致于影响到程序的实时响应特性,增强了程序的可维护性。另外,DSP/BIOS包含的实时分析工具能够在不打断DSPs正常工作的情况下,捕捉并显示有关线程执行顺序、执行效率及CPU总负载量等方面的信息,简化了对程序调试和优化的过程。同时,DSP/BIOS提供的标准化API函数也使得开发完成的应用程序能够在支持DSP/BIOS的各个DSPs硬件体系平台上快速移植,给数据采集程序跨平台的广泛应用提供了便利。

典型数据采集程序包括的功能模块有:引导自检模块、监控模块、主机通信模块、采集任务初始化模块、触发判断模块、采集任务执行模块及预处理模块等。

在利用DSP/BIOS设计应用程序之前,首先应对组成整个应用程序的各个功能模块进行线程类型划分,根据各功能模块触发方式和优先级的不同,把它们设定为HWI、SWI、TSK和IDL 4种线程对象。如果存在需要周期性触发的功能模块,可以将其设定为PRD或CLK线程对象。针对数据采集应用程序,同一执行路径的引导自检模块、监控模块因为仅在程序起始处执行一次,所以可设置成一般的TSK线程对象。任务初始化模块、采集任务执行模块和预处理模块要求有实时的时间响应,设置成SWI线程对象。一般情况下,同一线程对象的功能模块优先级可根据各模块执行的频率高低来划分,执行频率越高的功能模块对应线程优先级越高。由于任务初始化模块只在每次启动采集任务时执行一次,又考虑到采集任务模块一般要执行多次才进行一次预处理过程,因此可将任务初始化模块、预处理模块和采集任务模块的优先级按由低到高的顺序分配。作为决定数据采集过程起始时刻的触发模块,因为要及时判断触发条件进而实时响应外界触发信号，所以需要将其设置为优先级最高的 HWI 线程对象。至于主机通信模块，因为在没有执行采集任务时始终需要不间断地保持与主机的通信联系，所以将其设置为 IDL 线程对象。

图 7.13 给出基于 DSP/BIOS 设计的数据采集程序原理框图，其中核心模块的类型注于模块对象框的左上方；如果为线程对象，则对应的功能模块函数注于线程对象名的下方；各模块间触发关系由虚线箭头指出；外设与线程间通信由实时通信模块（如 PIP）对象完成；由 DSP/BIOS 自动生成的核心模块对象用虚线框出。

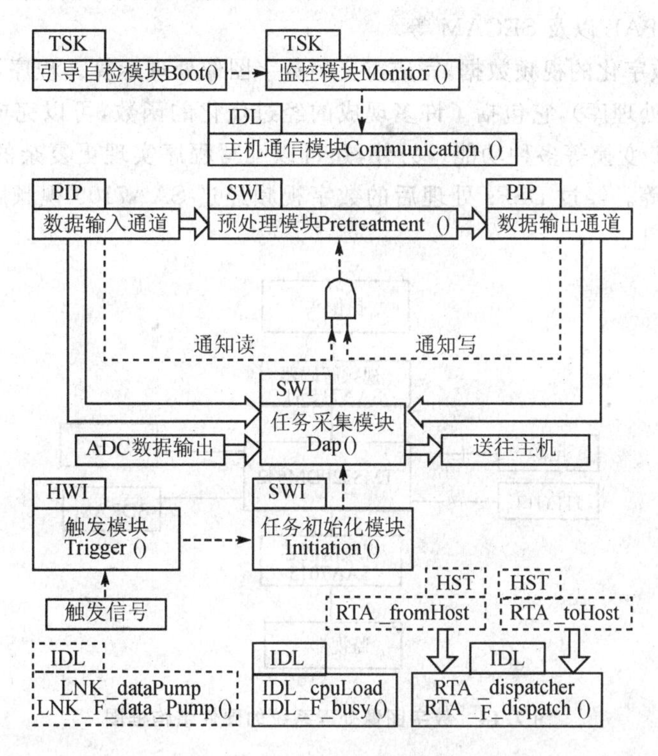

图 7.13 基于 DSP/BIOS 的数据采集程序原理框图

需要指出的是框图下方 5 个由 DSP/BIOS 自动生成的核心模块对象是用于实时数据传输(RTDX)实现主机实时分析的，它们的存在只占用很少量的 CPU 负载而运行在优先级最低的线程，因此基本上不会影响应用程序的运行效果。另外，在具体实现线程对象的触发及其他核心模块对象的调用时，应先通过 DSP/BIOS 的配置工具设置好应用程序所要用到的核心模块，然后查阅 DSP/BIOS 的用户手册，对相关的 API 函数进行调用即可。

7.4.2 DSP/BIOS 图像处理体系软件架构

1. 数字图像处理系统的构成

数字图像处理平台采用的是 TI 公司推出的高性能 DSP 评估板 DM642 EV，该评估版可以用于视频监控，视频、音频编解码及网络流媒体等多种用途，它包括一片 TMS320DM642 数字多媒体处理芯片，4 MB 的闪存，32 MB 133 MHz 的 SDRAM，256 KB 的 I^2C 接口的 SE^2PROM 以及一块 FPGA；它还拥有丰富的外部接口，如 3 个可以配置的视频端口、一个音频接口、一个以太网接口以及 PCI 口等。数字多媒体处理芯片 TMS320DM642，内核为 C64x

DSP 核，时钟频率为600 MHz，指令执行速度高达4 800 MIPS，具有6个并行的算术逻辑单元与两个并行的硬件乘法器，采用了先进的超长指令字结构(VLIW)，DM642可以完成复杂的数字图像处理运算。为了提高处理器的存取速度，C64x还提供了一些特别适用于数字图像处理的指令。

整个系统的结构框图如图7.14所示，摄像头采集的视频为PAL制，经视频解码器SAA7115H数字化，得到的图像为CIF，大小为352×288个像素，4:2:2格式8位宽的YCbCr格式信号。可以通过DM642的I^2C总线编程设置SAA7115H内部寄存器以接受大多数的视频信号，如NTSC、PAL以及SECAM等。

DM642读入数字化的视频数据，完成需要的数字图像处理运算。程序设计调用功能强大的ImageLib(图像处理库)，它包括了许多现成的经过优化的函数，可以完成sobel边缘检测、图像二值化和DCT变换等多种功能。另外，还可以编写程序实现更复杂的功能，如MPEG-4编码和网络协议等。经过DSPs处理后的数字视频经过SAA7105视频解码器进行数模转换后显示在监视器上。

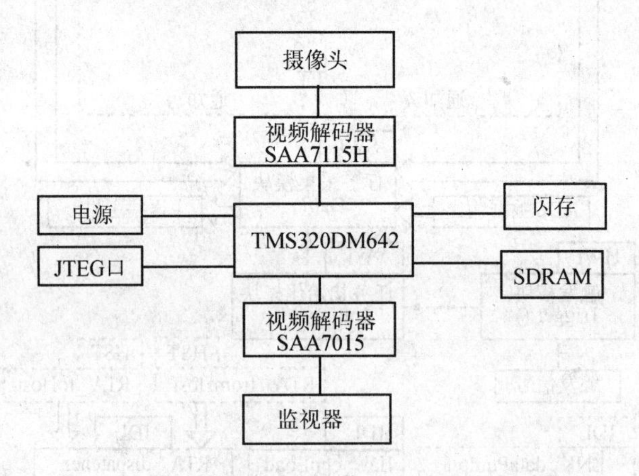

图7.14　数字图像处理系统的硬件结构框图

2. 基于DSP/BIOS的DSPs程序开发

基于DSP/BIOS的程序开发是交互式的、可反复的开发模式，开发者可以方便地修改线程的优先级和类型。首先生成基本框架，添加算法之前给程序加上一个仿真的运算负荷进行测试，看是否满足时序要求，然后再添加具体的算法实现代码。使用DSP/BIOS开发软件需要特别注意的是：所有与硬件相关的操作都需要借助DSP/BIOS本身提供的函数完成，要避免直接控制硬件资源，如定时器、DMA控制器、串口和中断等。

下面以采用sobel算法的数字图像边缘检测为例，说明DSP/BIOS程序的编写流程。设计程序的执行流程图如图7.15所示。

基于DSP/BIOS的数字图像处理程序开发的过程如下：

① 利用配置工具设置环境参数并静态建立应用程序要用到的对象。在MEM模块设置片内ISRAM、片外SDRAM的起始地址与长度以及堆栈的大小，在LOG模块创建事件记录对象用来记录程序的运行情况，在TASK模块创建3个任务进程(InputTask、ProcessTask和OutputTask)，并在SEM模块创建信号量对象来进行线程之间的通信，在DEV模块配置所需的外设，这里包括视频采集端口VP0和视频输出端口VP2。

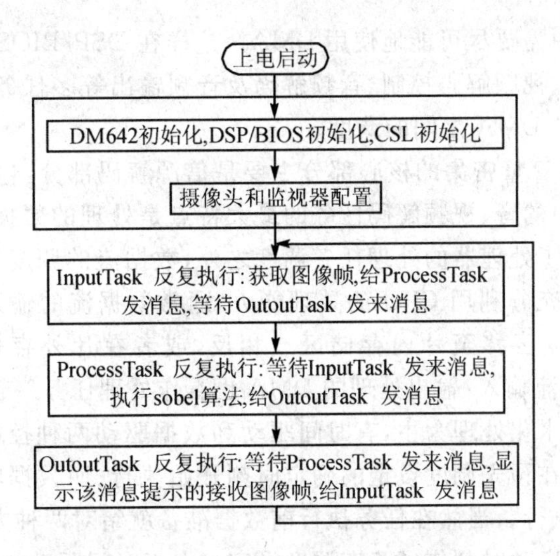

图 7.15 基于 DSP/BIOS 的图像处理流程图

② 保存配置文件。此时,配置工具自动生成匹配当前配置的汇编源文件和头文件以及一个连接命令文件。

③ 为应用程序编写一个框架,可以使用 C 语言、汇编语言或 C 语言与汇编语言的混合语言来编程。由于目前 C++语言的编译效率还比较低,在数字图像处理应用中一般不采用 C++语言编程。在 CCS 环境下编译并连接程序,添加 program. cdb 和 programcfg. cmd 到项目工程文件中,其他的文件自动连接进应用程序。

④ 使用仿真器和 DSP/BIOS 分析工具来测试应用程序。这里使用 XDS510PP 并口仿真器通过 JTEG 口连接 DM642 EVM 与 PC 机进行调试。

⑤ 重复上述步骤直至程序运行正确。

在实际产品开发过程中,当正式产品硬件开发好后,修改配置文件来支持产品硬件并测试。

3. 实验结果与分析

为了统计 sobel 边缘检测所用的时间,在 STS 模块创建对象 sts,然后在 IMG_sobel()函数前后分别添加函数 STS_set(&sts, CLK_gethtime()),STS_delta(&sts, CLK_gethtime())。实验中从统计窗得到 IMG_sobel()的运行时间为 554 100. 48 个指令周期,约为 0. 93 ms (DSP 芯片时钟为 600 MHz)。由于视频采集为 PAL 制,两帧间隔为 40 ms,因此可以实时地检测到物体边缘。

在整个程序运行时序满足要求之后,可以根据需要改变 ProcessTask 中实现的数字图像处理算法,如在边缘检测之前添加直方图均衡、中值滤波等预处理算法,若采用 ImageLib,仅需要调用所需的函数,这对于数字图像处理程序的编写、调试与维护十分方便。

7.4.3 DSP/BIOS 机顶盒多任务调度架构

这里以 TMS320C6701 实现的数字 HDTV 机顶盒。HDTV 机顶盒开始工作时,需要首先完成对信道解调/解码模块的初始化控制,并找到所需的频道。当得到信道解码的正常 TS 数据后,就开始码流输入、视频解码和音频解码等重要的实时任务。由于涉及到大量音、视频数据的搬移，因此系统中需要尽可能地使用DMA。这样在DSP/BIOS的基础上，系统软件需要有效地协调码流输入、视频解码控制、音频解码及音频输出等多任务和用于数据搬移（片内与片外间数据搬移）的各DMA之间的调度。

HDTV机顶盒中运算量密集的核心部分主要是信源解码部分，包括解复用、视频解码和音频解码3个任务，其中的音、视频解码任务的最大特点是处理的数据量极大，而且数据传输呈现“流”特性；因此，除了处理器的处理任务调度之外，数据流的调度策略也对实时系统的处理性能影响极大。为了充分利用CPU的处理能力，通常数据流的输入/输出处理（数据搬移工作，即数据由片外存储区移至片内存储区或相反，或者在片外存储区之间搬移数据）由DMA完成，在此将数据流输入/输出处理的DMA也看作处理任务一起协调调度。

任务调度通常以流水化处理为主，有时间驱动和数据驱动两种控制方式。时间驱动指对一段数据流的各种处理在预先调度设定的确定时刻开始执行；而数据驱动则只要相应的数据准备就绪，任务就开始执行。当然在任务执行前数据准备就绪对两种方式都是必需的，区别在于时间驱动对各任务的启动时刻作了静态调度设定。由于时间驱动的任务调度对实时操作系统的要求较高，DSP/BIOS-Ⅱ必须占用一个硬件计时器才能够提供时间驱动，因此采用基于数据驱动的方式驱动整个系统的运行。需要指出的是，在基于数据驱动的方式中，为了应付可能的码率波动，需要适当增加各部分间的缓冲区开销。

根据操作系统核心的基本工作方式的不同，任务调度策略可以分为非抢占式调度和抢占式调度。DSP/BIOS为任务调度提供了抢占式与非抢占式调度的可选择性，用户可以为不同任务定义不同的调度策略。这里采用抢占式调度与非抢占式调度相结合的策略进行任务调度：对允许低延迟时间的核心任务（DSP/BIOS中的任务TSK）采用抢占式调度策略，而对允许较大延迟时间的任务采用非抢占式调度策略（DSP/BIOS中的硬件中断HWI）。

虽然C6701提供了4个DMA通道，但是这只是指不同的逻辑通道，实际上只有一个物理通道，因此不同DMA需要采用时分复用的方式传输数据。为了保持一致，系统中所有DMA都设置为比CPU优先级高。对任务量较大的DMA采用同步控制传输顺序，而对任务量较小的DMA采用了抢占式调度策略，即高优先级DMA可以抢占低优先级DMA的运行。

综上所述，系统采用的任务调度策略如下：

① 系统采用数据驱动的任务调度；

② 任务调度采用非抢占式与抢占式调度相结合的策略；

③ 以数据驱动源的粒度为基准分配任务量；

④ 数据输入/输出处理以DMA为主；

⑤ DMA优先级高于CPU；

⑥ 任务量较低的DMA采用抢占式调度策略；任务量较大的DMA采用同步控制传输顺序。

整个系统的数据/控制流图如图7.16所示。

软件启动后，首先进行DSP的初始化，包括时钟、EMIF、Timer和McBSP等DSP相关外设的初始化配置，以及DMA、中断等软件模块的初始化配置。其中，McBSP0的两个接收脚被配置为通用I/O，模拟I^2C控制总线对信道解调解码部分进行配置。然后进行前端初始化和任务初始化。

当FIFO接收到的TS数据达到其存储量的一半，即FIFO半满时，其半满信号/HF触发

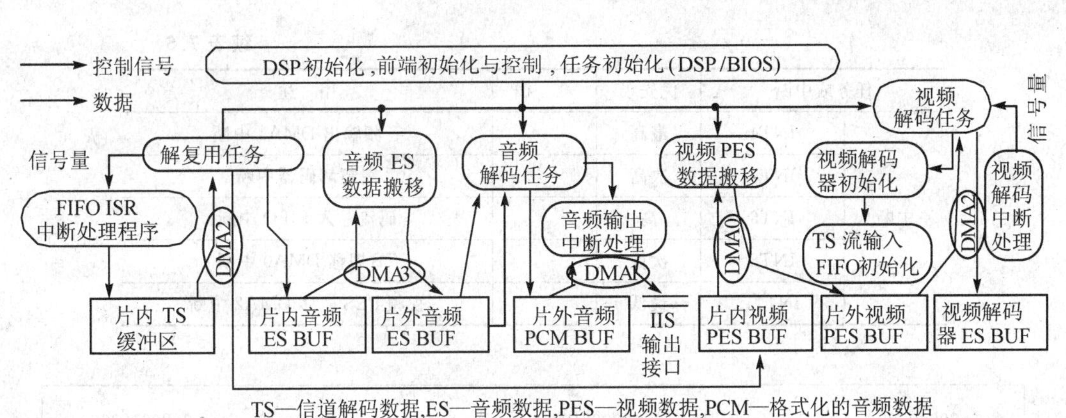

图 7.16 HDTV 机顶盒系统数据/控制流向图

C6701 的中断 INT6，激活 DMA2。DMA2 把 FIFO 里存储的一部分数据(32 KB 或以下，根据多任务协调需要而定)传输至片内数据 RAM 存储器中开辟的 TS 缓冲区，并在传输完成时发出中断 INT11。INT11 的中断服务程序发出信号量 SemTsBufFull 激活解复用任务。解复用任务取出 TS 数据进行相应处理，然后把分离出的音频 PES 数据存储到片内数据 RAM 存储器中的相应音频 PES 缓冲区。当填满一半时，通过信号量 SemAudBufFull 激活音频处理任务。音频处理任务取出音频 PES 数据，拆包、解码后将结果(音频 PCM 数据)存到片外 SDRAM 中的音频输出缓冲区。当音频输出缓冲区中的数据积累到一定数量时，激活 DMA1。DMA1 把解码后的音频数据通过 McBSP0 构成的 IIS 音频输出接口输出。同时解复用任务也将得到的视频 PES 存入片内的视频 PES 缓冲区。当填满一半时，释放 SemVidBufFull 激活 DMA0，将视频 PES 数据由片内倒到片外 SDRAM 中开辟的更大的视频 PES 缓冲区。当积累足够的视频 PES 数据时，释放信号量 SemVidDec，激活视频解码任务。该任务首先激活 DMA3，传输 2 MB 的视频 PES 给视频解码器，同时对视频解码器 STi7000 进行初始化并控制其解码过程。一旦开始解码，每解码一帧就在解码空闲时利用 DSP 的外部中断 INT4 激活 DMA3，把 SDRAM 缓存的视频 PES 数据输出给 STi7000。每次传输的数据量根据当前解码器 ES 缓冲区的标志 BBT 以及缓冲区中的数据量计算得到，以保持解码的连续性。解码后的图像由 STi7000 输出，经视频后处理(D/A 变换等)后输出给显示器。以上 3 个主要任务在 DSP/BIOS 的管理下，有条不紊地运行，使机顶盒持续运行下去。

除了任务数量以外，任务量、优先级、片内存储空间的分配使用和外部中断等也与多任务协调调度关系密切。系统中的任务与中断分配如表 7.5 所列，片内存储空间分配情况如图 7.17所示。

表 7.5 任务与中断分配表

任务或中断		优先级	堆 栈	用 途
任务	DEMUX	最低(4)	1 KB	拆分视频数据
	VIDEODEV	次高(5)	1 KB	视频解码
	AUDIODEV	最高(7)	2 KB	音频解码

续表 7.5

任务或中断		优先级	堆　栈	用　途
中断	INT4	最高		音频输出 DMA1 中断
	INT5	次高		视频解码器中断
	INT6	高		码流输入 FIFO 中断
	INT8	次低		TS 搬移 DMA0 中断
	INT11	最低		视频 PES 搬移 DMA2 中断

0x80000000			0x80007fff				0x80010000
系统使用	A ES PING	TS BUF PING	视频 PES 缓存	TS BUF PING	A ES PING	单频 DEOODER	TSK 栈堆

图 7.17　片内存储空间分配

调试中注意的问题：

① 时间粒度尽量大，降低任务切换频率，有利于任务间的协调；

② 涉及到实时调度的任务要尽量均匀分配任务量；

③ DMA 采用多帧方式传输，有利于高优先级 DMA 的抢占；

④ 处理大量数据搬移的 DMA 尽量采用同步方式，按照给定的顺序先后执行，避免相互抢占；

⑤ 数据存储于片内或片外对运算速度影响很大，应尽可能将常用数据存储于片内数据 RAM；

⑥ DMA1 对系统性能的影响；

⑦ 实时调试信息对系统性能的影响。

本章小结

本章首先简述了嵌入式 DRTOS 实时操作系统，接着详细描述了 DSP/BIOS 实时操作系统的基本组成、多任务调度、同步通信、I/O 操作和底层函数，奠定 DSP/BIOS 应用的理论基础。

嵌入式 DSP/BIOS 基本软件体系架构是 DSP/BIOS 应用的起点，本章阐述了 DSP/BIOS 软件体系开发的过程步骤、DSP/BIOS 配置工具及使用、DSP/BIOS 文件及编译链接、DSP/BIOS 自举引导与启动序列和 DSP/BIOS 软件的调试与监测等。应用 μC/OS 等常用嵌入式实时操作系统，首要的工作就是繁琐的操作系统移植，而 DSP/BIOS 应用，只要使用其提供的可视化配置工具进行简易的 DP/BIOS 模块对象选择设置，就可以完成这项重要工作了；并且还可以使用 DSP/BIOS 提供的多样可视化软件调试与监测工具来验证和完善通过配置工具得到的软件体系框架代码。

嵌入式 DSP/BIOS 应用体系的外设或接口硬件设备驱动程序，有直接软件架构下设备驱动程序的共同特点，更具有 DSP/BIOS 操作系统环境下的特别之处。DSP/BIOS 提供有信号量、邮箱、消息队列、管道流和 SIO 流等通信同步机制和各种模块框架对象，把它们引入驱动程序设计，可以使设备驱动程序更加灵活、执行效率更高，使有限的内存 RAM、中断等资源利用更加合理。常见嵌入式应用体系的外设/接口的驱动框架形式在第 5 章已经详细阐述，本章列举了典型设计实例，并重点阐述了如何在外设/接口驱动中使用 DSP/BIOS 特有的线程间同步与通信机制。对于 DSP/BIOS 下的外设/接口驱动设计，在此还引入了 Windows 等传统操作系统的一些设计理念，并使用了一些专用软件模块，以简化设计，提高外设/接口的驱动能力和环境适应能力。

本章的最后，列举几个了典型的项目设计实例，通过对具体应用体系的 DSP/BIOS 软件线程分配和多任务调度安排的重点描述，理论结合实践，阐述了嵌入式 DSP/BIOS 的基本软件架构与其外设/接口硬件驱动软件设计的具体运用。

第8章 嵌入式 WinCE/XPE 基本体系及外设接口的软件架构

Windows 操作系统以其强大的图形窗口界面得到了广泛的应用。在嵌入式应用领域迫切需要具有 Windows 一样的人机界面的实时嵌入式操作系统，WinCE/XPE 就是这样一款在移动通信、消费类电子和便携式仪器等非 PC 领域产品设计中广泛应用的实时嵌入式操作系统。

WinCE/XPE 功能强大，适应具体硬件设备的可定制性强，操作系统移植有规律可循，外设/接口驱动设计简易，各类开发工具和手段也很齐备。WinCE/XPE 是当今嵌入式操作系统主流平台之一。本章将详细阐述 WinCE/XPE 在嵌入式应用体系中的定制、移植和驱动程序设计等基于硬件设备的软件设计环节，主要内容如下：

- WinCE/XPE 嵌入式操作系统综述；
- 定制 WinCE 嵌入式基本软件体系；
- 移植 WinCE 嵌入式实时操作系统；
- WinCE 的设备驱动程序及其设计；
- WinCE USB 设备驱动程序及设计；
- WinCE NDIS 网络设备驱动及设计；
- WinCE 块设备驱动及文件系统操作；
- 常用的 WinCE 数据通信及其实现。

8.1 WinCE/XPE 嵌入式操作系统综述

Microsoft 公司推出的嵌入式领域 Windows 应用品牌 Windows Embedded，其产品有两个：WinCE(Windows CE)和 WinXPE(Windows XP Embedded)。WindCE 最为著名的应用是 Windows Mobile 平台。Windows Mobile 是基于 WinCE 的一个移动智能设备品牌，其产品也有两个：Pocket PC 和 Smartphone。Pocket PC 是基于 WinCE 的 PDA 专用开发平台，Smartphone 是基于 WinCE、增加了通信模块等、专用于智能手机的开发平台。以下简要介绍 WinXPE 和 WinCE 及其应用软件体系开发。WinCE 及其应用软件体系几乎覆盖了生活中的所有电气设备，如掌上 PDA、移动计算设备、电视机顶盒、数码相机、家庭自动化系统、安全系统、自动售货机、蜂窝电话、消费电子、工业自动化仪表与医疗仪器等。本章重点阐述 WinCE 基本软件体系的架构及其外设/接口的驱动程序设计，文中所涉及版本为 WinCE5.0。

8.1.1 WinXPE 及软件体系开发概述

WinXPE 是集成了内嵌功能的 Windows XP Professional Service Pack 2 的组件化版本，它使用的是所有的 Win32API 和完全版的.net。WinXPE 仅仅适用于 X86 架构的 CPU。

WinXPE 操作系统包含了近 12 000 个独立组件，内置约 9 000 个设备驱动程序，采用了 3 000项操作系统技术。可以在嵌入式操作系统映像中自由选择需要包含的驱动程序、服务与应用。基于 WinXPE 结构构建的应用操作系统以 40 MB 为基数递增，其大小取决于最终镜像中包含哪种操作系统组件/技术。WinXPE 最小可以做到 8 MB。

在嵌入式系统中使用 WinXPE，可以提高开发速度。WinXPE 系统运行于 X86 处理器和 PC 架构的硬件之上，现有任何 Win2000 或 WinXP 的设备驱动程序或应用无需修改就可以在 WinXPE 上运行。WinXPE 拥有一套预制的兼容桌面的二进制组件，它能确保应用和驱动程序之间的兼容性。

WinXPE 设备典型的开发过程是：首先使用名为 Target Analyzer 的工具保存底层硬件的快照，生成一个 XML 格式文件，并以该文件定义目标设备中的所有硬件组件。然后将 XML 文件导入组件设计器(component designer)工具，保存为定制组件，再利用该组件定义设备的硬件。另外，组件设计器也可导入.INF 格式的文件，这样可以轻松地在 Win2000 或 WinXP 设备驱动程序中生成组件。组件设计器还可用于创建定制元件，或为定制的外壳或应用程序定义元件。创建的元件可以定义文件、注册设置以及操作系统对元件的依赖性。一旦将被定义元件插入到 WinXPE 组件数据库中，就可以用于嵌入式设计中。

开发 WinXPE 操作系统映像的下一个步骤是使用目标设计器(target designer)工具。此工具支持 WinXP 操作系统的所有技术和驱动程序以及嵌入特性。系统开发人员只需选择所需组件，并将这些组件添加到项目工作区即可。可选组件包括目标分析器创建的硬件定义组件，可为许多设备定义起点的设计模板，包括瘦客户机(Windows Based Terminal)、销售点(point of sale)设备和机顶盒等；还可以拖动目录中的单个组件，将其添加到项目设计中。在构建时，目标设计器将在项目工作区运行依赖性分析程序，以确保最终操作系统映像中包括所需的操作系统功能。例如，选择.NET 设计框架，添加其.NET 应用程序，然后构建操作系统镜像。在这一过程中，无需了解.NET 框架的依赖性，就可构建操作系统映像。

WinXPE 拥有某些嵌入的特定功能，包括从 CD-ROM 或闪存盘上启动和运行 WinXPE。在这两种情况下，都希望将底层媒介设置为只读，因为闪存仅支持有限的写入，而 CD-ROM 在这种启动环境中也是只读的。WinXPE 配备的增强型写入过滤(enhanced write filter)组件将截取操作系统和应用写入指令，而不会将启动介质内容写入内置高速缓存。这意味着在关机状态下，底层介质不会产生错误，设备总能保持最佳启动状态。因为 WinXPE 的增强型写入过滤组件允许多次使用休眠文件，所以将拥有极佳的启动环境，在这种启动环境下，系统启动时间和消费电子产品启动时间是相近的。

8.1.2 WinCE 及软件体系开发简介

1. WinCE 操作系统的特点

WinCE 操作系统的主要特点如下：

➤ 精简的模块化操作系统　WinCE 高度模块化，可以满足特定要求的定制。最小的可运行 WinCE 内核只有 200 KB 左右，增加网络支持需要 800 KB，增加图形界面支持需要 4 MB，增加 Internet Explorer 需要额外的 3 MB。

- 多硬件平台支持　包括 X86、ARM、MIPS 和 SuperH 等嵌入式领域主流的 CPU 架构。
- 支持有线和无线的网络连接。
- 稳健的实时性支持。
- 丰富的多媒体和多语言支持。
- 强大的开发工具。

2. WinCE 嵌入式系统开发流程

一般的基于 Windows CE 的嵌入式系统开发流程，如图 8.1 所示。

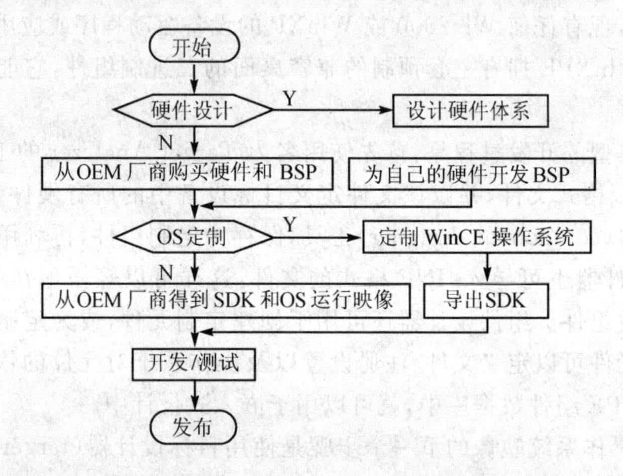

图 8.1　基于 WinCE 的嵌入式系统开发流程

3. WinCE 开发的软件工具

微软为 WinCE 推出的软件开发工具主要有 4 种：PB(Platform Builder)、Visual Studio 2005、Visual Studio .NET 2003 和 EVC。

PB 是针对 WinCE 开发的集成开发环境，可用于 WinCE 操作系统系统的定制、构建、下载、调试及发布，并且还可开发简单的基于 WinCE 的应用程序。Platform Builder 依赖于 .NET，.NET 就是.NET Framework。Microsoft®.NET 是 Microsoft 公司以 Web Services 为核心，为信息、人、系统及各种设备提供无缝连接的一组软件产品(SmartClient、服务器和开发工具)、技术(Web Services)或服务(.NET Services，如 .NET Passport)。

Visual Studio 用于开发 WinCE 的应用程序，有两个版本可以使用：Visual Studio.NET 2003 和 Visual Studio 2005，前者只能用来开发基于.NET Compact Framework 1.0 的托管应用程序，后者是前者的后出继续产品，既可用于开发基于.NET Compact Framework 1.0/2.0 的托管代码，也可使用 C/C++语言来开发本地代码。Visual Studio 2005 是 Windows 下应用程序的集成开发环境，为 WinCE 编程只是它的一个具体应用。

EVC(eMbedded Visual C++)可用 C/C++语言来为 WinCE 开发应用程序，其最新版本为 4.0+Service Pack4，主要是针对 WinCE 4.x 设计的，也可以用于 WinCE 5.0 应用程序设计。EVC 已经逐渐被 Visual Studio 2005 取代。

纯应用程序开发多采用 Visual Studio，内核定制则采用 Platform Builder。

Microsoft 公司还提供有用于 CE 产品调试和监控的软件工具 ActiveSync。ActiveSync 用来连接 WinCE 和安装桌面 Windows 的个人计算机，连接途径可以是串口、红外接口、USB 端口或以太网。可以通过 ActiveSync 实现 WinCE 程序的编制与调试，查看 WinCE 的文件系统，安装软件，实现经由个人计算机的 Internet 浏览，同步基于 WinCE 的掌上电脑、智能手机等产品的日历/邮件/通信等。

此外，还有一些远程工具可用来查看 CE 设备信息，如用于调试的 Remote Heap Walker、Remote Process Viewer 和 Remote Spy，用于性能监测的 Remote Call Profiler、Remote Kernel Tracker 和 Remote Performance Monitor，用于远程信息管理的 Remote File Viewer、Remote Registry Editor、Remote System Information 和 Remote Zoom - in 等。

8.1.3 WinCE 体系结构与功能综述

1. WinCE 的层次结构

WinCE 属于典型的微内核操作系统，它在内核中仅仅实现进程、线程、调度及内存管理等基本的模块，而把图形系统、文件系统及设备驱动程序等都作为单独的用户进程来实现，这样做显著地增加了系统的稳定性和灵活性。WinCE 的层次化结构组成如图 8.2 所示。

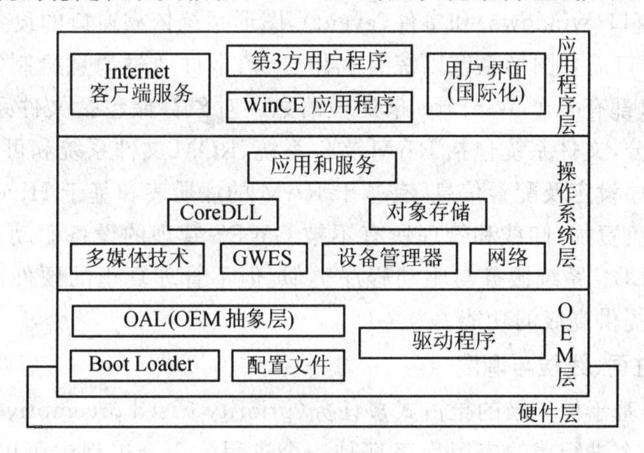

图 8.2 WinCE 的层次化体系结构图

原始设备制造商 OEM(Original Equipment Manufacturer)层是对具体硬件的抽象而形成的统一接口，可以供 WinCE 内核通过该接口与硬件进行通信，它包括 OAL(OEM Abstraction Layer)、引导程序 Boot Loader、配置文件和设备驱动程序 4 个模块。Boot Loader 的途径有串口、USB、以太网和本地存储设备等，以以太网实现的形式又称为 EBoot(Ethernet Boot)。OAL 负责 WinCE 内核与硬件通信，它负责的硬件初始化包括中断服务例程 ISR(Interrupt Service Routines)、实时时钟 RTC(Real Time Clock)、计时器(timer)、内核调试、开/关中断及内核性能监测等。OAL 代码经过编译连接后成为内核的一部分。OEM 层与板级支持包 BSP 相对应。

操作系统层，实现进程管理、线程调度、处理机管理、调度、物理内存/虚拟内存管理、文件系统及设备管理等功能。操作系统的基本功能放在多个独立的进程中实现，运行时这些进程大致有内核 NK. EXE、图形系统 GWES. EXE、对象存储 FILESYS. EXE、设备管理系统 DEVICE. EXE 及服务 SERVICES. EXE 等，其中 NK. EXE 和 FILESYS. EXE 是所有 WinCE 应

用体系中必不可少的。WinCE 的模块构成如图 8.3 所示。

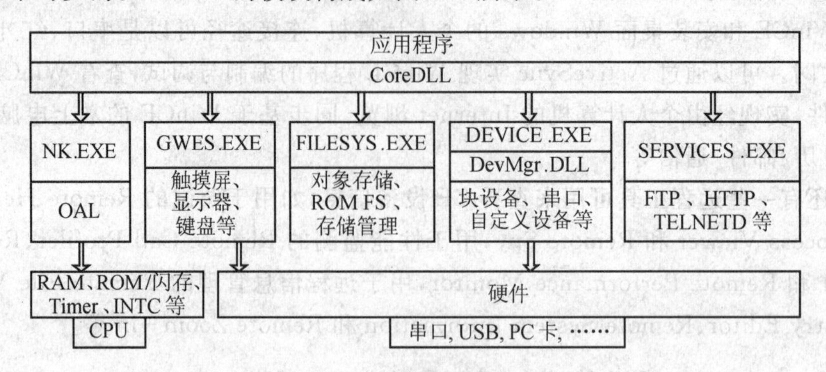

图 8.3 WinCE 的模块构成图

CoreDLL 是一个会被所有用户进程都加载的动态链接库 DLL(Dynamic Link Library),它负责应用程序与 WinCE 通信及完成 WinCE 系统调用(system call)。图形窗口事件系统 GWES(Graphical Windows and Event System),负责操作系统中相关图形界面的部分,提供基本的绘图功能和窗口管理,包括鼠标、键盘、触摸屏及显示驱动等;GWES 的 3 个关键模块是图形(graphic)、窗口(windows)和事件(event),图形系统依靠窗口的设备上下文 DC(Device Context)来绘图,窗口需要图形系统以综合利用自身,事件通过消息机制实现,消息总是发给每一窗口,每一窗口都有一个 WinProc 来处理消息。对象存储包括文件系统、WinCE 数据库和系统注册表 3 部分,文件系统包括 RAM 文件系统、ROM 文件系统和可安装文件系统 3 种;注册表用于保存程序设定及配置信息,有基于 RAM 的注册表和基于 Hive 的注册表两种可供选择。设备管理器负责加/卸载和管理所有不被 GWES 管理的设备驱动程序,包括总线驱动和系统电源管理 DLL。系统服务与驱动程序类似,但不管理真正的硬件,它提供一些后台的处理或为应用程序提供高级的功能。

2. WinCE 的进程、线程与调度

WinCE 是一个基于优先级的抢占式多任务(priority based preemptive multitasks)操作系统。WinCE 中每一个进行着的应用程序都是一个进程。一个进程中可以包含一个或多个线程。WinCE 调度系统负责对系统中的多个线程进行调度。WinCE 的调度是基于优先级的。WinCE 提供了多种线程间的同步和进程间的相互通信方法。

进程(process)是程序的一次动态执行实例(instance)。进程不参加系统调度,没有优先级和上下文。每个进程在创建时都会创建一个主线程作为其默认的执行体。真正参加系统调度的是线程。进程是线程的容器。WinCE 最多只能支持 32 个进程同时运行,每个进程占据 32 MB 虚拟地址空间即一个 Slot。系统启动时 NK. EXE、GWES. EXE 和 FILESYS. EXE 等已经占据了多个 Slot,用户可用的实际进程数只有不到 30 个。与桌面 Windows 系统不同,WinCE 的进程不支持环境变量(environment variable)和当前目录。

线程是 WinCE 中的最小可执行单元。WinCE 调度只识别和调度线程。线程运行需要占用内存、CPU 寄存器和栈等。每个线程都有独立的栈及其上下文。线程可以运行在核心态或用户态。一般来说,操作系统线程和中断服务例程 ISR 运行在核心态,应用程序和设备驱动程序的中断服务线程 IST(Interrupt Service Thread)运行在用户态。

系统调度程序使用基于优先级的时间片算法对线程进行调度。线程可以拥有 256 个优先级，0 级最高，255 级最低。高级别优先级被驱动程序和内核使用，用户程序可使用的优先级为 248～255。每个线程都有一个时间片(quantum)大小，默认的时间片大小是 100 ms。线程可以处于的状态有 6 种：运行(running)、就绪(ready)、挂起(suspended)、睡眠(sleeping)、阻塞(blocked)和终止(terminated)。多个优先级相同的就绪线程以时间片轮转算法调度。可以采用单级(single Level)、完全嵌套(fully nested)、优先级继承(priority)等方法解决线程调度过程中出现的优先级反转问题。

WinCE 提供了互斥 Mutex(Mutual exclusion)、事件(event)和信号量(semaphore)3 种内核机制来实现多线程间的同步。所有同步对象有两种状态：通知(signaled)和未通知(non-signaled)，当某个同步对象的状态变为通知状态时，等待在其上的阻塞线程得到通知变为就绪态，等待调度执行。WinCE 还为用户态线程提供了两种同步方法：临界区段(critical section)和互锁函数(interlocked function)，这两种方法不能跨进程使用，但效率却很高。

WinCE 提供的进程间的通信方式有剪贴板(clipboard)、COM/DCOM、网络套接字(socket)、文件映射(file mapping)及点对点消息队列(point - to - point message queues)等。其中，以文件映射和点对点消息队列最为常用。文件映射在进程的共享虚拟地址空间保留一个区域，将文件所在的物理地址映射到该区域，这样通过读/写虚拟内存就能实现对文件的操作。点对点消息队列，基于“生产者-消费者”的模型原理，一个进程写消息队列，另一个进程需要时从中取得消息，从而达到进程间通信的目的。

3. WinCE 的内存管理

WinCE 采用层次化的结构进行内存管理，从上到下依次为物理内存、虚拟内存、逻辑内存和 C/C++语言运行库，每一层都向外提供一些编程接口函数，这些编程接口函数既可被上一层使用，也可直接被应用程序使用。WinCE 最大支持 512 MB 的物理内存，虚拟内存的寻址能力可达 4 GB。4 GB 的虚拟内存分为若干页，页面的大小为 1 KB 或 4 KB；整个空间被区分为两个 2 GB 区域，低 2 GB 是用户空间，高 2GB 是内核空间。内存管理单元 MMU(Memory Management Unit)负责把虚拟地址映射到物理地址，并提供一定的保护。启动程序时，虚拟内存可按需要即时申请程序代码所需的物理内存。逻辑内存分为堆和栈两种，用于程序代码中的动态和静态内存分配；堆是进程中一块连续的虚拟内存空间，应用程序可在其上动态地进行内存的申请和释放，每次堆上内存的申请量为 4 B 或 8 B；栈用于进程中的函数调用等，栈从高地址到低地址增长，每个线程实际可用栈为 58 KB。C/C++语言运行库 CRT(C Runtime Library)提供有一系列的内存管理函数，如 malloc/free 和 new/delete 等。

8.1.4 WinCE 下应用软件开发总览

WinCE 应用程序开发的软件工具主要是：Visual Studio 2005、Visual Studio .NET 2003、EVC、和 Platform Builder。纯应用程序开发多采用 Visual Studio 2005。

WinCE 为应用程序的开发提供了 3 种选择：Win32CE - API、微软基础类 MFC(Microsoft Foundation Class)/活动模板库 ATL(Active Template Library)和.NET CF 精简版(.NET Compact Framework)。其中 Win32API 运行时效率高、占用资源少，虽然开发效率不如其他两种高，但常被采用。需要明确的是，Win32CE - API 使用的是 Win 32 API 的一个子集和不完全版的.NET 即.NET Compact Framework。

WinCE 下应用程序的开发流程大致可分为 3 个步骤：安装合适的 SDK；编写代码与调试；

发布应用程序。

SDK(Software Development Kit)是一系列头文件、库文件、文档、平台管理器和运行时库的总称。选用 Visual Studio 或 EVC 开发 WinCE 应用程序必须安装合适的 SDK。获得 SDK 有两种途径：通过 Platform Builder 导出和从 Microsoft 公司或第三方获取。

应用程序代码的编写通常选用 Visual Studio，代码的调试可以采用 Visual Studio 或 EVC 自带的 WinCE 模拟器或借助于 ActiveSync。使用模拟器调试可以在一台个人计算机上完成 WinCE 下的软件编码与调试，不需要硬件设备。借助于 ActiveSync，能够实现在 Visual Studio 或 EVC 集成开发环境下对目标硬件体系的实地调试。

应用程序的发布涉及代码签名和代码打包两个方面。代码签名是出于信息安全的考虑，经过了代码签名才能使运行的 WinCE 不受功能性限制；代码打包即把应用程序制作成便于在 WinCE 下执行的.CAB 文件，它需要一个描述安装包的.INF 文件，可以使用的打包工具软件是 CabWiz.exe。

8.2 定制 WinCE 嵌入式基本软件体系

定制 WinCE 嵌入式基本软件体系，是在设计好的能够运行 WinCE 的硬件体系和相应的 BSP 基础上，根据实际应用需求，选择必需的 WinCE 及其 BSP 模块组件，构建并制作 WinCE 运行时映像。定制 WinCE 使用的工具是 PB 集成开发环境。

8.2.1 WinCE 定制的一般设计流程

在特定的嵌入式硬件体系上定制 WinCE 操作系统，需要经过以下创建、构建、运行和发布等一系列过程。

① 得到并安装与开发板相对应的 BSP。得到 BSP 的途径大致有 3 条：PB IDE 自带、OEM 厂商提供和自主研发。BSP 的提供形式有两种：MSI 安装包形式和源代码形式。其中，MSI 安装包的 BSP 只用 Import 到 PB 中即可，PB 可识别的安装文件是*.cec 文件；源代码形式的 BSP 需要手工安装，操作过程较为复杂。

② 定制 WinCE 操作系统。根据具体应用需求，选择合适的 OS(Operation System)组件，并且构建运行时映像。OS 的配置分为两大类.HLBASE 和 IABASE，二者统称为 CEBASE。HLBASE 即没有图形界面的 WinCE，IABASE 是有图形界面的 WinCE。WinCE 运行时映像有以 bin 和 nb0 为扩展名的两种格式。bin 是 WinCE 默认的映像格式，它按段组织文件内容，该文件不能直接执行，必须按一定格式解开到内存中才能执行；nbx 文件可下载到闪存中，并可从闪存中本地执行 XIP(eXecute In Place)。

③ 把运行时映像下载到开发板上进行运行调试。需要做的工作有：得到并安装 Boot Loader，配置网络连接，配置调试串口(可选)，配置 PB 连接设置，下载运行映像。Boot Loader 是 BSP 的一部分，在 OS 构建时会得到其运行时映像，也可直接从 OEM 厂商那里得到。Boot Loader 必须在 OS 下载前烧录进目标板上的闪存中。

④ 发布操作系统。即把经过调试的 Flash 版的 WinCE 映像烧录到目标上的闪存中，下载途径通常是 JTAG 端口或串口。这样，WinCE 开机就可运行了。

8.2.2 PB/组件/WinCE 及构建详述

1. PB 集成开发环境

① Catalog 视图与 Feature 管理。WinCE 是一个高度模块化的操作系统，整个系统是通过不同的模块拼接而成的。在 WinCE 中，一个模块就被叫做一个 Feature（特性）或一个 Catalog Item。PB IDE 中的 Catalog 视图列出了 WinCE 的所有可选 Feature，主要有 BSPs、Core OS、设备驱动器（device driver）、平台管理器（platform manager）和第三方特性（third party）五大类。BSPs 下列举了 PB 中已经安装的可供选用的 BSP。Core OS 列举了 WinCE 操作系统本身的可选特性，包括开发应用程序与服务的库和系统功能、Microsoft 公司直接发给用户的应用程序、网络相关的特性、OS 的核心特性、设备管理特性、文件与数据存储选项及图形与多媒体支持等。

② 平台生成选项。在构建生成 OS 映像前，可通过 PB 的平台设置（platform setting）对欲生成的 OS 映像进行一些配置以满足特定要求。PB 的平台设置项有 General、Local、Build Options、Environment、Custom Build Actions 和 Image Setting。General 项用于指定构建文件/映像文件的存放目录和映像版本形式等常规设置；Local 项用于指定运行时映像的默认语言和支持代码；Build Options 项用于设置一些构建时的常用配置；Environment 项可为构建系统设置附加的环境变量；Custom Build Actions 项允许在构建的 Sysgen 和 Image 两个步骤前后加入自定义的操作；Image Setting 列出了要包含的 OS 映像中的项目列表。

③ 平台初始化配置文件。共有 4 种：*.reg、*.dat、*.db 和 * bib。REG 文件用来向生成的运行时映像的注册表中添加默认的键值，以给 OS 添加一些默认的配置。DAT 文件用来指定系统冷启动时 FileSys.exe 应当如何初始化 RAM 文件系统。DB 文件用于为对象存储区定义默认的基于 WinCE 的数据库。BIB 文件指示如何构建二进制映像，它分为 4 节：Memory、Config、Modules 和 Files。Memory 定义系统可用的物理内存，Config 通过一些附加选项来定制输出，Modules 指定存放运行时映像中的模块列表，Files 指定在运行时映像中的文件列表。

④ SDK 及其导出。SDK 是一系列头文件、库文件、文档、平台管理器和运行时库的总称，用于特定硬件平台的应用程序开发，使用 PB 可导出 SDK。PB 提供了 SDK Wizard 向导，可以方便地创建和生成针对特定硬件平台的 SDK。SDK Wizard 分为两步：输入产品信息和输入开发语言支持。SDK Wizard 只是收集创建 SDK 所需的最基本信息，完成 SDK Wizard 后还可通过 SDK Setting 对其进行更详细的设置。

2. WinCE 的目录组织

安装完 PB 后，PB 和 WinCE 就出现在本机。WinCE 目录下的主要子项有 Public、Private、Platform、SDK 和 Others 等。Public 目录内容繁多，涵盖了构建工具、代码和库等众多信息；Private 目录存放 WinCE 操作系统的私有代码，没有完全公开；Platform 目录存放的是所有的 BSP；SDK 目录存放的是构建编译器及其他一些辅助工具；Others 目录包含 WinCE 中一些模块的二进制库文件和代码。WinCE 默认的项目目录是 PBworkspaces。

3. WinCE 的构建系统

WinCE 的构建系统（build system）负责根据用户选择特性为目标设备，构建 WinCE 运行时映像。生成运行时映像有两种可选方式：使用 PB 集成开发环境构建或使用命令行工具构建，两者是一致的。WinCE 的构建分为 4 个步骤，依次为 Sysgen、Build、Release Copy 和

Make Image。Sysgen(System Generation)主要是根据用户设计的一组环境变量,生成相应的头文件及可执行文件,供最终的 WinCE 运行时映像打包时使用;Build 用于编译本机 C/C++(.C/.CPP 文件)代码及其 C#语言编写的托管代码(.CS 文件),它主要通过 SOURCES 和 DIRS 文件来得到需要编译的目录及其源程序文件;Release Copy 就是把前述构建得到的所有结果文件复制到同一个目录中;Make Image 即打包相关文件,生成最后的 Unicode 码形式的 WinCE 运行时映像。

4. 创建自定义组件

定制 WinCE 可以使用其自带的组件,也可以创建自定义实现某些具体功能的组件。创建自定义组件有两个方式:一种方式是提供代码或编译好的二进制文件并把它制作成 PB 的一个组件;另一种方式是把自编代码集成到 WinCE 构建系统中。其中,第一种方式较为简单,常常被采用,它需要使用一个记录组件名称、类别和版本等信息的.cec 文件。.cec 文件的组成块有 CECInfo、ComponentType 和 Implementations 等,块 CECInfo 位于文件开头,记录 CEC 文件的基本信息;块 ComponentType 记录会在 PB 的 Catalog 中反映的组件特性信息;块 Implementations 嵌套在 ComponentType 中,描述组件的详细实现信息。可以使用 PB 自带的 CEC Editor 工具以图形化的方式来创建 CEC 文件。

8.2.3 简单示例:定制并运行 CEPC

WinCE 可以很好地在个人计算机上进行起来,运行 WinCE 操作系统的人计算机称为 CEPC。通过在熟悉的真实硬件体系个人计算机上建立和运行 CEPC,可以对 WinCE 和 PB 有最基本的认识。定制并运行 CEPC 的主要过程如下:

① 硬件准备。首先准备硬件,开发机或工作站应具有 256 MB 内存、以太网卡并安装了 PB,目标机应有至少 64 MB 内存、以太网卡、鼠标、键盘和软盘驱动器。然后,把两台 PC 机通过以太网连接。

② 使用 PB 构建运行在 CEPC 上的映像。可以使用 PB 的平台向导(new platform wizard),向导分 3 大步骤:选择 BSP,选择设计模板,添加组件。所有过程都是可视化的选择过程。BSP 的显示方式是“开发板名称:CPU 体系结构”,Microsoft 公司提供的 BSP 是“CEPC:X86”。如果选择 BSP 为“EMULATOR:X86”,则最终构建的运行时映像只能运行在开发机上的 X86 模拟器方式下。Microsoft 公司预先定制了一些设计模板(design template),可以从这些模板开始,进一步定制自己的 OS。

③ 创建 CEPC 启动盘并启动目标机。PB 提供有 websetup.exe 和 cepcboot.144 软件工具,可以用来制作启动软盘。首先运行 websetup.exe 来安装 WebImage,然后双击 cepcboot.144 即可按提示逐步来创建启动软盘。做好启动盘后,需要修改其中的 autoexec.bat 文件,设置目标机网卡的 IRQ 号、IO 基地址和 IP 地址。

④ 下载并运行 WinCE。通过制作的启动盘引导目标机启动,然后使用 PB 通过以太网下载所创建的 WinCE 运行时映像。下载结束后,PB 的 Output 窗口中会出现 WinCE 的启动信息,在目标机上也可以看到 WinCE 的图形界面。

⑤ 编写和运行应用程序。打开 PB,创建一个新 Project,新建并用 C/C++语言编辑一个应用程序。然后通过菜单或工具条,选择“Make Run - Time Image After Build”,使用“Build Current Project”或“Build All Project”编译并重新生成 OS 映像文件。最后,重新下载并运行

OS 映像，在目标机的 WinCE 中选择开始菜单的"Run"，输入所设计的应用程序的可执行文件并回车，就可以运行应用程序了。

8.3 移植 WinCE 嵌入式实时操作系统

移植 WinCE 操作系统，就是要在所设计的能够运行 WinCE 的硬件平台上架构起实际项目需要的基本的 WinCE 软件体系。操作系统的移植是基于嵌入式实时操作系统软件体系最根本的工作。移植 WinCE 操作系统的主要工作有 BSP 软件开发、设备驱动程序设计、Boot Loader 编写和 OAL 编写等，下面分几个方面详细阐述。设备驱动程序的设计将在后续章节介绍。

8.3.1 WinCE 运行的硬件需求

① 处理器：硬件 CPU 必须具有 32 位处理器。WinCE 支持的 4 大类处理器是：ARM、X86、MIPS 和 SH。ARM(Advanced RISC Machines)架构处理器，主要是 ARMV4I 类型的微处理器；X86 架构处理器主要指 X86 及其兼容 CPU，包括 i80386、i80486 直到 PⅢ(Pentium Ⅲ)；MIPS (Microprocessor without Interlocked Piped Stages)架构处理器主要是应用量仅次于 ARM 的 MIPS K 系列微处理器；SH(Super H)架构处理器主要是 SHx 系列的微处理器。WinCE 3.0 以前的版本还可支持 PowerPC 架构的微处理器。

② 存储系统：WinCE 对内存的大小没有详细规定，一般来说，如果使用了图形界面则至少要有 16 MB 的物理内存。若想在希望的硬件平台上运行 WinCE，内存管理单元 MMU 是必备部件。

③ 其他硬件：主要有串行口、以太网端口和 RTC 芯片等。

8.3.2 WinCE BSP 及开发设计

板级支持包 BSP(Board Support Package)是介于主板和 OS 之间的一层软件系统，充当抽象 OS 与硬件之间交互接口的角色；BSP 与开发板一一对应，与特定的嵌入式操作系统相关；BSP 是操作系统的一部分。

WinCE 的 BSP 对应其体系结构中的 OEM 层，包括 OAL、引导程序、设备驱动程序和配置文件。WinCE 的 BSP 结构组成如图 8.4 所示。通常采用以太网下载并调试 WinCE 映像，此时引导为 Eboot。WinCE 的配置文件包括.bib、.db、.reg 和.dat 4 类平台初始化文件，指导产生映像的 Sources、DIRS 文件和.cec 文件等。

WinCE 本身自带的 BSP 有 ARMV4I 架构的 Intel MainstoneII、Samsung SMDK－2410、Intel Xscale PXA255；MIPSII 架构的 AMD DBAu1000/1100/1500、Broadcom VoIP Reference；MIPSII(MIPS16)架构的 NEC Solution Vr4131；MIPSII&II_PF/MIPSIV&IV_FP 架构的 NEC Solution Vr5500；SH4 架构的 SH4 Aspen；X86 架构的 CEPC、x86 EMULATOR 和 Geode。

WinCE 下 BSP 的开发大致分为 7 个步骤，如图 8.5 所示。现实中，从零开始编写 BSP 所有代码的情况很少，大多数情况下，开发 BSP 都是基于现有的硬件平台类似的 BSP 源代码作修改。使用 WinCE 自带的 BSP 源代码对于编写 BSP 就比较有参考价值。PB 提供有可视化的 BSP Wizard 向导用以指导创建和开发 BSP，该向导能够帮助完成 4 种操作：创建一个全新的 BSP，克隆一个 BSP，修改一个现有的 BSP 以及创建驱动程序。

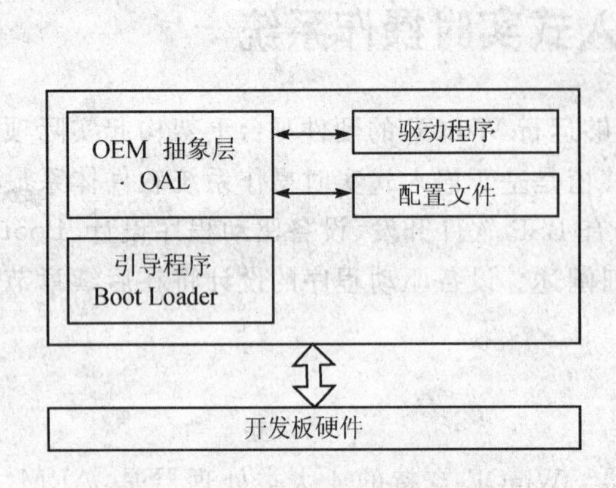

图 8.4　WinCE 的 BSP 结构组成图

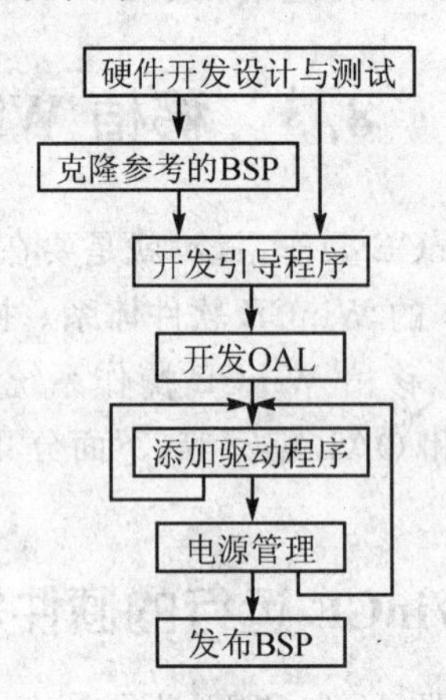

图 8.5　WinCE 的 BSP 的开发设计步骤示意图

BSP 开发前的准备：阅读开发板和 CPU 的数据手册，了解 CPU 的功能，熟悉 CPU 的汇编语言以及微软编译器的语法，掌握必要的硬件调试技巧。

克隆可参考的 BSP：克隆前要确保所克隆的 BSP 与目标 BSP 有相似性。在 BSP Wizard 中选择了相应要克隆的 BSP 后，要为新的 BSP 的 Catalog 描述文件命名并添加描述信息，然后命名 BSP 所在的目录，接下来根据实际需要选择要保留的组件。克隆结束后就可以在得到的新 BSP 基础上进行修改了。

如果现有的 BSP 中没有可作为参考的模型，只有重新编写 BSP 了。BSP Wizard 也可以帮助建立一个空白的 BSP，步骤与克隆 BSP 差不多。

驱动程序的测试可以使用 WinCE Test Kit 工具。

发布 BSP，可以使用 PB 自带的 Export Wizard 可视化软件工具，主要是选择一个 CEC 文件或 PBPXML 文件。

开发 BSP 最复杂的部分是开发引导程序、OAL 和编写驱动程序，下面将分别着重予以介绍。

8.3.3　WinCE 引导程序的编写

1. Boot Loader 的角色和功能

WinCE 的 Boot Loader 有 3 大功能：初始化目标硬件设备，控制启动过程，下载并执行操作系统映像。最终 WinCE 产品可以包含 Boot Loader，也可以不包含专门的 Boot Loader，直接执行 OAL，然后启动操作系统。Boot Loader 主要用于产品的开发调试和维护升级。

2. Boot Loader 的结构组成

Boot Loader 主要由以下几部分构成：BLCommon、EBoot、存储管理和 EDBG 驱动程序。存储管理包括 BootPart 和 Flash FMD，常见的 EDBG 驱动有 NE2000、CS8900 和 RTL8139 等。Boot Loader 中有两类经常用到的设备：以太网卡和闪存，Boot Loader 对这两类设备的驱动分别称为 EthDbg 驱动和 FMD 驱动。

3. Boot Loader 的工作流程与原理

这里以应用较为普遍的 SMDK2410 的 BSP 为例加以说明，其 EBoot 的工作流程及其运行中调用的主要函数顺序如图 8.6 所示。函数 Startup()位于 Startup. s 中，以汇编语言编写。KernelRelocate()是重定位全局变量函数，位于 BLcommon. c 中。main()和 BootLoaderMain()是主控函数，分别位于 main. c 和 BLcommon. c 中。其他函数均位于 main. c 中，OEMDebugInit()函数用于初始化调试端口，OEMPlatformInit()函数用于目标板设备初始化，OEMPreDownload()函数用于映像下载预处理，DownloadImage()函数用于下载 WinCE 映像，OEMLaunch()函数用于启动 WinCE 映像。

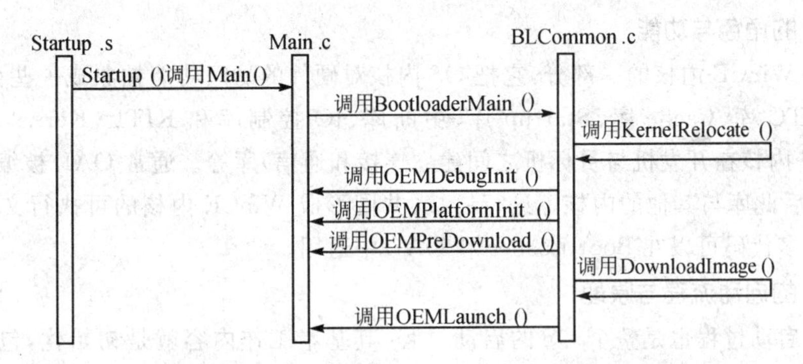

图 8.6 WinCE EBoot 的工作流程与函数调用顺序图

4. Boot Loader 的实现

Boot Loader 主要由 Microsoft 公司提供的库、EBoot 驱动和 OEM 函数构成。库函数不能修改，EBoot 驱动可能需要自己编写，OEM 函数则必须自己实现。共有两类 OEM 函数：一类是必须实现的，另一类函数的实现是可选的。必须实现的 OEM 函数有初始化函数 Startup()和 main()；与流相关的函数 OEMDebugInit()、OEMPlatformInit()、OEMPreDownload()和 OEMLaunch()；与调试相关的函数 OEMInitDebugSerial()、OEMReadDebugByte()、OEMWriteDebugByte()和 OEMWriteDebugString()；与时钟相关的函数 OEMEthGetSecs()；以太网操作函数 OEMEthGetFrame()和 OEMEthSendFrame()；与闪存操作相关的函数 OEMIsFlashAddr()、OEMWriteFlash()、OEMStartEraseFalsh()、OEMContiuneEraseFlash()和 OEMFinishEraseFlash()。可选实现的 OEM 函数有 OEMCheckSignature()、OEMMultiBINNotify()和 OEMVerifyMemory()。对于这些函数的编写，可以在相应样例函数的基础上进行修改而得到。这些函数的框架代码比较通用，基本上无须对硬件设备进行特殊的指定。

5. 配置和构建 Boot Loader

配置和构建 Boot Loader 包括源代码编译、Boot Loader 配置和映像打包 3 个步骤。对于要构建的代码首先要编写 SOURCE 和 DIRS 文件。Boot Loader 的 SOURCE 文件与普通 SOURCE 文件略有不同，在该文件中首先要指定可执行任务程序名称 EBoot. exe 及其入口函数 Startup()，然后指明汇编/编译和连接的参数及其库，并列出所有源代码文件表，还可加入一些附加的操作项。配置 Boot Loader 主要是把得到的可执行文件转变成能在 ROM 或闪存中运行的功能，它通过 BIB 文件实现，即 Boot. bib，要在其中定义好内存的使用、打包的信息等项。映像打包主要通过 RomImage. exe 工具完成。

6. X86 平台下的 Boot Loader

X86 平台下可使用的 Boot Loader 更多，主要有 4 种：以太网 Boot Loader、SBoot(Seerial Boot Loader)、RomBoot(Rom Boot Loader)和 BIOSLoader(BIOS Boot Loader)。如果选用了 RomBoot 就不需要原目标机中的 BIOS 了；如果选用了 BIOS Loader，仍然需要原目标机中的 BIOS，它需要使用 BIOS 提供的功能；如果目标设备可以运行 MS-DOS，则可以使用 Loadcepc.exe 工具，这样可带来很多方便。

8.3.4 WinCE OAL 程序的编制

1. OAL 的角色与功能

OAL 是 WinCE 内核的一部分，它把 OS 内核对硬件的访问功能抽象成一些函数或库，如计时器库、RTC 库、Cache 库、Startup 库、中断库、IO 控制库和 KITL(Kernel Independent Layer，供 OS 内核在开发机与目标机之间建立连接和通信)库等。通常 OAL 被编译成一个库 OAL.lib，然后此库与其他的内核库进行链接，共同形成 WinCE 内核的可执行文件 NK.exe。OAL 中的很多代码可以在 Boot Loader 和 OAL 中通用。

2. OAL 的启动流程与原理

OAL 的启动过程也是整个 OS 的启动过程，其基本工作内容就是初始化，包括初始化软硬件执行环境和操作系统及应用程序本身的执行环境，直到操作系统开始对所有进程进行调度为止。ARM 平台的 OAL 启动的顺序如图 8.7 所示。系统初始化中的 Startup()函数在选用 Boot Loader 时则被跳过，该函数是用汇编语言编写的。KernelStart()是 OAL 启动的主控函数，它负责完成的工作为：初始化页表，打开 MMU 和 Cache，设置异常向量跳转表，栈初始化等。页表也就是虚拟地址和物理地址的映射表，MMU 利用页表把虚拟地址映射到物理地址，WinCE 根据用户设置的一个虚拟映射数组自动设置相应的页表。ARMInit()函数初始化 ARM 平台，它完成的主要工作为：调用 KernelRelocate()函数进行重定位，调用 OEMInitDebugSerial()函数初始化调试输出使用的串口，调用 OEMInit()函数初始化目标设备上的硬件，调用 KernelFindMemory()函数来获取所有物理内存信息并把内存分成应用内存和对象存储两个部分。这几个过程中，OEMInit()函数最值得关注，OEMInit()函数的主要流程和功能为：设置错误捕获和报告软件占用的内存大小并初始化 Cache，调用 OALIntrInit()初始化中断，调用 OALTimerInit()函数初始化时钟，调用 OALKitStart()函数初始化 KITL 链接和初始化内核等。

3. OAL 的主要过程实现

① 中断处理。WinCE 的中断处理流程为：外设等硬件向 CPU 产生物理中断 IRQ(Interrupt ReQuest)，CPU 通过运行在核心态的中断服务例程 ISR 把 IRQ 映射为逻辑中断 SYSINTR；然后 OS 根据所产生的逻辑中断号激发所关联的事件内核对象，这将使等在该事件内核对象上的应用程序和设备驱动程序的中断服务线程 IST 开始执行并处理中断。通过这些步骤，把产生的物理中断映射为 IST 的执行，从而达到中断处理的目的。WinCE 的中断处理模型如图 8.8 所示。

为完成中断处理流程，OAL 中的 OEM 必须完成的几个中断函数为：OEMInterruptEnable()、OEMInterruptDisable、OEMInterruptDone()、OEMInterruptHandler()和 OEMInterruptHandlerFIQ(),前三个函数负责开/关中断和通知中断完成,后两个函数在 ARM 平台中充当 ISR 的角色。中断处理涉及 CPU 中断控制寄存器的操作,S2410 ARM 微处理器的中断相关控制寄存器有中断源等待寄存 SRCPND、中断屏蔽寄存器 INTMSK、中断等待寄存器 INTPND 和中断偏移寄存器 INTOFFSET。下面以 OEMInterruptHandler()函数的编写设计加以说明,该函数的主要代码如下:

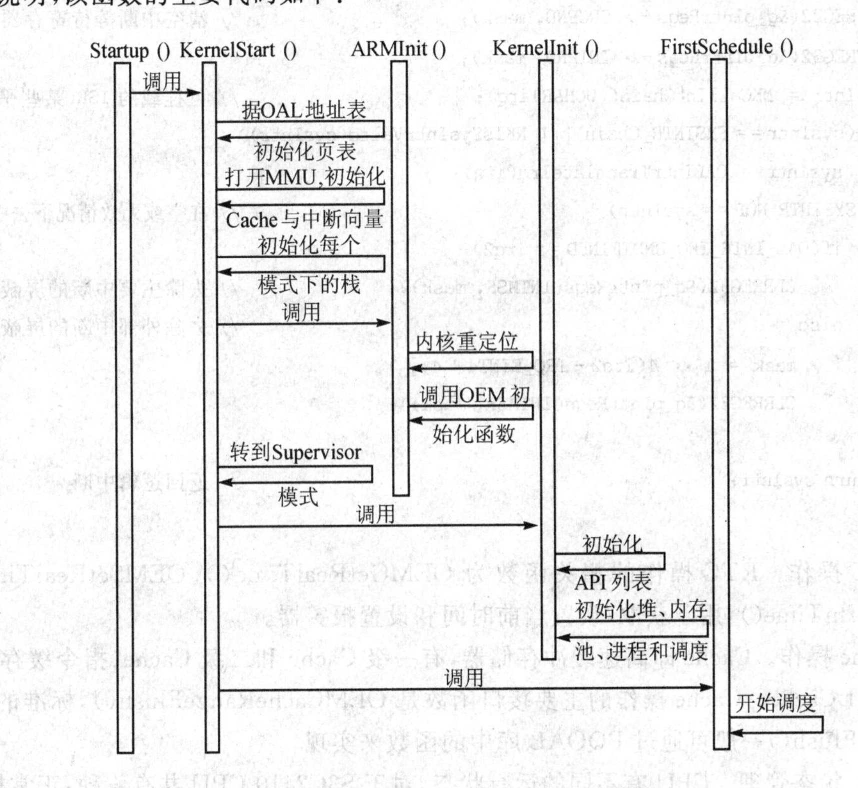

图 8.7 WinCE OAL 启动的顺序示意图

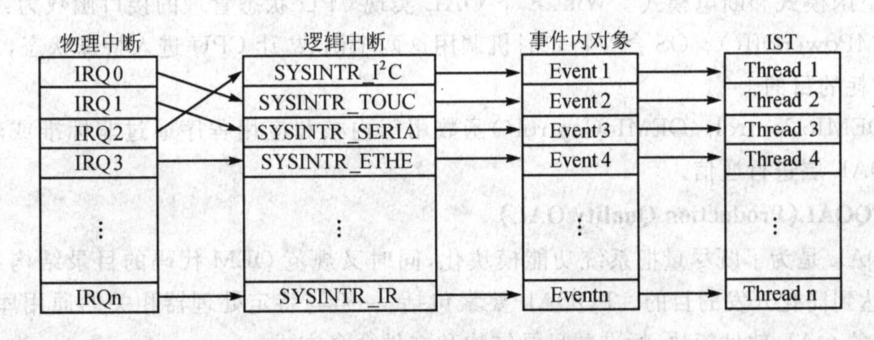

图 8.8 WinCE 的中断处理模型示意图

```
ULONG OEMInterruptHandler(ULONG ra)
{   irq = INREG32(&g_pIntrRegs -> INTOFFSET);                        // 取得刚发生的物理中断号
    if(irq == IRQ_TIMER4)                                            // 处理系统时钟(特殊处理)
    {   OUTREG32(&g_pIntrRegs -> SRCPND, 1 << IRQ_Timer4);          // 清除中断
        OUTREG32(&g_pIntrRegs -> INTPND, 1 << IRQ_Timer4);
        sysIntr = OALTimerIntrHandler();                             // 调用定时器 ISR
```

```
    }
    else                                                        // 禁止同类型中断
    {   mask = 1 << irq;
        SETREG32(&g_pIntrRegs -> INTMSK, mask);
    }
    OUTREG32(&g_pIntrRegs -> SRCPND, mask);                     // 清空中断等待寄存器
    OUTREG32(&g_pIntrRegs -> INTPND, mask);
    sysIntr = NKCallIntChain((UCHAR)irq);                       // 可挂载的 ISR(某些平台支持)
    if((sysIntr == SYSINTR_Chain)||! NKIsSysIntrValid(sysIntr))
        sysIntr = OALIntrTranslateIrq(irq);
    if(SYSINTR_NOP == sysIntr)                                  // 在空或无效情况下去中断屏蔽
    {   if(OAL_INTR_IRQ_UNDEFINED == irq2)
            CLRREG32(&g_pIntrRegs(INTMSK, mask));               // 去除主要中断的屏蔽
        else                                                    // 去除外部中断的屏蔽
        {   mask = 1 << 4(irq2 - IRQ_EINT4 + 4);
            CLRREG32(&g_pIntrRegs(INTMSK, mask));
    }
    return sysIntr;                                             // 返回逻辑中断
}
```

② RTC 操作。RTC 操作的相关函数为 OEMGetRealTime()、OEMSetRealTime()和 OEMSetAlermTime(),用于获取/设置当前时间和设置报警器。

③ Cache 操作。Cache 即高速缓冲存储器,有一级 Cache 和二级 Cache、指令缓存 ICache 和数据缓存 DCache。Cache 操作的主要接口函数是 OEMCacheRangeFlush(),标准的 OEM-CacheRangeFlush()一般可通过 PQOAL 库中的函数来实现。

④ CPU 状态管理。CPU 有不同的运行状态,对于 S3C2410 CPU 共有 4 种:正常模式、慢速模式、空闲模式和断电模式。WinCE 下 OAL 实现 CPU 状态管理的接口函数为:OEMIdle()和 OEMPowerOff()。OS 会在特定时机调用这两个函数,让 CPU 进入特殊状态,以达到控制电源消耗的目的。

⑤ OEMIoControl。OEMIoControl()函数用于内核和应用程序通过非标准或较简单的方式与 OAL 层进行通信。

4. PQOAL(Production Quality OAL)

PQOAL 是为了既尽量把系统功能模块化,同时又规范 OEM 代码的目录结构和文件命令方式,达到简化开发的目的。PQOAL 要素包括:一组与特定处理器相关的通用库,按功能明确划分的 OAL 软件模块,标准的目录结构和文件命令方式。

8.4 WinCE 的设备驱动程序及其设计

8.4.1 WinCE 设备驱动程序综述

WinCE 下,所有的驱动程序都以用户态下的 DLL 文件形式存在,有 3 个会自动加载和执

行驱动程序的进程:Device. exe、GWES. exe 和 FileSys. exe,它们各自加载的驱动程序类型如图 8.9 所示。当系统启动时,大多数驱动程序是由 Device. exe 加载的,所有这些驱动程序将共享同一个进程地址空间。WinCE 下的设备驱动程序在与应用程序相同的保护级上工作。驱动实现中可以调用所有标准的 WinCE API。

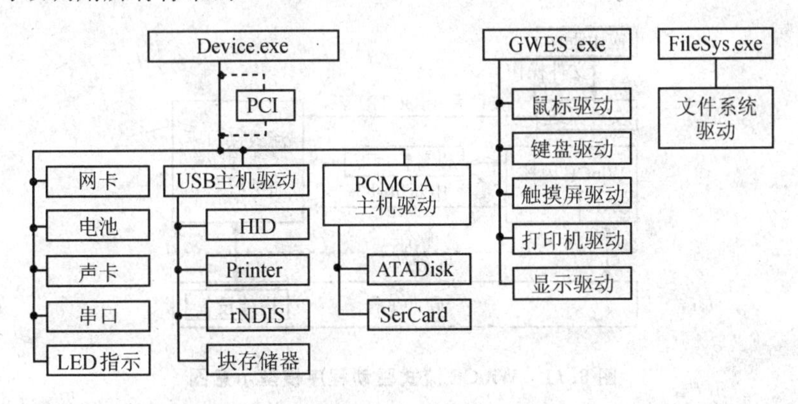

图 8.9 系统进程与加载的驱动程序示意图

1. WinCE 驱动程序的分类

从层次角度出发,WinCE 驱动程序分为单体驱动程序和分层驱动程序。单体驱动程序(monolithic device driver),也称为独立驱动程序,它把所有驱动程序代码都集中在一起,直接与硬件打交道,并将硬件设备的功能传递给操作系统。分层驱动程序分为两个层次:模型设备驱动程序 MDD(Model Device Driver)和依赖平台的设备驱动程序 PDD(Platform Development Driver)。MDD 驱动程序通常由 Microsoft 公司提供。MDD 与 PDD 之间通过接口函数 DDSI(Device Driver Service provider Interface)相关联。MDD 驱动程序和单体驱动程序对外提供接口函数 DDI(Device Driver Interface)。WinCE 驱动程序的层次划分如图 8.10 所示。

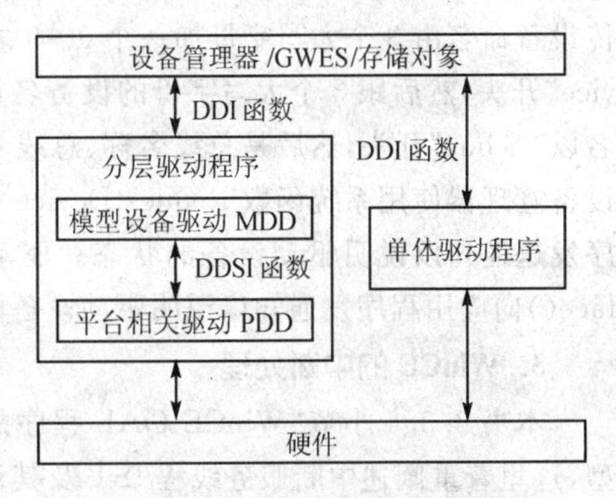

图 8.10 WinCE 的驱动程序层次示意图

从驱动程序的 DDI 接口特征出发,驱动程序分为本地驱动程序和流式接口驱动程序。本地驱动程序(native device driver),也叫作 Built - in 驱动,是硬件所必须的,由 OEM 设计硬件时完成,用于低级、内置设备,如电池驱动、显示器驱动、键盘驱动、指示 LED 驱动、触摸屏驱动和 USB 主机控制器驱动等,可以通过移植、定制 Microsoft 公司提供的驱动样例来实现大部分本地驱动。流接口驱动程序(stream interface device driver),把硬件设备抽象成一个文件,供应用程序使用操作系统提供的文件 API 对外设进行访问;流式驱动程序采用统一固定的 DDI 接口函数,其应用模型如图 8.11 所示。流式接口驱动程序 DDI 函数为:XXX_Init、XXX_Deinit、XXX_Open、XXX_Close、XXX_Read、XXX_Write、XXX_Seek、XXX_IOControl、XXX_PowerUp 和 XXX_PowerDown,其中 XXX 为具体的符合 WinCE 规定的设备名称;此外还有 XXX_PreClose 和 XXXPreDeinit 函数,由于调用 XXX_Read、XXX_Write、XXX_Seek 和 XXX_IOControl 没有加锁,容易引发竞态,因此在使用 XXX_Close 和 XXX_Deinit 函数前调用这两个函数,可以有效地避免竞态发生而使驱动程序不致崩溃。WinCE 中还有一类特殊的本地驱动程序——总线驱动程序(bus device driver),用于管理系统总线。它负责询问总线上的硬件来决定什么硬件被安装和正在分配资源,也会要求设备管理器(device manager)来为总线上的硬件装载合适的驱动;如 PCI 总线、PCMICA 和 CompactFlash 也可以被当作总线。

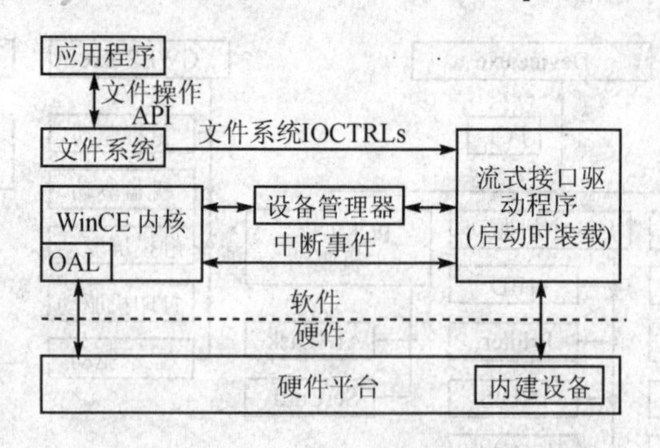

图 8.11　WinCE 流式驱动程序模型示意图

WinCE 提供有大量的设备驱动程序,这些驱动程序大多是某类与设备无关的 MDD 层驱动程序或常见硬件体系外设或接口的流式接口驱动程序,如串口、NDIS 网络、打印机、显示卡、音频设备、触摸屏、PC 卡、鼠标、键盘、电池、块型设备、计时器、并口、蓝牙 HCI 传输、1394 驱动、HID 驱动、PCI 总线驱动、USB 主机控制器驱动、SD 卡、智能卡(Smart Card)、DDraw 驱动和 Direct 3D Mobile 等,这为某款特殊硬件设备编写驱动时,拿类似的驱动程序代码进行修改提供了很大的便利。

2. WinCE 下的设备管理

设备管理器负责对加载的设备进行管理,包括设备的枚举、通过名称访问设备以及对应用程序的通知等。设备的命名有 3 种方式:传统设备命名、设备挂载点命名和总线挂载点命名。传设备命名由 3 个大写字母加一个 0～9 之间的数字构成,如 LPT2;设备挂载点命名以“$device”开头,然后跟 3 个大写字母的设备名加数字构成,如“\$device\COM33”;总线挂载点命名以“$bus”开头,然后是总线名称、总线号、设备号和功能号,如“\$bus\PCMCIA_0_0_0”。设备管理器使用系统函数 RequestDeviceNotification()和 StopDeviceNotification(),向应用程序发送通知以说明驱动设备的状态。驱动程序可以通过注册表或使用函数 AdvertiseInterface()向应用程序发通知以说明驱动设备的状态。

3. WinCE 的中断处理

本书 8.3.4 小节“WinCE OAL 程序的编制”中将简要介绍 WinCE 的中断处理过程及模型,这里着重阐述中断服务线程 IST 及其设计。IST 负责处理相应中断的大多数操作,很多时候 IST 是空闲的,只有 OS 通知 IST 有中断发生时才开始工作。这是通过把一个逻辑中断与一个 Win32 同步对象相关联实现的。当有中断发生时 OS 会引发与该逻辑中断相对应的事件。在 IST 中通常使用的系统函数有 InterruptInitialize()、WaitForSingleObject()和 InterruptDone()等。InterruptInitialize()函数负责把某个逻辑中断号与一个 Event 内核对象关联起来,中断发生时 OS 负责引发此事件;WaitForSingleObject()函数阻塞当前线程,等待某个 Event 内核对象标识的事件发生;InterruptDone()函数用来告诉 OS 对中断的处理已经完成,OS 可重新开启该中断了。IST 须做的首件事情是创建一个 Event 内核对象,并用使用 InterruptInitialize()把该事件与一个逻辑中断相关联。典型的 WinCE IST 流程如图 8.12 所示。

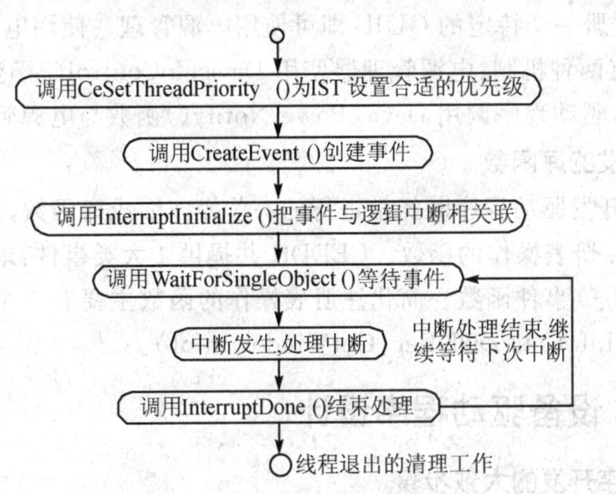

图 8.12 典型的 WinCE IST 流程示意图

4. 在 WinCE 下访问物理内存

WinCE 定义有 PHYSICAL_ADDRESS 结构体,无论是驱动程序还是应用程序都可以通过系统 API 函数访问某一段物理内存。可以使用以下 3 种方式直接访问某一地址的物理内存:

① 使用函数 VirtualAlloc()和 VirtualCopy()。VirtualAlloc()函数负责在虚拟内存空间保留一段虚拟内存,VirtualCopy()函数负责把一段物理内存和虚拟内存绑定。

② 使用函数 MmMapIoSpace()和 MmUnmapIoSpace()。MmMapIoSpace()函数用来把一段物理内存直接映射到虚拟内存,用 MmMapIoSpace()申请的内存要用 MmUnmapIoSpace()函数释放。

③ 使用函数 AllocPhysMem()和 FreePhysMem()。这两个函数也是用来申请和释放一段连续的物理内存的,不同的是它可以返回虚拟内存和物理内存的起始地址,这对于 DMA 设备尤为重要。

5. WinCE 下的 DMA 处理

DMA 操作主要涉及对 DMA 控制器的编程。从软件层来说,需要为 DMA 传输分配一块缓冲区,WinCE 提供了两种方式用以分配 DMA 缓冲区:使用 CEDDK 函数或 WinCE 内核函数。CEDDK 提供的 DMA 相关函数主要有 3 个:HalAllocateCommonBuffer()、HalFreeCommonBuffer()和 HalTranslateSystemAddress()。内核函数就是前述的 AllocPhysMem()和 FreePhysMem()。

6. WinCE 下的电源管理

WinCE 的电源管理采用电源管理器 PM(Power Manager),PM 是分层的,包括 MDD 层和 PDD 层,OEM 一般会为其平台自定义 PDD 层。电源管理器 PM.dll 直接与 Device.exe 链接,并支持 3 个接口:供需要进行电源管理的设备驱动程序使用的驱动程序接口,供需要利用电源管理的应用程序使用的应用程序接口和供需要接受电源操作提醒的应用程序使用的提醒接口。

WinCE 提供了 5 种设备电源状态:Full On、Low On、Standby、Sleep 和 Off。5 种系统电

源状态：On、UserIdle、Suspend、SystemIdle 和 ColdReboot/Reboot。设备驱动程序通过向其 IClass 注册表项内注册一个特定的 GUID 即可使用电源管理。使用电源管理的驱动程序和电源管理器之间交互有两种机制：电源管理器使用 DeviceIoControl()函数向设备驱动程序发送 I/O 控制(IOCTLs)，驱动程序调用 DevicePowerNotify()函数与电源管理器交互。

7. 使用驱动开发的库函数

WinCE 集中了开发驱动程序时经常进行的一些操作形成库函数，这样的库函数主要有两种：CEDDK 和简化注册表操作的函数。CEDDK 共提供 4 大类事件：地址映射函数、总线访问函数、DMA 函数和 I/O 事件函数。简化注册表操作的函数主要有 3 个：DDKRReg_GetIsInfo()、DDKReg_GetPciInfo()和 DDKReg_GetWindowInfo()。

8.4.2 WinCE 设备驱动程序设计

1. 设备驱动程序开发的大致步骤

WinCE 下的设备驱动程序开发步骤大致如下：

① 选择驱动程序的接口　本地设备驱动和流接口驱动。实际应用中为了便于应用程序操作，通常设计驱动程序为流式接口驱动程序。

② 选择驱动程序模型的实现方式　单体实现方式或分层实现方式。实际应用中针对某一特殊硬件外设或接口时，为了便于开发设计，通常设计驱动程序为单体驱动程序。

③ 设计并实现驱动程序　如果选择本地设备驱动，大多可以直接修改 Microsoft 公司提供的样板程序；如果选择流接口驱动，一体实现方式只需要按照相关规范实现流接口函数，而分层实现方式还需要设计 MDD、PDD 和 DDSI。MDD 驱动程序通常是某类硬件的通用驱动程序，Microsoft 提供有大多数常规的 MDD，真正需要设计的是特定硬件设备的 PDD。

④ 安装设备驱动程序　安装驱动程序有两种方式——第一种是系统启动时使用设备管理器自动安装，相应的注册表设置如下(这里以一个 FPS 假想设备为例加以说明)。

```
[HKEY_LOCAL_MACHINE\Drivers\BuiltIn\FPS]
    "Prefix" = "FPS"                    ；向系统注册设备名 FPS(FingerPrint Sensor)
    "Dll" = "fps.dll"                   ；对应的动态库文件
    "IoBase" = dword:BC400000           ；设备基址
    "SysIntr" = dword:15                ；设备使用的系统中断号
    "Order" = dword:0                   ；设备管理器加载驱动的顺序
```

第二种是把生成的动态库文件复制到 Windows 目录下即可，该方式比较简单。

当然这两种实现方式的驱动代码略有差别，第二种实现方式的 Init 函数需要对注册表项进行设置而不是读取。在实际系统设计时，为了便于以后的程序移植多采用第一种方式。

2. 流式接口驱动程序的具体实现

流式接口驱动程序是设计驱动程序时经常采用的形式，其具体实现步骤有 4 个：

① 为驱动程序选择一个前缀。

② 实现 DLL 驱动所必需的接口函数。

③ 编写 DLL 导出定义文件。在 DDL 中导出供应用程序使用的接口函数通常有两种方法——使用编译扩展关键字“_declspec(dllexport)”和使用.def 文件。使用编译扩展关键字，

C++编译器会对函数名进行修饰，在关键字上加上“extern ‘C’”这段代码。通常采用导出文件形式。

④ 为驱动程序定义注册表。

下面列举几个典型例子，说明 WinCE 下具体的特殊硬件设备的驱动程序的开发设计。

8.4.3 WinCE 设备驱动设计举例

8.4.3.1 步进电机的 WinCE 驱动

这里列举的是 ARM9 单片机 S3C2410 体系通过其 GPIO 驱动步进电机运转的实例。

Samsung 公司的 S3C2410 是一款基于 ARM920T 的 16 位/32 位 RISC 微处理器，主要用于手持设备，具有高性价比、低功耗等特点，也是目前市面上出现较多的嵌入式开发板的处理器之一。芯片拥有 16 KB 的指令和数据缓存器，有存储管理单元(MMU)、LCD 控制器、3 个串口、4 路 DMA、4 个时钟定时器和 8 路 10 位的 A/D 转换；支持 I^2C、I2S、SPI、主从 USB 等接口以及 SD/MMC 卡。

S3C2410 的 GPIO 控制寄存器地址是 0x56000000，数据寄存器地址是 0x56000004，步进电机的寄存器地址是 0x10000000。

设计步进电机驱动程序的类型为流式接口单体驱动程序，选定驱动程序的前缀为 MOT。

1. 所需流式接口函数的编制

设计步进电机驱动程序为 MotorDriver.cpp，其中主要是对所需流式接口函数的设计。MotorDriver.cpp 程序的主体代码编制如下：

```
#include < windows.h >
#include < ceddk.h >
#pragram comment(lib, "ceddk.lib)                    // 链接 ceddk.lib
// 流式接口必需的函数的前置声明
DWORD MOT_Init(LPCTSTR pContext, LPCVOID lpvBusContext);
BOOL MOT_Deinit(DWORD hDeviceContext);
BOOL MOT_Open(DWORD hDeviceContext, DWORD AccessCode, DWORD ShareMode);
BOOL MOT_Close(DWORD hDeviceContext);
DWORD MOT_Write(DWORD hDeviceContext, LPCVOID pBuffer, DWORD Count);
unsigned long ELECTROMOTOR_1;
unsigned long ELECTROMOTOR_GPACON;
unsigned long ELECTROMOTOR_GPADATA;
#define ELECTROMOTOR_6 (ELECTROMOTOR_1 + 6)
#define ELECTROMOTOR_7 (ELECTROMOTOR_1 + 7)
#define electromotor_sle ( * (volatile unsigned long * ) ELECTROMOTOR_GPACON)
#define electromotor_sle_data ( * (volatile unsigned long * ) ELECTROMOTOR_GPADATA)
PHYSICAL_ADDRESS GPACON = {0x56000000, 0};
PHYSICAL_ADDRESS GPADATA = {0x56000004, 0};
PHYSICAL_ADDRESS GPAEMOTOR_1 = {0x10000000, 0};
DWORD MOT_Init(LPCSTR pContext, LPCVOID lpvBusContext)
{    OutputDebugString(L"Electronic Motor Driver Init\r\n");
```

```
    // 映射物理寄存器地址到虚拟地址空间
    ELECTROMOTOR_GPACON = (ULONG)MmMapIoSpace(GPACON, 4, FALSE);
    ELECTROMOTOR_GPADATA = (ULONG)MmMapIoSpace(GPADATA, 4, FALSE);
    ELECTROMOTOR_1 = (ULONG)MmMapIoSpace(EMOTOR_1, 8, FALSE);
    return TRUE;
}
BOOL MOT_Deinit(DWORD hDeviceContext)
{   OutputDebugString(L"Electronic Motor Driver Deinit\r\n");
    MmUnmapIoSpace(ELECTROMOTOR_GPACON, 4);
    MmUnmapIoSpace(ELECTROMOTOR_GPADATA, 4);
    MmUnmapIoSpace(ELECTROMOTOR_GPA, 4);
    return TRUE;
}
BOOL MOT_Open(DWORD hDeviceContext, DWORD AccessCode, DWORD ShareMode);
{   OutputDebugString(L"MyDriver MOT_Open\r\n");
    electromotor_sle | = 0x2000;                // 选择 NGCS2
    electromotor_sle_data & = (~0x2000);
    return TRUE;
}
BOOL MOT_Close(DWORD hDeviceContext);
{   OutputDebugString(L"MyDriver - MOT_Close\r\n");
    electromotor_sle & = (~0x2000);
    electromotor_sle_data | = 0x2000;
    return TRUE;
}
DWORD MOT_Write(DWORD hDeviceContext, LPCVOID pBuffer, DWORD Count);
{   OutputDebugString(L"MyDriver - MOT_Write\r\n");
    ( * (volatile unsigned long * )ELECTROMOTOR_6) = * (unsigned char * )pBuffer;
    return TRUE;
}   // 将应用程序传入的数据写入步进电机
```

2. 驱动程序导出函数的定义

需要从驱动程序中导出函数的定义文件 MotorDriver. def 编制如下：

```
LIBRARY MotorDriver
EXPORTS
    MOT_Init
    MOT_Deinit
    MOT_Open
    MOT_Close
    MOT_Write
```

3. 为驱动程序配置注册表

为驱动程序配置注册表，可以在 Project. reg 文件最后添加以下内容：

```
[HEY_LOCAL_MACHINE\Drivers\BuiltIn\Motor]
    "DLL" = "MotorDriver.dll"
    "Prefix" = "MOT"
    "Index" = dword : 1
    "Order" = dword : 0
    "FriendlyName" = "Motor Device Driver"
    "Ioctl" = dword : 0
```

4. 运行和使用设备驱动程序

为运行和使用设备驱动程序，可以编写以下的简单应用程序进行测试：

```
void WriteToDriver(void)
{   DWORD dwWritten;
    int count, ret;
    HANDLE hDrv = CreateFile(L"MOT1:", GENERIC_WRITE,     // 打开驱动程序
                        0, NULL, OPEN_EXISTING, FILE_ATTRIBUTE_NORMAL, NULL);
    if(hDrv == INVALID_HANDLE) return;
    for(int i = 0;i < 100;i++)                              // 向驱动程序写入数据
    {   ret = 0x07;
        count = WriteFile(hDrv, &ret, 1, &dwWritten, NULL);
        Sleep(10);
        ret = 0x03;
        count = WriteFile(hDrv, &ret, 1, &dwWritten, NULL);
        Sleep(10);
        ret = 0x0b;
        count = WriteFile(hDrv, &ret, 1, &dwWritten, NULL);
        Sleep(10);
        ret = 0x09;
        count = WriteFile(hDrv, &ret, 1, &dwWritten, NULL);
        Sleep(10);
        ret = 0x0d;
        count = WriteFile(hDrv, &ret, 1, &dwWritten, NULL);
        Sleep(10);
        ret = 0x0c;
        count = WriteFile(hDrv, &ret, 1, &dwWritten, NULL);
        Sleep(10);
        ret = 0x0e;
        count = WriteFile(hDrv, &ret, 1, &dwWritten, NULL);
        Sleep(10);
    }
    CloseHandle(hDrv);                                      // 关闭驱动程序
}
```

需要注意的是流式接口设备驱动程序的命名使用，不同于 Windows 桌面系统，需要在驱

动程序名后紧跟一个冒号,如上述 CreateFile()函数的应用。

8.4.3.2 I²C 接口的 WinCE 驱动

这里仍以 ARM9 内核芯片 S3C2410 为例,说明 WinCE 下 I²C 通信接口的驱动程序设计,采用的驱动程序类型为流式接口驱动程序。I²C 通信主要是通过中断实现的,本例将阐述在驱动程序中如何对具体硬件的中断处理。

1. S3C2410 的 I²C 通信简介

S3C2410 的 I²C 总线可以处于下面 4 种模式下:主接收模式、主发送模式、从接收模式和从发送模式。处理器对 I²C 进行的操作,主要是对下面的几个寄存器进行读/写。

- IIC 控制寄存器,IICCON(物理地址 0x54000000,内存映射后的虚拟地址);
- IIC 控制/状态寄存器,IICSTAT(物理地址 0x54000004);
- IIC 数据寄存器,IICDS(物理地址 0x54000008);
- IIC 地址寄存器,IICADD(物理地址 0x5400000C)。

Philips 公司推出的 I²C(Inter Integrated Circuit)总线遵从同步串行传输协议,即各位串行(一位接一位)发送,由时钟(clock)线指示读数据(data)线的时刻。每个数据包前有一个地址,以指示由哪个器件来接收该数据。

设计选择 CPU 工作在主模式下与其相连的 I²C 接口从设备进行通信。

2. I²C 总线底层驱动设计

(1) 初始化 I²C 中断和编写 ISR 例程

I²C 的通信是通过操作 I²C 的寄存器进行的。在 I²C 通信中主要对上述的 4 个寄存器进行读/写。通过读/写这些寄存器中的命令状态字可以检测和控制 I²C 总线的行为。在 Windows CE.net 下,首先要在文件 oalintr.h 中添加 I²C 的中断号的宏定义:

```
#define SYSINTR_I2C (SYSINTR_FIRMWARE + 19)
```

然后在文件 cfw.c 的文件中添加 I²C 中断的初始化,禁止和复位。具体代码如下:

在 OEMInterruptEnable 函数中加入:

```
case SYSINTR_IIC:
    s2410INT -> rSRCPND = BIT_IIC;
    if (s2410INT -> rINTPND & BIT_IIC) s2410INT -> rINTPND = BIT_IIC;
    s2410INT -> rINTMSK& = ~BIT_IIC;
    break;
```

在 OEMInterruptDisable 函数中加入:

```
case SYSINTR_IIC:
    s2410INT -> rINTMSK | = BIT_IIC;
    break;
```

在 armint.c 文件中添加 ISR 程序,处理中断发生后返回定义的中断号。具体代码如下:

在 OEMInterruptHandler 函数中添加:

```
else if (IntPendVal == INTSRC_IIC)
{   s2410INT -> rSRCPND = BIT_IIC;          /* 清除中断 */
```

```
    if (s2410INT -> rINTPND & BIT_IIC) s2410INT -> rINTPND = BIT_IIC;
    s2410INT -> rINTMSK | = BIT_IIC;            /* I²C 中断禁止 */
    return (SYSINTR_RTC_ALARM);
}
```

(2) 编写流式接口驱动程序

I^2C 总线驱动程序采用的是 WinCE 流驱动的标准形式。在 IIC_Init 的函数中，首先通过函数 VirtualAlloc()和 VirtualCopy()，把芯片中针对 I^2C 的物理地址和操作系统的虚存空间联系起来，对虚拟地址空间的操作就相当于对芯片的物理地址进行操作。地址映射的代码如下：

```
reg = (PVOID)VirtualAlloc(0, sz, MEM_RESERVE, PAGE_NOACCESS);
if (reg)
{   if (! VirtualCopy(reg, addr, sz, PAGE_READWRITE | PAGE_NOCACHE ))
    {   RETAILMSG(DEBUGMODE, ( TEXT( "Initializing interrupt \\n\\r" ) ) );
        VirtualFree(reg, sz, MEM_RELEASE);
        reg = NULL;
    }
}
```

其中，sz 是申请的长度，addr 是申请虚拟地址空间的实际物理地址在 Win CE 中的映射地址。

然后，对申请到的虚拟地址进行操作，安装 Windows 中的流驱动的模型进行驱动的编写，主要包括下面函数的编写。

IIC_Init()函数中，主要是对 I^2C 的初始化，主要语句如下：

```
v_pIICregs = ( volatile IICreg * )IIC_RegAlloc((PVOID)IIC_BASE, sizeof(IICreg));
v_pIOPregs = ( volatile IOPreg * )IOP_RegAlloc((PVOID)IOP_BASE, sizeof(IOPreg));
v_pIOPregs -> rGPEUP | = 0xc000;
v_pIOPregs -> rGPECON | = 0xa00000;
v_pIICregs -> rIICCON = (1 << 7) | (0 << 6) | (1 << 5) | (0xf);
v_pIICregs -> rIICADD = 0x10;
v_pIICregs -> rIICSTAT = 0x10;
VirtualFree(( PVOID )v_pIOPregs,sizeof( IOPreg ),MEM_RELEASE );
v_pIOPregs = NULL;
if ( ! StartDispatchThread(pIIcHead))
{   IIC_Deinit(pIIcHead);
    return ( NULL );
}
```

在 StartDispatchThread()函数中，主要是创建线程、关联事件和中断，主要语句如下：

```
InterruptInitialize(36, pIicHead -> hIicEvent, NULL, 0);                // 关联时间和中断
CreateThread(NULL, 0, IicDispatchThread, pIicHead, 0, NULL );          // 创建线程等待时间
```

在 IicDispatchThread()函数中，主要是等待中断的产生，然后去执行：

```
WaitReturn = WaitForSingleObject(IicHead -> hIicEvent,INFINITE);
IicEventHandler(pIicHead);                                   // 事件处理函数
InterruptDone(36);
```

最后,在函数 IIC_Open、IIC_Read 和 IIC_Write 中,对各个寄存器进行操作,进行数据的赋值,得到 I^2C 读取的数据和发送数据。

3. I^2C 驱动的封装和 WinCE 添加

I^2C 驱动的封装主要是定制从其 DLL 中导出所需的接口函数,这通过建立一个 def 文件来实现,这里的编制文件为 mydrive. Def,内容如下:

```
LIBRARY MyDriver
EXPORTS
    IIC_Close
    IIC_Deinit
    IIC_Init
    IIC_IOControl
    IIC_Open
    IIC_PowerDown
    IIC_PowerUp
    IIC_Read
    IIC_Seek
    IIC_Write
```

然后,编写一个注册表文件 mydrive. reg,主要内容如下:

```
[HKEY_LOCAL_MACHINE\Drivers\BuiltIn\STRINGS]
    "Index" = dword:1
    "Prefix" = "IIC"
    "Dll" = "MyDriver.dll"
    "Order" = dword:0
```

最后,编写自己的 CEC 文件。主要是添加一个 Build Method,任务是复制注册表到 WinCE 的系统目录下面;再添加一个 Bib File,其主要功能是把编译的 mydrive. dll 文件添加到系统内核中去。保存写好的 CEC 文件。

8.4.3.3 电池电源的 WinCE 驱动

便携式嵌入式应用体系中经常需要对使用的电池电源进行监控,这由电池驱动程序完成监测并报告系统所用主/备电池的电力状况信息。电池驱动程序通常采用双层架构,WinCE 提供有顶层的 MDD 电池类驱动程序,需要设计的是针对特定电池的 PDD 电池驱动程序。这里采用的硬件平台是 Intel 公司的 Xscale 架构的 ARM 内核微处理器 PXA255。

1. 反映电池状况的数据结构定义

```
struct SYSTEM_POWER_STATUS_EX2
{   BYTE ACLineStatus;                      // 交流 AC 电源状态:用或未用
    BYTE BatteryFlag;                       // 电池电力状态:高、低、极低、充电、无电池和未知
```

```
    BYTE BatteryLifePercent;                    // 电池剩余电量百分比 0~100
    BYTE Reserved1;
    DWORD BatteryLifeTime;                      // 电池剩余的供电时间(s)
    BYTE Reserved2;
    BYTE BackupBatteryFlag;                     // 备用电池电力状态
    BYTE BackBatteryLifePercent;                // 备用电池剩余电量百分比 0~100
    BYTE Reserved3;
    DWORD BackBatteryLifeTime;                  // 备用电池剩余的供电时间(s)
    DWORD BatteryVoltage;                       // 电池电压(mV)
    DWORD BatteryCurrent;
    DWORD BatteryAverageCurrent;
    DWORD BatteryAverageInterval;
    DWORD BatteryTemperature;
    DWORD BackupBatteryVoltage;
    BYTE BatteryChemistry;                      // 电池的化学材料:NiCd、HiMh、Lion 和未知等
}
```

2. 注册表设置

PXA255 电池驱动所需的注册表设置如下:

```
IF BSP_NOBATTERY !
    [HKEY_LOCAL_MACHINE\System\Event]
        "SYSTEM/BatteryAPIsReady" = "Battery Interface APIs" ; Hive 启动部分,加载电池驱动
    [HKEY_LOCAL_MACHINE\Drivers\BuiltIn\Battery]
        "Prefix" = "BAT"
        "DLL" = "battdrvr.dll"
        "Flags" = dword : 8
        "Order" = "dword : 0
        "IClass" = "{DD176277 - CD34 - 4980 - 91EE - 67DBEF3D8913}"
ENDIF BSP_NOBATTERY !
```

3. 电池 MDD 驱动程序的主要 DDI 函数说明

① BatteryDrvGetLevels()函数　用以查询驱动程序对系统电力状态的监控。返回值,高字代表备用电池,低字代表主电池。函数原型如下:

```
LONG BatteryDrvGetLevels(void);
```

② BatteryDrvSupportChangeNotification()函数　用以检测驱动是否支持电池需要更换的通知。函数原型如下:

```
BOOL BatteryDrvSupportChangeNotification(void);
```

③ BatteryGetLifeTimeInfo()函数　用以查询用户更换电池以后的时间。3 个参数意义为:用户更换电池以来的时间数据、当前电池被激活后的时间数据及一个电池被使用的时间常数。该函数原型如下:

```
void BatteryGetLifeTimeInfo(LPSYSTEMTIME pstLastChange,
```

```
DWORD pcmsCpuUsage, DWORD pcmsPreviousCpuUsage);
```

4. 电池 PDD 驱动程序设计

设计电池 PDD 驱动程序中需要实现的主要函数为：

① BatteryPDDInitialize()函数　用以完成硬件初始化，包括设置模块名称，初始化上下文和打印调试信息。

```
BOOL WIINAPI BatteryPDDInitialize(LPCTSTR pszRegistryContext)
{   BOOL fOK = TRUE;
    SETFNAME(_T("BatteryPDDInitialize"));
    UNREFERENCED_PARAMETER(pszRegistryContext);
    DEBUGMSG(ZONE_PDD, (_T(" %s: returning %d\r\n"), pszFname, fOK));
    return fOK;
}
```

② BatteryPDDDeinitinalize()函数　用以完成硬件特定的删除卸载任务，这里仅打印调试信息。

```
void BatteryPDDDeinitinalize(void)
{   SETFNAME(_T("BatteryPDDDeinitialize"));
    DEBUGMSG(ZONE_PDD, (_T(" %s:  invoked\r\n"), pszFname));
}
```

③ BatteryPDDGetStatus()函数　该函数通过重写 PSYSTEM_POWER_STATUS_EX2 结构的各个域，获取当前电源状态。

```
BOOL BatteryPDDGetStatus(PSYSTEM_POWER_STATUS_EX2 pstatus,
                          PBOOL pfBatteriesChangedSinceLastCall)
{   pstatus -> ACLineStatus = AC_LINE_ONLINE;
    pstatus -> BatteryFlag = BATTERY_FLAG_NO_BATTERY;
    pstatus -> BatteryLifePercent = 0;
    pstatus -> BatteryLifeTime = BATTERY_LIFE_UNKNOW;
    pstatus -> BackupBatteryFlag = BATTERY_FLAG_HIGH;
    pstatus -> BackBatteryLifePercent = 0;
    pstatus -> BackBatteryLifeTime = BATTERY_LIFE_UNKNOW;
    pstatus -> BatteryChemistry = 0;
    pstatus -> BatteryVoltage = 0;
    pstatus -> BatteryCurrent = 0;
    pstatus -> BatteryAverageCurrent = 0;
    pstatus -> BatteryAverageInterval = 0;
    pstatus -> BatteryTemperature = 0;
    pstatus -> BackupBatteryVoltage = 0;
    return TRUE;
}
```

在一般产品中，应当探测 AC 电源和电池的剩余电力后再运行填充，可以使用 IsACOnline、Battery_sampleADC 等操作，具体可以参考 Platform Builder 自带的驱动 demo。

④ BatteryPDDGetLevels()函数　用以查询驱动程序对系统电力状态的监控功能，即 SYSTEM_POWER_STATUS_EX2 结构中 BatteryFlag 域里支持的电源状态数量。返回值，高字节代表备用电池，低字节代表主电池。

```
LONG BatteryPDDGetLevels(void)
{   LONG lLevels = MAKELONG(3/*主电池*/, 3/*备用电池*/);
    SETFNAME(_T("BatteryPDDPowerHandler"));
    DEBUGMSG(ZONE_PDD, (_T("%s: returning %u (%d main levels, %d backup levels)\r\n"),
        pszFname, LOWORD(lLevels), HIWORD(lLevels)));
    return lLevels;
}
```

⑤ BatteryPDDSupportsChangeNotification()函数　该函数功能与 BatteryDrvSupportChangeNotification()函数相同，这里将返回值定义设置为 FALSE。

```
BOOL BatteryPDDSupportsChangeNotification(void)
{   BOOL fSupportsChange = FALSE;
    SETFNAME(_T("BatteryPDDPowerHandler"));
    DEBUGMSG(ZONE_PDD, (_T("%s: returning %d\r\n"), pszFname, fSupportsChange));
    return fSupportsChange;
}
```

8.4.4 开发与测试设备驱动程序

1. 建立设备驱动程序

创建设备驱动程序需要使用 Platform Builder 工具软件。首先，使用 PB 的 File 菜单的 Platform Builder New Project or File 命令创建一个 WinCE DLL，按向导提示直到完成，就可以得到一个包含一个空 dllMain 函数的 DLL。WinCE 中的设备驱动程序多为流式接口，可以使用 PB 中的 Windows CE Stream Driver Wizard 创建所需的主干驱动程序，按向导提示逐步设置后，单击"Go"就可以生成流驱动程序源代码框架。

2. 测试流驱动程序代码

在编写完驱动程序之后，需要提供一种测试它的方法。PB 带有 WinCE Test Kit (CETK)，它提供了用于各种驱动程序类型的测试，包含网络连接、蓝牙、串行端口以及显示。由于自编的驱动程序是一种特殊的驱动程序，它没有公开与现有的驱动程序测试一样的功能，因此需要为该驱动程序编写一个自定义测试。可以编写一个应用程序来测试驱动程序，但更好的方法是提供一个 CETK 模块。其基本步骤是：创建主干 Test 模块，将自定义驱动程序的测试代码添加到 Test DLL 中，重新构建操作系统，设置断点进行测试。

3. 检验驱动程序

可以使用下述方法之一检验驱动程序：

① 使用命令行工具查看从驱动程序公开的函数。所用命令为 dumpbin，如"dumpbin

exports StreamDrv. dll”。

② 使用远程系统信息(remote system information)工具检验驱动程序。该工具在 PB 的 Tools 菜单下。

③ 使用加载模块列表来确定已加载了的驱动程序。具体方法是在 PB 中使用 Target Control 窗口或 View | Debug Windows | Modules and Symbols。

4. 使用 WinCE Test Kit

WinCE Test Kit 包含设备端组件和桌面组件。设备端组件叫做 Clientside. exe,通过从目录中添加 CETK 组件,可以将设备端组件添加到工作区中。在桌面计算机上运行 CETK 之前,需要启动设备上的 Clientside. exe 应用程序。

将自定义测试添加到 CETK 中之前,可以运行一个标准测试,以查看测试工作如何进行,如 Serial Port Driver Test。

CETK 提供测试过程和测试输出的更新,也可以在 Platform Builder 中检验调试输出,以便查看测试过程,示例如下:

```
405910 PID:83d4ee4a TID:83ea5a8a * * * Test Name: 设置事件屏蔽,等待线程关闭 comm 端口句柄
405920 PID:83d4ee4a TID:83ea5a8a * * * Test ID: 1007
405920 PID:83d4ee4a TID:83ea5a8a * * * Library Path: \serdrvbvt.dll
405920 PID:83d4ee4a TID:83ea5a8a * * * Command Line:
405920 PID:83d4ee4a TID:83ea5a8a * * * Result: Passed
405920 PID:83d4ee4a TID:83ea5a8a * * * Random Seed: 15595
405930 PID:83d4ee4a TID:83ea5a8a * * * Thread Count: 1
405930 PID:83d4ee4a TID:83ea5a8a * * * Execution Time: 0:00:05.110
```

5. 创建自定义 CETK 测试

通过使用 Platform Builder User - Defined Test Wizard,可以创建一个自定义 CETK 测试,该测试可以用来验证自定义流驱动程序的导出函数。使用 CETK,可以列出其中的自定义流驱动程序测试,也可以运行自定义流驱动程序测试。

6. 确定谁拥有流驱动程序

可以使用远程进程查看器(remote process viewer)确定哪个进程正在加载驱动程序;也可以通过使用 PB 编写一个应用程序来将数据写入自定义的驱动程序中,并读回和显示该信息,以此来验证所设计的驱动程序,可供调用的 WinCE API 函数有 CreateFile、WriteFile、ReadFile、CloseHandle 及 MessageBox 等。

8.5 WinCE USB 设备驱动程序及设计

8.5.1 WinCE USB 软件体系综述

1. WinCE USB 软件体系的组成

WinCE 的 USB 体系软件由两层组成:高层的 USB 设备驱动程序和低层的 WinCE 实现的 USB 函数。其中,低层由较高的通用串行总线驱动程序 USBD 模块和较低的控制器驱动

程序 HCD 模块组成。HCD 模块给 USBD 模块提供最底层的支持,USBD 实现高层的 USBD 接口函数。USB 设备驱动程序使用 USBD 提供的接口函数和外围设备进行通信。

2. USB 驱动程序的 DDI 接口函数

USB 设备驱动程序通常采用流式接口,它提供的 DDI 接口函数有 MDV_Init、MDV_Deinit、MDV_Open、MDV_Close、MDV_IOControl、MDV_Write、MDV_Read、MDV_Seek、MDV_PowerUp、MDV_PowerDown、USBDeviceAttach、USBInstallDriver 和 USBUnInstallDriver,这里假设 USB 设备的前缀为 MDV。其中,后 3 个函数是 WinCE 要求 USB 设备驱动所必须提供的入口点函数,其他函数是可以根据实际需要而设计的 DDI 流式接口函数。USB 设备驱动入口点函数用于和 USBD 模块的交互。

3. WinCE USBD 提供的接口函数

① USBD 的传输函数　主要有:AbortTransfer、CloseTransfer、GetIsochResults、GetTransferStatus、IssuBulkTransfer、IssueControlTransfer、IssueInterruptTransfer、IssueIsochTransfer、IsTransferComplete 和 IssueVendorTransfer 等。

② USBD 和 USB 设备建立通信管道的函数　主要有:AbortPipeTransfer、ClosePipe、IsDefaultPipeHalted、IsPipeHalted、OpenPipe、ResetDefaultPipe 和 ResetPipe 等。

③ USB 针对在总线上的数据打包函数　主要有:GetFrameLength、GetFrameNumber、ReleaseFrameLengthControl、SetFrameLength 和 TakeFrameLengthControl 等。

④ USBD 与 USB 设备进行交互的函数　主要有:FindInterface、GetDeviceInfo、GetUSBDVersion、LoadGenericIntefaceDriver、OpenClientRegistryKey、RegisterClientDriverId、RegisterClientSettings、RegisterNotificationRoutine、TranslateStringDescr 和 UnRegisterNotificationRoutine 等。

8.5.2 编写 WinCE USB 驱动程序

需要针对某种特定 USB 设备编写的驱动程序是位于 WinCE USB 体系中的高层 USB 设备驱动程序,它通常是流式接口的驱动程序,其驱动程序设计中主要使用的 WinCE 系统函数是 WinCE USBD 模块提供的操作 USB 设备的函数和部分 WinCE API 函数。

编写 WinCE USB 设备驱动程序主要是入口点函数和流式 DDI 接口函数的设计。

1. USB 设备驱动的入口点函数

① USBDeviceAttach()函数　该函数主要用于初始化 USB 设备,取得 USB 设备信息,配置 USB 设备,并且申请必需的资源。USB 设备连接到计算机上时,USBD 模块就会调用该函数。USBDeviceAttach()函数的原型及参数含义说明如下:

```
BOOL USBDeviceAttach( USB_HANDLE hDevice, LPCUSB_FUNCS lpUsbFuncs,
        LPCUSB_INTERFACE lpInterface, LPCWSTR szUniqueDriverId, LPBOOL
        fAcceptControl, LPCUSB_DRIVER_SETTINGS lpDriverSettings, DWORD dwUnused );
```

其中,参数 hDevice 为 USBD 为此设备分配的句柄;lpUsbFuncs 为 USBD 函数指针;lpInterface 为指向 USB_INTERFACE 结构的指针,它包含有必需的接口信息;szUniqueDriverId 为设备 ID 描述字符串;fAcceptControl 为标记,返回 TRUE 说明驱动接受该设备,返回 FALSE 说明驱动不接受该设备;lpDriverSettings 为指向 USB_DRIVER_SETTINGS 结构的指针。

② USBInstallDriver()函数　该函数主要用于创建一个驱动程序加载所需的注册表信息，例如读/写超时、设备名称等，其函数原型如下：

```
BOOL USBInstallDriver(LPCWSTR szDriverLibFile );
```

③ USBUninstallDriver()函数　该函数主要用于释放驱动程序所占用的资源，以及删除USBInstallDriver函数创建的注册表等，其函数原型如下：

```
BOOL USBUnInstallDriver(void);
```

2. USB设备驱动的注册键

注册键控制如何加载USB驱动程序。USBD通过查询固定的注册表项来加载驱动程序。这个配置在注册表项HKEY_LOCAL_MACHINE\Drivers\USB\LoadClients下，每个驱动程序的子键都有Group1_ID\Group2_ID\Group3_ID\DriverName格式，如果注册表信息与USB设备信息符合，USBD就会加载此驱动程序。设备的子键由供应商、设备类和协议信息通过下画线组成。

例如，鼠标的USB设备驱动注册键如下：

```
HKEY_LOCAL_MACHINE\Drivers\USB\LoadClients
   (Default)
     (Default)
        (3_1_2)
           (Generic_Sample_Mouse_Driver)
                "DLL" = "MYUSBMouse.dll"
```

USB鼠标是标准的HID设备，其协议为：InterfaceClassCode为3(HID类)，InterfaceSubclassCode为1(引导接口类)，InterfaceProtocolCode为2(鼠标协议类)，所以注册如下：

```
[HKEY_LOCAL_MACHINE\Drivers\USB\LoadClients\Default\Default\3_1_2\Generic_Sample_Mouse_Driver]
   "DLL" = " MYUSBMouse.dll "
```

3. USBView工具及其使用

可以使用Win2000DDK提供的USBView工具观察USB设备的信息，USBView可以在\NTDDK\src\wdm\usb\usbview目录下找到。提供的USBView是源代码，使用前需要用"build"命令编译得到usbview.exe文件。

4. WinCE自带的USB设备驱动程序

编写WinCE设备驱动程序，可以在其自带的类似的驱动程序基础上加以修改而得到。\WINCE500\PUBLIC\COMMON\OAK\DRIVERS\USB\CLASS\下有WinCE自带的USB设备驱动程序。

8.5.3　简单示例：USB鼠标驱动

1. 基本的编写步骤

➢ 使用EVC或PB生成一个DLL工程；

➢ 将USB设备必须支持的函数导出；

➤ 编写 USB 导出函数；
➤ 编写鼠标类。

2. 编写 USBDeviceAttach

主要代码如下：

```
*fAcceptControl = FALSE;
// 鼠标设备有特定的描述信息,要检测是否是所需的设备
if (lpInterface == NULL)  return FALSE;
// 初始化 USB 鼠标类,产生一个接收 USB 鼠标数据的线程
CMouse * pMouse = new CMouse(hDevice, lpUsbFuncs, lpInterface);
if (pMouse == NULL) return FALSE;
if (! pMouse -> Initialize())
{   delete pMouse;
    return FALSE;
}
// 注册一个监控 USB 设备事件的回调函数,用于监控 USB 设备是否已经拔掉
(*lpUsbFuncs -> lpRegisterNotificationRoutine)(hDevice, USBDeviceNotifications, pMouse);
*fAcceptControl = TRUE;
return TRUE;
```

3. 编写 USBInstallDriver

主要代码如下：

```
BOOL fRet = FALSE;
HINSTANCE hInst = LoadLibrary(L"USBD.DLL");
// 注册 USB 设备信息
if(hInst)
{   LPREGISTER_CLIENT_DRIVER_ID pRegisterId =
        (LPREGISTER_CLIENT_DRIVER_ID)GetProcAddress(hInst, gcszRegisterClientDriverId);
    LPREGISTER_CLIENT_SETTINGS pRegisterSettings =
        (LPREGISTER_CLIENT_SETTINGS)GetProcAddress(hInst,gcszRegisterClientSettings);
    if(pRegisterId && pRegisterSettings)
    {   USB_DRIVER_SETTINGS DriverSettings;
        DriverSettings.dwCount = sizeof(DriverSettings);
        // 设置所需的特定信息
        DriverSettings.dwVendorId = USB_NO_INFO;
        DriverSettings.dwProductId = USB_NO_INFO;
        DriverSettings.dwReleaseNumber = USB_NO_INFO;
        DriverSettings.dwDeviceClass = USB_NO_INFO;
        DriverSettings.dwDeviceSubClass = USB_NO_INFO;
        DriverSettings.dwDeviceProtocol = USB_NO_INFO;
        DriverSettings.dwInterfaceClass = 0x03;            // HID 类
        DriverSettings.dwInterfaceSubClass = 0x01;
        DriverSettings.dwInterfaceProtocol = 0x02;         // 鼠标
```

```
        fRet = (*pRegisterId)(gcszMouseDriverId);
        if(fRet) fRet = (*pRegisterSettings)(szDriverLibFile, gcszMouseDriverId,
                    NULL,&DriverSettings);
    }
}
```

4. 编写 USBUnInstallDriver

主要代码如下：

```
USB_DRIVER_SETTINGS DriverSettings;
DriverSettings.dwCount = sizeof(DriverSettings);
// 必须填入与注册时相同的信息
DriverSettings.dwVendorId = USB_NO_INFO;
DriverSettings.dwProductId = USB_NO_INFO;
DriverSettings.dwReleaseNumber = USB_NO_INFO;
DriverSettings.dwDeviceClass = USB_NO_INFO;
DriverSettings.dwDeviceSubClass = USB_NO_INFO;
DriverSettings.dwDeviceProtocol = USB_NO_INFO;
DriverSettings.dwInterfaceClass = 0x03;                    // HID 类
DriverSettings.dwInterfaceSubClass = 0x01;                 // 引导设备
DriverSettings.dwInterfaceProtocol = 0x02;                 // 鼠标
fRet = (*pUnRegisterSettings)(gcszMouseDriverId, NULL, &DriverSettings);
if(pUnRegisterId)
{   BOOL fRetTemp = (*pUnRegisterId)(gcszMouseDriverId);
    fRet = fRet ? fRetTemp : fRet;
}
FreeLibrary(hInst);
LPCUSB_DEVICE lpDeviceInfo = (*m_lpUsbFuncs->lpGetDeviceInfo)(m_hDevice);
// 检测配置:USB 鼠标应该只有一个中断管道
if ((m_pInterface->lpEndpoints[0].Descriptor.bmAttributes & USB_ENDPOINT_TYPE_MASK)
    != USB_ENDPOINT_TYPE_INTERRUPT) return FALSE;
// 配置中断管道
m_hInterruptPipe = (*m_lpUsbFuncs->lpOpenPipe)(m_hDevice,
                   &m_pInterface->lpEndpoints[0].Descriptor);
```

5. 初始化 USB 鼠标

主要代码如下：

```
// 打开中断管道出错
if (m_hInterruptPipe == NULL) return (FALSE);
// 创建事件
m_hEvent = CreateEvent(NULL, FALSE, FALSE, NULL);
if(m_hEvent == NULL)
{   RETAILMSG(1,(TEXT("USBMouse: Error on CreateEvent for connect event\r\n")));
```

```
    return(FALSE);
}
// 创建数据接收线程
m_hThread = CreateThread(0, 0, MouseThreadStub, this, 0, NULL);
if (m_hThread == NULL)
{   RETAILMSG(1,(TEXT("USBMouse: Error on CreateThread\r\n")));
    return(FALSE);
}
return(TRUE);
```

6. 初始化中断传输

主要代码如下：

```
if(SubmitInterrupt())
{   while (! m_fClosing)
    {   WaitForSingleObject(m_hEvent, INFINITE);
        if(m_fClosing) break;
        if ((* m_lpUsbFuncs -> lpIsTransferComplete)(m_hInterruptTransfer))
        if (! HandleInterrupt()) break;
    }
}
return(0);
```

7. 接收鼠标数据

主要代码如下：

```
// USB 传送过来的信息 8 位
// 1        2    3    4    5    6    7    8
// 鼠标状态  dx             dy
DWORD dwError;
DWORD dwBytes;
DWORD dwFlags = 0;
INT dx = (signed char)m_pbDataBuffer[1];
INT dy = (signed char)m_pbDataBuffer[2];
BOOL fButton1 = m_pbDataBuffer[0] & 0x01 ? TRUE : FALSE;
BOOL fButton2 = m_pbDataBuffer[0] & 0x02 ? TRUE : FALSE;
BOOL fButton3 = m_pbDataBuffer[0] & 0x04 ? TRUE : FALSE;
if (! (* m_lpUsbFuncs -> lpGetTransferStatus)(m_hInterruptTransfer, &dwBytes,&dwError))
    return FALSE;
// 再次开始接收鼠标消息
if(! SubmitInterrupt()) return FALSE;
// 处理鼠标动作
if(dx || dy) dwFlags |= MOUSEEVENTF_MOVE;
if(fButton1 != m_fPrevButton1)
{   if(fButton1) dwFlags |= MOUSEEVENTF_LEFTDOWN;
```

```
        else dwFlags |= MOUSEEVENTF_LEFTUP;
    }
    if(fButton2 ! = m_fPrevButton2)
    {   if(fButton2) dwFlags |= MOUSEEVENTF_RIGHTDOWN;
        else dwFlags |= MOUSEEVENTF_RIGHTUP;
    }
    if(fButton3 ! = m_fPrevButton3)
    {   if(fButton3) dwFlags |= MOUSEEVENTF_MIDDLEDOWN;
        else dwFlags |= MOUSEEVENTF_MIDDLEUP;
    }
    m_fPrevButton1 = fButton1;
    m_fPrevButton2 = fButton2;
    m_fPrevButton3 = fButton3;
    // 通知系统产生鼠标事件
    if (m_fReadyForMouseEvents) mouse_event(dwFlags, dx, dy, 0, 0);
    else //判断当前鼠标的 API 是否可用
        m_fReadyForMouseEvents = IsAPIReady(SH_WMGR);
    return TRUE;
    // 判断 m_hInterruptTranser 是否为空,如果不为空关闭 transfer
    if(m_hInterruptTransfer) (*m_lpUsbFuncs->lpCloseTransfer)(m_hInterruptTransfer);
    // 启动一个中断传送
    m_hInterruptTransfer = (*m_lpUsbFuncs->lpIssueInterruptTransfer)
        (m_hInterruptPipe, MouseTransferCompleteStub, this, USB_IN_TRANSFER |
        USB_SHORT_TRANSFER_OK,
        min(m_pInterface->lpEndpoints[0].Descriptor.wMaxPacketSize,
          sizeof(m_pbDataBuffer)), m_pbDataBuffer, NULL);     // 表示输入数据/数据帧短
    if(m_hInterruptTransfer == NULL)
    {   DEBUGMSG(ZONE_ERROR,L"! USBMouse: Error in IssueInterruptTransfer\r\n"));
        return FALSE;
    }
    else     DEBUGMSG(ZONE_TRANSFER,(L"USBMouse::SubmitInterrupt,
                        Transfer:0x%X\r\n", m_hInterruptTransfer));
    return TRUE;
```

8. 数据传输完毕的回调函数

主要代码如下：

```
DWORD CMouse::MouseTransferComplete()
{   if (m_hEvent) SetEvent(m_hEvent);
    return 0;
}
```

8.6 WinCE NDIS 网络设备驱动及设计

8.6.1 WinCE NDIS 网络驱动概述

1. WinCE NDIS 网络驱动综述

网络驱动接口规范 NDIS(Network Driver Interface Standard)是 WinCE 支持网络连接的一种方法。NDIS 提供了两个抽象层,用来把网络驱动程序与协议栈(如 TCP/IP 和红外数据协会 IrDA)相连,或者与网络适配器(如以太网卡)相连。NDIS 给网络驱动程序的编写者提供了两组应用程序接口(API):一组是用于网络协议栈的,另一组是用于网络接口卡的。WinCE 2.0 和以后版本实现了在 Windows NT 上使用 NDIS 4.0 模型的一个子集,使得 OEM 厂商和独立硬件厂商能够把已有的 Windows NT 上的网络驱动程序移植到 WinCE 上。完整的 NDIS 支持多种类型的网络驱动程序,但是 WinCE 4.0 和以后版本只支持微端口卡的驱动程序,不支持统一的、全部的 NIC(Network Interface Card)驱动程序。此外,以太网卡和 IRDA是 WinCE 所支持的唯一 NDIS 介质类型。WinCE 中协议栈、NDIS、NIC 和微端口卡驱动程序的关系如图 8.13 所示。

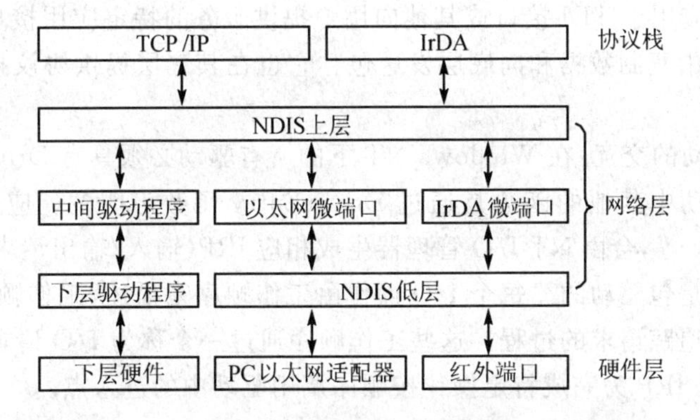

图 8.13 WinCE NDIS 网络驱动层次结构示意图

对于微端口卡驱动程序,WinCE 与 Windows NT 具有很大程度的源代码兼容性。WinCE 与 Windows NT 支持统一的 NDIS 应用程序接口。微端口卡驱动程序是一个复杂的软件,因此,Microsoft 公司推荐采用微端口卡的样本驱动程序进行改造或从其他操作系统移植现成的驱动程序,而不要从底层开发驱动程序。WinCE 包括下面这些微端口卡的驱动程序:Proxim 无线以太网卡、FastIR、NE2000 兼容的网络适配器、IrSIR 红外串口中性微端口卡和 Xircom CE2 以太网卡。

2. Windows NT NDIS 简介

网络接口卡(NIC)是一个物理设备,类似于网关,通过它,网络中的任何设备都可以发送和接收数据帧。不同网络中,网络接口卡的名称是不同的。例如,以太网中称为以太网接口卡,令牌环网中称为令牌环网接口卡等。

网络驱动接口规范描述了一个接口,通过这个接口,一个或多个 NIC 驱动可以与一个或多个覆盖在其上的协议驱动和操作系统通信。对所有外部功能来说,NIC 驱动都依赖于

NDIS,这些功能包括与协议驱动的通信、注册、截获 NIC 硬件中断和与下层的 NIC 的通信。NDIS 库为 NIC 驱动的编写提供了完整的抽象接口,库输出所有可以在 NIC 驱动开发中使用的 NT 内核模式函数。这个库负责响应所有下层 NIC 驱动特定的任务,保持绑定和状态信息。NDIS 的基本特征为:单 NIC 驱动、NDIS 库、均衡处理器支持、多协议驱动支持、管理、发送类型、操作标志、全双工操作、ARCNET 和 WAN 支持。

Windows NT 支持 3 种类型的驱动:网络接口卡驱动(NIC)、中间协议驱动和上层协议驱动。

NIC 驱动管理网络接口卡。NIC 驱动接口在下边界直接控制硬件(NIC),在上边界提供上层驱动访问的接口:发送和接收包、重置 NIC(Reset)、停止 NIC、查询 NIC 和设置 NIC 操作特性。NIC 驱动有两种类型:微端口驱动和完全 NIC 驱动。微端口驱动应用于管理 NIC 硬件特殊操作,包括在 NIC 上发送和接收数据,微端口驱动不能直接呼叫系统例程,只能呼叫 NDIS 提供的函数;完全 NIC 驱动不仅管理硬件而且管理 NDIS 完成的操作系统特定任务,完全 NIC 驱动必须保持接收数据的绑定信息。

中间驱动接口位于上层协议驱动和微端口驱动之间。对于上层传输驱动程序来说,中间驱动像是微端口驱动;对于微端口驱动来说,像是协议驱动。使用中间协议驱动主要是为了传输媒质,存在于对于传输驱动未知和微端口管理之间的新的媒质类型。

上层协议驱动应用于 TDI 接口或其他向用户提供服务的特定应用接口。例如,驱动调用 NDIS 分配包,向包中复制数据和向底层发送包。它也在其底层提供协议接口,来接收下层驱动发送来的包。

应用程序和驱动的交互:在 Windows NT 下的所有驱动必须具有 DriverEntry 函数,作为驱动的进入点。驱动中其他的函数是通过 DriverEntry 函数声明的。应用程序调用函数如 CreateFile,ReadFile 等,会由 NT I/O 管理器生成相应 IRP(输入/输出请求包)。在 NT 下,几乎所有 I/O 操作都是包驱动的。每个 I/O 操作由工作顺序来描述,工作顺序告诉驱动做什么和通过 I/O 子系统追踪请求的过程。这些工作顺序通过一个称为 I/O 请求包(IRP)的数据结构的形式给出,这个 IRP 为完成特定操作按顺序调用驱动中的进入点。

3. WinCE 支持与不支持的 NDIS 功能

WinCE 支持的 NDIS 功能:NDIS4.0 的一个子集、以太网和 IrDA 介质类型、标准的微端口卡驱动程序、中性微端口卡驱动程序的一个子集和对基于 NIC 的微端口卡的即插即用加载。

WinCE 不支持的 NDIS 功能:单片或全功能的 NDIS、直接内存存取(DMA)、连续的物理内存分配、既提供微端口给已有的协议栈又提供协议接口给其他应用的中性微端口卡驱动程序、通过 NDIS 的广域网互联、PC 卡属性空间和多包传送。

8.6.2 WinCE 微端口驱动及其实现

所需的 WinCE 微端口驱动,通常由 WinCE 提供的样本驱动程序或 Windows NT 相似的驱动程序加以修改并移植得到。简单的说,WinCE 的网络驱动程序是一类特殊的、两层架构的流式接口驱动程序,NDIS 是上层的 MDD 驱动,微端口驱动就是针对特定网络硬件的 PDD 驱动。但是微端口驱动又具有其特别之处。为特定微端口设备创建驱动程序,涉及的不同于常规设备驱动程序的特殊环节有驱动程序的装载、中断处理、DMA 设计、程序的编译等方面,下面就这些方面着重加以阐述，然后归纳编修微端口驱动程序的基本设计步骤。

1. NDIS 设备驱动程序的装载

NDIS 设备驱动程序由含有 NDIS. DLL 的上一级设备驱动程序加载。在此把 NDIS. DLL 称为 NDIS 包，以区别于所论述的 NDIS 微端口驱动程序。NDIS 包是 Microsoft 公司提供的动态库（run－time library）的一部分，实际上是一个流式接口驱动程序。驱动程序可以作为“内建设备”装入，也可以作为 PC 卡附加设备装入。相关 NDIS 的设备驱动程序装载层次如图 8.14 所示。

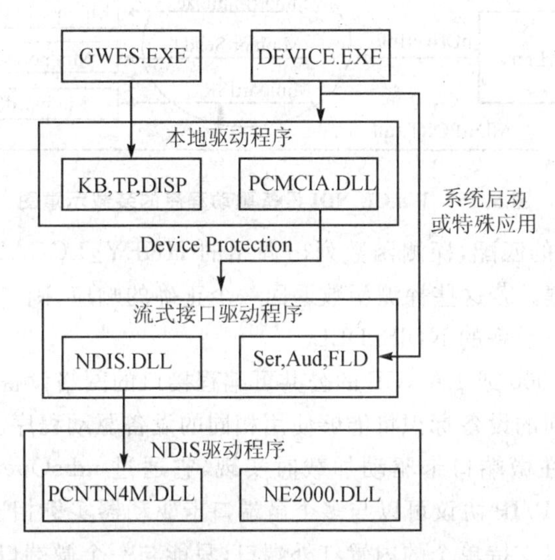

图 8.14 相关 NDIS 的设备驱动程序层次图

作为“内建设备”装入时，NDIS 包为 NDIS 驱动程序扫描 HKEY_LOCAL_MACHINE\COMM 注册键并把它们依次装入。与其他 OS 下的 NDIS 驱动程序不同，WinCE NDIS 驱动程序总是作为.dll 格式装载的。作为 DLL，必须输出名为 DLLEntry 的入口函数，以在 DLL 装入或卸掉时被 OS 调用。DriverEntry 执行任何通用的和与平台无关的初始化，还通过函数 NdisMRegisterMiniport 向 NDIS 系统注册。DriverEntry 的函数原型如下：

```
NTSTATUS DriverEntry(IN PDRIVER_OBJECT pDriverObject,
                     IN PUNICODE_STRING pRegisterPath);
```

典型情况下，NDIS 驱动程序的 DLLEntry 用以输出驱动程序行为的调试信息。

DLL 驱动程序装入后，NDIS 包调用驱动程序的初始化函数 DriverEntry。NDIS 包通过函数表产生对其支持函数的调用。DriverEntry 通常建立包含特定信息的 NDIS 数据结构，然后调用 NdisMRegisterMiniport 函数连同 NDIS 包一起登记这些信息，图 8.15 说明了这种关系。

PCMCIA 卡驱动程序要复杂些。本地驱动程序 PCMCIA. DLL 提供有套接字接口。设备管理器（DEVICE. EXE）装载 PCMCIA. DLL，然后在 PCMCIA 设备插入时请求通知。这些情况发生时，设备管理器询问 PCMCIA 设备驱动程序，以得到卡的设备标识即逻辑设备 ID。该标识再与注册键子键 HKEY_LOCAL_MACHINE\Drivers\PCMCIA 相对比匹配，找到则装载该驱动程序。对于网络设备，装载的驱动程序是 NDIS 包 NDIS. DLL。

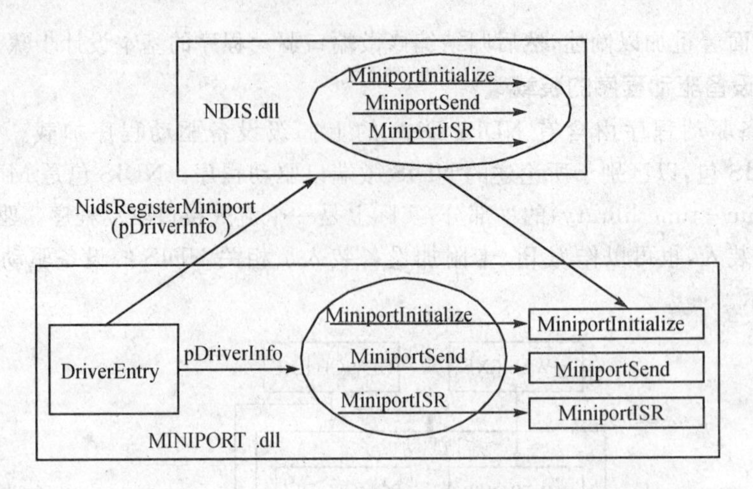

图 8.15 WinCE NDI 设备驱动程序的装载示意图

如果没有找到合适的匹配,探测函数列出调用的 HKEY_LOCAL_MACHINE\Drivers\PCMCIA\Detect 注册键。若这些探测函数返回一个正确的响应,则在注册键中的驱动程序将被装载。此外,将是网络设备的 NDIS. DLL。

如果有使用如 NE2000 或 LANCE 的公共可编程接口的网络设备,探测函数很容易得到。此时,设备及其许多不同的设备标识将能够使用相同的设备驱动程序。

NDIS 协议的绑定在微端口卡驱动加载时实现,它通过 ndisOpenAdapter 和 NdisCloseAdapter 函数完成。TCP/IP 协议可以与多个微端口卡驱动器实例相连接,使其可以同时使用多个 NIC。IrDA 协议只支持单个的内置红外端口,只能与一个微端口驱动器实例相连接。对于 PC 的微端口卡驱动,协议的连接和解除是随 NIC 的插入和拔出而自动发生的。

2. 中断的特殊处理

不能使用 HookInterrupt 或 InterruptInitialize 函数,因为 NDIS 设备驱动程序是通过 NDIS API 建立中断处理的。事先通过调用 NdisMRegisterMiniport 函数建立的 NDIS 数据结构,包括指向两个由驱动程序支持的中断相关的指针:HandlerInterruptHandler 和 ISRHandler。

初始化前期,NDIS 驱动程序调用 NdisMRegisterInterrupt 函数,同时 NDIS 包调用 InterruptInitialize 创建一个 IST,然后进入休眠等待中断的到来。唤醒时,IST 调用数据结构的 ISRHandler 指向的句柄,ISRHandler 不会在中断级执行。ISRHandler 函数原型如下:

```
VOID ISRHandler(OUT PBOOLEAN InterruptRecognized,
                OUT PBOOLEAN QueueDpc, IN PVOID Context);
```

通常,ISRHandler 只禁止网络适配器的深层中断,为 InterruptRecognized 或 QueueDpc 返回 TRUE;InterruptRecognized 用于处理共享中断,此时 FALSE 指明产生的中断需要被其他驱动程序处理;QueueDPC 能够引起一个由 NDIS 包对 HandlerInterruptHandler 的“迟延的过程调用”。

WinCE NDIS 设备驱动程序的注意事项:

① 浏览平台 OEMInit 函数,要确认驱动程序使用的硬件中断与平台中断分派器中的系统中断向量有联系。

② 弄清楚 WinCE 版本为网络控制器由 SYSINTR_NETWORK 宏映射到系统中断级的希望的中断，宏在 NKINTR. H 文件中。因为不管传入到 NdisMRegisterInterrupt 的是何中断级，当调用 InterruptInitialize 函数时 NDIS 包都要使用宏 SYSINTR_NETWORK。

典型的 NDIS 设备驱动程序中断处理中的事件链如图 8.16 所示。

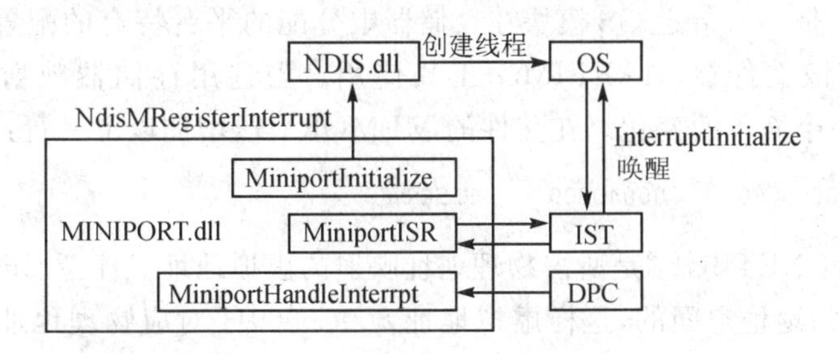

图 8.16 WinCE NDIS 的中断处理流程示意图

3. WinCE NDIS 设备驱动中的 DMA 实现

首先要明确 WinCE NDIS 设备驱动程序的存储器管理。WinCE 运行在一个平坦的 32 位地址空间里；应用程序运行在私有的 32 MB 区间，使用虚拟寻址工作；OS 的用户地址空间在底部的 2 GB(80000000H)，物理存储器被映射在这个地址空间顶部。Win32 API 的所有调用都使用存在于用户地址空间的虚拟地址。

WinCE 没有自己的 DMA 机制，驱动中需要 DMA 时要特别设计。

在 DMA 方式下，除 CPU 外，由代管移动数据。这种代管可能是设备本身即主 DMA，也可能是专用的 DMA 控制器即从 DMA。从 DMA 形式特别适合于 OEM，微端口驱动程序可以把所需的物理内存映射到驱动程序的虚拟地址空间，然后用 VirtualAlloc 和 VirtualCopy 函数从该虚拟地址空间移进和移出；WinCE 中有 NI 的 IrDA 驱动例程，采用的就是这种方式。对于主 DMA 形式，当接收数据时，驱动程序分配一个共享内存块，把数据传到块中的缓冲器里，再使用 NDIS 函数指出一个数据包已到达；当发送数据时，驱动程序使用 LockPages 和 UnlockPages 函数把虚拟内存映射到设备内存中，通知 NIC 数据地址，然后命令 NIC 卡发送数据。这种方法对较大的数据块来说速度较快。

不管使用哪种形式的 DMA，DMA 代管必须知道传输数据的物理地址，因为它不知道 Win32 API 中使用的虚拟地址。

在从 DMA 方式下，需要从设备驱动程序直接编程 DMA 控制器。Windows OS 的 NDIS 包提供有一个抽象层，不需要这样做，但是 WinCE 没有这种功能。WinCE DDK 下的 NSC IrDA微端口例程驱动程序中有很好的 DMA 控制器编程的例子可以参考。

在所有 DMA 形式下，设备驱动程序需要做的两件事情之一是处理从虚拟存储到物理存储的转换。如果物理存储器缓冲区不连续，需要向 OS 查询数据缓冲区的每个块的物理地址。在这种情况下，需要锁定存储器以使寻址终止后物理地址不发生变化。根据 DMA 运行机制，可能需要同时编程几个物理缓冲区地址。对这种“分散-集中”近似的其他选择是分配一个指向物理存储空间的存储器缓冲区。

NDIS API 提供有函数可以寻址所有这些情形，但 WinCE 中还没有这种 NDIS 子集。这种忽略的特例包括：NdisMAllocateSharedMemory、NdisAllocateMemory 的 NDIS_MEMORY_CONTIGUOUS 标志和 NdisMStartBufferPhysicalMapping。

可以使用 CONFIG. BIB 文件为 DMA 保留缓冲区。为改善上述不足，在 WinCE 中常常需要使用下面描述的 CONFIG. BIB 文件为网络缓冲区预留存储空间。该空间可能是在网络控制器本身即存储器映射 RAM 中，也可能在系统的 DRAM 即共享存储器中。对后一种情况，必须从有效的系统 DRAM 中“切掉”所需的存储器。

CONFIG. BIB 是一个指定 OS 模块在存储器中分配的平台特有的配置文件。在创建 OS 二进制映像期间，该文件被 MAKEIMG 工具使用。当选用存储器映射 RAM 时，需要对 CONFIG. BIB 作一个简单的变化。在文件的 MEMORY 段增加以下一行：

```
PCNETBUF      800C0000      00040000      RESERVED
```

没有使用的“PCNETBUF”是所需物理地址映射的虚拟地址。注意 CPU 物理地址空间是线性映射到 OS 用户地址空间的，这样虚拟地址 800C0000H 对应物理地址 C0000H。下一个值 40000H 是缓冲区的大小，RESERVED 可以防止 MAKEIMG 工具分配该地址给其他 OS 模块。

使用共享存储器时，必须修改 CONFIG. BIB 以减少可用于 OS 的系统 RAM 的数量，并保留用作存储器缓冲区。然后修改 CONFIG. BIB 的 MEMORY 段，如下所示：

```
RAM           80800000      00800000      RAM
```

该行指明以虚拟地址 80800000H(物理地址 800000H)开始的可用 8 MB 用户 DRAM 。为在该区顶部保留 256 KB 缓冲空间，需要变化上述行为：

```
RAM           80800000      007C0000      RAM
PCNETBUF      80FC0000      00040000      RESERVED
```

可以看到减少了 RAM 的大小，同时在该位置创建了一个作为网络缓冲的新区。

下一步是怎样访问 CONFIG. BIB 文件中定义的存储器区。要记住不能使用 CONFIG. BIB 文件中的虚拟地址，它们在 OS 用户地址空间外；而必须在用户地址空间分配足够的虚拟地址空间，然后映射这些虚拟缓冲区到 CONFIG. BIB 中保留的物理地址空间。执行上述操作的代码如下：

```
g_pvDmaVirtualBase = VirtualAlloc(0,BUFFER_LEN, MEM_RESERVE, PAGE_NOACCESS);
nTmpVal = VirtualCopy(g_pvDmaVirtualBase, (LPVOID)(DMA_BUFFER_BASE_PA | 0x80000000),
            DMA_BUFFER_LEN, PAGE_READWRITE | PAGE_NOCACHE);
```

其中，VirtualAlloc 和 VirtualCopy 是 Win32 API 函数。VirtualAlloc 会在用户地址空间分配一个缓冲区而不会忽略任何特定的物理地址，然后 VirtualCopy 会映射该缓冲区到希望的位置。DMA_BUFFER_PA 和 DMA_BUFFER_LEN 是 WinCE 特定头文件中的宏定义。驱动程序不会知道 CONFIG. BIB 的变化，如果修改了 CONFIG. BIB 而不改变头文件，就会产生危险。所有文件都要注释以反映这种现象。

这种分配和使用网络缓冲区的方法，不允许动态变化网络缓冲区的大小，有利于 DRAM 升级的目标设备。由于在数据传输发生前没有额外的复制以保留缓冲，对于高性能总线控制设备也是性能残缺的。Microsoft 公司建议使用 LockPages 内核函数作为一个折中方法，不过这种应用还没有应用实例。如果要这样使用，可以参阅 wceedk. chm(WinCE 2.1x)或 wcepb. chm(WinCE 3.0)。

4. 微端口驱动程序的编译和测试

从 WinCE 的样本驱动或 Windows NT 驱动拿过来的类似微端口网络驱动，特别是 Windows NT 网络驱动，由于平台的差异，程序必须重新编译。微端口 NIC 驱动需要被编译成 DLL，并将其外报成函数 DriverEntry。

为保证微端口驱动的安装必须创建适当的注册关键字，典型的方法是通过安装程序或驱动程序的 Install_Driver 函数来实现。另外，还要注意微端口卡的 I/O 口地址要设置成 32 位类型。

微端口驱动的加载和工作，还需要一些系统的 DLL 支持。以太网微端口卡驱动需要 Ndis. dll、Arm. dll 和 Dhcp. dll 文件，IrDA 微端口卡驱动需要 Ndis. dll 和 IrDA. dll 文件，若 OEM 平台没有被某种特定驱动程序使用的硬件则可以忽略这些文件。

可以使用 WinCE 自带的设备驱动程序测试工具 Ndtest 来测试 NDIS 以太网微端口驱动程序。Ndtest 工具是一个特殊的协议驱动程序，它提供有功能测试和强度测试两项功能。Ndtest 工具不包含配置和运行测试的图形用户界面，需要手工编辑配置文件并启动测试。

5. 编修一个存在的 NDIS 设备驱动程序

在得到的 Windows OS 的 NDIS 驱动程序的基础上开始编写网络驱动程序的大致步骤如下：

① 指出存储缓冲区的构造。修改 CONFIG. BIB 文件，把该缓冲区映射进地址空间，或指出怎样使用 LockPages 函数得到所需缓冲区的物理地址。

② 取代 WinCE NDIS 包中忽略的函数，特别是编程 DMA 控制器、存储器分配或映射的函数。

③ 选用参考的 DDK 驱动程序例子之一，修改 SOURCES 文件以反映目标文件的类型和目的地址。

④ 创建安装程序。包括对附加设备的主机侧和目的机侧的安装应用程序或对“内建”设备的. BIB 和. REG 文件修改。

编修驱动程序时需要注意：

① NDIS. H 中的数据结构不是便捷的，只能使用 NDIS API 函数访问这些数据结构。

② WinCE NDIS 包中的一些函数 API 有误，这意味着尽管所设计驱动程序编译无误，一些所需功能还是无效的。如果认为一些行为可疑，需要反复检查所选用的 WinCE 版本支持的 NDIS API 函数调用。

8.7 WinCE 块型设备驱动及文件系统操作

8.7.1 WinCE 的块型设备驱动综述

WinCE 下，普遍使用的块型设备有硬盘和以小型卡、PC 卡及密集闪存形式的 ATA RAM 盘，最常用的块型设备是用线性闪存芯片做成的永久存储设备。符合 ATA 规范的工业标准块型设备可以使用 Microsoft 公司的 ATA 盘驱动程序，该类块型设备包括在 WinCE 中。

WinCE 块型设备驱动程序是用流接口模型实现的，这类驱动程序由设备管理器来管理，并提供文件函数与应用程序相联系。块型设备驱动程序中最重要的函数是 DSK_IOControl，它负责块型设备驱动程序的所有 I/O 请求。DSK_IOControl 特定的 I/O 控制代码同与

WinCE 用来和 FAT 文件系统驱动程序打交道的代码是相同的。

如果所控制的设备用于文件存储，则可以使用文件系统模型。OEM 或独立的硬件厂商同样可以使用文件系统模型来实现其他功能，如安全译码文件系统或文件系统的名字空间。

1. 块型设备的功能

块型设备的主要功能如下：

- 扩展 WinCE 存储对象的大小范围。块型设备可以扩展 WinCE 的存储对象，使其超出系统的物理内存范围。块型设备就像 WinCE 浏览器中的一个文件夹，用户可以在其中进行拖动释放、文件/目录操作，甚至格式化设备。
- 存储代码和数据。
- 进行不同 Windows 操作系统间的互操作。
- 寄存器存储。
- 数据库存储。

2. 闪存设备及其驱动

WinCE 中闪存设备主要有两种：ATA 闪存和线性闪存。

ATA 闪存卡借助于线性闪存器件和特殊的控制芯片来模拟 ATA 硬盘，它需要块设备驱动程序才能在 WinCE 下工作。

线性闪存卡，有一组连续范围的存储器地址，其每个存储位置都可以直接存取。一般来说，线性闪存卡可以直接读取，其写操作需要以块方式进行。WinCE 下的线性闪存卡使用软件驱动程序层来模拟硬盘实现数据移动，该软件驱动程序层被称为闪存移动层(FTL)。WinCE 上 FTL 的实现采用的是 M－System 的 TrueFFS 驱动程序。TrueFFS 是一个流式接口驱动程序，它把标准的 WinCE 流式接口函数提供给操作系统。WinCE 支持不同结构形状的线性闪存有小型卡、标准 PC 卡和电子盘 DOC 等。

8.7.2 块型设备系统体系及文件系统

1. 块型设备的系统体系

块型设备驱动程序一般是流接口驱动程序，应用程序通过标准文件应用程序接口函数如 CreateFile、ReadFile 等来存取块设备上的文件。应用程序调用 ReadFile 从线性闪存块设备上读取数据的控制流程如图 8.17 所示，应用程序调用 ReadFile 函数产生读请求，WinCE 文件分区表系统把该请求传给逻辑块并在缓冲区中搜索请求的块，若块不存在就发出一个 IOControl 请求。TrueFFS 驱动程序接收 IOControl 请求，然后通过套接字进入线性闪存块设备，完成请求的任务。

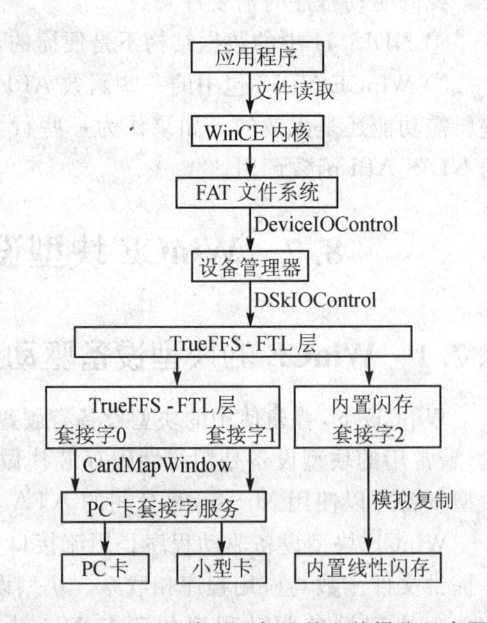

图 8.17 WinCE 块型设备及其文件操作示意图

2. 块型设备的文件系统

WinCE 采用 FAT 文件系统支持块型设备，FAT 文件系统不直接对块型设备进行读/写，它使用块型设备驱动程序对块型设备进行操作。块型设备驱动程序采用的是模拟的硬盘操作，应用程序读/写线性闪存与一般硬盘是一样的。FAT 文件系统实现一个逻辑文件系统并在应用程序名字空间(如\PC\ExelDocs\Expense report.px1)和设备空间中的设备(如 DSK1:)之间提供一个抽象，它通过适当的 I/O 控制码来调用块型设备驱动程序的 IOControl 函数来存取操作块型设备。块型设备负责保证安全的 I/O 操作。

文件系统的加载与卸载：块型设备驱动程序在其 DSK_IOControl 中收到 DISK_IOCTL_INITILIZED 消息时，也收到了一个指向 POST_INIT_BUF 结构的指针，它利用该结构中的注册键得知文件系统驱动程序的名字，把该名字和结构出现的特定设备句柄传给函数 LoadFSD,并调用该函数。然后，设备管理器实现 LoadFSD 方式并加载正确的文件系统。文件系统可以向块型设备驱动程序发出 I/O 控制请求，块型设备驱动程序准备好了接收其请求。设备管理器在块型设备驱动程序调用 DeregisterDevice 函数解除注册时卸载文件系统驱动程序。由于文件系统经常在系统关机前卸载，块型设备驱动程序必须保证在驱动程序的 DSK_IOControl 函数返回前完成对块设备的写操作，做不到这点会引起文件或目录的损坏。

8.7.3 实现 WinCE 块型设备驱动程序

块型设备驱动程序必须提供流式接口函数，执行正确的启动顺序，支持设备侦测，使用正确的注册表键，对电源循环作适当的反应，并提供 Install_Driver 函数。

1. 块型设备驱动程序的函数

块型设备驱动程序除提供标准的流式接口函数外，还要提供以下几个特殊的函数：

MyDriverEntry　该函数在设备管理器调用 LoadLibrary 映射 DLL 后被调用，它执行驱动程序所需的初始化任务。从 MyDriverEntry 成功返回后，设备管理器就把驱动程序的流接口函数与特殊设备文件名联系在一起了，这样应用程序就可以访问存取该设备了。所有块型设备驱动程序的设备名前缀是 DSK+1～9 数字。

MyDriverCallback　是状态回调函数，用以通知来自可拆卸式闪存介质上的事件。块型设备驱动程序使用 PC 卡服务驱动程序登记该函数。

MyDriverDetectdisk　用于支持热插拔闪存存储介质的侦测。侦测也发生在冷启动或热启动。

2. 块型设备驱动程序的加载与注册键

块型设备驱动程序的加载与常规流式驱动程序是一样的。包含有块型设备驱动程序的 OEM,在平台的\Drivers\Builtin\下包含有相关的注册表键。第三方 PC 卡或可拆卸块型设备驱动程序使用\Drivers\PCMCIA 下的注册键。设备管理器利用这些注册表键加/卸载或跟踪块型设备驱动程序。

3. 块型设备驱动程序的安装

把一个未识别的块型设备连到 WinCE 平台时，设备管理器要询问用户并找出适当的块型设备驱动程序 DLL,然后调用驱动程序的 Install_Driver 入口点，Install_Driver 函数应保证所需的数据文件都正确安装，并在\Driver 注册表部分创建相关的注册键；也可以不通过 Install_Driver 函数而使用其他手段，如由 OEM 作为构造成 WinCE 平台一部分的软件方式或者用桌面 WinCE 服务器远程软件方式。

4. 块型设备的存取

存取块型设备有两种方式，取决于设备是固定在平台上还是用户可拆卸的。

固定块型设备的存取是通过把设备的地址空间直接映射到操作系统的地址空间，驱动程序使用 MMapIOSpace 函数把块型设备映射到系统内存中。

可拆卸块型设备驱动需要使用内存窗口来存取块型设备，驱动程序应使用 VirtualAlloc 和 VirtualCopy 函数来创建窗口，然后 PC 卡服务库就可以使用该窗口在驱动程序和块型设备之间读/写数据了。

5. 块型设备驱动程序 I/O 控制码

为与 FAT 文件系统保持良好的接口状态，块型设备驱动程序必须对下述控制码作出反应：DISK_IOCTL_GETINFO、DISK_IOCTL_READ、DISK_IOCTL_WRITE、DISK_IOCTL_SETINFO、DISK_IOCTL_FORMAT_MEDIA 和 DISK_IOCTL_GETNAME。相关的完整信息可以参阅 WinCE API 手册。

6. 块型设备驱动程序的电源循环处理

块型设备驱动程序要能够高效地处理 POWER_DOWN 和 POWER_ON 系统消息。对 POWER_DOWN 的处理要快，为做到这一点，应该在 RAM 中把任何不稳定消息存起来，设置一个标志来指出电源要关掉并退出。POWER_ON 的处理与正常的卡拆除再插上的处理完全一样。块型设备驱动程序必须能够察觉加载是对 POWER_ON 的反应，还是由于块型设备的卸掉又重新连到系统上。

7. 块型设备驱动程序举例

下面以 ATA 盘驱动程序为例加以说明。这里重点说明 ATA 盘驱动程序提供的 PC 卡即插即用侦测函数 DetectATADisk，该函数只读取 PC 卡的属性空间，不读取其他数据和进行写操作，该函数在 PC 卡的 CISTPL_FUNID 中寻找盘的设备类型，在 CISTPL_FUNID 中寻找 ATA 设备类型。当插入 PC 卡且找不到相关的带有即插即用标识的驱动程序时，\Driver\PCMCIA\ATADisk \键可以使设备管理器调用驱动程序的 DetectATADisk 函数，发生过程如下：

```
HKEY_LOCAL_MACHINE
    (Drivers)
        (PCMCIA)
            (Detect)
                (50)
                    sz : Dll = ATADisk_DLL
                    sz : Entry = DetectATADisk
```

在 Detect_ATADisk 函数侦测到与 ATA 匹配的 PC 卡时，就引起设备管理器来加载位于 \Driver\PCMCIA\ATADisk\键中的驱动程序，过程如下：

```
HKEY_LOCAL_MACHINE
    (Drivers)
        (PCMCIA)
            (ATADISK)
                sz : Prefix = DSK
                sz : Dll = ATADisk_DLL
                sz : IOCTL = (DWORD)4
                sz : FSD = FATFS.dll
```

上述 4 个键值必不可少，还有一些可选项，如文件夹 Folder、柱面 Cyliders、磁头 Heads、扇区 Sector 和 CHSMode 等。

8.8 常用的 WinCE 数据通信及其实现

8.8.1 WinCE 下的通信模型综述

WinCE 提供了一套多样的通信功能选项以及相关的应用程序编程接口 APIs。基于 WinCE 的设备可实现任意或全部的功能选项。

通信能力是基于 WinCE 设备的关键特性，它的范围可以从简单的电缆串行输入(I/O)到使用传输控制协议(TCP/IP)的无线网络。除了内置的通信硬件，如串行电缆或红外收发器外，对 PCMCIA 的支持使得广泛的已投入市场的通信设备能够添加到基本的支持包中。

WinCE 支持 3 种通信方式：串行通信、网络和电话 API(TAPI)。网络包括 Windows Sockets (WinSock)和 Infrared Sockets (IrSock)、TCP/IP 和红外数据传输 IRDA (Infrared Data Association)、用于局域网的 NDIS 4.0 网络设备/驱动程序接口规范(Network Device/Driver Interface Specification)、通过串行线或 modem 的点对点协议 PPP(Point - to - Point Protocol)和串行联接接口协议 SLIP(Serial Link Interface Protocol)的网络、远程文件访问(Wnet API)、远程访问客户端(RAS)和支持浏览器(WinINET API)。WinCE 具有一个带有多种不同选项的网络栈，它能够使用各种硬件方式，包括红外、串行、以太网和无线联接。WinCE 通信模型如图 8.18 所示。

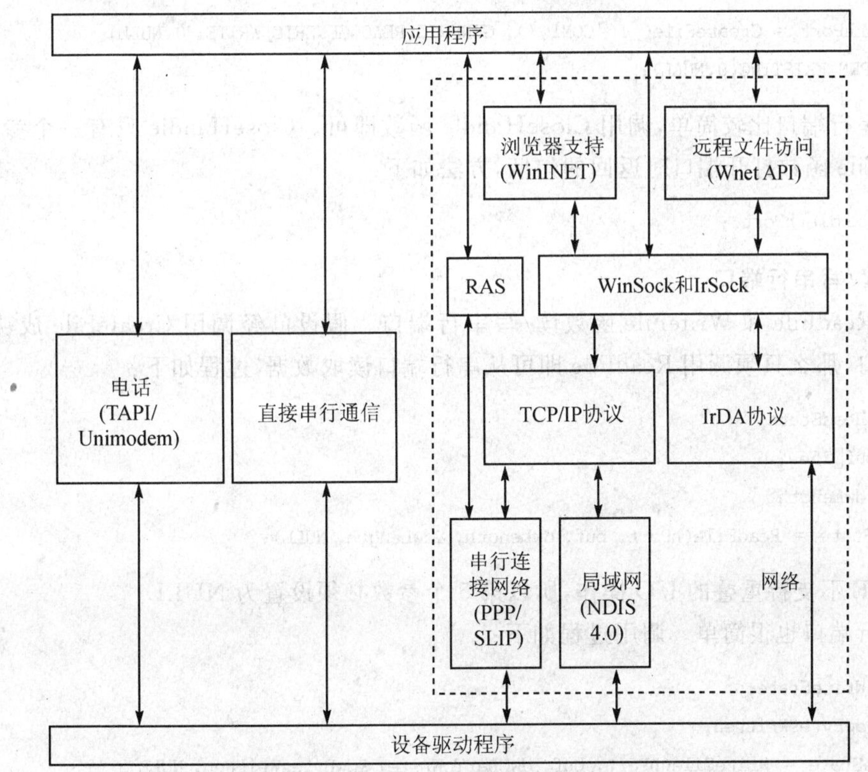

图 8.18 WinCE 通信模型描述示意图

WinCE 的不同通信方式可通过类似的基于 Win32 的 APIs 进行处理。有关为基于 Windows CE 的设备编写具有通信功能的应用程序的详细信息,可以请参阅 Windows CE Software Development Kit。

在上述 WinCE 各种通信方式中,以串行通信和 Socket 套接字网络通信最为常见,下面予以重点阐述,并举例说明。

8.8.2 WinCE 串行数据通信实现

RS232-C 异步串行通信是 WinCE 支持的最基本的通信方式。WinCE 下实现串行通信的方法和过程,包括如何打开、配置、读/写、关闭串口和使用多线程来实现的异步串口通信,它与桌面 Windows 下的串行通信基本相似,又具有独特之处。

1. WinCE 下的串行通信技术简述

串行端口在 WinCE 下属于流接口设备,是串行设备接口常规 I/O 驱动程序的调用与通信相关的具体函数的结合。串行设备被视为用于打开、关闭和读/写串行端口的常规的、可安装的流设备。WinCE 的串口函数和 Windows 的串口函数基本相同,但有两点值得注意:

- Windows CE 只支持 Unicode 字符集,在编程时必须特别注意。
- Windows CE 不支持重叠的 I/O 操作。

(1) 打开和关闭串行端口

使用 CreateFile 打开串口设备,如果这个端口不存在,返回 ERROR_FILE_NOT_FOUND。用户指定的端口必须是存在并且可用的,而且要遵循 WinCE 流接口设备驱动程序的命名规则,即 COM 后接要打开的端口号再紧跟一个冒号。

```
HANDLE hPort = CreateFile(_T("COM1:"), GENERIC_READ|GENERIC_WRITE, 0,NULL,
    OPEN_EXISTING,0,NULL);
```

关闭串行端口比较简单,调用 CloseHandle 函数即可。CloseHandle 只有一个参数,即调用 CreateFile 函数打开端口时返回的句柄,方法如下:

```
CloseHandle(hPort);
```

(2) 读/写串行端口

使用 ReadFile 和 WriteFile 函数读/写串行端口。假设已经调用 CreateFile 成功地打开了串行端口,那么只须调用 ReadFile 即可从串行端口读取数据,过程如下:

```
BOOL fReadState;
BYTE buf[256];
DWORD dwLength;
fReadState = ReadFile(hPort, buf, dwLength, &dwLength, NULL);
```

WinCE 不支持重叠的 I/O 操作,所以第 5 个参数必须设置为 NULL。

写串行端口也很简单。调用过程如下:

```
BOOL fWriteState;
DWORD dwBytesWritten;
fWriteState = WriteFile(hPort, buf, dwCharToWrite, &dwBytesWritten, NULL);
```

如果从主线程读、写大量的串行数据，主线程就会因为等待相对较慢的串行读或串行写操作而阻塞，不能即时处理其他的消息；因此，最好用单独的线程来读/写串行端口。

(3) 配置串行端口

需要对端口配置好正确的波特率、字符长度、奇偶校验和传输模式等，串口才能正确通信。通常采用简单的调用 GetCommState 和 SetCommState 函数配置串行端口。配置端口的 DCB 结构内容较多，使用起来比较麻烦。错误地初始化 DCB 结构是配置串行端口常见的问题，一个串行通信函数没有产生预期的效果，错误很可能是在 DCB 结构体的赋值。常用的串行通信，只用串行口的 RXD，TXD 和 GND 3 个引脚，其他的引脚均舍弃不用，所以 DCB 的成员变量常常如下设置：

```
DCB PortDCB;
...
PortDCB.fOutxCtsFlow = FALSE;
PortDCB.OutxDsrFlow = FALSE;
PortDCB.fDtrControl = DTR_CONTROL_DISABLE;
PortDCB.fDsrSensitivity = FALSE;
PortDCB.TXContiuneOnXoff = FALSE;
PortDCB.fOutX = FALSE;
PortDCB.fErrorChar = FALSE;
PortDCB.fNULL = FALSE;
PortDCB.fRtsControl = RTS_CONTROL_DISABLE;
......
SetCommState(hPort, &PortDCB);
```

(4) 设置超时值

对于串行通信还必须配置超时值，否则程序可能陷入到一个等待来自串口字符的死循环。通常配置超时值和配置串口类似。首先用 GetCommTimeouts 函数获取当前串口的超时值，然后修改 CommTimeouts 成员变量的值，最后用 SetCommTimeouts 设置新的超时值。

(5) 异步多线程通信

虽然 WinCE 不支持重叠 I/O，但可以使用多个线程来实现同样的操作。当主线程正忙时，需要做的就是运行单独的线程来处理同步 I/O 操作。除了使用用于读和写的单独线程以外，WinCE 还支持 Win32 的 WaitCommEvent 函数，该函数将线程阻塞，直到预先设定的串行通信事件中的一个发生。该函数一般和函数 SetCommMask 配合起来使用，SetCommMask 设置 WaitCommEvent 要等待的串口事件。一般的使用方法是：先调用 SetCommMask 函数设定要等待的串口事件，如串口有数据到来事件(EV_RXCHAR)；然后在读串口线程中调用 WaitCommEvent 阻塞线程，等待 EV_RXCHAR 事件的发生。当等待的 EV_RXCHAR 事件发生时，调用 ClearCommError 函数清除通信错误信息，并且获取串口的当前状态，主要是获取串口接收缓冲区中的字节数，然后调用 ReadFile 函数将接收缓冲区的数据全部读出。最后调用 PostMessage 函数将这些数据发送给主线程进行处理。

这里存在一个问题：读串口数据操作是在读串口线程中进行的，而处理数据操作是在主线程中进行的，如果上次接收的数据还没处理完，下次的数据又发送给了主线程处理，势必造成混乱。这个问题的解决,涉及到线程间的同步机制。

(6) 线程间的同步

在 WinCE 中采用同步对象的方法来协调多线程的执行。一个线程监视一个同步对象,当用信号通知该对象时,解除正在阻塞的线程并调度该线程。同步对象包括事件和互斥体两种方式。这里以事件方式加以说明。

事件对象是一种有两种信号状态——有信号和无信号的同步对象,创建的事件对象可以被不同的线程共享。WinCE 常用等待函数阻塞线程自身的执行,等待其监视的对象产生一定的信号才停止阻塞,继续线程的执行。常用的等待函数有监视单个同步对象的 WaitForSingleObject 和监视多个同步对象的 WaitForMultipleObjects。在 WinCE 串口通信中,用 CreateEvent 函数创建事件时,手动设置为有信号状态,以便程序在第一次能够顺利地进入到 WaitCommEvent 函数处等待串口数据的到来,等程序读取了串口的数据并发送给主线程处理后,调用 ResetEvent 函数将事件状态设置成无信号状态,线程就阻塞在 WaitForSingleObject 函数处,一直等到主线程把接收到的数据处理完后,再将事件状态用 SetEvent 函数设置成有信号状态,释放 WaitForSingleObject 函数对线程的阻塞,重新进入 WaitCommEvent 函数处等待串口数据的到来。循环接收、处理串口数据的流程如图 8.19 所示。

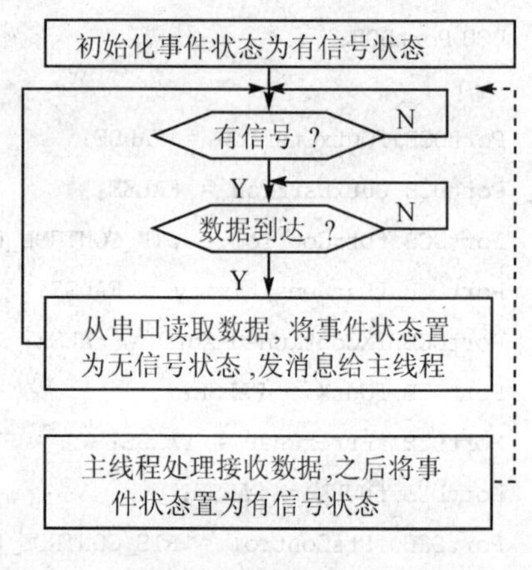

图 8.19 WinCE 下串口读取处理数据流程图

2. 完整的串行通信程序

完整通信程序的部分关键代码如下。头文件定义:

```
DWORD WINAPI ReadThread(LPVOID lpvoid)
HANDLE hReadThread;
HANDLE m_hPostMsgEvent;
```

.cpp 文件中:

```
SetCommMask(hPort, EV_RXCHAR);
m_hPortMsgEvent = CreateEvent(NULL, TRUE, TRUE, NULL);
hReadThread = CreateThread(NULL, 0, ReadThread, pParent, &dwThreadID);
DWORD WINAPI ReadThread(LPVOID lpvoid)          // 读串口线程
{    BOOL fReadState;
     DWORD dwLength, dwErrorFlags;
     COMSTAT ComStat;
     CAPICommDlg * pDlg = (CAPICommDlg * )lpvoid;
     WaitForSingleObject(pDlg -> m_hPortMsgEvent.INFITE);
     ResetEvent(pDlg -> m_hPortMsgEvent);
     while(hPort! = INVALID_HANDLE_VALUE)
     {    WaitCommEvent(hPort, &dwCommStatus, 0);
```

```
        if(dwCommStatus&EV_RXCHAR)
        {   ClearCommError(hPort, &dwErrorFlags, &ComStat);
            dwLength = ComStat.cbInQue;
            if(dwLength>0)
            {   fReadState = ReadFile(hPort, buf, dwLength, &dwLength, NULL);
                if(! ReadState) MessageBox(NULL, TEXT("从串口读数据错误"),
                                    TEXT("读错误"), MB_OK);
                else ::PostMessage((HWND)lpvoid, WM_COMM32, dwLength, (LPARAM)buf);
            }
        }
    }
    return 0;
}
```

8.8.3 WinCE 网络数据通信实现

1. WinCE 的网卡访问方法

WinCE 对 TCP/IP 的支持和其他 Windows 没有多大区别，可以通过 Winsock API 来访问网络。例如在 UDP 中初始化 Socket 时，常用到 WSAStartup()、socket()、setsockopt()和 bind()等函数，在发送和接收时用到 sendto()、recvfrom()等函数。传送网络数据的方法除了直接操作 Winsock API 外，还可以使用 MFC 提供的 CAsyncSocket 或 CSocket。其使用方法同桌面 Windows 很相似。

WinCE 的 MFC 中还提供一种其他 Windows 没有的类 CCeSocket，对于 WinCE 网络应用程序一般推荐使用 CCeSocket，而不是 CAsyncSocket 或 CSocket。因为 CAsyncSocket 或 Csocket 主要依赖标准的窗口消息通知方式，它们不支持异步事件通知。没有异步事件通知的支持，程序不得不连续查询网络事件，造成程序运行效率低下。CCeSocket 支持异步事件通知方式，因而它可以提供网络事件通知。应用程序通过创建监视线程来监视这些事件通知，实现高效的网络通信。

2. WinCE 下的 EVC Winsock 网络通信

WinCE 的 Socket 网络通信在 EVC 下的和在 VC 下的差不多，可以找一个 VC 下的例子加以修改得到。不过，需要注意的是：在 WinCE 下的 Socket 在做 Server 时，在接收方面有点问题，这是 WinCE 本身的 bug。修改的办法是在 WinSock.h 中将变量 m_bConnectCalled 由 private 改成 public，然后在 onaccept()之后，将 m_bConnectCalled 设成 true。更具体的办法可以在 MSDN(Microsoft Developper Network)的新闻组寻找。下面给出的是一段 WinCE 下使用 Winsock 实现网络通信的典型例子。

```
CImgSock::CImgSock()
{   WSADATA? wsaData;
    WSAStartup(MAKEWORD(1, 1), &wsaData);
    m_bConnect = false;
}
CImgSock::~CImgSock()
```

```
{   if(IsConnect()) DisConnect();
    WSACleanup();
}
bool CImgSock::Connect(char * pstrIp,int nPort)
{   SOCKADDR_IN addr;
    strcpy(m_szRemoteIp, pstrIp);
    m_nRemotePort = nPort;
    m_Sock = socket(AF_INET,SOCK_STREAM,IPPROTO_TCP);
    if(m_Sock == INVALID_SOCKET)
        return false;
    BOOL sopt = TRUE;
    setsockopt(m_Sock, IPPROTO_TCP, TCP_NODELAY, (char *)&sopt, sizeof(BOOL));
    setsockopt(m_Sock, SOL_SOCKET, SO_DONTLINGER, (char *)&sopt, sizeof(BOOL));
    addr.sin_family = AF_INET;
    addr.sin_addr.s_addr = inet_addr(m_szRemoteIp);
    addr.sin_port = htons(m_nRemotePort);
    if(connect(m_Sock, (PSOCKADDR)&addr, sizeof(addr)) != 0)
    {   closesocket(m_Sock);
        return false;
    }
    m_bConnect = true;
    return true;
}
void CImgSock::DisConnect()
{   if(m_Sock != INVALID_SOCKET) closesocket(m_Sock);
    m_bConnect = false;
}
bool CImgSock::IsConnect()
{
    return m_bConnect;
}
int CImgSock::Recv(char * buf, int len)
{   int index;
    TIMEVAL tv;
    fd_set fdread;
    index = 0;
    if(m_bConnect)
    {   tv.tv_sec = 1;
        tv.tv_usec = 0;
        FD_ZERO(&fdread);
        FD_SET(m_Sock,&fdread);
        if(select(0, &fdread, NULL, NULL, &tv))
        {   index = recv(m_Sock,buf,len,0);
```

```
            if(index == SOCKET_ERROR) index = 0;
        }
    }
    return index;
}
int CImgSock::Send(char * buf,int len)
{   int index;
    TIMEVAL tv;
    fd_set fdwrite;
    index = 0;
    if(m_bConnect)
    {   tv.tv_sec = 1;
        tv.tv_usec = 0;
        FD_ZERO(&fdwrite);
        FD_SET(m_Sock, &fdwrite);
        if(select(0, NULL, &fdwrite, NULL, &tv))
        {   index = send(m_Sock, buf,l en, 0);
            if(index == SOCKET_ERROR) index = 0;
        }
    }
    return index;
}
```

3. 使用 CCeSocket 类实现网络通信

使用 CCeSocket 类实现网络通信，相对比较容易，CCeSocket 类对实现网络通信进行了较好的封装。下面是一个简单的网络连接、发送数据和断开网络连接的例子，其中使用了 CCeSocket 类提供的方法。

需要先在.h 文件加上：

```
private : CCeSocket m_socket;
```

.cpp 文件中的关键代码函数如下：

```
void CCSocketDemoDlg::OnButtonConnect()                //"连接"按钮的代码
{   // TODO: Add your control notification handler code here
    UpdateData(TRUE);
    m_socket.Create();
    if(m_socket.Connect(m_strIP,m_iPort))
        AfxMessageBox(L"连接成功");
    else
    {   AfxMessageBox(L"连接失败");
        m_socket.Close();
    }
}
void CCSocketDemoDlg::OnButtonDisconnect()             //"断开"按钮的代码
```

```
    {   // TODO: Add your control notification handler code here
        m_socket.Close();
    }
void CCSocketDemoDlg::OnButtonSend()                    //"发送数据"按钮的代码
    {   // TODO: Add your control notification handler code here
        char m_pChar[1000];
        if(m_socket.Send(m_pChar,1000) == SOCKET_ERROR)
            AfxMessageBox(L"发送失败");
        else
            AfxMessageBox(L"发送成功");
    }
```

需要说明的是：CCeSocket类缺乏异步通知而且消耗系统资源多，使用时必须包括CSocketFile/CArchive框架。Maro Zaratti在CCeSocket类的基础上，为WinCE OS书写了一个代码小、效率高、通用和收发性能强的全新Socket包，如果在WinCE中一定要用CCeSocket类，可以考虑选用这个改新的CCeSocket类。

4. 在WinCE上实现网络安全功能

这里介绍如何使用EVC实现WinCE上的网络安全功能，其方法主要有两种：使用WinINET和Winsock编写加密传输程序。这两种方法各有其优势，应当根据应用程序的其他部分使用什么协议来具体确定所选方案，最大地提高效率。

(1) 使用WinINET访问加密协议

使用WinINET访问加密协议是使用加密协议最简单的方法。WinINET访问加密协议的步骤如下：

1) 使用InternetConnect函数连接，将dwFlags参数设置为INTERNET_FLAG_SECURE。

InternetConnect函数用于打开一个FTP、Gopher或HTTP站点。如果成功，则返回该FTP、Gopher或HTTP会话的句柄；如果不成功，则返回NULL。InternetConnect的函数原型为：

```
HINTERNET InternetConnect( IN HINTERNET hInternetSession, IN LPCSTR lpszServerName,
        IN INTERNET_PORT nServerPort, IN LPCSTR lpszUsername, IN LPCSTR lpszPassword,
        IN DWORD dwService, IN DWORD dwFlags, IN DWORD dwContext );
```

其中：hInternetSession为目前会话的句柄，该句柄必须是上一个InternetOpen函数的返回值；lpszServerName指向包含Internet服务器的主机名称（如http://www.mit.edu）或IP地址（如202.102.13.141）的字符串；nServerPort是将要连接到的TCP/IP的端口号，可以使用一些预定的常量，如21、70、80、443、1 080等；lpszUsername指向包含用户用于登录名字的字符串；lpszPassword指向包含用户登录密码的字符串；lpszUsername和lpszPassword采用的默认值如表8-1所列。

表 8-1 lpszUsername 和 lpszPassword 参数的默认值

lpszUsername 的值	lpszPassword 的值	lpszUsername 的默认值	lpszPassword 的默认值
NULL	NULL	"anonymous"	用户的电子邮件名称
NULL	非空字符串	错误	错误
非空字符串	NULL	lpszUsername 的值	""
非空字符串	非空字符串	lpszUsername 的值	lpszPassword 的值

dwService 是要访问的服务类型，其值有：INTERNET_SERVICE_FTP、INTERNET_SERVICE_GOPHER 和 INTERNET_SERVICE_HTTP；dwFlags 为可选标记，可设置为 INTERNET_FLAG_SECURE，表示使用 SSL/PCT 协议完成事务；dwContext 为应用程序定义的值，用来为返回的句柄标识应用程序设备场境。

2）对于 HTTP，需要调用 HttpOpenRequest 函数。

HttpOpenRequest 函数用于打开 HTTP 申请，如果成功则返回该申请的句柄，否则返回 NULL。该函数原型为：

```
HINTERNET HttpOpenRequest( IN HINTERNET hHttpSession, IN LPCSTR lpszVerb,
        IN LPCSTR lpszObjectName, IN LPCSTR lpszVersion, IN LPCSTR lpszReferer,
        IN LPCSTR FAR * lpszAcceptTypes, IN DWORD dwFlags, IN DWORD dwContext);
```

该函数有 8 个参数需要设置，其中：hHttpSession 是由 InternetConnect 返回的 HTTP 会话句柄；lpszVerb 指向在申请中使用的“动词”的字符串，如果设置为 NULL，则使用“GET”；lpszObjectName 指向包含目标对象名称的字符串，通常是文件名称、可执行模块或搜索说明符；lpszVersion 指向包含 HTTP 版本的字符串，如果为 NULL，则默认为“HTTP/1.0”；lpszReferer 指向包含文档地址(URL)的字符串，申请的 URL 必须是从该文档获取的；lpszAcceptTypes 指向客户接收的内容类型；dwFlags、dwContext 与 InternetConnect 函数中的同名参数意义相同。

3）按通常使用 WinINET 的方法完成对 HTTP 的访问。

(2) 使用 Winsock 访问加密协议

1）证书验证　验证(authentication)是确定远程主机是否可信的过程。远程主机只有从认证中心 CA(Certificate Authority)获得了基于公钥加密的鉴定证书，才能够被看作可信的。认证中心可以从级别更高的认证中心获得证书，依此类推。这样就形成了一个认证链。要验证一个证书的真伪，应用程序必须确定基层 CA 的一致性。WinCE 支持 X.509 型证书。

WinCE 维护了一个可以信赖的 CA 的数据库。当应用程序试图启动加密连接时，WinCE 从认证链的底层提取 CA 并检查它是否在自己的 CA 数据库中。应用程序最终承担判断证书是否可以接受的责任。它们可以自由地决定接受或拒绝证书，这取决于它们判断的标准和要求保密性的高低。如果证书被拒绝了，那么连接将不能完成。至少，证书应当满足下列需求：①它们应当是当前的；②证书的基层 CA 应当在 WinCE 的 CA 数据库中。

证书的确认回叫函数必须被所有使用加密套接字的客户应用所实现。它们的返回值决定了连接是否能够通过 Winsock 完成，语法如下：

```
int SslValidate ( DWORD dwType, LPVOID pvArg, DWORD dwChainLen,
        LPBLOB   pCertChain, DWORD dwFlags );
```

返回值详见表 8-2 所列。

表 8-2 slValidate 函数的返回值

返回值	意 义
SSL_ERR_BAD_DATA	证书格式不正确
SSL_ERR_BAD_SIG	签名检验失败
SSL_ERR_CERT_EXPIRED	证书到期
SSL_ERR_CERT_REVOKED	证书被自己的发行商撤销
SSL_ERR_CERT_UNKNOWN	发行尚未知，或者一些未知问题出现在验证过程中

SslValidate 的 5 个参数意义为：dwType 制定了被 pCertChain 指定的数据类型，它必须为 SSL_CERT_X.509，表示 pCertChain 是一个指向 X.509 型证书的指针；pvArg 是应用程序定义的设备场境，被 SSLVALIDATECERTHOOK 结构传递；dwChainLen 参数是 pCertChain 指向的证书数量，它必须为 1；pCertChain 是一个指向底层证书的指针；证书发行商没有在 CA 数据库中找到，dwFlags 应当包含 SSL_CERT_FLAG_ISSUER_UNKNOWN。应用程序可以是验证发行商自己规定的标识，或返回 SSL_ERR_CERT_UNKNOWN。

2）实现加密套接字　实现加密套接字的步骤如下：

① 使用 socket 函数建立一个套接字。socket 函数用于建立绑定到指定服务提供商的套接字。其函数原型如下：

```
SOCKET socket (int af, int type, int protocol);
```

其中：af 是地址规范，Windows CE 支持 PF_INET 和 AF_IRDA APAR Internet 地址格式；type 是新套接字的类型规范，其值为 SOCK_STREAM 和 SOCK_DGRAM，对应 TCP 与 UDP 类型；protocol 是在 socket 中使用的协议，用以指定地址家族。

② 使用 setsockopt 函数将套接字设置为加密模式。该函数原型如下：

```
int setsockopt (SOCKET s, int level, int optname, const char FAR * optval, int optlen);
```

其中：s 是一个套接字的描述符；level 是选择被定义的级别，其值可以是 SOL_SOCKET 或 IPPROTO_TCP。这里设置为 SOL_SOCKET，此时，将有如下选项：optname 是将要设置的套接字选项名称，这里设置为 SO_SECURE；optval 指向存储被申请套接字选项的值的缓冲区，这里设置为指向 DWORD 的值为 SO_SEC_SSL 的指针。optlen 是 optival 缓冲区的大小。

③ 通过调用 WSAIoctl 指定认证验证回叫函数，函数原型如下：

```
int WSAIoctl ( SOCKET s, DWORD dwIoControlCode, LPVOID lpvInBuffer, DWORD cbInBuffer,
    LPVOID lpvOUTBuffer, DWORD cbOUTBuffer, LPDWORD lpcbBytesReturned,
    LPWSAOVERLAPPED lpOverlapped,
    LPWSAOVERLAPPED_COMPLETION_ROUTINE lpCompletionROUTINE );
```

其中：s 是一个套接字的描述符；dwIoControlCode 是待执行操作的控制代码，这里为 SO_SSL_SET_VALIDATE_CERT_HOOK，表示将指针设置为证书验证指令；lpvInBuffer 是一个指向输入缓冲区的指针；cbInBuffer 是输入缓冲区大小；lpvOutBuffer 是指向输出缓冲区的指针；cbOutBuffer 是输出缓冲区的大小；lpcbBytesReturned 是指向真实的输出字节的数值；

lpOverlapped 和 lpCompletionROUTINE 这里必须为 NULL。

④ 要指定特定的安全协议，调用 WSAIoctl，并将 dwIoControlCode 设置为 SO_SSL_GETPROTOCOLS 来决定默认协议。然后调用 WSAIoctl，将 dwIoControlCode 设置为 SO_SSL_SET_PROTOCOLS 来选择将被使用的协议。

⑤ 使用 connect 建立连接。connect 函数用于建立一个到指定套接字的连接。其函数原型为：

```
int connect (SOCKET s, const struct sockaddr FAR * name, int namelen);
```

其中：s 为一个套接字的描述符；name 为要连接到的套接字名称；namelen 是 name 参数的长度。

⑥ 正常传输和接受信息。使用 send 和 recv 函数自动加密和解密数据。

⑦ 完成后，使用 closesocket 函数关闭套接字。closesocket 的函数原型为：

```
int closesocket (SOCKET s);
```

s 是将被关闭的套接字的描述符。

3）使用延时握手　延时握手允许应用程序建立一个不加密连接，以后将其转换为加密连接。使用延时握手实现加密套接字同“实现加密套接字”步骤的①～③。

- 用 WSAIoctl 将套接字设置为延时握手模式。dwIoControlCode 设置为 SO_SSL_SET_FLAGS 并将标记设置为 SSL_FLAG_DEFER_HANDSHAKE。
- 使用 connect 函数建立非加密到远程客户的连接。
- 正常传输和解收费加密数据。
- 要切换到加密模式，调用 WSAIoctl 函数，将 dwIoControlCode 设置为 SO_SSL_PERFORM_HANDSHAKE。证书回叫函数将被自动调用。
- 正常传输数据。使用 send 和 recv 函数自动加密和解密数据。
- 使用 closesocket 关闭套接字。

本章小结

本章首先简述了 WinXPE 嵌入式操作系统及其软件体系开发，接着综合描述了 WinCE 嵌入式实时操作系统的体系结构、功能、软件架构和应用程序设计。WinCE 软件体系在便携移动设备领域和工业测量控制中应用广泛，本章围绕着 WinCE 基本软件体系及其外设/接口软件架构进行了详细的展开和阐述。

WinCE 操作系统的定制与移植和设备驱动程序的设计是本章的重点。本章详细阐述了定制与移植 WinCE 的方法流程和各个基本环节，涉及 WinCE 组件选择、BSP/OAL 设计和引导程序编写及其集成开发工具的使用等方面。WinCE 下的设备驱动程序主要是本地驱动程序和流接口驱动程序，其中大多是流接口驱动程序，本章详细阐述了设备驱动程序设计的基本方法步骤，并列举了很多的设计实例。本章还描述了 3 类特殊的设备：USB、NDIS 微端口和闪存块设备的驱动程序设计，说明了 WinCE 下的文件系统操作。

本章的最后，阐述了 WinCE 的基本通信模型，说明了如何在 WinCE 下实现常见的串行口和网络数据传输通信。

第9章 嵌入式 Linux 基本体系及外设接口的软件架构

在嵌入式应用体系中经常采用各种嵌入式 Linux 作为实时操作系统，其中以 μCLinux 应用最广。μCLinux 特别适合无 MMU 的微控制器体系，其内核虽小却保留了 Linux 操作系统高度的稳定性、优异的网络能力以及优秀的文件系统支持等主要优点。μCLinux 内核定制高度灵活，源代码公开，设备驱动编制规范。

本章主要阐述如何架构嵌入式 μCLinux 基本软件体系和怎样设计 μCLinux 下外设/接口驱动程序，重点论述 μCLinux 开发环境的建立和 μCLinux 嵌入式应用体系的移植，详细说明了 μCLinux 下字符型外设/接口、块型外设和网络型接口的驱动程序设计，还介绍了常用闪存的驱动和相关的文件系统操作。文中结合具体的项目设计实践，列举了具体微控制/处理器体系下 μCLinux 的移植和大量典型的外设/接口设备驱动程序设计应用实例。

本章的主要内容如下：

- Linux 嵌入式实时操作系统综述；
- μCLinux 开发环境的建立及其移植；
- μCLinux 设备驱动程序及设计综述；
- μCLinux 字符型设备驱动程序设计；
- μCLinux 块型设备驱动与闪存文件操作；
- μCLinux 的网络设备驱动及网络通信。

9.1 Linux 嵌入式实时操作系统综述

9.1.1 Linux 嵌入式操作系统概述

常见的嵌入式 Linux 操作系统有 RT－Linux、μCLinux、Embedix 和 XLinux 等。

① RT－Linux：美国墨西哥理工学院开发的嵌入式 Linux 操作系统，在航天飞机空间数据采集、科学仪器测控和电影特技图像处理等领域应用广泛。RT－Linux 提出了精巧的实时内核，并把标准的 Linux 核心作为它的一个进程，同用户的实时进程一起调度。这样，对 Linux 内核的改动非常小，并且充分利用了 Linux 下现有的丰富的软件资源。

② μCLinux：Lineo 公司的主打产品，同时也是开放源码的嵌入式 Linux 的典范之作。μCLinux 主要针对目标处理器没有存储管理单元 MMU（Memory Management Unit）的嵌入式系统而设计的，已经被成功地移植到很多平台上。由于没有 MMU，其多任务的实现需要一定技巧。μCLinux 是一种优秀的嵌入式 Linux 版本，它秉承了标准 Linux 的优良特性，经过

各方面的小型化改造，形成了一个高度优化的、代码紧凑的嵌入式 Linux。μCLinux 虽然体积小，却仍然保留了 Linux 的大多数优点，如：高度的稳定性，良好的移植性，优秀的网络功能，对各种文件系统完备的支持和标准丰富的 API。μCLinux 专为嵌入式系统做了许多小型化的工作，目前已支持多款 CPU。其编译后的目标文件可控制在几百 KB 数量级，并已经被成功地移植到很多平台上。

③ Embedix：由嵌入式 Linux 行业主要厂商之一 Luneo 公司推出的、根据嵌入式应用系统的特点重新设计的 Linux 发行版本。Embedix 提供了超过 25 种的 Linux 系统服务，包括 Web 服务器等。系统需要最小 8 MB 内存，3 MB ROM 或快速闪存。Embedix 基于 Linux 2.2 内核，并已经成功地移植到 Intel x86 和 PowerPC 处理器系列上。像其他的 Linux 版本一样，Embedix 可以免费获得。Luneo 公司还发布了另一个重要的软件产品，它可以使在 WinCE 上运行的程序能够在 Embedix 上运行。Luneo 公司还将计划推出 Embedix 的开发调试工具包和基于图形界面的浏览器等。可以说，Embedix 是一种完整的嵌入式 Linux 解决方案。

④ XLinux：由美国网虎公司推出，主要开发者是陈盈豪。陈盈豪在加盟网虎几个月后便开发出了基于 XLinux 的、号称世界上最小的嵌入式 Linux 系统，内核只有 143 KB，而且还在不断减小。XLinux 核心采用了“超字元集”专利技术，让 Linux 核心不仅可与标准字符集相容，还含盖了 12 个国家和地区的字符集。XLinux 在推广 Linux 的国际应用方面有独特的优势。

在众多的嵌入式 Linux 操作系统中，μCLinux 和 RT－Linux 应用最多，市场上有很多基于它们的产品。本章将以 μCLinux 为主，全面阐述嵌入式 Linux 下的面向硬件的软件设计。

9.1.2 嵌入式 μCLinux 体系综述

μCLinux(Micro－Control－Linux)，即“针对微控制领域而设计的 Linux 系统”。

嵌入式 μCLinux 操作系统主要有 3 个基本部分组成：引导程序、μCLinux 内核和文件系统。μCLinux 内核的主要构成部分有内存管理、进程管理和中断处理等。μCLinux 通过定制可以使内核小型化，还可以加上图形用户界面 GUI 和定制应用程序，并将其放在 ROM、RAM、Flash 或 Disk On Chip 中启动。嵌入式 μCLinux 操作系统内核定制高度灵活，很容易对其进行按需配置来满足实际应用需要，加上 μCLinux 源代码公开；因此，只要了解 μCLinux 内核原理就可以开发 μCLinux 下的部分软件，如增加各类驱动程序等。

1. μCLinux 的内核结构

μCLinux 内核结构如图 9.1 所示。μCLinux 内核的功能结构与 Linux 基本相同，不同的只是对内存管理和进程管理进行改写，以满足无 MMU 处理器的要求。μCLinux 是 Linux 操作系统的一种，由 Linux 2.0 内核发展而来，是专为没有 MMU 的微控制器（如 ARM7TDMI 和 Coldfire 等）设计的嵌入式 Linux 操作系统。μCLinux 的大多数内核源代码都被重写，其内核要比原 Linux 2.0 内核小的多，但保留了 Linux 操作系统的主要优点，如高度的稳定性、优异的网络能力以及优秀的文件系统支持等。

2. μCLinux 的内存管理

μCLinux 同标准 Linux 的最大区别就在于内存管理。标准 Linux 是针对有 MMU 的处理器设计的，它使用虚拟地址，通过 MMU 把虚拟地址映射为物理地址，支持不同任务之间的保护。μCLinux 设计针对嵌入式设备中没有 MMU 的处理器，它不能使用处理器的虚拟内存管理技术。μCLinux 仍采用存储器的分页管理,系统在启动时把实际存储器进行分页。在加载应用程序时程序分页加载。由于没有 MMU 管理,μCLinux 采用实存储器管理策略(real memeory management)。μCLinux 系统对内存的访问是直接的,它对地址的访问不需要经过 MMU,而是直接送到地址线上输出,所有程序中访问的地址都是实际的物理地址。操作系统对内存空间没有保护,各个进程实际上共享一个运行空间。一个进程在执行前,系统必须为该进程分配足够的连续地址空间,然后全部载入主存储器的连续空间中。

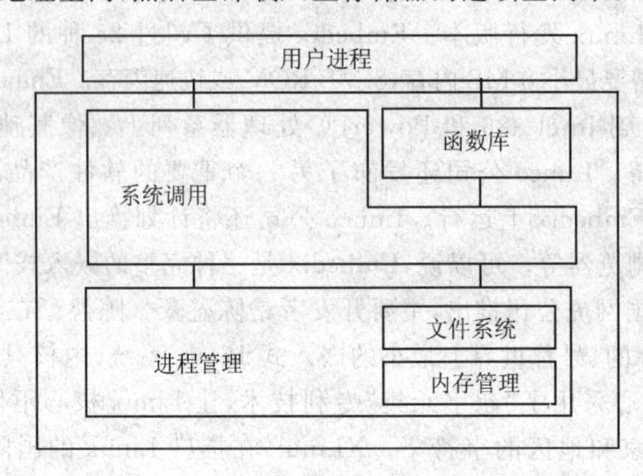

图 9.1　μCLinux 内核功能结构示意图

μCLinux 对内存管理的减少给开发人员提出了更高的要求。开发人员不得不参与系统的内存管理,从编译内核开始,必须告诉系统硬件体系拥有多少内存,系统将在启动的初始化阶段对内存进行分页,并且标记已使用的和未使用的内存。系统将在运行应用时使用这些分页内存。由于应用程序加载时必须分配连续的地址空间,而针对不同硬件平台可一次成块分配内存大小限制是不同的;因此,在开发应用程序时必须考虑内存的分配情况并关注应用程序需要运行空间的大小。另外,由于采用实存储器管理策略,用户程序同内核以及其他用户程序在一个地址空间,程序开发时要保证不侵犯其他程序的地址空间,以保证程序不至于破坏系统的正常工作,或导致其他程序的运行异常。

从内存的访问角度来看,开发人员的权利增大了(在编程时可以访问任意的地址空间),但与此同时系统的安全性也大为下降了。

3. μCLinux 的多进程处理

μCLinux 没有 MMU 管理存储器,在实现多个进程时(fork 调用生成子进程)需要实现数据保护。由于 μCLinux 的多进程管理是通过 vfork 来实现,因此 fork 等于 vfork。这意味着 μCLinux 系统 fork 调用完成后,要么子进程代替父进程执行(此时父进程已经 sleep)直到子进程调用 exit 退出;要么调用 exec 执行一个新的进程,这个时候将产生可执行文件的加载,即使这个进程只是父进程的复制,该过程也不能避免。当子进程执行 exit 或 exec 后,子进程使用 wakeup 把父进程唤醒,使父进程继续往下执行。

μCLinux 的这种多进程实现机制同它的内存管理紧密相关。μCLinux 针对没有 MMU 处理器开发,所以被迫使用一种扁平(flat)方式的内存管理模式,启动新的应用程序时系统必须为应用程序分配存储空间,并立即把应用程序加载到内存。缺少了 MMU 的内存重映射机制,μCLinux 必须在可执行文件加载阶段对可执行文件 reloc 处理,使得程序执行时能够直接使用物理内存。

4. μCLinux 的实时能力

μCLinux 本身没有关注实时问题，它不是为 Linux 的实时性而提出的。嵌入式 RT-Linux 关注实时问题，其执行管理器把普通 Linux 的内核当成一个任务运行，同时还管理了实时进程，而非实时进程则交给普通 Linux 内核处理。这种方法实现简单，且实时性能容易检验；非实时进程运行于标准 Linux 系统，同其他 Linux 商用版本之间保持了很大的兼容性；可以支持硬实时时钟的应用；因此，这种方法已经应用于很多的操作系统以增强操作系统的实时性，包括一些商用版 UNIX 和 Windows NT 等。μCLinux 可以使用 RT-Linux 的 patch，从而增强 μCLinux 的实时性，使得 μCLinux 可以应用于工业控制和进程控制等一些实时性要求较高的应用。

5. μCLinux 的运行条件

μCLinux 运行在没有 MMU 的处理控制器上，如 ARM、MIPS、PowewrPC 和 M68K 等。运行 μCLinux 最少需要 1 MB 内存，一般 2 MB 以上内存比较适合 2.4 版本的 μCLinux 内核运行，若要运行 2.6 版本的 μCLinux 内核最好有 4 MB 以上内存。μCLinux 编译完后的内核映像文件不超过 1 MB。在 40 MHz 频率的处理控制器上运行 μCLinux 没有问题，处理控制器的快慢只影响应用程序执行的快慢，对内核本身没有影响。

6. μCLinux 的主要特征

概括起来，μCLinux 的主要特征如下：

- 通用 Linux API；
- 内核体积小于 512 KB，内核加上文件系统小于 900 KB；
- 支持 TCP/IP 等大量网络协议；
- 支持各种文件系统，包括 NFS、EXT2、ROMFS、JFFS、MS-DOS 和 FAT16 等；
- 支持各种典型的处理器构架，包括 ARM、PowerPC、X86 和 ColdFire 等。

9.2 μCLinux 开发环境的建立及其移植

进行 μCLinux 软件体系设计，首要的工作是针对具体硬件平台的 μCLinux 芯片级移植。移植 μCLinux 前必须建立起 μCLinux 开发环境，普遍使用的 μCLinux 开发环境是交叉编译/调试环境。所谓“交叉”，即在宿主机上开发，在目标机上进行。可以从 μCLinux 的网站(http://www.μCLinux.org)上得到针对各种处理控制器的基于 GNU Tools 的交叉编译/调试器。本节将以 ARM 系列单片机为例，具体阐述 μCLinux 开发环境及其建立，并详细说明 μCLinux 的芯片级移植。

9.2.1 μCLinux 开发环境简介

1. GNU 开发套件

GNU 开发套件是通用的 Linux 开放套件，它包括一系列的开发调试工具，其主要组件有：

GCC　编译器，可做成交叉编译形式，即在宿主机上开发编译目标机上可运行的二进制文件。

Binutils　一些辅助工具，包括可反编译二进制文件(objdump)、汇编编译器(as)和连接器(ld)等。

GDB　调试器，可使用多种交叉调试方式，如背景调试(gdb - bdm)和以太网络调试(gdb-server)。

2. μCLinux 的显示终端

μCLinux 的默认终端是串行口，内核在启动时所有的信息都使用 printk 函数输出到串口终端，同时也可以通过串口终端与系统交互。μCLinux 启动时启动了远程登录服务(telnetd)，则可以远程登录上系统，从而控制系统的运行。是否允许远程登录可在烧写 romfs 文件系统时由用户决定。

3. 交叉编译调试工具

支持一种新处理控制器，必须具备一些编译和汇编工具，以形成可运行于其上的二进制文件。内核使用的编译工具同应用程序使用的有所不同。解释不同点前，需要对 GCC 连接作一些说明：

ld(link description)文件　ld 文件是指出连接时内存映像格式的文件。

crt0.S　应用程序编译连接时需要的启动文件，主要是初始化应用程序栈。

PIC(Position Independence Code)　与位置无关的二进制格式文件，在程序段中必须包括 reloc 段，从而使代码加载时可以进行重新定位。

内核编译连接时，使用 ucsimm.ld 文件，形成可执行文件映像，所形成的代码段既可以使用间接寻址方式(含有 reloc 段)，也可以使用绝对寻址方式。这样可以给编译器更多的优化空间。因为内核可能使用绝对寻址，所以内核加载到的内存地址空间必须与 ld 文件中给定的完全相同。

应用程序的连接与内核连接方式不同。应用程序由内核加载，由于应用程序的 ld 文件给出的内存空间与应用程序实际被加载的内存位置可能不同，这样在应用程序加载的过程中就需要一个重新定位的过程，即对 reloc 段进行修正，使得程序进行间接寻址时不至于出错。

基于上述分析，至少需要两套编译连接工具：

① 二进制工具(binutils)　包括了汇编工具、链接器和基本的目标文件处理工具。对 binutils 包的设置定义了所需的目标文件的格式和字节顺序。binutils 包括的工具都使用二进制文件描述符(BFD)库来交换数据。通过设置文件 config.bfd，可以指定默认的二进制文件格式(例如 elf little endian)和任何工具可用的格式。

② C 编译器　GNU 编译器 GCC 是通过使用一种叫做“寄存器转换语言”(RTL)的方式实现的。假定现在有一种基本的机器描述性文件，它已经能满足需要。现在要做的仅仅是设置默认情况下使用的参数和如何将文件组合成可执行文件的方式。GNU 的文档提供了所有必需的资料，使得用户可以为新型的处理控制器的指令集合提供支持。如果要针对体系的机器建立一个新的目标机器，那么就必须指定默认编译参数和定制系统的特定参数，见下面的例子。对于特定的目标系统，可以使用 TARGET_DEFAULT 宏在 target.h 文件中定义编译器的开关。目标 t-makefile 段指定了应该构建哪一个额外的例程和其编译的方式。

例：使用 μCLinux-arm.h 来指定默认的编译参数。

```
#undef TARGET_DEFAULT。
#define TARGET_DEFAULT(ARM_FLAG_APCS_32|ARM_FLAG_NO_GOT)
```

4. 可执行文件格式

μCLinux 采用的是扁平(flat)可执行文件格式。GCC 的编译器形成的是 COFF(Common Object File Format)或 ELF(Excutive Linked File)格式的可执行文件,这两种文件需要使用 coff2flt 或 elf2flt 工具进行格式转化才能形成 μCLinux 要求的扁平可执行文件。当用户执行一个应用时,内核的执行文件加载器将对 flat 文件进行进一步处理,主要是对 reloc 段进行修正。处理很简单,只需要对 reloc 段中存储的值统一加上或减去一个偏移量,偏移量由实际的物理地址起始值和 ld 文件指定的地址起始值相减或相加计算出。

9.2.2 建立 μCLinux 开发环境

针对 ARM 平台,有多种交叉编译环境,比较著名的是 arm - elf - tools 和 arm - linux。可以从 μCLinux 网站上得到 build - μCLinux - tools,如 arm - elf - tools - 20040427. sh。

建立针对 ARM 平台的交叉编译环境,就是要在 PC 机上建立目标代码为 ARM 的编译工具链(toolchains),以编译和处理 Linux 内核和应用程序。

1. arm - elf - tools 的安装

这里从源码和二进制文件直接安装 arm - elf - tools 交叉编译环境。首先准备以下文件:binutils - 2. 10. tar. bz2、binutils - 2. 10 - full. patch、gcc - 2. 95. 3. tar. bz2、gcc - 2. 95. 3 - full. patch、gcc - 2. 95. 3 - arm - pic. patch、gcc - 2. 95 - 3. arm - mlib. patch、gcc - 2. 95. 3 - sigset. patch、gcc - 2. 95. 3 - m68k - zext. patch、genromfs - 0. 5. 5. tar. gz、STLport - 4. 5. 3. tar. gz、STLport - 4. 5. 3. patch、elf2flt - 20030314. tar. gz 和 build - μCLinux - tools. sh,然后把其中的脚本文件 build - μCLinux - tools. sh 复制到 Linux 环境的根目录下,使其具有可执行权,再运行它,就可以完成 arm - elf - tools 的安装了。此时查看/usr/local/bin/下的文件,可以看到很多以 arm - elf -开头的编译环境文件。所需准备的文件可以从 μCLinux 网站上获得。

2. 编译内核和应用程序

(1) 编译 μCLinux 内核

编译 μCLinux 内核的过程如下:

① 建立/usr/src/μCLinux - dist 目录,下载 μCLinux - dist - 20040408. tar. gz,并把它复制到该目录下,解压缩和解包 μCLinux - dist - 20040408. tar. gz;

② 进入 μCLinux - dist 目录,图形方式下使用命令"make xconfig",命令行方式下使用命令"make menuconfig",就可打开配置窗口或界面;

③ 在 Vendor/Product 中选择 GDB/ARMulator,在 Kernel Version 中选择 linux - 2. 4. x,在 Libc Version 中选择 μC - libc,完成基本的 μCLinux 内核配置选择;

④ 在 Vendor/Product 中选择 Customize Vendor/User Settings,进入应用程序配置窗口或界面,可以选择 Filesystem Application 和 Network Application 等项;

⑤ 保存所选配置,退出配置窗口或界面,后台自动生成. config 文件;

⑥ 执行命令"make dep"、"make",编译内核和文件系统等,生成 elf 格式的 μCLinux 内核可执行文件和文件系统映像文件 romfs. img 等;

⑦ 使用推荐的 skyeye. conf 配置文件调试运行得到核心代码，并可以根据具体硬件平台的 skyeye. conf 文件适当加以改动。执行的命令为："skyeye linux - 2. 4. x/linux"、"target sim"、"load"、"run"。执行要在/usr/src/μCLinux - dist/下，skyeye. conf 文件也要放在该目录下。命令执行后，出现"Welcome to μCLinux"的界面运行结果，就表示配置、编译 μCLinux 和文件系统等成功了。

编译 μCLinux 内核和文件系统，是 μCLinux 开发流程中的两个重要过程。

(2) 编译应用程序

编译 μCLinux 应用程序，需要使用 GNU make 工具(简称 make)。make 是一种代码维护工具，它能根据程序各个模块的更新情况自动维护和生成目标代码。make 的主要任务是读入 makefile 文件，根据该文件定义的规则和步骤，完成其职能。makefile 文件定义了文件的依赖关系和需要什么命令来产生文件的最新版本或管理各种文件等工作。μCLinux 的 makefile 文件编写，可以从模板文件开始，以降低编程难度。编译应用程序前，首先要在应用程序的同一目录下，创建一个 makefile 文件，然后在该目录下，运行 make 命令就可完成应用程序的编译了。

3. crosstool 工具及其使用

编译工具链源码，建立 μCLinux 开发环境，是一个繁琐和费时的过程，可以借助 crosstool 工具简化这个过程。crosstool 是一个专门建立编译工具链的脚本，可在很大程度上简化开发工作。最新版本的 crosstool 工具包可在 http://kerneal. com/crosstool/下找到，其中包含了很多各种处理控制器体系和各种版本的 glibc 等编译脚本，可以参考这些脚本，定义自己的编译工具链。

9.2.3 μCLinux 的芯片级移植

μCLinux 的芯片级移植，就是要修改 μCLinux 底层和硬件相关的部分，使 μCLinux 可在指定硬件平台上进行起来。移植前需要熟悉所选定的硬件平台，熟悉 μCLinux 代码结构和运行机理。下面以 Philips 公司的 ARM7TDMI 单片机 LPC2200 为例，阐述 μCLinux 的芯片级移植。

9.2.3.1 开发环境的选择

选择开发环境主要是选择好编译器和调试器。μCLinux 使用 GCC 编译器，所以在编译器上只能选择 GCC。内核移植，多使用模拟调试器 SkyEye，其用户界面直接绑定在 GDB 的用户界面，支持 GDB 的基本语法，会给移植中的代码调试带来很多方便。

9.2.3.2 内核的移植

μCLinux 内核的芯片级移植主要是添加与所选处理控制器相关的代码，这些代码可以分为 4 部分：体系架构和机型相关的代码、中断相关的代码、其他代码修改 makefile 与配置菜单。

1. 增加体系架构和机型相关的代码

① 添加机型号。在 atch/armnommu/mach - types 文件最后一行添加代码，设定一个没有用过的机型号码 91：

```
lpc        ARCH_LPC        LPC        91
```

② 添加描述机型的数据结构。添加文件 arch/armnommu/mach - lpc/arch. c，该文件首

先实现了一个描述机型的数据结构 machine_desc，然后用 MACHINE_START、BOOT_MEM、FIXUP、INITIRQ 和 MACHINE_END 宏填充 machine_desc，其中 fixup()函数用于初始化内存的数据结构 meminfo，它在启动时被调用。arch.c 文件的主要代码如下：

```
extern void genarch_init_irq(void);
void fixup_lpc(struct machine_desc * desc, struct params * params, char * * cmdline, struct
memeinfo * mi)
{    mi->bank[0].start = 0x81000000;
     mi->bank[0].size = 8 * 1024 * 1024;
     mi->bank[0].node = 0;
     mi->nr_baks = 1;
     #ifdef CONFIG_BLK_DEV_INITRD
     setup_ramdisk(1, 0, 0, CONFIG_BLK_DEV_RAM_SIZE);
     setup_initrd(__phys_to_virt(0x81700000, 1024 * 1024);
     ROOT_DEV = MKDEV(RAMDISK_MAJOR, 0);
     #endif
}
MACHINE_START(LPC, "arm-linux")
    BOOT_MEM(0x81000000, 0xe0000000, 0xe0000000)
    FIXUP(fixup_lpc)
    INITIRQ(genarch_init_irq)
MACHINE_END
```

③ 添加处理控制器的启动代码。在 linux-2.4.x/arch/kernel/head_armv.s 中添加启动代码，读出前面添加的处理控制器序号和机型序号，完成对 LPC2200 的 processor_id 和_machine_arch_type 的赋值。head_armv.s 文件的主要代码如下：

```
#if defined(CONFIG_ARCH_LPC)
        adr     r5, LC0
        ldmia   r5, {r5, r6, r8, r9, sp}
        …                                       ; 复制数据段到其位置
        mov     r4, #0                          ; 清除 BSS
   lb:  cmp     r5, r8
        strcc   r4, [r5], #4
        bcc     lb
        ldr     r2, LPC_PROCESSOR_TYPE          ; 假定已知处理控制器及其机型序号
        str     r2, [r6]
        ldr     r2, #MACH_TYPE_LPC
        str     r2, [r9]
        mov     fp, #0
        b       start_kernel
   LC0: .long __bss_start, processor_id, _end, __machine_arch_type, init_task_union + 8192
   LPC_PROCESSOR_TYPE:      .long 0xfefefefe
#endif
```

2. 增加中断系统

① 中断系统及其实现　ARM 有 7 种异常，中断是其中一种。硬件产生中断异常后，CPU 会跳转到 0x18 地址去处理中断异常，通常在此放一条跳转语句进而去执行 vector_IRQ 处理：

```
b       __real_stubs_start + (vector_IRQ - __stubs_start)
```

LPC2200 具有 32 个中断源，划分为 3 类：快速中断 FIQ、向量中断 IRQ 和非向量中断。所使用的主要寄存器有：中断状态寄存器 VICRawInt、向量中断处理函数地址寄存器 VICVectAddr0～15 和发生中断的处理函数地址寄存器 VICVectAddr。

② 添加中断初始化代码　添加 include/asm-armnommu/arch-lpc/irq.h 文件，以实现 init_irq()函数。该函数初始化 μCLinux 中的中断数据结构 irq_desc[]数组，挂载一些平台相关的中断操作函数。μCLinux 系统初始化时调用这个函数。irq.h 文件的主要代码如下：

```
static __inline__ void init_irq(void)
{   int irq;
    lpc_init_vic();                                     // 中断向量控制器初始化
    for(irq = 0; irq < 32; irq++)
    {   if(! VALID_IRQ(irq)) continue;
        irq_desc[irq].valid = 1;
        irq_desc[irq].probe_ok = 1;
        irq_desc[irq].mask_ack = lpc_mask_ack_irq;  // 掩码确认函数
        irq_desc[irq].mask = lpc_mask_irq;          // 中断屏蔽函数
        irq_desc[irq].unmask = lpc_unmask_irq;      // 中断屏蔽失效函数
    }
}
```

③ 添加中断底层函数　添加 arch/armnommu/mach-lpc/irq.c 文件，用于实现上面代码中的 4 个底层函数。irq.c 文件的主要代码如下：

```
void lpc_mask_irq(unsigned int irq)                     // 中断屏蔽函数
{   __arch_putl(1 << irq), VIC_IECR;    }
void lpc_unmask_irq(unsigned int irq)                   // 中断屏蔽失效函数
{   unsigned long mask = 1 << irq;
    unsigned long ier = __arch_getl(VIC_IER);
    __arch_putl((ier | mask), VIC_IER);
}
void lpc_mask_ack_irq(unsigned int irq)                 // 掩码确认函数
{   __arch_putl(0x0, VIC_AR);
    lpc_mask_irq(irq);
}
void lpc_init_vic(void)                                 // 中断向量控制器初始化函数
{   init irqno;
    __arch_putl(0xffffffff, VIC_IECR);                  // 禁止所有中断
    __arch_putl(0xffffffff, VIC_SICR);                  // 清除所有软件中断
    __arch_putl(0, VIC_ISLR);                           // 使用 IRQ 而非 FIQ
```

```
    for(irqno = 0; irqno < 16; irqno++)
    {   __arch_putl(irqno, VIC_VAR(irqno));                  // 索引
        __arch_putl(0x20 | irqno, VIC_VCR(irqno));           // 向量
    }
    __arch_putl(16, VIC_DVAR);
    __arch_putl(1, VIC_PER);                                 // 设置保护
    __arch_putl(2, MEMMAP);                                  // 重映射 IRQ 到 RAM 中
}
```

④ 添加中断号定义的头文件　添加 include/asm-armnommu/arch-lpc/irqs.h 文件,以定义系统中所有用到的外设中断号。irqs.h 文件的主要代码如下:

```
#define     VAILD(i) (i >= 0 && i < 32)
#define     IRQ_WD          0                      // 看门狗定时器 WDT
#define     IRQ_TC0         4                      // 定时器 T0
#define     IRQ_TC1         5                      // 定时器 T1
#define     IRQ_UART0       6                      // 异步串行口 0
#define     IRQ_UART1       7                      // 异步串行口 1
……
```

⑤ 实现 get_irqnr_and_base 宏　对于移植来说,entry-armv.s 文件的改动较大,要修改__trap_init()函数,还要添加 disable_fiq、get_irqnr_and_base 和 irq_prio_table 宏。其中 disable_fiq 和 irq_prio_table 用处不大,不需要添加代码,主要是实现 get_irqnr_and_base 宏。get_irqnr_and_base 宏需要定义在文件 arch/armnommu/kernel/entry_armv.s 第一部分的适当位置,用于获取发生中断的中断号,它在__irq_svc()和__irq_usr()函数中被调用。get_irqnr_and_base 宏定义代码如下:

```
.macro get_irqnr_and_base, irqnr, irqstat, base, rmp
        ldr             r4, = VIC_ISR
        ldr             r4, [r4]
        mov             \irqstat, r4
        mov             \irqnr, #0
        tst             r4, #0x00000001
        BNE             . +30*4*3 +8
        mov             \irqnr, #1
        tst             r4, #0x00000002
        BNE             . +29*4*3 +8
        ……
        mov             \irqnr, #30
        tst             r4, #0x40000000
        BNE             . +0*4*3 +8
.endm
```

⑥ 添加异常处理函数位置　为定位异常处理函数地址,需要添加变量 RAM_BASE 在文件 include/asm - armnommu/arch - lpc/hardware.h 中,该变量在 trap_init()函数中被调用。

相关代码如下：

```
#if defined(CONFIG_ARCH_LPC)
    .equ __real_stubs_start, 0x200 + RAM_BASE
```

3. 增加其他代码

① 添加 dam. h　添加 include/asm－armnommu/arch－lpc/dam. h 文件，其主要代码如下：

```
#define MAX_DMA_ADDRESS        0xffffffff
#define MAX_DMA_CHANNELS       0
#define arch_dma_init(dma_chan)
```

② 添加 memory. h　添加 include/asm－armnommu/arch－lpc/memory. h 文件，其主要代码如下：

```
#define TASK_SIZE                  0x01a00000UL
#define TASK_26                    TASK_SIZE
#define PHY_OFFSET                 DRAM_BASE
#define PAGE_OFFSET                PHY_OFFSET
#define END_MEME                   (DRAM_BASE + DRAM_SIZE)
#define __virt_to_phys(vpage)      ((unsigned long)vpage)
#define __phys_to_virt(ppage)      ((void *)ppage)
#define __virt_to_bus(vpage)       ((unsigned long)vpage)
#define __bus_to_virt(ppage)       ((void *)ppage)
```

③ 添加 processor. h　添加 include/asm－armnommu/arch－lpc/processor. h 文件，以实现两个函数：空闲调用函数 arch_idle()和重启函数 arch_reset()。processor. h 文件的主要代码如下：

```
static inline void arch_idle(void)
{   while(! current -> need_resched && ! hlt_counter) cpu_do_idle(IDLE_WAIT_FAST);   }
extern inline void arch_reset(char mode)
{   /* tbd */   }
```

④ 添加 hardware. h　添加 include/asm-armnommu/arch-lpc/hardware. h 文件，定义 CPU 和外设的寄存器的地址，其主要代码如下：

```
#define KERNEL_TIMER          0                   // 0 = TC0, 1 = TC1
#define HARD_RESET( )
#define LPC_TC_BASE           0xe0004000
#define Fosc                  11059200            // 时钟
#define Fccclk                Fosc * 4
#define Fcco                  Fcclk * 4
#define Fcplk                 Fcclk/4
#define VIC_BASE              0xfffff000          // 中断
#define VIC_ISR               (VIC_BASE + 0)
……
```

4. 修改 makefile 和配置菜单

关于 μCLinux 的配置，涉及的文件有 config. in、makefile、rules、make、. config、autoconfig. h、. depend 和 hdepend，其中主要是 config. in 和 makefile 文件。

(1) 修改 config. in 文件

config. in 文件位于 arch/armnommu/下，用于定义 μCLinux 配置菜单，文件 documentation/kbuild/config-language. txt 详细说明了它的语法规则。移植 μCLinux 时需要在 config. in 文件中添加的代码如下：

```
choise 'ARM system type' \
    LPC              CONFIG_ARCH_LPC \
    ……
if ["$CONFIG_ARCH_LPC" = "y"]; then
    define_bool      CONFIG_NO_PGT_ARM710               y
    define_bool      CONFIG_CPU_ARM710                  y
    define_bool      CONFIG_CPU_32                      y
    define_bool      CONFIG_CPU_32v4                    y
    define_bool      CONFIG_CPU_WITH_CACHE              n
    define_bool      CONFIG_CPU_WITH_MCR_INSTRUCTION    n
fi
……
if ["$CONFIG_ARCH_EBSA110" = "y" -o \
    ……
    "$CONFIG_ARCH_LPC" = "y" -o \
    ……
fi
……
```

(2) 修改 makefile 文件

添加 mach-lpc/makefile 文件，其内容如下：

```
USE_STANDARD_AS_RULE := true
O_TARGET := lpc.o
obj-y := $(patsubst %.c, %.o, $(wildcard *.c))          # 目标文件列表
obj-m :=
obj-n :=
obj-  :=
export-objs :=
include $(TOPDIR)/Rules.make
```

修改 linux-2.4/makefile 文件，其内容如下：

```
ARCH := armnommu
CROSS_COMPPPPILE = arm-elf-
```

修改 arch/armnommu/makefile 文件，添加内容如下：

```
……
ifeq ( $ (CONFIG_ARCH_LPC), y)
#TEXTADDR       = 0x80008000
TEXTADDR        = 0x80020000
MACHINE         = lpc
endif
```

9.2.3.3 驱动程序的移植

对于最基本的系统,时钟和串口是必不可少的,时钟是整个系统的心跳,串口是基本的输入/输出通道。

1. 时钟驱动程序的移植

时钟驱动程序最主要的功能是定时产生一个中断,为一些基于时钟驱动或周期运行的任务提供服务。可以通过硬件设定两个时钟中断之间确定值的时间间隔。

(1) 添加 include/asm - armnommu/arch - lpc/timer. h 文件

timer. h 文件的内容如下:

```
#if(KERNEL_TIMER = = 0)
    #define KERNEL_TIMER_IRQ_NUM IRQ_TC0
#elif(KERNEL_TIMER = = 1)
    #define KERNEL_TIMER_IRQ_NUM IRQ_TC1
#else #error Weird - KERNEL_TMER isnt defined orsomething...
#endif
static unsigned long lpc_gettimeoffset(void)
{   // volatile struct lpc_timers * tt = (struct lpc_timers * )LPC_TC_BASE;
    return 0;
}
static void lpc_timer_interrupt(int irq, void * dev_id, struct lpc_pt_regs * regs)
{   __arch_pul(0x01, T0IR);
    do_timer(regs);
    do_profile(regs);
}
extern void lpc_unmask_irq(int);
extern inline void setup_timer(void)
{   __arch_putl(2, T0TCR);                          // 初始化定时器
    __arch_putl(0xffffffff, T0IR);
    __arch_putl(0, T0PR);
    __arch_putl(3, T0MCR);
    __arch_putl(Fpclk/Hz, T0MR0);
    __arch_putl(1, T0TCR);
    lpc_unmask(KERNEL_TIMER_IRQ_NUM);
    gettimeroffset = lpc_gettimeoffset;
    setup_arm_irq(KERNEL_TIMER_IRQ_NUM, &timer_irq);
}
```

μCLinux 内核启动时会调用 setup_timer()函数把 KERNEL_TIMER_IRQ_NUM 中断号和 timer_irq 时钟相关的函数挂载起来，这样当时钟中断发生时就会调用 lpc_timer_interrupt()进行相应的时钟中断处理。

(2) 添加 include/asm-armnommu/arch-lpc/timerx.h 文件

timerx.h 文件的主要内容如下：

```
#define CLOCK_TICK_RATE 100/8
```

2. 串口驱动程序的移植

μCLinux 内核已经提供了很好的支持标准串口的驱动程序，只需添加一个宏来定义 LPC2200 串口的基地址，使用中断号等与硬件相关的一些信息，串口的驱动程序就完成了。添加文件 include/asm-armnommu/arch-lpc/serial.h，其内容如下：

```
#define RS_TABLE_SIZE        2
#define BASE_BAUD            115200
#define STD_COM_FLAGS        (ASYNC_BOOT_AUTOCONF | ASYNC_SKIP_TEST)
#define STD_SERIAL_PORT_DEFNS                                                        \
    {   type: PORT_16550A, xmit_fifo_size: 16, baud_base: BASE_BAUD, irq: IRQ_UART0, \
        flags: STD_COM_FLAGS, io_type: SERIAL_IO_RAM, iomeme_reg_shift: 2,           \
        iomem_base: (u8 *)LPC_UART0_BASE          /* LPC2200 的串口 UART0 基地址 */   \
    },   /* ttys0 */
    {    ……
    }    /* ttys1 */
unsigned int baudrate_div(unsigned int baudrate)
{    return ((Fpclk/16)/baudrate);    }
```

定义了这个宏后，移植的 μCLinux 内核就可以向串口输出信息了。

9.3 μCLinux 设备驱动程序及设计综述

9.3.1 μCLinux 设备驱动程序概述

μCLinux 是从 Linux 裁减并继承而来的，其设备驱动程序的特点、类型、加/卸载、应用及其设计，基本上和 Linux 是一样的，μCLinux 也是把硬件设备视为特殊的文件即设备文件进行访问，本书第 3 章已经进行了详细阐述，这里不再赘述。

Linux 操作系统提供有信号量、消息队列、共享存储器和信号等进程/线程同步通信机制，把这些机制引入驱动程序设计，能够使设备驱动程序更加灵活、执行效率更高，使有限的内存 RAM 和中断等资源利用更加合理。

μCLinux 下的设备很具体，如 SPI、I²C、ADC 和 DAC 等，这一点又不同于 Linux；因此，μCLinux 下的设备驱动又具有一些特殊之处，这将在 9.4～9.6 节结合字符型设备、块型设备、网络设备及其文件系统操作进行详细说明。

μCLinux 下常常把硬件驱动程序编译为动态可加载的内核模块使用，硬件驱动程序设计服从内核模块的编写设计规律，本节重点说明内核模块及 Makefile 文件的基本程序框架。

9.3.2 μCLinux 内核模块基本框架

μCLinux 下内核模块的基本框架如下，这是假设文件为 test.c。在列举的基本代码框架中，特别注释了关键性的程序代码。

```
#ifndef __KERNEL__
    #define __LERNEL__                          // 指明程序在内核空间运行
#ifndef MODULE
    #define MODULE                              // 指明这是一个内核模块
#endif
#include < linux/module.h >
#include < linux/sched.h >
#include < linux/kernel.h >
#include < linux/init.h >
int test_init(void);
void test_cleanup(void);
module_init(test_init);                         // 关键语句:注册加载时执行的函数
module_exit(test_cleanup);                      // 关键语句:注册卸载时执行的函数
int test_init(void)
{   模块初始化,包括资源申请;
    register_chrdev/blkdev(……);                 // 设备注册
    ……
    return 0;
}
void test_cleanup(void)
{   模块关闭,包括资源释放;
    unregister_chardev/blkdev(……);              // 设备注销
    ……
}
```

9.3.3 Makefile 文件及其基本框架

Makefile 文件是用于供 GNU“make”工具编译相应的 μCLinux 模块产生目标代码的，使用 Makefile 文件编译所设计的程序是一种常用的简易手段。μCLinux 内核模块的 Makefile 文件基本框架代码如下，其中特别注释了针对不同类型的设备驱动需要更改的地方，以后各节再阐述到驱动程序 Makefile 文件例程时，相同部分就不再列出了，列出的只是注释的需要变更的部分。

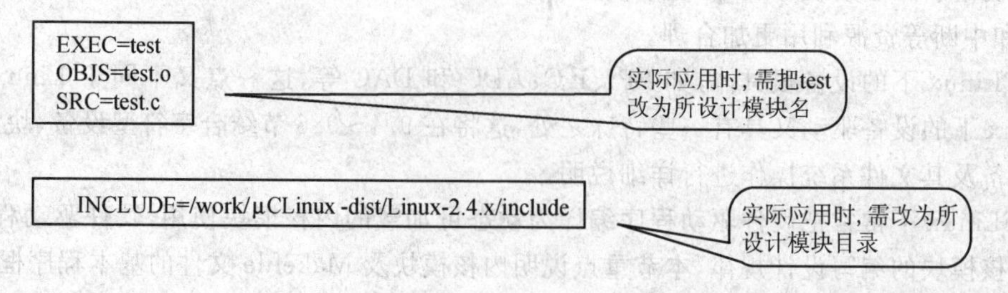

```
CC = arm-elf-gcc
LD = arm-elf-ld
MODCFLAGS = -D__KERNEL__ -I$(INCLUDE)-02-fno-strict-aliasing-fno-common-pipe-
fno-builtin-D__linux__ -g-DNO_MM-mapcs-32-march = armv4-mtune = arm7tdmi-mshort-
load-bytes-msoft-float-nostdinc-iwithprefix include
LDFLAGS = -m armelf-r
all: $(EXEC)
$(EXEC): $(OBJS)
    $(LD) $(LDFLAGS)-o $ @ $(OBJS)
%.o: %.c
    $(CC) $(MODFLAGS)-mapcs-c $ <-o $ @
clean:
    -rm-f $(EXEC) *.elf *.gdb *.o
```

9.4 μCLinux 字符型设备驱动程序设计

μCLinux 下的外设或接口，很多都是作为字符型设备加以驱动的。常见的嵌入式字符外设或接口有 SPI、I^2C、ADC、DAC、GPIO 和 PWM 等，下面以 ARM7TDMI 内核单片机 LPC220 下 I^2C 接口驱动为例，说明 μCLinux 下字符型设备的驱动程序设计。I^2C 总线操作的规范可参阅相关资料，这里不再赘述。

9.4.1 字符型设备驱动的整体架构设计

字符型设备驱动程序可以在 μCLinux 内核模块的基础上加以修改得到，其中需要具体化的部分及其初始化与清除函数代码如下：

1. 需要定义的常量/全局变量和声明的函数或结构

```
#define MAJOR_NR 125                              // 主设备号
#define DEVICE_NAME "i2c"                         // 设备名
int usage = 0;                                    // 设备使用计数器
struct semaphore sem, irq_sem;                    // 用于总线占用、中断资源使用的信号量定义
static int i2c_open(struct inode * inode, struct file * flip);
static int i2c_ioctl(struct inode * inode, struct file * flip, unsigned int cmd, unsigned long arg);
static ssize_t write_i2c(struct file * flip, const char * buf, size_t count, loff_t * f_pos);
static ssize_t read_i2c(struct file * flip, const char * buf, size_t count, loff_t * f_pos);
static int i2c_release(struct inode * inode, struct file * flip);
int i2C_init(void);
void i2c_cleanup(void);
static struct file_operations i2c_fops        // 设备文件结构表
{   ower: THIS_MODULE, open: open_i2c, ioctl: ioctl_i2c,
    read: read_i2c, write: twrite_i2c, release: release_i2c,
}
```

2. 初始化函数代码设计

```
int i2C_init(void)
{   int result = register_chrdev(MAJOR_NR, DEVICE_NAME, &i2c_fops);
    if(result < 0)
    {   printk(KERNEL_ERR_DEVICE_NAME": Unable to get major %d\n", MAJOR_NR);
        return (result);
    }
    if(MAJOR_NR= =0) MAJOR_NR = result;     // 动态
    printk(KERNEL_INFO_DEVICE_NAME": init OK\n");
    return 0;
}
```

3. 清除函数代码设计

```
void i2c_cleanup(void)
{    unregister_chrdev(MAJOR_NR, DEVICE_NAME);    }
```

9.4.2 相关接口操作的函数代码编写

1. open()函数

```
static int i2c_open(struct inode * inode, struct file * flip)
{   unsigned long flags, temp;
    unsigned int MINOR(inode-> i_rdev);                    // 获取 I²C 设备的从设备号
    if(usage= =0)                                          // 判断 I²C 总线使用情况,首次使
                                                           // 用才设置
    {   request_irq(IRQ_I2C, i2c_irq_handle,               // 中断申请并指明处理函数,不用
            SA_INTERRUPT, NULL, DEVICE_NAME, NULL);        // 时可去掉
        local_irq_save(flag);                              // 关中断,临界保护
        temp = inl(PINDEL0);                               // I²C 接口引脚设置
        PinSel0Save = temp & (0x0f << 4);
        temp &= ~(15 << 4);
        temp |= 5 << 4;
        outl(temp, PINSEL0);
        outl(0x6c, I2CCONCLR);                             // 清除控制寄存器
        outl(0xffff, I2SCLH);                              // 设置高电平时间
        outl(0xffff, I2CSCLL);                             // 设置低电平时间
        sema_init(&sem, 1);                                // I²C 总线保护信号量:用时先获
                                                           // 取,用毕发送
        sema_init(&irq_sem, 0);                            // I²C 中断保护信号量:用于指明
                                                           // 中断是否完成
        flip-> private_data = (void *)num;                 // 标识不同的 I²C 器件
        local_irq_restore(flag);                           // 开中断
    }
```

```
    usage ++;
    MOD_INC_USE_COUNT;
    return(0);                                          // 成功返回
}
```

2. release()函数

```
static int release_i2c(struct inode * inode, struct file * flip)
{   unsigned long flag, temp;
    MOD_DEC_USE_COUNT;
    usage --;
    if(usage == 0)
    {   local_irq_save(flag);
        temp = inl(PinSel0);
        temp &= ~(0x0f << 4);
        temp |= PinSel0Save;
        outl(temp, PINSEL0);
        local_irq_restore(flag);
        free_irq(IRQ_I2C, NULL);                        // 中断及其资源释放
    }
    return 0;
}
```

3. ioctl()函数

```
static int ioctl_i2c(struct inode * inode, struct file * flip, unsigned int cmd, unsigned long arg)
{   if((_IOC_TYPE(cmd) != I2C_IOC_MAGIC)||(_IOC_NR(cmd) >= I2C_MAXNR))
        return - ENOTTY;                    // 判断命令编号是否合法
    switch(cmd)
    {   case I2C_SET_CLH: if(arg < 4) arg = 4;
            ouutl(arg, I2SCLH);             // 设置高电平时间
            break;
        case I2C_SET_CLL: if(arg < 4) arg = 4;
            ouutl(arg, I2SCLL);             // 设置低电平时间
            break;
        default: return - ENOTTY;
            break;
    }
    return 0
}
```

4. write()函数

```
static ssize_t write_i2c(struct file * flip, const char * buf, size_t count, loff_t * f_pos)
{   unsigned long flag;
    if(! access_ok(VERIFY_READ, (void * )buf, count)) return - EFAULT;     // 判断缓冲区是否合法
```

```
    unsigned int num = (unsigned int)filp -> private_data;      // 获取设备标识,即设备从地址
    if(down_interruptible(&sem)) return - ERESTARTSYS;      // 获取信号量,若成功,则独占总线
    local_irq_save(flag);
    outl(0x6c, I2CONCLR);                                   // 启动总线操作
    outl(0x40, I2CONSET);                                   // 使能总线
    I2cAddr = num & 0xfe;                                   // 存储发送地址,指定为数据发送
                                                               操作
    I2c_Nbyte = count;                                      // 存储写字节数
    I2cBuf = (unsigned char * )buf;                         // 存储写的数据指针
    outl(0x24, I2CONSET);                                   // 设置为主机,启动总线
    local_irq_restore(flag);
    if(down_interruptibal(&irq_sem))                        // 上次中断数据传输未完
    {   up(&sem);                                           // 发信号以释放总线
        return - ERESTARTSYS;                               // 直接返回
    }
    up(&sem);                                               // 上次中断数据传输完成:发信号以
                                                               释放总线
    return count - I2cNbyte;                                // 返回写入数据个数
}
```

5. read()函数

```
static ssize_t read_i2c(struct file * flip, const char * buf, size_t count, loff_t * f_pos)
{   unsigned long flag;
    if(! access_ok(VERIFY_READ, (void * )buf, count)) return - EFAULT;   // 判断缓冲区是否合法
    if(down_interruptible(&sem)) return - ERESTARTSYS;   // 获取信号量,若成功,则独占总线
    unsigned int num = (unsigned int)filp -> private_data; // 获取设备标识,即设备从地址
    local_irq_save(flag);
    outl(0x6c, I2CONCLR);                                   // 启动总线操作
    outl(0x40, I2CONSET);                                   // 使能总线
    I2cAddr = num | 0x01;                                   // 存储发送地址,指定为数据接收
                                                               操作
    I2c_Nbyte = count;                                      // 存储读字节数
    I2cBuf = (unsigned char * )buf;                         // 存储读到的数据
    outl(0x24, I2CONSET);                                   // 设置为主机,启动总线
    local_irq_restore(flag);
    if(down_interruptibal(&irq_sem))                        // 上次中断数据传输未完
    {   up(&sem);                                           // 发信号以释放总线
        return - ERESTARTSYS;                               // 直接返回
    }
    up(&sem);                                               // 上次中断数据传输完成:发信号以
                                                               释放总线
    return count - I2cNbyte;                                // 返回读出数据个数
}
```

9.4.3 底层中断及其处理程序的设计

μCLinux 字符型设备存取访问可以采用中断操作，此时需要在 open 函数中申请相应的硬件中断并指明中断处理函数。以微控制器为核心的嵌入式应用体系，操作 I^2C 总线为提高传输效率，常常采用中断方式。I^2C 硬件中断申请及其中断处理函数指示，已经在上述 open()函数中说明，中断处理函数的定义如下：

```
static void i2c_irq_handle(int irq, void * dev_id, struct pt_regs * regs)
{   unsigned int temp = inl(I2CSTAT);
    switch(temp&0xf8)
    {   case 0x08:                                  // 已发送起始条件
        case 0x10:                                  // 已发送重复起始条件
            outl(I2cAddr, I2DAT);                   // 发送地址
            outl(0x28, I2CCONCLR);                  // 清除标志
            break;
        case 0x18:                                  // 已发送 SLA + W,并已接收应答
            get_user(temp, (u8 * )I2cBuf);
            outl(temp, I2DAT);
            I2cBuf ++ ;
            I2cNbyte -- ;
            outl(0x28, I2CONCLR);                   // 清除标志
            break;
        case 0x28:                                  // 已发送 I²C 数据,并接到应答
            if(I2cNbyte > 0)
            {   get_user(temp, (u8 * )I2cBuf);
                outl(temp, I2DAT);
                outl(0x28, I2CONCLR);               // 清除标志
                I2cBuf ++ ;
                I2cNbyte -- ;
            }
            else
            {   outl(0x28, I2CONCLR);               // 清除标志
                outl(1 << 4, I2CONSET);             // 结束总线
                up(&irq_sem);                       // 发出通知:总线使用完毕,可进行新数据
                                                    // 传输
            }
            break;
        case 0x20:                                  // 已发送 SLA + W,已接收非 ACK
        case 0x30:                                  // 已发送 I2DAT 中的字数,已接收非 ACK
        case 0x48:                                  // 已发送 SLA + R,已接收非 ACK
            outl(1 << 4, I2CONSET);                 // 发送停止信号
            outl(0x28, I2CONSCLR);                  // 清除标志
            up(&irq_sem);
```

```
            break;
        case 0x38:                                          // 在 SLA + R/W 或数据字节中丢失仲裁
            outl(0x28, I2CONSCLR);                          // 清除标志
            up(&irq_sem);
            break;
        case 0x40:                                          // 已发送 SLA + R,已接收 ACK
            if(I2cNbyte <= 1) outl(1 << 2, I2CONCLR);       // 下次发送非 ACK
            else outl(1 << 2, I2CONSET);                    // 下次发送 ACK
            outl(0x28, I2CONSCLR);                          // 清除标志
            break;
        case 0x50:                                          // 已接收数据字节,已发送 ACK
            temp = inl(I2DAT);
            put_user(temp, (u8 *)I2cBuf);
            I2cBuf ++ ;                                     // 接收数据
            I2cNbyte -- ;
            if(I2cNbyte <= 1) outl(1 << 2, I2CONCLR);       // 下次发送非 ACK
            outl(0x28, I2CONSCLR);                          // 清除标志
            break;
        case 0x58:                                          // 已接收数据字节,已发送非 ACK
            temp = inl(I2DAT);
            put_user(temp, (u8 *)I2cBuf);
            I2cNbyte -- ;                                   // 接收数据
            outl(1 << 4, I2CONSET);                         // 结束总线
            outl(0x28, I2CONSCLR);                          // 清除标志
            up(&irq_sem);
            break;
        default:
            outl(0x28, I2CONSCLR);                          // 清除标志
            break;
    }
}
```

9.4.4 编译指导文件 Makefile 的编制

在内核模块 Makefile 文件基本框架上进行修改,其中文件中需要的改动部分代码如下:

```
EXEC = i2c
OBJS = i2c.o
SRC = i2c.c
INCLUDE = /work/uClinx/linux2.4.x/include
……
```

9.4.5 字符型设备驱动的应用程序调用

1. 需要使用的头文件 i2c.h

```
#ifndef __I2C_H
    #define __I2CH
#include < linux/ioctl.h >
#define I2C_IOC_MAGIC 0xd4
#define I2C_SET_CLH _IO(I2C_IOC_MAGIC, 0)          //设置高电平时间
#define I2C_SET_CLL _IO(I2C_IOC_MAGIC, 1)          //设置低电平时间
#define I2C_MAXNR 2                                 //最大命令数
#endif
```

2. 可使用的接口函数

open()函数：打开文件。在使用 I^2C 从器件前调用，由该函数确定操作的从器件地址，其函数原型为 int open(const char * pathname, int flags);

close()函数：关闭文件。在使用完 I^2C 从器件后调用，函数原型为 int close(int fd);

ioctl()函数：I/O 控制。实际控制 I^2C 设备，函数原型为 int ioctl(int fd, unsigned long cmd, ……);

read()函数：从 I^2C 器件中读取数据。函数原型为 ssize_t read(int fd, void * buf, size_t count);

write()函数：向 I^2C 器件中写入数据。函数原型为 ssize_t write(int fd, void * buf, size_t count);

3. 设置 I^2C 总线速率

例程代码如下：

```
int fd = open("/dev/lpc2200 - i2c", O_RDWR);
ioctl(fd, I2C_SET_CLH, ((11059200/30000) + 1)/2);          //外设总线 VPB 频率 11 059 200 Hz
ioctl(fd, I2C_SET_CLL, ((11059200/30000) + 1)/2);          //I²C 总线速率 30 000 Hz
```

4. 写数据到 I^2C 从器件

例程代码如下：

```
u8 temp[5] = {'H', 'E', 'L', 'L', 'O'};
write(fd, temp, 5);
```

5. 从 I^2C 从器件读数据

例程代码如下：

```
u8 tmp[4];
read(fd, tmp, 4);
close(fd);
```

9.5 μCLinux 块型设备驱动与闪存文件操作

9.5.1 嵌入式块驱动及文件操作概述

块型设备，即以块为单位进行数据传输，“块”更通俗的说法是“扇区（section）”，大小一般为 512 字节。在嵌入式应用体系中，常见的块型设备有 CF 卡、SD 卡和 DOC 等，它们大多数都是由闪存 flash 构成的。闪存通常有两种类型：NOR 型闪存和 NAND 型闪存，它们各有优势，各自的具体硬件特征，可以参阅本人的《嵌入式系统硬件体系设计》一书。μCLinux 下块型设备的驱动主要是针对这些闪存构成的介质。

μCLinux 下块型设备的驱动设计与 Linux 下的设计是一样的，下面给出了块型设备驱动程序及其常用操作函数的基本框架，不同的具体块型设备驱动程序设计都可以在此框架基础上稍作修改而得到。

操作闪存设备，通常采用文件系统，可用于闪存的文件系统有多种。基于文件系统的块型设备驱动程序通常分为两个或两个以上的层次，常见的是两个层次的块型设备驱动程序：上层是通用的与硬件无关的块型设备驱动程序，下层是与硬件密切相关的块型设备驱动程序。上层通用块型设备驱动程序把文件系统和底层块型设备驱动程序隔离开来并通过相应接口分别与它们联系起来。这样的层次结构非常符合人们的传统操作习惯，能够提供简易便捷、更为通用的 API 接口，为多数闪存设备驱动设计所采用。本节最后部分将详细介绍这种建立在闪存上的文件系统及其硬件设备驱动。

9.5.2 μCLinux 的块型设备驱动程序设计

9.5.2.1 块型设备的基本程序体架构

块型设备驱动程序可以在 μCLinux 内核模块的基础代码框架上加以修改得到，需要特别添加的部分如下：

```
#define MAJOR_NR 128                                          // 主设备号
#define DEVICE_NAME "mydevice"                                // 设备名
#define DEVICE_NR(device) MINOR(device)                       // 次设备号
static int xxx_open(struct inode * inode, struct file * flip);
static int xxx_ioctl(struct inode * inode, struct file * flip, unsigned int cmd, unsigned long arg);
static int xxx_release(struct inode * inode, struct file * flip);
static int check_xxx_change(kdev_t dev);
static int xxx_revalidate(kdev_t dev);
int xxx_init(void);
void xxx_cleanup(void);
static struct block_device_operations xxx_fops               // 设备文件结构表
{    ower: THIS_MODULE, open: xxx_open, ioctl: xxx_ioctl,
     check_media_change: check_xxx_change, revalidate: xxx_revalidate, release: release_i2c,
}
```

9.5.2.2 初始化与清除函数的架构

```
int xxx_init(void)
{   初始化模块自身(包括请求一些资源);
    int result = register_blkdev(MAJOR_NR, DEVICE_NAME, &xxx_fops);    //注册块型设备
    if(result < 0) return(result);
    blk_queue_make_request(BLK_DEFAULR_QUEUE(MAJOR_NR, make_request);
        //用于实现实际的数据传输
    return 0;
}
void xxx_cleanup(void)
{   关闭模块自身(包括释放一些资源);
    unregister_blkdev(MAJOR_NR, DEVICE_NAME);                          //删除块型设备
}
```

9.5.2.3 常用接口操作函数的架构

1. open()函数

```
static int xxx_open(struct inode * inode, struct file * flip)
{   从设备号 = MINOR(inode -> i_rdev);
    通过从设备号判断需要操作的设备;
    通知内核进入临界区(关中断);
    需要操作的设备使用计数器 ++;
    if(需操作的设备使用计数器 == 1)初始化设备(包括申请资源);
    通知内核退出临界区(开中断);
    MOD_INC_USE_COUNT;
    return 0;
}
```

2. release()函数

```
static int xxx_release(struct inode * inode, struct file * flip)
{   从设备号 = MINOR(inode -> i_rdev);
    通过从设备号判断需要操作的设备;
    通知内核进入临界区(关中断);
    需要操作的设备使用计数器 --;
    if(需操作的设备使用计数器 = = 0) 关闭设备(包括释放资源);
    通知内核退出临界区(开中断);
    MOD_DEC_USE_COUNT;
    return 0;
}
```

3. ioctl()函数

```
static int xxx_ioctl(struct inode * inode, struct file * flip, unsigned int cmd, unsigned long arg)
```

```
{   long size;
    struct hd_geometry_geo;
    switch(cmd)
    {   case BLKGETSIZE:                            // 返回设备扇区数目
            if(arg = = 0) return - EINVAL;  // 空指针:无效
            if(access_ok(VERIFY_WRITE, arg, sizeof(long)) = = 0) return - EFAULT;
            size = 设备扇数目;
            if(copy_to_user((long * )arg, &size, sizeof(long))) return - EFAULT;
            return 0;
        case BLKRRPART:                             // 重读分区表
            if(设备驱动支持分区) return xxx_revalidate(inode -> i_rdev);
            else return - ENOTTY;
        case HDIO_GETGEO:                           // 返回设备的物理参数
            if(access_ok(VERIFY_WRITE, arg, sizeof(geo)) = = 0) return - EFAULT;
            从设备号 = MINOR(inode -> i_rdev);
            通过从设备号判断需要操作的设备;
            geo.cylinders = 操作设备的柱面数;
            geo.heads = 操作设备的磁头数;
            geo.sectors = 操作设备的每磁道扇区数;
            geo.start = 操作设备的数据起始扇区索引;
            if(copy_to_user((void * )arg, &geo, sizeof(geo))) return - EFAULT;
            return 0;
        default: return blk_ioctl(inode -> i_rdev, cmd, arg);
    }
    return - ENOTTY;
}
```

4. check_media_change()函数

用以支持可移动设备,判断设备是否发生了变化。

```
static int check_xxx_change(kdev_t dev)
{   从设备号 = MINOR(inode -> i_rdev);
    通过从设备号判断需要操作的设备;
    if(需要操作设备的介质发生了变化) return;
    else return 0;
}
```

5. revalidate()函数

用于在设备介质变化时更新设备内部状态,以反映出新设备。

```
static int xxx_revalidate(kdev_t dev)
{   更新设备内部状态;
    return 0;
}
```

9.5.2.4 块型设备的数据传输实现

块型设备的数据传输不是在 ioctl()函数中实现的，它是通过系统调用注册数据传输函数实现的。Linux 下块型设备驱动使用请求队列实现数据传输，通过 blk_init_queue()函数初始化一个请求队列，并把实际传输数据函数传递给队列，这主要是针对硬盘等机械寻址设备的。在 μCLinux 下，多使用闪存等电子设备，已完全没有必要这样做，可以使用自己的"make_request"替换系统提供的函数，在这个"make_request"中实现实际的数据传输，从而简化设计，减少资源占用，提高系统效率。

要这样做，需要在驱动程序的初始化函数中调用 blk_queue_make_request()函数，其原型如下：

```
void blk_queue_make_request(request_queue * q, make_request_fn * make_request);
```

其中，q 为块型设备请求队列，make_request 为驱动的数据传输函数。不使用请求队列驱动的 make_request()函数的示意代码如下：

```
static int make_request(request_queue_t * queue, int rw, struct buff_head * bh)
{   从设备号 = MINOR(bh -> b_rdev);
    通过从设备号判断需要操作的设备和分区;
    获取每扇区字节数;
    缓冲区字节数 = bh -> b_rsector + 本分区起始扇区号;
    缓冲区地址 = bh -> b_data;
    缓冲区字节数 = bh -> b_size;
    switch(cmd)
    {   case READ:                              // 读请求
        case READA:                             // 提前读请求
            while(缓冲区字节数 > = 每扇区字节数)
            {   通知内核进入临界区;
                读指定扇区(开始扇区号);
                通知内核退出临界区;
                缓冲区字节数 = 缓冲区字节数 - 每扇区字节数;
                开始扇区号 ++;
                缓冲区地址 + = 每扇区字节数;
            }
            bh -> b_end_io(bh, 1);
            break;
        case WRITE:                             // 写请求
            refile_buffer(bh);                  // 通知内核准备改变缓冲块状态
            while(缓冲区字节数 > = 每扇区字节数)
            {   通知内核进入临界区;
                写指定扇区(开始扇区号);
                通知内核退出临界区;
                缓冲区字节数 = 缓冲区字节数 - 每扇区字节数;
                开始扇区号 ++;
```

```
                缓冲区地址 += 每扇区字节数;
            }
            mark_buffer_uptodate(bh, 1);    // 通知内核操作完成
            bh->b_end_io_(bh, 1);
            break;
        default:
            bh->b_end_io_(bh, 1);
            break;
        }
    return 0;
}
```

9.5.2.5 编译文件 makefile 的编制

在内核模块 Makefile 文件基本框架上进行修改,其中文件中需要改动部分的代码如下:

```
EXEC = xxx
OBJS = xxx.o
SRC = xxx.c
INCLUDE = /work/uClinx/linux2.4.x/include
……
```

9.5.3 闪存 Flash 驱动及文件系统操作

9.5.3.1 闪存驱动及文件系统操作

在 μCLinux 下,可以操作闪存 Flash 介质的文件系统有 JFFSx、ZLG/FS、YAFFS/YAFFS2 和 cramFS 等,其中使用较多的是 JFFSx 和 ZLG/FS。JFFS 最初是由 Axis 公司推出的,后来的 JFFSx 是 RedHat 公司发行的改进版本,JFFS/JFFSx 是一种专为 Flash 而设计的日志文件系统,它能够实现 Flash 负载平衡、垃圾收集,有效地解决 Flash 使用中突出的寿命问题。ZLG/FS 是广州致远电子公司推出的面向嵌入式系统的小型文件系统,兼容 FAT12/FAT16/FAT32,可移植,可固化,可用于前后台系统,也可用于多任务系统。

采用文件系统后,通常不直接操作设备,往往在设备硬件和文件系统之间采用一种统一的、抽象的接口,文件系统通过这种接口再与硬件设备交互。这种统一的抽象接口,对于块型设备来说,就是通用的无关硬件的块型设备驱动程序。与硬件无关的上层通用块型设备驱动程序和与硬件相关的底层块型设备驱动程序,共同构成了基于文件系统的块型设备驱动程序。这样的层次结构能够提供简易便捷、更为通用的 API 接口,为多数闪存设备驱动设计所采用。

常用的基于文件系统的块型设备驱动程序通常具有两个层次:上层是通用的与硬件无关的块型设备驱动程序,下层是与硬件密切相关的块型设备驱动程序,上层通用块型设备驱动程序把文件系统和底层块型设备驱动程序隔离开来并通过相应接口分别把它们联系起来。两个层次的驱动程序具有相似的程序框架,但在进行文件操作上是逐级调用的:文件系统首先使用通用驱动程序进而操作块型设备实体,通过逐层的上传下达,控制指令下传到硬件,完成设备操作状态准备,数据传输便在希望的方向上按通用驱动程序预定的操作函数进行了。

JFFSx 和 ZLG/FS 文件系统都有相应的通用块型设备驱动程序,JFFSx 使用的是 MTD

驱动程序，ZLG/FS 使用的是 ZLG/FS 型驱动程序。下面着重说明一下 MTD 驱动程序。

在 Linux 下，存储技术设备 MTD(Memory Technology Device)是用于访问 ROM 和闪存等存储设备的系统，它能够使新存储设备驱动更加简单。MTD 在硬件和文件系统等上层之间提供了一个统一的抽象接口，把文件系统和存储设备相隔离。MTD 驱动程序是在 Linux 下专门为嵌入式环境而开发设计的一类驱动程序，它对闪存有更好的支持、管理和基于扇区的擦除、读/写操作接口。最新的 MTD 驱动程序可以从 http://www.linux-mtd.infradead.org 网站上下载，Linux 自带 MTD 驱动程序和 JFFS2，但存在着不少问题，也缺乏对新闪存器件的支持，建议使用最新的 MTD 驱动补丁。MTD 的源代码在/drivers/mtd 子目录下，可以针对 NOR 或 NAND 型闪存硬件体系平台，构建具体的 MTD 驱动程序，并打上相应的 MTD 驱动程序补丁。

作为支持通用设备驱动程序的相关硬件的底层驱动程序，其编写上特别的地方是在其初始化函数中要设法把上层驱动中的操作函数联系到本层上同等的函数上来，相关代码举例如下：

```
upper_driver.open = bottom_open;
upper_driver.release = bottom_release;
upper_driver.check_media_change = bottom_ check_media_change;
……
```

另外，还要在其 config.h 文件中，把上层驱动程序的头文件包含进来，并着重说明：

```
#define DEVICE_NAME "special flash device"
#define DEVICE_BYTES_PER_SEC 512
#define DEVICE_SEC_PER_DISK 1024 * 32
……
```

9.5.3.2 文件系统及应用程序加载

1. 文件系统的挂载

下面以 JFFS2 文件系统为例，说明文件系统的加载过程，具体步骤如下：

① 修改设备号。由于 ROM 设备和 MTDBlock 设备的主设备号(major)都是 31，因此如果不想把 JFFS2 作为根文件系统的话，必须修改它们之一的 major，如修改 JFFS2 的设备号 major，则在/linux-2.4.x/include/linux/mtd/mtd.h 中须把"#define MTD_BLOCK_MAJOR 31"改成"#define MTD_BLOCK_MAJOR 30"。

② 编写 Maps 文件。添加在 Flash 上的 map 文件。在/kernel/drivers/mtd/maps 下添加 Flash(如 intel NOR 型 28f128j3a)的 map，该文件也就是底层的块型设备驱动程序。

③ 将配置加入/kernel/drivers/mtd/maps/Config.in 中的"dep_tristate′CFI Flash device mapped on S3C2410′CONFIG_MTD_S3C2410 $CONFIG_MTD_CFI"，这里示意的是一个嵌入式 ARM 单片机 S3C2410 系统。

④ 配置内核使其支持 jffs2。这里要特别注意 MTD 的选项支持及其子项，如 RAM/ROM/Flash chip drivers 和 Mapping drivers for chip access，还有 File systems 下的选项支持。

⑤ 制作 jffs2 映像。使用 JFFS2 的制作工具，执行如下命令即可生成所要的映像：

```
chmod 777 mkfs.jffs2        // 取得 mkfs.jffs2 的执行权限,即 mkfs.jffs2 成为可执行文件
./mkfs.jffs2 -d jffs2/-o jffs2.img
//生成 jffs2 文件映象,其中目录 jffs2 可以是任意的目录,这里的 jffs2 是一个新建的目录
```

⑥ JFFS 的下载。烧写完引导程序(boot loader)、内核影像(zImage)和根文件系统(如 ramdisk. image. gz)之后,接着烧写 jffs2. img,具体烧写如下:

```
tftp 30800000 jffs2.img
fl 1800000 30800000 20000
```

其中,20 000 可根据 jffs2 的大小适当调整,理论上只要比 jffs2. img 略大即可,但要为 20 000的整数倍。1 800 000 是 jffs2 在闪存中的起始位置,3 800 000 是将 jffs2. img 下载到内存中的位置。

⑦ 在根文件系统上自动挂接 jffs2。在 ramdisk. image. gz 的 mnt/etc/init. d/rc $ 中加入以下指令以便启动时自动挂载 jffs2 文件系统。

```
mount -t jffs2 /dev/mtdblock/4 /mnt        //其中的/dev/mtdblock/4 是 Flash 上的 jffs2 分区
```

2. 用户应用程序的启动

在嵌入式应用系统中,往往需要直接启动专用的用户程序,可用以下方法实现:在制作根文件系统影像(如 ramdisk. image. gz)前在根目录下创建 myproc 目录,将用户应用程序如 MyApp 复制到此目录下。在 ramdisk. image. gz 的 mnt/etc/init. d/rc $ 文件中加入以下指令以便可自动启动用户应用程序 MyApp。

```
#cd /myproc( 进入 myproc 目录)
#./MyApp
```

9.6 μCLinux 的网络设备驱动及网络通信

μCLinux 下的网络设备驱动程序和网络数据传输通信,和 Linux 大致一样。Linux 和 μCLinux 的网络系统主要是基于 BSD Unix 的 Socket 机制,本书第 3 章已经详细阐述了 Linux 网络设备驱动的机理和网络设备驱动程序设计,并详细说明了 Socket 接口的以太网数据传输通信,具体细节可以参阅这部分内容。但是,应该看到,μCLinux 是小型化的 Linux,它需要面对具体的不同网络协议集成度的网络接口器件,其网络设备驱动与网络通信又有其特殊的一面。本节结合具体的嵌入式应用体系加以说明。

9.6.1 μCLinux 网络设备驱动程序设计

μCLinux 网络设备驱动不需要使用设备节点,对网络设备的使用通常由系统调用 Socket 接口引入。在系统和驱动程序之间定义有专门的数据结构 sk_buff 进行数据传输。系统内部支持对发送数据和接收数据的缓存,提供流量控制机制和对多协议的支持。一般情况下,驱动程序不对发送数据进行缓存,而是直接使用硬件的发送功能把数据发送出去;接收数据通常是通过硬件中断来通知的;在中断处理程序中,把硬件帧信息填入一个 sk_buff 结构中,然后调用 netif_rx()传递给上层处理。

嵌入式应用体系中的以太网接口，通常选用具有 MAC(Media Access Control)层和/或 PHY(Physical)层的接口器件来实现，如果系统微控制器内含有 MAC 控制器，则可只选用具有 PHY 层的芯片，否则需要选用同时具有 MAC 和 PHY 的芯片。常用的以太网接口芯片有 TRL8019、CS8900、AX88796、DM9000 和 LAN91C111 等。下面以不含 MAC 的 ARM7TDMI－S 单片机 LPC2200 和集成有 MAC 和 PHY 层的接口芯片 RTL8019AS 组成的以太网通信体系为例，具体说明 μCLinux 下的网络设备驱动程序设计。RTL8019AS 是支持 6 位总线和中断传输的全双工 10 Mbps 速率以太网接口器件，这里选择 RTL8019AS 工作在跳线方式(由跳线决定网卡的 I/O 和中断)，RTL8019AS 的 16 位数据直接连接在 LPC2200 的存储器总线接口上，其中断线连到 LPC2200 的外中断 EXT3。这里重点阐述驱动程序设计，LPC2200 和 RTL8019AS 使用及其硬件连接电路原理图如图 9.2 所示。

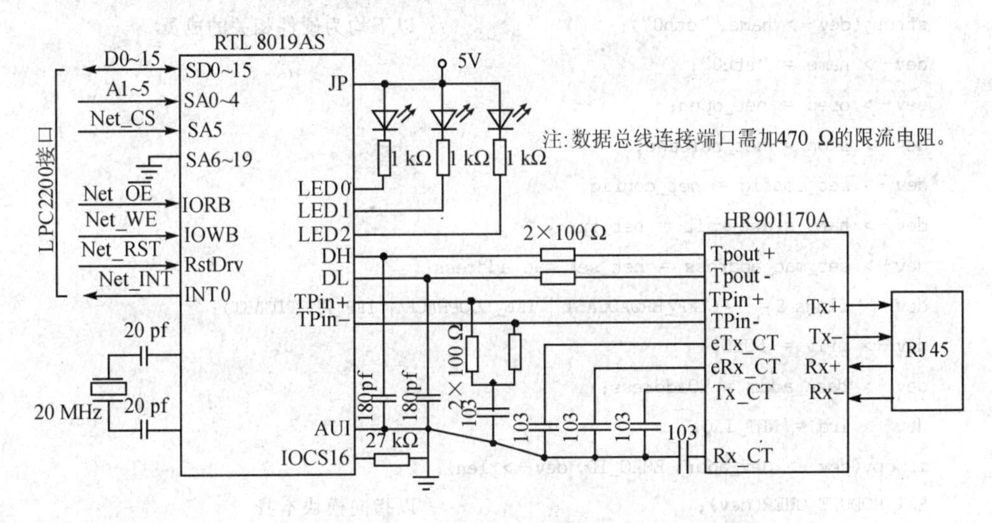

图 9.2　LPC2200 和 RTL8019AS 组成的以太网接口电路示意图

网络设备驱动程序虽然同字符型、块型设备有很大差异，但整体结构上还是有很多相似之处的，从下面的网络设备驱动程序的具体设计过程中就可以看出来。

9.6.1.1　网络设备驱动的整体架构设计

网络设备驱动程序也可以在 μCLinux 内核模块的基础上加以修改得到，其中需要具体化的部分及其初始化与清除函数代码如下：

1. 需要定义的常量/全局变量和声明的函数或结构

```
#include < linux/in.h >
#include < linux/netdevice.h >
#include < linux/etherdevice.h >
#include < linux/ip.h >
#include < linux/tcp.h >
#define DEVICE_NAME "emac"                          // 内核模块名称
int usage = 0;                                      // 设备使用计数器
static int net_init(struct net_device *dev);
static int net_open(struct net_device *dev);
```

```
static int net_config(struct net_device * dev, struct ifmap * map);
static int net_tx(struct net_device * dev, struct ifmap * map);
static int net_release(struct net_device * dev);
int net_init_module(void);
void net_cleanup(void);
module_init(net_init_module);
module_exit(net_cleanup);
static struct net_device net_emac =                  // 定义结构体变量并初始化必需的成员
{   init: net_init,   };
static int net_init(struct net_device * dev)        // 初始化结构体变量成员
{   ether_setup(dev);                                // 硬件无关的成员
    strcpy(dev -> name, "eth0");                     // 以下均为硬件相关的成员
    dev -> name = "eth0";
    dev -> open = net_open;
    dev -> stop = net_release;
    dev -> set_config = net_config;
    dev -> hard_start_xmit = net_tx;
    dev -> set_mac_address = net_set_mac_address;
    dev -> flags &= ~(IFF_BROADCAST | IFF_LOOPBACK | IFF_MULTICAST);
    dev -> priv = NULL;
    dev -> base_addr = IOaddress;
    dev -> irq = NET_IRQ;
    memcpy(dev -> dev_addr, EMAC_ID, dev -> len);
    SET_MODULE_OWER(dev);                            // 以指向模块本身
    return 0;
}
```

2. 初始化函数代码设计

```
int net_init_module(void)
{   int result = register_netdev(&net_emac);
    if(result < 0)
    {   printk(KERNEL_ERR "eth0: error %i  registering device \"%s\"\n", result, net_emac.name);
        return (result);
    }
    printk(KERNEL_ERR "eth0: init OK\n");
    return 0;
}
```

3. 清除函数代码设计

```
void net_cleanup(void)
{     unregister_chrdev(MAJOR_NR, DEVICE_NAME);     }
```

9.6.1.2 相关接口操作的函数代码编写

1. open()函数

```
static int net_open(struct net_device * dev)
{   unsigned long flag;
    if(usage == 0)                              // 判断设备使用情况,首次使用才设置
    {   local_irq_save(flag);                   // 关中断,临界保护
        mac_hard_open();                        // 硬件相关部分的初始化:连接设置引脚
        device_init(dev);                       // 初始化 RTL8019AS
        local_irq_restore(flag);                // 关中断,临界保护
        register_irq(dev -> irq, net_iq_handle,// 中断申请并指明处理函数,不用时可去掉
            SA_INTERRUPT|SA_SAMPLE_RANDOM, "eth0", dev);
        netif_start_queue(dev);                 // 系统函数,用于告诉内核可以使用发送队列
    }
    usage ++ ;
    MOD_INC_USE_COUNT;
    return 0;
}
```

2. stop()函数

```
static int net_release(struct net_device * dev);
{   unsigned long flag;
    MOD_DEC_USE_COUNT;
    usage -- ;
    if(usage == 0)
    {   netif_stop_queue(dev);
        local_irq_save(flag);
        mac_hard_close();                       // 使硬件相关部分退出处理
        local_irq_restore(flag);
        free_irq(dev -> irq, dev);              // 中断及其资源释放
    }
    return 0;
}
```

3. set_config()函数

该函数用于当网络驱动程序不能自动识别硬件配置时,由系统管理员使用相关配置工具将正确的硬件配置传递给驱动程序。因为在嵌入式系统中硬件配置信息十分固定,一般不会有系统管理员来参与驱动程序的安装,所以可以简单地按如下方式编写该函数。该函数的第二个参数为硬件信息的结构体变量指针。

```
static int net_config(struct net_device * dev, struct ifmap * map);
{     - BUSY;     }
```

4. hard_start_xmit()函数

```
static int net_tx(struct net_device * dev, struct ifmap * map);
{    unsigned long flag;
     int len;
     u16 * data;
     netif_stop_queue();                         // 使内核暂停发数据,以便把数据完整写入发送缓存
                                                 // 把 len 个数据写入发送缓存,并启动发送
     int len = skb -> len < ETH_ZLEN ? ETH_ZLEN : skb -> len;    // 准备发送数据长度
     data = (u16 * )skb -> data;                 // 准备发送数据
     len = (len + 1) & (~1);                     // 转换发送尺寸为偶数字节数
     local _irq_save(flag);
     page(0);
     WriteToNet(0x09, 0x40);                     // 设置发送页地址
     WriteToNet(0x08, 0x00);                     // 写入 RSAR0 DMA 起始地址低位
     WriteToNet(0x0b, len >> 8);                 // 写入 RSCR1 计数器
     WriteToNet(0x0a, len & 0x00ff);
     WriteToNet(0x00, 0x12);                     // 启动 DMA 页 0 传输
     outsw(RTL8019AS_REG(0x10), data, len >> 1);
     WriteToNet(0x0b, 0x00);
     WriteToNet(0x0a, 0x00);
     WriteToNet(0x00, 0x22);                     // 结束或放弃 DMA 操作
     WriteToNet(0x06, len >> 8);
     WriteToNet(0x05, len & 0x00ff);
     WriteToNet(0x07, 0xff);
     WriteToNet(0x00, 0x3e);
     dev -> trans_start = jiffies;               // 变为记录系统运行时间的全局变量,以使内核处理
                                                    发送时间
     local_irq_restore(flag);
     while(((ReadFromNet(0x07)&0xff)&(1 << 1)) = = 0) ;    // 等待发送完毕
     neti_wake_queue(dev);                       // 告诉内核,暂停已结束,可以向网络端口请求发送
                                                 // 数据
     dev_kfree_skb(skb);                         // 释放内核分配的保存将要发送数据的套接字缓冲
                                                 // 区结构变量
     return 0;
}
```

5. set_mac_address()方法

若网络端口允许改变 MAC 地址,则在重新配置网络端口 MAC 地址后,Linux(μCLinux)内核会调用 set_mac_address()方法,该方法的函数代码编制如下:

```
static int net_set_mac_address(struct net_device * dev, void * addr)
{    struct net_device * mac_addr;
     mac_addr = addr;
```

```
    if(netif_running(dev)) return - EBUSY;              // 检测网络端口是否处于运行状态
    memcpy(dev -> dev_addr, mac_addr -> sa_data, dev -> addr_len);
    SetMacID(dev);
    return 0;
}
```

SetMacID()函数的定义如下：

```
void SetMacID(struct net_device * dev)
{   u8 mac_ptr, i;
    mac_ptr = (u8 * )dev -> dev_addr;
    page(1);
    for(i = 0;i < 6;i ++ ) WriteToNet(i + 1, mac_ptr ++ );
    page(0);
}
```

9.6.1.3 底层中断及其处理程序的设计

μCLinux 网络设备驱动程序通常采用中断接收数据，此时需要在 net_open()函数中申请相应的硬件中断并指明中断处理函数。在中断处理程序中，把硬件帧信息填入一个 skbbuff 结构中，然后调用 netif_rx 传递给上层处理。硬件中断申请及其中断处理函数指示，已经在上述 net_open()函数中说明，中断处理函数的定义如下，其中，函数中的 dev_id 参数要配置为指向保存硬件信息的结构体变量指针。

```
static ivoid net_irq_handle(int irq, void * dev_id, struct pt_regs * regs)
{   u16 page_save, flag, bnry, curr;
    struct net_device * dev;
    dev = (struct net_device * ) dev_id;
    page_save = savepage();                         // 当前页地址保存
    while(1)
    {   page(0);
        flag = ReadFromNet(0x0x07) & 0xff;
        WriteToNet(0x07, flag);                     // 清中断标志
        if((flag&((1 << 1)|(1 << 4)|1)) = = 0) break;
        if(flag&(1 << 4)! = 0)                      // 接收缓冲区溢出
        {   page(1);
            curr = ReadFromNet(0x07) & 0xff;
            page(1);
            bnry = curr - 1;                        // 把 bnry 恢复为下 16 KB 中的空余部分
            if(bnry < 014c) bnry = 0x7f;
            WriteToNet(0x03, bnry);                 // 把 bnry 恢复到指向下一帧写到 bnry
            WriteToNet(0x07, 0xff);                 // 清除中断标志
        }
        if((flag&1)! = 0)                           // 接收成功
        {   if(device_rx(dev) = = - 1)              // 接收出错，重新初始化 RTL8019AS
```

```
            { RTL8019Dev = dev;
              tasklet_schedule(&SPC_net_tasklet);
              break;
            }
        }
    }
    page(page_save);                             // 当前页地址恢复
    outl(1 << (dev -> irq - 14), EXTINT);        // 清除微控制器的中断源
}
```

接收出错，重新初始化 RTL8019AS 需要较长时间，相关代码如下：

```
static struct net_device * RTL8019Dev;
DECLAER_TASKLET(SPC_net_tasklet, net_tasklet, (u32)(&RTL8019Dev));
static void net_tasklet(u32 data)
{   struct net_device * dev;
    dev = *((struct net_device * * )data);
    device_init(dev);
}
```

9.6.1.4 硬件相关的主要程序代码编制

1. mac_hard_open()函数

```
inline void mac_hard_open(void)             // 在驱动程序加载后被调用，用于初始化与硬件相关
                                            // 的部分
{   u32 temp = inl(PINSEL0);                // 保存引脚连接配置
    PinSel0Save = temp & (0x0f << 8 * 2);
    temp |= 3 << 9 * 2;                     // P0.8 设置为 GPIO
    temp &= ~(3 << 8 * 2);                  // P0.9 设置为 EINT3
    outl(temp, PINSEL0);
    temp = inl(IO0DIR);                     // P0.8 设置为输出低电平
    temp |= 1 << 8;
    outl(1 << 8, IOCLR);
    temp = inl(VPBDIV);                     // 设置外部中断为高电平触发
    outl(0, VPBDIR);
    outl((inl(EXTMODE)&(~1 << 3)), EXTMODE);
    outl((inl(EXTPPOLAR)|(1 << 3)), EXTPOLAR);
    outl(temp, VPBDIR);
}
```

2. mac_hard_close()函数

```
inline void mac_hard_close(void)            // 驱动程序卸载前被调用，用于与硬件相关退出处理
{   u32 temp = inl(PINSEL0);                // 恢复硬件连接配置
    temp &= ~(3 << 9 * 2);
```

```
    temp | = PinSel0Save;
    outl(temp, PINSEL0);
}
```

3. device_init(dev)函数

```
static int device_init(struct net_device * dev);      // 初始化 RTL8019AS 芯片
{   u32 flag;
    U8 I;
    local_irq_save(flag);
    NET_HARD_REG();                                    // 硬件复位
    WriteToNet(0x1f, 0x00);                            // 软件复位
    delay(11);
    WriteToNet(0x00, 0x21);                            // 使芯片处于停止模式,以进行寄存器设置
    mdelay(11);
    page(0);
    WriteToNet(0x0a, 0x00);                            // 清 rbcr0
    WriteToNet(0x0b, 0x00);                            // 清 rbcr1
    WriteToNet(0x0c, 0xe0);                            // RCR,监测模式,不接收数据包
    WriteToNet(0x0d, 0xe2);                            // TCR,loop back 模式
    page(0);
    WriteToNet(0x01, 0x4c);                            // PSTART = 0x4c
    WriteToNet(0x02, 0x80);                            // PSTOP = 0x80
    WriteToNet(0x03, 0x4c);                            // bnry = 0x4c
    page(0);
    WriteToNet(0x04, 0x40);                            // TPSR,发送起始页寄存器
    WriteToNet(0x07, 0xff);                            // 清除所有中断标志、中断状态寄存器
    WriteToNet(0x0f, 0x13);                            // 允许相关中断
    WriteToNet(0x0e, 0xcb);                            // 数据配置寄存器,16 位 DMA 方式
    page(1);
    WriteToNet(0x07, 0x4d);                            // curr = 0x4d
    for(i = 0;i < 8;i ++ ) WriteToNet(0x08 + i, 0);
    WriteToNet(0x00, 0x22);                            // 使芯片开始工作
    SetMacID(dev);                                     // 将芯片物理地址写入 MAR 寄存器
    page(0);
    WriteToNet(0x0c, 0xc4);                            // 将芯片设置为正常模式,与外部网络连接
    WriteToNet(0x0d, 0xe0);
    WriteToNet(0x00, 0x22);                            // 启动芯片开始工作
    WriteToNet(0x07, 0xff);                            // 清除所有中断标志
    local_irq_restore(flag);
    return 0;
}
```

4. device_rx(dev)函数

device_rx()函数完成数据接收,这部分代码与硬件密切相关,典型的代码框架如下:

```
static int device_rx(struct net_device * dev)
{    struct sk_buff * skb;
     int length = 数据包长度;
     skb = dev_alloc_skb(length + 2);
     if(! skb) return - ERROR;
     skb_reserve(skb, 2);
     dev = skb-> data;
     把数据包读到 dev 指向的内存中;
     skb-> dev = dev;                               // 设置套接字缓冲区结构变量的所有者
     skb-> protocol = eth_type_trans(skb, dev);     // 设置数据包使用的协议
     skb-> ip_summed = CHECHSUM_UNNECESSARY;        // 指定数据包不需要校验和
     netif_rx(skb);                                 // 内核数据包处理
     dev-> last_rx = jiffies;                       // 变为记录系统运行时间的全局变量,以
                                                    // 使内核处理接收时间
     return 0;
}
```

5. RTL8019 头文件定义

```
#ifndef __RTL8019_H
#define __RTL8019_H
#define RTL8019_REG(reg)         (dev-> base_addr + reg * 2)
#define ReadFromNet(addr)        inw(RTL8019_REG(addr))
#define WriteToNet(addr, data)   outw(data, RTL8019_REG(addr))
#define page(pagenumber)         WriteToNet(0, (ReadFromNet(0)&0x3b)|((pagenumber) << 6))
#define savepage()               ((ReadFromNet(0)&0x3c) >> 6)
#endif
```

9.6.1.5 网络驱动程序源代码的使用

RTL8019 驱动程序源代码由 4 个文件组成:config. h、rtl8019. h、rtl8019. c 和 makefile。其中,config. h 中配置了一些硬件信息,makefile 文件也保存了一些编译器相关的信息。实际设计中,这两个文件可能需要改动。makefile 文件的改动可以参照前述框架文件得到,这里不再赘述,重点说明一下 config. h 文件。所设计的 config. h 文件主要内容如下:

```
……
#define IOaddress           0x83400000                  // 硬件基地址
#define NET_IRQ             IRQ_EXT3                    // 中断号
#define NET_TIMEOUT         10000                       // 超时设置,没有使用
#define NET_HARD_REG()      outl(1 << 8, IOSET),        // 硬件复位 RTL8019
        mdelay(7), outl(1 << 8, IOCLR)
#ifdefine IN_8019 static const char EMAC_ID[] =         // 设置默认 MAC 地址
        {0x52, 0x54, 0x4c, 0x33, 0xf7, 0x42, 0x00}
static u32 PinSel0Save;
inline void mac_hard_open(void);
inline void mac_hard_close(void);
```

```
#endif
```

9.6.2 基于 μCLinux 的 Socket 网络通信

在 μCLinux 下通过基于套接字 Socket 接口进行网络数据传输通信，和 Linux 下是一样的，使用的 Socket - API 在本书第 3 章 3.5.3 小节“Socket 接口的以太网络数据传输”中已经详细说明，下面给出一段以 32 位 ARM7TDMI - S 微控制器为核心的嵌入式应用体系中的客户端服务程序，当然也可以把嵌入式应用体系作为服务器端。这段程序中使用的套接字是流式套接字。

```
#include < netbd.h >
#include < sys/stat.h >
#include < fcntl.h >
#include < sys/types.h >
#include < sys/Socket.h >
#include < netinet/in.h >
#include < arpa/inet.h >
#include < unistd.h >
#include < stdio.h >
#include < string.h >
int main(int argc, char * argv[])
{   int s;
    char buffer[256];
    struct sockaddr_inaddr;
    struct hostent * hp;
    struct in_addrin;
    struct sockaddr_in_local_addr;
    if(argc < 2) return;
    if(! (hp = gethostbyname(argv[1])))
    {   fprintf(stderr, "Can't resolvehost.\n");
        exit(1);
    }
    if((s = Socket(AF_INT, SOCK_STREAM,0)) < 0)
    {   perror("Socket");
        exit(1);
    }
    bzero(&addr, sizeof(addr));
    addr.sin_family = AF_INET;
    addr.sin_port = htons((unsigned short)atoi(argv[2]));
    hp = gethostbyname(argv[1]);
    memcpy(&local_addr.sin_addr.s_addr, hp-> haddr, 4);
    in.s_addr = local_addr.sin_addr.s_addr;
    printf("Domain Name %s\n", argv);
    printf("IP address : %s\n", inet_ntoa(in));
    printf(" %s, %s\n", hp-> h_name, argv[2]);
```

```
        addr.sin_addr.s_addr = inet_addr(hp -> h_name);
        if(connect(s, (struct sockaddr *)&addr, sizeof(addr)) < 0)
        {   perror("connect");
            Exit(1);
        }
        recv(s, buffer, sizeof(buffer), 0);
        printf("%s\n", buffer);
        while(1) ;
        bzero(buffer, sizeof(buffer));
        read(STDIN_FILENO, buffer, sizeof(buffer));
        if(send(s, buffer, sizeof(buffer), 0) < 0)
        {   perror("send");
            exit(1);
        }
    }
```

应当注意：在 μCLinux 环境下，微控制器（硬件）和操作系统内核（软件）均不提供内存管理机制，程序的地址空间等同于内存的物理地址空间，虽然在程序中可直接对 I/O 地址进行操作而不需要申请和释放 I/O 空间，但需要用户自己来检查所操作的 I/O 地址的占用情况。

本章小结

本章首先简要介绍了各种嵌入式 Linux 操作系统，接着综合描述了常用的 μCLinux 实时操作系统的基本组成、内核构造、内存管理、多进程处理、实时响应能力、运行条件和主要特征，以奠定 μCLinux 应用的理论基础。

嵌入式 μCLinux 基本软件体系架构是 μCLinux 应用的基础。对此，本章首先简要介绍了 μCLinux 的开发环境，接着说明了如何建立 μCLinux 开发环境，结合具体项目实例，重点阐述了怎样实现 μCLinux 的芯片级移植。

μCLinux 下外设/接口的驱动程序设计是本章的重点。μCLinux 下的外设/接口驱动程序属于内核模块的范畴，是一类特殊的内核模块。在这一部分，本章首先给出了 μCLinux 内核模块及其 makefile 文件的基本程序代码框架，接着详细阐述了 μCLinux 下字符型外设/接口、块型外设和网络型接口的驱动程序设计，还介绍了常用闪存 Flash 的驱动和相关的文件系统操作，给出了常见的 3 类驱动程序设计并扩展了内核模块及 makefile 文件框架。文中既有对各类 μCLinux 外设/接口驱动程序框架设计的理论描述，又结合具体的项目设计实践进行了深入展开。

为了便于阅读和理解，文中结合具体的项目设计实践，列举了具体微控制器体系下 μCLinux 的移植和大量典型的外设/接口设备驱动程序设计应用实例，理论结合实践，说明了嵌入式 μCLinux 的基本软件架构与其外设/接口硬件驱动软件设计的具体运用。

第10章 嵌入式 VxWorks 基本体系及外设接口的软件架构

VxWorks 是公认的实时性最强的操作系统，在嵌入式应用体系资源特别是内存资源较大的情况下，常常选取 VxWorks 作为嵌入式实时操作系统，VxWorks 在嵌入式工业数据采集/控制体系中得到广泛应用，尤其是各种各样的 ARM 系列微控制器系统。

本章将以 ARM 系列微控制器应用体系为主，辅之以 PowerPC 微处理器体系，详细阐述 VxWorks 操作系统的移植、BSP 规划和 VxWorks 下的各类常见外设/接口的硬件驱动程序设计。

本章的主要内容如下：

➢ 嵌入式 VxWorks 软件体系架构基础；

➢ VxWorks 内核移植及 BSP 软件编写；

➢ VxWorks 下字符型设备驱动软件设计；

➢ VxWorks 下块型设备驱动及文件系统架构；

➢ VxWorks 下的异步串口驱动程序设计；

➢ VxWorks 下的网络设备驱动及其实现。

10.1 嵌入式 VxWorks 软件体系架构基础

嵌入式 VxWorks 的软件体系架构，主要是以板级支持包 BSP 设计为主的 VxWorks 操作系统的移植和具体特定的外设/接口设备驱动程序设计，相关的 VxWorks 基本概念和开发设计理论在本书第 4 章的 4.1 节“VxWorks 底层硬件驱动及其开发设计概述”中有详细的描述，以下进行扼要回顾和总结并加以扩展，为后续章节的嵌入式微控制器软件体系应用设计奠定基础。

10.1.1 VxWorks 体系结构及设备驱动

VxWorks 操作系统具有高度的可靠性、优秀的实时性和灵活的可裁减性等特点，其主要组成有 5 个部分：高性能的实时操作系统核心 wind、板级支持包 BSP、网络设施、I/O 系统和文件系统。VxWorks 操作系统的基本结构如图 10.1 所示。

VxWorks 操作系统，主要通过板级支持包 BSP 和硬件设备打交道，BSP 可以划分为目标系统的系统引导部分和设备驱动程序部分。系统引导部分主要是目标系统启动时的硬件初始化，为操作系统运行提供硬件环境；设备驱动程序部分主要是驱动特定目标环境中的各种设备，对其进行控制和初始化。VxWorks 的硬件设备驱动程序可以分为两类：通用常规驱动程

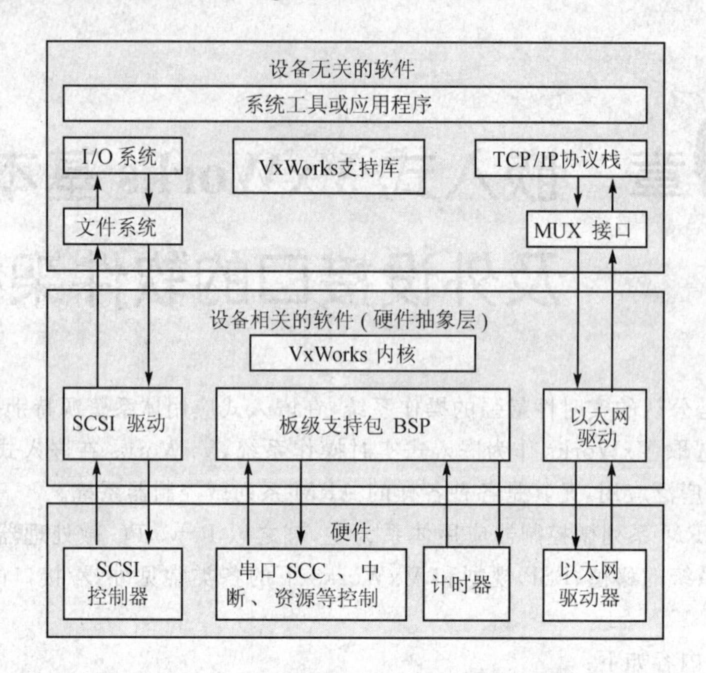

图 10.1 VxWorks 操作系统的基本构成示意图

序和 BSP 类型的专用驱动程序,通用常规驱动程序可以在不同的目标环境之间移植;而 BSP 类型的专用驱动程序与具体的硬件体系相关联。VxWorks 的通用常规设备驱动程序基本都是通过 I/O 系统来存取的,它又可以分为两类:基于 I/O 系统的设备和其他特殊设备。特殊设备,主要指一些非基于 I/O 系统的设备,如串行设备、网络设备、PCI 设备、PCMCIA 设备、定时器、硬盘及 Flash 存储设备等。常见的 VxWorks 设备有:终端及伪终端设备、管道设备、伪存储器设备、NFS 设备、非 NFS 设备、虚拟磁盘设备及 SCSI 接口设备等。VxWorks 的 BSP 及其设备驱动程序划分如表 10.1 所列。

表 10.1 VxWorks 的 BSP 及设备驱动划分示意表

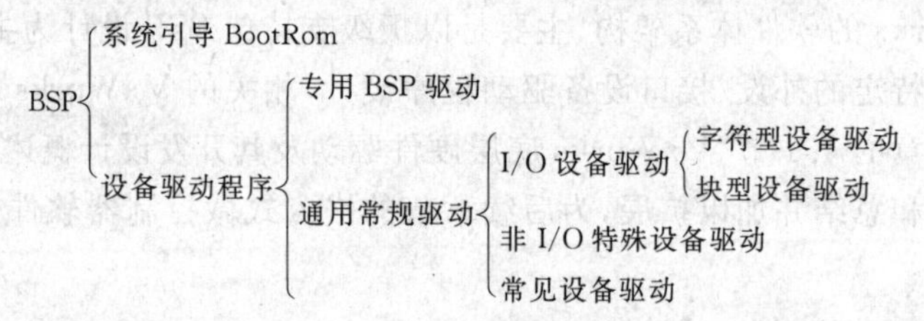

VxWorks 的 I/O 系统由基本 I/O 及含 buffer 的 I/O 组成,它提供标准的 C 库函数,基本 I/O 与 Unix 兼容,而含 buffer 的 I/O 则与 ANSI C 兼容。VxWorks 作为实时操作系统为了能够更快、更灵活地进行 I/O 操作,提供了若干库来支持标准的字符型设备和块型设备。VxWorks 的 I/O 系统结构组成如图 10.2 所示。

字符/块型设备的驱动程序包含 3 个部分:初始化部分、函数功能部分和中断服务程序。初始化部分初始化硬件,分配设备所需的资源,完成所有与系统相关的设置。函数功能部分完成系统指定的功能,对于字符型设备,这些函数就是指定的 7 个标准函数;对于块型设备,则是在 BLK_DEV 或 SEQ_DEV 结构中指定的功能函数。中断服务程序 ISR(Interrupt Serve Route)用来与硬件交互。VxWorks 提供 intConnect()函数把中断与中断处理程序联系起来。

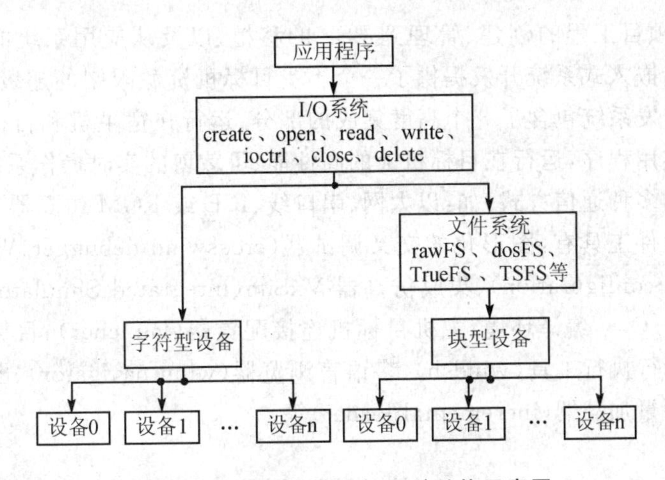

图 10.2 VxWorks 的 I/O 系统结构示意图

10.1.2 VxWorks 的 BSP 及其开发设计

板级支持包 BSP 包含了与硬件相关的功能函数，提供 Vxworks 与硬件之间的接口，主要完成硬件初始化，包括系统上电时在特定位置提供入口代码、初始化存储器、关中断及把 VxWorks 加载到 RAM 区等，支持 VxWorks 与硬件驱动的通信。BSP 主要由 C 源文件和汇编文件组成，包括源文件、头文件、make 文件、导出文件和二进制的驱动模块。经过编译、链接，并在 makefile 和 depend. bspname 等文件的控制下，BSP 原程序最后将生成镜像。VxWorks 的镜像可分为两类：可下载镜像和可引导镜像。可下载镜像（loadable image）实际包括两部分，即 VxWorks 和 Boot ROM，两部分是独立创建的。其中，Boot ROM 包括被压缩的 Boot ROM 镜像（bootrom）、非压缩的 Boot ROM 镜像（bootrom_uncmp）和驻留 ROM 的 Boot ROM 镜像（bootrom_res）3 种类型。可引导镜像的 Vxworks 和 Boot ROM 则合成在一起。板级支持包开发工具 BSP Developer's Kit，提供有建立开发新目标板的 BSP 和设备的驱动程序的一系列开发工具，用于设计、归档和测试新设备的驱动程序与 BSP 的工作性能。

BSP 的具体开发过程如下：

① 建立开发环境。主要以目标板 CPU 的 BSP 文件为模板，在 ornado\target\config 目录下创建用户的 BSP 目录 bspname，把 ornado\target\config\all 下的文件和 BSP 模板文件复制到该目录下，根据具体情况选择合适的 VxWorks 镜像类型。

② 修改模板程序。主要修改的文件有控制镜像创建的 Makefile 文件，根据具体目标板设置串行接口、时钟以及 I/O 设备等的 bspname. h 文件，根据目标板的具体情况配置宏定义的 config. h 文件以及控制系统引导与启动的 romInit. s、bootConfig. c 和 sysALib. s 文件。

③ 创建 VxWorks 镜像。根据具体需要在命令行环境下利用 Makefile 创建各种镜像，也可以在 Tornado 的集成环境下 Build 菜单中选择 Build Boot ROM 来创建各种类型的 Boot ROM；此外，如果系统硬件包括串口，则要根据具体情况修改 sysSerial. c 文件；如果包含网络部分，则要修改 configNet. h；如果包含 NVRAM，则要修改 bootnv. h 文件。

10.1.3 Tornado 开发工具及其 IDE 简介

进行 VxWorks 实时应用系统开发的理想的完整软件平台，是 Tornado Ⅱ 集成交叉开发环境，它包括了从项目工程的创建、管理到 BSP 的移植，以及从应用系统的设计到系统的调试、性能分析等，给嵌入式系统开发提供了一个不受目标机资源限制的超级开发和调试环境。Tornado Ⅱ集成开发系统包含了 3 个高度集成的部分：运行在宿主机和目标机上的强有力的交叉开发工具和实用程序，运行在目标机上的高性能、可裁剪的实时操作系统 VxWorks，连接宿主机和目标机的多种通信方式，如：以太网、串口线、ICE 或 ROM 仿真器等。Tornado Ⅱ含有的独立的核心软件工具有：图形化的交叉调试器（crosswind debugger/WDB）、工程配置工具（project facility/configuration）、集成仿真器 VxSim（integrated Simulator）、动态诊断分析工具 WindView、C/C++编译环境、主机目标机连接配置器（launcher）、目标机系统状态浏览器（browser）、命令行执行工具（windsh）、多语言浏览器（wind navigator）、图形化核心配置工具（wind config）及量加载器（incremental loader）等。

10.2 VxWorks 内核移植及 BSP 软件编写

10.2.1 VxWorks 操作系统的移植过程

移植 VxWorks 操作系统，必须首先编写 BSP 软件。由 BSP 软件利用 Tornado 2.2 IDE 生成 Boot ROM 程序和 VxWorks 操作系统内核。目标板首先运行 Boot ROM 程序，初始化目标板上的硬件资源，然后通过串口或网卡接口下载 VxWorks 操作系统内核。通过反复的调试和修改，VxWorks 操作系统能够在目标板上正常运行，则操作系统的移植工作至此完成。然后，用户可以通过增量下载或其他方式将自己编写的应用程序下载到开发板中的操作系统上，直接运行或利用 Tornado 2.2 IDE 进行调试。

基于硬件体系的 BSP 软件的编写是 VxWorks 操作系统移植的中心，下面分别以 Samsung 公司的 S3C4510B 和 Philips 公司的 LPC2104 ARM7TDMI-S 单片机微控制器目标硬件体系为例，详细阐述 VxWorks 操作系统的移植及其 BSP 软件设计。

10.2.2 S3C4510B VxWorks BSP 开发

1. 嵌入式 S3C4510 应用体系简介

S3C4510B 微控制器是专为以太网通信系统的集线器和路由器而设计的，具有低成本和高性能的特点，内置了 16 位/32 位 ARM7TDMI 微控制器，集成了多种外围部件，主要特性有：50 MHz 的时钟频率、3.3 V 的内核/IO 电压、8 KB 的 Cache/SRAM、10 bps/100 Mbps MII 接口的以太网控制器、可支持 10 Mbps 的双 HDLC 通道、两个 UART、两个 DMA 通道、两个 32 位定时/计数器、18 个可编程 I/O 口、中断控制器（支持 21 个中断源，包括 4 个外部中断）、存储器（支持 SDRAM/EDO DRAM/SRAM/Flash 等）、扩展外部总线和 JTAG 接口。

这里列举的嵌入式 S3C4510B 目标应用体系，在核心微控制器 S3C4510B 外围集成了以太网卡、SDRAM、Flash、UART 以及高级数据链路控制 HDLC 等外设。以 S3C4510B 为核心的最小系统设计框图如图 10.3 所示。SDRAM 选用

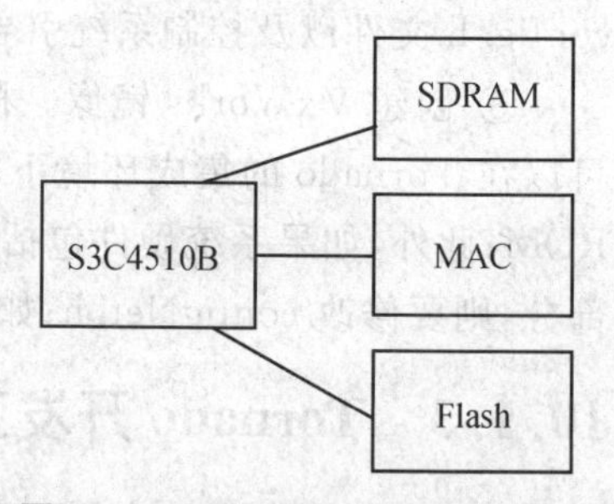

图 10.3 S3C4510B 为核心的最小系统设计图

HY57V653220(8 MB)、两片 Flash 分别为 AM29F040(存放 bootrom)和 T28F160BT(作为文件系统用)。

2. VxWorks 操作系统下的 BSP 构建

VxWorks 操作系统下 BSP 的开发在完成板上基本硬件的测试后进行。开发前需要做一些准备工作，如准备开发工具、阅读类似的 BSP 软件包等，具体内容如下：

① 开发工具用的是 Tornado 2.2 for ARM；

② 参考资料有 BSP Kit、S3C4510B DataSheet；

③ 参考 Tornado 2.2 for ARM 下自带的 wrSBCArm7 BSP；

④ 烧写程序采用编程器。

通常开发 BSP，需要在 Tornado 原带 BSP 目录下找一个与所用的处理器相同或相近的 BSP。与 BSP 相关的文件有：romInit.s、sysAlib.s、bootInit.c、bootConfig.c、sysLib.c、config.h、configNet.h、makefile 以及与具体硬件相关的文件，如串口 sysSerial.c 等。开发 S3C4510B 系统的 BSP 过程如下：

1）复制 BSP。将 wrSBCArm7 BSP 复制一份并命名为 4510BSP。

2）修改 MakeFile 文件。修改 4510BSP 目录下的 MakeFile 文件，得到自己的 BSP。修改以下几行：

```
TARGET_DIR = 4510BSP
VENDOR = CAI
BOARD = MyArmBoard
ROM_TEXT_ADRS = 01000000                  # ROM 入口地址
ROM_WARM_ADRS = 01000004                  # ROM warm 入口地址
ROM_SIZE = 00080000                       # ROM 空间字节数
RAM_LOW_ADRS = 00006000                   # RAM 文本/数据地址(bootrom)
RAM_HIGH_ADRS = 00486000                  # RAM 文本/数据地址(bootrom)
MACH_EXTRA =
```

其中，ROM_TEXT_ADRS　Boot ROM 的入口地址。对大多数板来说，这就是 ROM 地址区的首地址，然而也有的硬件配置使用 ROM 起始的一部分地址区作为复位向量，因此需要据此设置偏移量作为它的地址，这个偏移量因 CPU 结构而定。

ROM_WARM_ADRS　Boot ROM 热启动入口地址。它通常位于固定的 ROM_TEXT_ADRS+4 的地方。当需要热启动时，sysLib.c 文件中 sysToMonitor( )函数代码明确地跳转到 ROM_WARM_ADRS 地址处开始执行。

ROM_SIZE　ROM 实际大小。

RAM_LOW_ADRS　装载 VxWorks 的地址。

RAM_HIGH_ADRS　将 Boot ROM Image 复制到 RAM 的目的地址。

注意：RAM_LOW_ADRS 和 RAM_HIGH_ADRS 都是绝对地址，通常位于 DRAM 起始地址的偏移量处，该偏移量取决于 CPU 结构，这需要参考 VxWorks 内存分布。根据图 10.4 中 ARM 的内存分布可以得到 RAM_LOW_ADRS 在 DRAM＋0x1000 处。这些地址对于 S3C4510B 来说都应该是重映射后的地址。

3）修改 config.h 文件。主要是修改 ROM_BASE_ADRS、ROM_TEXT_ADRS、ROM_

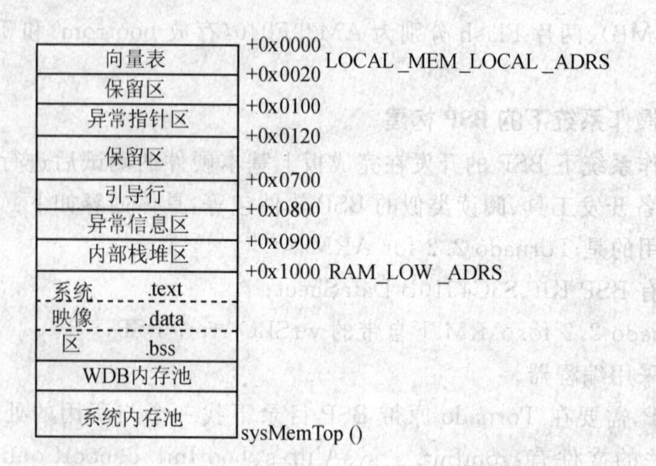

图 10.4　ARM - VxWorks 内存分布示意图

SIZE、RAM_LOW_ADRS、RAM_HIGH_ADRS 和通过 undef 去掉不需要的部分。注意：它们应该和 makefile 文件中设置的一致。

4）修改 romInit.s 文件。CPU 一上电就开始执行 romInit()函数，因此在 romInit.s 代码段中它必须是第一个函数。对于热启动，处理器将会执行 romInit()加上 4 后的代码(具体情形可以参考 sysLib.c 文件中的 sysToMonitor()函数)。更多的硬件初始化在 sysLib.c 文件中 sysHwInit()函数中完成，romInit()的工作就是做较少的初始化并把控制权交给 romStart()(在 bootInit.c 文件中)。

在 S3C4510B 微控制器中，romInit.s 文件主要做以下几个工作：

① 禁止 CPU 中断并切换到 SVC32 模式；

② 禁止中断控制器；

③ 初始化 SYSCFG、EXTDBWTH、ROMCON0、ROMCON1 和 DRAMCON0 等寄存器，同时初始化 Flash、SDRAM 和 DM9008 等外围设备；

④ 将 Flash 的内容复制到 SDRAM 中；

⑤ 改变 Flash 和 SDRAM 的基地址，将 SDRAM 基地址改为 0；

⑥ 初始化堆栈指针；

⑦ 跳转到 C 程序 romStart()函数中。

在这里，只需要修改 SYSCFG、EXTDBWTH、ROMCON0、ROMCON1 和 DRAMCON0 等寄存器来设置 Flash、SDRAM、DM9008 的基地址和大小即可。这需要根据板上的配置来修改，修改的内容在 wrSbcArm7.h 文件中。

这样，BSP 基本部分就已经修改完成，至于 bootInit.c 和 bootConfig.c 文件，一般不需要修改，只是在调试过程中为了方便调试，可以将其复制到 BSP 目录下，然后修改 makefile 文件，在 makefile 文件中添加以下两句：

```
BOOTCONFIG = bootConfig.c
BOOTINIT = bootInit.c
```

5）利用 TSFS(Target Server File System)下载。要利用 TSFS 下载 VxWorks，首先需要配置以下内容：

① 在 config.h 文件中添加以下内容：

```
#define INCLUDE_SERIAL                          // 特殊端口配置
#undef NUM_TTY
#define NUM_TTY N_SIO_CHANNELS
#undef CONSOLE_TTY
#define CONSOLE_TTY 0
#undef CONSOLE_BAUD_RATE
#define CONSOLE_BAUD_RATE 38400
#ifdef SERIAL_DEBUG                             // WDB 调试
#define WDB_NO_BAUD_AUTO_CONFIG
#undef WDB_COMM_TYPE
#undef WDB_TTY_BAUD
#undef WDB_TTY_CHANNEL
#undef WDB_TTY_DEV_NAME
#define WDB_COMM_TYPE WDB_COMM_SERIAL           /* WDB 在串口模式 */
#define WDB_TTY_BAUD 38400                      /* WDB 连接的波特率 */
#define WDB_TTY_CHANNEL 1                       /* COM 端口 2 */
#define WDB_TTY_DEV_NAME "/tyCo/1"              /* 默认的 TYCODRV_5_2 设备名 */
#endif
#define INCLUDE_TSFS_BOOT
```

并修改引导行为：

```
#define DEFAULT_BOOT_LINE "tsfs(0,0)host:vxWorks f = 8 h = 169.254.72.67\
                    e = 169.254.72.68 u = caiyang pw = caiyang"
```

说明：串口 1 用来显示引导信息，相当于 PC 机中的显示器，串口 2 用来下载 VxWorks 和调试。同时，串口 2 波特率不宜太高。

② 配置 target server：启动 Tornado 开发环境，选择 Tool→target server→target server file system→Enable File System，然后目录指向 VxWorks 所在的地方。同时注意要把 Tornado Registry 打开，这样配置完后单击 Launch 按钮即可连接成功，此后就可以通过串口 2 下载 VxWorks 和进行调试。

一般情况下，首先调试好 BSP，然后再调试网卡；所以在调试网卡前，需要用串口来下载 VxWorks 映像。至此，BSP 开发完成。

10.2.3 LPC2104 VxWorks BSP 设计

这里给出的嵌入式应用目标板，采用的是廉价而实用的 ARM7TDMI-S 单片机 LPC2104，LPC2104 具有 128 KB 的 Flash，16 KB 的 RAM，可以满足 VxWorks 运行的最低要求。

1. 格式说明及格式转换程序的制作

Tornado 产生的目标代码的默认格式是 Motorola 公司规定的形式，而目标板 Flash 下载工具只能下载 Intel 32 位格式；因此，必须将它们进行转换才能将代码写入到 Flash 中去。下面以 Motorola 公司的 S2 格式为例说明格式的转换。

S2 的一种实际格式如下：

S0120000626F6F74726F6D5F726532E686578CF

S214000000060000EABD0300EAA50300EAB70300EA1B

S804000000FB

其中，第一条是记录的头部；第二条是地址和对应的数据记录，S2 表示 24 位地址的格式，14 表示起始地址 000000 和对应的数据及奇偶校验对的总和，最后两位表示所有十六进制数对的校验和；第三条是记录的结束标志。

Intel 32 位的一种实际格式如下：

```
:020000040000FA
:1000000060000EABD0300EABB50300EAB70300EA20
...
:00000001FF
```

其中，第一条是记录的头部，表示 32 位地址的高 16 位为 0000；在第二条记录中，“:”表示记录的开始，10 表示记录对的个数，0000 表示起始地址的值，最后两位表示校验和；第三条是记录的结束标志。

了解这两种格式后，编写格式转换程序就很简单了。

2. BSP 的设计过程及软件仿真方法

(1) 驻留 ROM/Flash 的系统各段分配情况

由于 LPC2104 只有 16 KB 的 RAM，因此只能将程序代码和数据放在 Flash 中，开机后再将数据复制到 RAM 内，而程序依然放在 Flash 中并在其中运行，即所谓的 ROM Resident Image 设计。在 Tornado 的集成开发环境下，选取 templatARM 的 BSP 生成的 bootrom_res.hex 文件就是这种 ROM_Resident 文件，其代码段、数据段和堆栈段分别在 Flash 和 RAM 中的情况如图 10.5 所示。

闪存	数据区	0x0001ffff
	代码区	0x00000000=ROM_BASE_ADRS
RAM	其他数据段	0x40003fff=LOCAL_MEM_SIZE=sysMemTop ()
	BSS段	
	数据段	0x40000600=RAM_LOW_ADRS
	堆栈段	
	向量表	0x40000000=LOCAL_MEM_LOCAL_ADRS

图 10.5 ARM - VxWorks 的存储器应用划分示意图

① Flash 的分配和对应常量的定义：

片内 Flash 的地址空间为 0x00000000～0x00020000；

代码段的起始地址“ROM_TEXT_ADRS＝0x00000000”；

Flash 的大小“ROM_SIZE＝0x00020000”。

② RAM 的分配和对应常量的定义：

片内 RAM 的地址空间为 0x40000000～0x40003FFF；

0x40000000～0x4000003F 共 64 字节，放中断向量表“LOCAL_MEM_LOCAL_ADRS ＝

0x400000000”；

“RAM_LOW_ADRS=0x40000600”；

“RAM_HIGH_ADRS=0x40000F00”；

“LOCAL_MEM_SIZE=0x00020000”。

根据上面的分析，修改 Makefile 和 config.h 中相应的部分，使两者一样。

③ 堆栈的分配：

堆栈的地址设为 STACK_ADRS，由系统定义，从 RAM_LOW_ADRS 开始向下伸展。

(2) romInit.s 文件

ARM 的异常向量表如表 10.2 所列。LPC2104 的异常向量表也一样，只不过它可以重新映射到 RAM 的头部，即从 0x40000000 开始的 32 字节。

表 10.2 ARM 异常向量位置

地 址	异 常	地 址	异 常
0x0000 0000	复位	0x0000 0010	数据中止(数据访问存储器出错)
0x0000 0004	未定义指令	0x0000 0014	保留
0x0000 0008	软件中断	0x0000 0018	IRQ
0x0000 000C	预取指中止(从存储器取指出错)	0x0000 001C	FIQ

基于 ARM 体系结构的 VxWorks 的中 4 个异常入口函数为：excEnterUndef、ecxEnterSwi、excEnterPrefetchAbort 和 excEnterDataAbort。直接在对应的位置用 B 指令跳到对应的函数中即可。代码如下：

```
_ARM_FUNCTION(romInit)
_romInit:
cold:   B       start                    ；复位异常
        B       excEnterUndef            ；未定义异常
        B       excEnterSwi              ；软中断
        B       excEnterPreftchAbort     ；预取指异常
        B       excEnterDataAbort        ；数据异常
        .ascii "20B9"                    ；保留空间，由格式转换程序填入 0xB9205F80
        LDR     pc,[pc,# - 0xFF0]        ；IRQ 中断入口函数
        B       FIQ_Hander               ；FIQ 中断入口函数
```

IRQ 中断函数的入口函数是 C 语言编写的 sysClkInt()和 sysAuxClkInt()，需要自己保存现场和恢复现场，其代码如下：

```
_ARM_FUNCTION(TIME0_IRQ_Hander)
_TIME0_IRQ_Hander:
        SUB     LR, LR, #4               ；计算返回地址
        STMFD   SP!, {R0 - R11, R12, LR} ；保存任务环境
        MRS     R3, SPSR                 ；保存状态
        STMFD   SP!, {R3}
        BL      sysClkInt                ；调用 C 语言的中断处理程序
```

```
        LDMFD   SP!, {R3}
        MSR     SPSR_cxsf, R3
        LDMFD   SP!, {R0 - R11, R12, PC}
_ARM_FUNCTION(TIME1_IRQ_Hander)
_TIME1_IRQ_Hander:
        SUB     LR, LR, #4                 ;计算返回地址
        STMFD   SP!, {R0 - R11, R12, LR}   ;保存任务环境
        MRS     R3, SPSR                   ;保存状态
        STMFD   SP!, {R3}
        BL      sysAuxClkInt               ;调用C语言的中断处理程序
        LDMFD   SP!, {R3}
        MSR     SPSR_cxsf, R3
        LDMFD   SP!, {R0 - R11, R12, PC}
```

快速中断函数 VxWorks 不用由用户自己定义。其框架如下:其中,FIQ_Exception()函数由 C 语言定义,在文件开始用 globl FUNC(FIQ_Exception)声明。

```
FIQ_Hander:
        STMFD   SP!, {R0 - R12, LR}
        BL      FIQ_Exception
        LDMFD   SP!, {R0 - R12, LR}
        SUBS    PC, LR, #4
```

当系统上电时,如果地址 0x00000014 内的数据是 0xB9205F80,则从 Flash 的零地址开始执行,也就是执行 romInit()函数。此函数将启动方式 BOOT_COLD 放在 R0 中,作为 romStart 的参数,将系统设为 SVC32 模式,并禁止 IRQ 和 FIR 中断,设置好系统堆栈指针跳到 romStart()执行。验证此部分程序执行情况最简单的一种方法是用汇编语言写一段"点 LED 灯"程序,用以验证程序的执行情况。其中,常量 PINSEL0、PINSEL1、IODIR 和 SPI_IOCON 可以在头文件 templatARM. h 中用 define 定义。

```
#define PINSEL0         0xE002C000
#define PINSEL1         0xE002C004
#define IODIR           0xE0028008
#define SPI_IOCON       0x00003DD0
```

设计的"点灯"程序如下。将其放在 romInit. s 适当的位置,可以定位程序的运行情况。

```
LDR     r0, = PINSEL0
MOV     r1, #0
STR     r1, [R0], #4
STR     r1, [R0]
LDR     r0, = PINSEL1
MOV     r1, #0
STR     r1, [R0], #4
STR     r1, [R0]
LDR     r0, = IODIR
```

```
LDR    r1, SPI_IOCON
STR    r1, [R0]
```

在 Tornado 的集成开发环境下，templatARM 的 BSP 生成 bootrom_res.bin 文件后，可以借助 ASD1.2 的 AXD 反汇编调试方式器进行单步仿真和调试。

(3) sysLib.c 文件

在这个文件中，主要是在 sysHwInit()函数内实现系统外设的配置，中断向量表的复制和重映射，系统定时器中断向量的安装，串口初始化等功能。在串口还没有调通之前，可以借助上面提到的简单“点灯”函数实现程序的定位。其用 C 语言重新定义如下(将它插入本文件的适当地址，可以指示各个函数的执行情况)：

```
#include "LPC2106.h"
PINSEL0 = 0x00000000;
PINSEL1 = 0x00000000;
IODIR = 0x00003DD0;
```

系统的初始化和配置与硬件系统高度相关。对这部分的代码不再赘述，可以参考代码注释。几个常量定义如下：

```
#define Fosc     11059200        /* 晶振频率:10～25 MHz 应与实际一致 */
#define Fcclk    (Fosc * 4)      /* 系统频率:必须为 Fosc 的整数倍(1～32),且<=60 MHz */
#define Fcco     (Fosc * 4)      /* CCO 频率:必须为 Fcclk 的 1、2、4、8 倍,范围为 156～320 MHz */
#define Fpclk    (Fcclk/4) * 2 /* VPB 时钟频率:只能为(Fcclk/4)的 1、2、4 倍 */
```

(4) templateTimer.c 文件

该文件主要实现与系统时钟和系统辅助时钟相关的函数。关于系统时钟的各函数定义如下(系统辅助时钟的各函数与系统时钟一样，只须将 T0 换成 T1 即可)：

```
void sysClkInt(void)                          /* 项 SysClkInt(), 此函数每个时钟 Tick 被调用一次 */
{   T0IR = 0x01;                              /* 通知系统中断结束 */
    T0MR0 + = (Fpclk/sysClkTicksPerSecond);
    VICVectAddr = 0;
    if(sysClkRoutine! = NULL)                 /* 调用系统中断函数 */
        ( * sysClkRoutine)(sysClkArg);
}
void sysClkDisable(void)                      /* sysClkDisable()禁止系统时钟 */
{   if(sysClkRunning)
    {   VICIntEnClr = 0x10;                   /* 禁止系统时钟中断 */
        T0TC = 0;
        SysClkRunning = FLASE;
    }
}
void sysClkEnable(void)                       /* sysClkEnable()启动系统时钟 */
{   static BOOL connected = FALSE;
    if(! connected)
```

```
    {   T0TC = 0;                          /* 定时器 0 初始化 */
        T0TCR = 0x01;
        T0MCR = 0x01;
        T0MR0 = (Fpclk/sysClkTicksPerSecond);
        VICIntEnable = 0x10;
        Connected = TRUE;
    }
    if(! sysClkRunning)
    {   T0TC = 0;
        sysClkRunning = TRUE;
    }
}
```

3. 应用程序设计准备

由于目标板本身资源较少，不可能与 PC 机连接成宿主机—目标机的调试环境，通过主机将代码下载到目标机再执行。因此在设计应用程序时，可以修改 bootConfig. c 文件中的 bootCmdLoop()函数，生成 bootrom_res. hex 文件，格式转换后，下载到 Flash 中运行，在 PC 机上借助“超级终端”显示调试信息。具体过程是：在 Tornado 2. 2 集成开发环境下选择 Build →Build Boot Rom，BSP 选择 templateARM，Image 选择 bootrom_res. hex，编译器选择 gnu，确认即可。

10.3 VxWorks 下字符型设备驱动软件设计

10.3.1 字符型设备驱动及其设计简述

VxWorks 下与硬件直接打交道的很多外设和接口，其设备驱动程序都可以作为字符型设备进行驱动程序设计，如 I^2C 接口、ADC、DCA、GPIO、PWM 和矩阵扫描键盘等。字符型设备驱动程序的设计主要是具体的 I/O 操作函数、设备加载函数和中断处理函数的编写。I/O 操作函数有 8 个：create()、remove()或 delete()、open()、close()、read()、write()和 ioctl()。驱动的加载一般是先调用驱动安装函数 iosDrvInstall()，将所设计的 I/O 操作函数等设备驱动例程加入到设备驱动列表中，并把中断向量和 ISR 挂上，然后系统调用 iosDevAdd()，将设备加入到设备列表中。VxWorks 提供 intConnect()函数来把中断与中断处理程序联系起来，通常在应用程序中实现。8 个 I/O 操作函数不一定全部设计，应因需而定。

字符型设备驱动相关的核心结构为：

- 设备列表　通过 iosDevShow 或 devs 可以查看系统中安装的设备。
- 驱动程序描述表　通过 iosDrvShow 可以查看系统中的驱动程序的个数和各个 I/O 函数的地址。
- 文件描述符表　它是 I/O 系统将文件描述符与驱动程序、设备对应起来的手段。

应用程序中 fd = open(“/xxDev”, O_READ, 0)的过程是先通过“/xxDev”文件名在设备列表中找到设备，根据设备描述结构找到驱动程序索引号，找到驱动程序，返回文件描述符；read(fd, &buf, nBytes)与 read(fd, &buf, nBytes)的过程是通过文件描述符表直接找到驱动程序索引号，使用驱动程序。

字符型设备驱动程序及其软件设计的详细理论在本书第 4 章 4.2 节，可以参阅。

嵌入式 VxWorks 下字符型设备的驱动有其独有的特点，下面给出字符型设备驱动程序的基本框架，然后再举例加以说明。熟悉了字符型设备的驱动程序设计特点后，可以不必拘于此格，只要符合 VxWorks 下字符型设备驱动的规律，灵活应用即可。

10.3.2 字符型设备驱动程序软件框架

嵌入式 VxWorks 下字符型设备驱动程序的代码框架如下，它主要由头文件和 C 程序源文件组成，文件中通过调用 VxWorks 的系统函数 select()，可以很好地解决字符型设备驱动程序和 I/O 系统直接作用在执行读/写操作时，设备还没有准备好或没有有效数据而造成的程序阻塞问题。

框架代码中标有注释，一目了然，不再赘述。

头文件"*.h"大致为：

```
// 数据结构
#ifndef __XYXTYDRV_H__
#define __XYXTYDRV_H__
#ifdef __cplusplus
extern "C"{
#endif
typedef struct
{   DEV_HDR devHdr;
    BOOL isCreate;
    BOOL isOpen;
    UINT32 RegMEMBase;
    UINT32 ioAddr;
    SEL_WAKEUP_LIST selWakeupList;
    BOOL ReadyToRead;
    BOOL ReadyToWrite;
} ttyXyx_DEV;
#ifdef __cplusplus
}
#endif
#endif
```

C 语言"*.c"源程序代码大致为：

```
#include "xyxtyDrv.h"
LOCAL int ttyXyxDrvNum = 0;
STATUS ttyXyxDrv()                                          // 安装设备驱动程序
{   if(ttyXyxDrvNum>0) return(OK);
    // 可加入的驱动程序初始化代码
    // 把驱动程序加入驱动程序链表中
```

```
    if(ttyXyxDrvNum = iosDrvInstall(ttyXyxOpen, ttyXyxDelete, ttyXyxOpen,
        ttyXyxClose, ttyXyxRead, ttyXyxWrite, ttyXyxIoctl) == ERROR) return (ERROR);
    return (OK);
}
STATUS ttyXyxDevCreate(char * devName)                        // 创建设备驱动程序
{   ttyXyx_DEV * pttyxyxDev;
    if(ttyXyxDrvNum < 1)
    {   errno = S_ioLib_NO_DRIVER;
        return (ERROR);
    }
    if((pttyxyxDev = (ttyXyx_DEV *)malloc( sizeof(ttyXyx_DEV))) == NULL)
        return (ERROR);
    bzero(pttyxyxDev, sizeof(ttyXyx_DEV));
    selWakeupListInit(&pttyxyxDev -> selWakeupList);
    // 初始化 pttyxyxDev
    if(iosDevAdd(&pttyxyxDev -> devHdr, devName, ttyXyxDrvNum) == ERROR)
    {   free((char *)pttyxyxDev);
        return (ERROR);
    }
    return (OK);
}
int ttyXyxOpen(DEV_HDR * pttyDevHdr, int option, int flags)   // 打开事件函数
{   ttyXyx_DEV * pttyDev = (ttyXyxDEV *)pttyDevHdr;
    if(pttyDev == NULL)
    {   errnoSet(S_xyx_NODEV);
        return (ERROR);
    }
    if(pttyDev -> isOpen)
    {   errnoSet(S_xyx_DEVOPENED);
        return (ERROR);
    }
    pttyDev -> isOpen = TRUE;
    // …初始化
    return (int)pttyDevHdr;
}
int ttyXyxRead(int ttyDevId, char * pBuf, int nBytes)          // 读操作函数
{   ttyXyx_DEV * pttyXyxDev = (ttyXyx_DEV *)ttyDevId;
    int ReadLength = ERROR;
    BOOL FoundError;
    if(pttyXyxDev = (ttyXyx_DEV *)NULL)
    {   errnoSet(S_xyx_NODEV);
        return ERROR;
    }
```

```
    if(pttyXyxDev -> ReadyToRead)
    {   ReadLength = 0;
        while(ReadLength < nBytes) ReadLength++;
        // 判断寄存器和收到的字节数
        if(FoundError) return (ERROR);
        return (ReadLength);
    }
    return (ReadLength);
}
int ttyXyxWrite(int ttyDevId, char * pBuf, int nBytes)          // 写事件函数
{   ttyXyx_DEV * pttyXyxDev = (ttyXyx_DEV * )ttyDevId;
    int WriteLength = 0;
    BOOL FoundError;
    if(pttyXyxDev == (ttyXyx_DEV * )NULL)
    {   errnoSet(S_xyx_NODEV);
        return (ERROR);
    }
    if(pttyXyxDev -> ReadyToWrite)
    {   pttyXyxDev -> ReadToWrite = FALSE;
        // 写出数据
        // 状态判断
    }
    pttyXyxDev -> ReadyToWrite = TRUE;
    if(FoundError) return (ERROR);
    return (WriteLength);
}
int ttyXyxIoctl(int ttyDevId, int cmd, int arg)                 // 控制操作函数
{   int status;
    ttyXyx_DEV * pttyXyxDev = (ttyXyx_DEV * )ttyDevId;
    switch(cmd)
    {   case FIOSELECT:
            selNodeAdd(&pttyXyxDev -> selWakeupList, (SEL_WAKUP_NODE * )arg));
            if((selWakeupType((SEL_WAKUP_NODE * )arg) == SELREAD)
                        && (&pttyXyxDev -> ReadyToRead)
                    selWakeup((SEL_WAKUP_NODE * )arg));
            if((selWakeupType((SEL_WAKUP_NODE * )arg) == SELWRITE)
                        && (&pttyXyxDev -> ReadyToWrite)
                    selWakeup((SEL_WAKUP_NODE * )arg));
            break;
          case FIOUNSELECt:
            selNodeDelete(&pttyXyxDev -> selWakeupList, (SEL_WAKUP_NODE * )arg);
            break;
```

```
        case xx_STATUS_GET: status = xxStatusGet(&arg);
                break;
        case xx_CONTROL_SET: status = xxCMDSet(arg);
             break;
        // 其他命令
        default: errno = S_ioLib_UNKNOWN_REQUEST;
             status = ERROR;
             break;
    }
    return (status);
}
int ttyXyxClose(int ttyDevId)                                  // 关闭操作函数
{   ttyXyx_DEV * pttyXyxDev = (ttyXyx_DEV *)ttyDevId;
    if(pttyXyxDev = (ttyXyx_DEV *)NULL)
    {   errnoSet(S_xyx_NoMEM);
        return (ERROR);
    }
    // 处理设备
    free(pttyXyxDev);                                          // 释放资源
}
STATUS ttyXyxDelete(char * devName)                            // 卸载操作函数
{   DEV_HDR * pDevHdr;
    char * pNameTail;
    pDevHdr = iosDevFind(devName, pNameTail);                  // 搜索设备
    if(pDevHdr == NULL || * pNameTail ! = '\0') return (ERROR);
    // 释放源样本唤醒信号
    iosDevDelete(pDevHdr);                                     // 卸载
    return (OK);
}
LOCAL ULONG ttyXyxIntHandler(int ttyDevId)                     // 中断处理函数
{   ttyXyx_DEV * pttyXyxDev = (ttyXyx_DEV *)ttyDevId;
    if(pttyXyxDev = (ttyXyx_DEV *)NULL)
    {   errnoSet(S_xyx_NoMEM);
        return (ERROR);
    }
    // 读取中断状态
    // 如果可以收到
    pttyXyxDev -> ReadyToRead = TRUE;
    pttyXyxDev -> ReadyToWrite = FALSE;
    // 清除中断
}
```

10.3.3 字符型设备驱动设计应用举例

本书第 8 章阐述 WinCE/XPE 下设备驱动程序的设计时，曾经列举了一个 ARM9 单片机 S3C2410 体系通过其 GPIO 驱动步进电机运转的实例。这里说明该嵌入式应用体系下的 VxWorks 步进电机设备驱动，电机挂在 S3C2410 的 GPIO 上，所设计设备驱动是典型的 GPIO 字符型设备驱动程序。

选定 S3C2410 的 GPIO 控制寄存器地址是 0x56000000，数据寄存器地址是 0x56000004，步进电机的寄存器地址是 0x10000000。选定驱动程序的前缀为 mot。

根据上述嵌入式字符型设备驱动程序设计的代码框架结构和实际需求，很容易设计得到所需的步进电机驱动程序，主要代码如下：

1. 头文件“motDrv.h”

```
#ifndef __MOTDRV_H__
#define __MOTDRV_H__
#ifdef __cplusplus
extern "C"{
#endif
typedef struct
{    DEV_HDR devHdr;
     BOOL isCreate;
     BOOL isOpen;
     UINT32 RegMEMBase;
     UINT32 ioAddr;
     SEL_WAKEUP_LIST selWakeupList;
     BOOL ReadyToRead;
     BOOL ReadyToWrite;
} mot_DEV;
#ifdef __cplusplus
}
#endif
#endif
```

2. 源程序文件 motDrv.c

```
#include "motDrv.h"
LOCAL int motDrvNum = 0;
STATUS motDrv()                                              // 安装设备驱动程序
{    if(motDrvNum>0) return(OK);
     if(motDrvNum = iosDrvInstall(motOpen, motDelete, motOpen,
         motClose, NULL, motWrite, NULL) == ERROR) return (ERROR);
     return (OK);
}
STATUS motDevCreate(char * devName)                          // 创建设备驱动程序
```

```
{   mot_DEV * pmotDev;
    if(motDrvNum < 1)
    {   errno = S_ioLib_NO_DRIVER;
        return (ERROR);
    }
    if((pmotDev = (mot_DEV *)malloc( sizeof(mot_DEV))) == NULL)
        return (ERROR);
    bzero(pmotDev, sizeof(mot_DEV));
    selWakeupListInit(&pmotDev -> selWakeupList);
    pmotDev -> RegMEMBase = 0x56000000;
    pmotDev -> ioAddr = 0x10000000;
    if(iosDevAdd(&pmotDev -> devHdr, devName, motDrvNum) == ERROR)
    {   free((char *)pmotDev);
        return (ERROR);
    }
    return (OK);
}
int motOpen(DEV_HDR * pmotDevHdr, int option, int flags)        // 打开事件函数
{   mot_DEV * pmotDev = (motDEV *)pmotDevHdr;
    if(pmotDev == NULL)
    {   errnoSet(S_xyx_NODEV);
        return (ERROR);
    }
    if(pmotDev -> isOpen)
    {   errnoSet(S_xyx_DEVOPENED);
        return (ERROR);
    }
    ( * (volatile UINT32 * ) pmotDev -> RegMEMBase) | = 0x2000; // 选择 NGCS2
    ( * (volatile UINT32 * ) (pmotDev -> RegMEMBase + 4)) & = (~0x2000);
    pmotDev -> isOpen = TRUE;
    return (int)pmotDevHdr;
}
int motWrite(int motDevId, char * pBuf, int nBytes)              // 写事件函数
{   mot_DEV * pmotDev = (mot_DEV * )motDevId;
    int WriteLength = 0;
    BOOL FoundError;
    if(pmotDev == (mot_DEV * )NULL)
    {   errnoSet(S_xyx_NODEV);
        return (ERROR);
    }
    if(pmotDev -> ReadyToWrite)
    {   pmotDev -> ReadToWrite = FALSE;
```

```
        (*(volatile UINT32 *) pmotDev -> ioAddr) = *pBuffer;
    }
    pmotDev -> ReadyToWrite = TRUE;
    if(FoundError) return (ERROR);
    return (WriteLength);
}
int motClose(int motDevId)                                    // 关闭操作函数
{   mot_DEV * pmotDev = (mot_DEV *)motDevId;
    if(pmotDev = (mot_DEV *)NULL)
    {   errnoSet(S_xyx_NoMEM);
        return (ERROR);
    }
    free(pmotDev);                                            // 释放资源
}
STATUS motDelete(char * devName)                              // 卸载操作函数
{   DEV_HDR * pDevHdr;
    char * pNameTail;
    pDevHdr = iosDevFind(devName, pNameTail);                 // 搜索设备
    if(pDevHdr == NULL || * pNameTail ! = '\0') return (ERROR);
    iosDevDelete(pDevHdr);                                    // 卸载
    return (OK);
}   // 将应用程序传入的数据写入步进电机
```

10.4 VxWorks 下块型设备驱动及文件系统架构

10.4.1 块型设备驱动与文件系统操作概述

块型设备驱动程序与 I/O 系统之间必须有文件系统。块型设备的驱动挂在文件系统上，先和文件系统作用，再由文件系统与 I/O 系统作用。块型设备的使用比字符型设备更方便。块型设备驱动必须创建一个逻辑盘或连续设备。块型设备驱动程序通过初始化块型设备描述结构 BLK_DEV 或顺序设备描述结构 SEQ_DEV 来实现驱动程序提供给文件系统的功能，使用文件系统设备初始化函数，如 dosFsDevInit()，实现将驱动程序装入 I/O 系统，即文件系统把自己作为一个驱动程序装到 I/O 系统中，并把请求转发给实际的设备驱动程序。结构 BLK_DEV 或 SEQ_DEV 定义块大小、块数目等相关设备的变量和实现设备读/写、控制、复位以及状态检查等操作的函数列表。块型设备驱动程序的操作函数大致有以下几个部分：低级驱动程序初始化（包括初始化硬件、分配和初始化设备数据结构、用于多任务存取的互斥量创建、中断初始化和开设备中断）、设备创建（先分配一个设备描述符，然后根据具体情况填写该设备的描述符）、读/写操作（以块为单位进行设备数据的输入/输出传输）及 I/O 控制和复位及状态检测。顺序存储设备还包括一些特有的操作，如写文件标志、向后搜索、保留操作和安装/卸载等。

块型设备支持的文件系统有 dosFS、TrueFFS、TSFS、typeFS 和 rawFS 等，基于 VxWorks 的嵌入式应用领域中应用最多的是 TrueFFS 文件系统，通过 TrueFFS 文件系统对嵌入式应用体系中广泛使用的大容量 Flash 存储器和 CF 卡等闪存设备进行操作。

快速闪存文件系统 TrueFFS，也称为 TFFS，通过模拟硬盘驱动器来屏蔽 Flash 操作的具体细节，使得在闪存设备上执行读/写操作简单易行。

TrueFFS 由一个核心层(core layer)和 3 个功能层组成。3 个功能层分别是：转换层(translation layer)、MTD 层(Memory Technology Drivers Layer)和 Socket 层(Socket Layer)。核心层主要起相互连接其他几层的功能，同时也负责进行碎片回收、定时器和其他系统资源的维护，通常 WindRiver 将这部分内容以二进制文件提供。转换层主要实现 TrueFFS 和 dosFs 之间的高级交互功能，它也包含了控制 Flash 映射到块、wear-leveling、碎片回收和数据完整性所需的智能化处理功能，目前有 3 种不同的转换层模块可供选择，具体选择哪一种层取决于所用的 Flash 介质采用的是 NOR - based、NAND - based，还是 SSFDC - based 技术。Socket 层提供 TrueFFS 和板卡硬件(如 Flash 卡)的接口服务，其名字来源于用户可以插入 Flash 卡的物理插槽，用来向系统注册 socket 设备，检测设备拔插，硬件写保护等。MTD 层主要是实现对具体的 Flash 进行读、写、擦和 ID 识别等驱动，并设置与 Flash 密切相关的一些参数，TrueFFS 已经包含了支持 Intel 公司、AMD 公司以及 Samsung 公司部分 Flash 芯片的 MTD 层驱动。以上 4 个层次，通常要进行的工作在后两层。在 VxWorks 下配置 TrueFFS 时，必须为每一层至少包含一个软件模块。

块型设备驱动与文件系统操作的详细描述可以参阅本书第 4 章 4.3 节。

下面针对嵌入式应用体系中广泛使用的大容量 Flash 存储器和可移动的 CF 卡闪存介质，阐述 VxWorks 下块型设备的驱动程序设计和 TFFS 文件系统操作，选用的硬件平台基于 PowerPC 微处理器体系。

10.4.2 闪存介质 CF 卡及 TFFS 操作

CF 卡是一种基于 Flash 技术的容量大、携带方便的存储介质，已在嵌入式系统等领域得到广泛的应用；但是有限的擦写次数极大地限制了 CF 卡的使用寿命。TrueFFS 文件系统的核心层通过一系列算法，能够延长 CF 卡的使用寿命，提高 CF 卡的使用效率。

1. TFFS 文件系统驱动程序的编制

TrueFFS 的编程主要在 MTD 层和 Socket 层。首先必须在当前 VxWorks 生成目录的配置文件(config.h)中定义 INCLUDE_TFFS(包含 TrueFFS 系统)和 INCLUDE_TFFS_SHOW(包含 TrueFFS 系统的显示函数)。

① 翻译层　翻译层根据 Flash 的实现技术来选择。设计中选用了 SST 公司的型号为 SST49CF064 的 CF 卡，64 MB 容量。它是基于 NAND 的 Flash 技术，所以在文件中定义 INCLUDE_TL_NFTL；如果是 NOR 技术，则定义 INCLUDE_TL_FTL。

② MTD 层　文件 cfCardMTD.c 实现了 MTD 层的功能。在本设计中，MTD 层主要实现 4 个函数：读、写、擦除和 ID 识别。

ID 识别函数根据读取设备的 ID 号来选择与当前设备匹配的 MTD 驱动。识别函数中指定了针对当前设备的一些参数以及基本操作函数，并赋给一个叫 FLFlash 的数据结构，如下：

```
FLStatus cfMTDIdentify (FLFlash * pVol);
```

FLFlash 数据结构中的主要参数赋值如下：

```
pVol -> type = CF_ID;                          /* 器件 ID 号 */
pVol -> erasableBlockSize = 512;               /* 可擦除的最小单元是 512 B */
pVol -> chipSize = 0x4000000;                  /* 器件容量为 64 MB */
pVol - write = cfWriteRoutine;                 /* 写函数 */
pVol -> read = cfReadRoutine;                  /* 读函数 */
pVol -> rease = cfEraseRoutine;                /* 擦函数 */
pVol -> map = cfMap;                           /* 将 CF 卡的一段区域映射到内存空间 */
```

CF 卡的读函数比 Flash 的读函数繁琐。它和写一样，必须根据一定的算法来读取数据，而 Flash 只需要直接从地址中读数据。但是，CF 卡的擦函数非常简单，直接返回就可以了；因为 CF 卡可以直接调用写命令写入数据，CF 卡本身能够自动完成擦除操作。cfMap 函数将 CF 卡的一段区域映射到存储空间，一般为 4 KB。因为 CF 卡的 40 MB 地址空间并不映射到系统的存储空间中，所以 Flash 的 MTD 驱动中的该函数可以为空。

最后，识别函数必须在 MTD 驱动表单 mtdTable[]中注册：

```
#ifdef INCLUDE_MTD_CFCARD
    cfMTDIdentify,
#endif
```

并增加函数声明：

```
extern FLStatus cfMTDIdentify (FLFlash vol);
```

③ Socket 层：文件 sysTffs.c 实现了 Socket 层的功能。sysTffsInit()函数是主函数，调用 Socket 注册函数 cfSocketRegister()，初始化 Socket 数据结构 FLSocket。

```
LOCAL void cfSocketRegister (void)
{   FLSocket vol = flSocketOf(noOfDrives);
    tffsSocket[noOfDrives] = "F";                        /* Socket 名称 */
    vol.window.baseAddress = CF_BASE_ADRS >> 12;         /* 窗口的基地址 */
    vol.cardDetected = cfCardDetected;                   /* 检测 CF 卡是否存在的函数 */
    vol.VccOn = cfVccOn;                                 /* CF 卡上电函数 */
    vol.VccOff = cfVccOff;                               /* CF 卡继电函数 */
    vol.initSocket = cfInifSocket;                       /* CF 卡初始化函数 */
    vol.setMappingContext = cfSetMappingContext;         /* CF 卡映射函数 */
    vol.getAndClearCardChangeIndicator
         = cfGetAndClearCard ChangeIndicator;            /* 设置改变函数 */
    vol.writeProtected = cfWriteProtected;               /* CF 卡写保护判断函数 */
    noOfDrives ++ ;
}
```

其中，映射窗口的基地址以 4 KB 为单位。TrueFFS 系统每 100 ms 调用 CF 卡检测函数，判断 CF 卡是否存在。CF 卡上电函数和断电函数主要用于节省系统功耗，当 CF 卡处于闲置状态时，TrueFFS 就关闭 CF 卡的电源。CF 卡初始化函数负责访问 CF 卡之前的所有前期工作。如果插入 CF 卡型号改变了，cfGetAndClearCard ChangeIndicator 函数就会及时向 TrueFFS 系统报告。sysTffs.c 中需要实现上述的所有函数。大部分情况下，不必关心 FLSocket 数据结构，只关心它的成员函数。实现了成员函数会被 TrueFFS 系统自动调用。

2. 程序的实现与性能分析

完成 TrueFFS 的编写之后，经过编译链接，如果一切正确，VxWorks 运行时会调用 tffsDrv()函数自动初始化 TrueFFS 系统，包括建立互斥信号量、全局变量和用来管理 TrueFFS 的数据结构，注册 Socket 驱动程序。当 TrueFFS 需要和底层具体硬件打交道时，它使用设备号(0～4)作为索引来查找它的 FLSocket 结构，然后用相应结构中的函数来控制它的硬件接口。成功完成 Socket 注册之后，用户就可以调用 tffsDevCreate()创建一个 TrueFFS 块型设备，调用 tffsDevFormat 格式化设备，再调用 dosFsDevInit()函数加载 DOS 文件系统。之后，就可以像使用磁碟设备一样使用了 CF 卡了，如调用 open、read、write、close 和 creat 等文件操作函数。

TrueFFS 的简单测试方法可以从主机复制一个文件到 CF 卡，再将这个文件从 CF 卡复制到主机，然后比较原文件和最后文件的区别。用户也可以调用 tffsShow()或 tffsShowAll()来查看 TrueFFS 的创建情况。

TrueFFS 可以极大地延长 Flash 设备的寿命。一般 CF 卡可以擦写 10 万次，如果不使用 TrueFFS 系统，寿命就非常短。例如，在 CF 卡上实现一个 FAT16 格式的 DOS 文件系统，簇的大小是 2 KB，如果要向 CF 卡中写入一个 8 MB 的文件，共占用 4 K 个簇，出于可靠性考虑，每写一个簇，FAT 表就更新一次，写一个 8 MB 的文件，FAT 表需要更新 4 096 次；而 FAT 表一直位于某个固定扇区中，所以 8 MB 的文件最多只能更新 25 次，一个每天需要备份的文件，那么 CF 卡的寿命只有 25 天。这种应用方式使 CF 卡寿命与其容量无关，其他绝大部分可用扇区白白浪费。

采用了 TrueFFS 系统之后，因为损耗均衡算法不允许 FAT 表固定在某个扇区中，损耗平均分配给所有物理扇区。期望的 CF 卡寿命可以用下列公式计算：

期望寿命 =（容量×总擦写次数×0.75）/ 每天写入字节数

其中，0.75 表示文件系统和 TrueFFS 管理结构的额外消耗系数。如果同样每天备份一个 8 MB 文件，那么：期望寿命=（64 MB×100 000 × 0.75）/ 8 MB = 600 000(天)(约 1 643年)。

可见，TrueFFS 惊人地延长了 Flash 器件的寿命。VxWorks 自带的 TrueFFS 驱动程序覆盖了业界大部分主流 Flash 芯片，考虑了各种芯片的不同擦写算法，效率较低。对于实时性要求苛刻的系统，应该按照所用的 Flash 器件有针对性地制作 TrueFFS 驱动程序。目前某些 CF 卡本身实现了一定程度的损耗均衡算法，但是没有 TrueFFS 那么高效。

10.4.3 TFFS 构建与大容量闪存操作

这里以 MX29LV160BT 闪存芯片为例，阐述在 VxWorks 下的 NOR Flash 上建立 TFFS 文件系统的一般步骤。NOR 的特点是芯片内执行 XIP(execute In Place)，这样应用程序可以直接在 Flash 闪存内运行，不必再读到系统 RAM 中。NOR 的传输效率很高，在 1～4 MB 的小容量时具有很高的成本效益，因此在嵌入式系统广泛应用。

1. TrueFFS 文件系统的建立

(1) 配置相关文件

要在 VxWorks 映像中包含 TrueFFS 文件系统，首先必须在 config.h 文件中定义 INCLUDE_TFFS。这使得 VxWorks 的初始化代码调用 tffsDrv()来创建管理 TrueFFS 所需的结构和全局变量，并为所有挂接了的 Flash 的设备注册 socket 组件驱动。在链接的时候，通过解析与 tffsDrv()相关联的符号(symbols)，可将 TrueFFS 所必需的软件模块链接到 VxWorks 映像中。

为了支持 TrueFFS，每一个 BSP 目录下都必须包含一个 sysTffs.c 文件。它将 TrueFFS 所有的层(翻译层、socket 层和 MTD 层)链接到一起并和 VxWorks 绑定；因此，必须编辑这个文件并决定哪一种 MTD 和翻译层模块应该包含到 TrueFFS 中，代码如下：

```
#define INCLUDE_MTD_MX29LV                    /* MX29LV160BT MTD 驱动程序 */
#define INCLUDE_TL_FTL                        /* FTL 转换层 */
#define FLASH_BASE_ADRS 0x2a10000             /* 闪存基地址 */
#undef FLASH_SIZE
#define FLASH_SIZE 0x001f0000                 /* 闪存大小,2 MB(参数块) */
```

其他无关的 MTD 驱动程序包含头都要用#undef 去掉，同时定义 Flash 在系统中的基地址和大小。另外，还必须编辑 sysLib.c 文件中的 sysPhysMemDesc[]数组，将 Flash 基地址和大小加入到 MMU 中，以供将来访问 Flash，否则访问 Flash 会失败。如果 BSP 目录下没有 sysTffs.c 文件，那么可以从其他 BSP 目录下复制一个即可，然后作上述修改，其他的内容基本可以不用修改。

接下来需要修改 tffsConfig.c 文件，为了方便管理，通常将 src/drv/tffs/目录下该文件复制到 BSP 目录下，然后再作修改。在 MTDidentifyRoutine mtdTable[]表中加入以下语句：

```
#ifdef INCLUDE_MTD_MX29LV
    mx29lvMTDIdentify,
#endif                          /* INCLUDE_MTD_MX29LV */
```

并在该文件开头声明：

```
#ifdef INCLUDE_MTD_MX29LV
    FLStatus mx29lvMTDIdentify (FLFlash vol);
#endif                          /* INCLUDE_MTD_MX29LV */
```

最后，就是将 Flash 相关 MTD 驱动加入到 makefile 中。即：

```
MACH_EXTRA = mx29lvMtd.o
```

为了方便调试 MTD 驱动，应该在重新编译 VxWorks 映像前将诸如格式化 Flash，创建 TrueFFS 块型设备，绑定此块型设备到 dosFs 所必要的功能包含到 VxWorks 映像中。可作以下定义：

```
#define INCLUDE_TFFS
#ifdef INCLUDE_TFFS
    #define INCLUDE_TFFS_DOSFS
```

```
    #define INCLUDE_TFFS_SHOW
    #define INCLUDE_DOSFS                      /* dosFs 文件系统 */
    #define INCLUDE_SHOW_ROUTINES              /* 显示系统工具的例程 */
    #define INCLUDE_TL_FTL
    #define INCLUDE_IO_SYSTEM
    #define INCLUDE_DISK_UTIL
#endif                                         /* INCLUDE_DOSFS */
```

(2) MTD 驱动程序

作了上述配置后，进入 VxWorks 操作系统后，就可在 shell 上利用 tffsShow 工具显示 Flash 信息了。TffsShow 函数最终会调用 MTD 驱动中的 mx29lvMtdIdentiy()函数，mx29lvMtdIdentiy()函数主要是通过读取 MX29LV160BT 芯片的设备和厂商 ID 来识别它所对应的 Flash，然后对 FLFlash 结构成员进行初始化，主要的几个参数是：

Type——Flash 内存的 JEDEC ID 号。

erasableBlockSize——Flash 内存的擦除块大小(字节)。设置这个值时应考虑到 interleaving，因此，通常通过以下方法来设置它的大小。

```
Vol.erasableBlockSize = MX29LV_MTD_SECTOR_SIZE * vol.interleaving;
```

对于 MX29LV160BT，MX29LV_MTD_SECTOR_SIZE 为 64 KB。

chipSize——用来构建 TrueFFS 文件系统的 Flash 实际大小(字节)。

noOfChips——用来构建 TrueFFS 文件系统的 Flash 实际片数。

interleaving——Flash 内存交叉因子(interleaving factor)，即扩展数据总线的设备数。比如，一个 32 位数据总线上，可以使用 4 片 8 位或 2 片 16 位的设备。

map——指向 Flash 内存映射(map)函数。该函数将 Flash 映射到内存区。

read——指向 Flash 内存的读函数。在 MTD 驱动识别函数中，这个成员函数已经被初始化为默认的读函数。通常情况下，不需要再初始化它，否则还需要修改很多相关的函数。

write——指向 Flash 内存的写函数。这个成员必须初始化，这是要做的一个重要工作。

erase——指向 Flash 内存的擦除函数。这个成员必须初始化，这也是要做的一个重要工作。

针对 FLFlash 结构成员，我们所关心的两个函数就是写和擦除函数。在 mx29lvMtdIdentiy()函数中必须有以下定义：

```
vol.write = mx29lvWrite;
vol.erase = mx29lvErase;
```

在 mx29lvWrite()函数中主要是实现将数据写入 Flash 中。首先需要对扇区进行解锁，然后写入写命令，之后才能进行数据的写入，最后需要判断数据是否写完。为了确保操作成功，我们应该在写完每个数据后进行数据的比较，比较正确后方能进行下一个数据的操作。

在 mx29lvErase()函数中主要是实现 Flash 扇区的擦除。如今的 Flash 一般都是按照扇区进行擦除操作的。在擦除操作之前也应该首先对扇区进行解锁，然后进行写擦除建立和扇区擦除命令。擦除成功后，Flash 中的内容应该是 0xffff。为了确保成功，还是应该在擦除后进行比较，比较正确后方能进入下一个扇区的擦除操作，否则返回擦除错误标志。

可见，对 MTD 驱动的调试，基本上就是调试写和擦除两个函数。在调试过程中，可以在这两个函数相应位置加入打印语句来进行。可以通过在 shell 上输入命令 tffsDevFormat 来格式化 Flash，tffsDevFormat 最终会调用 mx29lvErase 和 mx29lvWrite 函数，如果成功就会返回 0，否则返回－1。当然也可以调用 tffsDevCreate 函数来验证"写"和"擦除"函数的正确性。tffsDevCreate 函数的调用过程如图 10.6 所示。

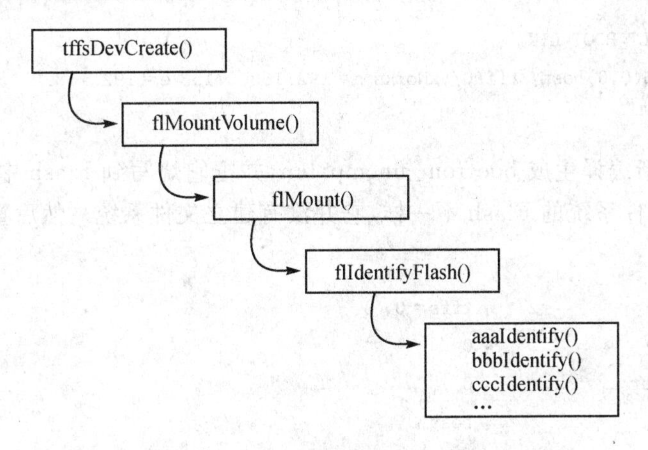

图 10.6 tffsDevCreate 函数调用 mx291vMtdIdentiy 过程

在 shell 中利用 tffsShow 来验证 mx29lvMtdIdentiy：

```
-> tffsShow
0：socket = RFA：type = 0x2249，unitSize = 0x10000，mediaSize = 0x1f0000
value = 49 = 0x31 = "1"
```

说明已正确识别到 MX29LV160BT 设备，设备号为 0x2249。

2. 建立 TureFFS 设备

(1) 挂接设备名

MTD 驱动调试成功后，可以给 Flash 设备挂接上 dos 设备名，如下操作：

首先格式化。

```
-> tffsDevFormat
value = 1
-> usrTffsConfig 0, 0, "/tffs0"
value = 0
```

然后通过 devs 来查看挂接的设备名。

```
-> devs
drv name
0 /null
...
3 /tffs0/
8 /vio
value = 25 = 0x19
```

看到/tffs0/说明挂接设备已经成功，接下来就可以利用 dosFs 文件系统相关命令来操作 Flash 了。如 ls、copy 等。

(2) 从 Flash 中启动并下载 VxWorks 映像

要从 Flash 中下载 VxWorks 映像，首先需要把 VxWorks 映像复制到 Flash 中，在 shell 中的操作命令为 copy“VxWorks”、“tffs0/VxWorks”，然后修改 config. h 文件中引导行，如下：

```
#define DEFAULT_BOOT_LINE \
    "tffs = 0,0(0,0)host:/tffs0/VxWorks h = 192.168.0.153 e = 192.168.0.154 u = target pw = tar-
    get o = cpm"
```

修改完后，重新编译生成 bootrom_uncmp. bin，并把它烧写到 Flash 中(注意：该 Flash 与上面建立 TFFS 文件系统的 Flash 不一样，它并没有建立文件系统)；然后重新启动，即可看到以下启动画面显示：

```
boot device              : tffs = 0, 0
unit number              : 0
processor number         : 0
host name                : host
file name                : /tffs0/VxWorks
inet on ethernet (e)     : 192.168.0.154
host inet (h)            : 192.168.0.153
user (u)                 : target
ftp password (pw)        : target
flags (f)                : 0x0
other (o)                : cpm
Attaching to TFFS... done.
Loading /tffs0/VxWorks...894304
Starting at 0x10000...
Development System
        VxWorks version 5.5.1
        KERNEL: WIND version 2.6
        Copyright Wind River Systems, Inc., 1984 - 2003
    CPU: Motorola ADS - PowerPC 860. Processor #0.
    Memory Size: 0x1000000. BSP version 1.2/5.
    WDB Comm Type: WDB_COMM_END
        WDB: Ready.
```

至此，引导成功，Flash 整个 TFFS 文件系统已经建立成功。

10.5 VxWorks 下的异步串口驱动程序设计

10.5.1 VxWorks 异步串口驱动概述

VxWorks 系统中的串行设备驱动分为 3 个层次：usrConfig. c 和 ttyDrv、sysSerial. c、 xxDrv. c。usrConfig. c 和 ttyDrv，包括 tyLib，提供对串行设备的通用操作；sysSerial. c 针对具体目标系统的串行设备相关的一些数据结构进行初始化操作；xxDrv. c 包括具体设备相关的操作，如读/写数据及其设置等。I/O 系统通过终端驱动 ttyDrv/tyLib 提供的函数与串行设备驱动 xxDrv 交互。包含串行设备及其应用程序的总体模型如图 10.7 所示。

串口设备驱动由两部分组成，一部分对 ttyDrv 进行封装，将串行设备安装到标准的 I/O 系统中，提供对外的接口；另一部分为串行设备驱动程序 xxDrv，提供对硬件设备的基本操作。

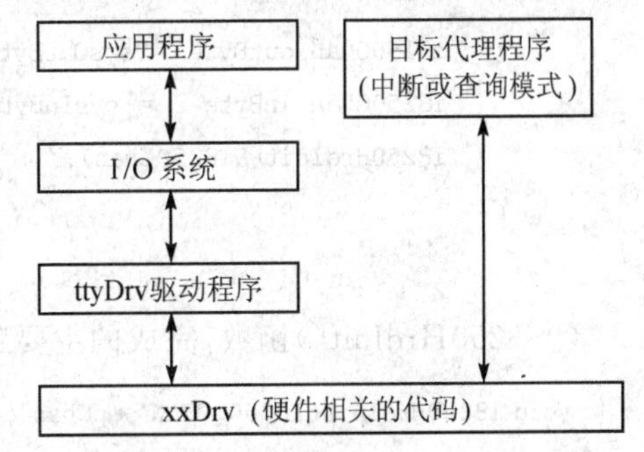

图 10.7 串行设备驱动模型框图

串口驱动初始化及其串口添加在系统配置文件 usrConfig. c 中进行。串行设备驱动的初始化 xxDevInit 过程如下：

- 首先，调用系统函数 ttyDrv()，该函数通过调用 iosDrvInstall()将 ttyOpen()、ttyIoctl()、tyRead()、tyRead 和 tyWrite 安装到系统驱动函数表中，供 I/O 系统调用。
- 接着，根据用户参数对串口芯片寄存器进行初始化，安装驱动函数指针。
- 最后，调用系统函数 ttyDevCreate()创建 ttyDrv 设备。该函数初始化设备描述符，调用 tyDevInit()函数初始化 tyLib、初始化 select 功能、创建信号量和输入输出缓冲区，调用 iosDevAdd()函数将设备添加到设备列表中并设置设备的中断操作模式。

ttyDrv 是一个虚拟设备驱动，它通过一些通用管理函数为系统提供统一的串行设备界面，管理 I/O 系统和真实驱动程序之间的通信。在 I/O 系统方面，虚拟设备 ttyDrv 作为一个字符型设备存在，它将自身的入口点函数挂在 I/O 系统上，创建设备描述符并将其加入到设备列表中。当用户有 I/O 请求包到达 I/O 系统中时，I/O 系统会调用 ttyDrv 相应的函数响应请求。同时，ttyDrv 管理了缓冲区的互斥和任务的同步操作。另一方面，ttyDrv 负责与实际的设备驱动程序交换信息，通过设备驱动程序提供的回调函数及必要的数据结构，ttyDrv 将系统的 I/O 请求作相应的处理后，传递给设备驱动程序，由设备驱动程序完成实际的 I/O 操作。

10.5.2 串口驱动程序设计流程分析

这里以 I8250 串口为例，分析一下串行设备驱动程序的编写及加载流程。

1. 相关硬件设备的初始化

编写驱动程序的第一步是完成相关硬件的初始化。与 I8250 相关的硬件初始化函数主要有以下 3 个：sysSerialHwInit()、i8250HrdInit()和 i8250InitChannel()，它们被系统依次调用，这条工作链的主要作用是，完成对 I8250_CHAN 数据结构的初始化。下面分别介绍这几个函数的功能。

① sysSerialHwInit()函数，主要完成初始化设备的中断向量、串口的通信模式及相关存贮器，在函数的最后调用 i8250HrdInit()对 I8250_CHAN 结构进一步初始化，关键代码如下：

```
void sysSerialHwInit (void)
{   int i;
```

```
    for (i = 0; i < N_UART_CHANNELS; i ++ )
    {   i8250Chan.int_vec = devParas.vector;          /* 初始化中断向量 */
        i8250Chan.channelMode = 0;                    /* 初始化 SIO_MODE,可以是 INT 或 POLL */
        i8250Chan.lcr = UART_REG(UART_LCR,i);         /* 初始化控制寄存器 */
        ......
        i8250Chan.outByte = sysOutByte;               /* 挂接输出函数:向指定的 I/O 地址写 */
        i8250Chan.inByte  = sysInByte;                /* 挂接输出函数:从指定的 I/O 地址读 */
        i8250HrdInit(&i8250Chan);                     /* 调用 i8250HrdInit()进一步完成初始化 */
    }
}
```

② i8250HrdInit()函数,完成的主要工作是挂接相应的入口函数,具体说明如下:

```
void i8250HrdInit(I8250_CHAN * pChan /* 指向相应设备的指针)
{   if (i8250SioDrvFuncs.ioctl == NULL)
    {   i8250SioDrvFuncs.ioctl = (int ( * )())i8250Ioctl;
            /* 挂接用于处理控制 I8250 相关输入/输出命令的函数 */
        i8250SioDrvFuncs.txStartup = (int ( * )())i8250Startup;
            /* 如果设备工作于中断模式下,启用此函数用于打开中断,使设备开始工作 */
        i8250SioDrvFuncs.callbackInstall = i8250CallbackInstall;
            /* 安装上层提供的回调函数,这里是安装的 tyIRd()、tyITx()
        i8250SioDrvFuncs.pollInput = (int ( * )())i8250PRxChar;     /* 挂接输入轮询函数 */
        i8250SioDrvFuncs.pollOutput = (int ( * )(SIO_CHAN * ,char))i8250PTxChar;
            /* 挂接输出轮询函数 */
    }
    pChan -> pDrvFuncs = &i8250SioDrvFuncs;           /* 初始化 CHAN 结构,挂接接口函数列表 */
    i8250InitChannel(pChan);                          /* 通道复位 */
}
```

由上面挂接的函数可以看出,i8250 驱动主要实现了 3 个功能:read、write 和 ioctl,而并没有实现所有的功能。同时,值得注意的是,对同一种设备的驱动只需挂接一次。

同时,ttyDrv 通过 SIO_DRV_FUNCS 使用 xxDrv(i8250Drv)提供的服务,而 xxDrv 通过回调函数(这里是由 i8250CallbackInstall()安装的 tyIRd()、tyITx())完成 ttyDrv 提出的请求。

③ i8250InitChannel()函数,主要作用是初始化特定的 CHAN 所描述的信道,关键代码如下:

```
static void i8250InitChannel(I8250_CHAN * pChan /* pointer to device */)
{   int oldLevel;
    oldLevel = intLock ();                                /* 关中断,进入临界区 */
    (void) i8250BaudSet(pChan, I8250_DEFAULT_BAUD);       /* 设置信道的波特率 */
    ......
    intUnlock (oldLevel);                                 /* 开中断响应,出临界区 */
}
```

2. 挂接中断服务程序

对 I8250 的硬件初始化完成后，接着挂接相关的中断服务程序，主要由 sysSerialHwinit2()函数完成。需要注意的是，挂接中断应放在系统初始化的最后，主要是因为中断挂接函数 intConnect()需要调用 malloc()函数，如果在系统的内存分配还未初始化前调用，则会出错。关键代码如下：

```
void sysSerialHwInit2 (void)
{   int i;
    for (i = 0;i < N_UART_CHANNELS; i ++ )
        if (i8250Chan. int_vec)
        {   (void) intConnect (INUM_TO_IVEC (i8250Chan. int_vec), i8250Int, (int)&i8250Chan );
            sysIntEnablePIC (devParas. intLevel);
        }
}
```

其中，宏 INUM_TO_IVEC 的作用是把中断号转为中断向量。i8250Int 是指向输入/输出中断处理函数的指针。描述相应硬件的结构 i8250Chan 为函数 i8250int()的入口参数。

至此，设备硬件的初始化、相关的低层函数的挂接及中断初始化基本完成。开始进行下一步，将设备的驱动函数安装在 Driver Table 中。

3. 与上层标准输入/输出函数的挂接

I/O 系统通过调用 ttyDrv()(在没有定义 INCLUDE_TYCODRV_5_2 的情况下)将相应驱动函数添加到 Driver Table 中，从而完成与上层标准输入/输出函数的挂接。串口通信的系统数据流向如图 10.8 所示。

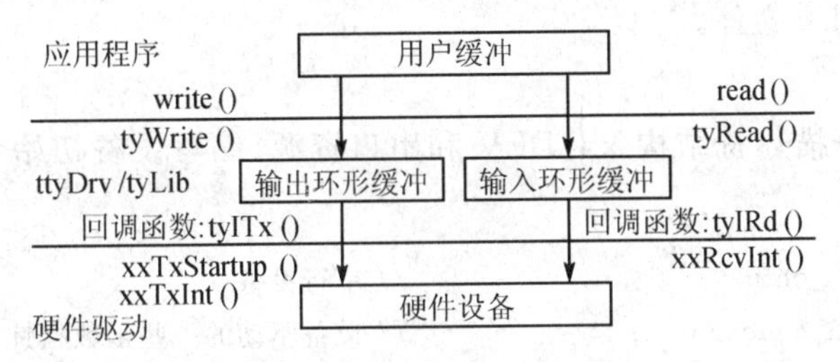

图 10.8　VxWorks 串口通信的数据流向示意图

由图 10.8 可知，iosDrvInstall()函数在 Driver Table 中挂接的函数是 tyWrite()和 tyRead()，而不是实际编写的输入/输出函数。其具体的调用过程是：

①当用户调用 write 函数进行写操作时，根据相应的 fd 调用在 Driver Table 中注册的函数 tyWrite()，此函数的作用是将用户缓冲区的内容写入相应的输出 ring buffer；当发现缓冲区内有内容时，开始调用回调函数 tyITx()，从 ring buffer 读取字符，由 I8250Startup()启动中断输出；最后，由设备的输出中断服务程序(这里调用的是 sysOutbyte())将字符发往指定的串口。

②当串口接收到数据时会调用输入中断服务程序(这里是 sysInbyte())，将输入的字符写入指定的缓冲区；然后由回调函数 tyIRd()将缓冲区的内容读入 ring buffer，当用户调用 read 函数进行写操作时，会根据相应的 fd 调用在 Driver Table 中注册的函数 tyRead()，此函数会

将 ring buffer 中的内容读入用户缓冲区。

4. 具体设备与相关驱动的挂接

当 Driver Table 中相应的驱动函数挂接完成后，开始编写驱动程序的最后一步：在 Device Table 中加入设备，完成具体设备与相关驱动的挂接。此项工作是由 ttyDevCreat()函数完成的。ttyDevCreat()函数主要实现以下功能：

① 分配并初始化一个 device descriptor。

② 通过调用 tyDevInit()初始化 tyLib。此处主要完成输入/输出 ring buffer 的创建、建立与相关函数的信号量及初始化 selectLib。

③ 调用 iosDevAdd()将串口设备加入 Device Table。对于设备特性的描述信息是由 sysSerialChanGet()函数得到并以参数形式传入的。

④ 为底层设备安装回调函数。这里是为 i8250CHAN 安装 tyIRd()、tyITx()两个回调函数。

⑤ 开中断。设备开始以中断方式工作。

在安装设备的过程中，无论设备相同与否，有几个设备则上述过程需调用几次。以上各函数的加载主要在 usrinit()函数中完成。

10.5.3 示例：编写 S3C2410 串口驱动

编写串行设备驱动的几个主要工作有：

➤ 初始化。确定系统要支持的串行通道的个数，初始化设备描述符，编写初始化代码。

➤ 编写入口点函数。

➤ 编写设备中断服务程序 ISR。

➤ 修改 sysSerial. c 文件。

1. 初始化过程

主要是定义设备描述符结构 xx_DEV 和串口资源、编写设备初始化函数与设备安装函数，关键代码如下：

```
typedef struct sio_chan                                  // 串行设备
{   SIO_DRV_FUNCS * pDrvFuncs;                           // 设备驱动的一些函数指针
    // 一些自定义数据
} SIO_CHAN;
struct sio_drv_funcs                                     // 驱动程序的函数列表
{   int ( * ioctl)(SIO_CHAN * pSioChan, int cmd, void * arg);
    int ( * txStartup)(SIO_CHAN * pSioChan);
    int ( * callbackinstall) (SIO_CHAN * pSioChan, int callbackType,
            STATUS( * callback)(void * , …), void * callbackArg);
    int ( * pollInput) (SIO_CHAN * pSioChan, char * inChar);
    int ( * pollOutput) (SIO_CHAN * pSioChan, char outchar);
}
typedef struct S3C2410_CHAN                              // 串行通道结构
{   SIO_CAHN sio;                                        // 标准 SIO_CAHN 成员，必须是该结构的第一个成员
    STATUS ( * getTxChar)();                             //发送处理的回调函数
```

```
    STATUS ( * putRcvChar)();                          // 接收处理的回调函数
    void * getTxArg;                                   // 发送回调函数的参数
    void * putRcvArg;                                  // 接收回调函数的参数
    UINT32 * regs;                                     // 寄存器
    UINT8 levelRx;                                     // 接收中断号
    UINT8 levelTx;                                     // 发送中断号
    UINT8 intRxSubmask;                                // 接收中断屏蔽码
    UINT8 intTxSubMask;                                // 发送中断屏蔽码
    UINT32 channelMode;                                // 模式
    int baudRte;                                       // 波特率
} S3C2410;
typedef struct                                         // 串口配置
{   UINT vector;
    UINT32 * baseAdrs;
    UINT intLevel;
    UINT intRxMask;
    UINT intTxMask;
} S3C2410_CHAN_PASS;
LOCAL SYS_S3C2410_CHAN_PASS_devParas[] =
{   {   INT_VEC_UART_0, (UINT32 * )UART_0_BASE_ADR, INT_LVL_UART_0,
        INT_RX_MASK_UART_0, INT_TX_MASAK_UART_0
    },
    {   INT_VEC_UART_1, (UINT32 * )UART_1_BASE_ADR, INT_LVL_UART_1,
        INT_RX_MASK_UART_1, INT_TX_MASAK_UART_1
    }
};
LOCAL S3C2410_CHAN s3c2410Chan[2]);
SIO_CHAN * sysSioChans[] = {&s3c2410Chan[0].sio, &s3c2410Chan[1].sio};     // tyCo/0、tyCo/1
void sysSerialHwInit(void)
{   int i;
    for(i = 0;i < 2;i ++ )
    {   s3c2410Chan[i].regs = devParas[i].baseAdrs;          // 填写串口资源信息
        s3c2410Chan[i].bautRate = CONSOLE_BAUD_RATE;
        s3c2410Chan[i].xtal = SYS_TIMER_CLK;
        s3c2410Chan[i].levelRx = devParas[i].intLevel;
        s3c2410Chan[i].levelTx = devParas[i].intLevel;
        s3c2410Chan[i].intRxSubMask = devParas[i].intRxMask;
        s3c2410Chan[i].intTxSubMask = devParas[i].intTxMask;
        s3c2410SioDevInit(&s3c2410Chan[i]);                  // 调用驱动初始化例程,进而设置
                                                             // 读/写操作

    }
}
void sysSerialHwInit2(void)
```

```
{    int i;
     for(i = 0;i < 2;i++)                                    // 只须安装并开启串口中断
     {  void intConnect(INUM_TO_IVEC(devParas[i].vector),
                S3c2410SioInt, (int) &s3c2410Chan[i]);
        intEnable(devParas[i].intLevel);
     }
}
SIO_CHAN * sysSerialChanGet(int channel)
{    if(channel < 0||channel>= (int)(NELEMENTS(sysSioChans)))
        return (SIO_CHANN *)ERROE;
     return sysSioChans[channel];                            // 根据串口号返回描述结构的指针
}
void sysSerialReset(void)
{    int i;
     for(i = 0;i < N_AMBA_UART_CHANNELS; i++)
        intDisable(devParas[i].intLevel);
}
LOCAL SIO_FUNCS s3c2410SioDrvFuncs = {(int(*)())s3c2410Ioctl,
     s3c2410TxStartup, s3c2410CallbackInstall, s3c2410PollInput, s3c2410PollOutput};
void s3c2410SioDevInit(S3C2410_CHAN * pChan)
{     int oldlevel = intLock();
     // 设置驱动程序操作例程
     pChan -> sio.pDrvFuncs = s3c2410SioFuncs;
     pChan -> getTxChar = s3c2410DummyCallback;    // 临时回调函数
     pChan -> putRcvChar = s3c2410DummyCallback;
     pChan -> channelMode = SIO_MODE_POLL;
     // 硬件初始化
     s3c2410InitChannel(pChan);
     intUnlock(oldlevel);
}
LOCAL void s3c2410InitChannel(S3C2410_CHAN * pChan)
{    int i;
     UINT32 discard;
     // S3C2410 串口寄存器初始化
     S3C2410_UART_REG_WRITE(pChan, UART_FIFO_CON, 0);
     S3C2410_UART_REG_WRITE(pChan, UART_MODEM_CON, 0);
     S3C2410_UART_REG_WRITE(pChan, UART_LINE_CON, 3);
     S3C2410_UART_REG_WRITE(pChan, UART_CON, 0x245);
     S3C2410_UART_REG_WRITE (pChan, UART_BAUD_DIV,
                              (pChan -> xtal/(16 * pChan -> baudRate) - 1));
     // 清除缓冲
     for(i = 0;i < 16;i++)
```

```
        S3C2410_UART_REG_READ(pChan, UART_RX_DATA, discard);
    s3c2410Ioctl((SIO_CHAN * ) pChan, SIO_MODE_SET, (int)pChan -> channelMode);
}
```

2. 编写具体的通信处理函数

包括 SIO_DRV_FUNCS 结构中的函数、输入/输出 ISR 和一个辅助函数 xxDevInt()。

(1) 上层处理函数安装例程 xxCallBackInstall()

供中断产生时被驱动程序调用,实现驱动程序与 ttyLib 的通信,主要代码如下:

```
static int s3c2410CallbackInstall(SIO_CHAN * pSioChan,     /* 设备结构指针 */
        int callbackType,                                   /* 回调函数类型:收或发 */
        STATUS ( * callback)(), void * callbackArg          /* 回调函数指针与参数列表 */)
{   S3C2410_CHAN * pChan = (AMBA_CHAN * )pSioChan;
    switch(callbackType)
    {   case SIO_CALLBACK_GET_TX_CHAR:
            pChan -> getTxChar = callback;
            pChan -> getTxArg = callbackArg;
            return (OK);
        case SIO_CALLBACK_PUT_RCV_CHAR:
            pChan -> putRcvChar = callback;
            pChan -> putRcvArg = callbackArg;
            return (OK);
        default: return (ENOSYS);
}
```

(2) 设备相关的控制处理例程 xxIoctl()

用来设置或获取波特率、工作模式等,主要代码如下:

```
LOCAL STATUS ambaIoctl(SIO_CHAN * pSioChan,                          /* 通道描述符 */
        int request, int arg                                          /* 请求码与参数 */)
{   int olalevel;
    STATUS status = OK;
    UINT32 brd;
    S3C2410_CHAN * pChan = (S3C2410_CHAN * )pSioChan;
    switch(request)
    {   case SIO_BAUD_SET: brd = (pChan -> xtal/(16 * arg)) - 1;   // 波特率因子计算
            oldlevel = intLock();                                   // 关闭中断
            S3C2410_UART_REG_WRITE(pChan, UART_BAUD_DIV, brd);
            pChan -> baudRate = arg;
            break;
        case SIO_BAUD_GET: * (int * )arg = pChan -> baudRate;       // 返回当前波特率
            break;
        case SIO_MODE_SET:
            if((arg! = SIO_MODE_POLL)&&(arg! = SIO_MODE_INT))
```

```
            {   status = EIO;
                break;
            }
            oldlevel = intLock();                                    // 关闭中断
            if(arg == SIO_MODE_INT)                                  // 中断模式,开启指定中断
            {   S3C2410_UART_REG_WRITE(pChan, UART_FIFO_CON, 0);
                intEnable(pChan -> levelRx);
                *(volate UINT32 *)(S3C2410_INTSUBMSK)
                     &= ~pChan -> intRxSubMask;
            }
            else                                                     // 轮询模式,关闭指定中断
            {   intDisable(pChan -> levelRx);
                *(volate UINT32 *)(S3C2410_INTSUBMSK)
                     |= (pChan -> intRxSubMask | pChan -> intTxSubMask);
            }
            pChan -> channelMOde = arg;
            intUnlock(oldlevel);
            break;
        case SIO_MODE_GET: *(int *)arg = pChan -> channelMode;  // 取得当前工作模式
            break;
        case SIO_AVAIL_MODES_GET:                                    // 获得可选的工作模式
            *(int *)arg = SIO_MODE_INT | SIO_MODE_POLL;
            break;
        default: status = ENOSYS;
            break;
    }
    return status;
}
```

(3) 中断传输例程 xxTxStartup、xxTxInt()和 xxRxInt()

向设备写数据则调用 tyWrite,该函数将数据写入环形缓冲区后,调用 xxTxStartup()启动设备发送数据。这是只向串口缓冲区写入一个字节,然后开启发送中断,后继字节由发送中断处理函数来处理;收到数据时中断处理函数通过回调函数写入驱动程序的环形缓冲区。具体实现代码如下:

```
LOCAL int xxTxStartup(SIO_CHAN * pSioChan)
{   S3C2410_CHAN * pChan = (S3C2410_CHAN *)pSioChan;
    if(pChan -> channelMode == SIO_MODE_INT)
    {   s3c2410SioIntTx(pChan);
        *(volate UINT32 *)(S3C2410_INTSUBMSK) &= ~ pChan -> intTxSubMask;
        return (OK);
    }
    else return ENOSYS;
```

```
}
void s3c2410SioIntTx(SIO_CHAN * pSioChan)
{   char outChar;
    UINT32 status;
    // 读取并判断串口缓冲器区状态状态是否可用
    S3C2410_UART_REG_READ(pChan, UART_TXRX_STATUS, status);
    if((status&UART_TX_READY)! = UART_TX_READY) return;
    // 使用回调函数从驱动的环形缓冲区中读取一个字节
    if(( * pChan -> getChar)(pChan -> getTxArg, &outChar)! = ERROR)
        S3C2410_UART_REG_WRITE(pChan, UART_TX_DATA, outChar);
    else * (volate UINT32 * )(S3C2410_INTSUBMSK) | = pChan -> intTxSubMask;
}
void s3c2410SioIntRx(SIO_CHAN * pSioChan)
{    char inchar, flags;
    // 读状态,检查是否收到数据
    S3C2410_UART_REG_READ(pChan, UART_TXRX_STATUS, flags);
    if((status&UART_RX_READY) = = UART_RX_READY)
    {   // 读取串口缓冲区数据
        S3C2410_UART_REG_READ(pChan, UART_RX_DATA, flags);
        // 用回调函数将读得数据保存在驱动的环形缓冲区中
        ( * pChan -> putRcvChar)(pChan -> putRcvArg, inchar);
    }
}
```

(4) 轮询收发例程 xxPollOutput()和 xxPollInput()

具体实现代码如下:

```
LOCAL int s3c2410POllInput(SIO_CHAN * pSioChan,            /* 通道描述符指针 */
        char * thisChar                                     /* 接收缓冲区指针 */)
{   S3C2410_CHAN * pChan = (S3C2410_CHAN * )pSioChan;
    FAST UINT32 pllStatus;
    // 检查接收缓冲区状态
    S3C2410_UART_REG_READ(pChan, UART_TXRX_DATA, pollStatus);
    if((pollStatus&UART_RX_READY)! = UART_RX_READY) return ERGAIN;
    // 如果有数据则读出
    S3C2410_UART_REG_READ(pChan, UART_RX_DATA, * thisChar);
    return OK;
}
LOCAL int s3c2410POllOutput(SIO_CHAN * pSioChan,           /* 通道描述符指针 */
        char outChar                                        /* 输出字符 */
{   S3C2410_CHAN * pChan = (AMBA_CHAN * )pSioChan;
    FAST UINT32 pllStatus;
    // 检查输出缓冲区状态
    S3C2410_UART_REG_READ(pChan, UART_TXRX_DATA, pollStatus);
```

```
    if((pollStatus&UART_TX_READY)! = UART_TX_READY) return ERGAIN;
    // 发送数据
    S3C2410_UART_REG_WRITE(pChan, UART_TX_DATA, outChar);
    return OK;
}
```

10.6 VxWorks 下的网络设备驱动及其实现

10.6.1 VxWorks 网络设备驱动综述

1. VxWorks 的网络协议层次

VxWorks 的网络协议栈层次如图 10.9 所示。图中,MUX(Mutiplexer),即网络接口,是数据链路层和网络协议层之间进行数据交互的公共接口,其作用是分解协议和网络驱动程序,使它们独立,进而使添加新驱动程序和协议变得简单;BSD(Berkeley Software Distribution),即美国加州大学伯克利分校开发的 Unix,以成熟、通用、流行的 Socket 套接字网络通信而著称,现代习惯把这种 Socket 套接字网络通信通称为 BSD;SENS(Scalable Enhanced Network Stack),即可裁减强网络协议栈,它是基于4.4 BSD TCP/IP 协议栈发展而来的,包含了许多 4.4BSD TCP/IP 协议栈没有的协议,而且 SENS 在实现一些协议功能时增加了许多新特性,SENS 最大的特点是在数据链路层和网络协议层之间多了 MUX 层。

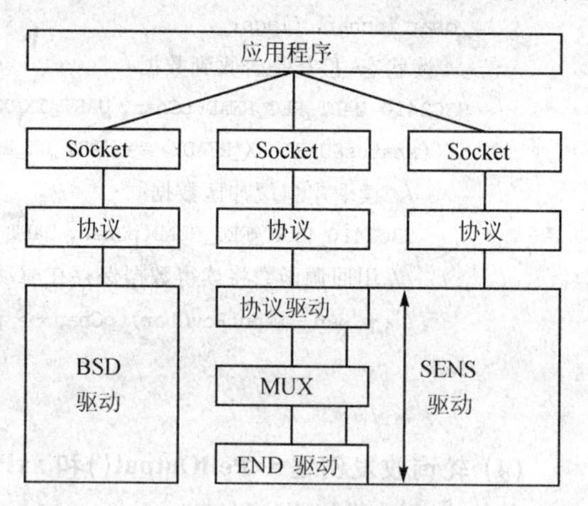

图 10.9 VxWorks 的网络协议栈层次框图

VxWorks 网络协议栈是一种兼容 BSD 的高性能的实时 TCP/IP 协议栈,既适合于高性能的网络交换设备,也适合于 10 MHz/100 MHz/1 000 MHz 网卡等低价格的网络接入设备。

VxWorks 下的网络硬件接口设备驱动程序主要有 BSD 和 END 两种。网络设备驱动程序实际上是处理硬件和上层协议之间的接口程序。BSD 驱动程序定义在一个全局例程 xxattach()中,xxattach()子程序中包含了 5 个函数指针:xxInit()、xxOutput()、xxIoctl()、xxReset()和 xxWatchdog()。它们都被映射到 ifnet 结构中,且可在 IP 协议层的任何地方被调用。END 驱动程序是基于 MUX 的,在 VxWorks 上应用广泛,END(Enhanced Network Driver)网络驱动程序被划分为协议组件和硬件组件两部分。

VxWorks 提供的完成信息传送的网络工具有:套接字(Socket)、远程过程调用 RPC、远程文件存取、文件输出及远程执行命令等。VxWorks 系统和网络协议的接口是套接字,Socket 规范是得到广泛应用的、开放的、支持多种协议的网络编程接口。网络通信的基石是套接字,每个正在被使用的套接字都有其类型及其相关的任务,各个任务之间用 Internet 协议进行通信。完全对等的过程间通信是套接字的最大优点。

从图 10.9 可以看出：整个网络接口呈层次结构，用户网络应用程序通过 Socket 接口调用 TCP/IP 协议层系列软件，网络设备驱动程序则为协议软件提供对网络接口硬件的访问。VxWorks 也为网络驱动程序进行了分层，其中从前的 BSD4.3 驱动程序的功能，现在可以由协议层驱动、MUX 层和 END 驱动实现。工作于 BSD 的以太网网卡不支持系统级调试，而工作于 END 的网卡同时支持任务级调试和系统级调试。很显然，网络设备驱动程序的层次结构使其实现和移植更加方便，而且 VxWorks 为编写 END 提供了很好的接口和规范。

2. BSD 驱动程序及其设计

BSD 网络驱动程序定义在一个全局例程 attach 中，该程序中包含了 5 个函数指针，它们都被映射到 ifnet 结构中，可在 IP 协议层任何地方被调用。这 5 个函数及其说明如表 10.3 所列。

表 10.3　BSD 网络接口处理函数表

驱动程序指定函数	函数指针	功　能
xxInit( )	if_init	初始化接口
xxOutput( )	if_output	对要传输的输出分组进行排队
xxIoctl( )	if_ioctl	处理 I/O 控制命令
xxReset( )	if_reset	复位接口设备
xxWatchdog( )	if_watchdog (optional)	周期性接口例程

驱动程序入口 xxattach( )调用 ether_attach( )来把上述 5 个函数映射到 ifnet 结构中，ether_attach( )调用如下：

```
ether_attach((IFNET *) & pDrvCtrl -> idr, unit, "xx", (FUNCPTR) NULL, (FUNCPTR) xxIoctl,
        (FUNCPTR) ether_output(), /* generic ether_output */ (FUNCPTR) xxReset );
pDrvCtrl -> idr.ac_if.if_start = (FUNCPTR)xxTxStartup;
```

上述参数中，需要一个接口数据记录 IDR(Interface Data Record)、unit 号和设备名。下面 4 个参数就是相关驱动程序的函数指针。第一个函数指针指的是 init()例程，这个例程可要可不要；第二个函数指针指的是 ioctl( )接口，它允许上层来控制设备状态；第三个函数指针指的是把数据包送到物理层；最后一个函数指针指的是如果 TCP/IP 堆栈决定需要复位的话，它就复位这个设备。

接着下面一句代码表示添加数据传输例程到 IDR，ether_output( )例程被调用后，传输开始例程就被 TCP/IP 协议堆栈调用。

在这个入口驱动程序中还包括设备的初始化、发送和接收描述符的初始化等。

3. END 驱动程序及其设计

END 驱动程序是基于 MUX 模式的，网络驱动程序被划分为协议组件和硬件组件。MUX 是数据链路层和网络层之间的接口，它管理网络协议接口和低层硬件接口之间的交互；将硬件从网络协议的细节中隔离出来；删除使用输入钩子例程来过滤接收从协议来的数据包，并删除了使用输出钩子例程来过滤协议包的发送；并且在链路层上的驱动程序需要访问网络层(IP 或其他协议)时，也会调用相关的 MUX 例程。值得注意的是，网络层协议和数据链路层驱动程序不能直接通信，它们必须通过 MUX，如图 10.10 所示。

对于 EDN 程序设计，应该注意以下几点：

① 当接收到一个中断响应时，VxWorks 调用在 endStart()函数中注册的中断服务程序。该中断服务程序应该通过做最少且必须的工作将来自当地硬件的数据帧传送到可访问的内存。为了最小化中断关锁时间，程序应该在中断级只处理像错误检测或更改设备状态这样要求最小执行时间的任务。程序应对在任务级处理的所有数据帧接收工作进行排队。

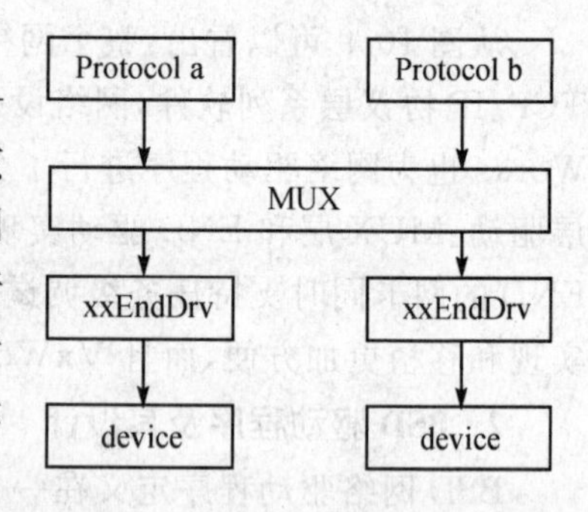

图 10.10 MUX 层的作用示意图

② 利用 netBufLib 进行内存池管理。netBufLib 库允许为驱动程序和网络设备服务程序建立和管理一个内存池，数据被放在池中，通过调用 mBlks 和 clBlks 的数据结构形式来进行数据交换。

③ 建立内存池。所有内存池的管理都是通过 mBlks 和 clBlks 结构和簇来实现的。怎样配置一个内存池主要取决于一个网络服务程序和一个网络驱动程序是否打算使用这个内存池。

4. 基于 MUX 网络驱动的接口函数层次

网络协议栈、MUX 和 END 驱动之间的 API 接口调用关系如图 10.11 所示。

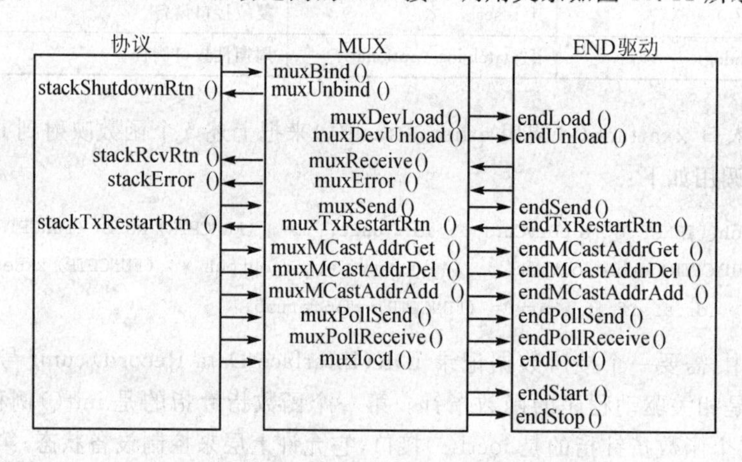

图 10.11 VxWorks MUX 的驱动调用关系示意图

网络协议提供的接口功能函数有：stackShutdownRtn()、stackError()、stackRcvRtn()和 stackTxRestartRtn()。想要使网络协议层能够使用 MUX，至少必须实现以上 4 个功能函数。

MUX 层作为独立的一个网络层有其自己的功能函数，但这些功能函数只是其上下两层通信的接口。MUX 实现 muxBind()、muxUnBind()和 muxDevload()等函数。网络协议层和网络驱动接口都要根据各自的需要使用 MUX 接入点。由于 MUX 是由系统提供的，不需要在应用时再进行额外的编码工作；因此，只要在使用时填入正确的参数即可。例如在 VxWorks 中，muxDevLoad 定义如下：

```
END_OBJ * muxDevLoad
{   int unit,                                   /* 设备号码 */
    END_OBJ * ( * endLoad)(char *, void *),     /* 调用设备函数 */
    char * pInitString,                         /* 初始化字符串 */
```

```
    BOOL loaning,                    /* 存储标识 */
    void * pBSP                      /* 调用 BSP 功能的函数 */
}
```

其他功能函数在 muxLib.h 文件中有详细定义。

网络接口的驱动程序要完成 endLoad()、endUnload()和 endSend()等功能函数。MUX 使用这些功能函数来与网络驱动程序通信。当编写或加载一个使用 MUX 的网络驱动程序时，必须实现图 10.11 中 END 驱动的所有功能。这些功能函数都针对具体的网络接口，即每一个网络驱动程序中都需要有这些功能函数。

10.6.2 END 设备驱动程序及其编写

1. 在 VxWorks 中添加 END 驱动

首先是编译并把驱动代码包括在 VxWorks 镜像中。由于 VxWorks 允许创建一个以上的网络设备，所以必须对配置设备的相关的 #define 进行分组。相关部分定义在 target/config/bspname/configNet.h 里面。下面是网络设备描述的一个例子，在系统中应该添加类似的描述到 configNet.h 文件中。

```
#define MOT_FCC_LOAD_FUNC sysMotFccEndLoad
#define MOT_FCC_LOAD_STRING ""
IMPORT END_OBJ * MOT_FCC_LOAD_FUNC(char * , void * );
```

在每一个网络设备的配置中，应该定义以上两个常量，对这两个常量说明如下：

LOAD_FUNC　规定驱动 endLoad()函数的入口点。例如，如果驱动的 endLoad()入口点是 sysMotFccEndLoad()，那么编辑 configNet.h 包括以下的定义：

```
#define MOT_FCC_LOAD_FUNC sysMotFccEndLoad
```

LOAD_STRING　在网络初始化过程中，作为 initString 参数，传递给 muxDevLoad()的初始化参数。这个字符串也一并传给 endLoad()函数，它的内容取决于驱动的需要。

必须编辑 endDevTbl()的定义（在 configNet.h 中规定包括在镜像中的 ENDS）从而包含被加载的每一个设备的入口。例如：

```
END_TBL_ENTRY endDevTbl [] =
{   { 0, LOAD_FUNC_0, LOAD_STRING_0, BSP_0, NULL, FALSE },
    { 1, LOAD_FUNC_1, LOAD_STRING_1, BSP_1, NULL, FALSE },
    { 0, END_TBL_END, NULL, 0, NULL, FALSE },
};
```

上面的第一个参数规定设备号。最后的 FALSE 表示入口还没有被处理，在系统成功的加载驱动后，这个值变为 TRUE。如果想要禁止系统自动加载驱动，那么可以把这个值设为 TRUE。

这样，就准备好重新编译 VxWorks 并且包括新的 END 驱动。当新编译的 VxWorks 启动时，系统使 table 中每一个设备按照列出来的顺序调用 muxDevLoad()。

2. 网络设备的初始化操作

在系统启动后，VxWorks 产生 tUsrRoot 任务初始化网络。usrRoot()调用 usrNetInit()，

在 usrNetInit()中调用 sockLibAdd(),sockLibAdd()再调用 bsdSockLibInit 来添加 BSD socket 库接口;在 usrNetInit()中还调用 usrNetProtoInit()来初始化各种协议;此外,usrNetInit()还调用 muxDevLoad()和 ipAttach();然后,muxDevLoad()调用驱动中的 endLoad()函数。

在 muxDevLoad()加载驱动之后,调用 muxDeStart()函数,它调用驱动中的 endStart()函数。endStart()函数应该激活驱动并且用相应的中断连接程序把中断服务程序连接到相应的结构和 BSP 中。网络设备初始化的简单过程如图 10.12 所示。

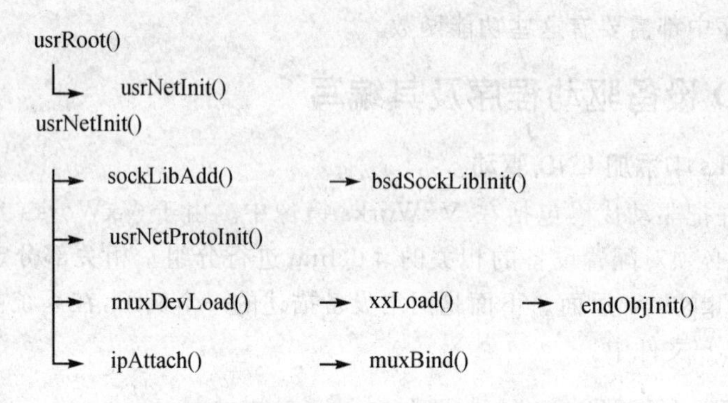

图 10.12　网络设备的初始化过程示意图

3. 接收帧处理

中断发生时,VxWorks 调用 endStart()函数注册的中断服务程序。中断服务程序应该完成把帧从本地硬件传到可存取存储器中所需的最少工作。为了最小化中断封锁时间,仅那些需要最少执行时间的程序在中断级处理,如错误检查或是设备状态改变。这个程序应该以任务级在所有耗时工作中排队。为了以任务级处理在排队中等待接收的帧,可以用 netJobAdd()函数。这个函数接受一个函数指针以及最多 5 个参数(给函数指针指向的函数提供参数)。net JobAdd()函数原型如下:

```
STATUS netJobAdd(FUNCPTR routine, int param1, int param2,
            int param3, int param4, int param5)
```

这里的 routine 是在驱动中以任务级执行帧处理的函数。netJobAdd()函数把这个函数放在 tNetTask 工作队列中,并且提供合适的信号量唤醒 tNetTask。

在唤醒之后,tNetTask 把函数调用和相应的参数从其工作队列中取出,然后在其上下文中执行这些函数直到队列为空。

4. END 驱动程序实例分析

下面通过分析 WindRiver 提供的驱动程序模板来具体说明一个驱动程序的工作流程,在实际编写网卡驱动程序的时候,把其中的"template"前缀改成相应的网络设备名即可。

首先应该如上所述把驱动程序加入 VxWorks 系统,接下来进行数据包的发送和接收工作。

当网络接口(网卡)接收到一个数据包时,会产生一个中断,该中断由控制器发送给 templateInt()进行处理。在该函数中由 templateStatusRead()读出设备状态寄存器中的内容放到 stat,并由读出的内容判断接收和发送的状态位是否就绪,是则进行相应的发送和接收操作。比如：由“if((stat&TEMPLATE_RING)&&(stat&TEMPLATE_RXON))”来判断接收中断是否挂起，接收中断是否已经使能。如果成立，并且没有接收任务已经被调度，即“(!(pDrvCtrl-> rxHanding))”(这里 pDrvCtrl 是 END_DEVICE 驱动的控制结构)，则把接收中断处理程序加到网络作业队列中去等待运行：“netJobAdd((FUNCPTR)templateHandleRcvlnt, (int)pDrvCtrl, 0, 0,0,0)”。templateHandleRcvInt()调用了 templatePacketGet()、templateRecv()函数来得到消息并对消息进行处理。

在发送数据包时，会调用 templateSend()函数。在这个函数中，首先是对发送器获得独占性的访问，以避免可能同时有两个或两个以上的发送任务执行而产生的冲突。这是通过获取一个发送信号量来实现的，在释放这个信号量之前，不能执行其他的发送任务。然后，在发送器中放置一个请求，该请求会产生一个中断，由 templateInt()函数来响应，并由此转入发送中断处理程序。

数据接收与数据发送的原理如图 10.13 所示。

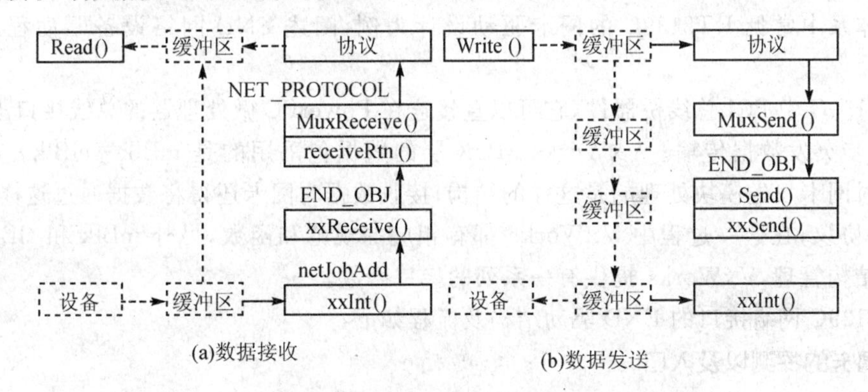

图 10.13 VxWorks END 驱动的数据收发过程示意图

在发送或接收数据时，很可能会出现同时对多个地址(组播地址)发送和接收数据包，对这种情况的处理是由函数 ternplateConfig()完成：如果由宏 END_MULTI_LST_CNT 判断出组播地址表不为空，则调用 templateAddrFiherSet()来为组播地址设置地址过滤器。而对组播地址表的各种操作，如增加、删除及取得组播地址表则分别由相应的函数处理，这些函数包括 templateMCastAdd()、templateMCastDel()和 templateMCastGet()。一般来说，网络接口(网卡)主要由操作系统在中断模式下自动调用相应的中断处理程序来处理发送和接收到的数据包。但是，驱动程序也提供了另外一种选择：在轮询模式下由用户来调用相应的处理程序。如果有则调用相应的处理程序，如果没有则回到主程序继续其他程序的运行，在一定的时间间隔又重新检查网络接口，如此循环。与此相关的函数有：templatePollStart()、templatePollStop()、templatePollSend()和 templatePollRcv()。

这里要注意的是：在开始轮询模式时，需要在函数 ternplatePollStart()中设置设备相关的标志为轮询模式，如“pDrvCtrl->flags l_ TE MPLATE_POLLING”，由此可以关掉中断模式；结束轮询模式时，需要在函数 templatePollStop()中设置标志为非轮询模式，如“pDrvCtrl->flags&= ~TEMPLATE_POLLING”，由此可以重新打开中断模式。

驱动程序完成后一个重要的工作就是进行调试，调试时要注意以下几方面的问题：

① 如果程序加载并执行后，正常情况下应该立即进入中断函数(可以通过在 xxInt()函数

中添加 logMsg 函数)，如果不能进入中断，首先应该考虑到设备寄存器初始化的情况，并仔细检查初始化程序。

② 一旦程序能进入中断函数，就可以在命令行上用 Ping 命令来调用 xxSend()函数进行发送数据，如果此时 Ping 不通，问题肯定出在发送或接收程序中，这样就可以缩小检错范围。

③ mBlkNum 和 clBlkNum 的大小与网络是否能 Ping 通也有直接关系。

④ 程序的调试最好采用串口下载 VxWorks Image 后进行调试。

最后要说明的一点是：实际编写的驱动程序中大部分与 VxWorks 中的模板程序是一致的，这样，参照模板程序，根据厂商提供的网卡芯片手册，在适当的地方进行修改，可以大大缩短开发的进程。

10.6.3 示例：RT8139C 网络接口驱动

网络设备接口驱动即网卡驱动程序在 VxWorks 系统中举足轻重，这里以嵌入式 PowerPC 应用体系中常见 RT8139C 的网卡驱动设计为例，阐述 END 网络设备驱动程序的开发过程。

RT8139C 中 PCI 总线桥器件，它可以直接连在 PowerPC 微处理器的总线接口上，实现主从式的同步突发数据传输。VxWorks MUX 层的数据包采用的是 mBlk - clBlk - cluster 结构，发送时网卡发送模块处理的是这样的结构；接收数据时网卡还得将数据通过这样的结构传递给上层协议；在这一过程中 VxWorks 都有相应的规范和函数，另外 mBlk 和 clBlk 可以由 netpool 结构管理，VxWorks 提供有一系列的接口函数。

RT8139C 网络接口的 END 驱动结构及流程如下：

1. 网卡的探测以及入口

BSP 在 syslib. c 中探测并初始化系统中的 PCI 设备，检测设备的 I/O 映射地址，内存映射地址以及中断向量和级别，这些硬件参数对于主芯片的读/写和连接中断起到至关重要的作用。因此，在这里加入 8139C 网卡的探测模块，然后将探测到的参数传递给驱动程序入口函数。

网卡的探测模块为 sysRtl8139PciInit 模块，首先，利用的是 RTL8139C 的厂商标识和设备标识，在所有的 PCI 设备中判断有几块这样的网卡，得到它们的功能号、总线号和设备号；然后，配置它的 PCI 配置空间，将网卡寄存器映射；最后，得到网卡 I/O 映射基地址和 Mem 基地址以及中断向量和级别。

2. 入口函数

END 驱动程序与系统的接口是 MUX 层，BSP 对于网卡设备的驱动是通过 MuxDevLoad ()对 endDevTbl[](configNet. h 中)的处理来实现的。因此，可以将一个自定义的入口函数加到 endDevTbl[]，这样就可以使驱动程序在合适的时间对设备进行初始化。

驱动程序的入口分为两个步骤，分别对应 sysRtl8139EndLoad 模块和 Rtl8139EndLoad 模块。sysRtl8139EndLoad 获得 sysRtl8139PciInit 探测到网卡硬件参数，并且两次调用 Rtl8139EndLoad 模块。Rtl8139EndLoad 模块第一次被调用时只是为了返回设备名称。

在 Rtl8139EndLoad 入口函数中，解析参数，为网卡的 DMA 工作方式分配一定大小的空间，写寄存器，准备工作。这之后，网卡的开始工作和停止，以及其他设置完全由 MUX 层管理，驱动程序只需要将一系列模块的指针传递给它。这些模块按照 MUX 层的要求是一个

NET_FUNCS 结构,如下所示:

```
LOCAL NET_FUNCS rtlFuncTable =
{    (FUNCPTR)rtl8139Start,                    /*启动*/
     (FUNCPTR)rtl8139Stop,                     /*停止*/
     (FUNCPTR)rtl8139Unload,                   /*卸载*/
     (FUNCPTR)rtl8139Ioctl,                    /*I/O控制*/
     (FUNCPTR)rtl8139Send,                     /*发送*/
     (FUNCPTR)rtl8139MCastAddrAdd,             /*广播地址*/
     (FUNCPTR)rtl8139MCastAddrDel,             /*广播删除*/
     (FUNCPTR)rtl8139MCastAddrGet,             /*广播获取*/
     (FUNCPTR)rtl8139PollSend,                 /*推动发送*/
     (FUNCPTR)rtl8139PollReceive,              /*推动接收*/
     endEtherAddressForm,                      /*向NET_BUFFER中加入地址信息*/
     endEtherPacketDataGet,                    /*从NET_BUFFER中取出数据*/
     endEtherPacketAddrGet,                    /*取得包地址*/
};
```

Rtl8139EndLoad 模块是 rtl8139.c 中唯一的外部函数,当程序流程到达这里的时候,已经可以对网卡寄存器读/写,程序完全是对寄存器进行设置。在这个模块中,首先判断函数参数,因为它被调用两次。当确定是第二次调用时,首先为驱动程序分配一个结构 RTL8139END_DEVICE,用以存储共享参数;然后解析函数参数,依据这些参数配置 RTL8139END_DEVICE;接着,调用 rtl8139InitMem 模块,为网卡分配所需要的内存,将这些参数写进 RTL8139END_DEVICE。这样,网卡所需的资源就齐全了。用上层协议提供的函数 END_OBJ_INIT 和 END_MIB_INIT,将 RTL8139END_DEVICE 和驱动程序模块传递给上层协议。

需要为网卡分配的内存包括:接收区、发送区、cluster 区、mBlk、clBlk 和管理它们的 netpool。这些都是在 Rtl8139InitMem 模块中完成。

3. 网卡的启动和关闭

网卡要开始工作,还得依赖 MUX 层调用 rtl8139Start 模块,该模块将中断向量和处理函数连接在一起。然后调用硬件初始化 rtl8139HwStart 模块,在这个模块中,设置接收地址寄存器,使其能管理接收区,写设置寄存器,设置网卡的工作方式,写中断屏蔽寄存器,确定处理哪些中断。最后,写命令寄存器,使接收和发送位有效。程序到此,就能产生中断,并进行处理。

当系统要退出或者其他原因时,就得关闭网卡。系统是调用通过 MUX 层中的 rtl8139Stop 模块完成。

4. 中断处理程序

RTL8139C 有一个中断状态寄存器和一个中断屏蔽寄存器,其对应位意义相同。中断状态寄存器反映了网卡能产生的几种中断。一旦有中断发生,中断处理函数首先屏蔽中断,再分析中断状态寄存器,调用相应的处理函数。

只要中断发生,系统就调用中断处理函数。中断处理函数的主要功能是分析中断状态寄存器，进行相应的处理。依据 RTL8139 编程手册中的说明，若是发送中断，无论成功与否，调用发送处理函数；若是接收中断，则开辟新的接收任务。这么做是因为中断处理函数运行在系统级，而接收处理较复杂耗时，所以采用系统函数 netJobAdd 开辟新的任务。而简单的处理就直接在中断处理函数中完成，包括发送完后产生的中断。

由于处理函数在执行的过程中，新的中断可能出现，而此时中断已屏蔽，但各自的状态位依然变化；因此，在中断处理函数中采用循环结构，直到中断状态寄存器表明在处理过程中没有新的中断发生。

5. 数据接收和发送

接收数据时，从相应的寄存器取出当前数据包的地址，首先分析数据包头部，包括数据包的接收状态和大小。如果是错误的状态，就使命令寄存器中的接收使能位失效，再使其有效，这可看作接收重启，再重新设置与接收相关的寄存器。如果接收的数据包正常，接收处理函数就得按照数据包的大小将数据包复制到 cluster 区（Rtl8139InitMem 模块中分配），用 mBlk－clBlk－cluster 结构传递给上层协议，并刷新寄存器使其指向下一个数据包。然后，读命令寄存器，判断是否接收完毕，若未接收完毕则循环。

发送数据时，由于 Rtl8139 采用 4 个描述符寄存器和 4 个状态寄存器；因此，在使用它们前首先判断是否有空闲的寄存器，如果没有，则等待一段时间。在这段时间里，如果有寄存器空闲出来，就开始发送数据，否则退出。发送时，只要将上层协议传递过来的 mBlk－clBlk－cluster 中的 cluster 数据复制到发送区，写描述符寄存器即可。记录每个描述符寄存器使用情况，使用 RTL8139END_DEVICE 结构中的一个数组。如果发送完毕，无论成功与否，都得让描述符空闲出来。

本章小结

本章首先简要介绍了嵌入式实时操作系统 VxWorks 的结构体系和 BSP 构造，说明 VxWorks 下设备驱动程序的特点和类型，接着简述了 Tornado IDE 工具及其应用。

VxWorks 操作系统的移植是本章的重点，移植 VxWorks 操作系统的核心是编写针对具体嵌入硬件体系的 BSP 软件。本章首先阐述了 VxWorks 操作系统移植的详细过程，然后又以 ARM 微控制器应用体系为例，说明了如何在不同的实际嵌入硬件体系中移植嵌入硬件体系操作系统。

VxWorks 下设备驱动程序的开发设计是本章的另一个重点，字符型设备驱动、块型设备驱动、网络设备驱动和串行终端驱动是 VxWorks 下常见的 4 种外设/接口驱动类型，用户应用程序可以通过 I/O 系统直接或间接访问字符型设备、块型设备和串行终端，通过套接字 Socket 实现对网络设备的访问。与硬件直接打交道的很多外设和接口都可以作为字符型设备进行驱动程序设计。块型设备主要是闪存器件及其介质，块型设备操作与文件系统紧密相关，VxWorks 下常用的文件系统是 TrueFFS。串口驱动分为两个层次 ttyDrv 和 xxDrv，需要设计的是面向具体硬件的 xxDrv。VxWorks 下的网络设备驱动分为传统的 BSD 型和现代的 END 型两种，网络接口的 END 驱动设计是网络驱动开发的主流。本章详细介绍了这 4 类驱动程序及其设计方法，针对每一类硬件设备驱动都列举了设计实例。

第11章 硬件外设/接口及其片上系统的可编程软件实现

在嵌入式应用系统设计中，常选用可编程器件通过软件设计或配置，实现不同接口类型的外设/接口的连接；也可以使用可编程器件实现常规的外设或接口，甚至整个微控制器及其所需外设/接口，现代科技的发展已经使系统的芯片级实现成为现实。

硬件外设/接口及其片上系统，通过文本描述或图形交互的可编程软件设计，不仅可以做到灵活的数字逻辑实现，还可以做到灵活的模拟逻辑实现。可编程逻辑设计，工具周全易用，调试/测试手段多样，开发周期短，而且所构成的体系能够更加稳定可靠。尤其是还可以通过可编程逻辑设计，实现专门而复杂的 DSP 算法，把系统核心微控制器彻底从繁琐的数学运算中解放出来。

本章详细阐述硬件外设/接口及其嵌入式体系的可编程逻辑实现，主要内容如下：

- 外设/接口及其片上系统软件实现综述；
- 可编程实现常见外设/接口及简易系统；
- 外设/接口的片上可编程软件配置实现；
- 模拟硬件外设/接口的可编程软件设计；
- 特定 DSP 算法的 FPGA 可编程设计；
- 嵌入式体系的 FPGA - SoPC 实现技术。

11.1 外设/接口及其片上系统软件实现综述

11.1.1 软件实现外设/接口及其片上系统

在嵌入式应用系统设计中，当系统核心微控制器和片外设备或接口部件的连接逻辑或/和时序不一致时，常选用可编程器件通过可编程逻辑软件设计达到器件之间的统一。这种情况常见于总线接口的数据/地址总线，读/写控制信号的复用与分离，快/慢速器件之间的等待判断与延时插入，存储器空间的扩展，一对多串行口的拖动，模拟输入电平变换和信号放大与滤波等。

进行可编程逻辑设计，不仅可以实现这些不同类型的外设/接口的逻辑转换连接，而且还可以实现常见的接口或外设，如 UART 串口、SPI 串口、PCI 桥、EPP 接口、单/双口 SRAM 存储器 DAC/ADC 控制与测量通道等。通过可编程逻辑设计，还可以把复杂的数学算法与 DSP 信号分析从微控制器中分离出来，作为微控制器的协处理器，从而大大减轻微控制器的负荷能力，如 PID 运算、数字滤波、快速 FFT 变换和复杂的统计分析算法等。

现代科技日新月异，半导体工艺迅速发展，百万门的可编程器件已成为常规芯片，简便易用的编程、调试、测试工具和手段日益成熟，通过可编程逻辑设计就可以很容易地在芯片级灵活地实现高位数的快速嵌入式微处理器及其外设/接口组成的系统——这就是可编程片上系统 SoPC(System on Programmable Chip)。如今，SoPC 技术已经在通信、工业控制和交通运输等方面投入使用，传统的单片机、DSPs 微控制器体系正在开始逐渐让位。

使用可编程逻辑软件设计实现嵌入式应用体系中的外设/接口及其整个片上系统，能够使嵌入式应用体系设计集成度更高，遭受外界的不良影响更小，系统的稳定可靠性更强，这种开发应用推动着嵌入式系统设计的持续发展。

可编程逻辑软件设计主要包括 3 个方面：可编程数字逻辑设计、可编程配置逻辑设计和可编程模拟逻辑设计。其中，每一方面对应着相应的的器件类型，每一类型的器件又可划分为不同的子类型。常见通用可编程/配置器件及其类型划分如表 11.1 所列。

表 11.1　常用可编程/配置器件及其类型划分示意图

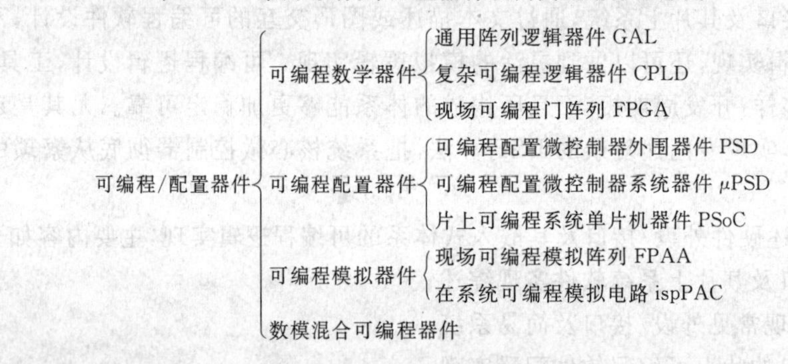

11.1.2　硬件设施软件实现应用技术简介

硬件外设/接口及其片上系统的可编程软件设计，涉及的主要常见通用可编程/配置器件及其逻辑编程软件设计技术有：可编程配置器件及其逻辑设计技术，可编程数字器件及其逻辑设计技术，可编程模拟辑器件及其逻辑设计技术，片上系统及其嵌入式体系逻辑设计技术等，下面分别加以简要介绍。

11.1.2.1　可编程配置器件及其应用开发

1. 可编程配置微控制器外围器件及其应用开发

可编程配置微控制器外围器件 PSD(Programmable System Devices)，大多数是由 WSI 采用模块化设计技术研制的可编程微控制器系统外围系列芯片，常用的系列有 PSD2xx、PSD3xx、PSD4xx、PSD5xx、PSD6xx、PSD7xx 和 PSD8xx 等。这类器件片内含有构成一个嵌入式应用系统所需的多个外围功能块，如 Flash 闪存、EEPROM、SRAM 和 PLD 等，除提供与各种微控制器直接连接的总线接口逻辑外，片内还集成了优化的宏单元逻辑阵列块，即 FPLD (Flash PLD)，它包括 FDPLD 和 FGPLD。FDPLD(Flash Decode PLD)称为闪存译码 PLD，为内部功能部件提供地址译码，例如内部的 Flash 闪存、EEPROM、SRAM、寄存器以及 I/O 端口的选择。FGPLD(Flash General purpose PLD)称为闪存通用 PLD，用于实现系统逻辑，如状态机功能块和组合逻辑的实现。宏单元包括输入宏单元和输出宏单元。这些宏单元，既可传递组合逻辑信号，又可在时钟同步下寄存输出，以完成一定的时序要求。其中，输入宏单元可将来自引脚的输入信号经锁存、寄存后或直接传至内部 PLD 阵列的输入总线，一个典型的应用就是分离地址/数据复用总线上的地址信息,或在两个 CPU 通过共享存储体传递数据时提供握手通信信号;而输出宏单元既可作为一个内部节点,通过器件内部的反馈网络将宏单元的输出信号反馈至 PLD 的输入总线,也可直接通过引脚输出,一个典型的应用是可利用这些输出宏单元构成一个定时器/计数器,或实现状态机逻辑功能。典型器件 PSD813F1 的内部结构如图 11.1 所示。

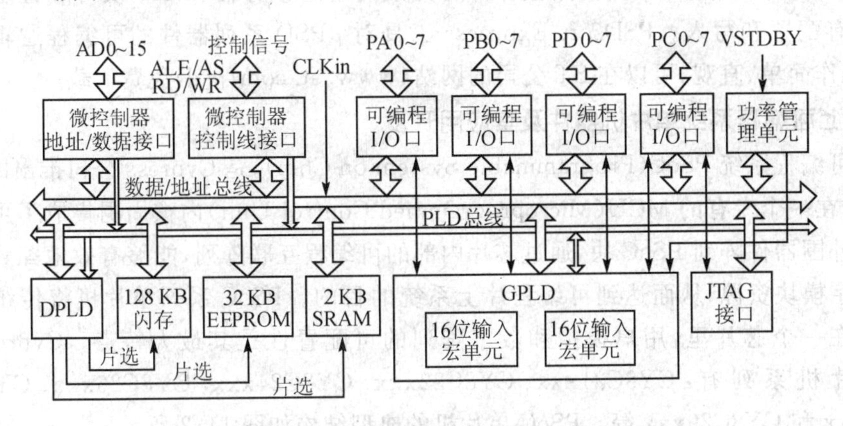

图 11.1 典型 PSD 器件 813F1 的内部结构示意图

PSD 器件支持 JTAG 接口的在系统配置 ISC(In System Configurition)规范,但不支持 JTAG 边界扫描功能,可以通过其 JTAG 接口完成在系统编程 ISP。PSD 器件的 JTAG 接口和其端口 C 是复用的,可通过硬件设置得到 JTAG 编程端口。芯片的 PSD 配置、PLD 阵列、EEPROM 和 Flash MEM 均能在系统中编程。WSI 提供有 PSDsoft Express 软件和 Flash-Link 编程适配器,只需对环境和要求进行选择就可完成对 PSD 的设计和编程工作。基于 PSD 技术的硬件设计方法是采用硬件描述语言来设计复杂的数字逻辑系统,生成符合 PSD 芯片要求、在电路上可行的数字逻辑,通过 PSDsoft 软件包,生成编程器所需的目标文件(包括程序及系统配置文件),最后由 JTAG 口下载到器件即可。PSD 编程环境,需要两个文件来定义 ISC 功能,一个文件是边界扫描定义语言(BSDL)文件,定义被编程器件的引脚和内部寄存器(JTAG 编程方式);另一个文件是串行矢量格式(SVF)文件,定义所产生的动作。这两个文件均可由 PSDsoft 软件包产生。

PSD 器件的 PLD 硬件描述,通常采用 Abel 语言实现。

PSD 器件的应用,为简化微控制器应用系统的设计,缩短产品的开发周期,提高系统的可靠性,降低系统的成本,缩小产品尺寸,以及增强系统保密性提供了一条便利灵活的捷径。

2. 可编程配置微控制器系统器件及其应用开发

可编程配置微控制器系统器件 μPSD(Microprocessor PSD),将微控制器内核和 PSD 集成在一块芯片上,常见的微控制器内核是 8 位的 8051。这样的系统器件很容易与外围的外设或接口灵活的连接,而且配置的 PSD 配置与编程工具更为直观易用。这类器件中,常用的是 ST 公司的 μPSD 系列,如 μPSD323X,它是带有 8032 内核的 Flash 可编程系统器件,它将 8032 内核、地址锁存器、Flash、SRAM 和 PLD 等集成在一个芯片内。8032 是增强型的 8051 内核。μPSD323X 的主要特点如下:具有在线编程能力和超强的保密功能;2 片 Flash 闪存,一片是 128 KB 或者 256 KB 的主 Flash 存储器,另一片是 32 KB 的从 Flash 存储器;片内 8 KB 的 SDRAM;可编程的地址解码电路(DPLD),使存储器地址可以映射到 8032 寻址范围内的任何空间;带有16位宏单元的3 000门可编程逻辑电路(CPLD),可以实现EPP接口等一些不太复杂的接口和控制功能;2个异步串口、I²C接口、USB接口、5通道脉冲宽度调节器及50个I/O引脚等。PSDsoft Exproess是ST公司针对μPSD系列产品(包括μPSD)开发的基于Windows平台的一套软件开发环境,提供了非常容易的设计窗口环境,用户不需要自己编程,也不需要了解HDL语言,只要使用鼠标即可完成对地址锁存器、Flash及可编程逻辑电路等外设的所有配置和写入。PSDsoft Exproess工具对μPSD系列器件的可编程逻辑电路的配置/编程操作简单、直观,可以在ST公司的网站(www.st.com/psd)免费下载。

3. 片上可编程系统单片机器件及其应用开发

片上可编程系统PSoC(Programmable System on Chip),是Cypress公司推出的系列8位单片机,它在一个专有的MCU(Microprogrammed Control Unit)内核周围集成了可配置的模拟和数字外围器件阵列PSoC块,通过芯片内部的可编程互联阵列,能够有效地配置芯片上的模拟和数字模块资源,从而达到可编程片上系统的目的。PSoC系列单片机将传统的单片机系统集成在一个芯片里,用户模拟和数字阵列的可配置性是其最大特点。Cypress公司的PSoC单片机系列有:CY8C21xxx、CY8C22xxx、CY8C24xxx、CY8C26xxx、CY8C27xxx、CY8C28xxx和CY8C29xxx等。PSoC单片机的典型结构如图11.2所示。

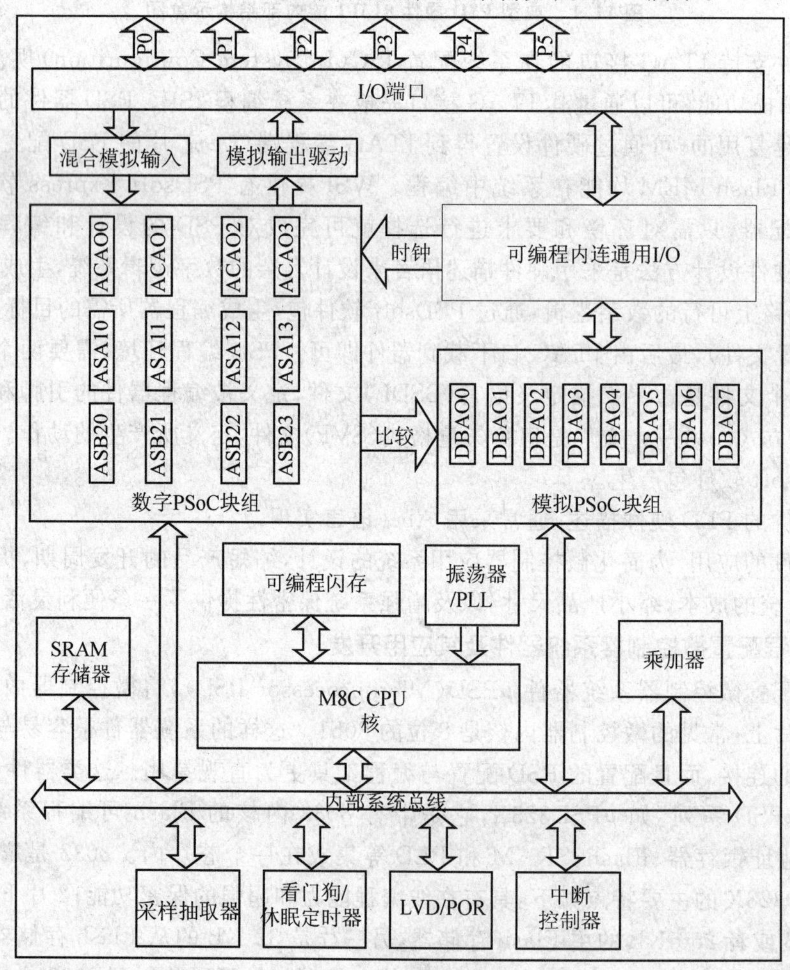

图11.2 PSoC单片机的结构框图

所有型号的 PSoC 片上系统都包含 4 个以上数字模块和 8 个以上模拟模块，且这些模块都可进行配置。用户通过对这些模块进行配置，定义出用户所需的功能。数字模块可配置成：定时器、计数器、串行通信口(UART)、CRC 发生器和脉宽调制(PWM)等功能模块。模拟模块可配置成：模/数转换器、数/模转换器、可编程增益放大器、可编程滤波器和差分比较器等功能模块。数字模块和模拟模块也可构成调制解调器、复杂的马达控制器和传感器信号的处理电路等，所以 PSoC 片上系统具有强大的柔性和集成功能。现在，Cypress 公司正在不断丰富扩展其 PSoC 系列单片机的模拟模块和数字模块，并且结合很多新的复杂算法，组合现有的模拟和数字模块，推出了更多实用的应用模块。如近年来 Cypress 公司推出的 CY8C21x34 系列器件和 CSR(Capacitive Switch Relaxation Oscillation)、CSL(Capacitive Slider)模块，为以最少的器件快速设计出稳定可靠的无触点触摸感测型平板键盘、滑动开关和触摸屏等提供了良好的途径。

Cypress 公司为其 PSoC 系列单片机提供了基于 Windows 的集成开发环境 PSoC Designer IDE，该开发工具集器件配置、模块应用程序接口 API 架构、汇编/C 语言编译和代码调试于一体，应用十分方便。PSoC Designer IDE 包括 3 个部分：器件编辑器、应用程序编辑器和程序调试器。其器件编辑器设计很有特色，它有两个窗口：器件放置窗口和用户模块构成窗口。器件放置窗口以图形化的形式供用户对所选器件进行 CPU 寄存器、用户模块及其参数的配置、I/O 引脚及其功能配置等。用户模块构成窗口显示所选用户模块的构成框图、资源使用状况和相应的汇编/C 语言形式的 API 函数。PSoC Designer IDE 的器件放置窗口如图 11.3 所示。

PSoC 系列单片机及其开发的详细阐述，可以参阅本人的《嵌入式系统硬件体系设计》一书。

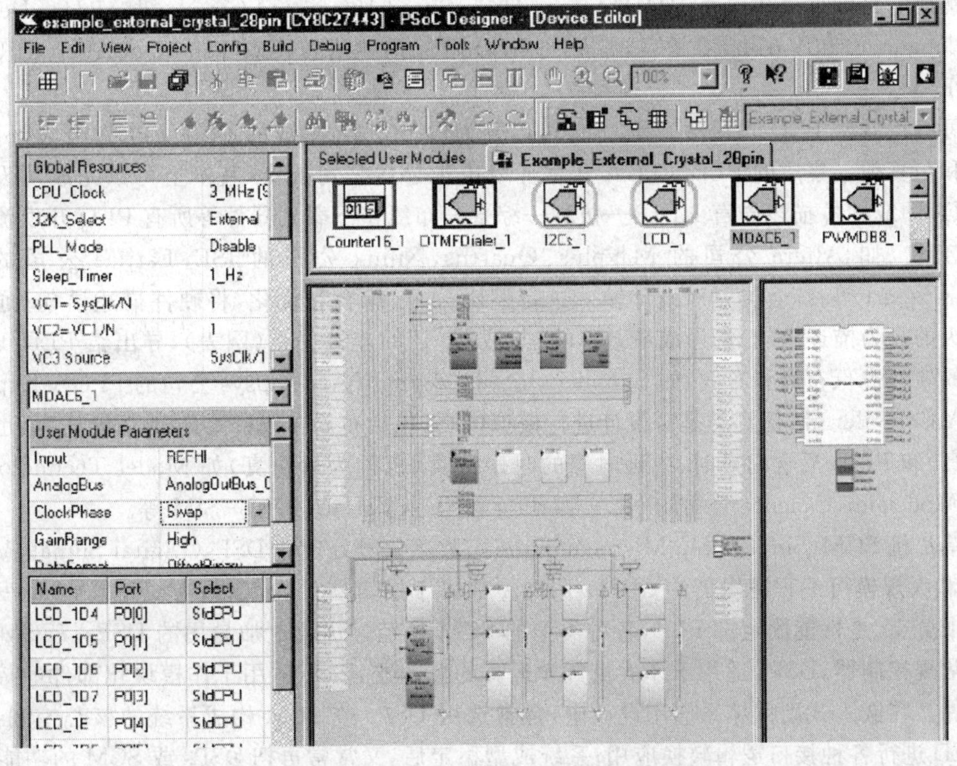

图 11.3 PSoC Designer IDE 的器件放置窗口

11.1.2.2 可编程数字器件及其应用开发

可编程数字器件通常指可编程逻辑器件 PLD(Programmable Logic Device),是一种集成了大量基本逻辑元件的专用集成电路 ASIC(Application Specific Integrated Circuit)。这种专用集成电路可按一定的排别方式,通过灵活的编程连接配置成某个逻辑电路或系统功能的门和触发器等。嵌入式应用体系设计中经常用到的可编程逻辑器件是通用逻辑阵列 GAL(Generic Array Logic)器件、复杂可编程器件 CPLD(Complex Programmable Logic Device)和现场可编程门阵列 FPGA(Field Programmable Gate Array)器件,GAL 器件的逻辑门数在 1 000 以下,CPLD 和 FPGA 器件的逻辑门数在 1 000 以上,FPGA 器件有很强的现场编程能力,GAL 器件通常用来在微控制器外围实现一些逻辑组合变换或控制逻辑,CPLD 和 FPGA 是大规模可编程逻辑器件,通常用来作为系统的主要部件或核心微控制器以实现灵活的逻辑设计。现代 CPLD 和 FPGA 器件主要由 3 部分组成:逻辑单元、I/O 单元和内部互连。常用的可编程器件有:Altera 公司的 APEX 系列、FLEX 系列、MAX 系列、ACEX 系列、Strtix 系列和 Cyclone 系列,Xilinx 公司的 XC9500 系列、CoolRunner 系列、Vertex 系列和 Spartan 系列,Littace 公司的 MachXOmzar2、ispMach4000 系列和 EC/ECP 系列等。衡量可编程逻辑器件,主要看其内部可用资源数量和输入输出 I/O 引脚数量,还要考察:是否具有在系统编程 ISP 能力,是否有片内存储器和其他逻辑资源,是否是低电压、低功耗,是否有可用的知识产权 IP(Intellectual Property)核等特征。内部可用资源主要指可用的逻辑门数、宏单元数或逻辑阵列块数等。

可编程逻辑器件的编程方式主要有 3 种:语言表达方式、图形表达方式和波形图表达方式。其中,以语言表达方式应用最多。国际上通用的标准可编程逻辑器件描述语言主要是:超高速集成电路硬件描述语言 VHDL(Very High Speed Integrated Circuit Hardware Description Language)和 Verilog C 语言,常见的 PLD 硬件描述语言还有 FastMap、Abel、CPUL 和 AHDL 等。

可编程器件 PLD 的开发工具,大体可以分为以下 3 类:集成的 PLD/FPGA 开发环境、综合类和仿真类。集成的 PLD/FPGA 开发环境由半导体公司提供,基本上可以完成从设计输入(原理图或硬件描述语言 HDL)—仿真—综合—布线—下载到器件等所有 PLD 开发流程的所有工作,如 Altera 公司的 Maxplus、Quartus,Xilinx 公司的 ISE,Lattice 公司的 ispDesignExpert 等;综合类是对设计输入进行逻辑分析、综合和优化,将硬件描述语句(通常是系统级的行为描述语句)翻译成最基本的"与或非门"的连接关系(网表),导出给 PLD/FPGA 厂家的软件进行布局和布线,如 Synplicity 公司的 Synplify,Synopsys 公司的 FPGA Express、FPGA Compiler 等;仿真类是对设计进行模拟仿真,包括布局布线(P&R)前功能仿真(也称为前仿真)和 P&R 后含门延时、线延时等的时序仿真(也称为后仿真)如 Model Technology 公司的 Modelsim,Cadence 公司的 NC - Verilog / NC - VHDL / NC - SIM 等。

单片机 SCM(Single Chip Microcomputer)、数字信号处理器 DSPs(Digital Signal Processors)和大规模可编程逻辑器件 CPLD/FPGA 都属于逻辑器件的范畴。DSPs 是 PLD 发展中的一个分支,是性能固定的 PLD,各种类型的 SCM 是经过优化更加易用的 DSPs。SCM 适用于作常规控制器,DSPs 适用于作大量数学运算的控制器,PLD 适用于作模块化部件的控制核心器件。在嵌入式硬件体系应用设计中,常常选用 DSPs 或 SCM 构成系统的核心控制器,使用 PLD 进行各种接口逻辑转换应用;系统成型稳定后,又常常再把 DSPs 或 SCM 的功能或 IP 核进行 PLD 设计,使之成为专用的系统级芯片。

大规模可编程逻辑器件及其应用开发更为详细的介绍，可以参阅本人的《嵌入式系统硬件体系设计》一书。

11.1.2.3　可编程模拟器件及其应用开发

可编程模拟器件 PAD(Programmable Analog Device)是近年来崭露头角的一类新型集成电路。它既属于模拟集成电路，又与可编程逻辑器件一样，可由用户通过现场编程和配置来改变其内部连接和元件参数，从而获得所需要的电路功能。配合相应的开发工具，其设计和使用均可与可编程逻辑器件同样方便、灵活和快捷。与数字器件相比，它具有简捷、经济、高速度和低功耗等优势；而与普通模拟电路相比，它又具有全集成化、适用性强，便于开发和维护升级等显著优点，并可作为模拟 ASIC 开发的中间媒介和低风险过渡途径。PAD 特别适用于小型化、低成本、中低精度电子系统的设计和实现。

1. 内部结构与基本原理

通用型可编程模拟器件主要包括现场可编程模拟阵列(FPAA)和在系统可编程模拟电路(ispPAC)两大类。二者的基本结构与可编程逻辑器件相似，主要包括可编程模拟单元 CAB (Configurable Analog Block)、可编程互联网络(Programmable Interconnection Network)、配置逻辑(接口)、配置数据存储器(Configuration Data Memory)及模拟 I/O 单元等几大部分，如图 11.4 所示。模拟 I/O 单元等与器件引脚相连，负责对输入、输出信号进行驱动和配置，配置逻辑通过串行、并行总线或在系统编程(ISP)方式，接收外部输入的配置数据并存入配置数据存储器；配置数据存储器可以是移位寄存器、SRAM 或者非易失的 EEPROM、Flash 等，其容量可以数十位至数千位不等；可编程互联网络是多输入、多输出的信号交换网络，受配置数据控制，完成各 CAB 之间及其与模拟 I/O 单元之间的电路连接和信号传递；CAB 是可编程模拟器件的基本单元，一般由运行放大器或跨导放大器配合外围的可编程电容阵列、电阻阵列和开关阵列等共同构成。各元件取值及相互间连接关系等均受配置数据控制，从而呈现不同的 CAB 功能组态和元件参数组合，以实现用户所需的电路功能。CAB 的性能及其功能组态和参数相合的数目，是决定可编程模拟器件功能强弱和应用范围的主要因素。

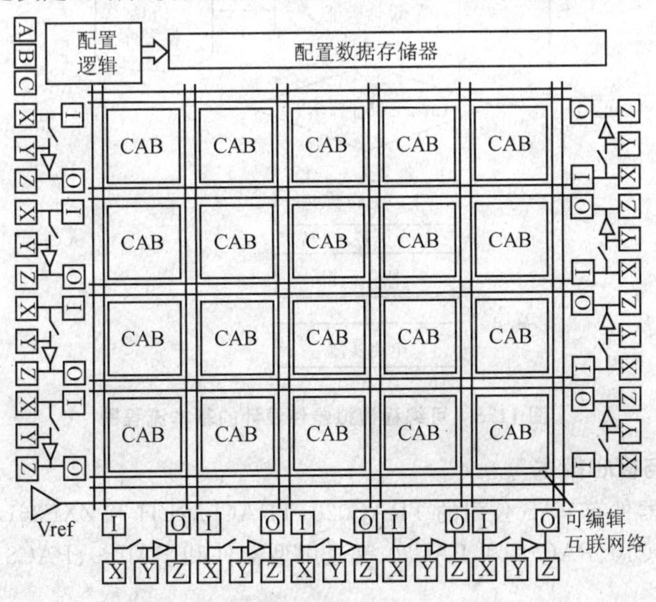

图 11.4　可编程模拟器件结构简图

2. PAD的基本开发流程

可编程模拟器件开发的主要步骤如下：

① 电路表达，即根据设计任务，结合所选用的可编程模拟器件的资源、结构特点，初步确定设计方案；

② 分解与综合，即对各功能模块进行细化，并利用开发工具输入或调用宏函数自动生成电原理图；

③ 布局布线，即确定各电路要素与器件资源之间的对应关系以及器件内部的信号连接等，可自动或手动完成；

④ 设计验证，即对设计进行仿真（根据器件模型和输入信号等，计算并显示电路响应），以初步确定当前设计是否满足功能和指标要求，如果不满足，应返回第②步进行修改；

⑤ 由开发工具自动生成当前设计的编程数据和文件；

⑥ 器件编程，即将编程数据写入器件内部的配置数据存储器，一般通过在线配置方式完成，也可利用通用编程器脱机编程；

⑦ 电路实测，即利用仪器对配置后的器件及电路进行实际测试，详细验证其各项功能和指标，如果发现问题，还需返回前面有关步骤加以修改和完善。

可编缉模拟器件设计的基本流程图如图11.5所示，整个流程在微机上利用开发工具完成，基本可做到"所见即所得"，以往由于元件超差、接触不良等实际因素造成的延误和返工可基本消除，对设计者的要求也大大降低。

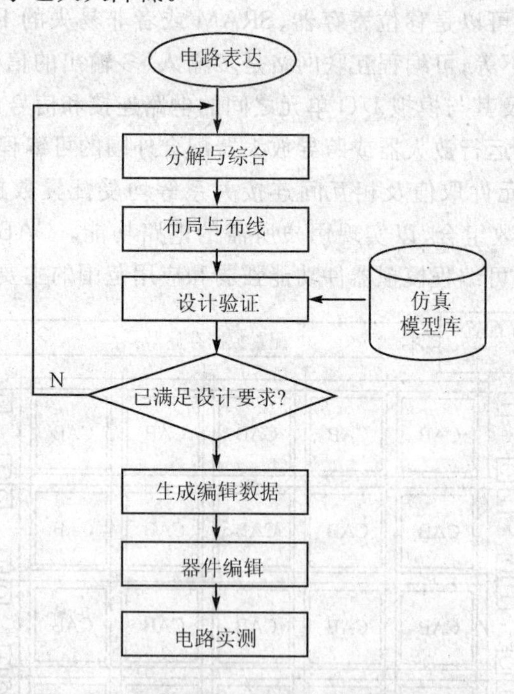

图11.5 可编程模拟器件设计的基本流程图

3. 主流器件与核心技术

常见的PAD器件有PAS公司的TRAC020、TRAC020LH和ZXF36Lxx等TRAC系列，Lattice公司的PAC10、PAC20和PAC30等通用型器件和PAC80、PAC81和PAC82等ISP

滤波器的 ispPAC 系列，Anadigm 公司的 AN10E40 等。TRAC 系列采用的是电压运算技术，以随时间连续变化的模拟电压为信号参量。ispPAC 系列采用的是跨导运算技术，以模拟电流作为主要信号参量，以跨导运算放大器(OTA)取代电压运算放大器，以基于 OTA 的有源元件取代部分无源元件。AN10E40 采用的则是开关电容技术，通过改变电容比或开关电容的时钟频率来配置电路参数。每一类型的系列器件都有相应的简便易用的编程开发环境工具可供使用。

目前，可编程模拟器件已在数据采集、信号处理、仪器仪表、控制与监测、人工神经网络及电路实验等重要领域得到应用，其典型应用包括信号调理、模拟计算、中高频应用、人工神经网络及电路优化设计等。尽管可编程模拟器件问世不久，有关的技术与产品仍显稚嫩，但其内在的便利性和经济性以及作为其数字域对应物的可编程逻辑器件的成功经历，都使人们有理由相信：在不远的将来，可编程模拟器件的技术必将日益成熟，器件品种必将日益丰富，最终在模拟电路设计和应用中占据首要地位。

11.1.2.4 SoPC 技术及其嵌入式体系设计

1. SoPC 技术概述

可编程片上系统技术 SoPC(System on Programmable Chip)，指使用 FPGA 作为物理载体进行芯片设计的技术。SoPC 的设计以 IP 核(Intellectual Property Core)为基础，以硬件描述语言为主要设计手段，借助以计算机为平台的 EDA(Electronics Design Automation)工具，自动化、智能化地自顶向下地进行。因此，SoPC 技术是电子设计自动化 EDA 技术、现代计算机辅助设计技术和大规模集成电路技术高度发展的产物。

SoPC 技术有 3 大特征：采用深亚微米(DSM)工艺技术、IP 复用以及软硬件协同设计。SoPC 的开发从整个系统的功能和性能出发，利用 IP 复用和深亚微米技术，采用软件和硬件结合的设计和验证方法，综合考虑软硬件资源的使用成本，设计出满足性能要求的高效率、低成本的软硬件体系结构，从而在一个芯片上实现复杂的功能，并考虑其可编程特性和缩短上市时间。

SoPC 技术的目标是将尽可能大而完整的电子系统在一块 FPGA 中实现，使得所设计的电路在规模、可靠性、体积、功能、性能指标、上市周期、开发成本、产品维护及硬件升级等多方面实现最优化。使用 SoC 技术设计的芯片，一般有一个或多个微控制器芯片和数个功能模块，各个功能模块在微控制器的协调下，共同完成芯片的系统功能，为高性能、低成本和短开发周期的嵌入式系统设计提供了广阔前景。

2. SoPC 技术的开发实现

支持 SoPC 技术开发的设计工具有：Cadence 公司的 VCC(Virtual Component Co - design)、System C，Altera 公司的 Quartus Ⅱ，Xilinx 公司的 EDK - XPS 等，其中 Quartus Ⅱ应用最为广泛。

Quartus Ⅱ软件中集成有系统级开发工具 SoPC Builder 和 DSP Builder 以及可配置处理器 Nios。Nios 是 Altera 公司提供的高性能的可编程逻辑优化的可配置处理器，是 Altera Excalibur 嵌入处理器中的首款产品。SoPC Builder 是一个功能强大的自动化系统开发工具，用户可以通过其图形界面而无需直接编写 HDL 代码来定义系统，可以利用其元件向导很容易地定义元件功能，高性能 SoPC 的设计工作被极大地简化了；SoPC Builder 还在一个工具中实现了嵌入式系统各个方面的开发，包括软件的设计和验证，为充分利用 SoPC 技术提高电子系统的性能和降低成本提供了强有力的支持。例如通过向在一个设计中加入 Nios 处理器，SoPC Builder 可以自动生成片上总线和总线仲裁器等所需的逻辑外设接口，将微控制器核、外围设备、存储器和其他 IP 核相互连接起来。DSP Builder 通过将 Mathworks Matlab 和 Simlink 系统级设计工具的算法开发、仿真和验证功能与 VHDL 综合仿真工具以及 Quartus Ⅱ 软件相结合，将高级算法和 HDL 开发工具集成在一起，可以很好地开展 DSP 设计。

EDK－XPS(Embedded Development Kit－XIlinx Platfrom Studio)集成开发工具，与集成有 SoPC Builder 的 Quartus Ⅱ 软件工具类似，它含有可选择的 8 位软核 PicoBlaze、32 位软核 Microblaze 和 32 位的 PowerPC 硬核以及大量外设/接口 IP 核。Xilinx 提供有 System Generator 插件，用于在通用数学运算分析软件工具 Matlab 下完成 DSP 高级算法逻辑抽象并最终生成其 ISE 或 EDK－XPS 下可使用的模块。

利用 Quartus Ⅱ 软件及其 SoPC Builder 和 DSP Builder 工具，或者 EDK－XPS 工具及其 System Generator 插件结合 Matlab，可以很容易地进行以 FPGA 为基体的嵌入式 SoPC 系统级设计。在 EDK－XPS 环境下，还可以在选择的嵌入式微控制器体系中使用 VxWorks 等实时操作系统，实现高度的软硬件集成和开发。

3. 基于 FPGA 的 SoPC 设计

随着百万门级的 FPGA 芯片、功能复杂的 IP 核和可重构的嵌入式处理器软核的出现，SoPC 设计成为一种确实可行的、重要的设计方法。下面以 Quartus Ⅱ 集成开发环境为例，简要说明基于 FPGA 的系统级 SoPC 设计。Quartus Ⅱ 中集成有典型的系统级开发工具 SoPC Builder 和 DSP Builder 以及可配置的处理器软核 Excalibur 与 Nios。在 SoPC Builder 和 DSP Builder 工具的辅助下，可以非常方便地完成系统集成，软硬件协同设计和验证，最大限度地提高电子系统的性能，加快设计速度和降低设计成本。

SoPC Builder 是自动化系统开发工具，可以有效简化并建立高性能的 SoPC 设计任务，该工具能够完全在 Quartus Ⅱ 软件中使系统定义和 SoPC 开发的集成阶段实现自动化，它允许选择系统组件，定义和自定义系统，并在集成之前生成和验证系统。SoPC Builder 设计流程如图 11.6 所示。

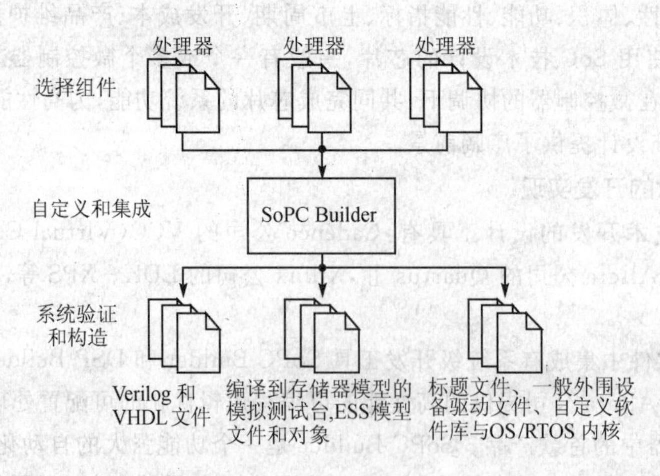

图 11.6 SoPC Builder 系统级设计流程

11.2 可编程实现常见外设/接口及简易系统

采用可编程逻辑器件,通过软件设计,很容易实现嵌入式应用体系与不同接口逻辑的外设/接口的连接,甚至是系统设计所需的整个某类外设/接口或简单的测控系统。常用可编程外设/接口与简单测控体系的简易实现,不胜枚举,下面给出几个典型应用实例,予以说明和介绍。

11.2.1 嵌入式应用体系的外存模块设计

采用 CPLD/FPGA 进行可编程逻辑设计能很好地实现所需的存储空间扩展问题。

1. 数据存储空间的 PLD 扩展实现

在嵌入式应用体系设计中,存储空间的不足主要存在于数据存储控制。在很多情况下,数据的存取仅限于顺序的连续操作。利用这个特点,可以对数据存储空间进行简化设计,具体的说就是通过对同一个地址连续读或者连续写来进行批量数据的存取,从而节省地址空间。下面以 16 位单片机 80C196 构成的多功能数据采集系统为例加以说明。对于 80C196,可以将任何一段 2^{16} 字的存储空间映射到两个地址(一个作为读取的位置,一个作为写入的位置),采用这样的映射方法可以将内存最大扩展到 2^{31} 字。该系统以最高 40 k 次/s 的速率进行 12 位 A/D 转换,并且可以将采集到的数据保存至 Flash 闪存中,以防止掉电丢失。技术参数要求如下:最多可以保存 32 K 的采样数据;可以同时存储 4 段系统工作配置程序,每段 4 KB,共计 16 KB;由于 Flash 闪存自身的特点,在写入数据后的编程阶段不能进行读/写操作,因此为了保证系统采样和单片机运行的正常进行,需要额外增加 32 KB 的 RAM 作为数据缓存;系统程序、中断服务程序等共占用 56 KB(Flash 闪存和 RAM 各保留 28 KB),总计需要存储空间 136 KB。这个需求已经超过 96 系列单片机的 64 KB 寻址范围,为此设计了一个存储器模块,其结构如图 11.7 所示。

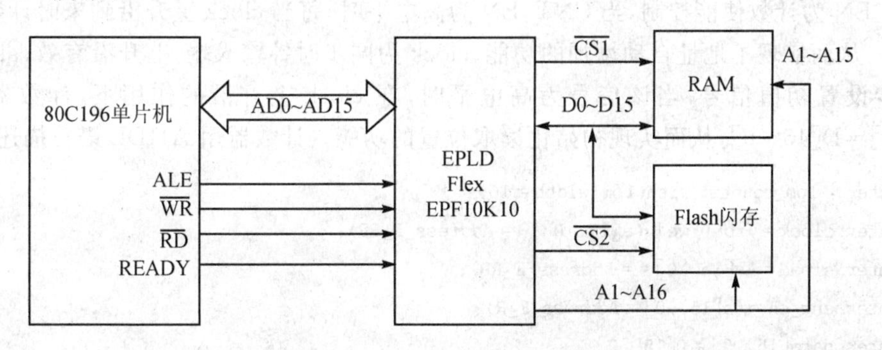

图 11.7 PLD 存储器扩展控制模块设计系统示意图

采用的 Flash 闪存是 ATMEL 公司的 AT29C1024,容量为 128 KB,数据线宽度为 16 位;RAM 存储器由两片 CY7C199 组成,数据线宽度为 16 位,容量为 64 KB。80C196 单片机的 ALE 为地址锁存信号,$\overline{WE}$为写有效信号,$\overline{RD}$为读有效信号,Ready 为准备就绪信号。MCS-96 系列单片机支持 8 位和 16 位两种工作模式,这里选择 16 位工作模式。96 系列单片机地址是按照字节的方式来计算的,在 16 位工作模式下的 A0=0 没有实际意义。在通常的读/写情况下，取经过锁存后的 AD1～AD15 地址作为 A1～A15 而 A16＝0。下面以读 Flash 闪存为例介绍地址扩展方法。对于可以直接寻址的地址，EPLD 作为锁存器，将 AD0～AD15 分时的地址数据总线分开，生成独立的地址和数据总线。在这里定义了两个特殊的地址：Flash 闪存数据块的读地址 Address_F_R 和读位置指针地址 Address_F_RP。首先，向 Address_F_RP 写入一个 16 位的二进制数，该数代表了将要读取的数据块的首地址，16 位表示范围是 0～65 535，因此可以指定的首地址范围是 64 KB 字即 128KB；然后，连续地从 Address_F_R 进行读取操作，每读一次，位置指针会自动加 1 而不需要重新设置。如果需要读取新的位置，只需要向 Address_F_RP 地址写入新的位置数据即可。该功能在 EPLD 器件内部的实现方法如图 11.8 所示。

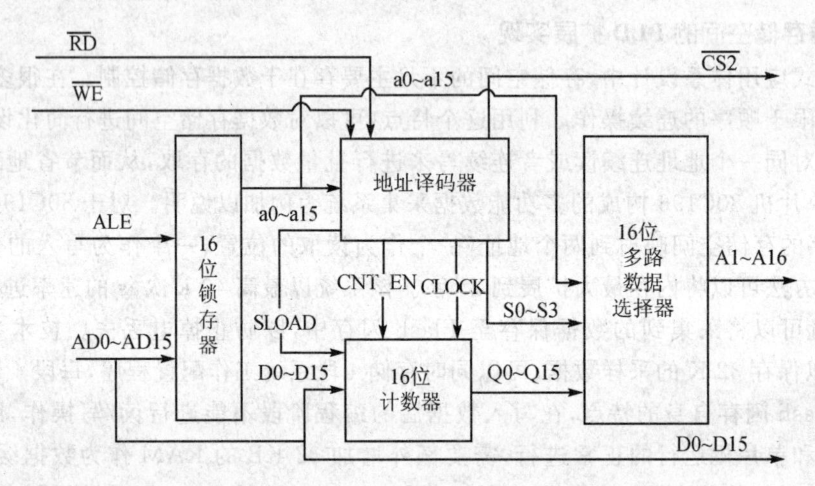

图 11.8　存储器扩展控制模块的 PLD 设计实现框图

其中，计数器可同步设置初值、同步计数，在 AHDL 语言中声明为 1pm_counter[5]。其中，CNT_EN 为计数使能控制，当 CNT_EN 为高电平时，每当 clock 上升沿到来时计数器便会自动加一，从而实现了地址自动增加的功能；clock 为同步时钟输入端，上升沿有效；sload 为计数器同步设置初值信号，当该信号为高电平时，在 clock 上升沿的作用下，计数器的输出 Q[15～0]＝D[15～0]，从而实现初始化读取位置的功能。计数器用 AHDL 语言描述如下：

```
counter : lpm_counter with(1pm_width = 16);
counter.clock = /rd&(/we#(a[15..0]! = Address_F_RP);
counter.sload = (a[15..0] = = Address_F_RP);
counter.cnt_en = (a[15..0] = Address_F_R);
counter.data[15..0] = D[15..0];
```

clock 信号要保证在写 Address_F_RP 地址修改读取位置时，或读 Address_F_R 地址取数据时都能产生上升沿信号。总线 A0～A15 和 D0～D15 分别是由 AD0～AD15 分离出来的地址和数据总线。多路选择器则根据地址译码产生的 S0～S3 选择输出地址，输出地址直接连接到 RAM 和 Flash 闪存的地址线上。如果访问除 Address_F_RP 和 Address_F_RP 以外的地址，则地址输出总线 A15～A1＝a[15～1]、A16＝0，即单片机直接访问存储器；如果读取 Address_F_R，则片选$\overline{CS2}$有效并且 A16～A1＝Q[15～0]作为输出地址。这样就可以自动地在不同存储区域进行切换，从而大大地增加了内存的扩充能力，并且简化了程序设计。运用同样的方法还可以定义 Flash 中的数据块写入地址 Address_F_W 和写位置指针地址 Address_F_WP,RAM 中也有类似的方法定义 Address_R_R(RAM 数据块读地址)、Address_R_RP(RAM 数据块的读位置指针地址)、Address_R_W(RAM 数据块写地址)和 Address_R_WP(RAM 数据块的写位置指针地址)。这样可以方便地对内存的扩展部分进行读/写。下面以 MCS-96 的汇编语言为例来说明程序中是如何操作的。比如需要从 IOPORT0 口连续采集数据,然后存放到 RAM 中指定的数据块等待处理,则可以写出如下程序:

```
         LD    40H,地址值            ;地址值为即将写入的目的地址,16 位按字编址
         ST    40H, Address_R_WP     ;设置写位置指针
Repeat:  LDB   40H, IOPORT0
         LDB   41H, IOPORT0          ;40H 和 41H 为内部寄存器,按字存储需连续读两次
         ST    40H, Address_R_W      ;写入指定位置条件判断退出循环
         JMP   Repeat
```

从上面这个简单的例子可以看出,这种存储器组织方法大大简化了编程的复杂性,并且可以采用对位置指针赋初值的方法来实现对扩展存储器中任何一个位置的读/写操作。

有了上面的存储器扩展方法,再结合系统的技术参数和单片机的特点,就可以做出一套合理的内存地址分配方案。单片机的地址划分情况如下:

① 0000H～01FFH 系统寄存器区,保留 0200H～1EFFH 用户区,直接映射到 Flash ROM 中的 0200H～1EFFH,可以用来存放数据、程序等,该区域可以由单片机直接进行寻址。

② 1F00H～1FFFH 用户区,实际使用中把 Address_R_RP、Address_F_WP 等地址以及一些特殊设备如 A/D 转换器、LCD 显示屏等的访问地址设置在这个区域。

③ 2000H～207FH 该区域是中断向量区、芯片配置字节区和保留字区等,直接映射到 Flash ROM 中的 2000H～207FH。

④ 2080H～8FFFH 用户区,单片机启动也是从 2080H 处开始执行程序的,因此把这个地址范围直接映射到 Flash ROM 中的 2080H～8FFFH,该区域设置系统的引导、初始化等程序。

⑤ 9000H～FFFFH 用户区,映射到 RAM 的 9000H～FFFFH,作为系统程序的运行区域。

上面的分配方案可以通过对地址总线进行译码生成相应的片选信号 $\overline{CS1}$ 和 $\overline{CS2}$ 来实现。其中,②、④和⑤区域是单片机通过总线直接寻址的区域,可以由单片机直接进行访问。其他区域为内存的扩展区域,不能被单片机直接访问,但可以通过前面介绍的方法由 EPLD 生成地址进行读/写操作。Flash 中的 0000H～1FFH 和 1F00H～1FFFH 因为容量很小,没有被利用。系统启动后从 Flash 的 2080H 处开始执行程序,将 2000H～8FFFH 的内容复制到 RAM 中的 9000H～FFFFH,然后跳转到 RAM 中执行系统程序。将程序复制到 RAM 中执行可以提高系统的性能;同时系统在对 Flash 进行写入操作后,编程阶段的 10 ms 内不能对其进行读取,因此 RAM 在这个时候也提供了程序运行的位置。这样分配后,程序的长度被限制在 28 KB,实际中这个数量完全可以满足系统的需求。闪存中的 9000H～FFFFH 共 28 KB,用来保存 4 段系统运行配置程序,每段长度可达 7 KB;10000H-1FFFFH 共 64 KB,用来作为采集数据的保存区域。RAM 中的 0000H～8FFFH 共 36 KB,用来作为数据的缓存区域。从上面的分析可以看出,最终设计的各项指标都已经超过实际的需求,能很好地解决实际应用

问题。

2. Ready 信号的合理利用与改善

单片机就绪信号 Ready 在这个系统中起关键作用。从前面的设计中可以看出系统存在着高速 RAM 和慢速闪存，开始时闪存选用了 AT29C1024－70JCt31，有效数据建立时间仅为 70 ns。从 ALE 下降沿地址有效到 $\overline{\text{RD}}$ 上升沿的时间是 80 ns，Flash 的响应时间为 70 ns，再加上 EPLD 的延时就造成了单片机从 Flash ROM 读取数据的不稳定，表现在无法对 Flash 进行在线写入、经常发生错误的执行结果和死机等。为此必须加入等待周期，延长读、写时间才能满足 Flash 的要求。在这里只需插入一个等待周期（100 ns）便可以满足要求，因此设置芯片配置字节 CCR. 5＝0，CCR. 4＝0。这样，当 Ready 信号为低电平时便自动插入且仅插入一个等待周期。一个简单的做法就是把 Flash 的片选信号 $\overline{\text{CS2}}$ 连接到 Ready，这样当选中 Flash 芯片时 Ready 信号就跟随 $\overline{\text{CS2}}$ 同时变为低电平。

按照这样的设想可在 EPLD 内部重新设置 Ready 信号，描述如下：

```
ready = ! (((a[15..0] >= H"0200")&(a [15..0] < : = H"1EFF")) # ((a[15..0] >= H"2000")
        &(a[15..0] <= H"8FFF")) # (a[15..0] = = Address_F_R) # (a[15..0] = = Address_F_W)&! ALE);
```

可是实际故障依旧，通过测试得知 Ready 信号的产生落后 ALE 下降沿，造成 Ready 信号产生无效，解决这个问题的唯一方法是提前生成 Ready 信号。实际中有效地址是在 ALE 下降沿锁存后产生的，这也是 Ready 信号产生表达式中最后一项的来源，但是考虑到地址的产生应该发生在 ALE 下降沿之前，以保证锁存到正确的地址。因此大胆设想让 Ready 信号的产生不再受 ALE 的控制，只要总线上产生地址就可以作出判断，从而提前生成 Ready 信号。但这样的做法破坏了同步时序，而且异步生成 Ready 信号容易产生冒险现象。通过分析，可以发现异步生成 Ready 信号并不会带来任何不稳定因素，因此修改 Ready 信号如下：

```
ready = ! (((a[15..0] >= H"0200")&(a[15..0] <= H"1EFF")) # ((a[15..0] >= H"2000")&
          (a[15..0] <= H"8FFF")) # (a[15..0) = = Address_F_R) # (a[15..0] = = Address_F_W));
```

考虑到插入一个等待周期后大大增加了读/写时间，因此将 AT29C1024－70JC 换成廉价的 AT29C1024－12JC（有效数据建立时间为 120 ns），系统依然能够稳定工作。

11.2.2 总线接口的时序逻辑变换实现

嵌入式应用体系通过不同的总线接口与外界通信，常常需要进行接口时序逻辑和总线传输机制变换，此时较好的办法不是采用桥接器件而是采用 PLD 通过可编程逻辑设计去灵活而简捷地实现，如 PC 机并口通信、ISA/PC104 板卡设计、PCI/CPCI 板卡设计和 UART－USB 接口互连等。EPP 并口连接的 AHDL－GAL 逻辑变换设计和 PCI 总线接口的简易 VHDL－CPLD 实现，在本人所著的《嵌入式系统硬件体系设计》一书中已经详细介绍，这里重点阐述一下 ISA/PC104 总线接口的 PLD 可编程逻辑设计实现。

这里以 Altera 公司的 MAX7000 系列 CPLD 实现 8051 单片机与 PC104 板的 ISA 总线的并行通信。采用这种实现形式，电路结构简单、体积小，只需 1 片 CPLD，并且控制方便，实时性强，通信效率高。

1. 系统 ISA 总线接口方案设计

在该系统中，PC104 主要完成其他方面的数据采集工作，只是在空闲时才能接收单片机送来的数据，所以要求双方通信的实时性很强，但数据量不是很大。因此，规划单片机采用中断方式接收数据，PC104 采用查询方式接收数据。ISA 总线接口设计方案如图 11.9 所示。图中单片机部分，D[0..7]是数据总线，A[0..15]是地址总线，RD 和 WR 分别是读/写信号线，INT0 是单片机的外部中断。当单片机的外部中断信号有效时，单片机接收数据。在 CPLD 部分，由一片 MAX7000 系列中的 EPM7128LSC84 来实现，用来完成 MCS51 与 PC104ISA 总线接口之间的数据传输、状态查询及延时等待。在 PC104 ISA 部分，只用到 ISA 的 8 位数据总线 D[0..7]，A[0..9]是 PC104 的地址总线；IOW 和 IOR 是对指定设备的读/写信号；AEN 是允许 DMA 控制地址总线、数据总线及读/写命令线进行 DMA 传输，及对存储器和 I/O 设备的读/写；IOCHRDY 是 I/O 就绪信号，I/O 通道就绪为高，此时处理机产生的存储器读/写周期为 4 个时钟周期，产生的 I/O 读/写周期和 DMA 字节传输均需 5 个时钟周期，MCS51 通过置此信号为低电平来使 CPU 插入等待周期，从而延长 I/O 周期；SYSCLK 是系统时钟信号，是为了与外部设备保持同步；RESETDR 是上电复位或系统初始化逻辑，是系统总清零信号。

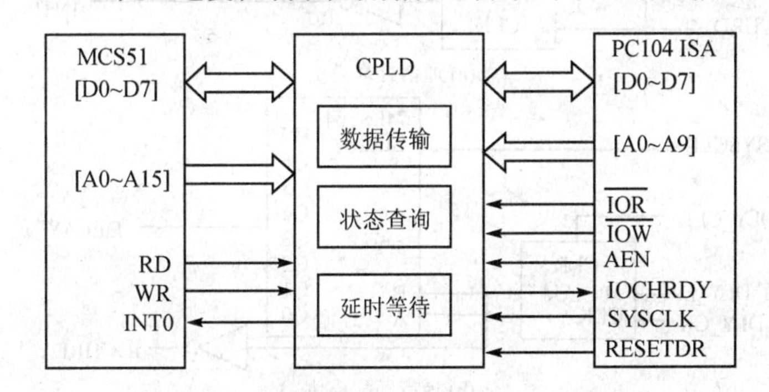

图 11.9 CPLD 实现的 ISA 总线接口方案规划图

2. MAX+plus Ⅱ下的可编程逻辑实现

可编程逻辑设计采用 Altera 公司的 CPLD 开发工具 MAX+plusⅡ，它支持多种输入方式。系统的主体部分用原理图输入方式。由于库中提供了常规的“通用数字逻辑器件”，所以使用很方便。原理图输入部分如图 11.10 所示。图 11.10(a)主要完成单片机与 ISA 接口通信中的数据传输和握手判断，信号说明如下：

D[0～7]——单片机的 8 位双向数据总线；　PCD[0～7]——ISA 接口的 8 位双向数据总线；

PCRD——ISA 接口的读有效信号；　PCWR——ISA 接口的写有效信号；

STATE——判断单片机已写数据或读走数据；　PCSTATE——单片机用此查询 ISA 接口已取走数据；

MSCRD——单片机的读有效信号；　MCSWR——单片机的写有效信号；

INT0——单片机的外部中断信号。

当 MCUWR 信号有效后，单片机把数据锁存于 74LS374(1)中。此时，PCSTATE 变为高电平。PC104 用 STATE 信号选通 74LS244 来判断数据位 PCD0 是否为高电平，如果为高，说明单片机送来了数据，那么使 PCRD 有效，从数据存器 74LS374(1)中取走数据。此时，PC-STATE 变为低电平，单片机通过判断此信号为低电平来判定 PC104 已取走了数据，可以发下一个数据。

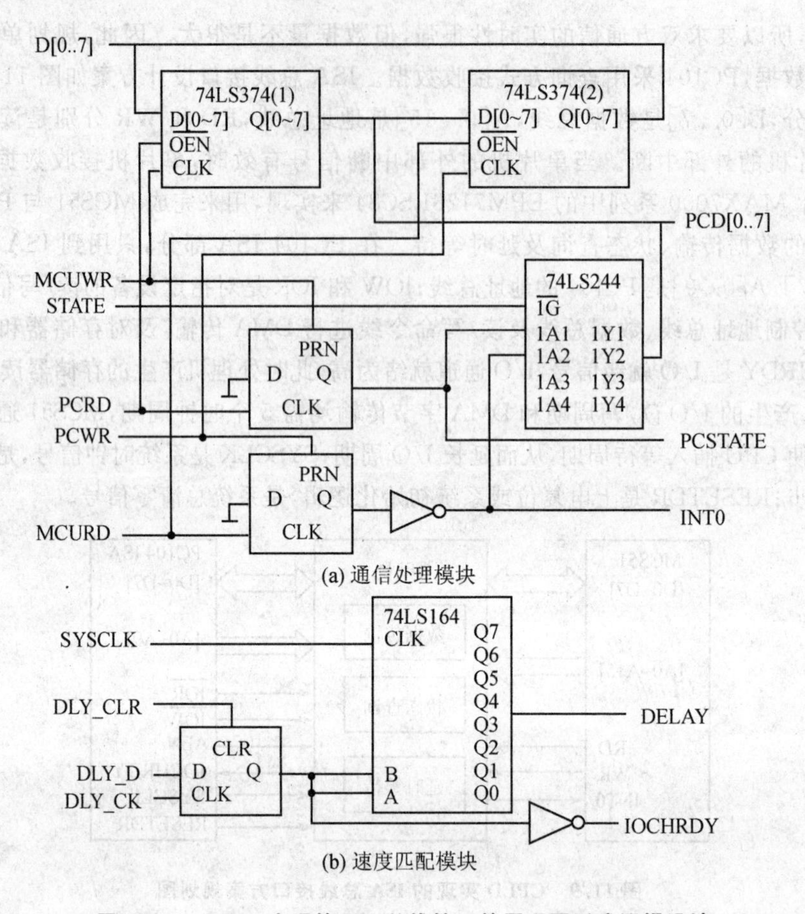

图 11.10 CPLD 实现的 ISA 总线接口的原理图形式逻辑设计

当 PCWR 信号有效后，PC104 把数据锁存于 74LS374(2)中。此时，INT0 变为低电平，单片机产生外部中断，使 MCSRD 信号有效，从数据锁存器 74LS374(2)中取走数据，INT0 变为高电平。PC104 用 STATE 信号选通 74LS244 判断数据位 PCD1 是否为高电平，如果为高电平，说明单片机取走了数据，可以发送下一个数据。

PC104 与单片机进行通信，最关键的就是速度匹配问题。由于 PC104 的速度快，而单片机的速度较慢，所以，要在 PC104 的 IOCHRDY 处插入等待周期，如图 11.10(b)所示，信号说明如下：

IOCHRDY——用来使 ISA 接口等待 5 个时钟周期；

DLY_D——延时输入信号；

DLY_CK——延时等待时钟信号；

DLY_CLR——等待清除信号，为开始下一次送数周期作准备；

DELAY——延时 5 个时钟周期后的输出信号，作为 DLY_CLR 信号的输入；

SYSCLK——ISA 接口的系统时钟信号。

在 MCS51 与 PC104 进行通信的过程中，DLY_D 信号一直有效(高电平)。在信号 SYSCLK 的作用下，每 5 个时钟周期 DELAY 信号有效一次，即为高电平。此时 DLY_CLR 信号有效(低电平)，IOCHRDY 信号变为高电平，PC104 可以读/写数据。

地址译码部分采用文本输入方式，使用 Altera 公司的 AHDL(Altera Hardware Description Language)硬件设计开发语言，程序如下：

```
SUBDESIGN Address
(   PCA[9..0], AEN, IOR, IOW, RESETDR, DELAY, A[15..14], RD, WR        : INPUT;
    DLY_D, DLY_CK, DLY_CLR, STATE, PCRD, PCWR, MCURD, MCUWR           : OUTPUT;
)
BEGIN
    ! DLY_CLR = RESETDR # DELAY;
    DLY_D = ! AEN & (PCA[9..1] == H"110");
    DLY_CK = ! AEN & (PCA[9..1] == H"110")&(! IOR # ! IOW);
    ! PCWR = ! AEN&(PCA[9..0] == H"220")& ! IOW;
    ! PCRD = ! AEN&(PCA[9..0] == H"220")& ! IOR;
    ! STATE = ! AEN&(PCA[9..0] == H"221")&! IOR;
    ! MCSRD = ([15..14] == H"1")& ! RD;
    ! MCSWR = (A[15..14] == H"2"& ! WR;
END;
```

其中，PCA[9..0]是 PC104 的地址信号，A[15..14]是单片机的地址信号，PC104 用的端口地址为 220H 和 221H。220H 和 221H 是 PC104 系统保留的端口地址，选用这两个端口不会与系统发生地址冲突。

11.2.3 常见外设/接口的 PLD 简易实现

可以使用可编程逻辑器件实现嵌入式应用体系中常见的外设/接口，如 UART、SPI、SRAM 和 DP-SRAM 等。这样的设计，可以因需定制，不仅使外设/接口更加简洁紧凑，而且稳定可靠。下面以 UART 串口的 CPLD/FPGA 可编程实现为例加以阐述。这里仅说明整体设计过程，详细的 VHDL 代码编制可参阅所附光盘。

1. UART 设计的整体结构与功能

通用异步收发器 UART 由波特率发生器、接收和发送控制模块、串并与并串转换器、锁存器和三态缓冲器组成。采用大规模可编程逻辑器件 CPLD 设计 UART 的结构图如图 11.11 所示。

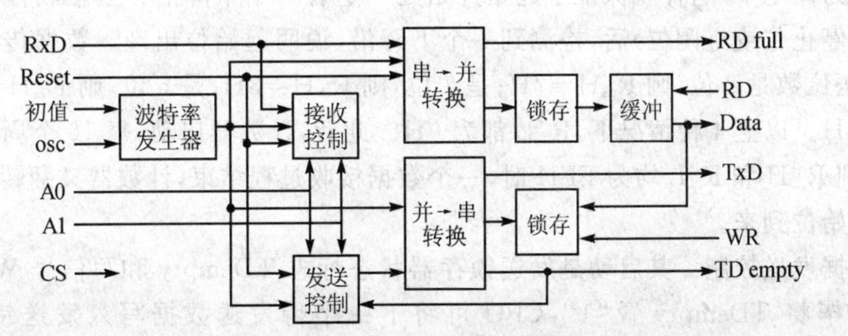

图 11.11 可编程 UART 逻辑结构组成框图

本设计实现的 UART 功能为：传送的一帧数据或一个字符包含了一个起始位、5～8 位数据位和一个停止位，停止位后面是不定长的空闲位；传送的数据位数 5～8 位 4 种可选；波特率可调。传送数据时，数据的低位在前，高位在后。传送开始之前，将采用的字符数据位宽和数据传输速率作出规定。接收开始后，接收器不断地检测串行数据输入端 RxD，看是否有起始位到来。起始位经确定后就开始接收所所规定的数据位及停止位。经过处理将起始位和停止位去掉，把数据位拼装成一个并行字节，然后送到数据线上。一个字符接收完毕，接收器又继续检测 RxD 端。发送之前首先将要发送的数据通过数据总线由 CPU 写入发送寄存器，发送时同样要在数据位前增加一个低电平起始位，在数据位末增加一个高电平停止位。

2. UART 各部分功能详述

波特率设置　设计一个定时器用以产生波特率，该定时器要具有初值自动再装入功能，每次计数器满溢出信号作为内部时钟信号(inclk)，再将这一信号经过 16 分频就得到了所传送数据的波特率。因此，可以设置不同的定时器初值来改变定时器的溢出率从而达到改变波特率的目的。波特率与定时器的溢出率之间的关系为：波特率 ＝ 定时器溢出率/16。

而：定时器溢出率 ＝ 输入时钟频率/(2^k－计数初值)。

其中，k 为定时器位数。

串行数据接收采样　为能对位进行正确操作，以设定波特率的 16 倍的速率采样 RxD 端电平。这就把接收一位的时间等分为 16 份，接收是在每位时间的第 8 个计数状态采样 RxD 的值，这样采样时刻总是在接收位的中间位置，避开了信号两端的边沿失真。

串行数据接收控制　该功能通过一个 8 位计数器 counteR 完成，计数器高 4 位为 R_H，低 4 位为 R_L，计数器状态与串行接收过程的波形关系如图 11.12 所示。

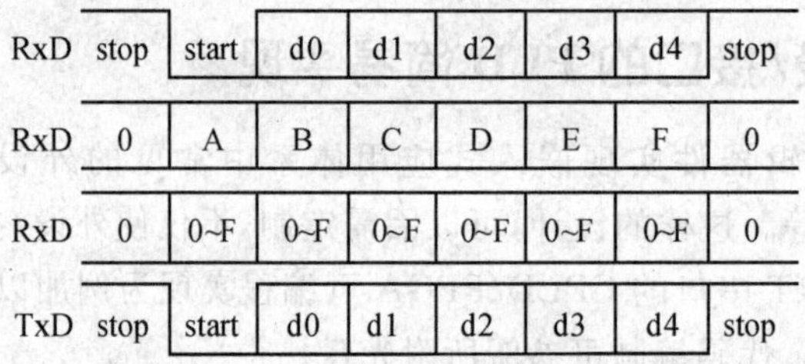

RxD	stop	start	d0	d1	d2	d3	d4	stop
RxD	0	A	B	C	D	E	F	0
RxD	0	0~F	0~F	0~F	0~F	0~F	0~F	0
TxD	stop	start	d0	d1	d2	d3	d4	stop

图 11.12　UART 设计中计数状态与串行接收过程的波形关系图

RxD 端的起始位是数据接收的启动信号，起始位到达前计数器保持为“0”。停止位和空闲位都规定为高电平，这样就保证了起始开始处一定有一个下降沿。当接收控制器接收到一系列的“1”(停止位或空闲位)后，检测到一个下降沿，说明起始位出现。数据传送控制线 A1、A0 选择传送位数是 8 位，则 R_H＝7H；是 7 位，则 R_H＝8H；是 6 位，则 R_H＝9H；是 5 位，则 R_H＝AH。以上 4 种情况下，R_L 都为 0H。此后，计数器启动，每 16 个周期接收一位数据，当计数到 R_H 和 R_L 均为 FFH 时，一个数据接收过程结束，计数器又翻转到“0”状态，等待下一个起始位到来。

串行数据发送控制　其启动是发送锁存器状态标志 TDempty 和写信号 WR。当前一个数据发送完毕将 TDempty 置“1”，CPU 可将下一个待发送数据写入发送锁存器，置“0” TDempty，启动发送。串行数据发送控制和串行数据接收控制的工作过程相同。

3. UART 设计仿真结果

用 VHDL 描述，Max＋plusⅡ模拟仿真波形如图 11.13 所示。

图中，A0、A1 设置为“00”，选择 5 位数据传送宽度。复位后，发送、接收计数器均清零，

Tdempty 为“1”,RDfull 为“0”。在 RxD 上设置一串数据“0111011”,在 Data 上与读脉冲对应处接收到 5 位数据值 17H。从 Data 上输入数据 09H,在 TxD 上发送一串数据“0100101”。芯片选用 Flex10K,实现 UART 需触发器 48 个,仅占整体资源的一小部分。

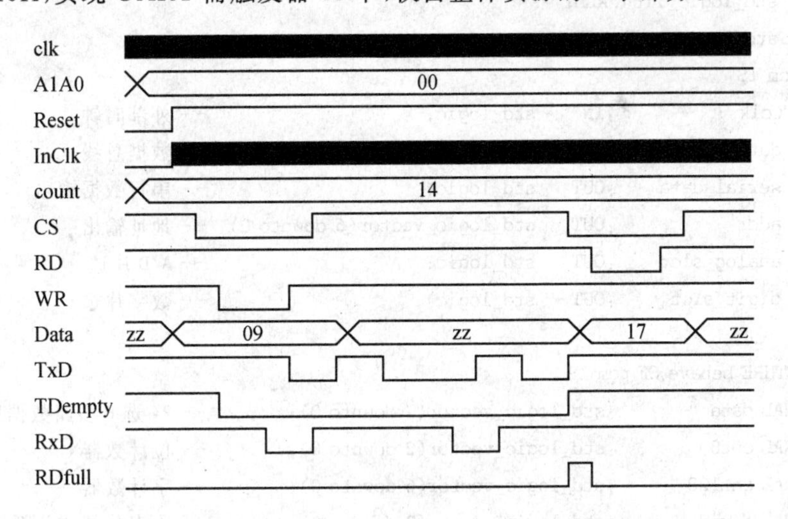

图 11.13　UART－CPLD 可编程设计的模拟仿真波形图

11.2.4　专用外设/接口的 PLD 简易实现

使用可编程逻辑器件不仅可以灵活实现常见的外设/接口,而且还可以实现非常规的专用外设/接口,如矩阵扫描编码键盘等。矩阵扫描编码键盘的 AHDL－CPLD 简易实现在本人的《嵌入式系统硬件体系》设计一书中已经详细阐述,下面再列举两个典型实例加以说明。

11.2.4.1　专用 PCM 采编器的逻辑设计

1. PCM 采编器及其 PLD 设计

脉冲编码调制 PCM(Pulse Code Modulation)采编器是一种遥测设备的主要部件,它采集多路数据并处理,加上同步码制成一定格式,再作并串转换,最后形成串行数据流输出。

PCM 采编器经常变化的参数有:码率即串行数据的速率、字长、帧长和同步码。下面的设计样例实现一个码率为 500 kbps,字长为 8 位,帧长为 128 位,帧同步码为 EB90H。地址分配为:帧同步码 0～1 路;模拟通道 2～100 路;数字通道 101～127 路。PCM 采编器的典型帧格式及其 PLD 设计框图如图 11.14 所示。

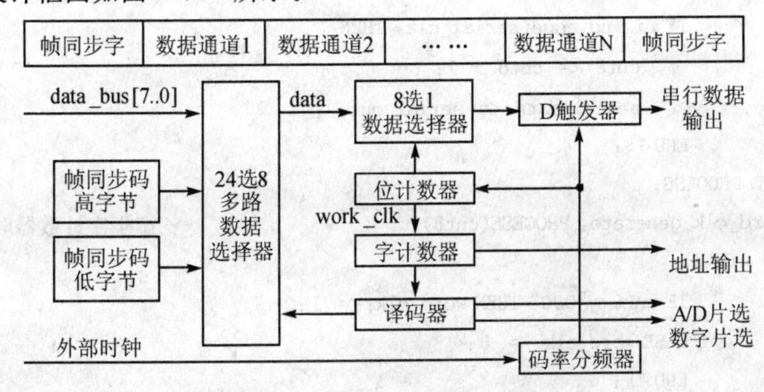

图 11.14　可编程 PCM 逻辑设计框图

2. PCM 采编器的 VHDL 源程序

```
LIBRARY ieee;
USE ieee.std_logic_1164.ALL;
USE ieee.std_logic_unsigned.ALL;
ENTITY pcm IS
    PORT(clk            :IN    std_logic;                        --外部时钟
        data_bus        :IN    std_logic_vector(7 downto 0);     --数据总线
        serial_data     :OUT   std_logic;                        --串行数据输出
        addr            :OUT   std_logic_vector(6 downto 0);     --地址输出
        analog_slct     :OUT   std_logic;                        --A/D 片选
        digit_slct      :OUT   std_logic);                       --数字片选
END pcm;
ARCHITECTURE behave OF pcm IS
    SIGNAL data         :std_logic_vector(7 downto 0);           --24 选 8 多路数据选择器输出
    SIGNAL cnt8         :std_logic_vector(2 downto 0);           --位计数器
    SIGNAL cnt128       :std_logic_vector(6 downto 0);           --字计数器
    SIGNAL divid        :std_logic_vector(3 downto 0);           --码率分频器分频值
    SIGNAL serial_clk   :std_logic;                              --码率
    SIGNAL word_clk     :std_logic;                              --字计数器时钟
    SIGNAL serial_out   :std_logic;                              --8 选 1 数据选择器输出
    BEGIN
        get_code_rate: PROCESS(clk)                              --从 12 MHz 分频得到 500 kHz 码率
            BEGIN
                IF rising_edge(clk) THEN
                    IF divid = "1011" THEN
                        divid      <= "0000";
                        serial_clk <= not serial_clk;
                    ELSE divid     <= divid + 1;
                    END IF;
                END IF;
        END PROCESS;
        bit_counter: PROCESS(serial_clk)                         --位计数器与 D 触发器
            BEGIN
                IF rising_edge(serial_clk) THEN
                    cnt8 <= cnt8 + 1;
                    serial_data <= serial_out;
                END IF;
        END PROCESS;
        word_clk_generate: PROCESS(cnt8)                         --产生字计数器时钟
            BEGIN
                IF cnt8 = "000" THEN word_clk <= '1';
                ELSE word_clk <= '0';
                END IF;
```

```
    END PROCESS;
    mux8_to_1: PROCESS(cnt8, data)                       --8 选 1 数据选择器
        BEGIN
            CASE cnt8 IS
                WHEN "000" => serial_out <= data(7);
                WHEN "001" => serial_out <= data(6);
                WHEN "010" => serial_out <= data(5);
                WHEN "011" => serial_out <= data(4);
                WHEN "100" => serial_out <= data(3);
                WHEN "101" => serial_out <= data(2);
                WHEN "110" => serial_out <= data(1);
                WHEN OTHERS => serial_out <= data(0);
            END CASE;
    END PROCESS;
    word_counter: PROCESS(word_clk)                      --字计数器
        BEGIN
            IF rising_edge(word_clk) THEN cnt128 <= cnt128 + 1;
            END IF;
    END PROCESS;
    mux24_to_8: PROCESS(cnt128, data_bus)                --24 选 8 多路数据选择器
        BEGIN
            IF cnt128 < "1100101" and cnt128 > "0000001" THEN analog_slct <= '1';
            ELSE analog_slct <= '0';
            END IF;
            IF cnt128 > "1100100" THEN digit_slct <= '1';
            ELSE digit_slct <= '0';
            END IF;
            IF cnt128 = "0000000" THEN data <= "11101011";     --同步字高字节
            ELSIF cnt128 = "0000001" THEN data <= "10010000";  --同步字低字节
            ELSE data <= data_bus;                             --外部数据
            END IF;
    END PROCESS;
    addr <= cnt128;
END behave;
```

11.2.4.2 DMA 高速数据采集逻辑设计

在许多仪器和控制系统中,高速数据采集电路必不可少。数据采集电路设计方法很多,但往往离不开 A/D 转换电路、数据缓存电路、控制逻辑电路、地址发生器和地址译码电路等。而数据缓存、控制逻辑和地址译码等电路通常是由 RAM 芯片、与非门、触发器和缓冲/驱动器等构成,导致数据采集电路复杂、芯片繁多,特别是硬件的固定使得采集系统在线升级几乎不可能。CPLD 的应用,为这些问题的解决提供了一种好的办法。利用 CPLD 芯片本身集成的上万个逻辑门和 EAB,把数据采集电路中的数据缓存、地址发生器和控制译码等电路全部集成在一片 CPLD 中,大大减小了系统的体积,降低了成本,提高了可靠性。同时,CPLD 可由软件

实现逻辑重构，而且可实现在系统编程(ISP)以及有众多功能强大的EDA软件的支持，使得系统具有升级容易，开发周期短等优点。在数据采集电路中，采用换体DMA技术不但可以提高数据采集的速度，而且可以弥补数据采集中可能丢失数据的缺陷。

1. 换体DMA数据采集电路原理

系统原理框图如图11.15所示。在时序电路的控制下，模拟输入开关将多达16路(单端输入)或8路(差分输入)的模拟输入信号经多路开关送至放大器的输入端，放大后由内含采样/保持电路的模数转换器AD774B转换成数字量，转换完的数字量经时序电路的控制写入两个存储体的一个(如存储体0)中。每个存储体设计为4 KB的容量。当计数到设定的存储容量后，控制电路产生换体信号，后续的A/D转换数据自动地存入另一个存储体(存储体1)。同时控制电路向主机发出DMA请求信号，主机响应请求后在时序电路配合下，从已存储规定数据的存储体(存储体0)中读入所存的数据。这样存储体0和存储体1交替存取，直到规定的换体次数计完为止。

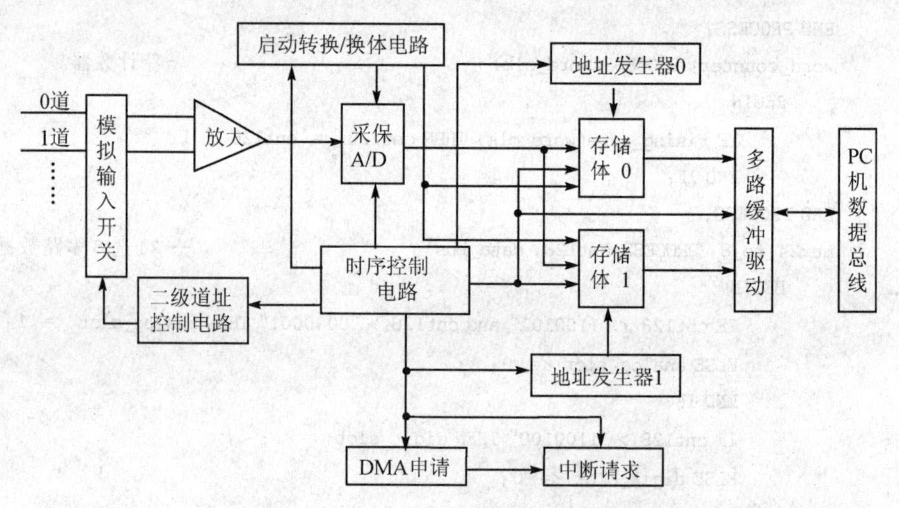

图11.15 换体DMA数据采集系统的结构原理图

数据采集电路中，时序控制电路、地址发生器和多路控制驱动器等芯片众多，占用了大部分体积，逻辑时序复杂。用CPLD实现这些电路则显得简单明了，如图11.16所示。图中地址发生器、双端口RAM和时序控制等电路都可以用HDL语言或原理图，或是两者结合来实现，使电路开发简单、灵活和方便。

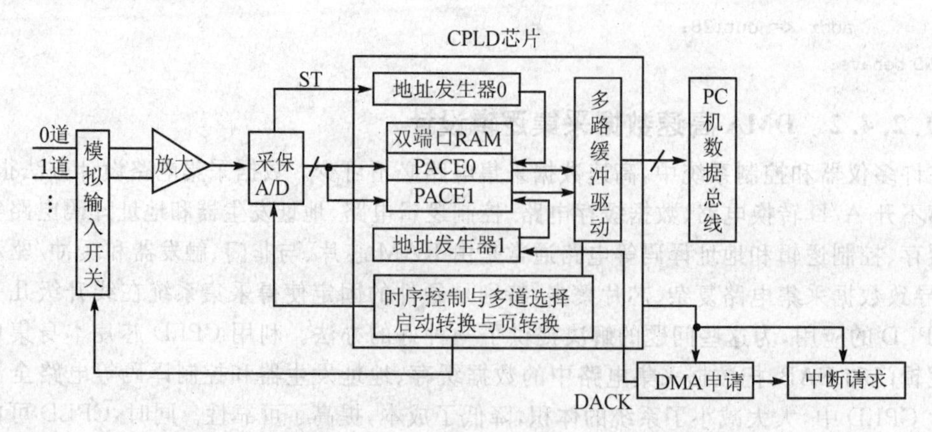

图11.16 换体DMA数据采集系统的CPLD实现框图

2. 采用 CPLD 实现换体 DMA

CPLD 的开发必须经过前期的逻辑设计、前仿真、后仿真、目标代码下载及在调试等过程，该设计过程可借助 Altera 公司的 EDA 软件 MAXPLUS Ⅱ 10.1 来实现。MAXPLUS Ⅱ 支持原理图输入、HDL 语言输入和设计波形输入等。设计中则是将原理图和 HDL 语言输入相结合，这样既可以加快开发速度，又不失灵活性。电路设计所用的 CPLD 芯片是 FLEX10K30E。FLEX10K30E 内有 30 000 个逻辑门，247 576 个 RAM 位，支持 3.3 V、5 V 多种电源，速度等级高。

数据缓存——双端口 RAM　双端口 RAM 的核心是存储器阵列，它的读与写相互独立，有各自的时钟线、地址总线、数据总线和使能端。在数据采集时，数据进入存储器进行缓存，同时 CPU 可以从缓存中取出数据读进计算机内存。在传统的双 RAM 换体方案中要实现换体，存储器芯片必须使用偶数片来交互存储；当 A/D 数据位数超过 8 位时，需要另加芯片来存储高于 8 位的数据。在 CPLD 中设计双端口 RAM 模块不但实现了双 RAM 换体功能，而且使缓存 RAM 的数据位数、存储量大小可以根据需要任意配置。

在 CPLD 中设计双端口 RAM，可以有两种方式：原理图输入和 HDL 语言输入。本设计采用的是 MAXPLUS Ⅱ 库中的 LPM_RAM_DP 宏，原理图如图 11.17 所示。在 LPM_RAM_DP 宏中总共有 10 个可配置参数。通常情况下，只配置 LPM_ WIDTH（数据宽度）、LPM_ WIDTHAD（地址总线宽度）和 USE_ EAB（是否使用嵌入式阵列块 EAB）3 个参数。在该设计中，AD774B 的数据宽度是 12 位，转换速度为 8 μs，所以配置 LPM_ WIDTH＝12，LPM_ WIDTHAD ＝10（缓存容量为 1 KB），USE_EAB＝ON。对于缓存的大小，可以在调试过程中根据具体采集速度和缓存要求进行在线调整，而不影响其他逻辑电路。LPM_RAM_DP 模块中 rdaddress、rden、rdclock、rdclken 和 q 分别为读端的地址线、使能端、时钟线、时钟使能和数据线；data、wraddress 为写端的数据总线和地址总线。双端口 RAM 模块并没有 BUSY 端，当写地址和读地址相同时，数据位冲突，读/写不能正常工作。这种问题不应该出现。结合系统的具体应用需要，在此使用存储器分页，即把 1 KB 的双端 RAM 分为 2 页，每页 512 KB，分别为读缓存页和写缓存页，两者相互交换。当采集数据量达到 512 KB 时，系统马上申请 DMA 传送，把刚转换完的第一页中的 512 字节数据送给计算机，传送结束后等待下一次 DMA 申请；与此同时，A/D 继续工作，转换的数据放在第 2 页 0～511 地址中。任何时候读/写都分别在不同的页工作，从而有效地避免了数据冲突，但又不影响数据传输速度。具体的分页控制主要由地址发生器设计确定。

分页地址发生器　分页地址发生器不但要产生双端口 RAM 的读/写地址，而且还要为缓存器分页；页写满时，还要提供 DMA 传输申请信号。为了增强灵活性，读/写地址发生器由 VHDL 语言编程集中在一个模块实现，部分程序如下：

```
signal wtmp:integer range 0 to 1023;
signal rtmp:integer range 0 to 1023;
signal page:intefer range 0 to 1;
if(wclk'event and wclk = '1') then
        if(wtmp > 1023) then wtmp <= 0;
        else wtmp <= wtmp + 1;                     -- wtpm 为写地址值
        end if;
        if(0 =< wtmp < 512) then page <= 0;     -- page 为存储器分页标志
```

```
        else page <= 1;                                  --"0"代表第 0 页,"1"代表第一页
        end if;
        if(twmp = 512 and wtmp = 1023) then page_full <= '1';
        else page_full <= '0';                           --page_full 为页写满标志,同时为 DMA 传送申请信号
        end if;
    end if;
    if(page = 0) then rtmp <= 0;                         --不同的页置不同的数据读地址初始值
    else if(page = 1)then rtmp <= 512;
    end if;
    if(rclk'event and rclk = '1') then
        if(en = '1' and rtmp < 1024) then rtmp <= rtmp + 1;
        end if;                                          --rtmp 为读地址值
    end if
```

代码经过编译生成的原理框图如图 11.17 所示的 ADD_CRE - ATE 模块。在图形输入编辑环境下,可以把它作为一个标准的原理图与其他模块连接;写地址时钟 WCK 由 AD774B 的 STS 端产生,每一组数据转换结束后,地址发生器加 1,读地址时钟 RCK 由 DMA 应答信号 DACK 提供;PAGE_FULL 在 0 页或 1 页满时变为高电平,经 D 触发器申请 DMA 传输,把刚满页的数据送给计算机内存。

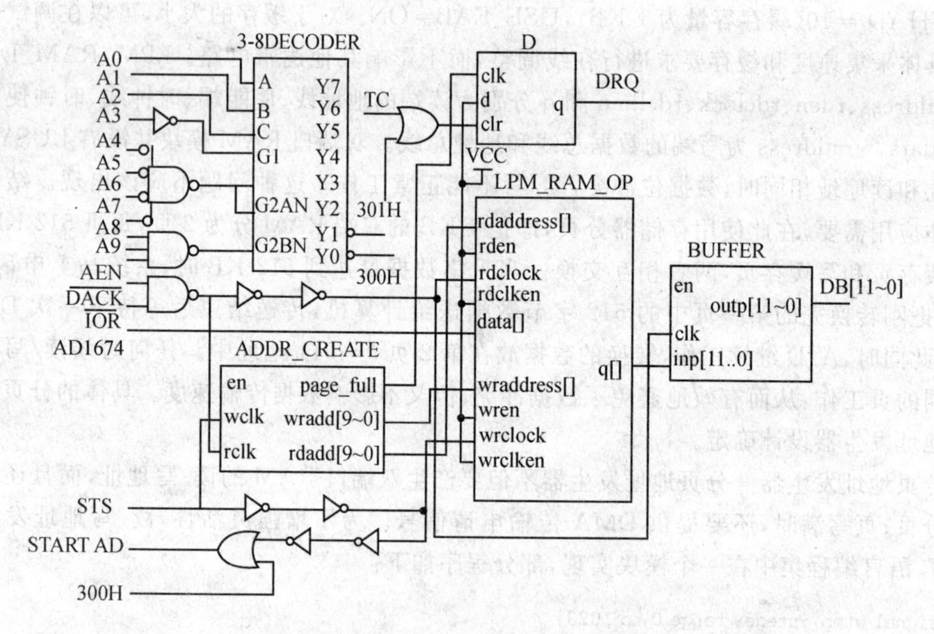

图 11.17 换体 DMA 数据采集系统的 CPLD 实现设计示意图

时序逻辑电路的设计　在数据采集电路中,时序逻辑电路主要解决地址译码、时序逻辑控制和数据锁存等功能。用普通的中小规模集成电路实现,电路组成庞大;而用 VHDL 语言实现则简单灵活、易于更新升级。图 11.17 中的微机译码电路、数据缓冲器和 D 触发器等都可以在 MAXPLUS Ⅱ 的图形编辑环境下,从库中直接调出。计算机在每次 DMA 传送中都向外设输出一个应答信号 DACK 和读允许信号 IOR,利用这个特点,正好把它们作为读缓存的地

址时钟,即每DMA传送一次,读地址为1;AD774B每转换完一组数据,在STS端输出由低电平转换为高电平,刚好给写缓存提供写地址时钟,同时经过适当延时,STS又可以送到R/C端作为A/D下一次转换的启动信号。

11.2.5 简单测量/控制体系的可编程实现

采用可编程逻辑设计可以很容易地实现一些PLD器件自成体系简单的测量/控制系统,如电梯运行控制和十字路口交通灯的控制等,从而简化设计,降低成本,提高系统性能。本人在《嵌入式系统硬件体系设计》一书中,曾经详细阐述过电梯进行控制的PLD简易实现。这里再以十字路口交通灯的控制为例,说明简单测量/控制体系的可编程简易实现。

这里的十字路口交通灯的控制,能够实现某个方向的通行时间设定,输入指定时间由两个8位指拨开关实现。控制器的工作方式由外部的两个按键开关选择。这种交通信号灯控制系统的工作方式选择表与电路组成框图如表11-2所列及图11.18所示。

表11-2 交通信号灯控制系统的工作方式选择表

	key1	工作方式说明
L	H	设定垂直方向的绿、黄灯时间
H	L	设定水平方向的绿、黄灯时间
L	H	横向绿灯、竖向红灯→横向黄灯闪、竖向红灯→横向红灯、竖向绿灯→横向红灯、竖向黄灯闪→(循环)
L	L	双向红灯、黄灯皆闪烁

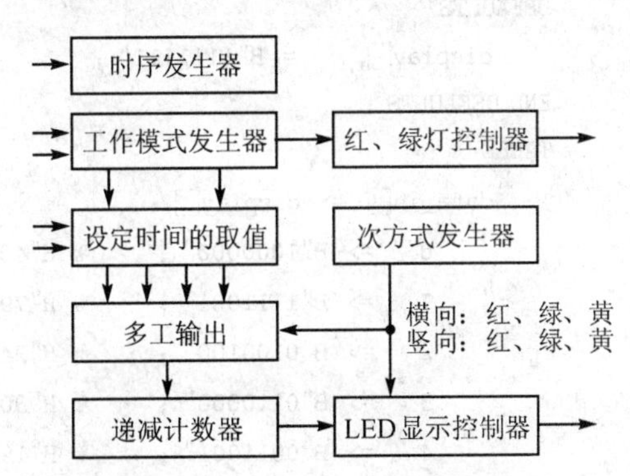

图11.18 十字路口交通信号灯控制的电路方块图

PLD设计选用Altera公司的EPF8282ALC84实现,整个设计流程采用自下而上的形式,先设计各个功能模块,各个功能模块主要通过AHDL语言以文本形式描述,最后在顶层以原理图的方式进行综合。开发环境采用Altera公司的Max PlusⅡ,具体设计过程如下:

1. 十分频电路

实现1/10尖脉冲分频,clear在低电位时做清除动作,BCDout是二进制计数输出。

```
TITLE "synchronous 4 bits decade counter";
SUBDESIGN div10
(    clk_in, clear             : INPUT ;
     BCDout[3..0], clk_out     : OUTPUT ;
)
VARIABLE
     BCDout[3..0], clk_out     : DFF ;
BEGIN
     clk_out.clrn = clear ;
     clk_out.clk = clk_in ;
     BCDout[].clrn = clear ;
     BCDout[].clk = clk_in ;
     clk_out.d = (BCDout[].q == 9);
```

```
    IF (BCDout[].q == 9) THEN
        BCDout[].d = 0 ;
    ELSE BCDout[].d = BCDout[].q + 1 ;
    END IF ;
END ;
```

2. 7段显示器解码电路

```
TITLE "7 segment BCD code decode." ;
SUBDESIGN 7segment
(   data_in[3..0]      : INPUT ;
    display[6..0]      : OUTPUT ;
)
BEGIN
    DEFAULTS
        display[]      = B"1111111" ;
    END DEFAULTS ;
    TABLE
        data_in[] => display[] ;
            0   => B"1000000" ;      % H"40" %
            1   => B"1111001" ;      % H"79" %
            2   => B"0100100" ;      % H"24" %
            3   => B"0110000" ;      % H"30" %
            4   => B"0011001" ;      % H"19" %
            5   => B"0010010" ;      % H"12" %
            6   => B"0000010" ;      % H"02" %
            7   => B"1111000" ;      % H"78" %
            8   => B"0000000" ;      % H"00" %
            9   => B"0010000" ;      % H"10" %
    END TABLE ;
END ;
```

3. 等脉宽时钟电路

1/2 000 分频，输出由 divdff10.q 直接引出，clk_out 在 clk_in 输入 1 024 个脉冲后变为高电平，在 2 000 个脉冲后变为低电平。本例稍做改动，可做到可变分频输入。

```
% sychronous divide - by - 2000 counter      %
TITLE "general system timing" ;
CONSTANT DIVSTEP = 2000;
        % sychronous divide - by - 2000 counter      %
TITLE "general system timing" ;
CONSTANT DIVSTEP = 2000;
SUBDESIGN clkgen
(    osc_in       : INPUT ;
     osc_out      : OUTPUT ;
```

```
)
VARIABLE
    divdff[10..0]     : DFF ;
BEGIN
    divdff[].clk = osc_in ;
    IF divdff[] == DIVSTEP THEN
        divdff[].d = 0 ;
    ELSE divdff[].d = divdff[].q + 1 ;
    END IF ;
    osc_out = divdff10.q;
END ; % sychronous divide - by - 2000 counter     %
TITLE "general system timing" ;
CONSTANT DIVSTEP = 2000;
SUBDESIGN clk_gen
(   osc_in      : INPUT ;
    osc_out     : OUTPUT ;
)
VARIABLE
    divdff[10..0]     : DFF ;
BEGIN
    divdff[].clk = osc_in ;
    IF divdff[] == DIVSTEP THEN
        divdff[].d = 0 ;
    ELSE divdff[].d = divdff[].q + 1 ;
    END IF ;
    osc_out = divdff10.q;
END ;
SUBDESIGN clkgen
(   osc_in      : INPUT ;
    osc_out     : OUTPUT ;
)
VARIABLE
    divdff[10..0]     : DFF ;
BEGIN
    divdff[].clk = osc_in ;
    IF divdff[] == DIVSTEP THEN
        divdff[].d = 0 ;
    ELSE divdff[].d = divdff[].q + 1 ;
    END IF ;
    osc_out = divdff10.q;
END ;
```

4. 输入指定数据四选一电路

```
TITLE "select data in" ;
```

```
SUBDESIGN dinmul
(    sel[3..0]                    : INPUT ;
     in_a[7..0], in_b[7..0]       :INPUT
     in_c[7..0], in_d[7..0]       : INPUT ;
     sel_data[7..0]               : OUTPUT ;
)
BEGIN
  CASE sel[] IS
     WHEN     1      => sel_data[] = in_a[7..0] ;
     WHEN     2      => sel_data[] = in_b[7..0] ;
     WHEN     4      => sel_data[] = in_c[7..0] ;
     WHEN     8      => sel_data[] = in_d[7..0] ;
     WHEN OTHERS => sel_data[] = in_b[7..0] ;
  END CASE;
END;
```

5. 千分频电路

实现 1/1 000 尖脉冲分频，clear 在低电位时做清除动作，BCDout 是二进制计数输出。

```
TITLE "synchronous 4 bits decade counter";
SUBDESIGN div1000
(    clk_in, clear                : INPUT ;
     BCDout[8..0], clk_out        : OUTPUT ;
)
VARIABLE
     BCDout[8..0], clk_out        : DFF ;
BEGIN
     clk_out.clrn        = clear ;
     clk_out.clk         = clk_in ;
     BCDout[].clrn       = clear ;
     BCDout[].clk        = clk_in ;
     clk_out.d       = (BCDout[].q == 500);
     IF (BCDout[].q == 500) THEN
          BCDout[].d = 0 ;
     ELSE BCDout[].d = BCDout[].q + 1 ;
     END IF ;
END ;
```

6. 载入后递减计数器电路

使能信号 enable 由低变高时，内部结点 load 产生一高电位脉冲，将 BCD_in[7..0]载入计数器；当 enable 低电位时，计数器停止计数也无载入动作。

```
TITLE "可装载的同步 BCD 递减计数器";
SUBDESIGN down_counter
(    clk, enable, BCD_in[7..0]  : INPUT ;
```

```
    BCD_out[7..0], time_out   : OUTPUT ;
)
VARIABLE
    BCD_out[7..0], time_out, u: DFF;
    load                        : NODE ;
BEGIN
    u.clk           = clk ;
    u.d            = VCC ;
    u.clrn         = enable ;
    load            = enable & ! u.q ;
    BCD_out[].clk = clk ;
    time_out.clk   = clk ;
    BCD_out[].clrn = enable ;
    time_out.clrn = ! load & enable ;
    IF load THEN
         BCD_out[].d =   BCD_in[] ;
    ELSE time_out.d    =   (BCD_out[].q == 0);
         IF BCD_out[].q ! = 0 THEN
            IF BCD_out[] == B"XXXX0000"
              THEN    BCD_out[].d =
                BCD_out[].q - 7 ;
                 % BCD code correct %
            ELSIF 1 THEN
                BCD_out[].d = BCD_out[].q - 1;
            END IF ;
         END IF ;
    END IF ;
END ;
```

7. 输入显示数据四选一电路

```
TITLE "select sport timer display data" ;
SUBDESIGN dout_mul
(    sel[1..0], mode[3..0], in_a[7..0]      : INPUT ;
     disp_data[3..0]                          : OUTPUT ;
)
BEGIN
  if(mode[] == B"0001") # (mode[] == B"0010")then
    CASE sel[] IS            % scan display     %
        WHEN 0 => disp_data[] = in_a[7..4] ;
        WHEN 1 => disp_data[] = in_a[3..0] ;
        WHEN 2 => disp_data[] = B"1010" ;
        WHEN 3 => disp_data[] = B"1010" ;
    END CASE ;
  END IF ;
```

```
  if(mode[] = = B"0100") # (mode[] = = B"1000")then
    CASE sel[] IS           % scan display      %
        WHEN 0 => disp_data[] = B"1010" ;
        WHEN 1 => disp_data[] = B"1010" ;
        WHEN 2 => disp_data[] = in_a[7..4] ;
        WHEN 3 => disp_data[] = in_a[3..0] ;
    END CASE ;
  END IF ;
END ;
```

8. 红绿灯控制电路

有两种工作模式:在 TRFLI 模式下,z0 为高时水平方向的绿灯亮;z1 与 1 s 皆高时水平方向的黄灯亮;z0 或 z1 为高时垂直方向的红灯亮;z2 为高时垂直方向的绿灯亮;z3 与 1 s 皆高时垂直方向的黄灯亮;z2 或 z3 为高时水平方向的红灯亮。在 FLASH 模式下,水平方向的黄灯随 1 s 信号变化;垂直方向的红灯随! 1 s 信号变化。

```
SUBDESIGN LED_ctrl
(    1s, z[3..0], trfli,flash                : INPUT ;
     h_g, h_y, h_r, v_g, v_y, v_r            : OUTPUT ;
)
BEGIN
    IF trfli THEN
        h_g = ! z0 ;
        h_y = ! (z1 & 1s) ;
        v_r = ! (z1 # z0) ;
        v_g = ! z2 ;
        v_y = ! (z3 & 1s) ;
        h_r = ! (z3 # z2) ;
    END IF ;
    IF flash THEN
        h_g = VCC ;
        h_y =  1s ;
        v_r = ! 1s ;
        v_g = VCC ;
        v_y = VCC ;
        h_r = VCC ;
    END IF ;
END ;
```

9. 状态解码电路

```
SUBDESIGN mode
(    clk, key0, key1        : INPUT ;
     ena[3..0]              : OUTPUT ;
)
```

```
VARIABLE
    u[4..1]                  : DFF ;
    s[1..0]                  : NODE ;
BEGIN
    u[].d   = VCC ;
    u[].clk = clk ;
    u1.clrn = ! key0 ;
    u2.clrn = u1.q ;
    s0        = ! u2.q ;
    u3.clrn = ! key1 ;
    u4.clrn = u3.q ;
    s1        = ! u4.q ;
    CASE s[] IS
        WHEN 0 => ena[] = B"1000" ;
        WHEN 1 => ena[] = B"0001" ;
        WHEN 2 => ena[] = B"0010" ;
        WHEN 3 => ena[] = B"0100" ;
    END CASE ;
END ;
```

10. 扫描显示数据选择电路

```
TITLE "select sport timer displsy data" ;
SUBDESIGN mul
(   sel[1..0],mode[1..0]          : INPUT ;
    in_a[7..0], in_b[7..0]        : INPUT ;
    in_c[7..0], in_d[7..0]        : INPUT ;
    disp_data[3..0]               : OUTPUT ;
)
BEGIN
  IF mode[] == B"01" THEN
     CASE sel[] IS       % scan display multipliers %
        WHEN 0 => disp_data[] = in_a[7..4] ;
        WHEN 1 => disp_data[] = in_a[3..0] ;
        WHEN 2 => disp_data[] = in_c[7..4] ;
        WHEN 3 => disp_data[] = in_c[3..0] ;
      END CASE ;
  END IF ;
  IF mode[] == B"10" THEN
    CASE sel[] IS       % scan display multipliers %
        WHEN 0 => disp_data[] = in_d[7..4] ;
        WHEN 1 => disp_data[] = in_d[3..0] ;
        WHEN 2 => disp_data[] = in_b[7..4] ;
```

```
        WHEN 3 => disp_data[] = in_b[3..0] ;
    END CASE ;
  END IF ;
END ;
```

11. 七段显示器扫描电路

产生扫描信号,LED小数点显示信号和模式计数输出信号。

```
TITLE "7 segment LED array scan count" ;
SUBDESIGN scan
(    clk                              : INPUT ;
     decode[3..0], sel[1..0]          : OUTPUT ;
     disp_data7                       : OUTPUT ;
)
VARIABLE
     sel[1..0]                        : DFF ;
BEGIN
     sel[].clk = clk ;
     IF sel[] == 3 THEN
          sel[].d = sel[].q ;
     ELSE sel[].d = sel[].q + 1 ;
     END IF;
     TABLE
          sel[] => decode[], disp_data7 ;
          0     =>  B"0001",   VCC ;
          1     =>  B"0010",   GND ;
          2     =>  B"0100",   VCC ;
          3     =>  B"1000",   GND ;
     END TABLE ;
END ;
```

12. 时序生成电路

当s0、s1、s2或s3为高后,下一个脉冲导致load输出高电平;其他情况,load输出低。

```
TITLE "timing generator" ;
SUBDESIGN time_gen
(    clk, s[3..0]              : INPUT ;
     load                      : OUTPUT ;
)
VARIABLE
     u, v, m, n                : DFF ;
BEGIN
     u.clk = clk ;
     u.d     = VCC ;
```

```
    u.clrn= s0 ;
    v.clk = clk ;
    v.d    = VCC ;
    v.clrn= s1 ;
    m.clk = clk ;
    m.d = VCC ;
    m.clrn= s2 ;
    n.clk = clk ;
    n.d    = VCC ;
    n.clrn= s3 ;
    load = (s0 & u.q) # (s1 & v.q) # (s2 & m.q) # (s3 & n.q) ;
END ;
```

13. 交通状态控制

描述正常交通控制下的 4 种形式。

```
SUBDESIGN trf_mode
(   clk, start, time_out          : INPUT ;
    ena[3..0]                     : OUTPUT ;
)
VARIABLE
    u[1..0]     : DFF ;
    grant       : NODE ;
    trf     : MACHINE OF BITS ( q[3..0] )
        WITH STATES ( h_g = B"0001",h_y = B"0010",v_g = B"0100",v_y = B"1000" ) ;
BEGIN
    u[].d    = VCC ;
    u[].clk = clk ;
    u0.clrn = start ;
    u1.clrn = u0.q ;
    grant   = u0.q & ! u1.q ;
    trf.clk = clk ;
    trf.reset = grant ;
    IF (start & ! grant) THEN
        TABLE
            trf, time_out => trf ;
            h_g,    0   => h_g ;
            h_g,    1   => h_y ;
            h_y,    0   => h_y ;
            h_y,    1   => v_g ;
            v_g,    0   => v_g ;
            v_g,    1   => v_y ;
            v_y,    0   => v_y ;
```

```
        v_y,      1    => h_g ;
    END TABLE ;
    ena[] = q[] ;
  END IF ;
END ;
```

14. 1 ms 及 1 s 产生电路

名称为 mclk_gen.gdf,采用原理图形式实现,如图 11.19 所示。

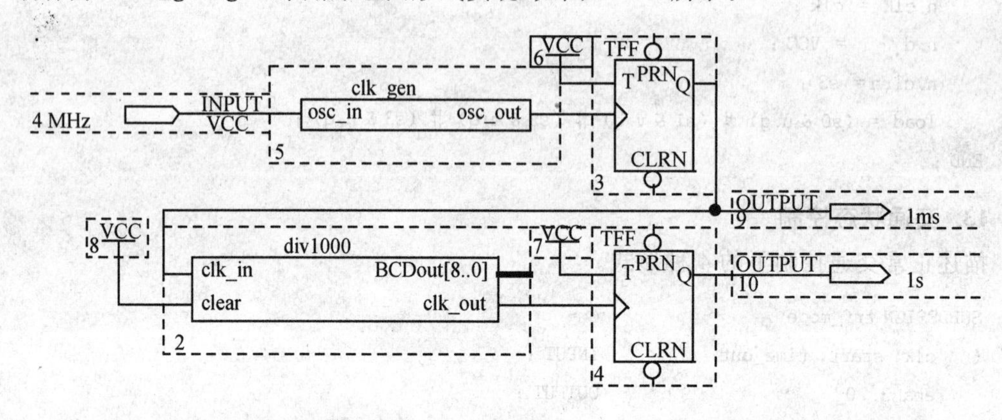

图 11.19 采用 Max PlusⅡ原理图形式设计的 PLD 1 ms 与 1 s 发生电路模块

15. 整体综合

采用原理图形式实现,如图 11.20 所示。

11.3 外设/接口的片上可编程软件配置实现

11.3.1 PSD 外设/接口的灵活软件实现

PSD 器件含有构成一个嵌入式应用系统所需的多个外围功能模块,能够与各种微控制器直接连接,利用其内的 Flash PLD 可方便地实现地址译码和系统逻辑,如分离地址/数据复用总线上的地址信息,在两个 CPU 通过共享存储体传递数据时提供握手通信信号,构成定时器/计数器,实现状态机逻辑功能等。下面列举几个例子来说明 PSD 外设/接口的灵活软件实现。

1. 用 PSD 器件实现 FPGA 器件的现场配置

这里使用 PSD813F2 组成的单片机系统实现配置 FPGA,即通过 PC 机串口将设计好的 PLD 可编程代码在线下载到单片机系统,由其 PSD813F2 配置 FPGA 器件,实现 IAP(In Application Programming)功能。

(1) 系统设计概述

设计系统构成框图如图 11.21(a)所示。PSD813F2 片内有编程逻辑宏单元,所以在单片机与 PSD813F2 之间不需要地址锁存器及外部程序存储器;并且 PSD 与 LCD、FPGA 的接口地直接用其 PA、PB 口连接,只需在可编程软件设计和单片机程序中相应设计为 I/O 模式或地址锁存模式。另外,FPGA 的使用中通常需要时钟信号,并可能需用好几路不同的时钟信

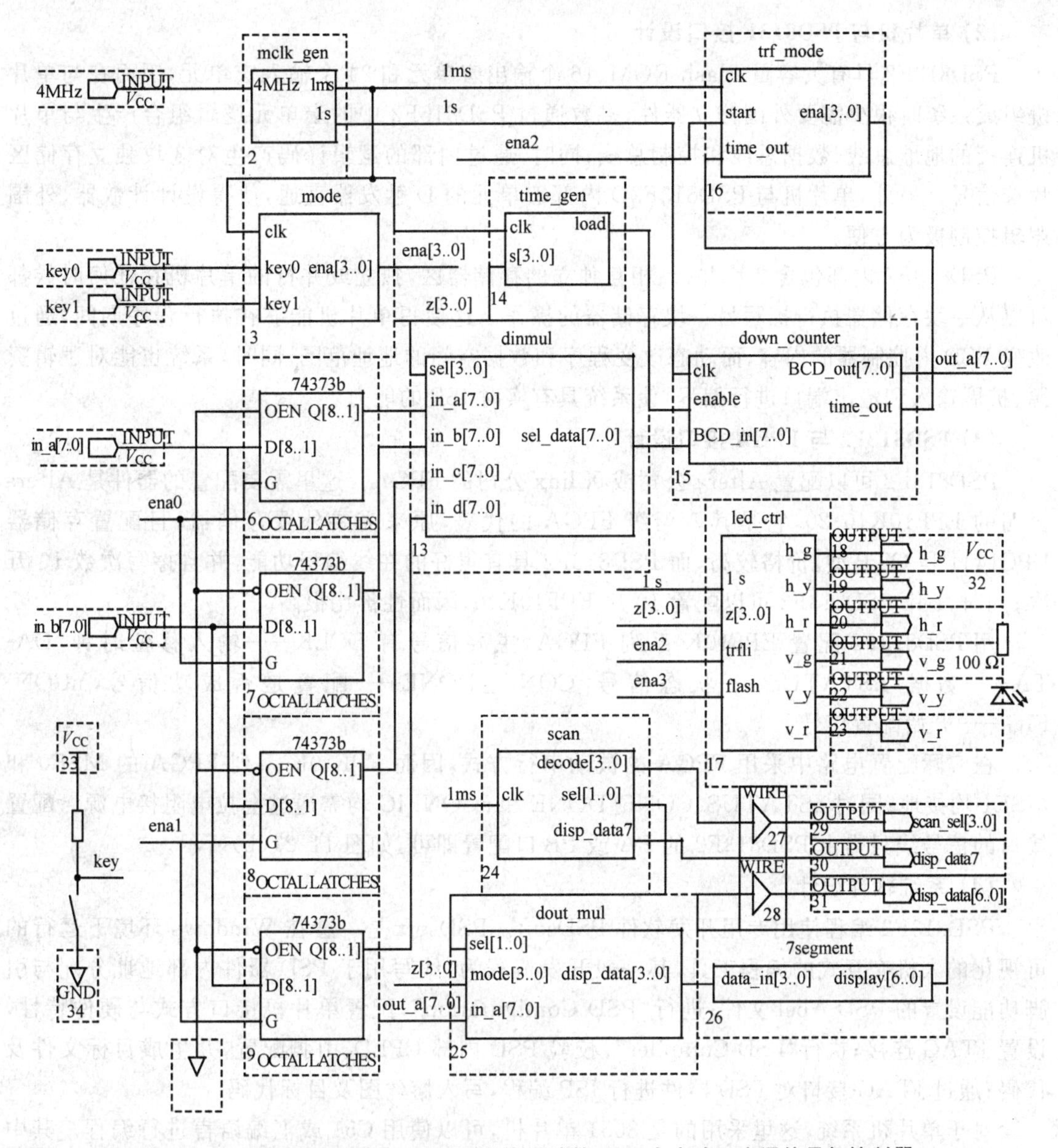

图 11.20 采用 Max PlusⅡ原理图形式设计的 PLD 十字路口交通信号灯控制器

号。在系统中采用 ICS 公司的 ISC501 倍频芯片，可实现 2×～8×共 8 种倍频方式，最高可实现 160 MHz 时钟；加之使用内部分频，可以满足多数设计需要。

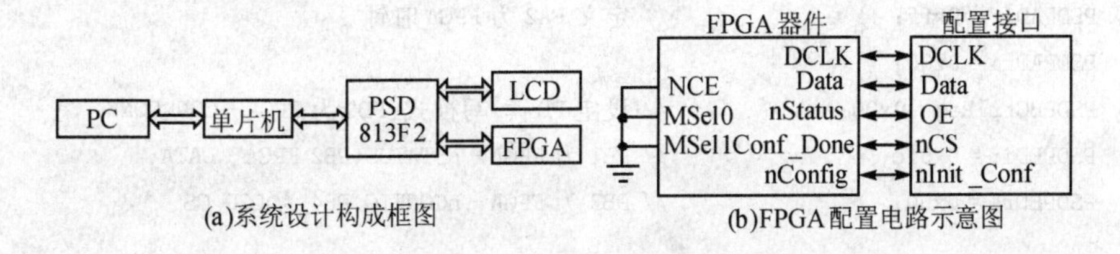

(a)系统设计构成框图　　(b)FPGA 配置电路示意图

图 11.21 由 PSD 器件构成的 FPG 现场配置系统示意图

(2) 单片机与 PSD813F 接口设计

PSD813F2 具有大容量 Flash ROM、16 个输出宏单元和 24 个输入宏单元，因而在与单片机组成系统时很少需要外围分立器件，多数通过 PSD813F2 中的宏单元逻辑组合产生与单片机连接的地址总线、数据总线和控制总线；同时，通过内部的逻辑译码产生对 3 块独立存储区片选信号。另外，单片机与 PSD813F2D 内部宏单元的 D 触发器直通，使得设计计数器、外围逻辑控制极为方便。

PSD813F2 内部包含 3 块并行、相互独立的存储器区，独立或并行的单片机在任何时候都可以从一块存储器执行擦写另一块存储器的操作。这使得单片机能够在执行程序期间，通过改变 PSD 内控制器的内容，而动态改变程序和数据空间的地址范围；同时，系统也能对逻辑资源、扩展输入和输出端口进行编程，使系统具有实时 ISP 的能力。

(3) PSD813F2 与 FPGA 接口设计

PSD813F2 可以配置 Altera 公司或 Xilinx 公司的 FPGA。这里需要配置的器件是 Altera 公司的 EPF10K10/20，它是其万门级 FPGA 的代表，原来需要外置存储器，且配置存储器 EPC1441 是 OTP 型，价格较高；而 PSD813F2 具有很好的在线编程功能，并且擦写次数 10 万次；同时，1 片 PSD813F2 可以配置 10 片 EPF10K10，因而性价比很高。

用 PSD813F2 配置 EPF10K 系列 FPGA，主要信号有 DCLK——输入移位时钟，DATA——数据，nSTATUS——状态信号，CONF _ DONE——配置是否成功信号，nCONFIG——开始配置信号。

在实际配置电路中采用 FPGA 的被动串行方式，因而 EPF10K 系列 FPGA 的 MSE0 和 MSE1 均接地；同时 nSTATUS、CONF_DONE 和 nCONFIG 均需通过上拉电阻接电源。配置接口的信号线只需由 PSD813F2 的 PA 或 PB 口配置即可，如图 11.21(b)所示。

(4) 系统软件设计

PSD813F2 编程使用专用开发软件 PSDsoft。PSDsoft 是一套在 Windows 环境下运行的可视化的人机交互式的编程工具，其一般开发流程为：编写用于 PSD 器件内部地址分配与引脚功能设置的 PSD Abel 文件；进行"PSD Configuration"，配置单片机接口方式与硬件特性，设置 JTAG 连接；执行"PSD Compiler"，校验 PSD 内部 CPLD、引脚配置，并生成目标文件及代码；通过 JTAG 接口对 PSD 器件进行 ISP 编程，写入熔丝图及目标代码。

对于单片机系统，这里采用的是 8051 单片机，可以使用 C51 或汇编语言进行编程。其中主要的是对 PSD813F2 进行初始化配置的子程序，相关代码如下：

```
void InitPSD813F2(void)                     // 初始化程序
{   PSDPACtrlReg = 0x03;                    // 设定 PA 口的读/写模式:PA0 为 LCD 读/写,PA1 为 LCD 复位
    PSDPADir = 0xff;                        // 定义 PA2 为 FPGA 时钟
    PSDPADri = 0x00;
    PSDPBCtrlReg = 0x00;                    // 设定 PB 读/写模式:PB0 为 FPGA - CON_DONE
    PSDPBDir = 0x0fc;                       // PB1 为 FPGA - nSTATUS,PB2 FPGA - DATA
    PSDPBDri = 0x00;                        // PB3 为 FPGA - nCONFIG,PB4 为 LCD_CS
}
```

2. 由 PSD 器件作为主要外设的数据采集体系

PSD8xx 集 Flash MEM 、EERPOM、SRAM 和 PLD 等于一体，可代替常规电路设计中的

程序存储、数据存储、数据缓存和译码等芯片，从而使系统大为简化，而JTAG技术更是为PSD813F1的使用增添了便捷的设计和使用手段。下面以PSD813F1与16位单片机80C196KC构成的现场数据采集系统加以说明。该系统的主要组成如图11.22所示。

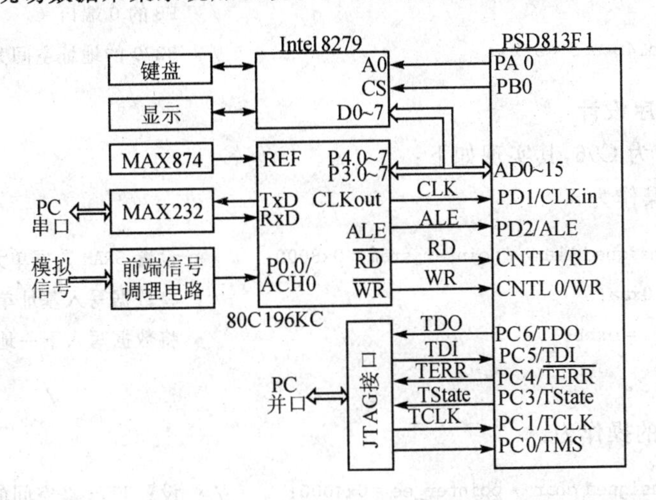

图 11.22 PSD813F1与80C196KC组成的数据采集体系电路示意图

(1) 硬件结构简述

Intel公司的16位单片机80C196KC具有16位多路复用的地址/数据总线，工作于12 MHz的时钟频率，系统主体程序采用C96语言设计，程序空间大小占用32 KB，系统设计要求采用非易失性存储器进行数据存储，另外需外扩SRAM用于数据缓存。程序存储、数据存储和数据缓存分别由PSD813F1的Flash MEM、EEPROM和SRAM完成。A/D转换采用80C196KC自身的10位8路逐次比较型A/D，键盘/显示接口芯片采用8279，与个人计算机通信采用Maxim公司的MAX232用于RS－232通信，由MAX874经精密调整后给80C196KC提供4.096 V电压。8279的片选和地址译码由PSD813F1的FGPLD完成。

(2) PSD813F1配置文件设计

该电路在PSDsoft软件中的配置为：多路复用工作方式，ALE信号高电平有效，读/写控制选择RD/WR。PSD813F1以Abel语言为硬件描述语言，在本电路中的设计方法为：

① 内部译码实现如下：

```
fs0 = ! a15 * ! a14 * ! a13 * ! a12;          /* fs为设计中FLASH MEM的保留名,fs0地
                                                 址空间为0h～0fffh */
fs1 = ! a15 * ! a14 * ! a13 * ! a12;          /* fs1地址空间为1000h～1fffh */
fs2 = ! a15 * ! a14 * ! a13 * ! a12;          /* fs2地址空间为2000h～2fffh */
fs3 = ! a15 * ! a14 * ! a13 * ! a12;          /* fs3地址空间为3000h～3fffh */
ees0 = ! a15 * ! a14 * ! a13 * ! a12;         /* ees为EEPROM的保留名,ees0地址空间
                                                 为4000h～4fffh */
ees1 = ! a15 * ! a14 * ! a13 * ! a12;         /* ees1地址空间为5000h～5fffh */
ees2 = ! a15 * ! a14 * ! a13 * ! a12;         /* ees2地址空间为6000h～6fffh */
ees3 = ! a15 * ! a14 * ! a13 * ! a12;         /* ees3地址空间为7000h～7fffh */
rs0 = a15 * ! a14 * ! a13 * ! a12 * ! a11 * ! a10;   /* rs为SRAM的保留名,地址空间为8000
                                                 ～83FFFH */
```

```
csiop = a15 * ! a14 * ! a13 * ! a12;                /* 基地址为 9000h */
```

② 外部译码的实现:将 PB 的最低位端口设计为片选信号的设计方法为

```
cs1 pin7;                                           /* PB 的 0 端口 */
cs1 = ! (a15 * a14 * a13 * a12);                    /* 8279 的地址空间为 d000h～dfffh */
```

(3) 单片机程序设计

程序设计语言为 C96,其实现如下:

对 SRAM 的操作为:

```
static const unsigned char * pointer_sram = 0x8000;    /* 设置 SRAM 数据单元的基址指针 */
pointer_sram = 0xaa;                                    /* 将数据写入基址单元 */
pointer_sram[1] = 0xbb;                                 /* 将数据写入下一地址单元 */
……
```

对 EEPROM 的操作为:

```
static const unsigned char * pointer_ee = 0x4000;      /* 设置 EEPROM 空间的基址指针 */
pointer_ee = 0xaa;
……                                                      /* 延时等待,对 EEPROM 的单元写入数据时
                                                           必须增添一定的时间延时 */
pointer_ee[i] = 0xbb;                                   /* i 为地址增量,即相对于基地址的偏移
                                                           量 */
……
```

端口 A、B 的地址及各控制寄存器的地址由 CSIOP 的基地址加偏移地址来决定,本设计中 PA.0 用于为 8279 的 A0 提供地址信号。如不采用 PSD813F1,则需在 80C196KC 和 8279 之间接 74373 用于地址锁存输出,采用 PSD813F1 则只需配置端口 A 的 PA.0 工作于地址锁存工作方式,配置由 A 口的控制寄存器(占据一字节空间)决定,实现方法如下:

```
static const unsigned char * csiop = 0x9000
csiop[2] = 0xfe;
```

端口 A 的控制寄存器相对于 CSIOP 基地址的偏移地址为 02H;此时 PA.0 在控制寄存器中的相应位为 0,因此 PA.0 工作于地址锁存输出方式,其他高 7 位相应位为 1。

对 8279 的初始化操作为:

```
static const unsigned char * pointer_8279 = 0xd000h;   /* 基址为数据口地址 */
pointer_8279[1] = 0xd1;                                 /* 对命令端口写入清除命令 */
do{}
while((pointer_8279[1] 0x7f) = = 0x7f);                 /* 等待清除完成 */
pointer_8279[1] = 0x2a;                                 /* 送程序时钟分频常数 */
pointer_8279[1] = 0x08;                                 /* 写键盘/显示器工作方式命令 */
pointer_8279[1] = 0x90;                                 /* 写显示 RAM 命令 */
pointer_8279 = 0x10;                                    /* 向数据口送入显示数据 0x10 */
```

11.3.2 μPSD 及其片内外设/接口的应用

μPSD 器件将增强型的 8051 单片机内核和 PSD 功能集成为一体，十分方便嵌入式便携设备的开发设计，特别是为设置系统与外界的通信方式提供了更大的灵活性。下面从硬件电路和软件编程两个方面，介绍使用 μPSD323X 系列器件实现 EPP 增强并口接口的设计方法，以此说明 μPSD 器件及其外设/接口的具体应用。

1. EPP 并行硬件接口电路简介

EPP 增强并口的速度可达到 500 KB/s～2 MB/s，这对外设的接口设计提出了一个很高的要求。用可编程逻辑器件 FPGA 和 CPLD，可以很好地实现 EPP 增强并口的接口设计，μPSD323X 内部集成有可编程逻辑电路(CPLD)，因此可以使用 μPSD323X 这种接口设计，EPP 接口外设硬件电路如图 11.23 所示。在该设计中，μPSD323X 通过中断的方式接收 PC 机并口的数据，并且当外设准备好数据上传到 PC 机时，PC 机采用的也是中断方式接收外设的数据。在该硬件电路的基础上实现 EPP 并口通信还需做两部分的工作：一部分工作是在 PSDsoft Express 工具中完成对 CPLD 的数据的锁存；另一部分工作是在 KEIL C51 环境下编写中断服务程序，实现 EPP 数据的读取和发送。

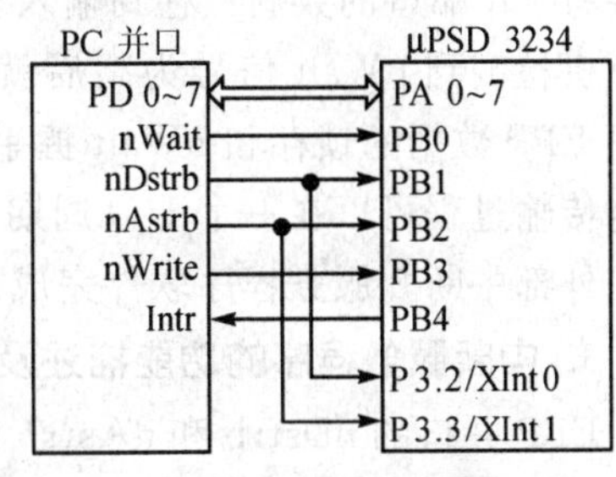

图 11.23 uPSD 器件直接实现 EPP 并口通信的电路示意图

2. CPLD 的编程及数据锁存的实现

根据 EEP 数据传输时序，在 PSDsoft Express 中，将 PA 端口(EPPD0～EPPD7)配置成带有时钟上升沿触发的寄存器类型(PT clocked register)的输入宏，PB0(nWait)配置成上升沿触发的 D 类型寄存器(D - type register)的输出宏，PB3(nWrite)、PB4(nDstrb)和 PB2(nAstrb)配置成 CPLD 逻辑输入(logic input)口。NDstrb 信号和 nAstrb 信号各自取“反”再相“与”后的值作为输入宏单元和输出宏单元的时钟。上述对 PA、PB 端口的配置用程序表示如下：

```
PORTA EQUATIONS:
      ! EPPD7_LD_0 = nAstrb & nDstrb;
      EPPD0.LD = EPPD3_LD_0.FB;
      ! EPPD3_LD_0 = nAstrb & nDstrb;
      EPPD1.LD = EPPD3_LD_0.FB;
      ! nWait_C_0 = nAstrb & nDstrb;
      EPPD2.LD = EPPD3_LD_0.FB;
      EPPD3.LD = EPPD3_LD_0.FB;
      EPPD4.LD = FPPD7_LD_0.FB;
      EPPD5.LD = EPPD7_LD_0.FB;
      EPPD6.LD = EPPD7_LD_0.FB;
      EPPD7.LD = EPPD7_LD_0.FB;
PORTB EQUATIONS:
      nWait.D: = 1;
```

```
nWait.PR = 0;
nWait.C = nWait_C_0.FB;
nWait.OE = 1;
nDstrb.LE = 1;
nAstrb.LE = 1;
```

EPP 数据的锁存过程如下:以计算机向外设传输数据(即 EPP 数据写周期)为例,计算机首先检测 nWait 信号,如果 nWait 为低则计算机把 nWrite 信号置为低表明是写周期,同时将数据放到数据总线上,然后置低 nDstrb 信号。此时,nDstrb 信号会出现一个上升沿,此上升沿会将 PA 端口的数据锁存到输入宏;同时,此上升沿使 nWait 信号变高,表示外设正忙。当计算机检测到 nWait 信号为高后就会将数据握手信号 nDstrb 变高,EPP 数据写周期结束。上述 EPP 数据的锁存和 nWait 握手信号的产生都由硬件产生,因此数据传输速度很快。整个数据传输过程可以在一个 I/O 周期内完成,锁存到输入宏的数据的读取和 nWait 信号的清除则在外部中断 0 服务程序软件完成。

3. 中断服务程序的功能描述及流程

EPP 并口的 nDstrb 和 nAstrb 信号线分别连到 μPSD323X 的外部中断 0 和外部中断 1 引脚。当发生 EPP 数据读/写时,nDstrb 信号就会产生一个下降沿,引起外中断 0 中断;当发生 EPP 地址读/写时,nAstrb 信号就会产生一个下降沿,引起外中断 1 中断。外部中断 0 和外部中断 1 的中断服务程序的功能是相同的,只不过前者接收或发送的是数据而后者是地址和命令等。下面以数据传输的过程为例加以说明。

① 数据正向传输(计算机向外设发送数据):当发生 EPP 数据写周期时,即数据正向传输时,计算机首先检测 nWait 信号。如果 nWait 为低,则表示外设已准备好接收数据。计算机把 nWrite 信号置为低,表明是写周期,同时将数据放到数据总线上,然后置低 nDstrb。nDstrb 信号就会产生一个下降沿,此下降沿一方面将 PA 端口的数据锁存到输入宏并使 nWait 信号变高,表示外设正忙;另一方面引起外部中断 0 中断,在外部中断 0 的中断服务程序中读取输入宏锁存的数据,然后将 nWait 信号清零通知计算机现在外设已经准备好可以再次接收数据。

② 数据反向传输(计算机从外设接收数据):外设准备好数据需要上传到计算机时,μPSD323X 就会将数据放到 PA 端口,同时置低 Intr 信号线,向计算机申请一个中断,计算机中由一个硬件驱动程序来处理并口的硬件中断。驱动程序在并口中断服务程序中,通过读取 EPP 数据口获得外设上传的数据。由于 EPP 接口的握手信号由硬件产生,当计算机读取 EPP 数据口时同样会检测 nWait 信号。如果 nWait 为低,则计算机把 nWrite 信号置高,表明是读周期,然后置低 nDstrb,nDstrb 信号就会产生一个下降沿。此下降沿使 nWait 信号变高,同时引起 μPSD323X 外部中断。在外部中断 0 的中断服务程序中,为确保计算机将 PA 端口的数据取走,需不断检测 nDstrb 是否为高。当 nDstrb 为高时,表示计算机已将 PA 端口数据读走,然后中断服务程序将 nWait 置低,EPP 数据读周期结束。

11.3.3 PSoC 及其片内外设/接口的应用

PSoC 片上系统具有强大的柔性和集成功能,通过 PSoC Designer IDE 开发工具,可以很容易地把 PSoC 器件所含的数字模块和模拟模块配置成所需的定时器、计数器、UART、CRC

发生器、脉宽调制器(PWM)、模/数转换器、数/模转换器、可编程增益放大器、可编程滤波器、差分比较器、触摸按键/屏板、调制解调器、马达控制器和传感器信号处理电路等功能模块,实现高集成度、低成本和短开发周期的片上系统。本人在《嵌入式系统硬件体系设计》一书中,曾经系统地阐述过使用一片 PSoC 器件实现"燃气变频输配和大流量范围流量计量"与"容式感测平板键盘"的例子。这里再列举一个使用一片 PSoC 器件结合少量电阻、电容和晶体管器件实现非接触式射频 RFID 卡的识读体系。常规设计中 RFID 卡的识读是需要专门的接收芯片配合微控制器来实现的。RFID 卡及其读/写,在《嵌入式系统硬件体系设计》一书中也有专门介绍。

1. 125 kHz RFID 卡及其调制与识读

智能门锁、考勤机和自动收费等系统中常见的是廉价的 125 kHz 的 RFID 卡,它采用频移键控(FSK)方式进行调制,载波频率 125 kHz,以 15.6 kHz 表示逻辑电平"0",以 12.5 kHz 表示逻辑电平"1"。目前配套使用的 RFID 卡主要是 EM4100,它有 64 位激光可编程 ROM,调制方式为曼彻斯特码(Manchester),位数据传送周期为 512 μs,其 64 位数据结构如图 11.24 所示,连续 9 位"1"作为头数据,是读取数据时的同步标识;D00~D93 位是用户定义数据位;P0~P9 是"行"奇校验位,PC0~PC3 是"列"奇校验位,最后一位"0"是结束标志。RFID 非接触 ID 卡的这种数据结构非常有利于判断读出数据的正确性。

1	1	1	1	1	1	1	1	1
				D00	D01	D02	D03	P0
				D10	D11	D12	D13	P1
				D20	D21	D22	D23	P2
				D30	D31	D32	D33	P3
				D40	D41	D42	D43	P4
				D50	D51	D52	D53	P5
				D60	D61	D62	D63	P6
				D70	D71	D72	D73	P7
				D80	D81	D82	D83	P8
				D90	D91	D92	D93	P9
				PC0	PC1	PC2	PC3	P0

图 11.24 RFID 卡的位激光和编程 ROM 数据结构示意图

这种 RFID 卡的位数据传送率是固定的,即每传送一位的时间(周期)为振荡周期的 64 分频,所以位传送周期为:1P=1/(125 kHz×64)=512 μs。可以通过对检测到的数据位的跳变来实现对曼彻斯特码的译码:位数据"1"对应着电平下跳,位数据"0"对应着电平上跳;在一串传送的数据序列中,两个相邻的位数据传送跳变时间间隔为 1P。若相邻的位数据极性相同,则在该两次位数据传送的电平跳变之间,有一次非数据传送的、预备性的(电平)"空跳"。电平上跳、电平下跳和两个相邻的同极性"位数据"之间的预备性空跳是确定"位数据"传送特征的判断依据。译码识别的时序如图 11.25 所示。

2. 读卡器的构成与 PSoC 体系设计

根据 125 kHz 载频 RFID 卡调制/解调的原理,可以设计最简的读卡器体系,如图 11.26 所示。

信号发生器每间隔一定时间发出一串 125 kHz 载波信号,通过感应线圈 L 对接近的 RFID 卡进行检测。有效信号检测部分会在 RFID 卡存在时返回一个宽而大的高电平脉冲,无

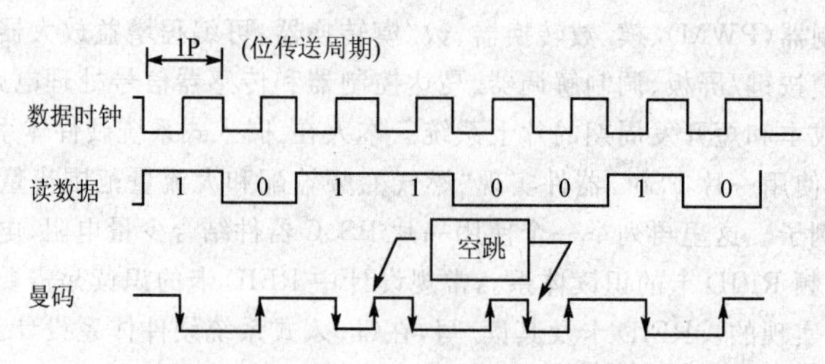

图 11.25 RFID 卡的传送编码识别时序示意图

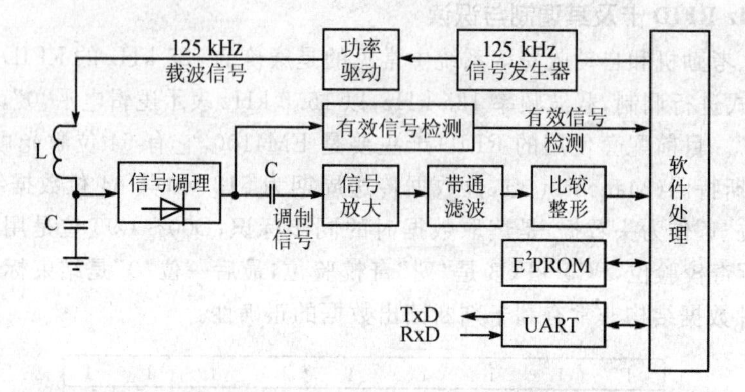

图 11.26 RFID 电子标签的识读原理框图

卡时则不返回脉冲或返回一个极窄的高电平脉冲，软件通过一个以该脉冲作为使能端的计数器就可判断是否有卡出现。在有卡存在时，软件转而控制发送连续的 125 kHz 载波信号，RFID 卡返回的调制信号经过放大、带通滤波和比较整形处理后，就可以得到含有标识数码信息的规则的曼彻斯特码数据流，在软件中设置两个分别以该信号高电平和低电平为使能端的计数器，结合计数中断和分别设定的全局统计变量，根据曼彻斯特码数位的识别规律，就可以识别得到 RFID 卡中的数码信息。之后，再通过软件操作，把数码信息，或存入非易失的 E^2PROM中，或与 E^2PROM 中的提前预存信息比较，或通过 UART 串口外传。

信号调理和有效信号检测模块部分可以通过几个电阻、电容和二极管件实现，其余模块按传统设计则要选用专用的前端处理芯片来完成。若采用 PSoC 器件，除信号调理和有效信号检测模块外，其他所有模块包括软件操作与分析处理部分都可以在其内部完成，如图 11.27 所示。

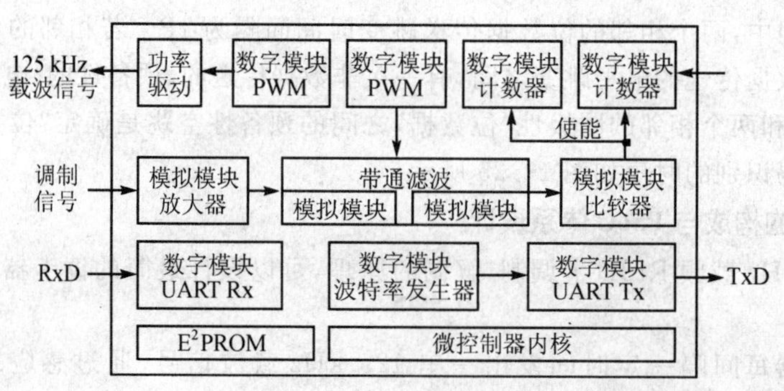

图 11.27 PSoC 单片机实现的 RFID 电子标签的内部构造框图

用 PSoC 器件实现 125 kHz 载波 RFID 卡的基本识读，需要使用 4 个数字模块和 4 个模拟模块。4 个数字模块均以计数形式工作，2 个用于输出 PWM 信号（一个为 125 kHz 载波信号，一个为带通滤波提供所需时钟），2 个用于信号检测（一个卡检测或有效数位高电平信号检测，一个有效数位低电平信号检测）；一个模拟模块用于数码信号放大，两个模拟模块用于带通滤波（去除载波信号，得到便于识别的曼彻斯特码），一个模拟模块用于比较整形（得到规则的更便于识别的曼彻斯特码数位信号）。E^2PROM 可以使用 PSoC 器件内部的 Flash 由特定封装模块模拟得到。PSoC 器件内含有休眠定时器，可以用于间断性地实现对 RFID 卡的检测，以节省电能消耗。检测与控制软件可由 PSoC 器件的内嵌的微控制器核完成，实现基本的有效数码识别，代码量不足 8 KB。如果需要实现 UART 串口外传，还需要 3 个数字模块：一个用作波特率发生器，一个用作 UART 发送单元，一个用作 UART 接收。

PSoC 器件所有功能模块的配置和参数设置可以通过 PSoC Designer IDE 开发工具的器件编辑器以可视化人机交互方式实现，转到代码编辑器后，IED 环境会自动生成所需的程序代码框架。

仅实现简单的 RFID 卡数码的接收与识读及门禁控制功能，选用廉价的含有 4 个数字模块、4 个模拟模块与 8 KB 闪存的 28 脚 SOIC/SSOP/QFN 封装的 CY8C21543 芯片即可，如果要实现更多的功能，如数据外传和 LCM 显示等，则需要使用含有更多数字/模拟模块和闪存的 PSoC 器件，如 CY8C26443、CY8C27443 和 CY8C29466 等。

11.4 模拟硬件外设/接口的可编程软件设计

目前，可编程模拟器件 PAD 的技术发展还不很完备和成熟，其设计应用范围有一定的限制。但是，现有的 PAD 技术的设计应用却越来越多。PAD 特别适用于小型化、低成本及中低精度电子系统的设计和实现。下面以 Lattice 公司的 ispPAC 系列器件及其设计应用加以介绍。

11.4.1 ispPAC 系列器件及应用设计简介

在系统可编程模拟电路 ispPAC（In - System Programmability Programmable Analog Circuits），其主要系列器件有 PAC10、PAC20、PAC30、PAC80、PAC81 和 PAC82 等，它可以实现的功能有：信号调理（如放大、衰减、滤波等）、信号处理（如求和、求差、积分运算等）及信号转换（把数字信号转换成模拟信号）。

ispPAC 提供的主要可编程性能如下：

① 可编程功能　具有对模拟信号进行放大、转换和滤波的功能；

② 可编程互联　能把器件中的多个功能块进行互联，能对电路进行重构，具有百分之百的电路布通率；

③ 可编程特性　能调整电路的增益、带宽和阈值。

ispPAC 器件的主要结构组成是：模拟布线池、配置存储器、参考电压、自动校正单元和 ISP 接口等。基本单元电路称为 PAC 块（PAC block），它由两个仪表放大器和一个输出放大器组成，配以电阻、电容就构成一个的差分输入/差分输出的基本单元电路，一些类型的器件还含有可调的衰减 D/A 转换器（MDAC）。

ispPAC 器件的的开发软件为 PAC Designer，它主要采用原理图的形式进行设计输入；在其集成开发环境中，可以方便地测试和观察所设计模拟部件的性能（如电路的幅频和相频特性），可设置所选模拟组件的参变量使之适合特定场合的需要；设计与测试好的逻辑执行代码可通过 PAC Designer 和 SPI 接口直接下载到器件中运行。

11.4.2 用 ispPAC 器件设计模拟外设/接口

使用 ispPAC 系列器件可以方便地实现模拟外设或接口部件等电子体系，特别是灵活地构建嵌入式应用体系的测量与控制通道，下面列举几个典型应用实例加以说明。

11.4.2.1 有源双二阶滤波器的 PAD 设计

模拟输入信号的有源滤波电路是测量通道中不可缺少的设计部分，常常通过采用高精度放大器件和外围阻容器件，以减少器件的温度漂移，提高测量精度，但仍不能做到很完备。如果采用 ispPAC 进行灵活的可编程逻辑设计，则可以得到很好的效果。

通常用 3 个运算放大器实现双二阶型函数的电路。双二阶型函数能实现所有的滤波器函数，如低通、高通、带通和带阻等，其函数的表达式如下：

$$\tau(s)=K\frac{ms^2+cs+d}{ns^2+ps+b}$$

式中，$m=1$ 或 0，$n=1$ 或 0。

双二阶函数电路的灵敏度相当低，电路容易调整，一个显著特点是只需附加少量的元件就能实现各种滤波器函数。这里以低通函数的实现加以说明，低通滤波器的转移函数如下：

$$\tau_{\text{ip}}(s)=\frac{V_0}{V_{\text{in}}}=\frac{-d}{s^2+ps+b}$$

$$(s^2+ps+b)V_0=-dV_{\text{in}}$$

$$V_0=-\frac{b}{s(s+p)}V_0-\frac{d}{s(s+p)}V_{\text{in}}$$

上式又可写成如下形式：

$$V_0=(-1)\left(\frac{-k_1}{s}\right)\left[\left(-\frac{k_2}{s+p}\right)V_0+\left(-\frac{d/k_1}{s+p}\right)V_{\text{in}}\right]\qquad b=k_1k_2$$

该函数的结构方框图和常规实现电路如图 11.28 所示。

利用在系统可编程器件可以很方便地实现此电路。这里选用 ispPAC10 器件，它能够实现方框图中的每一个功能块。PAC 块可以对两个信号进行求和或求差，k 为可编程增益。因此，三运放的双二阶型函数的电路用两个 PAC 块就可以实现。在开发软件中使用原理图输入方式，把两个 PAC 块连接起来，即可组成双二阶滤波器，电路如图 11.29 所示（电路中把 k_{11}、k_{12}、k_{22} 设置成 +1，把 k_{21} 设置成 −1）。

电路中的 C_F 是反馈电容，R_e 是输入运放的等效电阻。其值为 250 kΩ。两个 PAC 块的输出分别为 V_{01} 和 V_{02}。可以分别得到两个表达式：第一个表达式为带通函数，第二个表达式为低通函数，即

$$\tau_{\text{bp}}(s)=\frac{V_{01}}{V_{\text{in1}}}=\frac{\dfrac{-k_{11}s}{C_{F1}R_e}}{s^2+\dfrac{s}{C_{F1}R_e}-\dfrac{k_{12}k_{21}}{(C_{F1}R_e)(C_{F2}R_e)}}$$

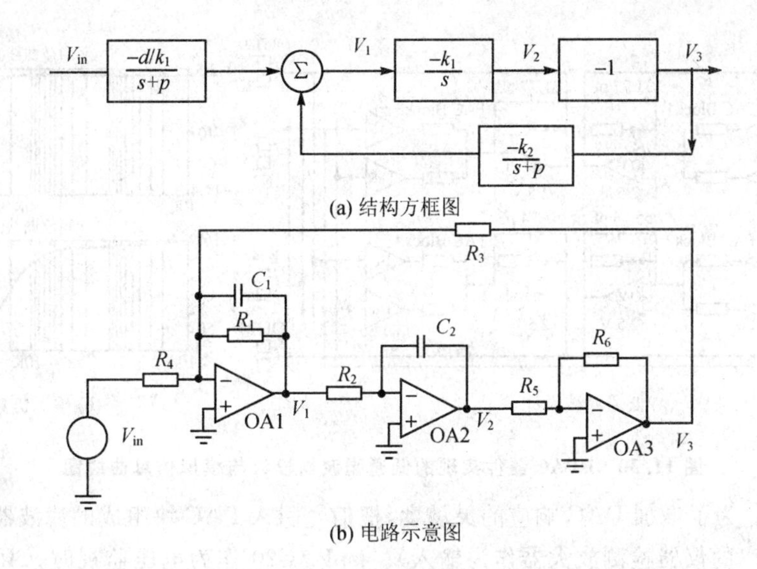

图 11.28 双二阶有源滤波器的方框图与三运放实现电路示意图

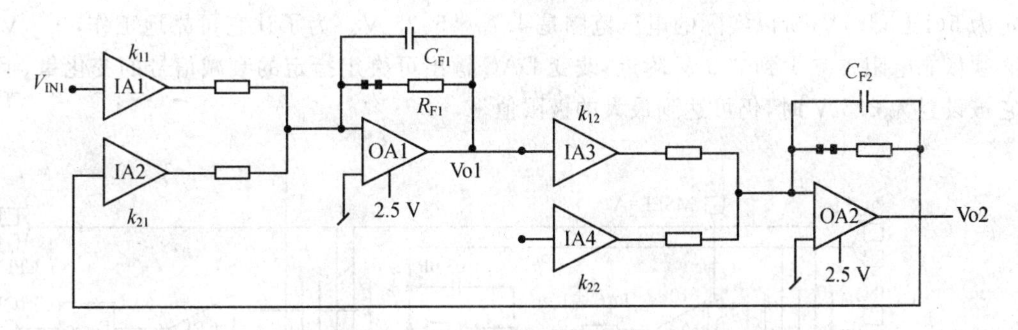

图 11.29 用 ispPAC10 实现的双二阶有源滤波器示意图

$$\tau_{lp}(s)=\frac{V_{02}}{V_{in1}}=\frac{\dfrac{k_{11}k_{12}}{(C_{F1}R_e)(C_{F2}R_e)}}{s^2+\dfrac{s}{C_{F1}R_e}-\dfrac{k_{12}k_{21}}{(C_{F1}R_e)(C_{F2}R_e)}}$$

根据上面给出的方程便可以进行滤波器设计。在系统可编程模拟电路的开发软件 PAC-Designer 中含有一个宏，专门用于滤波器的设计，只要输入 f_0，Q 等参数，即可自动产生双二阶滤波器电路，设置增益和相应的电容值。开发软件中还有一个模拟器，用于模拟滤波器的幅频和相频特性。

图 11.30 给出了一个用 PAC-Designer 软件设计的一个连续时间的四阶低通 Chebyshev（塞贝谢夫）滤波器电路和仿真曲线图，它的起始频率为 100 Hz，截止频率为 2 MHz。

11.4.2.2 电压监控器的 PAD 逻辑实现

电路电压的监控通常选用专用监控 IC 器件通过硬件电路实现，也可以采用 PAD 器件通过灵活模拟逻辑设计加以实现。下面介绍一种利用 ispPAC20 设计的过压监视电路。

将一个待测电压信号接在 ispPAC20 的一个输入引脚上，并且把 PAC 模块放大器的输出接到比较器的输入引脚上就成为典型的监视器。当产生过压时，比较器能输出相应的控制信号。另外，发生故障时，它也能用外部逻辑来登记。ispPAC20 实现的过压监视电路设计如

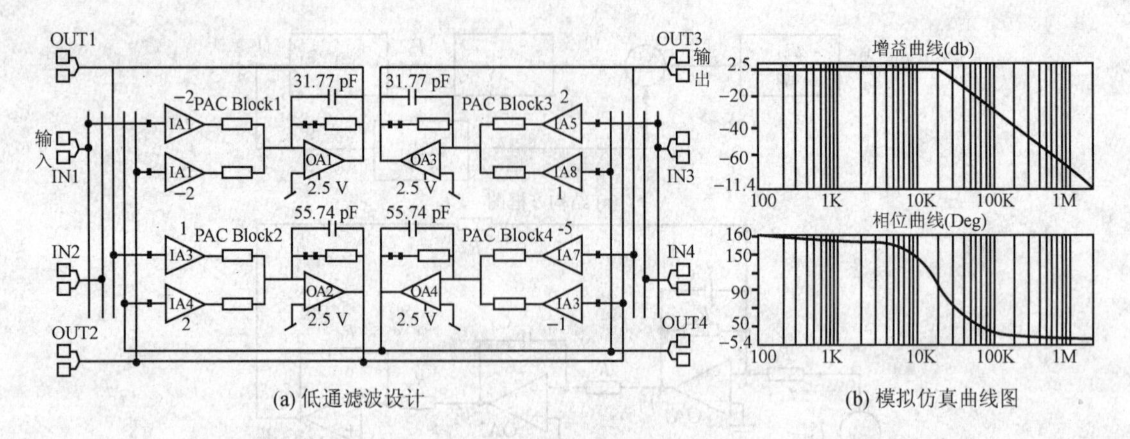

图 11.30　isPAC 器件实现的低通滤波器设计与模拟仿真曲线图

图 11.31 所示。为了增加 DAC 响应的灵敏度，把信号引入 PAC 块组成的滤波器进行滤波(或者利用高阻抗率的仪器检测放大器作为输入)。ispPAC20 作为电压监视时，CP1 的输出寄存器应被设置为“Direct”模式，而不是“Clocked”模式。图示电路监视的电压为+5 V，供电电压指定为 5(1±5%)V，所以实际的电压范围是 4.75～5.25 V。为了让它可靠地工作，+5 V 信号必须依靠电阻器减少到 2.5 V 附近，改变 DAC 输出可决定指定的衰减信号的变化量，但是当它被设置为 2.5 V 时，仍可达到最大的极限值。

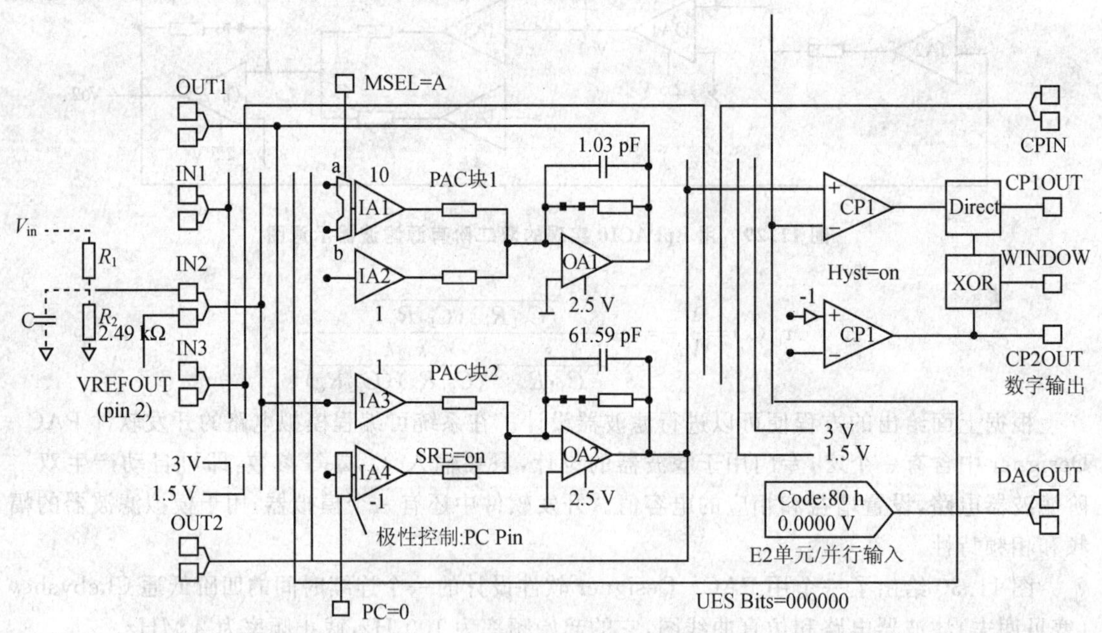

图 11.31　用 isPAC20 设计模拟过压监控电路示意图

表 11.3 和 11.4 提供了监视值与元器件参数之间的关系。

表 11.3　Vin = 5 V($R_1=R_2=2.49$ kΩ)

过　压/V	0.250	0.500	1.000
PAC 增益	10	5	1
DAC 设置	B6H	B6H	96H
V_{in}触发阈值/V	5.253	5.506	6.032

表 11.4　$R_2=$ 2.49 kΩ(表中频率值指V_{in}的频率值)

V_{in}/V	5	12	15
R_1/kΩ	2.49	9.53	12.4
实际电压/V	2.5	2.486	2.508
所需电阻 R_1 之值/kΩ	1.250	1.974	2.080
$C_1=0.1$ μF	1.27 kHz	806 Hz	756 Hz
$C_1=1.0$ μF	127 Hz	80.6 Hz	76.5 Hz
$C_1=10.0$ μF	12.7 Hz	8.06 Hz	7.56 Hz

11.4.2.3　电机控制 PI 调节环 PAD 设计

电机伺服运动控制,离不开比例积分微分 PID 调节环,PID 调节环的实现通常借助于具有乘除运算的微控制器实现,如 DSPs,这里介绍一种使用 ispPAC10 器件通过可编程模拟逻辑设计来实现的直流电机速度的 PI 调节环。采用 ispPAC 器件实现模拟调速系统,系统的电路参数可以通过软件进行调整,并且可以对建立的系统模型进行仿真。

1. 模拟直流调速体系的组成和工作原理

模拟调速系统一般是由两个闭环构成的,即速度闭环和电流闭环,两个反馈闭环在结构上采用一环套一环的嵌套结构,这就是所谓的双闭环调速系统。它具有动态响应快、抗干扰能力强等优点,因而得到广泛的应用。系统的结构框图如图 11.32 所示,其中 ASR、ACR 分别是速度和电流调节器,通常是由模拟运放构成 PI 或 PID 电路;信号调理主要是对反馈信号进行滤波和放大。

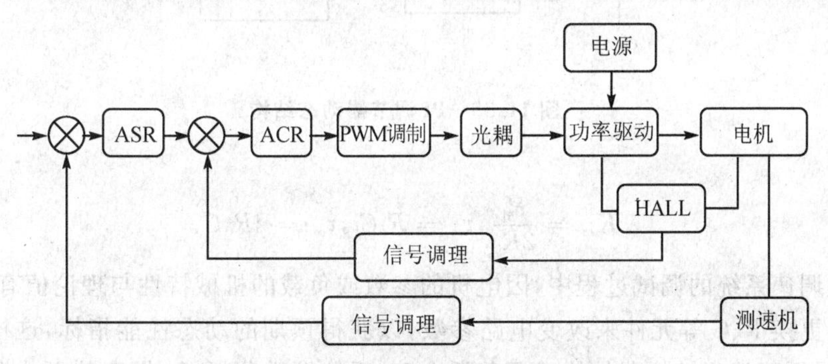

图 11.32　直流调速系统结构框图

考虑到直流电机的数学模型,模拟调速系统动态传递函数关系如图 11.33 所示。

以速度调节器 ASR 为例,其线路原理如图 11.35(a)所示,其中,$Z_{in}(s)$表示输入网络的复数阻抗,$Z_f(s)$表示反馈网络的复数阻抗。

这样:

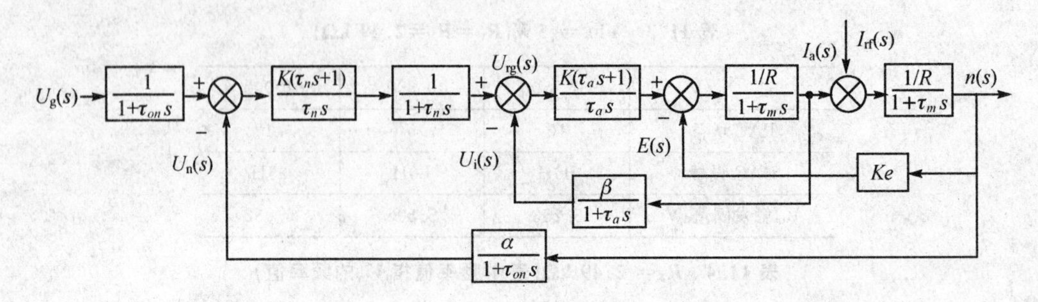

图 11.33　双闭环调速系统动态结构图

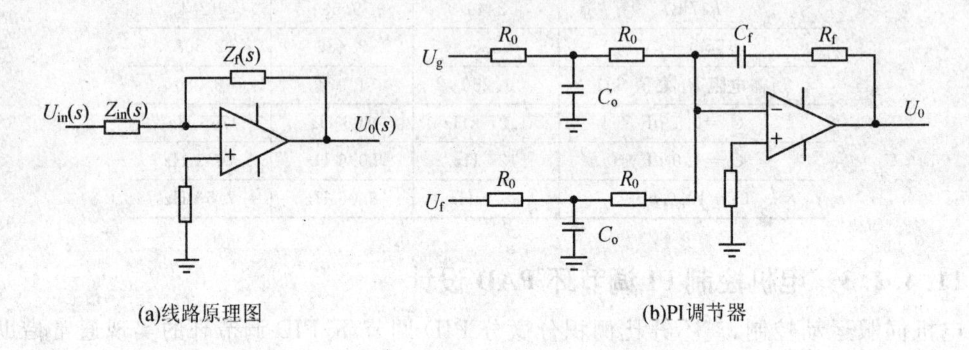

(a)线路原理图　　(b)PI调节器

图 11.34　调节器原理图和 PI 调节器

$$W_A(s) = \frac{Z_f(s)}{Z_{imn}(s)} \tag{1}$$

即调节器的传递函数等于反馈网络与输入网络复数阻抗之比。所以，改变 $Z_f(s)$和 $Z_{in}(s)$，就可以获得所需要的传递函数，以满足系统动态校正的需要。图 11.34(b)所示的 PI 调节器，其动态结构如图 11.35 所示。

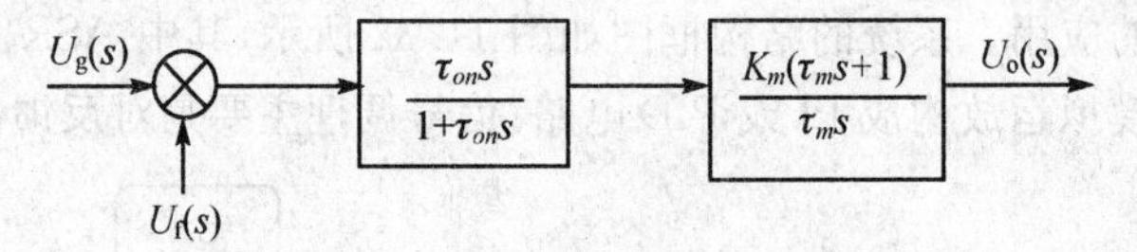

图 11.35　PI 调节器动态结构

其中：

$$K_m = \frac{R_f}{2R_0}, \tau_m = R_f C_f, \tau_{on} = 4R_0 C_0 \tag{2}$$

在模拟调速系统的调试过程中，因电机的参数或负载的机械特性与理论值有较大差异，往往需要频繁更换 R、C 等元件来改变电路参数，以获得预期的动态性能指标，这样做起来非常麻烦，如果采用可编程模拟器件构成调节器电路，系统参数如增益、带宽甚至电路结构都可以通过软件进行修改，调试起来就非常方便了。

2. 用 ispPAC10 实现电机速度伺服控制的 PI 调节环

以图 11.34 所示具体电路为例，设 $R_0 = 10\ \text{k}\Omega, C_0 = 0.15\ \mu\text{F}, R_f = 40\ \text{k}\Omega, C_f = 0.5\ \mu\text{F}$，其传递函数结构框图如图 11.36 所示。

为了用 ispPAC10 实现上述结构，需将其变成图 11.37 所示的形式。

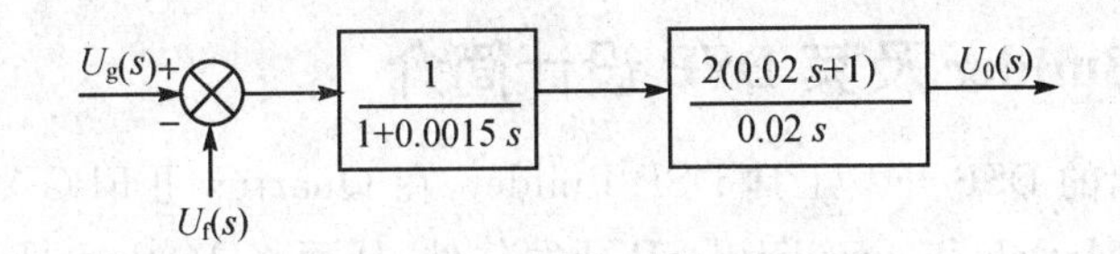

图 11.36　调节器电路的传递函数

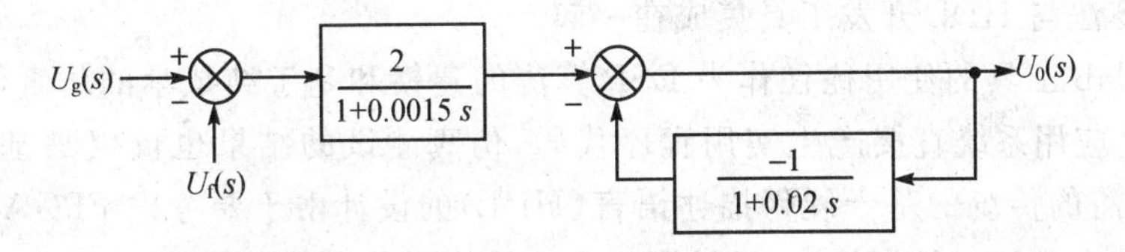

图 11.37　调节器电路传递函数的另一种表示

这样就可以用 ispPAC10 直接实现上述调节器了，具体电路如图 11.38 所示，其中运放的增益、电容的取值是通过软件 PAC－Designer 设定的。

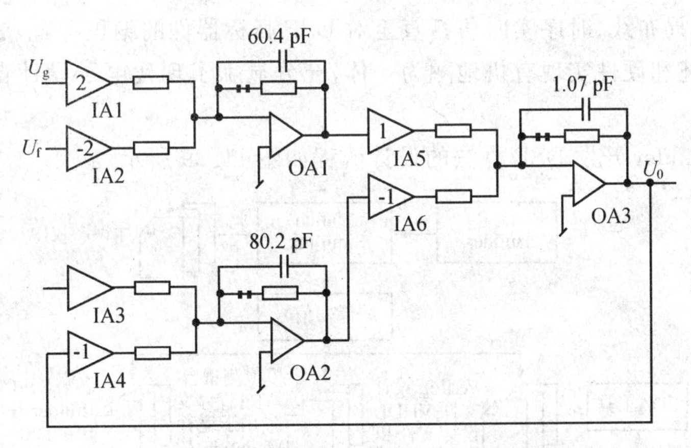

图 11.38　用 ispPAC10 实现 PI 调节器

11.5　特定 DSP 算法的 FPGA 可编程设计

借助于工具软件，可以在不熟悉 FPGA 硬件特征和 PLD 逻辑描述手段的情况下，在 FPGA 器件中，快速地实现特定 DSP 算法。DSP 算法最便捷的实现手段是使用 Mathworks 公司的数学运算分析工具软件 Matlab 及其 Simulink 模拟分析工具。在 FPGA 中实现 DSP 算法，常常借助于 Matlab 及其 Simulink 工具，CPLD/FPGA 器件的两大制造商 Altera 公司和 Xilinx 公司都是这样做的，不同的是采取的形式：Altera 公司是在其 CPLD/FPGA 集成开发环境 Quartus Ⅱ中使用其 DSP Builder，并借助于嵌入的 Matlab 及其 Simulink 工具实现 DSP 算法的 FPGA 可编程设计的；Xilinx 公司则通过向 Matlab 软件提供 System Generater for DSP 插件，在 Matlab 中借助于其 Simulink 工具完成 DSP 算法的设计和模拟仿真，之后再得到可在 FPGA 中应用的 VHDL 或 Verilog 代码，以此来实现 DSP 算法的 FPGA 可编程设计。下面分别介绍 DSP Builder 和 System Generater for DSP 及其实现特定 DSP 算法的典型设计应用。

11.5.1 DSP Builder 及其 DSP 设计简介

Altera 公司推出的 DSP 开发工具 DSP Builder，在 Quartus Ⅱ FPGA 设计环境中集成了 Mathworks 公司的 Matlab 和 simulinkDSP 开发软件，从而将 Mathworks Matlab 和 Simlink 系统级设计工具的算法开发、仿真和验证功能与 VHDL 综合仿真工具以及 Quartus Ⅱ 软件相结合，将高级算法与 HDL 开发工具集成在一起。

以往 Matlab 工具的使用往往作为 DSP 算法的建模和基于纯数学的仿真，其数学模型无法为硬件 DSP 应用系统直接产生实用程序代码，仿真测试的结果也仅仅是基于数学算法结构。FPGA 所需的传统的基于硬件描述语言（HDL）的设计由于要考虑 FPGA 的硬件的 δ 延时与 VHDL 的递归算法的衔接，以及补码运算和乘积结果截取等问题，相当繁杂。

对 DSP 是 Builder 而言，顶层的开发工具是 Matlab/Simulink，整个开发几乎可以在同一环境中完成，真正实现了自顶向下的设计流程，包括 DSP 系统的建模、系统级仿真、设计模型向 VHDL 硬件描述语言代码的转换、逻辑综合 RTL（Register Transfer Level）级功能仿真测试、编译适配和布局布线、时序实时仿真直至对 DSP 目标器件的编程配置，整个设计流程一气呵成地将系统描述和硬件实现有机地融为一体，充分显示了现代电子设计自动化开发的特点与优势。

使用 DSP Builder 开发 DSP 算法的设计流程如图 11.39 所示。

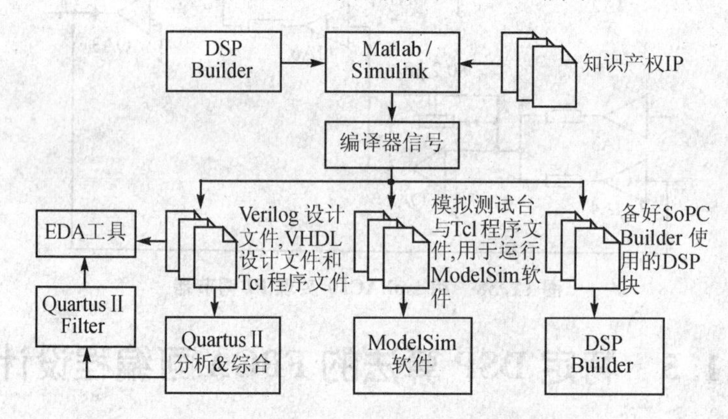

图 11.39 DSP Builder 系统级设计流程

11.5.2 System Generater 及 DSP 实现综述

Xilinx 公司开发的 System Generator for DSP 是一个基于 Matlab 和 FPGA 硬件的 DSP 信号处理建模开发设计工具，它能够将一个 DSP 系统表示为一个高度抽象的模块，并自动将系统映射为一个基于 FPGA 的硬件方案。重要的是该 System Generator for DSP 实现这些功能并不降低硬件性能。

1. System Generator for DSP 的特点

Simulink 为 DSP 系统提供了强有力的高层次建模环境，可大量应用于算法开发和验证。System Generator for DSP 作为 Simulink 的一个工具箱很好地体现了这些特性，同时又可以自动将设计转换为可综合的高效硬件实现方案。该硬件实现方案忠实于原始设计，因此设计模型与硬件实现在采样点（在 Simulink 中定义）是一一对应的。通过使用 Xilinx 公司精心设计的IP(Intellenectureal Property)核可以使硬件方案具有较小的延迟和体积。虽然System Generator中的IP模块是经过功能抽象的,但是对于熟悉FPGA的设计者来说,该模块也具有直接访问底层硬件细节的能力。例如,可以指定System Generator乘法器模块使用Vertex-Ⅱ系列FPGA中的专用高速乘法器元件,用户定义的IP模块也能够作为黑盒子插入系统之中等。

使用System Generator for DSP实现系统设计的主要特点如下:

- 在Simulink中实现FPGA电路的系统级建模,并自动生成硬件描述语言。
- 自动生成Modelsim测试程序,支持软硬件仿真。
- 支持用户创建的Simulink模块。
- 使用Xilinx FPGA自动实现硬件系统。支持的Xilinx FPGA系列包括Spartan-Ⅱ、Spartan-ⅡE、Spartan-Ⅲ、Vertex、Virtex-E、Vertex-Ⅱ和Vertex-Ⅱ Pro。

2. 使用System Generator for DSP实现系统级建模

使用System Generator for DSP可以先在Matlab中对系统进行建模和算法验证,经过仿真后便可以直接将系统映射为基于FPGA的底层硬件实现方案。可用Simulink提供的图形化环境对系统进行建模。System Generator for DSP包括被称为Xilinx blockset的Simulink库和模型到硬件实现的转换软件,可以将Simulink中定义的系统参数映射为硬件实现中的实体、结构、端口、信号和属性。另外,System Generator可自动生成FPGA综合、仿真和实现工具所需的命令文件,因此用户可以在图形化环境中完成系统模型的硬件开发。图11.40给出了使用System Generator for DSP设计系统的流程图。

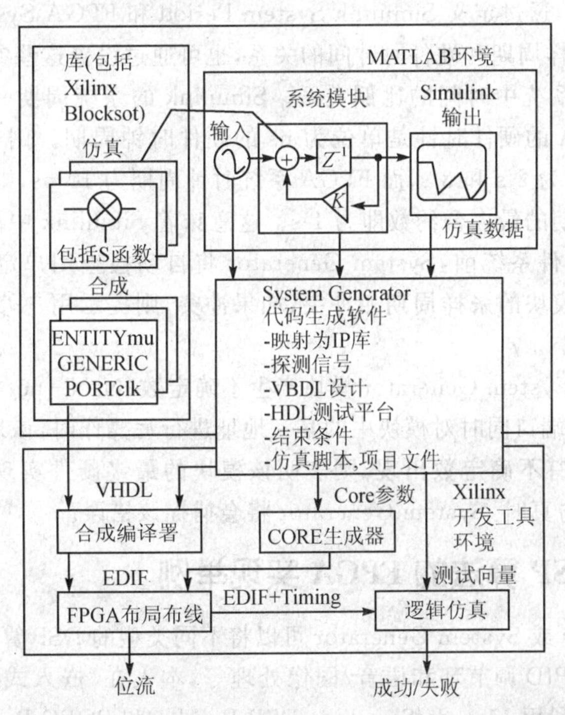

图11.40 System Generator for DSP设计系统的流程图

在Matlab中,可以通过Simulink的库浏览器使用Xilinx blockset库中的模块,Xilinx blockset库中的模块可以与Simulink其他库中的模块自由组合。Xilinx blockset库中最重要的模块是System Genetror,利用该模块可完成系统级设计到基于FPGA的底层硬件设计的转换工作。可以在System Generator模块的属性对话框中选择目标FPGA器件和目标系统时钟周期等选项。System Generator将Xilinx blockset中的模块映射为IP库中的模块,接着从系统参数(例如采样周期)推断出控制信号和电路,再将Simulink的分层设计转换为VHDL的分层网表,最后System Generator可调用Xilinxx Core Generator和VHDL模拟、综合、实现工具来完成硬件设计。

由于一般的FPGA综合工具不支持浮点数,因此System Generator模块使用的数据类型为任意精度的定点数,这样可以实现准确的硬件模拟。Simulink中的信号类型是双精度浮点数,因此在Xilinx模块和非Xilinx模块之间必须插入Gateway In block和Gateway Out block模块。通常Simulink中的连续时间信号在Gateway In block模块中进行采样,同时该模块也可将双精度浮点信号转换为定点信号,而Gateway Out block模块则可将定点信号转换为双精度浮点信号。大部分Xilinx模块能够根据输入信号类型推断输出信号的类型。如果模块的精度参数定义为全精度,则模块将自动选择输出信号类型以保证不损失输入信号精度,并自动进行符号位扩展和补零操作。用户也可以自定义输出信号类型来进行精度控制。

3. 使用中须注意的问题

在FPGA系统设计中,时钟的设计十分重要;因此必须正确理解System Generator中的时钟和FPGA硬件时钟之间的关系。Simulink中没有明确的时钟源信号,模块在系统参数中定义的采样周期点进行采样。硬件设计中的外部时钟源对时序逻辑电路十分重要。在System Generator模块中,通过定义Simulink System Period和FPGA System Clock Period参数可以建立Simulink采样周期和硬件时钟间的关系,也可通过设置这些参数来改变Simulink中模拟时间和实际硬件系统中时间的比例关系。Simulink的系统周期一般是各模块采样周期的最大公约数。FPGA的硬件时钟是单位为ns的硬件时钟周期。例如,若Simulink中有两个模块,采样周期分别为2 s和3 s,而FPGA系统时钟周期为10 ns,则Simulink系统周期应该为两个模块采样周期的最大公约数即为1 s。这意味着Simulink中的1 s对应实际硬件系统的10 ns。在生成硬件系统前,System Generator将自动检查用户定义的Simulink系统周期参数是否与系统中模块的采样周期相冲突,如果冲突,则提示用户修改Simulink系统周期参数。

有些情况会导致System Generator模块产生不确定数(NaN - not a Number)。如在双端口RAM模块中,两个端口同时对模块中的某一地址进行写操作时,该地址中的数据将被标记为NaN。如果模块中有不确定数出现,则表明该模块的最终硬件实现将会有不可预测的行为,当Simulink进行仿真时,System Generator将会捕捉该错误。

11.5.3 典型DSP算法的FPGA实现举例

使用DSP Builder或System Generator可以将不同类型的DSP算法得以FPGA实现,如数字滤波、FFT变换、PID调节环和语音/图像处理等,本人在《嵌入式系统硬件体系设计》一书中曾经详细阐述过利用Matlab/Simulink、DSP Builder和SOPC Builder工具,设计语音记录SoPC系统中的G.726语音编解码器。下面再选取两个典型实例加以重点阐述。

11.5.3.1 DSP Builder设计FIR滤波器

在信息信号处理过程中,如对信号的过滤、检测和预测等,都要使用滤波器。数字滤波器是数字信号处理中使用最广泛的一种器件。常用的滤波器有无限长单位脉冲响应(IIR)滤波器和有限长单位脉冲响应(FIR)滤波器两种。其中,FIR 滤波器能提供理想的线性相位响应并且其算法简单易于实现,然而在采用 VHDL 或 Verilog HDL 等硬件描述语言设计数字滤波器时,由于程序的编写往往不能达到良好优化而使滤波器性能表现一般。这里介绍一种基于 DSP Builder 的 FPGA 设计方法,使 FIR 滤波器设计较为简单易行,并能满足设计要求。

1. FIR 滤波器的原理与设计要求

FIR 滤波器的数学表达式可用差分方程(3)来表示:

$$y(n)=\sum_{r=0}^{M}b(r)x(n-r) \tag{3}$$

其中,r 是 FIR 的滤波器的抽头数;$b(r)$是第 r 级抽头数(单位脉冲响应);$x(n-r)$是延时 r 个抽头的输入信号。设计滤波器的任务就是寻求:物理上可实现的系统函数 $H(z)$,使其频率响应 $H(e^{j\omega})$满足所希望得到的频域指标。

数字滤波器实际上是一个采用有限精度算法实现的线性非时变离散系统,它的设计步骤为先根据需要确定其性能指标,设计一个系统函数 $H(z)$逼近所需要的技术指标,最后采用有限的精度算法实现。在此选定系统的设计指标为:设计一个 16 阶的低通滤波器,对模拟信号的采样频率 f_s 为 48 kHz 要求信号的截止频率 $f_c=10.8$ kHz 输入序列位宽为 9 位(最宽位为符号位)。

2. FIR 滤波器的参数选取

用 Matlab 提供的滤波器设计的专用工具箱——FDATool 仿真设计滤波器,满足要求的 FIR 滤波器幅频特性如图 11.41。由于浮点小数 FPGA 中实现比较困难,且代价太大,因而需要将滤波器的系数和输入数据转化为整数。其中量化后的系数在 Matlab 主窗口可直接转化,对于输入数据,可乘上一定的增益用 Altbus 控制位宽转化为整数输入。

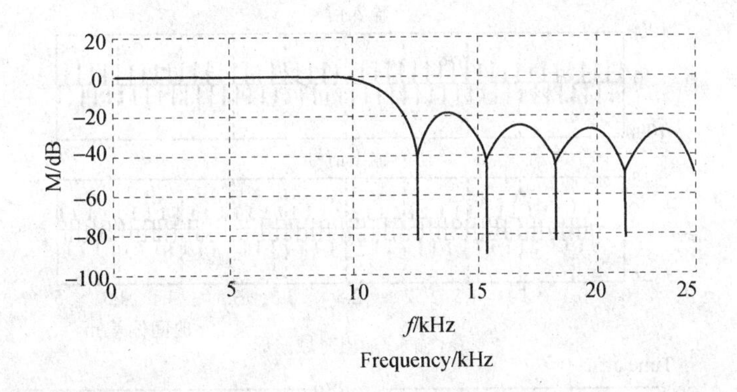

图 11.41 滤波器的幅频响应曲线图

3. FIR 滤波器的模型建立

根据 FIR 滤波器原理,可以利用 FPGA 来实现 FIR 滤波电路,DSP Builder 设计流程的第一步是在 Matlab/Simulink 中进行设计输入,即在 Matlab 的 Simulink 环境建立一个 MDL 模型文件,用图形方式调用 DSP Builder 和其他的 Simulink 库中的图形模块,构成系统级或算法级设计框图(或称 Simulink 建模),如图 11.42 所示。

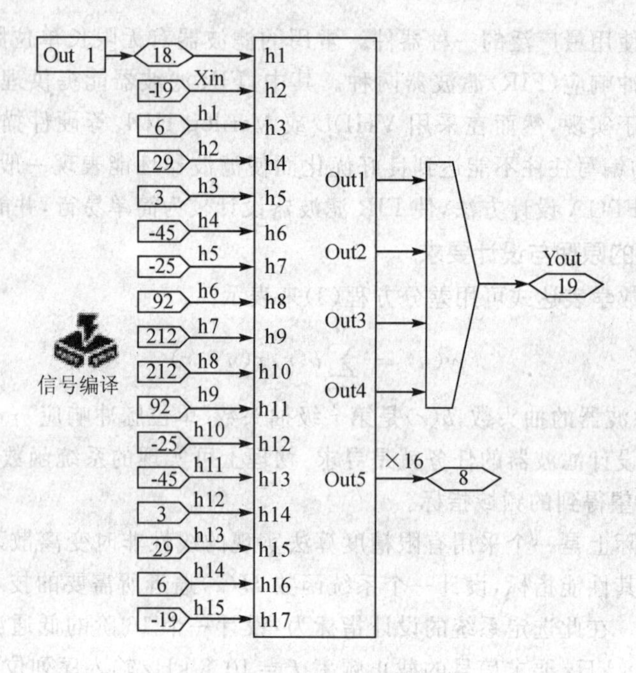

图 11.42 FIR 滤波器模型框图

4. 基于 DSP Builder 的滤波器仿真

输入信号分别采用频率 $f_1=8$ kHz 和 $f_2=16$ kHz 的两个正弦信号进行叠加。其中的仿真波形如图 11.43 所示，从 FIR 滤波电路的仿真结果看出，输入信号通过滤波器后输出基本上变成单频率的正弦信号，进一步通过频谱仪可看出 f_2 得到了较大的抑制，与条件规定的 $f_c=10.8$ kHz 低通滤波器相符合，至此完成了模型仿真。

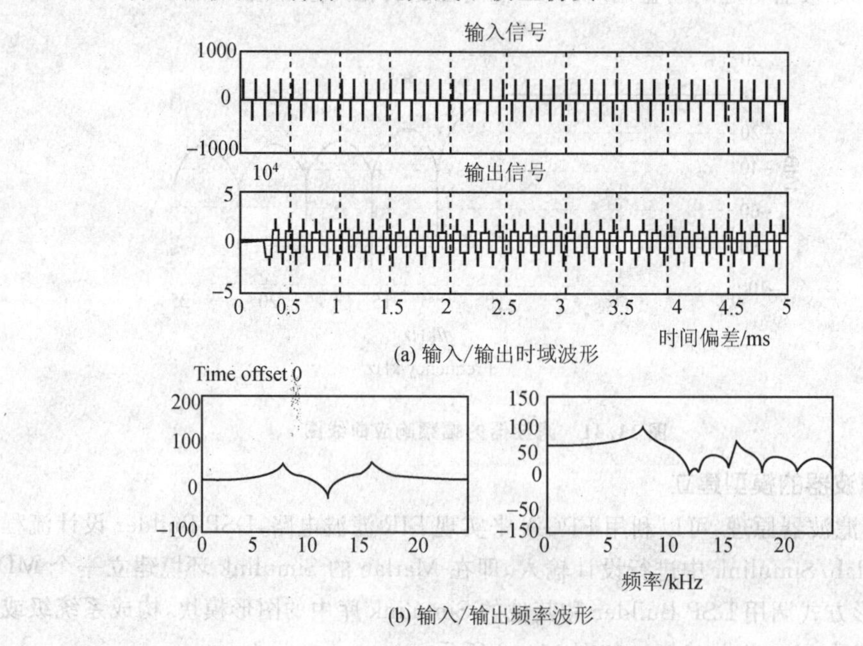

图 11.43 DSP Builder 下 FIR 滤波器滤波时域频率波形

5. 运用 Modelsim 进行功能仿真

在 Simulink 中进行的仿真是属于系统验证性质的，是对 MDL 文件进行的仿真，并没有对生成的 VHDL 代码进行仿真。事实上，生成 VHDL 描述是 RTL 级的，是针对具体的硬件结构的，而在 Matlab 的 Simulink 中的模型仿真是算法级（系统级）的，是针对算法实现的，这二者之间有可能存在软件理解上的差异，转换后的 VHDL 代码实现可能与 MDL 模型描述的情况不完全相符，这就是需要针对生成的 RTL 级 VHDL 代码进行功能仿真。鉴于这种情况，可以利用 Modelsim 对生成的 VHDL 代码进行功能仿真。设置输入输出信号均为模拟形式，可以得到如图 11.44 所示的仿真波形，可看到这与 Simulink 里的仿真结果基本一致，即可在 QuartusⅡ环境下进行硬件设计。

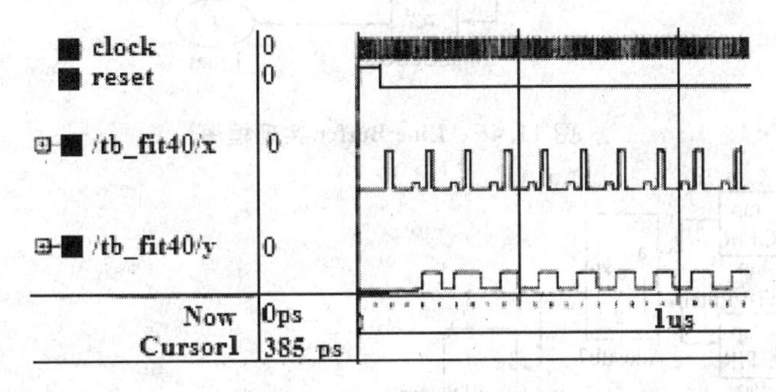

图 11.44 Modelsim 下输入输出的模拟信号波形

6. 在 FPGA 器件中实现 FIR 滤波器

在 QuartusⅡ环境中打开 DSP Builder 建立的 QuartusⅡ项目文件 firl. qpf。在 QuartusⅡ中进行再一次仿真，由此可看到符合要求的时序波形，然后指定器件引脚并进行编译，最后下载到 FPGA 器件中，就可以对硬件进行测试，加上 Clock 信号和使能信号，用信号发生器产生所要求的两个不同频率的正弦信号，就可在示波器上看到滤波以后的结果。需要设计不同的滤波器电路时，仅修改 FIR 滤波模型文件就可以实现，这样不仅避免了繁琐的 VHDL 语言编程，而且便于进行调整。

11.5.3.2 System Generater 实现图像处理

关于 System Generater，前面综述部分进行较为详细的说明，这里给出一个应用 System Generater 实现图像处理的实例，如图 11.45 所示。该例使用 5×5 的二维 FIR 滤波器完成图像增强预处理。该系统将输入图像分别延迟 0×N（N 为输入图像宽度）、1×N、2×N、3×N、4×N 个采样点后输入 5 个 Line Buffer，数据在 Line Buffer 中缓存后并行输入 5 个 5 抽头的 MAC FIR 滤波器。滤波器系统存储于 FPGA 的块 RAM 中，图像数据经滤波器处理后输出。

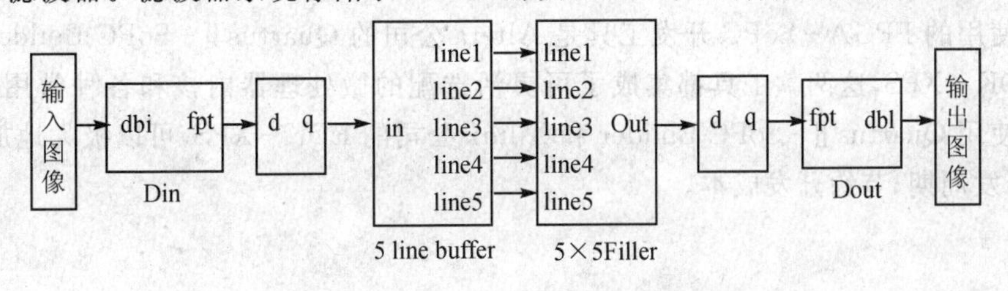

图 11.45 图像处理系统的实现框图

图 11.46 给出了 Line Buffer 实现框图，图 11.47 给出了 5×5 滤波器框图。

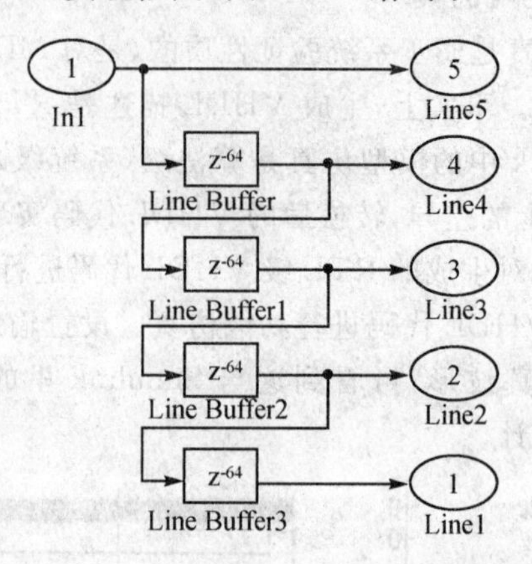

图 11.46 Line Buffer 实现框图

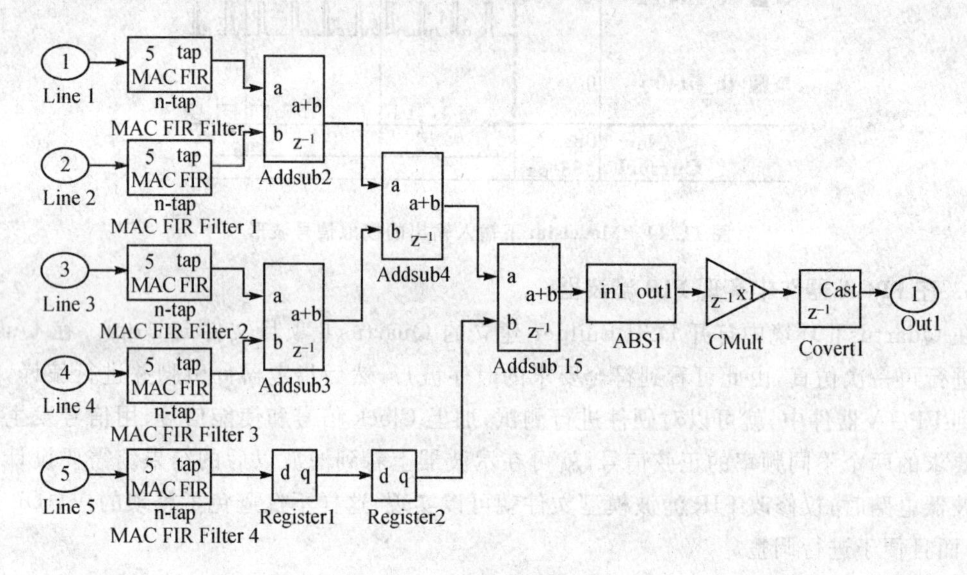

图 11.47 5×5 滤波器设计框图

11.6 嵌入式体系的 FPGA - SoPC 实现技术

当前 IC 设计的发展主流和软硬件协同设计发展中的典型代表——SoPC 技术，代表了半导体技术和 ASIC 设计的未来，为系统芯片设计提供了一种更为方便、灵活和可靠的实现方式。普遍使用的 FPGA - SoPC 开发工具是 Altera 公司的 QuartusⅡ - SoPC Builder 和 Xilinx 公司的 EDK - XPS，这两款工具都集成了可灵活选配的微处理器内核和各种常用的外设/接口 IP 核，使用 QuartusⅡ - SoPC Builder 和 Xilinx 公司的 EDK - XPS，可以极大地加快项目开发、缩短开发周期、节约开发成本。

11.6.1 常用 FPGA-SoPC 实现技术综述

11.6.1.1 SoPC Builder 核心应用技术

Altera公司在其 Quartus Ⅱ软件中集成的 SoPC 嵌入式处理器(embedded processor)有两种：嵌入 ARM922T 硬核的 Excalibur 器件和用于 FPGA 的可配置 Nios 嵌入式处理器软核。

Nios 是高性能的可编程逻辑优化的可配置处理器，它应用灵活，功能强大，由于易用和灵活已经使它成为世界上最流行的嵌入式处理器。利用 SOPC Builder 开发工具很容易创建自己的集成一个或多个可配置的带有许多标准外围设备的 Nios CPU 处理器系统，并利用自动形成的 Avalon 交换结构总线将这些系统连接在一起。下面重点对 Nios 及其嵌入式可编程实现体系加以说明。

1. Nios 嵌入式处理器的特性

Nios 嵌入式处理器是用户可配置的通用 RISC 嵌入式处理器，可配置 Nios CPU 是 Nios 处理器系统的核心，它能够被灵活配置而适用于各种各样的应用。例如一个 16 位 Nios CPU，在片内 ROM 中运行一个小程序，可以制作成一个实际的序列发生器或控制器，并且能够代替固定编码的状态机。又如一个 32 位 Nios CPU，与外围设备、硬件加速单位和自定义指令一起，构成一个功能强大的 32 位嵌入式处理器系统。

Nios 嵌入式处理器的独特性(例如自定义指令和并行的多控制器 Avalon 交换结构总线)使它不同于市场上其他的处理器软核。这些特性允许 Nios 用户通过用简单的而非传统的方法加速和优化自己的设计。32 位和 16 位 Nios 嵌入式处理器的典型配置如表 11-5 所列。

表 11-5 Nios 嵌入式处理器典型配置比较

特 性	32 位 Nios CPU	16 位 Nios CPU
数据总线宽度/bit	32	16
算术逻辑单元(ALU)宽度/bit	32	16
内部寄存器宽度/bit	32	16
地址总线宽度/bit	32	16
指令长度/bit	16	16
逻辑单元数(LEs)(典型值)*	<1 500	<1 000
CPU 运行频率	>125 MHz	>125 MHz

注：* 其具体数值与器件结构有关。

Nios 嵌入式处理器指令系统结构的设计具有以下特性：

① 能够在 Altera FPGA 中有效实现。使用最少的逻辑单元和存储单元，最大的时钟速度。

② 用 SOPC Builder 容易进行系统集成。简单的存储器接口，标准的可配置外围设备库，在 CPU、外围设备和存储器之间自动形成 Avalon 交换结构接口逻辑电路。

③ 为编译嵌入式软件优化指令系统结构。灵活的寻址方式，大容量内部寄存器组的有效利用，快速的中断处理。

④ 硬件加速模块。有效算法实现，MSTEP 指令实现单步乘法单元，MUL 指令实现快速整数乘法单元。

Nios 嵌入式处理器支持 Altera 公司主流 FPGA 的全部系列，如 Stratix Ⅱ/GX、Cyclone、APEX Ⅱ/20K/KE/KC、Mercury、Excalibur、FLEX 10K/KE、ACEX 1K 和 HardCopy 等。随着超过 1 万个 Nios 开发套件的交付使用，Nios 嵌入式处理器已经成为嵌入式处理器软核的标准。

2. Nios 嵌入式处理器系统组件

Nios 嵌入式处理器系统可以含有一个或多个 Nios CPU、Avalon 交换结构总线和其他组件，包括带指令和数据高速缓存的 Nios CPU、片内调试模块、直接存储器存取(DMA)控制器、常用外围设备(PIO、UART、以太网端口和存储器接口等)和并行多控制器 Avalon 交换结构总线。SoPC Builder 系统开发工具可以自动生成这些组件以及连接它们的总线。可用于生成基于 Nios 处理器的嵌入式系统的组件有：Nios CPU、Avalon 总线、外围设备和存储器接口及片内调试模块等。

3. Avalon 交换结构总线

Avalon 交换结构总线是 Altera 公司开发的用于 Nios 嵌入式处理器的参数化接口总线，由一组预定义的信号组成，用户用这些信号可以连接一个或多个 IP 模块。SoPC Builder 开发工具自动地产生 Avalon 交换结构总线逻辑。

Avalon 交换结构总线需要极小的 FPGA 资源，提供完全的同步操作，它的重要特性有：

① 简单的基于向导的配置。SOPC Builder 开发工具中易于使用的图形用户界面引导用户进行增加外围设备、指定控制器和从属设备关系以及定义存储地址等操作。Avalon 交换结构总线按照用户从向导界面的输入自动形成。

② 并行的多控制器。可以按照特殊操作需要创建自定义的系统总线结构，优化系统数据流。Avalon 交换结构总线支持所有总线控制器的并行事务处理，并自动地为共享外围设备和存储器接口进行仲裁。另外，直接存储器存取(DMA)设备能被用于与其从属设备一起提供总线控制能力。

在传统的总线中，单个仲裁器控制一个或多个总线控制器跟总线从属设备进行通信，由于每次只能有一个控制器可以存取系统总线而形成带宽瓶颈，Avalon 交换结构总线使用从属设备侧仲裁技术，使并行多控制器操作最大限度地提高系统性能。如果多个控制器同时存取从属设备，则由从属设备侧仲裁决定哪一个控制器得到从属设备的存取权。在这样的系统中，快速以太网等高速外围设备可以在不暂停 CPU 的情况下直接存取数据存储器。

③ 多达 4 GB 的地址空间。存储器和外围设备可以映射到 32 位地址空间的任何地方，即 CPU(或其他的总线控制器)有多达 4 GB 的可寻址存储器范围。

④ 同步接口。所有的 Avalon 信号和 Avalon 总线时钟同步，这使相应的 Avalon 交换结构总线时间性能简单化，便于高速外围设备的集成。

⑤ 嵌入的地址译码。SoPC Builder 创建的 Avalon 交换结构总线自动地为所有外设(甚至用户自定义)形成片选信号，这可极大地简化基于 Nios 处理器系统的设计。分离的地址和数据通路为片内用户逻辑提供了一个极其容易的连接，用户自定义外设不需要数据和地址总线周期译码。

⑥ 带延迟的读/写传输。Avalon 交换结构总线可以完成带延迟的读/写操作，这种延迟传输是很有用的。控制器可以先发出读/写请求，在执行一个无关的任务后接收数据。这项特性对发送多个读/写请求到一个已知延迟的从属设备也非常有用，并对在连续的地址内同时进

行取指令操作和 DMA 传输非常有好处。

⑦ 数据流处理。带 Avalon 交换矩阵的数据流处理,在数据流控制器和数据流从属设备之间建立一个开放的通道,以完成连续的数据传送。这些通道允许数据在控制器和从属设备对之间流动。控制器不必连续地读取从属设备中的状态寄存器来决定从属设备是否可以发送或接收数据。数据流处理在控制器和从属设备对之间获得最大的数据吞吐量,并避免在从属设备上出现数据溢出。这对 DMA 传输尤其有用。

⑧ 动态的外设接口大小。动态的总线大小允许使用低成本的窄的存储器件,这些存储器件可以和 Nios CPU 的总线大小不匹配。例如,32 位数据总线的系统可以容易地集成 8 位闪速存储器器件。SoPC Builder 自动地添加完成大小调整和定位调整所需要的专用逻辑。

11.6.1.2 EDK-XPS 核心应用技术

EDK-XPS 集成开发工具,含有可选择的 8 位软核 PicoBlaze、32 位软件 Microblaze 和 32 位的 PowerPC 硬核以及大量外设/接口 IP 核。针对 MicroBlaze 及 PowerPC,EDK-XPS 提供有 C 语言编译器,可使系统的功能实现更加简易。

下面以 MicroBlaze 及其嵌入式可编程实现体系为例加以说明。

1. MicroBlaze 的体系结构

MicroBlaze 处理器采用 RISC 架构和哈佛结构的 32 位指令和数据总线,可以全速执行片内或片外存储器中的程序,并和其他外设 IP 核一起,可以完成可编程系统芯片(SoPC)的设计,其体系结构如图 11.48 所示。

① 内部结构:MicroBlaze 内部有32 个 32 位通用寄存器和 2 个 32 位特殊寄存器——PC 指针和 MSR 状态寄存器。为了提高性能,MicroBlaze 还具有指令和数据缓存。所有的指令字长都是 32 位,有 3 个操作数和 2 种寻址模式。指令按功能划分有逻辑运算、算术运算、分支、存储器读/写和特殊指令等。指令执行的流水线是并行流水线,它分为 3 级流水:取指、译码和执行。

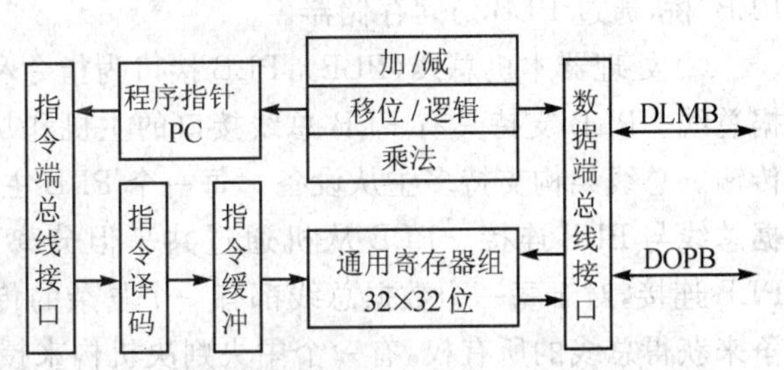

图 11.48 MicroBlaze 内核结构组成框图

② 存储结构:MicroBlaze 是一种大端存储系统处理器,它按大端对齐方式来访问存储器。

③ 中断控制和调试接口:MicroBlaze 可以响应软件和硬件中断,进行异常处理,通过外加控制逻辑,可以扩展外部中断。利用微处理器调试模块(MDM)IP 核,可通过 JTAG 接口来调试处理器系统。多个 MicroBlaze 处理器可以用 1 个 MDM 来完成多处理器调试。

④ 快速单向连接端口:MicroBlaze 处理器具有 8 个输入和 8 个输出快速单一链路接口(FSL)。FSL 通道是专用于单一方向的点到点的数据流传输接口。FLS 和 MicroBlaze 的接口宽度是 32 位。每一个 FSL 通道都可以发送和接收控制或数据字。

2. CoreConnect 技术

CoreConnect 是由 IBM 公司开发的片上总线通信链,它使多个芯片核相互连接成为一个完整的新芯片成为可能。CoreConnect 技术使整合变得更为容易,而且在标准产品平台设计中,处理器、系统以及外围的核可以重复使用,以达到更高的整体系统性能。

CoreConnect 总线架构包括处理器本机总线(PLB),片上外围总线(OPB),1 个总线桥,2 个判优器,以及 1 个设备控制寄存器(DCR)总线,其总线架构如图 11.49 所示。Xilinx 公司为所有嵌入式处理器用户提供 IBM CoreConnect 许可。MicroBlaze 处理器使用了与 IBM PowerPC 相同的总线,用作外设。虽然 MicroBlaze 软处理器完全独立于 PowerPC,但它可以选择芯片上的运行方式,包括一个嵌入式 PowerPC,并共享它的外设。

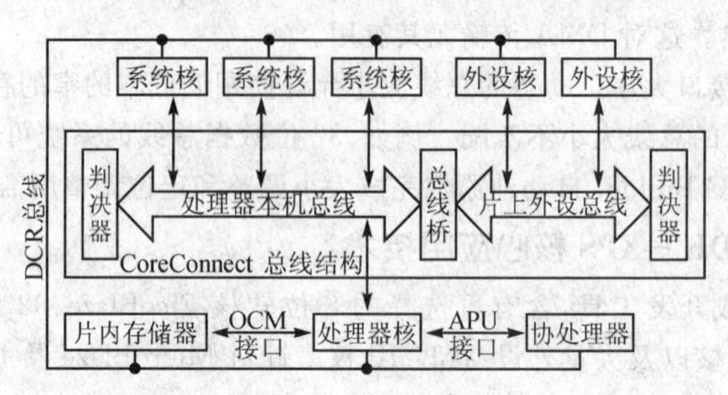

图 11.49 CoreConnect 总线架构图

① 片上外设总线(OPB):内核通过片上外设总线(OPB)来访问低速和低性能的系统资源。OPB 是一种完全同步总线,它的功能处于一个单独的总线层级。它不是直接连接到处理器内核的。OPB 接口提供分离的 32 位地址总线和 32 位数据总线。处理器内核可以借助"PLB to OPB"桥,通过 OPB 访问从外设。作为 OPB 总线控制器的外设可以借助"OPB to PLB"桥,通过 PLB 访问存储器。

② 处理器本机总线(PLB):PLB 接口为指令和数据一侧提供独立的 32 位地址和 64 位数据总线。PLB 支持具有 PLB 总线接口的主机和从机通过 PLB 信号连接来进行读/写数据的传输。总线架构支持多主从设备。每一个 PLB 主机通过独立的地址总线、读数据总线和写数据总线与 PLB 连接。PLB 从机通过共享但分离的地址总线、读数据总线和写数据总线与 PLB 连接,对于每一个数据总线都有一个复杂的传输控制和状态信号。为了允许主机通过竞争来获得总线的所有权,有一个中央判决机构来授权对 PLB 的访问。

③ 设备控制寄存器总线(DCR):设备控制寄存器总线(DCR)是为在 CPU 通用寄存器(GPRs)和 DCR 的从逻辑设备控制寄存器(DCRs)之间传输数据而设计的。

3. MicroBlaze 的开发

应用嵌入式开发套件 EDK 可以进行 MicroBlaze IP 核的开发。工具包中集成了硬件平台产生器、软件平台产生器、仿真模型生成器、软件编译器和软件调试工具等。EDK 中提供一个集成开发环境 XPS,以便使用系统提供的所有工具,完成嵌入式系统开发的整个流程。EDK 中还带有一些外设接口的 IP 核,如 LMB、OPB 总线接口、外部存储控制器、SDRAM 控制器、UART、中断控制器和定时器等。利用这些资源,可以构建一个较为完善的嵌入式微处理器系统。

在 FPGA 上设计的嵌入式系统层次结构为 5 级。可在最低层硬件资源上开发 IP 核,或在已开发的 IP 核搭建嵌入式系统,这是硬件开发部件;开发 IP 核的设备驱动、应用接口(API)和应用层(算法),属软件开发内容。

利用 MicroBlaze 构建基本的嵌入式系统如图 11.50 所示。通过标准总线接口——LMB 总线和 OPB 总线的 IP 核,MicroBlaze 就可以和各种外设 IP 核相连。MicroBlaze 通过 OPB

总线与外设IP及外部存储器控制接口相连接，通过LMB(Local Memory Bus)总线与FPGA片上块存储器BRAM(Block RAM)相连接，还可以通过EMC(External Memory Control)等存储器控制IP扩展片外RAM或ROM。

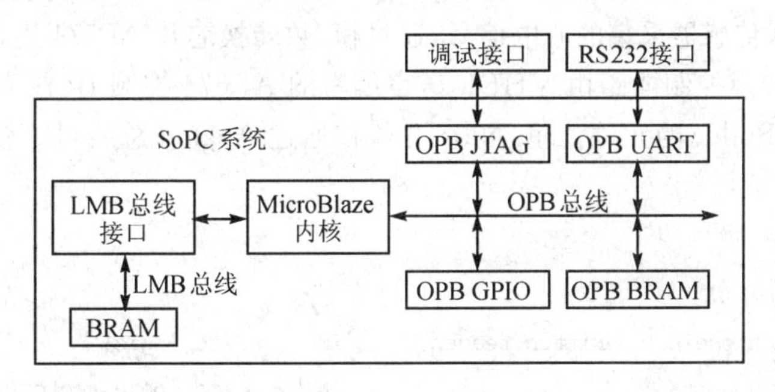

图 11.50 MicroBlaze SoPC-FPGA 系统构成图

EDK中提供的IP核均有相应的设备驱动和应用接口，使用者只需利用相应的函数库，就可以编写自己的应用软件和算法程序。对于用户自己开发的IP核，需要自己编写相应的驱动和接口函数。软件设计流程为：根据硬件产生函数库，编写程序，编译链接，调试程序，作为初始化数据加入到配置文件中，下载配置。

11.6.2 FPGA-SoPC技术应用设计实践

应用SoPC技术，使用Quartus-SoPC Builder或EDK-XPS工具，进行硬软件协同设计，可以在FPGA芯片级上实现很多嵌入式应用体系，下面选取一些典型实例加以重点阐述。

11.6.2.1 Nios Ⅱ核的心电诊测体系设计

心电检测仪是医学界运用广泛的一种心电监测设备，主要由12导联心电传感器和心电信号处理设备两部分组成，目前运用广泛的心电检测仪大都是由DSPs处理器外加一个单片机SCM通过编写复杂的并行通信协议来完成的，这种结构虽然有较高的精度，但硬件设计复杂，软件编写繁琐，相应的开发周期长，研制成本高。这里采用SoPC技术加以实现：以32位Nios Ⅱ软核系统取代DSP和SCM的双CPU结构，通过灵活的Avalon总线，控制心电信号的采集、处理、回放和存储等功能。Nios Ⅱ系统设计以Nios Ⅱ软核为核心，将全部的接口电路集成在同一片FPGA上，结构简单；同时，利用Nios Ⅱ软核可在线配置的优点，通过软件编程改变FPGA的内部逻辑即可迅速、方便地实现系统性能的扩展、设计，大大缩短了系统的开发周期，提高了性价比。该Nios Ⅱ系统的结构如图11.51所示，采用Altera公司的低成本Cyclone系列FPGA器件EP1C6Q240加以实现，该器件具有5 980个逻辑单元，20个M4K RAM块，92 160 b的RAM位和2个锁相环，最大用户I/O引脚185。利用EP1C6Q240丰富的资源和Altera公司的Quartus Ⅱ 5.0软件开发平台，配合使用SopcBuilder和Dspbuilder完成系统的硬件和软件设计。

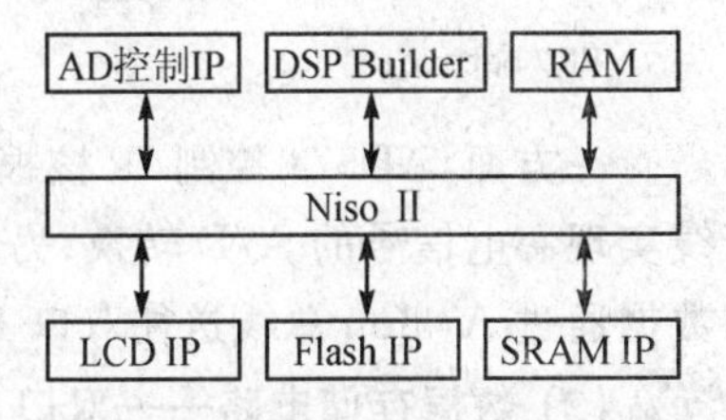

图 11.51 Niso心电诊测体系构图

1. Nios Ⅱ系统的硬件设计

由12导联采集的心电信号经调理、模拟滤波处理后，经A/D转换器将数字信号送往

NiosⅡ系统。NiosⅡ系统是整个心电诊断仪的核心部件，主要控制着心电信号的A/D转换，数据传输和处理，以及与外设的数据通信等功能。

(1) 心电仪AD转换器控制电路的设计

对于由12导联传感器采集的心电信号，通过模/数转换芯片AD574进行模/数转换，NiosⅡ系统对AD574的转换控制电路由VHDL语言编写的AD574控制IP核实现，自定义的IP核直接加载到SoPC Builer的元件池里，NiosⅡ软核通过Avalon总线可方便地对其操作，该IP的部分设计程序如下：

```
......
ENTITY ad_control IS
    PORT(clk, chipselect, written,readen      : IN      std_logic;
        writedata, q                          : IN      std_logic_vector(15 DOWNTO 0);
        address                               : IN      std_logic_vector(1 DOWNTO 0);
        readdata                              : OUT     std_logic_vector(15 DOWNTO 0);
        wen, sample, store, start             : OUT     std_logic;
        wraddress, rdaddress                  : OUT     std_logic_vector(7 DOWNTO 0));
END ad_control;
ARCHITECTURE behave OF ad_control IS
    ......
    signal ram_write, ram_read, ram_content  : std_logic_vector;
    signal readto, writeto                   : std_logic;
    BEGIN
        U1 : ram_avalon PORT MAP(chipselect => chipselect. address => address. writedata
            => writedata. readdata => readdata. ram_write_reg => ram_write. ram_read_reg
            => ram_read. read => readto. write => writeto. ram_to_reg => ram_content. clk
            => clk. written => writeen. readen => readen);
        U2 : ad574_interface PORT MAP(ram_write_reg => ram_write. ram_read_reg
            => ram_read. ram_to_reg => ram_content. writeaddress => wraddress. readaddress
            => readdress. start => start. sample => sample. store => store. write =>
               writeto. rwad
            => readto. q => q. qen => wen);
END behave;
```

一方面，AD574控制IP核根据AD574的转换时序，在NiosⅡ的控制下，通过Avalon总线实现心电信号的A/D转换；另一方面，AD574控制IP核还作为数据的传输通道，将转换的数据通过Avalon总线送往双口RAM存储。

(2) 数据存储电路——双口RAM的设计

由于心电信号的动态范围较大，为保证采样信号的准确性，设计时将采样频率提高到256 Hz，这样势必要求系统有较大的存储空间，而且要保证采集的信号及时往外送显，系统要求具有动态显示的功能；因此设计时，利用QuartusⅡ将EP1C6Q240内部的M4K RAM存储块设计成存储为256位的双口RAM，采集到的数据在NiosⅡ的控制下，送往双口RAM，当RAM写满256位数据后，再触发控制信号，将RAM内数据送DSP模块处理，双口ROM的结果如图 11.52 所示。其中，wren、rden 分别是 Nios Ⅱ 软核控制下的写使能、读使能控制信号；wraddress[3..0]、rdaddress[3..0]分别是写地址信号和读地址信号；clock 为读/写控制时钟，写入的数据为 data[15..0]，读出的信号为 q[15..0]。设计时，将由 AD574 转换得到的 12 位数字信号经 VHDL 语言编程扩展成 16 位数字信号，有利于 Nios Ⅱ 软核通过控制 Avalon 总线，实现数字信号的处理。

(3) 数字信号处理电路的设计

采用 DSP Builder 设计出 256 阶 FIR 数字滤波器，滤波器的仿真结果如图 11.53 所示，Nios Ⅱ 系统利用此滤波器较好地完成了心电数字信号的处理。

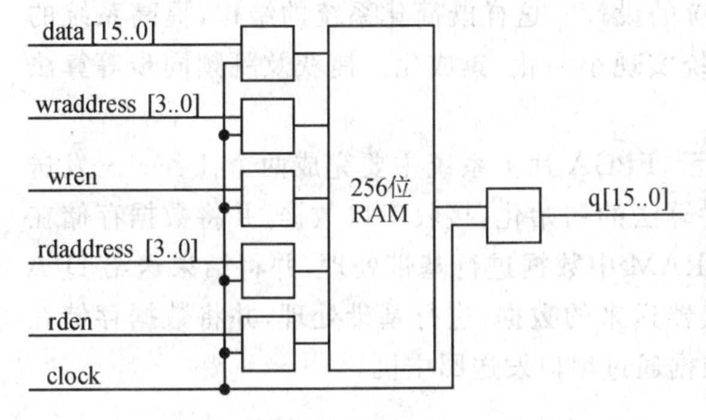

图 11.52 DP - SRAM 配置结构图

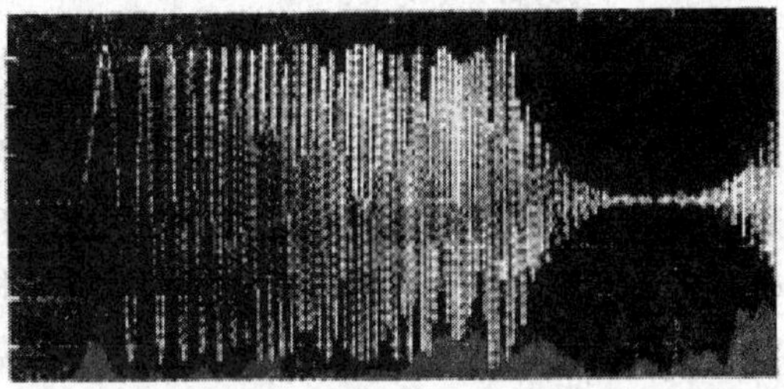

图 11.53 256 阶滤波器滤波效果图

(4) Nios Ⅱ 软核的定制

利用 SOPC Builder 可十分方便地定制 32 位 Nios Ⅱ CPU 和参数化的 Avalon 接口总线，然后再通过适当裁减，增添合适的元件核，以适应 Nios Ⅱ 系统功能的需求，最后配置的内核结果如图 11.54 所示。

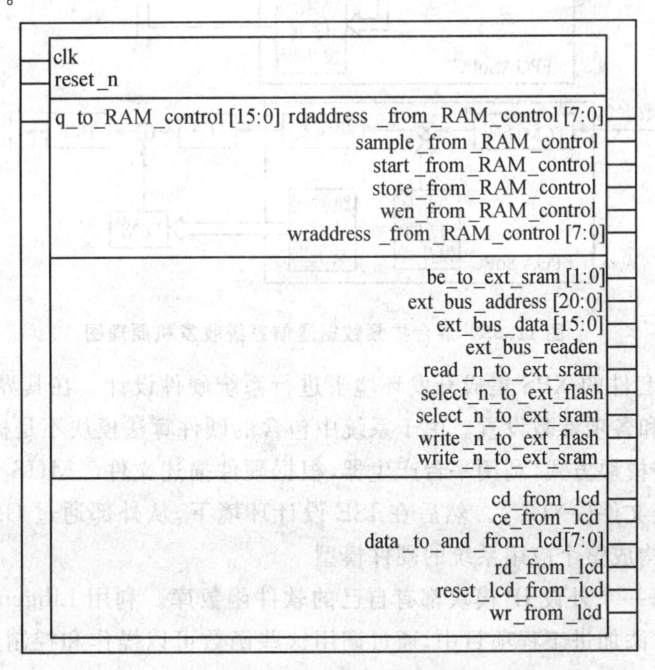

图 11.54 NIOS Ⅱ 内核配置图

2. Nios Ⅱ系统的软件设计

SoPC Builder 的 Nios Ⅱ IDE 操作界面友好，它采用文件操作的方式访问系统外设，语法简便，相应的函数丰富，使软件设计人员可根据系统硬件结构十分方便地设计系统的软件。心电诊断仪的 Nios Ⅱ软件设计总是要针对液晶显示屏、外部 Flash 的编程，程序很容易实现。

11.6.2.2 MicroBlaze 核的无线收发设计

在软件无线电系统中，一般采用“微处理器＋协处理器”结构。微处理器一般使用通用 DSPs，主要完成系统通信和基带处理等工作；协处理器用 FPGA 实现，主要完成同步和预处理等底层算法的运算任务。根据实际需要可以采用较简单的基带处理算法，应用软处理器 IP 核代替 DSP，在一片 FPGA 内就能实现整个系统的设计。这样既简化系统的结构，提高系统的整体性能，又大大缩小了接收机体积，便于系统实现小型化、集成化。捕获及跳频同步等算法采用硬件实现，又加快了捕获跟踪速度。

设计实现的无线收发系统如图 11.55 所示，FPGA 片上系统主要完成两个任务——发送和接收数据。对于发送任务，FPGA 完成硬件算法的初始化，接收串口数据，并将数据存储在双口 SRAM 中，系统硬件算法部分对双口 SRAM 中数据进行基带处理，并将结果送给 D/A 转换器；对于接收任务，FPGA 接收 A/D 转换器送来的数据，进行基带处理，并将数据存储在双口 SRAM 中，把存储在双口 SRAM 中的数据通过串口发送回主机。

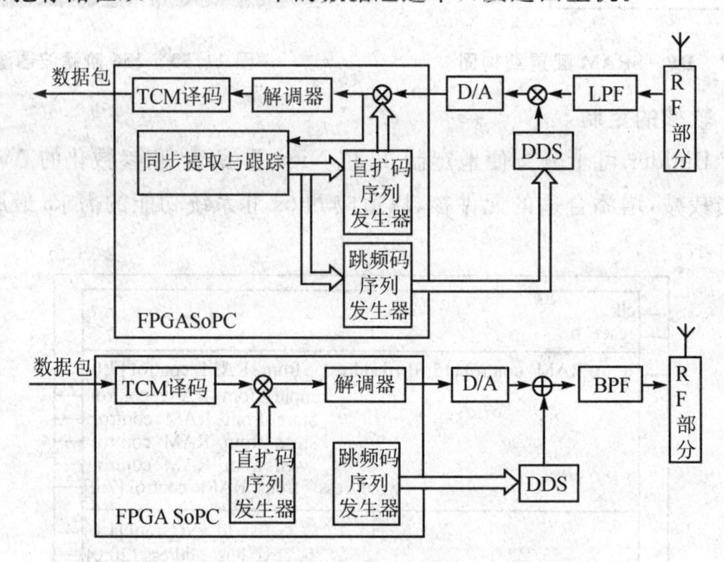

图 11.55 混合扩频数据通信系统收发机原理图

在 EDK 开发套件的 XPS 集成开发环境下进行系统硬件设计。在其界面环境下，添加 IP 核，进行系统连接和各项参数设置。由于系统中包含的硬件算法模块不是标准模块，因此工程项目需要设置成子模块方式，利用平台产生器，根据硬件描述文件(.MHS 文件)，生成嵌入式系统子模块的网表文件(.NGC)。然后在 ISE 设计环境下，从外部通过 GPIO 端口与硬件算法模块相连，从而构成整个应用系统的硬件模型。

在 EDK 中，每一个外设 IP 模块都有自己的软件函数库。利用 Libgen 工具，将所需外设函数数库的头文件添加进工程项目中，通过调用这些函数可以操作和控制这些外设。例如对串口的操作如下：

```
// 初始化串口,设置波特率等参数,清空发送和接收缓冲,禁止中断
XuartLite_Initialize(&UART,XPAR_MYUARTLITE_DEVICE_ID);
//发送接收数据
XuartLite_Send(&UART,&send_data,1);
XUartLite_Recv(&UART,&recv_data,1);
```

使用标准C语言进行应用程序的开发,编写相应的算法软件,完成系统功能。软件流程如图11.56所示。将所编程序代码利用mb-gcc编译工具,根据系统的软件一并生成.ELF文件。在编译链接之前,若选择调试方式,就会在生成文件中加入调试接口SMDstub,进行程序的硬件调试。

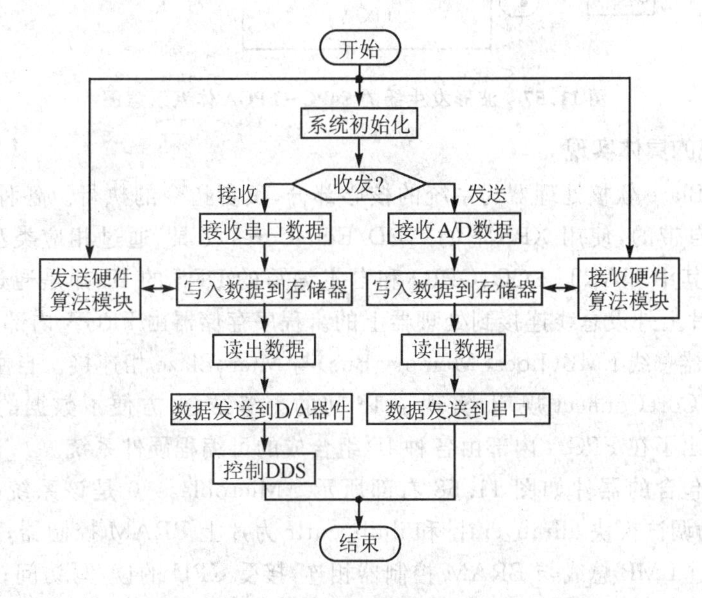

图11.56 MicroBlaze软核的程序实现流程图

利用系统的硬件模型以及RAM块的组织结构文件、ELF文件和用户结束文件,应用FPGA综合实现工具(如Xilinx XST)进行综合,然后下载生成的配置bit文件到目标板上。利用EDK中提供的GDB调试工具可以进行程序调试。有两种调试方法:软件仿真和硬件调试。软件仿真可以进行程序的功能调试,在开发工具内部就可以进行,不需要硬件支持;硬件调试就是通过JTAG接口或串口(可在硬件设计时选择),连接到目标板上的应用系统中的XMD调试接口,将软件程序下载到系统中进行调试。设计选用的是Spartan IIE 30万门的FPGA,系统时钟为50 MHz。

11.6.2.3 MicroBlaze核的波形发生设计

1. MicroBlaze波形发生器的体系框架

采用MicroBlaze软核和所需要的外设IP模块构成的波形发生器体系框图如图11.57所示。该设计通过FPGA实现所有数字部分。在FPGA内部,以MicroBlaze为控制核心,以DDS IP为波形发生功能实现核心,同时加入了其他的IP核,诸如调试用的MDM(Microprocessor Debug Module),用于与个人计算机进行通信的UART,以及LCD显示和4×4按键控制模块,实现了系统的高度集成。FPGA硬件系统为数字系统产生数字量,外围电路加上高速数/模转换器件DAC902,把波形数据转换为模拟波形,即实现了完整的可编程片上系统SoPC

的波形发生器。

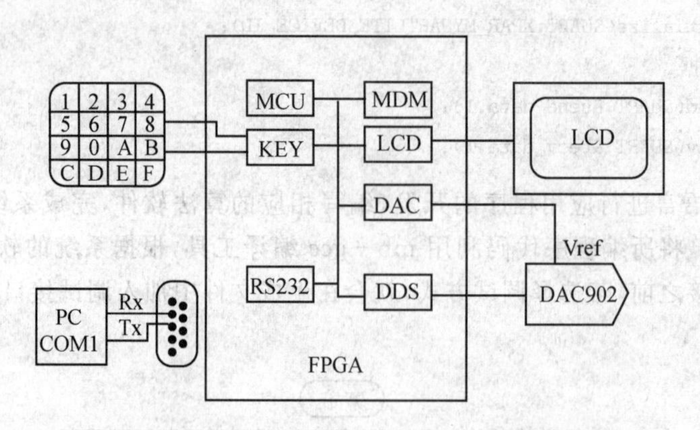

图 11.57　波形发生器的 SoPC－FPGA 体系示意图

2. 硬件系统的具体实现

32 位 MicroBlaze 软核处理器为系统的核心部分,负责指令的执行。各种 IP 包括自主编写的以及 EDK 自带的,使用 XPS 下的 ADD/Edit Cores 工具,通过相应类型的总线连接到 MicroBlaze 上。其中 UART、LCD、GPIO 和自主编写的 DDS 的 IP 都是通过 OPB(On chip Peripheral Bus)片上外设总线连接到处理器上的。程序存储器由 FPGA 内部的 BRAM 实现,并通过本地存储器总线 LMB(Local Memory Bus)与 MicroBlaze 相连接。自主编写的 IP 与总线间的接口符合 CoreConnect 规范,实现了 IP 间的无缝结合,方便了数据的读/写及时序控制。图 11.58 给出了在 FPGA 内部由各种 IP 组合成的可编程硬件系统。

硬件系统所包含的器件如图 11.58 右部所示。Microblaze_0 是该系统的 CPU,其中的 debug_module 为调试模块,dlmb_cntlr 和 ilmb_cntlr 为片上 BRAM 控制器;Lmb_bram 为片上 BRAM,它通过 LMB 总线与 BRAM 控制器相连,接受 CPU 的读/写访问;DDFS 是为实现 DDS 编写的 IP 模块;RS232 为 UART 模块,用于与其他设备的通信以及程序调试;LCD IP 负责 128×64 点阵液晶的显示控制;COL 和 ROW 是例化后的 GPIO 接口,用于连接 4×4 键盘。

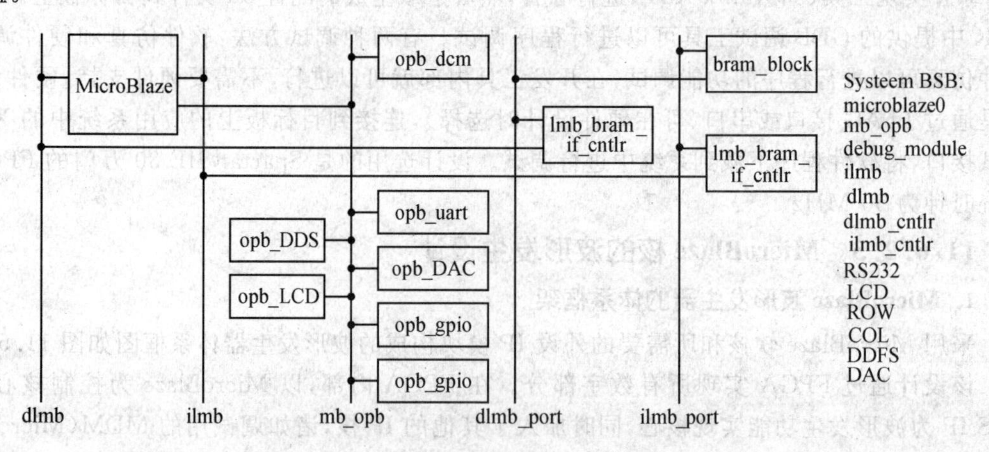

图 11.58　波形发生器的 FPGA 内部的硬件系统

(1) DDS IP 的实现

数字直接频率合成技术简称DDS或DDFS(Direct Digital Frequency Synthesis)的基本原理是利用采样定理,通过查表法产生波形,其基本电路原理如图11.59所示。

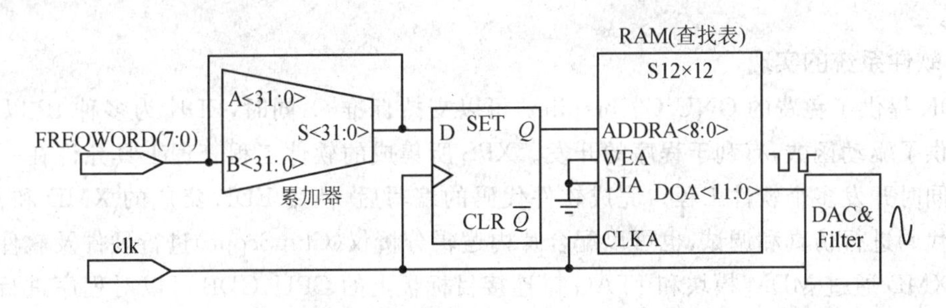

图 11.59 DDS 原理硬件实现图

DDS的频率及步进容易控制,且合成的频率取决于累加器及查找表的速度,采用FPGA可以很好地发挥这项优势,获得精细的步进及宽频带。使用HDL硬件描述语言,可以很方便地描述出DDS的FPGA硬件实例。在基本的DDS模块上,添加相应的控制寄存器,通过向不同的寄存器内写入相应的控制字,实现频率以及幅度的可控性。最后通过IBM公司的CoreConnect技术,在DDS模块外面添加总线接口,作为自定义IP,成功地将其挂载到系统总线上,即可以方便的对其进行读/写操作,实现DDS模块与MicroBlaze的通信。图11.60是从用户逻辑到成为符合CoreConnect技术规范的DDS IP的实现过程。

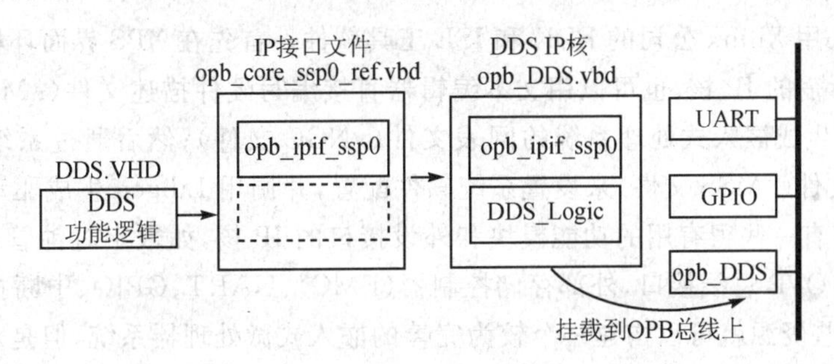

图 11.60 DDS IP 核的实现方式示意图

DDS的VHDL代码作为子模块与opb_core_ssp0_ref.vhd模块共同构成opb_DDS IP Core。其中,IPIF(IP InterFace)符合CoreConnect规范,负责DDS逻辑与OPB总线之间的通信。在EDK中,通过Create/Import IP工具把opb_DDS添加到系统中,并为其分配地址,建立端口连接,之后就可以使用该IP了。DDS IP配合控制程序可产生各种波形,并对频率、幅度进行精确的控制。

(2) 其余部分

系统所需要的LCD显示和DAC控制等模块,均通过与生成DDS IP相同的方式,编写为符合CoreConnect总线规范的IP,以供使用。

在硬件系统构建完毕之后,使用Platgen工具生成网表文件和Bitgen工具生成相应的硬件配置文件。若将工程导入到ISE软件中,可以进行优化设置,还可以将工程导入到其他的综合工具如Synplify Pro进行实现。IP核的编写是在ISE中完成的。无论对于整个系统还是一个单独的 IP,都可以利用 Modelsim 工具进行行为级时序仿真。最后,为此系统描写板级描述文件 XBD(Xilinx Board Description),通过此文件,EDK 可以通过模式自动生成基本的硬件系统 BSB(Base System Builder),并对所添加的端口进行约束,这样可以实现资源的继承性使用。

3. 软件系统的实现

EDK 提供了免费的 GNU C Compiler,可以支持标准 C;同时,EDK 为多种 IP 以 API 的形式提供了驱动函数,有利于程序的开发。XPS 所集成的软件工程管理工具允许在一个硬件平台上同时开发多个软件工程。完成软件代码的编写后,使用 EDK 集成的 XMD 和 GDB 调试器对代码进行仿真和调试,也可以配合片内逻辑分析仪(ChipScope)进行硬件及软件的协同调试。XMD 通过 MDM 模块和 JTAG 口连接目标板上的 CPU,GDB 可以对程序进行单步调试或断点设置。针对该设计及应用,编写系统控制及液晶显示程序。程序编译后生成为 elf 文件,通过 Update bitstream 工具把程序同硬件配置文件合成为 Download. bit 文件,把此文件下载到目标板后,FPGA 首先根据硬件配置信息建立硬件系统,并把程序代码映射到片内 BRAM 中,最后启动 MicroBlaze 即可以运行程序。

11.6.2.4 PowerPC 核的 EMAC 设备设计

这里介绍的系统是一个以 PowerPC 405 为微处理器,基于 VME 总线的以太网接口设备,它通过以太网和 VME 总线接口,实现 VME 系统与外部局域网的实时数据交换。

1. 系统硬件设计

开发设计采用 Xilinx 公司的 EDK 和 ISE 工具软件。首先在 XPS 界面环境下生成硬件系统框架并添加所需的 IP 核,也可以用文本编辑器直接编写硬件描述文件(. MHS 文件),再调用 Platgen 将其生成嵌入式处理系统的网表文件(. NGC 文件);然后通过系统生成或手工编辑的软件描述文件(. MSS 文件)来设置系统软件配置,并调用 Libgen 生成驱动层和库。虽然 EDK 的 IP 库中有一些很有用的功能模块和外设接口的 IP 核,如数字时钟管理器(DCM)、处理器复位、PLB/OPB 总线接口、外部存储控制器(EMC)、UART、GPIO、中断控制器和定时器等,充分利用这些资源就可以构建一个较为完善的嵌入式微处理器系统,但是对于许多有特殊专用电路的嵌入式计算机系统的应用还是不够的。如何将用户专用电路设计到 EDK 系统中,一般有两种方法:第一种是将 EDK 工程作为一个子系统在 XPS 中用 Export to PorjNav 生成 ISE 工程,然后在 ISE 中将专用电路和处理器子系统(system. vhd)合成为顶层 HDL 文件(system_stub. vhd)后,在 ISE 中完成综合布线,最后在 XPS 中用 Import from PorjNav 得到硬件的. bit 文件,便可以回到 XPS 中完成和应用软件的合成、下载和调试了。第二种方法是将专用电路设计成为用户自定义的 IP Core,然后直接在系统中调用来实现。自定义的 IP Core 用 HDL 设计并要满足 EDK 的规范,如有专门目录结构和处理器外设定义文件(. MPD)、外设分析定义文件(. PAO)等。如果自定义的 IP Core 要具有软件驱动,那么设计还要完全符合相应的 PLB 或 OPB 总线接口规范。完成了硬件和驱动的设计后,就可在 XPS 工程中添加应用软件项目并编写应用软件,然后调用处理器对应的编译器编译并和硬件综合后生成的. bit 文件合成后下载到目标板便可进行调试了。

系统硬件组成框图如图 11.61 所示。FPGA 器件选用 Virtex-Ⅱ Pro 系列的 XC2VP40,将系统的程序存储器和数据存储器都放在片内用 Block RAM 来实现,在系统中添加 DCM 模块,将外部参考时钟4倍频提供给PowerPC405作处理器时钟,并分频后再送给OPB总线作总线时钟,降低慢速外设的总线速度,使系统搭配更合理。

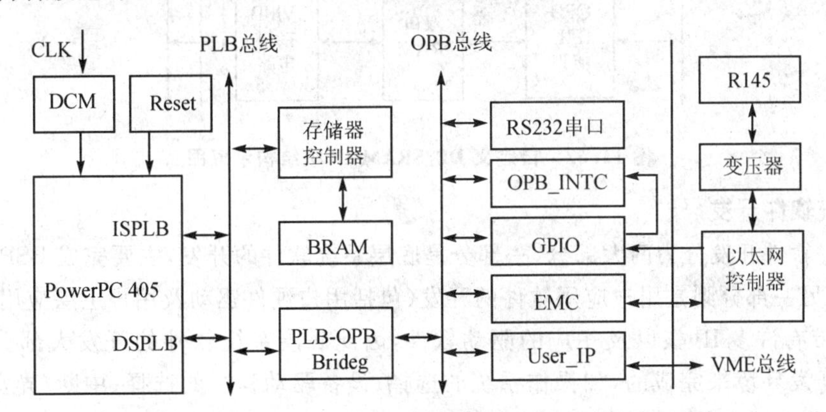

图 11.61 PowerPC 硬核 EMAC 系统组成框图

PowerPC405是此嵌入式系统的核心,它通过PLB总线实现与程序存储器和数据存储器的快速通道,并通过PLB-OPB桥实现了片上的OPB总线,然后通过OPB总线进行各种外设的扩展,OPB外设包括一个RS232串口,一个OPB_EMC用于扩展以太网控制器芯片,一个GPIO作以太网控制器输出的中断请求,一个中断控制器OPB_INTC将GPIO输入的外部中断通知PowerPC405并可以设置优先级,还有一个用户自定义的IP Core用于实现和VME总线的接口电路。

PowerPC405是专门为嵌入式应用而设计的高性能32位PowerPC系列处理器芯核,对于Virtex-Ⅱ Pro系列FPGA,其实现型号为PowerPC 405D5。PLB是处理器本机总线,它为指令和数据一侧提供独立的32位地址和64位数据总线。PLB总线架构支持多主从设备,每一个PLB主控机通过独立的地址总线、读数据总线和写数据总线与PLB连接,有一个中央判决机构来授权对PLB的访问以允许主控机通过竞争来获得总线的所有权。OPB是片上外设总线,提供分离的32位地址总线和32位数据总线,一般用来访问低速和低性能的系统资源。它是一种完全同步总线,但不直接连接到处理器内核,处理器内核通过"PLB to OPB"桥和OPB总线来访问OPB接口外设。

网络控制器采用Cirrus Logic的通用单片10 M/100 M以太网控制器CS8900A,该芯片遵从IEEE 802.3以太网标准,支持全双工操作。应用EDK的OPB_EMC IP可以很方便地将CS8900A扩展为系统OPB总线上的一个设备,只要将EMC端口的地址、数据总线以及控制信号分别接到CS8900A的地址、数据总线和控制端口上,并将EMC的时序参数设置成与CS8900A手册上要求的一致就可以了。另外,将CS8900A的中断输出INTRQ作为一个GPIO引入系统以实现以太网的中断服务功能。

自定义的IP Core内容如图11.62所示,它用FPGA内的Block RAM资源实现64 KB的双口RAM用来完成和VME总线上其他设备的通信和数据交换。这里使用上述的第二种方法来实现将用户专用电路嵌入微处理器系统中,自定义的IP主要包括OPB总线接口和用户电路两部分,用EDK提供的OPB总线的IPIF模板修改后,作为自定义IP的总线接口,64 KB的双口RAM和VME总线接口是真正的用户电路。

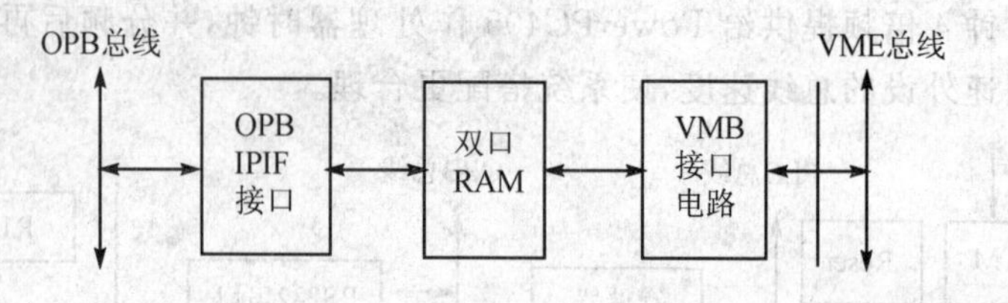

图 11.62　自定义 DP_SRAM IP 核结构示意图

2. 系统软件开发

EDK 将软件开发分为两大部分,一部分是底层系统软件的开发,主要完成 BSP(板级支持包)的功能;另一部分则是用户应用软件的开发(包括用户硬件驱动及用户上层应用软件)。由于 EDK 中带有许多 IP 核以及相应的驱动软件,因此底层系统软件的开发大部分可以借助 EDK 集成开发环境来完成的,如操作系统的选择、设备驱动程序的选择、中断/异常处理例程的设置及操作系统参数设置等在内的各种系统级软件参数的设置。而用户应用软件的开发由于有底层驱动的隔离,可移植性好,整个用户软件的开发及调试工作都可以在 EDK 中完成。

(1) 底层系统软件开发

在本设计中,没有使用操作系统,即所谓的 standalone 模式,EDK 仅提供硬件初始化及引导代码。此外,还需要对 GPIO、EMC、RS232 和中断控制器等一些外设生成底层驱动,这些都可以通过在 EDK 集成环境 XPS 中选择菜单 Project→Software Platform Settings 的对话框进行设置。其实质是自动修改工程的. MSS 文件。例如中断函数的处理例程可在 Software Platform Settings 窗口的相应页面中加以设置,也可以手工编辑. MSS 文件进行如下设置:

```
PARAMETER int_handler = CS8900A_INT_HANDLER, int_port = IP2INTC_Irpt
```

设置完成后,在 XPS 中选择 Tools→Generate Libraries and BSPs 将调用 LibGen 自动生成驱动库文件,这些 CPU 和外设驱动库的设置、操作函数实现或定义可在工程项目根目录下以处理器实例名为名字的目录下的 libsrc 目录下相应的各模块子目录中找到,参考其实现有助于深刻理解事实上发生的操作。例如中断向量表可在中段向量控制器模块子目录(本例中为 intc_v1_00_c\src)下的 xintc_g. c 文件中找到。

(2) 用户软件开发

用户软件主要是对网络控制器、GPIO 和 RS232 串口等的操作,其中控制 CS8900A 的程序是重要部分,它要完成 TCP/IP 协议。CS8900A 所有的控制寄存器和数据寄存器都映射在被称为 PacketPage 的片上 4 KB 地址空间内,这 4 KB 空间可映射到主机地址空间中(存储器模式),或通过 8 个 16 位 I/O 口进行存取(I/O 模式)。本设计中 CS8900A 工作于 I/O 模式,通过 EDK 的 OPB_EMC IP 作为 OPB 总线上的一个设备,并给 EMC 控制器和所映射的设备分配操作地址空间,在程序中用以下代码:

```
Xuint32 XIo_In32(XIo_Address InAddress);
void XIo_Out32(XIo_Address OutAddress, Xuint32 Value);
```

读/写映射的设备,这两个 I/O 函数同“ * pDestMem = Value”(直接读/写存储器操作)的差别在于前者做了读/写同步(调用 eieio 汇编指令)。参考芯片手册编写 CS8900A 的驱动,实现基本 I/O 操作 CS8900A_SendFrame 和 CS8900A_RecvFrame。EDK 中有需付费的以太网 IP CORE,并附带有一些 TCP/IP 协议栈,该协议栈实现了大部分常用功能,但也有一些重要功能并未实现,例如 TCP 包的超时未达重发,收发操作的中断工作方式。通过修改、增加和完善这些软件包,可实现真正面向用户更高层应用软件的网络编程接口。

(3) 软件开发中的部分问题

软件开发过程中遇到的几个主要问题归纳如下:

① IEEE 802.3 网络及网络控制器 CS8900A 采用的均是 Little Endian 编码,而 XC2VP40 内含的处理器 PowerPC 405D5 采用的是 Big Endian 编码方式,因此在数据 I/O 过程中需要作一下转换。

② 可通过编写链接控制脚本文件控制应用程序的链接过程,从而控制程序映像在存储器中的重定位过程。这在 FPGA 这种存储器资源有限的环境中有时很有用。

③ 要将 EDK 提供的默认 bootloop 程序打包到硬件初始化流中,这样做的目的是提供默认的 CPU 复位后运行程序,保证 CPU 处于可预知的状态,而不是因为执行了存储器中的随机代码而处于一种未知的状态。

3. 系统调试方法

由于 PowerPC 405 处理器核中已包含调试模块,并用 JTAG 端口引出,只要在系统中添加一个叫做 JTAGPPC 的 IP 模块并和 PowerPC 405 相连便可将其调试端口串入 FPGA 的 JTAG 链中,这样只需使用 FPGA 本身的下载电缆和 JTAG 接口便可完成系统软件调试而不需要增加额外电路。

EDK 提供的软件调试工具主要有 XMD 和 GDB。利用 XMD 下载可执行程序映像时还会显示各程序段的重定位情况,在发生错误时会报告错误,例如要求的地址空间大于实际提供的地址空间等错误,而这在 EDK 集成环境下是看不到的。在存在多种类型存储器资源的情况下,编写链接控制脚本文件控制重定位过程可能能够解决上述某地址空间不够的问题。网络通信部分的调试主要由 Sniffer 软件辅助完成。

GDB 是 EDK 附带的 GNU 的主机方图形界面调试工具,它通过和 XMD 通信完成图形界面调试功能,此时 XMD 则扮演了一个主机方调试代理的角色,所有的调试通信是由 XMD 同目标机通信完成的。

本章小结

本章介绍了常见各类可编程/配置逻辑软件设计技术,指出了如何使用这些技术进行可编程/配置逻辑设计实现应用系统所需的外设/接口及其片上系统。

可以实现硬件外设/接口及片上系统的可编程/配置器件有 PLD、PAD 和 PSD 等。PSD 器件通过配置和简单的译码数字逻辑设计,可以实现常用的 8 位/16 位微控制器体系的外设和接口;功能强大的 μPSD、PSoC 器件含有增强型的 CPU 和更为灵活组合的数字/模拟模块,能够实现集成度较高的中小型片上系统设计。PAD 器件通过可编程模拟逻辑设计,特别适用于小型化、低成本和中低精度的模拟电子系统的设计和实现。PLD 器件具有较高的科技技术发展背景,当前应用最为普遍;使用 CPLD/FPGA 通过可编程数字逻辑软件设计,很容易实现嵌入式应用体系与不同接口逻辑的外设/接口的连接,甚至是系统设计所需的整个某类外设/接口或简单的测控系统;随着半导体工艺和 ASIC 技术的发展,已经能够较快地在 FPGA 上实现复杂的芯片级嵌入式应用体系了，甚至是含有高级实时的软件操作系统，这就是代表当前IC设计发展主流和软硬件协同设计的SoPC技术；灵活的选用并配置快速高性能的嵌入式微处理器核和各类外设/接口IP核，再进行应用程序设计，就可以快速地实现芯片级SoPC开发。使用FPGA，还可以快速地实现特定DSP算法，把微控制器从繁琐的DSP运算分析中解放出来，集中精力执行更为实时的测量/控制动作。

对于进行每一种类型的可编程/配置逻辑设计去实现所需的外设/接口及片上系统，本章列举了大量的应用设计实例，重点阐述了如何利用所提供的软件开发工具快速高效地进行具体应用项目的设计。本章描述到的软件设计工具有：QuartusⅡ/MaxPlussⅡ、PSDsoft/、PSDsoft Express、PSoC Designer、PAC Designer、SoPC Builder、System Gegerater和EDK\XPS等，涉及到的嵌入式软/硬核体系有Niso、MicroBalze和PowerPC等，文中对这些工具软件结合所举例子都进行了具体说明；“工欲善其事，必先利其器”，熟练使用这些工具软件可以使项目开发事半功倍。

第12章 基于底层硬件的软件设计实践

前面各章系统地阐述了“通用计算机在常用操作系统下的设备驱动程序设计与数据传输通信的软件设计”和“各种常见嵌入式基本体系及其外设与接口的软件架构”，本章将在归纳总结这些基于底层硬件的软件设计经验和规律的基础上，详细阐述如何在具体的项目设计实践中灵活应用这些软件设计规则去快速、高效、可靠和经济地实现目标系统软件体系的架构，并推荐一些较好的基于底层硬件的软件开发设计的参考用书。

本章的主要内容如下：

- 在项目设计中规划基于底层硬件的软件架构；
- 铁路道岔运行状况监控系统的软件体系架构；
- 交流电机伺服驱动监控系统的软件体系架构；
- μLinux 下的 ARM 与 DSPs 的数据通信实现；
- 嵌入式 RTOS 下跨平台通信体系的软件架构；
- 基于 FPGA - SoPC 的 MP3 播放器及软件架构；
- 基于底层硬件的软件设计参考书籍推荐。

12.1 在项目设计中规划基于底层硬件的软件架构

12.1.1 基于底层硬件体系软件架构的总体考虑

具体项目开发中的基于底层硬件的软件设计，主要涉及两方面：嵌入式应用软件体系设计和数据通信相关的上位通用计算机设备驱动程序设计。嵌入式应用体系之间、通用计算机之间或嵌入式应用体系与上位通用计算机之间通过各种串行或并行的总线形式相联系。常见的并行数据通信形式有 PCI/CPCI 总线、ISA/PC104 总线、EPP 并行口和主机接口总线 HPI 等，如果嵌入式应用体系与上位通用计算机以 PCI/CPI 或 ISA/PC104 总线相联系，此时的嵌入式应用体系就是 PCI/CPI 板卡或 ISA/PC104 板卡。常见的串行数据通信形式有 RS232 - C、RS485、USB、工业以太网 EMAC 和 CAN 等总线。在嵌入式应用体系或通用计算机系统中，为满足上述相互通信的要求，在软件上需要考虑为所选的数据通信制订具体的通信规约并为各自一侧的通信接口设计特定而高效的设备驱动程序。通信规约的制订，不仅要满足功能要求，还要做到安全、准确和高效。

嵌入式应用软件体系设计，核心内容是整个软件体系的架构。它包括两个方面：基本软件体系的架构和所需外设/接口的驱动程序设计。嵌入式基本软件体系的架构需要考虑是否采用实时操作系统，采用哪一款嵌入式实时操作系统，怎样“量体裁衣”、“因地而宜”地移植或定制操作系统。如果是在原有嵌入式软/硬件系统上增加选定形式的数据通信功能，则无须考虑嵌入式基本软件体系的架构，此时通信接口的驱动程序是设计的重点。

相关的通用计算机软件设计，主要是通信接口的设备驱动程序设计。常见的通用计算机常用操作系统的设备驱动程序都有不同的类型和设计规律。分清所用设备的类型，了解相应设备驱动程序的设计特点，就可以开发希望的驱动程序。

基于底层硬件的软件设计，与硬件体系密切相关，开发起来有一定难度。但是只要知道了它的运作机理，掌握了它的软件设计规则，就可以进行开发并且达到"熟能生巧"、"游刃有余"。

下面着重阐述项目设计中基于底层硬件软件架构的3个重要方面：嵌入式应用体系中的软件架构、通用计算机设备驱动程序设计和通信规约的制订。

12.1.2 嵌入式应用体系软件架构的规划设计

规划设计嵌入式应用体系的软件架构工作包括两个方面：基本软件体系的架构和所需外设/接口的驱动程序设计。

1. 基本软件体系的架构

首先需要确定是否采用操作系统，然后需要确定采用哪一种嵌入式实时操作系统。

如果对所设计系统的微控制器或微处理器软/硬件体系比较熟悉，并且所实现系统的功能不是很复杂，则可以考虑不采用任何操作系统的直接软件体系架构；直接软件体系架构所使用的内存、中断和外设等资源是最少的，如果能够把项目体系做到稳定可靠和实时高效，直接软件体系架构不失为一种良好的选择。

如果决定采用嵌入式实时操作系统，则需要根据存储器容量、中断资源、硬件资源、CPU运算能力、开发周期和投入成本等因素，选择适合自己的硬件平台操作系统。嵌入式应用体系中经常采用的实时操作系统有μC/OS-Ⅱ、DSP/BIOS、WinCE/EXP、μCLinux和VxWorks等，它们的内核大小、存储器特别是内存的使用量、实时响应能力、适应CPU范围场合和对硬件体系的要求等各有千秋：μC/OS-Ⅱ内核最小，占用系统资源最少，可以适应于各类常见微控制器或微处理器体系，但是其功能特别是实时性不够强大；DSP/BIOS的内核大小、存储器使用量仅比μC/OS-Ⅱ稍大，其实时响应能力较强，主要应用在高精端的DSPs体系中；WinCE/EXP最大的优势是其传承的优异图形界面功能，它需要系统CPU具有MMU能力，需要占用一定量的闪存和内存，在便携式移动设备中应用最广；μCLinux也需要占用一定量的存储器资源，其操作系统的移植与外设接口设计的规律性强，虽然实时性不是很强大但可以加以改进，它主要适合于没有MMU要求的微控制器/微处理器体系中；VxWorks是公认的实时性最强的操作系统，它需要占用一定的系统资源，如闪存和内存等，对系统微控制器或微处理器有没有MMU能力都可以很好地适应。上述5种常见嵌入式实时操作系统的性能对比如表12.1所列。

表12.1 常见嵌入式实时操作系统的性能对比表

<table>
<tr><th>操作系统</th><th>内核大小</th><th>内存要求</th><th>实时性</th><th>CPU要求</th><th>MMU要求</th></tr>
<tr><td>μC/OS-Ⅱ</td><td>6 B～10 KB</td><td>极少</td><td>较强</td><td>8/16/32位</td><td>可有可无</td></tr>
<tr><td>DSP/BIOS</td><td>150～6 500 W</td><td>≥575 W(字)</td><td>较强</td><td>16/32DSPs</td><td>可有可无</td></tr>
<tr><td>WinEXP</td><td>≥8 MB</td><td>大</td><td>弱</td><td rowspan="2">X86、ARM、MIPS、SHx</td><td rowspan="2">必须有</td></tr>
<tr><td>WinCE</td><td>≥200 KB</td><td>较大，≤512 MB</td><td>较强</td></tr>
</table>

续表 12.1

操作系统	内核大小	内存要求	实时性	CPU 要求	MMU 要求
μCLinux	≥512 KB	≥1 MB	较强	16/32 位	没有
VxWorks	≥8 KB	较大	强	16/32 位	可有可无

需要明确的是，采用任何一款实时操作系统，进行多任务或多线程调用，都至少需要占用一个硬件定时器和中断资源。

2. 所需外设/接口的驱动程序设计

嵌入式应用体系的常见外设/接口有 UART、I^2C、SPI、EMAC、USB 和 CF 卡等，它们的驱动程序通常包括硬件初始化、读/写访问或数据收/发的操作和中断处理 3 个部分，多是单体的，有些操作系统下的驱动是分层的，但此时通用层的部分已经由操作系统提供了，如 USB 主控制器的通用层驱动在多数操作系统下已经由操作系统提供，用户需要设计的是针对具体 USB 设备的驱动。直接软件架构下或具体嵌入式实时操作系统下的外设/接口驱动划分为不同的类型，每种类型的设备驱动都有其相应的设计规律可循，具体设计细节可以参阅本书的相关章节。

进行外设或接口驱动程序设计时需要特别注意的几点是：

- 如果使用了中断，要合理安排好中断处理的工作量；
- 读取或接收操作时要采取相应机制以防止任务或线程的阻塞；
- 合理使用操作系统提供的信号量、消息队列等机制，提高程序执行的效率。

外设或接口驱动程序设计的目标是稳定可靠，执行效率高，占用系统资源少。

本书第 5～10 章，详细阐述了“嵌入式基本体系及外设/接口的直接软件架构”和各种常见嵌入式实时操作系统下基本体系及外设接口的软件架构，选定了操作系统，可以根据相关章节叙述的方法逐步进行所需的基本体系及外设接口的软件架构。

12.1.3 通用计算机通信相关的设备驱动设计

通用计算机通信相关的设备驱动程序与其所在操作系统的设备驱动模型密切相关，常见的通用计算机操作系统有 Windows、Linux 和 VxWorks 等。Windows 下的主流驱动程序模型是 WMD(WIN32 Driver Model)，它划分为若干层次，可以借助于 Windows DDK 和 Driver-Studio 等工具开发设计特殊的设备驱动程序。Linux 下的设备驱动程序分为 3 类：字符型设备驱动程序、块型设备驱动程序和网络设备驱动程序，每类驱动程序都有特定的设计规律。VxWorks 下的设备驱动程序分为基于 I/O 的设备驱动程序(字符型设备驱动与块型设备驱动)和非基于 I/O 的特殊设备驱动程序(如网络接口驱动和串口终端驱动等)。各类通用计算机操作系统，还有一些嵌入式操作系统趋向于把设备视为文件，即所谓的“设备文件”，以向应用程序提供便宜的 API 接口。块型设备驱动常与文件系统操作联系在一起。直接与硬件打交道的驱动程序基本上分为 3 个部分：硬件初始化部分、读/写访问或数据收/发的操作部分和中断处理部分。

在 Windows、Linux 和 VxWorks 等常用操作系统下，经常使用的硬件通信接口是异步串口、并行口和网络接口，经常需要设计的特殊设备是 USB 设备、PCI/CPCI 板卡和 ISA/PC104 板卡。本书第 2～4 章详细阐述了 Windows、Linux 和 VxWorks 下的常用设备驱动程序设计和数据通信实现，可以依据所介绍的方法开发设计特定设备的驱动程序。

可以使用 WinDriver 工具简捷地得到 Windows、Linux 和 VxWorks 下的特定设备驱动程序。

12.1.4 特定应用系统的数据通信规约及其制订

数据通信规约，确定通信双方数据传输的形式、内容、错误校验、握手和异常处理等。数据形式包括一个数据包即“帧”的开始、结束、指令及容错的内容和位置。数据通信中经常采用的错误校验机制有奇偶校验、和校验及循环冗余校验 CRC 等。握手机制的建立有利于确定数据的完整接收。异常处理有利于解决长时间无响应、通信无故中断而造成的无限等待等不良现象。

严密的通信协议是保证安全、完整、高效、正确地实现数据传输的前提和关键。通信规约的制订需要根据实际数据传输的要求、通信总线途径等因素综合确定。下面给出了一段上位工控机通过 RS232－C 串口配置下位的一个嵌入式工业监测终端的通信协议，这个规约总共有 4 部分。

1. 数据格式规定

数据，以字节为基本单位，按若干字节构成的帧进行每次传输，帧包括：起始字、命令/应答字、有效数据长度字、实际数据、和校验字和结束字。这些统称为帧内段，每段可以规定为不同长度的字节。

规定各个帧内段如下：

起始字　规定为 0x5AA5，2 字节；

命令/应答字　1 字节，前 3 位表示父类型，其余位表示子类型；

有效数据长度字　1 字节，以十六进制形式表示传输数据的有效长度；

实际数据　常以十六进制形式表示，顺序排放，特殊约定，另作说明；

和校验　1 字节，所有传输数据字节的和取其最低字节表示；

结束字　规定为 0xA55AA，2 字节。

数据帧格式如图 12.1 所示。

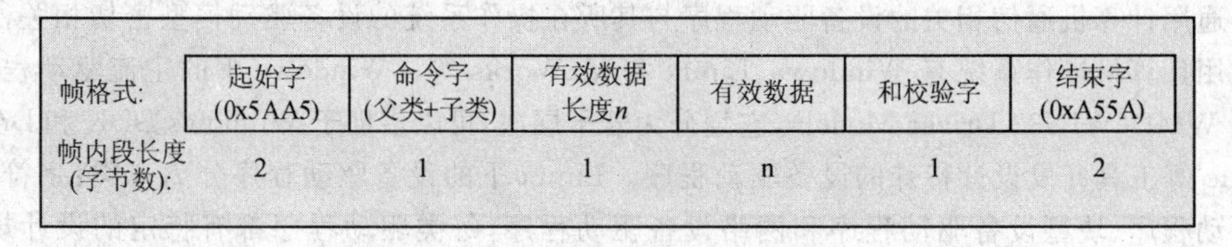

帧格式:	起始字 (0x5AA5)	命令字 (父类+子类)	有效数据长度 n	有效数据	和校验字	结束字 (0xA55A)
帧内段长度 (字节数):	2	1	1	n	1	2

图 12.1　一种串行通信的数据帧格式

2. 数据传输约定

上位个人计算机主动下发命令，下位设计系统被动应答。

3. 命令字规定

① 通信通道测试　父子类都规定为 0，无有效数据传送。

② 收发器配置　父类规定为 1。子类规定：0 为读取操作，后跟有效数据长度为 2 的十六进制地址值；1 为写入操作，后跟有效数据长度为 4 的十六进制的地址和数据。

③ 系统运行参数设置　父类规定为 2。子类规定：0～31，后跟所对应的参数数据。规定

参数格式为:整数按十六进制形式,其他类型数据另行约定。

④ 系统运行状况查询　父类规定为3。子类规定:0～31,分别对应事先约定的参数。

⑤ 写GPIO端口　父类规定为4。子类规定:0～31,分别对应事先约定的参数。

4. 应答字规定

① 通信通道测试　父子类都规定为0,若收到正确的命令数据,则应答"Y";若接收命令数据错误,则应答"N"。

② 收发器配置　父类规定为1。子类规定:0为读取操作,后跟有效数据长度为4的十六进制的地址和数据;1为写入操作。若收到正确的命令数据,则返回上位个人计算机要求的数据,在无数据返回要求时,可应答"Y";若接收命令数据错误,则应答"N"。

③ 系统运行参数设置　父类规定为2。子类规定:0～31。若收到正确的命令数据,则应答"Y";若接收命令数据错误,则应答"N"。

④ 系统运行状况查询　父类规定为3。子类规定:0～31,后跟所对应的状况数据。规定状况数据格式为:整数按十六进制形式,其他类型数据另行约定。若收到正确的命令数据,则返回上位个人计算机要求的数据;若接收命令数据错误,则应答"N"。

⑤ 写GPIO应答　父类规定为4。子类规定:0～31。若收到正确的命令数据,则应答"Y";若接收命令数据错误,则应答"N"。

12.2　铁路道岔运行状况监控系统的软件体系架构

12.2.1　项目构成及软件架构的主要环节综述

道岔运行状况的监控是现代化高速铁路运输的基本要求和必然发展趋势,它既要求现场数据采集终端能够快速可靠地采集与处理数据,又要求现场与数据控制中心的数据传输能够准确及时和高效安全。

1. 项目体系的整体规划

整个系统的设计规划如下:

① 现场数据采集单元由子/主板组成,各个子板采集若干路以位置变化为主的模拟量信号,交由主板按照建立的数学模型得到表示道岔位置的曲线系数并存储主要数据。主板与各个子板之间通过抗干扰能力较强的CAN总线联系。主板使用规范的CAN总线协议对各个子板循环寻址并提取采集的数据。每个现场数据采集单元负责一个道岔的运行状况监控。

② 监控中心通过强抗干扰能力的LonWorks总线,及时从各个现场数据采集单元得到表示道岔位置的曲线系数,复原并显示出道岔的位置状况。监控中心还可以直接从指定的现场数据采集单元得到详细的一手数据,并进行更为具体的性能指标分析。监控中心计算机采用PCI/CPCI总线的LonWorks适配卡。

③ 位于现场数据采集单元主板上的LonWorks节点和LonWorks-PCI适配卡使用Echelon的神经元芯片及其相关开发设计技术。

铁路道岔运行状况监控系统的构成如图12.2所示。

在这种体系的道岔运行状况监控系统中,一个监控中心监控的动态道岔可达数百个,性能、时空和成本的经济性是显而易见的。

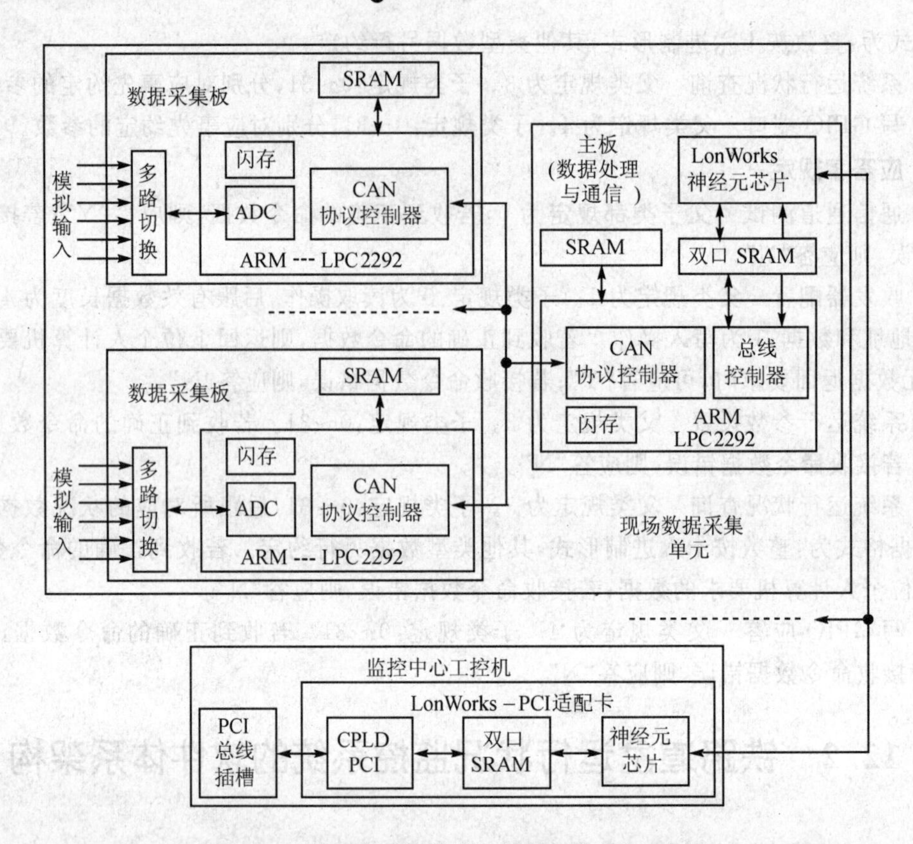

图 12.2 铁路道岔运行状况监控系统构成示意图

2. 系统相关的软件体系及其架构

该项目系统需要架构的相关软件体系有：位于现场数据采集单元上的数据采集软件体系、数据处理软件体系和 LonWorks 神经元通信节点软件体系，位于监控中心的 LonWorks 神经元节点软件体系、CPLD－PCI 接口软件体系、LonWorks－PCI 适配卡驱动程序和上位可视化显示体系。

现场数据采集与处理部分，采用的是 ARM7TDMI－S 单片机 LPC2292 体系，可以选用相应的集成开发环境如 Keil ARM 等进行开发，软件体系架构可以基于 ARM 体系特点直接架构，也可以选择移植一个嵌入式实时操作系统并进行软件体系架构。

LonWorks 神经元体系，可以采用 Neuron C 语言及其 NodeBuilder、LonBuilder 和 LonMaker 等开发工具进行开发设计与调试，LonWorks 适配卡可以选用 LonWorks 网络服务 LNS(LonWorks Networks Server)工具等进行调试与分析。

CPLD 实现的 PCI/CPCI 接口可以根据 PCI 总线时序与具体存储器的传输要求，使用 VHDL 语言和 Quartus、ISE 等 IDE 进行开发设计。如果所选用的双口 SRAM 与神经元芯片接口逻辑不同，还可以考虑使用该 CPLD 进行过渡。

PCI/CPCI 板卡的驱动程序可以根据所在通用计算机的操作系统，采用相应的开发工具和设计手段加以实现，最简便的方法是使用 WinDriver 软件架构产生工具。

系统各部分之间的通信，主要是 CAN 总线和 LonWorks 总线，相互之间的寻址和数据传输使用规范的 CAN 总线和 LonWorks 总线协议，以主板定期轮询各个子板和监视工控机定期轮询各个现场数据采集单元的形式进行。

该项目体系涉及多路大量的现场数据采集，关键是要做到准确的同步，这里采取的方法是各个现场数据采集单元由其主板上的实时时钟 RTC 统一其各个数据采集子板的时间，各个现场数据采集单元的主板 RTC 时间由监控中心定期根据卫星授时装置加以统一。

12.2.2 关键性子系统的软件体系架构及实现

本项目体系需要架构的软件体系与需要设计的基于硬件的软件有数据采集子板系统、数据处理主板系统、神经元节点体系、CPLD－PCI 软件和 LonWorks 适配卡驱动程序。

现场数据采集单元与 LonWorks 适配卡上的神经元节点体系，可以使用 Neuron C 语言通过 NodeBuilder、LonBuilder 和 LonMaker 等开发工具进行编写与调试，具体细节可以参阅本人的《嵌入式系统硬件体系设计》一书第 7 章"嵌入式硬件体系中的接口设计"和相关 LonWorks 现场总线编程的相关知识加以设计实现。

CPLD－PCI 软件的实现可以参阅本人的"简易通用型 PCI 接口的 CPLD－VHDL 设计"文章，该文章可以从网上下载，也可以参阅本人的《嵌入式系统硬件体系设计》一书第 5 章"大规模可编程逻辑器件及其应用设计"。

LonWorks 适配卡驱动程序，可以根据应用程序所在的操作系统，按照本书第 2～4 章阐述的 PCI/CPCI 板卡驱动程序设计的方法加以实现，最简单的方法就是应用 WinDriver 工具来实现。

本项目体系的关键性软件体系是数据采集子板系统和数据处理主板系统，它们都是由 ARM7 单片机构成的微控制器系统。数据采集子板系统的外设与接口有：串口 UART0、定时器 Timer0、定时器 Timer1、实时时钟 RTC、CAN 协议控制器、多路模数转换器 ADC 和 GPIO；需要实现的中断有：Timer0 定时中断、Timer1 定时中断、UART 接收中断、RTC 同步中断、CAN 接收中断和 CAN 总线异常处理中断。数据处理主板系统的外设与接口有：串口 UART0、定时器 Timer0、实时时钟 RTC、CAN 协议控制器、外部中断 ExInt 和 GPIO；需要实现的中断有：Timer0 定时中断、UART 接收中断、RTC 同步中断、CAN 接收中断和 CAN 总线异常处理中断。这里以数据采集子板系统为例加以说明，整个软件体系没有采用嵌入式实时操作系统，按"嵌入式基本体系及外设接口的直接软件架构"进行实现。下面给出采用本人设计制作的"ARM7TDMI－S 单片机软件架构工具"得到的主要部分代码。该软件工具及其使用在本人的《嵌入式系统硬件体系设计》一书 2.3 节"8/16/32 位单片机及其应用设计"中有详细介绍。

1. 启动文件(startup.s)及其编制

```
VPBDIV_SETUP        EQU        0x01            ; VPB 分频
VPBDIV_Value        EQU        0x00
PLL_SETUP           EQU        0x01            ; PLL 倍频
PLLCFG_Value        EQU        0x05
MAM_SETUP           EQU        0x01            ; 存储器加速
MAMCR_Value         EQU        0x02
MAMTIM_Value        EQU        0x03
UND_Stack_Size      EQU        0x10            ; 栈堆
```

```
ABT_Stack_Size         EQU      0x10
FIQ_Stack_Size         EQU      0x30
IRQ_Stack_Size         EQU      0x00F0
SVC_Stack_Size         EQU      0x20
USR_Stack_Size         EQU      0x0800
PCON_Value             EQU      0x00              ;功率控制
PCONP_Value            EQU      0x00005A0E        ;外设功率控制
EMC_SETUP              EQU      0x01              ;EMC 管理
PINSEL2_Value          EQU      0x0D802114
BCFG0_SETUP            EQU      0x01
BCFG0_Value            EQU      0x10000400
BCFG1_SETUP            EQU      0x00
BCFG1_Value            EQU      0x00000000
BCFG2_SETUP            EQU      0x00
BCFG2_Value            EQU      0x00000000
BCFG3_SETUP            EQU      0x00
BCFG3_Value            EQU      0x00000000
VICIntSelect_Value     EQU      0x00000000        ;中断向量控制
VICIntEnClr_Value      EQU      0x0437DF83
VICSoftIntCl_Value     EQU      0x0C3FFFF3
VICVectCntl0_Value     EQU      0x33
VICVectCntl1_Value     EQU      0x00
VICVectCntl2_Value     EQU      0x2D
VICVectCntl3_Value     EQU      0x00
VICVectCntl4_Value     EQU      0x3B
VICVectCntl5_Value     EQU      0x00
VICVectCntl6_Value     EQU      0x24
VICVectCntl7_Value     EQU      0x00
VICVectCntl8_Value     EQU      0x25
VICVectCntl9_Value     EQU      0x00
VICVectCntl10_Value    EQU      0x26
VICVectCntl11_Value    EQU      0x00
VICVectCntl12_Value    EQU      0x00
VICVectCntl13_Value    EQU      0x00
VICVectCntl14_Value    EQU      0x00
VICVectCntl15_Value    EQU      0x00
;PSRs 中 IRQ、FIQ 中断标志与工作模式的定义**************************************
Mode_USR               EQU      0x10
Mode_FIQ               EQU      0x11
Mode_IRQ               EQU      0x12
Mode_SVC               EQU      0x13
Mode_ABT               EQU      0x17
Mode_UND               EQU      0x1B
```

```
Mode_SYS          EQU       0x1F
IRQ_Bit           EQU       0x80
FIQ_Bit           EQU       0x40
; PLL 锁相倍频的有关定义 ***********************************************************
PLLCON_PLLE       EQU       (1 << 0)            ; 使能 PLL
PLLCON_PLLC       EQU       (1 << 1)            ; 连接 PLL
PLLSTAT_PLOCK     EQU       (1 << 10)           ; PLL 锁定状态
; 所用寄存器基址的定义 *************************************************************
VPBDIV            EQU       0xE01FC100          ; VPBDIV 寄存器
PLL_BASE          EQU       0xE01FC080          ; PLL 寄存器
MAM_BASE          EQU       0xE01FC000          ; MAM 寄存器
EMC_BASE          EQU       0xFFE00000          ; EMC 寄存器
PINSEL2           EQU       0xE002C014          ; PINSEL2 地址
MEMMAP            EQU       0xE01FC040          ; 存储器映射
PCON              EQU       0xE01FC0C0          ; 功率控制
VICIntEnClr       EQU       0xFFFFF014
VICIntSelect      EQU       0xFFFFF00C
VICVectCntl0      EQU       0xFFFFF200
VICVectAddr       EQU       0xFFFFF030
; 内存堆栈的规划 *******************************************************************
AREA      STACK, DATA, READWRITE, ALIGN = 2
          DS      (USR_Stack_Size + 3)&~3      ; User/System 模式栈堆
          DS      (SVC_Stack_Size + 3)&~3      ; Supervisor 模式栈堆
          DS      (IRQ_Stack_Size + 3)&~3      ; Interrupt 模式栈堆
          DS      (FIQ_Stack_Size + 3)&~3      ; 快速 Interrupt 模式栈堆
          DS      (ABT_Stack_Size + 3)&~3      ; Abort 模式栈堆
          DS      (UND_Stack_Size + 3)&~3      ; Undefined 模式栈堆
Top_Stack:
; 启动代码地址指定 *****************************************************************
$ IF      (EXTMEM_MODE)
          CODE_BASE    EQU     0x80000000
$ ELSEIF     (RAM_MODE)
          CODE_BASE    EQU     0x40000000
$ ELSE
          CODE_BASE    EQU     0x00000000
$ ENDIF
; 代码段 ***************************************************************************
AREA      STARTUPCODE , CODE, AT CODE_BASE     ; 只读, ALIGN = 4
          PUBLIC          __startup
EXTERN    CODE32          (?C?INIT)
__startup PROC            CODE32
EXTERN    CODE32          (Undef_Handler?A)
EXTERN    CODE32          (SWI_Handler?A)
```

```
EXTERN    CODE32      (PAbt_Handler?A)
EXTERN    CODE32      (DAbt_Handler?A)
EXTERN    CODE32      (IRQ_Handler?A)
EXTERN    CODE32      (FIQ_Handler?A)
;中断向量表*******************************************************************
Vectors:  LDR         PC,Reset_Addr
          LDR         PC,Undef_Addr
          LDR         PC,SWI_Addr
          LDR         PC,PAbt_Addr
          LDR         PC,DAbt_Addr
          NOP                                   ;DCD        0xB9205F80
          LDR         PC,[PC, # - 0x0FF0]
          LDR         PC,FIQ_Addr
Reset_Addr:    DD       Reset_Handler
Undef_Addr:    DD       Undef_Handler?A
SWI_Addr:      DD       SWI_Handler?A
PAbt_Addr:     DD       PAbt_Handler?A
DAbt_Addr:     DD       DAbt_Handler?A
               DD       0                       ;保留
IRQ_Addr:      DD       IRQ_Handler?A
FIQ_Addr:      DD       FIQ_Handler?A
;Reset程序段*****************************************************************
Reset_Handler:
 $IF     (EXTMEM_MODE)                          ;EMC接口及其配置
            LDR         R0, = PINSEL2
            LDR         R1, = PINSEL2_Value
            STR         R1, [R0]
 $ENDIF
IF     (EMC_SETUP != 0)
            LDR         R0, = PINSEL2
            LDR         R1, = PINSEL2_Value
            STR         R1, [R0]
            LDR         R0, = EMC_BASE
    IF     (BCFG0_SETUP != 0)
            LDR         R1, = BCFG0_Value
            STR         R1, [R0, #0x00]
    ENDIF
    IF     (BCFG1_SETUP != 0)
            LDR         R1, = BCFG1_Value
            STR         R1, [R0, #0x04]
    ENDIF
    IF     (BCFG2_SETUP != 0)
            LDR         R1, = BCFG2_Value
```

```
            STR         R1,[R0,#0x08]
        ENDIF
        IF     (BCFG3_SETUP != 0)
            LDR         R1, =BCFG3_Value
            STR         R1,[R0,#0x0c]
        ENDIF
    ENDIF
    IF     (VPBDIV_SETUP != 0)                                    ;VPB分频管理
            LDR         R0, =VPBDIV
            LDR         R1, =VPBDIV_Value
            STR         R1,[R0]
    ENDIF
    IF     (PLL_SETUP != 0)                                       ;PLL锁相倍频设置
            LDR         R0, =PLL_BASE
            MOV         R1,#0xAA
            MOV         R2,#0x55
            MOV         R3,#PLLCFG_Value                          ;配置并使能PLL
            STR         R3,[R0,#0x04]
            MOV         R3,#PLLCON_PLLE
            STR         R3,[R0]
            STR         R1,[R0,#0x0c]
            STR         R2,[R0,#0x0c]
    PLL_Loop:   LDR     R3,[R0,#0x08]                             ;等待直到PLL倍频锁定
            ANDS        R3,R3,#PLLSTAT_PLOCK
            BEQ         PLL_Loop
                                                                  ;切换到PLL倍频后的时钟
            MOV         R3,#(PLLCON_PLLE | PLLCON_PLLC)
            STR         R3,[R0]
            STR         R1,[R0,#0x0c]
            STR         R2,[R0,#0x0c]
    ENDIF
    IF     (MAM_SETUP != 0)                                       ;存储器加速管理
            LDR         R0, =MAM_BASE
            MOV         R1,#MAMTIM_Value
            STR         R1,[R0,#0x04]
            MOV         R1,#MAMCR_Value
            STR         R1,[R0]
    ENDIF
    $IF    (REMAP)                                                ;存储器映射管理
            LDR         R0, =MEMMAP
        $IF        (EXTMEM_MODE)
            MOV         R1,#3
        $ELSEIF    (RAM_MODE)
```

```
            MOV     R1, #2
        $ELSE
            MOV     R1, #1
        $ENDIF
            STR         R1, [R0]
    $ENDIF
            LDR         R0, =Top_Stack                          ; 栈堆设置
            MSR         CPSR_c, #Mode_UND|IRQ_Bit|FIQ_Bit       ; 未定义模式栈堆
            MOV         SP, R0
            SUB         R0, R0, #UND_Stack_Size
            MSR         CPSR_c, #Mode_ABT|IRQ_Bit|FIQ_Bit       ; 中止模式栈堆
            MOV         SP, R0
            SUB         R0, R0, #ABT_Stack_Size
            MSR         CPSR_c, #Mode_FIQ|IRQ_Bit|FIQ_Bit       ; 快速中断模式栈堆
            MOV         SP, R0
            SUB         R0, R0, #FIQ_Stack_Size
            MSR         CPSR_c, #Mode_IRQ|IRQ_Bit|FIQ_Bit       ; 向量中断模式栈堆
            MOV         SP, R0
            SUB         R0, R0, #IRQ_Stack_Size
            MSR         CPSR_c, #Mode_SVC|IRQ_Bit|FIQ_Bit       ; 超级用户模式栈堆
            MOV         SP, R0
            SUB         R0, R0, #SVC_Stack_Size
            MSR         CPSR_c, #Mode_USR                       ; 用户/系统模式栈堆
            MOV         SP, R0
            LDR         R0, =PCON                               ; 功率管理
            MOV         R1, #PCON_Value
            STR         R1, [R0];
            LDR         R1, =PCONP_Value
            STR         R1, [R0, #0x04]
            LDR         R0, =VICIntEnClr                        ; 向量中断管理
            LDR         R1, =VICIntEnClr_Value
            STR         R1, [R0]
            LDR         R1, =VICSoftIntCl_Value
            STR         R1, [R0, #0x08]
            LDR         R0, =VICIntSelect
            LDR         R1, =VICIntSelect_Value
            STR         R1, [R0]
            LDR         R0, =VICVectCntl0
            LDR         R1, =VICVectCntl0_Value
            STR         R1, [R0]
            MOV         R1, #VICVectCntl1_Value
            STR         R1, [R0, #0x04]
            MOV         R1, #VICVectCntl2_Value
```

```
        STR         R1, [R0, #0x08]
        MOV         R1, #VICVectCntl3_Value
        STR         R1, [R0, #0x0c]
        MOV         R1, #VICVectCntl4_Value
        STR         R1, [R0, #0x10]
        MOV         R1, #VICVectCntl5_Value
        STR         R1, [R0, #0x14]
        MOV         R1, #VICVectCntl6_Value
        STR         R1, [R0, #0x18]
        MOV         R1, #VICVectCntl7_Value
        STR         R1, [R0, #0x1c]
        MOV         R1, #VICVectCntl8_Value
        STR         R1, [R0, #0x20]
        MOV         R1, #VICVectCntl9_Value
        STR         R1, [R0, #0x24]
        MOV         R1, #VICVectCntl10_Value
        STR         R1, [R0, #0x28]
        MOV         R1, #VICVectCntl11_Value
        STR         R1, [R0, #0x2c]
        MOV         R1, #VICVectCntl12_Value
        STR         R1, [R0, #0x30]
        MOV         R1, #VICVectCntl13_Value
        STR         R1, [R0, #0x34]
        MOV         R1, #VICVectCntl14_Value
        STR         R1, [R0, #0x38]
        MOV         R1, #VICVectCntl15_Value
        STR         R1, [R0, #0x3c]
        LDR         R0, =VICVectAddr
        MOV         R1, #0x00000000
        STR         R1, [R0];
        LDR         R0, =?C?INIT                ;进入C程序
        TST         R0, #1                      ;默认为Thumb模式
        LDREQ       LR, =exit?A                 ;ARM模式
        LDRNE       LR, =exit?T                 ;Thumb模式
        BX          R0
        ENDP
PUBLIC exit?A
exit?A      PROC    CODE32
        B           exit?A
        ENDP
PUBLIC exit?T
exit?T      PROC    CODE16
exit:           B       exit?T
```

```
        ENDP
        END
```

2. 异常处理文件架构

头文件 Exeception.h 的主要代码如下：

```
#include <LPC22xx.h>
// 用户可以加入的文件包含声明
#define ubyte   unsigned char
#define uhword unsigned short
#define uword   unsigned long
// 用户可以加入的其他定义
ubyte string[20];
// 用户可以加入的变量与外部变量声明
void IRQ0_Handler(void) __irq;                  // 向量中断 IRQ0 异常事务处理函数
void IRQ2_Handler(void) __irq;                  // 向量中断 IRQ2 异常事务处理函数
void IRQ4_Handler(void) __irq;                  // 向量中断 IRQ4 异常事务处理函数
void IRQ6_Handler(void) __irq;                  // 向量中断 IRQ6 异常事务处理函数
void IRQ8_Handler(void) __irq;                  // 向量中断 IRQ8 异常事务处理函数
void IRQ10_Handler(void) __irq;                 // 向量中断 IRQ10 异常事务处理函数
// 用户可以加入的自定义函数声明
extern void T0_Interrupt(void);                 // Timer0 中断处理函数
extern void T1_Interrupt(void);                 // Timer1 中断处理函数
extern void Uart0_Interrupt(void);              // Uart0 中断处理函数
extern void RTC_Int(void);                      // RTC 中断事务处理函数
extern void CAN1_Exception_Wake_Interrupt(void); // CAN1 异常处理中断函数
extern void CAN1_Receive_Interrupt(void);       // 中断式 CAN1 数据接收函数
// 用户可以加入的外部函数声明
```

程序文件 Exeception.c 的主要代码如下：

```
#include "Exeception.h"
// 用户可以加入的包括文件代码
void IRQ0_Handler(void) __irq                   // 向量中断 IRQ0 异常事务处理函数
{    CAN1_Exception_Wake_Interrupt();           // CAN1 异常中断处理
     // 用户可以加入的其他事务处理代码
     VICVectAddr = 0x00000000;                  // 结束 IRQ 中断
}
void IRQ2_Handler(void) __irq                   // 向量中断 IRQ2 异常事务处理函数
{    RTC_Int();                                 // RTC 中断处理
     // 用户可以加入的其他事务处理代码
     VICVectAddr = 0x00000000;                  // 结束 IRQ 中断
}
void IRQ4_Handler(void) __irq                   // 向量中断 IRQ4 异常事务处理函数
{    CAN1_Receive_Interrupt();                  // CAN1 中断接收处理
```

```
    // 用户可以加入的其他事务处理代码
    VICVectAddr = 0x00000000;                    // 结束 IRQ 中断
}
void IRQ6_Handler(void) __irq                    // 向量中断 IRQ6 异常事务处理函数
{   T0_Interrupt();                              // Timer0 中断处理
    // 用户可以加入的其他事务处理代码
    VICVectAddr = 0x00000000;                    // 结束 IRQ 中断
}
void IRQ8_Handler(void) __irq                    // 向量中断 IRQ8 异常事务处理函数
{   T1_Interrupt();                              // Timer0 中断处理
    // 用户可以加入的其他事务处理代码
    VICVectAddr = 0x00000000;                    // 结束 IRQ 中断
}
void IRQ10_Handler(void) __irq                   // 向量中断 IRQ10 异常事务处理函数
{   Uart0_Interrupt();                           // Uart0 中断处理
    // 用户可以加入的其他事务处理代码
    VICVectAddr = 0x00000000;                    // 结束 IRQ 中断
}
// 用户可以加入的自定义函数
```

3. 主程序文件架构

头文件 main.h 的主要代码如下：

```
#include <LPC22xx.h>
// 用户可以加入的文件包含声明
#define ubyte   unsigned char
#define uhword unsigned short
#define uword   unsigned long
#define VICIntEnable_Value 0x08082070
#define VICSoftInt_Value      0x00000000
// 用户可以加入的其他定义和变量声明
extern ubyte Frame_Type;
extern uword CAN1_Identifier;
extern ubyte CAN1_Data[40];
extern ubyte CAN1_Data_Length;
extern ubyte Uart0_RCV_Buffer[80];
extern ubyte Uart0_RCV_Num;
// 用户可以加入的外部变量声明
extern void RTC_vInit(void);
extern void Uart0_vInit(void);
extern void T0_vInit(void);
extern void T1_vInit(void);
extern void ADC0_vInit(void);
extern void CAN_Base_vInit(void);
```

```
extern void CAN1_Control_vInit(void);
extern void GPIO0_vInit(void);
extern void IRQ0_Handler(void) __irq;
extern void IRQ2_Handler(void) __irq;
extern void IRQ4_Handler(void) __irq;
extern void IRQ6_Handler(void) __irq;
extern void IRQ8_Handler(void) __irq;
extern void IRQ10_Handler(void) __irq;
//extern void DefaultIRQ_Handler(void) __irq;
// 用户可以加入的外部函数声明
```

程序文件 main.c 的主要代码如下：

```
#include "main.h"
// 用户可以加入的包括文件代码
void Project_Init(void)                          // 项目体系初始化函数
{   // 片内外设模块初始化
    RTC_vInit();                                 // RTC 模块的初始化
    Uart0_vInit();                               // 异步串口 UART0 的初始化
    T0_vInit();                                  // 定时器 T0 的初始化
    T1_vInit();                                  // 定时器 T1 的初始化
    ADC0_vInit();                                // ADC0 模块的初始化
    CAN_Base_vInit();                            // CAN - AF&Pin 的初始化
    CAN1_Control_vInit();                        // CAN1 总线传输控制
    GPIO0_vInit();                               // GPIO0 端口的初始化
    // 用户可以加入的其他初始化函数
    // IRQ 中断地址的定义
    VICVectAddr0    = (uword) IRQ0_Handler;
    VICVectAddr2    = (uword) IRQ2_Handler;
    VICVectAddr4    = (uword) IRQ4_Handler;
    VICVectAddr6    = (uword) IRQ6_Handler;
    VICVectAddr8    = (uword) IRQ8_Handler;
    VICVectAddr10 = (uword) IRQ10_Handler;
    // VICDefVectAddr = (uword) DefaultIRQ_Handlder;
    // 开放所使用的中断
    VICSoftInt    |= VICSoftInt_Value;
    VICIntEnable |= VICIntEnable_Value;
}
// 用户可以加入的自定义函数
void main(void)                                  // 主程序函数
{   // 用户可以加入的局部变量定义
    Project_Init();
    // 变量赋初值
    // 用户可以加入的初始操作
```

```
    while(1)
    {
        ;//用户代码实现的主程序循环体
    }
}
```

4. 典型外设/接口驱动程序设计

数据采集子板系统的外设和接口较多，这里以 CAN 协议控制器模块驱动为例加以说明。头文件 can.h 的主要代码如下：

```
#include <LPC22xx.h>
// 用户可以加入的文件包含声明
#define ubyte  unsigned char
#define uhword unsigned short
#define uword  unsigned long
#define CAN_Pin             0x0E                          // CAN 总线引脚定义
#define ID_Type             0x01                          // 标识符表格类型
#define C2BTR_Value         0x00AA0000                    // CAN1：时序以此可确定波特率
#define C2EWL_Value         0x00000060                    // 出错警告极限
#define C2MOD_Value         0x00000000                    // 工作模式
#define C2IER_Value         0x000000FD                    // 中断
#define Base_IDPDC_Value0 0x40004001                      // 独立标准标识帧
#define Filter_RAM(n)       ((volatile uword * ) 0xE0038000 + n)
// 用户可以加入的其他定义
ubyte Frame_Type;                                         // 帧类型：前 4 位，远程帧 1/数据帧 0
uword CAN1_Identifier;                                    // CAN1：
ubyte CAN1_Data[40];
ubyte CAN1_Data_Length;
// 用户可以加入的变量与外部变量声明
void CAN_Base_vInit(void);                                // CAN 总线 AF 验收与接口初始化函数
void CAN1_Control_vInit(void);                            // CAN1 总线传输控制的配置函数
void CAN1_Receive_Interrupt(void);                        // 中断式 CAN1 数据接收函数
void CAN1_Exception_Wake_Interrupt(void);                 // CAN1 异常处理中断函数
ubyte CAN_Data_Send(ubyte, ubyte * , uhword,              // 查询式 CAN 数据发送函数
                    ubyte, ubyte, ubyte, uhword);
// 用户可以加入的自定义函数声明
// 用户可以加入的外部函数声明
```

程序文件 can.c 的主要代码如下：

```
#include "CAN.h"
// 用户可以加入的包括文件代码
void CAN_Base_vInit(void)                                 // CAN 总线 AF 验收与接口初始化函数
{   ubyte i = 0, flag;
    // 接收验收滤波器的设置
```

```
    AFMR = 0x00000003;
    flag = ID_Type;
    SFF_sa = 0x00000000;                                  // 独立标准标识符表格定义
    if((flag&0x01) == 0x01)
    {   * Filter_RAM(4 * i) = Base_IDPDC_Value0;
        i += 1;
    }
    SFF_GRP_sa = 4 * i;                                   // 标准标识符组表格定义
    EFF_sa = 4 * i;                                       // 独立扩展标识符表格定义
    EFF_GRP_sa = 4 * i;                                   // 扩展标识符组表格定义
    ENDofTable = 4 * i;
    AFMR = 0x00000000;
    // CAN 总线引脚的定义
    if((CAN_Pin&0x04) == 0x04)                            // CAN1 端口定义:RD2——P0.23(第二功能)
    {   PINSEL1 &= ~(0x03 << 14);
        PINSEL1 |=  (0x01 << 14);
    }
    if((CAN_Pin&0x08) == 0x08)                            // TD2——P0.24(第二功能)
    {   PINSEL1 &= ~(0x03 << 16);
        PINSEL1 |=  (0x01 << 16);
    }
}
void CAN1_Control_vInit(void)                             // CAN1 总线传输控制的配置函数
{   C2MOD  = 0x00000001;
    C2BTR  = C2BTR_Value;                                 // 波特率
    C2EWL  = C2EWL_Value;                                 // 出错警告界限
    C2MOD |= C2MOD_Value;                                 // 工作模式
    C2MOD &= 0xfffffffe;
    C2IER  = C2IER_Value;                                 // 中断项
}
void CAN1_Receive_Interrupt(void)                         // 中断式 CAN1 数据接收函数
{   uword temp, t;
    ubyte length, i;
    temp = C2RFS;
    if(temp&(1 << 30))                                    //收到远程帧
    {   Frame_Type |= 1;
        CAN1_Identifier = C2RID;
        CAN1_Data_Length = ((temp&(0xf << 16)) >> 16) - 1;
    }
    else                                                  // 收到数据帧
    {   Frame_Type &= 0xfffe;
        t = C2RID;
```

```
        if(CAN1_Identifier! = t)                              // 新 ID 类?
        {   CAN1_Identifier = t;
            CAN1_Data_Length = 0;
            for(i = 0;i<40;i++) CAN1_Data[i] = 0;
        }
        length = (temp&(0xf << 16)) >> 16;
        if(length<5)
        {   for(i = 0;i<length;i++)
            {   CAN1_Data[CAN1_Data_Length] = (ubyte)((C2RDA >> 8 * i)&0xff);
                CAN1_Data_Length += 1;
                if(CAN1_Data_Length>39)
                {   CAN1_Data_Length = 0;
                    for(i = 0;i<40;i++) CAN1_Data[i] = 0;
                }
            }
        }
        else
        {   for(i = 0;i<4;i++)
            {   CAN1_Data[CAN1_Data_Length] = (ubyte)((C2RDA >> 8 * i)&0xff);
                CAN1_Data_Length += 1;
                if(CAN1_Data_Length>39)
                {   CAN1_Data_Length = 0;
                    for(i = 0;i<40;i++) CAN1_Data[i] = 0;
                }
            }
            for(i = 4;i<length;i++)
            {   CAN1_Data[CAN1_Data_Length] = (ubyte)((C2RDB >> 8 * (i-4))&0xff);
                CAN1_Data_Length += 1;
                if(CAN1_Data_Length>39)
                {   CAN1_Data_Length = 0;
                    for(i = 0;i<40;i++) CAN1_Data[i] = 0;
                }
            }
        }
    }
    C2CMR = 0x0000000c;                                        // 释放接收缓冲区
    temp = C2ICR;                                              // 清中断标志
}
// CAN1 异常处理中断函数:接收数据溢出、传输错误和唤醒等
void CAN1_Exception_Wake_Interrupt(void)
{   uword temp;
    temp = C2ICR;
    if((temp&(1 << 2) == (1 << 2))||                           // 出错警告中断
```

```
        (temp&(1 << 3) == (1 << 3))||                        // 接收数据溢出中断
        (temp&(1 << 4) == (1 << 4))||                        // 唤醒中断
        (temp&(1 << 5) == (1 << 5))||                        // 错误认可中断
        (temp&(1 << 6) == (1 << 6))||                        // 仲裁丢失中断
        (temp&(1 << 7) == (1 << 7)))                         // 总线错误中断
         CAN1_Control_vInit();
}
// CAN 总线帧发送函数:正确发完,返回 0;超时不能发送,返回 CAN 端口号
ubyte CAN_Frame_Send(ubyte CAN_num, ubyte * data, ubyte data_length,
      uhword identifier, ubyte priority, ubyte buffer_num, ubyte ID_type, uhword TimeOut)
{   ubyte i;
    uword temp = 0;
    uhword TD_count = 0;
    if((CAN_num&0x02) == 0x02)                                // CAN1 帧发送
    {   if((buffer_num&1) == 1)                               // 利用 0 发送缓冲区
        {   while((C2SR&(1 << 2)) == 0)
            {   TD_count += 1;
                if(TD_count == TimeOut) return(0x01);
            }
            temp |= priority;                                 // 帧信息准备与填充
            if(data_length) temp |= (data_length << 16);
            else temp |= (1 << 30);
            if(ID_type) temp |= (1 << 31);
            C2TFI1 = temp;
            C2TID1 = identifier;                              // 标识符准备与填充
            if(data_length)                                   // 数据准备与填充
            {   if(data_length<5)
                {   temp = 0;
                    for(i = 0;i<data_length;i++) temp |= (data[i] << 8 * i);
                    C2TDA1 = temp;
                }
                else
                {   temp = 0;
                    for(i = 0;i<4;i++) temp |= (data[i] << 8 * i);
                    C2TDA1 = temp;
                    temp = 0;
                    for(i = 4;i<data_length;i++) temp |= (data[i] << 8 * (i-4));
                    C2TDB1 = temp;
                }
            }
            if((C2MOD_Value&(1 << 2)) == (1 << 2)) C2CMR = (1|(1 << 5)|(1 << 4));
            else C2CMR = (1|(1 << 5));
```

```
}
if((buffer_num&2) == 2)                              // 利用 1 发送缓冲区
{   while((C2SR&(1 << 10)) == 0)
    {   TD_count += 1;
        if(TD_count == TimeOut) return(0x01);
    }
    temp |= priority;                                // 帧信息准备与填充
    if(data_length) temp |= (data_length << 16);
    else temp |= (1 << 30);
    if(ID_type) temp |= (1 << 31);
    C2TFI2 = temp;
    C2TID2 = identifier;                             // 标识符准备与填充
    if(data_length)                                  // 数据准备与填充
    {   if(data_length<5)
        {   temp = 0;
            for(i = 0;i<data_length;i++) temp |= (data[i] << 8 * i);
            C2TDA2 = temp;
        }
        else
        {   temp = 0;
            for(i = 0;i<4;i++) temp |= (data[i] << 8 * i);
            C2TDA2 = temp;
            temp = 0;
            for(i = 4;i<data_length;i++) temp |= (data[i] << 8 * (i - 4));
            C2TDB2 = temp;
        }
    }
    if((C2MOD_Value&(1 << 2)) == (1 << 2)) C2CMR = (1|(1 << 6)|(1 << 4));
    else C2CMR = (1|(1 << 6));
}
if((buffer_num&4) == 4)                              // 利用 2 发送缓冲区
{   while((C2SR&(1 << 18)) == 0)
    {   TD_count += 1;
        if(TD_count == TimeOut) return(0x01);
    }
    temp |= priority;                                // 帧信息准备与填充
    if(data_length) temp |= (data_length << 16);
    else temp |= (1 << 30);
    if(ID_type) temp |= (1 << 31);
    C2TFI3 = temp;
    C2TID3 = identifier;                             // 标识符准备与填充
    if(data_length)                                  // 数据准备与填充
```

```
            {   if(data_length<5)
                {   temp = 0;
                    for(i = 0;i<data_length;i++) temp |= (data[i] << 8 * i);
                    C2TDA3 = temp;
                }
                else
                {   temp = 0;
                    for(i = 0;i<4;i++) temp |= (data[i] << 8 * i);
                    C2TDA3 = temp;
                    temp = 0;
                    for(i = 4;i<data_length;i++) temp |= (data[i] << 8 * (i - 4));
                    C2TDB3 = temp;
                }
            }
            if((C2MOD_Value&(1 << 2)) == (1 << 2)) C2CMR = (1|(1 << 7)|(1 << 4));
            else C2CMR = (1|(1 << 7));
        }
    }
    return(0);
}
// 查询式 CAN 数据发送函数:正确发完,返回 0;超时不能发送,返回 CAN 端口号
ubyte CAN_Data_Send(ubyte CAN_num, ubyte * data, uhword identifier,
                    ubyte priority, ubyte buffer_num, ubyte ID_type, uhword TimeOut)
{   ubyte temp;
    ubyte data_group[8], data_length;
    if( * data == '\0')                                     // 发送远程帧
    {   temp = CAN_Frame_Send(CAN_num, data_group,
                    0, identifier, priority, buffer_num, ID_type, TimeOut);
        return(temp);
    }
    else                                                    // 发送数据帧
    {   do
        {   data_group[data_length] = * data++;
            data_length++;
            if(( * data == '\0')||(data_length>7))
            {   temp = CAN_Frame_Send(CAN_num, data_group, data_length, identifier,
                            priority, buffer_num, ID_type, TimeOut);
                if(temp) return(temp);
                data_length = 0;
            }
        }while( * data != '\0');
    }
    return(0);
```

```
}
// 用户可以加入的自定义函数
```

12.3 交流电机伺服驱动监控系统的软件体系架构

12.3.1 项目系统组成及其需要架构的软件体系

该交流电机伺服监控系统，采用上位通用计算机对现场运行的交流电机及其伺服控制器，进行全面的运行控制和状态监控，上位通用计算机与下位伺服控制主体——伺服控制器之间可以通过 RS485、USB 或 CAN 总线进行通信，整个系统的构成框图如图 12.3 所示。该项目系统的实现，改变了电机伺服运动监控的现场人工操作状况，提高了精密运动监控的效率和自动化程度，方便了电机伺服运动的多点联动控制和监控。

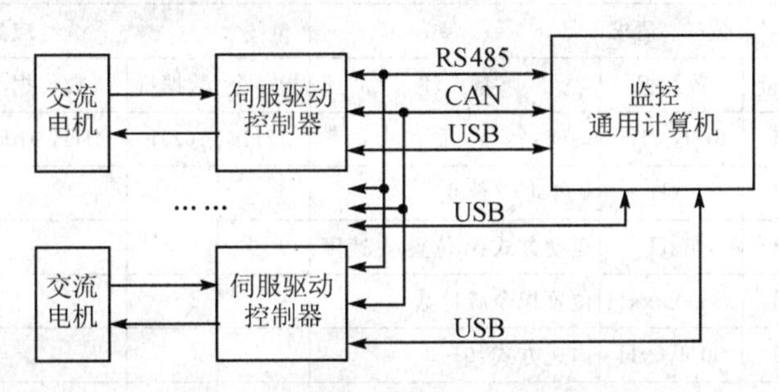

图 12.3 电机伺服驱动监控系统构成框图

整个系统需要架构的软件体系是下位的伺服驱动控制体系和上位可视化的控制与监视软件体系。上位监控软件中重要的是准确及时地实现上/下位软件之间的数据传输通信。为完成对伺服驱动控制器的各种监控功能，必须制定特殊的通信规约。下面着重阐述上/下位软件之间的通信规约制定、电机伺服驱动控制器软件体系的架构和上位机数据传输通信软件体系的构造。

12.3.2 上/下位软件体系之间的通信及其规约

上/下位软件体系之间的通信，用于在监控中心的通用计算机上完成对各个现场的伺服驱动器运行工况的控制和监视，应用接口可以是可视化测试软件界面或用户自定义监控接口，它必须完成传统伺服驱动器上键盘输入与 LED 数码显示的所有功能。为简化叙述，这里以单机监控为例，加以说明。

1. 通信协议的约定

① PC 机请求与伺服控制器应答格式：如图 12.4 所示，其中 SOH 为帧头即 01H，STX 为开始标志即 02H，EXT 为结束标志即 03H。

② PC 指令格式规定：以一字节 8 位表示，高 2 位表示指令父类型，低 6 位表示各个类型中的子项。根据实际需要制定 4 种父类型：16 点位控参数设置—0，16 点位控参数回读—1，参数设置—2（用于通信测试和设置运动参数与控制参数），状态监控—3。每种父类型可以有 64 个子项。

③ 控制器“应答类型”字节规定：接收错误，请求重发—1；无需回传数据的指令接收完

SOH字节	指令字节	STX字节	数据量n字节	1...n数据字节	EXT字节	和校验字节

(a)上位PC机请求命令格式

SOH字节	指令字节	STX字节	数据量n字节	1...n数据字节	EXT字节	和校验字节

(b)下位伺服控制器应答格式

图 12.4 系统的上/下软件通信协议帧格式约定构成框图

毕—2;回传数据—3。

2. 主要规约及应用举例

详细的通信很多规约,其中主要的常用规约如表 12-2 所列。

表 12-2 伺服监控系统常用的主要通信规约表

项 目	请求				应答			
	指 令	数据量	数 据	备 注	指 令	数据量	数 据	备 注
通信测试	f2H	02H	3fH, 3fH	询问:??	f2H	02H	4fH, 4bH	回答:ok
运动控制	99H	01H	0xH	1 启动/0 停止				
	8xH	01H	0xH	运动方式:0 位置/1 速度				
	9fH	04H	xxxxxxxxH	位置指令脉冲数				
	a4H	02H	00H,0yH	内速方式:0～3				
	84H+y	02H	xxH, xxH	指定内速标定值, Q15				
状态监视	c0H	01H	01H	上传转速	c0H	02H	xxH, xxH	转速标定值, Q15
	c0H	01H	10H	上传当前位置脉冲数	c0H	04H	xxxxxxxxH	上传当前位置脉冲数
	c8H	01H	08H	上传报警值	c8H	01H	xxH	0～15 种报警状况

注:① 速度标定值为"实际转度/额定转速×215";

② 速度、位置数值可正可负;

③ 和校验,指所发送所有字节的和,取其低 8 位。

应用举例如下:

例(1)通信测试,发送十六进制帧为"01 f2 02 02 3f 3f 03 78";在正确时,接收十六进制帧应为:"01 f2 02 02 4f 4b 94"。

例(2)发送十六进制位置控制指令为"01 80 02 01 00 03 87"。

例(3)发送十六进制位置指令脉冲 10 000(2710H)个,其帧为"01 9f 02 04 00 00 27 10 03 e0"。

例(4)请求上传转速的帧为"01 c0 02 01 01 03 c8",得到回传数据的帧为"01 c0 02 02 04 37 03 ce",如果额定转速为 3 000,则实际转速:3 000×0x0437/215=98.79 rpm。

12.3.3 交流电机伺服控制器系统的软件架构

交流电机的伺服驱动控制,通常采用以 DSPs 器件为核心的空间矢量脉宽调制(SVPWM)算法模型来实现,下面简要介绍一下 SVPWM 的控制原理与常用软/硬件实现途径,然后重点阐述以 DSPs 为核心微控制器的伺服控制器软件体系的架构。

1. SVPWM 的控制原理与常用软硬件实现途径

现代常采用的伺服电机是交流永磁同步电机(PMSM)和交流异步感应电机,常采用的伺服驱动控制器的核心器件是 DSPs 和电力电子功率器件,其中 DSPs 又常采用 TI 公司的 2000 系列的 24xx 或 28xx 系列。这里以廉价实用的 TMS320LF2407A 构成的 PMSM 伺服驱动控制器为例,加以简要说明。

(1) SVPWM 的控制原理

SVPWM 的 PMSM 控制器是采用磁场定向算法并借助 DSP 的高速度来实现对转速的实时控制,它能达到良好的控制性能,特别适用于对控制器体积及性能要求较高的应用场合。

磁场定向控制(FOC)是通过适时的控制转子的机械速度并调节相电流来满足电磁转距的要求,它主要采用坐标变换和改进的增量型比例积分(PI)运算来达到伺服控制的目的,简单的 PMSM-FOC 控制结构如图 12.5 所示。其中,$\alpha\beta$ 坐标系为定子静止坐标系,dq 为转子旋转坐标系,两坐标系之间的夹角为 θe。

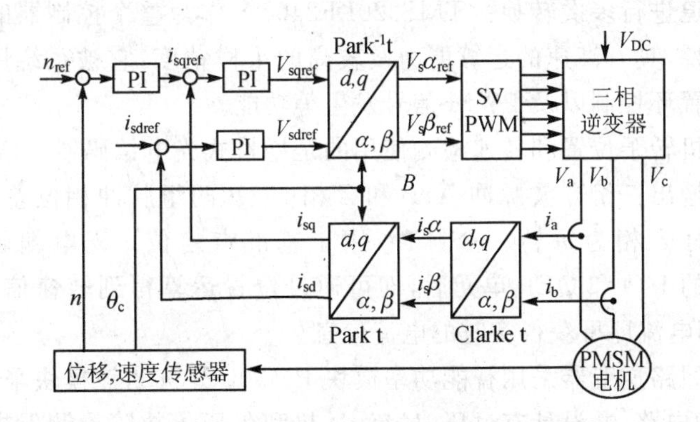

图 12.5 PMSM-FOC 的伺服驱动控制结构框图

该速度控制系统由速度、电流双闭环实现,采用的算法由相应的模块实现。i_a 和 i_b 由电流传感器检测获得,应用 clark 变换可得到定子电流在静止坐标中的投影值,进行 park 变换可以得到在旋转坐标系下的定子电流投影值。然后将电流和给定的参考值(I_{sqref} 和 I_{sdref})进行比较,并经过 PI 调节器进行调节。电流调节的输出再经过反 park 变换,同时应用空间矢量技术并经过三相逆变器即可产生新的定子电压。为了能够控制电机的机械速度可通过外环提供参考电流值 I_{sqref},从而得出机械速度参考值 n_{ref}。整个控制器以 DSP 芯片为核心再配以简单的外围电路,其控制算法及功能全部由软件实现。

(2) PMSM-FOC 控制器的硬件体系构造

PMSM-FOC 控制器以 DSP 数字信号处理器为核心,硬件结构如图 12.6 所示,系统主要由控制器核心 TMS320LF2407A、外围接口电路和功率回路等几部分组成。为了便于描述,与个人计算机的通信保留了 RS232 形式,可以通过接口信号变换得到 RS485 形式。对于 USB 形式的通信,可以用 UPD12 等接口控制变换器件,通过 TMS320LF2407A 的外设总线操作来实现。对于 CAN 形式通信,可以直接采用 DSPs 中的 CAN 协议控制器片内外设/接口。

TMS320LF2407A 是 16 定点 DSPs,CPU 时钟频率可达 40 MHz,它内含 32 KB 的 Flash 程序存储器,片内外设采用统一的外设总线和数据单元进行连接,其中包含两个事件管理模块(EMA/EMB),每个均由两个 16 位通用定时器、8 个 16 位的脉宽调制(PWM)通道、3 个捕获

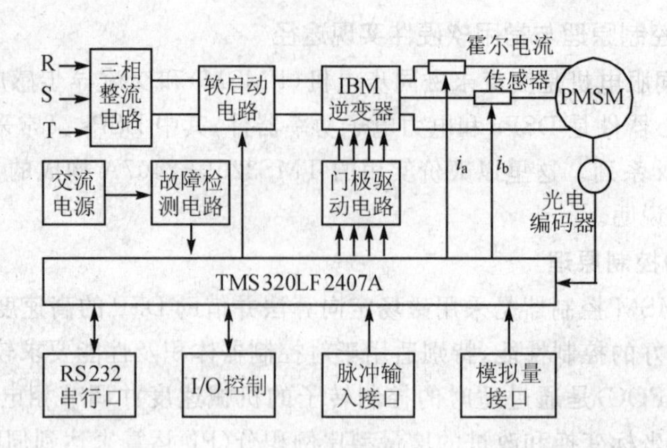

图 12.6 PMSM-FOC 伺服驱动控制器硬件体系构成框图

单元以及一套编码器接口电路组成；10 位 A/D 转换器可采用序列灵活编程，同时可在一个转换周期内对一个通道进行多次转换。TMS320LF2407A 作为整个控制器的核心，集成了主要的电机外设控制部件，具有高速的运算能力及较高的采样精度，它被系统用来实现矢量变换、电流环、速度环、位置环控制以及 PWM 信号发生等功能。

系统中的电动机转子位置和转速检测使用的是增量式光电编码器。增量式编码器是直接利用光电转换原理输出三组方波脉冲 A、B 和 Z 相；A、B 两组脉冲相位差 90°，从而可方便地判断出旋转方向，而 Z 相为每转一个脉冲，用于基准点定位。光电编码器输出信号送入 TMS320LF2407A 的 I/O 和 QEP 单元后，即可通过位置运算得到转速信号。用霍尔电流传感器采样 A、B 两相电流即可获得实时的电流信息。

控制系统的主回路逆变器采用智能功率模块 PM30CSJO60，该模块采用 30A/600VIGBT 功率管，它内含驱动电路，并设计有过压、过流、过热和欠压等故障检测保护电路；同时系统还设计了软启动电路以减少强电对主回路的冲击，在系统故障保护环节中还设置了主回路过压、欠压、过热、过载、制动异常和光电编码器反馈断线等保护功能，故障信号由软硬件配合检测，一旦出现保护信号，便可通过软件或硬件逻辑立刻封锁 PWM 驱动信号。

(3) 伺服驱动控制器的软件体系构造

软件体系主要包括主程序和伺服控制程序，其中伺服控制程序主要由 3 个部分组成：PWM 定时中断程序、功率驱动保护中断程序和通信中断程序。主程序只完成系统硬件和软件的初始化任务，然后处于等待状态。完整的 FOC 控制算法在 PWM 定时中断服务程序中实现。在一个中断周期内，由两路 A/D 采样电流可计算转子位置角和转速，当完成所有反馈通道计算后，再调用正向通道中的计算模块函数，最后输出三相逆变器的 SVPWM 波信号。其中断周期设定为 60 μs，0.5 ms 完成一次速度环和位置环的控制，控制器的 PWM 开关周期设置为 16 kHz。主程序和 PWM 定时中断程序的流程图如图 12.7 所示。通信中断程序主要用来接收并刷新控制参数，同时设置运行模式并反馈运动状态；功率驱动保护中断程序则用于检测智能功率模块及主回路的的故障输出，这些故障信号经或门送入 DSPs；当出现故障时，DSP 的 PWM 通道将被封锁，从而使输出变成高阻态。

2. 电机伺服驱动控制软件体系的架构

电机伺服驱动控制器体系，需要使用的 DSPs 的外设与接口有：事件管理器 EMA、模/数转换器 ADC、异步串口 SCI 和用于状态采样与指示的若干 GPIO；需要实现的中断有：功率驱

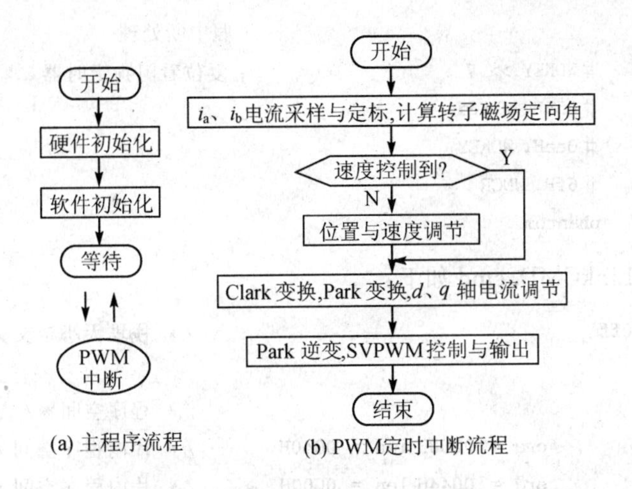

(a) 主程序流程　　(b) PWM定时中断流程

图 12.7　PMSM－FOC 主要软件实现流程图

动保护中断 PDP_ISR、串行接收中断 RX_ISR 及安排在 Timer1 实现的 PWM 定时下溢中断 T1UF_ISR。中断的优先级安排是:PDP_ISR、RX_ISR 和 RX_ISR。整个软件体系没有采用嵌入式实时操作系统,按"嵌入式基本体系及外设接口的直接软件架构"进行实现。下面给出采用本人设计制作的"TI－240xA 系列 DSPs 程序架构软件工具"得到的主要部分代码,该软件工具及其使用在本书 5.7 节"使用软件架构工具快速构建应用软件平台"中有详细介绍。

(1) 向量分配文件与命令链接文件

汇编语言形式的向量分配文件 vectors.asm 的主要代码如下:

```
WDKEY    .set     7025h                          ; WDT复位钥匙字
WDCR     .set     7029h                          ; WDT控制字
         .ref     _c_int0
         .ref     _c_int1
         .ref     _c_int2
         .ref     _c_int5
         .ref     _c_NMI
         .def     phantom
         .sect    "Vectors"
Vectort:B_c_int0                                 ; 00H 复位向量,程序起始点
int1:B   _c_int1                                 ; 02H 可屏蔽硬件中断 1
int2:B   _c_int2                                 ; 04H 可屏蔽硬件中断 2
int3:B   phantom                                 ; 06H 可屏蔽硬件中断 3
int4:B   phantom                                 ; 08H 可屏蔽硬件中断 4
int5:B   _c_int5                                 ; 0AH 可屏蔽硬件中断 5
int6:B   phantom                                 ; 0CH 可屏蔽硬件中断 6
int17:B  _c_NMI                                  ; 22H 非屏蔽软件陷阱中断 Trap
int18:B  phantom                                 ; 24H 非屏蔽异常中断 NMI
……
int31:B  phantom                                 ; 3EH 非屏蔽软件中断 31
         .text
```

```
phantom:                                              ;假中断处理
        LDP     #WDKEY >> 7                           ;复位看门狗定时器
        SPLK    #055H, WDKEY
        SPLK    #0aaH, WDKEY
        SPLK    #6fH, WDCR
        B       phantom
```

命令链接文件 LinkCMD.cmd 如下：

```
-stack      0x00ff                                    /* 栈堆大小定义 */
MEMORY
{     PAGE 0:                                         /* 程序空间 */
        Vector:      org = 0000H len = 0040H          /* 片内程序空间 */
        Prog:        org = 0044H len = 0C00H          /* 片内程序空间 */
        ExtProg:     org = 8800H len = 0400H          /* 片外程序空间 */
     PAGE 1:                                          /* 数据空间 */
        B2:          org = 0060H len = 0020H          /* 片内数据空间 */
        B0:          org = 0200H len = 0100H          /* 片内数据空间 */
        B1:          org = 0300H len = 0100H          /* 片内数据空间 */
        SARAM:       org = 0800H len = 0800H          /* 片内数据空间 */
        ExtData:     org = 8000H len = 0400H          /* 片外数据空间 */
}
SECTIONS
{     /* 程序段空间分配 */
        Vectors:          > Vector          PAGE 0
        .text:            > Prog            PAGE 0
        .data:            > Prog            PAGE 0
        .cinit:           > Prog            PAGE 0
        .switch:          > Prog            PAGE 0
     /* 常规数据段空间分配 */
        .const:           > B2              PAGE 1
        .bss:             > B1              PAGE 1
        .stack:           > SARAM           PAGE 1
        .system:          > B0              PAGE 1
     /* 用户数据段空间分配 */
}
```

(2) 主程序文件和中断处理文件

主程序头文件 main.h 的主要代码如下：

```
#include "240xA_c.h"
// 用户可以加入的文件包含声明、类型与常量定义、变量定义
extern uword ADC_Finish;                       // ADC 结果得到标识
extern uword ADC_Result[];                     // ADC 结果缓存数组
extern uword RCV_PT;                           // SCI 通信接收数据指针
```

```
extern uword APL_PT;                          // SCI 通信使用数据指针
extern uword RCV_Data[];                      // SCI 通信接收数据队列
// 用户可以加入的外部变量声明
extern void WDT_vInit(void);                  // WDT 初始化函数
extern void ADC_vInit(void);                  // ADC 初始化函数
extern void SCI_vInit(void);                  // SCI 初始化函数
//extern void SCI_SD_Byte(uword);             // SCI 单字节数据发送函数
//extern void SCI_SD_String(uword * , uword); // SCI 字块发送函数
extern void EVA_vInit(void);                  // EVA 初始化函数
// 用户可以加入的外部函数声明
```

主程序文件 main.c 的主要代码如下：

```
#include "main.h"
// 用户可以加入的文件包含声明
void Project_Init(void)                       // 项目体系初始化函数
{   SCSR1 = 0x02C4;                           // 系统控制寄存器 1 配置
    SCSR2 = 0x0003;                           // 系统控制寄存器 2 配置
    WDT_vInit();                              // WDT 初始化
    PEDATDIR = 0x0000;                        // PE - GPIO 口初始化
    PFDATDIR = 0x7F00;                        // PF - GPIO 口初始化
    // 片内外设模块初始化
    ADC_vInit();                              // ADC 初始化
    SCI_vInit();                              // SCI 初始化
    EVA_vInit();                              // EVA 初始化
    // 特殊控制运算模块的初始化函数
    // 用户可以加入的其他初始化函数
    // 中断及其相关设置
    IMR = 0x0000;                             // 设置 IMR 关闭所有 MI 中断
    IFR = 0x003f;                             // 设置 IFR 清除所有 MI 中断标志
    IMR = 0x13;                               // CPU 中断控制字设置
    asm(" CLRC INTM");                        // 使能全局中断
}
// 用户可以加入的自定义函数
void main(void)                               // 主程序函数
{   // 用户可以加入的局部变量定义
    Project_Init();
    // 变量赋初值
    // 用户可以加入的初始操作
    while(1)
    {
        ;//用户代码实现的主程序循环体
    }
}
```

可以在主程序中安排完成通信处理、状态的检测与指示等任务。

中断处理的头文件 Interrupt.h 的主要代码如下：

```
#include "240xA_c.h"
// 用户可以加入的文件包含声明、类型与常量定义、变量定义和外部变量声明
extern void EVA_Protect_INT(void);                          // EVA 功率保护输入中断处理
extern void EVA_T1_Underflow_INT(void);                     // EVA_T1 下溢中断处理
extern void SCI_RCV_Int(void);                              // SCI 数据接收中断处理
// 用户可以加入的外部函数声明
void c_int1(void);                                          // 硬件可屏蔽中断 1 处理函数
void c_int2(void);                                          // 硬件可屏蔽中断 2 处理函数
void c_int5(void);                                          // 硬件可屏蔽中断 5 处理函数
interrupt void c_NMI(void);                                 // NMI 不可屏蔽异常中断处理函数
// 用户可以加入的自定义函数声明、外部函数声明
```

中断处理文件 Interrupt.c 的主要代码如下：

```
#include "Interrupt.h"
// 用户可以加入的文件包含声明
void c_int1(void)                                           // 硬件可屏蔽中断 1 处理函数
{   switch(PIVR)
    {   case 32:EVA_Protect_INT();                          // EVA 功率保护输入中断处理
            break;
        default: break;
    }
}
void c_int2(void)                                           // 硬件可屏蔽中断 2 处理函数
{   switch(PIVR)
    {   case 41:EVA_T1_Underflow_INT();                     // EVA_T1 下溢中断处理
            break;
        default: break;
    }
}
void c_int5(void)                                           // 硬件可屏蔽中断 5 处理函数
{   switch(PIVR)
    {   case 6: SCI_RCV_Int();                              // SCI 数据接收中断处理
            break;
        default: break;
    }
}
interrupt void c_NMI(void)                                  // NMI 不可屏蔽异常中断处理函数
{
    //用户可以加入的自编执行代码,通常是无限循环[while(1) ; ]
}
```

```
//用户可以加入的其他自定义函数
```

(3) EVA 驱动及其伺服控制 DSP 程序

电机的伺服驱动控制及其相关的DSP算法实现主要在事件管理模块EVA及其中断处理中完成。中断中需要完成的伺服检测与控制及其比例积分PI等算法处理，实时响应性必须强，所产生代码为汇编语言形式，包括：转速/转角计算、磁链位置确定、PI计算、参变量坐标变换和SVPWM实现等，限于篇幅，下面仅将给出其中的PI速度调节环的实现代码。

EVA模块驱动的头文件EVTMNGA.h的主要代码如下：

```
#include "240xA_c.h"
//用户可以加入的文件包含声明、类型与常量定义、变量定义和外部变量声明
void EVA_vInit(void);                          //事件管理器 EVA 初始化函数
void EVA_Protect_INT(void);                    //EVA 驱动保护中断事件处理函数
void EVA_T1_Underflow_INT(void);               //EVA 定时器 1 下溢中断事件处理函数
//用户可以加入的自定义函数声明和外部函数声明
```

EVA模块驱动程序文件EVTMNGA.c的主要代码如下：

```
#include "EVTMNGA.h"
//用户可以加入的文件包含声明
void EVA_vInit(void)                           //事件管理器 EVA 初始化函数
{   //相关引脚配置
    MCRA |= 1 << 6;                            //PWM1 定义
    MCRA |= 1 << 7;                            //PWM2 定义
    MCRA |= 1 << 8;                            //PWM3 定义
    MCRA |= 1 << 9;                            //PWM4 定义
    MCRA |= 1 << 10;                           //PWM5 定义
    MCRA |= 1 << 11;                           //PWM6 定义
    //相关寄存器设置
    GPTCONA = 0x0000;                          //GPTCONA 寄存器设置
    T1PR = 0x0258;                             //T1PR 寄存器设置
    T2PR = 0xffff;                             //T2PR 寄存器设置
    T1CMPR = 0x0000;                           //T1CMPR 寄存器设置
    T2CMPR = 0x0000;                           //T2CMPR 寄存器设置
    COMCONA = 0x8200;                          //COMCONA 寄存器设置
    ACTRA = 0x8666;                            //ACTRA 寄存器设置
    DBTCONA = 0x0FF4;                          //DBTCONA 寄存器设置
    CMPR1 = 0x012c;                            //CMPR1 寄存器设置
    CMPR2 = 0x012c;                            //CMPR2 寄存器设置
    CMPR3 = 0x012c;                            //CMPR3 寄存器设置
    CAPCONA = 0x0000;                          //CAPCONA 寄存器设置
    T1CON = 0x0840;                            //T1CON 寄存器设置
    T2CON = 0x1870;                            //T2CON 寄存器设置
}
```

```
void EVA_Protect_INT(void)                          // EVA 驱动保护中断事件处理函数
{
    // 用户根据实际需要可以加入的事件处理代码
}
void EVA_T1_Underflow_INT(void)                     // EVA 定时器 1 下溢中断事件处理函数
{
    // 用户根据实际需要可以加入的事件处理代码
}
//用户可以加入的其他自定义函数
```

PI 速度调节环汇编语言文件 speed_pi. asm 的主要代码如下：

```
;                    |~~~~~~~~~~|
;          _Yt o- - ->|          |
;          _Rt o- - ->|  pid_reg |- - - - - ->o   _Ut
;                    |__________|
;                      /|\ /|\ /|\
;                      _Kp  _Ki _Kc
;全局变量声明
        .global     _Rt, _Yt, _Ut               ;给定值,反馈值,控制值
        .global     _Ki, _Kp, _Kc               ;积分,比例,积分修正系数
        .global     _Et, _Fund_H, _Fund_L       ;偏差值,积分累计值
        .global     _Umax, _Umin                ;控制范围极限
        .global     _PI_Adjust_vInit            ;模块初始化程序
        .global     _PI_Adjust                  ;模块程序
;变量定义
_Rt     .usect      "PI_Adjust", 1              ;给定参考值(Q15)
_Yt     .usect      "PI_Adjust", 1              ;测量反馈值(Q15)
_Et     .usect      "PI_Adjust", 1              ;输入偏差值(Q15)
_Ut     .usect      "PI_Adjust", 1              ;输出控制值(Q15)
_Fund_H .usect      "PI_Adjust", 1              ;积分累计值(Q30)
_Fund_L .usect      "PI_Adjust", 1
_Kp     .usect      "PI_Adjust", 1              ;比例增益系数(Q7)
_Ki     .usect      "PI_Adjust", 1              ;积分系数(Q15)
_Kc     .usect      "PI_Adjust", 1              ;积分饱和修正系数(Q12)
_Umax   .usect      "PI_Adjust", 1              ;控制范围上限(Q15)
_Umin   .usect      "PI_Adjust", 1              ;控制范围下限(Q15)
U       .usect      "PI_Adjust", 1              ;调节器输出值(Q14),中间变量
temp    .usect      "PI_Adjust", 1              ;中间变量
        .text
_PI_Adjust_vInit:                               ;PI 调节器初始化程序
        LDP         #_Rt >> 7
        SPLK        #3000,_Kp
        SPLK        #2750,_Ki
```

```
        SPLK        #16384, _Kc
        SPLK        #0, _Et
        SPLK        #0, _Ut
        SPLK        #0, _Fund_H
        SPLK        #0, _Fund_L
        SPLK        #0, _Yt
        SPLK        #109, _Rt
        RET
_PI_Adjust:                                 ; PI 调节器程序
        SETC        SXM                     ; 前提设置:允许符号扩展
        SETC        OVM                     ; 进行溢出保护
        SPM         0                       ; 乘积结果不移位
        LDP         #_Rt                    ; Et(Q15) = Rt(Q15) - Yt(Q15)
        LACC        _Rt
        SUB         _Yt
        SACL        _Et
        LT          _Et                     ; ACC(Q22) = Et(Q15) × Kp(Q7)
        MPY         _Kp
        PAC
        MAR         *,AR2                   ; 规格化处理并做溢出保护处理
        LAR         AR2, #8                 ; Q22→Q30
        RPT         #7
        NORM        * -
        NOP
        NOP
        BANZ        ProtectA                ; 溢出保护处理
        B           NextA
ProtectA
        SACH        U
        SACL        temp
        ADDS        temp
        ADD         U, 16
NextA:  ADDS        _Fund_L                 ; U(Q14) = Fund(Q30) + Kp × Et
        ADD         _Fund_H, 16
        SACH        U
        SACL        temp
        ADDS        temp
        ADD         U, 16
        SACH        temp                    ; temp(Q15),来自: Q30 → Q31
        LACC        temp                    ; 积分防饱和处理
        SUB         _Umin                   ; 最小值比较
        BCND        U_MIN, GEQ
        LACC        _Umin
```

```
        B       NextB
U_MIN:  LACC    temp                ; 最大值比较
        SUB     _Umax
        BCND    U_MAX, LEQ
        LACC    _Umax
        B       NextB
U_MAX:  LACC    temp
NextB:  SACL    _Ut                 ; 输出控制 Ut(Q15)
        LACC    _Fund_H
        BCND    NextC,GEQ
        NOP
NextC:  LACC    _Ut,15              ; 使用 ACCH 进行溢出保护
        SUB     U, 16
        SACH    temp                ; temp(Q14) = Ut - U
        LT      _Et                 ; ACC(Q30) = Et(Q15) × Ki(Q15)
        MPY     _Ki
        PAC
;       RPT     #2
;       SFR
        SPM     2                   ; ACC(Q30) + = temp(Q14) × Kc(Q12)
        LT      temp                ; 乘积结果左移 4 位
        MPY     _Kc
        APAC
        ADDS    _Fund_L             ; Fund(Q30) + = ACC(Q30)
        ADD     _Fund_H, 16
        SACH    _Fund_H
        SACL    _Fund_L
        SPM     0
        RET
```

程序中用到的 PI 速度调节环运算公式如下：

$$E_t = R_t - Y_t, U = F_{ount} + K_p \cdot E_t, U_t = \begin{cases} U_{max}, U \geqslant U_{max} \\ U \\ U_{min}, U \leqslant U_{min} \end{cases}$$

$$F_{ound} += K_i \cdot E_t + K_c \cdot (U_t - U)$$

式中，E_t、R_t 和 Y_t 分别为偏差量、参考量和反馈量，U 为 PI 运算输出量，U_t 为约束输出量，U_{max}和 U_{min}为上、下约束量，F_{ound}为积分累计量，K_p、K_i 和 K_c 分别为比例系数、积分系数和防饱和积分系数。这是一种改进的增量型数字 PI 调节算法。

(4) SCI 串行接口驱动程序文件

SCI 接口驱动的头文件 sci.h 主要代码如下：

```
#include "240xA_c.h"
// 用户可以加入的文件包含声明、类型与常量定义
```

```
uword RCV_PT = 0;                          // 数据接收指针
uword APL_PT = 0;                          // 数据应用指针
uword RCV_Data[32];                        // 接收数据队列
// 用户可以加入的变量定义和外部变量声明
void  SCI_vInit(void);                     // 串口初始化函数
void  SCI_SD_String(uword * , uword);      // 字块发送函数
void  SCI_RCV_Int(void);                   // 串口接收中断处理函数
// 用户可以加入的自定义函数声明和外部函数声明
```

SCI 接口驱动的程序文件 sci.c 主要代码如下：

```
#include "SCI.h"
// 用户可以加入的文件包含声明
void SCI_vInit(void)                       // 串口初始化函数
{   // 引脚配置:定义 RxD(PA1)与 TxD(PA0)
    MCRA |= 0x03;
    // 数据收发格式、控制与波特率的设置
    SCICCR    = 0x00;                      // 设置通信模式、数据位数、奇偶校验和停止位数
    SCICTL1   = 0x03;                      // 设置收错中断、复位、休眠、发送唤醒和数据转移
    SCICTL2   = 0x02;                      // 设置收发中断(含发送状态)
    SCIHBAUD = 0x00;                       // 设置串行通信波特率
    SCILBAUD = 0x81;
    SCIPRI    = 0x30;                      // 设置串行通信中断优先级
    SCICTL1   = 0x23;
}
void SCI_SD_String(uword * Data, uword Num) // 字块发送函数
{   while (Num > 0)                        // 发送 Num 个数据
    {   SCITXBUF =  * Data++;
        while((SCICTL2&(1 << 7)) == 0);    // 等待数据发送完毕
        Num--;
    }
}
void SCI_RCV_Int(void)                     // 串口接收中断处理函数
{   uword temp;
    temp = RCV_PT + 1;
    if(temp>8) temp = 0;
    if(temp == APL_PT) temp = SCIRXBUF;
    else
    {   RCV_Data[RCV_PT++] = SCIRXBUF;
        if(RCV_PT>=8) RCV_PT = 0;
    }
}
//用户可以加入的其他自定义函数
```

(5) ADC 片内外设驱动程序文件

ADC 外设驱动的头文件 adc.h 主要代码如下：

```
#include "240xA_c.h"
// 用户可以加入的文件包含声明和类型与常量定义
uword ADC_Finish = 0;                    // ADC 结果得到标识(0 未得到/1 得到)
int   ADC_Result[5];                     // ADC 结果缓存数组
// 用户可以加入的变量定义和外部变量声明
void  ADC_vInit(void);                   // ADC 初始化函数
void  ADC_Start(void);                   // ADC 软件启动函数
uword ADC_Get_Result(uword);             // ADC 结果读取函数
// 用户可以加入的自定义函数声明和外部函数声明
```

ADC 外设驱动的头文件 adc.h 主要代码如下：

```
#include "ADC.h"
// 用户可以加入的文件包含声明
void ADC_vInit(void)                     // ADC 初始化函数
{   ADCTRL1 |= 1 << 14;                  // 复位 ADC
    MAX_CONV = 0x21;                     // 最大转换通道数设置
    CHSELSEQ1 = 0x0010;                  // 通道选择排序字设置
    CHSELSEQ2 = 0x0000;                  // 通道选择排序字设置
    CHSELSEQ3 = 0x0260;                  // 通道选择排序字设置
    CHSELSEQ4 = 0x0000;                  // 通道选择排序字设置
    ADCTRL1 = 0x0900;                    // ADC 控制字 1 设置
    ADCTRL2 = 0x0000;                    // ADC 控制字 2 设置
}
void ADC_Start(void)                     // ADC 软件启动函数
{   ADCTRL2 |= 1 << 13;                  // 排序器 1 启动
    ADCTRL2 |= 1 << 5;                   // 排序器 2 启动
}
// ADC 结果读取函数(返回值为 1 正常读得结果,为 0 超时)
uword ADC_Get_Result(uword TimeOut)
{   uword i, j, m;
    i = 0;                               // 排序器 SEQ1 的操作
    do if((((ADCTRL2 >> 9)&1) == 0)&&((ADCTRL2 >> 12)&1)) ;
    while(i<TimeOut);
    if(i>= TimeOut) return 0;
    if((((ADCTRL2 >> 12)&1) == 0)&&((ADCTRL2 >> 9)&1))
    {   m = (MAX_CONV&15) + 1;
        for(i=0;i<m;i++) ADC_Result[i] = RESULT0[i];
        if(((ADCTRL1 >> 6)&1) == 0) ADCTRL2 |= 1 << 14;
        ADCTRL2 &= ~(1 << 9);
    }
```

```
    j = 0;                                          // 排序器 SEQ2 的操作
    do if((((ADCTRL2 >> 1)&1) == 0)&&((ADCTRL2 >> 4)&1)) ;
    while(j<TimeOut);
    if(j>= TimeOut) return 0;
    if((((ADCTRL2 >> 4)&1) == 0)&&((ADCTRL2 >> 1)&1))
    {   m = ((MAX_CONV >> 4)&7) + 1;
        for(j=0;j<m;j++) ADC_Result[i+j] = RESULT8[i];
        if(((ADCTRL1 >> 6)&1) == 0) ADCTRL2 |= 1 << 6;
        ADCTRL2 &= ~(1 << 1);
    }
    return(1);
}
//用户可以加入的其他自定义函数
```

3. 伺服控制器的通信处理程序及其架构

通信处理程序根据上位通用计算机的指令和通信协议约定完成对电机伺服监控，它在主程序中被循环调用，其头文件 CMNCT_PRCS.h 主要代码如下：

```
#include "f2407_c.h"
#include "math.h"
#define Queue_LengthS  12
#define PlaceH_CMD     portC012                         // 位置指令高字
ioport    uword        portC012;
#define PlaceL_CMD     portC011                         // 位置指令低字
ioport    uword        portC011;
// 用户可以加入的文件包含声明
uword flag[1] = {0};                                    // 测试用标识位变量
uword bb = 0;
// 用户可以加入的变量声明
extern uword RCV_PT, APL_PT;
extern uword RCV_Data[16];
// 用户可以加入的外部变量声明
extern int spd_frq;                                     // 速度标定值 Q15
void CMNCT_Process(void);
// 用户可以加入的外部函数声明
extern void SCI_SD_String(uword * , uword);
```

程序体文件 CMNCT_PRCS.c 的主要代码框架如下：

```
#include "CMNCT_PRCS.h"
// 用户可以加入的包括文件代码、变量与常量定义代码
uword Sum_Verify(uword * array, uword num)              // 和校验函数
{   uword i, sum = 0;
    for(i=0;i<num;i++) sum += *array++;
    sum &= 0xff;
```

```
    return(sum);
}
void CMNCT_Process(void)                                    // 通信处理函数
{   uword cc[26];
    uword m = 0, n;
    long g;
    if(APL_PT == RCV_PT)                                    // 是否收到通信请求?
        return;
    while(APL_PT! = RCV_PT)                                 // 获得接收协议数据
    {   //SCI_SD_Byte(RCV_Data[APL_PT]);
        if(m>12) return;
        cc[m++] = RCV_Data[APL_PT++];
        if(APL_PT>= Queue_LengthS) APL_PT = 0;
        for(n=0;n<800;n++) ;                                // 等待 550 ms
    }
    if(m<7) return;
    if((cc[0]! = 0x01)||(cc[2]! = 0x02)||   // 接收数据检查(关键字与和校验)
    (cc[m-2]! = 0x03)) return;
    if(cc[3]>4) return;
    n = cc[3]+5;
    m = Sum_Verify(cc, n);
    if(m! = cc[n]) return;
    m = (cc[1]&(3 << 6)) >> 6;                              // 按照通信协议进行数据处理
    n =   cc[1]&0x3f;
    switch(m)
    {   case 0:                                             // 延时换步位控参数设置
                switch(n)
                {   case 0: ...
                        break;
                    ...
                    default: break;
                }
                break;
        case 1:
                switch(n)                                   // 延时换步位置控制状态返回
                {   case 0:     ...
                        break;
                    ...
                    default: break;
                }
                break;
        case 2:                                             // 参数设置
                switch(n)
```

```
                { case 0:      ...
                    break;
                    ...
                  default: break;
                }
          case 3:                                    // 状态监控
                switch(n)
                { case 0:      ...
                       break;
                    ...
                    default: break;
                }
                break;
          default: break;
     }
}
```

12.3.4 上位机数据传输通信软件体系的构造

这里以在通用计算机上通过 RS232－C 串行口实现的可视化单台伺服驱动控制器监控软件程序框架的设计为例加以阐述。

应用程序采用 C++ Builder 设计，其窗口界面主要有 4 个页面组成：初始设置、运动控制、参数设置和状态监视。图 12.8 给出了所设计的应用程序窗口界面的动态监视页面的设计规划及其运行状况。对各个页面说明如下：

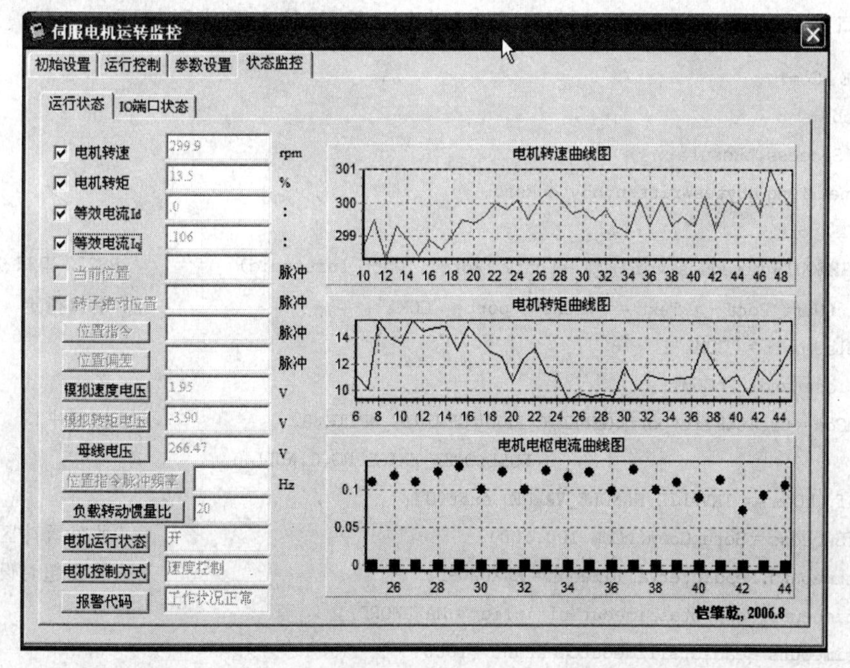

图 12.8　伺服驱动监控软件窗口界面设计及其运行图

① 初始设置用于选择通信通道、通信端口和通信速率，并对所选择的通信通道进行测试。软件能够根据通道测试结果自动显示“通道测试正常”或“通信通道故障”的提示。

② 运行控制用于控制伺服驱动器的模式及其相应的工况，这里给出了5种控制类型：位置控制、速度控制、转矩控制、试运行控制和点动控制。选择了控制类型后，选择“伺服控制软件使能”就可进入相应的控制方式，每种控制方式都有相应的设置与操作选项。

③ 参数设置用于输入伺服驱动器的运行参数并作相应设置，以调整伺服驱动器的性能。

④ 状态监视用于监视伺服驱动器的运行状态与其I/O端口状态。所监视的选项分为动态监视项和静态监视两种。多选项对应的项是动态监视项，按钮对应的项是静态监视项。动态监视项一经选择，就会不停地从伺服驱动器中获取数据。静态监视项，每操作一次按钮，则从伺服驱动器中获取数据一次。动/静态监视选项互相排斥，动态监视下，按下任何一个静态监视项或在其他页面中操作，则自动退出动态监视功能。动态监视项除能显示所监视的数据外，一些重要选项还可显示出变化图像。监视选项根据所选择的控制方式，在一些控制方式下无效的项显示为灰色，并不可操作。

为保证伺服驱动器主要功能，通信是在其工作间隙进行的，因此监视数据的获取不是实时的。个别情况下，一项指令发下去后，获取的数据可能许久才上来，有时甚至会丢一些数据，这些都是正常的。

应用程序的设计规划，这里不做详细介绍，以下着重说明串行通信的具体实现及其主要通信协议的软件设计实施。Windows下串行通信有多种实现方式，本书第2章已经详细介绍，在此采用WinAPI函数实现串行通信，数据传输的基本设计思路是：主动发送，定时接收。下面给出了串行口初始化和部分监控指令发送与回传数据的定时接收代码，设定每次发送后启动定时器在800 ms后接收数据。

1. 串行口初始化的主要程序设计

串行口初始化程序在应用程序窗口界面创建时调用，其主要代码如下：

```
HANDLE hCom;
DCB dcb;
BOOL fSuccess,bResult;
unsigned long nBytesWritten,nBytesRead;
LPCTSTR port;
COMMTIMEOUTS timeouts;void __fastcall TForm1::Uart_Init(void)          //RS232 串口初始化
{    if(Uart_Port -> Text == "COM1") port = "COM1";                      // 串口指定
     else port = "COM2";
     CloseHandle(hCom);
     hCom = CreateFile(port,GENERIC_READ|GENERIC_WRITE,0,                // 打开串口
                       NULL,OPEN_EXISTING,0,NULL);
     if (hCom == INVALID_HANDLE_VALUE) exit(0);
     fSuccess = SetupComm(hCom,100,100);                                 // 收发缓冲区设置
     timeouts.ReadIntervalTimeout = MAXDWORD;                            // 收发超时设置
     timeouts.ReadTotalTimeoutMultiplier = MAXDWORD;
     timeouts.ReadTotalTimeoutConstant = 1000;
     fSuccess = SetCommTimeouts(hCom,&timeouts);
```

```
    fSuccess = GetCommState(hCom,&dcb);                          // 波特率、数据格式设置
    if(! fSuccess) exit(0);
    dcb.BaudRate = StrToInt(Uart_Baud -> Text);
    dcb.ByteSize = 8;
    dcb.Parity = NOPARITY;
    dcb.StopBits = ONESTOPBIT;
    fSuccess = SetCommState(hCom,&dcb);
    if (! fSuccess) exit(0);
}
```

2. 电机伺服驱动监控的指令发送程序设计

上位个人计算机对下位伺服体系的监控通过向其发送各种指令来实现。动态监视指令首次发出后在正确接收到回传数据后还要重复发送，以启动下一次传送，如此循环，直到停止动态监控。其他类型的指令发送则只进行一次。下面给出的是启动电机转速监视的一段程序代码。

```
void __fastcall TForm1::Speed_MonitorClick(TObject * Sender)
{   float t;
    if(Speed_Monitor -> Checked) Dynamic | = 1;        // 指定为动态转速监视
    else Dynamic & = ~1;
    t = (float)(Dynamic);
    if(Select_Port -> ItemIndex = = 0)                 // 使用串行口
    {   DataChange_UartSend(t, 1, 0, ((3 << 6)|0));    // 通过其他定义函数发送转速监视指令
        if(((Dynamic&1) = = 1)&&(Uart_RCV_Timer -> Enabled = = false))
            Uart_RCV_Timer -> Enabled = true;          // 启动定时数据接收
    } /*
    else if(Select_Port -> ItemIndex = = 2)            // 使用 USB 接口
        USB_Command_Snd(0x01);
    else CAN_Command_Snd(0x01); */                     // 使用 CAN 总线
}
```

3. 回传数据接收及其数据或状态显示程序设计

回传数据的接收在"定时时间到"驱动事件发生时进行，下面给出了根据通信协议编写的程序代码框架和电机转速数据接收并显示的程序代码。从中可以看出，电机转速的监控是通过循环发送"请求上传转速数据"和"接收转速数据"并显示加以实现的，转速显示是以数字和图形曲线的形式直观显示的。

```
void __fastcall TForm1::Uart_RCV_TimerTimer(TObject * Sender)
{   unsigned char gg[21], c, i, m, n, group;
    unsigned long e = 0;
    long dd;
    __int64 q, p;
    float t, d, t1;
    AnsiString str;
```

```
short ii;
Uart_RCV_Timer -> Enabled = false;                              // 关闭定时器
if(Select_Port -> ItemIndex == 0)
{   bResult = ReadFile(hCom, gg, 21, &nBytesRead, NULL);   // 接收数据校验
    if(! bResult) return ;
    if((gg[0]! = 0x01)||(gg[2]! = 0x02)) goto kk;
    m = gg[3];                                                   // 和校验
    for(i = 0;i<(m + 5);i++) e + = gg[i];
    m = e&0xff;
    if(m! = gg[i]) goto kk;
    n = gg[1] & 0x3f;                                            // 数据处理
    group = gg[1] >> 6;
    m = 4;
  switch(group)
  { case 0: …                                                    // 16 点位控参数设置
         break;
   case 1: …                                                     // 16 点位控参数回读
         break;
   case 2: …                                                     // 通信测试和设置运动参数与控制参数
         break;
   case 3: …                                                     // 状态监视
   { switch(n)
     {    case 0:                                                // 连续数据接收
              n = gg[3];
              if((Speed_Monitor -> Checked)&&(n>0))          // 转速数据与格式变换
              {   q = (int)(gg[m++]);
                  q << = 8;
                  q |= gg[m++];
                  if((gg[4] >> 7)&1)
                  {   q = ~q+1;
                      q &= 0xffff;
                      q =  -q;
                  }
                  n - = 2;
                  t = FixToFloat(q, 15);
                  t * = Rating_Speed;
                  t * = 10;
                  q = (__int64)t;
                  //q &= 0xffff;
                  str = IntToStr(q);
                  d = ((float)q)/10;
                  str = str.Insert(".", str.Length());
```

```
                Speed_Value -> Text = str;
                if(RPM<40)                                          //绘图
                {   Series1 -> AddY(d, "", clGreen);
                    RPM += 1;
                }
                else
                {   t = Series1 -> XValues -> Value[1]
                          - Series1 -> XValues -> Value[0];
                    Series1 -> Delete(0);
                    Series1 -> AddXY(Series1 -> XValues -> Last() + t,
                       d, "", clGreen);
                }
            }
            if((Torque_Monitor -> Checked)&&(n>0))                  // 转矩
           ...
            kk:
              if((Dynamic! = 0))//&&(cnt<20))                       // 动态监视下的指令重
                                                                    // 发与定时器启动
              { t = (float)(Dynamic);
                if(Select_Port -> ItemIndex == 0)                   // 串行口
                {   DataChange_UartSend(t, 1, 0, ((3 << 6)|0));
                    if(Uart_RCV_Timer -> Enabled == false)
                        Uart_RCV_Timer -> Enabled = true;
                } /*
                else if(Select_Port -> ItemIndex == 2)              // USB 接口
                    USB_Command_Snd(0x01);
                else CAN_Command_Snd(0x01); */                      // CAN 总线
              }
            break;
         case 1: ...                                                // 位置指令
            break;
         case 2: ...                                                // 位置偏差
            break;
            ...
         default: break;
       }
     default: break;
    }
  }
 }
}
```

12.4 μLinux下的ARM与DSPs的数据通信实现

这里通过一个项目开发实例，说明如何由DSPs的HPI接口与运行嵌入式Linux操作系统的ARM架构微控制器进行数据通信，并给出ARM－Linux下相应接口驱动程序的开发过程。在该项目中，把ARM微控制器、DSPs和嵌入式Linux操作系统结合起来：由DSPs结合采样电路采集并处理信号，由ARM微控制器作为平台，运行嵌入式Linux操作系统，将经过DSPs运算的结果发送给用户程序进行进一步处理，然后提供图形化友好的人机交互环境完成数据分析和网络传输等功能，这样最大限度地发挥了各自的优势。

12.4.1 项目体系的构造及关键硬件电路组成

该项目系统主要由两部分组成：一部分为若干块DSPs板，各自独立承接数据采集和信号处理；另一部分为以ARM为核心微控制器的CPU板。系统的结构框图及其ARM微控制器与DSPs的硬件接口电路如图12.9所示。

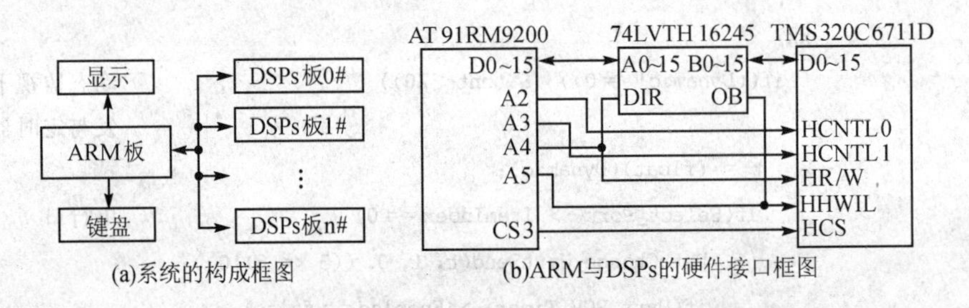

图12.9 系统的结构组成及ARM与DSPs的硬件接口框图

ARM微控制器通过DSPs的HPI接口与DSPs相连接。HPI接口是TI公司的DSPs上用以完成与主机或其他DSPs之间数据交换的接口，其中信号HCNTL0和HCNTL1为访问控制选择，用来确定主机（ARM）究竟对TMS320C6711中的哪一个HPI寄存器进行处理；HR/W是读/写选择控制，为“1”表示是从DSPs中读，反之则为写；HHWIL是半字节定义选择，与HPIC寄存器中的HWOB位进行配合可以选择当前传输的是高半字还是低半字，低电平是第一个半字，高电平是第二个半字；HCS是选通脉冲，与HDS1、HDS2相互配合完成内部信号HSTROBE的生成，将HDS1、HDS2分别固定为高电平和低电平，这样HCS就和HSTROBE完全一致。

图12.9中，ARM微控制器与DSPs的HPI连接中使用了SN74LVTH16245，它是16位（2个8位）双向三态总线收发器，主要起总线驱动和方向控制的作用同时也保证在不对HPI口进行操作时数据总线锁闭。这里AT91RM9200为Atmel公司的ARM9微控制器，其中引脚D0～D15为数据总线，A2～A8为地址总线的一部分，CS3为片选信号线，当ARM对总线地址范围为0x40000 0000～0x4FFF FFFF的外部设备进行操作时，会在该引脚产生一个片选信号。同时，该信号控制SN74LVTH16245的使能端，避免在读/写其他地址时对HPI端口造成影响。TMS320C6711D是TI公司生产的32位浮点DSPs，每秒可以完成15亿次浮点运算，数据处理功能十分强大。引脚D0～D15为数据总线，其余端口是HPI接口的控制引脚。

12.4.2 ARM-Linux 下的 HPI 接口驱动设计

为了便于修改与调试,驱动程序的加载采用模块加载方式。设计的驱动程序主要用来完成设备文件的打开、关闭、读和写等操作,也就是对以下结合的填充。

```
static struct file_operations fops =
{   open:hpi_open,
    release:hpi_release,
    mmap:hpi_mmap,
};
```

其中,open 和 release 完成设备的打开和关闭;mmap 为内存地址映射操作。若采用模块加载方式,则还应加上 int init_module(void)和 void cleanup_module(void)函数,以完成模块的注册和卸载。

1. 驱动程序中映射的实现

由于驱动程序的内存空间是在内核空间中,因此首先应解决内核空间与用户空间的交互问题。这里采用最直接的方式将内核空间和用户空间联系起来实现映射,即利用 remap_page_range 内核函数(通过 mmap 系统调用实现)。函数原形如下:

```
int remap_page_range(unsigned long virt_add, unsigned long phys_add,
                     unsigned long size, pgprot_t prot);
```

函数的功能是构造用于映射一段物理地址的新页表。函数返回的值通常是 0 或者一个负的错误码。函数参数的含义如下:virt_add——重映射起始处的用户虚拟地址;phys_add——虚拟地址所映射的物理地址;size——被重映射的区域的大小;prot——是新 VMA(virtual memory area)的保护(protection)标志,具体定义在源文件/include/linux/mm.h 中。系统调用 MMAP 的程序代码如下:

```
static int hpi_mmap(struct file * f, struct vm_area_struct * vma)
{   vma -> vm_flags | = VM_WRITE;
    if(remap_page_range(vma -> vm_start,((0x40000000)), vma -> vm_end - vma -> vm_start, // 映射
        (_pgprot (pgprot_val(pgprot_noncached(vma -> vm_page_prot))
        |(L_PTE_WRITE|L_PTE_DIRTY))))) return -1;                    //映射失败
    return 0;
}
```

结合硬件结构可对函数 remap_page_range()分别填充如下参数:

```
remap_page_range(vma -> vm_start, ((0x40000000)), vma -> vm_end - vma -> vm_start, (__pgprot
    (pgprot_val(pgprot_noncached(vma -> vm_page_prot)) |(L_PTE_WRITE|L_PTE_DIRTY))))
```

其中,vma 为结合 vm_area_struct,在<linux/mm.h>中定义。

应用中需要注意以下字段:unsigned long vm_flags 应该使用标志 VM_RESERVED,以避免内存管理系统将该 VMA 交换出去;因为要对 DSPs 写入数据,所以必须使用标志 VM_WRITE 说明对这一段 VMA 是允许写入的。pgport_t vm_page_prot 指明了对 VMA 的保护

权限;因为利用CS3对DSPs的HPI接口进行控制,所以应用pgprot_noncached禁止高速缓冲。

通过mmap的构建就能够将内核空间的数据映射到用户空间去,也就是说可以在用户空间内直接对地址为0x40000000的内存空间进行操作,而该段空间正是DSPs的HPI接口对应的地址。

在实际应用中,应对CS3的低电平脉宽加以控制,方法是在初始化模块时对ARM的控制寄存器CSR[3]进行调节。该寄存器的D0～D6确定了ARM外部总线的时钟延时周期,D7为等待周期的使能,D12～D14为数据宽度。具体定义如下:

```
AT91_SYS -> EBI_SMC2_CSR[3] = 0x00003083;
```

即使用16 bit数据宽度,等待周期为3个。当ARM主频为180 MHz时,CS3低电平脉宽约为150 ns。

2. 驱动程序的系统调用接口设计

为对处于总线地址0x40000000的DSPs板进行操作,首先应用open打开设备,该设备可以通过mknod建立(本例建立的是/dev/hpi),然后用mmap完成映射。

```
int dev_hpi_open(str_HPI * ss)
{    size_t length = 1024;
     int i;
     if(( * ss).hpi_number == 0)
         ( * ss).hpi_fd = open("/dev/hpi",O_RDWR);
     if(( * ss).hpi_fd == -1) return -1;
     ( * ss).hpi_mmap_start = mmap(NULL,length,PROT_READ|PROT_WRITE,
             MAP_SHARED, (( * ss).hpi_fd),0);          //获得映射区内存的起始地址
     return 0;
}
```

mmap的作用是将文件内容映射到内存中。函数的原形及各参数定义如下:

```
* mmap(void * start, size_length, int prot, int flags, intfd, off_toffset)
```

其中,start指向欲对应的内存地址;size_length的含义是要映射的量;prot代表映射区域的保护方式;flag会影响映射区域的各种特性;fd为文件描述符;off_toffset代表文件的偏移量,通常设置为零。

程序中的结构体变量ss用来通知各种变量。通过mmap可以获得映射后的内存地址,用(* ss).hpi_mmap_start表示。一旦获得了这个起始地址,就能对0x40000000起始的总线地址进行操作,因为映射已经完成,对(* ss).hpi_mmap_start的操作就是对0x40000000起始的总线地址进行操作,而DSPs板HPI接口的控制线正是在该位置。这样就实现了物理地址和用户空间的转换。

3. 用户程序接口部分设计

下面以HPI接口读/写中最复杂的"自动增加读"方式用户程序为例,说明用户接口程序的设计过程。要完成"自增读"的操作,对于HPI一侧,假设采用软件握手的方式。要完成的工作如下:

首先读 HPIC 以查询其中的 HRDY 位是否为 1，如果为 1 则表示 DSPs 中数据已经备妥；然后写 HPIA 以告诉 DSPs 从什么位置开始进行自增读；接着将 HPIC 的 FETCH 位置 1 以刷新写入；再读 HPIC 以查询其中的 HRDY 位是否为 1，如果为 1 则表示 DSPs 中数据已经备妥；最后从 HPID 中读取数据。

对于 ARM 一侧，要对 HPIC、HPID 和 HPIA 寄存器进行读/写必须满足 HPI 接口的定义：

读前半字节(高 16 位)时，HCNTL0＝0、HCNTL1＝1、HR/W＝1、HHWRL＝0。

读后半字节(低 16 位)时，HCNTL0＝0、HCNTL1＝1、HR/W＝1、HHWRL＝0。

主要宏定义举例如下：

```
#define HPIC_R_F(HPI_VA_BASE) \                              // 读 HPIC 第一半字
        *((unsigned long *)((HPI_VA_BASE) + 0x00000004 + DSPsNUMBER))
#define HPIC_R_S(HPI_VA_BASE) \                              // 读 HPIC 第二半字
        *((unsigned long *)((HPI_VA_BASE) + 0x0000000C + DSPsNUMBER))
```

显然，只要改变在 HPI_BA_BASE 基础上增加的数字就可以获取对控制口线的操作。

在这里 HPI_VA_BASE 将由映射得到的用户空间虚拟地址代替，所以如果“自增模式读 HPID 第一半字”那么就要满足前文提到的 HCNTL0＝0、HCNTL1＝1、HR/W＝1、HHWRL＝0，也就是要满足地址位 A2＝0、A3＝1、A4＝1、A5＝0，所以只要在 HPI_VA_BASE 的基础上加 0x00000006 就可以了。要注意的是 ARM 微控制器的地址是 32 位，所以是加上 0x00000006 而不是 0x00000018。

另外，还有两点需要说明：

- 通过改变宏定义中的 DSPsNUMBER 常量可以控制地址总线 A6、A7 和 A8。通过这 3 个总线组合并通过简单地址译码电路就可以完成对多块 DSPs 板的读/写。在硬件电路中可以定义为 0。
- A4(HR/W)同时还用作 SN74LVTH16245 的方向控制。读的时候 A4＝1，此时 SN74LVTH16245 的数据从 A→B；反之，则从 B→A。

程序中的“自增读”和注释部分代码如下：

```
int dev_hpi_auto1(str_HPI *ss)
{   volatile unsigned long DSPs_addr_hign_read_auto;          //定义各种中间变量
    volatile unsigned long DSPs_addr_low_read_auto;
    volatile unsigned long DSPs_data_hign_read_auto;
    volatile unsigned long DSPs_data_low_read_auto;
    volatile unsigned long DSPs_add_temp;
    int i;
    volatile unsigned long data_length;
    volatile unsigned long polltest;
    // 读 HPIC 寄存器，主机使 HPIC 的 HRDY = 1
    polltest = HPIC_R_F((*ss).hpi_mmap_start);
    while((polltest&0x00000008)! = 0x00000008)
    polltest = HPIC_R_F((*ss).hpi_mmap_start);
```

```
        DSPs_add_temp = (( * ss).hpi_DSPs_add);                    // 指明读取的起始地址
        DSPs_addr_low_read_auto = ((DSPs_add_temp)&0x0000ffff)
                                  + ((DSPs_add_temp) << 16);   //完成数据转换
        DSPs_addr_hign_read_auto = ((DSPs_add_temp)&0xffff0000) + ((DSPs_add_temp) >> 16);
        // 写 DSPs 地址到 HPIA 寄存器
        HPIA_W_F (( * ss).hpi_mmap_start) = (DSPs_addr_hign_read_auto);
        HPIA_W_S(( * ss).hpi_mmap_start) = (DSPs_addr_low_read_auto);
        // 为按位取数而写 HPIC 寄存器
        HPIC_W_F(( * ss).hpi_mmap_start) = 0xfff8fff8;
        HPIC_W_S(( * ss).hpi_mmap_start) = 0xfff8fff8;
        // 以"自增读"模式从 HPID 寄存器读取数据
        data_length = ( * ss).hpi_DSPs_data_length;        // 从应用程序传过来,指明读取字数
        for(i = 0;i< = data_length;i ++ )
        {   // 读 HPIC 寄存器,主机再次使 HPIC 的 HRDY = 1
            polltest = HPIC_R_F(( * ss).hpi_mmap_start);
            while((polltest&0x00000008)! = 0x00000008)
                polltest = HPIC_R_F(( * ss).hpi_mmap_start);
            DSPs_data_hign_read_auto = HPID_R_F_A(( * ss).hpi_mmap_start);   // 读第一个半字
            DSPs_data_low_read_auto = HPID_R_S_A(( * ss).hpi_mmap_start);   // 读第二个半字
            ( * ss).buffer [(i)] = (DSPs_data_hign_read_auto&oxffff0000)
                + (DSPs_data_low_read_auto&0x0000ffff);
                // 数据拼接,放入结构体,回传给调用的用户程序
        }
}
```

12.5 嵌入式 RTOS 下跨平台通信体系的软件架构

随着嵌入式系统的快速发展与广泛应用,迫切需要一个能够让众多的使用不同实时操作系统的设备间相互通信的解决方案。这里以套接字 Socket 通信为基础,提出并设计了一种跨平台嵌入式实时系统的通信模型,根据这种模型给出了一个采用泓格科技公司的全系列产品实现不同平台下的嵌入式系统的通信方案示范。泓格科技公司的产品主要是基于 WinCE 和 RISC CPU 架构的嵌入式控制系统 WinCon 系列。使用这种嵌入式实时系统的跨平台通信方案,不但可以实现嵌入式设备异平台的互联互通,而且给系统灵活组织带来了方便。多任务的处理方式以及通信任务的分离可以大大提高系统的实时性和稳定性。

12.5.1 E - RTOS 体系跨平台通信的整体设计

1. 跨平台通信设计要达到的目标

嵌入式实时操作系统 E - RTOS(Embedded - Real Time Operation System)应用体系间的跨平台通信应该做到:灵巧、实时、稳定和通用。

"灵巧":完备的嵌入式系统大都具备嵌入式实时操作系统,绝大多数实时操作系统都带有网络协议栈,利用网络协议就可以构建通信平台。TCP/IP 协议簇是目前使用最广泛的一种

网络通信协议。当前，基于 TCP/IP 的流行应用，存在功能单一、消耗系统资源等问题。而嵌入式设备一般通信量不大，同时系统资源有限，不能支持大型的应用。因此，嵌入式设备间的通信应当实现简单、可灵活增减。

"实时"：实时系统要求系统能够在规定的时间内对外部事件给予响应。但在不同应用中，通信的嵌入式设备间的物理距离不同，使用的通信方式也不尽相同。通信延迟是影响实时系统的主要因素之一。在近距离通信中，可以采用高速通信线路；但是在远距离通信中，通信线路的选择余地较小。在低速通信线路中，为了提高系统的实时性能，嵌入式实时系统的通信需要设计成多线程多任务，确保每个通信请求都有单独的线程来处理，这样可保证系统对通信的及时响应。

"稳定"：嵌入式实时系统大都具备繁重的测量和运算任务。嵌入式实时系统同时运行大量任务，不能保证系统永不出现问题，但通信任务不能受嵌入式设备本身任务的影响。因此，在设计中，需要把通信任务和实际的检测控制任务分离。用一个专门的任务处理通信事件，同时设立一个缓冲区保证通信数据能够被及时保存。

"通用"：嵌入式实时操作系统种类繁多，目前尚无一种操作系统在嵌入式领域占绝对优势。嵌入式设备的跨平台通信必须能够适用于各种常见的实时操作系统，能将不同实时操作系统的嵌入式设备联网。

2. 跨平台通信方案的具体实现

根据嵌入式实时系统不同平台通信的特点，可以采用以下方案设计：

① 跨平台通信。通信部分采用大多数实时操作系统都支持的 TCP/IP 协议簇作为系统的基本协议。为了方便使用，采用基于 TCP/IP 的套接字。套接字的主要类型为流套接字和数据包套接字，可以根据实际需要选择使用。

通信处理程序需要设计成多线程方式。一旦其他嵌入式设备发起连接就启动一个线程或任务专门处理对外部嵌入式设备发送过来的数据，通过解析确定数据的类别并转入相应的处理函数。处理函数的多少可以根据实际应用确定，这样可以最大限度地利用有限的系统资源。

② 通信数据处理。利用命名管道或共享内存技术，建立一个介于嵌入式设备实际任务和通信处理任务间的缓冲区。如果通信中嵌入式设备需要连续数据交换，可以使用管道技术。命名管道支持单向和双向进程或任务间的通信。命名管道有两种实现方式：字节模式和消息模式。消息模式比较适合通信任务和实时任务的数据交换。如果通信中嵌入式设备只要瞬时数据交换，则可以采用共享内存方式构造缓冲区。共享内存方式是进程间通信方法中最快的一种，它可以将信息直接映射到内存中，省去了许多中间步骤。利用共享内存方式实现进程通信，需要注意进程间的同步问题。如果通信量不大的话，最简单的方法就是对进程双方给予不同的读/写权限，这样就可以省去复杂的同步机制。

整个通信方案的结构框图如图 12.10 所示。

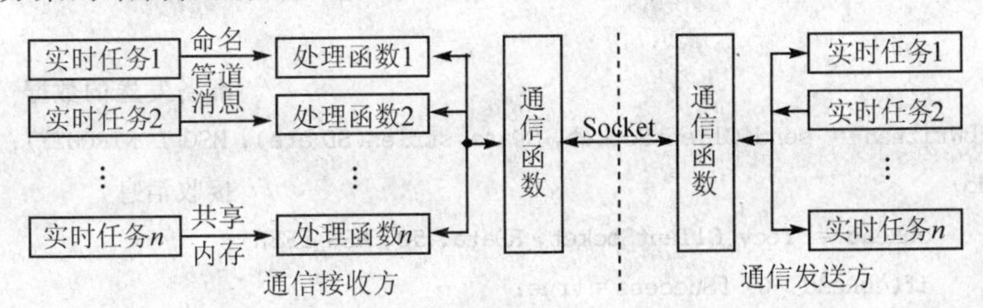

图 12.10 E-RTOS 跨平台通信方案结构框图

嵌入式设备间的通信流程如图 12.11 所示。

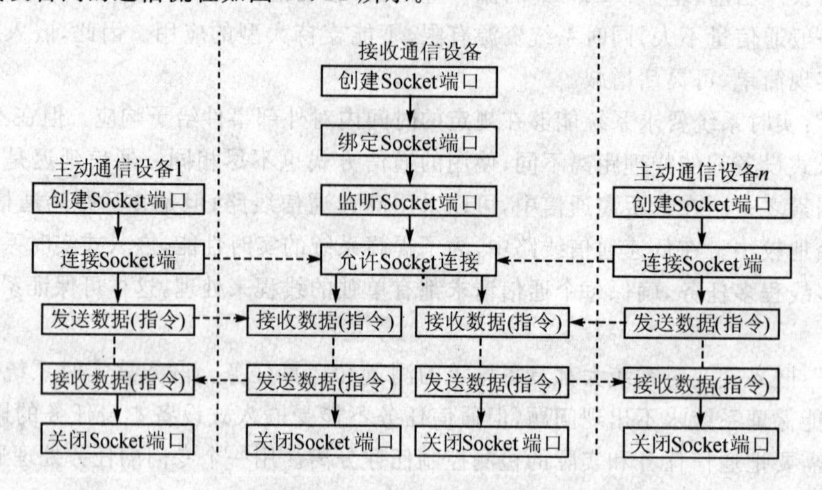

图 12.11　E－RTOS 跨平台的通信流程框图

12.5.2　E－RTOS 跨平台通信的部分代码示例

下面给出了在两个常见的嵌入式设备操作系统下通信的实现代码：

1. 主动通信方代码

主动通信方选择 WinCE 为操作系统，使用 WinSock 套接字，程序代码如下：

```
#include "Winsock2.h"
#include "Windows.h"
WSADATA wsaData;                                    // 使用的 WinSocket 版本
struct protoent *ppe;                               // 使用的通信协议标志
struct sockaddr_in daddr;                           // 待通信 Socket 的地址
DWORD cbRead = 0,cbWritten = 0;                     // 读/写数据长度
BOOL fSuccess = false;                              // 通信标志
DWORD HostConnect(void)                             // 通信程序
{   WSAStartup(MAKEWORD (2,2),&wsaData );           // 确定使用 WinSocket 的版本
    ppe = getprotobyname("tcp");                    // 创建一个基于 TCP 的套接字
    SOCKETClientSocket = socket (PF_INET, SOCK_STREAM, ppe-> p_proto);
    daddr.sin_family = AF_INET;                     // 使用 TCP 协议
    daddr.sin_port = htons(TargetPort);             // 设定待连接的端口
    daddr.sin_addr.s_addr = inet_addr(TargetIPAddress); // 设定待连接设备的 IP 地址
    if(connect(ClientSocket, (struct sockaddr *)&daddr, sizeof(daddr))) // 连接目的嵌入式设备
        closesocket(ClientSocket);
    else
    {   ......                                      // 准备发送的数据
        cbWritten = send(ClientSocket, SData,strlen(SD ata), MSG_DONTROUTE);    // 发送消息
        do                                          // 接收消息
        {   cbRead = recv(ClientSocket, RData, 50, MSG_PEEK);
            if(cbRead>0) fSuccess = true;
```

```
    } while(! fSuccess);
    ......                                                    // 数据处理
        closesocket(ClientSocket);                            // 关闭 Socket
    }
    return(0);
}
```

2. 被动通信方代码

被动通信方选择 VxWorks 为操作系统。Linux 与 VxWorks 都可以使用 BSD Socket，因此编程方法基本相同。通信任务和实时任务的数据交换采用管道方式。程序代码如下：

```
#include "vxWorks.h"
#include "sockLib.h"
#include "inetLib.h"
#include "taskLib.h"
struct sockaddr_in serverAddr;                                // 本机 Socket 地址
struct sockaddr_in clientAddr;                                // 目标通信机 Socket 地址
int sFd;                                                      // 监听 Socket 描述符
int newFd;                                                    // 被连接的 Socket 描述符
int ix = 0;                                                   // 被连接的 Socket 数目
void SetupPipe(void)                                          // 启动管道函数
{   pipeDrv();                                                // 管道驱动
    pipeDevCreate("\pipe\ mypipe",20,40);                     // 管道建立
}
void Server(void)                                             // 主通信函数
{   serverAddr.sin_family = AF_INET;                          // 使用 TCP/IP 协议
    serverAddr.sin_len = sizeof (struct sockaddr_in);
    serverAddr.sin_port = htons(HostPort);                    // 本机提供通信的端口
    serverAddr.sin_addr.s_addr = htonl(HostIP);               // 本机 IP 地址
    sFd = socket(AF_INET, SOCK_STREAM, 0);                    // 创建 Socket
    bind(sFd, (struct sockaddr * ) &serverAddr, sockAddrSize);// 绑定 Socket
    listen(sFd, SERVER_MAX_CONNECTIONS);                      // 监听 Socket
    FOREVER                                                   // 等待通信事件发生
    {    newFd = accept(sFd, (struct sockaddr * ) &clientAddr,&sockAddrSize);
        sprintf(workName, "tTcpWork %d", ix++);
        taskSpawn(workName, NORMAL_PRIORITY, 0, NORMAL_STACK_SIZE,
            (FUNCPTR) tcpCommunicateTask, newFd,(int) 0, 0, 0, 0, 0, 0, 0, 0, 0);
    }
}
void tcpCommunicateTask(int sFd,)                             // 已连接的通信的处理函数
{   do
    {   ReadBytes = recv(sFd,chRequest, sizeof(chRequest),MSG_PEEK);    // 读取数据
        if(ReadBytes == 0) break;
        else RSuccess = true;
```

```
        GetAnswerToRequest(chRequest, chReply,&ReplyBytes);          // 数据处理
        WriteBytes = send(sFd, chReply, ReplyBytes, MSG_DONTROUTE);    // 返回数据
        if (WriteBytes! = ReplyBytes) break;
        else WSuccess = true;
    } while(! (RSuccess && WSuccess));
    close(sFd);                                       // 关闭 Socket
}
void GetAnswerToRequest(char * Request, char * Reply, int * ReplyBytes)    // 处理数据函数
{    int fd = open("\pipe\mypipe", O_RDWR,0);    // 打开管道(每个任务有不同的管道)
    ......                                            // 相应的数据交换
}
```

12.6 基于 FPGA - SoPC 的 MP3 播放器及软件架构

该项目在 FPGA 芯片里内嵌一个微处理器(PowerPC405 硬核)并添加一些相关设备控制器,通过 C 语言编程,形成一个特定的片上系统,实现简单的 MP3 播放功能。涉及的专业技术主要有:简单的嵌入式系统结构、IP 核设计思想、C 语言程序设计、MP3 解码算法、EDK 工具软件的使用和串口通信等。

12.6.1 系统的总体框架设计及其功能描述

系统的原理框图如图 12.12 所示,设计选用 Xilinx 公司的 Virtex - IIPro 系列 FPGA 芯片——XC2VP3,其内嵌有两个 PowerPC405 硬 CPU 核。硬件设计的大部分在 FPGA 芯片内完成。该系统采用了 PLB(PowerPC Local Bus)和 OPB(On - Chip Peripheral Bus)两条总线,PLB 总线上连接了一个总线桥和一个快速 SDRAM IP 核控制器。总线桥用于连接 OPB 总线,SRAM IP 核控制器用于访问片外储存 MP3 数据的 SDRAM 存储器。片内配置 64 KB 的 BRAM(双口 RAM)用于数据缓存,配置 128 KB 的 BRAM 用于运行时的程序代码存放。设计中选用的 IP 核有 RS232、Debug、GPIO 和 SysACE_CompactFlash,RS232 用于从主机接收 MP3 数据流,GPIO 用于驱动 LED 指示灯,SysACE_CompactFlash 用于存放所有程序代码。另外,还需要特别设计一个用于音频控制的用户 IP 核——AudioCtrl,可以用 VHDL 语言在 Xillinx ISE 开发环境下设计该核。AudioCtrl 缓存播放数据并操作 DAC 器件 AK4520 进而驱动扬声器。

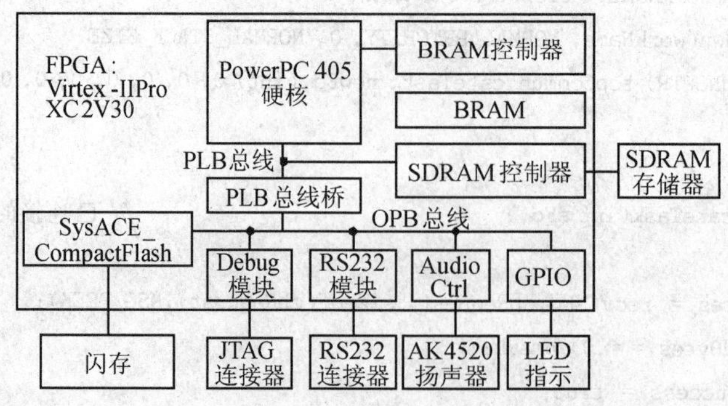

图 12.12　板级及其 FPGA 片内功能框图

系统的工作过程是：先通过 RS232 接口从主机接收 MP3 压缩数据，存放于 SDRAM；然后再逐步从 SDRAM 中读取数据，解码后送往 AudioCtrl。设计软件编程流程如图 12.13 所示。其中关键部分是 MP3 解码。MP3 即 MPEG－1 layer－Ⅲ，是一种高度压缩的数字音频格式，是动画与音频的标准，更强大的标准 MPEG－2 可以支持多声道编码和低采样频率，音质和音效更好。MP3 数据解码涉及 Huffman 解码、反量化处理、记录重新排序、修正离散余弦反变换、频率倒置和多相合成滤波等一系列数学运算与处理过程，通常解码出来的数据是原来的 12 倍左右。

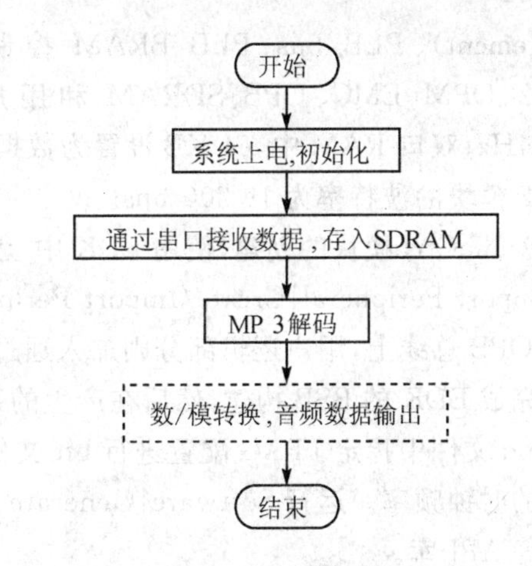

图 12.13　MP3 播放器的软件设计流程示意图

12.6.2　FPGA－SoPC 的软硬件协同设计实现

采用 Xillinx 公司的 SoPC 集成开发工具 EDK（Embedded Development Kit）及其 CPLD/FPGA 集成开发工具 ISE（Integrated Software Enviroment）进行项目体系的开发设计。以 ISE 来完成用户自定义 IP 核 AudioCtrl 的功能设计；以 EDK 完成整个项目体系的设计，包括基本硬件系统的软件架构、用户 IP 核构造和 MP3 功能性应用 C 语言程序的编辑/编译/调试等。

1. AudioCtrl 的 ISE 功能设计

需要设计的自定义 AudioCtrl 模块的执行功能为：系统将存储在 SDRAM 中的 MP3 数据进行解码，解码后的数据首先通过 OPB 总线传送到一个 FIFO 数据缓冲区，然后再通过一个时钟发生器产生的与音频同步的时钟信号驱动控制模块，将数据取出送至外部的音频推动器件 AK4520。AudioCtrl 模块的主要功能是解决 OPB 总线的速度与音频播放的速度不一致问题，它先将从 OPB 总线传来的声音数据存起来，然后按音频的速率再将数据取出送到片外的 AK4520；如果 FIFO 缓存已满，则通知 CPU 暂停向 OPB 总线传送解码后的数据，等待一段时间，保证送到 AK4520 的数据以音频速率并且连续不断，从而保证 MP3 的正确播放。AudioCtrl 模块的功能框图如 12.14 所示。

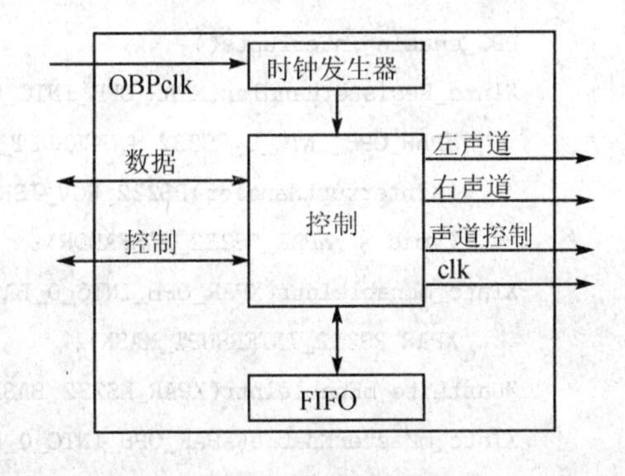

图 12.14　用户自定义 IP 核 AudioCtrl 功能框图

AudioCtrl 的功能，用 VHDL 语言在 Xilinx ISE 的集成开发环境下设计用户特定的 IP 核，然后导入 EDK 下应用。限于篇幅，这里只说明了 AudioCtrl 的控制原理，其 VHDL 设计与模拟调试不再赘述。

2. 整个项目体系的 EDK 设计

整个项目软/硬件体系的架构，选用 EDK 中易用的 BSB（Base System Builder）向导工具来完成，设计中需要使用的 IP 核有系统库中的 PPC405、JTAG_PPC、DCM（Digital Clock

Mangement)、PLB bus、PLB BRAM 控制器、BRAM、PLB2OPB、GPIO for LEDs、OPB RS232、OPM EMC、OPB SDRAM 和用户自定义 IP 核 AudioCtrl。CPU 主频设计为 100 MHz;双口 RAM 中,64 KB 设置为数据缓存,128 KB 设置为代码缓存,Cache 禁止;设定 RS232 模块的波特率为 19 200 bps。

AudioCtrl 模块的创建,使用 EDK 中"创建新设备模板向导"工具进行(在 Hardware|Create/Import Peripheral|Create/Import Peripheral Wizard 中)。选择把 AudioCtrl 模块加挂在片内 OPB 总线上,用户逻辑部分则加入通过上述 ISE 工具设计得到的 AudioCtrl IP 核。

完成 EDK 的 BSB 构建,然后在产生的系统.ucf 文件中定向具体的 I/O 引脚,在产生的系统.cmd 文件中指定 JTAG 配置进行 bit 文件加载,在"软件平台设置"对话框中指定当前 CPU 内核的时钟频率。运行 Software|Generate Libraris and BSPs,创建所需的板级支持包 BSP 和 C 语言 API 库。

接下来,添加应用程序项目,完成 MP3 播放器功能,其中主程序框架及其部分代码如下,这里主要说明如何使用并初始化需要用到的中断。

```
#include "xparameters.h"
#include "xgpio_l.h"
#include "xuartlite_l.h"
#include "xintc_l.h"
#include "xuartlite_l.h"
#include "stdio.h"
#include "xutil.h"
int main (void)                                                    // 主程序函数
{   //可以加入的局部变量定义
    XGpio_mSetDataReg(XPAR_LEDS_BASEADDR, 1, 0x00);               // 设计 LED - GPIO 方向
    XGpio_mSetDataDirection(XPAR_LEDS_BASEADDR,1, 0x0);           // 指定 LED - GPIO 初值
    ……                                                             // 其他初始化定义
    PPC_enable_interrupts();                                       // 使能 PPC 中断
    XIntc_RegisterHandler(XPAR_OPB_INTC_0_BASEADDR,                // 指定 RS232 中断处理函数
        XPAR_OPB_INTC_0_RS232_INTERRUPT_INTR,
        (XInterruptHandler)RS232_RCV_ISR,
        (void *)XPAR_RS232_BASEADDR);
    XIntc_mEnableIntr(XPAR_OPB_INTC_0_BASEADDR,                    // 使能中断控制
        XPAR_RS232_INTERRUPT_MASK);
    XUartLite_mEnableIntr(XPAR_RS232_BASEADDR);                    // 使能 UART 中断
    XIntc_mMasterEnable(XPAR_OPB_INTC_0_BASEADDR);                 // 启动中断控制器
    while(1)
    {
        ……                                                         // 循环处理体
    }
      return 0;
}
void RS232_RCV_ISR(void *baseaddr_p)                               // 串行数据接收及简单处理程序
```

```
{   Xuint8 temp;
    while(! XUartLite_mIsReceiveEmpty(XPAR_RS232_BASEADDR)) // 在 UART 接收 FIFO 中有数据?
    {   temp = XUartLite_RecvByte(XPAR_RS232_BASEADDR);     // 接收数据
        ……                                                   // 简单的数据处理
    }
}
```

MP3 数据的解码处理可以在主程序中完成;当然也可以使用 Matlab 和 System Generator 得到,把这些涉及复杂数学运算的部分制作成 IP 核。上述程序中调用的函数都是由各个 IP 核自身驱动程序提供的 API 函数。

需要指出的是,该系统软件设计,可以引入 VxWorks 嵌入式实时操作系统,从而进一步增强整个软件体系的实时性和稳定可靠性,限于篇幅,这里没有详细说明。

3. 设计中的一些问题及其处理

(1) 指令存放问题及其处理

配置 CPU 系统时,FPGA 最大只能指定到 128 KB,而 MP3 解码程序达到上百 KB,已经超出了这个限制,软件体系架构时必须考虑指令代码存放的问题。初步设想:将解码程序代码存放在 FPGA 外部的 CompactFlash 中,这涉及到如何下载指令代码到 CompactFlash 及其如何运行存放在 CompactFlash 的程序代码问题。采用的解决方法是使用 SystemACE 方法通过 JTAG 和 SysACE_CompactFlash 下载应用程序,在程序运行前通过常驻 BRAM 中的引导小程序 Bootloader 从外部存储器"分块搬运"程序段到 FPGA 中的 BRAM 中,然后再由 Bootloader 找到程序入口并执行。启动后,Bootloader 通过改变程序指针跳到 CompactFlash 的起始地址执行应用程序,相关代码如下。其中,PROG_START_ADDR 为应用程序起始地址,这里使用了一个函数指针。

```
#define PROG_START_ADDR 0x80300000
int ( * fun_ptr) ();
……
func_ptr = PROG_START_ADDR;                  // 在主函数 main()后声明
func_ptr();
```

SystemACE(System Advanced Configuration Enviroment)是 Xilinx 公司研发的 FPGA 系统高级配置解决方案,可以实现针对多 FPGA 系统空间高效的、预置标准的和高密度的配置,SystemACE 有 3 种产品系列:SystemACE CF、SystemACEMPM 和 SystemACE SC。

(2) 运行时的存储问题及其处理

程序运行时可能需要更多的存储,如为指针申请存储空间等。设计的数据区为 64 KB,如果不够,可以考虑将堆栈定义在片外的 SDRAM 中。嵌入式应用系统中,通常使用链接脚本将程序代码划分为若干区域,分别对应不同的存储,在脚本中定义堆栈的大小及位置,针对该项目设计的脚本文件的部分语句如下,脚本文件在 RUN_FROM_SDRAM_LinkScr 中定义。

```
/* 映射入存储器的定义段 */
SECTIONS
{
.vectors: {
```

```
        _vectors_start = .;
        *(.vectors)
        __vectors_end = .;
    } > DDR_SDRAM_32Mx32_C_MEMO_BASEADDR
    .text :{
        __text_start = .;
        *(.text)
        *(.text.*)
        *(.gnu.linkonce.t*)
        __text_end = .;
    } > DDR_SDRAM_32Mx32_C_MEMO_BASEADDR
    .rodata : {
        __rodata_start = .;
        *(.rodata)
        *(.rodata.*)
        *(.gnu.linkonce.r*)
        __rodata_end = .;
    } > DDR_SDRAM_32Mx32_C_MEMO_BASEADDR
    .fixup : {
        __fixup_start = .;
        *(.fixup)
        __fixup_end = .;
    } > DDR_SDRAM_32Mx32_C_MEMO_BASEADDR
    }
```

12.7 基于底层硬件的软件设计参考书籍推荐

下面是一些本人推荐的关于基于底层硬件的软件设计的参考书籍，供读者参考。

1.《Windows2000 驱动程序开发参考》，Microsoft(美)编著，2000.6；

2.《Linux 高级开发技术》，黄超等编著，机械工业出版社，2002.8；

3.《ARM 嵌入式系统基础教程》，周立功等编著，北京航空航天大学出版社，2005.1；

4.《嵌入式实时操作系统 μC/OS-Ⅱ原理及应用》，任哲等编著，北京航空航天大学出版社，2005.8；

5. TMS320 DSP/BIOS User's Guide，Texas Instruments Incorporation，Dec. 2001；

6. Texas Instruments Incorporation，TMS320C6000 DSP/BIOS API Reference Guide，Dec. 2001；

7.《Windows CE 嵌入式开发入门》，傅曦等编著，人民邮电出版社，2006.6；

8.《Windows CE 嵌入式系统》，何宗健编著，北京航空航天大学出版社，2006.9；

9.《WindowsCE 设备驱动程序开发指南》，微软公司编著/希望图书创作室译，北京希望电子出版社，1999.9；

10.《ARM 嵌入式 Linux 系统构建与驱动开发范例》，周立功等编著，北京航空航天大学

出版社,2006.1;

11.《嵌入式系统接口设计与 Linux 驱动程序设计》,刘淼编著,北京北京航空航天大学出版社,2006.5;

12.《ARM 嵌入式 VxWorks 实践教程》,李忠民等编著,北京航空航天大学出版社,2006.3;

13.《VxWorks 的嵌入式软件开发》,罗国庆等编著,机械工业出版社,2004.4 第 2 版;

14.《CPLD/FPGA 的开发与应用》,徐志军等编著,电子工业出版社,2002.1;

15.《基于 FPGA 的嵌入式系统设计》,徐欣等编著,机械工业出版社,2005.1;

16.《基于 FPGA 的可编程 SoC 设计》,董代洁等编著,北京航空航天大学出版社,2006.6。

本章小结

本章归纳总结了基于底层硬件的软件的基本特点和设计规则,通过若干个具体典型的项目设计实例阐明了如何应用这些设计规律进行基于底层硬件的软件架构设计。文中列举的案例,多是本人亲自主持或参与开发过的项目。

本章是对前面各章知识的归纳和总结,是对基于底层硬件的嵌入式软件应用体系设计及其相关通用计算机应用程序设计的理论和知识的综合应用。基于底层硬件的软件设计涉及嵌入式应用体系软件架构、通用计算机设备驱动程序设计和系统之间的数据传输通信实现,根据具体项目的要求和本书中阐述的与硬件打交道的方法,借鉴成功的设计案例,经过不断的努力和探索,一定能够通过软件熟练地“驱驾”硬件。

本书系统地阐述了如何进行基于底层硬件的软件设计,通用计算机设备驱动程序的开发设计和各种嵌入式应用体系的软件架构,涉及的基础知识、应用领域及其设计细节很多,专业性较强,书中的阐述难免有遗漏之处,有未叙述之处,敬请参阅相关专题论述。

参考文献

[1] Microsoft. Windows2000 驱动程序开发参考[M]. USA：Microsoft，2000.6.

[2] 恒信誉华软件. WinDriver 快速入门指南——五分钟学会写设备驱动程序[M]. 北京：恒信誉华软件技术有限公司，2002.11.

[3] 黄超，等. Linux 高级开发技术[M]. 北京：机械工业出版社，2002.8.

[4] 周立功，等. ARM 嵌入式系统基础教程[M]. 北京：北京航空航天大学出版社，2005.1.

[5] 任哲等. 嵌入式实时操作系统 μC/OS-Ⅱ原理及应用[M]. 北京：北京航空航天大学出版社，2005.8.

[6] 李方慧，等. TMS320C6000 系列 DSPs 原理与应用[M]. 第 2 版. 北京：电子工业出版社，2003.1.

[7] 何宗健. Windows CE 嵌入式系统[M]. 北京：北京航空航天大学出版社，2006.9.

[8] 微软公司著，希望图书创作室译. WindowsCE 设备驱动程序开发指南[M]. 北京：北京希望电子出版社，1999.9.

[9] 傅曦，等. Windows CE 嵌入式开发入门[M]. 北京：人民邮电出版社，2006.6.

[10] 周立功，等. ARM 嵌入式 Linux 系统构建与驱动开发范例[M]. 北京：北京航空航天大学出版社，2006.1.

[11] 刘淼. 嵌入式系统接口设计与 Linux 驱动程序设计[M]. 北京：北京航空航天大学出版社，2006.5.

[12] 李忠民，等. ARM 嵌入式 VxWorks 实践教程[M]. 北京：北京航空航天大学出版社，2006.3.

[13] 王金刚，等. 基于 VxWorks 的嵌入式实时系统设计[M]. 北京：清华大学出版社，2004.10.

[14] 罗国庆，等. VxWorks 的嵌入式软件开发[M]. 第 2 版. 北京：机械工业出版社，2004.4.

[15] 徐志军，等. CPLD/FPGA 的开发与应用[M]. 北京：电子工业出版社，2002.1.

[16] 萧如宣，等. 个人电脑辅助数位电路设计[M]. 台湾：台湾儒林图书出版，1998.5.

[17] 徐欣等. 基于 FPGA 的嵌入式系统设计[M]. 北京：机械工业出版社，2005.1.

[18] 董代洁，等. 基于 FPGA 的可编程 SoC 设计[M]. 北京：北京航空航天大学出版社，2006.6.

[19] Texas Instruments Incorporation. TMS320 DSP/BIOS User's Guide[Z]. Dec. 2001.

[20] Texas Instruments Incorporation. TMS320C6000 DSP/BIOS API Reference Guide[Z]. Dec. 2001.

[21] 李海. PCI 设备 Windows 通用驱动程序设计[J]. 电子技术应用，2003，29(12)：22-24.

[22] 怯肇乾. EPP 逻辑接口 WinDriver 底层驱动的可视化主备 Can 监控节点的设计[J]. 微型机与与应用，2004，218(6)：25-27.

[23] 李远征，等. PCI 设备的 DMA 驱动程序设计[J]. 计算机工程与应用，2003，14：135-137.

[24] 丁大尉，等. VxWorks 实时操作系统下 BSP[J]. 电子技术测量，2005(1)：68-69.

[25] 程臻，等. 实时操作系统 VxWorks 下电子盘驱动程序的开发[J]. 工业控制计算机，2006，16(4)：24-25、59.

[26] 石峻,等.嵌入式操作系统 VxWorks 中的串行通信[J].计算机工程,2000,26(6):34-36.
[27] 芮雨,等.实时操作系统 VxWorks 下的并口通信技术[J].电子技术,2000(7):17-19.
[28] 朱泽诚,等.VxWorks 实时操作系统的 USB 驱动程序原理与分析[J].计算机工程与应用,2003,22:122-125.
[29] 任秀丽.VxWorks 操作系统中对 PCI 总线驱动程序的设计与实现[J].锦州师范学院学报(自然科学版),2001,22,(3):41-43.
[30] 谢伟,等.VxWorks 下驱动程序的设计[J].中国民航飞机学院学报,2005,16(4):39-41.
[31] 卞红雨.VxWorks 下 PCI 总线设备驱动程序设计[J].声学与电子工程,2005,78(2):42-45.
[32] 吕佳彦等.VxWorks 增强型网络驱动程序(END)的分析与实现[J].计算机应用研究,2005(4):200-202.
[33] 怯肇乾.C167CR_LM 单片机及其在工业数据采控系统中的应用[J].电子技术,2003,30(12):1-4.
[34] 倪敏,等.μC/OS-Ⅱ的任务切换机理及中断调度优化[J].单片机与嵌入式系统应用,2004(12):22-24.
[35] 唐林波,等.DSP/BIOS 在 TMS320C6000 编程中的应用及自举引导方法[J].测控技术,2004,23[增刊]:284-286.
[36] 张涛,等.基于 DSP/BIOS-Ⅱ的实时多任务调度研究[J].测控技术,2003,23[增刊]:336-338.
[37] 刘树军.TMS320C55x 嵌入式实时多任务系统 DSP/BIOS-Ⅱ[J].国外电子元器件,2002(9):65-68.
[38] 朱雅轩,等.基于 WinCE 的指纹识别系统设计[J].电子系统设计,2006(8):72-74.
[39] 张莉等.基于 CPLD 的 UART 设计[J].微计算机信息测控技术,2004,18(2):12-15.
[40] 陈钦树,等.应用 SoPC Builder 开发电子系统[J].电子设计应用,2004(9):18-21.
[41] 宋延昭.嵌入式操作系统介绍及选型原则[EB/OL].(2006-8)http://www.e-works.net.cn/Articles/452/Article36186.htm.
[42] 曾鸣.μC/OS 和 μClinux 的比较[EB/OL].(2006-8)MCU 交流社区 http://www.mcu123.com/news/Article/rtos/ucosii/200608/157.html.
[43] 微码科技.在单片机中嵌入操作系统的利弊[EB/OL].(2004-02-02)http://www.em-byte.com/article_view.asp id=1090.
[44] 陈国明.Windows 操作系统原理[EB/OL].(2006-1)网上课堂 http://sist.systu.edu.cn/firstrankcourses/.
[45] BibaryLuo.Windows 驱动程序开发[EB/OL].(2006-3)http://blogger.org.cn/blog/more.asp? name=binaryluo&id=12379.
[46] 苏金国.WDM 驱动程序设计[EB/OL].(2006-11)赛迪网 http://www0.ccidnet.com/tech/guide/2000/11/09/58_1291.html.
[47] 彭刚.使用 WinDbg 调试程序[EB/OL].(20004-11)http://blog.joycode.com/gangp/articles/18088.aspx.
[48] 编程学习网.怎样用 Soft-ICE 调试程序[EB/OL].编程学习网.(2005-11)http://www.java-asp.net/vc/200511/t_4760.html.

[49] 赛迪网. DriverStudio 培训教程——10 分钟完成一个 USB 驱动程序[EB/OL]. (2006-9)http://runtimeos. com/redirect. php tid=29366&goto=lastpost.

[50] Jungo. WinDriver 开发的驱动程序的分发[EB/OL]. (2002-11)http://www. driverdevelop. com/read. php? =A&id=74.

[51] 陈晓洁. 在 C++Builde 中利用串行通信控件编程[EB/OL]. (2005-9)东软教育在线 http://www. neusoftonline. com/portal/Article/itjs/jsjj/cxsj/200509/20050925191229. html.

[52] 孙万川,等. PC 与 TMS320C54x 基于 RS485 的异步串行通信的实现[EB/OL]. (2005-8)赛尔技术网 http://www. saleic. com/arthtml/Art7997. html.

[53] 新北洋网. 各种编程环境下的并口操作[EB/OL]. (2006-11)新北洋网 http://www. newbeiyang. com. cn/docc/tech/soft_open. aspx? ID=37.

[54] PC 技术在线. BCB 下实现对端口读写的两种方法[EB/OL]. (2006-9)http://www. pcarticle. com/program/cccc/yingjian/200609/7908. asp.

[55] 编程爱好者. Windows 中断编程[EB/OL]. (2001-4)http://www. programfan. com/article/showarticle. asp? id=183.

[56] PJ Naughter. 如何用 Win32 API 进行并口通信编程[EB/OL]. (2006-10)编程资料网 http://www. codes-cn. com/html/hard-system/2006/10/114381. html.

[57] 编程学习. Winsock API 编程介绍[EB/OL]. (2005-11)http://www. java-asp. net/vc/200511/t_4793. html.

[58] 张晓明. 用 WinSock 实现语音全双工通信使用[EB/OL]. (2003-04-07)希望之光 http://www. cublog. cn/u/14819/showart. php? id=159240.

[59] 曾棕根. BCB 之 Socket 通信[EB/OL]. (2005-10)IT Portals: http://www. watchina. org/html/program/53698. html.

[60] 解征征,等. 用 DriverStudio 开发 WDM 型的 USB 设备驱动程序[EB/OL]. (2006-05-23)信隆论文 http://www. jsjlw. cn/show. aspx? id=767&cid=13.

[61] 李虹. 开发 WDM 型 USB 设备驱动程序[EB/OL]. (2006-06)http://www. yesky. com/395/1860395. shtml.

[62] 张龙. ISA 数据采集卡的 WDM 驱动程序实现[EB/OL]. (2005-8)中国电子设计 http://www. cediy. com/webHtml/Article/inset/11562005081812570. html.

[63] 杜欣,等. PCI 传输卡的 WDM 驱动程序设计[EB/OL]. (2005-10)木蚂蚁论文基地 http://lw. mumayi. com/htmldata/84/90/2005_10/article_20199_1. html.

[64] 郜铭,等. Windows 下 PCI 接口卡 WDM 驱动程序的 DMA 编程技术[EB/OL]. (2003-1)http://www. engine. civip. com/control/tp/90452x/2003/019/010/gc50_tp8511956.

[65] 个性执行者网. 基于 PCI 总线的双 DSP 系统及 WDM 驱动程序设计[EB/OL]. (2006-6)个性执行者网 http://www. gxceo. com/lw/data/2006/0629/article_11834_1. html.

[66] 鲁锋. Linux 系统的硬件驱动程序编写原理[EB/OL]. (2004-11)天极网 http://soft. yesky. com/SoftChannel/72342376173010944/20041110/1874161. shtml.

[67] 詹荣开. Linux 对 I/O 端口资源的管理[EB/OL]. (2005-6)http://www. hackhome. com/2005/6-1/12364648162. shtml.

[68] 肖文鹏. Linux 下 PCI 设备驱动程序开发[EB/OL]. (2004 - 3)http://www - 128. ibm. com/developerworks/cn/linux/l - pci/index. html? ca=dwcn - isc&me=ccid.

[69] 詹荣开. Linux 对 ISA 总线 DMA 的实现[EB/OL]. (2006 - 4): http://blog. csdn. net/fengyv/archive/2006/04/12/659922. aspx.

[70] 叶绿. Linux 字符设备管理设计方法的研究[EB/OL]. (2002 - 2) http://www. wanfangdata. com. cn/qikan/periodical. Articles/wxjyyy/wxjy2000/0002/000207. htm.

[71] 阵刚. Linux 块设备驱动程序设计[EB/OL]. (2004 - 7)Linum 伊甸圆 http://www. linuxeden. com/edu/doctext. php? docid=3299.

[72] 刘文涛. Linux 网络设备驱动程序设计[EB/OL]. (2005 - 8)嵌入式资源网 http://www. embeded. com/article/print. asp? unid=334.

[73] blog. Linux 下的并口编程[EB/OL]. (2005 - 10)中国软件 http://dev. csdn. net/article/77/77816. shtm.

[74] PHPWind. Linux 环境下的 Socket 编程[EB/OL]. (2005 - 5)最初开发网 http://www. firstdev. net/bbs/read. php? tid=224.

[75] 张宏伟. Linux 下 USB 设备驱动程序编写[EB/OL]. (2006 - 1)驱动开发网 http://bbs. zndev. com/htm_data/14/0601/105478. html.

[76] 詹荣开. Linux 下的 PCI 板卡驱动[EB/OL]. (2006 - 4)Top 大杂烩 http://blog. csdn. net/fengyv/archive/2006/04/12/659922. aspx.

[77] 众传数字网. 基于 VxWorks 的 BSP 概念与开发[EB/OL]. (2006 - 6)众传数字网 http://www. digitalfm. cn/html/200666/60. htm.

[78] 陈新,等. VxWorks 操作系统下 IO 设备驱动的开发[EB/OL]. (2006 - 7)大众科技杂志网 http://www. dzkjzz. com/ShowArticle. asp? id=1687.

[79] 解月江. VxWorks 下 PC/104 - CAN 驱动程序设计[EB/OL]. (2006 - 5)无忧基地 http://www. 51base. com/electron/adhibition/embed/2006050610125. shtml.

[80] 张军. 基于 Vxworks 实时操作系统的串口通信程序设计与实现[EB/OL]. (2006 - 7) http://www. c51. cn/Article/mcuzh/200607/5074. html.

[81] 张爱卿,等. VxWorks 中基于 RS485 总线的串口通信协议及实现[EB/OL]. (2006 - 8)无忧电子开发网 http://www. 51kaifa. com/jswz/read. php? ID=6897697196.

[82] 蔡本华. Vxworks 嵌入式操作系统下网络设备驱动程序设计[EB/OL]. (2005 - 11)ECN 设计 http://www. ecnchina. com/Article_Show. asp? ArticleID=2495.

[83] 任行,等. 基于 VxWorks 嵌入式操作系统的 C/S 模式网络编程[EB/OL]. (2004 - 12)通用便携系统开发网 http://www. upsdn. net/html/2004 - 12/129. html.

[84] 冯文江,等. 基于 VxWorks 操作系统的 USB 驱动分析与实现[EB/OL]. (2006 - 12)北极星电网 http://www. lodestar. com. cn/dl/literature/show _ literature. asp? id = 57605&file_path=files/wx\xddzjs\2006 - 12\28. htm.

[85] 博客网. KeilC51 中启动代码详细说明[EB/OL]. (2006 - 10)博客网 http://www. mcublog. com/blog/user1/11559/archives/2006/17364. html.

[86] 甘泉,等. ARM 处理器启动代码的分析与设计[EB/OL]. (2006 - 9)中国电子开发网 http://www. cedn. cn/Article/ShowArticle. asp? ArticleID=1276.

[87] 张海峰,等. μC/OS-Ⅱ的多任务信息流与CAN总线驱动[EB/OL].(2006-6)热点论文网 http://www.hotlw.com/2006-6-14/3449-16.htm.

[88] 嵌入式开发网. μC/OS环境下的C语言编程[EB/OL].(2006-12)嵌入式开发网http://www.embed.com.cn/.

[89] MCU交流社区. uC/OS-Ⅱ在嵌入式平台上进行移植的一般方法和技巧[EB/OL].(2006-8)MCU交流社区 http://www.mcu123.com/news/Article/rtos/ucosii/200608/156.html.

[90] 王原丽,等. μC/OSII中的时钟中断技术研究[EB/OL].(20006-2)广嵌网 http://www.gd-emb.org/detail/id-1760.html.

[100] 秦绍华,等. μCOS-Ⅱ任务栈处理的一种改进方法[EB/OL].(2006-2)广嵌网 http://www.gd-emb.org/detail/id-1741.html.

[101] 赵方庚,等. uC/OS-Ⅱ在C167CR单片机上的移植[EB/OL].(2003-12)单片机与嵌入式系统应用 http://www.dpj.com.cn/.

[102] 姚传安. μC/OS-Ⅱ的嵌入式串口通信模块设计[EB/OL].(2006-12)广嵌网 http://www.gd-emb.org/detail/id-28282.html.

[103] 姚传安,等. μC/OS-Ⅱ实时内核下的A/D驱动程序设计[EB/OL].(2006-6)广嵌网 http://www.gd-emb.org/detail/id-13280.html.

[104] 钟坚文,等. 基于μCOS-Ⅱ的CAN总线驱动程序设计[EB/OL].(2005-10)无忧电子开发网 http://www.51kaifa.com/jswz/read.php? ID=2615.

[105] 张红兵,等. 大容量内存文件系统设计及μC/OS下的实现[EB/OL].(2006-9)嵌入式交流社区 http://www.mcu123.com/news/Article/ARMsource/ARM/200609/815.html.

[106] 金纯,等. μC/OS-Ⅱ在总线式数据采集中的应用[J]. 计算机工程,2007(6):15-18.

[107] 谭勋琼. 基于ARM7-μC/OSII的数据采集系统设计[EB/OL].(2006-9)中国电子开发网 http://www.cedn.cn/Article/ShowArticle.asp? ArticleID=1274.

[108] 李灿伟,等. DSP/BIOS中的IO设备驱动编程技术[EB/OL].(2006-7)EDA咨询网 http://www.99eda.com/show.aspx? id=2009&cid=11.

[109] 靖广文. DSP/BIOS在嵌入式数据采集系统中的应用[EB/OL].(2006-12)可编程控制器与工厂自动化 http://plc-fa.hk/detail.asp? id=867.

[110] 广嵌中心网. DSP_BIOS环境下的数据通信[EB/OL].(2007-1)广嵌中心网 http://www.gd-emb.org/detail/id-28937.html.

[111] 李灿伟,等. DSP/BIOS中的IO设备驱动编程技术[EB/OL].(2006-7)EDA咨询网 http://www.99eda.com/show.aspx? id=2009&cid=11.

[112] 陈彬. C64x系列DSP/BIOS中设备驱动程序的设计[EB/OL].(2005-4)电子电路 http://www.cndzz.com/tech/Article/dsp/200504/1716.html.

[113] 宜帆,等. DSP/BIOS在数据采集程序设计中的应用[EB/OL].(2003-12)东方集成 http://www.jicheng.net.cn/auto_news/dianziceliang/1003666.html.

[114] 宋胜利,等. DSP/BIOS在数字图像处理中的应用[EB/OL].(2006-2)聪慧网 http://info.broadcast.hc360.com/2006/02/06101286578.shtml.

[115] 赛迪通信网. Windows CE 和 Windows XP Embedded 比较[EB/OL].(2006－6) http://comm. ccidnet. com/art/1522/20060616/582645_1. html.

[116] 王小芳,等. 基于 WinCE 的 I²C 驱动程序设计[EB/OL].(2006－7) MCU123 论坛 http://www. mcu123. com/news/Article/rtos/WinCE/200607/88. html.

[117] Mike Hall. 如何在 WindowsCE5. 0 中开发和测试设备驱动程序[EB/OL].(2006－6) https://www. microsoft. com/china/MSDN/library/windev/WindowsCE/windowscedrivers. mspx? mfr=true.

[118] 王剑,等. Windows CE 下串行通信的实现[EB/OL].(2006－5)广嵌中心 http://www. gd－emb. com/detail/id－9880. html.

[119] 胡军辉,等. Windows CE 设备驱动程序开发[EB/OL].(2006－10) http://www. dz863. com/WinCE－Windows－CE－USB－NDIS. htm.

[120] Michael Migdol. Creating a WinCE NDIS Devices Driver. Reprinted from PC/104 Embedded Solutions. 2000. 1.

[121] Guy Smith. Microsoft Windows CE 通信模型[EB/OL]. MSDN: http://www. microsoft. com/china/msdn/archives/technic/compilation/wince. asp,1997. 9.

[122] 王圣平,等. 数据采集系统中 Windows CE. Net 的几种外设接口编程方法[EB/OL].(2005－10)无忧电子开发网 http://www. 51kaifa. com/html/jswz/200510/read－2864. htm.

[123] Marco Zaratti. CCESocket: a general purpose TCP/UDP socket class for WinCE[EB/OL].(2007－4) http://www. codeproject. com/ce/CCESocket. asp.

[124] 王珂. 在 Windows CE 上实现网络安全功能[EB/OL].(2000－7) http://www. scpda. com/subject/CEdwlaq. htm.

[125] 嵌入式技术网. 嵌入式操作系统 μCLinux[EB/OL].(2006－7) http://www. 764s. com/os/linux/2006－06－02/537. html.

[126] 张井刚. 七款嵌入式 Linux 操作系统简介[EB/OL].(2006－11)电子工程专辑 http://www. eetchina. com/ART_8800441120_617693_ac6ea3bc200611. HTM.

[127] 嵌入式技术网. 基于 μCLinux 和 S3C4510B 的网络通信设计[EB/OL].(2006－6) http://www. 764s. com/os/linux/2006－06－02/546. html.

[128] 蔡本华. 基于 ARM7 核处理器 VxWorks 系统 BSP 设计[EB/OL].(2006－5)嵌入式控制 http://www. 21control. com/Article/ARMtech/200605/Article_20060512124408. html.

[129] CSDN 网. VxWorks 下编写字符设备驱动程序的方法[EB/OL].(2004－10) http://blog. csdn. net/xiyuxi2001/archive/2004/10/19/143083. aspx.

[130] 蔡本华,等. 嵌入式操作系统 VxWorks 中 TFFS 文件系统的构建[EB/OL].(2005－2)中国电子网 http://www. 21ic. com/news/html/63/show6059. htm.

[131] 赵文栋,等. 如何编写基于 VxWorks 嵌入式操作系统的串行设备驱动程序[EB/OL](2006－12). 嵌入式技术论坛 http://bbs. gd－emb. org/? display=topic&id=6959.

[132] 蔡本华. Vxworks 嵌入式操作系统下网络设备驱动程序设计[EB/OL].(2005－11)

ECN 设计 http://www.ecnchina.com/Article_Show.asp? ArticleID=2495.

[133] 高超,等. VxWorks 下网卡驱动程序的开发[EB/OL]. (2006-12) http://www.iswoo.com/article3/120000001-041112192130-ISWOO.doc.

[134] 颜荣江. PSD8xxF 的在系统编程技术[EB/OL]. (2006-5) 电子工程世界 http://news.eeworld.com.cn/n/20060507/2348.shtml.

[135] 多招教育网. PSD813F2 在 FPGA 配置中的应用[EB/OL]. (2007-3) http://www.duozhao.com/lunwen/b414/lunwen_3922.html.

[136] 王林安,等. 利用 PSD834F2 中的 PLD 实现串行通信扩展的设计[EB/OL]. (2005-7) 无忧电子开发网 http://www.51kaifa.com/html/jswz/200507/read-1923.htm.

[137] 肖小峰,等. 用 CPLD 实现单片机与 ISA 总线并行通信[EB/OL]. (2002-11) 可编程逻辑器件网 http://www.fpga.com.cn/.

[138] 李学华,等. 换体 DMA 高速数据采集电路原理及其 CPLD 实现[EB/OL]. (2004-4) http://www.fpga.com.cn/application/a46.htm.

[139] 刘兰生,等. 基于 uPSD323X 的 EPP 增强并口的接口技术[EB/OL]. (2005-2) 无忧电子开发网 http://www.51kaifa.com/html/jswz/200502/read-568.htm.

[140] 康磊. 用可编程模拟器件实现直流伺服电机的速度控制[EB/OL]. (2005-2) 中国测控网 http://www.ck365.cn/zazhi/showzz.asp? infoid=422.

[141] 王杰,等. 基于 DSP? Builder 的 DDS 设计及其 FPGA 实现[EB/OL]. (2006-12) 中国电子联盟 http://www.21chip.com/designOp/ShowArticle.asp? ArticleID=880.

[142] 江霞. 在 Matlab 中实现 FPGA 硬件设计[EB/OL]. (2006-7) 嵌入式系统 IC 网 http://www.esic.cn/XXLR1.ASP? ID=2376.

[143] 唐思章,等. SoPC 与嵌入式系统软硬件协同设计[EB/OL]. (2006-3) 电子设计技术 http://www.ednchina.com/Article/html/2006-03/2006312090128.htm.

[144] 电子知识网. 基于 MicroBlaze 软核的 FPGA 片上系统设计[EB/OL]. (2006-10) http://www.dzdqw.com/jishu/txywl/200610/10285.html.

[145] 邹崇涛,等. Nios II 系统在数字式心电诊监测设备中的应用[EB/OL]. (2007-3) 中电网 http://www.chinaecnet.com/xsj06/xsj064721.asp.

[146] 林振华,等. 基于嵌入式 SoPC 的以太网接口设备[EB/OL]. (2007-1) 中国电子网 http://www.21ic.com/news/html/63/show17030.htm.

[147] 孙文廉,等. 嵌入式 Linux 下 ARM 处理器与 DSP 的数据通信[EB/OL]. (2006-12) 嵌入式开发网 http://www.embed.com.cn/downcenter/Article/Catalog12/805.htm.

[148] 丁伟雄,等. 嵌入式实时系统中跨平台通信的实现[EB/OL]. (2005-08) 中国工控网 http://www.gongkong.com/exhibit/lunwen/paper_detail_new.asp? id=1538.